锂离子电容器

Lithium-ion Capacitors

马衍伟　张　熊　孙现众　著

科 学 出 版 社

北　京

内 容 简 介

锂离子电容器是介于双电层电容器和锂离子电池之间的一种新型储能器件，具有高能量密度、超高功率密度、长循环寿命、可大电流充放电、宽使用温度范围等特点，可广泛应用于电动汽车、新能源发电、轨道交通、国防军工、航空航天等领域，是新能源领域的研究热点。本书介绍了锂离子电容器的发展历史、工作原理、性能特点和基本概念，重点阐述了锂离子电容器的正极材料、负极材料、电解液、负极预嵌锂技术的研究进展，探讨了制备方法、理化性质及其对锂离子电容器性能的影响，论述了锂离子电容器的制备工艺、测试评价、失效分析、系统集成及其应用。本书涵盖了锂离子电容器关键科学问题，兼顾了实际工程技术问题，汇集了国内外研究者的最新研究成果，体现了锂离子电容器的研究现状和未来发展趋势。

本书可供材料、化学、新能源、储能、电气等领域从事化学电源研究和设计的科研人员及高等院校相关专业研究生学习参考。

图书在版编目(CIP)数据

锂离子电容器/马衍伟，张熊，孙现众著. —北京：科学出版社, 2023.2
ISBN 978-7-03-075051-8

Ⅰ. ①锂… Ⅱ. ①马… ②张… ③孙… Ⅲ. ①锂离子–电容器
Ⅳ. ①TM53

中国国家版本馆 CIP 数据核字(2023)第 038707 号

责任编辑：周 涵 田轶静／责任校对：彭珍珍
责任印制：吴兆东／封面设计：无极书装

科 学 出 版 社 出版
北京东黄城根北街 16 号
邮政编码：100717
http://www.sciencep.com
北京建宏印刷有限公司 印刷
科学出版社发行 各地新华书店经销
*
2023 年 2 月第 一 版 开本: 787×1092 1/16
2023 年 6 月第二次印刷 印张: 35 3/4
字数: 845 000

定价: 298.00 元

(如有印装质量问题，我社负责调换)

本书全体作者名单

(按姓氏笔画排序)

马衍伟　王　凯　安亚斌　孙现众　李　晨

宋　爽　张　熊　张晓虎　徐亚楠

序言 Foreword

超级电容器作为一种功率型储能器件，具有高功率密度、长达百万次充放电循环寿命、宽使用温度范围、安全性能好等特点，是储能领域中的研究重点之一。但是，超级电容器能量密度偏低，通常在 5~10 W·h/kg，致使其大规模市场应用受到了限制。因此，开发高能量密度的超级电容器体系十分重要。

锂离子电容器作为下一代超级电容器，因兼具超级电容器高功率密度、长循环寿命以及锂离子电池高能量密度的特点，在轨道交通、电动汽车、新能源发电、航空航天和国防军工等领域有着广泛的应用前景，已成为学术界和产业界的研究热点。锂离子电容器正极一般采用双电层电容器的电极材料 (主要是活性炭材料)，负极采用预嵌锂的锂离子电池负极材料，在正极上发生负离子的吸附/脱附，而在负极上发生锂离子的嵌入/脱出。正负极材料动力学过程的不匹配是影响锂离子电容器性能的关键因素。

中国科学院电工研究所马衍伟团队在锂离子电容器领域开展了大量系统性的研究工作，包括高性能正负极材料、高效负极预嵌锂技术、单体制备技术、建模仿真以及单体热特性与寿命预测等，实现了兼具高能量密度、高功率密度和长循环寿命全碳型锂离子电容器的工程化制备。经第三方检测，锂离子电容器的能量密度达到 40 W·h/kg。并在此基础上，开发出以全碳型锂离子电容器为唯一动力源的示范观光车，被中国超级电容产业联盟评选为“2019 中国超级电容产业十大事件”之一。为了推动锂离子电容器领域的发展，马衍伟团队基于多年的研究成果完成了《锂离子电容器》一书。

该书对锂离子电容器的原理、正负极材料、电解液、负极预嵌锂技术、表征技术、单体制备技术、系统集成技术以及锂离子电容器应用示范等方面进行了深入和详尽的阐述，充实了超级电容的知识宝库，是一本立足前沿、内容全面、深入系统的高水平学术专著，对于我国锂离子电容器的快速发展将有重要的推动作用和指导意义。

杨裕生

中国工程院院士

军事科学院防化研究院研究员

2022 年 12 月

前言 Preface

在全球碳中和背景下，未来能源格局将从化石能源主导朝着低碳多能融合发生转变，可再生能源的开发利用是世界各国能源转型和低碳经济发展的重要支柱。先进储能技术是实现可再生能源稳定高效利用的重要保障，目前已成为各国竞相发展的战略性新兴产业，其对于推动我国能源革命、如期实现“双碳”目标也具有重要的意义。

锂离子电容器是一种新型的电化学储能器件，比双电层电容器具有更高的能量密度，比锂离子电池具有更高的功率密度及更长的循环寿命，此外还具有安全性高、全寿命周期运行成本低、使用温度范围宽、易回收再利用等特点，在电动汽车、混合动力汽车、电力、轨道交通、通信、国防、消费类电子产品等众多领域有着巨大的应用价值和市场潜力。迄今为止，国内外学者已发表锂离子电容器相关论文 2400 多篇，近几年更是呈现快速增长态势。然而，遗憾的是目前尚没有一部完整、系统地阐述锂离子电容器进展的书籍。

中国科学院电工研究所自 2008 年以来一直致力于高性能锂离子电容器技术的研发，在高比容量活性炭材料、高倍率负极材料体系、石墨烯复合材料及高效负极预嵌锂技术等方面做了大量工作，获得国家发明专利授权 40 多项，形成了关键材料–器件工艺–应用方面的核心专利群。率先研制出具有完全自主知识产权的大容量锂离子电容器 (500 F、1100 F、2200 F 以及 10000 F)，在实验室建成一条先进的软包装锂离子电容器中试线，实现了锂离子电容器的工程化制备。2019 年研制出 7.5 A·h、额定电压为 64 V 的锂离子电容器模组，实现了国内首辆以全碳型锂离子电容器为唯一动力源的观光车示范应用，被中国超级电容产业联盟评选为“2019 中国超级电容产业十大事件”之一。作者汇集团队十多年在锂离子电容器基础研究和工程化探索中取得的研究成果，结合国内外专家学者在这一领域的最新进展，编写了本书。我们相信，本书能更好地帮助本领域的青年学子、研究人员和工程技术人员获取更系统和更前沿的知识，为锂离子电容器的研发和应用提供理论和技术支持。

全书共 11 章。第 1 章对锂离子电容器的诞生与发展、工作原理与特点进行了总体介绍；第 2 章和第 3 章重点介绍了锂离子电容器正极材料和负极材料、正/负极材料的筛选和优化设计方案；第 4 章介绍了锂离子电容器电解液及其发展趋势；第 5 章阐述了锂离子电容器负极预嵌锂技术及最新进展；第 6 章和第 7 章分别介绍了锂离子电池电容和柔性固态电容器；第 8 章介绍了锂离子电容器表征和测试技术；第 9 章介绍了锂离子电容器制备工艺、单体设计原理和性能测试及评价；第 10 章介绍了锂离子电容器建模、热特性、老化机制与寿命预测、自放电机制以及成组技术；第 11 章介绍了锂离子电容器的诸多应用及最新进展。各章之间内容联系紧密，详尽分析了锂离子电容器研究的科学问题、存在的难点和发展趋势。

具体分工如下：第 1 章由马衍伟负责，第 2 章由李晨负责，第 3 章由张熊负责，第 4 章由孙现众负责，第 5 章由张熊负责，第 6 章由孙现众负责，第 7 章由王凯负责，第 8 章由徐亚楠负责，第 9 章由安亚斌负责，第 10 章由孙现众、宋爽、张晓虎负责，第 11 章由张晓虎负责。全书由马衍伟、张熊和孙现众统稿、整体修改并审核。在本书的撰写过程中，作者的研究生孙琮凯、刘文杰、胡涛、王磊、郭璋、周威等在文献查阅、数据整理、图表绘制等方面做了大量细致认真的工作。在此，对他们的辛勤工作表示诚挚感谢！本书还要感谢作者课题组已毕业的博士和硕士研究生对本书相关研究工作做出的贡献。

锂离子电容器涉及多个学科的概念和理论，研究工作日新月异，各种新材料、新方法和新理论不断涌现，由于作者水平所限，不妥和疏漏之处在所难免，恳请读者批评指正。

作　者

2022 年 9 月

目 录 Contents

第1章 锂离子电容器简介

1.1 概述

当今社会化石能源的大量消耗引起了诸多问题，如二氧化碳排放、气候变化、环境污染、能源危机，因此替代传统的化石能源，发展新型的可再生能源刻不容缓。2020 年 9 月 22 日，习近平主席在第七十五届联合国大会一般性辩论的讲话中提出，“中国将提高国家自主贡献力度，采取更加有力的政策和措施，二氧化碳排放力争于 2030 年前达到峰值，努力争取 2060 年前实现碳中和”。① 2020 年 12 月 12 日，习近平主席在气候雄心峰会上的讲话中提出，“到 2030 年，中国单位国内生产总值二氧化碳排放将比 2005 年下降 65%以上，非化石能源占一次能源消费比重将达到 25%左右，森林蓄积量将比 2005 年增加 60 亿立方米，风电、太阳能发电总装机容量将达到 12 亿千瓦以上”。② “碳达峰、碳中和” 是一场能源革命。实现碳中和的过程中，可再生能源将从补充能源变为主体能源，化石能源将从主体能源变为辅助能源。可再生能源占比将从现在的 20%左右提升至 80%左右，化石能源将从 80%左右降至 20%左右，这是一场革命性的变革。其中，储能技术是践行和落实能源革命的关键环节，其目的在于解决风能和太阳能等可再生能源大规模接入、多能互补耦合利用、终端用能深度电气化等重大问题 [1]。

目前，储能技术可分为物理储能技术、化学储能技术和电化学储能技术等。其中物理储能包括抽水蓄能、压缩空气储能、飞轮储能和超导储能等；化学储能包括各类化石燃料和氢能等；电化学储能包括铅酸电池、镍氢电池、高温钠电池、液流电池、燃料电池、锂离子电池、钠离子电池和超级电容器等。在众多储能技术中，电化学储能具有能量密度高、能量转换效率高和响应速度快等优点，在能源领域具有广泛的应用前景。电化学储能技术在能源领域中的具体功能如下：在发电侧，解决风能、太阳能等可再生能源发电不连续、不可控的问题，保障其可控并网和按需输配；在输配电侧，解决电网的调峰调频、削峰填谷、智能化供电、分布式供能问题，提高多能耦合效率，实现节能减排；在用电侧，支撑汽车等用能终端的电气化，进一步实现其低碳化、智能化等目标。电化学储能技术种类较多，根据其技术特点，适用的场合也不尽相同，其中锂离子电池和超级电容器是两类十分重要的电化学储能器件。图 1-1 给出了不同电化学储能器件的能量密度与功率密度对应关系图 (Ragone 图)。

---

① 习近平在第七十五届联合国大会一般性辩论上发表重要讲话. 新华网，[2020-9-22]. http://politics.people.com.cn/n1/2020/0922/c1024-31871232.html.

② 继往开来，开启全球应对气候变化新征程. 人民网，[2020-12-12]. http://politics.people.com.cn/n1/2020/1213/c1024-31964434.html.

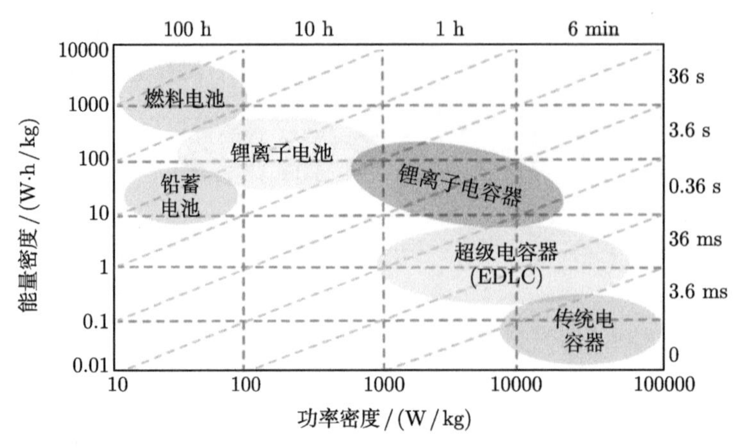

图 1-1 不同电化学储能器件的 Ragone 图

锂离子电池通过锂离子在正负极材料中发生可逆的嵌入/脱出氧化还原反应来存储和释放能量，相比于其他二次电池，锂离子电池可储存更多的能量，并具备更高的工作电压，这也决定了它具有较高的能量密度，锂离子电池的能量密度可以达到 150~300 W·h/kg。但它的高倍率充放电性能受电解液的离子扩散速率、锂离子在电极/电解液相界面的迁移速率，以及锂离子在电极体相中的扩散速率等限制，在实际应用中功率特性较差，通常功率密度在 1 kW/kg 以下。超级电容器按照正负电极是否为同一种物质可分为对称型超级电容器和非对称型超级电容器。双电层电容器是最早出现的对称型超级电容器，通过在电极与电解质的界面上形成双电层结构来储存能量。电解液与电极接触时，由于固液两相的电化学势不同，为达到系统的电化学平衡，电极表面上的静电荷将从溶液中吸附部分无规则分布的离子，电荷在电极与电解质界面间自发地分配形成双电层，从而实现能量的储存。从电化学的观点来看，该类理想的电极属于完全极化电极，因此不受电化学动力学的限制，这种表面储能机理允许非常快速的能量储存和释放，使得双电层电容器具有很好的功率特性，功率密度可达 10 kW/kg。然而，由于其静电表面储能机理，它的能量密度有限 (通常在 10 W·h/kg 以下)。锂离子电容器属于非对称型超级电容器或者混合型超级电容器，一般正极采用双电层电容器的电极材料 (主要是活性炭材料)，负极采用可脱嵌锂的锂离子电池负极材料 [2−4]。锂离子电容器工作过程不同于锂离子电池和双电层电容器，其电解液中的阴离子和阳离子经历不同的过程：在负极发生锂离子的嵌入/脱出，而在正极发生离子的吸附/脱附，其工作原理和结构示意图如图 1-2 所示。

锂离子电容器与双电层电容器、锂离子电池相比具有以下几个方面的优势：

(1) 高能量密度，锂离子电容器的能量密度可达 40 W·h/kg，达到铅酸电池的水平，是双电层电容器的 4 倍以上；

(2) 高功率密度，锂离子电容器的功率密度可达 10 kW/kg 以上，是锂离子电池的 10 多倍，可在秒级内进行快速的充放电；

(3) 长循环寿命，锂离子电容器的使用寿命可达 50 万次以上，远高于锂离子电池，甚至可与双电层电容器媲美；

(4) 较宽的工作温度范围，锂离子电容器具有非常好的高低温特性，可在 −40 ~ 85 ℃

的温度区间内正常工作;

(5) 高安全性，锂离子电池短路或过充时会导致热失控现象，严重时会导致电池爆炸，而锂离子电容器正极采用活性炭材料，不会出现热失控现象。

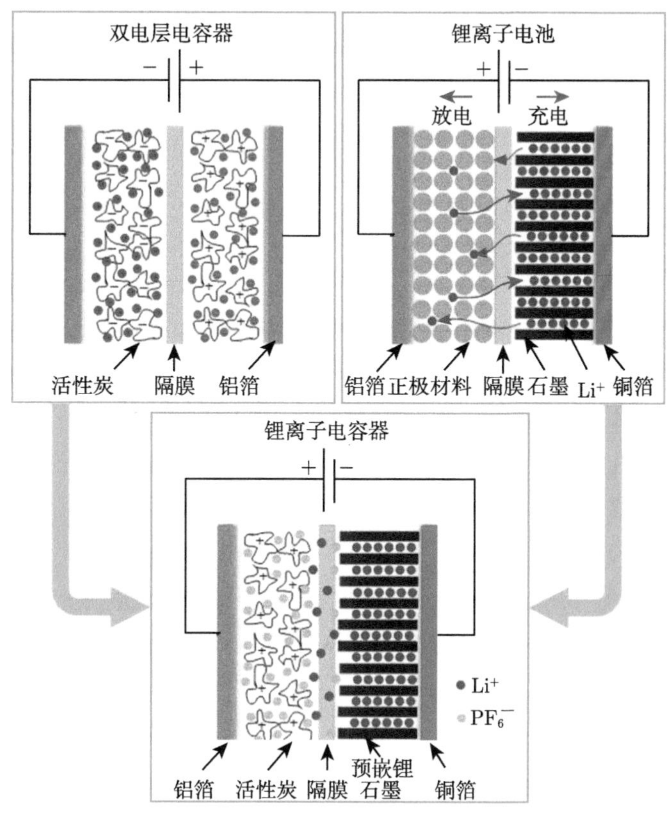

图 1-2　双电层电容器、锂离子电池和锂离子电容器的结构示意图 [5]

锂离子电容器结合了锂离子电池和双电层电容器两者的优点，表 1-1 进一步总结了锂离子电池、双电层电容器与锂离子电容器的主要性能参数。

表 1-1　锂离子电池、双电层电容器与锂离子电容器的主要性能对比

性能	锂离子电池	双电层电容器	锂离子电容器
最大工作电压	3.7~4.2 V	2.3~2.7 V	3.8~4.2 V
能量密度	150~300 W·h/kg	5~10 W·h/kg	15~40 W·h/kg
功率密度	1 kW/kg	10 kW/kg	10 kW/kg
循环寿命	500~2000 次	50 万~100 万次	50 万~100 万次
工作温度	−25~55 ℃	−40~85 ℃	−40~85 ℃
自放电 (电压保持率)	3 个月 > 90%	72 h> 80%	3 个月 > 90%
安全性能	一般	好	好

本章首先简要回顾锂离子电容器的发展历史，然后介绍锂离子电容器的工作原理与特性，最后对锂离子电容器的基本概念作简要总结。

1.2 锂离子电容器的诞生与发展

1.2.1 电化学电容器概述

电化学电容器，又称超级电容器，包括双电层电容器、赝电容电容器和混合型电容器等，其原理是利用电极表面形成的双电层或发生的二维或准二维法拉第反应储存电能。人类第一个储能装置电容器出现于 1745 年，即 von Musschenbrock 发明的莱顿瓶，这是公认的电容器鼻祖。1874 年，亥姆霍兹 (von Helmholtz) 在研究胶体悬浮液的工作中首次提出了双电层的概念并建立了第一个描述金属电极表面离子分布的模型。直到 1957 年，通用电气公司的 Becker 申请发表了第一个关于双电层电容器的专利，从而预示着超级电容器进入储能领域。随后美国俄亥俄州标准石油公司 (Standard Oil Company of Ohio, SOHIO) 的 Rightmire 于 1966 年发明了以 LiCl-KCl 作为共晶电解液的超级电容器，其可真正视为一种电能储存设备。同样，在 1960 年以后，加拿大渥太华大学 Conway 小组开始研究赝电容机理，将法拉第反应带入超级电容器，丰富了超级电容器的储能机制。从此以后，双电层电容器和赝电容电容器取得了快速的发展。1971 年，日本电气公司 (NEC) 在 SOHIO 的许可下开发了水系电解液的双电层电容器，标志着电化学电容器在商业设备中使用的开端。同年，意大利科学家 Trasatti 报道了 RuO_2 的赝电容储能机制。1975 年，Conway 小组同加拿大大陆集团合作，开发了以 RuO_2 作为电极材料的赝电容电容器。而超级电容器的真正商品化开始于 1978 年日本松下公司推出的 Goldcap® 双电层电容器，两年之后日本 NEC 公司和三菱公司先后将超级电容器产业化，推出了面向市场的超级电容器。至此，人们认识到超级电容器和电池在未来的能源储存系统中具有同样重要的地位，其开发应用将成为储能领域的革命性突破。世界各国加快了研发超级电容器的进程，日本和美国分别于 1993 年和 1989 年制定了关于超级电容器发展的长期规划项目。1995 年，美国 Evans 公司首次提出了混合型电容器的概念，俄罗斯 ESMA 公司生产出了 C/KOH/NiOOH 体系商品化水系混合型电容器。混合型电容器的提出进一步丰富了超级电容器的储能机制，为制备兼具高能量密度和高功率密度的下一代超级电容器奠定了理论基础。进入 21 世纪后，我国的超级电容器的产业化也逐步开展，2007 年，生产工艺成熟的 Maxwell 公司进入中国市场，促进了我国超级电容器相关行业的发展。2016 年 12 月，中国超级电容产业联盟在北京成立，这是世界上第一个超级电容器产业联盟，涵盖了国内 95%以上的从业单位，杨裕生院士任第一届理事长，从此我国超级电容器产业进入了快速发展的阶段。

传统电容器由电介质分开的两个平行电极组成，在两极之间施加电压会使正负电荷向相反极性的电极表面迁移。因此，每个电极上携带的电荷 Q (单位为 C) 与两电极之间电位差 (电压) U (单位为 V) 的比值即为该电容器的电容 C (单位为 F)。

$$C = \frac{Q}{U} \tag{1.1}$$

电容 C 又正比于每个电极的面积 A 和电介质的介电常数 ε，与两电极之间的距离 d 成反比，因此，

$$C = \frac{\varepsilon_0 \varepsilon_{\mathrm{r}} A}{d} \tag{1.2}$$

式中，ε_0 为真空介电常数；ε_r 为两电极之间材料的介电常数 (相对值)。因此两电极的比表面积、电极之间的距离和所用电解质的性质往往决定了电容器的电容。

能量密度和功率密度是电化学电容器的两个主要属性，代表单位质量或单位体积的能量和功率。其中电化学电容器能够储存的能量 E (单位为 J) 与电容 C 和电压 U 有关，即

$$E = \frac{1}{2}CU^2 \tag{1.3}$$

而功率 P 为单位时间内能量输出的速率。在确定电化学电容器功率大小时要考虑内部各个组件 (如集流体、电极材料、电解质和隔膜) 之间的等效串联电阻 (ESR) (单位为 Ω)。ESR 会产生电压降，直接决定了电化学电容器放电过程中的最大电压，进而限制了电化学电容器的 E 和 P，其最大功率 $P_{\max}$ 可表示如下：

$$P_{\max} = \frac{U^2}{4\text{ESR}} \tag{1.4}$$

电化学电容器遵循着与传统电容器一样的基本原理，可以通过高度可逆的方式进行电荷存储。但电化学电容器采用高比表面积的多孔碳材料或具有快速法拉第反应的赝电容材料作为电极，使其比电容和能量密度比传统电容器高出数万倍。虽然电化学电容器的能量密度相比于电池仍有一定的差距，但就其功率密度而言在储能器件领域具有相当的不可替代性，可以与电池形成互补的储能元件。大多数电池在储能过程中存在缓慢的化学过程和相变过程，而电化学电容器不存在这种情况，因此其往往具备高功率的同时，在循环寿命、高效率、快速充放电及高低温性能等方面也具有明显优势。电化学电容器和电池两者充放电行为的区别如图 1-3 所示，在电化学电容器电极上存储电荷 (Q) 的增加或减少，总是会导致电压的 (上升) 充电或 (下降) 放电；而对于电池的充放电过程，除了接近 100%充电状态 (充电顶峰) 和接近 0%的状态 (放电截止) 之外，都具有一个恒定电压 (稳定的放电平台)。因此，对于需要恒定电压输出的应用而言，电化学电容器需要一个直流–直流 (DC-DC) 转换器来调节和稳定输出电压。如需要交流电，则电池和电化学电容器都需要一个逆变器。

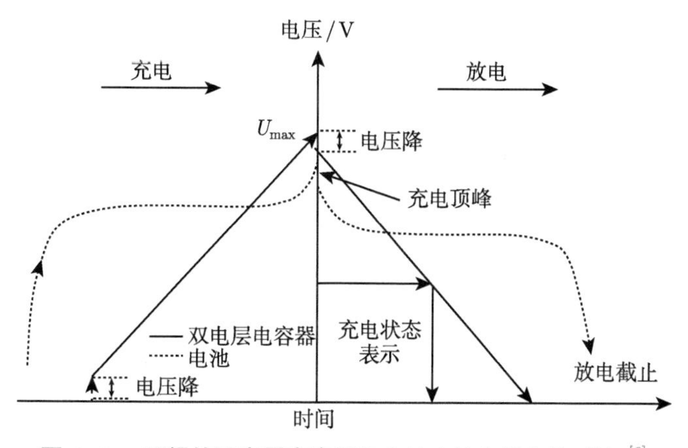

图 1-3 理想的双电层电容器和电池充放电行为的对比 [6]

从电化学电容器的结构上来看，无论是双电层电容器还是赝电容电容器，电极材料都直接决定了器件的储能机制和电化学性能。对于双电层电容器而言，电极材料需要多层次孔结构以及大比表面积来吸附和释放更多的电解质离子。碳材料 (包括活性炭、碳纳米管、石墨烯等)，因电导率高、环境友好、化学稳定性优良等特点而成为首选，其发展也最为成熟、商业化最具规模。而对于赝电容电容器而言，根据氧化还原反应发生的位置分为表面氧化还原赝电容和插层赝电容两类。前一种主要依靠电解质离子被电化学吸附在电极材料表面，产生短的扩散距离和时间，这种储能机制发生在本征赝电容材料上，如 RuO_2、纳米级 MnO_2 等。而插层赝电容则依赖于材料的离子传输通道传输电解质离子，进而发生氧化还原反应，但此过程不改变材料的晶体结构，这种材料往往具有独特的层状结构，如二维过渡金属氧化物 (TMO)、硫化物 (TMD) 和 MXene 等。此外，聚苯胺 (PANI)、聚吡咯 (PPy) 和聚噻吩 (PEDOT) 等导电聚合物通过纳米工程同样可以诱导赝电容行为并用于电化学电容器，其储能的本质为充放电过程中电解质离子的反复掺杂和去掺杂，导致聚合物周期性地成为氧化态和还原态的行为。

除了电极材料，电解液作为电化学电容器的重要组成部分，其对器件的性能也有着重要的影响。根据计算公式 (1.3) 和公式 (1.4)，电压是电化学电容器能量密度和功率密度大小的一个重要决定因素，而器件的最终工作电压取决于电解液的稳定性。目前电化学电容器的电解液可分为三大类：水系、有机溶液体系以及离子液体。水系电解液如酸 (H_2SO_4)、碱 (KOH) 具有高离子电导率 (大于 1 S/cm)、廉价和应用范围广等优势。然而，水的分解电位较低，限制了电化学电容器只能在相对较低的电压窗口内工作 (约 1.23 V)。为了进一步扩展电化学电容器的电压窗口来增加能量密度，采用有机电解液能够将器件的工作电压提升到 2.7 V。目前，含有不同溶剂以及溶解的烷基季铵盐的电解液通常在商业化超级电容器中应用。然而非水系电解液的离子电导率要比水系电解液低，导致器件 ESR 增大。目前水系和有机系电解液都已经在商业化超级电容器中得到应用，而关于离子液体的报道很少，离子液体是一类在相对低的温度 (小于 100 ℃) 下呈液态的有机盐，含有咪唑类或吡咯类阳离子和类似四氟硼酸根 (BF_4^-)、二氰胺根 ($N(CN)_2^-$)、双氟磺酰亚胺根 (FSI^-)、双三氟甲基磺酰亚胺根 ($TFSI^-$) 等阴离子。虽然室温离子液体在常温或者高温下的性能具有发展前景，但是当温度低于常温时，它们的黏度会快速增大，其离子迁移率和离子电导率急剧下降。

1.2.2 锂离子电容器的发展

双电层电容器在 20 世纪 90 年代获得了巨大的发展并取得了令人瞩目的成就，然而由于双电层电容器储能机制的限制，其较低的能量密度成为进一步发展的瓶颈。因此，为了开发能量密度更高且应用更广泛的超级电容器，基于新型储能机制的混合型超级电容器成为研究的热点。图 1-4 为超级电容器发展路线图，在 2000 年之前，超级电容器研发的重点是双电层电容器，包括能量密度约为 1 W·h/kg 的水系和 2~6 W·h/kg 的有机系超级电容器，双电层电容材料主要以高比表面积的碳材料为主，碳材料的比表面积、孔结构和导电性对于超级电容器的性能十分关键。因此，目前碳基双电层电容器材料的研究主要集中在对其比表面积、孔径分布、表面官能团、导电性的调控以及更宽的电压窗口，以此来提高超级电容器的能量密度。活性炭是目前最常用的商业化双电层电容器电极材料。2000 年之后，超级电容器的研究重点是新型储能机制和器件结构设计，通过结合锂离子电池和双电层电容器的特点，将电池材料和电容炭材料同时应用于同一器件中，开发出高电压和高能量密度的混合型超级电容器。“十四五”国家重点研发计划“储能与智能电网技术”重点专项将“低成本混合型超级电容器关键技术”列入申报指南中，针对负荷跟踪、系统调频、无功支持及机械能回收、新能源场站转动惯量等分钟级功率补充等应用需求，研究开发兼具高能量、高功率和长寿命的低成本储能器件，单体能量密度 ⩾70 W·h/kg，功率密度 ⩾30 kW/kg，80%放电深度循环寿命 ⩾20 万次，这对超级电容器的发展提出了更高的挑战。

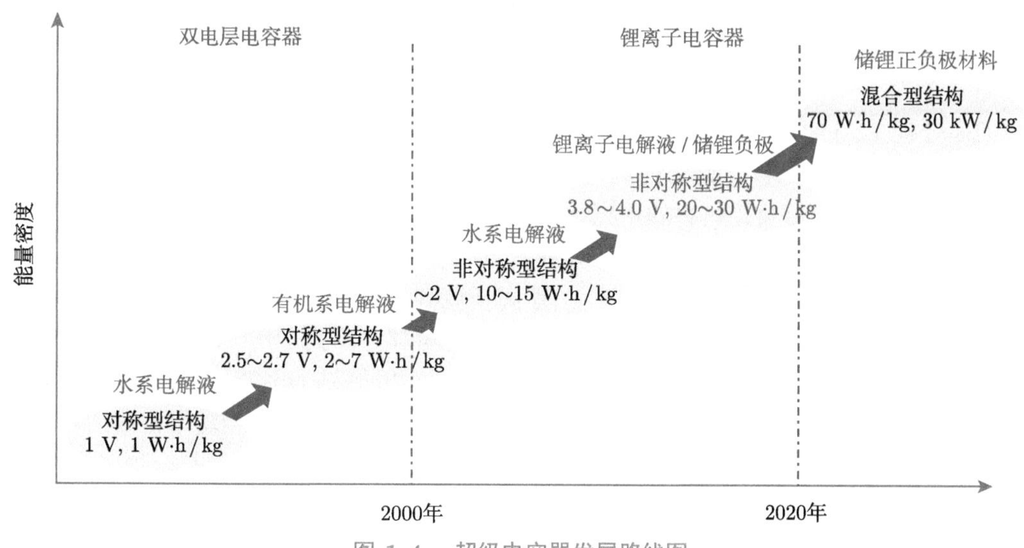

图 1-4 超级电容器发展路线图

锂离子电容器属于混合型超级电容器。早在 1987 年，日本 Yata 等首次发现聚并苯 (PAS) 在 1 M① $LiClO_4$ 的环丁砜与 γ-丁内酯混合溶剂的电解液中能可逆地脱嵌锂离子 [7]。然后 1989 年，日本 Kanebo 公司将聚并苯同时作为正负极材料组装成纽扣式聚并苯电容器并实现商业化，容量是双电层电容器的 2~3 倍 [8]。到 1992 年，Yata 等首次采用聚并苯负极预嵌锂策略使聚并苯电容器工作电压达到 3.3 V[9]。基于上述发现，1999 年，日本 Morimoto 等首次采用活性炭正极、预锂化的石墨负极以及锂离子电解液组装成混合型电容器，工作电压最高可以达到 4.0 V，能量密度为 4 W·h/kg(对应的功率密度为 600 W/kg)[10]。几乎同时，美国 Amatucci 等首次报道了另外一种混合型电容器，其中活性炭作为正极，钛酸锂 (LTO) 作为负极，工作电压在 1.5 ~ 2.7 V[11]。2001 年，Amatucci 等通过采用纳米结构的钛酸锂负极、活性炭正极与 1 M $LiPF_6$ 的乙腈电解液组装成混合型电容器，能量密度达到 25 W·h/kg(容量为 400 mA·h)，是双电层电容器能量密度的 5 ~ 7 倍，而且功率密度和循环寿命又远高于锂离子电池，这是混合型超级电容器发展的一个重要的里程碑 [12]。2004 年，美国 Pasquier 等采用活性炭与 $LiCoO_2$ 复合正极以及钛酸锂负极组装成混合型器件，能量密度达到了 40 W·h/kg[13]，打开了锂离子电池正极材料在混合型电容器中应用

① 1 M=1 mol/L。

的大门。2005 年，日本富士重工公司提出了锂离子电容器 (lithium-ion capacitor) 的概念并实现商业化，特点在于使用聚并苯作负极并预先在电极中掺入了金属锂，将金属锂薄膜放在层叠的电极中，然后对上述电极采取层压处理，注入锂离子电解液后，金属锂会与聚并苯负极发生短路，由于负极与金属锂之间存在电位差，负极表面的金属锂薄膜会自然溶解，同时使锂离子进入负极材料中。预嵌锂技术大幅降低了负极的电位，因此当组装成锂离子电容器时，器件的工作电压提高到了 3.8 V，能量密度达到了 13 W·h/kg。

由于锂离子电容器出色的电化学性能，越来越多的国内外研究人员开始关注并研发这种混合型超级电容器，开发出各种新型的电极材料，发表的相关论文也逐渐增加 (图 1-5)。2005 年，夏永姚等用活性炭作为负极，$LiNi_{0.5}Mn_{1.5}O_4$ 为正极，构筑成混合型超级电容器，在 1 M $LiPF_6$ 的碳酸乙烯酯 (EC) 和碳酸二甲酯 (DMC) 电解液中，基于电极材料的能量密度为 55 W·h/kg[14]。2006 年，法国 Brousse[15] 和中国李景虹 [16] 等先后采用 TiO_2(B) 替代 $Li_4Ti_5O_{12}$ 作为负极，分别构筑了 AC(+)//TiO_2(−) 和 CNT(+)//TiO_2(−) 锂离子电容器，基于电极材料的能量密度最高可以达到 80 W·h/kg，由此开启了金属氧化物作为锂离子电容器负极材料的研究。随着锂离子电池研究的快速发展，一些锂离子电池负极材料也被陆续应用于锂离子电容器中。2009 年，日本 Konno 等采用 Si-C-O 玻璃态化合物作为负极的 AC(+)//Si-C-O(−) 锂离子电容器，基于电极材料的能量密度为 74 W·h/kg[17]，从此合金类的负极材料开始在锂离子电容器中得到应用。2010 年，日本 Naoi 等开发出纳米 $Li_4Ti_5O_{12}$ 与碳纳米纤维 (CNF) 复合负极材料 ($Li_4Ti_5O_{12}$/CNF)，构建的 AC(+)//$Li_4Ti_5O_{12}$/CNF(−) 锂离子电容器能量密度达到 30 W·h/L，当功率密度为 6 kW/L 时，能量密度仍有 15 W·h/L，是传统双电层电容器的两倍 [18]。石墨烯是一种二维碳纳米材料，具有优异的物理化学性质，自 2004 年首次被英国曼彻斯特大学的两位科学家 Andre Geim 和 Konstantin Novoselov 制备出来，掀起了石墨烯的研究热潮。直到 2011 年，美国 Jang 等首次报道了一种基于石墨烯表面锂离子交换机制的电容器 [19]，之后石墨烯或者石墨烯复合材料在锂离子电容器中的应用被大量报道 [20−22]。同年，崔光磊等开发出 TiN 作为负极的 AC(+)//TiN(−) 锂离子电容器，基于电极材料的能量密度为 45 W·h/kg[23]，从此金属氮化物、硫族化物、氟化物等作为锂离子电容器负极开始了尝试。2012 年，MXene 作为一种新型的二维材料也被应用于锂离子电容器负极材料，法国 Simon 等首次报道了 AC(+)//Ti_2C MXene(−) 锂离子电容器，基于电极材料的能量密度为 50 W·h/kg[24]。2013 年，马衍伟等首次报道了 $LiNi_{0.5}Co_{0.2}Mn_{0.3}O_2$/AC(+)//石墨 (−) 混合型器件，能量密度达到了 36.2 W·h/kg[25]，随后又通过采用预锂化的硬碳负极提高器件的功率密度和循环寿命 [26]。负极预锂化是锂离子电容器的关键技术，马衍伟等首次采用负极预锂化的数学模型指导器件设计 [27]，并开发出大容量锂离子电容器电化学快速预嵌锂技术 [28]，实现兼具高能量密度、高功率密度和长循环寿命的全碳型锂离子电容器 (正极为活性炭材料、负极为硬碳或者软碳材料) 的工程化制备。经第三方检测，该锂离子电容器的能量密度达到 40 W·h/kg。2019 年，该团队开发出国内首辆以全碳型锂离子电容器为唯一动力源的示范观光车，充满电仅需 2 min，可行驶 10 km，被中国超级电容产业联盟评选为“2019 中国超级电容产业十大事件”之一。2021 年，该团队开发出自动导引车 (automated guided vehicle, AGV) 专用锂离子电容器动力电源，可实现充电时间 10 s，工作运行时间 1 h[29]。

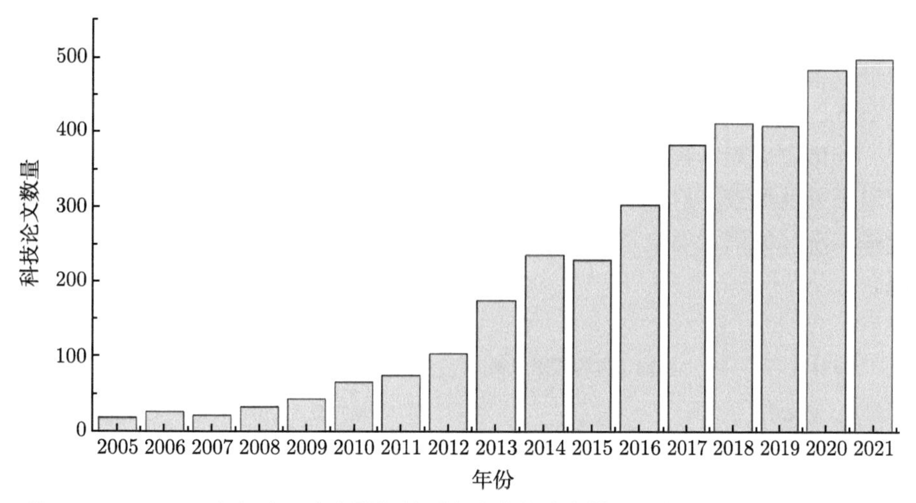

图 1-5 从 2005 ~ 2021 年锂离子电容器相关研究发表的论文情况 (来源于 Web of Science 核心合集，主题词 lithium-ion capacitors 或者 Li ion capacitors)

在锂离子电容器产业化方面，自富士重工公司公开锂离子电容器相关制造技术后，日本国内和其他国家企业也开始关注这一新型储能技术，纷纷加入相关产品的研制。截至 2021 年，全球锂离子电容器生产厂家有 20 多家，其中日本 9 家、中国 6 家、美国 3 家、欧洲 2 家和韩国 1 家。由于起步较早，日本在锂离子电容器产业化及关键技术方面处于领先地位，例如 JM Energy 公司 (2020 年被武藏能源收购)、旭化成 FDK 能源设备公司、太阳诱电 (TAIYO YUDEN) 公司、新神户电机公司、东芝公司等企业，并先后开发出快速充电型、耐高温型、小型化等多类型锂离子电容器，以适应不同的应用场合，其中以 JM Energy 为代表。JM Energy 公司率先建造了专门的工厂，于 2008 年底已开始以每月 30 万个单体的产能进行商业化生产，典型产品包括软包、方形硬壳，技术指标中工作电压为 2.2~3.8 V，能量密度为 10~20 W·h/kg[5]。我国在锂离子电容器技术研究方面起步较晚，处于跟跑阶段，相关高校、科研院所以及上海奥威科技开发有限公司、宁波中车新能源科技有限公司、南通江海电容器股份有限公司、力容新能源技术 (天津) 有限公司、上海展枭新能源科技有限公司、香港万裕科技集团有限公司等企业积极开展锂离子电容器的研制和应用示范，为我国锂离子电容器的推广应用和产业化发展奠定了良好的基础。

锂离子电容器上下游产业链可分为原材料供应、单体制备、锂离子电容器应用三部分，如图 1-6 所示。原材料供应是将上游原料制备成可供单体制备直接使用的材料。在所需的材料中，正极活性炭材料常采用椰壳、煤炭、树脂等经碳化、活化来制备，用于离子的吸脱附。负极碳材料常采用煤炭、煤焦油、石油焦、沥青等经碳化、石墨化来制备，用于锂离子的嵌入/脱出反应。电解液常是由某些特殊锂盐溶解在有机溶剂中制备的，用于在正负极之间传输离子。隔膜常是纤维素或聚合物制备的多孔膜，将正负极分开，防止正负极接触。导电剂常是由石油、天然气等经裂解、碳化、沉积制备的，用于构建电极内的电子通路。集流体将电极产生的电流引出，常是将矿石精炼得到的铜、铝轧制成数微米厚的金属箔。黏结剂通常是人工合成的高分子聚合物，用于将活性材料与导电剂黏附于集流体上。金属锂箔是由锂矿和盐湖得到的锂盐经电解、轧制得到的，用于单体的预锂化。单体制备是产业链的核心，目的是将上述材料制备成锂离子电容器单体。具体过程是将正负极材料、导电剂和黏结剂经混料后涂布在集流体上，再经辊压、分条、分切制备成正负电极，这些电极经卷绕或叠片、焊接、封装入壳、干燥、注入电解液得到半成品，最后半成品经预锂化、化成、老化、性能测试后得到成品。锂离子电容器应用是产业链的下游，是将锂离子电容器成组后应用于具体场景，尤其是需要快速充电、高功率、长寿命周期、宽使用温度范围、免维护等特殊工况，如消费类电子、AGV、电动公交、轨道交通、电网调频、航空航天和军工等领域。

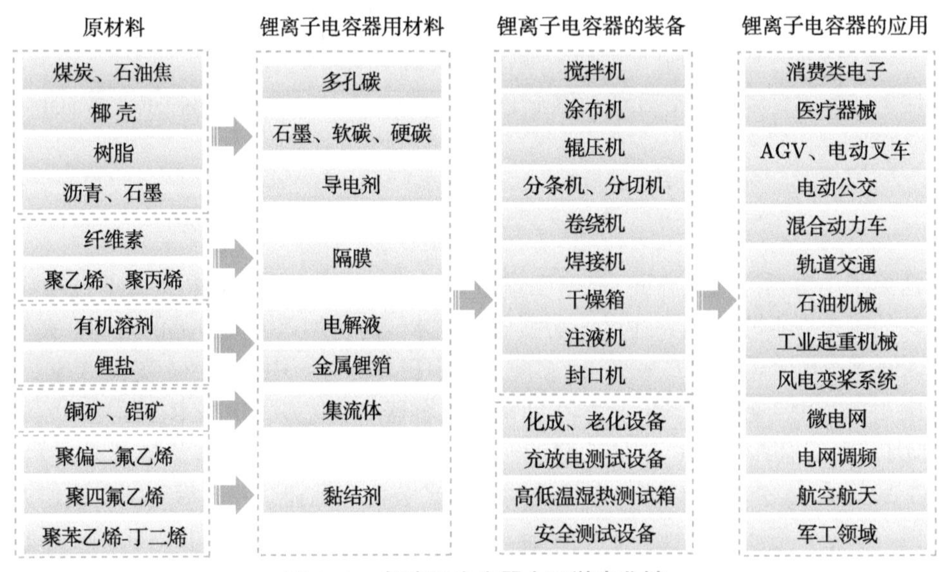

图 1-6 锂离子电容器上下游产业链

1.3 锂离子电容器的分类及工作原理

1.3.1 锂离子电容器的分类

锂离子电容器的电极材料既包含具有高比面积的电容材料，又包含可与锂离子发生可逆脱嵌或氧化还原反应的电池材料。其能量存储过程既包含锂离子与电极材料体相发生的可逆法拉第化学反应，又包括电化学活性材料对离子的可逆吸脱附过程。锂离子电容器的能量特性取决于电容活性材料对电荷吸脱附行为，功率特性取决于锂离子在电池材料体相中的扩散动力学过程。

根据电解液的类型，可以将锂离子电容器分为两类：水系锂离子电容器与有机系锂离子电容器。水系电解液 (比如 Li_2SO_4、$LiNO_3$、LiCl 等水溶液) 具有较低的黏度及高的离子迁移能力。然而，受到水的分解电压的影响，水系锂离子电容器的工作电压一般在 1.6 V 以下，这极大限制了其能量密度的提升。相比之下，有机系锂离子电容器则具有较高的电压窗口，不论采用嵌入型、转换型还是合金型负极材料，工作电压都可至 4 V，使得有机系锂离子电容器具有更高的能量密度。随着锂离子电容器的发展，研究范围不断扩大，定义也逐渐模糊，依据锂离子电容器正负极储能机制的差异，可将目前常见的锂离子混合型电容器研究体系主要分为以下四类 [30]。

(1) 电池型正极 + 电容型负极体系，例如 $LiNi_{0.5}Mn_{1.5}O_4(+)//AC(-)$、$LiFePO_4(+)//AC(-)$ 和 $Li_2MnO_4(+)//AC(-)$ 等。正极发生电化学氧化还原反应，负极发生离子的吸脱附过程，表现出类似于超级电容器的线性电压曲线，如图 1-7(a) 所示。在充电过程中，锂离子从正极脱出进入电解液，同时电解液中锂离子吸附到负极表面，整个过程中电解液离子浓度保持不变。在这种体系中，电解液只充当离子的载体，不充当活性组分。因此，该体系能量密度的主要限制因素是较低的工作电压，常见的 AC 作为负极时，电位通常高于 2.0 V，因此体系的工作电压低于 3.0 V，导致该体系的能量密度远低于其他锂离子电容器体系。同时负极 AC 高的比表面积容易引起固体电解质界面 (SEI) 膜的快速成长，导致体系循环性能变差。

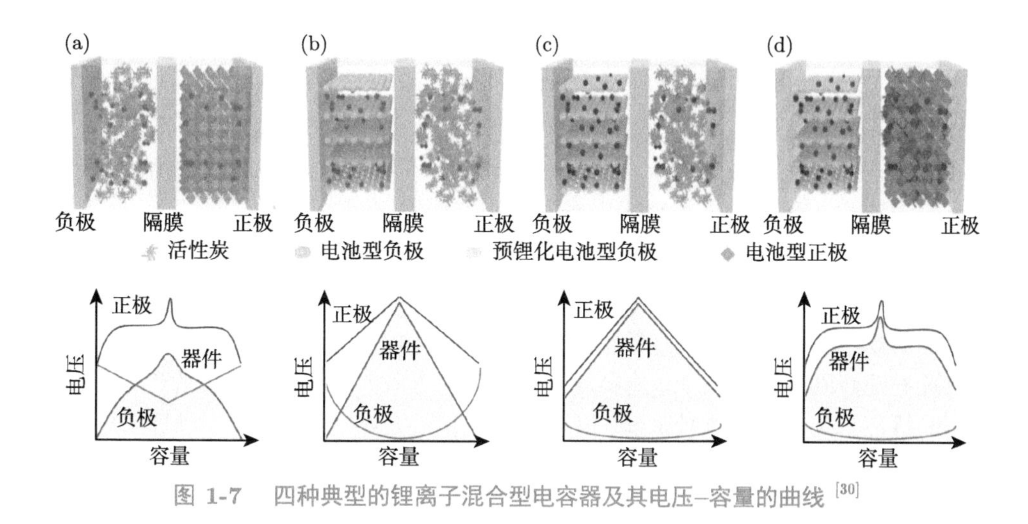

图 1-7 四种典型的锂离子混合型电容器及其电压–容量的曲线 [30]

(2) 电容型正极 + 电池型负极体系，例如 $AC(+)//Li_4Ti_5O_{12}(-)$、$AC(+)//Li_3VO_4(-)$ 和 $AC(+)//Nb_2O_5(-)$ 等。正极发生离子吸脱附过程，负极发生电化学氧化还原反应，同样表现出类似于超级电容器的线性电压曲线，如图 1-7(b) 所示。常见的负极材料包括 $Li_4Ti_5O_{12}$、Li_3VO_4 以及赝电容材料 Nb_2O_5 等，与传统的碳基负极材料相比，此类材料通常表现出较高的放电平台 (大于 1.0 V)，优异的倍率特性和循环性能，与 AC 正极匹配后，锂离子电容器能够表现出较好的功率密度和循环寿命。在该体系中，充电过程电解液中的阴离子吸附到正极的表面，阳离子嵌入负极材料中，因此电解液中的离子浓度随着电压的升高逐渐降低。在放电过程中，电极上的离子又回到电解液中，电解液的浓度又恢复到初始状态。该体系的电解液同时充当离子的载体和体系的活性物质，因此其能量密度不仅受到电极材料的限制，也受到电解液浓度的限制。

(3) 电容型正极 + 预锂化电池型负极体系，例如 AC(+)//预锂化碳材料 (−)、AC(+)//预锂化合金化合物 (−)、AC(+)//预锂化金属氧化物 (−) 等。该体系表现出两个阶段的锂离子迁移规律，具体来说，在充电过程中，即锂离子电容器电压从开路电压充电到最高电压过程中，阴离子向正极迁移并吸附到正极的表面，同时锂离子向负极迁移并嵌入负极中，与第 (2) 类锂离子电容器一样，该过程电解液中的离子浓度随着电压的升高而降低。在放电过程中，阴离子从正极脱附、锂离子从负极脱嵌又回到电解液中，电解液的浓度又恢复到初始状态。恒流充放电曲线呈线性关系，如图 1-7(c) 所示。该体系最主要的特点是需要对负极进行预嵌锂，一是可消除负极首次生成 SEI 膜时对锂离子的损耗，二是可以降低负极的电位从而提高输出的电压窗口，因此能量密度和功率密度也得到相应提升。综合能量密度、功率密度和循环寿命等性能特点，这类锂离子电容器是最具研究前景的一类，也是目前商业化最主要的类别。

(4) 电池电容复合正极 + 预锂化电池型负极体系，比如 $LiCoO_2$/AC(+)//预锂化硬碳(−)、$LiFePO_4$/AC(+)//预锂化硬碳 (−) 和锂离子电池三元正极材料 (NMC)/AC(+)//预锂化硬碳 (−) 等。这一类混合型器件结合了第 (3) 类锂离子电容器和锂离子电池结构。在正极引入电池材料有效地提升了器件的能量密度，但是往往会损失器件的功率密度和循环寿命。此类器件的恒流充放电曲线根据锂离子正极材料类型的不同而呈现出不同的特性：三元正极材料以及钴酸锂材料特性呈直线，磷酸铁锂材料则存在一定的外凸 (图 1-7(d))。同时从器件的能量来源来看，此类器件的能量密度高达 30 ~ 100 W·h/kg，但电容材料只能提供 6 ~ 10 W·h/kg 的能量密度，即器件的能量大部分是由电池材料提供的。因此，从严格意义上来说这是一种电池型电容器，或属于快充型锂离子电池 [31]。

1.3.2 锂离子电容器的工作原理

通常锂离子电容器由一个电容型正极和一个预锂化电池型负极构成，将电化学过程和离子吸脱附过程混合到一个体系中，能实现能量密度、功率密度和循环寿命的平衡，因此锂离子电容器能够应用于兼具高能量密度、高功率密度和长循环寿命的场景。锂离子电容器在电压高于开路电压和电压低于开路电压时表现出不同的工作机制。在充放电过程中，电解液中的阴阳离子同时发挥着重要作用。结合恒流充放电曲线，锂离子电容器的工作原理主要分为四个阶段 (图 1-8)。第一阶段从开路电压开始，是第一个充电过程，PF_6^- 向正极迁移并吸附于正极的表面，同时锂离子向负极迁移嵌入负极材料中，在这个过程中负极中的锂离子浓度不断增加，电解液中离子浓度不断降低。第二阶段从最高电压放电到开路电压，PF_6^- 从正极表面脱附，同时锂离子从负极脱出，进入电解液中，电解液中的离子浓度逐渐恢复到初始状态。第三阶段从开路电压放电到最低电压，负极的锂离子浓度继续降低，这些离子通过预锂化技术进入负极，同时正极吸附的锂离子浓度逐渐升高，这个过程中电解液中的离子浓度基本保持不变。第四阶段从最低电压恢复到开路电压的过程与第三阶段过程完全相反，锂离子从正极脱附进入电解液中，同时电解液中锂离子嵌入负极中。总地来说，锂离子电容器的充放电过程主要分为两个部分：电压高于开路电压的电解液消耗过程和电压低于开路电压的锂离子迁移过程。美国郑剑平等采用原位核磁共振 (NMR) 实时追踪锂离子电容器中锂离子迁移过程，他们发现在负极的 ^{7}Li NMR 特征峰面积随着电压的降低逐渐减少，说明锂离子不断地从负极脱出；同时，正极的 ^{7}Li NMR 特征峰面积在电压高于开路电压时几乎不变，证明了这个阶段正极没有锂离子的吸附，当电压从开路电压降低到最低电压时，^{7}Li NMR 特征峰面积不断增加，说明不断有锂离子吸附到正极的表面 [32]。

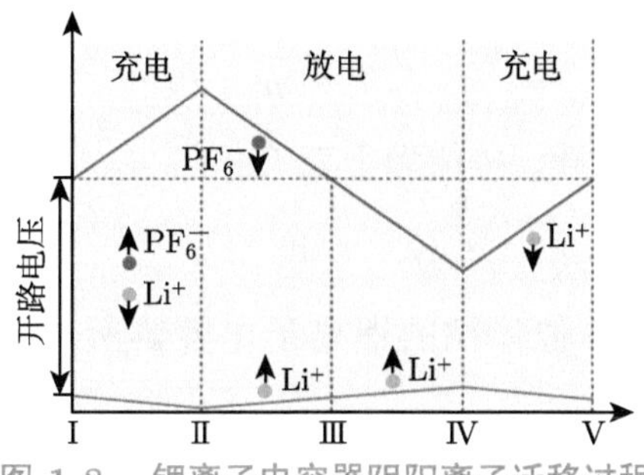

图 1-8 锂离子电容器阴阳离子迁移过程

1.4 锂离子电容器的基本概念

在描述锂离子电容器电化学性能的过程中，通常会涉及相关的概念及术语，本节将介绍一些常用的术语。

1. 额定电压 (rated voltage)

锂离子电容器的最高工作电压。符号为 U_R，单位为伏特 (V)。

2. 截止下限电压 (rated lower limit voltage)

锂离子电容器的最低工作电压。符号为 $U_{\min}$，单位为伏特 (V)。

3. 电容 (capacitance)

锂离子电容器储存电荷的能力。指锂离子电容器在给定电压差下所能存储的电荷量，符号为 C，单位为法拉 (F)。

$$C = \frac{I}{\mathrm{d}U/\mathrm{d}t} \tag{1.5}$$

式中，I 为放电电流，单位为安培 (A)；U 为电压，单位为伏特 (V)；t 为放电时间，单位为秒 (s)。

4. 比电容 (specific capacitance)

在此基础上，研究中也常用单位质量的活性物质所提供的静电容量 (F/g) 或单位面积电极提供的静电容量 ($\mu F/cm^2$) 来分别评价材料和电极的性能。

5. 储存能量 (stored energy)

锂离子电容器自额定电压起进行恒流放电至其截止下限电压，所累积放出的能量，符号为 E，单位为焦耳 (J) 或瓦时 (W·h)。

$$E = \int_{U_{\min}}^{U_R} Q\mathrm{d}U \tag{1.6}$$

6. 能量密度 (energy density)

在一定的放电条件下，单位质量的锂离子电容器所放出的电能，符号为 E_m，单位为瓦时每千克 (W·h/kg)。

$$E_{\mathrm{m}} = \frac{E}{m} \tag{1.7}$$

式中，m 为锂离子电容器的质量，单位为千克 (kg)。

7. 体积能量密度 (volumetric energy density)

在一定的放电条件下，单位体积的锂离子电容器所放出的电能，单位为瓦时每升 (W·h/L)。

$$E_{\mathrm{v}} = \frac{E}{V} \tag{1.8}$$

式中，V 为锂离子电容器的体积，单位为升 (L)。

8. 内阻 (internal resistance)

锂离子电容器中电解质 / 液、电极、隔膜等的电阻与内部连接电阻的总和，符号为 R，单位为欧姆 (Ω)。

$$R = \frac{\Delta U}{I} \tag{1.9}$$

式中，ΔU 代表由内阻导致的电压降，单位为伏特 (V)；I 代表放电电流，单位为安培 (A)。

9. 功率密度 (power density)

在一定的放电条件下，单位质量的锂离子电容器所能输出的功率，符号为 P_{m}，单位为瓦每千克 (W/kg)。

$$P_{\mathrm{m}} = \frac{P}{m} = \frac{U \times I}{m} \tag{1.10}$$

式中，P 为锂离子电容器在一定放电条件下对外做功的功率，单位为瓦 (W)；m 为锂离子电容器单体的质量，单位为千克 (kg)。

10. 最大功率密度 (maximum power density)

单位质量的充满电的锂离子电容器能对外电路所做的最大功率。符号为 $P_{\max}$，单位为瓦每千克 (W/kg)，该值在外电路阻抗与锂离子电容器内阻相等时取得。

$$P_{\max} = \frac{U_{\mathrm{R}}^2}{4mR} \tag{1.11}$$

11. 库仑效率 (Coulombic efficiency)

库仑效率是指充放电效率，用放电容量与充电容量的百分比表示。

$$C_{\mathrm{E}} = \frac{Q_{放}}{Q_{充}} \tag{1.12}$$

库仑效率与电极的稳定性和电极/电解质界面的稳定性有关。电极活性材料的结构、形态、导电性的变化，电解质的分解，电极界面的钝化等都会影响库仑效率。

12. 能量效率 (energy efficiency)

能量效率是指锂离子电容器放电能量与充电能量的比值，是介于 0~1 的无量纲数字，有时也会用百分数表示。

13. 循环寿命 (cycle life)

锂离子电容器经历一次充放电，称为一个周期。循环寿命是指锂离子电容器在一定条件下进行充放电，当放电比容量达到规定值时的循环次数。影响循环寿命的主要因素有：充放电过程中，电极活性物质表面积减小，工作电流密度上升，极化增大；电极上活性物质脱落或转移，电极材料晶型改变或发生腐蚀，活性降低；电容器内部短路以及隔膜损坏等。

14. 自放电 (self-discharge)

自放电是指在开路状态下，锂离子电容器在一定条件下储存时容量下降的现象。自放电速率是单位时间内容量降低的百分数。

15. 电压保持能力 (voltage holding characteristics)

电压保持能力是指将锂离子电容器恒流充电至额定电压，再以额定电压恒压充电 30 min，然后在室温条件下开路静置 72 h 后，锂离子电容器的端电压与额定电压的比值。

16. 漏电流 (leakage current)

漏电流是指将锂离子电容器充电至一定电压，持续一段时间后，为了维持该电压，需要给锂离子电容器充电的电流。

17. 荷电状态 (state of charge, SOC)

荷电状态是指当锂离子电容器使用一段时间或长期搁置不用后，剩余容量与初始充电状态容量的比值，常用百分数表示。SOC = 100%表示锂离子电容器充满状态。

18. 放电深度 (depth of discharge, DOD)

放电深度是放电程度的一种度量，体现为锂离子电容器放电容量与额定放电容量的百分比。

参考文献

[1] 陈海生, 李泓, 马文涛, 等. 2021 年中国储能技术研究进展. 储能科学与技术, 2022, 11(3): 1052-1076.

[2] Aravindan V, Gnanaraj J, Lee Y S, et al. Insertion-type electrodes for nonaqueous Li-ion capacitors. Chemical Reviews, 2014, 114(23): 11619-11635.

[3] Han P X, Xu G J, Han X Q, et al. Lithium ion capacitors in organic electrolyte system: scientific problems, material development, and key technologies. Advanced Energy Materials, 2018, 8(26): 1801243.

[4] Li B, Zheng J, Zhang H, et al. Electrode materials, electrolytes, and challenges in nonaqueous lithium-ion capacitors. Advanced Materials, 2018, 30(17): 1705670.

[5] 张晓虎, 孙现众, 张熊, 等. 锂离子电容器在新能源领域应用展望. 电工电能新技术, 2020, 39(11): 48-58.

[6] Beguin F, Frackowiak E. Supercapacitors: Materials, Systems, and Applications. Weinheim: Wiley-VCH Verlag GmbH, 2013.

[7] Yata S, Hato Y, Sakurai K, et al. Polymer battery employing polyacenic semiconductor. Synthetic Metals, 1987, 18(1): 645-648.

[8] Yata S, Okamoto E, Satake H, et al. Polyacene capacitors. Journal of Power Sources, 1996, 60(2): 207-212.

[9] Yata S, Hato Y, Kinoshita H, et al. Characteristics of deeply Li-doped polyacenic semiconductor material and fabrication of a Li secondary battery. Synthetic Metals, 1995, 73(3): 273-277.

[10] Morimoto T, Tsushima M, Che Y. Performance of capacitors using organic electrolytes. MRS Online Proceedings Library, 1999, 575(1): 357-367.

[11] Amatucci G G, Badway F, Du Pasquier A. Novel asymmetric hybrid cells and the use of pseudo-reference electrodes in three electrode cell characterization. Electrochemical Society Proceedings, 1999, 99-24: 344-359.

[12] Amatucci G G, Badway F, Du Pasquier A, et al. An asymmetric hybrid nonaqueous energy storage cell. Journal of the Electrochemical Society, 2001, 148(8): A930-A939.

[13] Du Pasquier A, Plitz I, Gural J, et al. Power-ion battery: bridging the gap between Li-ion and supercapacitor chemistries. Journal of Power Sources, 2004, 136(1): 160-170.

[14] Li H, Cheng L, Xia Y. A hybrid electrochemical supercapacitor based on a 5 V Li-ion battery cathode and active carbon. Electrochemical and Solid-State Letters, 2005, 8(9): A433-A436.

[15] Brousse T, Marchand R, Taberna P L, et al. TiO_2 (B)/activated carbon non-aqueous hybrid system for energy storage. Journal of Power Sources, 2006, 158(1): 571-577.

[16] Wang Q, Wen Z H, Li J H. A hybrid supercapacitor fabricated with a carbon nanotube cathode and a TiO_2-B nanowire anode. Advanced Functional Materials, 2006, 16(16): 2141-2146.

[17] Konno H, Kasashima T, Azumi K. Application of Si-C-O glass-like compounds as negative electrode materials for lithium hybrid capacitors. Journal of Power Sources, 2009, 191(2): 623-627.

[18] Naoi K. "Nanohybrid capacitor": the next generation electrochemical capacitors. Fuel Cells, 2010, 10(5): 825-833.

[19] Jang B Z, Liu C, Neff D, et al. Graphene surface-enabled lithium ion-exchanging cells: next-generation high-power energy storage devices. Nano Letters, 2011, 11(9): 3785-3791.

[20] Ma Y F, Chang H C, Zhang M, et al. Graphene-based materials for lithium-ion hybrid supercapacitors. Advanced Materials, 2015, 27(36): 5296-5308.

[21] Lang J, Zhang X, Liu B, et al. The roles of graphene in advanced Li-ion hybrid supercapacitors. Journal of Energy Chemistry, 2018, 27(1): 43-56.

[22] Li C, Zhang X, Sun C, et al. Recent progress of graphene-based materials in lithium-ion capacitors. Journal of Physics D: Applied Physics, 2019, 52(14): 143001.

[23] Dong S, Chen X, Gu L, et al. Facile preparation of mesoporous titanium nitride microspheres for electrochemical energy storage. ACS Applied Materials & Interfaces, 2011, 3(1): 93-98.

[24] Come J, Naguib M, Rozier P, et al. A non-aqueous asymmetric cell with a Ti_2C-based two-dimensional negative electrode. Journal of the Electrochemical Society, 2012, 159(8): A1368-A1373.

[25] Sun X, Zhang X, Huang B, et al. ($LiNi_{0.5}Co_{0.2}Mn_{0.3}O_2$ + AC)/graphite hybrid energy storage device with high specific energy and high rate capability. Journal of Power Sources, 2013, 243: 361-368.

[26] Sun X, Zhang X, Zhang H, et al. High performance lithium-ion hybrid capacitors with pre-lithiated hard carbon anodes and bifunctional cathode electrodes. Journal of Power Sources, 2014, 270: 318-325.

[27] Xu N, Sun X, Zhao F, et al. The role of pre-lithiation in activated carbon/$Li_4Ti_5O_{12}$ asymmetric capacitors. Electrochimica Acta, 2017, 236: 443-450.

[28] Sun X, Wang P, An Y, et al. A fast and scalable pre-lithiation approach for practical large-capacity lithium-ion capacitors. Journal of the Electrochemical Society, 2021, 168(11): 110540.

[29] Zhang X, Sun X, An Y, et al. Design of a fast-charge lithium-ion capacitor pack for automated guided vehicle. Journal of Energy Storage, 2022, 48: 104045.

[30] Jin L M, Shen C, Shellikeri A, et al. Progress and perspectives on pre-lithiation technologies for lithium ion capacitors. Energy & Environmental Science, 2020, 13(8): 2341-2362.

[31] 荆葛, 阮殿波. 电化学电容器正名. 储能科学与技术, 2020, 9(4): 1009-1014.

[32] Shellikeri A, Hung I, Gan Z, et al. *In situ* NMR tracks real-time Li ion movement in hybrid supercapacitor-battery device. Journal of Physical Chemistry C, 2016, 120(12): 6314-6323.

第2章

锂离子电容器正极材料

2.1 概述

锂离子电容器的正极材料是支撑其大电流充放电和高功率密度的关键部件，这与正极的电容性储能机制密切相关。在放电过程中，电子源源不断地从负极经外电路流向正极，因而在正极处产生了瞬时电子富余，导致正极电位不断降低，与此同时，正极表面吸附的阴离子向电解液体相转移；在充电过程中，电子从外界涌入负极产生电荷分离，降低了负极电位，这样就导致正极界面处因电子流出而电位升高，此时正极表面不断吸附阴离子以维持双电层的电中性。在充放电过程中，正极界面处能迅速形成双电层以存储或释放能量，从而提供了较高的充放电速率和倍率特性。

正极是快速存储电荷的场所，决定着锂离子电容器的功率密度，因此优良的正极材料必须具备以下特点：① 高导电性，有利于电子在电极体相内部及材料颗粒间的快速传导，降低电极内阻及极化现象，同时也能够促进电荷在双电层界面内的快速输运；② 高比表面积，为双电层的形成提供充足的电荷分离场所，提升正极的储能容量；③ 发达的孔隙结构，有利于电解液离子快速扩散至电极孔洞内部形成双电层，改善电极的大倍率充放电性能；④ 高体积密度，有利于提升器件的体积能量/功率密度；⑤ 良好的电化学惰性，避免与电解液发生不可逆副反应，有利于提供长循环寿命。

碳基材料具有较高的电导率、大比表面积 (大于 1000 m^2/g)、高孔体积 (大于 0.5 cm^3/g)、优良的化学稳定性，以及来源广泛、成本低、易加工等优势，被普遍认为是理想的正极材料，因而在商业化锂离子电容器中获得了广泛使用。目前，应用于锂离子电容器正极的碳材料种类繁多，主要包括活性炭、模板碳、碳纳米管、石墨烯、生物质炭、碳气凝胶等。

2.2 活性炭

活性炭 (AC) 是一种具有多孔结构、比表面积大、吸附能力强的碳材料，最突出的特点是利用高温活化的方式 (物理活化和化学活化) 在木炭、木屑、果壳、煤炭、石油焦、沥青等原料前驱体中刻蚀出孔，从而使得炭产物具有发达的孔隙和优良的吸附性能，在催化、吸附、化工、医药等领域具有高度活性，因此得名活性炭。活性炭的原料木炭古已有之，当时的人们选用晾干的木头封入密闭的窑中，然后隔绝氧气进行煅烧得到木炭，从而掌握了

“烧炭”的工艺。在此过程中，木炭会形成较为疏松的结构，具有很好的孔隙，有很好的吸附性能，曾被用作防腐剂。现代活性炭产业起源于 20 世纪初的欧洲。活性炭之父 Ostrejko 于 1900 年申请了关于金属氯化物活化木炭的英国专利 (B.P. 14224)，并于 1903 年申请了关于水蒸气活化木炭的美国专利 (US 739104)，奠定了活性炭制造工艺的技术基础。1911 年，奥地利 Fanto 公司在维也纳投产粉末活性炭，标志着活性炭产业的诞生。第一次世界大战期间，人们出于军事目的研制防毒面具，开发出具有更高密度的活性炭颗粒。随后，人们探究了其他宏观形态的活性炭材料，如活性炭纤维、活性炭布和活性炭毡等，以满足更加苛刻的工业技术需求。目前，活性炭材料在电容性储能领域，如超级电容器、锂离子电容器等方面得到了广泛使用。

活性炭材料的分类方式有多种，如图 2-1 所示。为起到明确标识和便于记忆的效果，通常根据制造方法、宏观形态、用途功能以及孔径大小，将活性炭归纳为若干大类。按照活化方法的不同，活性炭可分为物理活化、化学活化；从宏观形态来看，可将活性炭分为颗粒状、粉末状和活性炭纤维、活性炭布等；按照原料的不同，活性炭又可划分为煤基、石油基、树脂基、生物质基；根据用途的不同，活性炭分为液相吸附、气相吸附、催化剂载体、电化学储能等。

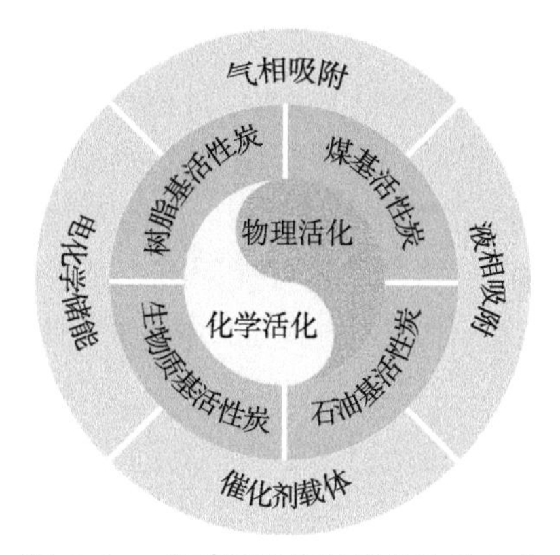

图 2-1 各种活性炭材料的分类方式

2.2.1 活性炭的微观结构和化学性质

活性炭电化学性能的优劣，不仅和它的宏观形态有关，而且和它的内部晶体结构及其表面的化学结构密切相关。因此探究一种活性炭是否适应于电容储能，必须要深入探讨其微观结构与性能之间的构效关系。下面首先简述活性炭材料的微观结构和化学性质。

1. 微观结构

活性炭的微观结构模型是借助石墨的结构描述的。石墨的每一层碳原子以 sp^2 杂化成键形成六元环状，p 轨道平行排布并相互交叠形成 π 共轭键，碳原子层之间依靠范德瓦耳斯力以密堆积的形式有序堆叠成三维结构，其中 C—C 键长 1.42 Å，碳原子层间距为 3.4 Å，如图 2-2 (a) 所示。活性炭同样是以碳为主要成分的材料，本质上属于非晶材料，结构较为复杂。活性炭的前驱体，如木材、煤等，经过碳化和活化后部分碳原子之间形成了石墨微晶，但是不存在石墨那样规整的堆积结构，其余部分的碳原子呈现无规则排布。因此与晶态石墨、金刚石等材料中碳原子按一定规律排布的微观结构不同，活性炭是由细微的石墨状结晶区域和非晶质的无定形碳区域相互无序地连接，其微晶结合的间隙形成孔隙，赋予活性炭所特有的高比表面积和多孔结构。

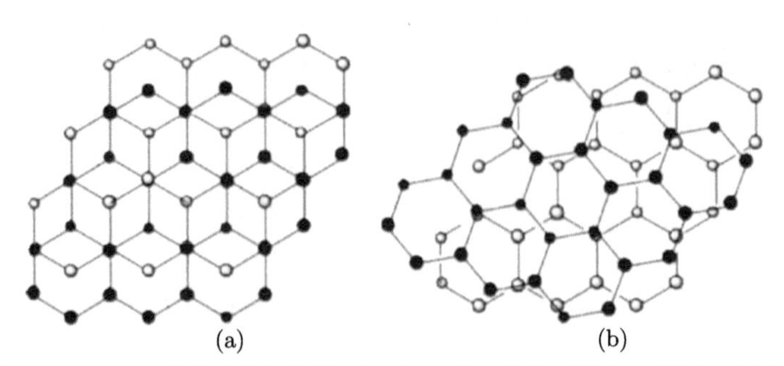

图 2-2 (a) 规则排列的石墨层；(b) 活性炭微晶结构中的乱层结构

目前在 X 射线衍射数据分析的基础上，已发现活性炭中的石墨微晶是由诸多排列成六元环状的碳原子层不规则地平行堆叠而成的。但是，与石墨根本不同的是，活性炭中各个碳原子层不存在共同的垂直晶轴，片层之间存在着杂乱的角位移 (图 2-2 (b))。活性炭的这种排列方式被称为“螺层状结构”，其微晶结构及晶区大小主要取决于碳化温度，温度越高，微晶尺寸越大。一般而言，微晶区域的宽度约为 2 nm，相当于 10 个碳六元环的半径，厚度约为 1 nm，相当于三层石墨片。除了石墨状的微晶结构之外，活性炭中还存在另一种微晶结构。由于石墨微晶的片层之间轴向不同，层间距也不均一，石墨的碳原子层发生空间扭曲，交联形成无序的结构。这种结构可能因氧、氮等杂原子的进入而趋于热力学稳定。绝大多数活性炭材料中均含有上述两种微晶结构，而活性炭的最终性质与微晶结构/非晶结构的比例密切相关。

2. 化学性质

工业上通常采用元素分析仪来测定活性炭的元素组成。活性炭中碳元素的含量达到 90%以上，这就决定了活性炭本质上是一种疏水性材料，在水系储能器件中表面难以完全被电解液浸润，但是锂离子电容器使用的有机电解液体系能够良好地润湿活性炭表面。由于活化/碳化温度的限制，活性炭中仍然存留一定的氧元素，其所占比例大约在 5%。氧元素的存在方式通常有两种，一是以羧基、羟基、羰基等官能团形态存在于活性炭的表面，二是存在于灰分中。此外，根据原料来源不同，活性炭还含有微量的硫、氮、氢等元素。这些杂原子的存在能够增强活性炭与电解液的相互作用，改善活性炭表面的浸润情况，促进电解液向活性炭孔隙内的扩散 [1]。

衡量活性炭化学成分的另一重要指标是灰分 (强热残分)。原料中的无机金属和非金属元素在碳化过程中几乎不挥发而残余在产物中，其含量随碳化产率的降低而增加。由于原料的来源和活化工艺的不同，活性炭中的灰分含量也有显著差异。灰分不具备电化学活性，不参与电化学储能，因此在活性炭制备过程中，不仅应当对原料进行脱灰处理，也要对活化产物进行提纯以尽可能除去灰分 [2]。通常，木质活性炭的灰分较少 (小于 5%)。值得注意的是，活性炭中如果含有微量的铁、钴、镍等金属元素，容易在高电压下引起电解液的不可逆分解，不仅导致锂离子电容器产生较大的漏电流，也严重影响电极的循环寿命。总体而言，生物质活性炭含有较多的金属杂质，而以化石燃料为原料的活性炭中金属元素含量较少。目前主要的活性炭生产厂商其产品的铁元素含量通常能够控制在 100ppm①内。表 2-1 总结了活性炭的主要化学性质。

表 2-1 活性炭化学性质总结

化学性质	特点	分类
元素含量	以碳元素为主，含有数量不等的杂质元素	碳元素含量 >90%，氧元素约 5%，另有少量氮、硫等元素
表面成分	边缘碳原子处未饱和的化学键与氧、氢、氮和硫之类杂原子形成不同的表面基团	羰基、羧基、内酯基、羟基、醚基、氨基、巯基等
灰分	无机金属和非金属元素的稳定氧化物	K_2O、Na_2O、CaO、MgO、Fe_2O_3、Al_2O_3、SiO_2、P_2O_5 等

2.2.2 活性炭的孔径分布

自然界中存在着数量众多的多孔材料，孔径的大小、形态、分布具有本质差别(图 2-3)[3]。活性炭本质上也是多孔性的材料，因而孔隙率、孔径分布、孔形状等是活性炭电化学性能的重要指标，在很大程度上影响锂离子电容器的能量密度、功率密度和内阻，因此产业界对于活性炭的孔径分布、比表面积等性质要求很高，制备了一系列适应锂离子

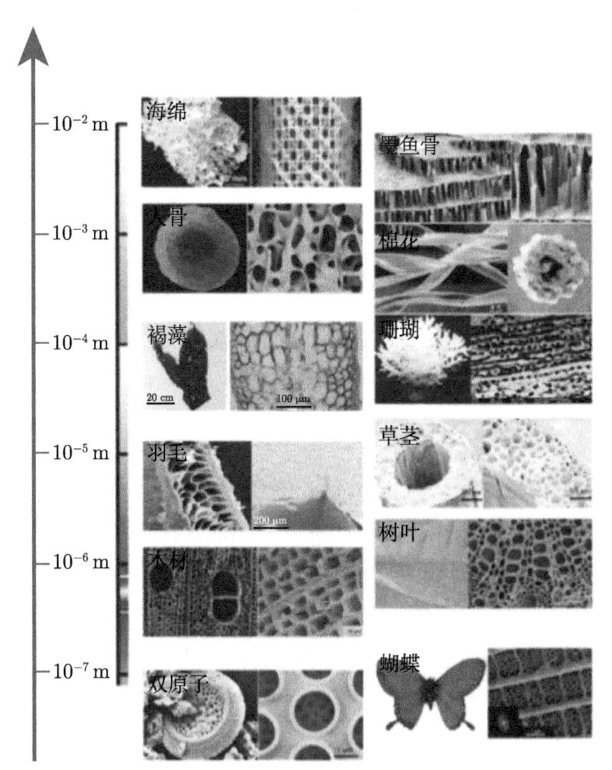

图 2-3 各类材料微观孔径的对比 (从下至上：双原子、蝴蝶、木材、树叶、羽毛、草茎、褐藻、珊瑚、棉花、人骨、墨鱼骨和海绵)[3]

① $1ppm=10^{-6}$。

电容器不同工况的活性炭材料。活性炭的孔隙是在活化/碳化过程中体相的碳原子被蚀刻掉而形成的各种微小尺寸的孔洞集合，孔隙的大小、形状和分布等因原料、活化方法、碳化温度的不同而呈现出差异。1960 年，苏联科学院院士杜比宁基于活性炭的吸附等温线将孔隙按直径分为三类，即大孔 (大于 50 nm)、介孔 ($2 \sim 50$ nm) 和微孔 (小于 2 nm)。这一分类方式于 1972 年被国际纯粹与应用化学联合会 (IUPAC) 采用，成为评价活性炭孔隙特性的通用分类方法。在活性炭中各种尺寸的孔洞往往相互交织互通，在微观上呈现树枝状结构。孔隙的形状是多种多样、形态各异的，包括一端封闭或两端开口的毛细管状孔，较大直径的柱状孔，开口处收缩的墨水瓶状孔，平面间的狭缝孔，V 型孔等。

了解每一种孔在储能过程中的作用是锂离子电容器正极材料研究的核心内容之一。正极材料主要依靠活性炭的孔隙和比表面积可逆吸附电解液中的异号离子而实现电荷分离，因此具有发达孔隙和高比表面积的活性炭能够存储更高的能量。如果将活性炭中的孔隙分布比作河流的干流，那么介孔就是支流，而微孔则是与支流相连接的众多小溪。大孔内壁上的微孔开口数与介孔内壁上的微孔开口数相比，所占比例是非常小的，甚至可以忽略不计。通常认为，微孔是电荷分离的主要场所，介孔提供了电解液离子穿梭的孔道，大孔则是储存电解液的部位。可以通过提升活性炭的介孔率来改善孔隙结构，使其更加适应电容储能。有研究表明，介孔主导的活性炭在大倍率充放电条件下的容量得到了显著提升，这是由于发达的孔隙有效改善了电解液离子在电极体相内部的扩散性能。活性炭的比容量随比表面积的增大呈现先线性增大后平缓的趋势，并不是完全的线性关系，这表明比表面积超过一定程度后对电极性能的提升有限。

1. 大孔

大孔结构的主要参数有：大孔容积、大孔表面积和大孔孔隙容积分布。按照杜比宁的定义，大孔的直径可远超过 50 nm，因此工业上无法使用吸附法测得大孔的结构参数，只能使用压汞法。活性炭的大孔容积范围一般在 0.2~0.8 cm^3/g，但是大孔的表面积却较小 ($0.5 \sim 2$ m^2/g)，这就决定了大孔对于活性炭的比表面积贡献很小。在储能过程中，大孔不仅起到输送管道的作用使电解液离子迅速进入活性炭颗粒内部，还可以充当“蓄水池”来缓冲电极界面处由扩散引发的电解液浓度的剧烈变化。

2. 介孔

介孔结构的主要参数有：介孔容积、介孔表面积和分布函数。介孔的尺寸虽然比大孔小，但却比电解液离子直径大得多，因此介孔在储能过程中的作用主要是为电解液的快速扩散提供发达的通道，尤其有利于大电流下的储能性能提升。介孔的孔容一般在 $0.02 \sim 0.1$ cm^3/g 的范围内，孔的比表面积在 $20 \sim 70$ m^2/g。活性炭的介孔分布与活化方式密切相关。有研究表明，$ZnCl_2$ 活化法制备的活性炭的介孔容量可以达到 0.7 cm^3/g，比表面积可以达到 400 m^2/g。

在锂离子电容器的构建中，不仅要评估电极材料的本征性能，还要考虑到材料组装成单体后的性能。活性炭比表面积越大、粒径越小，会出现振实密度偏低的问题，导致制备的电极体积密度较低。活性炭中的大孔、介孔结构越多，越会在孔内部截留更多的电解液，导致单体的吸液量显著增加，不利于提高单体的质量能量密度和功率密度。因此，活性炭材料的比表面积和孔径结构与锂离子电容器的实际性能之间存在着相互制约的关系，在实际生产过程中应当根据器件的指标选用合适型号的活性炭。

3. 微孔

微孔是活性炭中最小的孔，与溶剂化的电解液离子尺寸在同一个数量级，此外，微孔内部还存在着孔壁吸附力场的叠加，使得其吸附势远高于介孔。活性炭的微孔容积是0.2~0.7 cm^3/g，贡献了超过90%的活性炭比表面积。因此，微孔的结构是直接影响电解液在电极表面可逆吸附的关键因素，在低电流密度下，相同比表面积的活性炭中，高微孔率的材料具有较高的比容量。Chmiola 等[4] 发现了碳材料在有机电解液中的容量反常现象 (图 2-4)，研究表明对于孔径在 1 nm 以下的微孔，由于脱溶剂化效应，电解液离子仍然能够顺利进入微孔道内，从而使得容量得到明显提升。以上结果进一步说明了孔径调控对电极材料电化学性能的影响。

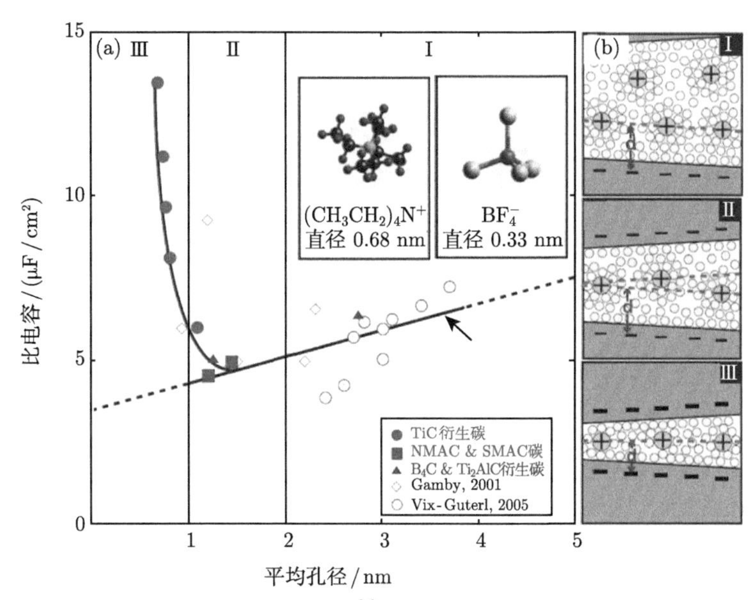

图 2-4 电极材料中的微孔引起的电容升高现象 [4]。(a) 比电容随平均孔径的变化关系；(b) 电解液离子在不同尺寸孔径中的状态

2.2.3 活性炭的制备方法

活性炭的制备是指将各种含碳原料在适当的温度下预碳化、活化、碳化后，漂洗、烘干得到碳产物的过程。其中，活化过程是活化剂与含碳前驱体发生复杂化学反应造孔的过程，直接决定了活性炭的最终比表面积和孔径分布情况，因而是活性炭制备的关键技术环节。活化过程的微观机制通常包括三步：① 在活化剂的作用下前驱体中原有的封闭孔隙被打通；② 孔隙因内壁被活化剂蚀刻而进一步扩大；③ 碳前驱体表面上形成新的孔隙。

碳材料的活化可以通过两种工艺进行：① 采用不同的氧化性气体进行的物理活化，如空气、氧气、二氧化碳、蒸汽或混合气体；② 采用各种化学氧化剂进行的化学活化，如 KOH、NaOH、H_3PO_4、$ZnCl_2$ 或这些化学试剂的混合物等 [5]。物理活化过程分为两个关键步骤，即首先前驱体在 400 ~ 900 ℃ 的惰性气氛 (通常是氮气) 中进行热解，然后使用 350 ~ 1000 ℃ 的氧化性气体进行活化，蚀刻掉部分碳原子以产生发达的孔隙和表面积。物理活化法具有工艺简单、生产成本低等优势，但是所得碳产物的比表面积通常低于 1500 m^2/g，难以获得分布均匀的孔径结构。相比之下，化学活化是一步过程，将活化剂与碳前驱体进行均匀混合后在 450 ~ 900 ℃ 的温度下进行活化，通常可得到具有更高比表面积和孔容积的产品。一般而言，化学活化法制备的活性炭比表面积较高，但是需要使用腐蚀性的化学试剂和较复杂的后处理工艺。为了将物理活化和化学活化法的优势进行结合，工业中也常将这两种方法交替进行以获得具有更优性能的活性炭。表 2-2 总结了物理活化法与化学活化法制备活性炭的特点。

表 2-2 物理活化法与化学活化法制备活性炭的特点

活化方式	活化剂	活化温度/℃	活化时间	比表面积/(m^2/g)	产率/%
物理活化	空气、CO_2、水蒸气	300 ~ 1000	较长	< 1500	70
化学活化	KOH、H_3PO_4、$ZnCl_2$	450 ~ 900	较短	> 2000	20

KOH 是目前广泛使用的活化剂，可以通过改变 KOH 的投料比、活化温度和活化时间制备具有极高比表面积 (2500 ~ 3000 m^2/g) 的活性炭材料，同时又能较为精确地调控活性炭狭窄的孔径分布 [6]。活化步骤主要包括含碳原料的预处理，活化剂与碳原料的均匀混合，在惰性气体保护下的活化和碳化，清洗活性炭中的无机盐。KOH 活化法的优势是在增加比表面积的同时，又能维持大量的微孔，而其他的活化方式往往容易造成孔径分布的宽化。KOH 活化法制备的活性炭兼具高比表面积和发达孔径。以烟煤和无烟煤作为原料，通过调节 KOH/煤原料质量比、气流速度和浸渍方法，能够得到以均匀分布的微孔为主要孔隙的活性炭材料，比表面积达到 2000 m^2/g。Zhai 等 [7] 研究了中间相沥青的预碳化对活性炭的结构特性和电化学性能的影响，发现预碳化有利于石墨微晶的生长。随着预碳化温度的升高，活性炭的比表面积达到 2258 m^2/g，孔径密集分布于 1.5 ~ 2.4 nm 的范围内。

2.2.4 活性炭的化学改性

通过对活性炭进行化学改性而实现表面功能化是提高碳材料电容性能的有效方法。含有杂原子 (如氮、硫、磷、硼等元素) 的活性炭能够增加电极与电解液之间的浸润性，有利于电解液离子扩散进入活性炭内部的细微孔径中，从而使活性炭的高比表面积优势得到充分发挥。此外，适量的杂原子还可以提升活性炭电极的赝电容。因此，对活性炭表面的化学改性成为提升活性炭电化学性能的重要手段，目前有大量的工作集中于该领域。

氮 (3.04) 和碳 (2.55) 的电负性差异较大，氮掺杂将导致活性炭中的碳原子产生极化，引发一系列的化学性质改变。含氮基团可以产生或增加氧化还原反应、电子供体能力和电极润湿性。Sun 等 [8] 采用氯化锌活化法制备得到了氮、硼共掺杂活性炭 (BNGC)，微观形貌如图 2-5 (a) 和 (b) 所示，比表面积达到 1567 m^2/g，具有微孔、介孔交织的层级孔径分布，孔容达到 0.48 cm^3/g。图 2-5(c)~(e) 中高倍透射电子显微镜 (TEM) 照片清晰地显示出材料的微观晶区，碳原子层间距约为 3.4 nm。BNGC 的氮和硼掺杂量分别达到了

5.33at%①和 3.19at%，如图 2-5 (f)~(i) 所示，显著提升了电极材料的电导率。BNGC 独特的微观结构和高电子迁移率使其可用作先进的电容储能材料。

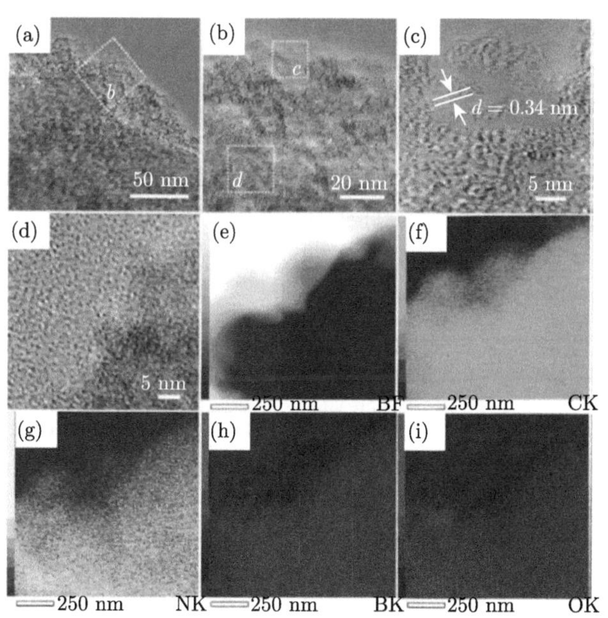

图 2-5 (a)、(b) 不同放大倍率的 BNGC 透射电子显微镜照片；(c)、(d) 选定区域的 BNGC 高倍透射电子显微镜照片；(e) BNGC 的明场图像；(f)~(i) BNGC 的碳、氮、硼、氧元素分布图像 [8]

磷与氮是同一主族的元素，化学性质相似。具有较大原子半径和较高给电子能力的磷原子倾向于诱导更多的活性位点并提高电化学活性。Zhou 等 [9] 使用酚醛树脂为原料制备得到了磷掺杂活性炭，组成电极后在有机电解液中的比电容相对于未掺杂活性炭样品提升了 43.5%。Nasini 等 [10] 使用三聚氰胺为氮源、多磷酸为磷源，采用微波辅助碳化法制备得到磷、氮共掺杂活性炭，并通过改变碳化过程中三聚氰胺与多磷酸的量来控制氮、磷掺杂含量。与其他杂原子类似，硫元素中的孤对电子在掺杂进入活性炭体相后能够促进赝电容的产生，同时也能影响活性炭的孔径分布。Huang 等 [11] 制备了硫掺杂量为 2.7at%的活性炭，比表面积为 1094 m^2/g。进一步研究发现，活性炭硫掺杂后，介孔和微孔贡献的比表面积略有下降，但是孔径的分布出现宽化，孔径尺寸变大。因此，含硫官能团和较大的孔径结构使得电极的比容量相对于未掺杂活性炭电极得到大幅提升。Ma 等 [12] 制备了具有发达孔径结构的氮硫共掺杂碳正极材料，与钛酸锂负极组成锂离子电容器后，基于活性物质的能量密度达到 86.2 W·h/kg，功率密度达到 7.4 kW/kg (本章中如果没有特殊说明，都是基于正负极活性物质总质量计算得到的能量密度和功率密度)，并且循环 2000 次后容量仍然保持 87%。

2.2.5 活性炭在锂离子电容器中的应用

活性炭具有较高的电导率、大比表面积、低成本等优势，是锂离子电容器正极材料的首选，也是唯一实现商业化的正极材料。2001 年 Amatucci 等 [13] 率先提出锂离子电容器概

① at%代表原子百分。

念，采用了聚丙烯腈为前驱体合成的活性炭作为正极材料，纳米钛酸锂 ($Li_4Ti_5O_{12}$) 作为负极材料，取得了超过 20 W·h/kg 的能量密度，5000 次循环后容量损失仅为 10%～15%，显示出良好的电化学稳定性。为了进一步提升锂离子电容器的储能性能，人们希望得到具有更高导电性和比电容的活性炭。基于这一目的，研究人员将活性炭石墨化以及将其与高导电性的材料复合。Cho 等 [14] 合成了兼具有序与无序微观结构的部分石墨化活性炭 (PG-AC) 正极，比表面积虽然降低至 992 m^2/g，但是电导率得到大幅提升，电荷转移能力随之增强，因此容量得到明显提升 (图 2-6(a) 和 (b))。从循环伏安 (CV) 图可以看出，正极具有典型的电容特性，能够作为锂离子电容器的正极材料。以高容量钛酸锂为负极 (图 2-6(d))，器件基于电极材料的质量比电容和体积比电容仍然可以达到 60 F/g 和 48 F/cm^3。

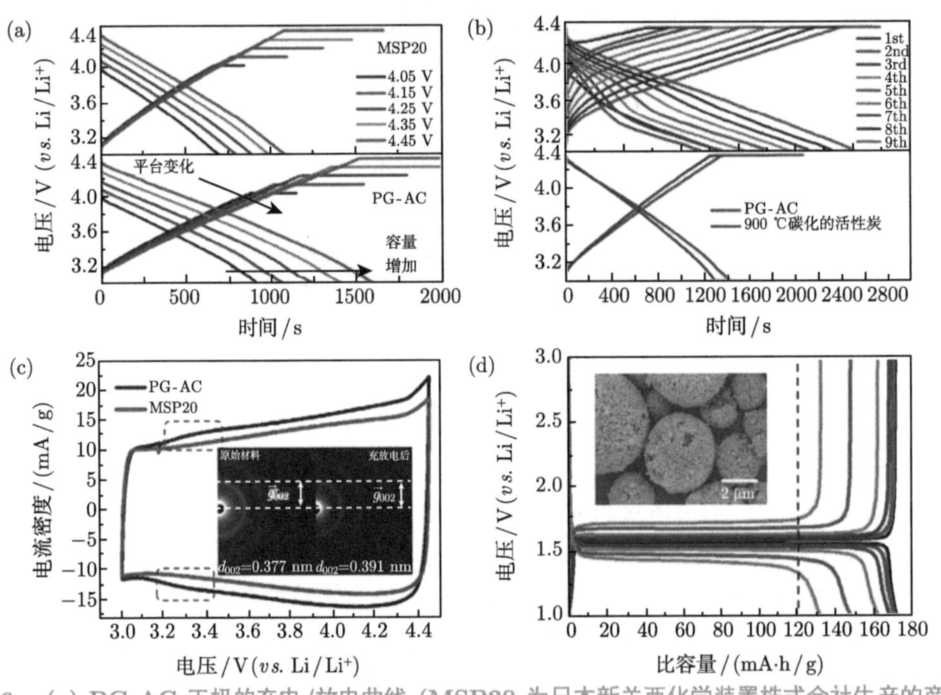

图 2-6 (a) PG-AC 正极的充电/放电曲线 (MSP20 为日本新关西化学装置株式会社生产的商用活性炭)；(b) 碳化活化后样品的充电/放电曲线；(c) 以 0.1 mV/s 的扫描速率得到的循环伏安图；(d) 在不同电流密度下 $Li_4Ti_5O_{12}$ 负极的充电/放电曲线 [13]

比表面积是活性炭材料的重要指标之一，通常锂离子电容器正极的性能与比表面积呈正相关。因此为了获得高比表面积和合适微结构的活性炭材料，Bhattacharjee 等 [15] 采用化学活化法制备得到了稻壳基活性炭 (ARH) 作为正极材料。具体流程举例如下：将从碾米机收集的稻壳用温蒸馏水清洗并在 110 ℃ 下干燥，随后在 110 ℃ 下浓度为 1 M 的氢氧化钠溶液中浸渍 36 h 除去二氧化硅杂质，随后用蒸馏水洗涤产物并在 80 ℃ 下干燥。将预处理的原料与磷酸以 1∶3 的质量比充分混合，在 120 ℃ 的热风烘箱中干燥 24 h，随后在氩气气氛中在 500 ℃ 下活化，所得黑色粉末状固体用去离子水洗涤多次并在 80 ℃ 下干燥。ARH 微观形貌是典型的无序结构，比表面积达到 1548 m^2/g，平均孔径为 1.5 nm，孔容高达 1.15 cm^3/g，1000 次恒流充放电循环后，比电容仍高达 100 F/g。将 ARH 正极与硼掺杂石墨烯负极组装成锂离子电容器后，功率密度为 590 W/kg 时，能量密度可达 162 W·h/kg，经过 25000 次循环后仍保持约 65%的初始电容值。Babu 等 [16] 使用氢氧化钾和磷酸活化稻壳原料制备得到两种活性炭正极，并分别比较了它们与钛酸锂负极配合后的电化学性能。采用氢氧化钾和磷酸活化的活性炭为正极的锂离子电容器两者最大能量密度分别达到 57 W·h/kg 和 37 W·h/kg。其中，基于 KOH 活化的活性炭的锂离子电容器在 4.3 kW/kg 的高功率密度下仍然能提供高达 45 W·h/kg 的能量密度，在 2 A/g 的高电流密度下，2000 次循环后的容量保持率为 92%。Kumagai 等 [17] 采用稻壳为原料，通过物理活化法制备了比表面积达到 1801 m^2/g 的活性炭正极，组装成锂离子电容器后能量密度达到 70 W·h/kg。上述实验数据充分展现出稻壳基活性炭在锂离子电容器正极材料中的应用潜力。

传统的活性炭材料是以微孔为主的多孔材料，但是在储能过程中过多的微孔结构不利于电解液离子的传输，因此在活性炭中构建具有微孔、介孔的层次孔径分布也是改善正极材料性能的重要途径之一。Jain 等 [18] 使用氯化锌活化法制备得到了具有 60%微孔结构的活性炭 (ZHTP)，比表面积达到 1652 m^2/g，总孔容达到 1.29 cm^3/g，在有机电解液中的比电容达到 159 F/g，证明了介孔含量的增多有利于提升正极的电化学性能 (图 2-7(a))。通过优化锂离子电容器中 ZHTP 正极与钛酸锂负极的质量配比，并使电极材料的负载量达到商业化器件的水平，最终获得了 69 W·h/kg 的能量密度，循环 2000 周后容量保持率为 83%

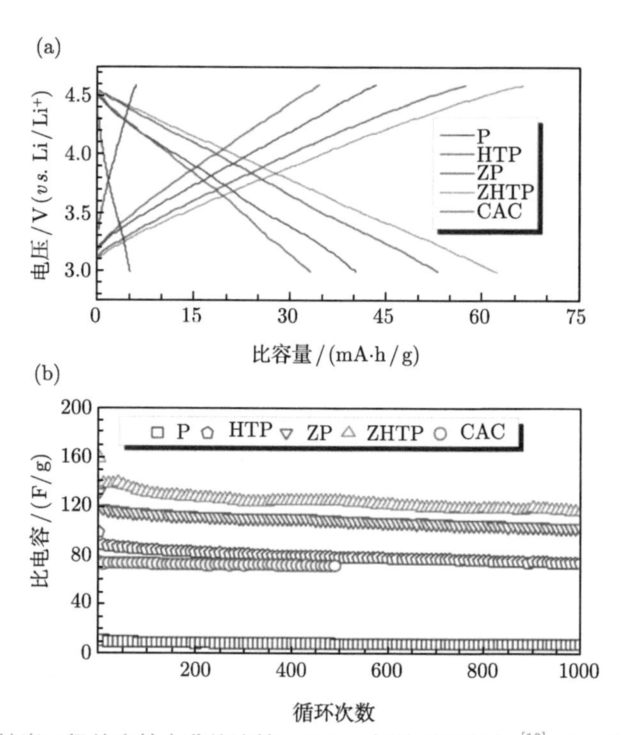

图 2-7 (a) 各类活性炭正极的充放电曲线比较；(b) 正极的循环寿命 [18]。P. 热解碳；HTP. 水热处理后的热解碳；ZP. $ZnCl_2$ 活性炭；ZHTP. 水热处理的 $ZnCl_2$ 活性炭；CAC. 商业活性炭

(图 2-7(b))。与商业化活性炭正极材料相比，ZHTP 明显提升了器件的储能容量。因此，这种制备方法可以用于设计高电化学活性的碳材料。为了确保锂离子电容器的高功率性能，关键的解决方案是通过调节电极材料的结构和形貌来促进电解液离子的传输，因此纳米材料的靶向设计是解决阴极和阳极之间动力学不平衡的关键技术。Li 等 [19] 提出了一种基于氢氧化钾活化法的层次孔活性炭 (HCN) 导向制备，产品的比表面积高达 2798 m^2/g，具备典型的层次孔微观结构，电导率达到 2400 S/m，有力地促进了电子在电极体相内部的传导和离子的高效扩散。用作锂离子电容器正极材料时，HCN 的比容量高达 140 mA·h/g，在 4 A/g 的电流密度下循环 10000 次后容量保持率仍然高达 98%，展现出优异的电容储能特性。基于 HCN 的锂离子电容器可以在 650 W/kg 的功率密度下提供 181 W·h/kg 的高能量密度，功率密度提升至 65 kW/kg 时，能量密度仍然高达 114 W·h/kg。该项研究证明了孔隙率和形貌调控对改善电极过程动力学的重要作用，从而揭示了未来设计高功率能量存储电极的通用策略。

有研究表明，位于碳层边缘的吡啶型氮和吡咯型氮可以提供丰富的活性位点，通过赝电容行为增强表面电荷存储，石墨型氮可以提高碳材料的电子电导率，因此最近研究人员重点关注各类掺杂活性炭材料的可控制备及其在锂离子电容器中的实际应用。Zou 等 [20] 采用氯化锌活化法，通过以尿素作为氮源，制备得到了氮掺杂量高达 9.6at%的活性炭 (NDPC)，显著改变了电极材料的电子结构，大幅提升了电导率。NDPC 电极的内阻和电荷转移电阻分别为 1.8 Ω 和 36.2 Ω，优于未经氮掺杂的样品，因此电极的倍率性能也得到了明显提升。电流密度为 0.25 A/g 时，NDPC 的比容量为 83 mA·h/g，电流密度增大 20 倍至 5 A/g 时，比容量仍然为 51.1 mA·h/g。基于 NDPC 正极的锂离子电容器可在 0 ~ 4 V 的电压范围内工作，功率密度为 0.5 kW/kg 时能量密度为 117 W·h/kg，而当功率密度提高至 10 kW/kg 时，能量密度为 88 W·h/kg，循环 8000 周后容量保持率为 81%，且在循环测试期间库仑效率始终接近 100%。最近研究人员提出了一种“原位模板/活化法”制备氮掺杂、层次孔活性炭 (NHCN)[21]，并将其应用于高能量密度锂离子电容器正极 (图 2-8 (a))。该方案制备流程简便易行，采用壳聚糖为原料、乙酸镁为模板剂、乙酸钾为活化剂，实现高温碳化、活化同步进行 (图 2-8 (b))，有利于调控产物的形貌、化学元素组成和孔径分布。NHCN 正极材料的比表面积最高可达 2350 m^2/g，是未经历活化样品的 3.3 倍，而氮含量则达到 5.3at%。进一步研究发现，活化后碳材料中石墨微晶的晶区尺寸从 4.63 nm 降低至 4.15 nm，表明产物具有更加无序的微观结构 (图 2-8(c)~(f))。电化学测试表明，NHCN 正极的比容量最高为 125 mA·h/g，且倍率性能优异，在 15 A/g 的高电流密度下比容量为 98 mA·h/g。基于 NHCN 正极和石墨烯负极的锂离子电容器其能量密度最高可达 146 W·h/kg，并在 52 kW/kg 的超高功率密度下能量密度仍然保持 103 W·h/kg。此外，40000 次循环后的容量保持率为 91%。以上实验结果证实，将活性炭的化学改性与孔径调控相结合是提高锂离子电容器能量密度、功率密度和循环寿命的有效方法。

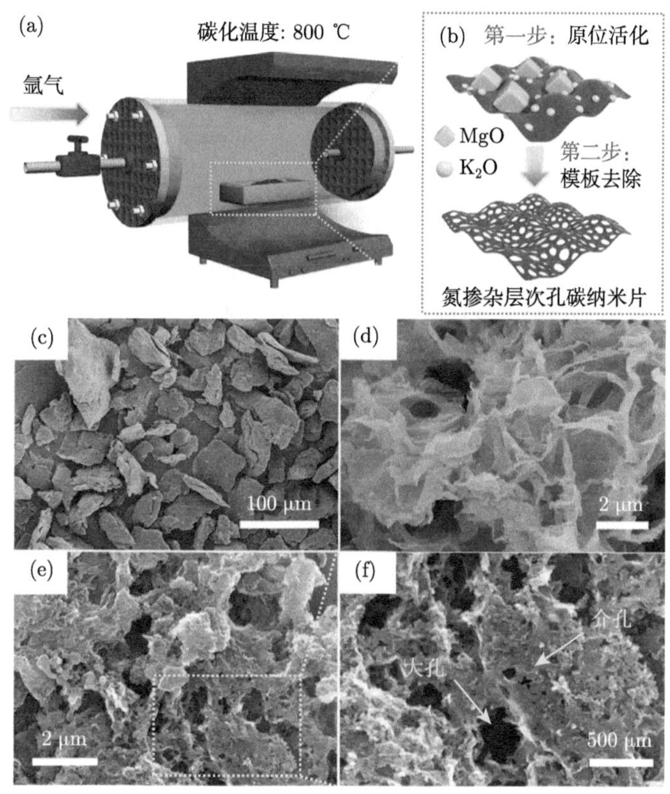

图 2-8 (a) 典型 NHCN 正极的制备流程；(b) 模板碳化微观过程示意图；(c)~(f) NHCN 正极的形貌表征 [21]

2.3 模板碳

碳材料由于其高度发达的孔隙率和比表面积，较高的电导率，良好的热力学稳定性和化学稳定性，生产工艺简单且价格低廉等特点，一直受到人们的关注，不仅在净化、分离等领域，而且在催化剂的载体、双电层电容器、传感器和气体储存等新兴领域都得到了广泛的应用。但是大多数碳材料具有结构无序性与孔径分布不均的缺点，从而限制了它们在各个领域中展现优势。例如，作为电化学电容器的电极材料时，其微孔是存储电荷的主要场所，但在大电流充电时，电解液离子不能快速进入微孔孔隙，从而导致电化学电容器的比容量下降；作为吸附剂时，若吸附质为聚合物、染料和维生素，只有中孔和大孔才能吸附这些物质，而微孔基本起不到作用；作为分子筛时，则需要其具有较窄的孔径分布。因此，制备具有特定孔隙结构的碳材料成为近年来材料领域的研究热点。目前，基于模板法制备得到的碳材料，不仅可以有效控制孔结构，而且可以根据需要，通过选择具有不同结构的模板剂，在微米级水平甚至纳米级水平来有效设计和裁剪孔结构及其形状，从而制备出常规方法无法制备的具有独特孔隙结构的模板碳。

图 2-9(a) 描述了模板法的基本概念，其本质上与制造陶瓷罐相同 [22]。要做一个罐子，首先要雕刻一块指定形状的木头模板，然后把黏土涂在木头的表面。通过加热，在大约 1000 ℃ 的温度下，黏土被转化为陶瓷，同时木材被烧空从而形成罐子内部的孔隙。因此，模板

碳的制备一般包括三个关键步骤：① 碳前驱体的制备/无机模板复合材料；② 高温碳化；③ 去除无机模板。

各种无机材料，包括氧化镁、二氧化硅纳米粒子 (硅溶胶)、沸石、阳极氧化铝膜和介孔二氧化硅材料，都已被用作模板。图 2-9(b)~(d) 分别描述了以沸石、介孔二氧化硅和合成二氧化硅蛋白石为模板合成微孔、介孔和大孔碳的过程。图 2-9(e) 显示了使用多孔氧化铝膜 (AAO) 模板合成碳纳米管 (CNT) 的过程。根据使用的模板的不同，模板法可以分为两种。① 硬模板法：将某种模板剂 (SiO_2、Al_2O_3、ZnO 等) 引入前驱体孔隙中，经过处理后的模板剂在前驱体中形成孔隙结构，采用强酸除去硬模板后制备出相应的介孔材料，理想情况下所得介孔材料的孔隙形貌保持了原来模板剂的形貌。② 软模板法：模板剂通过非共价键作用力，再结合电化学、沉淀法等技术，在纳米尺度的微孔或层间合成具有不同结构的材料，并利用其模板剂的调节作用和空间限制作用，对合成材料的尺寸形貌等进行有效控制。

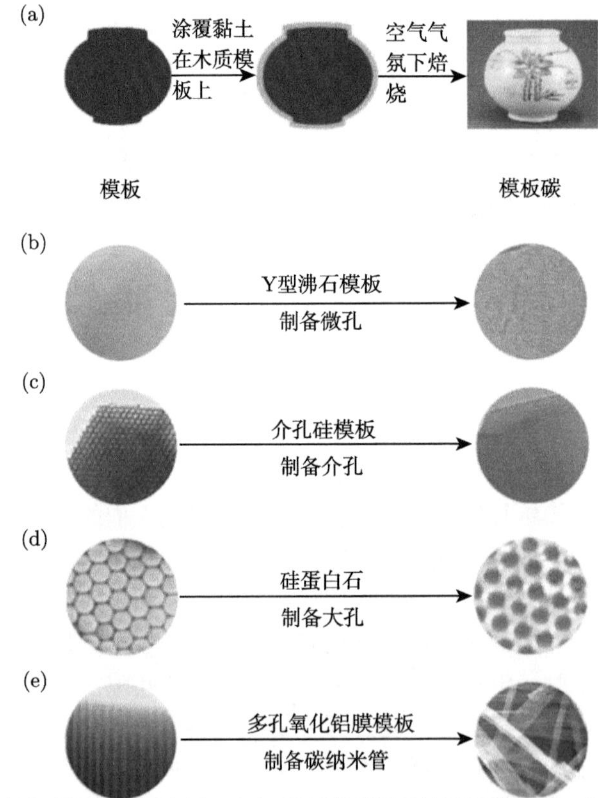

图 2-9 (a) 模板法制备碳材料的示意图；(b) 利用沸石制备的模板碳材料；(c) 利用介孔二氧化硅制备的模板碳材料；(d) 利用硅蛋白石制备的模板碳材料；(e) 利用多孔氧化铝膜制备的碳纳米管 [22]

1. MgO 模板

由于独特的晶体结构，MgO 容易形成二维 (2D) 片状或三维 (3D) 团簇的形态，因此可以使用 MgO 模板制备 2D/3D 模板碳。Song 等 [23] 以沥青为碳源，轻质 MgO 为模板，采用模板导向法批量制备了具有分级多孔结构的模板碳 (HPC)。在此方法中，煤焦油沥青沉积在 MgO 表面，模板碳在碳化过程中继承了 MgO 模板的固有形态，从而在模板去除后生成二维碳纳米片。HPC 的比表面积高达 2780 m^2/g，在 1.5~4.5 V 的电压窗口 (*vs.* Li/Li^+)，0.5 A/g 的电流密度下，具有 190 mA·h/g 的高比容量，并且在 4 A/g 的电流密度下，循环 2000 次后，仍具有 99%的容量保持率。以 HPC 分别作为正负极构建的锂离子电容器，在 0~4.0 V 的电压区间，1 A/g 的电流密度下，表现出 202 W·h/kg 的能量密度和 14431 W/kg 的功率密度，并且在 2 A/g 的电流密度下，循环 10000 次后，仍具有 91.3%的容量保持率 (图 2-10)。

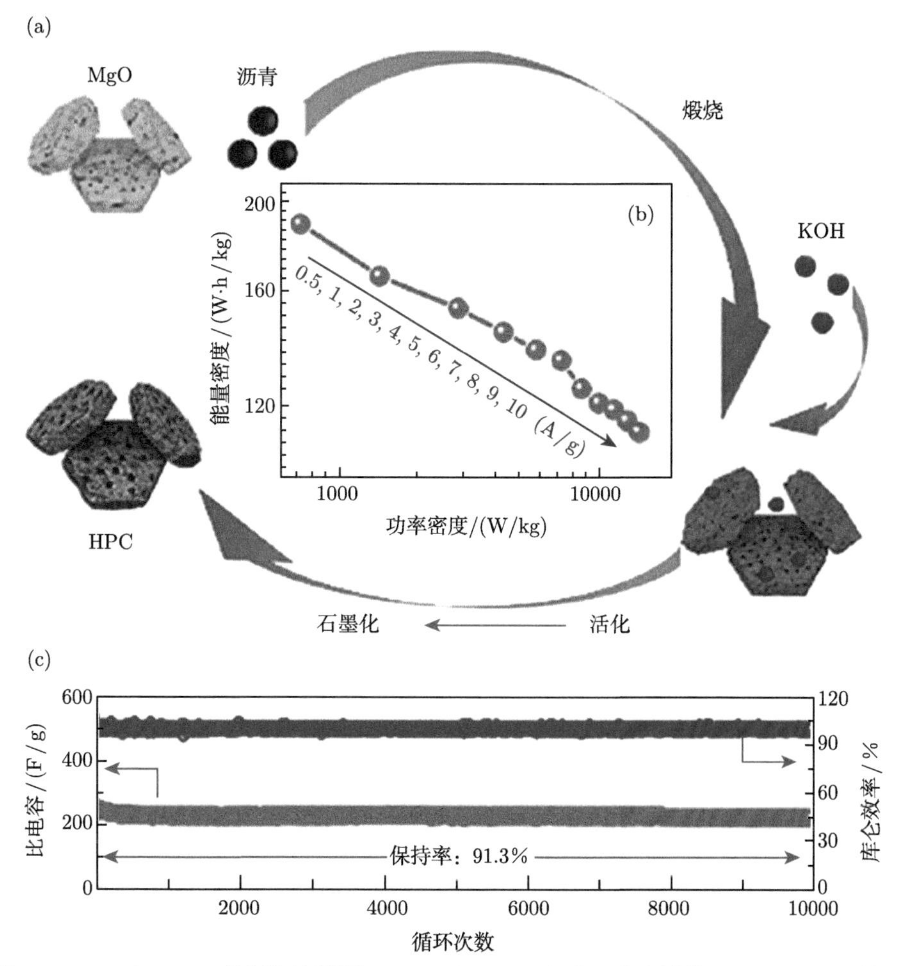

图 2-10 (a) HPC 的制备流程图；HPC//HPC 锂离子电容器的 (b) Ragone 图和 (c) 循环寿命图 [23]

2. $CaCO_3$ 模板

在 500 ℃ 的温度下，$CaCO_3$ 会分解形成 CaO 颗粒和 CO_2 气体。产生的 CO_2 气体与碳反应则生成微孔，去除 CaO 后可形成中孔和大孔，从而形成分级多孔模板碳材料。例如，Cho 等 [24] 以 $CaCO_3$ 为模板，橡胶木锯末为碳源，通过球磨混合和高温裂解制备得到模板碳材料，其比表面积高达 1604.9 m^2/g。在 0~2.7 V 的电压区间，0.5 A/g 的电流密度下，表现出 85 mA·h/g 的比容量，并且在 3 A/g 的电流密度下，循环 5000 次后，仍具有 94.5%的容量保持率。以 HPC 为正极，钛酸锂 ($Li_4Ti_5O_{12}$，LTO) 为负极制备锂离子电容器，在 0~2.5 V 的电压区间，0.15 A/g 的电流密度下，基于正负极活性物质总质量的比电容高达 130.5 F/g，并且在 281 W/kg 和 7031 W/kg 的功率密度下分别表现出 113.3 W·h/kg 和 39.2 W·h/kg 的能量密度。在 0.75 A/g 的电流密度下，循环 3000 次后，仍具有 92.8%的容量保持率 (图 2-11)。

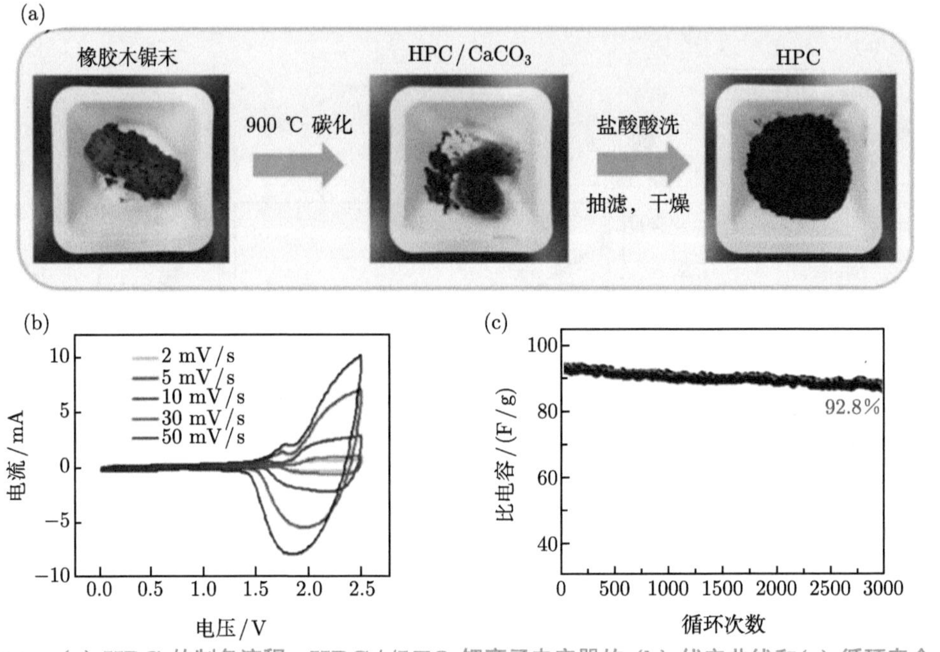

图 2-11 (a) HPC 的制备流程；HPC//LTO 锂离子电容器的 (b) 伏安曲线和(c) 循环寿命 [24]

3. $KHCO_3$ 模板

与 $CaCO_3$ 类似，$KHCO_3$ 会分解形成 K_2CO_3 颗粒和 CO_2 气体，从而引导碳骨架的形成，并且促进微孔和中孔的产生。例如，Qian 等 [25] 以石油沥青为碳源，$KHCO_3$ 为模板，通过高温热解法制备得到模板碳 (PCN-800)。PCN-800 的孔径吸附曲线 (图 2-12) 中初始阶段的快速吸附表明微孔丰富，而在较高压力下出现部分吸附和解吸表明存在中孔。由于独特的孔结构，PCN-800 表现出高达 1316.9 m^2/g 的比表面积和 0.722 cm^3/g 的孔容。在 2.0~4.5 V 的电压区间 (*vs.* Li/Li^+)，1 A/g 的电流密度下，提供了 75 mA·h/g 的比容量，并且在 2 A/g 的电流密度下，循环 4000 次，仍具有 60%的容量保持率。以 PCN-800 分别作为正负极构建锂离子电容器，在 1.0~4.2 V 的电压区间，在 1 A/g 的电流密度下，表现出 112 W·h/kg 的能量密度和 260 W/kg 的功率密度，并且在循环 9000 次后，仍具有 80%的容量保持率。

4. 盐晶体模板

Cui 等 [26] 发现 $NaHCO_3$ 作为盐晶体模板，在 145 ℃ 左右 (低于甲基纤维素的碳化温度) 可以分解为 Na_2CO_3 纳米颗粒，而纳米颗粒具有一种微孔/大孔相互连接的新型多孔骨架。因此，他们以甲基纤维素为碳源，$NaHCO_3$ 为盐晶体模板，辅以尿素与 KOH，通过一步碳化/活化法制备三维互连的掺氮模板多孔碳 (NPC)。NPC 具有 1748 m^2/g 的高比表面积，在 2.5~4.5 V 的电压区间 (*vs.* Li/Li^+)，0.1 A/g 的电流密度下，比容量高达 86 mA·h/g，在 5 A/g 的电流密度下循环 20000 次后，仍具有 80%的容量保持率。另外，以 NPC 为正极，预锂化的 NPC 为负极构建了全碳对称型锂离子电容器，在 0~4.0 V 的电压区间，0.1 A/g 的电流密度下，提供了 116 W·h/kg 的能量密度和 167 W/kg 的功率密度，并且在 10 A/g 的电流密度下，循环 20000 次后，容量保持率为 80%(图 2-13)。

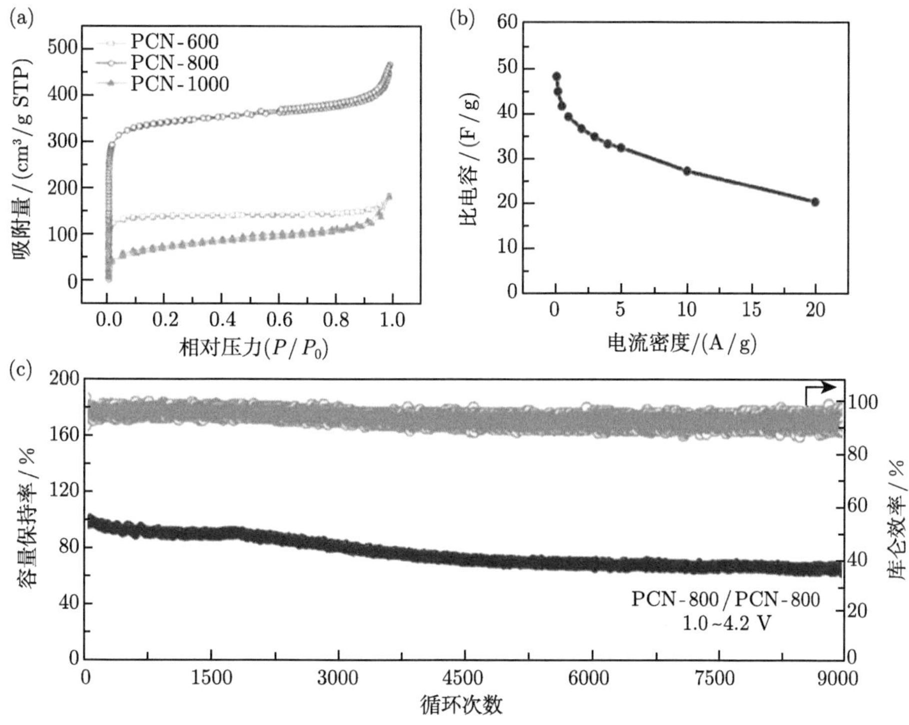

图 2-12 (a) PCN-800 的 BET 曲线；PCN-800// PCN-800 锂离子电容器的 (b) 倍率性能图和 (c) 循环寿命 [25]

5. NaCl 模板

NaCl 模板可将大孔结构引入碳材料中，并且提高碳材料的石墨化程度，但比表面积较低。因此，需要物理和化学活化来进一步提高比表面积并提高 NaCl 模板碳的比电容。Shi 等 [27] 以蛋清为碳源，NaCl 为模板，KOH 为活化剂，制备出具有 3898 m^2/g 高比表面积的分级模板碳材料 (a-EW-NaCl)。在 2.0~4.5 V 的电压区间 (*vs.* Li/Li^+)，0.1 A/g 的电流密度下，提供了 118.8 mA·h/g 的高比容量，并且在 5 A/g 的电流密度下，经过 4000 次循环后具有 80%的容量保持率。以 a-EW-NaCl 为正极，Fe_3O_4@C 为负极构建的锂离子电容器，在 1~4 V 的电压区间，1.5 A/g 的电流密度下，表现出 124.7 W·h/kg 的能量密度和 2547 W/kg 的功率密度，并且在 5 A/g 的电流密度下，经过 2000 次循环后，容量保持率为 88.3%(图 2-14)。

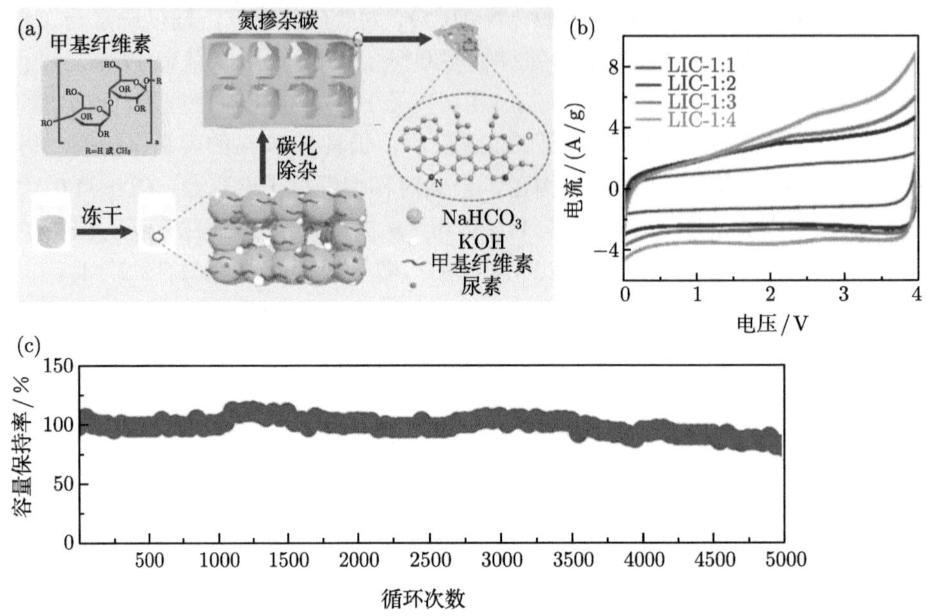

图 2-13 (a) NPC 的合成示意图；NPC//NPC 锂离子电容器的 (b) CV 曲线和 (c) 循环寿命图 [26]

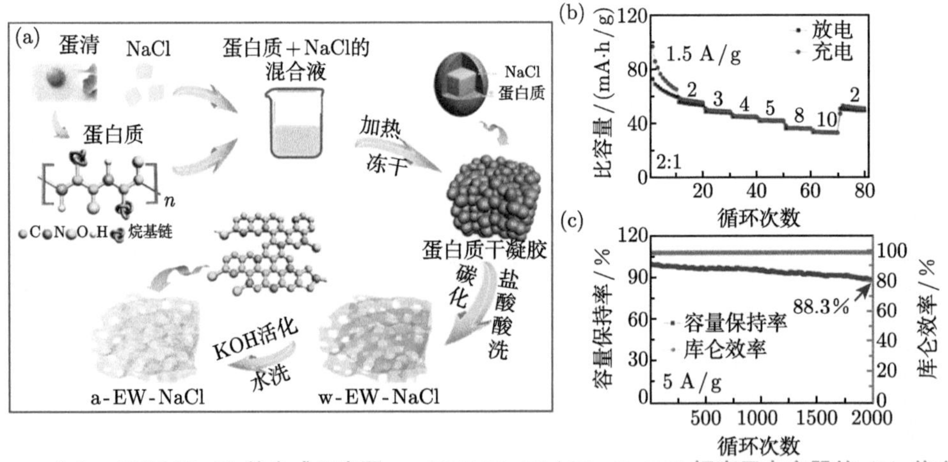

图 2-14 (a) a-EW-NaCl 的合成示意图；a-EW-NaCl//Fe_3O_4@C 锂离子电容器的 (b) 倍率曲线和 (c) 循环寿命图 [27]

6. 水凝胶模板

聚乙烯吡咯烷酮 (PVP) 是一种生物相容性合成聚合物，多年来一直被用作药物组合物的生物材料或添加剂。此外，已经证明 PVP 水凝胶可以通过各种物理或化学交联反应获得。Abdelaal 等 [28] 通过将 PVP 与 K_2CO_3 相互作用形成的水凝胶置于 900 ℃ 的氩气气氛下热解得到分层多孔的模板碳 (H-HPAC) (图 2-15)。H-HPAC 具有 2012 m^2/g 的高比表面积，在 2~4 V 的电压区间 (*vs.* Li/Li^+)，0.1 A/g 的电流密度下，表现出 128.7 F/g

的高比电容，在 1 A/g 的电流密度下，循环 3000 次后容量保持率为 72.6%。

2.4 碳纳米管

碳纳米管 (CNT) 是由石墨烯片层卷曲而成的同轴无缝圆管，具有开放或封闭的末端。根据碳纳米管的壁厚，可分为单壁碳纳米管 (SWCNT)、双壁碳纳米管 (DWCNT) 和多壁碳纳米管 (MWCNT)，如图 2-16 所示 [29]。SWCNT 和 DWCNT 的直径通常分别为 0.8~2 nm，MWCNT 的直径为 5~20 nm，也有部分 MWCNT 的直径可以超过 100 nm[30]。碳纳米管的长度可短至 100 nm 以下，也可以长达几十厘米，从而涵盖了分子级别的微观尺度和现实生活的宏观尺度。人们对碳纳米管的研究历史并不短，只是当时还没有认识到它是一种全新的碳的形态。1890 年，人们发现含碳气体在热的表面上能分解形成丝状碳，20 世纪 50 年代就记录了对中空碳纳米纤维的观察，在 20 世纪 80 年代首次工业合成了现在称为多壁碳纳米管的物质。1991 年，日本科学家 Iijima 从电弧放电法生产的碳纤维中首次发现了碳纳米管，迅速吸引了全世界的目光 [31]。

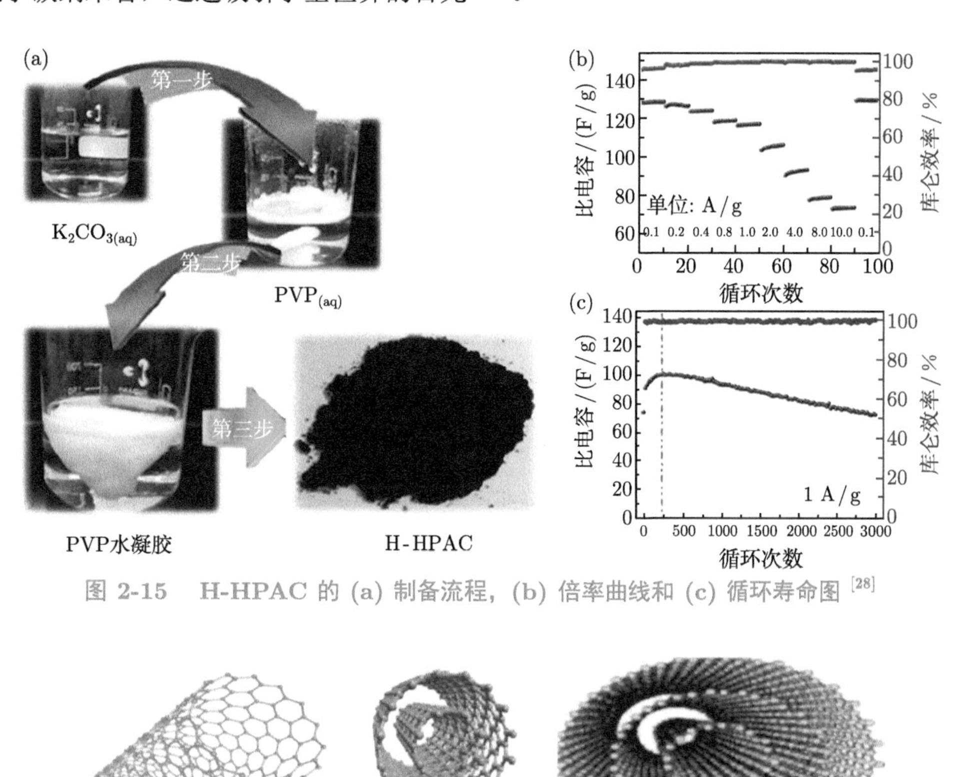

图 2-15 H-HPAC 的 (a) 制备流程，(b) 倍率曲线和 (c) 循环寿命图 [28]

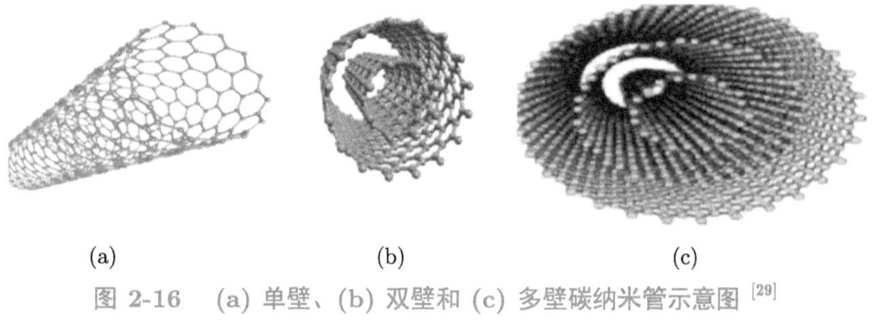

(a) (b) (c)

图 2-16 (a) 单壁、(b) 双壁和 (c) 多壁碳纳米管示意图 [29]

完美的碳纳米管中碳原子以 sp^2 杂化为主，除了末端外所有碳都以六边形晶格的形式结合，同时六角形网格结构存在一定程度的弯曲，形成空间拓扑结构 [30]。实际生产的碳纳米管会在侧壁中引入五边形、七边形和其他缺陷，这些缺陷通常会降低所需的性能。通常，单壁碳纳米管具有较高的化学惰性，其表面要纯净一些，而多壁碳纳米管表面要活泼得多，结合有大量的表面基团，如羧基等。碳纳米管能够承受高达 10^9 A/cm^2 的电流密度，这是贵金属电流密度的上千倍。碳纳米管还展现出很高的电荷迁移率 (高达 1000 $cm^2/(V\cdot s)$)。在力学强度方面，碳纳米管的抗拉强度达到 50~200 GPa，是钢的 100 倍，但是密度却只有钢的 1/6，弹性模量与金刚石的弹性模量相当，可达 1 TPa，约为钢的 5 倍。此外，碳纳米管的热导率达到 3500 W/(m·K)，具有良好的传热性能 [32]。

电弧放电法是早期生产碳纳米管的方法，具体过程是将石墨电极置于充满惰性气体的反应容器中，随后在两极之间激发出电弧产生 4000 ℃ 左右的高温，将碳原子蒸发后生成碳纳米管产物。该方法技术上比较简单，但是生成的碳纳米管与其他富勒烯、无定形碳等产物混杂在一起，很难得到纯度较高的碳纳米管，并且反应倾向于生成多层碳纳米管。目前，碳纳米管的制备方法主要是化学气相沉积法 (CVD)，即在 600~1000 ℃ 的高温下使含碳气体原料 (如一氧化碳、甲烷、乙烯等) 催化裂解为碳原子，而这些碳原子在过渡金属催化剂的作用下附着在催化剂表面，形成碳纳米管 [33]。催化剂的活性组分通常为第 Ⅷ 族过渡金属或其合金，也有报道加入少量 Cu、Zn、Mg 等可调节催化剂的能量状态和吸附性能，从而改变分解含碳气体的能力。化学气相沉积法使用低成本原料，且能够扩大生产规模，显著降低了制造成本，因此成为宏量制备碳纳米管的主要方法。但是，催化剂可能会残存在碳纳米管的顶端，导致产物中含有铁、钴、镍等金属杂质，通常需要复杂的热退火和化学除杂过程 [34]。目前碳纳米管的生产已经高度商业化。国际市场上较为知名的企业有德国的拜耳材料科学 (Bayer Materials Science) 公司、法国的阿科玛 (Arkema) 公司、日本的昭和电工 (Showa Denko) 株式会社、比利时的 Nanocyl 公司等，国内的龙头企业有江苏天奈科技股份有限公司、深圳市德方纳米科技股份有限公司、江苏先丰纳米材料科技有限公司等，年产能达到数千吨。

由于其独特的中空结构、优异的导电性、合适的孔径以及形成纳米级网络结构的能力，碳纳米管被认为是大功率锂离子电容器的理想正极材料。单壁碳纳米管的理论比表面积达到 1350 m^2/g，电导率可达到 5000 S/m。与活性炭相比，碳纳米管的比表面积偏小，常见的多壁碳纳米管比表面积仅为 400 m^2/g，导致比电容相对较低，因此通常需要对多壁碳纳米管进行活化处理以提升其比表面积。实验表明，单壁碳纳米管的比电容最高为 180 F/g，多壁碳纳米管的比电容通常低于 100 F/g[35]。然而碳纳米管的导电性极佳，且为二维线状结构，能够作为电子通道有效地在电极体相内构建三维导电网络，因此通常是作为添加剂使用。例如，Kanakaraj 等 [36] 使用氮掺杂碳纳米管制备了锂离子电容器的正极，并以此材料为集流体制备了钛酸锂负极材料 (图 2-17)，组装成柔型器件后，基于活性物质质量的能量密度达到了 68 W·h/g，功率密度达到了 126 W/kg。

碳纳米管正极具有良好的导电性，能够大幅改善锂离子的传输动力学和电极的循环性能。Zhao 等 [37] 通过使用低温水热法和喷雾沉积技术开发了一种无黏合剂的多壁碳纳米管正极和赤铁矿 (α-Fe_2O_3)/碳纳米管复合薄膜负极，组装成锂离子电容器后在 0~2.8 V 的电压范围稳定工作，功率密度 1 kW/kg 时，能量密度可以达到 50 W·h/kg，证明了碳纳米管对于电极材料功率特性的促进作用。尽管碳纳米管具有良好的倍率特性，但相对较低的比表面积限制了它们在锂离子电容器中的应用。此外，复杂的纯化过程和高昂的生产成本阻碍了它们的商业化。

现阶段，碳纳米管在锂离子电容器中的应用仍处在起步阶段，尚未获得大规模商业化应用，这主要有四个原因：① 碳纳米管的制备方法是化学气相沉积法，过程中使用了大量的金属催化剂，残余在产物中，易引起电解液的不可逆分解。② 碳纳米管在电极中难以分散均匀，需要在电极浆料的制备过程中充分剪切搅拌，消耗大量时间。③ 与廉价活性炭相比，高品质碳纳米管的生产成本仍然相对较高。④ 多壁碳纳米管由于比表面积较低，需要对其进行活化处理，在材料表面造孔以提升比表面积。目前，主要企业仍然以生产碳纳米管的导电浆料为主，碳纳米管电极材料的研究尚有待于进一步商业化。

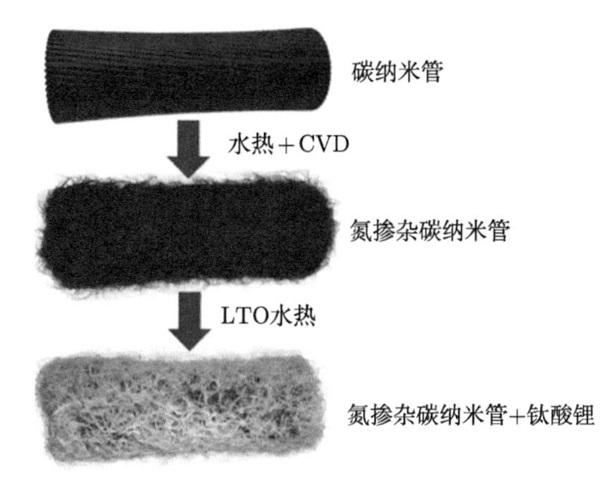

图 2-17　碳纤维正极、负极材料制备过程示意图 [36]

2.5 石墨烯

2.5.1 石墨烯的基本物性

石墨烯是碳原子组成的蜂窝型二维单原子层材料，由 sp^2 杂化的单层碳原子组成，晶格中每个碳原子以 σ 键和相邻碳原子连接，同时贡献出 π 轨道形成扩展的离域电子网络。这种独特的化学结构 (又称狄拉克费米子) 使得石墨烯具有线性能量分布，以及高电子–空穴对称和高内部自由度 (伪自旋) 等特征，从而表现出有异于其他碳材料的理化性质 [38]。

1. 电学性质

石墨烯独特的结构使得其第一布里渊区有两个不平衡点 (狄拉克点)，从而产生能带交叉 [39]。单层石墨烯本质上是零带隙半导体 (图 2-18(a))，其能带结构使得石墨烯具有半导体和金属的性质，因而可被视为无费米面的金属或无带隙的半导体。石墨烯的室温载流子迁移率可高达 15000 $cm^2/(V{\cdot}s)$，且载荷子可在电子与空穴之间连续调控，浓度可达 10^{13} cm^{-2}。降低杂质散射后，悬浮石墨烯中的迁移率可超过 200000 $cm^2/(V{\cdot}s)$。石墨烯的电子性质与层数相关，此外，堆叠顺序导致相邻层间原子的相对位置发生变化，同样会影响石墨烯的电子性质。双层石墨烯的能带呈抛物线状 (无狄拉克电子)，于费米能级处相接 (图 2-18(b))。外加电场后，带隙可以打开。少层石墨烯表现出单层与双层石墨烯混合的能带结构 (图 2-18(c))。对于 AB 堆叠的少层石墨烯，若层数为奇数，则能带是线性的。随着层数的增加，能带结构逐渐复杂起来，导带与价带发生重叠，产生载流子 (图 2-18(d))。

2. 光学性质

石墨烯特殊的二维无带隙电子结构使得其具有与众不同的光学性质。石墨烯薄膜的透光率随层数的增加而线性降低。单层石墨烯的吸光率是 2.3%，双层石墨烯则为 4.6%，且这种严格的线性变化关系直至五层石墨烯薄膜仍然适用。可以证明，石墨烯的透光性只依赖于精细结构常数 $\alpha = 2\pi e^2/hc$ (其中，c 为光速)，即光与相对论电子间的耦合，通常与量子电动力学相关。此外，通过研究石墨烯在近红外和中红外区间表现出的性质，可以进一步研究电子、空穴和等离子体的能量分布关系，其中等离子体对石墨烯在兆赫范围 (10^{12} Hz) 的带内吸收有重要影响。在高能极限，石墨烯的光学吸收随能量的增加而提升，表明由于晶系扭曲，能量大于 0.5 eV 时，狄拉克费米子的分布关系发生了偏移。

3. 力学性质

由于石墨烯层中碳原子间强 σ 键，单层石墨烯展示出优异的力学性能，如较高的杨氏模量和断裂强度。化学剥离法制得的石墨烯其弹性模量可达 0.25 TPa，而无缺陷单层石墨烯其弹性模量和本征强度分别高达 1.0 TPa 和 130 GPa。石墨烯纸的硬度几乎是碳钢的两倍，而屈服强度 (约 6.4 TPa) 则要比碳钢高数倍。这些性质使得石墨烯成为理想的机械增强剂 [40]。

4. 热学性质

由于未掺杂的石墨烯载流子密度相对较低，电子对热传导的贡献可以忽略不计，所以石墨烯的热导率由声子输运决定，即高温下是扩散传导。据报道，机械剥离法制得的单层还原石墨烯其热导率可高达 5000 W/(m·K)[41]。Balandin 等 [42] 采用激光束研究了单层石墨烯的热学性能。石墨烯悬浮在沟槽之上，激光束聚焦在悬浮石墨烯的中心，热流即从石墨烯中心放射到基体。石墨烯体相温度升高，化学键力削弱，使得拉曼光谱的 G 峰出现红

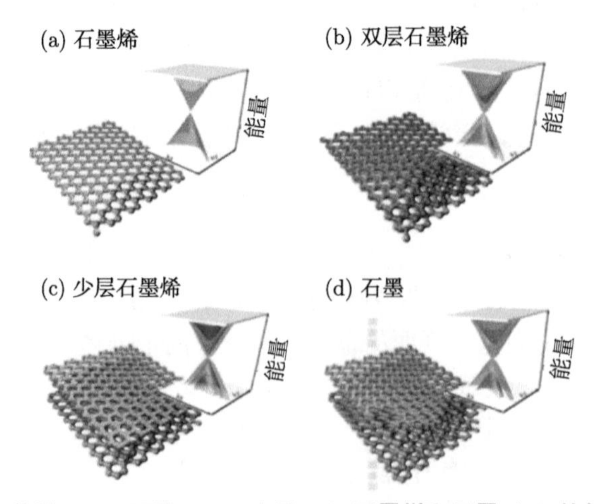

图 2-18 单层 (a)、双层 (b)、少层 (c) 石墨烯和石墨 (d) 的能带结构 [39]

移。在低功率激光照射下，G 峰随样品温度呈线性变化。由于 G 峰位置是功率的函数，所以热导率可由 G 峰随功率变化的斜率推出。采用氮化硅薄膜为基体，CVD 法制备的石墨烯其热导率可达 ~2500 W/(m·K)[43]。另有报道，利用 SiO_2 基体，机械剥离法制得的石墨烯其热导率约为 600 W/(m·K)，超过了铜的热导率 [44]。

2.5.2 石墨烯粉体的制备方法

石墨烯的批量制备是其满足规模化储能应用的前提。目前面向储能的石墨烯粉体制备方法主要是先将石墨材料氧化成氧化石墨 (GO) 以扩大层间距，随后再进行剥离和还原，最终得到石墨烯产品。因此，首先应当了解氧化石墨的发展过程。现代意义上的氧化石墨研究最早可追溯到 19 世纪 40 年代，当时德国科学家 Schafhaeutl 报道了硫酸和硝酸体系中石墨的插层和剥离 [45]。此后，人们研究了各种插层剂和剥离剂，包括钾及其他碱金属盐，过渡金属 (铁、镍等) 的氟化物以及各种有机物等 [46]。最初采用强酸 (硫酸和硝酸) 和强氧化剂 ($KClO_3$) 插层石墨，经超声、受热或其他能量方法处理后发生剥离。随后改进了上述方法，即在氧化反应过程中，分批加入氯化物而不是一次性加入，制备了氧化石墨。1958 年，Hummers 等 [47] 采用 $KMnO_4$ 为氧化剂将反应时间缩短至 2 h，有效避免了先前耗费大量时间的制备方法，至今仍然是制备氧化石墨的主要方法，但是其仍存在若干问题。例如，产物易受重金属离子 Mn^{2+} 的污染，反应中间产物 Mn_2O_7 不稳定，有潜在的爆炸危险。Peng 等 [48] 采用 K_2FeO_4 为氧化剂，提出了一种快速、安全和绿色的氧化石墨制备方法，即反应过程耗时缩减至 1 h，产物结构和组成均一性较佳，所制备的产物单层率几乎为 100%，有望应用于未来氧化石墨的工业化制备。

氧化石墨中含有大量的含氧官能团和缺陷，必须经过较为彻底的还原过程才能得到石墨烯产物。目前主要使用的规模化还原氧化石墨方法包括液相还原法和热还原法。液相还原法基于氧化石墨与还原性物质之间的化学反应，通常在常温或中等加热条件下进行，对反应设备的要求较低，反应规模容易扩大。Stankovich 等 [49] 首先采用水合肼还原氧化石墨，为石墨烯的宏量制备开辟了道路。此后，肼及其衍生物，如水合肼和二甲肼等，受到了较多的研究，被认为是有效的还原剂。水合肼还原制备的石墨烯薄膜其电导率可达 100 S/cm，C/O 原子比可达 12.5[50]。但是在使用水合肼还原时，由于石墨烯的憎水性逐渐增加，容易出现团聚现象。针对这一问题，Stankovich 等 [51] 在反应体系中加入水溶性高分子表面活性剂以促进石墨烯在水中的分散，从而避免产物石墨烯的堆叠。Li 等 [52] 的研究结果表明，通过加入氨水来改变石墨烯表面的 Zeta 电位 (电动电位) 可以得到分散均匀的石墨烯胶体。图 2-19 给出了石墨在表面活性剂或有机溶剂作用下的剥离过程 [53]。

金属氢化物是有机化学中常用的强还原剂，如氢化钠、硼氢化钠 ($NaBH_4$) 等，但是这些物质与水均发生反应，因此难以用于水作为溶剂的场合。最近，Shin 等 [54] 采用 $NaBH_4$ 还原氧化石墨，证明 $NaBH_4$ 的还原效果强于水合肼。尽管 $NaBH_4$ 会发生水解，但是其水解速率较慢，足以在水溶剂中充分还原氧化石墨。Periasamy 等 [55] 认为 $NaBH_4$ 能够有效地还原 C=O 键，但是还原环氧键和羧基的效率则较弱，导致产物中残留部分醇羟基。Gao 等 [56] 开发出一种改进方法，将还原后的石墨烯产物置于浓硫酸中 180 ℃ 加热脱水，以进一步增进石墨烯的还原程度。经过这种两步还原后，产物的 C/O 原子比为 8.6，电导率为 16.6 S/cm。

另一类还原氧化石墨的方法是热还原法。在早期的石墨烯研究中，人们通常采用快速升温的方式剥离氧化石墨以得到石墨烯。剥离的机理主要在于，快速升温过程中氧化石墨基面和边缘的含氧官能团分解，氧化石墨层之间迅速释放出 CO 或 CO_2 气体，产生巨大的压力从而剥离石墨烯片层。但是这种快速升温方式制备的石墨烯产物尺寸较小，这主要是由于，含氧官能团在分解的同时，也将碳原子带离了石墨烯表面，使得石墨烯片层发生分裂和扭曲。为解决这一难题，通常先将氧化石墨在液相中还原成粉体，随后在惰性或还原性气氛中高温退火。Schniepp 等 [57] 的工作表明，退火温度在很大程度上影响了石墨烯的还原程度。若温度低于 500 ℃，石墨烯的 C/O 原子比小于 7，而温度提升至 750 ℃ 时，C/O 原子比超过 13，说明较高的退火温度有利于去除石墨烯中残留的氧元素。Wang 等 [58] 研究了不同退火温度下制备所得石墨烯的电导率，发现经 500 ℃、700 ℃ 和 1000 ℃ 还原的石墨烯薄膜的电导率分别为 50 S/cm、100 S/cm 和 550 S/cm，证明高温下还原能够提升石墨烯的电导率。

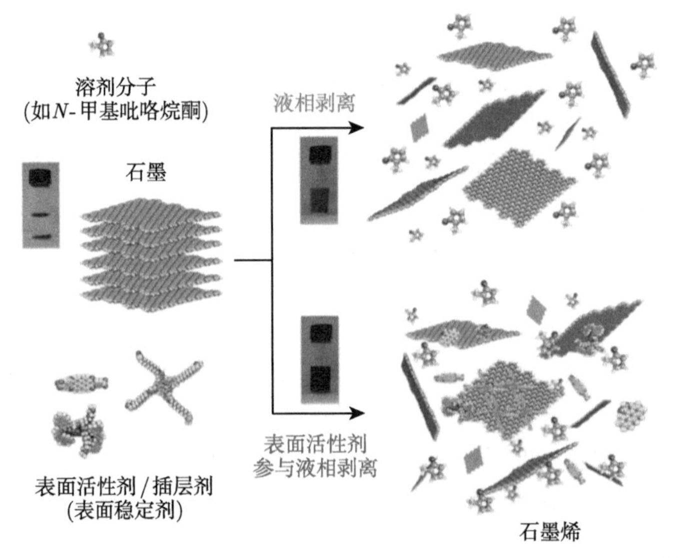

图 2-19 石墨在表面活性剂或有机溶剂作用下的剥离过程示意图 [53]

2.5.3 石墨烯在锂离子电容器中的应用

石墨烯具有 2360 m^2/g 的理论比表面积和 550 F/g 的理论比电容，石墨烯在双电层电容器中的应用受到了较多的关注，表明其在有机电解液中具有优良的电容性能。Zheng 等 [59] 制备了活性炭/石墨烯复合材料，并将之应用于高性能超级电容器电极材料。首先将葡萄糖和氧化石墨的水溶液水热碳化，随后经历 KOH 活化过程，最终制得了活性炭包覆的石墨烯，比表面积高达 2106 m^2/g，孔径主要为介孔，在水系和有机系电解液中比电容分别为 210 F/g 和 103 F/g，经历 5000 次循环后，容量损失仅为 5.3%。

石墨烯在传统双电层电容器中优良的倍率储能特性表明其有望取代目前锂离子电容器中常用的活性炭电极。在较早的研究中，Lee 等 [60] 将尿素还原的氧化石墨烯 (URGO) 用于锂离子电容器正极，并对比了 URGO 和商业化活性炭材料的储能水平。URGO 中含有丰富的酰胺官能团，有利于 Li 在电极表面的结合，促进电荷分离，比容量达到 35 mA·h/g，比商业化活性炭的 26 mA·h/g 提高了 35%。此外，URGO 在 1000 次循环后仍表现出良好的倍率性能和 97%的高容量保持率。然而，该研究中石墨烯正极的容量仍不能令人满意，这限制了锂离子电容器能量密度的进一步提高。为了进一步提升储能容量，Aravindan 等 [61] 报道了一种还原氧化石墨烯正极材料，可逆比容量为 58 mA·h/g，是商业活性炭正极的两倍。采用钛酸锂 (LTO) 作为负极材料，还原氧化石墨烯作为正极材料并组装成锂离子电容器，能量密度达到 45 W·h/kg，功率密度达到 3.3 kW/kg，循环寿命达到 5000 次。Li 等 [62] 通过水热组装和冷冻干燥相结合，制备了具有青草状微观形貌的石墨烯正极，可逆比容量达到 63.2 mA·h/g。当使用电池型材料 $TiNb_2O_7$ 作为负极时，所构建的锂离子电容器的能量密度达到 74 W·h/kg。Wang 等 [63] 采用电化学剥离的石墨烯纳米片作为正极，石墨烯纳米片/多孔 TiO_2 中空微球复合材料为负极，设计并制造了一种准固态的锂离子电容器。在 0.35 A/g 的电流密度下，石墨烯纳米片正极在 2.5~4.0 V (*vs.* Li/Li^+) 的电位窗口下的比电容为 156 F/g(65 mA·h/g)。相应地，准固态锂离子电容器的最大能量密度高达 72 W·h/kg，与采用液态电解质的锂离子电容器相当。然而普通化学方法制备的石墨烯正极材料的比电容有限，这是由石墨烯片层之间的堆叠造成的。以还原氧化石墨烯为例，其比表面积仅为 56 m^2/g。因此为了获得更高的比容量，必须改进石墨烯材料的微观结构。

多孔石墨烯有利于电解液离子在石墨烯的二维平面上的转移，因此化学活化石墨烯也成为研究热点。Mhamane 等 [64] 采用了二氧化硅辅助自下而上的方法，结合化学活化过程，获得具有宏观尺寸片状和高度多孔网络结构的石墨烯状碳，比表面积和比容量分别为 2673 m^2/g 和 74 mA·h/g，远高于化学活化前的 960 m^2/g 和 48 mA·h/g。组装成锂离子电容器后，能量密度达到 63 W·h/kg，经过 6000 次循环后保留 97%的初始容量。上述结果表明，包含微孔和中孔的多孔网络结构能够有效提高石墨烯正极材料的电化学性能。Stoller 等 [65] 制备了化学活化的石墨烯，具有 1~10 nm 的连续网络和 3100 m^2/g 的高的比表面积，因此能够提供 182 F/g (125 mA·h/g) 的高容量，而组装的锂离子电容器其能量密度高达 147 W·h/kg。基于上述结果，化学活化石墨烯的性能改善主要是由于高的比表面积、微孔/中孔结构以及连续的电子导电网络。

石墨烯片之间容易发生不可逆的堆叠，严重降低了电荷存储的有效比表面积，将石墨烯组装成具有结构多样性的宏观三维架构能够有效解决上述问题。Zhang 等 [66] 制备了比表面积高达 3355 m^2/g 的三维多孔石墨烯 (3DG) 正极，并详细表征了其理化性质。3DG 来源于氧化石墨和蔗糖作为前驱体，经过水热反应后再进行碳化和活化过程。产物的微观形貌如图 2-20(a) 和 (b) 所示，高分辨透射电镜 (HRTEM) 照片中产物呈现出高度弯曲、起皱的多孔碳纳米片，表明材料富含用于电容储能的快速离子传输通道。此外，石墨烯材料的比表面积高达 2536 m^2/g (图 2-20(c))。图 2.20(d) 进一步揭示了 3DG 中的孔径分布主要为 2~6 nm 的介孔。此外，3DG 的电导率达到 77 S/m。以上结果表明石墨烯在构建 3DG 正极的多孔结构以及提高比表面积和电导率方面起着非常重要的作用，这将有力促进材料的电化学储能性能。图 2-20(e) 给出了在 $LiPF_6$ 有机电解液中不同电流密度下的恒电流充放电曲线，曲线几乎是直线，说明了电极材料的标准双电层电容行为，从而能够表现出较高的比能量和出色的倍率性能。如图 2-20 (f) 所示，电压窗口在 0~2.7 V，电流密度为 0.05~5 A/g 时，3DG 正极的比电容可达到 148~187 F/g，基于电极材料的能量密度可以达到 37.5~47.3 W·h/kg。进一步将 3DG 正极与 Fe_3O_4 纳米颗粒/石墨烯复合负极材料组装为锂离子电容器，优化正负极质量后的器件电压窗口可达 1~4 V。该石墨烯基锂离子电容器能量密度最高可达 204 W·h/kg，而功率密度最高达到 4600 W/kg，均远超过传统的对称型超级电容器。

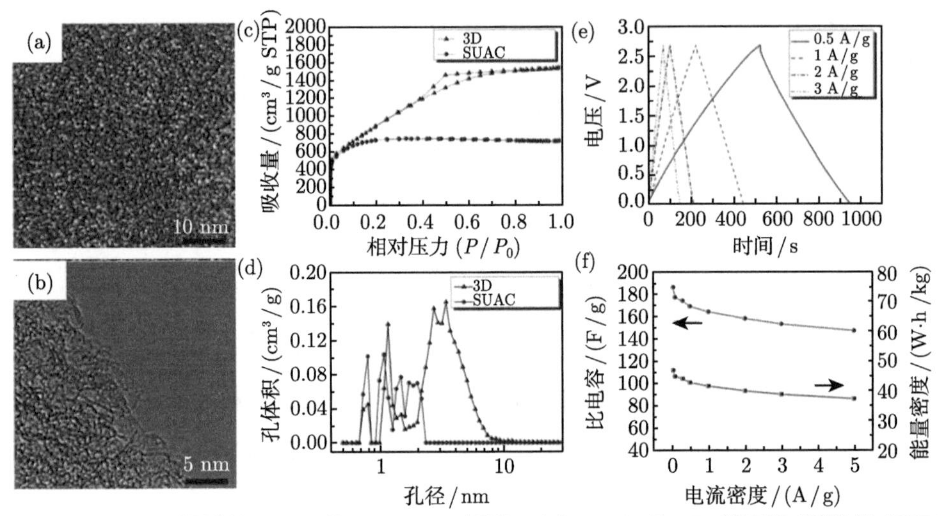

图 2-20 (a)、(b) 正极材料 3DG 的 HRTEM 图像；(c) 3DG 的 N_2 等温吸/脱附线 (SUAC 为蔗糖基活性炭)；(d) 基于密度泛函理论模型计算的 3DG 孔径分布；(e) 3DG 超级电容器在 0~2.7 V 电压范围内的恒电流充放电曲线；(f) 3DG 超级电容器的比电容和能量密度 [66]

三维石墨烯正极材料的比电容也有限，因此电极的最佳结构应包括丰富的微孔、中孔和大孔以提供充足的吸附位点，确保电解质离子的快速扩散。Ye 等 [67] 采用了具有丰富的微孔、中孔和大孔三维多孔石墨烯作为锂离子电容器的正极，在有机电解液中获得了 96 F/g 的高比电容。当电流密度增加 40 倍时，容量仍然保持 60%，展现出良好的倍率性能。配合钛酸锂负极制备得到锂离子电容器，在 650 W/kg 的功率密度下能够提供 72 W·h/kg 的能量密度，当功率密度提升至 8.3 kW/kg 时，能量密度仍然保持在 40 W·h/kg。此外，在 10 A/g 的高电流密度下循环 1000 次后能量密度保持初始值的 65%。Wang 等 [68] 还报道了一种新型的石墨烯水凝胶正极材料，比容量达到 52 mA·h/g，具有优异的倍率和循环稳定性，可以满足大功率储能的需求。采用杂原子掺杂石墨烯可以有效地调控其电子结构及其他本征特性。例如，氮原子掺杂可以使石墨烯变成 n 型材料，改变碳原子的自旋密度和电荷分布，从而起到提升能量存储能力的功效。Gokhale 等 [69] 通过低聚物盐的直接一步热解，证明了 N 掺杂三维石墨烯片能够组装成笼状形态的微观形貌，作为锂离子电容器正极时的比容量为 56 mA·h/g，与钛酸锂负极组装而成的器件可以提供 63 W·h/kg 的高能量密度。从上述结果可以看出，石墨烯材料的三维结构极大地提高了锂离子电容器的倍率、功率密度和循环稳定性。

为了提升锂离子电容器的循环稳定性，Shan 等 [70] 设计了一种电化学包覆 (PEC) 技术来制备改性石墨烯正极。添加到电解液中的二氟草酸硼酸锂 (LiODFB) 会在石墨烯表面分解形成光滑的保护层，防止在 1.1~1.5 V 电压范围内积累的副产物，减少活性位点的数量，有助于提升容量，以及扩大离子和电子扩散路径。因此，石墨烯正极在 1.1~4.3 V 的电位窗口内循环 400 次后表现出 98.3%的出色的容量保持率。此外，以石墨烯为正极和负极的锂离子电容器可提供 160 W·h/kg 的高能量密度，平均每循环的容量衰减仅为 0.011%，表明电化学包覆技术是提高锂离子电容器长寿命特性的有效途径。

2.5.4 基于 CO_2 转化的石墨烯基电极材料

1. 高品质石墨烯的规模化、绿色制备

石墨烯的前瞻性制备技术和高端应用布局是实现加快推进石墨烯的研发及产业化的前提，因此石墨烯的绿色、规模化、可控制备成为众多研究人员首要关注的问题，并在此领域投入了大量的研发力量，取得了系列科研成果。中国科学院电工研究所采用电泳沉积技术制备出石墨烯及其复合材料 [71,72]；开发出多种新型绿色还原剂，通过化学还原法制备石墨烯粉体材料 [73,74]；提出高能球磨技术制备石墨烯的新型工艺 [75]；开展了石墨烯/导电聚合物 (聚吡咯) 复合材料电容储能的研究工作 [76]；构筑了石墨烯/金属氧化物复合电极材料 [77,78]；设计了具有高赝电容的含氧基团修饰来提高石墨烯比电容 [79,80]。上述早期研究进展是对石墨烯绿色制备的初步探索，证明了石墨烯材料具有巨大的应用潜力与实用价值，但是这些石墨烯生产技术仅局限于实验室水平，难以满足产业化的应用要求，高品质和低成本的石墨烯制备路线仍需取得实质性突破。

将 CO_2 转化为包括石墨烯在内的各种碳材料则是最近若干年逐渐发展起来的方法，有望成为碳基能源材料绿色制备的新技术路线。全球 CO_2 的排放量从 1975 年至 2015 年已经增长了一倍，达到 30 万吨每年 [81]，是地球气候变暖的重要原因。寻求 CO_2 气体高效转化的方法，对于保护大气环境、维持全球生态平衡具有重要的意义。但是，由于 CO_2 分子中的 C═O 键高度稳定，键能高达 750 kJ/mol，所以难以采用普通的还原剂将 CO_2 直接还原，而必须借助还原性较强的镁或碱金属等还原剂以增加反应活性。其中，镁与 CO_2 的反应称为镁热反应，化学方程式如下所示：

$$CO_2(g) + 2Mg(l) \longrightarrow C(s) + 2MgO(s) \tag{2.1}$$

该反应释放出大量的热，摩尔吉布斯自由能可达 −680 kJ/mol，具备强烈的自发进行的倾向。然而，由于反应在短时间内快速放热，无法建立热力学平衡态，导致反应动力学难以调控。因此，如何实现基于 CO_2 可控转化的镁热反应，是石墨烯绿色、规模化制备的重要途径。

根据上述科学理念，Zhang 等 [82] 采用基于镁热反应的燃烧淬火法制备出氮杂石墨烯，其在离子液体基超级电容器中表现出良好的电化学行为。但是，此类燃烧反应过于迅速，无法准确控制进程，因此难以调控产物的形貌，且所制备得到的碳材料中残有部分 MgO 杂质难以除去。为了克服这一问题，通过调控反应温度和通入的 CO_2 气体流量来改变动力学条件是实现可控镁热反应的重要途径。Zhang 等 [83] 进一步采用可控镁热法还原 CO_2 气体，通过改变反应温度，制备出包括石墨烯在内的不同形貌纳米碳材料，并对碳材料的形成机理以及电化学性能进行了详细研究。结果表明，镁热还原法制备的高电化学活性石墨烯材料在离子液体中的比电容可达 145 F/g，能量密度可达 80 W·h/kg。但是该制备方法需消耗大量的能量，制备周期较长，不能满足量化制备条件。此外，由于反应温度较低 (600~800 ℃)，得到的产物通常结晶性和电导率较差，能量密度和功率密度仍有待提升。因此，如何高效地将 CO_2 气体转化为高电化学活性的石墨烯材料，仍然是值得重点关注的课题。

自蔓延高温合成 (self-propagating high-temperature synthesis，SHS)，也称燃烧合成，是一种规模化制备陶瓷、耐火材料、金属间化合物以及热电材料的新工艺。自蔓延高温合成本质上是剧烈放热反应，在反应物局部短暂地施加一热量以点燃部分反应物，随后发生的化学反应释放出高温高热，并以燃烧波的形式蔓延至剩余反应物，从而使整个反应自发地进行。与其他传统的材料制备方法相比，由于反应所释放出的巨大热量给予了燃烧波足够的驱动力 (燃烧波速可达 20 cm/s)，自蔓延高温合成的一个显著的特点是反应耗时极短，通常以秒计。除引燃过程外，自蔓延高温合成无需外部热源，能够节省大量的能量，且反应温度极高 (可达 5000 K)，有利于排除挥发性杂质，因而产物纯度和结晶度较高。自蔓延高温合成另一个重要优势在于其无需苛刻的反应条件和设备，易于实现规模化生产。值得注意的是，自蔓延高温合成制备的产品质量往往随生产规模的扩大而提升 [84]。鉴于镁热还原 CO_2 反应的显著特征是剧烈放热，能够自发地以自蔓延的形式彻底进行，因而可以采用自蔓延高温合成来实现高品质石墨烯的绿色、快速和规模化制备。

Li 等 [85] 首次采用了基于 CO_2 转化的自蔓延高温合成反应制备石墨烯。图 2-21 给出了自蔓延高温合成制备石墨烯及石墨烯生长的示意图。在充满 CO_2 气体的密闭反应容器中放入一定质量比的 MgO 和 Mg 的均匀混合粉末，随后在预先埋入混合物的钨丝线圈两

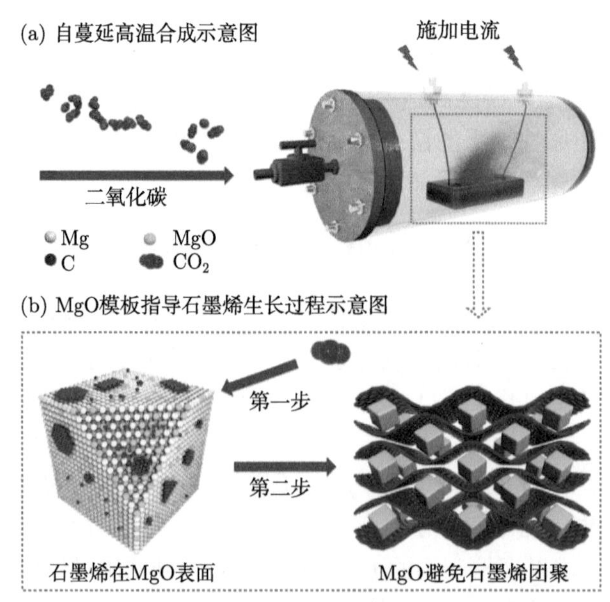

图 2-21 自蔓延高温合成制备石墨烯。(a) 反应过程示意图；(b) 石墨烯在氧化镁表面生长过程示意图 [85]

端短暂地施加电流，加热钨丝以产生热量，从而引发镁热反应以自蔓延的方式进行，整个反应过程持续仅数秒 (图 2-21(a))。体系中的 MgO 充当模板剂，为石墨烯的生长提供充足空间，同时 MgO 均匀地分散在石墨烯片层之间，也能起到阻止石墨烯团聚的作用 (图 2-21(b))。此外，在体系中加入 MgO 也能够有效地降低反应温度。反应完毕后，用足量的稀盐酸除去 MgO，抽滤分离，冷冻干燥，即可得到多种石墨烯产物 SHSG-N，N 代表反应时 MgO 与 Mg 粉末的质量比。

扫描电子显微镜 (SEM) 照片 (图 2-22(a)) 显示出 SHSG-8 中边缘清晰的石墨烯层状形貌以及层间的孔隙，表明 SHSG-8 形成了相互交织的开放网络结构，避免了石墨烯制备过程中常见的团聚现象，有利于增进石墨烯层间的导电性。图 2-22(b) 为 SHSG-8 的局部放大，可以明显观察到石墨烯的片层。TEM 照片 (图 2-22(c)) 表明石墨烯基面上具有丰富的凸起和褶皱，与 SEM 分析中观测到的丰富边缘结构相符。SHSG-8 的选区电子衍射 (SAED) 图样 (图 2-22(d)) 展现出典型的环状，分别对应于石墨烯中的 (002) 和 (100) 晶面，表明 SHSG-8 中存在由边缘造成的无序取向。HRTEM 照片 (图 2-22(e)) 证明 SHSG-8 的层数少于 5 层，呈现出典型的少层石墨烯的特点。图 2-22(e) 中的插图表明石墨烯的层间距为 0.34 nm，对应于石墨材料的 (002) 晶面。若石墨烯基面上含有杂原子官能团，则

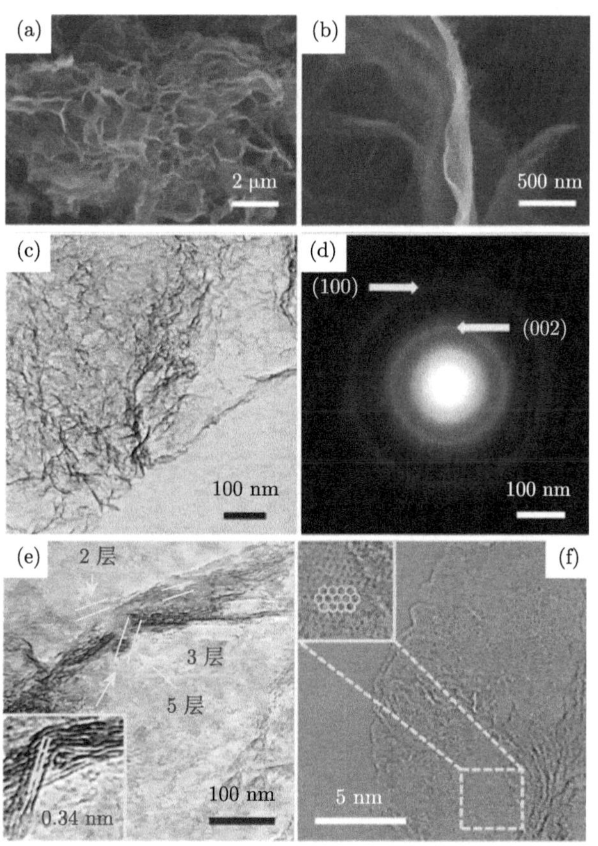

图 2-22 (a) SHSG-8 的 SEM 照片；(b) 高倍 SEM 照片；(c) TEM 照片；(d) SAED 图样；(e) HRTEM 照片显示石墨烯的层间距为 0.34 nm；(f) 球差矫正 TEM 照片 [85]

层间距通常会扩大，而 SHSG-8 的层间距与石墨材料相符很好，表明其基面不含杂质元素。球差矫正高倍 TEM 照片 (图 2-22(f)) 则表明 SHSG-8 中碳原子按六元环状紧密排布，具备石墨烯的分子结构特征。

SHSG-8 样品在 26.4° 处出现了较强的衍射峰 (图 2-23(a))，对应着石墨结构的 (002) 晶面，表明其具有较高的结晶度。此峰发生的宽化现象显示 SHSG-8 沿 [002] 晶向尺寸减小 [86]。根据布拉格公式计算所得到的层间距为 0.34 nm，与 HRTEM 照片中观测到的结果一致。X 射线衍射 (XRD) 图谱中没有观测到 MgO 等杂相的衍射峰，说明产物的纯度较高。值得注意的是，SHSG-8 的 XRD 衍射图样与无定形碳有着本质的区别，其通常在 22° ∼ 24° 出现强度大为减弱的 (002) 衍射峰。对于石墨烯材料而言，拉曼谱图中出现的 G 带对应着 sp^2 杂化的石墨结构，而 D 带主要是由边缘或缺陷造成。SHSG-8 的拉曼谱图在 1336 cm^{-1}、1578 cm^{-1} 和 2907 cm^{-1} 处分别出现了 D 带、G 带和 D+G 带 (图 2-23(b))，显示出石墨烯边缘所引发的无序堆叠 [87,88]。较宽的 2D 峰蓝移至 2672 cm^{-1}，I_{2D}/I_G 比值为 0.22，可推断石墨烯具有少层特征 [89]。图 2-23(c) 为 SHSG-8 的电子能量损失谱 (EELS) 谱图。通过计算 π^* 键和 $\pi+\sigma^*$ 键的比值，EELS 技术可以量化确定石墨烯产品中的 sp^2 杂化水平，计算公式如下 [90]：

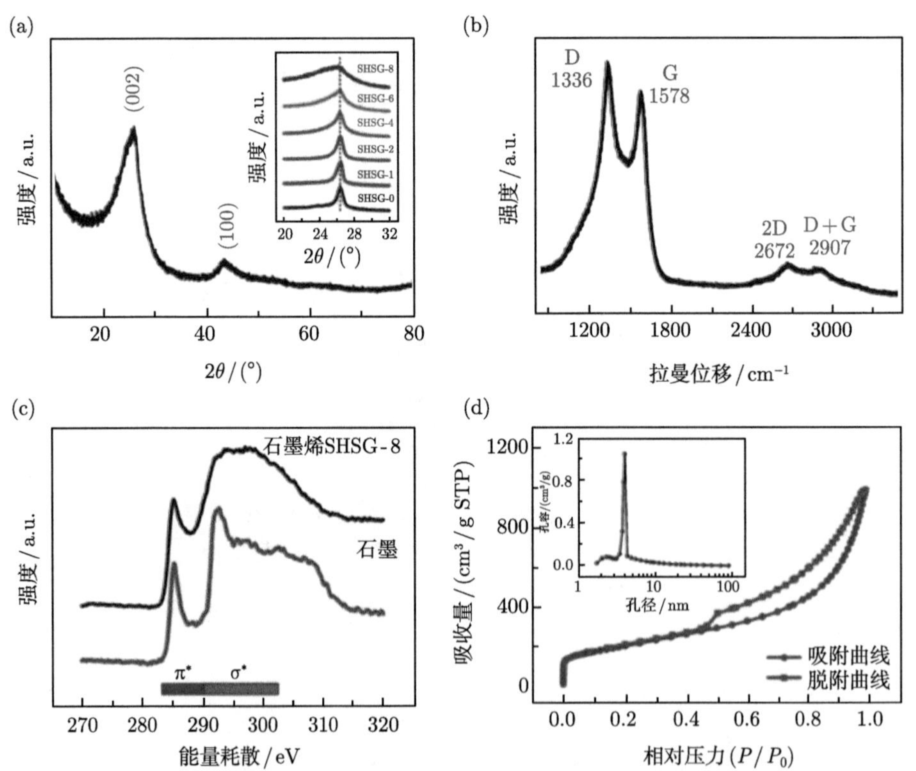

图 2-23 SHSG-8 石墨烯产物的结构表征。(a) XRD 谱图；(b) 拉曼谱图；(c) EELS 谱图；(d) N_2 等温吸脱附曲线，插图为基于 BJH 算法的孔径分布曲线 [85]

$$\frac{\mathrm{sp}^2}{\mathrm{sp}^2+\mathrm{sp}^3}=\frac{\dfrac{I_{\pi^*}^{\mathrm{s}}}{I_{\pi^*}^{\mathrm{s}}+I_{\sigma^*}^{\mathrm{s}}}}{\dfrac{I_{\pi^*}^{\mathrm{g}}}{I_{\pi^*}^{\mathrm{g}}+I_{\sigma^*}^{\mathrm{g}}}} \tag{2.2}$$

式中，I^{s} 和 I^{g} 分别代表石墨烯样品和石墨 EELS 谱图在指定能量区间范围内的积分强度。I_{π^*} 和 I_{σ^*} 是分别对应于 $1\mathrm{s}\rightarrow\pi^*$ 和 $1\mathrm{s}\rightarrow\sigma^*$ 的峰强度，代表 sp^2 和 sp^3 杂化的碳原子。假设石墨中碳原子的 sp^2 杂化程度为 100%，选取 283~287 eV 和 292~310 eV 作为 $1\mathrm{s}\rightarrow\pi^*$ 和 $1\mathrm{s}\rightarrow\sigma^*$ 的积分区间，计算后得出，SHSG-8 中碳原子 sp^2 杂化程度为 98%(±2%)，证明 SHSG-8 不是 sp^3 杂化的无定形碳材料，而是碳原子呈六元密排结构的石墨烯。图 2-23(d) 中的 N_2 等温吸脱附曲线给出了 SHSG-8 的比表面积和孔径分布信息。根据 IUPAC 的分类，SHSG-8 的等温吸脱附曲线可以划归为 Ⅳ 型。由于 N_2 在脱附时的延迟效应，在相对压力 P/P_0 为 0.45~0.85 区间内出现了 H3 型的滞后环，证明样品中富含大量的介孔结构。气体吸收量在 0.45~0.85 区间内的升高对应于石墨烯片层孔隙中的不饱和吸附。SHSG-8 的 BET 比表面积为 709 $\mathrm{m^2/g}$。基于 Brunauer-Joyner-Halenda (BJH) 理论的孔径分布图说明 SHSG-8 呈现典型的均一介孔结构，孔径集中分布在 4 nm 处。采用四探针法测试得到 SHSG-8 的电导率高达 13000 S/m。

SHSG-8 具有优异的电导率、较高的离子可利用比表面积，以及极低的氧杂质含量等重要特征，因而成为高性能超级电容器的理想电极材料，在离子液体中展现出了优异的电容储能特性，比电容高达 244 F/g。SHSG-8 中碳原子主要以 sp^2 杂化形态存在，碳氧原子比高达 82，为石墨烯基面上的电子快速输运提供了通道。此外，SHSG-8 的交联石墨烯网络结构也有助于相邻石墨烯片层间的电子转移和提升电极体相的电导率，从而大幅促进双电层中的电荷分离。Ragone 图 (图 2-24(a)) 表明，SHSG-8 电极材料兼具高能量密度和高功率密度的特点。由于 MgO 模板的隔离作用，SHSG-8 微观结构中的片层呈现出交联的网络结构和丰富的介孔结构，成功地避免了石墨烯团聚。因此，电解液离子能够渗透进入电极内部，充分利用电极的比表面积。电极网络状的形貌为离子的扩散提供了大量的孔道，有力地促进了电极体相内离子的迁移和输运。石墨烯层间的孔隙可作为离子的 “储藏室”，在快速充放电过程中为双电层中离子浓度的快速变化提供缓冲，进而提升倍率性能。功率密度为 10 kW/kg 时，电极的能量密度可达 135.6 W·h/kg。更为重要的是，功率密度为 1000 kW/kg 时，SHSG-8 的能量密度仍然维持在约 60 W·h/kg，对应的释放时间 (能量/功率) 为 0.216 s。

循环稳定性是电极材料的重要评价标准之一。传统石墨烯基超级电容器在循环测试中出现的电容衰减主要是由于石墨烯含有的杂原子与电解液发生副反应，增加了电极的极化，从而使循环寿命受到损害，而 SHSG-8 中极低的氧含量避免了此类现象的发生，展现出优异的循环稳定性。SHSG-8 电极的大电流循环充放电测试显示，在 1-乙基-3-甲基咪唑四氟硼酸盐 ($\mathrm{EMIMBF_4}$) 离子液体中，设定电压窗口为 3.5 V，以 100 A/g 的高电流密度循环 100 万周后 (对应循环时间为 620 h)，SHSG-8 电极的容量保持率仍能维持在 90%以上，库仑效率始终接近 100%(图 2-24(b))，证明由于 SHSG-8 中极低的氧杂质含量，电极长期循环过程中无副反应发生，因而未造成容量的显著衰减。经过循环测试后，电极的充放电曲线仍呈对称的三角形，仅电压降略有增大至 0.18 V，而交流阻抗谱则显示循环后的等效串联电阻增加至 5.5 Ω。

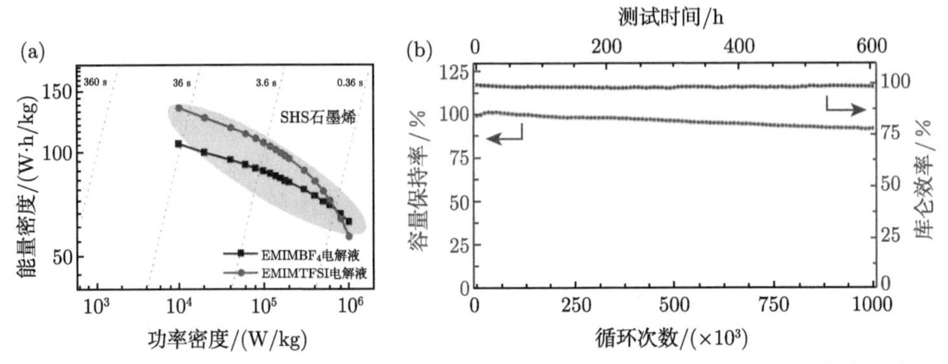

图 2-24 (a) SHSG-8 与传统方法制备得到石墨烯的 Ragone 图；(b) SHSG-8 在离子液体中的循环性能 [85]

石墨烯表面进行氮原子化学修饰能够有效改善电极材料的浸润性、导电性和储能容量，是提升锂离子电容器高功率输出的重要途径。最近，Li 等 [91] 在高活性氮掺杂石墨烯的规模化制备方面取得了新进展，采用基于镁热还原的自蔓延高温合成技术，以三聚氰胺为氮源，通过镁在 CO_2 气氛中的瞬间自蔓延燃烧诱发碳原子限域重排和氮原子原位掺杂 (图 2-25(a))，批量制备出富含氮元素的石墨烯网络 (NGF)，其比表面积为 724 m^2/g，电导率高达 10524 S/m，氮含量达到 4.7%，同时兼具良好的介孔结构 (图 2-25(b)~(e))，元素分析测试表明氮元素在石墨烯样品表面均匀分布 (图 2-25(f)~(i))。因此，NGF 具有优良的电子输运、电荷转移和离子扩散能力，能为快速储能反应提供充足的电化学界面和活性位点，

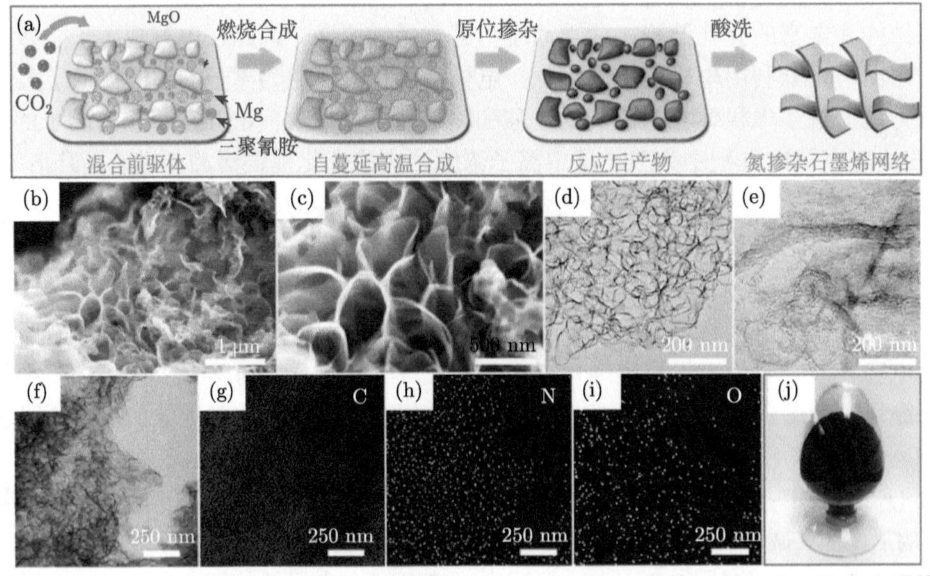

图 2-25 (a) NGF 的自蔓延高温合成流程；(b)、(c) SEM 照片；(d)、(e) TEM 照片；(f)~(i) NGF 及碳、氮、氧元素分布；(j) NGF 粉末样品展示 [91]

有效地促进了电极的高倍率特性。电化学测试表明，电流密度为 0.5 A/g 时，NGF 正极的比容量达到 82 mA·h/g，超过商业活性炭的性能 (50 mA·h/g)。以 NGF 分别作为正极和负极活性材料，组装成全石墨烯锂离子电容器，基于电极材料的能量密度可达 147 W·h/kg，功率密度可达 48.9 kW/kg，在 4 A/g 的电流密度下循环 10000 周后容量保持 87%。上述研究表明，自蔓延高温合成法为高活性氮掺杂石墨烯的快速、规模化制备提供了重要的技术指导，有望在高功率储能器件中获得推广应用。

2. *石墨烯电极材料的规模化自蔓延高温合成*

上述研究表明，自蔓延高温合成法成功实现了将温室气体 CO_2 转化为高电导率、高比表面积、高电化学活性的石墨烯材料，能够有效克服现有的膨胀石墨剥离法所导致的低比表面积的多层石墨片，以及氧化石墨还原法带来的官能基团和结构缺陷导致的低电导率。因此，基于自蔓延高温合成技术路线的石墨烯制备方法耗时短、环境友好、设备成本及能耗低、易于工业化推广，将有力促进石墨烯在超级电容器等储能领域中的实际应用。《人民日报》(2017 年 1 月 9 日 01 版) “敢于尝鲜 瞄准领先” 指出，自蔓延高温合成法 “在石墨烯量化制备及高性能石墨烯基超级电容器方面取得进展，使快速、绿色、低成本制备石墨烯成为可能”。

在石墨烯基材料的规模化自蔓延高温合成方面，中国科学院电工研究所做了大量的开拓性工作，建设了年产百公斤级石墨烯中试制备平台 (图 2-26)，涵盖了石墨烯制备涉及的混合过程、反应过程、分散过程、提纯过程、分离过程、结晶过程等 6 个相互衔接的步骤，每个过程包括若干个基本单元操作，由一台或数台设备完成。这些过程相互影响和制约，共同形成一条完整的技术链条。生产流程简述如下。

图 2-26 采用自蔓延高温合成技术的年产百公斤级石墨烯中试制备平台

(1) 混合过程：将原料镁粉与氧化镁粉按指定条件混合均匀得到前驱粉的工艺，该过程直接决定了接下来自蔓延高温合成过程中制备的石墨烯层数、电导率、比表面积等关键物性参数。

(2) 反应过程：石墨烯的自蔓延高温合成工艺，即镁与 CO_2 气体发生可控还原得到石墨烯与氧化镁的粗产物，是石墨烯制备的关键环节。

(3) 分散过程：将自蔓延高温合成后的石墨烯/氧化镁粗产物均匀分散在水中，该过程的目的是为接下来的酸溶解氧化镁模板得到石墨烯溶液做准备。

(4) 提纯过程：将石墨烯/氧化镁粗产物中的氧化镁模板用酸除去得到石墨烯悬浮液。此步骤必须将氧化镁模板彻底除去，确保最终得到的石墨烯产物的高纯度。

(5) 分离过程是制备高纯石墨烯粉体的最后一步，涉及两个基本单元操作：过滤和干燥，即首先将纯化釜中的石墨烯溶液泵入渗析机，过滤后得到石墨烯滤饼，随后喷雾干燥得到石墨烯粉体。表 2-3 列出了自蔓延高温合成法规模化制备石墨烯的理化性质。

表 2-3 自蔓延高温合成法规模化制备石墨烯的理化性质

	振实密度/(g/L)	比表面积/(m^2/g)	电导率/(S/m)	纯度/%	灰分/%
石墨烯性能	300	720	>10000	⩾ 99	⩽ 1

(6) 结晶过程是指镁元素的回收和再利用。分离过程产生的石墨烯滤液中含有大量的镁离子，加入碱液将其转化为碱式碳酸镁，过滤后再进行煅烧得到氧化镁，气流粉碎至所需粒径，再次投入生产。经过该操作后的滤液中仅含有氮、钠等常见轻元素，经简单处理后能够达到排放标准，不仅实现了镁元素的循环，也有利于废液的无害化处理。

3. *石墨烯基复合电极材料的普适制备方法*

目前商业化锂离子电容器的主流电极材料是活性炭，但是其导电性通常较低，且孔径分布在微孔区间，导致高倍率充放电时电极体相内的电子输运与电荷转移过程无法快速进行，严重制约了锂离子电容器的高功率特性。解决此类问题的有效方法是将高导电、多孔的石墨烯与活性炭在微观层面构筑牢固接触位点，同步提升电子/离子导通能力。因此，探求兼具高导电性和合理孔径的石墨烯基电容炭材料制备方法，是目前锂离子电容器领域中重要的科学问题。

在石墨烯基电容炭的规模化制备方面，Li 等 [92] 提出了基于自蔓延高温合成的“石墨烯微观焊接”概念 (图 2-27)，采用镁为牺牲焊剂、CO_2 为焊接气氛，并引入 MgO 模板调控反应的热力学和动力学环境，通过镁在 CO_2 中的瞬间自蔓延燃烧，批量制备得到石墨烯焊接活性炭 (GWAC)。石墨烯与活性炭之间形成了稳固的焊点，从而构建了三维连续导电网络，不仅有力地促进了颗粒间电导率，也引入了适量介孔结构以提升离子在电极体相内的扩散速率。GWAC 的电导率达到 2836 S/m，比表面积为 1850 m^2/g，具有合理分布的微孔–介孔层次结构，克服了现有商业化电容炭材料中高导电性和高比表面积难以兼得的难题，有效提升了材料的电子和离子混合输运性能，因而能够显著改善碳基超级电容器的倍率特性。基于 GWAC 的电极材料其能量密度达到 80 W·h/kg，功率密度达到 70 kW/kg，展示了石墨烯基电容炭在快速储能领域中的工程化应用前景。

在上述工作基础上，An 等 [93] 进一步提出了基于自蔓延高温合成法规模化制备石墨烯/碳复合材料的通用策略，并将其应用在锂离子电容器中，体现出优异的电化学性能。如图 2-28 所示，将碳前驱体和 Mg、MgO 混合均匀后在二氧化碳气氛下引发自蔓延反应，去除 MgO 后即可制备出石墨烯/碳复合材料。通过自蔓延高温合成法制备出具有优异电化学反应界面的石墨烯/软碳复合材料，自蔓延反应生成的石墨烯与软碳表面紧密结合，大幅提升了负极可用于锂离子嵌入/脱出的电化学反应活性位点，从而有效降低了电极材料在大电流下的电化学极化内阻。对电极材料的电化学测试也表明，石墨烯/软碳复合材料在高达 4 A/g 的电流密度下仍具有 200 mA·h/g 的比容量，具有非常好的倍率特性。同样采用自蔓延高温合成法制备出了兼有高导电性和高比表面积的石墨烯/活性炭复合材料，石墨烯均匀生长在活性炭表面，构成三维导电网络结构，从而有效提升了复合材料的电子电导率 (由 389 S/m 提升至 2941 S/m)。对电极材料的电化学测试也表明，活性炭/石墨烯复合材料的倍率性能获得大幅提升，在高达 10 A/g 的电流密度下仍能保持初始比电容的 84%。

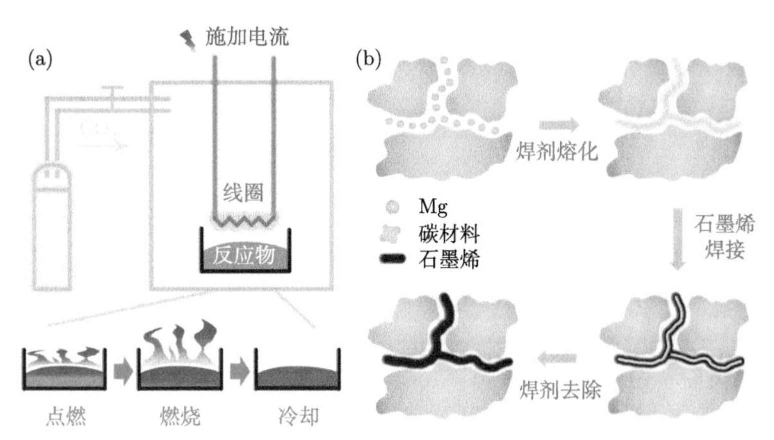

图 2-27 (a) 自蔓延合成法制备石墨烯基电容炭的反应示意图；(b) 石墨烯微观焊接示意图 [92]

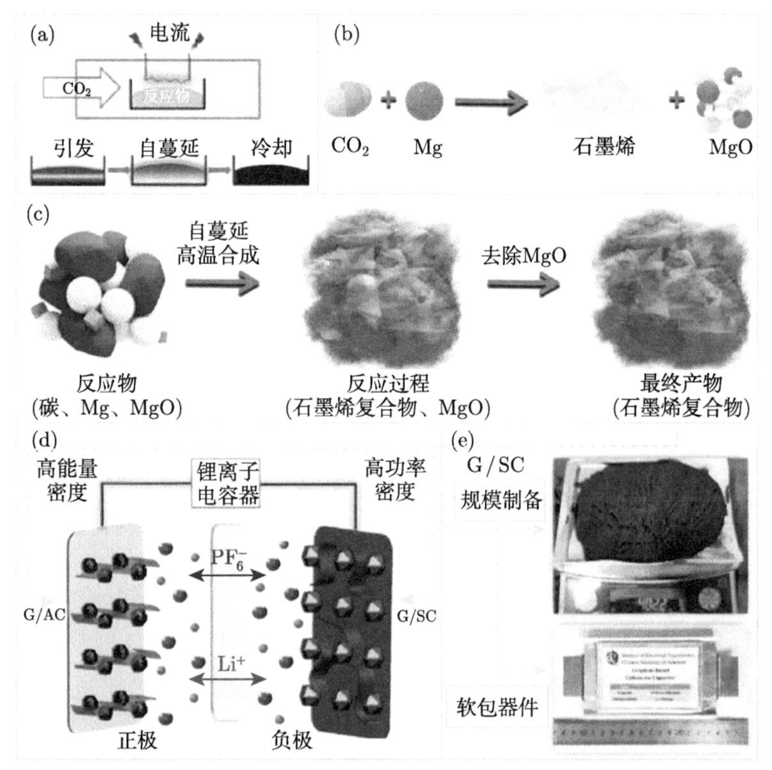

图 2-28 (a) 石墨烯/碳复合材料的自蔓延制备示意图；(b) 反应微观机制；(c) 石墨烯焊接示意图；(d) 锂离子电容器储能机制示意图；(e) 锂离子电容器单体照片 [93]

以石墨烯/软碳复合材料为负极、石墨烯/活性炭材料为正极，组装成锂离子电容器，基于电极材料质量的能量密度可达 151 W·h/kg，功率密度可达 18.9 kW/kg。进一步以规模化制备的石墨烯/软碳复合材料为负极组装的软包装锂离子电容器 (650 mA·h 或 1170 F) 在高达 50C 的充放电倍率下循环 10000 次，仍能保持初始容量的 93.8%，具有非常优异的循环寿命。基于器件质量的能量密度高达 31.5 W·h/kg，高于目前已商业化的锂离子电容器，进一步展现出了石墨烯/碳复合材料的优异性能，以及在实用化锂离子电容器中的应用潜力。以上工作表明，自蔓延高温合成法是一种石墨烯/碳复合材料的通用制备方法，过程简单，易于规模化制备，这将极大地促进石墨烯/碳复合材料在锂离子电容器等储能领域中的应用。

2.6 生物质炭

生物炭/生物质炭，其译文源于英文词——Biochar，最早用于区分生物质与化石燃料所形成的活性炭材料 [94]。2006 年，美国康奈尔大学 Lehmann 教授丰富了 Biochar 一词的含义，将 Biochar 定义为生物质衍生黑炭，即一种和木炭概念相近的材料，可用于土壤碳库封存、改善土壤物理与生物学特性，以及促进植物生长的土壤改良剂 [95]。在早期的生物炭相关研究中，由于其制炭工艺与木炭相近，因而在国外研究中出现了 Charcoal 和 Biochar 混用的情况，Charcoal 的含义多指现在的 Biochar[96]。随着研究的不断深入，生物炭的概念也逐渐清晰。2013 年，国际生物炭倡导组织 (International Biochar Initiative, IBI) 将生物炭定义 (简述) 为：在限氧环境条件下通过热化学转化获得的固体碳材料。

由于不同原料、碳化温度及工艺等条件下制备的生物炭材料在结构及性质上差异很大，所以其在应用对象、目标、范围、功效等方面存在显著差异，导致一些分歧的产生。目前在生物炭原料来源、碳化条件、理化特性等方面的定性、定量界定条件还存在不同观点：① 关于制炭原材料来源，动物体及污泥等非植物源生物质是否列入其中；② 在碳化工艺条件方面，高温 ($>$ 700 ℃) 快速裂解，是否属于常规碳化工艺方式；③ 在制备技术方面，采用非传统或多途径复合、多技术融合生产的改性生物炭或其他衍生性炭材料，是否列为常规生物炭的一种。

上述定义、内涵、界定条件目前尚无统一定论，随着碳化工艺、制备技术的不断改进与创新，不同原理、技术及方法获得的生物炭千差万别，也使得生物炭概念、定义等呈现“多元化、复杂化”趋势。从目前多数研究来看，基于生物炭来源及实际应用，从废弃生物质资源循环利用角度，一般认为生物炭来源于农、林等废弃生物质，在一定碳化温度 ($<$700 ℃)，以及限氧或缺氧条件下热解形成的富碳固体产物。

2.6.1 生物炭的形成过程

生物炭是由生物质经热裂解反应过程后形成的一种产物。在热裂解过程中，生物质发生分子内、分子间的重排作用反应，形成以芳香多环等结构为主的生物炭，以及生物油、混合气等物质 [97]。不同材质生物质的碳化形成过程存在差异。一般情况下制炭原料可分为木质和非木质纤维素类生物质，其中木质纤维素类生物质主要来源于植物类废弃物，其主要成分为纤维素、半纤维素、木质素等，而非木质纤维素类生物质则主要包括动物粪便、一部分植物及其衍生物等，其主要成分为蛋白质、脂类、糖类、无机物，以及部分木质素、纤维素 [98]。

一般情况下木质纤维素类生物质在 200~260 ℃ 时开始发生热裂解反应，半纤维素的分支聚合物和短侧链先分解为低聚糖，其后重新排列形成 1,4-醚-D-木糖，1,4-醚-D-木糖在经过脱水、脱羧、芳构化及分子内缩合等过程后形成炭，或分解形成低分子量的生物油及混合气 [99]。在 300 ℃ 左右，纤维素开始分解，先解聚成低聚糖，随后糖苷键断裂生成 D-吡喃葡萄糖，在分子内重排形成左旋葡萄糖聚糖，其中一部分左旋葡聚糖经过脱羧、芳构化、分子内缩合等过程后形成炭，另一部分在经重排、脱水过程后形成羟甲基糠醛，进一步形成生物油及混合气 [99]。在 400 ℃ 时木质素开始大量分解为自由基，并通过自由基取代、加成、碳碳耦合等过程后形成生物炭、生物油和混合气 [100]。超过 500 ℃ 时，生物炭孔隙内的聚合物、挥发性化合物会发生再聚合反应，形成次生炭或经过重组产生分子量较高的焦油。而非木质纤维素类生物质，在 200 ℃ 左右开始发生热解反应，蛋白质、脂类、碳水化合物等有机物的低能键 (如氢键、氢氧化钙键) 发生断裂，键断裂随温度的升高而增强，主要热解过程发生在 300~600 ℃，最终热解形成生物炭、生物油及混合气 [101]。一般情况下，由于非木质纤维素类生物质中的蛋白质、脂类以及核酸中含有大量氮、磷和氧，所以其热解行为更为复杂而多变。在生物质热解碳化过程中，完成了 “生物质–炭” 的物质形态转变，形成了极其丰富的多微孔碳架结构，以及不同种类的表面官能团、有机小分子及矿物盐等，为其作为吸附、载体等功能材料奠定了重要基础，使其可在农业、环境、能源等领域广泛应用。

2.6.2 生物炭的表面及内部结构

生物炭的结构，主要由生物质原有结构在经过失水、活性物质挥发、断裂、崩塌等一系列热解碳化过程重构形成，其 “骨架” 结构由稳定的芳香族化合物和矿物组成，孔隙结构则由芳香族化合物和其他功能基团组成 [102]。生物炭的孔隙多以微孔为主，生物炭的结构表征与其碳化温度条件有关，随着碳化温度升高，生物炭的非晶态碳结构逐步转化为石墨微晶态结构，晶体尺寸扩大、结构更加有序 [103](图 2-29)。制炭原料与碳化温度，是生

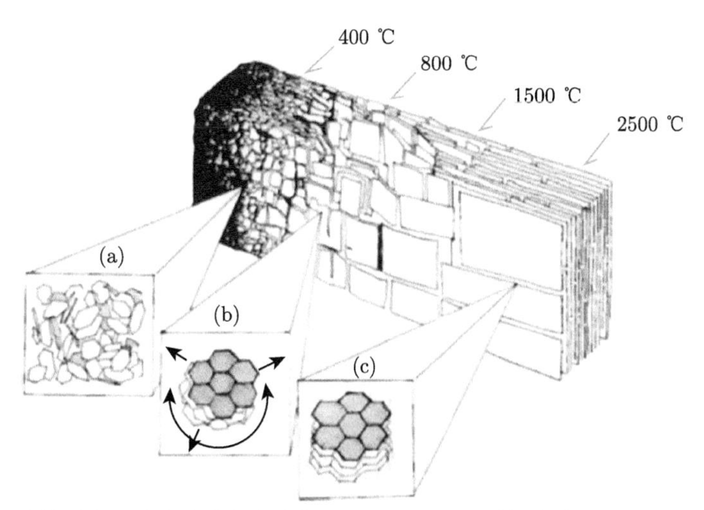

图 2-29　不同碳化温度下的生物炭结构表征示意图。(a) 芳香族碳增加 (主要以无定形碳为主)；(b) 涡轮层状芳香碳增加；(c) 结构趋于石墨化 [103]

物炭结构形成的主要影响因素。不同生物质原料在结构、内含物等方面存在本质差异，导致其在碳化后的结晶度、交联和分支等结构特征上差异显著 [104]。木质素含量高的生物质 (如竹子、椰壳等) 在碳化后的大孔结构增多，而纤维素含量高的生物质 (如植物外壳) 在碳化后形成的结构多以微孔为主，这也使纤维素类生物炭的比表面积 (112~642 m^2/g) 高于非纤维素类生物炭 (3.32~94.2 m^2/g)。

碳化温度条件也是影响生物炭结构的重要因素。在热解碳化过程中，随着碳化温度的升高，生物炭中的挥发性物质逐渐热解分离、挥发，形成更多新孔隙和不规则、粗糙的炭粒蚀刻表面 [105]。当碳化温度高于 700 ℃ 时，生物炭表面微孔结构开始出现破坏，超过 800 ℃ 时生物炭的多孔碳架结构表现不稳定，坍塌现象发生。碳化停留时间也可在一定程度上影响生物炭的结构。当碳化温度为 500~700 ℃、停留时间在 2 h 以内时，生物炭的孔隙度随停留时间的延长而增大，但当超过 2 h 后则表现为负效应。一般情况下，慢速热解碳化更有利于生物炭的多微孔形成，而在快速热解碳化过程中，由于未完全热解的类焦油等物质可能会滞留、堵塞生物炭孔隙，从而不利于生物炭的多微孔结构形成 [106]。生物炭的多微孔结构是其发挥作用的重要基础，不同原料、碳化工艺条件下制备的生物炭其结构表征、特性差异明显，实际应用中可根据不同场景、目的及应用目标的需求，通过材质定向筛选、碳化工艺定向调控等措施获得具有一定预期结构特征的生物炭。

2.6.3 生物炭的主要理化特性

1. 酸碱性

生物炭一般呈碱性，但也有酸性表现，其 pH 变幅范围在 3~13。一般情况下，原料中的灰分含量越多，其制备的生物炭 pH 越高。在材质上，由于非纤维素类生物质制备的生物炭具有较高的灰分含量，所以，一般非纤维素类生物炭的 pH 高于纤维素类生物炭 [107]。而在相同碳化工艺条件下，不同材质生物炭的 pH 表现为：禽畜粪便 > 草本植物 > 木本植物。

较高碳化温度会加速酸性官能团如—COOH、—OH 等的分解，使生物炭的 pH 提高。研究发现，当温度由 200 ℃ 升高到 800 ℃ 时，生物炭的酸性官能团由 4.17 mm/μg 下降至 0.22 mm/μg、碱性官能团由 0.15 mm/μg 升高到 3.55 mm/μg，而 pH 则由 7.37 提高至 12.40[108]。较高碳化温度也有利于灰分中碱金属 (Na、K) 或碱土金属 (Ca、Mg) 等离子化合物，如 KOH、NaOH、$MgCO_3$、$CaCO_3$ 等的形成，从而提高生物炭的 pH[109]。此外碳化时间亦可在一定程度上影响生物炭的 pH，表现为碳化时间越长，pH 越高。

2. 比表面积

生物炭丰富的多微孔结构使其具有较大的比表面积。比表面积是生物炭作为载体和吸附功能材料的重要基础特性之一。在生物炭制备过程中，比表面积的大小可通过改性、调控工艺流程等进行一定程度的定向调控，通常与其制炭原料、碳化温度等有关。一般情况下纤维素类生物质因其具有丰富的内部孔隙，碳化后形成的生物炭会保留原有生物质的细微孔隙结构，比表面积大幅提高。而非纤维素类生物质的孔隙结构相对较少，因此碳化后的生物炭比表面积小于纤维素类生物炭 [110]。

碳化温度是影响生物炭比表面积的重要因素之一。当碳化温度在 400 ℃ 以下时，生物质在碳化过程中形成的孔隙率降低，这可能与生物质中挥发性物质的热解分离和挥发不完全等有关。随着碳化温度的升高，生物质分离、释放出更多挥发性物质，孔隙更多、比表面积增大[111]。但在高于 800 ℃ 时，生物炭中的多孔结构会发生部分坍塌，从而堵塞孔隙使孔径变小[112]。灰分含量也会影响生物炭的比表面积。随着碳化温度的升高，生物炭的灰分含量增加，会堵塞部分生物炭孔隙，从而使其比表面积降低。

3. 元素组成

生物炭除主要含 C 元素外，还含有 O、H、N、K、Ca、Na、Mg 等元素。C 元素主要为芳香环形式的固定碳，而碱金属 (K、Na 等)、碱土金属 (Ca、Mg) 等则以碳酸盐、磷酸盐或氧化物的形式存在于灰分中。生物炭中的元素种类、含量主要与原材料有关。研究认为，纤维素类生物炭中的 C 含量高于非纤维素类生物炭，木材、竹类生物炭的 C 含量较高[113]。而在其他元素中，纤维素类生物炭中的 K 含量相对较高，非纤维素类生物炭中的 Ca、Mg、N、P 等元素含量高于纤维素类生物炭。碳化温度也是影响生物炭中元素含量及其组成的重要因素。一般情况下生物炭中的 C、碱金属及其矿化物含量随碳化温度的升高而提高，而 N、H、O 等元素含量则随碳化温度的升高而降低。

4. 表面化学性质

生物质中的纤维素、半纤维素、蛋白质、脂肪等，经热解碳化后在生物炭表面及内部形成大量羧基、羰基、内脂基及羟基、酮基等多种类型官能团，其中大多为含氧官能团或碱性官能团，使生物炭具有良好的吸附、亲水/疏水，以及缓冲酸碱、促进离子交换等特性。

生物炭的表面官能团与制炭原料、碳化温度条件密切相关[114]。不同原材料中，非纤维素类生物炭比纤维素类生物炭含有更多的 N、S 官能团[115]。在不同碳化温度条件下, 生物炭官能团的数量、密度随碳化温度的升高而下降。在 185~200 ℃ 时，生物炭表面官能团种类不会发生明显变化[116], 而当温度达到 300 ℃ 时, 羧基、羰基含量则快速上升至最高点，此后随碳化温度的升高而降低[117]。至 400~550 ℃ 时, 生物炭的脂肪族官能团随温度的升高而逐渐消失，当温度达到 600 ℃ 时，烷基碳官能团消失。

2.6.4 生物炭在锂离子电容器中的应用

目前生物质炭在锂离子电容器正极材料中的应用已经取得了诸多进展，表 2-4 给出了代表性生物质炭基锂离子电容器的基本性质。Lu 等[118] 发现韭菜具有成本低、生长周期短、资源丰富、可工业化大规模生产等优点，是一种很有前途的生产用炭前驱体。因此以韭菜为碳源，采用两步法制备生物炭 (CPAC-5)，其具有 3011 m^2/g 的高比表面积和 2.6 m^3/g 的孔容，有利于电解质离子的穿梭与渗透。在 2.0~4.5 V 的电压区间 (*vs.* Li/Li^+)，0.3 A/g 的电流密度下，比容量高达 135 mA·h/g，并且在 0.3 A/g 的电流密度下，2000 次循环后仍有 94%的容量保持率。以 CPAC-5 为正极，Si/FG/C 为负极构建的锂离子电容器，在 2.0~4.5 V 的电压区间，在 0.3 A/g 的电流密度下，表现出了 159 W·h/kg 的能量密度和 945 W/kg 的功率密度，并且在 1 A/g 的电流密度下，8000 次循环后仍有 80%的容量保持率 (图 2-30(a) 和 (b))。Xu 等[119] 制备了具有 1122 m^2/g 高比表面积的高粱芯衍生的碳片 (SCDCS)，在 1.4~4.5 V 的电压区间 (*vs.* Li/Li^+)，0.1 A/g 的电流密度下，表现出 220 mA·h/g 的比容量；并以 SCDCS 作为锂离子电容器的正负极，在 0~4.3 V 的电压区间，0.5 A/g 的电流密度下，表现出 124.8 W·h/kg 的能量密度与 107 W/kg 的功率密度，在 10 A/g 的电流密度下，循环 5000 次后，容量保持率为 66%(图 2-30(c) 和 (d))。Yang 等 [120] 以剑麻纤维为碳源，通过水热反应制备得到具有 2111 m^2/g 高比表面积的分级多孔生物炭 (SFAC-2)，在 2.0~4.0 V 的电压区间 (*vs.* Li/Li^+)，在 0.05 A/g 的电流密度下，表现出 59 mA·h/g 的比容量，并且在 1 A/g 的电流密度下，循环 5000 次后，仍具有 88%的容量保持率。以 SFAC-2 为正极，预锂化中间相炭微球 (MCMB) 为负极组装锂离子电容器，在 2.0~4.0 V 的电压区间，0.1 A/g 的电流密度下，表现出 83 W·h/kg 的能量密度与 128 W/kg 的功率密度，并在 0.5 A/g 的电流密度下循环 1000 次后，仍具有 92% 的容量保持率。

表 2-4 生物炭基锂离子电容器的基本储能性质

生物质	活化剂	BET/(m^2/g)	比容量/(mA·h/g)	负极	能量密度/(W·h/kg)	功率密度/(W/kg)	参考文献
韭菜	KOH	3011	135	硅碳复合材料	159	945	[118]
高粱芯	HCl	1122	220	高粱芯基碳	124.8	107	[119]
剑麻纤维	KOH	2111	57	中间相炭微球	83	128	[120]
玉米芯	KOH	2646	75.9	钛酸锂	79.6	100	[121]
	H_2SO_4	1749.6	174	Fe_3O_4/G	118	3726	[122]
	KOH	2351	129.86	Fe_3O_4/G	102	536	[123]
橘子皮	KOH	1901	50	预锂化石墨	106	200	[124]
木质素	KOH	2490	80	木质素基炭	97	55	[125]
竹粉	KOH	2288.03	111.8	竹基炭	175	123	[126]
废纸	HCl	2263	76	氮、硫掺杂多孔碳	176.1	400	[127]

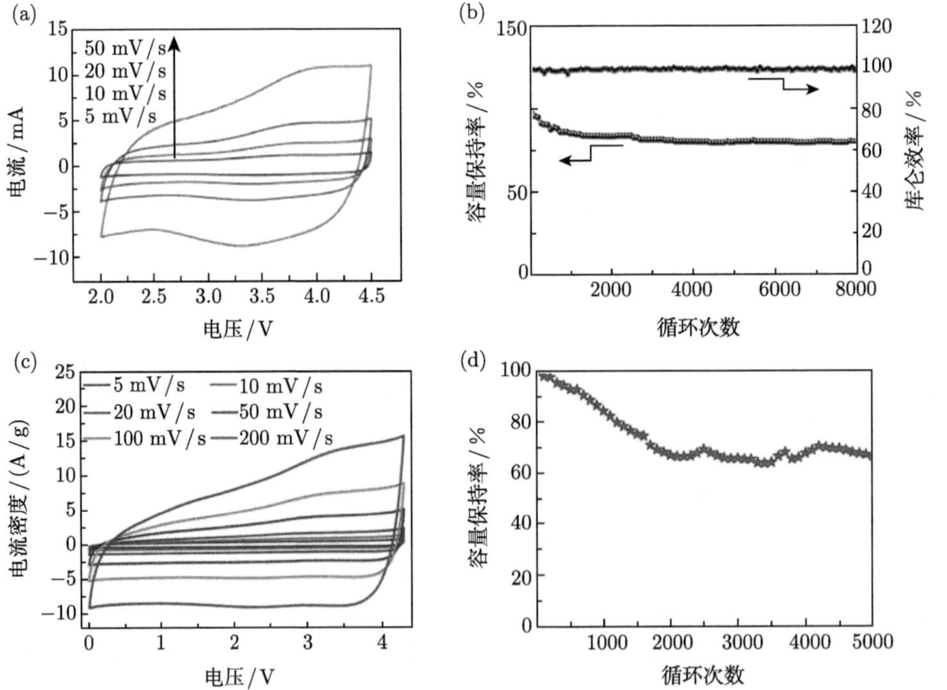

图 2-30 CPAC-5//Si/FG/C 的 (a) CV 曲线和 (b) 循环寿命图 [118]；SCDCS // SCDCS 的 (c)CV 曲线和 (d) 循环寿命图 [119]

Li 等 [121] 发现，由农业废弃物衍生的生物炭往往具有丰富的表面官能团，可以提高材料的比容量。因此，以玉米棒芯为碳源，通过高温热解与活化制备得到生物炭 (AC)。并且以 AC 为正极，商业的钛酸锂 ($Li_4Ti_5O_{12}$) 为负极构建锂离子电容器，在 1~3 V 的电压区间，最高可以提供 79.6 W·h/kg 的能量密度，远远高于类似的商业活性炭基锂离子电容器 (约 36 W·h/kg)，并且在高功率密度 (4 kW/kg) 下，仍具有 32.7 W·h/kg 的能量密度。在 2 A/g 的电流密度下，循环 2000 次后仍具有 85.2%的容量保持率 (图 2-31(a) 和 (b))。Yang 等 [122] 发现在水热活化过程中加入 H_2SO_4，可以进一步改善玉米芯生物炭 (AC-1.5) 的分级多孔结构，提高其石墨化程度，比表面积达到 1749.6 m^2/g，孔容达到 0.871 cm^3/g(图 2-31(c))，并且在 2~4.5 V 的电压区间，0.3 A/g 的电流密度下表现出了 174 mA·h/g 的比容量，在 1 A/g 的电流密度下，循环 5000 次后，仍具有 93.2%的容量保持率。如图 2-31(d) 所示，以 AC-1.5 为正极，Fe_3O_4/G 为负极构建锂离子电容器，工作电压区间为 1~4.0 V，在 2 A/g 的电流密度下，仍提供 118 W·h/kg 的高能量密度和 3726 W/kg 的功率密度，在 2 A/g 的电流密度下循环 5000 次后，仍具有 88.7%的容量保持率。Maharjan 等 [124] 以橘子皮基生物炭为正极，预锂化石墨 (LiC_6) 为负极构建锂离子电容器，在 2.0~3.9 V 的电压区间，0.1 A/g 的电流密度下，可提供 106 W·h/kg 的能量密度和 200 W/kg 的高功率密度，并且在 1 A/g 的电流密度下，循环 2500 次后，仍具有 58.8%的容量保持率。表 2-4 列出了生物炭基锂离子电容器的基本储能性质。

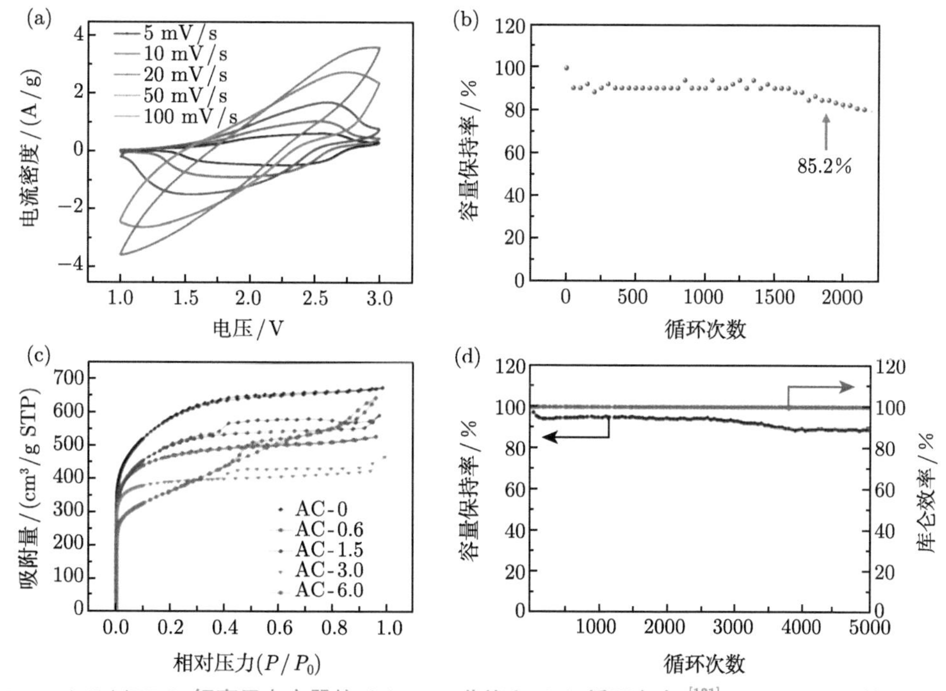

图 2-31 AC//LTO 锂离子电容器的 (a) CV 曲线和 (b) 循环寿命 [121]；(c) AC-x 的 N_2 吸脱附曲线 (x = 0 mL，0.6 mL，1.5 mL，3.0 mL，6.0 mL H_2SO_4)；(d) AC-1.5//Fe_3O_4/G 锂离子电容器的 CV 曲线 [122]

2.7 碳气凝胶

碳气凝胶 (carbon aerogel) 是一种轻质多孔非晶碳素新型材料，具有典型的三维空间连续网络结构，并可以在制备过程中方便地调节材料的形状、孔隙、微观形貌、比表面积和密度，碳气凝胶的比表面积高达 200~2000 m^2/g，孔隙尺寸通常小于 50 nm，在低温下力学性能不发生明显变化，整体结构不易破碎，还具有高导电性和高化学稳定性，以及优良的电容储能特性，因而是锂离子电容器的理想正极材料。

碳气凝胶由热固性有机气凝胶碳化而得，主要是通过控制材料前驱体在凝胶化前的结构以达到控制孔径、微观结构的目的。碳气凝胶的制备通常经历三个步骤：有机凝胶的合成、有机凝胶的超临界干燥、有机凝胶的可控碳化 [128]。早期的研究中，有机凝胶是以间苯二酚和甲醛单体为原料聚合成纳米团簇，随后进一步交联为具有空间三维交织网络的有机凝胶 (RF 凝胶)。在之后的干燥过程中，为了避免凝胶内部的微孔由于表面张力的变化而快速收缩，导致孔端封闭，通常采用超临界干燥的方法脱除有机凝胶中的溶剂 [129]。在超临界流体中不存在气液界面，因而也不存在表面张力，可以有效地保留凝胶前驱体的网络状结构。制备碳气凝胶的最后一个关键步骤是有机凝胶在惰性气氛下的可控碳化，有机凝胶内部的挥发性元素脱离体相，留下的是保留了原有微观形貌和结构的碳材料。Mayer 等 [130] 于 1987 年率先从基于间苯二酚/甲醛体系的有机凝胶中制备得到碳气凝胶。Tamon 等 [131] 对碳气凝胶多孔结构进行了分析，发现改变体系内部的水含量能够控制有机凝胶的孔隙大小，从而达到调控微观结构的效果。研究结构表明，碳气凝胶的孔径尺寸在 2.5~9.2 nm 范围内能够精确控制。基于此发现，Lin 和 Ritter[132] 采用缓慢脱除溶剂的方式制备得到了兼具介孔和微孔的层次孔径碳气凝胶。但是在有机电解液中碳气凝胶表面含有较多亲水基团，导致电解液无法与电极材料充分浸润，因此比容量未有明显提升。

目前碳气凝胶在锂离子电容器正极材料中的应用仍处于起步阶段，有研究人员探索了碳气凝胶及其复合材料的制备、形貌调控、结构与电化学性能间的构效关系等。Xu 等 [133] 报道了一种制备 $LiMnPO_4$/碳气凝胶复合材料作为水系锂离子电容器正极材料的简便方法。将氧化石墨烯溶液用水和乙醇的混合溶剂稀释至 2 mg/mL 的悬浮液，随后将 80 mg $LiMnPO_4$ (LMP) 溶解在 2 mL 乙醇中并超声处理 1 h 来制备 LMP 悬浮液。将给定的 LMP 混浊液滴加到氧化石墨烯的悬浮液中，在 180 ℃ 下溶剂热反应 2 h 形成 3D 水凝胶。最后将合成的复合水凝胶冷冻干燥 24 h，即可得到 $LiMnPO_4$/碳气凝胶复合材料。通过恒流放电测试评估复合正极材料中氧化石墨烯成分对电化学性能的影响。$LiMnPO_4$ 的容量为 217 C/g，相比之下，碳气凝胶复合材料表现出更高的比容量 (电流密度为 0.5 A/g 时容量为 464.5 C/g)。此外，使用碳气凝胶复合材料作为锂离子电容器的正极，在 0.38 kW/kg 的功率密度下器件获得了 16.46 W·h/kg 的能量密度，在 4.52 kW/kg 的高功率密度下仍然保持 11.79 W·h/kg 的能量密度，在 2 A/g 的电流密度下循环 10000 次后仍保持 91.2%的初始容量，充分展现出高倍率性能和长循环寿命。

Fan 等 [134] 通过氧化石墨溶液与三聚氰胺、间苯二酚和甲醛的溶胶–凝胶聚合，制备了氮掺杂石墨烯基气凝胶复合材料 (NGA)，然后引入 KOH 活化工艺以增加比表面积并获得更好的孔隙率，使其成为理想的锂离子电容器正极材料。通过如图 2-32(a) 和 (b) 所示的透射电子显微镜照片可以明显看出，经过 KOH 活化后的材料微观形貌中出现了大量的孔隙，比表面积达到 1600 m^2/g，其中微孔贡献的比表面积达到 1200 m^2/g。电流密度为 0.1 A/g 时，正极在电压窗口为 2~4 V 内的比容量达到 76 mA·h/g。进一步分别使用 NGA 正极和钛酸锂负极组装了电压窗口为 1~3 V 的锂离子电容器，反应机理涉及充放电过程中电解质离子在 NGA 正极形成双电层，以及 Li 离子通过氧化还原反应在 LTO 负极嵌入/脱出。图 2-32(c) 的循环寿命测试结果显示，在 1.5 A/g 的高电流密度下 10000 次循环后容量保持率为 64%。电极材料在 200 W/kg 的功率密度下能够提供 70 W·h/kg 的最大能量密度 (图 2-32(d))。此外，由于活性电极材料的质量通常占器件总质量的 35%~40%，由此可以推算出，器件的功率密度为 74 W/kg 时，能量密度有望接近 26 W·h/kg。

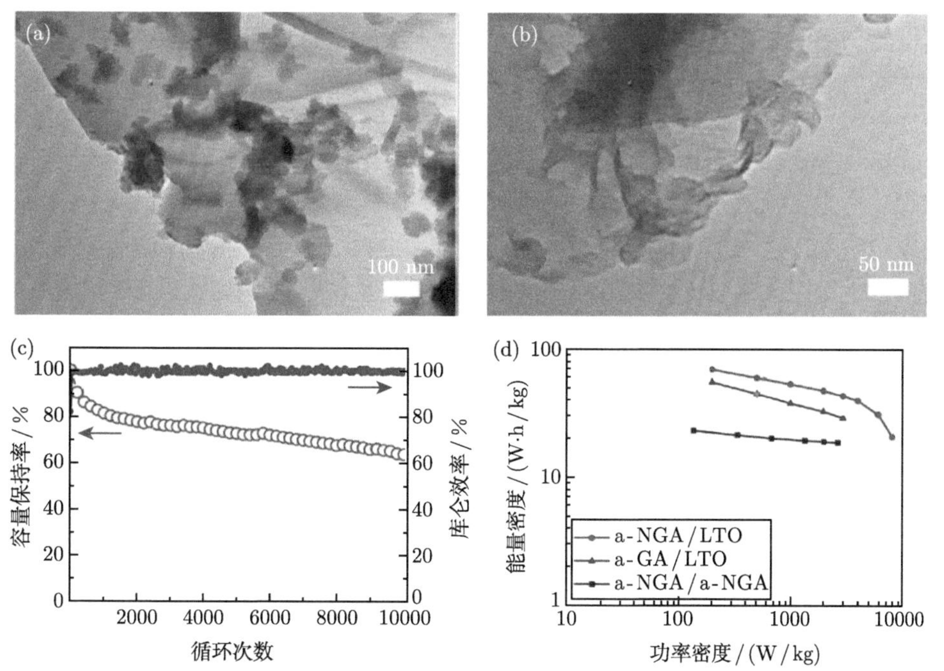

图 2-32 (a) 活化前和 (b) 活化后 NGA 正极的透射电子显微镜照片；(c) 在 1.5 A/g 时的库仑效率和循环寿命曲线；(d) 采用活化后 NGA 正极、钛酸锂负极的锂离子电容器能量密度和功率密度，GA 为未经氮掺杂正极 [134]

2.8 其他正极材料

通常锂离子电容器负极材料比容量远高于正极材料，因此采用高比容量的正极材料能够有效平衡电极间的容量失配，解决器件的低能量密度问题。最近，一些高理论比容量的电池型正极材料，如 Li 插层化合物，被证明在锂离子电容器中具有储能应用潜力。从化学结构而言，这些 Li 插层化合物主要是锂金属的氧化物，其容量主要来自于表面赝电容和电极体相的插层反应，虽然理论比容量、初始比容量和电位都较高，但它们的低电导率和低锂离子扩散系数限制了其功率密度。有研究表明，锂金属氧化物的姜–泰勒 (Jahn-Teller) 效应及锂离子嵌入和脱出过程中的晶体结构变化，导致正极材料发生相变和溶解，严重削弱了器件的能量密度和循环寿命 [135]。针对这些缺点，目前研究人员主要采取以下策略：调整电极材料粒度和形态，以增加活性物质的反应面积；掺杂金属离子以改变电极表面的电子能级；引入碳涂层以提升电极材料的导电能力。

导电聚合物 (conducting polymer) 被普遍认为是一种很有前途的赝电容材料，其在电化学储能系统中的应用引起了研究人员的广泛关注 [136]。基于导电聚合物的赝电容电极具有较高的柔韧性、良好的导电性、低成本和制备简易等诸多优势，但是现在其实际应用仍然存在一些阻碍，如电极充放电过程中的体积膨胀问题等。为了提高电极性能，导电聚合物通常不会单独使用，而是与其他类型的材料 (如碳材料) 形成复合材料来使用。截至目前，科研人员已经制备了聚苯胺/碳纳米管 [137] 等多种导电高分子/碳复合电极材料。虽然导电聚合物电极材料已经取得了上述进展，但是其电导率、功率和能量密度以及循环稳定性等电化学性能仍无法满足现阶段商用锂离子电容器的要求。

锂离子电容器的一个主要问题是活性炭正极处电解质在高电压下的不可逆分解，导致与双电层电容器类似的自放电现象。2002 年，Du Pasquier 等 [138] 设计开发了一种用赝电容有机正极代替活性炭正极的锂离子电容器，采用 $LiBF_4/CH_3CN$ 电解液组装了具有不同电极厚度的聚氟苯基噻吩//钛酸锂锂离子电容器。这种有机正极材料不仅可以通过吸附/解吸来储存/释放能量，还可以利用聚合物正极的 p 型掺杂产生更高的平均输出电压，减少器件的自放电，因此带来了更低的自放电、更高的能量密度和功率密度。对于较厚的电极，在 1 kW/kg 时能量密度达到 20 W·h/kg，而对于更薄的电极，在 2.5 kW/kg 时能量密度达到 16 W·h/kg。2004 年，Du Pasquier 等 [139] 用聚甲基噻吩正极取代了聚氟苯基噻吩正极，由于不含低聚物和杂质的高分子量聚合物，循环性能得到大幅提升。基于类似的机理，Karthikeyan 等 [140] 还开发了以 $LiMnBO_3$ 为负极、聚苯胺为正极的锂离子电容器。由于聚苯胺具有高度可逆的掺杂/去掺杂行为和良好的导电性，在 1 A/g 的电流密度下基于电极材料的可逆比电容达到 125 F/g，并且 30000 次循环后仍然保持初始电容的 94%，能量密度和功率密度分别达到 42 W·h/kg 和 5.35 kW/kg。

2.9 本章结语

正极材料是支撑锂离子电容器高倍率和高功率的关键材料，表 2-5 列出了代表性锂离子电容器正极材料的基本性质。尽管目前开发的各类碳材料已经在锂离子电容器正极方面取得了应用，并展示出碳基材料在快速储能领域中的前景，但是提高能量密度、正极比容量和工作电压范围，仍然是正极材料研究中最紧迫的挑战。由于充放电速率是由锂离子在体电极中的扩散和电子的转移来控制的，所以促进扩散速率和提高电导率将是一个重要的研究方向。未来正极材料的主要方向是通过掺杂、包覆、调整微观结构、控制材料形貌、与高比容量材料复合等方法制备各类碳基衍生材料，全面增强其比表面积、孔容、电化学性能、压实密度和热稳定性等关键性能指标。在追求高能量密度和高功率密度的同时，正极和负极材料的匹配以及有机电解质的安全性也不容忽视。这要求在未来实践中必须将锂离子电容器基础研究与现有储能器件的工业制造经验相结合，克服关键工艺难题，为高性能锂离子电容器的规模化制造奠定坚实的理论与工艺基础。

表 2-5　代表性锂离子电容器正极材料的基本性质

正极材料	比表面积/(m^2/g)	比容量/(mA·h/g)	电导率/(S/cm)	优势	劣势
活性炭	1000～2500	40～80	1～5	(a) 成本低廉； (b) 制备方便； (c) 制造工艺成熟	(1) 含有较多微孔； (2) 电导率较低； (3) 容量较低
模板碳	500～1500	60～100	5～10	(a) 孔径均一； (b) 结构易调控； (c) 倍率性能好	(1) 比表面积低； (2) 振实密度较低
活化多壁碳纳米管	500～1200	80～120	75～200	(a) 可形成交联网络； (b) 电导率高； (c) 传热性能良好	(1) 制备条件苛刻； (2) 成本较高
石墨烯	500～3000	60～150	50～150	(a) 比表面积高； (b) 理论比容量高； (c) 电导率高； (d) 易形成复合材料	(1) 成本较高； (2) 绿色制备工艺匮乏
生物质炭	1000～2000	50～120	< 10	(a) 原料来源广泛； (b) 产物富含官能团； (c) 成本低廉	(1) 结构不易调控； (2) 灰分杂质较多
碳气凝胶	500～2000	50～80	< 10	(a) 孔隙率高； (b) 化学稳定性高	(1) 振实密度低； (2) 体积比容量低

参考文献

[1] Inagaki M, Konno H, Tanaike O. Carbon materials for electrochemical capacitors. Journal of Power Sources, 2010, 195(24): 7880-7903.

[2] Noked M, Soffer A, Aurbach D. The electrochemistry of activated carbonaceous materials: Past, present, and future. Journal of Solid State Electrochemistry, 2011, 15(7-8): 1563-1578.

[3] Cychosz K A, Guillet-Nicolas R, Garcia-Martinez J, et al. Recent advances in the textural characterization of hierarchically structured nanoporous materials. Chemistry Society Review, 2017, 46(2): 389-414.

[4] Chmiola J, Yushin G, Gogotsi Y, et al. Anomalous increase in carbon capacitance at pore sizes less than 1 nanometer. Science, 2006, 313(5794): 1760-1763.

[5] Sevilla M, Mokaya R. Energy storage applications of activated carbons: Supercapacitors and hydrogen storage. Energy & Environmental Science, 2014, 7(4): 1250.

[6] Wang J, Kaskel S. KOH activation of carbon-based materials for energy storage. Journal of Materials Chemistry, 2012, 22(45): 23710.

[7] Zhai D, Li B, Kang F, et al. Preparation of mesophase-pitch-based activated carbons for electric double layer capacitors with high energy density. Microporous and Mesoporous Materials, 2010, 130(1): 224-228.

[8] Sun L, Fu Y, Tian C, et al. Isolated boron and nitrogen sites on porous graphitic carbon synthesized from nitrogen-containing chitosan for supercapacitors. ChemSusChem, 2014, 7(6): 1637-1646.

[9] Zhou Y, Ma R G, Candelaria S L, et al. Phosphorus/sulfur co-doped porous carbon with enhanced specific capacitance for supercapacitor and improved catalytic activity for oxygen reduction reaction. Journal of Power Sources, 2016, 314(2): 39-48.

[10] Nasini U B, Bairi V G, Ramasahayam S K, et al. Phosphorous and nitrogen dual heteroatom doped mesoporous carbon synthesized via microwave method for supercapacitor application. Journal of

Power Sources, 2014, 250(3): 257-265.

[11] Huang Y, Candelaria S L, Li Y, et al. Sulfurized activated carbon for high energy density supercapacitors. Journal of Power Sources, 2014, 252(5): 90-97.

[12] Ma X, Gao D. High capacitive storage performance of sulfur and nitrogen codoped mesoporous graphene. ChemSusChem, 2018, 11(6): 1048-1055.

[13] Amatucci G G, Badway F, Du Pasquier A, et al. An asymmetric hybrid nonaqueous energy storage cell. Journal of the Electrochemical Society, 2001, 148(8): A930-A939.

[14] Cho M Y, Kim M H, Kim H K, et al. Electrochemical performance of hybrid supercapacitor fabricated using multi-structured activated carbon. Electrochemistry Communications, 2014, 47: 5-8.

[15] Bhattacharjee U, Bhowmik S, Ghosh S, et al. Boron-doped graphene anode coupled with microporous activated carbon cathode for lithium-ion ultracapacitors. Chemical Engineering Journal, 2022, 430: 132835.

[16] Babu B, Lashmi P G, Shaijumon M M. Li-ion capacitor based on activated rice husk derived porous carbon with improved electrochemical performance. Electrochimica Acta, 2016, 211: 289-296.

[17] Kumagai S, Abe Y, Saito T, et al. Lithium-ion capacitor using rice husk-derived cathode and anode active materials adapted to uncontrolled full-pre-lithiation. Journal of Power Sources, 2019, 437(6): 226924.

[18] Jain A, Aravindan V, Jayaraman S, et al. Activated carbons derived from coconut shells as high energy density cathode material for Li-ion capacitors. Reports, 2013, 3(8): 3002.

[19] Li C, Zhang X, Wang K, et al. High-power lithium-ion hybrid supercapacitor enabled by holey carbon nanolayers with targeted porosity. Journal of Power Sources, 2018, 400(1): 468-477.

[20] Zou K, Guan Z, Deng Y, et al. Nitrogen-rich porous carbon in ultra-high yield derived from activation of biomass waste by a novel eutectic salt for high performance Li-ion capacitors. Carbon, 2020, 161(1): 25-35.

[21] Li C, Zhang X, Wang K, et al. High-power and long-life lithium-ion capacitors constructed from n-doped hierarchical carbon nanolayer cathode and mesoporous graphene anode. Carbon, 2018, 140(2): 237-248.

[22] Victor M, Jing T, Jie W, et al. Fabrication of nanoporous carbon materials with hard-and soft-templating approaches: A review. Journal of Nanoscience and Nanotechnology, 2019, 19(7): 3673-3685.

[23] Song X, Ma X, Yu Z, et al. Asphalt-derived hierarchically porous carbon with superior electrode properties for capacitive storage devices. ChemElectroChem, 2018, 5(11): 1474-1483.

[24] Cho E C, Chang-Jian C W, Lu C Z, et al. Bio-phenolic resin derived porous carbon materials for high-performance lithium-ion capacitor. Polymers, 2022, 14(3): 298-304.

[25] Qian T, Huang Y, Zhang M, et al. Non-corrosive and low-cost synthesis of hierarchically porous carbon frameworks for high-performance lithium-ion capacitors. Carbon, 2021, 173(3): 646-654.

[26] Cui Y, Liu W, Lyu Y, et al. All-carbon lithium capacitor based on salt crystal-templated, n-doped porous carbon electrodes with superior energy storage. Journal of Materials Chemistry A, 2018, 6(37): 18276-18285.

[27] Shi R, Han C, Li H, et al. NaCl-templated synthesis of hierarchical porous carbon with extremely large specific surface area and improved graphitization degree for high energy density lithium ion capacitors. Journal of Materials Chemistry A, 2018, 6(35): 17057-17066.

[28] Abdelaal M M, Hung T C, Mohamed S G, et al. Two birds with one stone: Hydrogel-derived hierarchical porous activated carbon toward the capacitive performance for symmetric supercapacitors and lithium-ion capacitors. ACS Sustainable Chemistry & Engineering, 2022, 10(14): 4717-4727.

[29] Gupta N, Gupta S M, Sharma S K. Carbon nanotubes: Synthesis, properties and engineering applications. Carbon Letters, 2019, 29(5): 419-447.

[30] Rao R, Pint C L, Islam A E, et al. Carbon nanotubes and related nanomaterials: Critical advances and challenges for synthesis toward mainstream commercial applications. ACS Nano, 2018, 12(12): 11756-11784.

[31] Iijima S. Helical microtubes of graphitic carbon. Nature, 1991, 354(1): 56-58.

[32] De Volder M F, Tawfick S H, Baughman R H, et al. Carbon nanotubes: Present and future commercial applications. Science, 2013, 339(6119): 535-539.

[33] Zhang H, Cao G, Yang Y. Carbon nanotube arrays and their composites for electrochemical capacitors and lithium-ion batteries. Energy & Environmental Science, 2009, 2(7): 932-943.

[34] Jiang J, Liu J, Zhou W, et al. CNT/Ni hybrid nanostructured arrays: Synthesis and application as high-performance electrode materials for pseudocapacitors. Energy & Environmental Science, 2011, 4(12): 5000-5007.

[35] Zhong J, Yang Z, Mukherjee R, et al. Carbon nanotube sponges as conductive networks for supercapacitor devices. Nano Energy, 2013, 2(5): 1025-1030.

[36] Kanakaraj S N, Hsieh Y Y, Adusei P K, et al. Nitrogen-doped CNT on CNT hybrid fiber as a current collector for high-performance Li-ion capacitors. Carbon, 2019, 149: 407-418.

[37] Zhao X, Johnston C, Grant P S. A novel hybrid supercapacitor with a carbon nanotube cathode and an iron oxide/carbon nanotube composite anode. Journal of Materials Chemistry, 2009, 19(46): 8755.

[38] Chen D, Tang L, Li J. Graphene-based materials in electrochemistry. Chemistry Society Review, 2010, 39(8): 3157-3180.

[39] Terrones M, Botello-Mendez A R, Campos-Delgado J, et al. Graphene and graphite nanoribbons: Morphology, properties, synthesis, defects and applications. Nano Today, 2010, 5(4): 351-372.

[40] Soldano C, Mahmood A, Dujardin E. Production, properties and potential of graphene. Carbon, 2010, 48(8): 2127-2150.

[41] Calizo I, Balandin A A, Bao W, et al. Temperature dependence of the raman spectra of graphene and graphene multilayers. Nano Letters, 2007, 7(9): 2645-2649.

[42] Balandin A A, Ghosh S, Bao W, et al. Superior thermal conductivity of single-layer graphene. Nano Letters, 2008, 8(3): 902-907.

[43] Cai W, Moore A L, Zhu Y, et al. Thermal transport in suspended and supported monolayer graphene grown by chemical vapor deposition. Nano Letters, 2010, 10(5): 1645-1651.

[44] Seol J H, Jo I, Moore A L, et al. Two-dimensional phonon transport in supported graphene. Science, 2010, 328(5975): 213-216.

[45] Schafhaeutl C. Ueber die verbindungen des kohlenstoffes mit silicium, eisen und anderen metallen, welche die verschiedenen gattungen von roheisen, stahl und schmiedeeisen bilden. Journal fur Praktische Chemie, 1840, 21(1): 129.

[46] Dreyer D R, Ruoff R S, Bielawski C W. From conception to realization: An historial account of graphene and some perspectives for its future. Angewandte Chemie International Edition, 2010, 49(49): 9336-9344.

[47] Hummers W S, Offeman R E. Preparation of graphitic oxide. Journal of the American Chemical Society, 1958, 80(6): 1339-1339.

[48] Peng L, Xu Z, Liu Z, et al. An iron-based green approach to 1-h production of single-layer graphene oxide. Nature Communications, 2015, 6(10): 5716.

[49] Stankovich S, Dikin D A, Piner R D, et al. Synthesis of graphene-based nanosheets via chemical reduction of exfoliated graphite oxide. Carbon, 2007, 45(7): 1558-1565.

[50] Gambhir S, Murray E, Sayyar S, et al. Anhydrous organic dispersions of highly reduced chemically converted graphene. Carbon, 2014, 76(2): 368-377.

[51] Stankovich S, Piner R D, Chen X, et al. Stable aqueous dispersions of graphitic nanoplatelets via the reduction of exfoliated graphite oxide in the presence of poly(sodium 4-styrenesulfonate). Journal of Materials Chemistry, 2006, 16(2): 155-158.

[52] Li D, Muller M B, Gilje S, et al. Processable aqueous dispersions of graphene nanosheets. Nature Nanotechnology, 2008, 3(2): 101-105.

[53] Ciesielski A, Samori P. Graphene via sonication assisted liquid-phase exfoliation. Chemistry Society Reviews, 2014, 43(1): 381-398.

[54] Shin H J, Kim K K, Benayad A, et al. Efficient reduction of graphite oxide by sodium borohydride and its effect on electrical conductance. Advanced Functional Materials, 2009, 19(12): 1987-1992.

[55] Periasamy M, Thirumalaikumar P. Methods of enhancement of reactivity and selectivity of sodium borohydride for applications in organic synthesis. Journal of Organometallic Chemistry, 2000, 609(1-2): 137-151.

[56] Gao W, Alemany L B, Ci L J, et al. New insights into the structure and reduction of graphite oxide. Nature Chemistry, 2009, 1(5): 403-408.

[57] Schniepp H C, Li J L, McAllister M J, et al. Functionalized single graphene sheets derived from splitting graphite oxide. The Journal of Physical Chemistry B, 2006, 110(17): 8535-8539.

[58] Wang X, Zhi L, Müllen K. Transparent, conductive graphene electrodes for dye-sensitized solar cells. Nano Letters, 2008, 8(1): 323-327.

[59] Zheng C, Zhou X, Cao H, et al. Synthesis of porous graphene/activated carbon composite with high packing density and large specific surface area for supercapacitor electrode material. Journal of Power Sources, 2014, 258(2): 290-296.

[60] Lee J H, Shin W H, Ryou M H, et al. Functionalized graphene for high performance lithium ion capacitors. ChemSusChem, 2012, 5(12): 2328-2333.

[61] Aravindan V, Mhamane D, Ling W C, et al. Nonaqueous lithium-ion capacitors with high energy densities using trigol-reduced graphene oxide nanosheets as cathode-active material. ChemSusChem, 2013, 6(12): 2240-2244.

[62] Li H S, Shen L F, Wang J, et al. Three-dimensionally ordered porous $TiNb_2O_7$ nanotubes: A superior anode material for next generation hybrid supercapacitors. Journal of Materials Chemistry A, 2015, 3(32): 16785-16790.

[63] Wang F, Wang C, Zhao Y, et al. A quasi-solid-state Li-ion capacitor based on porous TiO_2 hollow microspheres wrapped with graphene nanosheets. Small, 2016, 12(45): 6207-6213.

[64] Mhamane D, Aravindan V, Kim M S, et al. Silica-assisted bottom-up synthesis of graphene-like high surface area carbon for highly efficient ultracapacitor and Li-ion hybrid capacitor applications. Journal of Materials Chemistry A, 2016, 4(15): 5578-5591.

[65] Stoller M D, Murali S, Quarles N, et al. Activated graphene as a cathode material for Li-ion hybrid supercapacitors. Physical Chemisrty Chemical Physics, 2012, 14(10): 3388-3391.

[66] Zhang F, Zhang T F, Yang X, et al. A high-performance supercapacitor-battery hybrid energy storage device based on graphene-enhanced electrode materials with ultrahigh energy density. Energy & Environmental Science, 2013, 6(5): 1623-1632.

[67] Ye L, Liang Q H, Lei Y, et al. A high performance Li-ion capacitor constructed with $Li_4Ti_5O_{12}/C$ hybrid and porous graphene macroform. Journal of Power Sources, 2015, 282: 174-178.

[68] Wang H, Guan C, Wang X, et al. A high energy and power Li-ion capacitor based on a TiO_2 nanobelt array anode and a graphene hydrogel cathode. Small, 2015, 11(12): 1470-1477.

[69] Gokhale R, Aravindan V, Yadav P, et al. Oligomer-salt derived 3d, heavily nitrogen doped, porous carbon for Li-ion hybrid electrochemical capacitors application. Carbon, 2014, 80(3): 462-471.

[70] Shan X Y, Wang Y Z, Wang D W, et al. Armoring graphene cathodes for high-rate and long-life lithium ion supercapacitors. Advanced Energy Materials, 2016, 6(6): 1502064.

[71] Chen Y, Zhang X, Yu P, et al. Electrophoretic deposition of graphene nanosheets on nickel foams for electrochemical capacitors. Journal of Power Sources, 2010, 195(9): 3031-3035.

[72] Zhang H T, Zhang X, Zhang D C, et al. One-step electrophoretic deposition of reduced graphene oxide and $Ni(OH)_2$ composite films for controlled syntheses supercapacitor electrodes. Journal of Physical Chemistry B, 2013, 117(6): 1616-1627.

[73] Zhang D C, Zhang X, Chen Y, et al. An environment-friendly route to synthesize reduced graphene oxide as a supercapacitor electrode material. Electrochimica Acta, 2012, 69: 364-370.

[74] Zhang D, Zhang X, Chen Y, et al. Supercapacitor electrodes with especially high rate capability and cyclability based on a novel Pt nanosphere and cysteine-generated graphene. Physical Chemisrty Chemical Physics, 2012, 14(31): 10899-10903.

[75] Zhang D C, Zhang X, Sun X Z, et al. High performance supercapacitor electrodes based on deoxygenated graphite oxide by ball milling. Electrochimica Acta, 2013, 109: 874-880.

[76] Zhang D C, Zhang X, Chen Y, et al. Enhanced capacitance and rate capability of graphene/polypyrrole composite as electrode material for supercapacitors. Journal of Power Sources, 2011, 196(14): 5990-5996.

[77] Chen Y, Zhang X, Zhang D C, et al. One-pot hydrothermal synthesis of ruthenium oxide nanodots on reduced graphene oxide sheets for supercapacitors. Journal of Alloys and Compounds, 2012, 511(1): 251-256.

[78] Chen Y, Zhang X, Zhang D C, et al. Increased electrochemical properties of ruthenium oxide and graphene/ruthenium oxide hybrid dispersed by polyvinylpyrrolidone. Journal of Alloys and Compounds, 2012, 541(4): 415-420.

[79] Chen Y, Zhang X, Zhang D, et al. High performance supercapacitors based on reduced graphene oxide in aqueous and ionic liquid electrolytes. Carbon, 2011, 49(2): 573-580.

[80] Chen Y, Zhang X, Zhang H, et al. High-performance supercapacitors based on a graphene-activated carbon composite prepared by chemical activation. RSC Advances, 2012, 2(20): 7747.

[81] Chu S, Cui Y, Liu N. The path towards sustainable energy. Nature Materials, 2016, 16(1): 16-22.

[82] Zhang H, Zhang X, Sun X, et al. Large-scale production of nanographene sheets with a controlled mesoporous architecture as high-performance electrochemical electrode materials. ChemSusChem, 2013, 6(6): 1084-1090.

[83] Zhang H, Zhang X, Sun X, et al. Shape-controlled synthesis of nanocarbons through direct conversion of carbon dioxide. Scientific Reports, 2013, 3(9): 3534.

[84] Mukasyan A S, Rogachev A S, Aruna S T. Combustion synthesis in nanostructured reactive systems. Advanced Powder Technology, 2015, 26(3): 954-976.

[85] Li C, Zhang X, Wang K, et al. Scalable self-propagating high-temperature synthesis of graphene for supercapacitors with superior power density and cyclic stability. Advanced Materials, 2017, 29(7): 1604690.

[86] Wang X, Zhang Y, Zhi C, et al. Three-dimensional strutted graphene grown by substrate-free sugar blowing for high-power-density supercapacitors. Nature Communications, 2013, 4(13): 2905.

[87] Campos-Delgado J, Kim Y A, Hayashi T, et al. Thermal stability studies of CVD-grown graphene nanoribbons: Defect annealing and loop formation. Chemical Physics Letters, 2009, 469(1-3): 177-182.

[88] Ferrari A C, Meyer J C, Scardaci V, et al. Raman spectrum of graphene and graphene layers. Physical Review Letters, 2006, 97(18): 187401.

[89] Zhu Y, Murali S, Cai W, et al. Graphene and graphene oxide: Synthesis, properties, and applications. Advanced Materials, 2010, 22(35): 3906-3924.

[90] Zhu Y, Murali S, Stoller M D, et al. Carbon-based supercapacitors produced by activation of graphene. Science, 2011, 332(6037): 1537-1541.

[91] Li C, Zhang X, Wang K, et al. Nitrogen-enriched graphene framework from a large-scale magnesiothermic conversion of CO_2 with synergistic kinetics for high-power lithium-ion capacitors. NPG Asia Materials, 2021, 13(1): 59.

[92] Li C, Zhang X, Lv Z, et al. Scalable combustion synthesis of graphene-welded activated carbon for high-performance supercapacitors. Chemical Engineering Journal, 2021, 414(18): 128781.

[93] An Y, Liu T, Li C, et al. A general route for the mass production of graphene-enhanced carbon composites toward practical pouch lithium-ion capacitors. Journal of Materials Chemistry A, 2021, 9(28): 15654-15664.

[94] Bapat H, Manahan S E, Larsen D W. An activated carbon product prepared from milo (sorghum vulgare) grain for use in hazardous waste gasification by chemchar cocurrent flow gasification. Chemosphere, 1999, 39(1): 23-32.

[95] Lehmann J, Gaunt J, Rondon M. Bio-char sequestration in terrestrial ecosystems—A review. Mitigation and Adaptation Strategies for Global Change, 2006, 11(2): 403-427.

[96] Glaser B, Lehmann J, Zech W. Ameliorating physical and chemical properties of highly weathered soils in the tropics with charcoal—A review. Biology and Fertility of Soils, 2002, 35(4): 219-230.

[97] McGrath T E, Chan W G, Hajaligol M R. Low temperature mechanism for the formation of polycyclic aromatic hydrocarbons from the pyrolysis of cellulose. Journal of Analytical and Applied Pyrolysis, 2003, 66(1): 51-70.

[98] Toor S S, Rosendahl L, Rudolf A. Hydrothermal liquefaction of biomass: A review of subcritical water technologies. Energy, 2011, 36(5): 2328-2342.

[99] Liu W J, Jiang H, Yu H Q. Development of biochar-based functional materials: Toward a sustainable platform carbon material. Chemical Reviews, 2015, 115(22): 12251-12285.

[100] Kosa M, Ben H, Theliander H, et al. Pyrolysis oils from CO_2 precipitated kraft lignin. Green Chemistry, 2011, 13(11): 3196-3202.

[101] Tsai W T, Lee M K, Chang J H, et al. Characterization of bio-oil from induction-heating pyrolysis of food-processing sewage sludges using chromatographic analysis. Bioresource Technology, 2009, 100(9): 2650-2654.

[102] Qambrani N A, Rahman M M, Won S, et al. Biochar properties and eco-friendly applications for climate change mitigation, waste management, and wastewater treatment: A review. Renewable and Sustainable Energy Reviews, 2017, 79(3): 255-273.

[103] Chen Y, Yang H, Wang X, et al. Biomass-based pyrolytic polygeneration system on cotton stalk pyrolysis: Influence of temperature. Bioresource Technology, 2012, 107(3): 411-418.

[104] Keiluweit M, Nico P S, Johnson M G, et al. Dynamic molecular structure of plant biomass-derived black carbon (biochar). Environmental Science & Technology, 2010, 44(4): 1247-1253.

[105] Halim S A, Swithenbank J. Characterisation of malaysian wood pellets and rubberwood using slow pyrolysis and microwave technology. Journal of Analytical and Applied Pyrolysis, 2016, 122(1): 64-75.

[106] Qian K, Kumar A, Zhang H, et al. Recent advances in utilization of biochar. Renewable and Sustainable Energy Reviews, 2015, 42(7): 1055-1064.

[107] Spokas K A, Novak J M, Stewart C E, et al. Qualitative analysis of volatile organic compounds on biochar. Chemosphere, 2011, 85(5): 869-882.

[108] Al-Wabel M I, Al-Omran A, El-Naggar A H, et al. Pyrolysis temperature induced changes in characteristics and chemical composition of biochar produced from conocarpus wastes. Bioresource Technology, 2013, 131(3): 374-379.

[109] Xu X, Zhao Y, Sima J, et al. Indispensable role of biochar-inherent mineral constituents in its environmental applications: A review. Bioresource Technology, 2017, 241(4): 887-899

[110] Yavari S, Malakahmad A, Sapari N B. Biochar efficiency in pesticides sorption as a function of production variables—A review. Environmental Science and Pollution Research, 2015, 22(18): 13824-13841.

[111] Kim K H, Kim J Y, Cho T S, et al. Influence of pyrolysis temperature on physicochemical properties of biochar obtained from the fast pyrolysis of pitch pine (pinus rigida). Bioresource Technology, 2012, 118(2): 158-162.

[112] Burhenne L, Damiani M, Aicher T. Effect of feedstock water content and pyrolysis temperature on the structure and reactivity of spruce wood char produced in fixed bed pyrolysis. Fuel, 2013, 107(7): 836-847.

[113] Zornoza R, Moreno-Barriga F, Acosta J A, et al. Stability, nutrient availability and hydrophobicity of biochars derived from manure, crop residues, and municipal solid waste for their use as soil amendments. Chemosphere, 2016, 144(1): 122-130.

[114] Li H, Dong X, da Silva E B, et al. Mechanisms of metal sorption by biochars: Biochar characteristics and modifications. Chemosphere, 2017, 178(4): 466-478.

[115] Koutcheiko S, Monreal C M, Kodama H, et al. Preparation and characterization of activated carbon derived from the thermo-chemical conversion of chicken manure. Bioresource Technology, 2007, 98(13): 2459-2464.

[116] Fu P, Hu S, Xiang J, et al. Study on the gas evolution and char structural change during pyrolysis of cotton stalk. Journal of Analytical and Applied Pyrolysis, 2012, 97(1): 130-136.

[117] Zhao B, O'Connor D, Zhang J, et al. Effect of pyrolysis temperature, heating rate, and residence time on rapeseed stem derived biochar. Journal of Cleaner Production, 2018, 174(7): 977-987.

[118] Lu Q, Lu B, Chen M, et al. Porous activated carbon derived from Chinese-chive for high energy hybrid lithium-ion capacitor. Journal of Power Sources, 2018, 398(1): 128-136.

[119] Xu X, Cui Y, Shi J, et al. Sorghum core-derived carbon sheets as electrodes for a lithium-ion capacitor. RSC Advances, 2017, 7(28): 17178-17183.

[120] Yang Z, Guo H, Li X, et al. Natural sisal fibers derived hierarchical porous activated carbon as capacitive material in lithium ion capacitor. Journal of Power Sources, 2016, 329(2): 339-346.

[121] Li B, Zhang H, Wang D, et al. Agricultural waste-derived activated carbon for high performance lithium-ion capacitors. RSC Advances, 2017, 7(60): 37923-37928.

[122] Yang S, Zhang L, Sun J, et al. Corncob-derived hierarchical porous activated carbon for high-performance lithium-ion capacitors. Energy & Fuels, 2020, 34(12): 16885-16892.

[123] Yu T, Zhao Z, Sun Y, et al. Two-dimensional PC_6 with direct band gap and anisotropic carrier mobility. Journal of American Chemisety Society, 2019, 141(4): 1599-1605.

[124] Maharjan M, Ulaganathan M, Aravindan V, et al. Fabrication of high energy Li-ion capacitors from orange peel derived porous carbon. ChemistrySelect, 2017, 2(18): 5051-5058.

[125] Yang Z, Guo H, Yan G, et al. High-value utilization of lignin to prepare functional carbons toward advanced lithium-ion capacitors. ACS Sustainable Chemistry & Engineering, 2020, 8(31): 11522-11531.

[126] Wang J, Zhou X, Tang J, et al. High-performance lithium-ion capacitor based on N, S co-doped porous foam carbon derived from bamboo. Journal of Energy Storage, 2022, 49: 104104.

[127] Hao J, Bai J, Wang X, et al. S, O dual-doped porous carbon derived from activation of waste papers as electrodes for high performance lithium ion capacitors. Nanoscale Advances, 2021, 3(3): 738-746.

[128] Kabbour H, Baumann T F, Satcher J H, et al. Toward new candidates for hydrogen storage: High-surface-area carbon aerogels. Chemistry of Materials, 2006, 18(26): 6085-6087.

[129] Yang Y, Tong Z, Ngai T, et al. Nitrogen-rich and fire-resistant carbon aerogels for the removal of oil contaminants from water. ACS Applied Material Interfaces, 2014, 6(9): 6351-6360.

[130] Mayer S T, Pekala R W, Kaschmitter J L. The aerocapacitor: An electrochemical double-layer energy-storage device. Journal of The Electrochemical Society, 1993, 140(2): 446-451.

[131] Tamon H, Ishizaka H, Araki T, et al. Control of mesoporous structure of organic and carbon aerogels. Carbon, 1998, 36(9): 1257-1262.

[132] Lin C, Ritter J A. Effect of synthesis pH on the structure of carbon xerogels. Carbon, 1997, 35(9): 1271-1278.

[133] Xu L, Wang S L, Zhang X, et al. A facile method of preparing $LiMnPO_4$/reduced graphene oxide aerogel as cathodic material for aqueous lithium-ion hybrid supercapacitors. Applied Surface Science, 2018, 428(4): 977-985.

[134] Fan Q, Yang M, Meng Q, et al. Activated nitrogen doped graphene based aerogel composites as cathode materials for high energy density lithium-ion supercapacitor. Journal of The Electrochemical Society, 2016, 163(2): A1736-A1742.

[135] Gummow R J, de Kock A, Thackeray M M. Improved capacity retention in rechargeable 4 V lithium/lithium-manganese oxide (spinel) cells. Solid State Ionics, 1994, 69(1): 59-67.

[136] Meng Q, Cai K, Chen Y, et al. Research progress on conducting polymer based supercapacitor electrode materials. Nano Energy, 2017, 36(2): 268-285.

[137] Imani A, Farzi G. Facile route for multi-walled carbon nanotube coating with polyaniline: Tubular morphology nanocomposites for supercapacitor applications. Journal of Materials Science: Materials in Electronics, 2015, 26(10): 7438-7444.

[138] Du Pasquier A, Laforgue A, Simon P, et al. A nonaqueous asymmetric hybrid $Li_4Ti_5O_{12}$/poly (fluorophenylthiophene) energy storage device. Journal of the Electrochemical Society, 2002, 149(3): A302-A304.

[139] Du Pasquier A, Laforgue A, Simon P. $Li_4Ti_5O_{12}$/poly(methyl)thiophene asymmetric hybrid electrochemical device. Journal of Power Sources, 2004, 125(1): 95-102.

[140] Karthikeyan K, Amaresh S, Lee S N, et al. High-power lithium-ion capacitor using $LiMnBO_3$-nanobead anode and polyaniline-nanofiber cathode with excellent cycle life. ChemSusChem, 2014, 7(8): 2310-2316.

第3章

锂离子电容器负极材料

3.1 概述

锂离子电容器作为一种新型的电化学储能器件，其能量密度介于锂离子电池和超级电容器之间，具有超级电容器的高功率以及长循环寿命特点，有效弥补了锂离子电池和超级电容器之间的性能差异。电极材料作为锂离子电容器的重要组成部分，是影响锂离子电容器性能的关键因素。锂离子电容器正极通常采用电容型材料，主要为多孔活性炭材料，而负极则一般采用电池型材料。一般来说，电池型负极伴随着的法拉第反应过程要比电容型正极的物理脱附/吸附过程缓慢得多，因此电容型正极与电池型负极之间的动力学差异会显著影响锂离子电容器的功率性能。为了提高锂离子电容器的能量密度以及功率密度，除了提升正极的比容量，还需开发具有快速充放电能力的电池型负极材料来弥补正负极间的动力学差异。

针对目前已报道的电池型负极材料，从储锂机制角度出发可以分为三大类：嵌入型材料 (如各种碳材料、TiO_2、V_2O_3、$Li_4Ti_5O_{12}$ 等)，合金型材料 (如 Si、Sn、Ge 等)，转化型材料 (如过渡金属氧化物、硫族化物等)。在电池型负极材料中，嵌入型材料在体相中具有较快的锂离子 (Li^+) 传输能力，在 Li^+ 嵌入/脱出过程中，晶体的结构变化较小，因此倍率性能较好，循环寿命长。目前嵌入型材料 (如石墨、硬碳等) 已经应用到商业化锂离子电容器中。

锂离子电容器的关键难题在于如何提升电池型负极的快速充放电能力，因为负极侧的 Li^+ 扩散缓慢，会严重影响锂离子电容器的功率密度以及循环性能。通常电池型材料的电化学反应都需要两个过程：电子传导以及离子扩散。因此，提高电池型材料的快速充放电能力，本质上是需要提高电子迁移速率和载流子的扩散速率，即提高电极材料的电子导电性和离子导电性。因此，理想的锂离子电容器负极材料应满足以下需求。

(1) 低电压平台。在锂离子电容器充电过程中负极会发生锂化导致电压下降，低电压平台的负极可以提升整个锂离子电容器的电压上限 (V_{max})。在其他参数不变时，较高的 V_{max} 可以提供更高的能量以及功率密度。

(2) 高比容量。低的比容量会限制锂离子电容器的能量输出。

(3) 优异的倍率性能，具有快速充放电能力。高倍率性能的负极可以有效缓解锂离子电容器正负极间动力学不匹配的问题。目前主要有两种方法来提升负极的倍率性能：一是开发具有高有效比表面积的纳米材料，例如，精心设计的纳米阵列，包括纳米管、纳米线和纳米片等结构，比它们同类体相块状材料表现出更高的倍率性能；第二，通过引入高导电性材料，如碳材料，来增加电极的电子导电性。

(4) 长循环寿命。提高锂离子电容器的循环稳定性。

(5) 原料成本低廉，容易规模化制备，安全无毒，可以大幅降低锂离子电容器的生产成本。

本章将从材料结构、储锂机制、材料性能以及最新研究进展等方面系统地介绍锂离子电容器的负极材料。

3.2 碳基负极材料

碳材料具有来源广泛、电压平台低、Li^+ 嵌入/脱出过程可逆性高、循环寿命长以及化学性质稳定等优点，已经被广泛地应用于锂离子电容器中。目前，锂离子电容器所使用的碳材料负极主要包括石墨以及石墨类材料、中间相炭微球、硬碳、软碳、石墨烯、碳纳米管、碳纤维等。

3.2.1 石墨类材料

石墨类材料包括天然石墨、人造石墨和改性石墨等，它们都是碳的稳定同素异形体。石墨是由高度有序的 sp^2 杂化碳原子通过共价键结合形成的，其键能为 342 kJ/mol，每层中碳原子呈现六方形排布，键长为 0.142 nm，具有各向异性；层间主要是依靠弱键能的分子间作用力 (即范德瓦耳斯力，键能为 16.7 kJ/mol) 结合，沿 c 轴有规则地堆积形成明显的层状结构，因此石墨层间容易相互滑动，具有较高的润滑性。石墨通常具有高电子导电性，这是因为，层内碳原子中未参与杂化的电子在平面与相邻两侧碳原子形成大 π 共轭体系，π 电子在共轭作用下容易在石墨中流动。

目前使用的石墨主要有两种晶型，如图 3-1 所示，一种是六方石墨，空间群为 $P6_3/mmc, a=b=0.2461\ \text{nm}, c=0.6708\ \text{nm}, \alpha=\beta=90°, \gamma=120°$，碳原子层以 ABAB 方式排列，晶面间距为 0.336 nm；另一种是菱形石墨，空间群为 $R3m, a=b=c, \alpha=\beta=\gamma\neq 90°$，碳原子层以 ABCABC 方式排列，晶面间距为 0.335 nm。因此石墨晶体结构参数主要是由 L_a、L_c 和 d_{002} 组成，其中 L_a 是石墨晶体沿 a、b 轴面的平均长度，L_c 是在 c 轴方向的堆积厚度，d_{002} 为相邻两层石墨片之间的距离。

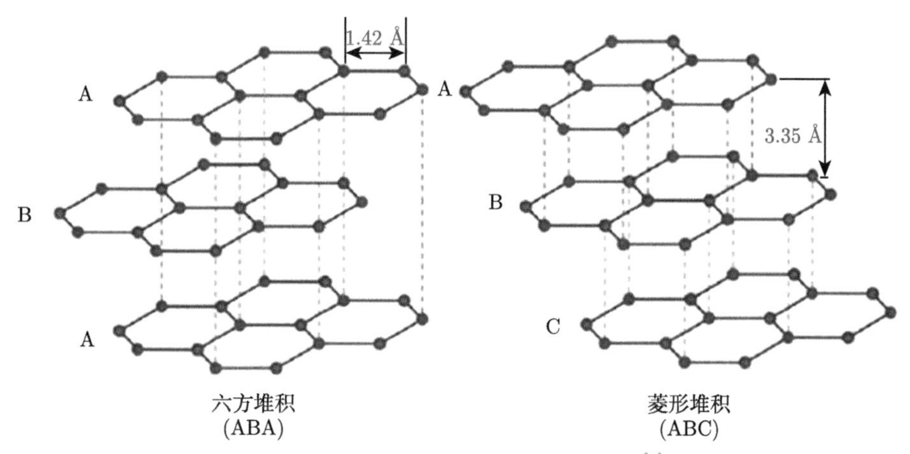

图 3-1 两种石墨晶体的结构示意图 [1]

石墨在 c 轴方向上进行可逆膨胀，可以允许化学物质扩散到层间，形成石墨层间化合物，例如，可以容纳 Li^+ 而形成锂–石墨嵌入化合物 (Li-GIC)。石墨层间化合物有一个重要的特征：阶现象，此现象的特征在于阳离子 (如 Li^+) 在石墨层中分阶段嵌入，这是石墨材料作为负极时主要的储锂机制。这种 n 阶化合物由排列在每 n 层石墨的嵌入层构成。在室温时 Li^+ 嵌入石墨层中形成一阶石墨嵌入化合物，计量分子式为 LiC_6，以此计算的常压下石墨的理论比容量为 372 mA·h/g，嵌锂后层间距增大到 0.37 nm 左右，体积变化约为 10%。

石墨负极嵌锂的阶现象可以通过碳负极在含有锂盐电解质中的电化学反应进行研究。如图 3-2 所示，石墨嵌锂过程具有较低的嵌锂电压平台 (约 0.2 V 以下)，并且呈现出相对平坦的曲线。Li^+ 嵌入石墨是一个多阶过程，主要由阶段 3、阶段 2 和阶段 1 主导，可以通过 Daumas-Herold 模型来解释 [2]。在阶段 3，电压在 0.192～0.102 V，此时 Li^+ 嵌入量为 0.22～0.33 mol；在阶段 2(0.102～0.056 V)，Li^+ 嵌入量为 0.33～0.5 mol；在阶段 1(0.056 V 以下)，Li^+ 嵌入量为 0.5～1 mol，这些多阶段过程具体可以通过反应式 (3.1) 来表示：

$$x\mathrm{Li}^+ + \mathrm{C}_6 + x\mathrm{e}^- \rightleftharpoons \mathrm{Li}_x\mathrm{C}_6 \quad (0 \leqslant x \leqslant 1) \tag{3.1}$$

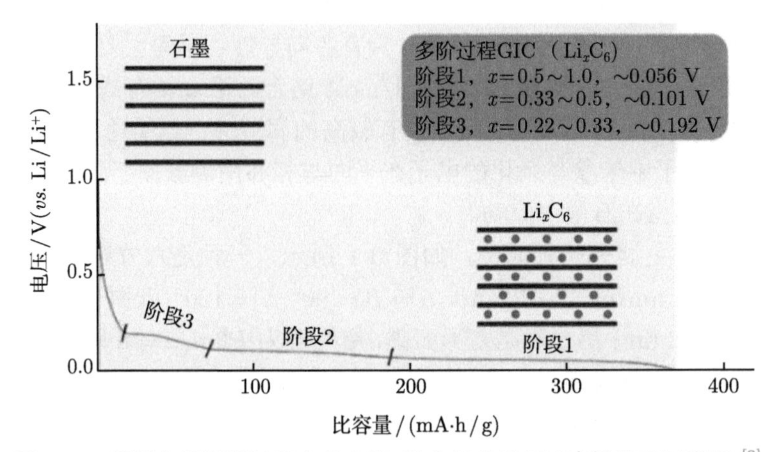

图 3-2 石墨负极嵌锂过程中的电压–比容量曲线以及嵌锂原理示意图 [3]

石墨在 1983 年首次被 Yazami 用作锂离子电池负极材料 [4]，到 1991 年才由索尼公司正式投入商业化使用。石墨负极具有工作电压平台低、可逆比容量高和循环稳定性良好等特点，不仅是锂离子电池最常用的负极材料，而且也是锂离子电容器目前主要采用的负极材料之一。由于 Li^+ 在石墨中的嵌/脱锂电位略高于 0 V，并且在放电过程中仍能保持低电位，所以基于石墨负极的锂离子电容器在有机电解液中的工作电压窗口可达 3.8～4.5 V。2008 年，Khomenko 等 [5] 报道了由商业石墨负极与活性炭正极采用有机电解液组装成的锂离子电容器。通过优化正负极的质量比和器件的工作电压窗口，该电容器基于正负极活性物质总质量计算，能量密度可达 103.8 W·h/kg(以下实例中如果没有特殊说明，都是基于正负极活性物质总质量计算得到的能量密度以及功率密度)，在 1.5～4.5 V 电压范围内循环 1 万次后容量保持率为 85%。

在层状石墨嵌锂过程中，Li^+ 和溶剂 (如碳酸丙烯酯) 可以同时嵌入石墨片层，溶剂分子的嵌入会导致层间距的剧烈增大，容易使石墨层结构坍塌解离，最终导致电极循环性能的严重衰减。为了解决石墨的这一缺点，可以通过高导电性的无定形碳包覆石墨，构建“核–壳”结构，避免石墨与电解液的直接接触，阻碍溶剂分子的共嵌入现象，提高石墨负极的循环稳定性。但是无定形碳会增加比表面积，也有可能引入结构缺陷等，降低石墨负极的首周库仑效率，因此对于合适包覆方法的选择、包覆量以及后续处理工艺都需要根据实际情况进行调整。

此外，Li^+ 在石墨微晶内部沿着 ab 轴基面的迁移速度要比 c 轴快得多，而通常 Li^+ 的嵌入是从石墨层边界开始的。由于边界面积小以及石墨颗粒间的团聚相互阻隔，Li^+ 在其中的扩散动力学受阻，导致倍率性能差，不能满足快速充放电时的高容量需求，不利于石墨材料在锂离子电容器中的实际应用。目前可行的解决方案是对石墨材料进行特殊的处理，制备石墨化碳或者改性石墨，如机械研磨、表面氧化以及掺杂等方式，通过改变材料的微观结构、形貌以及层间距，促进 Li^+ 在石墨层中的扩散和迁移，提升材料的导电性以及稳定性，从而提高石墨负极的容量以及倍率性能，进一步提高锂离子电容器的功率输出。Sivakkumar 等 [6] 报道，将球磨后的石墨应用于锂离子电容器负极，其性能远高于未经球磨的商业石墨。如图 3-3(a) 所示，随着球磨时间从 3 h 增加到 30 h，石墨在 27° 的 (002) 特征峰逐渐变宽并且向低角度偏移，表明石墨结构的无序度增加，石墨烯层间距 (d_{002}) 增大，同时球磨之后石墨颗粒尺寸也变小。在 42° 和 47° 的特征峰分别代表石墨的菱形和六角相，随着球磨时间的延长，这些峰强度逐渐降低，反映出在球磨过程中石墨晶体平行于基面开始重新定向，并且伴随着堆积无序结构的产生。球磨之后的石墨层间距增加，有利于 Li^+ 的快速扩散；同时引入无序型结构，如缺陷、微孔等，可以提供更多的 Li^+ 吸附位点，增加材料的赝电容储锂容量，因此球磨石墨的比电容、倍率性能都得到提升 (图 3-3(b))。Jayaraman 等 [7] 通过改进化学气相沉积 (CVD) 法制备了石墨化的球状碳颗粒，作为锂离子电容器的负极。在 37 mA/g 电流密度下首周放电和充电比容量分别为 584 mA·h/g 和 369 mA·h/g，可逆比容量非常接近石墨的理论数值 (约 372 mA·h/g)。采用活性炭作为正极组装成锂离子电容器，通过调节正负极质量比，锂离子电容器能量密度最高可达 108 W·h/kg，以 1.5 A/g 电流密度循环 1 万次后，容量保持率为 81%。通过调节石墨化程度以及晶体结构取向，可促进电子传输以及缩短离子传输距离，使得石墨化碳材料具有高倍率性能以及循环稳定性。

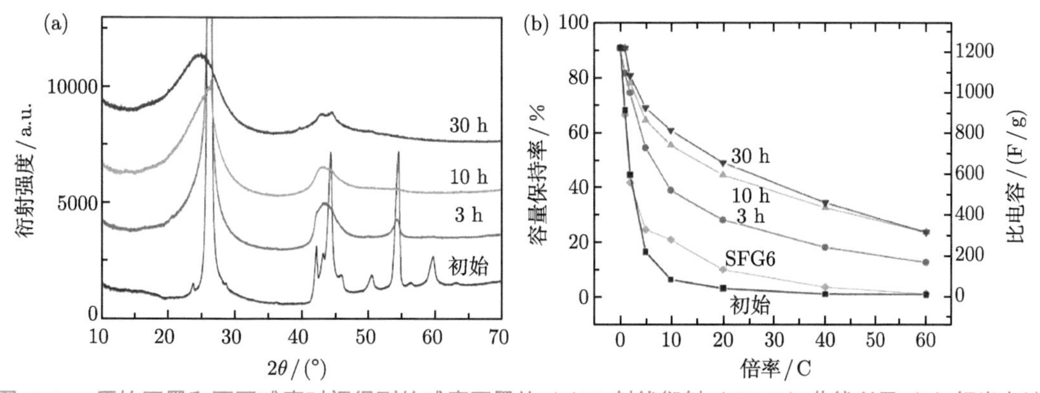

图 3-3 原始石墨和不同球磨时间得到的球磨石墨的 (a)X 射线衍射 (XRD) 曲线以及 (b) 锂半电池倍率性能对比 [6]

值得注意的是，石墨负极在首周充放电过程中会在石墨表面生成一层能够允许 Li^+ 自由渗透的固体电解质界面 (SEI) 膜，这表明在电池的初始循环当中，电解液与活性材料之间的反应会对 Li^+ 产生不可逆转的消耗，导致负极的首周库仑效率低、电池内阻增大以及循环稳定性差。为了弥补电解液中 Li^+ 的损失，研究人员开发出负极预嵌锂技术。预锂化过程通常在锂离子电容器正常测试之前进行，这样不仅可以弥补 Li^+ 的损失，提高器件的循环稳定性，还可以通过降低负极电位，扩大正负极之间的工作电压范围，从而提升器件的能量密度。Shellikeri 等 [8] 采用直接接触预嵌锂法评估了四种锂源 (钝化锂粉、厚锂条、薄锂箔和带孔薄锂箔) 在硬碳和石墨负极中的预锂化能力。随着电解液浸泡时间的延长，石墨结构的有序性使其发生了阶段性的变化，同时石墨电极的颜色也发生了改变。而硬碳由于其无序程度比较高，不发生阶现象和颜色变化。结果表明，用于负极预锂化的不同锂源类型对电极性能、预锂化时间以及负极电位有着重要影响。

3.2.2 中间相炭微球

中间相炭微球 (MCMB) 的制备一般是在 350~500 ℃ 温度下，在惰性气氛中热处理石油渣油沥青或煤焦油沥青等原料，形成直径为 5~100 μm 的各向异性球状聚集体，最后通过适当方法如二次烧结 (温度达到 1000 ℃) 等，将上述炭微球从母液中提取出来，得到高度石墨化的 MCMB。球形结构的 MCMB 一般具有较高的堆积密度 (约 1.5 g/cm^3)。作为负极材料时，MCMB 的优点在于：一是结构稳定，MCMB 内部是由石墨烯微晶片层堆积而成的，如图 3-4 所示，Li^+ 可以从各个方向自由地嵌入与脱出，结构几乎不会发生变化，并且经过简单初筛颗粒尺寸之后就可以直接作为负极材料，无须进一步的纯化过程；二是表面光滑，比表面积较低，有利于形成稳定且均匀的 SEI 膜，首周库仑效率较高。但是 MCMB 比容量相对较低，而且在大电流充放电时比容量衰减严重。影响 MCMB 储锂性能的主要因素包括颗粒尺寸、内部孔径结构以及热处理的温度和时间等。一般情况下，MCMB 颗粒尺寸越小，储锂容量就越高，其循环性能以及倍率性能都得到相应的提升；热处理温度主要影响的是 MCMB 的石墨化程度以及内部微观结构的孔径分布，两者共同决定着 MCMB 的储锂容量以及倍率性能。开发低成本、高比容量的 MCMB 是目前的研究重点。

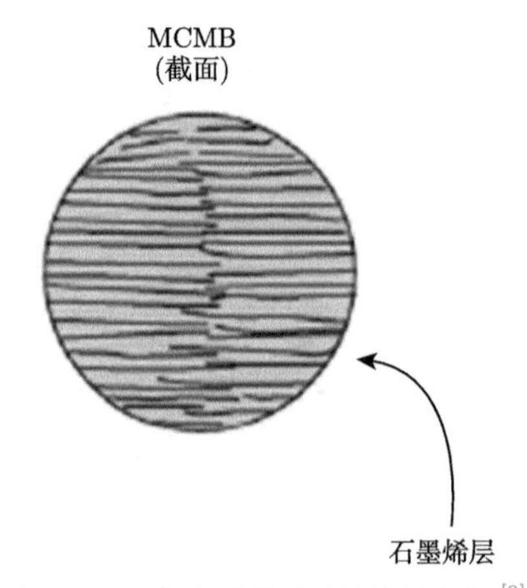

图 3-4 中间相炭微球的结构示意图 [9]

张世佳等[10] 系统研究了 MCMB 负极的预嵌锂量对软包装锂离子电容器性能的影响。他们通过三电极恒压嵌锂法，精确控制 MCMB 负极的嵌锂比容量分别为 100 mA·h/g、200 mA·h/g 和 300 mA·h/g，如图 3-5(a) 和 (b) 所示。在 2~4 V 工作电压内，比较了不同嵌锂量的 MCMB 基锂离子电容器的正负极电位波动、倍率性能以及循环稳定性。结果表明，MCMB 预嵌锂比容量为 200 mA·h/g 时，组装的锂离子电容器具有最佳的电化学性能，最高能量密度可以达到 83.7 W·h/kg，最高功率密度达到了 8.8 kW/kg(图 3-5(c))。适当的预锂化保证了 MCMB 负极在较低且相对稳定的充放电平台上工作，对应于第二阶段石墨插层化合物 (LiC_{12}) 到第一阶段石墨插层化合物 (LiC_6) 的相转变，并且稳定的负极充放电平台有利于活性炭正极容量的充分利用。

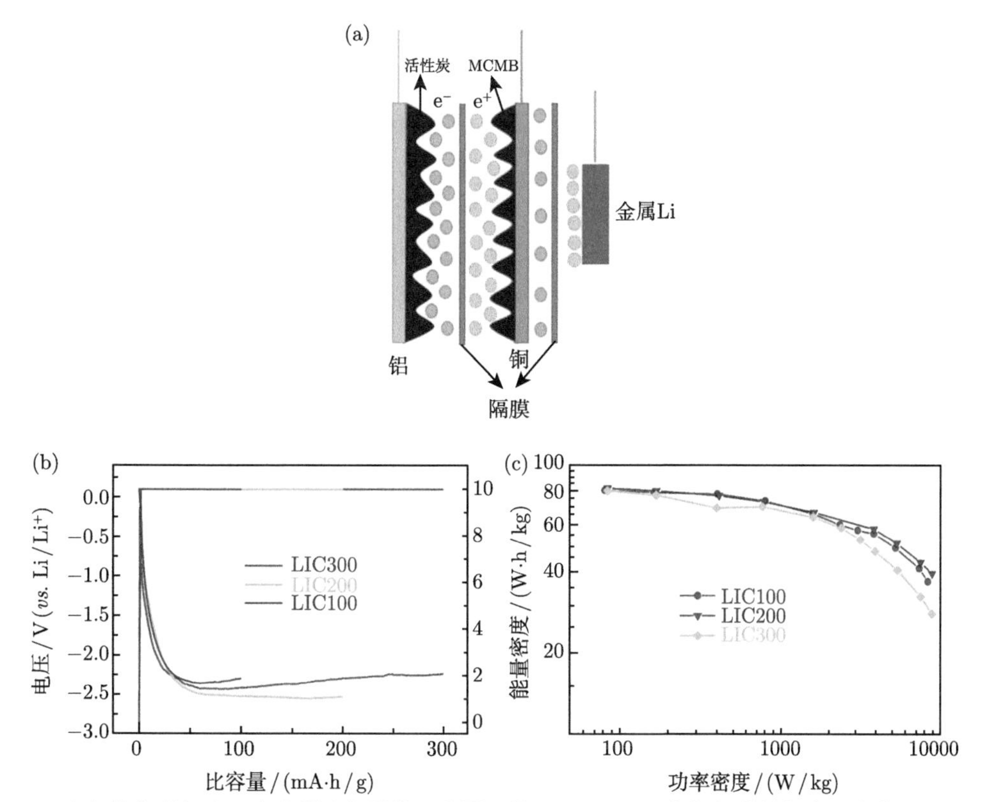

图 3-5 (a) 软包装锂离子电容器内部结构示意图；基于 MCMB 负极组装的锂离子电容器 (b) 不同预嵌锂量曲线和 (c) Ragone 图 [10]

3.2.3 硬碳

硬碳 (HC) 是一种非石墨化的无定形碳材料，即使在 2500 ℃ 以上的高温进行热处理也难以石墨化。硬碳材料一般是通过在 1000 ℃ 温度下裂解高分子聚合物 (如酚醛树脂、聚乙烯醇、聚丙烯腈、聚偏二氟乙烯等) 得到的。硬碳的非石墨化特性是由于在碳化过程中，氧官能团与周围 sp^3 杂化的碳原子通过共价键形成立体交联的三维 (3D) 网络，阻碍了碳簇的有序排列，呈现无定形的混乱结构。硬碳颗粒主要由小而不规则的石墨薄片组成，这些石墨片随机堆积可以形成大量的纳米孔洞，并且包含大量的杂原子，比如 H 和 O 原子，这取决于有机前驱体的来源以及热解温度等。与传统石墨材料相比，硬碳材料的石墨网平面更加不规整，晶面间距更大 (0.37 ~ 0.40 nm)，堆叠层数少，排列紊乱，孔隙率高，从而为 Li^+ 的快速存储提供了良好的场所，因此硬碳负极的比容量可以超过石墨的理论值 372 mA·h/g。硬碳较大的层间距有利于 Li^+ 在层间的快速扩散，因此倍率性能好于石墨。同时硬碳负极在嵌锂时其体积膨胀小于石墨，因此循环稳定性更好，这与硬碳材料的微观结构和形貌是密不可分的。

硬碳负极的容量–电压曲线以及嵌锂机制如图 3-6 所示，整个嵌锂过程可以大致分成三个阶段：在阶段 I，硬碳的电压迅速降到 1.0 V 左右；阶段 Ⅱ，电压下降呈现一个斜坡的形势并逐渐接近 0 V；阶段 Ⅲ，电压保持在稍高于 0 V 的稳定水平。这三个阶段分别对应着：① Li^+ 吸附在硬碳颗粒表面 (红色)，与碳表面的官能团或者 C—H 键发生反应；② 吸附在细小石墨层上以及边缘位点处 (蓝色)；③ 金属锂欠电位沉积在硬碳的纳米孔洞当中 (橘色)。由此可以看出，硬碳的嵌锂机理与普通的石墨阶现象形成 LiC_6 不同，并且硬碳材料的容量贡献主要由表面电容和赝电容两部分组成，特别是在阶段 Ⅱ 区域 Li^+ 吸附在细小石墨微晶时，容量–电压曲线呈现近似线性关系，这也是硬碳材料的容量以及倍率性能优于石墨的原因。硬碳材料在阶段 Ⅱ 和阶段 Ⅲ 的容量受很多因素的影响，包括硬碳颗粒的比表面积和孔隙率，石墨微晶和碳纳米孔的尺寸、形状，密度及杂原子的种类和数量等，这些与热处理条件和前驱体的种类密切相关，因此目前对硬碳材料的储锂机理研究存在较大的困难，还有待深入探索。

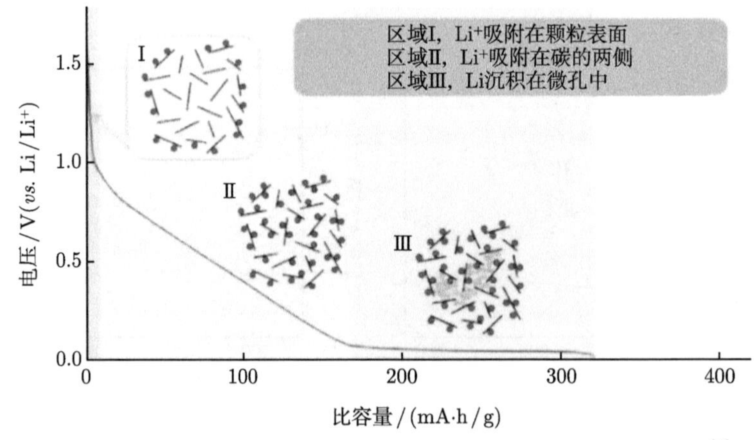

图 3-6 硬碳嵌锂过程中的电压–比容量曲线以及嵌锂原理示意图 [3]

硬碳材料于 1991 年被日本 Kureha 公司首次用在锂离子电池当中，并逐步应用到电动汽车等领域。目前报道的硬碳负极比容量在 200~600 mA·h/g，因此高比容量和高倍率性能的硬碳材料也是锂离子电容器理想的负极材料。例如，Kim 等 [11] 在早期阶段对比了石墨和硬碳负极对锂离子电容器性能的影响。基于硬碳负极的锂离子电容器具有更高的比容量以及倍率性能，这是由于，硬碳材料内部是由相互交联的细小石墨薄片组成的无序多孔结构，可以促进 Li^+ 的快速传输。但是硬碳材料本身存在着一些缺陷，例如，首周充放电的不可逆容量高 (一般高于 20%)、电压滞后现象严重 (放电电位明显高于对应嵌锂状态的充电电位) 以及较低的振实密度等。

针对这些问题，研究人员采取了一系列策略，比如说材料微观形貌调控，孔隙率控制，表面氧化、磷化或者氟化，以及金属镀层等方式，提升硬碳材料的比容量以及首周库仑效率。Zhang 等 [12] 比较了球形硬碳和无规则硬碳作为锂离子电容器负极的影响，如图 3-7(a) 和 (b) 所示，可以看出无规则硬碳具有一个更低的 Li^+ 嵌入平台，并且首周库仑效率更高 (约 80.1%)。当组装的锂离子电容器在 2~4 V 电压范围内工作时，无规则硬碳负极的锂离子电容器其最高能量密度为 85.7 W·h/kg，最高功率密度为 7.6 kW/kg，5000 次循环后容量保持率为 96%。Fu 等 [13] 以乙烯为原料，在流动的水蒸气气氛中进行热解，制备了富含氧官能团的球形硬碳材料，在 2C 倍率下比容量高达 275 mA·h/g，组装的锂离子电容器在经历 7000 次循环后容量保持率高达 96%。球形硬碳材料具有高比容量以及良好的倍率性能且适当的氧掺杂不仅增加了材料的赝电容，还增强了 Li^+ 扩散速率。

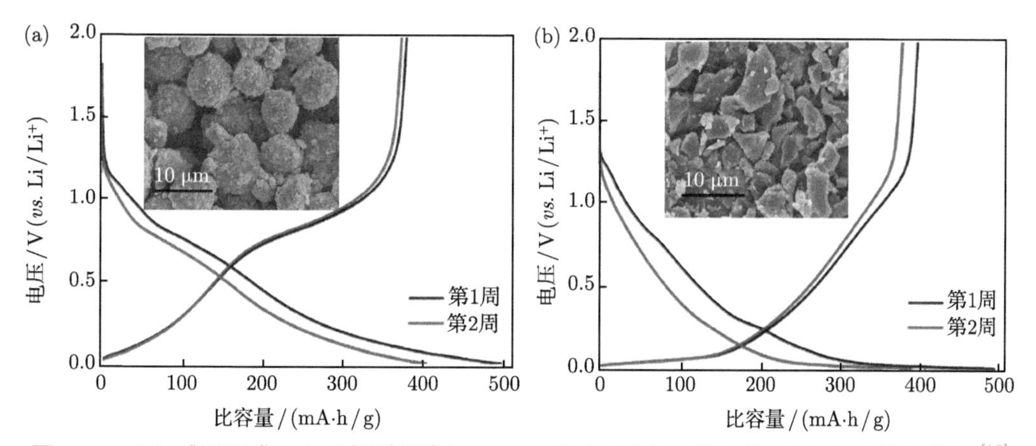

图 3-7 (a) 球形硬碳 (b) 无规则硬碳在 0.05C 倍率下的第一周和第二周恒流充放电曲线 [12]

另一方面，为了解决硬碳材料首周不可逆容量较高的缺点，可以对硬碳负极进行预锂化处理，既能弥补电解液中形成 SEI 膜对 Li^+ 的损耗，也可以降低负极电压，从而提高整个器件的工作电压，提升能量密度以及循环性能。Cao 等 [14] 首次采用钝化锂粉 (SLMP) 预锂化的硬碳负极与商业活性炭正极组装成锂离子电容器。将 SLMP 涂于硬碳负极表面，注入电解液后，SLMP 中的锂会嵌入硬碳负极中，从而提升首周库仑效率。制备的锂离子电容器能量密度最高达到了 82 W·h/kg，基于整个器件质量计算的能量密度为 25 W·h/kg。此外 Cao 等 [15] 还系统地研究了 SLMP 含量、器件的工作电位窗口对锂离子电容器循环性能的影响。结果表明，正极最高电位应该低于 4.5 V(对金属锂)，硬碳/SLMP 负极最低电位应该高于 0.1 V(对金属锂)，在此电压范围能有效避免电解液的分解，同时避免锂枝晶的形成。这些工作在一定程度上解决了硬碳负极预嵌锂的问题，促进了锂离子电容器的实用化进展。

3.2.4 软碳

软碳也是一种无定形碳，但是在 2500 ℃ 以上可以石墨化。软碳通常是在 800~1500℃ 的惰性气氛中热解化石燃料 (如沥青、焦炭) 而得到的，在碳化过程中 N、H、O、S 等杂质原子逐渐被去除，碳含量逐渐增加，并伴随着一系列的脱氢、缩聚、交联等化学变化。图 3-8 是石墨、硬碳和软碳的结构示意图，从结构上来看，软碳也是由细小的石墨微晶组成的，因此软碳和硬碳有许多相似之处，如合成温度，含有大量杂原子以及 Li^+ 的嵌入机制。但是相比于硬碳，软碳中的结构缺陷和孔洞更少，结晶性稍微高一些，而且可石墨化的软碳表现出更高的电子电导率，其层间距离和石墨化程度还可以通过热处理进行调节。

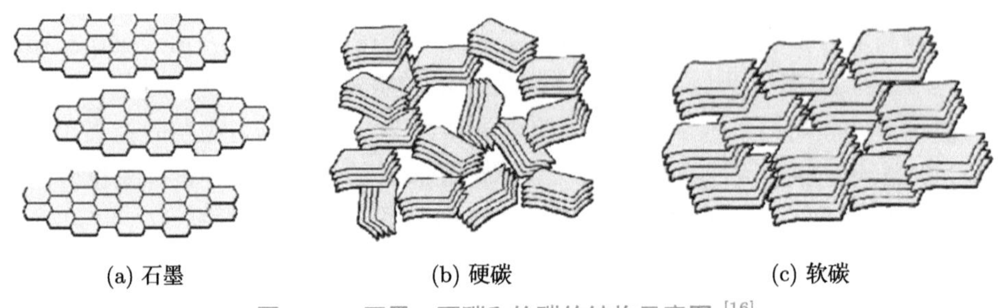

图 3-8 石墨、硬碳和软碳的结构示意图 [16]

软碳的容量–电压曲线以及嵌锂机制如图 3-9 所示。可以看出，软碳的嵌锂曲线和硬碳十分相似，但缺少阶段 Ⅲ 接近 0 V 的电压平台。这是由于，软碳的结构不规整，Li^+ 活性位点各处的能量不同，导致充放电过程中没有明确的平台。在放电初始阶段 (大于 1 V)，Li^+ 首先吸附在堆叠的碳簇表面和微空间中；随着放电深度的提高 (0~1 V)，Li^+ 逐渐嵌入内部平面碳原子当中。XRD 的研究结果表明，软碳中的组成成分主要可以分成三种：第一类是无定形碳，可以存储大量的 Li^+；第二类是湍层无序结构的碳，但湍层没有 Li^+ 活性位点；第三类是石墨化碳，可以与 Li^+ 形成 LiC_6 化合物。在石墨中，会随着 Li^+ 的嵌入逐步形成 Li-GIC，如 LiC_{36}、LiC_{18}、LiC_{12} 和 LiC_6 等，会涉及相平衡反应，因此会出现明显的电压平台；而在软碳中，Li^+ 的嵌入过程并没有出现明显的工作电压平台。这种由碳材料不同的结构以及微观形貌造成的差异，对碳材料的倍率性能有着重要的影响。因此应用于高功率的锂离子电容器时，软碳材料是一个非常好的选择。焦炭和气相生长的碳

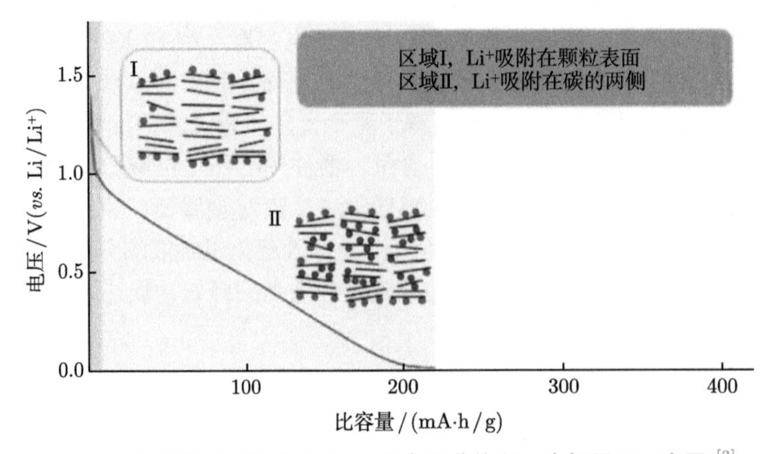

图 3-9 软碳嵌锂过程中的电压–比容量曲线以及嵌锂原理示意图 [3]

纤维等是典型的软碳材料。这些材料作为负极时，具有循环稳定性高、无明显电压平台等特点，可作为高性能锂离子电容器的电极材料。

从结构上来看，焦炭是由乱层的石墨微晶组成的无定形碳材料，在高温下容易进行石墨化转变。焦炭内部碳层总体上呈现平行排列，但是并不规整，因此具有不发达的石墨结构，层间距略高于石墨，为 0.334~0.335 nm。焦炭根据前驱体的差异可以分为石油焦和沥青焦等。石油焦是由石油沥青在 1000 ℃ 高温下进行脱 H、脱 O 而得到的焦炭，整体呈现乱层状的非晶结构。石油焦作为第一代锂离子电池的负极材料，除了成本低、原料广泛的优势之外，还具有较快的 Li^+ 扩散速率，能在多种电解液如碳酸丙烯酯 (PC) 中保持较好的结构稳定性。但是石油焦的缺点也比较明显，它的放电平均电压比较高 (放电电位从 1.2 V 一直持续到 0 V)，理论比容量低 (与锂形成 LiC_{12}，比容量仅有 186 mA·h/g) 以及嵌锂过程的体积变化严重，这些因素会影响锂离子电容器的能量密度以及循环寿命。

Schroeder 等 [17] 首次将石墨化石油焦 (PeC) 应用于锂离子电容器，在 10.6 mA/cm^2 电流密度下，对应的能量密度与功率密度分别为 21.7 W·h/kg 和 4.1 kW/kg。进一步 Schroeder 等 [18] 对比了石墨和 PeC 材料分别作为锂离子电容器负极时性能的差异，发现基于 PeC 负极的锂离子电容器具有更高的能量密度，5C 倍率时可达 80.6 W·h/kg，比石墨负极的锂离子电容器提高约 20%。这是因为，PeC 相对于石墨具有更低的结晶度以及更大的层间距，有利于电荷转移以及 Li^+ 的扩散，如图 3-10(a) 和 (b) 所示，从而提升锂离子电容器的电化学性能。值得注意的是，由于低的合成温度以及杂质原子的存在，软碳的电子导电率通常低于石墨。通过提高合成温度或热处理去除杂原子，可有效提高软碳的电子导电率；也可以通过氮掺杂增加碳质材料主体的缺电子来提高软碳的电子导电率，同时提供额外的赝电容储锂容量，增强软碳的电化学性能。另一方面，通过表面涂覆导电高分子，降低碳颗粒间的接触电阻，促进 Li^+ 的扩散和吸附也是一种提升软碳性能的有效策略。例如，Lim 等 [19] 通过在软碳表面包覆一层聚 (3,4-乙烯二氧噻吩)–聚苯乙烯磺酸 (PEDOT-PSS)，有效降低了电化学电荷转移阻抗，提升了倍率性能，基于此组装的锂离子电容器，具有良好的循环稳定性，如图 3-10(c) 所示，5000 次循环后容量保持率为 84.7%。PEDOT-PSS 加入软碳负极后形成高效的导电网络结构，从而提升了锂离子电容器的电化学性能。

为了提升软碳负极的首周库仑效率以及倍率性能，也可以对软碳进行预锂化处理。Cao 等 [20] 使用 SLMP 直接接触预锂化法，系统地比较了预锂化的软碳、硬碳和石墨三种负极分别与活性炭正极组装的锂离子电容器的性能差异。软碳、硬碳和石墨的孔径分布如图 3-10(d) 所示，三种碳材料的孔径大部分集中于 1~10 nm，其中硬碳和软碳因为具有无规则的石墨片层结构，比表面积高于规则石墨烯片层结构排列的石墨。他们对组装的锂离子电容器进行电化学性能测试，结果表明，基于软碳和硬碳的锂离子电容器，在 20 mA/cm^2 的电流密度下容量保持率分别为 70%和 72.5%(对比于 0.5 mA/cm^2 电流密度下的初始容量)，高于石墨基锂离子电容器 (68%)。在 20000 次充放电循环测试后，基于软碳的锂离子电容器其容量保持率为 97.3%，高于硬碳 (96.3%) 以及石墨 (66%)。因此，对于高功率以及长寿命型锂离子电容器，软碳相较于石墨是更合适的选择。

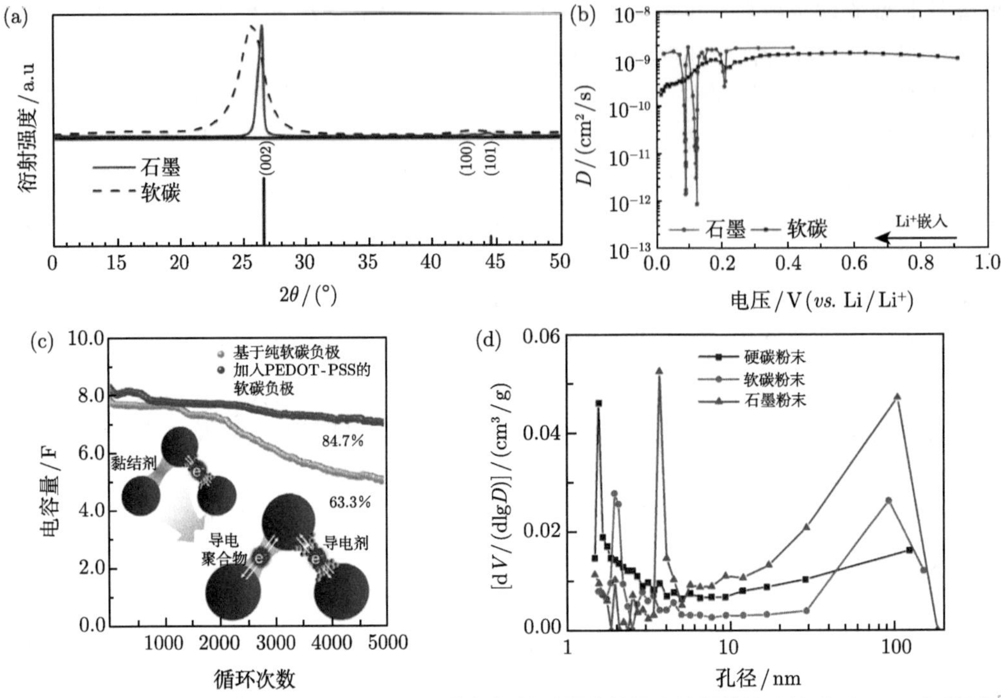

图 3-10 (a) 石墨和软碳的 XRD 图及 (b) 负极锂化过程中的恒电流间歇滴定技术 (GITT) 测试 [18]；(c) 软碳中添加与不添加 1.0wt%① PEDOT-PSS 的锂离子电容器的循环性能 [19]；(d) 硬碳、软碳以及石墨的孔隙结构分布 [20]

3.2.5 石墨烯

石墨烯作为一种典型的二维 (2D) 材料，是由 sp^2 杂化碳原子相互连接组成的，呈现六方晶格的蜂窝网状结构，通常只有一个碳原子的厚度，如图 3-11 所示，石墨烯中 σ 键之间的夹角为 120°，相邻两个碳原子之间的键长为 1.42 Å。单层完美的石墨烯具有超高理论比表面积 (2630 m^2/g)，可以在片层两侧存储 Li^+ 离子，形成 Li_2C_6 的化学计量式，因此理论上石墨烯的比容量为 744 mA·h/g，是石墨 (372 mA·h/g) 的两倍。单层石墨烯也是构建各种 sp^2 杂化碳材料的基本组成单元，如富勒烯、碳纳米管以及石墨等。

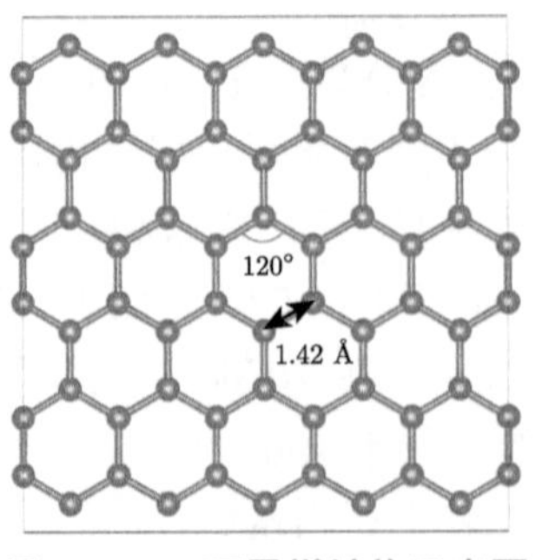

图 3-11 石墨烯结构示意图

① wt%代表重量百分。

石墨的储锂机制是在堆叠碳层之间可逆地阶段性嵌入 Li^+，但对于石墨烯则是通过化学吸附进行 Li^+ 的存储：Li^+ 不仅可以吸附在单层石墨烯的内/外表面，还可以吸附在随机排列的由石墨烯形成的纳米孔隙中 (对应的“纸牌屋”模型)。具体来看，Li^+ 首先吸附在石墨烯表面，通过较强的离子性化学键连接，吸附时 Li^+ 会优先占据较高的化学势位点，随后在石墨烯表面扩散至低化学势位点 [21]。这种独特的化学吸附锂形式提供了电子和几何上不平衡位点，因此不存在明显的电压平台，往往呈现一个斜坡状，与其他无定形碳类似，这一过程主要发生在低电压下 (对锂电位在 0.5 V 左右)。石墨烯凭借其优异的电子导电性、良好的机械强度、高比表面积以及快速的电荷转移能力，在锂离子电容器负极材料上具有很好的应用前景。Jang 等 [22] 首次报道了一种基于石墨烯表面 Li^+ 交换机制的锂离子电容器。这种锂离子电容器的两个电极中，高比表面积的石墨烯与液体电解质直接接触，能够通过表面官能团 ($\rangle$C═O 和—COOH) 进行吸附和/或氧化还原反应而快速、可逆地捕获 Li^+，如图 3-12(a) 所示。具有表面官能团的石墨烯能提供高比容量的原因在于：① 表面官能团与 Li^+ 的反应相对较快，活化势垒较低；② Li^+ 在石墨烯片的苯环中心的快速吸附；

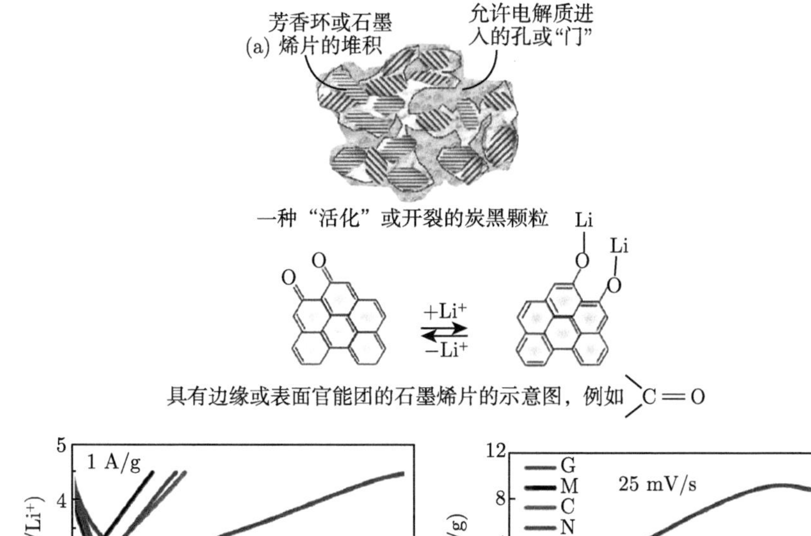

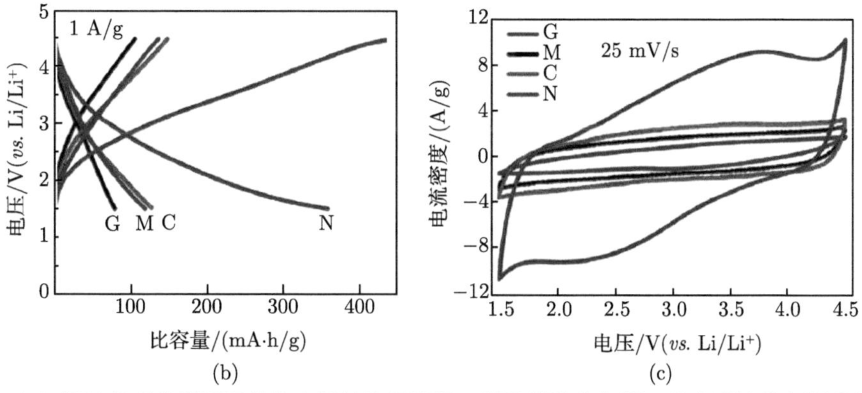

图 3-12 (a) 经过处理的炭黑颗粒的内部结构示意图，其孔隙结构打开，以实现液体电解质的充分浸润，使附着在芳香环或小石墨烯片边缘或表面的官能团容易与 Li^+ 反应；(b) 石墨烯电极在 1 A/g 电流密度下的充放电曲线，N 代表化学还原氧化石墨纳米片制备的石墨烯，C 代表剥离碳纤维制备的石墨烯，M 代表剥离人造石墨制备的石墨烯，G 代表热膨胀剥离天然石墨制备的石墨烯；(c) 上述石墨烯电极在 25 mV/s 扫速下的 CV 曲线 [22]

③ Li^+ 在石墨烯缺陷位置的快速捕获。这些官能团一般是在石墨烯制备过程中引入的，而且不同材料、不同合成工艺制备的石墨烯性能也不一样，四种不同方法制备的石墨烯的恒流充放电曲线和循环伏安 (CV) 曲线如图 3-12(b) 和 (c) 所示，制备方法包括化学还原氧化石墨纳米片 (N)、剥离碳纤维 (C)、剥离人造石墨 (M) 和热膨胀剥离天然石墨 (G)，其中以化学还原氧化石墨纳米片制备的石墨烯比容量最高。基于这些材料组装的锂离子电容器具有堪比锂离子电池的能量密度，同时具有较高的功率密度。在此之后，石墨烯以及石墨烯复合材料在锂离子电容器中的应用成为研究热点。

目前合成石墨烯的方法主要有两种：一是自上而下的方法，例如，通过液相或高能机械剪切剥离石墨、电弧放电法等制备石墨烯；另一种是通过化学气相沉积 (CVD)、外延生长或者先进有机化学方法等自下而上合成石墨烯。其中 CVD 法和外延生长法制备的石墨烯品质较高，但是相对应的高昂生产成本限制了其规模化制备。目前使用较为广泛的是通过氧化石墨液相剥离后，得到氧化石墨烯 (GO)，通过后续处理将 GO 还原，制备还原氧化石墨烯 (rGO)，整个工艺流程简便并且成本低廉，目前已经实现规模化制备。但是该方法制备的 rGO 表面存在很多结构缺陷、微孔以及官能团等。石墨烯作为储锂材料时，性能主要受石墨烯的层数、比表面积、孔结构、无序度以及含氧官能团 (C/O 比) 等影响。石墨烯高的比表面积以及多孔结构一直被认为是石墨烯高储锂容量、高倍率性能的一个重要原因，可以实现 Li^+ 快速可逆地嵌入和脱出。另一方面，杂原子以及官能团的存在会影响石墨烯的能带和电子结构，宏观上会改变电极/电解质的浸润性，从而影响石墨烯负极的电化学性能以及稳定性。有报道表明，选择合适的杂原子掺杂，如 B、P、N 和 S 等，会在杂质原子周围形成缺电子中心从而形成稳定的嵌锂化合物 (如 Li_6BC_5)，有利于提升石墨烯的电子导电性以及吸附 Li^+ 能力，从而增加储锂容量以及稳定性。从这可以看出，石墨烯作为负极时的电化学性能更加依赖于材料结构以及制备工艺。

在目前报道的各种石墨烯研究中，rGO 是首选负极材料，它的优点如下所述。① 高比容量。在首次嵌锂过程中，rGO 的比容量可以超过 1000 mA·h/g，远高于单层石墨烯的理论比容量，这是由于 rGO 中存在大量的微孔、缺陷以及含氧官能团，可以通过微孔机制和碳–锂–氢机制来部分解释 rGO 的高比容量特性。在嵌锂过程中，Li^+ 首先嵌入石墨烯的 sp^2 碳的区域，同时附近的微孔可以吸附大量的 Li^+，形成锂簇或 $Li_x(x \geqslant 2)$，从而获得高比容量；此外，制备的 rGO 含有一定量的 H 和 O 氧原子，依据碳–锂–氢模型，Li^+ 可以吸附在六元碳环中 H 原子周围，形成类似有机锂分子的结构 ($C_2H_2Li_2$)。因此微孔、缺陷和杂原子的存在，会产生额外的储锂位点，有效提升了石墨烯的比容量。② 高倍率性能。rGO 作为负极材料时，由于静电相互作用往往呈现少层或者多层结构，其层间距要高于石墨，同时 rGO 在制备过程中会引入结构缺陷，如孔洞等，有利于 Li^+ 的快速嵌入与脱出，因此 rGO 的倍率性能要优于石墨。但是存在缺陷、孔洞等会导致电子导电性的降低，在充放电过程中存在电压滞后现象，反应电位高，从而造成 rGO 比容量衰减严重，循环稳定性差。另一方面，rGO 在首周充放电过程中存在较高的不可逆性，首周库仑效率一般低于 60%，这是由于在高比表面积的 rGO 上形成大量的 SEI 膜，因此 rGO 的首周不可逆容量远高于商业化石墨。

为了在降低石墨烯生产成本的同时得到高质量的粉体材料，Li 等 [23] 通过可规模化制备的高温自蔓延法，使用 CO_2 作为碳源制备了高质量的介孔石墨烯粉体 (SHG)。制备的石墨烯粉体具有高导电性、高比表面积以及丰富的介孔结构，作为负极时比容量高达 854 mA·h/g，并且具有优异的倍率性能。将 SHG 作为负极与氮掺杂多孔碳纳米片正极组装成锂离子电容器，其最高能量密度可达 146 W·h/kg，最高功率密度为 52 kW/kg(图 3-13)，同时还具有超长的循环寿命，40000 次循环后容量保持率高达 91%，体现了石墨烯基电极材料在锂离子电容器上的应用前景 [24]。此外，杂原子掺杂 (如 N、S 和 P 等) 可以调节石墨烯表面电子结构以及微观状态，进而影响材料的导电性以及表面缺陷，从而增强了 Li^+ 存储能力。因此合适的杂原子掺杂是一种提升石墨烯负极电化学性能的有效策略。例如，Luan 等 [25] 使用石墨和 $(NH_4)_3PO_4$ 粉末为原料，通过电弧放电法合成了 N、P 共掺杂的多层石墨烯作为锂离子电容器负极材料，具有高达 889 mA·h/g 的可逆比容量以及良好的循环性能。与活性炭正极组装的锂离子电容器，能量密度最高为 195 W·h/kg，此时功率密度为 746.2 W/kg；功率密度最高可达 14983.7 W/kg，对应能量密度为 77 W·h/kg。N、P 共掺杂的协同效应，在增强石墨烯的电子导电性以及提供更多活性位点的同时，还扩大了石墨烯的层间距，从而提升了石墨烯的电化学性能。

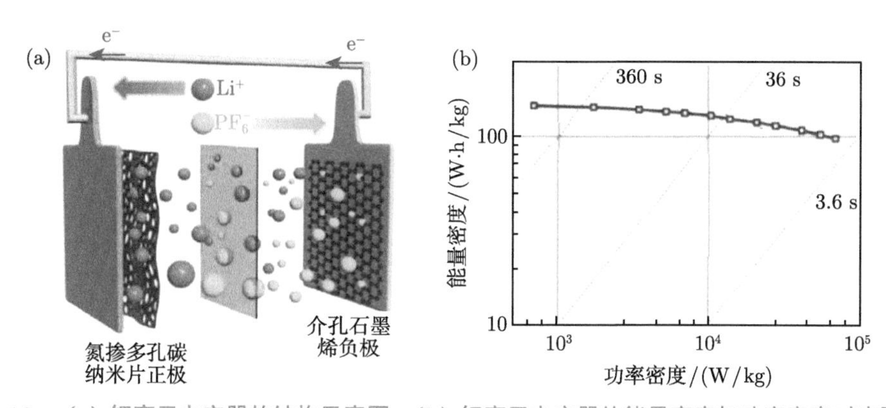

图 3-13 (a) 锂离子电容器的结构示意图；(b) 锂离子电容器的能量密度与功率密度对应图 [24]

在锂离子电容器中，由于电池型负极和电容型正极的储能机制不同，所以正负极之间的反应动力学不平衡。这意味着电池型负极的引入，必然会导致锂离子电容器的功率密度和循环寿命与双电层电容器相比有所降低。因此对于锂离子电容器而言，实现高功率密度以及长循环寿命尤其关键。Jin 等 [26] 采用多孔 MgO 作为模板制备具有层次孔结构的多孔石墨烯 (MP-G，比表面积高达 1738 m^2/g) 作为锂离子电容器正极，以及通过球磨法制备边缘羧基化的石墨烯纳米片 (G-COOH) 作为负极，构筑成全石墨烯基锂离子电容器。如图 3-14(a) 所示，石墨烯边缘官能团 (羧基) 以及扩大的石墨层间距可以提供快速的赝电容储锂特性，具有高倍率性能 (10 A/g 电流密度下比容量为 145 mA·h/g) 以及长循环寿命 (5000 次循环容量无衰减)。最后通过准原位电化学阻抗谱 (EIS) 技术来确定负极 G-COOH 的合适电压范围来匹配正极 MP-G，如图 3-14(b)~(d) 所示。组装的锂离子电容器在 1.0~4.2 V 电压范围下，能够提供的功率密度高达 53550 W/kg 以及具有优异的循环稳定性，50000 次循环后容量保持率高达 98.9%。另一方面，为了改善石墨烯作为负极材料时反应电位高、首周库仑效率低的问题，Ren 等 [27] 通过对石墨烯负极进行预锂化处理，降低了石墨烯负极电位，从而增加了锂离子电容器的工作电压窗口。预嵌锂石墨烯负极的比容量可以达到 760 mA·h/g，是预嵌锂石墨的两倍多 (370 mA·h/g)，而且 300 次循环后容量保持率高达 74%，同等条件下石墨负极仅有 38%。与活性炭正极一起组装成锂离子电容器，在 2~4 V 电压窗口，0.1 A/g 电流密度下的比电容高达 346 F/g，能量密度为 61.7 W·h/kg 时，对应的功率密度可达 222.2 W/kg。

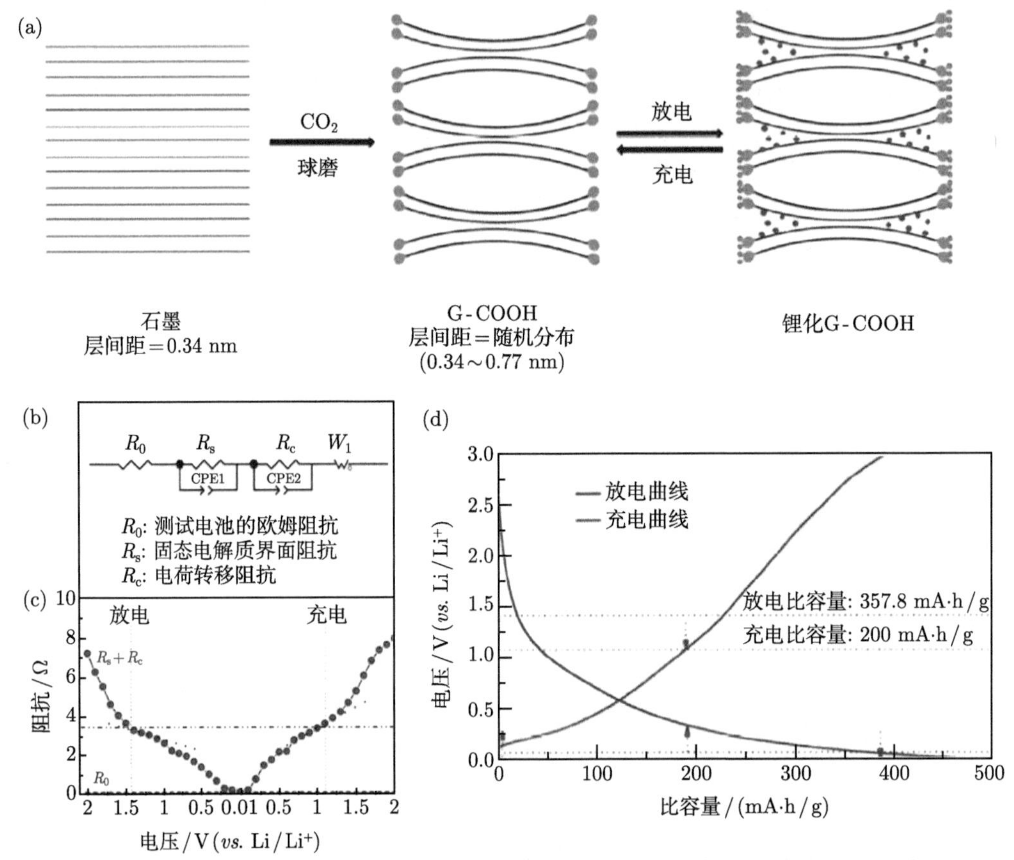

图 3-14 (a) G-COOH 负极的储锂机制示意图；(b) 简化的电化学等效电路图；(c) 欧姆阻抗、固体电解质界面阻抗、电子转移阻抗的定量化值；(d) G-COOH 的最佳充放电电压范围 [26]

在制备石墨烯过程中，2D 石墨烯片不可避免地会重新堆积团聚，可供利用的活性比表面积大幅减小，阻碍了 Li^+ 的扩散以及存储，从而导致容量的快速衰减以及循环性能的变差。通过组装 3D 网络结构，调节石墨烯片层间的距离，可以有效缓解石墨烯团聚等问题，实现离子以及电子的快速传输。例如，Ahn 等 [28] 通过简易方式制备了 3D 高度取向的石墨烯海绵 (HOG) 作为负极材料，如图 3-15(a) 所示。组装的锂离子电容器能量密度高达 231.7 W·h/kg。这得益于 Li^+ 在 HOG 中的扩散速率是石墨中的 3.6 倍，有效提升了石墨烯的比容量以及倍率性能，从而提高了器件的能量密度。其次，在石墨烯层间引入小分子基团或者小尺寸材料，充当“支柱”防止石墨烯的团聚也是一种非常有效的方法。例如，Aphirakaramwong 等 [29] 制备 3D 氮掺杂还原氧化石墨烯气凝胶 (N-rGO_{ae})/还原氧化多壁碳纳米管 (r-MWCNTO) 复合材料作为高性能锂离子电容器的负极，如图 3-15(b) 所示。

利用 r-MWCNTO 作为空间阻隔材料，解决了石墨烯由团聚以及堆积现象导致的在实际应用过程中可逆容量低的问题。同时在石墨烯碳晶格中引入 N 原子，可以增加石墨烯 π 体系中的载流子浓度，可以诱导产生更多的离子以及增加石墨烯的电子导电性。此外，N 杂原子掺杂还提供了更多的反应活性位点，促进了 Li^+ 的存储。因此 N-rGO$_{ae}$/r-MWCNTO 负极具有超高的比容量，在 0.1 A/g 电流密度下高达 1500 mA·h/g，如图 3-15(c) 所示。与活性炭正极组装成锂离子电容器，在 2~4 V 电压范围工作时，最高能量密度达到了 189.9 W·h/kg，最高功率密度为 24.1 kW/kg。这些研究成果表明，改性之后的石墨烯负极在高能量密度以及高功率密度的锂离子电容器上具有不错的应用前景。

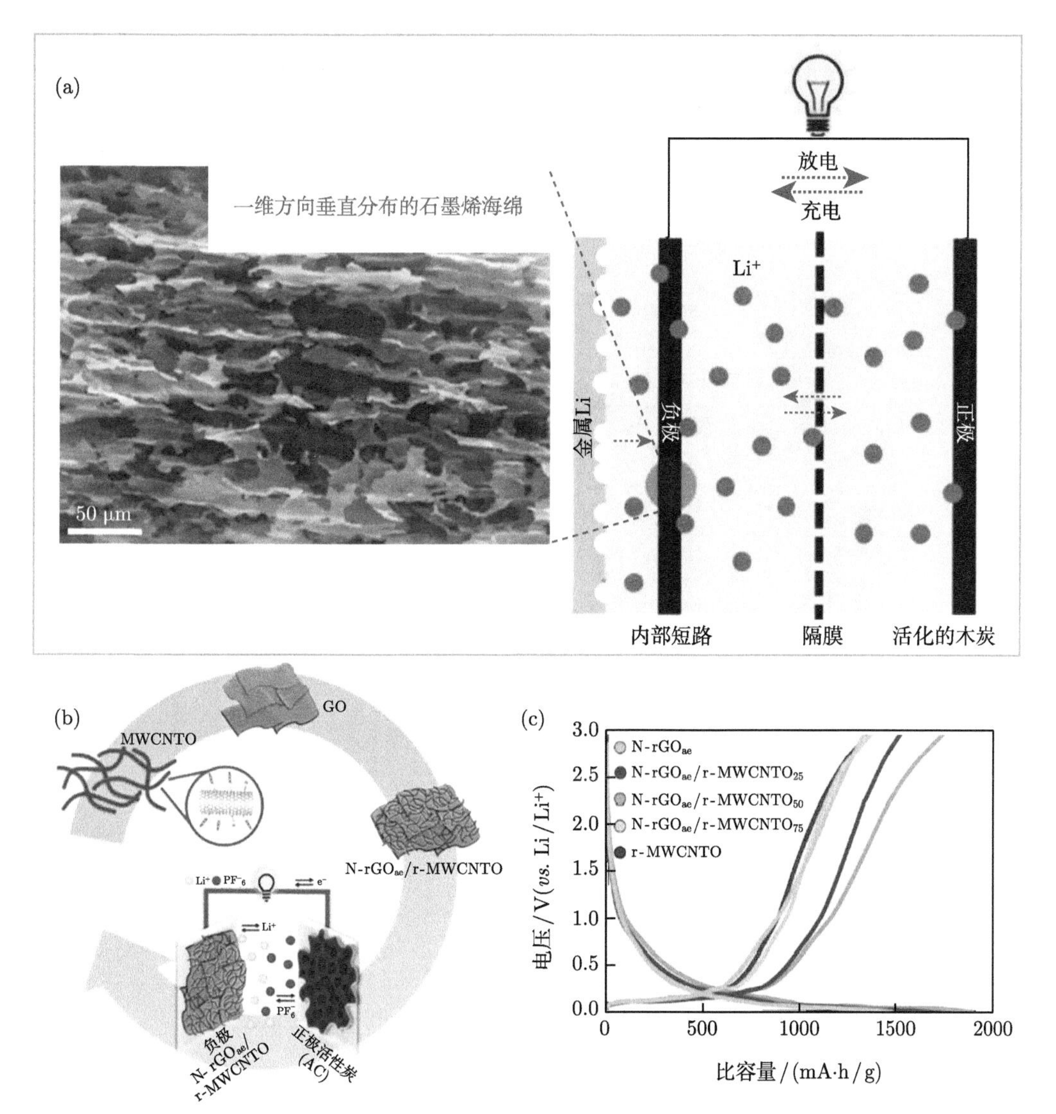

图 3-15 (a) AC/HOG-Li 锂离子电容器的 Ragone 图以及器件工作示意图 [28]；(b) N-rGO$_{ae}$/r-MWCNTO 为负极组装成锂离子电容器的原理示意图以及 (c) 不同 MWCNTO 含量的负极半电池性能对比 [29]

石墨烯不仅可以单独作为高性能的负极材料，也可以作为基底材料与其他碳材料复合，充分发挥各组分的优势，使材料的电化学性能得到提升。Yu 等 [30] 提出了一种简便一步法，制备出氮掺杂三聚氰胺衍生碳/还原氧化石墨烯 (cMeG) 复合泡沫作为锂离子电容器负极，如图 3-16(a)~(c) 所示。富氮的三聚氰胺泡沫可以直接碳化，在相对少量还原氧化石墨烯加入的情况下就可以增加电极比容量，而且合成工艺简便，成本低廉。制备的 cMeG 可直接作为负极材料，不需要额外的集流体以及黏结剂，在 0.1 A/g 电流密度下比容量为 330 mA·h/g，并且具有优异的机械稳定性。与活性炭正极一起组装成锂离子电容器，在 1 A/g 电流密度下，能量密度为 40 W·h/kg。此外也有报道将石墨烯纳米片与碳纳米管复合 (GNP-CNT) 作为锂离子电容器负极材料 [31]。利用 CVD 法在石墨烯纳米片上直接生长 CNT(图 3-16(d))，可以有效提升 Li^+ 扩散动力学，提高材料的比容量以及倍率性能 (图 3-16(e))。与活性炭正极组装成锂离子电容器，具有可达 116 W·h/kg 的能量密度以及 11000 W/kg 的功率密度，5000 次循环后容量保持率为 72.8%。这一结果表明，在石墨烯纳米片上直接生长 CNT 构建紧密接触结构，可有效降低接触阻抗，这对提高负极的可逆 Li^+ 脱嵌动力学以及倍率性能尤为重要。

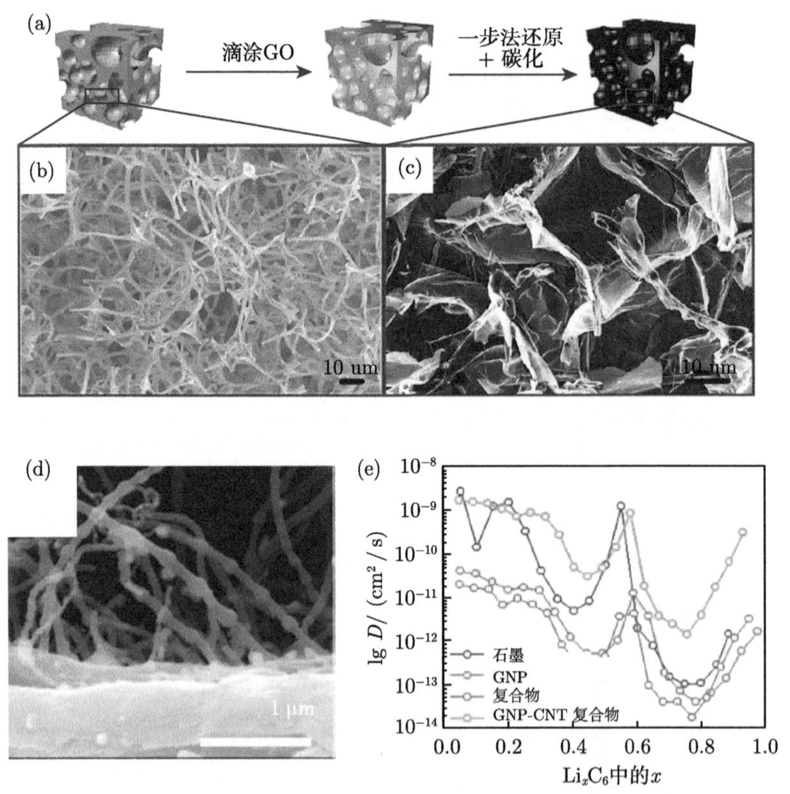

图 3-16 (a) cMeG 的 3D 合成结构示意图；(b) 三聚氰胺和 (c) cMeG 的 SEM 图；(d) GNP-CNT 复合材料的 SEM 图；(e) GNP-CNT 复合电极在脱锂过程中的锂离子扩散系数 [31]

综合来看，石墨烯材料的进一步应用依赖于石墨烯制备技术的不断改进，石墨烯作为锂离子电容器理想的负极材料时应具有以下特点：① 制备工艺简易，低成本且环保无污染；② 具有合适的孔径分布，在能够保障离子的快速存储以及传输的基础上减少非活性孔的数量，从而降低形成 SEI 膜所消耗的 Li^+；③ 合理平衡致密性以及多孔性，使得石墨烯材料具有高质量比能量的同时也具有相对较高的体积比能量。石墨烯诸多优良的理化性质，使其不仅可以单独作为电极材料，也可以作为高导电性的基底材料，凭借其高比表面积为纳米颗粒提供附着位点，同时有效防止颗粒间的团聚，改善活性材料与电解液之间的接触界面，缓解材料在充放电过程中的体积膨胀效应，提升复合材料的综合电化学性能。因此，石墨烯基复合材料应用于锂离子电容器时，普遍表现出优于单一的石墨烯负极的电化学综合性能。

3.2.6 碳纳米管

碳纳米管 (CNT)，作为典型的一维碳纳米材料，是由六元环状碳原子平面叠合而成的无缝中空管状材料，也可以看成由石墨烯卷曲而成的。CNT 中碳原子以 sp^2 杂化为主，形成六边形石墨烯网格结构，但同时存在一定比例的 sp^3 杂化，因此石墨烯网格会发生一定程度的弯曲。CNT 片层外由 p 轨道彼此交叠形成高度离域化的大 π 键，能与其他具有共轭性能的大分子以非共价键的形式复合。根据石墨烯的层数，CNT 可分为单壁碳纳米管 (SWCNT) 和多壁碳纳米管 (MWCNT)，如图 3-17 所示。CNT 两端可以是开口的也可以是闭口的，轴向尺寸一般为微米级，也可以达到厘米级。SWCNT 的直径为 0.6~2 nm；MWCNT 的管径在 2~200 nm，层间距约为 0.34 nm。自从 1991 年日本的 Iijima 教授首次发现 CNT 后 [32]，具有高电子导电性、高比表面积以及独特的力学性质的 CNT 已经被广泛应用于光学、储能等领域。目前 CNT 主要的制备方法包括：CVD 法、电弧放电法、激光蒸发法以及催化热解法等。

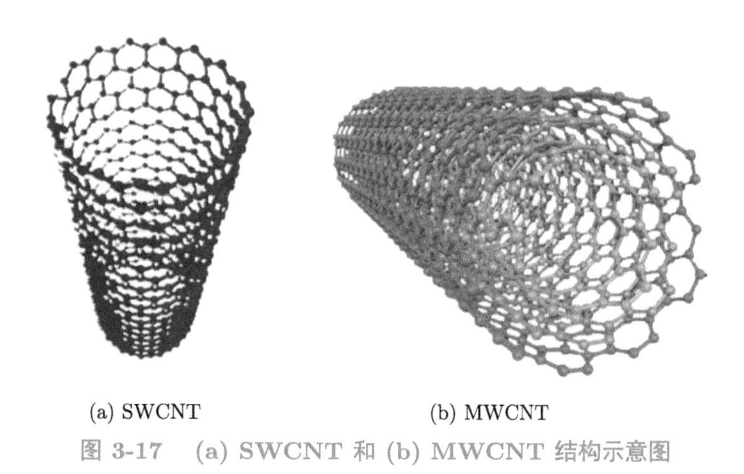

(a) SWCNT (b) MWCNT

图 3-17 (a) SWCNT 和 (b) MWCNT 结构示意图

CNT 作为负极进行储锂时，凭借其高比表面积，可以为 Li^+ 提供较高的存储空间，同时 Li^+ 也可以在管内和层间进行存储，如 MWCNT，Li^+ 可以嵌入 CNT 的管层之间；而对于 SWCNT，Li^+ 可以堆积在管束的间隙位置。CNT 的层间距 (0.34 nm) 高于石墨 (0.335

nm)，有利于 Li^+ 的嵌入；同时 CNT 独特的微观结构 (纳米级别的管径尺寸)，缩短了 Li^+ 的扩散路径，更容易嵌入材料内部。CNT 的理论比容量高达 1116 mA·h/g，对应的化学计量式为 LiC_2，比容量远高于目前的碳基活性材料。此外，在 SWCNT 中由于存在复杂的孔隙结构而容易引发 Li^+ 在其内部聚集，因此超过 CNT 理论数值的比容量是有可能实现的。但实际中却很难达到 CNT 的理论值，这是因为 CNT 在制备过程中往往会引入大量的官能团、结构缺陷等，会影响 CNT 的性能，同时高的比表面积在形成 SEI 膜时会消耗大量的 Li^+，导致较高的不可逆容量，因此库仑效率低。为了得到不含官能团以及较少缺陷的 CNT，可以对 CNT 进行纯化处理。有研究报道表明，经过纯化处理后的 SWCNT 作为负极材料时，储锂可逆比容量可以达到 460 mA·h/g，对应的化学计量式为 $Li_{1.23}C_6$。因此 CNT 的电化学性能与其微观结构密切相关，由不同合成方法、工艺流程制备的 CNT 作为负极材料时其性能大不相同。

CNT 单独作为负极材料时，其充放电曲线呈现斜坡状，Li^+ 一般吸附在 CNT 的表面以及缺陷处，或者是和杂质原子结合等形式。纯 CNT 负极存在相对较高的电压滞后，极化严重，结构不稳定，Li^+ 在长期嵌入过程中会破坏 CNT 的曲面结构，在这些因素综合影响下，CNT 的倍率性能不理想，循环稳定性不及石墨。为了解决这些缺点，可以采用 CNT 与其他材料复合的方式，利用 CNT 的高电子导电性以及稳定的理化性质提升复合材料的电化学性能。例如，Sun 等 [33] 将 SWCNT 与石墨烯复合，作为锂离子电容器负极材料。SWCNT 嵌入石墨烯纳米片层间，有效防止了石墨烯团聚，为 Li^+ 扩散提供了有利路径。组装的锂离子电容器，在 0.01~4.1 V 工作电压范围内能量密度最高达到了 222 W·h/kg，但是循环寿命衰减严重，5000 次循环后容量保持率仅有 58%。相比于 CNT 与石墨烯的物理混合方式，Salvatierra 等 [34] 设计了一种 Fe_3O_4/AlO_x 纳米颗粒作为二元催化剂，可以在 3D 碳基基底上均匀生长地毯状的少壁碳纳米管 (GCNT)，超越了现有的 2D 有限生长方法，如图 3-18(a) 和 (b) 所示。CNT 与基底碳材料之间是无缝连接结构，具有非常高的电子电导性，因此 GCNT 负极展现出高比容量以及高倍率性能。使用 GCNT 直接作为负极组装成无黏结剂型锂离子电容器，在电压窗口 0.01~4.3 V 下，能量密度最高为 120 W·h/kg，功率密度最高达到了 20.5 kW/kg(此时能量密度为 29 W·h/kg)，并且具有优异的循环寿命，10000 次循环后容量保持率为 89%(图 3-18(c))。此外，构建碳包覆结构或者 N、P 等掺杂的 CNT，通过 CNT 和官能团的协同作用也可以用来提高其电化学性能。

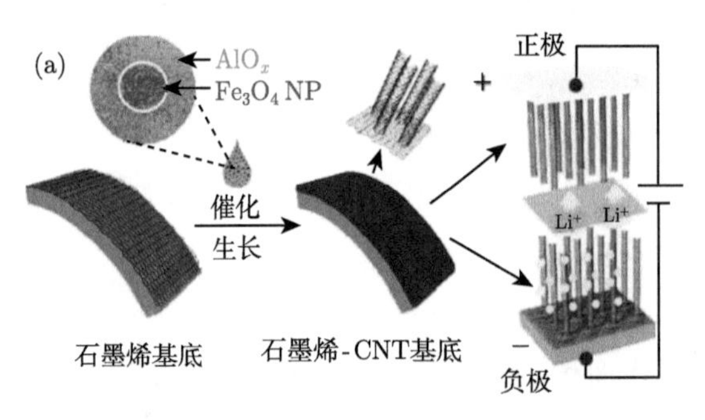

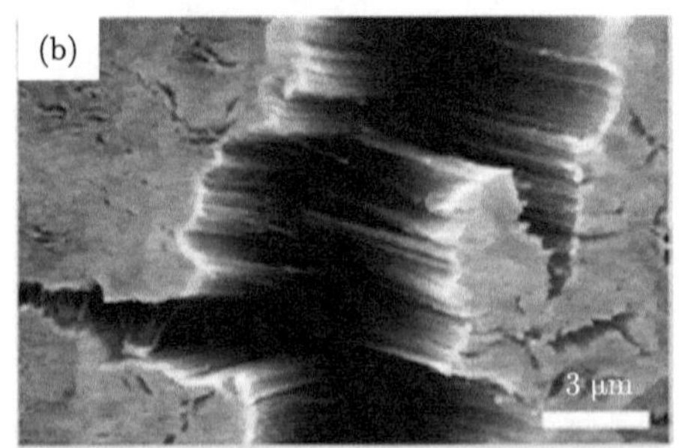

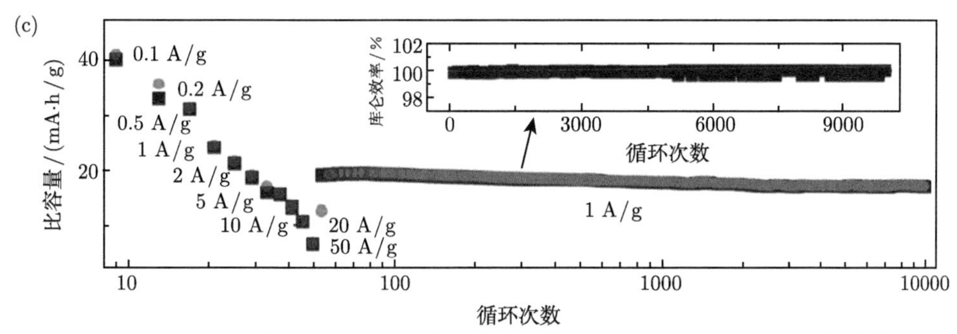

图 3-18 (a) GCNT 合成路径以及组装的锂离子电容器的示意图；(b) GCNT 的扫描电子显微镜照片；(c) GCNT 直接作为负极组装成锂离子电容器的倍率以及循环稳定性测试 [34]

3.2.7 碳纳米纤维

碳纳米纤维 (CNF) 也是一种一维碳材料，是由纳米尺寸的石墨微晶沿着纤维轴向呈不同角度在空间上堆积而成的，纤维直径可达 50~200 nm[35]。目前报道的大部分 CNF 是由聚合物前驱体或碳的同素异形体构成的，碳含量在 92%以上。CNF 具有高达 7 GPa 的拉伸强度以及优异的抗蠕变能力、高密度 ($\rho = 1.75 \sim 2.00$ g/cm^3)、高弹性模量 (900 GPa) 等优点。例如，以石墨烯为组成单元制备的 CNF 具有极高的机械强度，抗拉伸强度可高达 130 GPa，弹性模量可达 1.1 TPa，这是由石墨烯当中 sp^2 碳原子强健的共价连接导致的。

目前 CNF 的制备可以采用静电纺丝、喷淋法、熔融纺丝、等离子体增强化学气相沉积和湿法纺丝等技术，前驱体来源丰富，包括聚丙烯腈、沥青、天然纤维素、木质素、聚环氧乙烷、聚乙二醇–聚丙二醇–聚乙二醇 (F127) 和聚苯乙烯–聚丁二烯–聚甲基丙烯酸甲酯三嵌段共聚物等。制备的 CNF 的直径可在几十纳米到几微米之间进行调控，其比表面积和孔隙率同样可以调节。一般来说，合成 CNF 要经历多步反应，包括前驱体的环化反应以及后续的热处理过程：先在 200~300 ℃ 的温度范围内氧化前驱体，然后在 800~1600℃ 的惰性气氛中进一步碳化，最后可以在 3000 ℃ 下对纤维进行石墨化处理，以改善基面在纤维轴方向上的有序性和取向，提升电子电导性。CNF 结构的主要参数指标包括石墨微晶的空间堆积方式、石墨微晶的层间距和直径，这些参数指标共同作用影响 CNF 的电化学性能。目前报道的 CNF 结构主要有三种：板式、鱼骨式和管式，如图 3-19 所示。板式 CNF 的石墨微晶垂直于轴向，暴露在表面的主要是端面碳原子；而管式的石墨微晶平行于轴向，暴露的主要是基面碳原子；鱼骨式的结构介于二者之间，石墨微晶向纤维轴方向倾斜。通过控制石墨微晶与纤维轴的夹角，可以调节端面原子与基面原子的比例，从而调节 CNF 的电化学性能。

CNF 作为新型储锂负极材料，凭借其较大的长径比以及高电子电导性，具有优异的结构稳定性以及高倍率性能。一方面，CNF 可以作为线性骨架和集流体，用于沉积活性物质，凭借其疏松的导电网络结构保证了活性材料的充分负载以及高利用率。另一方面，Li^+ 在轴向的扩散路径很短，一般不超过 50 nm，可以促进电子/离子的快速传输，降低局部电流密度，提升倍率性能。此外，CNF 稳定的理化性质，可以在大多数化学物质中稳定存在。

兼具柔性和坚固网络结构的 CNF 可以有效地缓解在长循环过程中活性材料的体积膨胀效应，抑制锂枝晶的产生。此外，CNF 的高电导率允许金属锂沉积在纤维网络结构的表面，降低电极的接触阻抗。因此，CNF 具有良好的化学稳定性和耐候性使其可以成为理想的锂离子电容器负极材料。

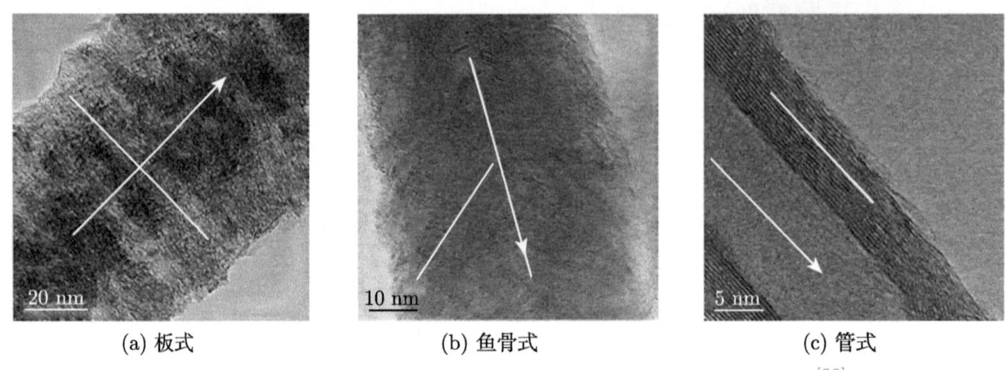

(a) 板式 (b) 鱼骨式 (c) 管式

图 3-19 不同石墨微晶结构组成的 CNF 的 HRTEM 图片 [36]

开发具有高导电性、高活性材料负载量的新型 CNF，一直是研究人员孜孜以求的目标。例如，Xia 等 [37] 使用商业细菌纤维素为前驱体，合成 N、B 共掺杂的 3D 多孔碳纳米纤维 (BNC) 作为锂离子电容器负极，如图 3-20(a) 所示。一方面，N、B 共掺杂可以有效提高纤维的导电性，扩大层间距 (达到 0.44 nm，图 3-20(b))；另一方面，由一维碳纤维相互交联构建的 3D 网络结构有效地提高了 Li^+ 扩散动力学。因此 BNC 负极的比容量可以高达 1034 mA·h/g(图 3-20(c))，5000 次循环后容量几乎没有衰减。将 BNC 同时作为锂离子电容器的正负极，能量密度最高达到了 220 W·h/kg，此时功率密度为 225 W/kg；即使在 22.5 kW/kg 的高功率密度下，能量密度依然保持有 104 W·h/kg；同时还具有较长的循环寿命，5000 次循环后容量保持率为 81%。

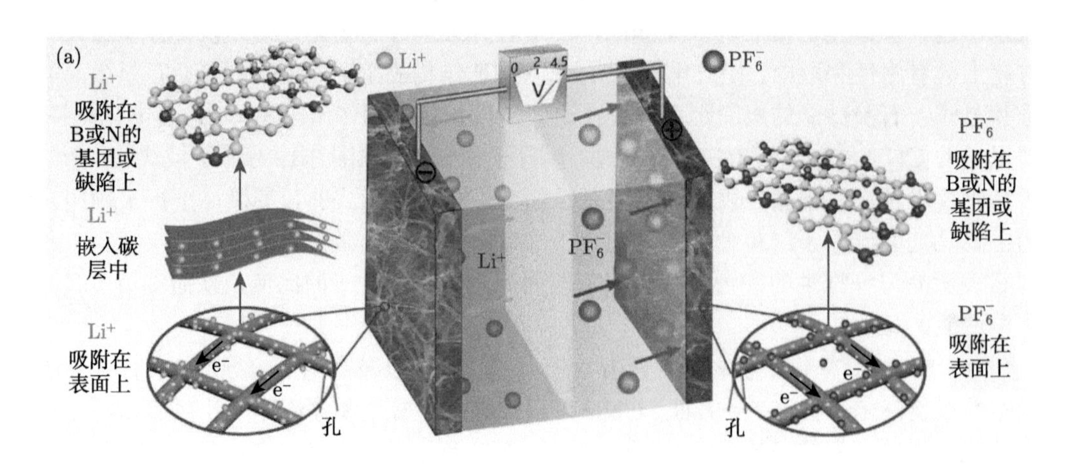

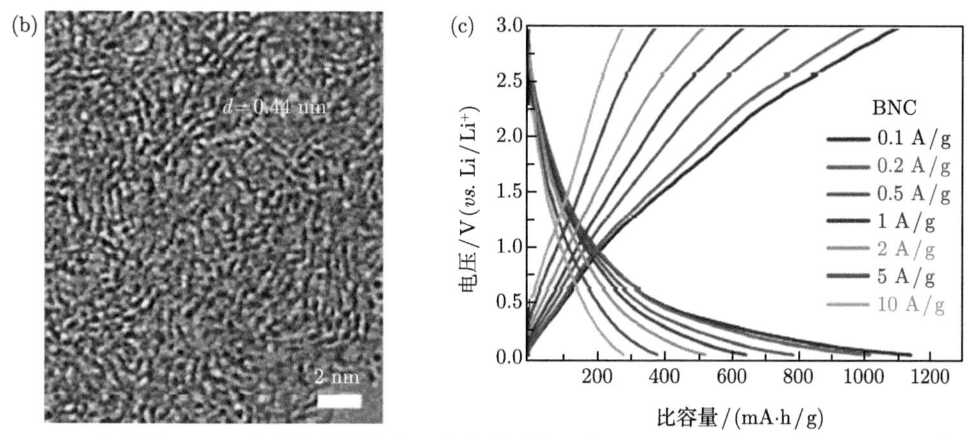

图 3-20 (a) 基于 BNC 负极组装的锂离子电容器结构示意图；(b) BNC 的 HRTEM 照片；(c) 在不同电流密度下 BNC 负极的充放电曲线 [37]

3.2.8 其他碳材料

除了上述介绍的碳材料之外，还陆续报道了其他一些碳基材料应用于锂离子电容器负极，比如说石墨炔、生物质衍生碳等。与石墨和石墨烯不同，石墨炔是由若干个炔键 (C≡C) 和苯环共轭形成的 2D 平面网络的全碳分子，同时具有 sp 和 sp^2 杂化的碳原子。石墨炔的结构与石墨烯类似，但它具有额外均匀排列的 18C 大三角形空腔，在层状结构中构建成 3D 孔道结构，从而使得石墨炔在具有 2D 平面结构外，还具有 3D 多孔材料的特点，如图 3-21(a) 所示。因此石墨炔具有高比表面积以及多孔的特性，有利于 Li^+ 或者小分子的存储，有望作为具有高比容量以及高倍率的负极材料。

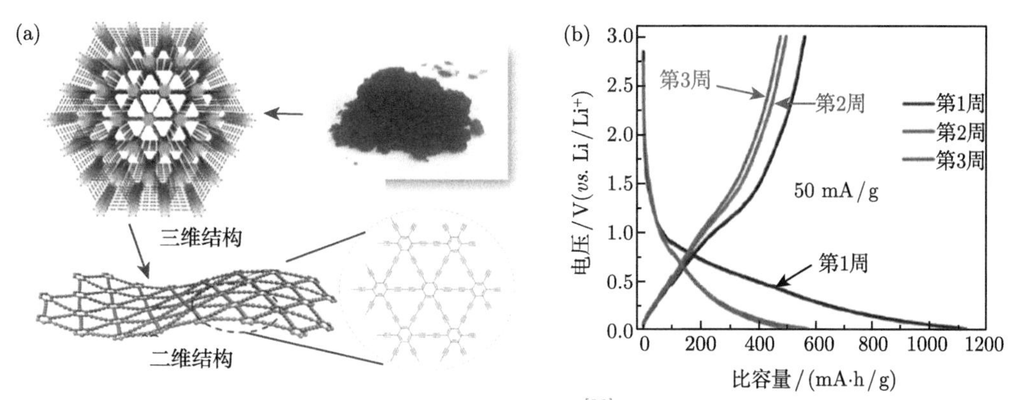

图 3-21 (a) 石墨炔粉体及其三维/二维结构单元示意图 [39]；(b) 石墨炔负极在 50 mA/g 电流密度下的充放电曲线 [38]

有报道表明多孔结构的石墨炔粉体材料可以直接作为负极材料进行储锂。Zhang 等 [38] 将多孔结构的块状石墨炔组装成半电池，并进行了储锂性能研究。如图 3-21(b) 所示，在 50 mA/g 电流密度下稳定循环 200 次后，可逆比容量高达 552 mA·h/g，库仑效率高于 98%，并且在 500 mA/g 电流密度下，可逆比容量仍有 266 mA·h/g，体现出良好的循环稳定性以及倍率性能。Du 等[39] 报道了以块状石墨炔粉末作为高性能锂离子电容器的负极，通过简单的交叉偶联反应制备了具有微孔和介孔形貌的石墨炔粉体，独特的多级次孔结构有效缩短了 Li^+ 的传输路径。与活性炭正极一起组装的锂离子电容器，能量密度最高为 112.2 W·h/kg，功率密度最高可达到 1000.4 W/kg，1000 次循环后容量保持率为 94.7%。

生物质衍生碳是目前使用最为广泛的碳源材料之一，通常是在高温下对生物质材料 (动物和植物等) 进行热处理制备的。常见的合成方法包括高温碳化法、水热碳化和活化法等，不同的合成方法可以制备出不同微观形貌的生物质衍生碳材料。与长程有序结构的石墨不同，生物质衍生碳是由细小且随机分布的石墨微晶和多级次孔结构组成的无定形碳，具有比表面积大、导电性好以及电化学活性高等特点；同时，由于前驱体生物质材料本身含有杂元素，所以制备的衍生碳材料中含有一定量的杂原子，如 N、O 和 S 等。生物质衍生碳作为负极进行储锂时，其储能机制由两部分组成：一部分是类似于石墨材料的扩散嵌入层间行为；另外一部分是通过碳表面的官能团、缺陷以及杂原子进行化学吸附。通过这两种机制可以获得更高的比容量，因此生物质衍生碳是一种较为理想的负极材料。生物质衍生碳的性能表现主要受孔隙结构、微观形貌、掺杂元素以及表面电化学活性等影响，这些因素都与前驱体材料来源和合成工艺等相关。

Jayaraman 等[40] 以植物油为碳源，利用化学气相沉积法制备了一维具有中空结构的石墨碳纤维 (VO-CF)。植物油一般由多种脂肪酸组成，其中含有长链烃分子，而且来源广泛，价格便宜，是一种合适的碳材料前驱体。制备出一维结构的 VO-CF，具有更短的 Li^+ 扩散路径，可以调节晶体取向从而更易于 Li^+ 的传输。将预嵌锂的 VO-CF 作为负极匹配活性炭正极组装成锂离子电容器，能量密度最高达到 112 W·h/kg，10000 次循环后容量保持率为 67%。另一方面，也有报道利用剑麻纤维通过预碳化和石墨化催化工艺制备了具有石墨结构的石墨化碳[41]，这种独特的结构有助于提供更高的平台容量以及导电性，丰富的孔隙结构为 Li^+ 的扩散提供了更为快速的传输路径。因此，基于石墨化碳组装的锂离子电容器，在 104 W·h/kg 的能量密度下，对应的功率密度为 143 W/kg；在 32 W·h/kg 的能量密度下功率密度可达 6628 W/kg，以 1 A/g 电流密度循环 3000 次后容量保持率为 96.5%。

尽管这些碳材料或者复合碳材料都表现出不错的性能，一维到三维多样化结构的碳材料推动着锂离子电容器朝着高能量密度、高功率密度体系发展，但是从锂离子电容器实用化以及产业化的角度来看，如何大幅地提高碳负极材料的倍率性能，简化制备工艺流程以及降低成本，这些问题仍亟待解决。

3.3 含锂氧化物负极材料

3.3.1 钛酸锂

钛酸锂 ($Li_4Ti_5O_{12}$，LTO) 是一种具有尖晶石结构的白色晶体，并且能在空气中稳定存在。尖晶石结构的材料一般可以用结构通式 AB_2O_4 来表示，其空间晶胞参数 $a = 0.836$ nm，空间群为 $Fd\bar{3}m$，氧原子组成 FCC 空间点阵，位于 32e 的位置，如图 3-22(a) 所示。其中，3/4 的 Li^+ 则位于 8a 的四面体间隙位置中，剩余的 Li^+ 与全部的 Ti^{4+}($Li^+ : Ti^{4+} = 1:5$) 占据 16d 的八面体间隙中，因此其结构通式也可以写作 $[Li]_{8a}[Li_{1/3}Ti_{5/3}]_{16d}[O_4]_{32e}$。

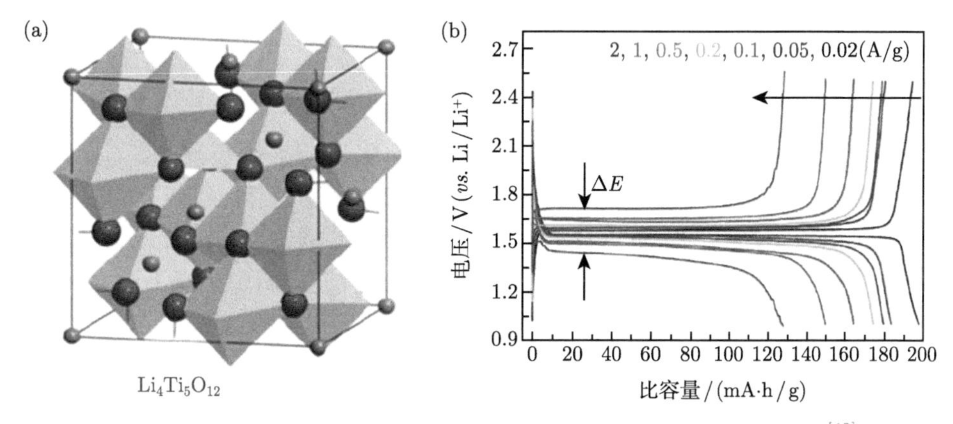

图 3-22 (a) LTO 晶胞结构示意图；(b) LTO-G 负极的倍率性能 [42]

LTO 用于负极进行储锂时，能够提供稳定的晶体结构和三维 Li^+ 扩散路径，因此具有优异的结构稳定性。LTO 材料具有以下特点：

(1) Li^+ 嵌入/脱出过程发生第一阶相变过程 (从尖晶石结构转变为岩盐结构的 $Li_7Ti_5O_{12}$，伴随着 Ti^{4+} 到 Ti^{3+} 的转变)，热力学电压平台在 1.55 V 左右 (对锂电位)，可以有效避免金属锂的沉积。

(2) 在高电流密度下进行充放电测试可以保持高的库仑效率 (95%以上)，能够可逆嵌入 3 mol 锂，因此理论比容量为 175 mA·h/g。

(3) 在 Li^+ 嵌入/脱出过程中晶胞结构体积几乎没有变化 (约 0.2%)，即“零应变”嵌入材料。

(4) 没有证据表明在其表面有 SEI 膜的形成。

(5) 可以由低成本的原料通过简易方式合成制备，目前主要合成方法包括固相法和液相法两大类。固相法可以分为高温固相法、微波法、熔融浸渍法等；液相法为水热反应、溶胶–凝胶法等。

LTO 凭借其优异的结构稳定性以及高安全性，有望作为锂离子电容器的负极材料。Amatucci 等 [43] 首次报道了由 LTO 负极和活性炭正极，并采用含锂盐的有机电解液 ($LiPF_6$/EC + DMC) 组装成锂离子电容器，基于整个器件质量的能量密度可以达到 18 W·h/kg。但是，与其他负极材料相比，LTO 负极的缺点也十分明显：

(1) 放电比容量较低，低于目前的商业化石墨 (372 mA·h/g)；

(2) 电子导电性差 (约 10^{-13} S/cm)，属于典型的电子绝缘体材料，导致倍率性能不佳；

(3) Li^+ 在无序尖晶石相 ($Li_4Ti_5O_{12}$) 和岩盐相 ($Li_7Ti_5O_{12}$) 间的迁移速率慢，导致在大电流充放电时，容易发生极化现象，比容量快速衰减；

(4) LTO 较高的电压平台 (约 1.5 V)，虽然保证了负极的安全性，但是应用于锂离子电容器时会降低工作电压区间，从而限制了其在高能量型器件中的应用；

(5) 商业化的负极材料振实密度应该高于 2 g/cm^2，而 LTO 的振实密度较低 (约 1.68 g/cm^2)。

因此需要对 LTO 进行改性研究，增加其倍率性能。目前对 LTO 的改性手段主要包括对 LTO 材料进行纳米化设计、碳包覆以及掺杂改性等，目的主要是增强 LTO 材料的电子导电性，降低内阻以及极化现象，缩短离子扩散路径，从而提高 LTO 的比容量以及倍率性能。

通过碳材料包覆改性，既可以抑制颗粒间的团聚，减小颗粒尺寸，也可以作为稳定层，避免与电解液的直接接触，增强电解液离子的内部扩散以及电子传导，从而使得 LTO 复合材料具有更高的比容量以及倍率性能。Xu 等 [42] 通过两步法合成了 LTO-石墨烯 (LTO-G) 作为锂离子电容器负极材料，如图 3-22(b) 所示，在 0.1C 电流下比容量可以高达 194 mA·h/g，在 28.6C 下比容量仍有 90 mA·h/g，显示出优异的倍率性能。与活性炭正极组装成锂离子电容器，具有 50 W·h/kg 的能量密度，循环 10000 次后容量保持率为 71%。另一方面，掺杂也是改善材料本征电子电导率的有效方式之一。对于 LTO 材料，既可以直接引入高导电相，也可以对其进行掺杂，在材料中引入电子–空穴或者自由电子，从而提升 LTO 材料的电子导电能力。掺杂可以在 Li、Ti 和 O 三个位置进行，不同位置掺杂的作用机制不一样，因此效果也大不相同 [44]。在 Li 和 Ti 位置上引入阳离子，可以降低 LTO 的电压平台，增加锂离子电容器的工作电压区间，从而增加整个器件的能量密度。而在 O 位置上是阴离子掺杂，改变原有的电荷平衡，导致 Ti^{4+} 和 Ti^{3+} 数量的变化，从而减小了 Li^+ 的电荷转移阻抗，还可以增强 Li^+ 的扩散能力。例如，Dong 等 [45] 以 Ti_2O_3 为原料，通过简单的固相法制备了 Ti^{3+} 自掺杂的 LTO 纳米颗粒。从图 3-23(a) 和 (b) 可以看出，Ti^{3+} 掺杂后的 (111) 峰往左偏移，表明 LTO 材料的晶面间距增加，这是由 Ti^{3+}(0.56 Å) 的离子半径比 Ti^{4+}(0.48 Å) 更大导致的，有利于 Li^+ 的快速嵌入，因此具有更高的倍率性能。得益于低价掺杂以及纳米效应，以 Ti^{3+} 自掺杂 LTO 作为负极，花生壳衍生碳 (PSC) 作为正极构建的锂离子电容器，其能量密度最高达到了 67 W·h/kg，功率密度最高为 8 kW/kg，并且以 0.5 A/g 电流密度循环 5000 次后容量保持率为 80%。此外，也可以设计特定形貌的 LTO 纳米材料，如纳米线、纳米片等，或者与高导电性的碳材料如 CNT、石墨烯等复合，提高 LTO 复合材料的电子电导性以及离子传输能力，改善电极–电解液接触界面，提升 LTO 材料的循环稳定性。

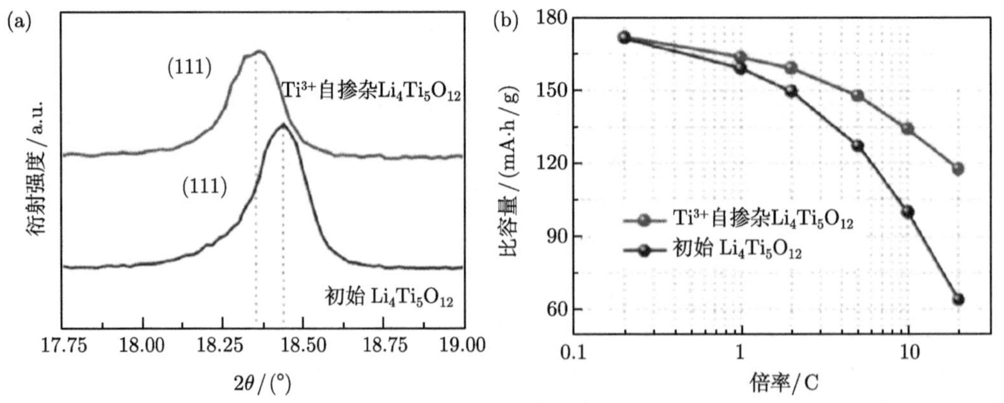

图 3-23 Ti^{3+} 自掺杂 LTO 与初始 LTO 材料的 (a) XRD(111) 峰以及 (b) 倍率性能对比 [45]

另一个阻碍 LTO 性能发挥的关键问题在于，其嵌锂态会与电解液发生化学反应产生气体，从而使得正负极间的接触距离增大，在内部电解液加入量不变的情况下，造成电极阻抗的显著增加，导致锂离子电容器容量的急剧下降。针对这些问题，需要严格控制材料中水的含量，可以通过电解液除水、采用高温化成工艺、控制 LTO 中杂质的含量以及掺杂/表面修饰等方式来降低材料表面反应活性。

LTO 作为目前少数几种已经商业化应用的负极材料之一，在制备高功率型锂离子电容器应用于军工设备、城市公共轨道交通系统等方面具较大的潜力。虽然 LTO 的高电压平台，限制了其能量密度，但是其优异的循环稳定性以及高可逆性，是其他材料无法代替的。预计未来几年针对 LTO 负极的发展趋势还是倾向于通过各种改性处理，降低其制备成本的同时提升倍率性能，这样才能更好地应用于储能领域。

3.3.2 钒酸锂

钒酸锂 (Li_3VO_4，LVO) 作为一种极具特色的高离子电导率的光学材料，已经被研究了多年，但其作为 Li^+ 存储的电极活性材料，直到 2013 年才由 Li 等首次报道 [46]。目前报道的 Li_3VO_4 有多种晶型，其中 β 型在低温下是稳定的，而 γ 型通常只在高温下稳定。β-Li_3VO_4 具有正交晶系结构，属于 $Pnm2_1$ 空间群，晶格参数为 $a=5.447$ Å，$b=6.327$ Å，$c=4.948$ Å，$\alpha=\beta=\gamma=90°$。图 3-24(a) 是正交晶系 β-Li_3VO_4 的结构示意图 [46]，它是由 O 原子以近似六边形紧密堆积而成，而阳离子则占据有序的四面体位点。所有四面体位点均沿 c 轴向上指向，并通过共四面体顶点相互连接。在这个结构中，Li^+ 占据了两个不同的四面体位点，V^{5+} 占据了第三个四面体位点，此外还有许多空的阳离子位点，可以进一步嵌入 Li^+。作为和 Li_3PO_4 同结构的化合物，由于 Li^+ 在晶体结构中的高迁移率，Li_3VO_4 也表现出固体离子导电性。

目前报道的 Li_3VO_4 负极材料其嵌锂机制可概述为：在放电至 0 V 左右时，Li_3VO_4 中的 V^{5+} 还原为 V^{3+}；当电极充电回到 3 V 时，V^{3+} 再次被氧化成 V^{5+}。具体反应方程式如式 (3.2) 所示：

$$Li_3VO_4 + xLi^+ + xe^- \rightleftharpoons Li_{3+x}VO_4 \quad (0 \leqslant x \leqslant 2) \tag{3.2}$$

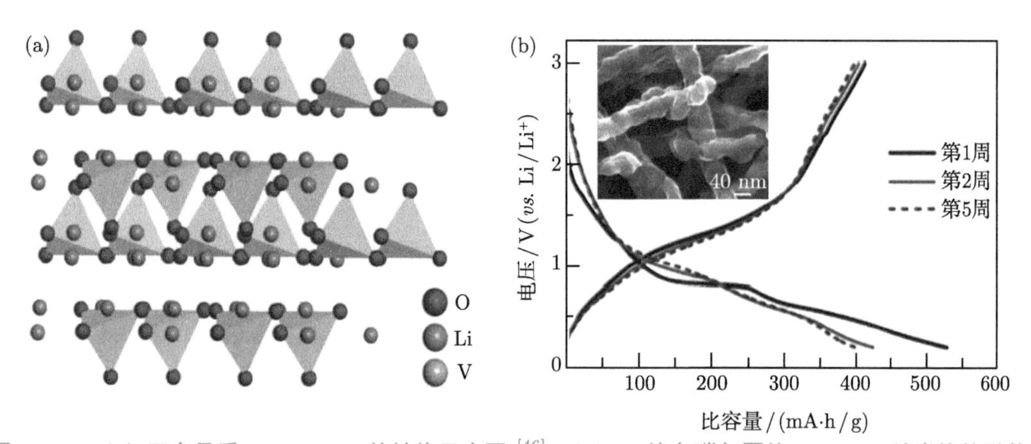

图 3-24 (a) 正交晶系 β-Li_3VO_4 的结构示意图 [46]；(b) N 掺杂碳包覆的 Li_3VO_4 纳米线的形貌以及在 0.1 A/g 电流密度下的充放电曲线 [47]

理论计算表明，Li_3VO_4 材料在充放电过程中最大可以嵌入约 3 个 Li^+，形成 Li_6VO_4，理论比容量可高达 594 mA·h/g，但此时材料的体积膨胀率高达 20%，会影响材料结构的稳定性，导致循环性能变差。一般 Li_3VO_4 材料较为常见的是可逆嵌入 2 个 Li^+，此时体积变化率仅为 4%，理论比容量为 394 mA·h/g，高于石墨的 372 mA·h/g。作为负极材料时，Li_3VO_4 材料具有适中的电压平台 (0.5~1.0 V)，介于石墨和 LTO 之间，有效地避免了金属锂的沉积而且还可以提供较高的电压输出。结合其相对较低且安全的电压平台、高比容量和低成本等优点，Li_3VO_4 作为锂离子电容器负极材料具有广阔的应用前景。然而，尽管 Li_3VO_4 材料具有高离子电导率 (约 10^{-4} S/m)，但是它本身低电子电导性 (约 10^{-10} S/m) 导致缓慢的法拉第嵌入反应，远低于锂离子电容器正极快速的物理吸附行为，因此限制了锂离子电容器的功率密度；此外，在首次充放电过程中一些不可逆反应或者相变，导致 Li_3VO_4 首周库仑效率低 (小于 70%)。针对这些问题，对 Li_3VO_4 进行改性研究是非常有必要的。

一方面，可以对 Li_3VO_4 进行纳米化设计，因为纳米结构材料较短的离子和电子的传输距离，可以有效促进 Li^+ 的扩散，在提高 Li^+ 嵌入动力学中起着重要的作用。比如，一维纳米结构由于具有较高的长径比、易于应变弛豫和限制颗粒团聚，非常适合应用于电极材料。Shen 等 [47] 利用形貌–遗传的方法成功制备了 N 掺杂碳包覆的 Li_3VO_4 纳米线 (直径为 10~30 nm)，如图 3-24(b) 所示。通过精细的结构设计提升 Li_3VO_4 的电子/离子电导率，同时 N 掺杂能够产生结构缺陷，促进 Li^+ 快速扩散，增加赝电容。此外，碳包覆结构可以提高电子导电性，Li_3VO_4 的一维纳米线结构可以缩短 Li^+ 传输的距离。因此制备的 Li_3VO_4 纳米线在小电流密度下比容量达到 413 mA·h/g，并且具有优异的倍率性能，在 12 A/g 电流密度下比容量高达 271 mA·h/g。与活性炭正极一起组装的锂离子电容器，工作电压在 1~4 V 时，能量密度最高为 136.4 W·h/kg，此时功率密度为 532 W/kg；当能量密度为 24.4 W·h/kg 时，功率密度可高达 11020 W/kg。在 2 A/g 电流密度下循环测试 1500 次后，容量保持率为 87%。

另一方面，可以设计碳涂层、复合碳材料、掺杂和氧缺陷等方法来提高 Li_3VO_4 的电子导电性以及倍率能力。有研究报道表明，核–壳结构的碳包覆 Li_3VO_4 纳米颗粒也具有较高的电化学性能。例如，Liu 等 [48] 采用简易的一步固相法合成了碳包覆的 Li_3VO_4(LVO/C) 复合材料，如图 3-25(a) 所示，碳包覆层的厚度仅为 2~3 nm。通过碳包覆增强了复合材料的电子电导性，同时改善了电解液与 Li_3VO_4 材料间的接触界面，提高了材料的稳定性。在 0.07 A/g 电流密度下比容量高达 435 mA·h/g(图 3-25(b))。与活性炭正极一起组装成锂离子电容器，能量密度最高为 110 W·h/kg，功率密度最高为 4.9 kW/kg，5000 次循环后容量保持率为 79%，有效提高了 Li_3VO_4 基锂离子电容器的电化学性能 (图 3-25(c))。与 LTO 类似，在 Li_3VO_4 中也可以引入杂原子，例如，用 Mg^{2+} 或者 Ca^{2+} 等掺杂取代部分 Li^+，以及 Mo、Ti 和 Nb 等原子掺杂取代部分 V 原子的位置，可以增强其本征电子导电性，提高电化学性能 [49-52]。有报道表明，Ca^{2+} 部分取代 Li^+ 等后，可以形成氧空位，提升材料的导电性，同时 Ca^{2+} 较大的离子半径可以增加 Li_3VO_4 的晶胞参数，因此具有较大的层间距，有利于 Li^+ 的扩散，改善材料的倍率性能 [50]。

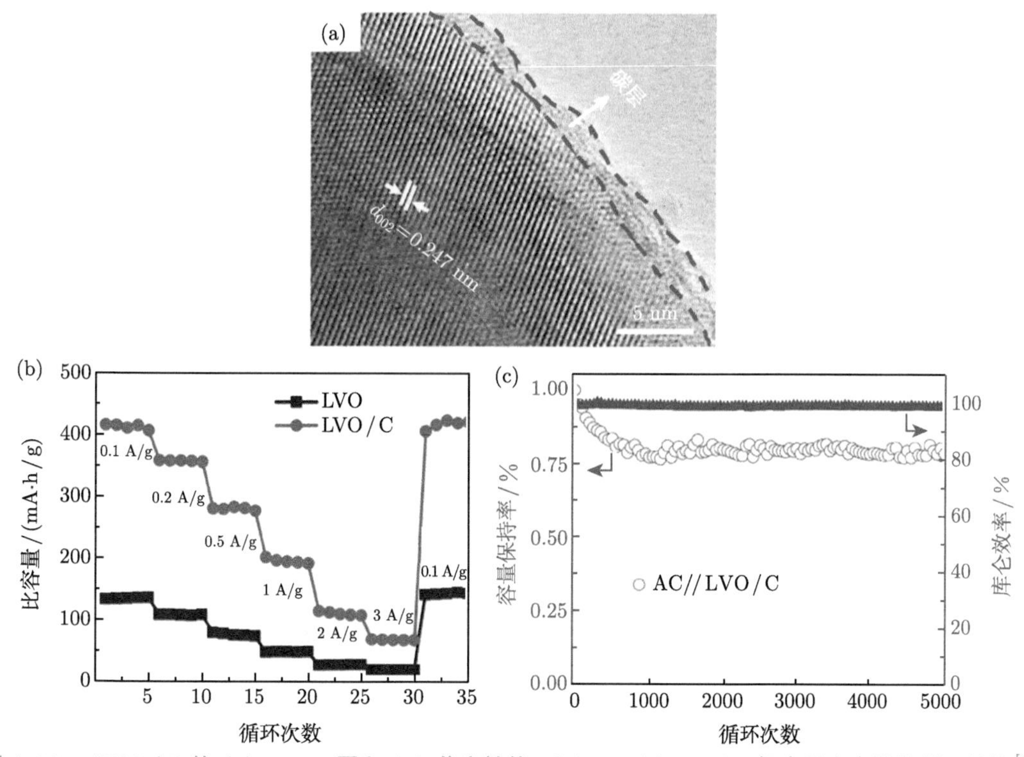

图 3-25 LVO/C 的 (a) TEM 图和 (b) 倍率性能；(c) AC//LVO/C 锂离子电容器的循环性能[48]

综合来看，Li_3VO_4 材料具有较低的氧化还原电位和较好的稳定性能，在锂离子电容器器件领域具有广阔的应用前景，但是它的储能机制还需深入研究，倍率和循环性能还有待进一步优化提升。

3.3.3 硅酸钛锂

硅酸钛锂，Li_2TiSiO_5(LTSO)，是 Li_2O-TiO_2-SiO_2 三元钛基材料中一种独特的化合物，最先由 Kim 和 Hummel[53] 报道并提出。如图 3-26(a) 所示，从结构上来看，LTSO 是由一个无限延伸的 SiO_4 四面体和 TiO_5 方锥体组成的正方晶系，具有层状结构，由共用的 Li 连接而成。

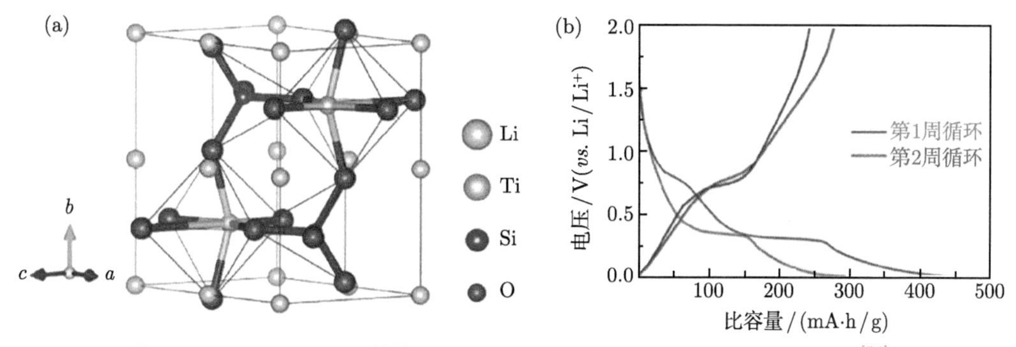

图 3-26 Li_2TiSiO_5 精修晶体 (a) 结构示意图以及 (b) 充放电曲线[54]

LTSO 因为其独特的硅酸盐基聚阴离子结构，具有较低的放电电压平台 (0.1~1 V 对 Li/Li^+)，并且能够实现 Ti^{4+}/Ti^{2+} 的可逆氧化还原反应，其理论质量 (体积) 比容量为 308 mA·h/g(950 mA·h/cm^3)，如图 3-26(b) 所示。储锂过程中主要涉及的氧化还原反应如下所示：

$$Li_2TiSiO_5 + xLi^+ + xe^- \rightleftharpoons Li_2Li_xTiSiO_5 \tag{3.3}$$

$$Li_2Li_xTiSiO_5 + (2-x)Li^+ + (2-x)e^- \rightleftharpoons Li_4SiO_4 + TiO \tag{3.4}$$

$$TiO + yLi^+ + ye^- \rightleftharpoons Li_yTiO \tag{3.5}$$

整个反应过程可分为三个部分：首先锂占据 4e 位点形成 $Li_{2+x}TiSiO_5$(3.0~0.28 V) 固溶体；其次 $Li_{2+x}TiSiO_5$ 转化为 Li_4SiO_4 和 TiO(0.28~0.1 V)；最后形成 Li_yTiO 固溶体 ($\leqslant$ 0.1 V)。因此 LTSO 的储锂机制是结合了嵌入式反应以及转化反应。不同于其他转化型负极材料，比如金属氧化物需要精心设计纳米结构来保证一定程度的循环稳定性，LTSO 本身具有非常稳定的结构，可以满足长循环寿命储能器件的需求。

LTSO 能在一定程度上克服钛酸锂材料的固有缺陷 (高放电平台和低比容量)，而且还可以保持优越的循环稳定性。然而，由于 LTSO 本身的电子电导率较差，所以倍率性能不佳。如果能有效提高 LTSO 的电子电导率，那么 LTSO 凭借其低放电平台、高比容量以及高稳定性等特点，有望作为锂离子电容器理想的负极材料。

现阶段 LTSO 负极材料的制备方法主要有：溶胶凝胶法、高温固相法、共沉淀法和静电纺丝法等。不同的合成工艺制备的电极材料往往具有不同的电化学性能，因此需要选择合适的制备方法。Wang 等 [55] 采用一种简单的形貌保持热转换策略，基于静电纺丝法制备新型碳包覆的 LTSO(LTSO/C) 纤维作为负极材料 (图 3-27(a))。通过维持三维交联的碳骨架结构，从而有利于电荷的快速转移，同时一维纤维结构可以限制 LTSO 纳米粒子的自我聚集，利用纳米效应增强赝电容储锂性能 (图 3-27(b))。制备的 LTSO/C 负极具有高达 258.2 mA·h/g(0.1 A/g) 的比容量，远高于纯的 LTSO 电极 (低于 100 mA·h/g)，如图 3-27(c) 所示。与多孔电容型碳材料正极组装成锂离子电容器，其能量密度高达 105.8 W·h/kg，最高功率密度为 28.5 kW/kg。类似地，Jin 等 [56] 通过共沉积法结合热处理过程，在 CNT 上制备了三维碳修饰的 LTSO(3D C@LTSO) 负极。三维碳结构提供了电子和离子的快速扩

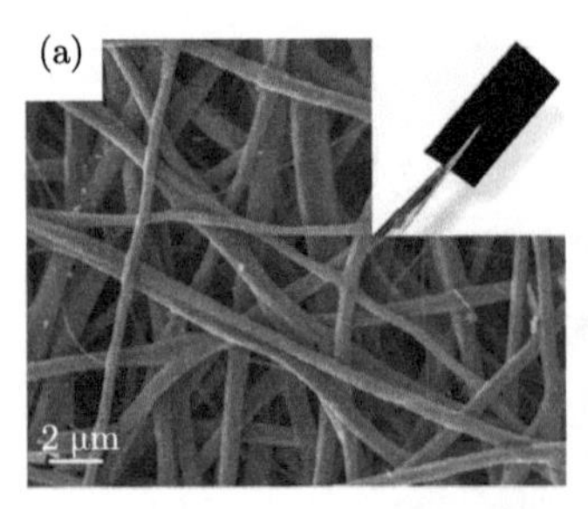

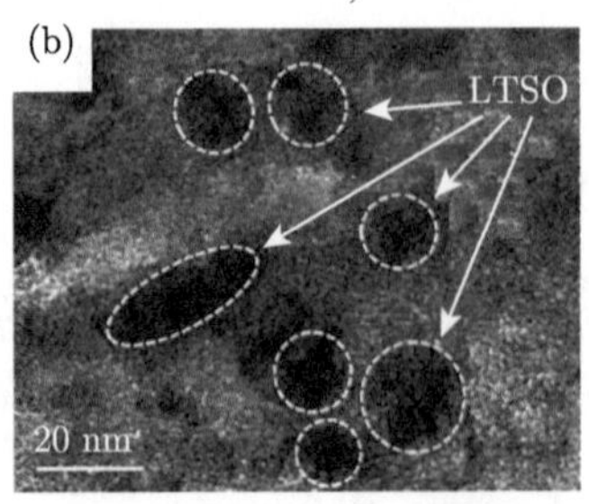

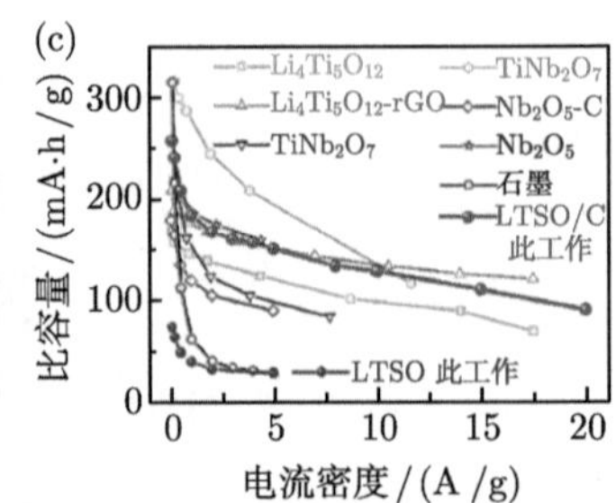

图 3-27 LTSO/C 纳米纤维的 (a) SEM 图，插图是在氩气中退火后的纳米纤维薄膜的照片；(b) TEM 照片以及 (c) 不同负极材料的倍率性能对比 [55]

散通道，使得 LTSO 具有较大的 Li^+ 存储容量、良好的倍率性能以及优异的循环稳定性。与活化的木质素衍生多孔碳正极一起组装成锂离子电容器，有效地弥补了正负极间的容量以及反应动力学差异。制备的锂离子电容器，在 115.3 W·h/kg 的能量密度下功率密度为 163.5 W/kg，在 60 W·h/kg 的能量密度下功率密度达 6560 W/kg，并且 6000 次循环后容量保持率高达 90%。目前对 LTSO 进行的一系列改性研究，在一定程度上改善了它的比容量以及倍率性能，但是对于实现 LTSO 的商业化应用还需要不断地探索，如降低成本、设计合理的形貌结构等。

3.4 过渡金属氧化物负极材料

与碳材料负极相比，金属氧化物不仅具有优异的储锂能力，而且在储锂过程的反应机制明显不同于碳材料，理论比容量普遍较高，电压平台适中，来源广泛、成本低廉，环境相对友好，是锂离子电容器较为理想的负极材料。过渡金属氧化物可以用结构通式 MO_x 来表示，M 代表过渡金属元素。对于不同类型的 MO_x，储锂的反应机制可以分为两类：一种是转化反应储锂，它不同于传统碳材料的离子嵌入型机制，也不同于硅、锡等的合金化机制，而是基于与 Li^+ 的可逆转化，具体过程可用式 (3.6) 来表示：

$$MO_x + 2xLi^+ + 2xe^- \rightleftharpoons M + xLi_2O \quad (\text{转化反应}) \tag{3.6}$$

其中，常见的如 Fe、Co、Ni、Mn、Cu 在转化反应中能与 2 个 Li^+ 反应，因此比容量一般高于 700 mA·h/g。另外一种是嵌入型储锂，常见的如 Ti、Nb 等的氧化物，储锂过程可用式 (3.7) 来表示：

$$MO_x + yLi^+ + ye^- \rightleftharpoons Li_yMO_x \quad (\text{嵌入反应}) \tag{3.7}$$

对于发生转化反应的 MO_x，在首次与锂反应的过程中，MO_x 颗粒表面与电解液发生反应，形成 SEI 膜。随着储锂程度不断提升，MO_x 被分解成高活性的纳米过渡金属颗粒 M 以及随机分布的无定形 Li_2O(尺寸基本在 1~8 nm)。随后在脱锂过程中，过渡金属颗粒 M 和 Li_2O 进行逆反应生成 MO_x，同时伴随着 SEI 膜的部分分解。转化反应能否可逆进行，取决于 Li_2O 的电化学可逆性，因此电化学惰性的 Li_2O 通过催化反应间接影响了负极的性能，一般只有具有高活性的纳米化颗粒才能确保这个反应的正常进行。从 MO_x 的储锂机制可以看出，结构迥异的反应物与生成物，涉及原子尺寸的全部重排，反应前后结构变化严重，这就对 MO_x 颗粒的表界面稳定性提出了很高的要求。

过渡金属氧化物材料作为负极材料时的缺点主要体现在三个方面：一是电子电导率低；二是首周不可逆容量比较高，导致库仑效率低；最后就是循环稳定性差。MO_x 材料在首周充放电过程中的不可逆容量主要是来自于在电极/电解液界面形成 SEI 膜消耗 Li^+，以及转化反应中过渡金属颗粒 M 和 Li_2O 反应并不能完全转化为 MO_x。在循环过程中，MO_x 负极容量严重衰减的原因有两点：① MO_x 材料本征导电性差，Li^+ 扩散系数低，降低了电化学反应活性；② 在反复充放电过程中，MO_x 材料内部会受到内应力和非晶化因素等条件的影响，体积变化严重，导致材料容易粉碎或者堆积团聚。在界面处的 SEI 膜不断形成与破坏，导致电解液中的 Li^+ 持续被消耗，并且材料的粉化使得结构完整性被破坏，电活性材料容易与集流体直接失去电接触，造成内阻急剧增大，从而容量衰减。这些缺点极大地影响了 MO_x 负极组装成锂离子电容器的倍率以及循环性能，因此金属氧化物很少单独作为负极材料，一般会进行改性处理，例如，对 MO_x 材料进行纳米工程设计、表面改性或者碳材料涂层包覆等方式，提升其电化学性能。下面对目前报道的一些过渡金属氧化物进行详细介绍。

3.4.1 氧化锰

岩盐结构的氧化锰 (MnO) 属于 $P225$ 空间群，晶胞参数 $a=b=c$=0.444 nm，MnO 由锰八面体 (Mn_6) 与氧八面体 (O_6) 共顶点连接而成，如图 3-28(a) 所示。MnO 自然资源存储丰富，成本较为低廉，密度约为 5.37 g/cm^3，作为储锂负极材料时，理论比容量可达 756 mA·h/g，工作电压平台通常低于 0.5 V(图 3-28(b))。在 Li^+ 嵌入/脱出过程中，MnO 的体积膨胀率约为 170%，因此具有良好的循环稳定性。综合这些特点，MnO 可以作为锂离子电容器理想的负极材料。但是纯 MnO 本身的电子导电性很差 (10^{-8} ~10^{-6} S/m)，充放电电位滞后比较严重，造成容量的快速衰减，影响负极的倍率性能。因此，一般将 MnO

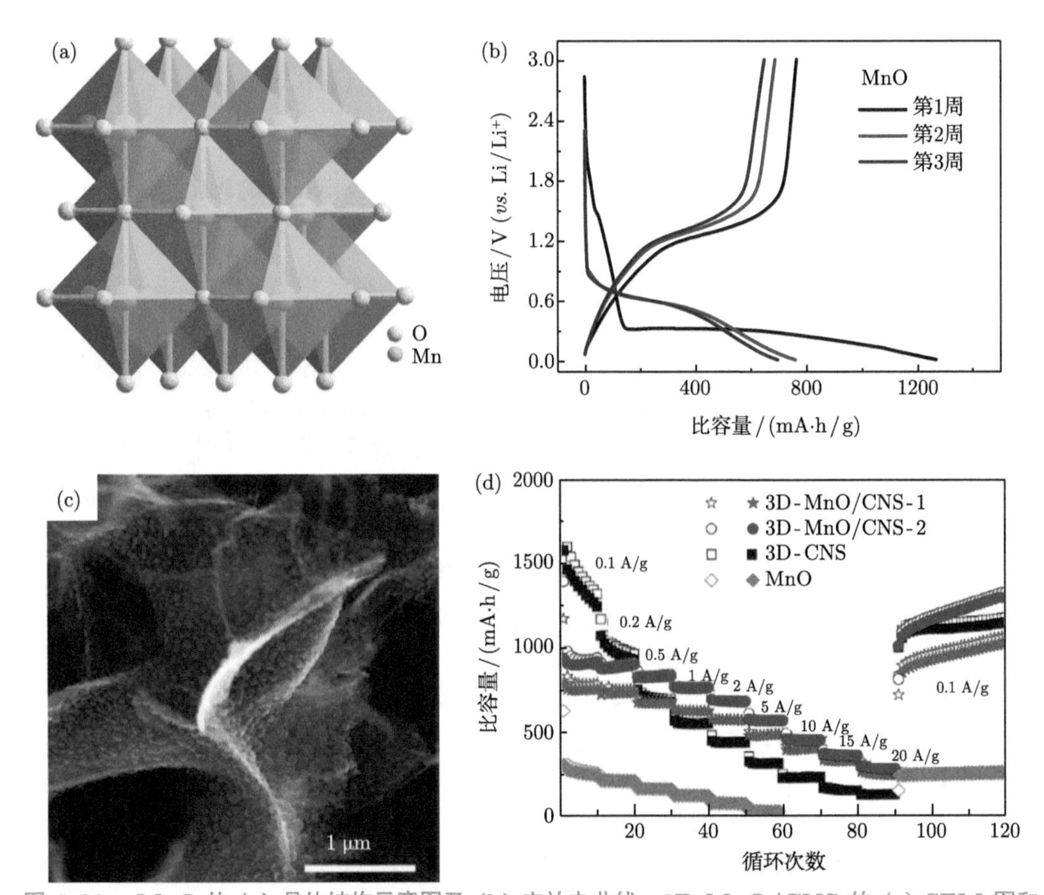

图 3-28 MnO 的 (a) 晶体结构示意图及 (b) 充放电曲线；3D-MnO/CNS 的 (c) SEM 图和 (d) 不同材料的倍率性能对比 [57]

与高导电性的碳材料复合，如 CNT、石墨烯以及多孔碳等具有优异导电性的材料；或者进行纳米化设计，提高 MnO 的电子以及离子传输速率。目前 MnO 的主要合成方法包括：溶胶凝胶法、水热溶剂法、固相法以及热分解法等。

2D 片层结构的石墨烯是复合金属氧化物的最佳碳材料选择之一。2014 年，Wang 等 [57] 以高锰酸钾为锰源锚定在生物质衍生的类石墨烯 3D 碳纳米片上，随后通过高温裂解还原的方法制备了 MnO/类石墨烯 3D 碳纳米片复合材料 (3D-MnO/CNS)，如图 3-28(c) 所示，首次将 MnO 应用于锂离子电容器负极中。生物质衍生碳纳米片的成本远低于石墨烯以及 CNT 等，同时合成的单层纳米 MnO 晶粒能够发生快速的体相转化反应，实现高容量以及高倍率性能。因此，3D-MnO/CNS 负极在 0.1 A/g 电流密度下展现出 1332 mA·h/g 的超高比容量，在 20 A/g 高电流密度下比容量仍能维持有 285 mA·h/g，远高于纯 MnO 电极 (图 3-28(d))；与多孔碳纳米片正极构建成锂离子电容器，最高能量密度可以达到 184 W·h/kg，最高功率密度为 15000 W/kg，并且 5000 次循环后容量保持率为 76%左右。MnO 材料优异的电化学性能，引发了研究人员的广泛关注，陆续报道了许多 MnO 基锂离子电容器，通过设计各种形貌结构的 MnO，并进行改性研究，提升电化学性能。例如，Yang 等 [58] 合成了约 5 nm 尺寸的 MnO 纳米晶粒与 3D 石墨烯复合材料，具有高赝电容性能；Chen 等 [59] 设计合成了一维石墨烯纳米卷包覆 MnO 纳米颗粒，具有独特纳米复合结构；Li 等 [60] 在多孔碳纳米纤维中合成了具有豌豆状的 MnO 纳米颗粒，与碳纳米纤维组成的自支撑薄膜可以直接作为锂离子电容器的负极，具有高倍率性能。这些纳米结构的 MnO 与碳材料复合，一方面，纳米尺寸化后的 MnO 具有高比表面积，可以提供更多的赝电容储锂位点；另一方面，通过高导电性的碳包覆提升材料的电子导电性，综合这些因素提高了 MnO 复合材料的比容量以及倍率性能。此外，也可以通过引入高价 Mn 离子，增加 MnO_x 材料本身的赝电容特性，如通过大尺寸阳离子 (K^+) 预插层，从而增强 Li^+ 的扩散，并且通过促进 Mn^{3+}/Mn^{4+} 反应对的电子跃迁提高电子导电性。

3.4.2 铁氧化物

铁氧化物 (FeO_x) 是过渡金属氧化物中的一种，凭借其低成本、无毒、高安全性、储量丰富和耐腐蚀等优势，作为负极材料得到广泛关注。根据 FeO_x 结构、晶型和价态的不同，可以分为 (α-Fe_2O_3、β-Fe_2O_3、γ-Fe_2O_3)、FeO 和磁铁矿 Fe_3O_4。目前报道较为广泛的是 α-Fe_2O_3(图 3-29(a)) 和尖晶石结构的 Fe_3O_4(图 3-29(c))，其作为负极材料时，理论比容量分别可达到 1007 mA·h/g 和 926 mA·h/g。以 α-Fe_2O_3 为例，在充放电过程中发生可逆的氧化还原反应：三价铁与零价铁之间的可逆转化，伴随着 Li_2O 的形成，电压平台在 0.7～0.9 V。值得注意的是，由于 FeO_x 本身的电子导电性差，同时 Li^+ 在体相中的扩散速率缓慢，循环过程中体积膨胀严重 (约 200%) 以及容易趋于团聚，所以倍率性能和循环寿命差。针对这些问题，研究人员着重开发新型方法制备纳米结构的 FeO_x，精心调控其颗粒尺寸、微观形貌以及孔隙率等；另一方面也通过碳包覆或者复合碳材料的方式，获得稳定的 FeO_x 复合材料，提高反应动力学以及倍率性能。

2013 年，Balducci 等 [61] 首次将 α-Fe_2O_3 材料作为负极材料应用到锂离子电容器当中，在有机电解液中器件的工作电压窗口可以达到 3.4 V(图 3-29(b))，能量密度最高达到

90 W·h/kg。但是，由于 α-Fe_2O_3 电极性能容易发生衰减，所以组装的锂离子电容器寿命仅有数千次，因此有必要改善 FeO_x 材料的循环稳定性。Tan 等 [62] 通过简单的一步水热法，制备了金属–有机框架材料 (MOF) 衍生的多孔 α-Fe_2O_3 纳米颗粒。由于多孔外壳可以促进 Li^+ 传输、缩短 Li^+ 扩散路径、限制循环过程中的体积膨胀效应，所以 α-Fe_2O_3 负极具有优异的倍率以及循环稳定性。与葡萄糖衍生碳纳米球作为正极组装成锂离子电容器，能量密度最高可达 107 W·h/kg，在 9680 W/kg 的高功率密度下能量密度可保持有 86 W·h/kg，并且以 1 A/g 电流密度循环 2500 次后容量保持率为 84%。另一方面，Zhang 等 [63] 通过低温热处理法制备了 3D 石墨烯/Fe_3O_4 纳米颗粒，利用 3D 结构的高导电石墨烯缓解 Fe_3O_4 纳米颗粒在充放电过程中的体积变化。该纳米复合材料在 0.1 A/g 电流密度下可逆比容量可以高达 820 mA·h/g，如图 3-29(d) 所示。采用商业活性炭正极组装的锂离子电容器，最高能量密度为 120 W·h/kg，在 45400 W/kg 的高功率密度下能量密度为 60.5 W·h/kg，10000 次循环后容量保持率可达 81.4%。这些研究结果表明，低成本的铁氧化物/碳复合材料作为锂离子电容器负极材料具有理想的电化学性能，有望作为碳负极材料的替代物。

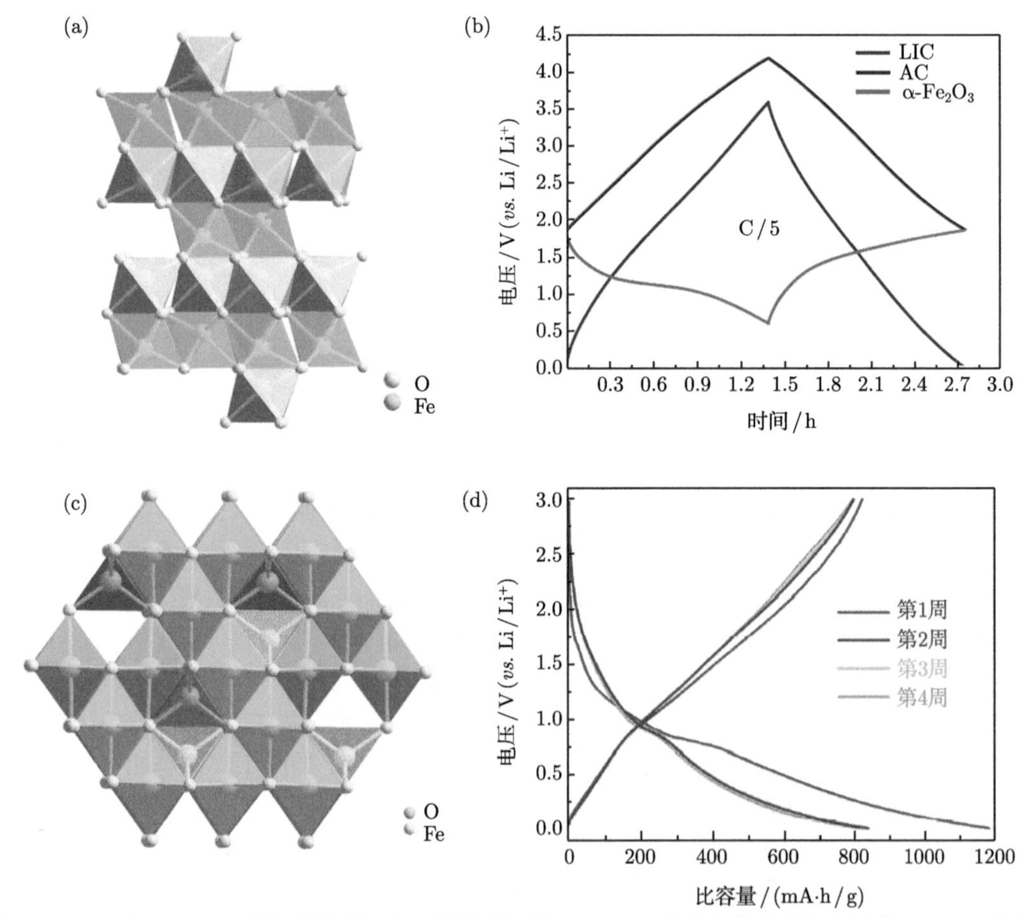

图 3-29 (a) α-Fe_2O_3 晶体结构图；(b) 基于碳包覆 α-Fe_2O_3 纳米颗粒负极与活性炭 (AC) 正极组装的锂离子电容器在 C/5 倍率下的电压变化 [61]；(c) Fe_3O_4 晶体结构图；(d) 石墨烯-Fe_3O_4 负极在 0.1 A/g 电流密度下的充放电曲线 [63]

3.4.3 钴氧化物

钴氧化物 (CoO_x) 作为储锂负极材料时常见的有两种：立方晶型的 CoO 和 Co_3O_4，它们的理论比容量分别为 715 mA·h/g 和 890 mA·h/g，在小电流下测得实验结果可以接近于理论值。CoO_x 因其比容量高、氧化还原电位低 (小于 1 V)、制备简易等优点，在基础研究和工业应用方面都引起了广泛关注，被认为是一种极具竞争力的负极材料。

有报道表明，CoO 负极在首次充放电过程中，除了形成一层很薄的 SEI 膜 (3~6 nm) 之外，在锂化完全时会在材料表面形成一层很厚的 (50~100 nm) 聚合物凝胶型膜，但会在后续的充电去锂化过程中随着电压的升高逐渐消失。聚合物–凝胶膜的存在可以部分解释实验中测试的数值高于理论值的现象 (1 mol CoO 消耗超过 2 mol Li)[64]。此外还有报道说，通过分解生成的 Li_2O 形成更高价的钴氧化物，如 Co_2O_3 和 Co_3O_4，有助于负极容量的提升 [65]。因此在 CoO_x 负极中常常可以看到循环容量出现上升的现象。这一特征在其他金属氧化物负极材料当中也出现过，如 MnO、SnO_2 等。但是这一现象目前还没有被完全阐明，循环过程中容量的增加与材料的表面改性之间的关系有待进一步研究。

然而，与其他低电子电导率的过渡金属氧化物一样，CoO_x 在发生转化反应和 Li^+ 嵌入/脱出过程中体积变化都较大，容易造成活性材料从集流体上脱落以及活性颗粒间的团聚等问题，导致容量迅速衰减，阻碍了其在锂离子电容器中的进一步应用。CoO_x 主要的合成方法包括溶剂热法、热解法、微波法、溶胶凝胶法和模板法等，不同方法可以制备不同形貌、结构的 CoO_x，如纳米片、纳米颗粒、纳米线以及纳米管等纳米结构，因此可以通过细化材料尺寸、减小体积变化来优化其电化学性能。

考虑到碳材料如石墨烯、CNT 等具有优异的电子导电性以及结构稳定性，将碳材料与 CoO_x 有机结合在一起作为高性能的锂离子电容器负极，引起了研究人员的广泛关注。Zhao 等 [66] 通过简易水热–煅烧法制备了 CoO-还原氧化石墨烯 (CoO-rGO) 纳米复合材料，作为锂离子电容器负极材料。CoO 纳米颗粒均匀分布在高导电性的石墨烯上，有效缓解了颗粒间的团聚，如图 3-30(a) 所示。制备的 CoO-rGO 纳米复合材料在 0.1 A/g 电流密度下的可逆比容量高达 1080 mA·h/g(图 3-30(b))。以 CoO-rGO 负极和葡萄糖衍生多孔碳 (HCN) 正极组装成的锂离子电容器，通过优化正负极质量比，可以使器件性能得到充分发挥，最高能量密度和最高功率密度分别为 132 W·h/kg 和 35800 W/kg，以 1 A/g 电流密度进行循环性能测试，5000 周后容量保持率为 84.7%。另一方面，Aravindan 等 [67] 通过简易的水热反应合成了 2D 介孔 Co_3O_4 纳米片作为负极 (图 3-30(c))，菠萝蜜衍生多孔碳为正极组装成锂离子电容器，在 50 ℃ 下，能量密度达到 118 W·h/kg，3000 次循环后容量保持率为 87%，高于室温时 74%的保持率，如图 3-30(d) 所示。Co_3O_4 纳米片的介孔结构和残留碳的协同作用促进了 Li^+ 传输和电子传导，有效缓解了 Co_3O_4 与电解液的不良副反应，实现了高温下的高能量密度。由此可以看出，通过精心设计合成方案，得到理想的纳米结构以及合适的孔径分布，可以有效缩短离子/电子传输路径，减小电化学循环过程中的应力变化，增加活性位点，有利于提高倍率性能和循环稳定性。

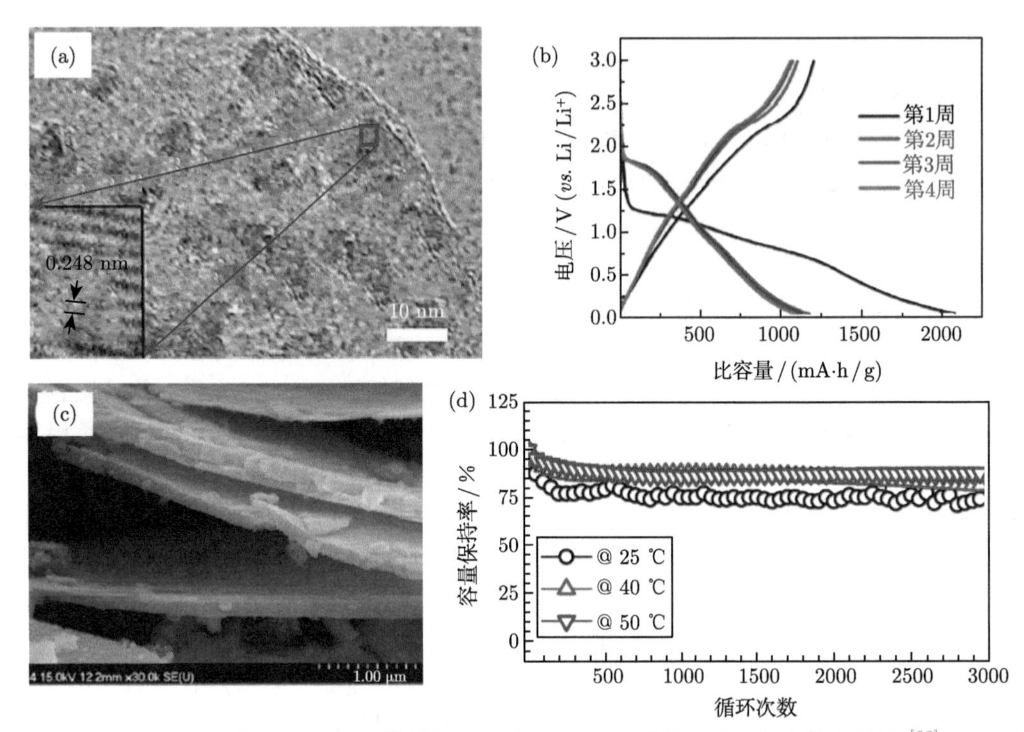

图 3-30 CoO-rGO 的 (a) TEM 图以及 (b) 在 0.1 A/g 电流密度下的充放电曲线 [66]；2D 介孔 Co_3O_4 纳米片的 (c) SEM 图和 (d) 组装的锂离子电容器在不同温度下的循环性能 [67]

3.4.4 氧化镍

在过渡金属氧化物材料中，氧化镍材料通常具有较高的理论比容量。比如氧化镍 (NiO) 结构稳定，理论比容量较高 (⩾ 700 mA·h/g)，密度高达 6.67 g/cm^3，制备简便并且成本较低，已经广泛应用于储能电极材料领域。但是氧化镍负极材料的主要问题在于本征电子导电性差，电荷转移速率低，充放电过程中电极材料的不可逆晶格畸变严重，导致不可逆容量高，倍率性能不佳并且容量衰减严重。解决这些难题对于提高氧化镍负极的电化学性能有着重要意义。

目前，研究人员一方面通过热分解法、水热法、静电纺丝法和电化学沉积法等，制备了一系列不同形貌结构的 NiO，如纳米颗粒、纳米棒、纳米线、纳米片和中空微球结构等。NiO 的电化学性能高度依赖于其本身结构，通过尺寸纳米化以及独特的结构设计，构建多孔结构，缩短电子/离子的传输路径，同时增加表面活性位点，提供更多的赝电容快速储锂反应。另一方面，将碳材料与 NiO 复合，可以有效提高其导电性。Zhu 等 [68] 通过改良的煅烧/碳包覆法，使用聚苯乙烯 (PS) 为模板，将 Ni 部分氧化成 NiO，制备了纳米网络结构的 Ni/NiO/C 复合材料。这种独特的 3D 结构可以有效缩短 Li^+ 传输距离，碳包覆增强材料的稳定性，因此 Ni/NiO/C 负极在 0.1 A/g 电流密度下比容量高达 1261 mA·h/g，并且具有良好的倍率性能以及循环稳定性。与活化的 MOF 衍生介孔碳正极组装的锂离子电容器 (图 3-31(a))，最高能量密度达到了 114.7 W·h/kg，最高功率密度为 60.1 kW/kg，并且 1200 次循环后，容量保持率仍有 87%(图 3-31(b))。此外，将 NiO 锚定在高导电性的

2D 材料，如石墨烯、MXene 等，制备复合材料应用到锂离子电容器负极当中，也可以表现出较高的比容量以及倍率性能。

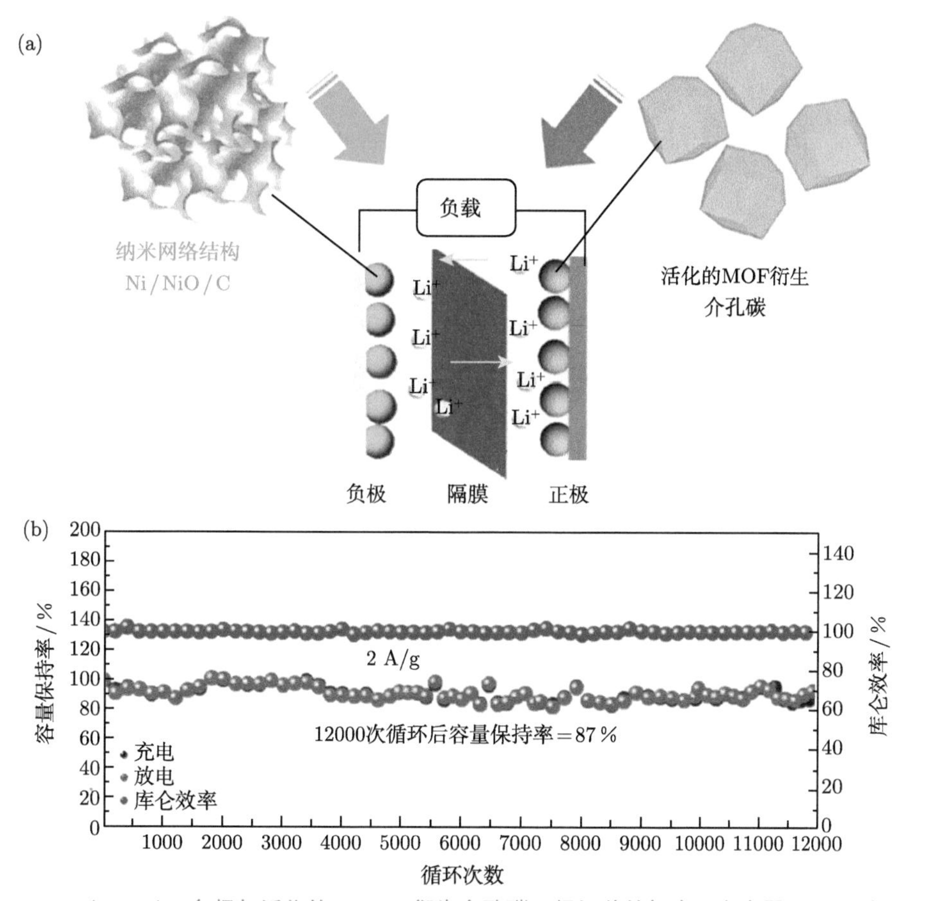

图 3-31 Ni/NiO/C 负极与活化的 MOF 衍生介孔碳正极组装的锂离子电容器 (a) 示意图以及 (b) 循环性能 [68]

3.4.5 氧化钼

在各种过渡金属氧化物中，钼基氧化物 (MoO_x) 因其对 Li^+ 的高适应性和独特的化学性质，被证明是一种非常有前景的负极材料。钼基氧化物主要有两种：单斜晶系 MoO_2 和斜方晶系 α-MoO_3，其结构如图 3-32 所示。单斜晶系 MoO_2 是基于一个隧道框架的金红石结构，通过沿着 a 轴连接 MoO_6 八面体形成一维通道，如图 3-32(a) 所示。MoO_2 理论上可以存储 4 个 Li^+，因此理论比容量高达 840 mA·h/g，并且具有高化学稳定性，低的金属电阻率 (在 300 K 温度下，体相材料为 8.8×10^{-5} Ω/cm)。另一方面，斜方晶系 α-MoO_3 是 MoO_3 中最稳定的结构，由变形的 MoO_6 八面体组成，如图 3-32(b) 所示，这些八面体通过共用顶点和边连接在一起，形成双分子层。由于其独特的双层结构，所以 MoO_3 具有高的理论比容量 (1170 mA·h/g)、高热稳定性和化学稳定性等优点。以 MoO_2 为例，它的整个储锂过程中总体呈现转化反应形式，具体的反应方程式如式 (3.8) 和 (3.9) 所示：

$$MoO_2 + xLi^+ + xe^- \rightleftharpoons Li_xMoO_2 \tag{3.8}$$

$$Li_xMoO_2 + (4-x)Li^+ + (4-x)e^- \rightleftharpoons Mo + 2Li_2O \tag{3.9}$$

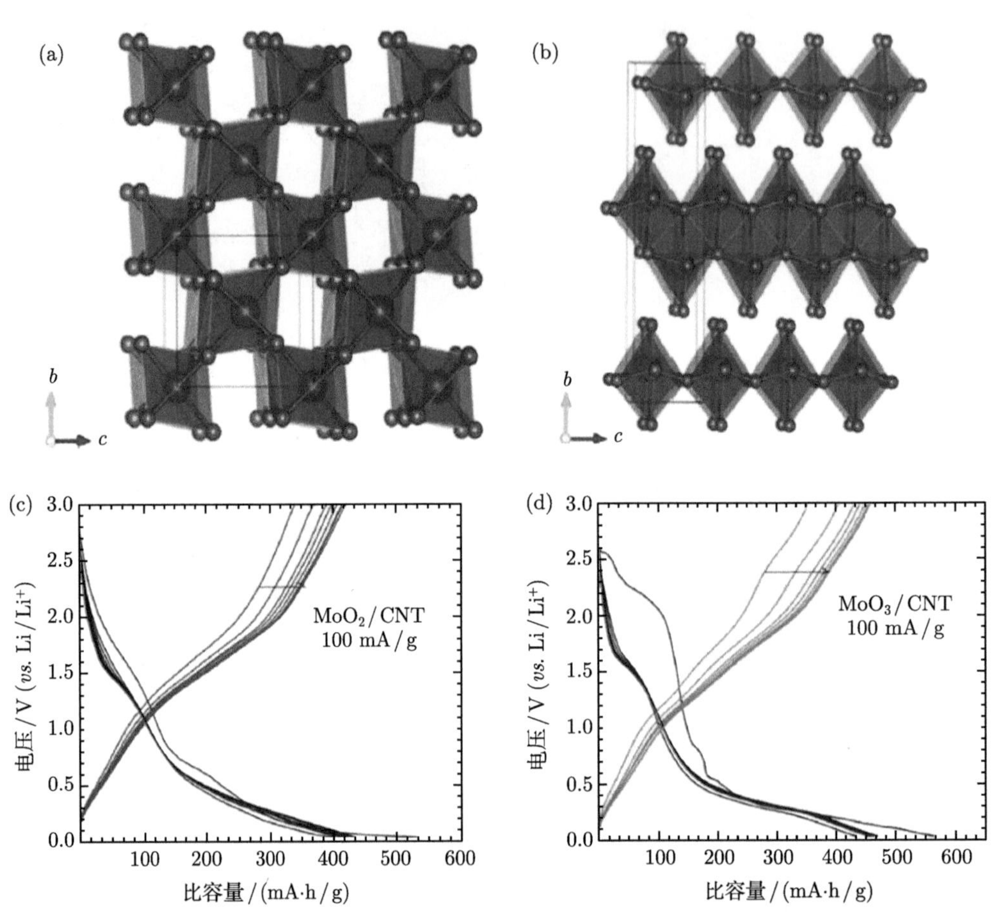

图 3-32 (a) 单斜晶系 MoO_2 和 (b) 斜方晶系 MoO_3 的晶体结构示意图，以及 (c) MoO_2/CNT 和 (d) MoO_3/CNT 在 100 mA/g 电流密度下的充放电曲线 [69]

图 3-32(c) 和 (d) 分别为 MoO_2 和 MoO_3 与 CNT 复合后作为负极材料时的典型充放电曲线，比容量都达到 400 mA·h/g 以上。然而，MoO_2 和 MoO_3 的缺点也十分明显：作为负极材料时，容量主要由半无限扩散控制来提供，这使得它无法在高电流密度下提供更高的比容量，导致倍率性能差；此外，大量的 Li^+ 存储会引起 MoO_x 晶格内发生严重的体积膨胀和粉碎，这将导致活性材料与集流体失去导电接触，从而导致容量快速衰减，使得循环寿命缩短。因此，MoO_x 负极与电容型正极在倍率和循环性能上存在较大差距，导致组装的锂离子电容器的功率和循环稳定性变差。

通过对负极材料进行改性，如晶体结构、粒径和形貌的改变，可以改善其电化学性能。因此，为了弥补 MoO_x 材料的这些缺点，通过缩短 Li^+ 的扩散路径，设计纳米结构是提高扩散动力学的有效策略。与普通块状结构相比，新型纳米结构 (如纳米片、纳米球、纳米粒子和纳米管等) 不仅缓解了负极材料在充放电过程中的坍塌和破碎，而且具有丰富的活性位点，可以提供快速的离子扩散和电荷转移。

除了纳米结构外，另一种方法是将 MoO_x 与导电材料 (如非晶碳、碳纳米管、石墨烯、导电聚合物) 结合，构建一体化复合电极，可以显著提高电子电导率，从而提升可逆容量和倍率性能。Cui 等 [70] 将 MoO_2 纳米颗粒锚定在石墨烯上作为复合电极材料 (G-MoO_2)。高导电的石墨烯可以有效抑制 MoO_2 纳米颗粒的结晶生长以及团聚，在电极上实现快速的电子传输以及缩短离子扩散路径。因此 G-MoO_2 电极在 50 mA/g 电流密度下，比电容高达 624 F/g。G-MoO_2 负极组装的锂离子电容器，最高能量密度可达 142.6 W·h/kg，最高功率密度达到 3 kW/kg。Kang 等 [71] 通过将 MOF 框架衍生的 MoO_2 植入碳框架中，形成丰富的介孔结构 (6~8 nm) 有利于 Li^+ 的快速传输；同时包覆还原氧化石墨烯 (rGO) 外壳形成导电碳连接，易于实现电子的快速传递，如图 3-33(a) 所示。结合 MoO_2 的高容量特性，制备的 MoO_2@rGO 展现出超高比容量 (1474.9 mA·h/g) 以及优异的倍率性能。最后与聚苯胺/rGO 正极一起组装成锂离子电容器 (图 3-33(b))，能量密度可高达 242 W·h/kg，并且在功率密度为 28750 W/kg 时，还能具有 117.8 W·h/kg 的能量密度，以 5 A/g 电流密度循环 1 万次后，容量保持率高达 96%。另一方面，Fleischmann 等 [72] 通过原子层沉积法制备了 MoO_x/CNT 复合材料作为锂离子电容器负极。通过改变热处理工艺制备了不同晶体结构和形貌的 MoO_x/CNT 复合材料，首次研究对比了 MoO_x、MoO_2 和 MoO_3 负极材料在锂离子电容器上的性能差异。电化学测试结果表明，MoO_3/CNT 负极的初始容量最高，但倍率性能和循环稳定性方面 MoO_2/CNT 样品优于其他两个。将 MoO_2/CNT 作为负极与活性炭正极组装成锂离子电容器，在能量密度为 70 W·h/kg 和 34 W·h/kg 时，功率密度分别为 83 W/kg 和 4000 W/kg，1000 次循环后容量保持率为 75%。这是由于 MoO_2 具有金属电导性以及合适的纳米晶粒尺寸，可以提供良好的反应动力学。

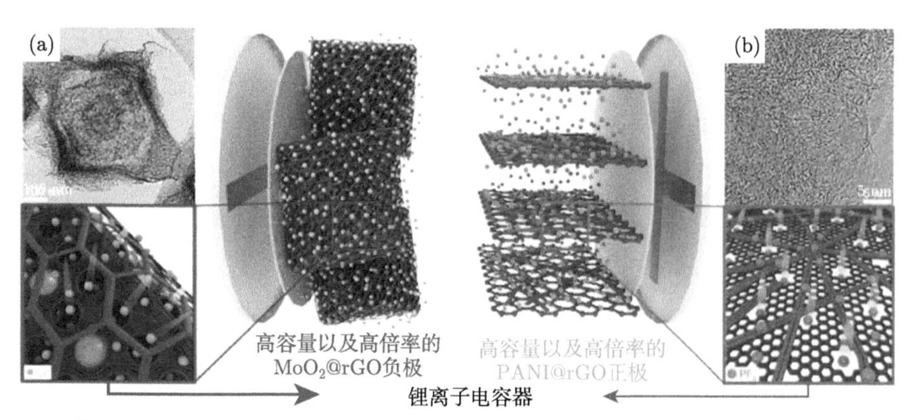

图 3-33 基于 (a) MoO_2@rGO 负极与 (b) 聚苯胺/rGO 正极组装的锂离子电容器示意图 [71]

3.4.6 氧化钛

另一类钛基材料，二氧化钛 (TiO_2)，凭借其原料丰富、环保、价格低廉以及独特的电化学性能，在负极材料中也占据重要地位。目前报道的 TiO_2 合成方法主要包括溶胶–凝胶法、模板法、溶剂热法和电化学阳极氧化法，不同合成方式可以制备不同晶型结构的 TiO_2，但其中只有锐钛矿相 (四方晶系，$I4_1/amd$ 空间群)、金红石相 (四方晶系，$P4_2/mmm$ 空间群)、板钛矿相 (正交晶系，$Pbca$ 空间群) 和青铜相应用于电池型负极材料的研究。不同于其他金属氧化物，TiO_2 中的存储机制主要是通过 Li^+ 的嵌入/脱出进行的，具体反应式如式 (3.10) 所示：

$$TiO_2 + xLi^+ + xe^- \rightleftharpoons Li_xTiO_2 \tag{3.10}$$

其中，x 取决于 TiO_2 的形貌、晶体取向和晶型类别。理论上 1 mol 锂在 TiO_2 晶体结构中进行可逆存储，可具有 335 mA·h/g 的理论比容量。其中锐钛矿和青铜相 TiO_2 应用于锂离子电容器负极是最有前景的，下面将对它们进行具体介绍。

锐钛矿是 TiO_2 晶型中最稳定的热力学形式，它具有四方体心空间群。如图 3-34(a) 所示，锐钛矿 TiO_2 是由两个 TiO_6 八面体与另外两个类似的 TiO_6 八面体共用两条相邻的边组成的。Li^+ 嵌入锐钛矿的骨架中导致富锂相和贫锂相的形成，因此 Li 可以在两个八面体间隙位点之间进行跃迁，Li^+ 扩散速率大约在 10^{-17} cm^2/s 范围。在 Li^+ 嵌入/脱出过程中，TiO_2 的体积变化约为 3.7%，得益于 TiO_2 材料的结构特性，有望提供高稳定性以及高安全性能。此外，制备纳米尺寸的锐钛矿型 TiO_2 或者复合材料，可以改善电子导电性，增加赝电容储锂，从而提升材料的容量。Kim 等 [73] 制备了锐钛矿型 TiO_2-还原氧化石墨烯 (rGO) 复合材料，在首次充放电过程中放电比容量为 267 mA·h/g(约 0.8 mol Li)，充电比容量为 227 mA·h/g(约 0.67 mol Li)，不可逆比容量为 40 mA·h/g，如图 3-34(b) 所示。将 TiO_2-rGO 复合材料作为负极与活性炭正极一起组装成锂离子电容器，工作电压窗口为 1~3 V 时，最高能量和功率密度分别为 42 W·h/kg 和 8 kW/kg，5000 次循环后容量保持率为 77%。

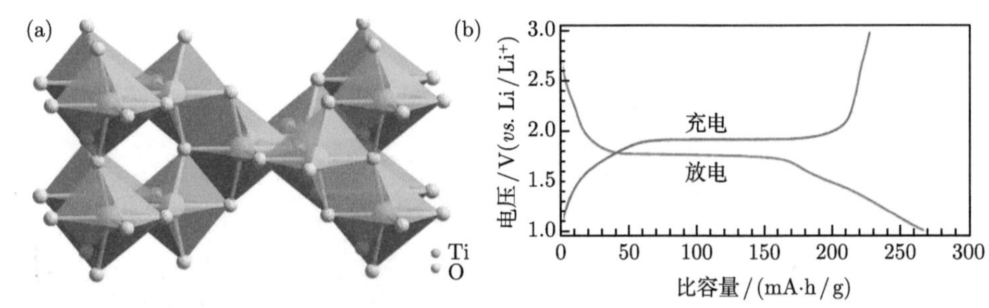

图 3-34 (a) 锐钛矿 TiO_2 晶体结构图；(b) TiO_2-rGO 负极在 1~3 V 窗口下 0.1 A/g 的充放电曲线 [73]

青铜相 (TiO_2-B) 是 TiO_2 的另外一种同素异形体 (图 3-35(a))，它的性质与锐钛矿相似，但在循环过程中不可逆容量相对较低，同时它的电压平台 (约 1.55 V) 也低于锐钛矿相。与锐钛矿相中观察到的多重锂嵌入机制 (固溶形成、两相反应以及界面存储) 不同，TiO_2-B 中锂的嵌入过程是通过两相反应进行的。TiO_2-B 相呈现一个隧道状结构，这有利于促进 Li^+ 的扩散，尤其是在大电流密度下。与锐钛矿一样，制备纳米 TiO_2-B 及其复合材料，可以有效缩短 Li^+ 在材料体相中的扩散路径，有利于提升容量以及倍率性能。Brousse 等 [74] 首次将 TiO_2-B 作为负极应用于锂离子电容器当中，每单位化学式反应电荷中能够可逆嵌入 0.35 mol 的 Li^+。与活性炭正极组装成锂离子电容器，能量密度可达 45~80 W·h/kg,

相应功率密度为 240~420 W/kg。随后，Wang 等 [75] 制备了纳米线结构的 TiO_2-B 作为负极，与一维 CNT 正极组装成锂离子电容器，在 0~2.8 V 电压范围下，10C 倍率下的能量密度为 12.5 W·h/kg，是基于 CNT 组装的超级电容器的两倍。Cai 等 [76] 通过不同煅烧温度制备了不同晶体结构的 TiO_2 介孔微球，系统研究了结构对性能的影响，如图 3-35(b) 和 (c) 所示。在 400 ℃ 下得到的 TiO_2 介孔微球具有锐钛矿 TiO_2 和 TiO_2-B 两种晶型，因此在 1.7 V 以及 1.55 V 处具有两个明显的放电电压平台，并且具有相对较高的比容量。将 400℃ 温度下制备的 TiO_2 介孔微球与活性炭正极构建锂离子电容器 (图 3-35(d))，可以提供 79.3 W·h/kg 的能量密度和 9450 W/kg 的高功率密度，循环 1000 圈的容量保持率为 98%。

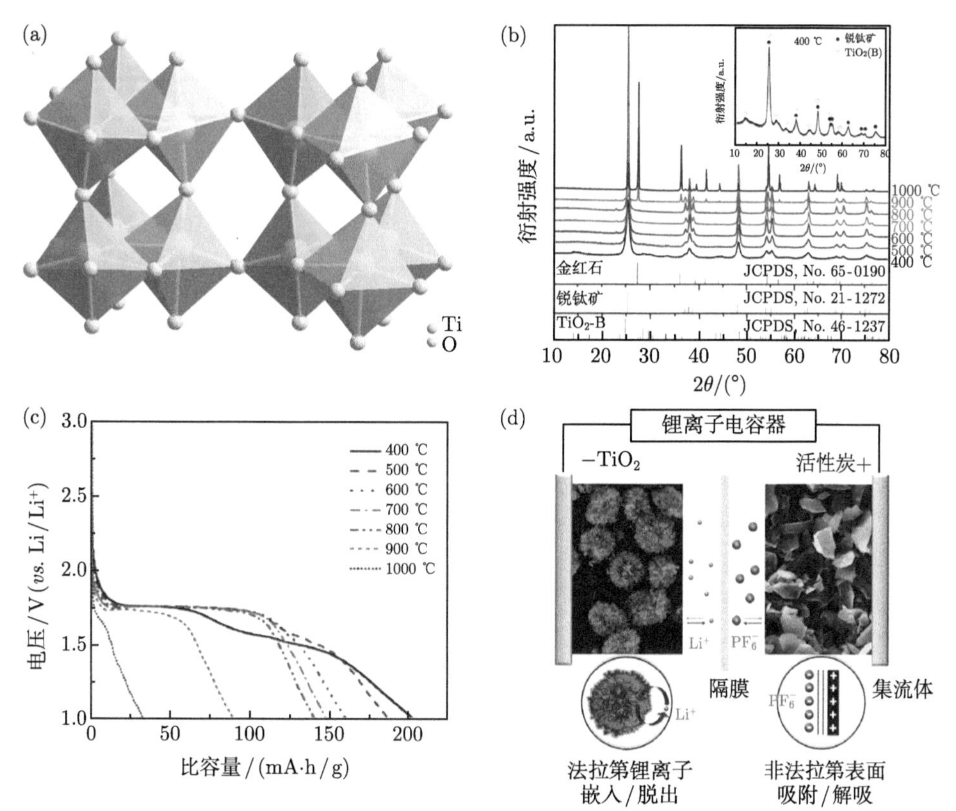

图 3-35 (a) TiO_2-B 的晶体结构图；(b) 在不同温度下 (400~1000 ℃) 制备 TiO_2 的 XRD 图以及 (c) 对应在 0.2 A/g 下的放电曲线和 (d) 组装的活性炭-TiO_2 锂离子电容器在有机体系的结构示意图 [76]

3.4.7 氧化铌

铌基氧化物作为电池型负极材料时，嵌锂电位一般比较高 (1~2 V)，但是由于铌的多价特性能够提供较高的比容量，在一定程度上缓解了 LTO 低容量带来的缺陷，提高了器件的能量密度。铌基氧化物一般包括 NbO、NbO_2、Nb_2O_3 和 Nb_2O_5，其中 Nb_2O_5 是最为常见的并且热力学结构上最稳定，因此也被作为负极材料进行研究。不同的合成温度、方

法制备的 Nb_2O_5 具有不同的晶型结构，主要包括赝六方晶型 (TT-Nb_2O_5)、正交晶型 (T-Nb_2O_5)、单斜晶型 (H-Nb_2O_5) 和四方晶型 (M-Nb_2O_5) 等，其晶体结构如图 3-36 所示，其中 H-Nb_2O_5 是热力学最为稳定的状态，而 TT-Nb_2O_5 是最不稳定的。目前作为负极材料研究比较多的是 T-Nb_2O_5，属于 *Pbam* 空间群，晶胞参数为 $a = 6.175$ Å，$b = 29.175$ Å，$c = 3.93$ Å，主要由高度变形的八面体 (NbO_6) 和五边形双锥体 (NbO_7，16 个 Nb 原子占据) 骨架组成。剩余的 0.8 个 Nb 原子通过高配位和较长 Nb-O 原子间距广泛分布在形成的晶格中。

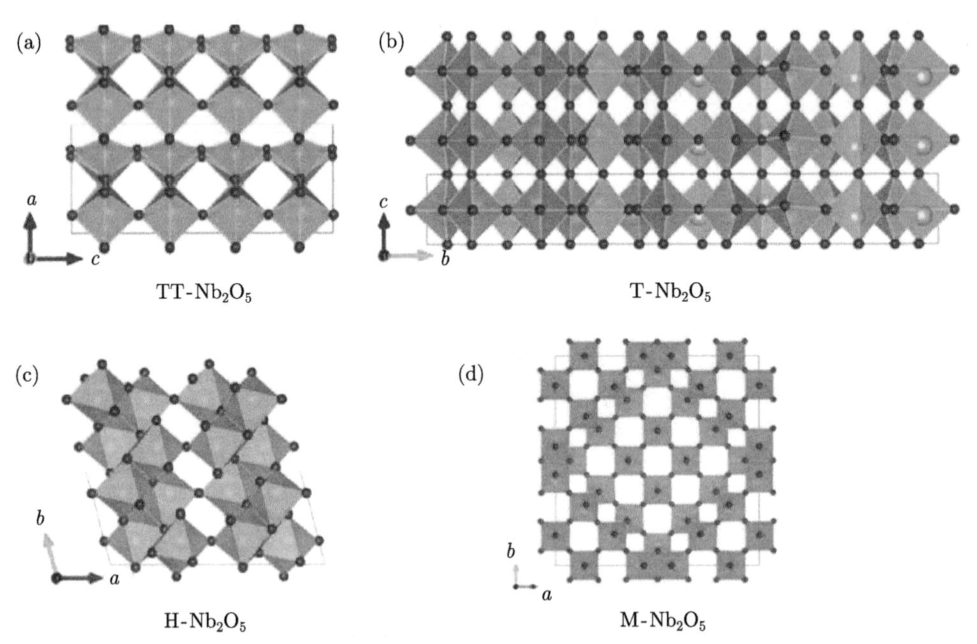

图 3-36 (a) TT-Nb_2O_5，(b) T-Nb_2O_5，(c) H-Nb_2O_5 以及 (d) M-Nb_2O_5 的晶体结构示意图 [77]

作为负极材料时，Nb_2O_5 的嵌/脱锂机制可以用如下电化学反应方程式来表示：

$$Nb_2O_5 + xLi^+ + xe^- \rightleftharpoons Li_xNb_2O_5 \quad (0 \leqslant x \leqslant 2) \tag{3.11}$$

四种晶型的 Nb_2O_5 都可以进行可逆的 Li^+ 嵌脱，发生 Nb^{5+}/Nb^{4+} 的氧化还原反应，理论比容量一般在 200 mA·h/g 左右，但其电化学储锂行为却大不相同。Nb_2O_5 材料的特点在于嵌入赝电容储锂特性，这种快速的电荷存储机制可以描述为 Li^+ 在电极材料表面发生赝电容反应，同时伴随着离子的嵌入/脱出过程。赝电容行为高度依赖于晶体的结构，一般来说，T-Nb_2O_5 的比容量要高于其他晶型，如 TT-Nb_2O_5 和 M-Nb_2O_5，这是因为在 T-Nb_2O_5 的结构中：① 独特的 NbO_6/NbO_7 框架结构，形成“空间–柱”状结构，可以为 Li^+ 插层提供稳定的基体和易于扩散的通道；② 在相互连接的 NbO_x 薄片上具有开阔的通道，从而降低了能量壁垒，增加了局部电荷转移。Meng 等 [77] 制备的不同晶型的碳包覆 Nb_2O_5 纳米颗粒，其中 T-Nb_2O_5@C 负极表现出优异的倍率以及循环稳定性，如图 3-37 所示。因此具有赝电容反应机制的 T-Nb_2O_5，有望作为锂离子电容器的负极材料。

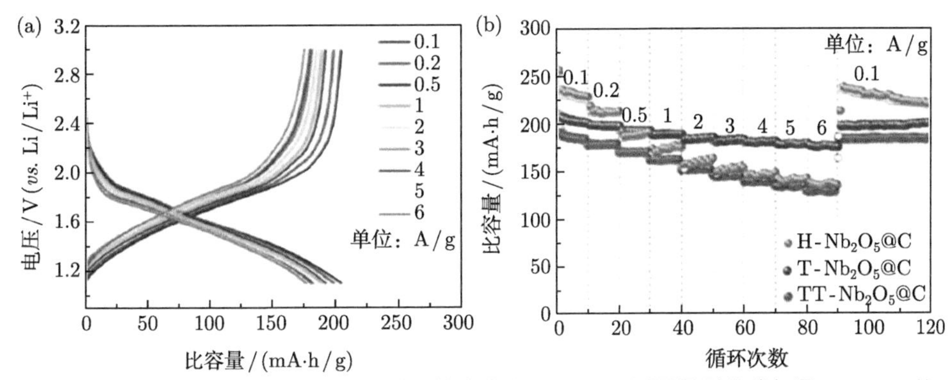

图 3-37 (a) T-Nb_2O_5@C 的恒流充放电曲线以及 (b) 不同晶型的碳包覆 Nb_2O_5 的倍率性能对比 [77]

Kim 等 [78] 利用嵌段共聚物辅助自组装法制备了一种介孔 Nb_2O_5/碳纳米复合材料作为负极，与活性炭正极组装成锂离子电容器，在 1~3 V 的电位范围内分别具有 74 W·h/kg 的能量密度和 1800 W/kg 的功率密度，在 1000 mA/g 电流密度下循环 1000 周后，容量保持率为 90%。Kong 等 [79] 通过简单的多元醇介导的溶剂热反应构建了自支撑 T-Nb_2O_5/石墨烯复合纸作为负极材料。在 5 mV/s 扫速时，T-Nb_2O_5/石墨烯电极的总容量中，有 83% 左右是由快速的电容存储机制提供的。基于 T-Nb_2O_5/石墨烯负极和活性炭正极组装的锂离子电容器，可提供 4500 kW/kg 的高功率密度以及对应 16 W·h/kg 的能量密度。层层堆叠结构的 T-Nb_2O_5/石墨烯离子传输路径更短，可以实现优异的电化学性能。

尽管 Nb_2O_5 基锂离子电容器由于具有赝电容储锂反应机制，展现出优异的高功率性能以及长循环寿命，但是它作为负极材料时的缺点也十分明显，如相对较高的电压平台 (1~2 V)，对比碳材料来说能够提供的能量密度还是较低的。此外，Nb_2O_5 的电子电导率比较低 (3×10^{-6} S/cm)，会影响倍率性能，因此需要碳包覆或者引入导电框架以提升材料的导电性。

3.4.8 复合金属氧化物

当单一的金属氧化物材料作为锂离子电容器负极材料时，性能通常不能达到预期的目标。但如果将不同的金属氧化物有机结合在一起，构建复合金属氧化物电极，则电化学性能会有很大的提升。目前复合金属氧化物电极主要包括钛铌氧化物 (Ti-Nb-O)、铌钨氧化物 (Nb-W-O) 以及 AB_2O_4 类型尖晶石三元过渡金属氧化物 (如 $NiCo_2O_4$、$MnCo_2O_4$ 和 $NiFe_2O_4$ 等)，这些材料一般是通过嵌入式反应存储 Li^+，具有较高的比容量以及电子导电性，因此在锂离子电容器负极中具有较好的应用潜力。

Ti-Nb-O 复合物一般是由钛氧化物和铌氧化物通过不同比例复合制备的，这是由于钛和铌原子半径相近而且化学性质相似，因此目前报道的有多种 Ti-Nb-O 复合物，如 $TiNb_2O_7$ (TNO)、$Ti_2Nb_2O_9$ 和 $Ti_2Nb_{10}O_{29}$ 等，都具有相对较高的理论比容量，适中的嵌锂电压范围 (1~2 V)。以单斜 TNO 晶体为例，它属于 $C2/m$ 空间群，NbO_6 和 TiO_6 八面体通过共享顶点和边连接，并且 Ti 原子和 Nb 原子分别坐落于各自八面体中心，自由排布，如图 3-38(a) 所示；在单斜晶系的 2D 层状间隙中，可以进行 Ti^{4+}/Ti^{3+}、Nb^{5+}/Nb^{4+} 和 Nb^{4+}/Nb^{3+} 三个氧化还原反应对，能发生 5 个电子的转移，因此理论比容量可达 387.6 mA·h/g，远高于 LTO 负极材料 [80]；同时 TNO 还可以通过低于 1 V 电压下的斜坡存储 Li^+，从而可以获得更低的负极电位，有利于提高锂离子电容器的工作电压窗口。但是 TNO 由于本身的低电子和离子电导率，导致电化学活性低、倍率性能差。目前的研究中，可以通过体相掺杂减小禁带宽度，或者可以通过纳米多孔结构设计和碳材料包覆等，提高材料的电导率和 Li^+ 扩散动力学。Lian 等 [81] 通过简单的静电纺丝技术成功地制备了含氧缺陷纳米链结构的 $TiNb_2O_{7-x}$，在 0.01~3 V 电压范围内具有约 440 mA·h/g 的高可逆比容量 (图 3-38(b))，即使在 5 A/g

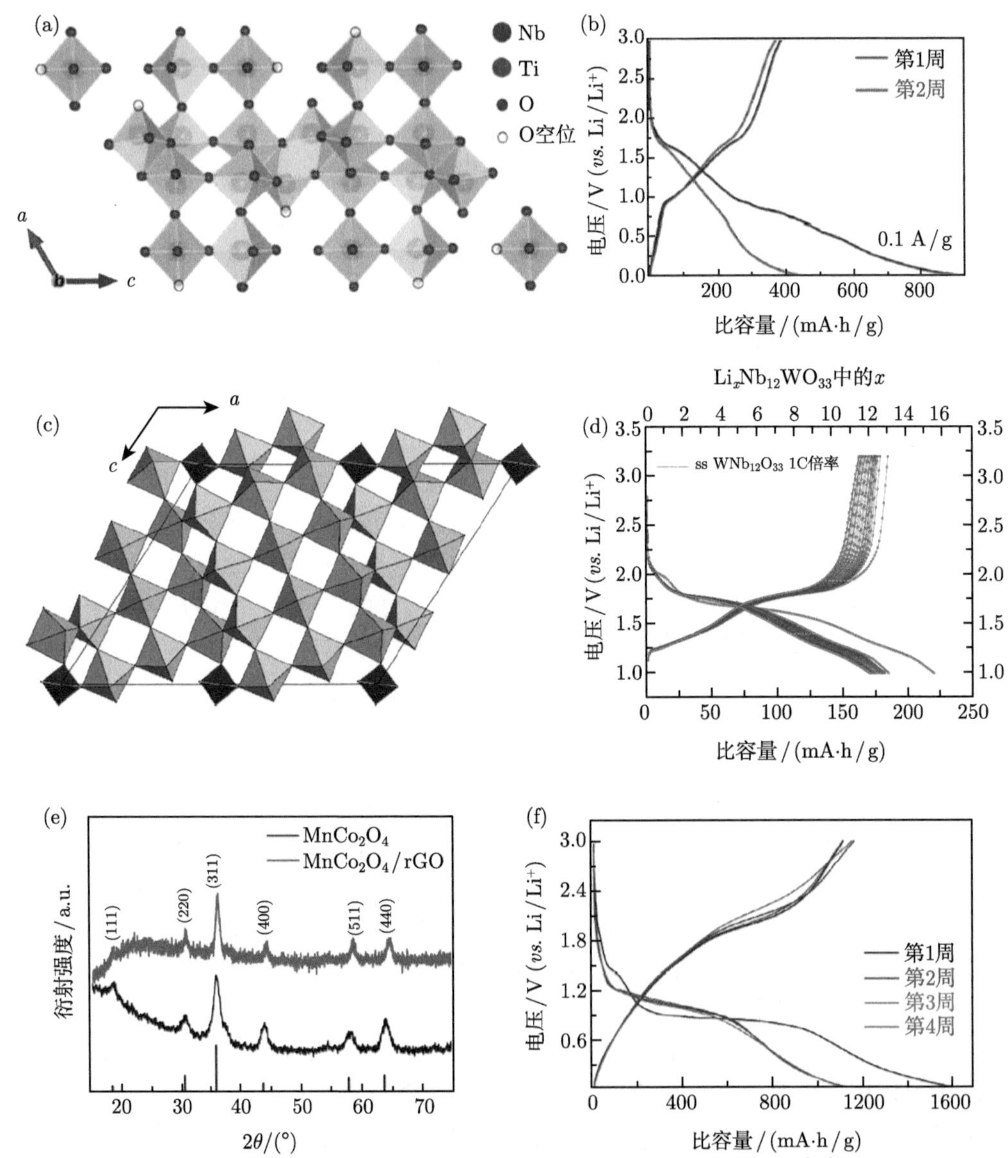

图 3-38 $TiNb_2O_7$ 晶体 (a) 结构示意图和 (b) 在 0.1 A/g 下的充放电曲线 [81]；$Nb_{12}WO_{33}$ 晶体 (c) 结构示意图和 (d) 1C 下的充放电曲线 [83]；(e) $MnCo_2O_4$ 和 $MnCo_2O_4$/rGO 的 XRD 图以及 (f) $MnCo_2O_4$/rGO 的充放电曲线 [84]

电流密度下仍具有 126 mA·h/g 的高倍率性能，在 2000 次循环中具有较长的循环稳定性，容量保持率为 92%。Wang 等 [82] 通过静电纺丝与碳涂层工艺结合制备了由大量 TNO 纳米颗粒组成的 TNO@C 微丝。得益于独特的一维结构和均匀碳包覆层提供的高电导率，TNO@C 微丝电极具有很高的赝电容特性，保证了快速的 Li^+ 转移动力学，在 6 A/g 时仍保持有 50.3%的初始比容量，表明其具有较高的倍率性能。最后与高容量的碳纤维 (CF) 正极制备的锂离子电容器，最高能量密度为 110.4 W·h/kg，在 5464 W/kg 的高功率密度下仍然保持有 20 W·h/kg。在 0.2 A/g 电流密度循环 1500 次后，容量保持率为 77%。

由于 Nb-W-O 复合物具有优异结构稳定性的 Wadsley-Roth 相，目前多种 Nb-W-O 复合物已经被报道用作电化学储锂材料，如 $Nb_{12}WO_{33}$、$Nb_{14}W_3O_{44}$ 和 $Nb_{26}W_4O_{77}$ 等。在晶体学上，Nb-W-O 复合物具有两种结构类型：块状结构的 Wadsley-Roth 相和钨青铜结构的 Wadsley-Roth 相。以 $Nb_{12}WO_{33}$ 为例，它属于剪切 ReO_3 结构类型 (图 3-38(c))，通过 NbO_6 八面体沿 a 轴连接的三个角和沿 b 轴连接的四个角组成，并沿 c 轴无限延伸。每个八面体通过边连接形成剪切结构，W 原子有序分布在四面体配位位置。氧化物框架中包含元素的高氧化状态，有可能促进金属离子的还原，有利于 Li^+ 的嵌入，因此 Nb-W-O 复合物一般有较高的 Li^+ 扩散系数，从而可以提供高倍率性能；同时，Li^+ 嵌入和脱出过程中体积变化小，稳定性高。另一方面，高堆积密度的特点使得 Nb-W-O 复合物的体积比容量高。Varadaraju 等 [83] 通过溶胶–凝胶法制备了纳米 $Nb_{12}WO_{33}$ 材料，1C 倍率下比容量达到了 226 mA·h/g(图 3-38(d))，在 20C 高倍率下比容量仍有 140 mA·h/g，性能对比于 LTO 有显著提升。

$MnCo_2O_4$ 作为三元过渡金属氧化物中的代表，由于 Mn 和 Co 的协同效应可改善复合金属氧化物的电化学性能，从而可逆比容量高 (700 mA·h/g 以上)。Wu 等 [84] 首次将 $MnCo_2O_4$ 作为负极应用于锂离子电容器中，通过两步溶剂热法合成了 $MnCo_2O_4$/还原氧化石墨烯 ($MnCo_2O_4$/rGO) 复合材料，其 XRD 图如图 3-38(e) 所示。利用高导电性以及高比表面积的石墨烯缓解 $MnCo_2O_4$ 在 Li^+ 嵌入/脱出过程中的体积变化，提升材料的稳定性。合成的 $MnCo_2O_4$/rGO 负极在 0.1 A/g 电流密度下的首次充电和放电比容量分别为 1147 mA·h/g 和 1657 mA·h/g(图 3-38(f))，在 0.2 A/g 下循环 100 次后可逆比容量高达 791 mA·h/g。以 Mn-Co_2O_4/rGO 为负极活性炭为正极构建的锂离子电容器，最高能量密度与功率密度分别为 78.8 W·h/kg 和 3.0 kW/kg，循环 1000 次后容量保持率为 76.9%。此外还有其他类似报道如 $MnNb_2O_6$@rGO[85] 和 $Zn_2Ti_3O_8$@rGO[86] 分别应用于锂离子电容器中，并获得了不错的电化学性能。这些研究结果表明，复合金属氧化物材料为高性能锂离子电容器提供了一种有潜力的选择。

3.4.9 其他氧化物

除了上面介绍的氧化物之外，还有一些其他氧化物被报道应用于锂离子电容器中，如 WO_3、V_2O_5 和 V_2O_3 等。六方晶系的 WO_3 晶体结构如图 3-39(a) 所示，属于空间群 $P21/n$，晶格常数 $a = 7.297$ Å，$b = 7.539$ Å，c=7.688 Å。WO_3 的优势在于其独特的隧道结构、高密度 (7.16 g/cm^3)、丰富的储备、高理论比容量 (大于 750 mA·h/g)，以及放电电压平台在 0.5 V 以下 (图 3-39(b))。但是 WO_3 电子导电性差，在 Li^+ 嵌入/脱出过程中体积膨胀严重，作为负极材料时循环稳定性差。Xu 等 [87] 分别在 Ar 和 PH_3 气氛下煅烧，设计合成了具有高电导率、体积变化小的 P 掺杂 WO_{3-x}/氮掺杂碳纳米线 (P-WO_{3-x}/NC)。由 P-WO_{3-x}/NC 负极和商用活性炭构建的锂离子电容器，能量密度最高达到了 195.58 W·h/kg，对应功率密度为 597.2 W/kg。在功率密度为 11945.6 W/kg，能量密度也能维持有 113.84 W·h/kg。此外，6000 次循环后容量保持率高达 90.7%，体现出优异的循环稳定性。引入氧空位和 P 掺杂，实现了 P-WO_{3-x}/NC 负极的高比容量以及快速赝电容电荷存储动力学，进一步提升了锂离子电容器的电化学性能。

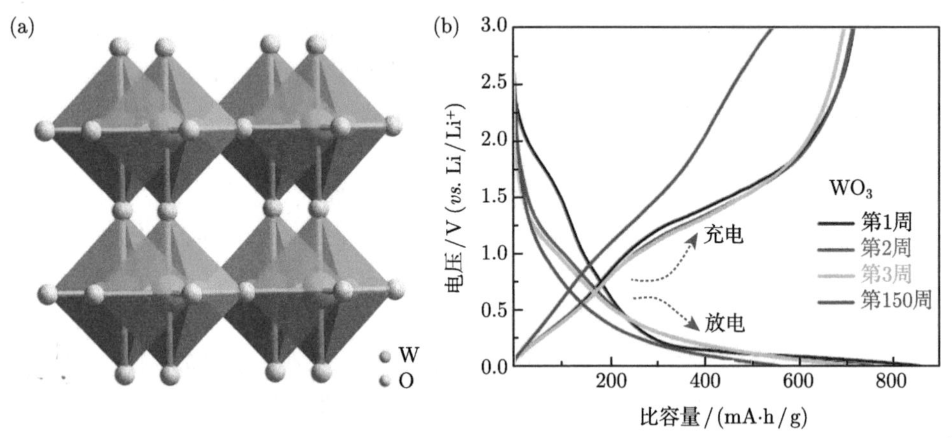

图 3-39 (a) WO_3 晶体结构示意图；(b) WO_3 负极在 0.1 A/g 电流密度下的充放电曲线 [88]

正交晶系 V_2O_5 的晶体结构如图 3-40(a) 所示，属于 *Pmmn*(59) 空间群，晶格常数 a=11.516 Å，b=3.566 Å，c=3.777 Å。由于 V 元素具有多种氧化态形式，电压平台通常比较高，从而理论比容量可达 440 mA·h/g(可以嵌入大于 2.2 mol 锂)，其典型的充放电曲线如图 3-40(b) 所示。非晶和纳米晶的 V_2O_5 在充放电过程中都表现出快速的赝电容储锂行为。Chen 等 [89] 利用 CNT/V_2O_5 纳米线复合材料作为负极，商用活性炭作为正极组装成锂离子电容器，在 210 W/kg 的功率密度下能量密度达到 40 W·h/kg。此外还有报道通过静电纺丝技术将 V_2O_3 纳米颗粒封装在碳纳米线 (V_2O_3@CNF) 中，作为锂离子电容器负极 [90]。利用 V_2O_3 纳米颗粒提供丰富的储锂位点，碳纳米线的一维结构可以缩短 Li^+ 传输路径以及碳材料的高导电性和限域作用，提升 V_2O_3@CNF 的比容量以及倍率性能，在 0.1 A/g 电流密度下比容量高达 569.1 mA·h/g，即使在 10 A/g 高电流密度下，比容量仍然保持有 238.5 mA·h/g。进一步与商业活性炭正极组装成锂离子电容器，在 0.005~4 V 的宽电压窗口下，能量密度最高为 97.6 W·h/kg，在 12.1 kW/kg 的高功率密度下，能量密度为 20.2 W·h/kg，5000 次循环后容量保持率为 73%。但是钒基材料 (如 V_2O_5、V_2O_3 等) 作为负极材料时其高电压平台 (大于 2 V) 会限制组装的锂离子电容器工作电压范围，从而导致低的能量密度。

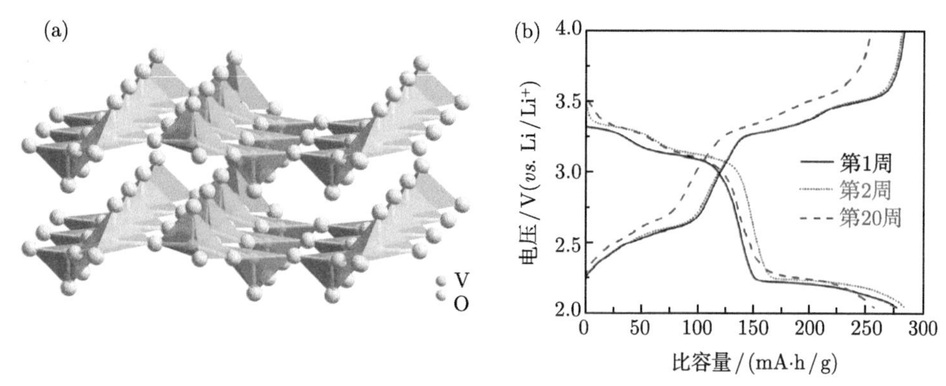

图 3-40 (a) V_2O_5 晶体结构示意图；(b) V_2O_5 负极在 0.1 A/g 电流密度下的充放电曲线 [91]

3.5 金属硫族化合物负极材料

硫族化合物作为锂离子电容器负极材料受到了广泛的关注，硫族化合物可以由通式 MX 来表示，其中 M 为 Sn、Ti、Fe、Co、Ni、Mo、W 等元素，X 为硫族元素 S、Se、Te 和 Po[92-94]。Po(钋) 基化合物成本太高，并且很难合成，因此没有用于锂离子电容器负极材料的研究。因此在本部分主要介绍 S(硫)、Se(硒)、Te(碲) 基硫族化合物在锂离子电容器中的应用 [94]。

根据储锂的机理来分类，绝大多数硫族化合物与锂的反应可归为转化型机理，即在放电过程中，MX 被还原成 M，同时生成 Li_2X。硫族化合物往往具有很高的理论比容量，如 MoS_2 和 CoS_2 的理论比容量分别为 670 mA/g 和 870 mA/g[95]。此外，硫族化合物的种类繁多，合成工艺简单，纳米结构特征丰富，因此被广泛用于储锂电极材料的研究。但是选择硫族化合物作为锂离子电容器负极材料时，不但要考虑到电极材料的容量特性，还要尽量减小与正极材料之间的动力学差异。这就对硫族化合物材料的离子扩散能力、导电性能以及循环稳定性能提出了更高的要求。因此，研究者们付出了大量的努力着重开发新的方法来制备硫族化合物纳米材料，调节其纳米结构大小和形状来稳定自身结构。其他研究则在于将硫族化合物与其他材料进行复合，弥补其固有的电导率低、体积变化大和离子扩散速度慢等缺点，使硫族化合物更适用于锂离子电容器体系。

3.5.1 硫化物

1. 硫化锡

金属硫化物 SnS_2 具有多种晶体结构，最为常见的是层状六方结构的 CdI_2 型 SnS_2 化合物。该结构的空间群为 $P\bar{3}m1$，SnS_2 中每层的 Sn 原子通过较强的共价键与上下两层紧密堆叠的 S 原子连接，而每层 SnS_2 之间通过较弱的范德瓦耳斯力连接 (图 3-41(a))。作为典型的 2D 层状材料，其层间稳定的空间有利于容纳嵌入的 Li^+。在嵌锂反应过程中，Li^+ 嵌入 SnS_2 层间与基体发生电化学反应，除了硫族化合物的转化反应外，还具备 Sn 基电极材料的合金化反应，因此其理论比容量为 1231 mA·h/g。电化学反应方程式如下：

$$SnS_2 + 2Li^+ + 2e^- \longrightarrow Li_2SnS_2 \tag{3.12}$$

$$Li_2SnS_2 + (4-x)Li \longrightarrow Sn + 2Li_2S \tag{3.13}$$

$$Sn + xLi^+ + xe^- \rightleftharpoons Li_xSn \quad (0 < x \leqslant 4.4) \tag{3.14}$$

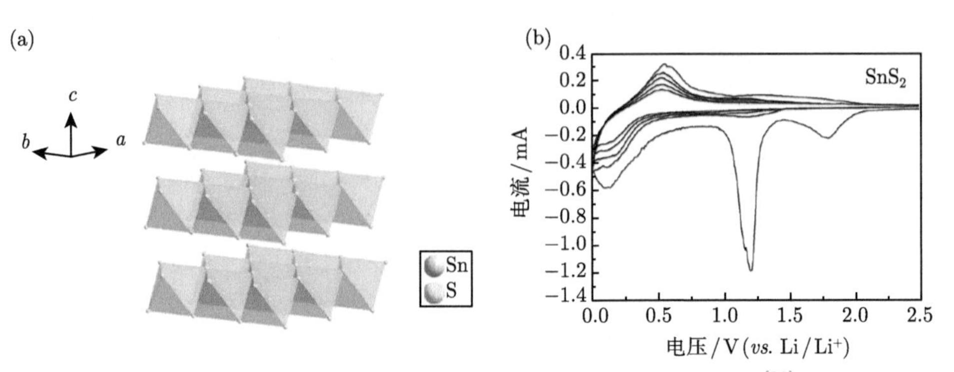

图 3-41 SnS_2 (a) 晶体结构示意图和 (b) 循环伏安曲线 [96]

在首次嵌锂反应过程中，如图 3-41(b) 所示，首个还原峰出现在 1.8 V 附近，归因于 Li^+ 嵌入 SnS_2 层间空间形成 Li_xSnS_2，对应发生式 (3.12) 的电化学反应。随后在 1.2 V 附近出现新的还原峰，此时 Li_xSnS_2 与 Li 发生式 (3.13) 反应生成 Sn 和 Li_2S。除了上述转化反应外，在 0.5 V 以下时，Sn 单质会与 Li 发生合金化反应 (式 (3.14)) 生成 Li_xSn 以及固体电解质界面 (SEI 膜)，此过程最多可以结合 4.4 个 Li 原子 ($x \leqslant 4.4$)。而 SnS_2 的第一个氧化峰出现在 0.5 V 附近，代表 Li_xSn 去合金化生成 Sn 单质，此过程为后续的储锂可逆反应。由于生成的 Li_2S 和 SEI 膜无法参与接下来的充放电过程，所以会消耗较多的 Li，导致首周库仑效率偏低。尽管 Li_2S 可以部分缓解 SnS_2 在充放电过程中的体积膨胀，但是随着嵌锂量的增加仍会发生大于 200%的体积变化，造成电极上的活性材料结构粉碎并从集流体上脱落，导致器件的循环寿命呈跳水式衰减。研究者们针对这一问题提出了利用导电性能良好的 2D 碳材料进行包覆或复合其他碳材料的解决方案。

例如，Hao 等 [97] 通过水热法制备了 SnS_2/GO 复合材料，然后在氩气环境下 400 ℃加热还原石墨烯，得到了 SnS_2/rGO 电极材料。平均尺寸小于 5 nm 的 SnS_2 均匀固定于 rGO 表面 (图 3-42)，量子点尺寸的活性物质具有更强的电化学活性。因此这样制备的 SnS_2/rGO 复合材料表现出优异的倍率性能，在 0.1 A/g 的电流密度时可逆比容量为 1198 mA·h/g，当电流密度增加到 1 A/g 时仍具有 805 mA·h/g 的比容量。石墨烯能够提供良好的导电性，同时缓解 SnS_2 在充放电过程中的体积变化。1000 次充放电循环后容量保持率为 91%，证明 SnS_2/rGO 具有良好的结构稳定性。此外，选择 B/N 掺杂的碳纳米片作为正极与 SnS_2/rGO 负极组装成锂离子电容器。全器件在 0~4.5 V 的电压窗口内稳定工作 10000 周后容量保持率超过 90%，具有的最大能量密度为 149.5 W·h/kg，最大功率密度为 35 kW/kg。除了石墨烯外，N 掺杂多孔碳材料 (NPC) 也可以作为基底材料，Huang 等 [98] 报道了热解法制备 SnS@NPC，N 掺杂有两个明显的好处：一是提高材料的电子导电性，二是能进一步提高材料的比容量。在 0.1 A/g 的电流密度下，具有 1035.3 mA·h/g 的可逆比容量。当电流密度增加到 1 A/g 时，仍能保持 708.4 mA·h/g 的比容量，而单纯的 SnS 对应的比容量只有 195.3 mA·h/g。良好的倍率性能使 SnS_2@NPC 具备作为锂离子电容器负极的潜力，与活性炭组装的锂离子电容器在 0.01~4 V 的工作电压窗口内具有 155 W·h/kg 的能量密度，同时具备 213.6 W/kg 的功率密度，3000 次循环后容量保持率超过 86%。

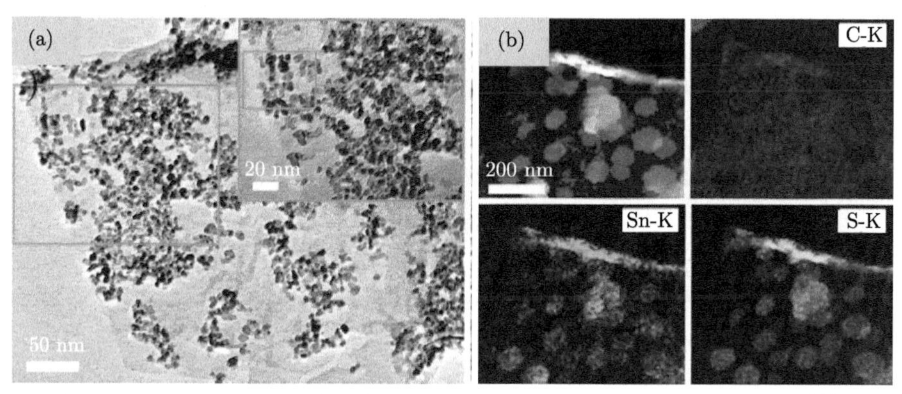

图 3-42 SnS_2/rGO 复合材料 (a) TEM 和 (b) 能谱 (EDS) 分析 [97]

SnS_2 在第一次嵌锂反应过程中先发生了转化反应生成 Sn 和 Li_2S，而在后来的储锂过程中，主要为 Sn 与 Li 发生的合金化和去合金化反应。这与其他硫族化合物的储锂机制存在差异，每一个 Sn 最多可以和 4.4 个 Li 结合，也因此具备更高的理论比容量，并且惰性成分 Li_2S 可以充当缓冲层以部分缓解体积膨胀压力。如果能够解决其导电性不足和体积变化严重的问题，SnS_2 基材料在锂离子电容器领域将具有很好的应用前景。

2. 硫化钼

MoS_2 是一种被广泛应用于锂离子电容器负极材料的二维层状过渡金属硫族化合物，是通过六方晶系或者多层 MoS_2 构成的 [99]。与 SnS_2 相似，MoS_2 的片层之间由范德瓦耳斯力连接，具有便于锂离子嵌入和脱出的层间间隙，有利于锂离子在电极中快速扩散，并且在充放电过程中材料的体积变化很小。因此，二维 MoS_2 是一种性能优异的锂离子电容器负极材料，每个 MoS_2 分子层可以分成三个原子层，中间的一层为 Mo 原子，上、下两层为 S 原子。MoS_2 层间是由范德瓦耳斯力相互作用，层内则是通过共价键相互连接。通常 MoS_2 具有 2H 和 1T 两个相。单层 2H 相其上层 S 原子在下层 S 原子的正上方，每个 Mo 原子同时被六个 S 原子包围，分布在三棱柱台各顶端 (图 3-43(a))，只有 S 原子暴露在 MoS_2 分子层的表面。堆积方式为 ABAB，$P6_3/mmc$ 空间群，单胞参数为 $a = 0.316$ nm，$c = 1.29$ nm。2 个 Mo 原子的位置为 ±(1/3，2/3，1/4)，4 个 S 原子位置为 ±(1/3，2/3，0.621) 和 ±(1/3，2/3，−0.121)。

1T 相单层 MoS_2 结构中，上下两层的 S 原子是相互偏离的，上层每个 S 原分布在下层两个 S 原子的中间位置，每个 Mo 原子排在六个 S 原子包围的中间位置，分子层表面只暴露 S 原子，单胞参数为 $a = 0.336$ nm，$c = 0.629$ nm，可能具有 $P1$ 空间群。MoS_2 具有三个不同的储锂位置，如图 3-43(b) 所示，不同相结构的 MoS_2 具有丰富的物理化学特性，尤其是热力学亚稳相的 1T 相 MoS_2 为金属相，具有超导性、磁性、铁电性等性质，而热力学稳定的 2H 相 MoS_2 则具有半导体性质，亚稳态 1T 相 MoS_2 的金属导电性质使其作为电极材料受到研究者的关注。但是，亚稳相 MoS_2 往往很难制备，受热后会自动转变成热力学稳定的 2H 相。科研人员已经通过原位透射电子显微镜 (TEM) 和电子衍射以及原位 X 射线吸收光谱 (XAS) 证实，2H 相 MoS_2 在第一次锂离子或其他阳离子化学嵌入时，经历了由 2H 向 1T 相的层内相转变。在此过程中 MoS_2 的晶格参数 a 轴和 c 轴均有大约 5%的膨胀，1T 结构中 Li^+ 占据八面体间隙。Quilty 等 [101] 对 MoS_2 在充放电过程中的晶体结构变化进行了原位 XRD 和 XAS 表征，证明了在首次嵌锂过程中随着嵌入 Li 数量的增加，MoS_2 完成了向 Li_xMoS_2 的转化，Mo 的配位从 2H 相中的三棱柱转变成 1T 相的八面体结构。并指出 1T 相 MoS_2 的嵌锂过程不存在类似的相变过程，仅仅是晶格参数发生变化。但是随着电压的升高，1T 和 2H 相 MoS_2 均会不同程度地与 Li 发生转化反应。

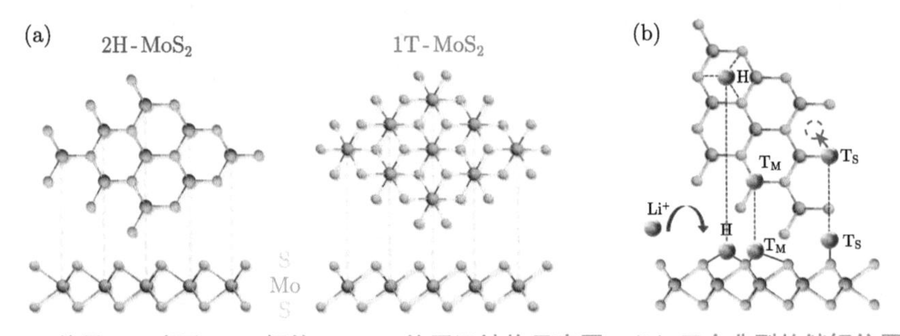

图 3-43 (a) 单层 2H 相和 1T 相的 MoS_2 的原子结构示意图；(b) 三个典型的储锂位置 (H，T_M，T_S) 的俯视图 (上) 和侧视图 (下)[100]

2H 相 MoS_2 储存 Li^+ 的过程与 SnS_2 完全不同，可分为三个阶段，根据图 3-44(a) 中的充放电曲线来看 [102]，在首次嵌锂过程中，先在 1.1 V 出现电压平台，对应 Li^+ 嵌入由范德瓦耳斯力连接的 MoS_2 层间间隙，占据 Mo^{4+} 六方晶格中六配位空间结构的空位，形成八配位体结构 (1T 相)，在此阶段 MoS_2 与 Li^+ 结合形成 Li_xMoS_2 同时伴随着 MoS_2 由 2H 相向 1T 相的转变，对应的反应为式 (3.15)，此阶段的理论比容量为 167 mA/g。

$$MoS_2 + xLi^+ + xe^- \longrightarrow Li_x MoS_2 \quad (0 < x \leqslant 1) \tag{3.15}$$

随后在 0.6 V 出现第二个电压平台，该过程伴随着一系列复杂的化学反应，包括 Li_xMoS_2 向 Mo 单质和 Li_2S 的转化 (式 (3.16))，每一个 MoS_2 单元可以与 4 个 Li^+ 进行结合，因此 MoS_2 的理论比容量为 670 mA·h/g。图 3-44(b) 为嵌锂后的 MoS_2 的 XRD 图谱，从中可以观察到 Mo 单质的峰以及 Li_2S 的特征峰。因此许多研究者认为这一步反应存在不可逆性，因为 Mo 单质和 Li_2S 的 XRD 峰始终存在，并且在随后的充放电曲线中，位于 0.6 V 和 1.1 V 的电压平台不再出现，取而代之的是在 2.0 V 附近出现新的平台，其为典型的锂–硫电池体系的特征平台。对应的反应为式 (3.17) 的 S 与 Li^+ 结合形成 Li_2S。

$$Li_xMoS_2 + (4-x)Li^+ + (4-x)e^- \longrightarrow Mo + 2Li_2S \quad (0 < x \leqslant 1) \tag{3.16}$$

$$S + 2Li^+ + 2e^- \rightleftharpoons Li_2S \tag{3.17}$$

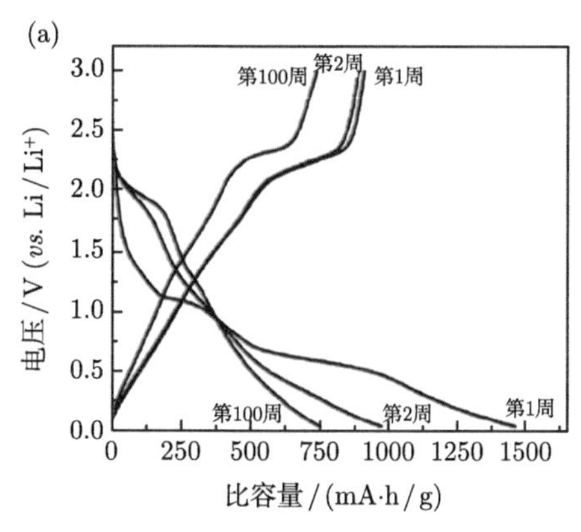

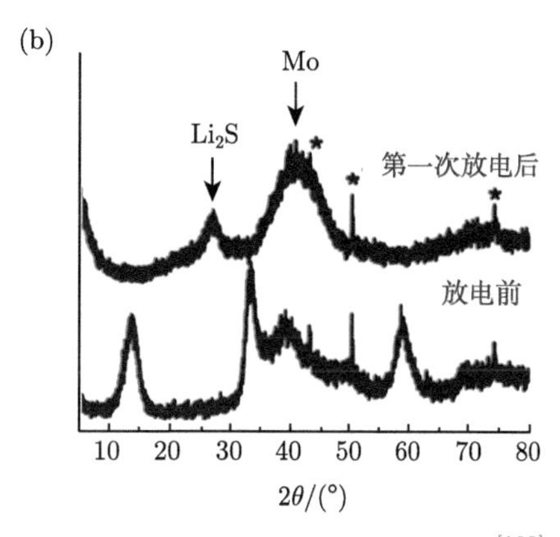

图 3-44 (a) MoS_2 的充放电曲线；(b) MoS_2 在充放电过程中的非原位 XRD 图 [102]

此阶段的理论比容量如果忽略 Mo 单质的质量，将高达 1675 mA/g。这也能够合理地解释许多研究中为何 MoS_2 的比容量超过 700 mA/g。MoS_2 的储能机制存在一定的复杂性。除了上述情况外，纳米 Mo 颗粒在储锂过程中也发挥了一些积极作用。Mo 纳米颗粒的金属性质不但可以增强 LiS_2 的导电性，还可以物理吸附一些 Li^+ 来进一步提高储锂容量。但是，由于具有锂–硫电池的本征特性，在电化学反应过程中，S 与 Li^+ 形成的多硫化物会部分溶于电解质中，从而导致不可逆的分解以及穿梭效应的发生，严重损坏器件的性能。因此对于 MoS_2 基锂离子电容器电极材料的开发，应该着重于构建一个稳定的骨架结构，保证良好导电性的同时为多硫化物提供固定位点，防止它们溶解。

许多研究发现，将 MoS_2 颗粒细化到纳米级别可以缩短 Li^+ 扩散的距离，相比于更大尺寸的 MoS_2，能够显著提高倍率性能。或将 MoS_2 与碳材料构成复合体系，尤其是具有纳米尺寸的复合材料，能够提供高比容量、高循环稳定性和高倍率性能。Wang 等 [103] 报道了水热法制备的 MoS_2-C-rGO 复合材料并应用于锂离子电容器负极。如图 3-45(a) 所示，聚二烯丙基二甲基氯化铵 (PDDA) 嵌入 MoS_2 层间并碳化将层间空间由 0.63 nm 扩大到 0.99 nm，减小了 Li^+ 在层间的扩散势垒，同时为 MoS_2 的体积变化提供空间。无定形碳层将 Li_2S 的可逆氧化还原反应限制在单层或少层的宽度内，从而提供了较短的 Li^+ 扩散路径。rGO 的引入增加了复合材料的电导率和比表面积，提高了电极材料对电解质离子的可及性和电荷转移动力学。此外 rGO 和无定形碳层都能充当固定多硫化物的吸附基底材料。因此，MoS_2-C-rGO 在 0.1 A/g 的电流密度下具有 860 mA/g 的可逆比容量，并且在 1 A/g 的电流密度下充放电循环 300 周后几乎没有容量衰减。最后与聚苯胺衍生的多孔碳

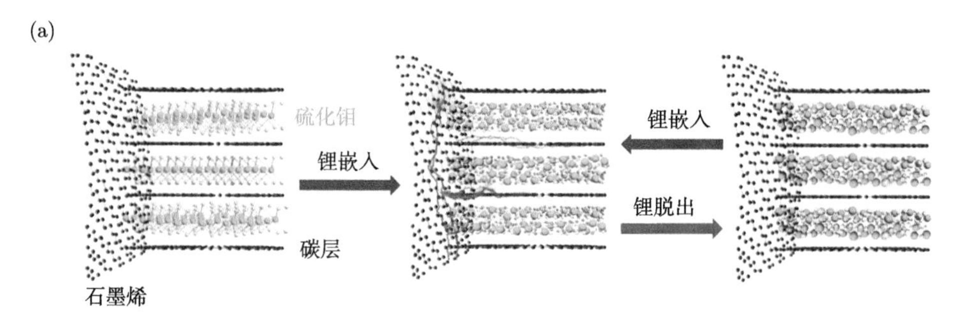

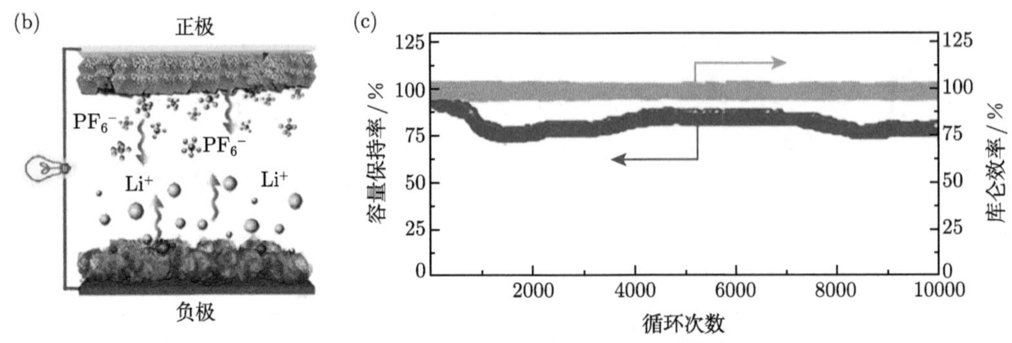

图 3-45 (a) Li^+ 嵌入过程中 MoS_2-C-rGO 构架的电荷储存和结构变化；MoS_2-C-rGO//PDPC 锂离子电容器 (b) 示意图和 (c) 循环性能图 [103]

(PDPC) 组装成的锂离子电容器 (图 3-45(b) 和 (c)) 具有 188 W·h/kg 的超高能量密度和 40 kW/kg 的功率密度，以及超过 10000 次的循环寿命 (工作电压窗口为 0~4 V)。

此外，MoS_2 的相转变会伴随 Mo 原子的重新排布，材料内部的原子排列会带来更多的体积变化，导致储锂容量迅速衰减。因此为了避免 2H-MoS_2 首次嵌锂反应过程中带来的较大的相转变。许多研究致力于直接合成 1T 相 MoS_2 来提高电极材料性能。Li 等 [104] 通过实验证明，每个 MoS_2 需要注入大约 0.28 个电子就会完成相转变。因此，通过化学法在 MoS_2 层间嵌入其他阳离子同样可以实现 MoS_2 从 2H 向 1T 相的转变。Wang 等 [100] 提出了一种通过水热法将四丁基铵 (TBA^+) 嵌入 MoS_2 层间来合成热力学稳定的 1T 相 MoS_2 的策略。与 Li^+ 嵌入带来的效果类似，TBA^+ 的嵌入会导致额外的电荷注入，从而导致 MoS_2 从 2H 到 1T 的相变，并且将 MoS_2 的层间空间扩大到 1.1 nm(图 3-46(a))。并且用过渡金属碳氮化物 $Ti_3C_2T_x$(MXene) 代替碳材料与 MoS_2 构建复合体系。MXene 本身具有金属导电性和更强的机械稳定性，稳定的 2D 结构能够实现锂离子的快速扩散，通过锂离子扩散系数 (GITT) 计算，相比于单纯的 1T 相 MoS_2 和没有扩层的 2H-MoS_2/$Ti_3C_2T_x$，1T-MoS_2/d-$Ti_3C_2T_x$ 在 Li^+ 的扩散系数上具有明显优势 (图 3-46(b))。因此 1T-MoS_2/d-$Ti_3C_2T_x$ 复合材料在 0.25 A/g 的电流密度下可逆比容量为 1160 mA·h/g，并且当电流密度超过 10 A/g 时，可逆

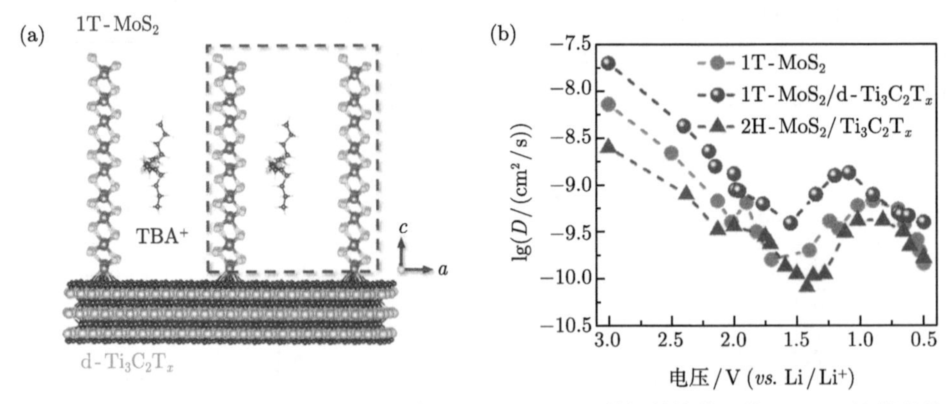

图 3-46 1T-MoS_2/d-$Ti_3C_2T_x$ 的 (a) 结构示意图和 (b) 其与其他样品的 GITT 比较曲线 [100]

比容量仍超过 300 mA/g。由 1T-MoS_2/d-$Ti_3C_2T_x$ 负极和石墨烯纳米复合材料 (GNC) 正极组装的锂离子电容器，其最高能量密度为 188 W·h/kg，最高功率密度为 13 kW/kg，5000 次循环后容量保持率可达 83%(工作电压窗口为 0.05~4 V)。

3. 硫化铁

其他硫族化合物，例如 WSe_2、CoS_2、TiS_2、$MoSe_2$、$CoSe_2$ 和 $FeTe_2$ 等也可以作为锂离子电容器负极材料，这类硫族化合物与 MoS_2 的嵌锂反应过程类似，可分为两步反应，第一步生成中间相 $Li_xM_{1-x}X$，第二步发生转化反应生成单质 M 和 Li_2X。但是由于成分不同，在嵌锂和脱锂时各组分的化学反应不同，导致储能性能上仍存在差异。

比如，FeS_2 具有比 MoS_2 更高的理论比容量 (897 mA·h/g)，与 MoS_2 不同的是第二步产物 Li_2FeS_2 在后续的化学反应中存在可逆性。如图 3-47(a) 中的充放电曲线所示，在第一次嵌锂反应中，仅在 1.4 V 附近出现电压平台，对应的反应式 (3.18)，FeS_2 与 Li^+ 转化成为 Li_2FeS_2，以及进一步反应生成 Fe 和 Li_2S(式 (3.19))。

$$FeS_2 + 2Li^+ + 2e^- \longrightarrow Li_2FeS_2 \tag{3.18}$$

$$Li_2FeS_2 + 2Li^+ + 2e^- \rightleftharpoons Fe + 2Li_2S \tag{3.19}$$

在首次脱锂反应过程中，在 1.8 V 附近出现电压平台，来自于 Fe 与 2 个 Li_2S 反应生成 Li_2FeS_2(式 (3.20))，以及 Li_2FeS_2 进一步与 Li^+ 分离形成 $Li_{(2-x)}FeS_2$(式 (3.19))，然后在 2.36 V 附近出现第二个电压平台，相关的反应为 $Li_{(2-x)}FeS_2$ 进一步脱 Li^+ 形成 FeS_y 和部分 S 单质 (式 (3.22))。

$$Fe + 2Li_2S \longrightarrow Li_2FeS_2 + 2Li^+ + 2e^- \tag{3.20}$$

$$Li_2FeS_2 \longrightarrow Li_{(2-x)}FeS_2 + xLi^+ + xe^- \quad (0 < x < 0.8) \tag{3.21}$$

$$Li_{(2-x)}FeS_2 \longrightarrow FeS_y + (2-y)S + (2-x)Li^+ + (2-x)e^- \quad (x > 0.8) \tag{3.22}$$

由于 Li_2S 和 Fe 的一系列反应过程中不可避免地产生了 S 单质，所以穿梭效应是 FeS_2 电极材料性能衰退的主要原因。对于 FeS_2 基电极材料其性能的改善主要是解决 S 单质的形成。Tan 等 [106] 报道了一种由黄铁矿 (P-FeS_2) 和白铁矿 (M-FeS_2) 两种晶型的 FeS_2 组成的复合材料 (图 3-47(b))。亚稳相的 M-FeS_2 能够提供 894 mA·h/g 的高可逆比容量。当铜作为集流体时能够彻底改变反应路径，相比于 Fe 来说，Li_2S 更容易与 Cu 发生反应形成 Cu_2S，由于 Cu_2S 和 Li_2S 之间具有相似的晶格框架。这种没有晶格重建的置换反应使复合材料具有优异的倍率性能，在 2 A/g 的电流密度下具有 730 mA·h/g 的可逆比容量和长循环寿命 (3200 次循环后容量保持率为 89.7%)。此外也可以采用改善硫化钼电化学性能的方法，将 FeS_2 与碳材料复合来固定多硫化物，Pham 等 [105] 利用金属有机框架 (MOF) 直接合成了 FeS_2/C 纳米复合材料颗粒，并且将充电电压限制在 2.5 V 以内来减少 S 单质的产生。通过 X 射线近边吸收谱 (XANES) 表征的 Fe 的 K 边能量来看，当充电到 2.5 V 时 Fe 的结合能向高能量转移，接近原始 FeS_2 中 Fe 的能量，证明反应进行到形成 FeS_y 阶段同时伴随着 S 单质的产生 (图 3-47(c))。因此将充电电压限制在 2.5 V 以下能够有效减少多硫化物穿梭效应的产生，在 1.1~2.5 V 的电压窗口内，0.3 A/g 的电流密度下，FeS_2/C 具有 458 mA/g 的可逆比容量，同时循环 50 次后容量保持超过 80%。以 FeS_2/C 为负极，活性炭为正极组装锂离子电容器时通过三电极监测正负极电位，在选择 0~3.2 V 的工作电压窗口时，负极刚好在 1.1~2.5 V 电压范围内工作 (图 3-47(d))，此时能够达到的最大能量密度和功率密度分别为 63 W·h/kg 和 3240 W/kg。

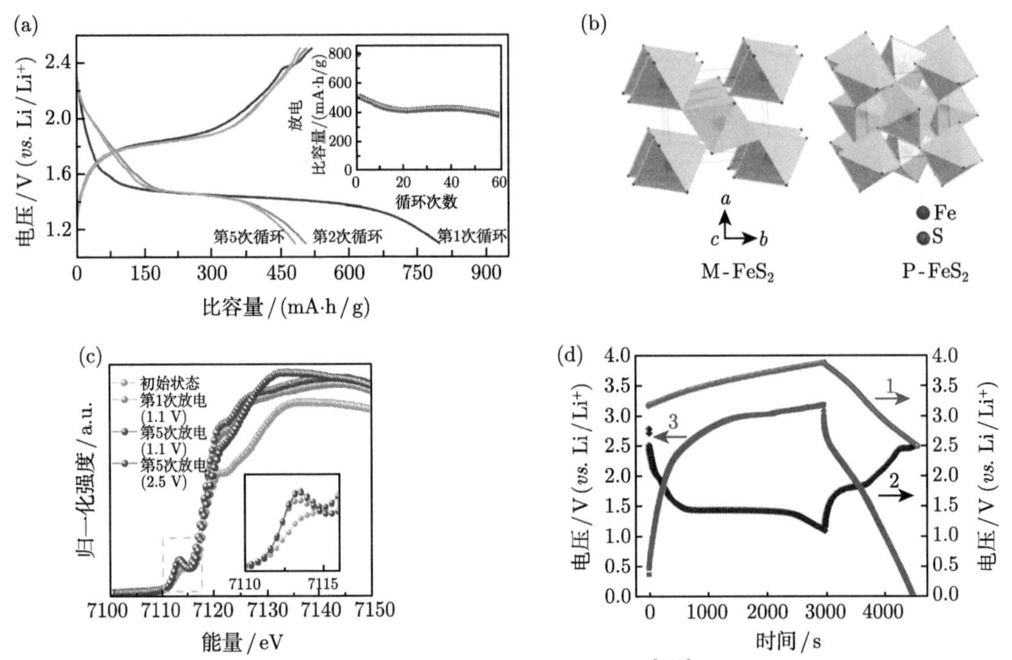

图 3-47 (a) FeS_2/C 在 1.1~2.5 V 电压窗口内的充放电曲线 [105]；(b) FeS_2 的两种晶体结构黄铁矿 (M-FeS_2) 和白铁矿 (P-FeS_2)[106]；(c) FeS_2/C 中 Fe 元素的 K 边 XANES 图；(d) AC//FeS_2/C 锂离子电容器在 0~3.2 V 电压窗口内充放电的三电极测试图 [105]

4. 硫化钛

TiS_2 具有 239 mA·h/g 的理论比容量，对锂工作电压位于 2.1 V 左右，作为锂离子电池正极材料来说太低，作为负极来说又太高，因此很少被研究。Chaturvedi 等 [107] 首次尝试将 TiS_2 作为锂离子电容器负极使用。TiS_2 与 MoS_2 具有相似的 2D 层状结构 (图 3-48(a))，层间通过范德瓦耳斯力连接，层间空间大约为 0.57 nm(图 3-48(b))。相比于 Li^+ 直径 (0.076 nm) 来说，足够为 Li^+ 快速传输提供空间，随着嵌入 Li^+ 数量的增加，TiS_2 可提供三个间隙位点用于储存 Li^+(图 3-48(a))：一个八面体，被六个 S 原子包围，以及两个四面体，位于 S 原子下方和上方的投影中。因此，从结构上考虑，TiS_2 结构中嵌锂的总体极限值可以达到 3 个。

TiS_2 的嵌锂机制为典型的转化反应，电压平台出现在 2.1 V 附近。伴随的化学变化为 TiS_2 向 $LiTiS_2$ 的转变。尽管 TiS_2 的工作电压很高，但与活性炭组装的锂离子电容器仍具有 0~2.5 V 的工作电压窗口 (图 3-48(c))，锂离子电容器 AC//TiS_2 具有 49 W·h/kg 的能量密度，并且在 1 A/g 的电流密度下循环 2000 次后比电容保持率大约为 76%(图 3-48(d))。

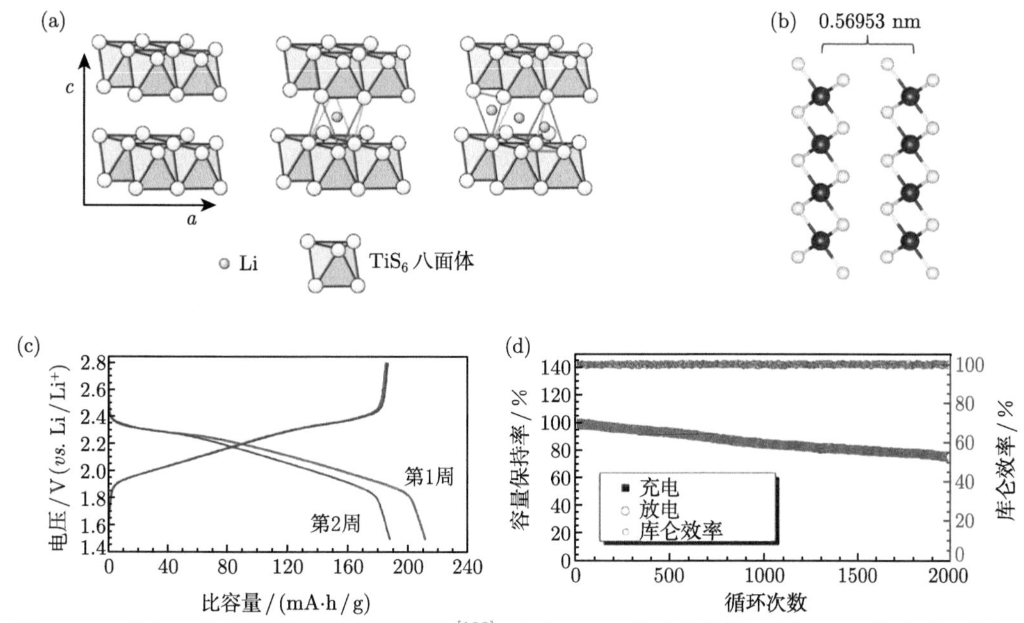

图 3-48　(a) TiS_2 层间嵌锂结构示意图 [108]；(b) TiS_2 的层间空间；(c) TiS_2 的充放电曲线；(d) AC//TiS_2 锂离子电容器的循环稳定性 [107]

5. 硫化钴

硫化钴具有多种化学计量结构，包括 CoS、CoS_2、Co_9S_8 和 Co_3S_4，其中 CoS_2 具有黄铁矿结构 (图 3-49(a))，因具有 870 mA·h/g 的理论比容量而成为储锂电极的候选材料之一。相比于亚稳相的 FeS_2，CoS_2 在热力学上更加稳定。构建纳米结构时能够保持良好的电化学和结构稳定性。在首次嵌锂反应过程中，在 1.53 V 附近出现第一个电压平台 (图3-49(b)) 对应式 (3.23) 中的反应，CoS_2 与 Li^+ 结合形成 Li_xCoS_2，随后在 1.4 V 附近出现新的电压平台，开始式 (3.24) 中的反应，对应 Li_xCoS_2 与 Li^+ 反应形成 Co 和 $2Li_2S$。

$$CoS_2 + xLi^+ + xe^- \longrightarrow Li_xCoS_2 \tag{3.23}$$

$$Li_xCoS_2 + (4-x)Li^+ + (4-x)e^- \longrightarrow Co + 2Li_2S \tag{3.24}$$

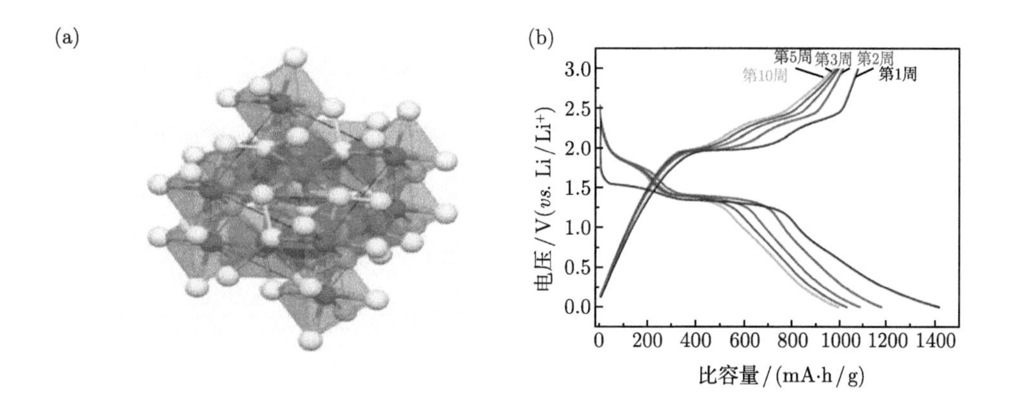

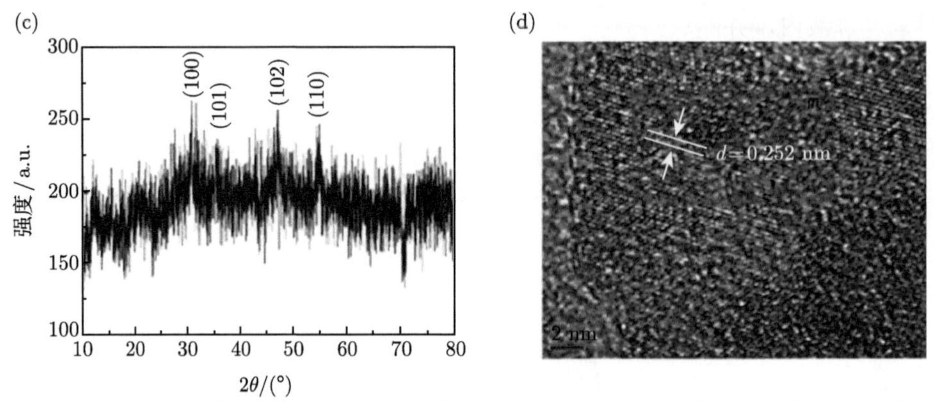

图 3-49 (a) CoS_2 的晶体结构；(b) CoS_2 的充放电曲线；(c) 第一次脱锂后的 Co 的硫化产物 XRD 图谱；CoS 的 TEM 图 [109]

在随后的充电曲线中在 2.0 V 出现了一个明显的电压平台，与 Co 的硫化有关，而根据 Jin 等 [109] 的研究发现在此过程形成的 Co 硫化产物的 XRD 与 CoS 一致 (图 3-44(c))。在透射电子显微镜照片图 (图 3-44(d)) 上观察到的晶格条纹间距为 0.252 nm，与 CoS 的 (101) 面一致，证明该反应过程为式 (3.25)：

$$Co + Li_2S \longrightarrow 2Li^+ + CoS + 2e^- \tag{3.25}$$

相比于 MoS_2 而言，CoS_2 在整个充放电过程中保持良好的可逆性，在第一次嵌锂转化形成 CoS 后，基本保持了稳定的可逆反应，并且反应电位稳定在 1.5 V 附近，适用于锂离子电容器负极材料。Amaresh 等 [110] 利用快速微波辐射技术制备了 CoS_2 纳米材料，并与活性炭组装成锂离子电容器 AC//L-CoS_2，该锂离子电容器能够在 0~3 V 的电压窗口下稳定工作，最大能量密度为 35 W·h/kg，并且循环寿命超过 10000 次。Wang 等 [111] 用水热法直接合成了花球状 CoS 纳米材料，避免了 CoS_2 转化过程中带来的容量损失，在 0.1 A/g 的电流密度下具有 434 mA·h/g 的可逆比容量，与多孔结构生物炭 (FCS) 组装锂离子电容器 FCS//CoS，在 1~4 V 的电压窗口下，具有 125.2 W·h/kg 的最大能量密度和 6.4 kW/kg 的最大功率密度，充放电循环 40000 次后，容量保持率为 81%。

3.5.2 硒化物

除了硫化物外，硒化物也是具有潜力的锂离子电容器负极材料。Se 元素 (1×10^{-3} S/m) 具有比 S 元素 (5×10^{-28} S/m) 更高的电子动力学优势，因此相比于硫化物而言，硒化物具有更偏向于金属性质的导电能力，这对于电极材料而言是至关重要的 [112-114]。此外，相比于相同的 2D 过渡金属元素的硫化物而言，硒化物具有更大的层间空间便于锂离子的快速传输。

1. 硒化钼

MoS_2 的层间距离大约为 0.62 nm，而 $MoSe_2$ 的层间空间为 0.65 nm。作为电极材料时，硒化物也面临着和硫化物相同的问题，在转化反应过程中，容易出现中间相的多硒化物溶解于电解液内，并随着反应在隔膜两侧来回穿梭，导致活性材料不断被消耗。因此提高硒化物基电极材料性能的最常见改性方法包括设计材料空间结构、纳米化和碳包覆等。

$MoSe_2$ 具有与 MoS_2 相似的晶体结构，同样具有金属相的 1T 八面体配位和半导体相的 2H 三角配位 (图 3-50(a))。与 Li^+ 的反应过程也与 MoS_2 相似，理论比容量为 422 mA·h/g，如图 3-50(b) 所示，在首次充放电过程中，Li^+ 先嵌入 $MoSe_2$ 层间，在 1.0 V 附近出现电压平台，对应的反应为 $MoSe_2$ 与 Li^+ 结合而形成 Li_xMoSe_2(式 (3.26))。随后在 0.41 V 出现新的电压平台，对应于 Li_xMoSe_2 转化为 Mo 单质和 Li_2Se(式 (3.27))。

$$MoSe_2 + xLi^+ + xe^- \longrightarrow Li_xMoSe_2 \tag{3.26}$$

$$Li_xMoSe_2 + (4-x)Li^+ + (4-x)e^- \longrightarrow Mo + 2Li_2Se \tag{3.27}$$

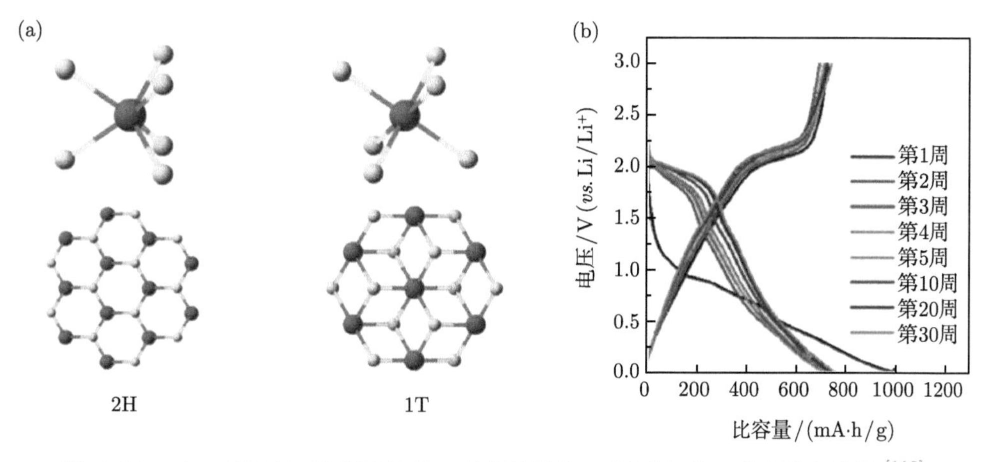

图 3-50　(a) 2H 和 1T 相 $MoSe_2$ 的晶体结构；(b) $MoSe_2$ 的充放电曲线 [112]

在随后的充电曲线中，出现在 2.0 V 附近的电压平台归因于 Mo 与 Li_2Se 反应生成 $MoSe_2$，在随后的电化学反应过程都是基于如式 (3.28) 的可逆反应。

$$MoSe_2 + 4Li^+ + 4e^- \rightleftharpoons Mo + 2Li_2Se \tag{3.28}$$

作为转换型材料，$MoSe_2$ 在第一次充放电循环后，内部微观结构会被破坏。随着放电循环的进行，原始晶体会趋向于无定形状态，这可能导致嵌入反应的容量贡献衰减 [115]。为了让 $MoSe_2$ 更适用于锂离子电容器体系，科研工作者通过将 $MoSe_2$ 与其他 2D 材料复合的方式来提高电极材料的动力学性能，即在保证充足比容量的同时，尽可能使电极材料具有良好的 Li^+ 扩散速率和倍率性能。Yin 等 [116] 通过真空抽滤合成了 $MoSe_2$/MXene 自支撑薄膜。MXene 本身具有良好的机械性能，能够为 $MoSe_2$ 的体积变化提供缓冲，同时 MXene 表面丰富的化学性质能够起到固定多硫化物不溶解的作用，确保电极材料的循环稳定性。此外，两种 2D 材料的组合使 $MoSe_2$/MXene 复合体系能够为 Li^+ 的快速传输提供通道。在 0.05 A/g 的电流密度下，$MoSe_2$/MXene 具有 594 mA·h/g 的可逆比容量，当电流密度增加到 1 A/g 时仍具有 143 mA·h/g 的可逆比容量，对锂半电池的循环寿命超过 700 周。

将 $MoSe_2$/MXene 作为负极、活性炭作为正极组装的锂离子电容器 AC//$MoSe_2$/MXene，其在 0.5~3.8 V 的电压窗口内达到的最高能量密度为 84.9 W·h/kg，最高功率密度为 3.3 kW/kg，充放电循环 2000 次后容量保持率超过 95%。

2. 硒化钴

$CoSe_2$ 的理论比容量为 494.4 mA·h/g，1 mol $CoSe_2$ 可以储存 4 mol Li^+，第一次嵌锂反应发生在 1.5 V 附近，此时发生式 (3.29) 中的反应，$CoSe_2$ 与 Li^+ 结合形成 Li_xCoSe_2，随后发生式 (3.30) 的反应，Li_xCoSe_2 继续与 Li^+ 反应形成 Co 和 Li_2Se(图 3-51(a))。

$$CoSe_2 + xLi^+ + xe^- \longrightarrow Li_xCoSe_2 \tag{3.29}$$

$$Li_xCoSe_2 + (4-x)Li^+ + (4-x)e^- \longrightarrow Co + 2Li_2Se \tag{3.30}$$

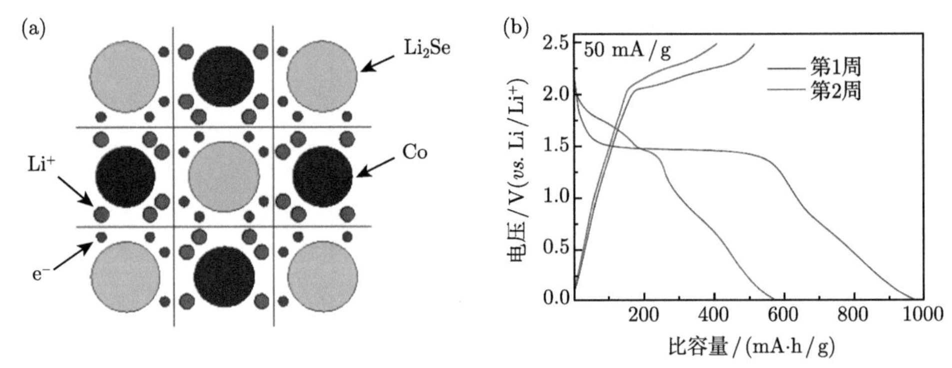

图 3-51 (a) Co/Li_2Se 储锂机制模型；(b) $CoSe_2$ 的充放电曲线 [117]

通过图 3-51(b) 中充放电曲线观察到，在第一次脱锂反应过程中，在 2.24 V 附近出现的电压平台对应 Co 到 $CoSe_2$ 的变化，如式 (3.31) 所示，值得注意的是，在随后的脱锂反应过程中，位于 2.24 V 的电压平台分裂成两个小平台 2.16 V 和 2.26 V，可能归因于逐步脱锂的过程，先是 Co 与 Li_2Se 反应变为 Li_xCoSe_2，再进一步脱锂变为 $CoSe_2$，如式 (3.32) 和式 (3.33) 所示。

$$Co + 2Li_2Se \longrightarrow CoSe_2 + 4Li^+ + 4e^- \tag{3.31}$$

$$Co + 2Li_2Se \longrightarrow Li_xCoSe_2 + (4-x)Li^+ + (4-x)e^- \tag{3.32}$$

$$Li_xCoSe_2 \longrightarrow CoSe_2 + xLi^+ + xe^- \tag{3.33}$$

在反复的充放电过程中，不可避免地会有一些多硒化物产生并溶于电解质中，因此研究人员将碳材料引入 $CoSe_2$ 材料中来固定多硫化物，从而防止穿梭效应给电极带来的性能损失。Li 等 [118] 通过水热合成法将 $CoSe_2$ 嵌入掺氮硬碳微球中，制备了 NCS-$CoSe_2$ 复合材料，碳包裹 $CoSe_2$ 能够防止多硫化物的溶解并为 $CoSe_2$ 的体积变化提供缓冲。在 0.2 A/g 的电流密度下，NCS-$CoSe_2$ 具有 630 mA/g 的可逆比容量，当电流密度增加到 5 A/g

时，仍保持 328 mA/g 的可逆比容量。与活性炭组装的锂离子电容器 AC//NCS-$CoSe_2$ 能够在 2.2~4.5 V 的电压窗口内表现出 144 W·h/kg 的能量密度，并且充放电循环 2000 次后容量保持率高达 94.36%。

3. 硒化钨

WSe_2 因为同样具有 2D 结构特点也被用于锂离子电容器负极材料 (图 3-52(a))，WSe_2 的理论比容量为 314 mA·h/g，嵌锂机制与 $CoSe_2$ 几乎一致，从图 3-52(b) 中的充放电曲线来看，在首周充放电过程中，第一次嵌锂反应发生在 1.5 V 附近，完成 WSe_2 向 Li_xWSe_2 的转化，然后在 0.7 V 附近完成 Li_xWSe_2 向 W 单质和 Li_2Se 的转化，随后充电到 2.1 V 附近出现新的电压平台，对应 W 与 Li_2Se 反应重新生成 WSe_2(图 3-52(b))。

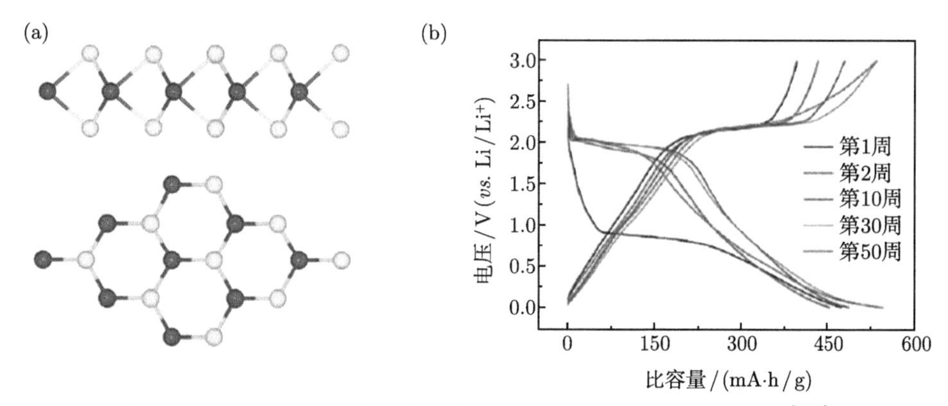

图 3-52 (a) WSe_2 的结构示意图；(b) WSe_2 的充放电曲线 [119]

Wang 等 [119] 通过气相沉积法制备了纳米洋葱结构的 WSe_2，平均颗粒尺寸小于 70 nm 的 WSe_2 确保了活性物质与电解质的充分接触，有效提高了化学响应速度。在 0.1 A/g 的电流密度下具有 476.4 mA/g 的可逆比容量。与活性炭组装的锂离子电容器 AC//WSe_2 在 1.0~3.4 V 的电压窗口内具有 80.1 W·h/kg 的最高能量密度和 14.1 kW/kg 的最高功率密度，并且充放电循环 10000 周后容量保持率超过 91.5%。

3.5.3 碲化物

碲化物同样属于硫族化合物的重要成员，但是相比于 S 和 Se，Te 元素在地球上更为稀缺，因此从成本的角度考虑，研究人员对于 Te 基化合物在储能领域的研究并不多。碲化物同样包括八面体结构的 T 相和三角形结构的 H 相 (图 3-53(a))，但是与硒化物和硫化物相比，碲化物较大的晶格参数在嵌锂方面具有优势，这意味着在整个储锂过程中它们在结构上的应变更小。并且可以嵌入更大的离子，如 Na^+ 或 K^+[120]。

锂离子电容器负极比锂离子电池负极要求的离子扩散能力更高，碲化物较大的晶格空间对于尺寸较小的 Li^+ 意味着更小的扩散势垒，因此碲化物在锂离子电容器负极领域具有很好的应用前景。Jia 等 [121] 通过水热法和惰性气氛碳化的方法在多孔碳上原位生长 $FeTe_2$ 合成了 $FeTe_2$@NPCM-2 复合材料，并用于锂离子电容器负极。如图 3-53(b) 所示，在第一次嵌锂反应过程中，在 1.5 V 附近出现第一个电压平台代表 +4 价的 Fe 离子变成 +2 价的

Fe 离子，随后由 +2 价的 Fe 离子还原成 Fe，伴随的反应为式 (3.34)，$FeTe_2$ 与 Li^+ 结合生成 Li_2FeTe_2 以及随后的式 (3.35)，Li_2FeTe_2 进一步与 Li^+ 结合转变成 Fe 单质和 Li_2Te。

$$FeTe_2 + 2Li^+ + 2e^- \longrightarrow Li_2FeTe_2 \tag{3.34}$$

$$Li_2FeTe_2 + 2Li^+ + 2e^- \longrightarrow Fe + 2Li_2Te \tag{3.35}$$

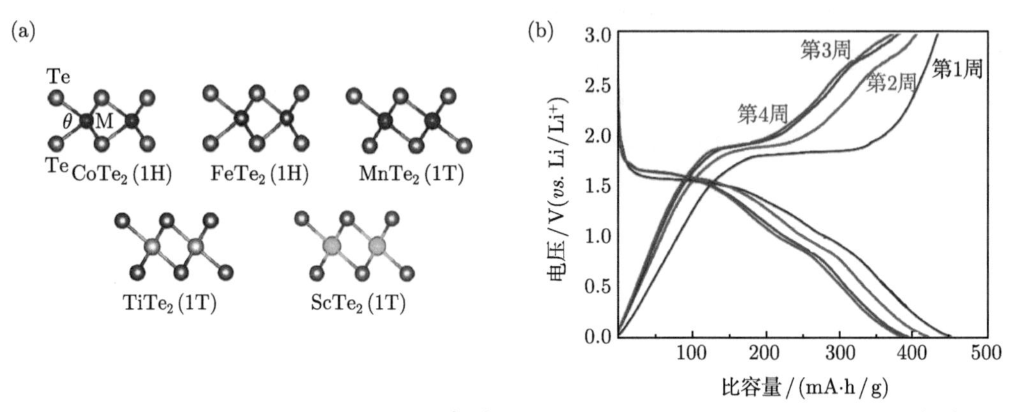

图 3-53 (a) 多种碲化物结构示意图 [120]；(b) $FeTe_2$@NPCM-2 的充放电曲线 [121]

在随后的脱锂反应过程中，在 2.0 V 附近发生 Fe 与 Li_2Te 的反应生成 $FeTe_2$(式 (3.36))，随着充放电循环次数的增加，充电曲线逐渐稳定，不可逆反应不再发生，在此过程中也会产生多碲化物。

$$Fe + 2Li_2Te \longrightarrow FeTe_2 + 4Li^+ + 4e^- \tag{3.36}$$

利用多孔掺氮碳材料 (NPCM) 作为基底制备的 $FeTe_2$@NPCM-2 复合材料能够为充放电过程中产生的多碲化物提供固定位点，从而稳定电极材料结构。在 0.1 A/g 的电流密度下 $FeTe_2$@NPCM-2 具有 867.3 mA·h/g 的可逆比容量。以 $FeTe_2$@NPCM-2 为负极、多孔碳 (HPC) 为正极组装锂离子电容器 HPC//$FeTe_2$@NPCM-2，其在 0~4 V 的电压窗口下具有超过 200 W·h/kg 的能量密度，最高功率密度超过 10 kW/kg，循环寿命超过 2000 次。

此外，通过金属有机框架 (MOF) 直接氧化也是制备金属硫族化合物的重要思路，通过特定 O、S、Se、Te 蒸气在高温环境可以直接制备金属硫族化合物。Zhang 等 [122] 首先合成了含 Co 的 MOF，然后通过 550 ℃ 碲化制备了复合材料，并应用于锂离子电容器负极，其储能机制与 $FeTe_2$ 类似，在嵌锂过程中能够储存 4 个电子，并伴随着 $CoTe_2$ 到 Co 单质和 Li_2Te 的反应。脱锂过程为嵌锂过程的可逆反应。以 $CoTe_2$@N-C 复合材料作为负极、多孔碳 (HPC) 作为正极的锂离子电容器组装的锂离子电容器 HPC//$CoTe_2$@N-C，其在 0~4 V 的电压窗口内具有的最大能量密度超过 144.5 W·h/kg，最大功率密度超过 10 kW/kg。

3.5.4 材料改性研究

总地来说，硫族化合物作为锂离子电容器负极材料具有材料种类多样、成本低、理论比容量高、纳米结构特征丰富等明显优势。但作为锂离子电容器负极材料，还需要快速的离子扩散和稳定的结构来确保高功率密度和长循环稳定性。尽管硫族化合物能够提供高 Li^+ 存储容量和足够的倍率性能，但仍然存在许多问题。所有这些问题或挑战的根源都可以追溯到低电导率、反复的大体积变化和缓慢的离子扩散动力学。因此针对这些问题研究人员提出了相关改进方法 (图 3-54)。

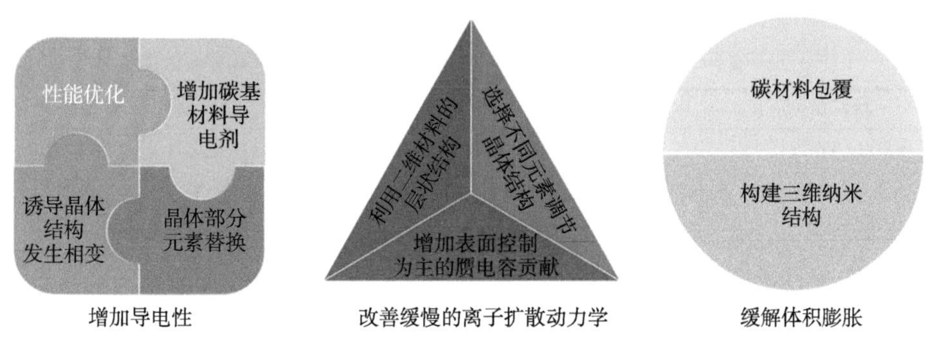

图 3-54 针对硫族化合物固有缺陷的改进方法

增加导电性能方面，可以通过添加含碳导电剂，比如石墨烯、碳纳米管和活性炭等来提高导电性，或者部分置换原始晶体结构中的元素，来制备二元硫族化合物合金来实现掺杂，从而增加电导率，例如，Chaturvedi 等 [123] 合成的 $TiSe_{0.6}S_{1.4}$，Jagadale 等 [124] 合成的 $CoNi_2S_4$ 都具有良好的储锂性能，并成功应用于锂离子电容器负极材料。此外，通过诱导过渡金属硫族化合物从半导体相到金属相的转变，改变硫族化合物的物理性质来增加导电性，例如，MoS_2、$MoSe_2$、$MoSe_2$、WS_2、WSe_2 的 2H 相均为半导体相，而 1T 相均为金属相 [125]。若能成功实现大批量制备 1T 相硫族化合物，导电能力将大幅度提高。

增加负极反应动力学方面，主要是提高硫族化合物的 Li^+ 扩散能力，从而实现与正极材料之间的动力学匹配，主要的改性方法包括选择晶体内空间更大的硫族化合物，如碲化物等，或是采用具有 2D 层状结构的过渡金属硫族化合物，如 MoS_2、$MoSe_2$ 等，通过分子或离子嵌入的方法打开层间空间，增加 Li^+ 的传输空间。还可以通过提高表层或浅层的赝电容贡献来改善硫族化合物的动力学迟缓，例如，与其他材料复合，如石墨烯和 MXene 等，制备复合体系，提高表面控制容量贡献的占比，来弥补与正极之间的动力学差异。

改善充放电过程中的体积变化主要是通过碳包覆和构建纳米 3D 结构来解决。碳材料的包覆不仅可以起到缓冲硫族化合物体积膨胀的作用，还可以为电化学行为过程产生的多硫化物提供固定位点，防止电极材料性能的退化。而利用材料工程策略，通过不同的制备工艺来制备纳米级的 3D 结构，能够有效增加材料的机械稳定性，并增加电极材料与电解质之间的接触，最大程度地增加活性位点的利用率。

3.6 合金型负极材料

合金型负极材料在比容量和安全性上具有明显优势。合金型负极材料的理论比容量通常是石墨材料的 2~10 倍，并且对锂电位比石墨的 (0.05 V (*vs.* Li/Li^+)) 高 0.3~0.4 V，这种合适的电位能够防止析锂，同时还能给锂离子电容器提供更宽的电压窗口和更高的能量密度 [126-128]。但是合金型负极的第一次循环不可逆容量损失对于实际应用来说太高，并且所有合金型负极锂化后，体积变化都非常明显，容易造成电极材料粉碎并脱落，导致循环寿命衰减严重，如 Si 基材料体积变化率超过 320%，这也是限制合金型负极材料大规模应用的主要原因 (表 3-1 为主要合金负极具体参数)[128]。

表 3-1 各种负极材料的密度、理论比容量、体积变化和电压平台的比较

材料	Li	Si	Sn	Sb	Al	Mg	Bi
密度/(g/cm^3)	0.53	2.33	7.29	6.7	2.7	1.3	9.78
理论比容量/(mA·h/g)	3862	4200	994	660	993	3350	385
体积变化/(%)	100	320	260	150	96	100	215
电压平台/V(*vs.* Li/Li^+)	0	0.4	0.6	0.9	0.3	0.1	0.8

合金型负极可以是单质，如 Si、Sn、Sb、Al、Mg、Bi、In、Zn、Pb、Ag、Pt、Au、Cd、As、Ga 和 Ge 等，也可以是化合物，如 SnO_2 和 SiO_2 等。尽管许多金属对锂能够发生反应，但考虑到成本和环保问题，只有前五种元素被广泛研究。合金型负极材料与锂的反应可以分为两种类型，一种是将锂添加到反应物相中，不会将反应物中的成分置换出来，反应式可以描述为式 (3.37)：

$$\mathrm{Li} + x\mathrm{M} \rightleftharpoons \mathrm{LiM}_x \tag{3.37}$$

反应物 M 为单质，根据是否发生相变，这些反应可以进一步分为两种类型：固溶反应和加成反应。在固溶反应中，当锂进入其骨架结构时，反应物 M 中不会发生相或结构变化 (即拓扑反应)。在加成反应中，锂化的 LiM_x 的相结构与母相 M 不同。因此，反应涉及从 M 到 LiM_x 的相变。由于锂在这些单质中的溶解度非常有限，所以锂在结晶 Si、Sn、Al 和 Sb 中的嵌入/脱出被认为是加成反应。Li 与 Mg 和非晶 Si 的反应被认为是固溶反应。

合金型负极材料与锂反应的另外一种反应形式为置换反应，锂与合金化合物 MN_y 中的 M 成分发生反应，而另一种成分 N 从原相中被置换出来。被置换的成分 N 对 Li 可以为惰性成分也可以是活性成分。惰性成分化合物可以是 Cu_6Sn_5、$CrSb_2$、SnO 或 Sn_2Fe。涉及的反应方程式为式 (3.38)：

$$\mathrm{Li} + x\mathrm{MN}_y \rightleftharpoons \mathrm{LiM}_x + xy\mathrm{N} \tag{3.38}$$

一些置换反应是不可逆的，被置换出来的组分 N 不能参与后续的充放电循环过程，而是充当缓冲层防止结构进一步破坏，而此时合金化反应就变成了第一种类型。而对于一些组分 N 为活性材料时，在低于元素 M 的电位下与 Li 反应。该反应过程可以认为是置换反应加上元素 N 的加成反应。M 和 N 两组分均为活性的合金型负极材料，包括 SnSb、InSb 和 Mg_2Si。

低不可逆容量和长循环寿命是锂离子电容器负极材料最基本的两个要求，因此，合金型负极材料若想实现应用，首先要解决这两个问题。合金型负极材料的容量衰减来自于 SEI 膜动态的形成过程。对于石墨电极而言，SEI 的形成主要在第一次嵌锂反应过程中。相比

之下，由于合金型负极材料在嵌锂或脱锂过程中体积不断地膨胀与收缩，SEI 经历破裂、重组的过程，厚度和不可逆产物不断增加，并且随着 SEI 膜的持续产生，材料表面的活性位点进一步减少，导致容量继续衰减。尽管锂离子在合金型负极材料中的嵌入/脱出通常是可逆的，但由于缓慢的锂离子释放动力学，高度稳定的锂化产物的生成，一些锂离子可能会被合金型负极材料中的缺陷位点捕获作为配位原子，造成不可逆的容量损失。

为了解决这些问题，研究人员采取了一系列方法，包括将合金型负极材料进行纳米化，与对锂活性或对锂惰性的材料形成复合材料。纳米结构可以让合金型负极材料拥有不同的形貌，例如纳米线、纳米管、纳米颗粒等，对于改善倍率性能、提高比容量和循环寿命都有帮助。而构成复合材料主要是为合金型负极材料提供缓冲层来缓解体积膨胀，增加循环寿命。尽管这些研究使合金型负极材料的电化学性能得到了提升，但是用于锂离子电池负极时，需要尽可能地深度充放电来增加能量密度，但电极材料的循环寿命会严重衰减 [129,130]。因此，合金型负极材料更适合于锂离子电容器负极浅充浅放的储能机制，在有限的工作电压窗口内工作，这样虽然牺牲了部分的可逆容量，但是循环寿命得到了延长。

3.6.1 Si 基负极材料

1. 硅

根据 Li-Si 合金相图 [131]，Si 和 Li 可以形成一系列合金，包括 $Li_{22}Si_5$($F23$ 空间群)，$Li_{13}Si_4$($Pbam$ 空间群)，Li_7Si_3(R-$3m$ 空间群)，$Li_{12}Si_7$($Pnma$ 空间群)，不同的合金晶体结构存在着不同相之间的兼容问题 (图 3-55(a))。根据反应的吉布斯自由能计算的 Li-Si 体系理论电位组成关系，最初的嵌锂反应开始于 0.33 V 左右，每个平台代表两相平衡，最后在 0.05 V 附近形成 $Li_{22}Si_5$(图 3-55(b))。到此 Si 具有最高的理论比容量 4200 mA·h/g，是所有锂离子电容器负极材料中理论比容量最高的材料。Li-Si 体系的电极电位很适合作为锂离子电容器负极使用，既能提供更宽的电压窗口和更高的能量密度，又可以减少析锂发生，并且硅是地球上分布第二多的元素，成本低廉，环境友好，因此硅基材料有机会成为下一代储锂储能器件负极 [132,133]。

和碳材料一样，硅在锂化过程中同样伴随着表面 SEI 膜的形成，形成的机理与碳材料类似，只是在 SEI 膜成分中存在含 Si 物质，如 Li_xSiO_y。Si 在储锂过程中伴随着巨大的体积变化，与 4.4 个 Li 结合的时候体积变化率就超过了 300%甚至更高，巨大的膨胀率让负载在集流体上的活性材料发生破裂，导致内阻急剧增加，严重影响电极的稳定性。

颗粒尺寸较大的硅与锂的反应活性很低，因为锂必须接触硅的表面才能发生反应。当硅的平均尺寸为 10 μm 时，首周充放电损失 2650 mA·h/g 的比容量，库仑效率仅为 25% (图 3-55(c))。在随后的 5 次充放电循环里，容量损失仍然非常严重，在第 5 次循环后，能量保持率不到 30%。这种容量的迅速衰减不仅仅出现在 Si 基材料中，而是所有合金型负极材料的共性问题。为了解决合金型负极材料容量迅速衰减的共性问题，研究人员提出了一系列改进方法，其中将 Si 基材料纳米化是提升电极性能的有效手段，如构建纳米线、纳米球等。这些结构具有较大的自由体积可以容纳锂嵌入时带来的体积膨胀。Lai 等 [135] 通过超临界流-液-固 (SFLS) 方法制备出 Si 纳米线，然后与 Cu 纳米线混合在一起形成自支撑电极。这种方法制备的电极可以更好地缓解 Si 纳米线的体积变化，50 周充放电循环后仍然能保持 2500 mA·h/g 的比容量 (图 3-55(d))。并与活性炭组装成锂离子电容器 AC//Si/Cu，该器件在 1.5~4.2 V 的电压窗口内，最大能量密度为 210 W·h/kg，最高功率密度为 99 kW/kg，循环寿命超过 30000 周。

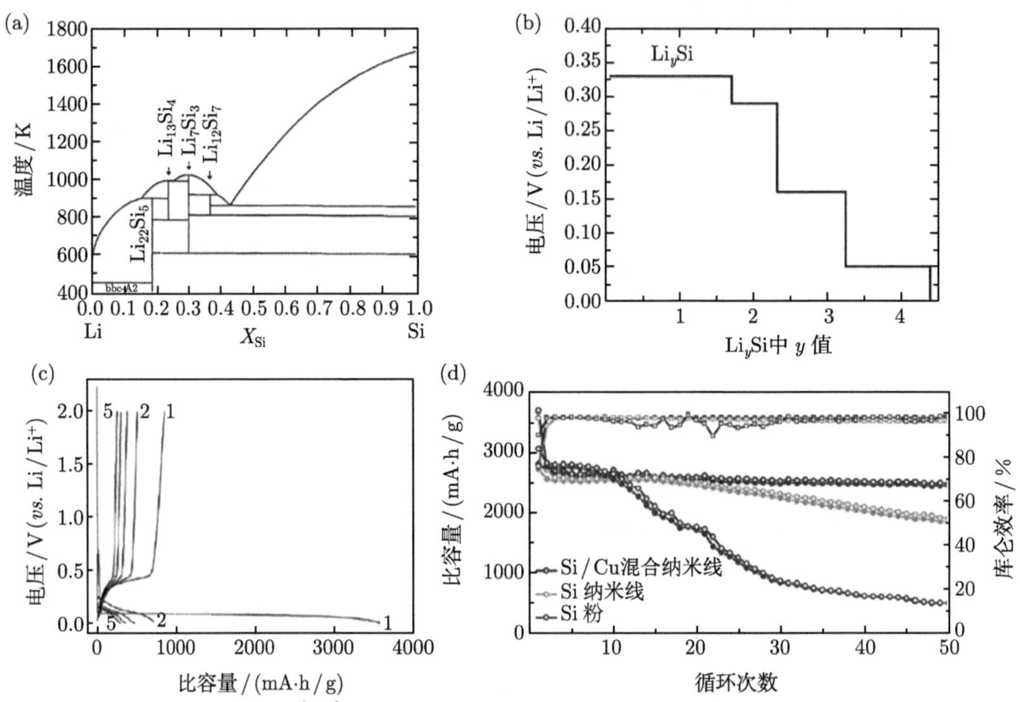

图 3-55 (a) Li-Si 合金相图 [131]；(b) Li-Si 体系的组成和电位的关系；(c) 平均粉末尺寸为 10 μm 的纯 Si 负极的充放电电压曲线 [134]；(d) Si 电极的循环寿命 [135]

鉴于 Si 基材料体积膨胀的问题，通过与其他材料复合为纳米 Si 构建自由空间同样可以缓解体积变化。第一种方法是通过在基底材料上原位生长纳米 Si 阵列 (图 3-56(a))，在纳米棒之间的孔隙可以缓解锂化过程的体积变化，若基底材料为导电性能优异的材料，又可以为 Si 提供快速的电荷转移路径。第二种方法是利用导电外壳将 Si 包裹在其中，Si 的体积变化不会导致活性材料的损失，从而保证电极的循环稳定性 (图 3-56(b))。

An 等 [136] 报道了软碳和硅构成的复合材料 Si/C，并通过调节 Si 的含量来调节 Si 在软碳表面的分布情况，如图 3-56(c) 所示，纳米级的 Si 颗粒均匀分布在软碳表面，充放电循环 100 周后，比容量仍能保持在 250 mA·h/g 以上，Si/C 负极与活性炭正极组装成锂离子电容器 AC//Si/C 能够在 2~4 V 的电压窗口内稳定工作，该器件具有的最高能量密度和功率密度分别为 102.2 W·h/kg 和 9.3 kW/kg，充放电循环 10000 次后容量保持率超过 95.1%。尽管上述纳米结构表现出优秀的电化学性能，但是硅在其中主要充当增加能量密度的添加成分，并没有完全发挥硅基材料的性能优势。Wu 等 [137] 合成了一种尺寸小于 150 nm 且具有大于 50%孔隙率的介孔 Si 纳米球，并在外层包裹掺氮碳涂层来改善 Si 的性能 (图 3-56(d))。利用模板溶胶–凝胶工艺来生产小尺寸的高介孔二氧化硅球，粒径约为

130 nm。然后使用氨作为多巴胺聚合的催化剂将聚胺涂覆在表面，随后碳化后通过镁热还原得到 m-Si@ 掺氮碳 (NDC) 复合材料，并很好地保持了所需的介孔结构。m-Si@NDC 负极在 0.2 A/g 时提供了 2482 mA·h/g 的超高可逆比容量，并表现出优异的循环稳定性，4 A/g 的电流密度下，充放电循环 200 周后，比容量仍有可观的 890 mA·h/g。m-Si@NDC 与葡萄糖衍生的碳纳米球 (GCNS) 组成的锂离子电容器 GCNS//m-Si@NDC 在 2~4.5 V 的电压窗口内的最高能量密度为 210 W·h/kg 和最高功率密度为 36.1 kW/kg，在 8 A/g 的电流密度下充放电循环 20000 周后，容量保持率接近 89%。Si 作为实用化锂离子电容器负极材料的可能性还是存在，尽管有许多工作成功克服了 Si 在储锂过程中存在的问题，但是目前 Si 基材料仍不能完全替代碳材料，仅能作为性能增强材料来提高器件的能量密度。

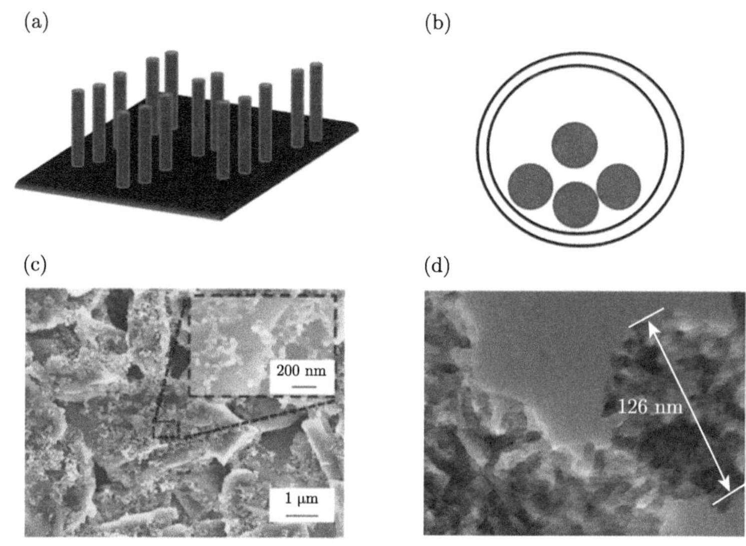

图 3-56 (a) 和 (b) 纳米 Si 基复合材料结构示意图; (c) Si/C 的 SEM 照片 [136]; (d) m-Si@NDC 的 SEM 照片 [137]

2. 氧化硅

作为硅基材料的重要部分，$SiO_x(0 \leqslant x \leqslant 2)$ 通常具有 2680~1680 mA·h/g 的理论比容量，也被认为是锂离子电容器负极材料的候选材料。由于锂氧配位，SiO_x 在充放电过程中伴随的体积变化更小，活化能更低。在首周嵌锂反应中对应的反应为 SiO_x 转化成 Si 和 Li_2O 或 Li_4SiO_4。随后的充放电过程中 Si 与 Li 发生可逆合金反应形成 Li_xSi。2002 年研究人员发现，SiO_x 中除了颗粒尺寸外，氧的含量 (x 的数值) 对于电极材料的循环寿命和可逆比容量也有直接的影响。实验发现在平均颗粒尺寸为 50 nm 的情况下，$SiO_{0.8}$ 的初始比容量为 1700 mA·h/g，随后在充放电过程中容量迅速衰减，而当 x=1.1 时 ($SiO_{1.1}$)，在充放电循环数次后比容量基本可以稳定在 750 mA·h/g。可以认为 x 的数值越大，含氧量越高，电极的循环稳定性越好。此外，颗粒尺寸降到 30 nm 时，发现相同的 SiO_x 拥有更好的容量保持率和更高的可逆比容量。Park 等 [138] 通过溶胶–凝胶法合成了碳包覆 Si/SiO_x(C-Si/SiO_x) 复合材料并应用于锂离子电容器体系，该复合材料具有良好的循环稳定性和可逆

比容量 (1081 mA·h/g)。由于 SiO_x 减轻了在嵌锂过程中的体积变化，充当了部分缓冲层，同时均匀分散的 Si 颗粒又能弥补含氧量增加带来的容量损失，最外层的碳包覆对于电极材料起到保护作用，并提高电极材料的导电能力，从而实现了高容量和高循环稳定性。以碳包覆 Si/SiO_x 作负极，活性炭作为正极组装的锂离子电容器 AC//Si/SiO_x 具有的最大能量密度约为 79 W·h/kg，最大功率密度为 4 kW/kg，并且表现出超过 1000 周的循环寿命。Sun 等 [139] 报道了一种氧化亚硅负极设计思路，将氧化亚硅颗粒分散于具有纳米结构的导电炭黑基体中，一方面导电炭黑具有硬碳的储锂特性，因此可作为快速储锂的负极活性材料；另一方面，导电炭黑具有蓬松的结构，可以为氧化亚硅颗粒提供足够的体积变化空间和有效的电子导电网络，导电炭黑可吸纳较多的电解液亦可缩短离子扩散距离。采用这种复合电极结构的氧化亚硅的比容量达 1549 mA·h/g，基于氧化亚硅和导电炭黑的比容量可达 1347 mA·h/g，在 0.1~0.6 V(*vs.* Li/Li^+) 电压范围内循环 500 周容量无衰减；与活性炭正极组装成锂离子电容器的能量密度可达 149.8 W·h/kg，50C 倍率下器件的容量保持率达 63.8%，在 2.2~3.8 V 电压范围内循环 3000 周后容量保持率达 93%。得益于该复合负极的超高比容量，锂离子电容器可采用更轻薄的负极，可有效提高锂离子电容器的能量密度和功率密度。

3.6.2 Sn 基负极材料

1. 锡

锡 (Sn) 具有白色、蓝色光泽，熔点为 232 ℃，有三种同素异形体。四方晶系白锡，晶胞参数为 $a = 0.5832$ nm，$c = 0.3181$ nm，晶胞中含有 4 个 Sn 原子，密度为 7.28 g/cm^3；金刚石型立方晶系灰锡，晶胞参数为 $a = 0.6489$ nm，晶胞中含有 8 个 Sn 原子，密度为 5.75 g/cm^3；正交晶系脆锡，密度为 6.54 g/cm^3。Li-Sn 二元相图表明在室温下有八个晶相 (图 3-57(a))[140]：Sn、Li_2Sn_5、LiSn、Li_7Sn_3、Li_5Sn_2、$Li_{13}Sn_5$、Li_7Sn_2 和 $Li_{22}Sn_5$。从室温下的库仑滴定曲线确定的 Li_ySn 相的锂反应电位为：0.66($y = 0.4 \sim 0.7$，Sn-Li_2Sn_5)，0.53($y = 0.7 \sim 2.33$，LiSn-Li_7Sn_3)，0.485($y = 2.33 \sim 2.6$，Li_5Sn_2-$Li_{13}Sn_5$)，0.42($y = 2.6 \sim 3.5$，$Li_{13}Sn_5$-Li_7Sn_2) 和 0.38 V($y = 3.5 \sim 4.4$，Li_7Sn_2-$Li_{22}Sn_5$)。一些预测的平衡反应已通过 Li-SnO 电池的原位 XRD 分析得到证实。锂合金化阶段的主要相被确定为 Sn(0.66 V)、Li_2Sn_5(0.55 V) 和 LiSn(0.41 V)。观察到在低于 0.31 V 时形成了诸如 Li_7Sn_3 和 $Li_{22}Sn_5$ 之类的富锂相，但不能完全区分，因为这些相的结构非常相似。Sn 基合金中的最终锂化产物被确定为 $Li_{22}Sn_5$($Li_{4.4}Sn$)，形成电位接近 0.2 V，明显高于 Si 和 C 的，表明其更高的脱嵌锂平台电位。在脱锂反应过程中，XRD 图案表明在 0.78 V 下形成 LiSn，在 1.0 V 下形成 Sn。脱合金电位明显高于平衡值，从微分电容曲线 (图 3-57(b)) 可以看到，纯 Sn 通常在合金化状态下观察到三个峰，0.36 V、0.48 V 和 0.65 V；在脱合金中观察到四个峰，0.42 V、0.56 V、0.69 V 和 0.78 V。根据上述原位 XRD 结果，可以合理推测合金化循环中的前两个峰 (0.65 V 和 0.48 V) 和脱合金循环中的后两个峰 (0.69 V 和 0.78 V) 分别对应于 Sn-Li_2Sn_5 和 Li_2Sn_5-LiSn 反应。

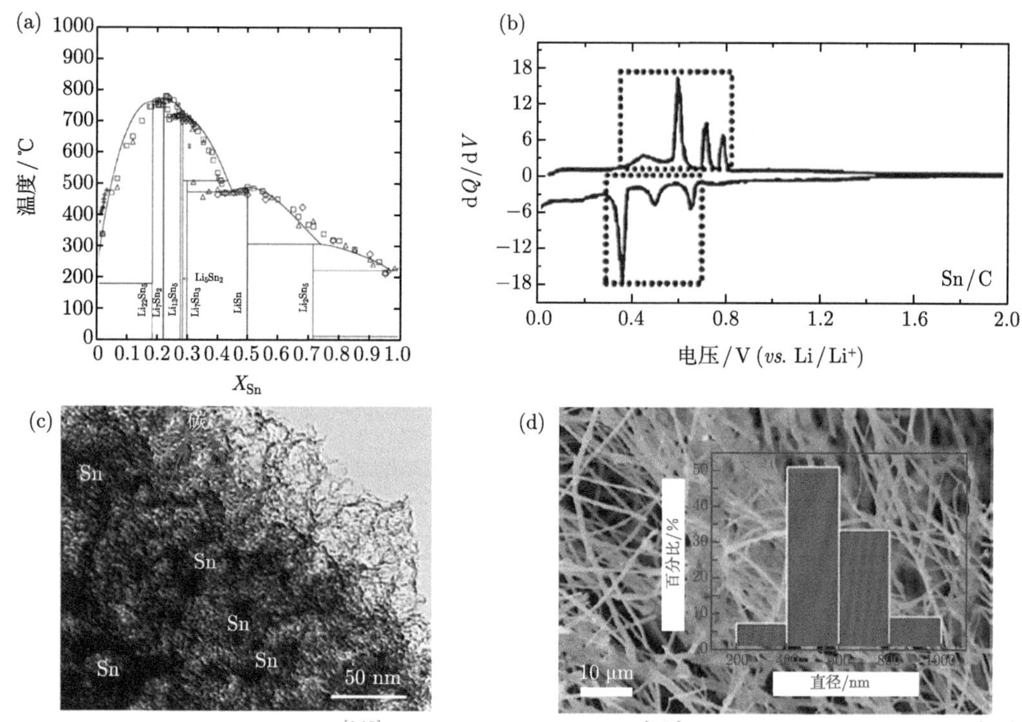

图 3-57 (a) Li-Sn 合金相图 [140]；(b) Sn 微分电容曲线 [141]；(c) Sn-C 的 TEM 照片 [142]；(d) Sn-NP-CNF 的 SEM 照片 [143]

Sn 的锂化过程与 Si 和 C 一样，也会在材料表面先形成一层 SEI 膜，首次嵌锂涉及的反应包括以下反应式：

$$\mathrm{Li^+} + (\text{溶剂、锂盐}) + \mathrm{e^-} \longrightarrow \mathrm{SEI} \tag{3.39}$$

$$x\mathrm{Li^+} + \mathrm{Sn} + x\mathrm{e^-} \longrightarrow \mathrm{Li}_x\mathrm{Sn} \tag{3.40}$$

根据文献报道，Sn 材料中锂离子扩散系数比碳材料要大，这对于锂离子电容器负极来说具有优势。但 Sn 材料同样面对着体积膨胀率高的问题，LiAl 为 97%，$Li_{4.4}Si$ 为 323%，而 $Li_{4.4}Sn$ 为 358%。高体积膨胀率让 Sn 基材料在集流体上容易发生龟裂，材料颗粒发生粉碎，导致电极材料的循环性能严重下降，并且在集流体上出现的裂痕会让器件的内阻增加，导致器件电化学性能的衰退。

对于 Sn 基材料的改性与 Si 类似，主要是针对循环稳定性的改进。方法包括对 Sn 基材料的纳米化，与其他材料进行复合构建纳米复合结构等。Sun 等 [142] 采用气凝胶辅助喷涂工艺制备了氮掺杂碳材料，然后将氮掺杂碳材料与 $SnCl_2$ 在乙醇中搅拌后干燥，然后在惰性气氛下 700 ℃ 加热得到最终产物 Sn-C。从图 3-57(c) 所示的 Sn-C 的透射电子显微镜照片观察到，碳层包裹在 Sn 表面，作为 Sn 体积膨胀的缓冲层，同时能够防止电极有效成分的流失，增加电极材料的循环稳定性，Sn-C 在 0.2 A/g 的电流密度下具有 1081 mA·h/g 的可逆比容量，充放电循环 100 周后，可逆比容量仍能够保持 995 mA·h/g。以 Sn-C 作为负极，自制活性炭 (PAC) 作为正极组装锂离子电容器，在 2~4.5 V 的电压窗口下具有 196 W·h/kg 的能量密度和 24375 W/kg 的功率密度，充放电循环 5000 次后容量保持率超过 70%。Yang 等 [143] 利用静电纺丝制备了氮磷掺杂的含 Sn 纳米碳纤维 Sn-NP-CNF-4(图 3-57(d))。一维纳米线结构可以为 Sn 的体积膨胀提供空间，能够有效防止活性物质粉碎从集流体脱落，同时碳纤维作为导电材料能够提高 Sn 的电子传输能力，大比表面积又可以增加电极材料与电解质的接触面积，充分利用 Sn 的活性位点，锂离子的扩散系数也得到了提高。Sn-NP-CNF-4 在 0.2 A/g 的电流密度下具有 881.2 mA·h/g 的可逆比容量，当电流密度增加到 5 A/g 时，可逆比容量仍保持在 230 mA·h/g。以活性炭作为正极、Sn-NP-CNF-4 为负极组装锂离子电容器时，AC//Sn-NP-CNF-4 在 0~4 V 的电压窗口内具有 186 W·h/kg 的能量密度和 20 kW/kg 的功率密度，充放电循环 10000 周后，容量保持率超过 83.7%。

2. 氧化锡

氧化锡 (SnO_x) 作为锡基负极材料的一种，包含 SnO_2、SnO 等。可具有高于石墨两倍多的理论比容量 (782 mA·h/g)。SnO_x 的锂化过程相比于 Sn 单质而言多了一步取代反应，即锂首先与 SnO_x 反应生成 Li_2O 和单质 Sn，如式 (3.41) 所示，随后的锂化过程与 Sn 单质类似。

$$2x\mathrm{Li}^+ + 2x\mathrm{e}^- + \mathrm{SnO}_x \longrightarrow x\mathrm{Li_2O} + \mathrm{Sn} \tag{3.41}$$

SnO_x 对锂的充放电平台电位在 0.3~1.0 V，能够在提供宽电压窗口的同时又有效避免了锂沉积；同时它易于制备、原料丰富、成本低。这些优势使得 SnO_x 成为电池型负极材料的一个研究热点。SnO_x 的主要合成手段包括水热法、模板法、溶胶–凝胶法、化学气相沉积法等。其中 $x = 2$ 的 SnO_2 应用较为广泛，性能也最为稳定，SnO_2 首先由富士胶卷公司研发，SnO_2 是四方晶系金红石结构，Sn^{4+} 填充在 O^{2-} 的八面体间隙当中，配位数为 6。1 mol 的 SnO_2 可以储存 8.4 mol 的 Li，对应的理论比容量为 1491 mA·h/g。但是由于产生 Li_2O 的过程为不可逆反应，所以电极的可逆比容量通常为转化成 Sn 之后的贡献，即比容量为 783 mA·h/g。同时，与 Si 相似，SnO_2 的电导率低，并且在充放电过程中同样容易发生较大的体积膨胀 (约 300%)。电极材料受到体积膨胀的影响，易发生开裂、粉化和颗粒间的团聚，在此过程中会反复形成不稳定的 SEI 膜，导致性能的严重衰减和电极的损坏。围绕这些问题，研究人员目前主要采用两种方法来解决：一种有效的方法是合成具有特定纳米结构的 SnO_2，包括一维结构的纳米棒/纳米管/纳米线、二维纳米片以及三维空心或多孔纳米结构。另一种方法是将高活性的 SnO_2 纳米颗粒嵌入高导电材料网络 (如纳米多孔碳、石墨烯或者 MXene)，形成复合纳米结构。导电碳材料载体不仅可以缓解 SnO_2 在充放电过程中的体积膨胀，而且还能提供良好的导电网络。Qu 等 [133] 通过水热法将管状介孔碳包裹到超细 SnO_2 颗粒上，制备了 SnO_2-C 复合材料作为负极，可逆比容量为 978 mA·h/g。同时以管状介孔碳为正极组装了锂离子电容器 C//SnO_2-C，该器件在 0.5~4 V 的电压窗口内能够稳定工作，最高能量密度可以达到 110 W·h/kg，最高功率密度达到 2960 W/kg，2000 次循环后容量保持率为 80%。其优异的电化学性能归因于 SnO_2-C 独特的介孔结构，这种管状纳米结构为锚定的超细 SnO_2 提供了纳米限域空间，保证在 Li^+ 嵌入前后 SnO_2 纳米颗粒与碳基质之间的有效接触，同时抑制了 SnO_2 颗粒的体积膨胀，提升了材料的稳定性。

3.6.3 其他合金型负极材料

Ge 和 Sb 的理论容量低于 Si 和 Sn，成本却高。Si 和 Sn 基电极材料在锂离子电容器中的应用报道较多，研究也比较全面，但是 Ge 和 Sb 作为合金型负极材料的重要组成部分也有一定的应用潜力。其中 Ge 因为具有超过 Si 单质 10000 倍的导电性而被认为是良好的快速储锂材料。Ge 的理论比容量为 1623 mA·h/g，此时对应的合金产物为 $Li_{22}Ge_5$，禁带宽度更窄，仅有 0.67 eV，比 Si 要小，电子更容易传输。此外研究发现锂在 Ge 中的扩散更快，在室温和 360 ℃ 下的扩散系数分别大约是 Si 的 15 和 400 倍。正极和负极之间的动力学匹配对于锂离子电容器功率密度、能量密度以及循环性能非常重要，Ge 的这些性质确保了电极材料的快速嵌锂和脱锂反应以及更有效的电荷传导。

锗与 Li^+ 同样发生合金化反应来可逆地存储锂。在嵌锂过程中，锗可以与锂形成一系列富锂化合物，如式 (3.42) 所示：

$$\mathrm{Ge} + x\mathrm{Li}^+ + x\mathrm{e}^- \longrightarrow \mathrm{Li}_x\mathrm{Ge} \quad (0 < x \leqslant 4.4) \tag{3.42}$$

每个锗原子最多可以容纳 4.4 个 Li^+，相比于石墨电极中每个碳原子可以容纳 1/6 个 Li^+ 来说，锗具有较高的比容量。一般来说，在充放电过程中，非晶态锂–锗合金的形成对提供良好的锂储存能力起着至关重要的作用。第一性密度泛函理论 (DFT) 计算表明，锗的锂化起始电压无方向依赖性。在晶态锗电极中，Li-Ge 的相互作用决定锂的迁移率 ($D_{\mathrm{Li}} = 10^{-11}$ cm^2/s)，随着锂化的进行，迁移率随之增加 ($D_{\mathrm{Li}} = 10^{-7}$ cm^2/s)。锂在非晶态锂–锗合金中的快速扩散，即使在锂化的早期阶段，也与锗原子的重排直接相关。在循环过程中，晶态和非晶态 Ge 之间的转换是通过 Li_9Ge_4 和 $Li_{15}Ge_4$ 之间的非晶态到晶态的相互转换完成的。电极的高比容量可能与结构中存在的电驱动、亚稳态、过锂化的锂–锗合金有关。

Ge 面临的问题与其他合金材料相似，主要是来自合金化反应过程中巨大的体积变化问题 (约 370%)，再考虑到 Ge 本身的高成本，这些因素严重地限制了 Ge 的规模化制备以及在储能器件中的实际应用。同样地，将 Ge 制备成纳米结构，包裹纳米颗粒、纳米线、纳米管等可以有效地缓解体积膨胀问题，通过固态热解法等方法可以将 Ge 纳米颗粒与导电基底进行复合，得到的复合材料相较于 Ge 单质，电化学性能得到进一步的提升。例如，将 Ge 纳米化成 20 nm 以下的颗粒，并封装在 70 nm 以下的碳球中，碳层作为缓冲层防止 Ge 在充放电过程中的大体积变化，同时作为导电外壳进一步加速电子传输性能，减少在 Ge 表面形成的 SEI 膜，提高 Ge 电极材料的利用率，所制备的复合材料具有良好的倍率性能。或在导电基底材料上通过化学气相沉积等方法将 Ge 纳米颗粒直接沉积在表面，比如，在 SMCNT 上沉积 60 nm 的 Ge 纳米颗粒，再在表面镀一层 TiO_2 进一步提升倍率性能。这种复合电极材料表现出优异的电化学性能，可逆比容量为 980 mA·h/g。除了纳米颗粒之外，Ge 纳米线和 Ge 纳米管同样具有优异的电化学性能，但是对于 Ge 基材料作为锂离子电容器负极材料的开发仍非常少，主要原因还是 Ge 本身的成本问题，若能实现规模化制备，Ge 基电极应该可以在锂离子电容器负极材料中具有一席之地。

Sb 基材料的化学性能与 Si、Sn 相似，同样可以用于锂离子电容器负极材料。Sb 在自然界中的储量比较丰富，主要存在于硫化物的矿石中，与其他转化材料相比，Sb 可以呈现出类似于石墨的层状结构，这种结构有利于锂离子的快速脱嵌，提高离子的传输速率。Sb 的理论比容量与其他合金型负极材料相比并不是很高，仅有 660 mA·h/g，但是体积膨胀率相比之下要好很多，仅有 150%左右，嵌锂电位位于 0.8 V 左右，可以避免锂枝晶的产生，在嵌锂过程中的合金化反应如式 (3.43) 所示：

$$\mathrm{Sb} + x\mathrm{Li}^+ + x\mathrm{e}^- \longrightarrow \mathrm{Li}_x\mathrm{Sb} \quad (0 < x < 3) \tag{3.43}$$

对 Sb 基负极材料的改性同样是针对其在充放电过程中的体积变化。尽管 Sb 的膨胀率在合金型材料中比较小，但是对电极的循环稳定性仍有不良的影响，容易造成材料结构粉碎、结构坍塌，从而导致器件可逆比容量的迅速衰减。因此，采用 Sb 与碳材料复合，可以大大提高 Sb 基材料的电化学性能，碳材料不仅可以增加电极的导电性能，而且能够提高材料的机械强度。通常采用的方案为选取一个合适的碳骨架，然后将 Sb 均匀附着在碳骨架上，这样能够有效缓解 Sb 的体积膨胀导致的结构坍塌。根据目前的研究情况，研究者们已经设计出 Sb/多孔碳、Sb/石墨烯、Sb/石墨以及 Sb/碳纳米管等复合材料。Chen 等 [144] 利用 CNT 作为碳骨架，通过液相法在 CNT 表面包覆 Sb 层，Sb/CNT 在 0.1 A/g 的电流密度下可逆比容量超过 300 mA·h/g，并且与自制掺氮活性炭 KPN900 组装成锂离子电容器 KPN900//Sb/CNT，该电容器在 0.01~3.8 V 电压窗口内的最大能量密度为 97 W·h/kg 和最大功率密度为 7.9 kW/kg。

合金型负极材料的超高理论比容量使这一类材料受到了广泛的关注，但是其固有的缺陷也十分明显，首先是充放电过程中较大的体积变化带来的性能衰减，其次是较差的导电性能和缓慢的反应动力学。因此，若想将合金型负极材料广泛应用于锂离子电容器中，就要针对这两点缺陷进行改性。目前采用的方案包括对材料的纳米化以及构建稳定的复合结构。尽管已经取得了相当的进展，但为了进一步开发合金型负极材料的应用潜力，可以从以下几个方向开展更深入的研究：首先要对每种合金类材料的电极开裂和粉化原理进行探究，可以通过原位和非原位手段来了解循环过程中的形貌变化；其次是开发适用于不同合金型负极材料的黏结剂和电解液，在不影响导电性能和 SEI 膜稳定性的前提下尽可能避免电极开裂的情况；再次是继续设计不同结构和形貌的合金型负极材料，利用掺杂、包覆等技术制备复合材料，研究材料结构、组成对储锂机制的影响，进一步改善材料的电化学性能；最后是开发规模化制备合金型负极材料的方法和技术，从而降低生产成本以促进其在商业化锂离子电容器中的实际应用。

3.7 MXene 负极材料

MXene 二维材料因其高电导率和独特的表面化学性质被广泛研究。MXene 在 2011 年由美国 Gogotsi 和 Barsoum 等 [145] 开发制备，通式可以表示为 $\mathrm{M}_{n+1}\mathrm{X}_n\mathrm{T}_x$，其中 M 代表早期过渡金属，X 代表碳或氮，$n$ 通常是一个整数，T 代表表面官能团 (—OH、—O、—F、—Cl 或—Br 等)。MXene 主要是通过选择性刻蚀 MAX 前驱体获得，其中 A 是元素周期表中第 Ⅲ 或 Ⅳ 主族中的元素，如 Al 或 Ga 等 (图 3-58(a))[146-148]。以氢氟酸刻蚀为例，刻蚀过程可以由以下公式表示：

$$M_3AX_2(s) + 3HF(aq) \longrightarrow AF_3(s) + 3/2H_2(aq) + M_3X_2(g) \tag{3.44}$$

$$M_3X_2(s) + 2H_2O(aq) \longrightarrow M_3X_2(OH)_2(s) + H_2(g) \tag{3.45}$$

$$M_3X_2(s) + 2HF(aq) \longrightarrow M_3X_2F_2(s) + H_2(g) \tag{3.46}$$

MXene 根据原子层数和排布的不同可以分为 211、321、431 等构型，随着 MXene 材料刻蚀工艺的发展，从 2011 年实现氢氟酸刻蚀成功制备第一个 MXene(Ti_3C_2) 以来发展至今，已经开发出包括含氟盐刻蚀 (2014 年)[149]、剥离单层 MXene 纳米片 (2016 年)[150]、熔融盐路易斯酸刻蚀 (2019 年)[151]、无铝 MAX 刻蚀 (2020 年)[152] 以及精准调控终止基团种类 (2020 年)[153] 的多种工艺 (图 3-58(b))。MXene 种类繁多，已经有 30 多种 MXene 在实验室被合成 (图 3-58(c))。MXene 种类的多样性也展现出许多优异的性能，如高导电性、较高的体积比电容和电磁干扰屏蔽等性能。基于 MXene 材料的优异性能，在电化学储能、透明导电电极和电磁干扰屏蔽、光电探测器、传感器等方面有着广阔的应用前景。

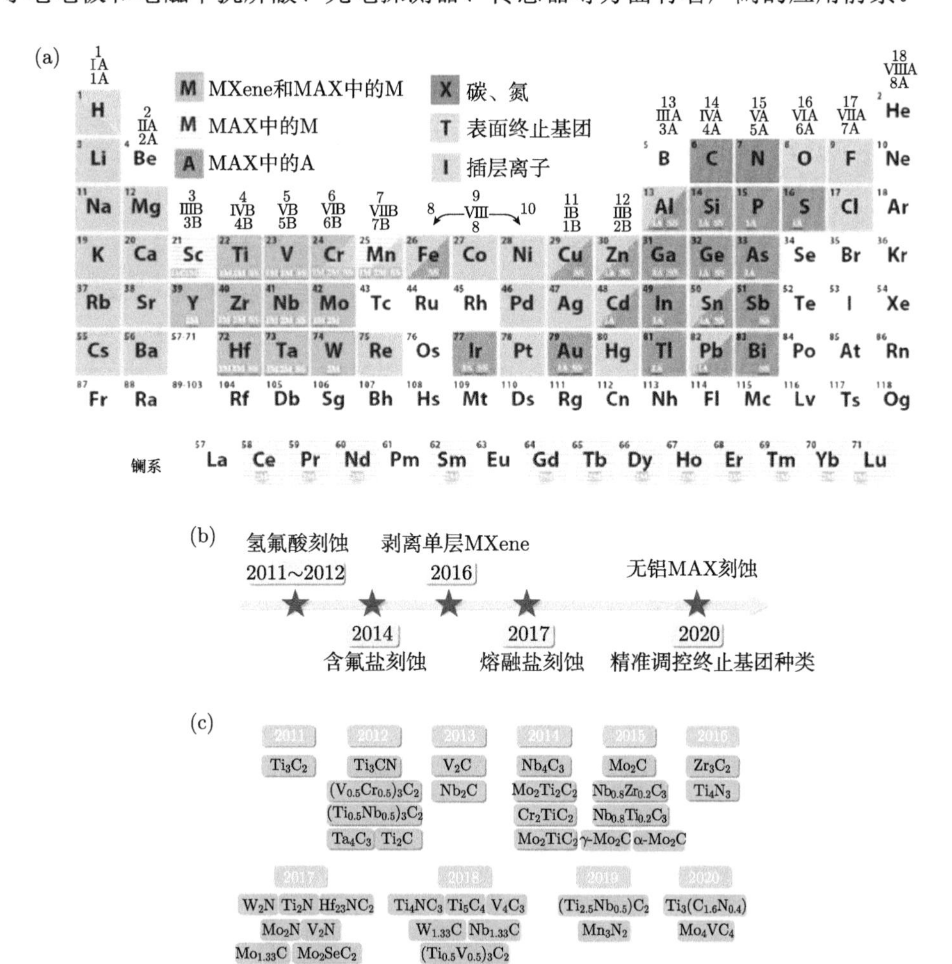

图 3-58 (a) 用于构成 MAX、MXene 和插层离子的元素；(b) MXene 刻蚀工艺各发展阶段；(c) 到 2020 年为止实验室制备获得的 MXenes 种类 [154]

在储能领域，MXene 基材料同样引起了研究人员极大的兴趣。其作为储锂、储钠、储钾的电极材料时具有优异的电化学性能，同时具备良好的机械稳定性、亲水性和 2D 层状结构等特点，尤其是作为锂离子电容器负极材料时，良好的导电性和层间快速的离子传输通道能够有效缓解正负极之间的动力学不匹配。但是，MXene 本身的理论比容量不高 (300 mA·h/g 左右)，并且单层纳米片极易发生重新堆叠和团聚，这些问题阻碍了 MXene 基电极材料的进一步应用。因此，为了抑制 MXene 纳米片的堆叠问题，同时提高 MXene 的比容量，与其他功能材料进行复合是一直以来的研究热点。将 MXene 与炭黑、石墨烯、金属氧化物等材料进行复合，不仅可以抑制 MXene 的自我堆叠，增大 MXene 的有效比表面积，还可以提高材料的比容量。常见的 MXene 基复合材料的制备方法主要有：静电自组装、真空抽滤、原位复合、超声辅助、离子诱导和离子/聚合物插层等。

MXene 在有机系电解液中，Li^+ 会嵌入 MXene 层间并发生电荷转移，正如图 3-59(a) 所示，Li^+ 在 1.1 V 处显示出氧化峰，在 0.9 V 处显示出还原峰，其对应的可逆反应为式 (3.47)：

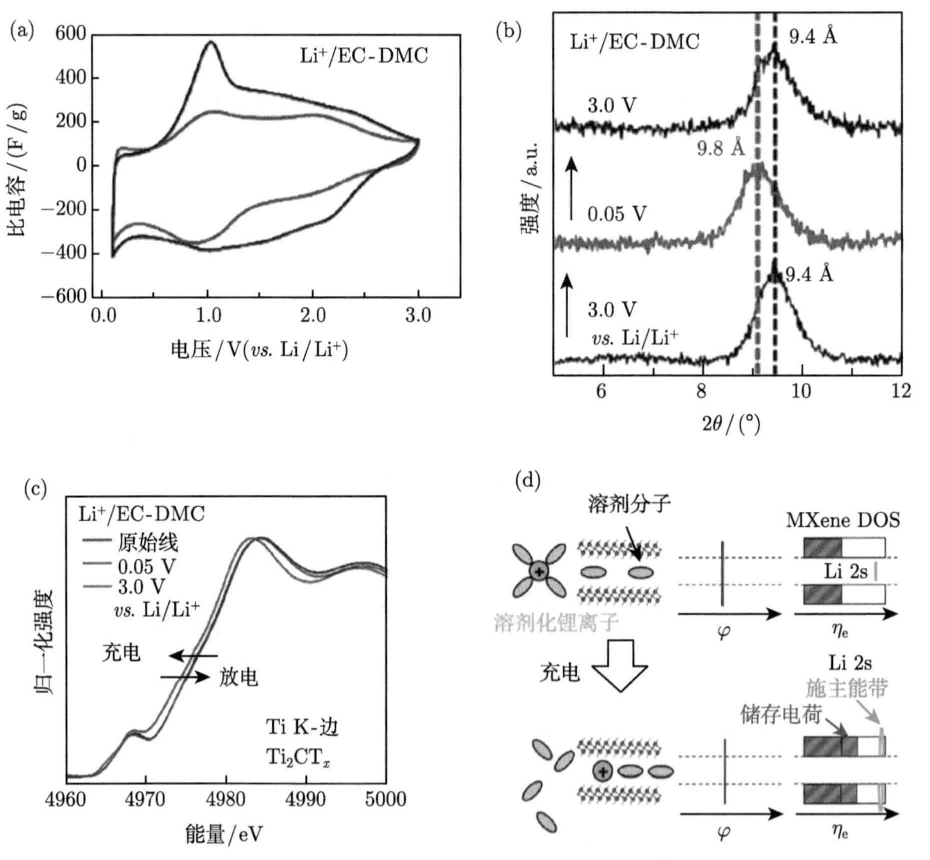

图 3-59 (a) $Ti_3C_2T_x$ 的 CV 曲线；(b) Li^+ 嵌入 $Ti_3C_2T_x$ 层间过程的非原位 XRD 图；(c) $Ti_3C_2T_x$ 中 Ti 元素的 K 边 X 射线吸收光谱；(d) 充电初始阶段 MXene 电极的反应示意图 [155]

$$\mathrm{Ti_3C_2 + 2Li \rightleftharpoons Ti_3C_2Li_2} \tag{3.47}$$

随着嵌锂的发生，Li^+ 进入 MXene 层间，并扩大了层间空间，因此在 XRD 曲线上表现为 (002) 衍射峰向左发生偏移，层间距由 9.4 Å 增加到 9.8 Å，当脱锂反应完成时又重新回到 9.4 Å(图 3-59(b))，Ti 元素的 K 边 X 射线吸收光谱同样表明，Ti 在充放电过程中伴随的是可逆的氧化还原反应 (图 3-59(c))。理论上来说，电极材料的比容量 (C) 可以通过公式 (3.48) 计算，其中 $\Delta(\varphi_{\mathrm{cc}}-\varphi_{\mathrm{b}})$ 是集流体 (φ_{cc}) 和体电解质 (φ_{b}) 之间内部电位差的变化，ΔQ 是单位质量电极上存储的电荷总数。

$$C=\frac{\Delta Q}{\Delta(\varphi_{\mathrm{cc}}-\varphi_{\mathrm{b}})} \tag{3.48}$$

$$\Delta(\varphi_{\mathrm{cc}}-\varphi_{\mathrm{b}})=\Delta\left(\varphi_{\mathrm{e}}^{\mathrm{E}}-\varphi_{\mathrm{i}}^{\mathrm{E}}\right)-\frac{\Delta\left(\mu_{\mathrm{e}}^{\mathrm{E}}+\mu_{\mathrm{i}}^{\mathrm{E}}\right)}{F} \tag{3.49}$$

同时 $\Delta(\varphi_{\mathrm{cc}}-\varphi_{\mathrm{b}})$ 又可以由两部分表示，如公式 (3.49)，$\mu_{\mathrm{e}}^{\mathrm{E}}$ 和 $\mu_{\mathrm{i}}^{\mathrm{E}}$ 分别是电极中电子和离子的化学势，$\varphi_{\mathrm{e}}^{\mathrm{E}}$ 和 $\varphi_{\mathrm{i}}^{\mathrm{E}}$ 分别是电极中电子和离子的内势。第一项给出 EDLC 电容，而第二项给出非 EDLC 电容 (赝电容、量子电容或化学电容)。在非水系电解质中，溶剂化能比水合要弱得多。因此，在 MXene 与电解质界面更容易发生部分去溶剂化，并且在嵌入之后，阳离子的原子轨道与 MXene 的表面终止基团的轨道会发生杂化。通过第一性原理 (DFT) 计算证明了阳离子供体带的存在，这种轨道杂化形成了一个供体带以还原 MXene(图 3-59(d))。MXene 和嵌入的阳离子之间的电荷转移通过轨道杂化发生，这应该会屏蔽电子和阳离子之间的电场以减少 ($\varphi_{\mathrm{e}}^{\mathrm{E}}-\varphi_{\mathrm{i}}^{\mathrm{E}}$)。此外，有机电解质的大电位窗口允许存储大量电子和阳离子，由于带系填充效应和相互作用导致 $\mu_{\mathrm{e}}^{\mathrm{E}}$ 和 $\mu_{\mathrm{i}}^{\mathrm{E}}$ 发生相当大的变化。因此，MXene 电极电容主要由化学势主导的赝电容产生 [155]。

赝电容材料通过类似电池型材料的氧化还原反应储存电荷，但在动力学上具有明显优势，具有更快的反应速度；因此，这些材料为同时实现高能量密度和高功率密度提供了思路。MXene 作为赝电容材料具有稳定的 2D 结构和金属导电性，可以实现高倍率性能和长循环寿命，是作为锂离子电容器负极材料的良好选择。

3.7.1 $\mathrm{Ti_3C_2T_x}$

MXene 种类虽然繁多，但其中 $\mathrm{Ti_3C_2T_x}$ 应用最为广泛，无论从制备工艺还是电化学性能研究上都最为成熟，也是 MXene 这一类材料中作为锂离子电容器负极材料应用最多的种类 [156-158]。$\mathrm{Ti_3C_2T_x}$ 由三层 Ti 原子和两层 C 原子交替排列组成，外面为根据刻蚀方法不同而携带的终止基团 (图 3-60(a))，$\mathrm{Ti_3C_2T_x}$ 的理论比容量为 320 mA·h/g，层间距约为 0.97 nm，远超过 Li^+ 的离子直径 0.076 nm。相比于多层的 MXene，单层或少层的 MXene 纳米片表现出更加优异的物理和化学性能，并且由于 $\mathrm{Ti_3C_2T_x}$ 层间以弱的范德瓦耳斯力连接，多层 $\mathrm{Ti_3C_2T_x}$ 呈现出手风琴形貌 (图 3-60(b))，因此可以通过嵌入阳离子的方法扩大层间空间甚至剥离 MXene 纳米片。目前已经报道的插层剂包括二甲亚砜、四丁基氢氧化铵 (TBAOH)、十六烷基溴化铵 (CTAB) 和异丙胺等。此外，$\mathrm{Ti_3C_2T_x}$ 在水溶液中其表面官能团会发生电离使 $\mathrm{Ti_3C_2T_x}$ 表面带负电荷，静电排斥力使 $\mathrm{Ti_3C_2T_x}$ 纳米片均匀地悬浮在水中，形成均一、稳定的分散液。通过将 $Ti_3C_2T_x$ 与另一种带正电荷的分散液混合，正、负电荷通过静电反应形成复合材料。一些金属阳离子，如 Li^+、Na^+、Mg^{2+} 等，也能通过静电吸附进入 $Ti_3C_2T_x$ 层间，然后通过洗涤和振荡便可获得高质量低缺陷的 $Ti_3C_2T_x$ 纳米片。$Ti_3C_2T_x$ 材料在电子性能上具有独特表现，通过第一性原理计算研究 $Ti_3C_2T_x$ 的能带结构和电子态密度，发现单层 $Ti_3C_2T_x$ 纳米片在费米能级附近具有很好的电子密度，表现出金属特征。

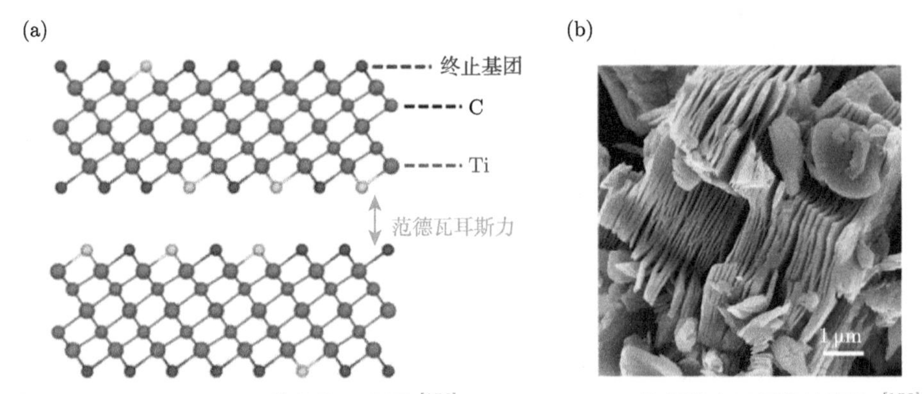

图 3-60 (a) $Ti_3C_2T_x$ 的结构示意图 [156]；(b) $Ti_3C_2T_x$ 的扫描电子显微镜照片 [159]

$Ti_3C_2T_x$ 基复合材料具有金属级 (或窄带隙半导体级) 电导率、开放的结构、较弱的层间作用力和较高的比表面积，在锂离子电容器中具有较好的应用。Tang 等 [160] 利用第一性原理计算，系统研究了纯相及—F 和—OH 官能化的 $Ti_3C_2T_x$ 的结构稳定性、电化学性能和储锂性能。不含有官能团的 Ti_3C_2 表现出磁性金属特征，而—F 和—OH 官能化的 $Ti_3C_2F_2$ 和 $Ti_3C_2(OH)_2$ 具有窄隙带半导体特征还是金属特征，则取决于—F 和—OH 端基官能团的几何结构。在大多数稳定构型中，—F 和—OH 官能团倾向位于与 3 个碳原子相邻的空位上，形成 I-$Ti_3C_2F_2$ 和 Ⅱ-$Ti_3C_2(OH)_2$ 结构，具有窄带隙半导体性质。纯相 Ti_3C_2 具有最低的能量势垒和最短的传输路径，因此单层 Ti_3C_2 传递锂离子的速率比官能化的 $Ti_3C_2T_x$ 更快。如图 3-61 所示，通过模型计算，锂离子最倾向于吸附在位于顶端的碳原子上，而 I-$Ti_3C_2F_2$ 和 Ⅱ-$Ti_3C_2(OH)_2$ 中的—F 和—OH 官能团带来空间位阻，形成较高的扩散势垒，其中—OH 官能团体积更大，在嵌锂反应过程中对 Li^+ 迁移造成相对更大的阻碍，因此各材料中锂离子的传输速率依次为：Ti_3C_2>I-$Ti_3C_2F_2$>Ⅱ-$Ti_3C_2(OH)_2$。通过计算推导，在 2×2 超晶胞中，单层 Ti_3C_2、I-$Ti_3C_2F_2$ 和 Ⅱ-$Ti_3C_2(OH)_2$ 可容纳的锂离子数分别为 8、4 和 2，即 $Ti_3C_2Li_2$、I-$Ti_3C_2F_2Li$ 和 Ⅱ-$Ti_3C_2(OH)_2Li_{0.5}$，对应的开路电压分别为 0.62 V、0.56 V 和 0.14 V，理论比容量分别为 320 mA·h/g、130 mA·h/g 和 67 mA·h/g。上述结果说明 $Ti_3C_2T_x$ 表面官能化可以降低开路电压，有利于作为锂离子电容器负极材料，但同时其比容量和倍率性能会降低。另外，—F 和—OH 表面官能团对锂吸附很敏感，吸附的锂增多会导致表面失稳，降低 $Ti_3C_2T_x$ 的可逆性及循环稳定性。单层的 $Ti_3C_2T_x$ 具有较低的锂离子扩散壁垒，锂离子在 $Ti_3C_2T_x$ 上的理论扩散势垒 (0.07 eV) 远低于石墨的理论扩散势垒 (0.3 eV)，但是其比容量和开路电压都略逊于石墨。

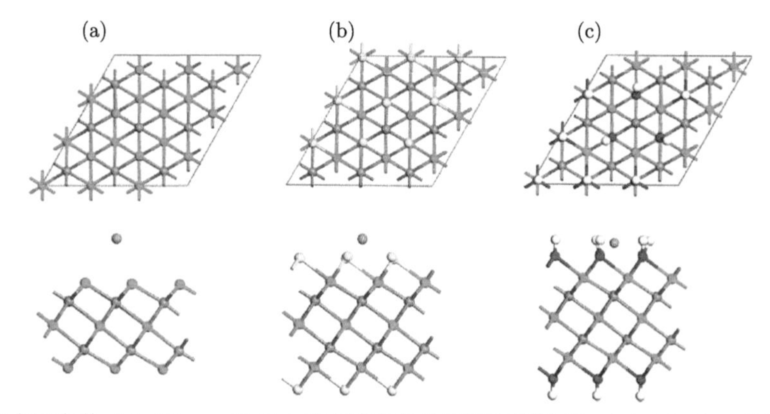

图 3-61 锂离子在单层 MXene 的最大吸附模型的俯视图和侧视图。(a) Ti_3C_2；(b) I-$Ti_3C_2F_2$；(c) Ⅱ-$Ti_3C_2(OH)_2$[160]

$Ti_3C_2T_x$ 水溶液中，由于表面终止基团电离使 $Ti_3C_2T_x$ 带负电，因此可以利用静电吸附力，将阳离子嵌入 $Ti_3C_2T_x$ 中以削弱层间的范德瓦耳斯力，扩大层间距。并且嵌入的阳离子可以作为支柱稳定 $Ti_3C_2T_x$ 纳米片结构，同时提供容量贡献。Luo 等 [161] 将十二烷基三甲基溴化铵 (DTAB)、十四烷基三甲基溴化铵 (TTAB)、十六烷基溴化铵 (CTAB)、硬脂基三甲基溴化铵 (STAB)、二十八烷基二甲基氯化铵 (DDAC) 嵌入 $Ti_3C_2T_x$ 来探究其扩层能力，并且通过 X 射线衍射曲线的 (002) 峰计算不同温度条件下的层间距。结果发现，所有插层剂均表现出随着插层温度的上升，层间距呈先扩大后减小的趋势。尽管 STAB@Ti_3C_2(50 ℃和 60 ℃) 的层间距比 CTAB@Ti_3C_2(40 ℃) 更大，但较高的反应温度 (50 ℃ 和 60 ℃) 会使 Ti_3C_2 部分氧化成 TiO_2，导致电导率下降 (图 3-62(a))。CTA^+ 的整体结构更像是一个类圆柱体，两端直径分别为 0.51 nm 和 0.46 nm，长度为 2.50 nm，嵌入 Ti_3C_2 后，可能取代了连接在 Ti 上的终止基团 $[Ti—O]^-H^+$ 的 H^+，形成了 $[Ti—O]^-CTA^+$ 结构，层间距从 0.97 nm 扩大到 2.23 nm。在此基础上可以利用离子交换机制将 Sn^{4+}(0.069 nm) 取代 CTA^+ 形成 $[Ti—O]^-Sn^{4+}$ 结构，为了维持电中性，同时还会吸附液体中的阴离子如 (Cl^- 和 OH^-) 形成络合物。Sn^{4+} 不仅能够作为支柱材料扩大 $Ti_3C_2T_x$ 层间空间，还能够提供部分容量贡献，CTAB-Sn(Ⅳ)@Ti_3C_2 在 0.1 A/g 的电流密度下，具有 765.6 mA·h/g 的可逆

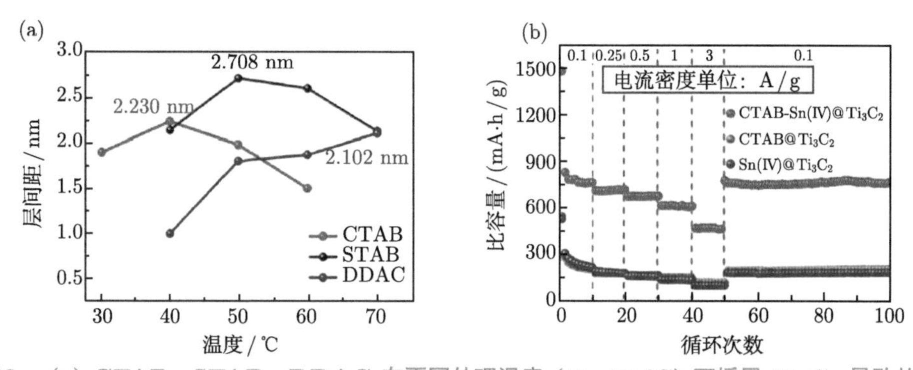

图 3-62 (a) CTAB、STAB、DDAC 在不同处理温度 (30~70 ℃) 下插层 Ti_3C_2 导致的层间距变化；(b) 样品的倍率性能 [161]

比容量，相比于 CTAB@Ti_3C_2 和 Sn(Ⅳ)@Ti_3C_2 其倍率性能有了大幅度提高 (图 3-62(b))。并且，与活性炭组装的锂离子电容器 AC//CTAB-Sn(Ⅳ)@Ti_3C_2 在 1~4 V 的电压窗口下具有 105.56 W·h/kg 的能量密度和 10.8 kW/kg 的功率密度，充放电循环 4000 次后容量保持率超过 71.1%。

基于 MXene 材料的插层工艺，通过超声和机械搅拌的方法可以实现 $Ti_3C_2T_x$ 纳米片的剥离，单层和少层的 $Ti_3C_2T_x$ 纳米片具有类石墨烯结构，更多的活性位点能够提供更多的赝电容贡献 [162-165]。$Ti_3C_2T_x$ 纳米片在 2014 年由 Ghidiu 等 [149] 第一次成功剥离，利用 LiF 和盐酸对 Ti_3AlC_2 进行刻蚀，因为间接产生 HF，所以刻蚀条件更加温和，制备的 $Ti_3C_2T_x$ 缺陷更少，同时 Li^+ 嵌入 $Ti_3C_2T_x$ 层间，削弱层间范德瓦耳斯力，然后利用超声剥离得到单片的 $Ti_3C_2T_x$ 纳米片。此后，科研人员利用四丁基氢氧化铵 (TBAOH)、异丙胺和乙二胺等都成功对 $Ti_3C_2T_x$ 进行了剥离。尽管 $Ti_3C_2T_x$ 纳米片具有更加优异的电化学表现，但是与石墨烯类似，存在重新堆叠的问题，单片或少片的 $Ti_3C_2T_x$ 趋向于团聚，使得原本暴露的活性位点被重新覆盖，甚至比多层 $Ti_3C_2T_x$ 的电化学性能更差。因此，将 $Ti_3C_2T_x$ 纳米片作为基底材料，与其他电化学活性材料进行复合获得高性能电极材料，成为实现 $Ti_3C_2T_x$ 纳米片应用的研究策略。

为了防止 $Ti_3C_2T_x$ 纳米片的重新堆叠，可以引入碳材料 (如石墨烯、碳纳米管或活性炭) 以及金属氧化物等，缓解 $Ti_3C_2T_x$ 纳米片的自我堆叠情况，同时充当支柱扩大 $Ti_3C_2T_x$ 纳米片的层间空间，从而提升 $Ti_3C_2T_x$ 纳米片的有效比表面积，提高电极材料的电化学性能 (图 3-63)。通常与碳材料的复合有两种结构：第一种是一维碳材料与 $Ti_3C_2T_x$ 纳米片复合，一维纳米线或纳米管穿过二维纳米片，构成三维导电网络；第二种是二维碳纳米片，如石墨烯与 $Ti_3C_2T_x$ 纳米片形成面对面结构，最大程度保持二维结构的优势性能，为 Li^+ 的传输提供快速通道。

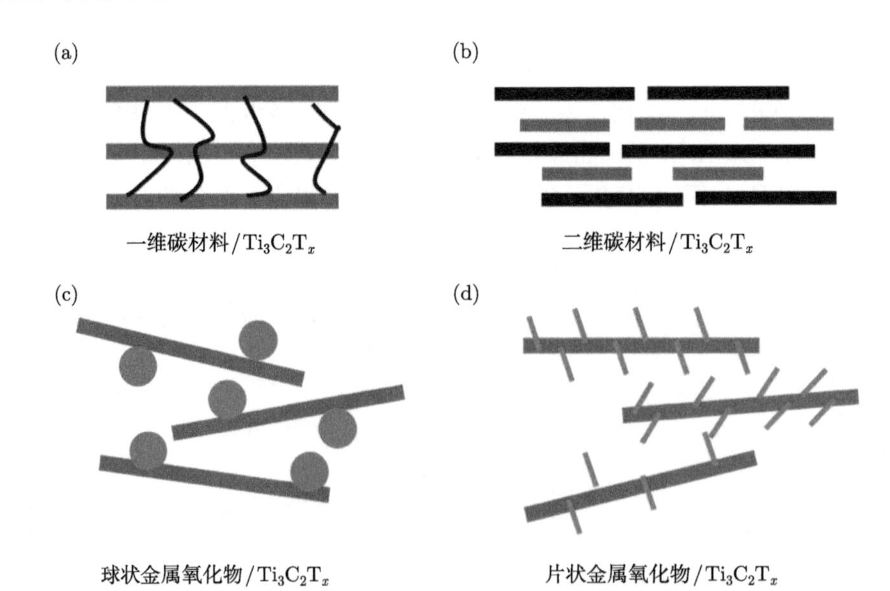

图 3-63 两种 $Ti_3C_2T_x$ 纳米片与其他材料构成复合材料的方式。(a) 一维碳材料与 $Ti_3C_2T_x$；(b) 二维碳材料与 $Ti_3C_2T_x$；(c) 球状金属氧化物与 $Ti_3C_2T_x$；(d) 片状金属氧化物与 $Ti_3C_2T_x$ [146]

Yu 等 [166] 采用了第一种构型，将 CNT 作为一维碳材料与二维碳材料 $Ti_3C_2T_x$ 进行了复合。并利用抽滤法制备了 $Ti_3C_2T_x$/CNT 自支撑薄膜，$Ti_3C_2T_x$ 纳米片呈现出层状分布的状态，CNT 穿插在纳米片中，自支撑薄膜具有一定的柔韧性，可以直接作为极片而不需要额外的黏结剂和集流体。在抽滤过程中除了使用真空过滤装置以外还需要商业过滤膜，过滤膜包括纤维素酯或聚丙烯膜等。在对过滤膜进行选择时，过滤膜的孔径大小对于 $Ti_3C_2T_x$ 膜的成功获得是至关重要的，特别是对于尺寸较小的纳米片。在对 $Ti_3C_2T_x$ 溶液进行抽滤过程中，分散液中的水分子可以通过孔，而 $Ti_3C_2T_x$ 纳米片则堆积在膜上。其中，过滤速度与膜上 $Ti_3C_2T_x$ 的保留量有关。当 $Ti_3C_2T_x$ 纳米片在滤膜上的特定位置积累过多时，过滤速度会降低，但对较薄或未覆盖区域的过滤速度影响不大。因此，通过抽滤法制备的 $Ti_3C_2T_x$ 膜，可以对膜的均匀性以及厚度进行合理调控，减少厚度等因素对膜性能的影响。通过简单地改变 $Ti_3C_2T_x$ 分散液的浓度或过滤体积，可以获得不同厚度的 $Ti_3C_2T_x$ 膜。CNT 为支柱材料连接分层的 $Ti_3C_2T_x$，能够有效防止 $Ti_3C_2T_x$ 的重新堆叠并构成导电网络。$Ti_3C_2T_x$/CNT 自支撑膜作为负极材料时具有 489 mA·h/g 的可逆比容量，与活性炭组装的锂离子电容器 AC//$Ti_3C_2T_x$/CNT 其最大能量密度为 67 W·h/kg，在 5.79 kW/kg 的功率密度下，能量密度为 19 W·h/kg。此外，在 2 A/g 的电流密度下循环 5000 次后，其容量保持率超过 81.3% (工作电压窗口为 1~4 V)。针对第二种构型，Yi 等 [159] 利用 TBAOH 对 $Ti_3C_2T_x$ 插层和剥离得到表面携带 $[Ti—O]^-$ TBA^+ 的 $Ti_3C_2T_x$ 纳米片，由于异性电荷的相互吸引，表面带负电的氧化石墨烯与 $Ti_3C_2T_x$ 纳米片形成了面对面排列结构 (d-$Ti_3C_2T_x$/rGO)，TBA^+ 在其中起到了耦合剂的作用。最后通过惰性气氛下退火还原，消除 $Ti_3C_2T_x$ 与石墨烯表面多余官能团，进一步增加了导电性。独特的面对面结构在提高比容量的同时能够有效防止纳米片重新堆叠的发生。二维纳米片层间的空间保证锂离子的快速传输，从而使得复合电极在锂离子电容器中表现出非常高的可逆比容量以及循环性能。与活性炭组装的锂离子电容器 AC//d-$Ti_3C_2T_x$/rGO 在 1~4 V 的电压窗口内最大能量密度达到 147 W·h/kg，同时在 2 A/g 的能量密度下循环 5000 周后，容量保持率超过 80%。

尽管碳材料能够在一定程度上改善 MXene 纳米片的自我堆叠情况，但是碳材料往往存在理论容量不足的情况，无法为复合材料电极提供令人满意的容量贡献。为了解决这个问题，许多研究在 MXene 电极材料中引入具有高理论比容量的金属氧化物材料。这些金属氧化物不但可以为复合体系提供高比容量，还能作为层间支柱阻止 MXene 纳米片重新堆叠。目前已经有许多金属氧化物、硫化物用于与 MXene 进行复合，包括 Fe_3O_4、RuO_2、TiO_2、MnO_2、SnO_2、MoS_2 和 CoS 等，这些材料的理论比容量一般都在 600 mA/h 以上，对锂电位平台一般低于 1.2 V 并且成本低且原材料丰富。但是金属氧化物也存在一些固有的缺陷，比如本身离子导电性差，在循环过程中通常会伴随着巨大的体积膨胀与收缩效应，导致材料结构的坍塌、团聚或者粉碎。而 MXene 纳米片作为基底材料，正好可以充当一个缓冲层抑制过渡金属的体积膨胀效应，保护结构的完整性，从而提升锂离子电容器的功率密度以及循环稳定性。Lu 等 [167] 采用多孔炭作为支柱材料稳定 $Ti_3C_2T_x$ 二维结构的同时，在该体系中引入具有高比容量的 SnO_2，超细小的 SnO_2 颗粒均匀分布在多孔炭上然后嵌入和吸附在 $Ti_3C_2T_x$ 层间和表层 (SnO_2@NDPC/MNS)。当电流密度为 0.1 A/g 时，SnO_2@NDPC/MNS 具有 865 mA·h/g 的可逆比容量，并且与自制多孔炭 (NRPC) 正极组装的锂离子电容器 NRPC//SnO_2@NDPC/MNS 在 0~4 V 的电压窗口内表现出最高能量密度和功率密度分别为 135.3 W·h/kg 和 6.1 kW/kg。

3.7.2 Nb_2CT_x

不同种类的 MXene 往往具有不同的电化学反应电压平台。例如，Nb_2CT_x 60%的可逆嵌锂反应发生在 1 V 以下，而 V_2CT_x 绝大多数的可逆容量存在于 1.5 V 以上，然而各种 MXene 材料在储能领域中的应用存在类似的问题，因此对于 $Ti_3C_2T_x$ 基电极材料的改性方法同样适用于其他 MXene 材料。

根据第一性理论计算，Nb_2CT_x 相比于 $Ti_3C_2T_x$ 具有更高的理论比容量，因此研究人员制备了 Nb_2CT_x 基复合材料并应用于锂离子电容器。Nb_2CT_x 为典型的 211 系 MXene，由一层 C 原子上下连接两层 Nb 原子，表面同样包覆丰富的终止基团如—F、—O 和—OH 等，因此用于制备 $Ti_3C_2T_x$ 基复合材料的工艺同样适用于 Nb_2CT_x。例如，Byeon 等 [168] 通过抽滤法制备了 Nb_2CT_x/CNT 自支撑电极并应用于锂离子电容器上。Liu 等 [169] 利用静电吸附作用将对苯二胺 (PPDA) 分子嵌入 Nb_2CT_x 层间，将 Nb_2CT_x 的层间距扩大到 1.27 nm 来增加 Li^+ 扩散速度 (图 3-64(a))。由于快速的离子扩散通道以及 Nb_2CT_x 本征的插层赝电容机制，PPDA-Nb_2CT_x 在 0.2 mV/s 的扫描速率下，表面控制的容量占比超过 78%(图 3-64(b))。以 PPDA-Nb_2CT_x 作为负极、活性炭作为正极组装的锂离子电容器 AC//PPDA-Nb_2CT_x，在 0.01~4 V 的电压窗口下，最高能量密度为 100.3 W·h/kg，最高功率密度为 2754.8 W/kg。如图 3-64(c) 所示，1 A/g 电流密度下循环 1000 次后，容量保持率为 80%。

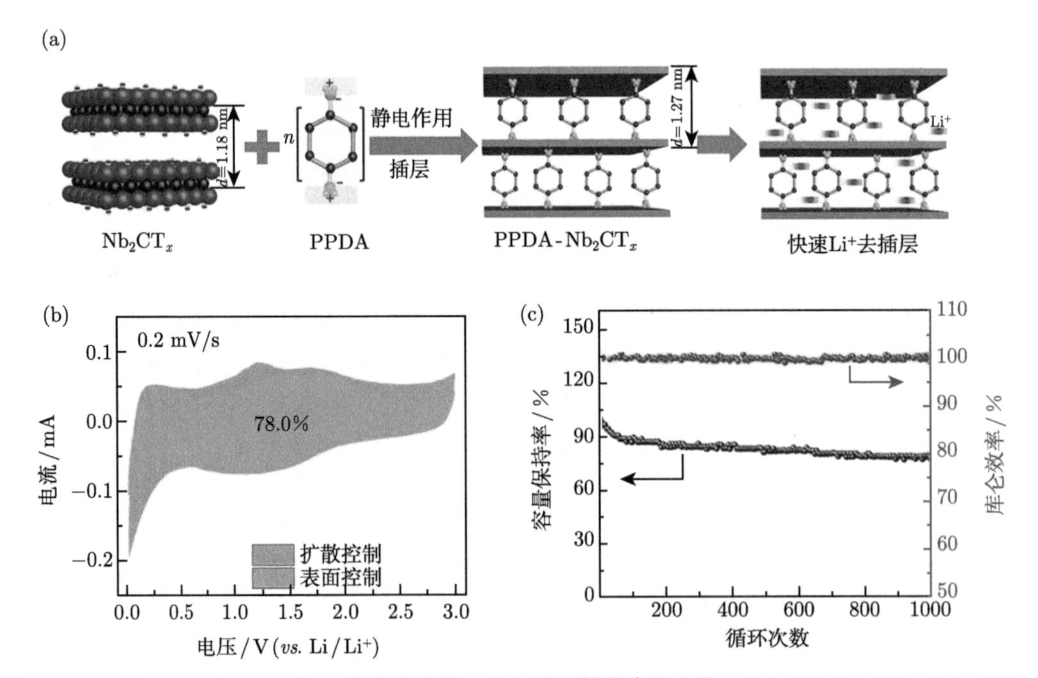

图 3-64 (a) PPDA-Nb_2CT_x 的制备流程；(b) 表面控制容量占比；(c) PPDA-Nb_2CT_x//AC 锂离子电容器的循环寿命 [169]

此外，利用 MXene 通过氧化或碱处理方式制备的衍生氧化物往往也具有良好的电化学性能，Nb_2O_5 作为典型的插层赝电容氧化物电极材料时具有良好的倍率性能，因此许多研究利用 MXene 作为前驱体来制备各种纳米结构的金属氧化物。例如，Qin 等 [170] 用四甲基氢氧化铵插层和剥离制备了 Nb_2CT_x 纳米片，然后利用水热在 Nb_2CT_x 纳米片上合成了单晶钙钛矿 $NaNbO_3$ 纳米立方体 (S-P-NNO)，S-P-NNO/f-Nb_2CT_x 在 0.05 A/g 的电流密度下具有 398 mA·h/g 的比容量，与活性炭组装的锂离子电容器 AC//S-P-NNO/f-Nb_2CT_x 在 1~4 V 的电压窗口内表现出最高能量密度为 56 W·h/kg，对应的功率密度为 13 kW/kg。Qin 等 [171] 直接通过水热法将剥离 Nb_2CT_x 直接氧化成 TT-Nb_2O_5，然后再高温退火成 T-Nb_2CT_x(图 3-65(a))。相比于 TT-Nb_2O_5，T-Nb_2O_5 拥有准二维通道，可以为 Li^+ 的传输提供快速路径 (图 3-65(b))，并且纳米棒的微观形貌能够进一步增加材料与电解液的接触面积，并维持自身结构的稳定性 (图 3-65(c))。因此，以 MXene 衍生 T-Nb_2O_5 纳米棒作为负极、活性炭作为正极组装的锂离子电容器 AC//T-Nb_2O_5，其具有 92 W·h/kg 的能量密度和 8 kW/kg 的功率密度，并且循环 4000 周后，容量保持率为 95%。

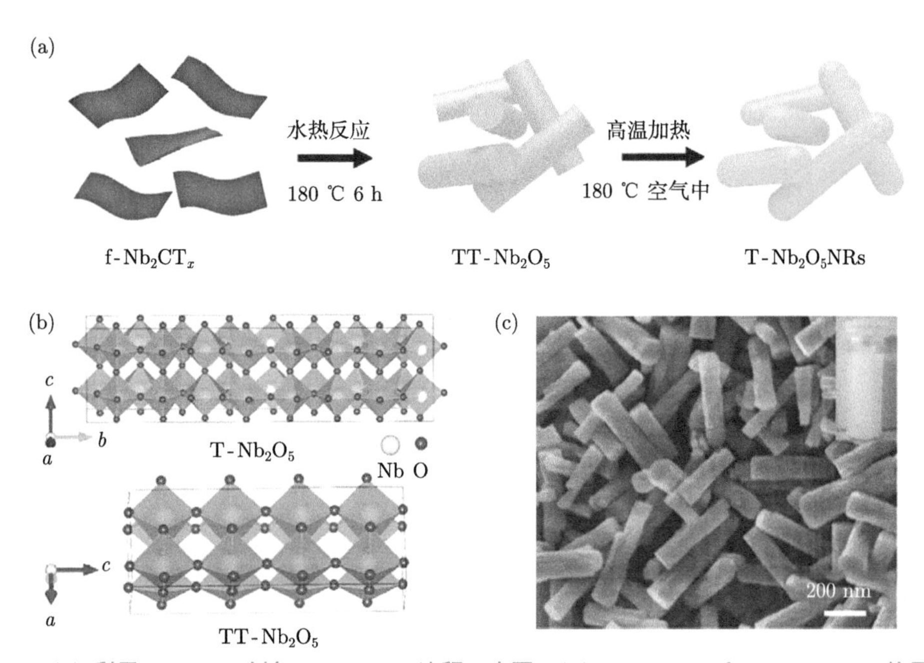

图 3-65 (a) 利用 MXene 制备 T-Nb_2O_5 流程示意图；(b) T-Nb_2O_5 和 TT-Nb_2O_5 的晶体结构示意图；(c) T-Nb_2O_5 的 SEM 图片 [171]

MXene 材料作为电极材料在比容量上没有优势，但是纳米二维结构、可调控的层间空间和金属导电性让其在高功率储能应用上具有潜力，可以作为基底材料来改善导电性差但理论比容量高的金属氧化物、硫化物等材料。无论是单层或多层 MXene，由表面丰富的终止基团带来的化学物理特性均可以作为基底材料来原位生长其他活性材料。因此 MXene 基材料在锂离子电容器负极领域具有非常广阔的应用前景。

3.8 其他负极材料

除了上述被广泛研究的锂离子电容器负极材料之外，还有一些具有独特电化学性能的材料被逐渐开发出来，例如，具有石墨烯结构并能稳定存在的黑磷，具有高度可逆反应特性的氮化物，以及氟化物和碳化物等。尽管这些材料的研究正处于开始阶段，但仍表现出其作为锂离子电容器负极材料的潜力。

3.8.1 过渡金属碳化物

过渡金属碳化物 (M_xC_y) 指的是碳原子填充到具有更大原子尺寸的金属原子间隙的化合物，通常包括类盐型晶体、中间型晶体和间隙型碳化物，其中间隙型碳化物结构最为稳定，常见的晶体结构如图 3-66 所示，包括面心立方、密排六方和简单六方三种。

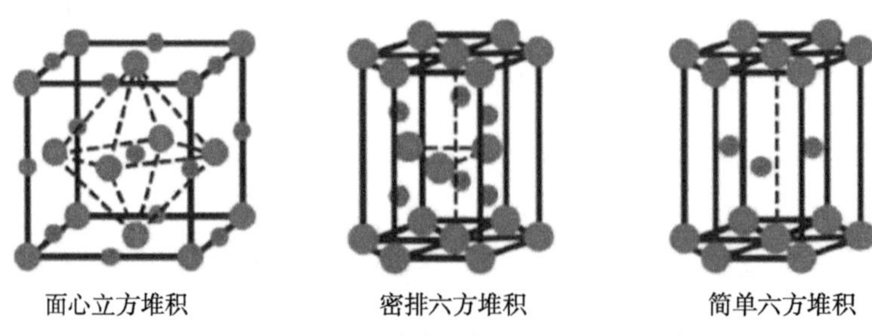

图 3-66 不同晶体结构的间隙型过渡金属碳化物

过渡金属碳化物中包含金属键、离子键、共价键三种相互作用的组合键，确保了碳化物具有更加稳定的导电性和结构稳定性，作为锂离子电容器负极材料时，具有金属导电性以及离子导电性，同时原子间的强相互作用能够实现优异的循环稳定性。常见的过渡金属碳化物包含 MC、M_3C、M_2C、M_3C_2，其中 M 为过渡金属 Fe、Ti、Mo、Ni 和 Nb 等。锂离子的储能反应机制可表示为式 (3.50)：

$$M_xC_y + xLi^+ + xe^- \rightleftharpoons Li_xM_xC_y \tag{3.50}$$

Liu 等 [172] 通过碳化磷钼酸和聚酰亚胺直接制备了碳化物/氮掺碳纳米片复合材料 (Mo_2C@NCS)。具有量子点尺寸级别的 Mo_2C 在 NCS 表面均匀分布，使电极材料表现出表面控制的电容特性，因此在 0.05 A/g 的电流密度下具有 800 mA·h/g 的比容量。以 Mo_2C@NCS 作为负极组装的锂离子电容器能够在 0.01~3 V 的电压窗口内稳定工作，其最高能量密度达 126 W·h/kg，最大功率密度达到 40 kW/kg，循环寿命超过 10000 周。

3.8.2 过渡金属氮化物

过渡金属氮化物通常指的是含锂氮化物，因其低而平的充放电电位、高度可逆的反应特性和高理论比容量等特点，成为锂离子电容器负极材料的良好选择。过渡金属氮化物通常有两种结构：Li_3N 结构 $Li_{3-x}M_xN$(M=Mn、Cu、Ni、Co、Fe) 和萤石结构 $Li_{2n-1}MN_n$(M=Sc、Ti、V、Cr、Mn、Fe)。三元过渡金属氮化物 $LiMnN_2$、$Li_{3-x}M_xN$(M=Co、Ni)、$Li_{2.7}Fe_{0.3}N$

和 $Li_{2.6}Co_{0.4}N$，其理论比容量可达 400~760 mA·h/g。过渡金属氮化物的合成方法包括：物理合成法，如球磨、气相沉积、磁控溅射等；化学合成法，一般是使用相应的金属氧化物或其他合适的金属前驱体与氮源 (如 N_2 或 NH_3) 在高温下进行反应。与过渡金属氧化物相似，氮化物同样受到充放电过程中体积膨胀变化的困扰，因此许多研究将过渡金属氮化物进行纳米化处理，从而优化电极材料的稳定性。Zhang 等 [173] 通过水热和氨气/氮气高温退火的方法制备了 γ-Mo_2N 纳米带 (图 3-67(a))，并且随着退火温度变化，其纳米带的尺寸也会发生变化 (图 3-67(b)~(d))。

图 3-67 γ-Mo_2N 纳米带的 (a) 制备流程示意图和 (b)~(d) SEM 图片 [173]

γ-Mo_2N 的储能机制主要分为三个阶段。首先在 1.18 V 附近发生嵌锂反应，如式 (3.51) 所示：

$$Mo_2N + xLi^+ + xe^- \longrightarrow Li_xMo_2N \tag{3.51}$$

随后伴随的反应为 SEI 膜的形成以及 Li_xMo_2N 继续与 Li 不可逆的转化反应形成 Mo 单质和 Li_3N 如式 (3.52) 所示：

$$Li_xMo_2N + (3-x)Li^+ + (3-x)e^- \longrightarrow 2Mo + Li_3N \tag{3.52}$$

在接下来的充放电循环构成中，发生的可逆反应如式 (3.53) 所示：

$$2Mo + Li_3N \rightleftharpoons xMo + Mo_{2-x}N + 3Li^+ + 3e^- \tag{3.53}$$

γ-Mo_2N 作为储锂材料在充放电性能稳定后的比容量能够保持在 474.5 mA·h/g，并且其作为锂离子电容器负极时，组装的器件的能量密度达到 93.81 W·h/kg。

类似的，Zhou 等 [174] 在三维结构碳上的缺陷位置引入纳米 NbN 颗粒，制备了 NbN@C 复合材料，其储能机制与 Mo_2N 相似，该复合材料展现出 540 mA·h/g 的可逆储锂比容量，其与活性炭组装的锂离子电容器 AC//NbN@C 具有最高能量密度 125 W·h/kg 和最高功率密度 7818 W/kg(工作电压窗口为 0~4 V)，循环测试 10000 周后容量保持率为 80.1%。

3.8.3 过渡金属氟化物

对于过渡金属氟化物，由于金属阳离子具有高价态，且在电化学转换反应过程中，金属氟化物中高价过渡金属价态被充分利用，所以其作为锂离子电容器负极时的比容量显著提高。作为电极材料的氟化物包括 FeF_2、FeF_3、CoF_2、NiF_2、TiF_3 和 MnF_2 等。其储锂机制可通过式 (3.54) 来表示：

$$x\mathrm{Li}^+ + x\mathrm{e}^- + \mathrm{MF}_x \rightleftharpoons x\mathrm{LiF} + \mathrm{M} \tag{3.54}$$

过渡金属氟化物的制备往往需要氢氟酸的参与，具有一定的危险性。然而过渡金属氟化物具有良好的结构稳定性，金属阳离子与 F 离子之间具有很强的离子键，使其具有良好的导电性。研究人员通过 HF 参与的水热法制备了多种纳米结构的过渡金属氟化物。例如，Jiao 等 [175] 制备了纤维状的 NiF_2 在 0.1 A/g 的电流密度下具有 238 mA·h/g 的比容量；Liang 等 [176] 制备了枝晶状的 FeF_2(图 3-68(a)~(c)) 并与活性炭组装了锂离子电容器，在 1~4 V 的电压窗口内具有最大能量密度为 152 W·h/kg，最大功率密度为 4.9 kW/kg。

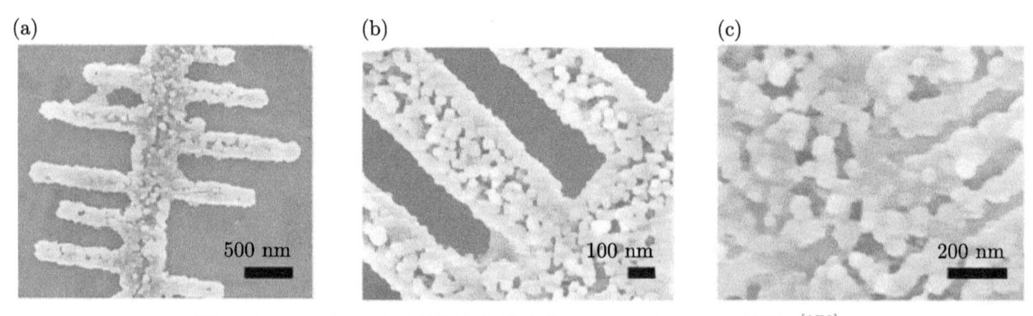

图 3-68 (a)~(c) 不同放大倍数的 FeF_2 的 SEM 图片 [176]

3.8.4 过渡金属磷化物

单质磷 (P) 包括多种同素异形体，如黑磷、红磷、白磷等。其嵌锂机制为合金化反应：$P \rightarrow Li_xP \rightarrow LiP \rightarrow Li_2P \rightarrow Li_3P$。其中，斜方晶系的黑磷具有类石墨烯的层状结构和良好的导电性，理论比容量可达 2596 mA·h/g。然而由于合金化反应的储锂机制，在充放电过程中，磷的体积膨胀高达 291%，这使得磷单质面临与合金型负极材料一样的结构破碎问题，因此许多研究中将磷的表面包覆一层碳来减少磷与电解液的直接接触，并缓解体积变化。Min 等 [177] 在黑磷表面包覆了碳层制备了 BP/C 复合材料，并应用于锂离子电容器负极，其可逆比容量高达 2156 mA·h/g，并且能够稳定循环 1000 周。与活性炭正极组装的锂离子电容器具有最高能量密度和功率密度分别为 178 W·h/kg 和 3 kW/kg，并且充放电循环 5000 周后，容量保持率为 85%。

虽然碳包覆能够部分缓解磷单质的粉化剥离程度，但是仍没有从本质上解决问题。正是因为磷单质的这些本征的缺陷，奠定了过渡金属磷化物负极材料的发展方向，磷与大多数过渡金属都能形成稳定的磷化物，其分子式可表示为 M_xP_y，过渡金属磷化物由共价键和离子键组成，强的 M—P 键使 M_xP_y 具有较高的热稳定性和化学稳定性。另一方面，富含金属元素的 M_xP_y 中，由于电子没有严格地约束在磷原子周围，因此化合物中存在强烈的 M-M 相互作用，从而导致过渡金属磷化物拥有金属特性。过渡金属磷化物在锂离子嵌入/脱出时具有较低的氧化还原电位，因而能够提供更高的比容量和循环稳定性。许多的过渡金属磷化物被开发出来，如 Mn-P、Ti-P、Co-P、Ni-P、Cu-P、Zn-P、Sb-P 和 Fe-P 等。Li 等 [178] 在此基础上开发了一种可调控的方法制备了 Ni、Co 共掺杂磷化物，$Ni_{2-x}Co_xP$ ($0 \leqslant x \leqslant 1.2$) 为纳米花团状结构，并且随着加入前驱体的比例不同而导致微观形貌发生变化 (图 3-69(a)~(d))。同时可以通过调节 Co 在材料体系中的含量来增加材料的电化学活性、电导率和体扩散系数。

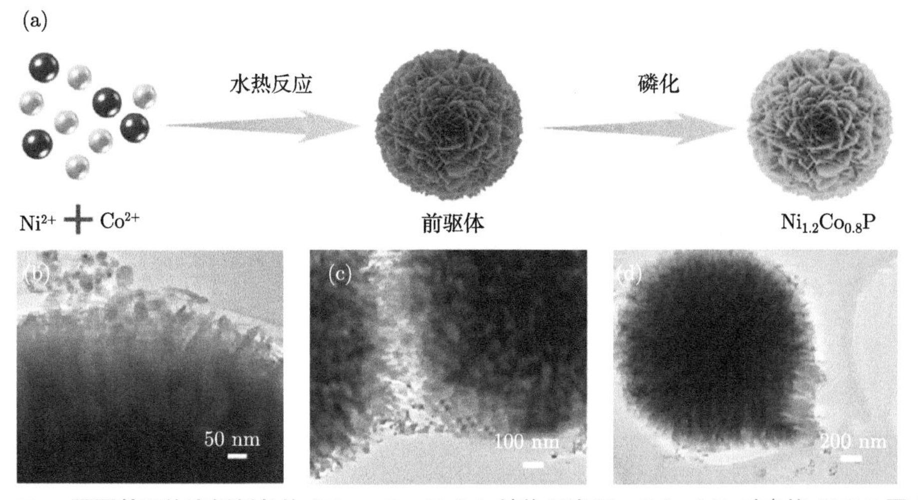

图 3-69 不同前驱体比例制备的 $Ni_{2-x}Co_xP$ (a) 结构示意图，(b)~(d) 对应的 SEM 图 [178]

$Ni_{2-x}Co_xP$ 在 0.1 A/g 的电流密度下循环 400 次后，具有的最高可逆比容量为 800 mA·h/g，并且其与活性炭正极组装的锂离子电容器能够在 0.5~4 V 的电压窗口内稳定工作，最高能量密度可达 125.3 W·h/kg，最高功率密度可达 9524.8 W/kg，循环测试 10700 周后容量保持率为 78.8%。

3.9 本章结语

本章节中列举的锂离子电容器负极材料汇总于表 3-2。在提升锂离子电容器的能量密度以及功率密度的同时，还要确保锂离子电容器的长循环寿命和低成本。在嵌入型负极材料中，石墨、软碳和硬碳是相对较为成熟的负极材料，目前已经初步应用于商业化锂离子电容器。

表 3-2 常见的锂离子电容器负极材料

<table>
<tr><th colspan="2">电池型负极</th><th>理论比容量/(mA·h/g)</th><th>优势</th><th>劣势</th></tr>
<tr><td rowspan="6">嵌入型材料</td><td>石墨、硬碳、软碳</td><td>300~400</td><td>(1) 工作电位低；
(2) 成本低；
(3) 安全性好</td><td>(1) 容量低；
(2) 电压滞后严重；
(3) 不可逆容量高</td></tr>
<tr><td>碳纳米管</td><td>1000</td><td rowspan="2">(1) 容量高；
(2) 安全性好；
(3) 工作电压低</td><td rowspan="2">(1) 成本高；
(2) 不可逆容量大</td></tr>
<tr><td>石墨烯</td><td>600~1200</td></tr>
<tr><td>TiO_2</td><td>330</td><td rowspan="3">(1) 安全性高；
(2) 循环寿命长；
(3) 成本低；
(4) 倍率性能好</td><td rowspan="3">(1) 容量低；
(2) 电压平台高；
(3) 能量密度低</td></tr>
<tr><td>$Li_4Ti_5O_{12}$</td><td>175</td></tr>
<tr><td>V_xO_y</td><td>300~600</td></tr>
<tr><td rowspan="5">合金型材料</td><td>Si</td><td>4200</td><td rowspan="5">(1) 容量高；
(2) 能量密度高；
(3) 安全性能好</td><td rowspan="5">(1) 不可逆容量高；
(2) 循环寿命短；
(3) 倍率性能差</td></tr>
<tr><td>SiO_x</td><td>1680~2680</td></tr>
<tr><td>Sn</td><td>1000</td></tr>
<tr><td>SnO_x</td><td>800~900</td></tr>
<tr><td>Ge、Sb</td><td>1623、660</td></tr>
<tr><td rowspan="7">转化型材料</td><td>Mn_xO_y</td><td rowspan="6">400~1600</td><td rowspan="6">(1) 容量高；
(2) 能量密度高；
(3) 成本低；
(4) 原料广泛；
(5) 环境友好</td><td rowspan="6">(1) 库仑效率低；
(2) 电压滞后严重；
(3) 倍率性能差；
(4) 循环寿命短；
(5) SEI 膜不稳定</td></tr>
<tr><td>Co_xO_y</td></tr>
<tr><td>Fe_xO_y</td></tr>
<tr><td>Mo_xO_y</td></tr>
<tr><td>NiO</td></tr>
<tr><td>CuO</td></tr>
<tr><td>MoS_2、$MoSe_2$ 等
硫族化物、氮化物、
碳化物、氟化物等</td><td>500~1800</td><td>(1) 容量高；
(2) 能量密度高</td><td>(1) 倍率性能差；
(2) 循环寿命短</td></tr>
</table>

石墨烯凭借其高的电子导电性和独特的二维结构，是一种负载各种纳米颗粒的理想二维基底材料，并且通过石墨烯纳米材料的复合方式获得非常好的电化学性能。此外，石墨烯的二维片层结构可以有效防止纳米颗粒在循环过程中的团聚，并且纳米颗粒也可以防止石墨烯片的重新堆积。未来开发低成本、规模化制备高质量石墨烯是重点研究方向。

过渡金属氧化物、硫化物等相较于碳材料，如石墨，具有更高的储锂容量，但是它们具有相对较高的工作电压平台以及较差的循环寿命等问题。对于高能量密度锂离子电容器而言既需要高比容量的电极材料，也需要具有合适的电压平台以防止负极侧析锂造成的安全问题，因此这就涉及比容量以及电压窗口的平衡问题。为了实现高性能的锂离子电容器，需要综合考虑负极材料的比容量、嵌锂电压以及循环稳定性等多方面因素。合金型和转化型负极材料的性能提升可以通过将材料尺寸缩减到纳米级别，并与高导电性的碳基材料或 MXene 材料复合，或者设计多孔纳米复杂结构，缓解充放电过程中材料体积的变化，提升比容量以及循环稳定性。而目前所报道的纳米复合材料的复杂制备方法还只能在实验室内实现，同时考虑到成本问题，目前难以商业化应用。

参考文献

[1] Li Y, Lu Y, Adelhelm P, et al. Intercalation chemistry of graphite: Alkali metal ions and beyond. Chemical Society Reviews, 2019, 48(17): 4655-4687.

[2] Winter M, Besenhard J O, Spahr M E, et al. Insertion electrode materials for rechargeable lithium batteries. Advanced Materials, 1998, 10(10): 725-763.

[3] Zhang S S. Dual-carbon lithium-ion capacitors: Principle, materials, and technologies. Batteries & Supercaps, 2020, 3(11): 1137-1146.

[4] Yazami R, Touzain P. A reversible graphite-lithium negative electrode for electrochemical generators. Journal of Power Sources, 1983, 9(3): 365-371.

[5] Khomenko V, Raymundo-Piñnero E, Béguin F. High-energy density graphite/AC capacitor in organic electrolyte. Journal of Power Sources, 2008, 177(2): 643-651.

[6] Sivakkumar S R, Milev A S, Pandolfo A G. Effect of ball-milling on the rate and cycle-life performance of graphite as negative electrodes in lithium-ion capacitors. Electrochimica Acta, 2011, 56(27): 9700-9706.

[7] Jayaraman S, Madhavi S, Aravindan V. High energy Li-ion capacitor and battery using graphitic carbon spheres as an insertion host from cooking oil. Journal of Materials Chemistry A, 2018, 6(7): 3242-3248.

[8] Shellikeri A, Watson V, Adams D, et al. Investigation of pre-lithiation in graphite and hard-carbon anodes using different lithium source structures. Journal of The Electrochemical Society, 2017, 164(14): A3914-A3924.

[9] Aurbach D, Zinigrad E, Cohen Y, et al. A short review of failure mechanisms of lithium metal and lithiated graphite anodes in liquid electrolyte solutions. Solid State Ionics, 2002, 148(3-4): 405-416.

[10] 张世佳, 张熊, 孙现众, 等. 中间相炭微球负极预嵌锂量对软包装锂离子电容器性能的影响. 储能科学与技术, 2016, 5(6): 834-840.

[11] Kim J H, Kim J S, Lim Y G, et al. Effect of carbon types on the electrochemical properties of negative electrodes for Li-ion capacitors. Journal of Power Sources, 2011, 196(23): 10490-10495.

[12] Zhang J, Liu X, Wang J, et al. Different types of pre-lithiated hard carbon as negative electrode material for lithium-ion capacitors. Electrochimica Acta, 2016, 187: 134-142.

[13] Fu R, Chang Z, Shen C, et al. Surface oxo-functionalized hard carbon spheres enabled superior high-rate capability and long-cycle stability for Li-ion storage. Electrochimica Acta, 2018, 260: 430-438.

[14] Cao W J, Zheng J P. Li-ion capacitors with carbon cathode and hard carbon/stabilized lithium metal powder anode electrodes. Journal of Power Sources, 2012, 213(9): 180-185.

[15] Cao W J, Zheng J P. The effect of cathode and anode potentials on the cycling performance of Li-ion capacitors. Journal of The Electrochemical Society, 2013, 160(9): A1572-A1576.

[16] 邱珅, 吴先勇, 卢海燕, 等. 碳基负极材料储钠反应的研究进展. 储能科学与技术, 2016, 5(6): 258-267.

[17] Schroeder M, Winter M, Passerini S, et al. On the use of soft carbon and propylene carbonate-based Electrolytes in lithium-ion capacitors. Journal of The Electrochemical Society, 2012, 159(8): A1240-A1245.

[18] Schroeder M, Menne S, Ségalini J, et al. Considerations about the influence of the structural and electrochemical properties of carbonaceous materials on the behavior of lithium-ion capacitors. Journal of Power Sources, 2014, 266: 250-258.

[19] Lim Y G, Park M S, Kim K J, et al. Incorporation of conductive polymer into soft carbon electrodes for lithium ion capacitors. Journal of Power Sources, 2015, 299: 49-56.

[20] Cao W, Zheng J, Adams D, et al. Comparative study of the power and cycling performance for advanced lithium-ion capacitors with various carbon anodes. Journal of The Electrochemical Society, 2014, 161(14): A2087-A2092.

[21] Tachikawa H. A direct molecular orbital-molecular dynamics study on the diffusion of the Li ion on a fluorinated graphene surface. Journal of Physical Chemistry C, 2008, 112(27): 10193-10199.

[22] Jang B Z, Liu C, Neff D, et al. Graphene surface-enabled lithium ion-exchanging cells: Next-generation high-power energy storage devices. Nano Letters, 2011, 11(9): 3785-3791.

[23] Li C, Zhang X, Wang K, et al. Scalable self-propagating high-temperature synthesis of graphene for supercapacitors with superior power density and cyclic stability. Advanced Materials, 2017, 29(7): 1604690.

[24] Li C, Zhang X, Wang K, et al. High-power and long-life lithium-ion capacitors constructed from N-doped hierarchical carbon nanolayer cathode and mesoporous graphene anode. Carbon, 2018, 140: 237-248.

[25] Luan Y, Hu R, Fang Y, et al. Nitrogen and phosphorus dual-doped multilayer graphene as universal anode for full carbon-based lithium and potassium ion capacitors. Nano-Micro Letters, 2019, 11(1): 30.

[26] Jin L, Guo X, Gong R, et al. Target-oriented electrode constructions toward ultra-fast and ultra-stable all-graphene lithium ion capacitors. Energy Storage Materials, 2019, 23: 409-417.

[27] Ren J J, Su L W, Qin X, et al. Pre-lithiated graphene nanosheets as negative electrode materials for Li-ion capacitors with high power and energy density. Journal of Power Sources, 2014, 264: 108-113.

[28] Ahn W, Lee D U, Li G, et al. Highly oriented graphene sponge electrode for ultra high energy density lithium ion hybrid capacitors. ACS Applied Materials & Interfaces, 2016, 8(38): 25297-25305.

[29] Aphirakaramwong C, Phattharasupakun N, Suktha P, et al. Lightweight multi-walled carbon nanotube/N-doped graphene aerogel composite for high-performance lithium-ion capacitors. Journal of The Electrochemical Society, 2019, 166(4): A532-A538.

[30] Tjandra R, Liu W, Lim L, et al. Melamine based, N-doped carbon/reduced graphene oxide composite foam for Li-ion hybrid supercapacitors. Carbon, 2018, 129: 152-158.

[31] Kim Y, Woo S C, Lee C S, et al. Electrochemical investigation on high-rate properties of graphene nanoplatelet-carbon nanotube hybrids for Li-ion capacitors. Journal of Electroanalytical Chemistry, 2020, 863: 114060.

[32] Iijima S. Helical microtubules of graphitic carbon. Nature, 1991, 354(6348): 56-58.

[33] Sun Y, Tang J, Qin F, et al. Hybrid lithium-ion capacitors with asymmetric graphene electrodes. Journal of Materials Chemistry A, 2017, 5(26): 13601-13609.

[34] Salvatierra R V, Zakhidov D, Sha J, et al. Graphene carbon nanotube carpets grown using binary catalysts for high-performance lithium-ion capacitors. ACS Nano, 2017, 11(3): 2724-2733.

[35] Ma H M, Zeng J J, Realff M L, et al. Processing, structure, and properties of fibers from polyester/carbon nanofiber composites. Composites Science and Technology, 2003, 63(11): 1617-1628.

[36] Wang X Z, Fu R, Zheng J S, et al. Platinum nanoparticles supported on carbon nanofibers as anode electrocatalysts for proton exchange membrane fuel cells. Acta Physico-Chimica Sinica, 2011, 27(8): 1875-1880.

[37] Xia Q, Yang H, Wang M, et al. High energy and high power lithium-ion capacitors based on boron and nitrogen dual-doped 3D carbon nanofibers as both cathode and anode. Advanced Energy Materials, 2017, 7(22): 1701336.

[38] Zhang S, Liu H, Huang C, et al. Bulk graphdiyne powder applied for highly efficient lithium storage. Chemical Communications, 2015, 51(10): 1834-1837.

[39] Du H, Yang H, Huang C, et al. Graphdiyne applied for lithium-ion capacitors displaying high power and energy densities. Nano Energy, 2016, 22: 615-622.

[40] Jayaraman S, Singh G, Madhavi S, et al. Elongated graphitic hollow nanofibers from vegetable oil as prospective insertion host for constructing advanced high energy Li-ion capacitor and battery. Carbon, 2018, 134: 9-14.

[41] Yang Z, Guo H, Li X, et al. Graphitic carbon balanced between high plateau capacity and high rate capability for lithium ion capacitors. Journal of Materials Chemistry A, 2017, 5(29): 15302-15309.

[42] Xu N, Sun X, Zhang X, et al. A two-step method for preparing $Li_4Ti_5O_{12}$-graphene as an anode material for lithium-ion hybrid capacitors. RSC Advances, 2015, 5(114): 94361-94368.

[43] Amatucci G G, Badway F, Du Pasquier A, et al. An asymmetric hybrid Nonaqueous energy storage cell. Journal of the Electrochemical Society, 2001, 148(8): A930-A939.

[44] Huang S, Wen Z, Zhu X, et al. Effects of dopant on the electrochemical performance of $Li_4Ti_5O_{12}$ as electrode material for lithium ion batteries. Journal of Power Sources, 2007, 165(1): 408-412.

[45] Dong S, Wang X, Shen L, et al. Trivalent Ti self-doped $Li_4Ti_5O_{12}$: A high performance anode material for lithium-ion capacitors. Journal of Electroanalytical Chemistry, 2015, 757: 1-7.

[46] Li H, Liu X, Zhai T, et al. Li_3VO_4: A promising insertion anode material for lithium-ion batteries. Advanced Energy Materials, 2013, 3(4): 428-432.

[47] Shen L, Lv H, Chen S, et al. Peapod-like Li_3VO_4/N-doped carbon nanowires with pseudocapacitive properties as advanced materials for high-energy lithium-ion capacitors. Advanced Materials, 2017, 29(27): 1700142.

[48] Liu W, Zhang X, Li C, et al. Carbon-coated Li_3VO_4 with optimized structure as high capacity anode material for lithium-ion capacitors. Chinese Chemical Letters, 2020, 31(9): 2225-2229.

[49] Dong Y, Zhao Y, Duan H, et al. $Li_{2.97}Mg_{0.03}VO_4$: High rate capability and cyclability performances anode material for rechargeable Li-ion batteries. Journal of Power Sources, 2016, 319: 104-110.

[50] Huv H T, Vu N H, Ha H, et al. Sub-micro droplet reactors for green synthesis of Li_3VO_4 anode materials in lithium ion batteries. Nature Communications, 2021, 12(1): 3081.

[51] Dong Y, Duan H, Park K S, et al. Mo^{6+} doping in Li_3VO_4 anode for Li-ion batteries: Significantly improve the reversible capacity and rate performance. ACS Applied Materials & Interfaces, 2017, 9(33): 27688-27696.

[52] Zhao L, Duan H, Zhao Y, et al. High capacity and stability of Nb-doped Li_3VO_4 as an anode material for lithium ion batteries. Journal of Power Sources, 2018, 378: 618-627.

[53] Kim K H, Hummel F A. Studies in lithium oxide systems: VI, progress report on the system Li_2O-SiO_2-TiO_2. Journal of the American Ceramic Society, 1959, 42(6): 286-291.

[54] Liu J, Pang W K, Zhou T, et al. Li_2TiSiO_5: A low potential and large capacity Ti-based anode material for Li-ion batteries. Energy & Environmental Science, 2017, 10(6): 1456-1464.

[55] Wang S, Wang R, Bian Y, et al. In-situ encapsulation of pseudocapacitive Li_2TiSiO_5 nanoparticles into fibrous carbon framework for ultrafast and stable lithium storage. Nano Energy, 2019, 55: 173-181.

[56] Jin L, Gong R, Zhang W, et al. Toward high energy-density and long cycling-lifespan lithium ion capacitors: A 3D carbon modified low-potential Li_2TiSiO_5 anode coupled with a lignin-derived activated carbon cathode. Journal of Materials Chemistry A, 2019, 7(14): 8234-8244.

[57] Wang H, Xu Z, Li Z, et al. Hybrid device employing three-dimensional arrays of MnO in carbon nanosheets bridges battery-supercapacitor divide. Nano Letters, 2014, 14(4): 1987-1994.

[58] Yang B, Chen J, Liu B, et al. One dimensional graphene nanoscroll-wrapped MnO nanoparticles for high-performance lithium ion hybrid capacitors.pdf. Journal of Materials Chemistry A, 2021, 9(10): 6352-6360.

[59] Chen P, Zhou W, Xiao Z, et al. *In situ* anchoring MnO nanoparticles on self-supported 3D interconnected graphene scroll framework: A fast kinetics boosted ultrahigh-rate anode for Li-ion capacitor. Energy Storage Materials, 2020, 33: 298-308.

[60] Chen Z Y, He B, Yan D, et al. Peapod-like MnO@hollow carbon nanofibers film as self-standing electrode for Li-ion capacitors with enhanced rate capacity. Journal of Power Sources, 2020, 472: 228501.

[61] Brandt A, Balducci A. A study about the use of carbon coated iron oxide-based electrodes in lithium-ion capacitors. Electrochimica Acta, 2013, 108: 219-225.

[62] Tan J Y, Su J T, Wu Y J, et al. Hollow porous α-Fe_2O_3 nanoparticles as anode materials for high-performance lithium-ion capacitors. ACS Sustainable Chemistry & Engineering, 2021, 9(3): 1180-1192.

[63] Zhang S, Li C, Zhang X, et al. High performance lithium-ion hybrid capacitors employing Fe_3O_4-graphene composite anode and activated carbon cathode. ACS Applied Materials & Interfaces, 2017, 9(20): 17136-17144.

[64] Grugeon S, Laruelle S, Dupont L, et al. An update on the reactivity of nanoparticles Co-based compounds towards Li. Solid State Sciences, 2003, 5(6): 895-904.

[65] Chen C H, Hwang B J, Do J S, et al. An understanding of anomalous capacity of nano-sized CoO anode for advanced Li-ion battery. Electrochemistry Communications, 2010, 12(3): 496-498.

[66] Zhao X, Zhang X, Li C, et al. High-performance lithium-ion capacitors based on CoO-graphene composite anode and holey carbon nanolayer cathode. ACS Sustainable Chemistry & Engineering, 2019, 7(13): 11275-11283.

[67] Sennu P, Madhavi S, Aravindan V, et al. Co_3O_4 nanosheets as battery-type electrode for high-energy Li-ion capacitors: A sustained Li-storage *via* conversion pathway. ACS Nano, 2020, 14(8): 10648-10654.

[68] Cheng C F, Chen Y M, Zou F, et al. Li-ion capacitor integrated with nano-network-structured Ni/NiO/C anode and nitrogen-doped carbonized metal-organic framework cathode with high power and long cyclability. ACS Applied Materials & Interfaces, 2019, 11(34): 30694-30702.

[69] Han D, Hwang S, Bak S M, et al. Controlling MoO_2 and MoO_3 phases in MoO_x/CNTs nanocomposites and their application to anode materials for lithium-ion batteries and capacitors. Electrochimica Acta, 2021, 388: 138635.

[70] Han P, Ma W, Pang S, et al. Graphene decorated with molybdenum dioxide nanoparticles for use

in high energy lithium ion capacitors with an organic electrolyte. Journal of Materials Chemistry A, 2013, 1(19): 5949-5954.

[71] Ock I W, Lee J, Kang J K. Metal-organic framework-derived anode and polyaniline chain networked cathode with mesoporous and conductive pathways for high energy density, ultrafast rechargeable, and long-life hybrid capacitors. Advanced Energy Materials, 2020, 10(48): 2001851.

[72] Fleischmann S, Zeiger M, Quade A, et al. Atomic layer-deposited molybdenum oxide/carbon nanotube hybrid electrodes: The influence of crystal structure on lithium-ion capacitor performance. ACS Applied Materials & Interfaces, 2018, 10(22): 18675-18684.

[73] Kim H K, Mhamane D, Kim M S, et al. TiO_2-reduced graphene oxide nanocomposites by microwave-assisted forced hydrolysis as excellent insertion anode for Li-ion battery and capacitor. Journal of Power Sources, 2016, 327: 171-177.

[74] Brousse T, Marchand R, Taberna P L, et al. TiO_2(B)/activated carbon non-aqueous hybrid system for energy storage. Journal of Power Sources, 2006, 158(1): 571-577.

[75] Wang Q, Wen Z H, Li J H. A hybrid supercapacitor fabricated with a carbon nanotube cathode and a TiO_2-B nanowire anode. Advanced Functional Materials, 2006, 16(16): 2141-2146.

[76] Cai Y, Zhao B, Wang J, et al. Non-aqueous hybrid supercapacitors fabricated with mesoporous TiO_2 microspheres and activated carbon electrodes with superior performance. Journal of Power Sources, 2014, 253: 80-89.

[77] Meng J, He Q, Xu L, et al. Identification of phase control of carbon-confined Nb_2O_5 nanoparticles toward high-performance lithium storage. Advanced Energy Materials, 2019, 9(18): 1802695.

[78] Park J C, Park S, Kim D W. High-power lithium-ion capacitor using orthorhombic Nb_2O_5 nanotubes enabled by cellulose-based electrospun scaffolds. Cellulose, 2020, 27(17): 9991-10006.

[79] Kong L, Zhang C, Zhang S, et al. High-power and high-energy asymmetric supercapacitors based on Li^+-intercalation into a T-Nb_2O_5/graphene pseudocapacitive electrode. Journal of Materials Chemistry A, 2014, 2(42): 17962-17970.

[80] Dong S, Lv N, Wu Y, et al. Lithium-ion and sodium-ion hybrid capacitors from insertion-type materials design to devices construction. Advanced Functional Materials, 2021, 31(21): 2100455.

[81] Zhu W, Zou B, Zhang C, et al. Oxygen-defective $TiNb_2O_{7-x}$nanochains with enlarged lattice spacing for high-rate lithium ion capacitor. Advanced Materials Interfaces, 2020, 7(16): 2000705.

[82] Wang X, Shen G. Intercalation pseudo-capacitive $TiNb_2O_7$ carbon electrode for high-performance lithium ion hybrid electrochemical supercapacitors with ultrahigh energy density. Nano Energy, 2015, 15: 104-115.

[83] Saritha D, Pralong V, Varadaraju U V, et al. Electrochemical Li insertion studies on $WNb_{12}O_{33}$—A shear ReO_3 type structure. Journal of Solid State Chemistry, 2010, 183(5): 988-993.

[84] Fan L Q, Huang J L, Wang Y L, et al. High-capacity $MnCo_2O_4$ supported by reduced graphene oxide as an anode for lithium-ion capacitors. Journal of Energy Storage, 2020, 30: 101427.

[85] Zhang X, Zhang J, Kong S, et al. A novel calendula-like $MnNb_2O_6$ anchored on graphene sheet as high-performance intercalation pseudocapacitive anode for lithium-ion capacitors. Journal of Materials Chemistry A, 2019, 7(6): 2855-2863.

[86] Zhu W, El-Khodary S A, Li S, et al. Roselle-like $Zn_2Ti_3O_8$/rGO nanocomposite as anode for lithium ion capacitor. Chemical Engineering Journal, 2020, 385: 123881.

[87] Xu J, Liao Z, Zhang J, et al. Heterogeneous phosphorus-doped WO_{3-x}/nitrogen-doped carbon nanowires with high rate and long life for advanced lithium-ion capacitors. Journal of Materials Chemistry A, 2018, 6(16): 6916-6921.

[88] Dang W, Wang W, Yang Y, et al. One-step hydrothermal synthesis of 2D WO_3 nanoplates@graphene nanocomposite with superior anode performance for lithium ion battery. Electrochimica Acta, 2019, 313: 99-108.

[89] Chen Z, Augustyn V, Wen J, et al. High-performance supercapacitors based on intertwined CNT/V_2O_5 canowire nanocomposites. Advanced Materials, 2011, 23(6): 791-795.

[90] Kong N, Jia M, Yang C, et al. Encapsulating V_2O_3 nanoparticles in carbon nanofibers with internal void spaces for a self-supported anode material in superior lithium-ion capacitors. ACS Sustainable Chemistry & Engineering, 2019, 7(24): 19483-19495.

[91] Pan A Q, Wu H B, Zhang L, et al. Uniform V_2O_5 nanosheet-assembled hollow microflowers with excellent lithium storage properties. Energy & Environmental Science, 2013, 6(5): 1476-1479.

[92] Tan H, Feng Y, Rui X, et al. Metal chalcogenides: Paving the way for high-performance sodium/potassium-ion batteries. Small Methods, 2019, 4(1): 1900563.

[93] Theerthagiri J, Senthil R A, Senthilkumar B, et al. Recent advances in MoS_2 nanostructured materials for energy and environmental applications—A review. Journal of Solid State Chemistry, 2017, 252: 43-71.

[94] Ali Z, Zhang T, Asif M, et al. Transition metal chalcogenide anodes for sodium storage. Materials Today, 2020, 35: 131-167.

[95] Saha D, Kruse P. Conductive forms of MoS_2 and their applications in energy storage and conversion. Journal of the Electrochemical Society, 2020, 167: 126517.

[96] Ma J, Lei D, Mei L, et al. Plate-like SnS_2 nanostructures: Hydrothermal preparation, growth mechanism and excellent electrochemical properties. CrystEngComm, 2012, 14(3): 832-836.

[97] Hao Y, Wang S, Shao Y, et al. High-energy density Li-ion capacitor with layered SnS_2 reduced graphene oxide anode and BCN nanosheet cathode. Advanced Energy Materials, 2019, 10(6): 1902836.

[98] Huang J, Chen J, Ma L, et al. In-situ coupling SnS with nitrogen-doped porous carbon for boosting Li-storage in lithium-ion battery and capacitor. Electrochimica Acta, 2021, 365: 137350.

[99] Stephenson T, Li Z, Olsen B, et al. Lithium ion battery applications of molybdenum disulfide (MoS_2) nanocomposites. Energy & Environmental Science, 2014, 7: 209-231.

[100] Wang L, Zhang X, Xu Y, et al. Tetrabutylammonium-Intercalated 1T-MoS_2 nanosheets with expanded interlayer spacing vertically coupled on 2D delaminated MXene for high-performance lithium-ion capacitors. Advanced Functional Materials, 2021, 31(36): 2104286.

[101] Quilty C D, Housel L M, Bock D C, et al. *Ex situ* and *operando* XRD and XAS analysis of MoS_2: A lithiation study of bulk and nanoseet materials. ACS Applied Energy Materials, 2019, 2(10): 7635-7646.

[102] Das S K, Mallavajula R, Jayaprakash N, et al. Self-assembled MoS_2-carbon nanostructures: Influence of nanostructuring and carbon on lithium battery performance. Journal of Materials Chemistry, 2012, 22(26): 12988.

[103] Wang R, Wang S, Jin D, et al. Engineering layer structure of MoS_2-graphene composites with robust and fast lithium storage for high-performance Li-ion capacitors. Energy Storage Materials, 2017, 9: 195-205.

[104] Li H, Wu J, Ran F, et al. Interfacial interactions in van der Waals heterostructures of MoS_2 and graphene. ACS Nano, 2017, 11(11): 11714-11723.

[105] Pham D T, Baboo J P, Song J, et al. Facile synthesis of pyrite (FeS_2/C) nanoparticles as an electrode material for non-aqueous hybrid electrochemical capacitors. Nanoscale, 2018, 10(13):

5938-5949.
[106] Tan L, Yue J, Yang Z, et al. A polymorphic FeS_2 cathode enabled by copper current collector induced displacement redox mechanism. ACS Nano, 2021, 15(7): 11694-11703.
[107] Chaturvedi A, Hu P, Aravindan V, et al. Unveiling two-dimensional TiS_2 as an insertion host for the construction of high energy Li-ion capacitors. Journal of Materials Chemistry A, 2017, 5(19): 9177-9181.
[108] Suslov E A, Bushkova O V, Sherstobitova E A, et al. Lithium intercalation into TiS_2 cathode material: phase equilibria in a Li-TiS_2 system. Ionics, 2015, 22(4): 503-514.
[109] Jin R, Yang L, Li G, et al. Hierarchical worm-like CoS_2 composed of ultrathin nanosheets as an anode material for lithium-ion batteries. Journal of Materials Chemistry A, 2015, 3(20): 10677-10680.
[110] Amaresh S, Karthikeyan K, Jang I C, et al. Single-step microwave mediated synthesis of the CoS_2 anode material for high rate hybrid supercapacitors. Journal of Materials Chemistry A, 2014, 2(29): 11099-11106.
[111] Wang Y, Liu M, Cao J, et al. 3D hierarchically structured CoS nanosheets: Li^+ storage mechanism and application of the high-performance lithium-ion capacitors. ACS Applied Materials & Interfaces, 2020, 12(3): 3709-3718.
[112] Eftekhari A. Molybdenum diselenide ($MoSe_2$) for energy storage, catalysis, and optoelectronics. Applied Materials Today, 2017, 8: 1-17.
[113] Yang C, Xin S, Yin Y, et al. An advanced selenium-carbon cathode for rechargeable lithium-selenium batteries. Angewandte Chemie International Edition, 2013, 52(32): 8363-8367.
[114] Abouimrane A, Dambournet D, Chapman K W, et al. A new class of lithium and sodium rechargeable batteries based on selenium and selenium-sulfur as a positive electrode. Journal of the American Chemical Society, 2012, 134(10): 4505-4508.
[115] Ge P, Zhang L, Yang Y, et al. Advanced $MoSe_2$/Carbon eectrodes in Li/Na-ions batteries. Advanced Materials Interfaces, 2019, 7(2): 1901651.
[116] Yin F, Yang P, Yuan W, et al. Flexible $MoSe_2$/MXene films for Li/Na-ion hybrid capacitors. Journal of Power Sources, 2021, 488: 229452.
[117] Lu W, Xue M, Chen X. $CoSe_2$ nanoparticles as anode for lithium ion battery. International Journal of Electrochemical Science, 2017, 12: 1118-1129.
[118] Li B, Hu H, Hu H, et al. Improving the performance of lithium ion capacitor by stabilizing anode working potential using $CoSe_2$ nanoparticles embedded nitrogen-doped hard carbon microspheres. Electrochimica Acta, 2021, 370: 137717.
[119] Wang Y, Xin Z, Xiong P, et al. Insight into the intercalation mechanism of WSe_2 onions toward metal ion capacitors: Sodium rivals lithium. Journal of Materials Chemistry A, 2018, 6(43): 21605.
[120] Li Y, Putungan D B, Lin S. Two-dimensional $MTe_2(M = Co, Fe, Mn, Sc, Ti)$ transition metal tellurides as sodium ion battery anode materials: Density functional theory calculations. Physics Letters A, 2018, 382(38): 2781-2786.
[121] Jia Q, Zhang H, Kong L. Nanostructure-modified in-situ synthesis of nitrogen-doped porous carbon microspheres (NPCM) loaded with $FeTe_2$ nanocrystals and NPCM as superior anodes to construct high-performance lithium-ion capacitors. Electrochimica Acta, 2020, 337: 135749.
[122] Zhang H, Jia Q, Kong L. Metal-organic framework-derived nitrogen-doped three-dimensional porous carbon loaded $CoTe_2$ nanoparticles as anodes for high energy lithium-ion capacitors. Jour-

nal of Energy Storage, 2022, 47: 103617.

[123] Chaturvedi A, Hu P, Kloc C, et al. High energy Li-ion capacitors using two dimensional $TiSe_{0.6}S_{1.4}$ as insertion host. Journal of Materials Chemistry A, 2017, 5(37): 19819.

[124] Jagadale A, Zhou X, Blaisdell D, et al. Carbon nanofibers (CNFs) supported cobalt-nickel sulfide ($CoNi_2S_4$) nanoparticles hybrid anode for high performance lithium ion capacitor. Scientific Reports, 2018, 8(1): 1602.

[125] Xiao Y, Zhou M, Liu J, et al. Phase engineering of two-dimensional transition metal dichalcogenides. Science China Materials, 2019, 62(6): 759-775.

[126] Zhang W. Lithium insertion/extraction mechanism in alloy anodes for lithium-ion batteries. Journal of Power Sources, 2011, 196(3): 877-885.

[127] Jin Y, Zhu B, Lu Z, et al. Challenges and recent progress in the development of Si anodes for lithium-ion battery. Advanced Energy Materials, 2017, 7(23): 1700715.

[128] Zhang W. A review of the electrochemical performance of alloy anodes for lithium-ion batteries. Journal of Power Sources, 2011, 196(1): 13-24.

[129] Obrovac M N. Si-alloy negative electrodes for Li-ion batteries. Current Opinion in Electrochemistry, 2018, 9: 8-17.

[130] Feng Z, Peng W, Wang Z, et al. Review of silicon-based alloys for lithium-ion battery anodes. International Journal of Minerals, Metallurgy and Materials, 2021, 28(10): 1549-1564.

[131] Braga M H, Malheiros L F, Ansara I. Thermodynamic assessment of the Li-Si System. Journal of Phase Equilibria, 1995, 16: 324-330.

[132] Liu X, Jung H, Kim S, et al. Silicon/copper dome-patterned electrodes for high-performance hybrid supercapacitors. Scientific Reports, 2013, 3: 3183.

[133] Qu W, Han F, Lu A, et al. Combination of a SnO_2-C hybrid anode and a tubular mesoporous carbon cathode in a high energy density non-aqueous lithium ion capacitor: Preparation and characterisation. Journal of Materials Chemistry A, 2014, 2(18): 6549-6557.

[134] Ryu J H, Kim J W, Sung Y E, et al. Failure modes of silicon powder negative electrode in lithium secondary batteries. Electrochemical and Solid-State Letters, 2004, 7(10): A306-A309.

[135] Lai C, Kao T, Tuan H. Si nanowires/Cu nanowires bilayer fabric as a lithium ion capacitor anode with excellent performance. Journal of Power Sources, 2018, 379: 261-269.

[136] An Y, Che S, Zou M, et al. Improving anode performances of lithium-ion capacitors employing carbon-Si composites. Rare Metals, 2019, 38(2): 1113-1123.

[137] Wu Y, Chen Y, Huang C, et al. Small highly mesoporous silicon nanoparticles for high performance lithium ion based energy storage. Chemical Engineering Journal, 2020, 400: 125958.

[138] Park E, Chung D J, Park M S, et al. Pre-lithiated carbon-coated Si/SiO nanospheres as a negative electrode material for advanced lithium ion capacitors. Journal of Power Sources, 2019, 440: 227094.

[139] Sun X, Geng L, Yi S, et al. Effects of carbon black on the electrochemical performances of SiO_x anode for lithium-ion capacitors. Journal of Power Sources, 2021, 499: 229936.

[140] Yin F, Su X, Li Z, et al. Thermodynamic assessment of the Li-Sn (Lithium-Tin) system. Journal of Alloys and Compounds, 2005, 393: 105-108.

[141] Park C M, Sohn H J. A mechano- and electrochemically controlled SnSb/C nanocomposite for rechargeable Li-ion batteries. Electrochimica Acta, 2009, 54(26): 6367-6373.

[142] Sun F, Gao J, Zhu Y, et al. A high performance lithium ion capacitor achieved by the integration of a Sn-C anode and a biomass-derived microporous activated carbon cathode. Scientific Reports,

2017, 7: 40990.

[143] Yang C, Ren J, Zheng M, et al. High-level N/P co-doped Sn-carbon nanofibers with ultrahigh pseudocapacitance for high-energy lithium-ion and sodium-ion capacitors. Electrochimica Acta, 2020, 359: 136898.

[144] Chen L, Tsai D S, Chen J J. Phenylphenol-derived carbon and antimony-coated carbon nanotubes as the electroactive materials of lithium-ion hybrid capacitors. ACS Applied Materials & Interfaces, 2019, 11(38): 34948-34956.

[145] Naguib M, Kurtoglu M, Presser V, et al. Two-dimensional nanocrystals produced by exfoliation of Ti_3AlC_2. Advanced Materials, 2011, 23(37): 4248-4253.

[146] Zhang X, Wang L, Liu W, et al. Recent advances in MXenes for lithium-ion capacitors. ACS Omega, 2020, 5(1): 75-82.

[147] Wu G, Li T, Wang Z, et al. Molecular ligand-mediated assembly of multicomponent nanosheet superlattices for compact capacitive energy storage. Angewandte Chemie International Edition, 2020, 59(46): 20628-20635.

[148] Ming F, Liang H, Huang G, et al. MXenes for rechargeable batteries beyond the lithium-ion. Advanced Materials, 2020, 33(1): 2004039.

[149] Ghidiu M, Lukatskaya M R, Zhao M, et al. Conductive two-dimensional titanium carbide "clay" with high volumetric capacitance. Nature, 2014, 516: 78-81.

[150] Lipatov A, Alhabeb M, Lukatskaya M R, et al. Effect of synthesis on quality, electronic properties and environmental stability of individual monolayer Ti_3C_2 MXene flakes. Advanced Electronic Materials, 2016, 2(12): 1600255.

[151] Li M, Lu J, Luo K, et al. Element replacement approach by reaction with lewis acidic molten salts to synthesize nanolaminated MAX phases and MXenes. Journal of the American Chemical Society, 2019, 141(11): 4730-4737.

[152] Li Y, Shao H, Lin Z, et al. A general Lewis acidic etching route for preparing MXenes with enhanced electrochemical performance in non-aqueous electrolyte. Nature Materials, 2020, 19(8): 894-899.

[153] Kamysbayev V, Filatove A S, Hu H, et al. Covalent surface modifications and superconductivity of two-dimensional metal carbide MXenes. Science, 2020, 369(6506): 979-983.

[154] Gao L, Bao W, Kuklin A V, et al. Hetero-MXenes: Theory, synthesis, and emerging applications. Advanced Materials, 2021, 33(10): 2004129.

[155] Okubo M, Sugahara A, Kajiyama S, et al. MXene as a charge storage host. Accounts of Chemical Research, 2018, 51(3): 591-599.

[156] Shao H, Xu K, Wu Y C, et al. Unraveling the charge storage mechanism of $Ti_3C_2T_x$ MXene electrode in acidic electrolyte. ACS Energy Letters, 2020, 5(9): 2873-2880.

[157] Hu M, Hu T, Li Z, et al. Surface functional groups and interlayer water determine the electrochemical capacitance of $Ti_3C_2T_x$ MXene. ACS Nano, 2018, 12(4): 3578-3586.

[158] Hussain N, Li M, Tian B, et al. Co_3Se_4 quantum dots as an ultrastable host material for potassium-ion intercalation. Advanced Materials, 2021, 33(26): 2102164.

[159] Yi S, Wang L, Zhang X, et al. Cationic intermediates assisted self-assembly two-dimensional $Ti_3C_2T_x$/rGO hybrid nanoflakes for advanced lithium-ion capacitors. Science Bulletin, 2021, 66(9): 914-924.

[160] Tang Q, Zhou Z, Shen P. Are MXenes promising anode materials for Li ion batteries? Computational studies on electronic properties and Li storage capability of Ti_3C_2 and $Ti_3C_2X_2$ (X = F,

OH) monolayer. Journal of the American Chemical Society, 2012, 134(40): 16909-16916.

[161] Luo J, Zhang W, Yuan H, et al. Pillared structure design of MXene with ultralarge interlayer spacing for high-performance lithium-ion capacitors. ACS Nano, 2017, 11(3): 2459-2469.

[162] Wang S, Jin D, Bian Y, et al. Electrostatically fabricated three-dimensional magnetite and MXene hierarchical architecture for advanced iithium-ion capacitors. ACS Applied Materials & Interfaces, 2020, 12(8): 9226-9235.

[163] Li C, Zhang D, Cao J, et al. Ti_3C_2 MXene-encapsulated NiFe-LDH hybrid anode for high-performance lithium-ion batteries and capacitors. ACS Applied Energy Materials, 2021, 4(8): 7821-7828.

[164] Yang B, Liu B, Chen J, et al. Realizing high-performance lithium ion hybrid capacitor with a 3D MXene-carbon nanotube composite anode. Chemical Engineering Journal, 2022, 429: 132392.

[165] Xin W, Hui L, Han L, et al. Heterostructures of Ni-Co-Al layered double hydroxide assembled on V_4C_3 MXene for high-energy hybrid supercapacitors. Journal of Materials Chemistry A, 2019, 7: 2291-2300.

[166] Yu P, Cao G, Yi S, et al. Binder-free 2D titanium carbide (MXene)/carbon nanotube composites for high-performance lithium-ion capacitors. Nanoscale, 2018, 10(13): 5906-5913.

[167] Lu Z, Zou K, Liang K, et al. Integrating N-doped porous carbon-encapsulated ultrafine SnO_2 with MXene nanosheets via electrostatic self-assembly as a superior anode material for lithium ion capacitors. ACS Applied Energy Materials, 2022, 5: 8198-8210.

[168] Byeon A, Glushenkov A M, Anasori B, et al. Lithium-ion capacitors with 2D Nb_2CT_x (MXene)-carbon nanotube electrodes. Journal of Power Sources, 2016, 326: 686-694.

[169] Lu M C, Zhang B M, Zhang Y S, et al. Interlayer engineering construction of 2D Nb_2CT_x with enlarged interlayer spacing towards high capacity and rate capability for lithium-ion storage. Batteries & Supercaps, 2021, 4(9): 1473-1481.

[170] Qin L, Liu Y, Zhu S, et al. Formation and operating mechanisms of single-crystalline perovskite $NaNbO_3$ nanocubes few-layered Nb_2CT_x MXene hybrids towards Li-ion capacitors. Journal of Materials Chemistry A, 2021, 9: 20405-20416.

[171] Qin L, Liu Y, Xu S, et al. In-plane assembled single-crystalline T-Nb_2O_5 nanorods derived from few-layered Nb_2CT_x MXene nanosheets for advanced Li-ion capacitors. Small Methods, 2020, 4(12): 2000630.

[172] Liu X, Zhang X, Dou Y, et al. Ultrasmall Mo_2C nanocrystals embedded in N-doped porous carbons as a surface-dominated capacitive anode for lithium-ion capacitors. Chemical Communications, 2021, 57(40): 4966-4969.

[173] Zhang H, Jia Q, Kong L. γ-Mo_2N nanobelts with controlled grain and mesopore sizes as high-performance anodes for lithium-ion capacitors. ACS Applied Nano Materials, 2021, 4(11): 12514-12526.

[174] Zhou S, Chiang CL, Zhao J, et al. Extra storage capacity enabled by structural defects in pseudocapacitive NbN monocrystals for high-energy hybrid supercapacitors. Advanced Functional Materials, 2022, 32(22): 2112592.

[175] Jiao A, Gao J, He Z, et al. Nickel fluoride nanorods as anode materials for Li-ion hybrid capacitors. ACS Applied Nano Materials, 2021, 4(11): 11601-11610.

[176] Liang H, Hu Z, Zhao Z, et al. Dendrite-structured FeF_2 consisting of closely linked nanoparticles as cathode for high-performance lithium-ion capacitors. Journal of Energy Chemistry, 2021, 55: 517-523.

[177] Min J, Jun H, Jong H, et al. Black phosphorus-based lithium-ion capacitor. Batteries & Supercaps, 2022, 5(8): e202200031.

[178] Li F, Gao J, He Z, et al. Engineering novel $Ni_{2-x}Co_xP$ structures for high performance lithium-ion storage. Energy Storage Materials, 2022, 48: 20-34.

第4章 锂离子电容器电解液

4.1 概述

锂离子电容器的电解液主要是有机电解液，通常包括锂盐、混合有机溶剂和功能添加剂，作为锂离子电容器内部的“血液”可以起到润湿电极和隔膜，连接器件的正极与负极，以及为锂离子的传输提供通道等作用，在不同程度上影响到锂离子电容器的电容量、内阻、倍率、高低温、循环寿命和安全性能。通过对电解液的各项组成成分进行合理地优化和调整，能够有效地调节锂离子电容器的各项电化学性能，从而满足不同应用场景对锂离子电容器性能的需求。

有机电解液是以适当的锂盐溶解在有机非质子混合溶剂中形成的电解质溶液。锂离子电容器用有机电解液的选择一般需要考虑以下几个方面：

(1) 应在较宽的温度范围内具有较高的离子电导率，使器件具有较好的高倍率充放电性能，离子电导率以 1 mS/cm 以上为佳；

(2) 至少含有一种较低黏度和较低熔点的溶剂，应在较宽的温度范围内保持液态 (液程)，至少在 $-20\sim85$ ℃ 范围内保持为液态，不发生分相，低温电解液的液程可达 -50 ℃；

(3) 电化学稳定性好，与高比面积的电容性碳材料不易发生氧化还原反应，电化学窗口宽，以减小锂离子电容器的自放电和漏电流、确保其具有较高的循环寿命；

(4) 化学稳定性好，不与金属锂、集流体、隔膜、铝塑膜和铝壳等发生化学反应；

(5) 与碳负极材料的兼容性好，能形成稳定有效的 SEI 膜；

(6) 热稳定性好，以保证锂离子电容器在较高的工作温度下或频繁高倍率充放电导致大量产热的工况下，不会发生产气和体积膨胀；

(7) 可考虑选用含有锂盐和双电层电容器用电解质盐的双功能电解液；

(8) 闪点和燃点高，以保证锂离子电容器的安全性；

(9) 环境友好，挥发性溶剂组分和有机电解液的高温分解产物毒性小、对环境的污染小；

(10) 电解液与电极材料的浸润性好；

(11) 电解液杂质含量少、纯度高；

(12) 价格成本较低。

表征电解液基础理化性质的参数主要包括：离子电导率、离子迁移数、电化学稳定电压窗口和黏度等。

1. 离子电导率

离子电导率是用来表征电解液的导电能力的参数，其定义为：电极面积为 1 m^2、两电极相距 1 m 时电解液的电导就称为该电解液的电导率。离子电导率反映的是电解液传输离子的能力，是衡量电解液性能的重要指标之一。决定电解液离子电导率的两个主要因素是：① 自由电荷载流子浓度、阳离子和阴离子浓度，取决于锂盐在所选用溶剂中的溶解性；② 电离离子的迁移率或每个离子对电导的贡献，取决于溶解的锂盐离解成自由离子的离解度。电解液的离解度取决于可提供用于成流的自由电荷载流子的锂盐摩尔分数。通常，在自由电荷载流子与未离解盐之间存在一个热力学平衡，平衡时各成分的浓度和数量取决于锂盐的浓度、温度和溶剂介质的介电常数。影响电解液电导率的其他因素还有：溶剂的黏度 (与温度有关)、自由离解离子之间的长距离静电相互作用 (取决于溶剂的介电常数)。离子电导率 σ 满足如下关系式 [1]：

$$\sigma = \sum n_i u_i z_i e \tag{4.1}$$

式中，n_i 为参与输运的离子浓度；u_i 为离子迁移率；z_i 为离子的电荷量。实验中离子电导率主要是采用电化学阻抗法测量，通过等效电路对阻抗数据进行拟合，获得等效电路中各元件的数值，根据欧姆内阻的数值计算得到电阻率：

$$\sigma = d/(R_s \cdot S) \tag{4.2}$$

式中，d 为模拟电池两电极间的距离；R_s 为欧姆内阻；S 为电极面积。

2. 离子迁移数

由于阴离子和阳离子移动的速率不同，单个离子所带的电荷不等，其在迁移电荷量时所分担的份额亦不相同，反映这一份额的物理量就是离子迁移数，其定义为：某种离子所输运的电流与总电流之比。假定电解液中仅存在锂离子和一种阴离子，且迁移电荷时分担的份额相同，则锂离子和阴离子的迁移数均为 0.5。在实际的电解液体系中，通常由于 Li^+ 与溶剂分子的溶剂化作用强于阴离子与溶剂分子的溶剂化作用，所以 Li^+ 的迁移数要小于 0.5。对于锂离子电容器而言，充放电过程中需要传输的阳离子是 Li^+，Li^+ 的迁移数越高，参与储能过程的有效输运的离子也越多。Li^+ 迁移数较低将导致有效传导的离子电阻较高，同时阴离子更容易富集在负极表面，导致电极的极化增大，并增大了阴离子分解的倾向，不利于获得较好的循环寿命和倍率特性。

Li^+ 迁移数可以通过直流极化和交流阻抗相结合的办法获得，通过在模拟电池两极施加一定的极化电压 ΔV(10～100 mV)，记录初始电流值 I_0 和一定时间 (1 h) 后的稳态电流 I_s，并采用电化学阻抗法获得极化前后的电阻 R_0、R_s，则 Li^+ 迁移数 t_{Li^+} 的计算公式为 [2]

$$t_{Li^+} = \frac{I_s(\Delta V - I_0 R_0)}{I_0(\Delta V - I_s R_s)} \tag{4.3}$$

式中，电极电阻的数值由电极极化前后的奈奎斯特曲线得出，其数值为电荷转移电阻 R_{ct} 和界面层电阻 R_{SEI} 之和。

3. 电化学稳定电压窗口

锂离子电容器在充放电过程中，要求电解质在正负极电极材料发生氧化还原反应电位之间保持稳定，超出这个电位范围，电解质就会发生电化学反应而分解。因此，电化学稳定电压窗口就是指电解液能够稳定存在的电压范围，是锂离子电解液的重要参数。与锂离子电池不同，锂离子电容器对循环寿命的要求更高，一般不少于 5 万次循环，甚至要求 100 万次循环，对电解质分解的容忍度也更低。图 4-1 所示为锂离子电容器在不同库仑效率下循环 100、1 万、10 万、100 万周后的容量保持率。库仑效率 (η) 为 99.999%(5N) 的锂离子电容器，经过 100 周循环后容量降低至初始容量的 $0.99999^{100} \times 100\% = 99.9\%$，10 万周循环后容量将降低至初始容量的 36.8%。此外，锂离子电容器在 3.8 V 电压下具有较小的漏电流，在 4.0 V 和 4.2 V 电压下漏电流会分别提高至 1.7 倍和 5.9 倍。

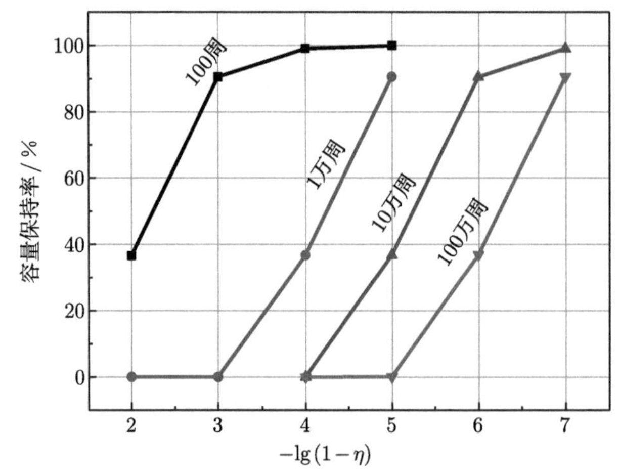

图 4-1 容量保持率与库仑效率的关系曲线

电化学稳定电压窗口可以通过循环伏安法来确定，但是锂离子电容器的研究中经常存在设定过高的器件上限电压或过低的下限电压的情况。在一些报道的文献中，锂离子电容器的电压范围被设定为 1.0~4.3 V，在此类较宽的电压窗口下虽然锂离子电容器的能量密度有了较大提高，但随着充放电循环次数的增加，锂离子电容器的容量会出现快速下降 [3]。在有些锂离子电容器材料体系中，初始的若干次充放电循环中，在正极和负极电极材料表面可形成电化学稳定的钝化层，锂离子电容器的电压范围可适当放宽。

锂离子电解液的电化学稳定电压窗口也可以从能量的角度来大致判断。通过第一性原理计算出溶剂和锂盐的最高占据轨道 (HOMO) 和最低未占据轨道 (LUMO)，在发生还原反应时负极上电化学电位较高的电子填入电解液的 LUMO，在发生氧化反应时电解液 HOMO 上的电子流入电化学电位较低的正极，将电解液的 HOMO 和 LUMO 的能级差 E_{g} 除以一个电子的电量得到电位差，可以用以估算和比较不同体系电解液的电化学窗口，如图 4-2 所示 [4]。

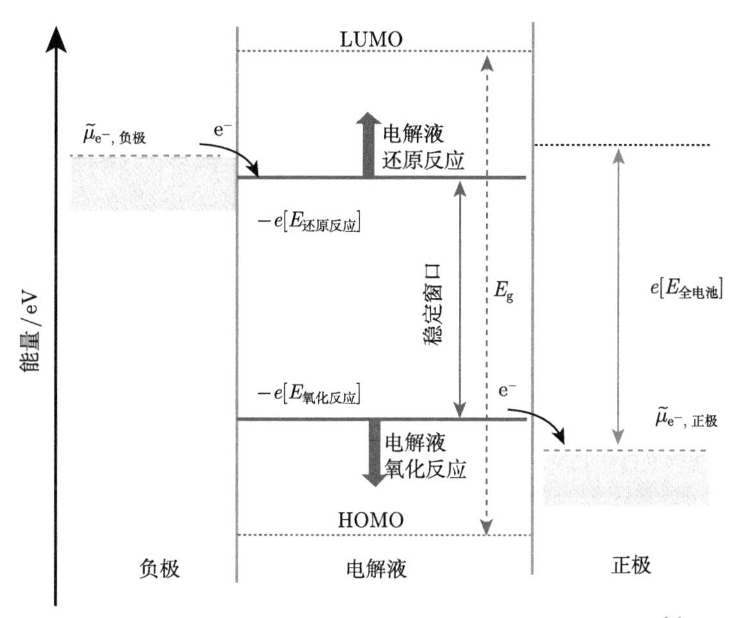

图 4-2 锂离子电容器电解液电化学稳定电压窗口示意图 [4]

本章着重介绍了有机电解液与电极的相互作用、有机锂离子电解液常用和潜在的有机溶剂、电解质锂盐和功能添加剂。此外，还会介绍水系体系、离子液体体系和高浓度盐体系等。

4.2 电解液与电极的相互作用

通常，有机体系的锂离子电容器的正极活性材料为电容炭材料，负极活性材料为石墨、软碳和硬碳等可逆嵌入/脱出锂的碳材料。在锂离子电容器的充放电过程中，正极主要发生阴离子的物理吸附和脱附过程，表现出的是电容行为；负极发生 Li^+ 的嵌入/脱出，是氧化还原反应过程，如图 4-3 所示。

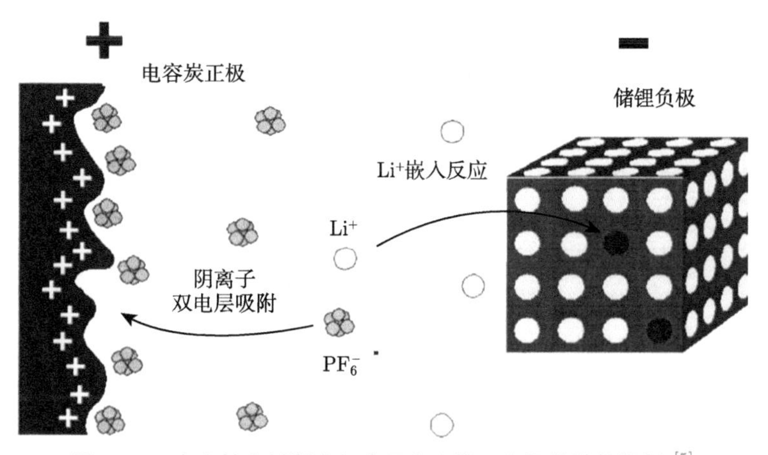

图 4-3 在充放电过程中锂离子电容器正负极的储能机制 [5]

锂离子电容器在其预嵌锂和初始几周的充放电过程中，锂离子电解液会与负极和正极发生电化学副反应，在电极表面形成钝化层或固体电解质界面 (SEI) 膜，包括负极侧的 SEI 膜 (或称 AEI 膜) 和正极侧的正极电解质界面 (CEI) 膜。界面膜在锂离子电容器中具有重要意义，其组成与结构、化学性质、电化学性质和稳定性等决定了锂离子电容器的库仑效率、循环稳定性、倍率性能和低温性能等。锂离子电容器的电容炭正极表面的 CEI 膜可以将多孔炭材料的活性表面与电解液分隔，提高正极材料的耐氧化性能，同时降低电容炭正极的漏电流和自放电效应 [6]。负极材料表面在预嵌锂和后续的充放电过程中形成的 SEI 膜，可以阻止溶剂进一步被 Li^+ 还原。高质量的 SEI 膜应具有如下特征：① 在 SEI 膜厚度超过电子隧穿长度时表现出完全的电子绝缘；② 具有良好的离子电导，Li^+ 可以穿过 SEI 膜而嵌入负极活性材料中；③ 在一定的电位下形貌与化学结构相对稳定，不随锂离子电容器的循环而发生改变和脱落；④ 热稳定性良好，在较宽的温度范围内不发生溶解；⑤ 具有良好的力学性能，能够适应充放电过程中活性物质体积的膨胀和收缩。

4.2.1 电解液与负极的相互作用

锂离子电解液与负极的相互作用可分为以下四个类型 [7]：① 溶剂化 Li^+ 迁移到负极电极附近，在电子转移前发生复杂的转变，去溶剂化后嵌入石墨层间形成可逆充放的 Li^+；② 溶剂化的 Li^+ 可能会从石墨层端面直接嵌入石墨层间，发生溶剂的共嵌入反应，其中的溶剂分子进一步被还原分解形成沉积物；③ 溶剂化 Li^+ 或溶剂分子直接在石墨端面获得电子并在端面被还原分解，生成的易溶解的物质扩散进入电解液中，难溶解的物质沉积在石墨层端面；④ 溶剂化 Li^+ 获取电子并迁移到石墨层基面，生成的极性阴离子与溶剂化 Li^+ 反应后形成难溶解的物质沉积，如图 4-4 所示。其中反应① 所需还原电位最低，是最理想

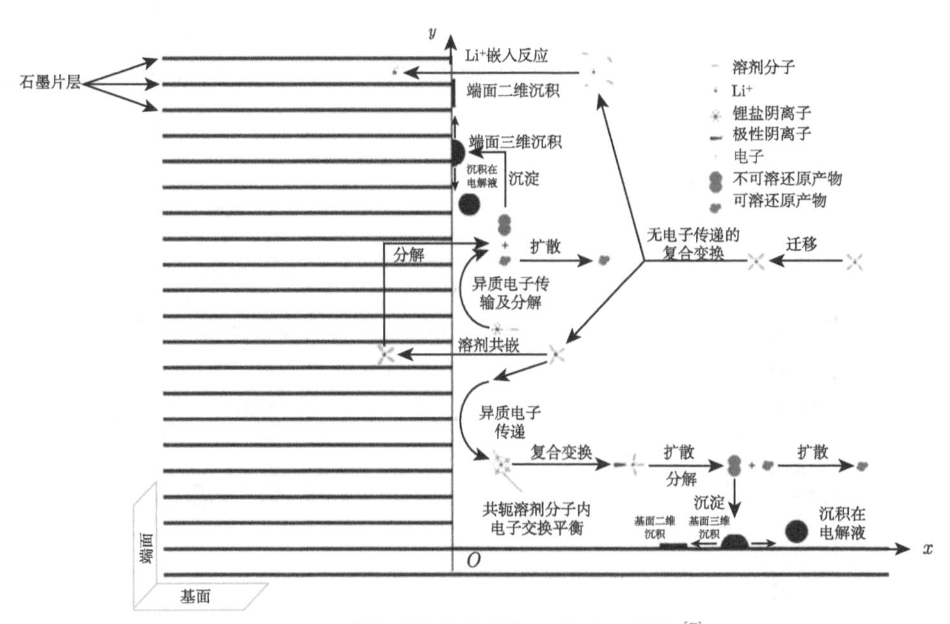

图 4-4 电解液与负极的相互作用示意图 [7]

的但也是在嵌锂过程最后阶段才能发生，反应② 与③ 中溶剂分子被还原过程存在单电子转移和多电子转移两种反应途径。在上述类型的反应过程中，分解产物包括易溶解的物质、难溶解的沉积物，其中难溶解的物质在负极表面沉积，最终形成 SEI 膜。

锂离子电容器常用的负极材料为石墨、软碳、硬碳等碳材料，在 SEI 膜形成过程中，负极表面发生的反应主要是锂离子电解液溶剂的还原分解反应。例如，碳酸乙烯酯 (EC) 相对于锂的分解电压是 0.69~0.9 V，反应活化能为 24.9 kcal/mol(1 cal = 4.186 J)；碳酸丙烯酯 (PC) 相对于锂的分解电压是 0.5~0.75 V，反应活化能为 26.4 kcal/mol；碳酸亚乙烯酯 (VC) 相对于锂的分解电压是 1.05~1.4 V，反应活化能为 13 kcal/mol。

负极电极材料表面的 SEI 膜厚度为 100~200 nm，其主要由多种无机成分如 Li_2CO_3、LiF、Li_2O、LiOH 等和多种有机成分如 $ROCO_2Li$、ROLi 和 $(CH_2OCO_2Li)_2$ 等组成，如表 4-1 所示。

表 4-1 碳负极表面 SEI 膜的化学组成 [7]

组分	描述
$(CH_2OCO_2Li)_2$	主要是在 EC 基电解液形成的 SEI 膜中发现，是 EC 双电子还原的产物
$ROCO_2Li$	在多数含有 PC 的电解液所形成的 SEI 膜外层中出现，尤其是在电解液中 PC 的浓度较高的情况下
Li_2CO_3	半碳酸酯 (semicarbonates) 与 HF、水、CO_2 的反应产物
ROLi	通常是在醚类电解液形成的 SEI 膜中发现，如四氢呋喃 (THF)，也可以是碳酸二甲酯 (DMC) 和碳酸甲乙酯 (EMC) 的还原产物，是可溶的，可发生进一步的反应
LiF	一般是出现在含 F 锂盐的电解液所形成的 SEI 膜中，如 $LiAsF_6$、$LiPF_6$、$LiBF_4$，是含 F 锂盐还原的产物，HF 与半碳酸酯反应也会生成 LiF，储存时 LiF 含量也会增多
Li_2O	与痕量水的反应产物，或者 Li_2CO_3 的分解产物
聚碳酸酯	在 SEI 膜的最外层，靠近电解液，增加 SEI 的弹性
LiOH	主要是由水的污染造成的，也可以是 Li_2O 与水反应或老化的产物
草酸锂	在阿贡国家实验室采用 1.2 mol/L $LiPF_6$/EC+EMC(质量比 3∶7) 电解液 18650 全电池 SEI 膜中发现，还有羧酸锂、甲氧基锂
HF	电解液中 $LiPF_6$ 和水的反应产物，有毒且会损害锂离子电容器的其他部分

以 1 mol/L $LiPF_6$/(EC+DMC) 体系的电解液为例，SEI 膜的形成可能是由 EC、DMC、痕量水分及 HF 等与 Li^+ 反应形成 $(CH_2OCO_2Li)_2$、$LiCH_2CH_2OCO_2Li$、CH_3OCO_2Li、Li_2CO_3、LiF 和 LiOH 等覆盖在负极表面，可能的反应机理如下：

$$2C_3H_4O_3(EC) + 2e^- + 2Li^+ \longrightarrow (CH_2OCO_2Li)_2\downarrow + CH_2 = CH_2\uparrow \tag{4.4}$$

$$C_3H_4O_3(EC) + 2e^- + 2Li^+ \longrightarrow LiCH_2CH_2OCO_2Li\downarrow \tag{4.5}$$

$$2C_3H_6O_3(DMC) + 2e^- + 2Li^+ \longrightarrow CH_3\cdot + CH_3OCO_2Li\downarrow + CH_3OLi\downarrow + CH_3OCO\cdot \tag{4.6}$$

$$H_2O + e^- + Li^+ \longrightarrow LiOH\downarrow + 1/2H_2\uparrow \tag{4.7}$$

$$LiOH + e^- + Li^+ \longrightarrow Li_2O\downarrow + 1/2H_2\uparrow \tag{4.8}$$

$$H_2O + (CH_2OCO_2Li)_2 \longrightarrow Li_2CO_3\downarrow + CO_2 + HOCH_2CH_2OH \tag{4.9}$$

$$2CO_2 + 2e^- + 2Li^+ \longrightarrow Li_2CO_3 \downarrow + CO \uparrow \tag{4.10}$$

$$LiPF_6 + H_2O \longrightarrow LiF \downarrow + 2HF + PF_3O \tag{4.11}$$

$$PF_6^- + ne^- + nLi^+ \longrightarrow LiF \downarrow + Li_xPF_y \tag{4.12}$$

$$2HF + Li_2CO_3 \longrightarrow 2LiF \downarrow + H_2O + CO_2 \uparrow \tag{4.13}$$

一般认为，在预嵌锂过程中 SEI 膜的形成可分为两个阶段，其对应的电位不同。第一阶段发生在 Li^+ 嵌入碳负极材料之前，形成的 SEI 膜以无机物为主，孔隙多、电阻高，化学稳定性较差；第二阶段发生在 Li^+ 嵌入过程中，产生的 SEI 膜较致密、离子电导率高，伴随着溶剂分子的还原及碳负极表面官能团的还原，有机物开始形成。SEI 膜作为负极材料与电解液的反应产物，其组成、结构、致密性与稳定性主要由负极材料和电解液的组成决定，同时也受到温度、预嵌锂方法和循环次数的影响。

(1) 负极材料的种类、电极组成及结构、表面形貌等对 SEI 膜的形成具有重要影响。材料的石墨化程度和结构有序性不同，则形成的 SEI 膜的性质也不同，例如，热解碳形成的 SEI 较厚，高定向热解石墨 (HOPG) 形成的 SEI 会较薄。随着电极活性材料的颗粒减小，电极的比表面积相应增大，可以提高负极材料的倍率性能和锂离子电容器的功率性能；然而，界面 SEI 膜形成过程中消耗的 Li^+ 电解液的量与材料的活性比表面积呈线性关系，例如，石墨烯和活性炭等纳米碳材料具有超高的比表面积，其首次嵌锂过程的不可逆容量损失可达 50%。

(2) 电解液的不同溶剂组分在形成 SEI 膜中的作用不同。在 PC 基电解液中，石墨电极表面形成的 SEI 膜不能完全覆盖表面，PC 容易和 Li^+ 发生共嵌，并在石墨层间还原分解导致石墨层剥离。DEC 在电极界面还原产物烷基基团的体积较大，在有机溶剂中的溶解度大，无法在负极表面沉积，难以形成有效的钝化膜。EC 单独作溶剂时，生成的 SEI 膜的主要成分是 $(CH_2OCO_2Li)_2$，加入 DEC 或 DMC 后，形成的 SEI 膜的主要成分为 $C_2H_5OCO_2Li$ 和 Li_2CO_3，表明 DEC 和 DMC 不仅可以降低黏度、提高电导率，在 SEI 膜的形成初期也参与了电极反应。环状烷基碳酸酯 (如 PC 和 EC 等) 极性强、介电常数高，但黏度大、分子间作用力大，Li^+ 在这类溶剂中的传输速度慢。链状烷基碳酸酸 (如 DEC、DMC 等) 黏度低、介电常数也低，要获得均衡的性能需要采用多种成分的混合溶剂。

(3) 温度的影响。为了提高预嵌锂效率、缩短预嵌锂时间，倾向于采用较高的嵌锂温度，但高温条件会使形成的 SEI 膜稳定性下降、负极循环性能变差，而较低温度下形成的 SEI 膜通常较薄、较为稳定。Andersson 等 [8] 认为，在完成嵌锂后如在高于室温的温度下保存时，则初始形成的 SEI 膜可发生结构重整，膜的溶解与重新沉积会使新的膜具有多孔的结构，使电解液与石墨负极产生部分接触和反应，造成负极容量的损失，但 SEI 膜中 LiF 的含量会随之增加，可以改善负极的储存性能和循环性能，这也是锂离子电池制造过程中普遍采用 30~60 ℃ 保温老化的原因，如图 4-5 所示。

(4) 预嵌锂电流的影响。在预嵌锂过程中，负极表面的反应是一个钝化膜形成与电荷传递的竞争反应，由于各种离子的扩散速率和离子迁移率不同，则在不同电流密度下发生的电化学反应的主体亦不同，这不仅会影响到 SEI 膜的成膜反应速率，还会影响到 SEI 膜的组成 [9]。

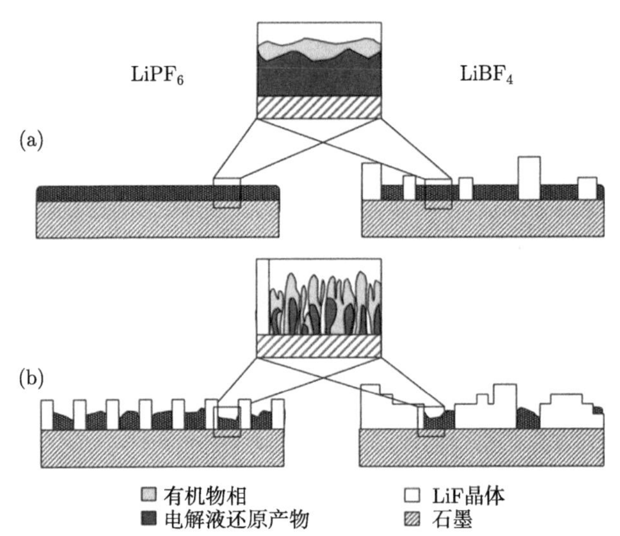

图 4-5 温度对石墨负极 SEI 膜的影响。(a) 初始阶段形成的 SEI 膜；(b) 保温老化后 SEI 组成与结构的变化 [8]

预嵌锂过程中除了形成 SEI 膜之外，在成膜的第一阶段还会产生 H_2、CO、CO_2、CH_4、C_2H_4 等各类气体产物，析出气体的成分与电位、电解液组成密切相关。以 1 mol/L $LiPF_6$/EC+DMC(体积比 1∶1) 电解液为例，如图 4-6 所示，在 1.0 V 电位下 (相对锂参比电极) 开始有气体析出，主要为 CO 和 C_2H_4，当形成 $Li_{0.1}C_6$ 时开始有 C_2H_6 析出；如果加入 2wt% 碳酸亚乙烯酯 (VC)，在 1.0 V 时只有 CO_2 析出而不产生 CO，表明 VC 显著改变了界面反应 [10]。

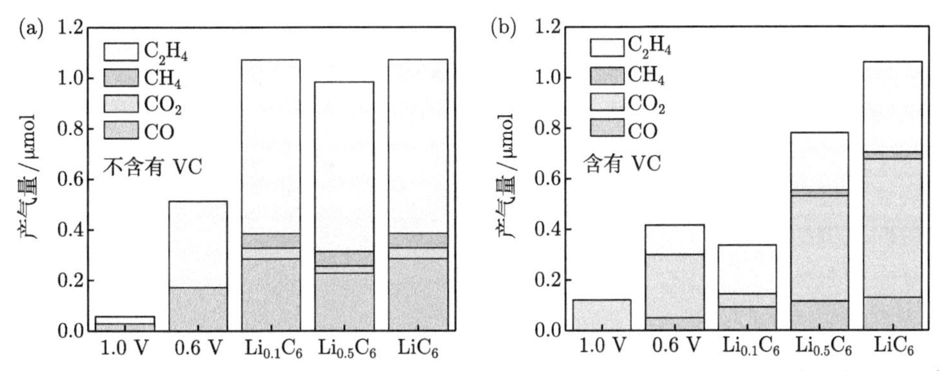

图 4-6 石墨电极嵌锂过程中产气量示意图。(a) 1 mol/L $LiPF_6$/EC+DMC(体积比 1∶1) 电解液；(b) 1 mol/L $LiPF_6$/EC+DMC(体积比 1∶1) + 2wt% VC 电解液 [10]

4.2.2 电解液与正极的相互作用

锂离子电容器的正极通常采用具有高比表面积的电容碳材料，在充放电过程中电容碳的表面发生离子的吸附和脱附，是一个非法拉第的物理过程。具体地讲，电容碳正极的吸附过程可以分为两个阶段，在 2.0 V 至开路电位区间内发生 Li^+ 的吸附与脱附，在开路电位以上的电位区间发生阴离子的吸附与脱附，如图 4-7 所示。从 AC 电极相对于锂电极的循环伏安曲线 (图 4-7(a)) 可以看出，在 2.2 V 至零电荷电位 (pzc，约 3.08 V) 范围内的形状与 pzc 以上电压范围的形状有很大差异，代表了不同种类离子的吸附过程。Shellikeri 等 [11] 采用 AC 正极和 HC 负极制备了模拟锂离子电容器，采用原位核磁共振 (NMR) 的方法实时监测锂离子电容器中 Li^+ 的运动。图 4-7(b) 为锂离子电容器前两周循环和第 11 周循环时 Li^+ 的分布，蓝色曲线的上半部分和下半部分分别代表 HC 负极和 AC 正极中 ^7Li 峰值位移，绿色曲线代表 AC 电极表面双电层 Li 元素的含量，在锂离子电容器的放电态 Li 元素的含量最高，随着电压的升高 Li 元素含量降低，当电压高于开路电压后 Li 元素急剧减少，在数次循环后正极中 Li 含量上升，表明在 AC 表面形成了含 Li 的钝化层 (CEI 膜)。

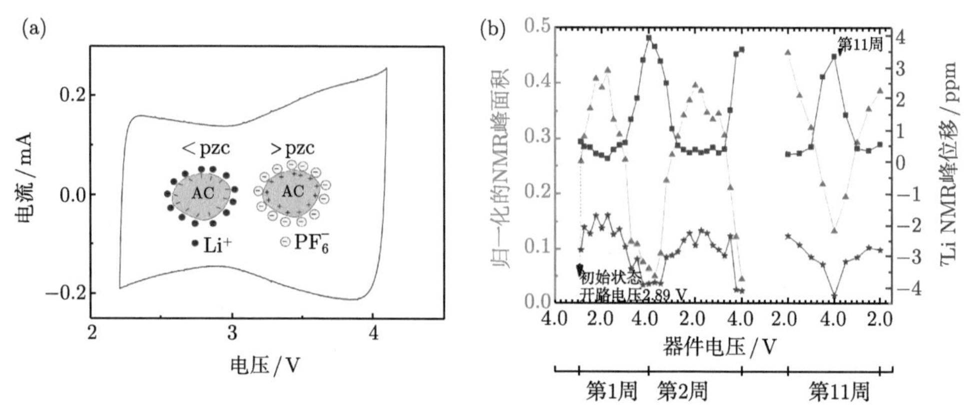

图 4-7 AC 电极的吸附与脱附机制。(a) 循环伏安曲线 [12]；(b) ^7Li 原位核磁共振实时监测曲线 [11]

Zhang[13] 对比研究了 AC 电极在 1 mol/kg $LiPF_6$/EC+EMC (质量比 3∶7) 锂离子电解液和 1 mol/kg 四丁基铵四氟硼酸盐 ($TBABF_4$)/ EC+EMC (质量比 3∶7) 中的电化学性质，表明随着电位窗口的展宽，AC 表面含氧官能团的不可逆电容增加，易溶的氧化还原产物引起了穿梭的氧化还原副反应，这导致了低的库仑效率。此外，在 $TBABF_4$ 电解液中的赝电容比在锂离子电解液中的可逆性更好。Ishimoto 等 [14] 研究了 AC 电极在 1 mol/L 四乙基铵四氟硼酸盐 ($TEABF_4$)/PC 电解液中的老化机理，并用封闭的反应瓶收集充放电过程中释放的气体，研究 PC 电解液体系电容器的过充行为，发现在不同电压范围内电解液会释放不同的气体，如图 4-8 所示。AC 电极在高电位下主要产生 CO_2 和 CO；在低电位下主要产生丙烯、乙烯和 CO_2 等气体。在电容器持续老化的过程中，电极碳上会积累固体电解质膜，甚至产生脱落。

为了评价正极材料在电解液中的稳定性和确定正极在电解液中的稳定电位窗口，可采用循环伏安曲线进行分析表征。Sun 等 [15] 采用 AC 电极作为正极、金属锂电极作为对电极，采用 1 mol/L LiFSI/EC+PC+DEC(体积比 3∶1∶4) (记作 EPD 电解液) 电解液组装成软包模拟锂离子电容器 (简称半电容)。考虑到在 pzc 与最高工作电位区间内正极材料表面发生阴离子的物理吸附与脱附过程，在 pzc 与最低工作电位区间内发生 Li^+ 的吸附与脱附过程，可将正极电位区间分成相应的两部分分别进行研究，如图 4-9(a)、(b) 所示。高电位区

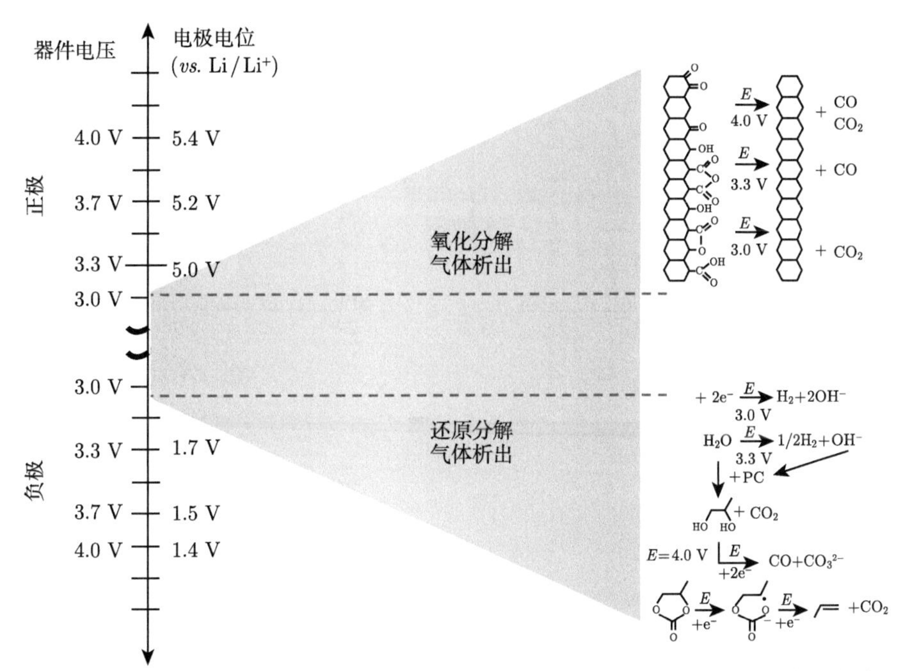

图 4-8 AC 电极在 1 mol/L $TEABF_4$/PC 电解液中可能的反应。坐标左侧为双电层电容器的电压，坐标右侧为 AC 电极相对于锂参比电极的电位 [14]

的扫描电位区间从 3.08~3.4 V 至 3.08~4.5 V，低电位区的扫描电位区间从 3.08~2.5 V 至 3.08~1.4 V，扫描速率为 2 mV/s。在高电位区间，循环伏安曲线上半部分所围成的面积记为 $A_{\text{pos}}^{\text{a}}$，循环伏安曲线下半部分所围成的面积记为 $A_{\text{neg}}^{\text{a}}$；在低电位区间，循环伏安曲线上半部分所围成的面积记为 $A_{\text{pos}}^{\text{c}}$，循环伏安曲线下半部分所围成的面积记为 $A_{\text{neg}}^{\text{c}}$。为此，定义法拉第因子 S_{a} 和 S_{c} 分别来表征正极与电解液之间在高电位区和低电位区的法拉第副反应的程度 [15]：

$$S_{\text{a}} = \frac{A_{\text{pos}}^{\text{a}}}{A_{\text{neg}}^{\text{a}}} - 1 \tag{4.14}$$

$$S_{\text{c}} = \frac{A_{\text{neg}}^{\text{c}}}{A_{\text{pos}}^{\text{c}}} - 1 \tag{4.15}$$

法拉第因子 S 与截止电位关系曲线如图 4-9(c) 所示，可以用法拉第因子 S 来衡量正极在电解液中的稳定性 [16]。可以看到，S 值随截止电位而变化，在低电位区间内截止电位为 2.2~2.5 V 范围内 S 值接近于 0，在截止电位为 1.9 V 时 S 值增加到 0.01，在截止电位为 1.4 V 时 S 值迅速增加到 0.1。另一方面，在高电位区截止电位从 3.4 V 增加到 4.5 V，循环伏安曲线具有近似矩形的形状，S 值除在 4.5 V 均低于 0.01，这表明 AC 电极在 EPD 电解液中具有较好的耐高电压性能，而在低电压区间内易与电解液发生副反应。然而，S 值不是固定值，可随电极材料体系、电解液组成和扫描速率而异。

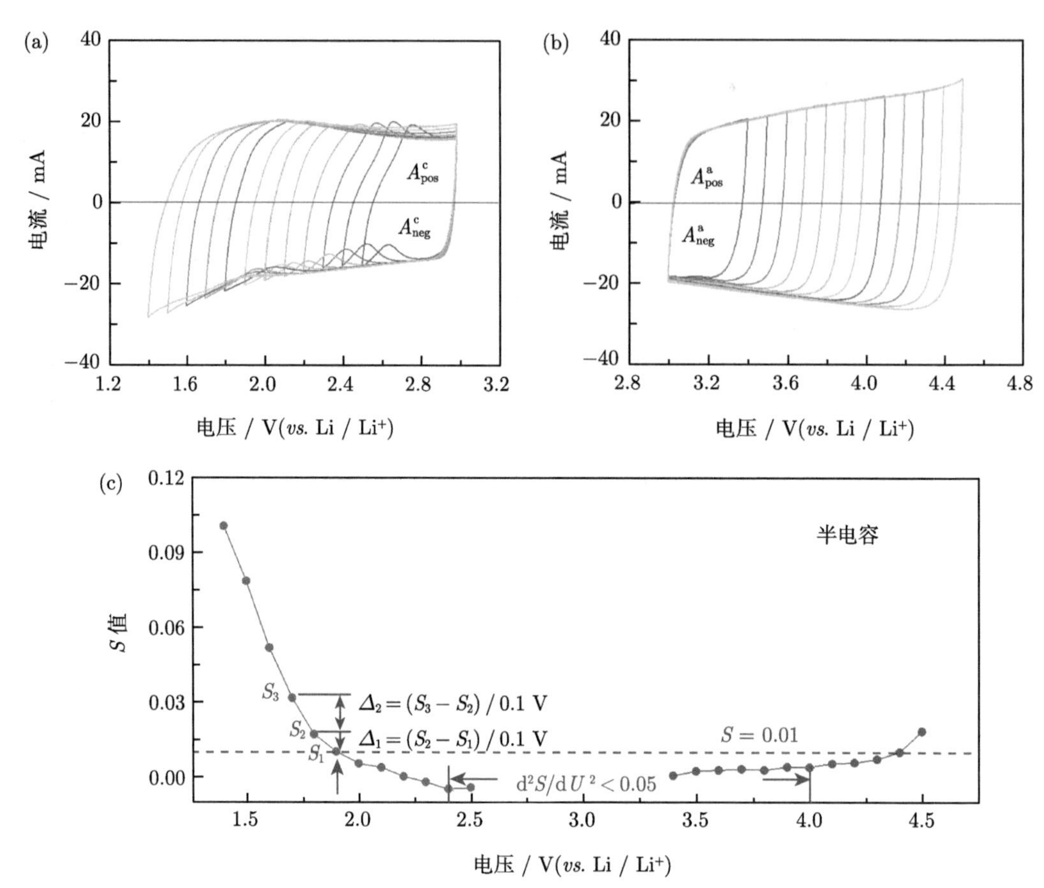

图 4-9 AC//Li 半电容的循环伏安曲线和法拉第因子与截止电位曲线。(a) AC//Li 半电容在低电位区间的循环伏安曲线，截止电位为 2.5~1.4 V；(b) 半电容在高电位区间的循环伏安曲线，截止电位为 3.4~4.5 V；(c) 法拉第因子与截止电位关系曲线 [15]

根据 Kötz 等 [17] 提出的数学模型，可采用法拉第因子与截止电位二次微分的方法来准确判断 AC 正极的稳定电化学容器，即

$$\Delta_1 = \frac{S_2 - S_1}{0.1\text{V}} \tag{4.16}$$

$$\Delta_2 = \frac{S_3 - S_2}{0.1\text{V}} \tag{4.17}$$

$$\frac{\mathrm{d}^2 S}{\mathrm{d}U^2} = \frac{\Delta_2 - \Delta_1}{0.1\text{V}} < 0.05 \tag{4.18}$$

根据该判断准则，AC 正极在 EPD 电解液中的稳定电化学窗口为 2.2~3.8 V，该数值与实际锂离子电容器正极的稳定电位区间相符合。采用该方法验证了 1 mol/L $LiPF_6$/EC+DEC+DMC (体积比 1∶1∶1)(记作 EDD) 和 1 mol/L LiFSI/PC(记作 PCE) 电解液体系，稳定电化学窗口分别为 2.3~4.0 V 和 2.2~3.9 V。

Sun 等 [18] 将采用 EPD、PCE 和 EDD 体系的 AC//Li 半电容以 0.1C 倍率 (基于 2.0~4.1 V 电压区间的容量) 分别过充至 5.0 V，如图 4-10(a) 所示。采用三种电解液体系的半电容在 4.2 V 电压以下时电压与充电时间呈线性关系，电压更高时曲线即偏离线性变化趋势，并出现数个电压突然下降的点，在微分容量 ($\mathrm{d}Q/\mathrm{d}V$) 曲线上也出现氧化峰 (图 4-10(b))，可归结为电解液在 AC 电极表面的分解。如图 4-10(c) 所示，将半电容以 5C 倍率充电至更高的电压可以发现，EPD 体系的半电容电压超过 5.0 V 后出现突然下降，当充电容量达到额定容量的 21.6 倍后半电容电压降至 4.34 V，随后电压几乎保持不变至充电 28 倍的额定容量，此后再充电 22.5 倍的额定容量，电压线性提高至 6.8 V，最后半电容的电压急速增加至 10 V，此时，电解液在 AC 表面形成的分解产物将 AC 电极与电解液完全隔开，形成介电电容。由于 PC 溶剂具有更高的介电常数，PCE 电解液体系可以在负极表面生成更致密和稳定的 SEI 膜，在更短的过充时间内达到了完全极化状态，而 EDD 体系则持续分解，伴随产生大量的气体。

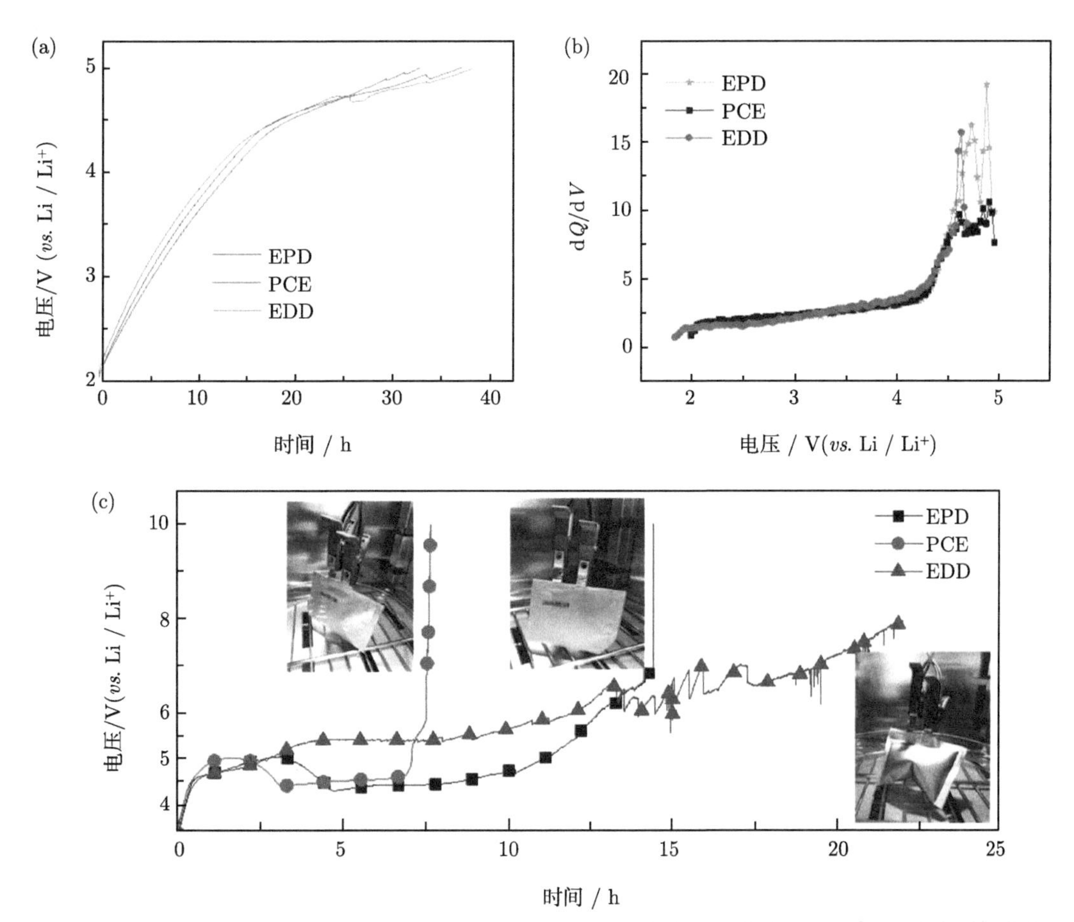

图 4-10 采用 EPD、PCE 和 EDD 体系的 AC//Li 半电容过充曲线。(a) 电压–充电时间曲线，以 0.1C 倍率充电至 5.0 V；(b) 微分容量曲线；(c) 半电容以 5C 倍率充电至 10.0 V，插图为过充后半电容的照片 [18]

4.3 锂盐

虽然锂盐的种类较多，但是适用于锂离子电容器有机电解液的锂盐并不多，其通常需具备如下基本特征 [1,19,20]：

(1) 在混合有机溶剂中具有较高的溶解度，缔合度小、Li^+ 易于解离，在电解液中具有较高的离子电导率；

(2) 具有较高的氧化和还原稳定性，在电解液中稳定性好，在负极的还原产物有利于 SEI 膜的形成，与有机溶剂、电极材料和电池部件不发生电化学和热力学反应；

(3) 与高比表面积的电容性碳材料兼容性好，可在电容性碳材料的表面发生阴离子的物理吸脱附，且自放电低；

(4) 易于制备、提纯和产业化；

(5) 具有环境友好性，分解产物对环境影响较小。

可用于锂离子电容器的锂盐可分为无机锂盐和有机锂盐两类。常见的阴离子较小的无机锂盐，如氟化锂 (LiF)、氯化锂 (LiCl) 等，在有机溶剂中的溶解度较小，虽然成本较低，但很难满足锂离子电容器有机电解液的需要。常见的无机锂盐主要是基于温和路易斯酸的一些化合物 [1]，如高氯酸锂 ($LiClO_4$) 和四氟硼酸锂 ($LiBF_4$)、六氟砷酸锂 ($LiAsF_6$)、六氟磷酸锂 ($LiPF_6$)、六氟锑酸锂 ($LiSbF_6$) 等，后四种无机锂盐可表示为 $LiMF_n$，其中 M 代表 B、As、P、Sb 等元素，n=4 或 6。$LiPF_6$ 是锂离子电池电解液中使用最为广泛的无机锂盐，具有较高的离子电导率和良好的电化学稳定性，且分解产物有利于形成稳定的 SEI 膜；缺点是热稳定性较差，在溶液中的分解温度仅约为 130 ℃。$LiAsF_6$ 热稳定性好、不易分解，但 As 元素有剧毒；$LiClO_4$ 的离子电导率适中，但是具有强氧化性，存在锂离子电容器的安全问题 [21]；$LiBF_4$ 具有离子电导率高、电化学窗口宽、低温性能和热稳定性好等优点，但单独使用时不易在负极表面形成稳定的 SEI 膜 [22]。不同无机锂盐的电化学稳定性依次为：$LiSbF_6 > LiAsF_6 > LiPF_6 > LiBF_4 > LiClO_4$。

常见的有机锂盐的阴离子一般具有较大的半径，电荷分布较分散、电子离域化作用强，通过减小锂盐的晶格能，削弱正负离子间的相互作用，既可以增大锂盐的溶解度，也有助于锂离子电容器的电极材料体系热力学稳定性和电化学性能的提高。有机锂盐有双氟磺酰亚胺锂 (LiFSI)、双三氟甲基磺酰亚胺锂 (LiTFSI)、二草酸硼酸锂 (LiBOB)、二氟草酸硼酸锂 (LiODFB) 和全氟烷基磷酸锂 (LiFAP) 等 [23−25]。LiTFSI 抗氧化性和热稳定性强，但存在对正极铝箔集流体的腐蚀问题。LiFSI 与 $LiPF_6$ 相比在热稳定性、水解稳定性和离子电导率等方面均有优势，具有良好的低温倍率性能，同时正极铝箔的腐蚀较小 [26,27]。典型锂盐的物理化学性质及对比参见表 4-2 和表 4-3。在 EC+EMC(体积比 3∶7) 混合溶剂中的离子电导率的顺序为 [26]：$LiFSI > LiPF_6 > LiTFSI > LiClO_4 > LiBF_4$，此外，对于锂离子电容器而言，也可采用一种锂盐与另一种锂盐或其他阳离子盐的混合体系 [28]。

表 4-2 典型锂盐的物理化学性质 [1]

名称	缩写	分子式	分子量	熔点/ °C	电导率 /(mS/cm)	铝箔腐蚀	对水敏感	备注
六氟磷酸锂 (lithium hexafluorophosphate)	—	$LiPF_6$	151.91	200	10.00	否	是	使用最为广泛的锂盐
高氯酸锂 (lithium perchlorate)	—	$LiClO_4$	106.40	236	9.00	否	否	一般仅用于实验室模拟电池的测试
四氟硼酸锂 (lithium tetrafluoroborate)	—	$LiBF_4$	93.74	293	4.50	否	是	研究和应用较少
双氟磺酰亚胺锂 (lithium difluorosulfimide)	LiFSI	$Li(FSO_2)_2N$	187.07	124	10.40 (25 °C)	是	是	热稳定性、水解稳定性和离子电导率等方面有优势
双三氟甲基磺酰亚胺锂 (lithium bis(trifluoromethanesul-phonyl)imide)	LiTFSI	$Li(CF_3SO_2)_2N$	287.08	190.5	6.18	是	是	抗氧化性和热稳定性强，但存在对正极铝箔集流体的严重腐蚀问题
双 (全氟乙基磺酰) 亚胺锂 (bis-perflfluoroethylsulfonyl imide)	LiBETI	$Li(C_2F_5SO_2)_2N$	387.11	NA	5.45	是	是	NA
二草酸硼酸锂 (lithium bis(oxalate)borate)	LiBOB	$LiB(C_2O_4)_2$	193.79	234	7.50 (25 °C)	否	是	大多数情况下是作为添加剂与其他锂盐共同使用
二氟草酸硼酸锂 (lithium difluorocarboxylate borate)	LiODFB	$LiBC_2O_4F_2$	143.77	265	NA	否	是	易溶于有机溶剂的硼系锂盐，离子电导率高
三氟甲基磺酸锂 (lithium trifluoromethanesulfonate)	LiOTf	$LiSO_3CF_3$	156.01	>300	1.70 (在 PC 溶剂中, 25 °C)	是	是	高抗氧化能力和热稳定性，高库仑效率
全氟烷基磷酸锂 (perfluoroalkyl lithium phosphate)	LiFAP	$LiPF_3(C_2F_5)_3$	451.94	NA	NA	否	是	通过引入 CF_2CF_3 改善铝集流体腐蚀问题

注：锂盐的浓度为 1 mol/L，溶剂为 EC+DMC(质量比 1:1)，室温 20 °C 条件 (除特别指出)。

表 4-3 锂盐的物理化学性能比较 [29]

性能	从优到差排序					
离子迁移率	$LiBF_4$	$LiClO_4$	$LiPF_6$	$LiAsF_6$	LiOTf	LiTFSI
离子解离能力	LiTFSI	$LiAsF_6$	$LiPF_6$	$LiClO_4$	$LiBF_4$	LiOTf
溶解度	LiTFSI	$LiPF_6$	$LiAsF_6$	$LiBF_4$	LiOTf	
热稳定性	LiTFSI	LiOTf	$LiAsF_6$	$LiBF_4$	$LiPF_6$	
化学稳定性	LiOTf	LiTFSI	$LiAsF_6$	$LiBF_4$	$LiPF_6$	
SEI 成膜	$LiPF_6$	$LiAsF_6$	LiTFSI	$LiBF_4$		
Al 集流体腐蚀	$LiAsF_6$	$LiPF_6$	$LiBF_4$	$LiClO_4$	LiOTf	LiTFSI

4.3.1 $LiPF_6$

$LiPF_6$ 是目前有机锂离子电解液中使用最为广泛的电解质锂盐，虽然其单一的性质并不是最优的，但是其综合性能最有优势，产能大、成本低廉。目前全球产能较大的 $LiPF_6$ 生产厂家包括日本森田公司、关东电化公司、Suterakemifa(瑞星化工) 公司，韩国蔚山公司和国内的生产厂家，如多氟多新材料股份有限公司、江苏九九久科技有限公司、天津金牛电源材料有限公司等。

$LiPF_6$ 在常用有机溶剂中具有适中的解离常数和离子迁移数，较好的抗氧化能力 (大约 5.1 V (*vs.* Li/Li^+)) 和良好的对铝箔钝化能力，与电容性碳材料和各种负极活性材料的匹配性较好。$LiPF_6$ 也有其缺点，比如热稳定性不如其他盐，是化学和热力学不稳定的，即便是高纯状态也能发生分解，在 80 ℃ 下发生如下反应 [30]：

$$LiPF_6(s) \rightleftharpoons LiF(s) + PF_5(g) \tag{4.19}$$

干燥的 $LiPF_6$ 在 100~200 ℃ 会发生可以定量分析的分解反应，这一过程也取决于实验的条件，例如，放置在密闭容器还是开口容器中，材料的颗粒尺寸等。

生成的气态 PF_5 具有很强的路易斯酸性，会与溶剂分子中氧原子上的孤对电子作用而使溶剂发生分解反应，反应产物中包括 CO_2 等气体，会使锂离子电容器的软包器件体积膨胀或方形铝壳器件内部压力增大，给锂离子电容器带来失效和安全风险。此外，$LiPF_6$ 和 PF_5 对水分非常敏感，遇痕量水分即发生分解反应释放出强腐蚀性气体 HF，反应过程为

$$LiPF_6 + H_2O \longrightarrow LiF + 2HF + POF_3 \tag{4.20}$$

$$PF_5 + H_2O \longrightarrow 2HF + POF_3 \tag{4.21}$$

$$POF_3 + H_2O \longrightarrow HF + HPO_2F_2 \tag{4.22}$$

而生成的 HF 可与负极表面 SEI 膜的一些成分如 Li_2CO_3 等发生反应，生成几乎不导电的 LiF 覆盖在负极表面，也会腐蚀铝集流体，增大了电极界面电阻，降低 SEI 膜的可逆性、负极材料比容量和循环性能。Liu 等 [31] 认为，含 $LiPF_6$ 电解液的水解主要是由 PF_6^- 与电解液中痕量的水分子结合并发生分解引起的，高电压会催化这种水解反应，主要原因

是 PF_6^- 与水结合后的结构氧化稳定性下降，且分解能垒下降，最终导致水解反应加剧。因此，如何抑制电解液中 PF_6^- 与水分子的结合，是抑制电解液水解的有效途径。

将纯 $LiPF_6$ 盐进行热重分析，载气的含水量分别为 10×10^{-6} 和 300×10^{-6} 时的质量损失曲线如图 4-11 所示，尽管热重曲线的差异不大，在 257 ℃ 时质量保持率都在 17%左右，但是在热重微分曲线中可以观察到热分解起始温度下降约 27 ℃[32]。

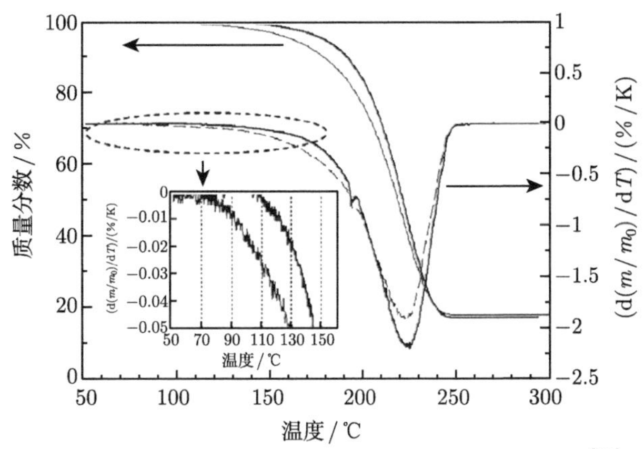

图 4-11 $LiPF_6$ 的热重质量损失曲线和微分曲线 [32]

温升速率为 10 ℃/min，载气流速为 220 mL/min，载气的含水量分别为 10×10^{-6}(实线) 和 300×10^{-6}(虚线)

通常情况下，由 $LiPF_6$ 和碳酸乙烯酯、二烷基碳酸酯组成的有机锂离子电解液中，在 60 ℃ 以下温度条件下的分解可以忽略 [30]。若储存温度超过 80 ℃，几天后电解液的颜色就会变暗并产生大量气体。电解液在 80~100 ℃ 温度下老化后，产物中可以发现 PF_5、烷基氟磷酸盐和碳酸酯溶剂的低聚物、POF_3 和 HF，这表明除了 $LiPF_6$ 之外，碳酸酯溶剂也发生了分解。研究发现 [30]，醇类和水等杂质在高温条件下会增加电解液的副反应，并且与储存在铝质或聚合物容器中的电解液相比，储存在玻璃容器的电解液在 60~85 ℃ 温度下产生的分解产物增加了 100 倍，这是因为电解液中的 HF 杂质可以腐蚀 SiO_2 产生水，这又加速了电解液的分解。电解液中的 $LiPF_6$ 与痕量水的水解反应在室温下即可进行，这一过程可能需要数天至数周。除了 $LiPF_6$ 与痕量水的反应外，$LiPF_6$ 也会影响电解液中的溶剂在高电位时的稳定性，EC-PF_6^- 体系的氧化电位要低于单独的 EC，且从氧化产物中可以检测到 HF 和 PF_5，氧化机理如下式所示 [30]：

$$\text{EC} \xrightarrow[4.95\ \text{V}]{-e^-} \text{EC}^{\oplus\cdot} \xrightarrow{+PF_6^-} PF_5 + HF + H_2C{=}CH{-}\dot{O} + CO_2 \tag{4.23}$$

$$\mathrm{HOCH_2CH_2OH} \xrightarrow[4.2\ \mathrm{V}]{-2e^-} \mathrm{HOCH_2CHO} + 2\mathrm{H^+} \xrightarrow{+\,2\mathrm{PF_6^-}} 2\mathrm{PF_5} + 2\mathrm{HF} \tag{4.24}$$

4.3.2 LiTFSI

双 (三氟甲基磺酰) 亚胺锂 ($Li(CF_3SO_2)_2N$, LiTFSI) 是一种酰胺基的锂盐，其阴离子包含两个三氟甲基磺酰基团，存在较强的吸电子基团和共轭结构，具有较强的酸性。法国 Armand 等首次提出 LiTFSI 作为锂离子导电锂盐，并于 20 世纪 90 年代由 3M 公司商品化。与 $LiPF_6$ 锂盐相比，LiTFSI 具有较高的热稳定性且不易水解，解决了 $LiPF_6$ 热稳定性差和遇水易分解的不足。将 LiTFSI 盐作为锂离子电解液的添加剂使用，具有改善负极 SEI 膜、稳定电极界面、抑制气体产生、改善高温性能和循环性能等多种功能。由于 LiTFSI 阴离子负电荷的高度离域和较大的离子半径，其具有较高的电导率和较大的 Li^+ 迁移数。以 1 mol/L LiTFSI/PC+DME (体积比 1∶1) 为例，其室温电导率为 12.6 mS/cm，与相同条件下 $LiPF_6$ 电解液相当 (15.3 mS/cm)[33]。LiTFSI 还具有较宽的电化学窗口，以玻璃碳电极作为工作电极氧化电位可达 5 V(*vs.* Li/Li^+)，能够抑制锂枝晶的生长。

但是，LiTFSI 的缺点在于在 3.7 V (*vs.* Li/Li^+) 就开始严重腐蚀铝箔集流体。Yang 等 [34] 采用电化学石英晶体微天平研究了铝箔在 1 mol/L LiTFSI/PC 电解液中的腐蚀，发现铝箔会发生显著的腐蚀且不能形成保护性的钝化层，可能的腐蚀机制为：铝氧化形成 $Al[N(CF_3SO_2)_2]_3$ 并从铝箔表面脱附，在二次氧化后从表面脱附而无法形成钝化膜，如图 4-12 所示。通过加入能够钝化铝箔的添加剂，如 $LiBF_4$[35] 或含腈基的化合物 (图 4-13)[36]，可抑制铝箔腐蚀反应的发生。其中含腈基的化合物对多种酰胺基的锂盐都有效，如 LiOTf、LiTFSI 和 LiBETI 等。

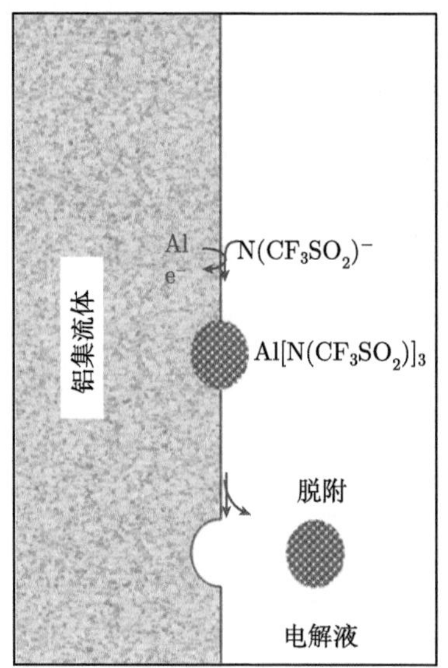

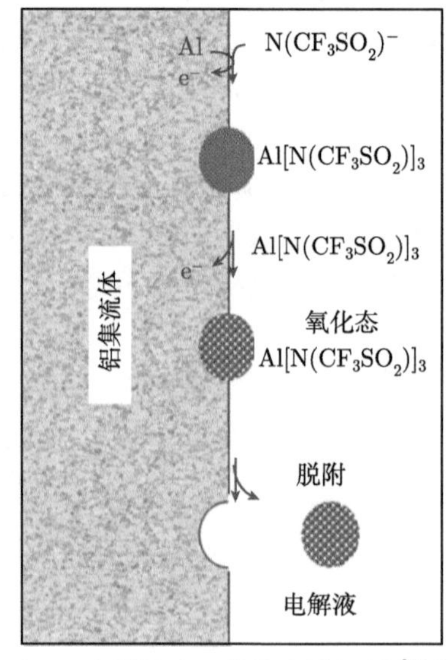

图 4-12 铝箔在 1 mol/L LiTFSI/PC 电解液中可能的腐蚀机制 [34,37]

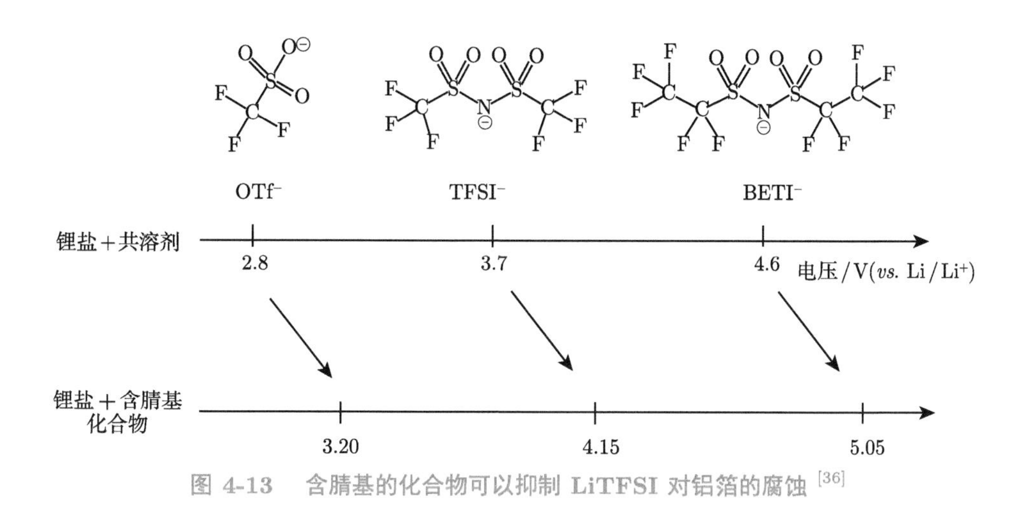

图 4-13 含腈基的化合物可以抑制 LiTFSI 对铝箔的腐蚀 [36]

4.3.3 LiFSI

双氟磺酰亚胺锂 ($Li(FSO_2)_2N$, LiFSI) 具有与 LiTFSI 相类似的物理化学性质。该锂盐最初是由 Armand 等合成并报道的，主要的生产厂家有美国 3M 公司、法国 Rhodia 公司、日本触媒公司和我国苏州氟特电池材料股份有限公司等。LiFSI 具有较高的热稳定性，在 200 ℃ 以下几乎不分解。耐水解性能优异，在 1 mol/L LiFSI/EC+EMC (体积比 3∶7) 电解液中加入 0.3%左右的水，室温储存 22 d 后未检测到水解产物 HF[26]，如图 4-14 所示。此外，LiFSI 与石墨负极和金属锂电极都能形成稳定的 SEI 膜，LiFSI 阴离子结构中的 S—F 键还原断裂生成的 LiF 参与 SEI 膜的形成，使得以有机化合物为主体的 SEI 膜的机械强度增大 [38]。

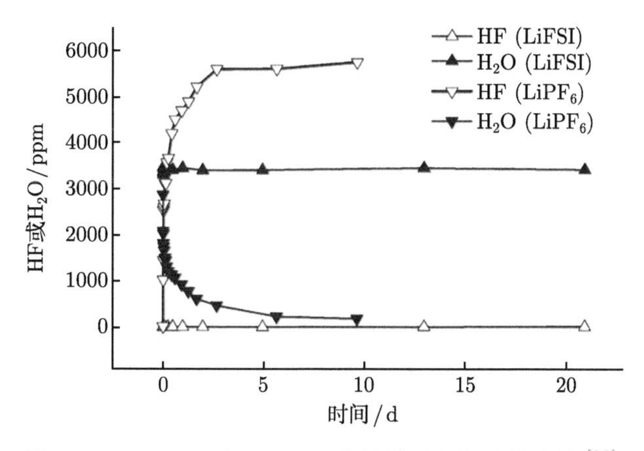

图 4-14 LiFSI 与 $LiPF_6$ 电解液耐水解性能比较 [26]

LiFSI 电解液对铝箔正极集流体的腐蚀问题存在不确定性 [39]，有研究表明 $LiMn_2O_4$ 正极在 LiFSI/EC+DMC+EMC (体积比 5∶2∶3) 电解液中不能充电到 4 V 以上，但 $LiFePO_4$ 电极在该电解液中可以充电至 4.3 V (*vs.* Li/Li^+)，库仑效率接近 100%，这可以归结为合成

过程中引入的 Cl^- 杂质和电解液中痕量水分造成的 [1]。LiFSI 电解液高温下 (45 ℃) 对铝箔集流体的腐蚀行为的研究表明 [40]，铝箔在表面生成 $Al(FSI)_3$ 和 AlF_3，随着温度的升高，$Al(FSI)_3$ 溶解在溶剂中，从而在表面形成了不规则、疏松和无保护层的 AlF_3 材料层，从而加速了铝箔的腐蚀，如图 4-15 所示；在电解液中加入 LiBOB 锂盐后 ($LiFSI_{0.6}$-$LiBOB_{0.4}$)，LiBOB 的分解产物 B_2O_3 可以增强铝箔的界面层稳定性，含 B 化合物还可以促进 AlF_3 向 LiF 的转变，也有利于铝箔界面层稳定性的提高。$LiClO_4$ 锂盐也可以起到相似的对铝箔的钝化作用。

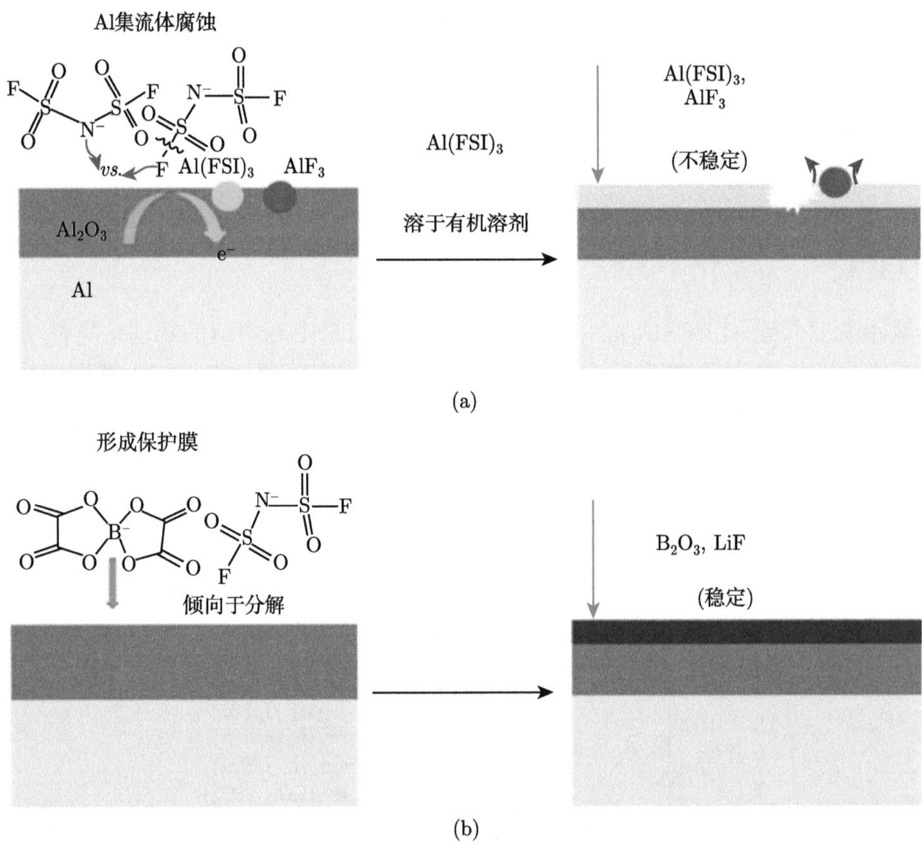

图 4-15 (a) 高温下 LiFSI 对 Al 的腐蚀及 (b) LiBOB 对腐蚀抑制机制示意图 [40]

4.3.4 LiBOB

二草酸硼酸锂 ($LiB(C_2O_4)_2$, LiBOB) 是由 Lischika 等于 1999 年首次报道了合成方法的专利，2001 年 Xu 等 [41] 也报道了这种新盐的合成方法。该锂盐是一种配位螯合物，属正交晶系 *Pnma* 空间群，其螯合的硼酸阴离子具有独特的四面体结构，这种五重配位的结构使 Li^+ 较容易再结合其他分子形成正八面体配位结构，所以 LiBOB 具有很强的吸湿特性。这种结构的电荷分布比较分散，阴离子和阳离子的相互作用较弱，在有机溶剂中具有较高的溶解度 [1]。LiBOB 热稳定性较高，分解温度可达 302 ℃ [42]，25 ℃ 下离子电导率为 3.34 mS/cm，相对于锂的氧化电位是 4.5 V。Xu 等 [43] 发现，LiBOB 具有很好的在负极表面成膜性能，能够在单一 PC 溶剂中在石墨负极表面形成稳定的固体电解质相界面 (SEI)，可以防止石墨电极的 PC 共嵌入问题。但由于实际溶解度较小、电导率较低，LiBOB 还较多用作电解液成膜添加剂。

LiBOB 锂盐还存在如下问题 [44]：① LiBOB 与 EC+ 线性碳酸酯的溶剂体系匹配性不佳，LiBOB 在线性碳酸酯中的溶解度比 $LiPF_6$ 小，而环状碳酸酯 EC 的增多会使电解液黏度增大，对隔膜和电极的润湿性下降，从而使锂离子电容器的低温性能和倍率性能下降；② 室温下的电导率较低，在 EC+ 线性碳酸酯的溶剂体系中的溶解性和电导率都低于 $LiPF_6$，限制了器件的大电流充放电，无法很好地满足锂离子电容器对高倍率和安全性能的要求。解决的办法是：寻找合适的混合溶剂体系和优化的溶剂配比、增大 LiBOB 溶解度和在电解液中的电导率、拓宽工作温度范围、提高化学稳定性等。

线性羧酸酯的凝固点比碳酸酯更低，且黏度较小、介电常数高，采用碳酸丙烯酯 (PC) 替代 EC、乙酸乙酯替代碳酸二乙酯 (DEC) 等线性碳酸酯，可降低电解液的黏度、提高体系的电导率，例如，0.7 mol/kg LiBOB/PC+EA (质量比 4∶6) 电解液在室温下的电导率高达 10 mS/cm[45]，如图 4-16 所示。然而线性羧酸酯的沸点、闪点较低，液相区域比 DEC 等线性碳酸酯有机溶剂小，在金属锂电极上的稳定性差，在高温时可能与碳酸酯类溶剂发生反应 [46]。γ-丁内酯 (GBL) 也是一种较适宜 LiBOB 锂盐的溶剂，具有宽的液程温度范围 (熔点 −43 ℃、沸点 204 ℃)，与 EC 相比更易于聚集在溶质分子周围形成配位、发生溶剂化作用，将溶质锂盐解离。LiBOB 锂盐在 GBL 中的浓度可达 2.5 mol/L，电解液的电导率也有所提高。如 0.7 mol/kg LiBOB/EC+DMC+GBL+EA (质量比 1∶1∶3∶5) 电解液在室温下的电导率达 11 mS/cm[45]，1 mol/L LiBOB/GBL+EA (质量比 1∶1) 的电导率达 12.43 mS/cm[44]。

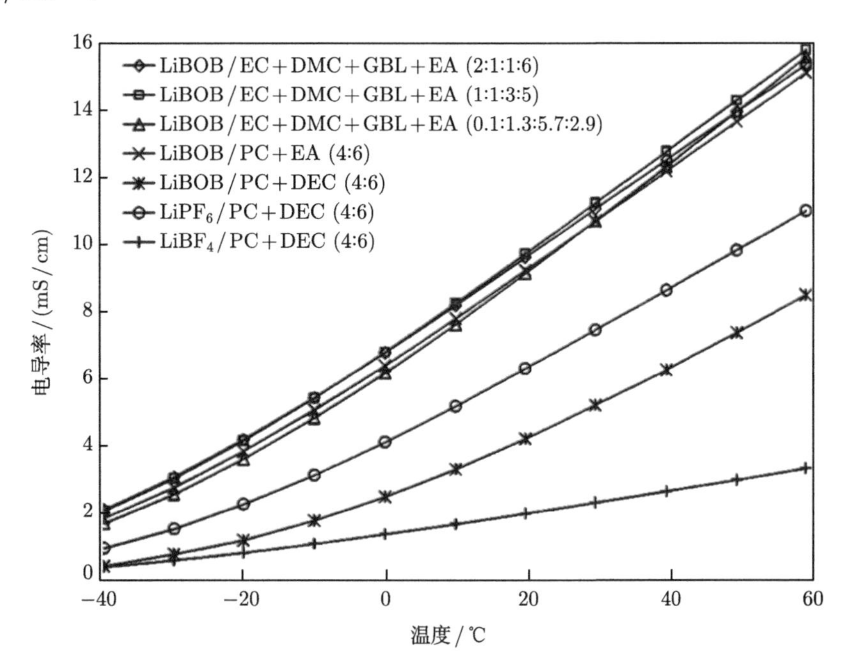

图 4-16 LiBOB 和 $LiPF_6$ 在不同溶剂体系中的电导率对比，锂盐的浓度均为 0.7 mol/kg[45]

4.3.5 LiODFB

二氟草酸硼酸锂 (LiODFB) 作为一种新型锂盐，结合了 LiBOB 和 $LiBF_4$ 各自的优势，具有与 LiBOB 类似的负极成膜剂功能 [27,47−49]，作为电解质锂盐加入电解液中能有效抑制 PC 在石墨负极上的共嵌，防止石墨脱落；LiODFB 比 LiBOB 黏度更低、润湿性能更好，更易溶于有机溶剂的硼系锂盐，其电解液在较宽温度范围内具有较好的离子电导率，如图 4-17 所示。LiODFB 在高电位下能有效地使铝箔集流体钝化，其优异的抗过充能力极大地提高了器件的安全性能。

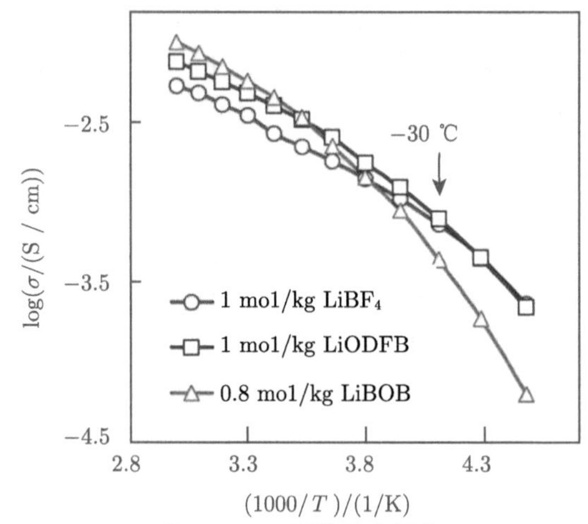

图 4-17 LiODFB、LiBOB 和 $LiBF_4$ 锂盐的电导率 Ahrrenius 曲线，混合溶剂为 PC+EC+EMC (质量比 1∶1∶3)[49]

LiODFB 的分解温度不高 (240 ℃)，比 LiBOB (330 ℃) 和 $LiBF_4$ (390 ℃) 都低，但比 $LiPF_6$ (约 200 ℃) 要高，Zhang[49] 认为较低的分解温度和气体产物的释放有助于器件单体在热滥用条件下较早地冲开安全阀，避免热失控的发生。贾国凤等 [47,50] 分析了 LiODFB 的热稳定性：LiODFB 在 296 ℃ 发生第一步分解，生成 BF_3 和 CO_2 气体，分解反应式为

$$2LiBF_2C_2O_4 \longrightarrow Li_2BFC_4O_8 + BF_3 \tag{4.25}$$

$$Li_2BFC_4O_8 \longrightarrow Li_2BFC_3O_6 + CO_2 \tag{4.26}$$

在 296~389 ℃ 发生第二步分解反应，生成 CO 和 CO_2 气体，分解反应式为

$$2Li_2BFC_3O_6 \longrightarrow Li_4B_2F_2C_3O_8 + 2CO + CO_2 \tag{4.27}$$

在 389~600 ℃ 为第三步分解过程，生成 LiF、CO 和 CO_2 等，分解反应式为

$$Li_4B_2F_2C_3O_8 \longrightarrow 2LiF + 2LiBO_2 + CO + 2CO_2 \tag{4.28}$$

Zhou 等 [51] 研究发现，LiODFB 锂盐会在长期使用过程中发生歧化反应，生成 LiBOB 和 $LiBF_4$ 这两种锂盐，而这种歧化反应在室温下非常缓慢，并在 LiODFB、LiBOB 和 $LiBF_4$ 之间建立平衡状态，歧化反应式如下式所示：

$$2\,\mathrm{Li^+[DFOB]^-} \rightleftharpoons \mathrm{Li^+[BF_4]^-} + \mathrm{Li^+[BOB]^-} \tag{4.29}$$

LiDFOB　　LiBF$_4$　　LiBOB

4.3.6 其他锂盐

将 $LiPF_6$ 中的 F 用 CF_3 基团取代可以得到 $LiPF_{6-n}(CF_3)_n$ 系列锂盐。由于全氟烷基的吸电子性强，提高了 P—F 键的稳定性；较大的憎水基团的立体位阻作用降低了锂盐的水解性能，提高了其热稳定性。$LiPF_{6-n}(CF_3)_n$ 锂盐的电导率与 $LiPF_6$ 相当，耐氧化性也有所提高 [52]。通过计算对比系列 $LiPF_{6-n}(CF_3)_n$ 锂盐，其阴离子热稳定顺序为：$PF_4(CF_3)_2^- > PF_5(CF_3)^- > PF_3(CF_3)_3^- > PF_6^-$；锂盐的离子解离能力为：$LiPF_3(CF_3)_3 > LiPF_4(CF_3)_2 > LiPF_5(CF_3) > LiPF_6$。在 0.1 mol/L 锂盐的 PC+DME (体积比 1∶2) 电解液中，$LiPF_4(CF_3)_2$ 电解液的电导率为 3.9 mS/cm，略低于 $LiPF_6$ (4.4 mS/cm)，但是 $LiPF_4(CF_3)_2$ 在 PC 中的氧化电位要高于 $LiPF_6$。

$LiPF_3(C_2F_5)_3$ (LiFAP) 是由 Merck 公司研发的锂盐，通过全氟乙基取代 $LiPF_6$ 中的氟原子，生成稳定的 P—C_2F_5 化学键 [53,54]。氟烷基的引入使 LiFAP 憎水性增强，不易发生水解。分别在 1 mol/L $LiPF_6$/EC+DMC (质量比 1∶1) 电解液中加入 500ppm 水、在 1 mol/L LiFAP/EC+DMC(质量比 1∶1) 电解液中加入 1000ppm 水后，可以发现电解液中水的含量快速下降、HF 的浓度相应升高，表明电解液中的 $LiPF_6$ 发生了显著的水解，而在 LiFAP 电解液中水和 HF 的浓度却几乎无变化，如图 4-18 所示。这表明 LFAP 电解液对水的稳定性远优于 $LiPF_6$[54]。此外，LFAP 在有机溶剂中的离子电导率与 $LiPF_6$ 相似，具有较高的离子电导率，在不同溶剂中的电导率也几乎不变；且具有较好的抗氧化性和热稳定性，氧化电位为 5.1 V (*vs.* Li/Li$^+$)，因此，被认为是可能取代 $LiPF_6$ 的新型锂盐 [54]。

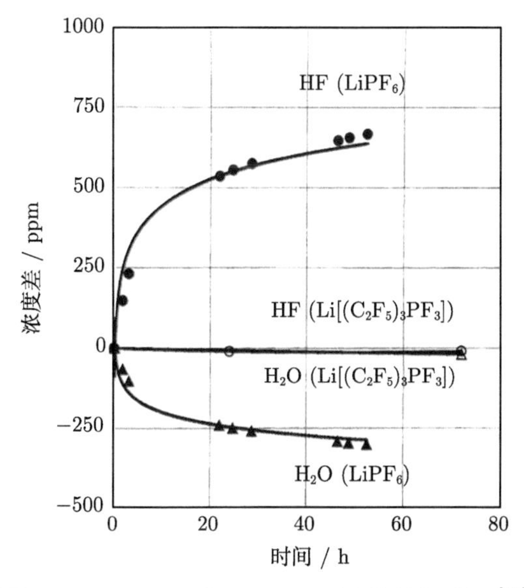

图 4-18　$LiPF_6$ 和 LiFAP 耐水解性能对比 [54]

三氟甲基磺酸锂 ($LiCF_3SO_3$, LiOTf) 是一种组成和结构最简单的磺酸盐，是最早实现工业化的锂盐之一，具有与 $LiPF_6$ 接近的电化学稳定性，也存在一定的缺陷，例如，LiOTf 电解液的电导率较低，存在严重的铝箔腐蚀问题，在金属锂表面易产生锂枝晶生长，这些限制了其大规模应用 [1]。

4.4 有机溶剂

锂离子电解液的物理化学性能和锂离子电容器的电化学性能与溶剂的性质密切相关，合适的溶剂选择能够有效提升与改善锂离子电容器的高功率性能、高低温性能和自放电性能等。通常锂离子电解液所采用的混合溶剂的选择应符合下述基本要求 [1,19,20]：① 其中应有一种组分溶剂具有较高的介电常数和较大的极性，使溶剂可以溶解足够多的锂盐，使其离解为锂离子和相应的阴离子；② 具有较低的黏度，使电解液中的 Li^+ 更容易迁移和具有更高的电导率，而高黏度会降低电解液的流动性；③ 对锂离子电容器的各个相/组分都是惰性的，在器件单体工作电压范围内与正极和负极均有良好的兼容性；④ 有较低的熔点、较高的沸点和闪点，溶剂液态温度范围 (液程) 大，无毒无害、成本较低。

在常规的有机溶剂中，醇类、胺类和羧酸类等质子性溶剂尽管具有较高的锂盐解离能力，但这些有机溶剂在 2.0~4.0 V (*vs.* Li/Li^+) 电位范围内会发生质子的还原和阴离子的氧化反应；对于锂离子电容器在荷电状态下，正极和负极的电位区间分别可达 2.0~4.5 V (*vs.* Li/Li^+) 和 0.01~0.5 V (*vs.* Li/Li^+)，所以这类有机溶剂一般不用作锂离子电容器电解液的溶剂。考虑到溶剂需要有较高的介电常数，可以考虑采用的有机溶剂应含有羰基 (C═O) 、腈基 (C≡N)、磺酰基 (S═O) 和醚链 (—O—) 等极性基团 [19]，部分有机溶剂的理化性质如表 4-4 所示。

常用的有机溶剂有碳酸酯类、醚类和砜类等，分为环状有机物和链状有机物。对于有机酯而言，其中大部分环状有机酯具有较宽的液程、较高的介电常数和黏度，而链状的有机酯会具有较窄的液程、较低的介电常数和黏度，故而通常锂离子电解液会采用环状碳酸酯和链状碳酸酯的混合溶剂。有机醚的环状和链状化合物均具有比较适中的介电常数和比较低的黏度。

溶剂的选择需要考虑到电解液的稳定电化学窗口，主要是受限于溶剂的氧化分解电位，将部分溶剂体系的氧化电位在表 4-5 中列出 [10]。与锂离子电池相比，锂离子电容器的工作温度更宽，对电解液的温度稳定性提出了更高要求。在低温下电解液的黏度会急剧升高、Li^+ 扩散动力学阻力较大，甚至会出现电解液的分相和凝固等现象，使用熔点、黏度较低的链状碳酸酯和羧酸酯与环状碳酸酯相混合，将有助于提升器件的低温倍率性能；适当降低锂盐的浓度也会降低电解液的黏度、提高 Li^+ 输运特性。锂离子电容器在高温下会面临锂盐、溶剂和界面膜 (SEI、CEI) 的热分解以及低沸点溶剂蒸气压增加带来的器件体积膨胀和内部压力增大等问题，主要的对策包括：选择高沸点的酯类及其氟代碳酸酯等提高混合溶剂的热稳定性，采用氟代醚等具有阻燃和自熄灭性质的溶剂也将增加电解液在高温下的安全性；采用 LiFSI、LiTFSI、LiODFB 等热稳定性好的锂盐防止高温分解；优化成膜添加剂和电解液组成，提高正极和负极界面膜的热稳定性。

表 4-4　部分有机溶剂的理化性质

名称	缩写	结构式	介电常数 ε_r	黏度 /(mPa·s)	熔点 / ℃	沸点 / ℃	闪点 / ℃	分子量	密度/(g/cm^3)	类别
碳酸乙烯酯 (ethylene carbonate)	EC		89.78	1.99	36	248	143	88	1.32	碳酸酯类
碳酸丙烯酯 (propylene carbonate)	PC		66.14	2.50	−49	242	135	102	1.20	碳酸酯类
碳酸二甲酯 (dimethyl carbonate)	DMC		3.09	0.58	5	91	19	90	1.06	碳酸酯类
碳酸二乙酯 (diethyl carbonate)	DEC		2.82	0.75	−73	126	25	118	0.97	碳酸酯类
碳酸甲乙酯 (ethyl methyl carbonate)	EMC		2.99	0.65	−55	108	23	104	1.01	碳酸酯类
碳酸甲丙酯 (methyl propyl carbonate)	MPC		3.00	0.87	−43	130	NA	118	0.98	碳酸酯类

续表

名称	缩写	结构式	介电常数 ε_r	黏度 /(mPa·s)	熔点 / ℃	沸点 / ℃	闪点 / ℃	分子量	密度/(g/cm^3)	类别
碳酸乙丙酯 (ethyl propyl carbonate)	EPC	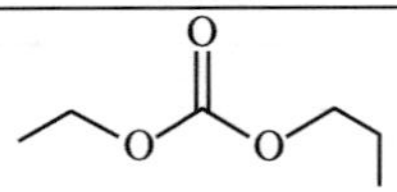	NA	1.10	NA	145	48	132.16	0.96	碳酸酯类
碳酸甲基异丙酯 (methyl isopropyl carbonate)	MiPC	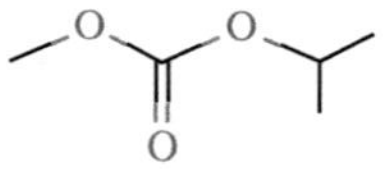	NA	NA	NA	116	27	118.13	0.975	碳酸酯类
乙酸甲酯 (methyl acetate)	MA	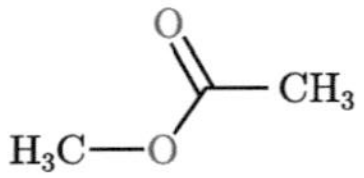	7.07	0.36	−98	56	−10	74	0.93	羧酸酯类
甲酸甲酯 (methyl formate)	MF	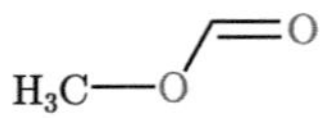	9.20	0.33	−99	32	−32	60	0.97	羧酸酯类
乙酸乙酯 (ethyl acetate)	EA	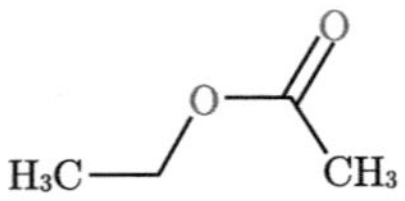	6.02	0.45	−84	77	−4	88.11	0.90	羧酸酯类
乙酸丙酯 (propyl acetate)	PA	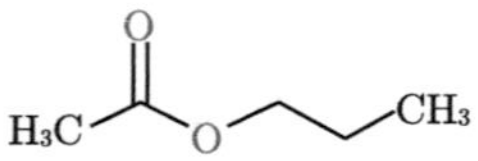	6.00	0.55	−95	102	14	102.13	0.89	羧酸酯类
γ-丁内酯 γ-butyrolactone	γ-BL, GBL	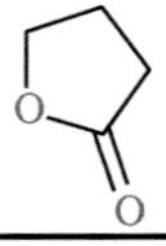	39.00	1.73	−44	204	98	86	1.13	羧酸酯类

续表

名称	缩写	结构式	介电常数 ε_r	黏度 /(mPa·s)	熔点 / °C	沸点 / °C	闪点 / °C	分子量	密度/(g/cm^3)	类别
四氢呋喃 (tetrahydrofuran)	THF		7.58 (22 °C)	0.46	−109	66	−14	72.11	0.89	醚类
1,3-二氧戊烷 (1,3-dioxolane)	DOL	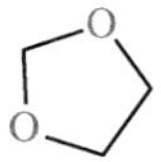	6.79	0.59	−95	76	1.7	74.08	1.06	醚类
1,2-二甲氧基乙烷 (1,2-dimethoxyethane)	DME	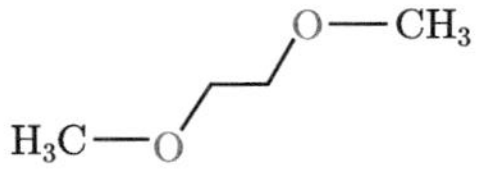	7.30	0.46	−58	85	−2	90	0.86	醚类
二甘醇二甲醚 (diglyme)	DG	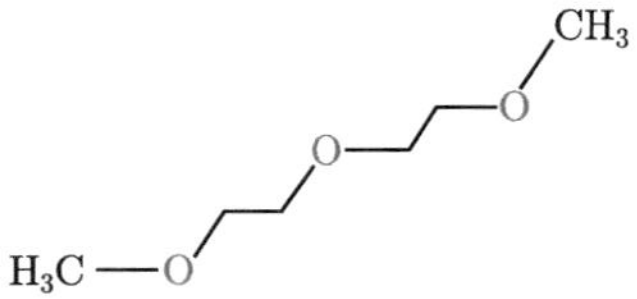	6.25	1.04	−64	162	63	134.18	0.95	醚类
亚硫酸二甲酯 (dimethyl sulfite)	DMS	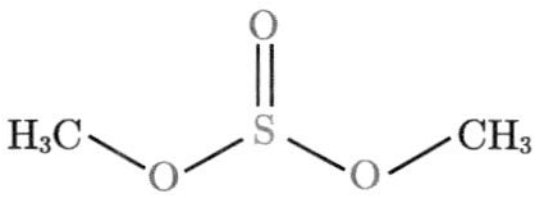	22.50	0.87	−141	126	143	110	1.29	亚硫酸酯
三 (三甲基硅基) 磷酸酯 (tris(trimethylsilyl) phosphate)	TMSP	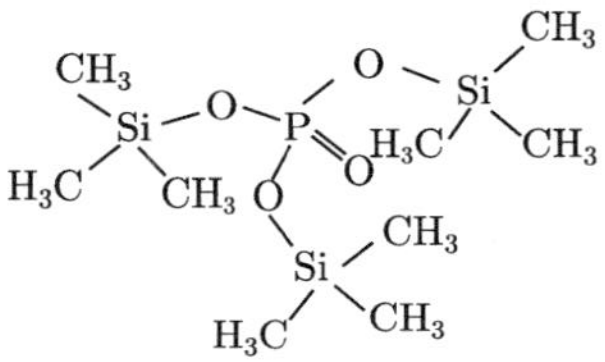	NA	NA	3	228	13	314.54	0.95	磷酸酯

续表

名称	缩写	结构式	介电常数 ε_r	黏度 /(mPa·s)	熔点 / ℃	沸点 / ℃	闪点 / ℃	分子量	密度/(g/cm^3)	类别
二甲基亚砜 (dimethyl sulfoxide)	DMSO	O, S, H_3C, CH_3	47.2	2.2 (20 ℃)	18.4	189	95	78.13	1.10	砜类
四亚甲基砜，环丁砜 (tetramethylene sulfone, sulfolane)	TMS, SL	S, O, O	47.24 (20 ℃)	10.34 (30 ℃)	27.4	286	166	120.17	1.26	砜类
甲基乙基砜 (ethyl methyl sulfone)	EMS	O, S, CH_3, H_3C, O	57.5 (30 ℃)	NA	34	239	121	108.16	1.15	砜类

表 4-5 一些溶剂体系的氧化电位 [10]

溶剂	盐浓度/(mol/L)	测量电极	氧化电位/V (*vs.* Li/Li^+)
EC+ DMC	$LiBF_4$/1.0	AC	4.78
	$LiPF_6$/1.0	AC	4.55
PC	Et_4NBF_4/0.65	GC	6.6
	$LiClO_4$	Pt	4.6~4.7
	$LiClO_4$/1.0	$LiMn_2O_4$	> 5.1
	LiOTf/0.65	GC	6.0
	LiOTf/0.1	Pt	5.0
	LiBETI/0.65	GC	6.0
	LiBOB	Pt	4.5
	$LiBF_4$/0.65	GC	6.6
	$LiClO_4$/0.65	GC	6.1
	$LiPF_6$/0.65	GC	6.8
EC	Et_4NBF_4/0.65	GC	6.2
DMC	Et_4NBF_4/0.65	GC	6.7
	$LiPF_6$/1.0	GC	6.3
DEC	Et_4NBF_4/0.65	GC	6.7
EMC	Et_4NBF_4/0.65	GC	6.7
THF	Et_4NBF_4/0.65	GC	5.2
	$LiClO_4$	Pt	4.2
2-Me-THF	$LiClO_4$	Pt	4.1
	$LiAsF_6$/1.0	GC	4.15
DME	Et_4NBF_4/0.65	GC	5.1
	$LiClO_4$	Pt	4.5

注：AC 为活性炭电极，GC 为玻璃碳电极，Pt 为铂电极。

4.4.1 碳酸酯

碳酸酯分为环状碳酸酯和链状碳酸酯，环状碳酸酯包括碳酸乙烯酯 (EC) 和碳酸丙烯酯 (PC) 等，链状碳酸酯包括碳酸二甲酯 (DMC)、碳酸二乙酯 (DEC)、碳酸甲乙酯 (EMC) 和碳酸甲丙酯 (MPC) 等。

PC 在常温下是无色透明、略带芳香味的液体，其低温性能较好，具有宽的液程、高的介电常数和对锂的稳定性，具有较高的化学稳定性、电化学稳定性和热稳定性，可以在恶劣的工况下工作，是最早被研究，也是最早被索尼 (Sony) 公司用于商业化锂离子的溶剂材料。在早期的研究中，采用 PC 基电解液制备的金属锂电池，负极材料是金属锂箔，循环过程中容量衰减严重，这是由 PC 与新形成的具有较高比表面积和较高反应活性的 Li 单质之间的反应造成的。对于双碳基锂离子电容器而言，由于负极采用了石墨、软碳和硬碳等碳基材料，不存在 PC 与新鲜金属 Li 之间的反应问题；虽然锂离子电容器采用电化学方法预嵌锂时会用到金属锂箔，然而金属锂箔在首次预嵌锂过程中就消耗了，所以不存在副反应的问题。此外，PC 溶剂与石墨负极的兼容性不佳，难以在石墨类碳负极表面形成有效的 SEI 膜，负极插嵌锂过程中在 0.9 V (*vs.* Li/Li^+) 电位以下会造成 PC 溶剂共嵌入石墨层间形成三元化合物 $Li_x(PC)_yC_n$，引起石墨层的剥离 [55,56]。在 PC 基电解液中加入少量邻苯二酚碳酸酯、亚硫酸丙烯酯 (PS)、亚硫酸乙烯酯 (ES) 或氯代碳酸乙烯酯 (Cl-EC) 等添加剂均有利于 SEI 膜的形成，抑制 PC 溶剂分子共嵌入石墨层中。

环状碳酸酯 EC 结构与 PC 相似，但具有更高的分子对称性和熔点。1964 年 Elliot 等 [1] 研究将 EC 作为共溶剂加入电解液中，提高电解液的离子电导率。EC 的介电常数远高于 PC，使锂盐能够充分解离，有利于提高电解液的离子电导率；与石墨负极相容性好，可以分解成稳定致密的有机酯锂 $ROCO_2Li$，不存在石墨负极的溶剂共嵌入问题。与其他有机溶剂不同，EC 的熔点为 36 ℃，在室温下为固体，这也使得 EC 需要与其他共溶剂混合使用 [57]。这些共溶剂主要是链状碳酸酯、PC、醚基溶剂和羧酸酯等。

链状碳酸酯的黏度、熔点和介电常数一般较低，可以与 EC 以任意比例互溶，除了少数几种含有甲氧基的可以在电解液中单独使用外，其余大部分链状碳酸酯需要作为共溶剂与环状酯配合使用，用来降低电解液的黏度，提高电导率。DMC 在室温下为无色液体，毒性较小，能与水或醇形成共沸物，因其分子结构中含有羰基、甲基和甲氧基等官能团，从而具备多种反应活性。DEC 的结构与 DMC 相近，常温下为无色液体，熔点非常低，毒性比 DMC 强。为了提高链状碳酸酯的热稳定性，部分氟化或全部氟化的碳酸酯也先后被合成和报道。

由于 EC 的介电常数 (89.78) 高于 PC (66.14)，综合性能及制造成本更适宜，所以，常规的电解液均以 EC 作为主溶剂，通过添加其他链状碳酸酯溶剂来平衡电解液的性能。混合溶剂的温度特性和溶剂配比可以通过溶剂的二元或三元相图来确定。使用较多的二元溶剂体系主要包括：EC+ DEC[58,59]、EC+ DMC[59-61]、EC+ EMC[62]、PC+ EA[63] 和 PC+ FEC[64-68]；三元溶剂体系主要包括：EC+ DEC+ PC[69]、EC+ DEC+ DMC[61,69,70]、EC+ DEC+ FEC[71]、EC+ DMC+ FEC[72]、EC+ PC+ DMC[73,74]、EC+ PC+ EMC[75,76]、EC+DEC+EMC[77] 和 EC+DMC+EMC[61,78] 等。典型二元溶剂体系相图如图 4-19 所示 [10]。典型的 EC+PC+EMC 溶剂体系的三元相图和液相线二维等高线图如图 4-20 所示 [75]。

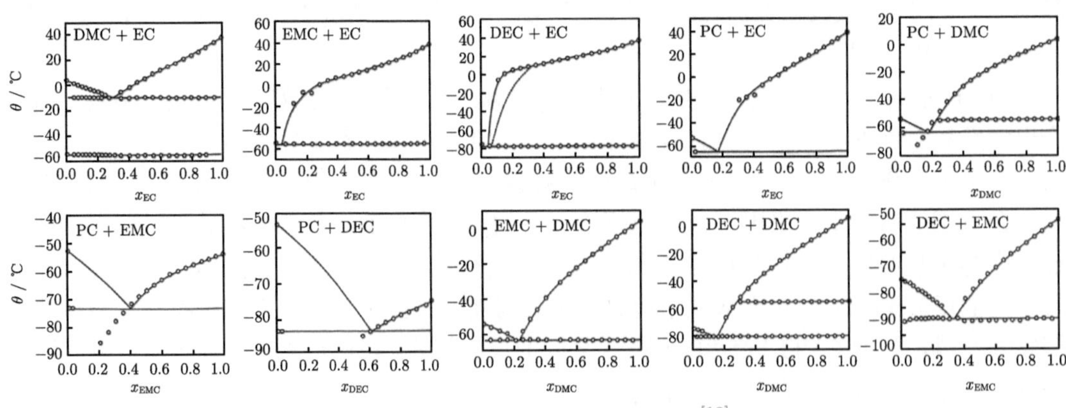

图 4-19 典型二元溶剂体系相图 [10]

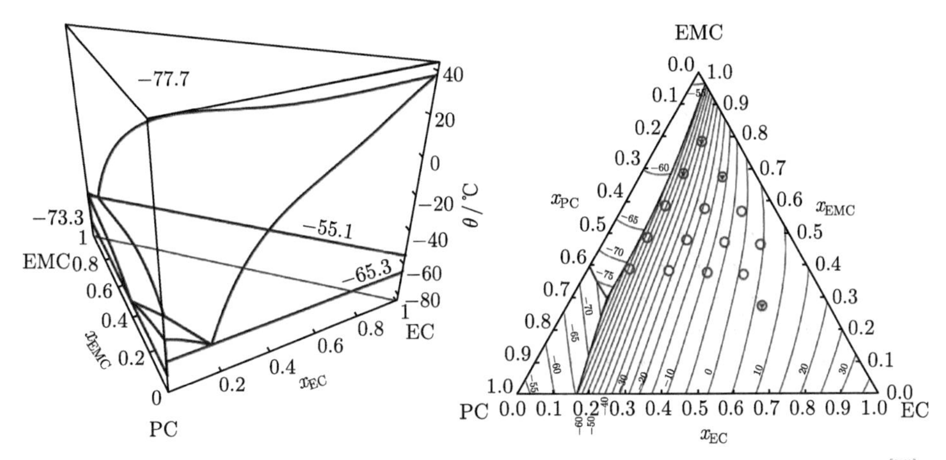

图 4-20 EC+PC+EMC 三元相图和液相线二维等高线图，比例为物质的量比 [75]

4.4.2 醚类

醚类溶剂具有低的黏度和高的离子电导率，与 PC 相比可以更好地改善 Li 负极表面形貌，在锂离子电池发展的早期曾经引起广泛的关注 [79]。主要的醚类有机溶剂为四氢呋喃 (THF)[79]、2-甲基-四氢呋喃 (2-Me-THF)[80]、1,2-二甲氧基乙烷 (DME)[81]、二乙二醇二甲醚 (DEGDME)、三乙二醇二甲醚 (TEGDME) 和聚醚等。醚类溶剂存在一些不足，限制了其在锂离子电池和锂离子电容器中的应用。醚类溶剂通常电化学稳定性较差 [82]，在 TiS_2/Li 体系中充放电循环后容量衰减较快，在长循环过程中在锂电极表面会有锂枝晶的产生，导致安全问题 [83]；此外，醚类溶剂抗氧化性比较差，在低电位下很容易被氧化分解 [84]。如在 Pt 电极表面，THF 在 4.0 V (*vs.* Li/Li^+) 电位以上就会被氧化，相比之下环状碳酸酯能够达到 5.0 V[85]，这限制了醚类电解液体系在锂离子电容器中的应用。

4.4.3 羧酸酯

羧酸酯包括环状羧酸酯和链状羧酸酯两类。环状羧酸酯中最主要的有机溶剂是 γ-丁内酯 (GBL)，作为溶剂曾用于一次锂电池，与 PC 相比介电常数较小 (仅 39.0)、锂盐溶液的电导率较低，且遇水易分解、毒性较大。链状羧酸酯主要有甲酸甲酯 (MF)、乙酸甲酯 (MA)、乙酸乙酯 (EA)、乙酸丙酯 (PA)、丁酸乙酯 (EB)、丙酸甲酯 (MP) 和丙酸乙酯 (EP) 等。链状羧酸酯的电化学稳定范围较宽 (大于 4.5 V)、溶点很低，在混合溶剂中加入适量的链状羧酸酯可以改善电解液的低温性能。

MF 具有易于纯化和较高的介电常数等特点，用它配制的电解液有很高的电导率，并且能在非常低的温度下工作。但是，MF 具有较强的极性，与金属锂的反应活性较强，在 Li 表面发生还原反应的主要产物为甲酸锂 (HCO_2Li)，该产物易溶于 MF 故而不能在锂电极表面形成有效的钝化层 [86]。因此，该溶剂不适用于采用金属锂箔作为锂源的预嵌锂工艺。Hong 等 [87] 采用 1.0 mol/L EC+EMC+EA (质量比 1∶1∶2)、EC+EMC+EP (质量比 1∶1∶2) 和 EC+EMC+EB (质量比 1∶1∶2) 等三种电解液制备了 18650 型 $LiMn_2O_4$//石墨全电池，在 −20 ℃ 温度下 5C 放电容量保持率均超过 93%，其中，采用 1.0 mol/L EC+EMC+EA (质量比 1∶1∶2) 锂离子电池在 −40 ℃ 下容量保持率为 90%，在 −60 ℃

低温下容量保持率仍可达 44.4%。付呈琳等 [88] 研究了 EC+EMC+DMC+EA 溶剂体系，发现混合溶剂中加入 EA 后 −20 ℃ 下的低温电导率和 −10 ℃ 下的 10C 倍率放电性能显著提高。MP[89] 和 EP[90] 作为碳酸酯类混合溶剂的组分，对电解液也有相似的改善性能。

4.4.4 砜类

环状砜主要是环丁砜 (TMS, SL)，链状砜类有机溶剂主要包括：二甲基亚砜 (DMSO)、二甲基砜 (MSM)、乙基甲基砜 (EMS)、氟甲基苯基砜 (FS)、二丁砜 (BS)、乙烯乙基砜 (EVS) 等 [91]。磺酰基团的电负性比羰基强，因而砜类溶剂的 HOMO 能级低于传统碳酸酯溶剂，具有高于传统碳酸酯溶剂的电化学稳定性 [91]。砜类溶剂的优点还包括磺酰基与锂盐的相互作用强，利于实现高电导率；耐燃烧性好，符合高安全电解液的标准；砜类电解液成本低廉，电化学窗口超过 5 V，如 EMS 的电化学窗口最高可达到 5.9 V，是潜在的高电压锂离子电容器电解液 [92,93]。然而，砜类溶剂还存在以下问题：熔点较高、多数砜类在室温下为固态，如 TMS 熔点为 27.4 ℃，DMSO 的熔点可达 110 ℃；砜类电解液黏度较大，离子传输性能不佳，对电极和隔膜的润湿性较差；以及不能在石墨负极表面形成稳定的 SEI 膜。砜类与碳酸酯类作为共溶剂后，可优化砜类与正/负极材料的兼容性，也为开发高电压电解液提供了新的思路 [94,95]。

Alvarado 等 [96] 制备了 3.25 mol/L LiFSI-TMS 砜类高浓度电解液，这种电解液可在正负极表面同时形成保护膜，将其应用于 $LiNi_{0.5}Mn_{1.5}O_4$//石墨锂离子电池，全电池的电压可达 4.85 V，在循环 1000 次后容量率为 70%。Li 等 [97] 发现，0.7 mol/L LiBOB TMS+DMC (体积比 1∶1) 电解液的氧化电位为 5.3 V，其应用在 $Li/LiNi_{0.5}Mn_{1.5}O_4$ 锂离子电池时，展现出稳定的循环性能、较低的阻抗及良好的倍率性能，但其在低温下的性能还需进一步提升。Xue 等 [98] 将 EMS 与 DMC 用作混合溶剂得到 1 mol/L EMS+DMC (质量比 1∶1) 电解液，与石墨、LTO 等负极材料兼容性良好。Wu 等 [99] 将 LiBOB、$LiPF_6$ 和 LiTFSI 等锂盐分别加入 TMS+DMS (体积比 1∶1) 和 TMS+DES (体积比 1∶1) 混合溶剂中，发现电解液的室温离子电导率均超过 3 mS/cm，电压窗口均超过 5.4 V，表明砜类溶剂具有优异的耐高压性能。

4.4.5 其他有机溶剂

腈类有机溶剂拥有一系列的优点，如热稳定性高、黏度低、液态温度范围宽和电化学窗口宽等优点，单腈类抗氧化稳定性可达到 7 V[93]。Abu-Lebdeh 等 [100] 将 1 mol/L LiTFSI 溶于 GLN(戊二腈) 或 GLN+EC 混合溶剂 (体积比 1∶1)，电解液的耐氧化分解窗口可达到 6.5 V (*vs.* Li/Li^+)；LiTFSI 溶于己二腈 (ADN) 后，电解液电化学窗口也超过 6 V[101]。此外，乙腈 (AN) 还是双电层电容器的常用溶剂，与电容炭材料具有良好的相容性。然而，腈类有机溶剂与金属锂的反应活性较强，与常规预嵌锂工艺不兼容；在石墨负极表面发生聚合且不能生成稳定的 SEI 膜，生成的聚合物会阻碍锂离子的脱出 [101]。可通过采用混合锂盐或混合溶剂来解决腈类溶剂与石墨或金属锂等负极的兼容性问题，如 1.0 mol/L LiTFSI+ 0.25 mol/L $LiBF_4$/ADN 体系 [102] 和 1 mol/L LiODFB + 1 mol/L LiFSI ADN+DMC (质量比 1∶1) 体系 [103]。

氟代溶剂主要是碳酸酯中的氢原子被氟原子取代后所制备的有机溶剂。由于氟原子具有强电负性和弱极性，所以氟代溶剂具有良好的电化学稳定性。Zhang 等 [104] 研究了 EC、EMC 和乙基丙基醚 (EPE) 被氟代后的产物氟代环状碳酸酯 (F-AEC)、三氟乙基甲基碳酸酯 (FEMC)、氟代乙基丙基醚 (FEPE)，其结构式如图 4-21 所示，将其配制成 $LiPF_6$ 的环状碳酸酯和链状碳酸酯的溶液后，电解液的耐氧化性得到显著提高。

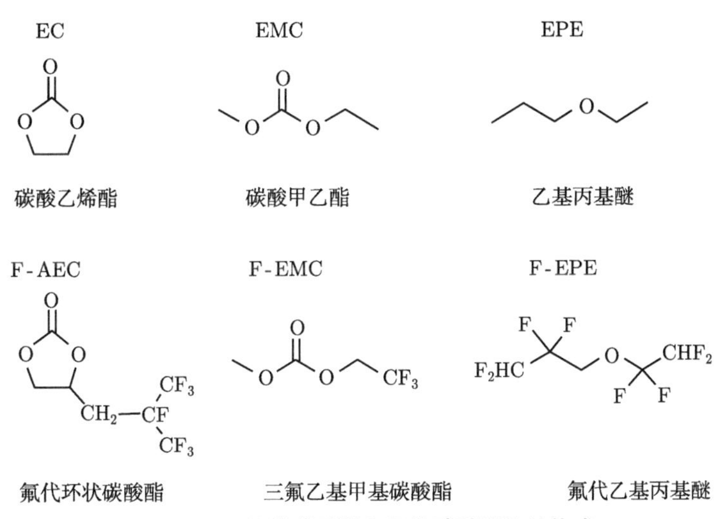

图 4-21 几种碳酸酯和氟代碳酸酯的结构式

Zhang 等 [105] 合成并评估了一系列氟代环状碳酸酯溶剂，如氟代碳酸乙烯酯 (FEC)、二氟代碳酸乙烯酯 (DFEC)、三氟代碳酸丙烯酯 (TFPC)、4-((2,2,3,3-四氟丙氧基) 甲基)-1,3-二氧戊环-2-酮 (HFEEC)、4-(2,2,3,3,4,4,5,5,5-九氟戊基)-1,3-二氧戊环-2-酮 (NFPEC)，不同环状碳酸酯的分子结构式如图 4-22 所示。线性扫描伏安曲线表明，除 HFEEC 以外，氟代环状碳酸酯均具有比 EC 更高的氧化稳定性。氧化稳定性的顺序为 NFPEC> DFEC> FEC> TFPC> EC> HFEEC。还原电位也是环状碳酸酯的一个重要参数，环状碳酸酯

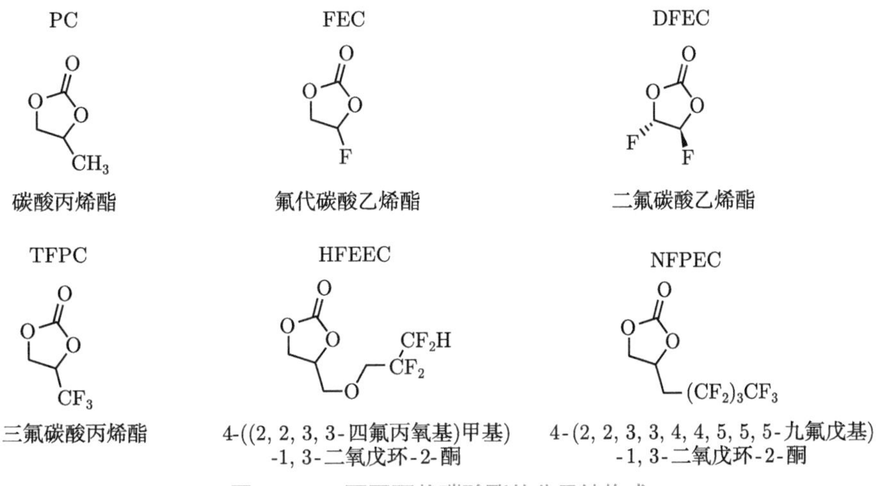

图 4-22 不同环状碳酸酯的分子结构式

需要在链状共溶剂之前被还原以形成稳定的 SEI 并阻止电解液的进一步分解。环状碳酸酯的还原电位顺序为: DFEC>FEC>TFPC>EC>HFEEC>NFPEC，氧化稳定性依次为: NFDEC>DFEC>FEC>TFPC>EC>HFEEC。

4.5 功能添加剂

添加剂是锂离子电解液中占比最小的成分 (一般仅含有百分之几)，但是却可以改善锂离子电容器的充放电容量、电极界面膜稳定性、正负极匹配性能、循环性能、高低温性能和安全性，因而其重要性不可小视 [106]。根据组成添加剂可分为：含硫添加剂、有机磷类添加剂、含硼类添加剂、碳酸酯类添加剂等，如表 4-6 所示。从功能上讲，锂离子电解液的添加剂主要包括以下几个方面 [107]。

(1) 成膜添加剂 [108]：有利于在负极表面形成稳定的 SEI 膜，改善 SEI 膜的稳定性，减少 SEI 膜形成过程以及循环过程中的产气量和不可逆容量。

(2) 高电压添加剂 [109−111]：在正极表面形成稳定的钝化膜 (CEI)，改善电容碳电极在高电压下的稳定性。

(3) 高温添加剂：改善锂离子电容器耐高温性能。

(4) 低温添加剂：降低锂离子电解液的熔点和在低温下的黏度，提高电解液在低温下离子的输运性能和高倍率充放电性能。

(5) 导电添加剂：提高锂离子电解液的电导率，一般也可以同时降低电解液的黏度。

(6) 防过充添加剂：防止正极电位过度升高，在锂离子电容器被过充时起到保护作用或者能够增加锂离子电容器的耐过充能力，改善锂离子电容器在过充滥用条件下的安全性。

(7) 稳定锂盐添加剂 [1]：控制电解液中酸和水含量，改善 $LiPF_6$ 等锂盐的热稳定性。

(8) 阻燃添加剂 [112]：降低有机溶剂的可燃性。

这些功能性添加剂的特点是用量少但能显著改善电解液某一方面的性能，并且可以叠加使用，以商品用的锂离子电解液为例，特定型号的电解液可能包含 10 种以上的添加剂，但每种添加剂的含量的体积分数或质量分数一般不超过 5%。

4.5.1 成膜添加剂

成膜添加剂的主要作用是改善负极与电解液之间的界面化学，使负极材料表面形成稳定的 SEI 钝化膜，防止负极石墨片层的剥落 [1]。最早的成膜添加剂是由美国 Covalent 公司在 1997 年提出的 SO_2 添加剂 [113]，它能够有效防止 PC 共嵌入，防止电极腐蚀，提高电池的安全性。此后，又有很多成膜添加剂被发现，主要的负极成膜添加剂包括碳酸亚乙烯酯 (VC)、亚硫酸丙烯酯 (PS)、亚硫酸乙烯酯 (ES)、氟代碳酸乙烯酯 (FEC)、亚硫酸二甲酯 (DMS) 和亚硫酸二乙酯 (DES) 等。

表 4-6 部分锂离子电解液添加剂的理化性质

名称	缩写	结构式	熔点/ ℃	沸点/ ℃	闪点/ ℃	分子量	密度/(g/cm^3)	用途
碳酸亚乙烯酯 (vinylene carbonate)	VC	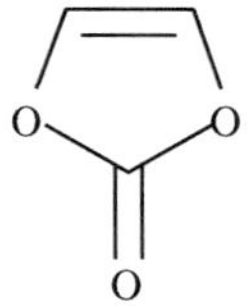	19	165	73	86	1.355	成膜添加剂、防过充添加剂
氟代碳酸乙烯酯 (fluoroethylene carbonate)	FEC	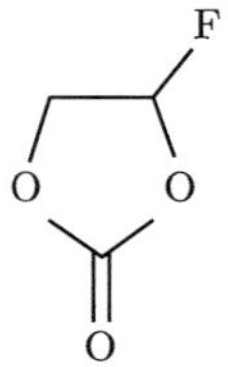	18	249	120	106.05	1.454	成膜添加剂，低温添加剂
碳酸乙烯亚乙酯 (vinyl ethylene carbonate)	VEC	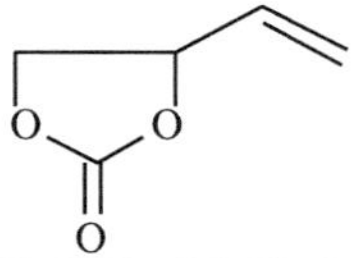	NA	237	96	114.10	1.188	成膜添加剂
亚硫酸乙烯酯 (ethylene sulfite)	ES, DTO	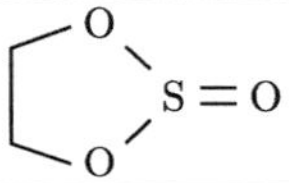	−17	171	79	108.12	1.426	溶剂、成膜添加剂、低温添加剂
硫酸乙烯酯 (ethylene sulfate)	DTD	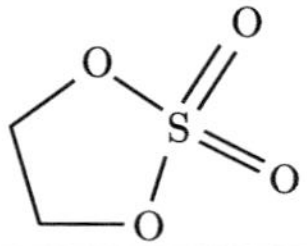	95	231	NA	124.12	1.60	成膜添加剂
亚硫酸丙烯酯 (propylene sulfite)	PS	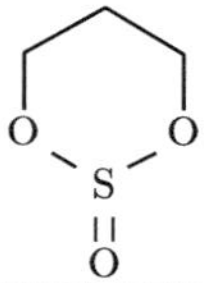	−14	187	67	122.1	1.47	成膜添加剂、低温添加剂

续表

名称	缩写	结构式	熔点/ °C	沸点/ °C	闪点/ °C	分子量	密度/(g/cm^3)	用途
环丁砜 (tetramethylene sulfone)	TMS, SL		28	285	166	120.17	1.261	高电压添加剂
1,3-丙烷磺酸内酯 1,3-propanesultone	1,3-PS		31	135	110	122.14	1.392	成膜添加剂，高温添加剂
三氟乙基甲基碳酸酯 (methyl trifluoroethyl carbonate)	FEMC		NA	74.2	0	158.08	1.308	成膜添加剂
二氟草酸硼酸锂 (lithium difluoro(oxalato)borate)	LiDFOB, LiODFB		271	NA	NA	143.77	NA	成膜添加剂，高温添加剂
二草酸硼酸锂 (lithium bis(oxalate)borate)	LiBOB		300	NA	NA	193.79	NA	成膜添加剂
三 (三甲基硅烷) 硼酸酯 (tris(trimethylsilyl) borate)	TMSB		NA	184	41	278.36	0.831	成膜添加剂
三 (三甲基硅烷) 磷酸酯 (tris(trimethylsilyl) phospae)	TMSP		NA	81	113	298.54	0.893	成膜添加剂、高电压添加剂

续表

名称	缩写	结构式	熔点/ °C	沸点/ °C	闪点/ °C	分子量	密度/(g/cm^3)	用途
12-冠醚-4 (12-crown-4)		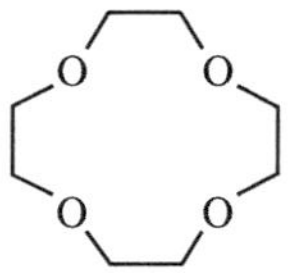	16	70	110	176.21	1.115	导电添加剂
联苯 (biphenyl)	BP	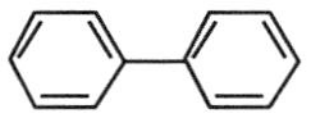	70	255	113	154.21	0.992	防过充添加剂
甲基磷酸二甲酯 (dimethyl methylphosphonate)	DMMP	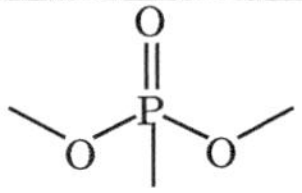	50	181	69	124.08	1.145	阻燃添加剂
磷酸三甲酯 (trimethyl phosphate)	TMP	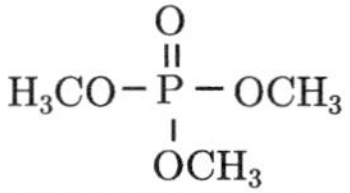 $H_3CO-P(=O)(OCH_3)-OCH_3$	−46	197	107	140.07	1.197	阻燃添加剂
磷酸三乙酯 (triethyl phosphate)	TEP	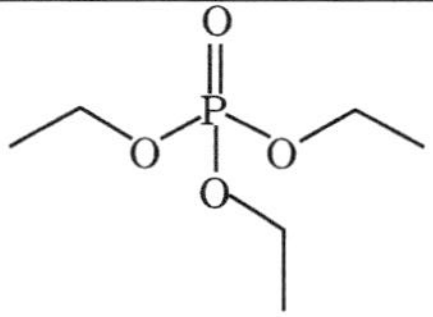	−56	215	116	1.072	182.15	阻燃添加剂
三-(2,2,2-三氟乙基) 磷酸酯 (tris(2,2,2-trifluoroethyl) phosphate)	TFP	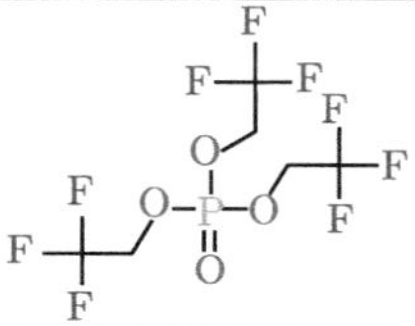	−22	176	60	344.069	1.6	阻燃添加剂
二-(2,2,2-三氟乙基)-甲基磷酸酯 (bis-trifluoroethyl methylphosphonate)	BMP	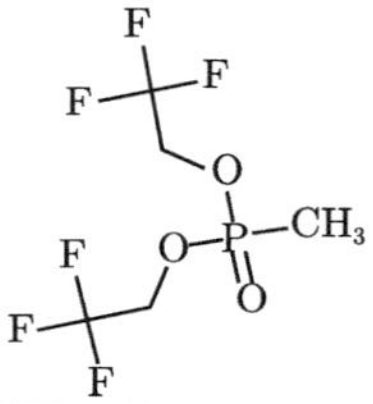	28	184	80	260.07	1.439	阻燃添加剂

续表

名称	缩写	结构式	熔点/ °C	沸点/ °C	闪点/ °C	分子量	密度/(g/cm^3)	用途
二-(2,2,2-三氟乙基)-亚磷酸酯 (bis(2,2,2-trifluoroethyl) phosphite)	TTFP	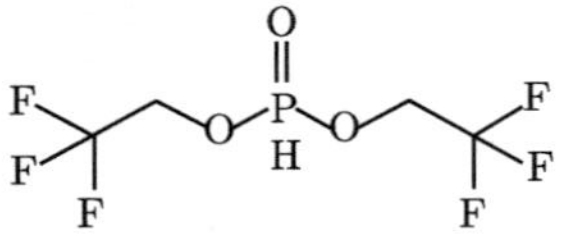	NA	44	76	246.04	4.545	阻燃添加剂
甲基九氟丁醚 (methyl nonafluorobutyl ether)	MFE	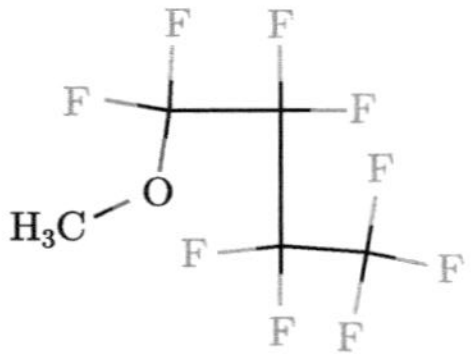	−135	39	63	250.06	1.529	阻燃添加剂
全氟 (2-甲基-3-戊酮) (perfluoro-2-methyl-3-pentanone)	PFMP	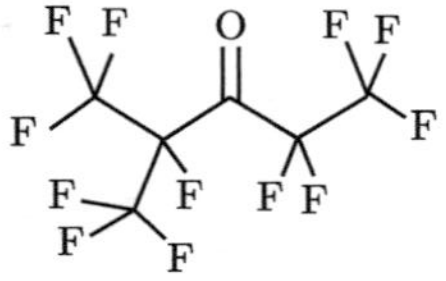	NA	60	9	316.04	1.66	阻燃添加剂

成膜添加剂的工作机制可分为成膜机制和饰膜机制。成膜机制是指成膜添加剂具有较高的还原电位，与电子的亲和性比电解液溶剂分子大，在锂离子电容器预嵌锂过程中，添加剂能够先于电解液在电极表面发生还原反应，且产生的反应产物在负极表面形成一层致密的钝化膜 (SEI) 包覆在负极材料的表面，将电极和电解液隔绝开来，从而阻止随后的溶剂共嵌入反应和电解液的还原过程对电极的损害，提高电极的脱嵌锂容量和循环性能。

为了发挥成膜的作用，成膜添加剂的还原电位必须高于电解液组分的反应电位，并且其还原产物能够有效钝化电极表面，具有良好的电子绝缘性、Li^+ 传输特性、热力学稳定性和力学性能。这类添加剂的含量需进行控制，防止添加剂的量过多而造成在首次嵌锂过程中成膜添加剂在负极表面不能被完全还原，因为电解液中剩余的添加剂会在后续的充放电过程中在正极表面发生氧化反应，增加了正极界面阻抗以及不可逆容量损失。几种常用的成膜添加剂和溶剂的分解电位示意如图 4-23 所示 [7]，负向循环伏安扫描时其分解电位的顺序为：ES > VC > FEC> PS> VES> EC> PC> 嵌锂电位。

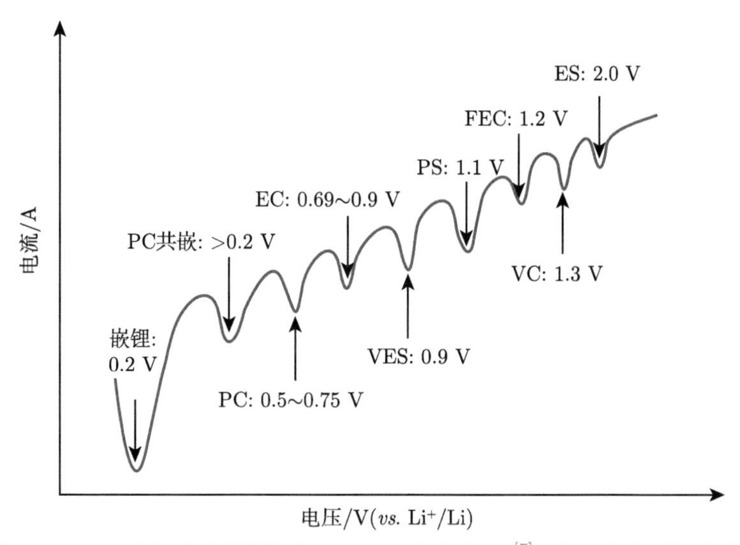

图 4-23 几种常用成膜添加剂和溶剂的分解电位 [7] (作者参考原图重绘)

饰膜添加剂是指添加剂虽然在电解液中不发生还原分解，但是具有很强的与 Li^+ 螯合的能力，可优先溶剂化电解液中的 Li^+，削弱 Li^+ 与电解液中的溶剂分子之间的相互作用，从而抑制溶剂分子与 Li^+ 共嵌入负极的石墨层间，提高电极的嵌脱锂容量，延长循环寿命。这类添加剂，如 12-冠醚-4，与 Li^+ 的配位体积大小合适，可以优先与 Li^+ 发生溶剂化作用，削弱 PC 与 Li^+ 之间的相互作用，降低了 PC 与 Li^+ 在电极表面发生还原反应的可能，同时 12-冠醚-4 与 Li^+ 的配合减小了 Li^+ 的溶剂化半径，提高了 Li^+ 的迁移速率。

成膜添加剂还可以分为可聚合单体和还原型添加剂。可聚合单体包括含 C═C 不饱和键的 VC、FEC、VEC (碳酸乙烯亚乙烯酯)、AAN (丙烯腈)、2CF (2-腈基呋喃) 等。这些化合物在一定的电位下获得电子成为自由基阴离子，然后发生自由基反应，在负极表面形成一层稳定的 SEI 膜。这类成膜添加剂在负极表面的反应机制可用下式表示 [114]：

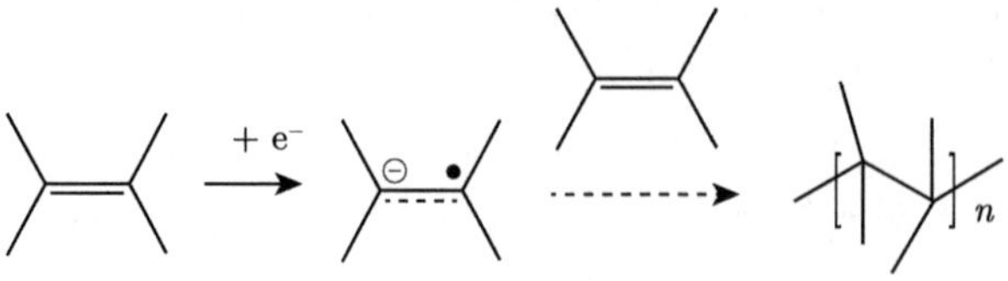

(4.30)

这类成膜添加剂在正极也会发生氧化聚合，增加正极的阻抗和不可逆容量，合理用量一般不超过 2wt%。成膜添加剂的成膜效果取决于三个方面：电化学聚合的效率、聚合产物的溶解性和聚合物在负极表面的黏附性。VC 是目前研究得最为深入、效果较好的有机成膜添加剂，它可以降低负极界面阻抗，稳定性好，改善器件的低温性能。VC 在负极可能的分解产物有以下四种 [115]：通过 C═C 双键聚合产生重复 EC 单元的聚合物 A；开环后通过碳酸酯基团形成链状聚碳酸酯 B，也可能形成聚乙炔；VC 还原成为极性阴离子，并进一步与 VC 反应形成不饱和的烷基双碳酸锂盐，即二碳酸亚乙烯锂 (lithium vinylene dicarbonate, LVD) 和二碳酸二亚乙烯锂 (lithium divinylene dicarbonate, LDVD)，从而参与 SEI 界面膜的形成 (图 4-24)。

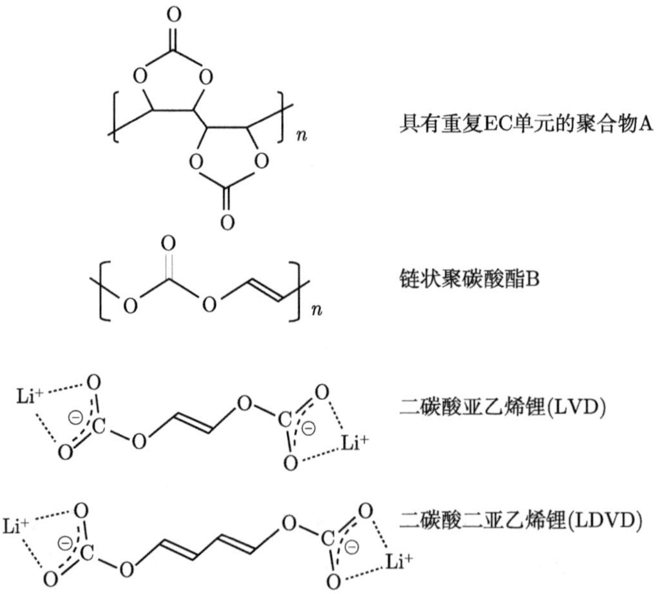

具有重复EC单元的聚合物A

链状聚碳酸酯B

二碳酸亚乙烯锂(LVD)

二碳酸二亚乙烯锂(LDVD)

图 4-24 VC 可能的分解产物 [115]

FEC 本身不含有乙烯基团，但是其结构上有一个 F 取代基，因此可以通过发生脱氢反应生成 VC 和 HF，生成的 VC 分子中再发生聚合反应，如下式所示 [115]：

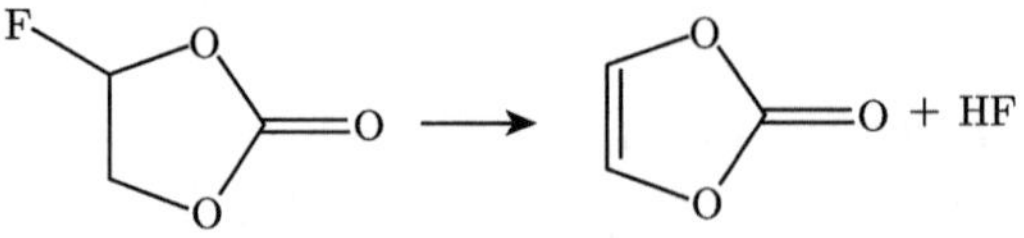

(4.31)

还原型添加剂包括 SO_2 (成膜电位在 2.6 V (*vs.* Li/Li^+))、ES (亚硫酸乙烯酯)、PS

(亚硫酸丙烯酯)、DMS(亚硫酸二甲酯)、DTD (硫酸乙烯酯)、亚硫酸二乙酯 (DES) 等硫化物。SO_2 气体具有较强的反应活性，其在碳负极上的还原反应产物除 Li_2SO_3 外，还可以含有 Li_2S、$Li_2S_2O_4$、$Li_2S_2O_5$ 等，在电解液中即使很低的浓度也能明显改善石墨负极的性能。在碳负极上 SO_2 主要经历以下还原过程：

$$SO_2 + 6Li^+ + 6e^- \longrightarrow 2Li_2O + Li_2S \tag{4.32}$$

$$SO_2 + Li_2O \longrightarrow Li_2SO_3 \tag{4.33}$$

$$2SO_2 + Li_2O \longrightarrow Li_2S_2O_5 \tag{4.34}$$

亚硫酸和磺酸酯类还原添加剂由于中心的 S 原子的电负性较 C 原子强，还原性要高于类似结构的碳酸酯，其还原电位高于溶剂的还原电位，在电化学反应中可以分解出 SO_2，在负极表面形成富含 S 化合物的稳定 SEI 界面膜，可改善器件的高低温性能，有助于减小界面阻抗的持续增加。以 PS 为例，其还原电位 (1.1 V (*vs.* Li/Li^+)) 高于 PC 的还原电位，因此可以很有效地抑制 PC 共嵌。由于 PS 在有机溶剂中的溶解度较大，并且在高电位下不稳定，可能导致高的自放电，所以用量要适当。

LiBOB 不仅是锂盐也可用作成膜添加剂。BOB^- 可以在 1.8 V (*vs.* Li/Li^+) 时在负极表面发生还原反应而形成致密的 SEI 膜，用于锂离子电池可以显著改善 $LiMn_2O_4$ (LMO)、$Li(NiCoMn)O_2$ (NCM) 等材料的高温循环性能，同样地，含量过多也会增大 SEI 膜界面的阻抗和电极的极化，不利于器件倍率性能的提高。图 4-25 所示为 NCM (镍钴锰酸锂)//MCMB (中间相炭微球) 体系的锂离子全电池在首周充电时的电压曲线和容量微分曲线，电解液为 1.2 mol/L $LiPF_6$/EC+PC+DMC (体积比 1∶1∶3)，可以发现在 2.0 V 左右处出现了 LiBOB 的还原分解 [116]。

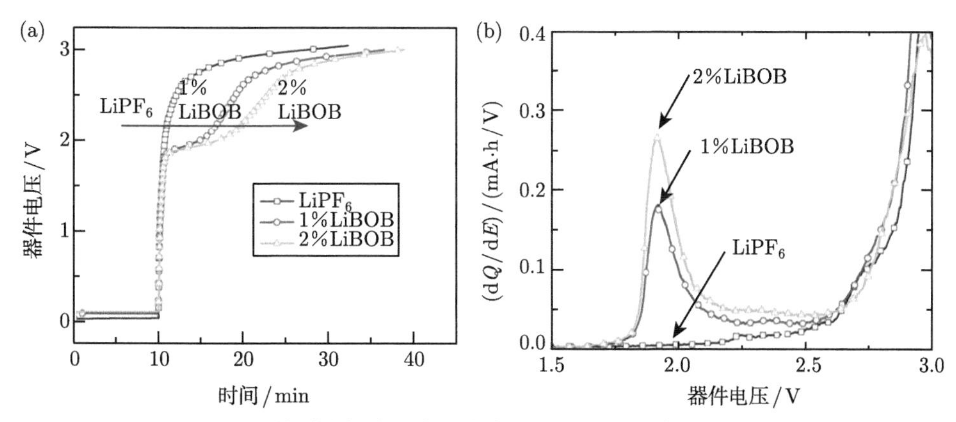

图 4-25 NCM//MCMB 体系的锂离子电池全电池在首周充电时的电压曲线和容量微分曲线 [116]

此外，LiODFB 也是一种较好的负极成膜剂，可以改善锂离子电容器的低温性能 [117]。LiODFB 在 EC 基电解液中的成膜机制为 [118]：在负极还原生成 LiF 为 SEI 膜的组分之一，生成的 d-LiODFB 还可与 EC 反应，生成的化合物进一步分解后参与形成 SEI 膜，如图 4-26 所示。

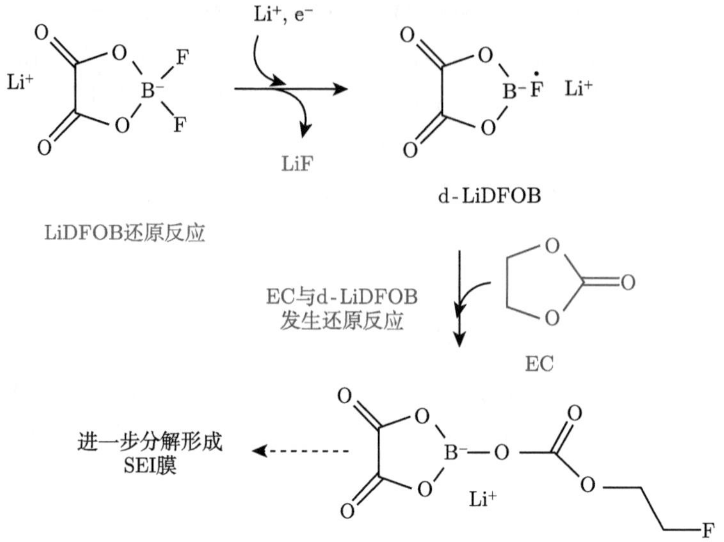

图 4-26 LiODFB 在 EC 基电解液中的成膜机制 [118]

4.5.2 高电压添加剂

锂离子电容器的高电压主要是受限于电解液在电容碳正极的氧化分解反应。对正极成膜添加剂而言，成膜机制指的是添加剂的氧化电位低于电解液溶剂的氧化电位，可在正极表面先于电解液溶剂分解，且分解产物参与了阴极电解质界面 (cathode electrolyte interphase, CEI) 膜的形成，使正极表面膜富含聚合物，降低电解液氧化的速率；饰膜机制是添加剂本身不参与成膜，但具备除水、降酸或络合等作用，作用产物可改善或覆盖电极表面活性点，抑制电极与电解液发生副反应，从而保证电极表面良好 CEI 膜的稳定形成 [119]。高电压添加剂主要有二草酸硼酸锂 (LiBOB)、双氟草酸硼酸锂 (LiODFB)、环丁砜 (TMS)、三氟乙基甲基碳酸酯 (FEMC)、三苯基亚磷酸酯 (TPP)、三 (三甲基硅烷) 硼酸酯 (TMSB)、三 (三甲基硅烷基) 磷酸酯 (TMSP)、三 (2,2,2-三氟乙基) 亚磷酸酯 (TFEP)、亚磷酸三甲酯 (TMP) 和三 (五氟苯基) 膦 (TPFPP) 等。

Cha 等 [118] 将 1wt%的 LiODFB 加入电解液 1.3 mol/L $LiPF_6$/EC+EMC+DMC (体积比 3∶4∶3) 中，发现 LiODFB 的加入可以抑制 $LiPF_6$ 在高电压富锂正极的分解，提升了电解液对富锂正极电池的适配性。张亮等 [119] 认为，在电池充放电过程中，含硼类添加剂可以通过稳定电极/电解液之间的 CEI 膜性能，对正极表面进行保护，如 LiODFB 能在富锂材料表面生成含少量 LiF 的表面膜，通过改善电极–电解液界面的电子和 Li^+ 的传输通道以及抑制富锂材料的不可逆相变，提升正极表面 SEI 膜的性能。

许梦清等 [120,121] 将 TMSP 用于 1.0 mol/L $LiPF_6$/EC+DMC+EMC (体积比 1∶1∶1) 电解液中，充放电后正极界面 CEI 膜的主要成分仍是电解液溶剂的分解产物而非 TMSP 的反应产物，表明 TMSP 并不直接参与 SEI 膜的形成，而是在正极表面发生络合作用，由此改善 CEI 膜的结构，保护正极材料；将 0.5wt%的 TPFPP 添加至 1.0 mol/L $LiPF_6$/EC+DMC+DEC (体积比 1∶1∶1) 电解液中，使用该电解液的 $LiNi_{0.5}Mn_{1.5}O_4$/ Li 半电池在 3.5～

4.9 V 电压区间内循环得到显著提高 [122]。Jang 等 [123] 将含有 1.0wt%二甲基二甲氧基硅烷 (DODSi) 的电解液 1.0 mol/L $LiPF_6$/EC+EMC (质量比 1:2) 用于高镍正极材料，在 2.8~4.4 V 电压范围内具有良好的循环容量保持率。这是因为硅氧烷类添加剂的饰膜机制是通过选择性去除 HF 来改善高镍层状材料的界面膜质量，DODSi 中存在硅氧烷官能团 (Si—O)，其中 Si 倾向与 F 发生化学反应；而 O 对 H^+ 具有较强的亲和力，因此 DODSi 可通过 Si 和 F、O 和 H^+ 配对的化学反应来清除电解液中的 HF，保护正极中过渡金属元素，改善高镍正极表面的稳定性。

通常 EC 基电解液在 4.3 V (*vs.* Li/Li^+) 就会在 AC 电极分解，Liu 等 [124] 提出氟代醚 ($HCF_2CF_2CF_2CH_2OCF_2CF_2H$, FE) 可用于高电压锂离子电解液，线性扫描伏安法研究表明，FE 添加剂可有效抑制 EC 基电解液在高电压下的分解，如图 4-27 所示。

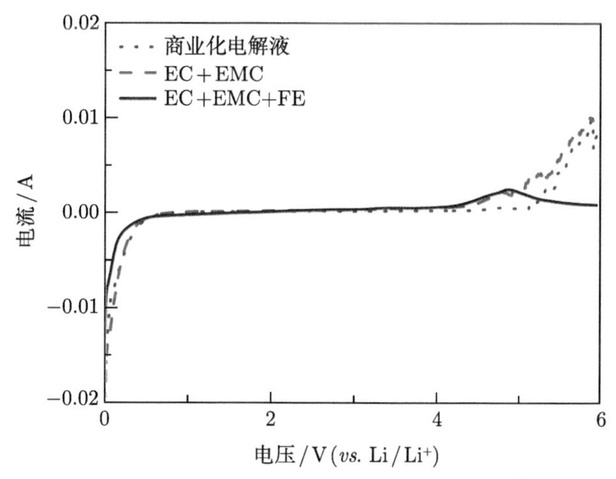

图 4-27 不同电解液体系的线性扫描曲线 [124]

4.5.3 高温添加剂

随着器件温度的提高，锂离子电容器会出现系列安全性问题，包括：电极与溶液相互作用后发生胀气，壳体内部压力过大导致气体泄漏；电解液中低沸点共溶剂的易燃性；模组中温度不均匀导致锂离子电容器单体之间性能的一致性变差、部分锂离子电容器单体失效造成模组的整体失效等。高温锂离子电解液的研究侧重于高温添加剂对电解液的稳定性和器件高温循环性能的影响 [125]。主要的高温功能添加剂包括：1,3-丙烷磺酸内酯 (1,3-PS)、1-丙烯-1,3-磺酸内酯 (PST)、二氟二草酸硼酸锂 (LiODFB)、三 (三甲基硅烷) 亚磷酸酯 (TMSP)、二苯基二甲氧基硅烷 (DPDMS) 和二乙烯砜 (DVS) 等。功能化的 DVS 由于包含砜 (—SO_2—) 和乙烯 (—C=C—) 基团，其作为电解液的添加剂通过电化学氧化在正极形成表面膜，可以有效抑制正极与电解液界面的副反应，NCM721 正极在 60 ℃ 循环 100 周后容量保持率可以从 71.7%提高到 91.9% [126]。Boltersdorf 等 [127] 以 1 mol/L $LiPF_6$/EC+DMC (质量比 1:1) 为基础电解液，分别添加了 1wt% TMSP 和 1wt% FEC，通过对 AC//HC 锂离子电容器在 65 ℃ 下进行浮充研究了其电化学性能，表明添加了 TMSP 添加剂后锂离子电容器的容量保持率最高，而 (20wt% LFP+ 80wt% AC)//HC 锂离子电池电容体系采用 1 mol/L $LiBF_4$/EC+DMC (质量比 1:1)+ 1wt% TMSP 电解液也有最佳的高温性能。进一步的研究表明 [62], 1 mol/L $LiPF_6$/EC+EMC (质量比 3:7) 电解液不适用于锂离子电容器的高温工况，但是在添加 1wt% TMSP 和 VC 后可以提高锂离子电容器的高温性能，减少在高温条件下气体的产生。

4.5.4 低温添加剂

锂离子电池电解液的工作温度一般是不低于 −20 ℃，而锂离子电容器作为一种功率型储能器件，对电解液的低温要求更高，低温可达 −20∼−50 ℃。锂离子电容器低温性能受电解液和正负极材料影响比较大，主要与电解液的低温导电能力、锂离子在活性电极材料中的扩散能力、电极界面性质有关。电解液、正极材料、导电剂和黏结剂对锂离子及电子的迁移有较大的影响。

在低温下锂离子电容器会存在以下问题 (图 4-28)：① 电解液中的有机溶剂在低温下黏度增加甚至发生凝固，导致离子电导率降低、Li^+ 迁移速率变慢，应提高电解质盐的解离常数与反应活性；② 低温环境下 Li^+ 在负极材料表面 SEI 膜中的扩散系数比活性材料固体内部中的扩散系数低 3∼4 个数量级 [128]，需改进电极界面性能，形成薄而稳定的 SEI 膜，利于 Li^+ 在低温下的电荷转移，有效降低界面电阻；③ 负极材料的反应活性下降，Li^+ 在负极固相扩散阻抗增大，应通过提高负极的容量，采用细的活性材料颗粒、较好的电极配方、减薄负极的厚度等措施来缩短 Li^+ 的扩散距离，提高电极的倍率充放电性能；④ 可能造成负极表面阴离子缺失，进而引发析锂并逐渐产生锂枝晶，导致锂离子电容器的容量衰退、引发安全问题；⑤ 电解液的高温性能也要好，需考虑常温和高温性能，拓宽其温度适应范围。

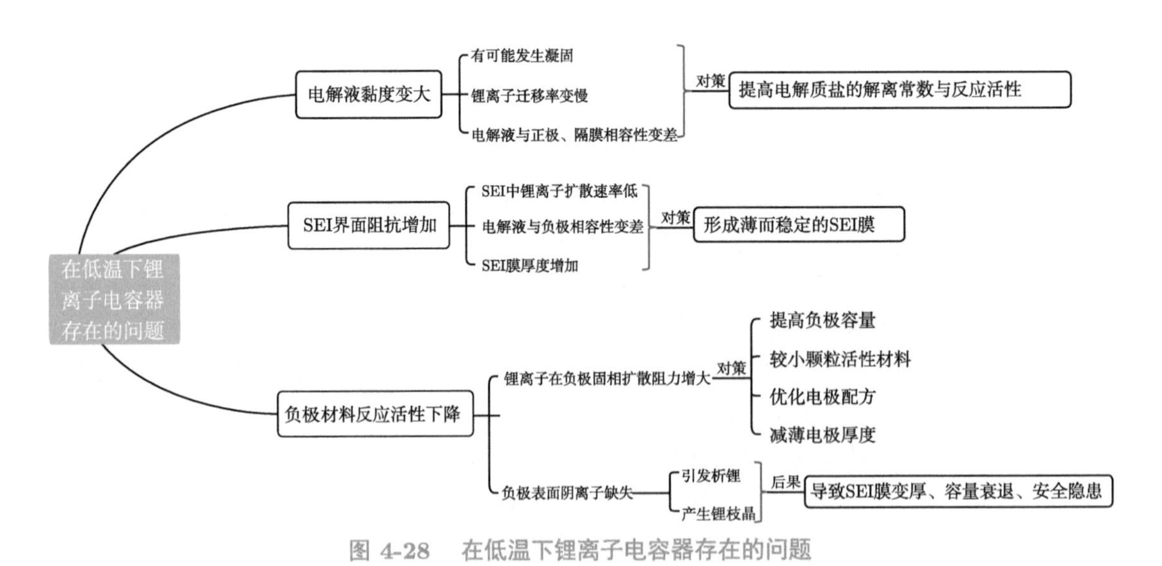

图 4-28 在低温下锂离子电容器存在的问题

用于低温的添加剂多是一些溶剂，其与主溶剂一样在负极预嵌锂和锂离子电容器化成的过程中会参与电极表面反应，共同形成低阻抗的 SEI 膜和 CEI 膜，降低电化学反应阻抗，提高器件在低温环境下的充放电性能。常用的低温添加剂为氟代碳酸乙烯酯 (FEC)、

亚硫酸乙烯酯 (ES)、亚硫酸丙烯酯 (PS)、碳酸亚乙烯酯 (VC) 等。Cappetto 等 [117] 采用了 $LiPF_6$/EC+EMC+MB (丁酸甲酯) (体积比 1∶1∶3) 电解液体系，并添加了 0.1 mol/L LiODFB，AC//HC 体系锂离子电容器在 −40 ℃ 温度下的容量保持率可达 77%，但这是以牺牲循环寿命为代价的，因为 MB 在负极碳材料的表面不能形成稳定的 SEI 膜 [28]。

4.5.5 阻燃添加剂

锂离子电容器器件由于正极和负极均采用了安全性较好的碳材料，如活性炭、石墨、软碳和硬碳等材料，不存在诸如锂离子电池层状氧化物 NCM、尖晶石氧化物 LMO 之类正极材料在充电态、高温下的分解、放热与析氧等反应，从而锂离子电容器单体的安全与锂离子电池相比有了极大的提高。然而，在过充电、过放电、热冲击和过热、正负极片之间内部短路、外部电气短路等滥用条件下，锂离子电容器内部的活性物质及电解液等组分将发生化学反应或电化学反应，产生大量的热量和气体，当积累到一定程度时也会引发锂离子电容器器件的着火和爆炸风险。造成锂离子电容器热失控可能的热量主要来源包括：欧姆热、负极 SEI 膜的分解、嵌锂碳与溶剂的反应、嵌锂碳与氟基黏结剂的反应、电解液的热分解、析出的锂与电解液的反应、电解液在正极表面的分解 (过充电) 等 [129]。

(1) 负极 SEI 膜的分解放热过程。在锂离子电容器负极预嵌锂过程中，在电解液与负极材料的固液界面上发生分解反应，形成覆盖于负极表面的 SEI 界面保护膜，阻止电解液与碳负极之间进一步发生反应。但是当温度升高时，SEI 膜的反应活性增加并发生分解，反应为放热反应。以 EC 基电解液在碳负极表面所形成的 SEI 膜为例，通常由稳定组分 (如 Li_2CO_3、LiF) 和亚稳定组分 (如乙烯二碳酸锂 $(CH_2OCO_2Li)_2$, LEDC) 组成，亚稳定层在 80 ~120 ℃ 发生如下反应转变为稳定层 [130]。

$$(CH_2OCO_2Li)_2 \longrightarrow Li_2CO_3 + C_2H_4 + CO_2 + \frac{1}{2}O_2 \tag{4.35}$$

$$2Li + (CH_2OCO_2Li)_2 \longrightarrow 2Li_2CO_3 + C_2H_4 \tag{4.36}$$

(2) 嵌锂碳与溶剂的反应。当温度升高时，SEI 膜不能保护负极，溶剂可能与金属锂或嵌入锂发生如下反应：

$$2Li + C_3H_4O_3(EC) \longrightarrow Li_2CO_3 + C_2H_4 \tag{4.37}$$

$$2Li + C_5H_{10}O_3(DEC) \longrightarrow Li_2CO_3 + C_4H_{10} \tag{4.38}$$

$$2Li + C_3H_6O_3(DMC) \longrightarrow Li_2CO_3 + C_2H_6 \tag{4.39}$$

Dahn 等 [131] 发现 Li_xC_6 与 EC、PC 的反应活性弱于线状酯 DEC、DMC。$Li_{0.86}C_6$ 与 EC、DEC 的反应包括两个阶段：在 90~243 ℃ 生成烷基碳酸锂酯，在温度高于 243 ℃ 时反应产物为 Li_2CO_3；加入 $LiPF_6$ 后改变了反应的途径，热稳定性明显提高，随着 $LiPF_6$ 浓度的增加，放热反应温度从 59 ℃ 升高到 154 ℃。

(3) 嵌锂碳与氟基黏结剂的反应。Pasquier 等 [132] 研究发现，当温度超过 260 ℃ 时，黏结剂 PVDF 与 Li_xC_6 发生以下反应：

$$—CH_2—CF_2— + Li \longrightarrow LiF + —CH{=}CF— + \frac{1}{2}H_2 \tag{4.40}$$

Maleki 等 [133,134] 指出 Li_xC_6 与 PVDF 的反应在 210 ℃ 开始，在 287 ℃ 达到最大放热峰。用无氟黏结剂代替 PVDF (如 CMC、SBR、海藻酸钠等)，可以将黏结剂与锂在高温下反应产生的热降低一半以上，从而提高电池的热稳定性。由于黏结剂在负极所占的比例非常有限，不会成为锂离子电容器在高温下产热的主要原因。

(4) 析出的锂与电解液的反应。锂离子电容器在过充电、过高倍率充电或低温下充电等条件下都会在负极表面发生金属锂的沉积。一般金属锂与溶剂在 180 ℃ 左右发生放热反应，如电解液中含有 1wt%水则反应温度可降低至 140 ℃[135]。

(5) 锂离子电解液的热分解反应主要是在温度升高时溶剂与锂盐的反应 [129]。以 1 mol/L $LiPF_6$ 电解液为例，DMC 体系放热反应发生在 230~280 ℃，DEC 体系的放热反应发生在 210~260 ℃。$LiPF_6$ 的分解产物 PF_5、HF 与 DEC 主要发生以下反应：

$$C_2H_5OCO_2C_2H_5 + PF_5 \longrightarrow C_2H_5OCO_2PF_4HF + C_2H_4 \tag{4.41}$$

$$C_2H_5OCO_2C_2H_5 + PF_5 \longrightarrow C_2H_5OCO_2PF_4 + C_2H_5F \tag{4.42}$$

$$C_2H_5OCO_2PF_4 \longrightarrow HF + C_2H_4 + CO_2 + PF_3O \tag{4.43}$$

$$C_2H_5OCO_2PF_4 \longrightarrow C_2H_5F + CO_2 + PF_3O \tag{4.44}$$

$$C_2H_5OCO_2PF_4 + HF \longrightarrow PF_4OH + CO_2 + C_2H_5F \tag{4.45}$$

$$C_2H_5OH + C_2H_4 \longrightarrow C_2H_5OC_2H_5 \tag{4.46}$$

在高温条件下 $LiPF_6$ 与 DMC、EC、PC 等溶剂之间也可以发生类似的放热反应，使电解液体系的温度升高。

锂离子电容器中的有机电解液在受热条件下有发生燃烧的风险，这可能与电解液在高温条件下发生了氢氧自由基的链式反应有关，产生的热量可以使锂离子电池的温度升高 400~1000 ℃[136]。以碳酸酯溶剂为例，高温气态的碳酸酯溶剂 RH 的化学键断裂，生成了 H· 自由基，其反应机理如下述反应式所示：

$$RH \longrightarrow R\cdot + H\cdot \tag{4.47}$$

O_2 与 H· 发生反应，产生 HO· 和 O· 两种自由基：

$$H\cdot + O_2 \longrightarrow HO\cdot + O\cdot \tag{4.48}$$

H_2 与 HO· 和 O· 继续反应，产生更多的 H· 推动链式反应的持续进行：

$$HO\cdot + H_2 \longrightarrow H_2O + H\cdot \tag{4.49}$$

$$O\cdot + H_2 \longrightarrow HO\cdot + H\cdot \tag{4.50}$$

其中，O_2 可能来源于电解液组分或者电极材料的氧化还原分解，H_2 则有可能来源于电解液组分和痕量水的还原分解。上述过程产生的 H· 或 HO· 等均为易燃自由基，极易引起燃烧事故，造成人身危害和环境污染。因此从化学本质上阻断以上链式反应，可以获得阻燃或不燃电解液，提高电解液的安全性能。

锂离子储能器件的热滥用和热失效大致可以分为以下三个阶段 (图 4-29)。第 I 阶段: 器件单体产气阶段。由于内部短路、外部加热，或者器件大电流充放电时自身发热、热管理失效等，单体内部温度升高至 90~100 ℃，锂盐 $LiPF_6$ 开始分解，进一步把器件温度推高到 150 ℃ 左右。第 Ⅱ 阶段：器件单体胀气和鼓包阶段。充电状态的碳负极化学活性较高，在 250~350 ℃ 嵌锂态负极开始与电解液发生反应，由于高温下碳负极表面的 SEI 膜分解，嵌入石墨层间的锂离子与电解液、黏结剂会发生反应，此温度下锂盐如 $LiPF_6$ 大量分解，生成的 PF_5 进一步催化有机溶剂发生分解反应等。对于软包和钢壳的锂离子储能器件，一般在此阶段即发生壳体破裂或泄压阀打开，器件单体发生失效。第 Ⅲ 阶段：可能的燃烧起火阶段。器件单体内部由于隔膜基质熔化、电极涂层脱落等，出现大规模内短路，电解液发生剧烈的氧化反应，释放出大量的热，产生大量气体。由于锂离子电容器正负极均为碳材料，AC 的氧化性也较弱，在针刺、短路和高温试验中极少出现燃烧起火现象。

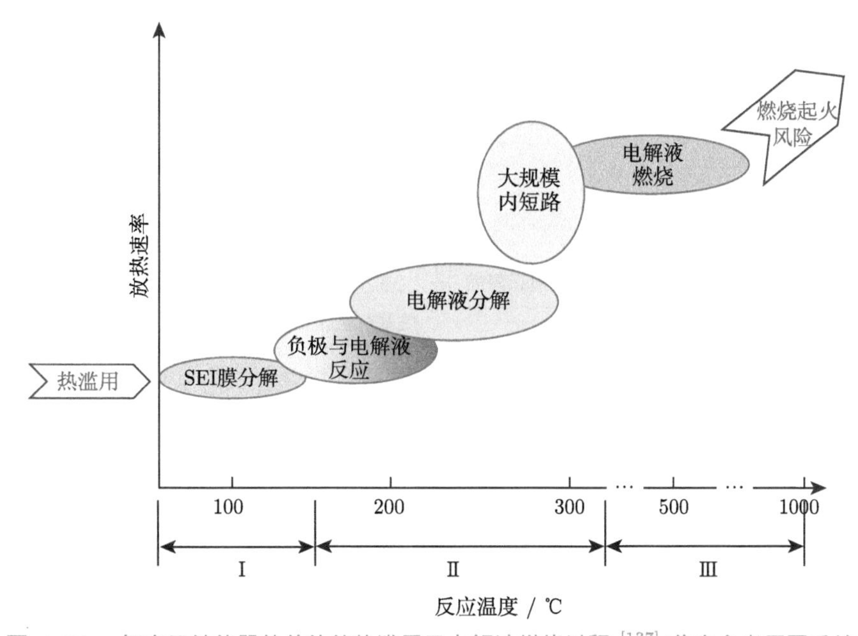

图 4-29 锂离子储能器件单体的热滥用及电解液燃烧过程 [137](作者参考原图重绘)

阻燃添加剂可以使易燃的电解液变成难燃或不可燃的电解液，增加电解液本身的热稳定性，降低锂离子电容器的产热和产热率，从而可以避免锂离子电容器在过热条件下的燃烧或爆炸。阻燃添加剂的作用是提高电解液的着火点或终止燃烧的自由基链式反应阻止燃烧。添加阻燃剂是降低电解液易燃性，拓宽锂电池使用温度范围，提高其安全性的重要途径之一。阻燃添加剂的作用机理主要有两种：一是通过在气相和凝聚相之间产生隔绝层，阻止凝聚相和气相的燃烧；二是在受热时能释放出具有阻燃性质的自由基，捕捉燃烧反应过程中的氢自由基或氢氧自由基，从而阻止自由基链式反应的进行，阻止气相间的燃烧反应。以磷酸三甲酯 (TMP) 来说明其作用机理。TMP 在受热的条件下首先气化：

$$TMP_{液} \longrightarrow TMP_{气} \tag{4.51}$$

气态 TMP 分子受热分解释放出含磷自由基：

$$TMP_{气} \longrightarrow [P]\cdot \tag{4.52}$$

生成的自由基与电解液分解的氢自由基耦合：

$$H\cdot + [P]\cdot \longrightarrow PH \tag{4.53}$$

由此就降低了电解液体系中氢自由基的含量，从而可以阻止溶剂的燃烧。阻燃添加剂的蒸气压和阻燃自由基的含量是决定阻燃性能的重要指标。对于电解液体系而言，溶剂的沸点和含氢量决定了电解液的易燃程度。因此，阻燃一定量的有机溶剂所需的最少用量因阻燃剂和被阻燃剂物质性质的不同而异，一般溶剂的沸点越低、蒸气压越高、含氢量越大则所需的阻燃剂越多。常见的阻燃添加剂可分为磷系阻燃、卤系阻燃和复合阻燃等，如图 4-30 所示。

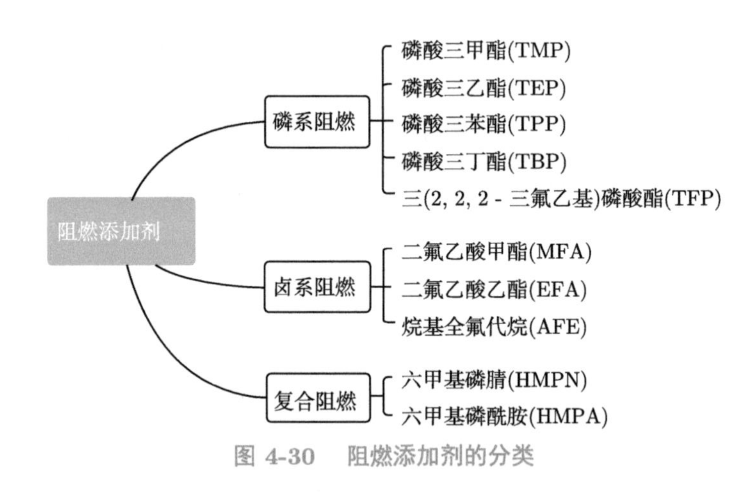

图 4-30 阻燃添加剂的分类

烷基磷酸酯类化合物是最早研究用于锂离子电池的阻燃剂，如磷酸三甲酯 (TMP)、磷酸三乙酯 (TEP) 等，但其黏度较大、电化学稳定性差，在提高电解液阻燃性的同时会降低电解液的离子电导率和器件单体的循环寿命。利用氟取代烷基上的氢得到氟代烷基磷酸酯，如三 (2，2，2-三氟乙基) 磷酸酯 (TFP)、二 (2，2，2-三氟乙基) 甲基磷酸酯 (BMP)、(2，2，2-三氟乙基) 二乙基磷酸酯 (TDP)，可以提高化合物的还原稳定性及阻燃效果。此外，磷酸甲酚二苯酯 (CDP) 和磷酸二苯一辛酯 (DPOF) 等芳香基磷酸酯也具有良好的阻燃效果。

除了磷 (V) 化合物之外，磷 (Ⅲ) 化合物也是有效的阻燃添加剂。磷 (Ⅲ) 化合物与磷 (V) 化合物比较，更有利于 SEI 膜的生成，并且前者能使 PF_5 失活。在磷 (Ⅲ) 化合物中，三 (2，2，2-三氟乙基) 亚磷酸酯 (TTFP) 不仅能够降低电解液的可燃性，而且能够提高锂离子电池的循环性能，是一种比较有潜力的阻燃剂。

有机卤代物阻燃剂主要是指氟代有机物，包括氟代环状碳酸酯、氟代链状碳酸酯和烷基–全氟代烷基醚等。氟代有机物具有较高的闪点，同时氟取代氢原子后会降低溶剂分子的含氢量及其可燃性，将其添加到有机电解液中可以提高电解液的安全性。氟代环状碳酸酯类化合物，如 CH_2F-EC、CHF_2-EC 和 CF_3-EC 都具有较好的化学和物理稳定性、较高的闪点和介电常数，能够很好地溶解锂盐电解质并与其他有机溶剂混溶。

磷腈类化合物是指小分子的环状或高分子线性磷氮化合物，一些磷腈化合物自身有比较好的离子导电性，可单独用作锂离子电池电解液，如含寡聚氧化乙烯侧链的线性多聚磷腈，离子电导率可达 10^{-5} S/cm。这些聚合物有比较高的分解温度 (约 235 ℃)，放热量适中。如寡聚环氧乙烯侧链的环状磷腈三聚体，在保持离子导电性的同时具有很好的阻燃性能。

4.5.6 其他添加剂

除了前述功能添加剂，功能添加剂还包括防过充添加剂、导电添加剂，控制电解液中水和 HF 含量的添加剂，分类如图 4-31 所示。

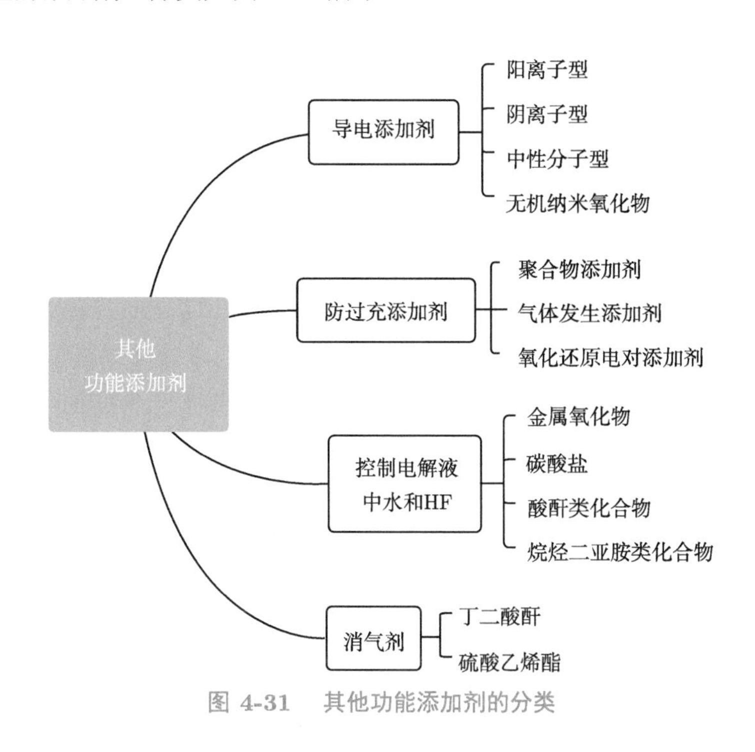

图 4-31 其他功能添加剂的分类

1. 导电添加剂

导电功能添加剂的作用机理是：提高导电锂盐的溶解度和电离度，以及防止溶剂共插嵌对电极的破坏。按其作用类型可将导电添加剂分为阳离子型、阴离子型及中性分子型添加剂。阳离子型主要包括胺类、分子中含有两个氮原子以上的芳香杂环化合物以及冠醚和穴状化合物；阴离子型的阴离子配体主要是一些阴离子受体化合物，如硼基化合物；中性分子型主要是一些富电子基团键合 N 或 B 形成的化合物，如氮杂醚类和烷基硼类。

NH_3 和一些低分子量胺类化合物能够与 Li^+ 发生强烈的配位作用，增加锂盐的溶解度，减小 Li^+ 的溶剂化半径，从而显著地提高电解液的电导率。但这类物质的使用会改变原来电解液的内部结构，使锂离子周围溶剂化的碳酸酯几乎完全被胺类物质取代，可能会导致充电过程中在石墨负极产生共插嵌现象。

12-冠-4 醚是一种典型的导电添加剂，其分子中的 4 个氧原子与 Li^+ 配位形成包覆式螯合物，可以有效地将 Li^+ 与溶剂分子、阴离子分开，提高锂盐的溶解度，增加电解液的导电性。12-冠-4 醚的加入还可以降低充电过程中溶剂共嵌入和分解。然而，导电性的增加主要是阴离子的贡献，冠醚的加入会导致 Li^+ 几何尺寸增大、流动性减少，而且锂离子与冠醚之间强的相互作用，增加了在充电过程中 Li^+ 嵌入负极材料时的解离活化能，对锂离子电容器的倍率性能有不利影响。部分无机纳米氧化物，如 Al_2O_3 等，亦能有效提高电解液的离子电导率 [1,138]。

2. 防过充添加剂

为了避免锂离子电容器在过充时发生的滥用，目前主要的应对方法有：外加专用的保护电路、设置安全阀或泄气结构，以及在电解液中添加防过充添加剂。前两种方法虽然可以有效地避免锂离子电容器单体被过充，但是通常会增加锂离子电容器的成本，降低了锂离子电容器的能量密度，而通过添加防过充添加剂则可以解决这些问题。根据防过充添加剂的作用机制，可以分为聚合添加剂、气体发生添加剂和氧化还原电对添加剂。

聚合添加剂的作用机理是：锂离子电容器在过充时正极电位不断升高，当电位上升到添加剂的氧化电位时，添加剂会发生不可逆聚合反应，聚合物覆盖在正极表面，使锂离子电容器的内阻增大。这类添加剂主要是一些聚合物单体分子，包括联苯 (BP)、环己基苯 (CHB) 等。以 BP 为例，当正极电位达到 4.5~4.75 V 时可以诱发联苯的聚合反应，但是联苯的加入会降低电解液的电导率，导致锂离子电容器的倍率和循环性能劣化。CHB 发生聚合反应的电位在 4.7 V 左右，过多的 CHB 同样会降低电解液的电导率。

气体发生剂的作用机制是：当锂离子电容器的充电电压超过添加剂的氧化电位时，添加剂发生电化学分解反应，伴随产生大量气体，使得锂离子电容器的内压迅速提高，从而使得电流阻断设备 (CID) 发生作用，结束充电过程，达到防止过充的目的。这类添加剂主要包括：CHB 和氟苯 (FB) 等。CHB 在正极表面发生聚合的同时会产生大量的气体，适量的 CHB 可以很好地起到防过充作用。

氧化还原电对添加剂的作用机理是：当锂离子电容器正极的电位由于过充而达到氧化还原电对的氧化电位时，添加剂被氧化，氧化态的添加剂扩散至锂离子电容器的负极再被还原，这样添加剂在锂离子电容器的正负极之间来回穿梭，从而避免了电极材料和电解液的氧化，提高了锂离子电容器的抗过充能力。采用这种措施通常要求添加剂要有较好的氧化还原性和较高的氧化电位、较大的溶解度和低电位下稳定。这类添加剂主要包括锂的卤化物、金属茂化合物、菲咯啉或联吡啶络合物及衍生物、噻蒽及其衍生物、甲氧基或二甲氧基苯类化合物、吩噻嗪衍生物以及其他类型氧化还原添加剂等 [139]。

3. 控制电解液中水和 HF 含量的添加剂

有机电解液中水和 HF 的含量过高，不仅会导致 $LiPF_6$ 的分解，而且会破坏 SEI 膜。当 $A1_2O_3$、MgO、BaO 和锂或钙的碳酸盐等作为添加剂加入电解液中后，它们将与电解液中微量的 HF 发生反应，降低 HF 的含量，阻止其对电极的破坏和对 $LiPF_6$ 分解的催化作用，提高电解液的稳定性。但这些物质去除 HF 的速度较慢。而一些酸酐类化合物虽然能较快地去除 HF，但会同时产生破坏电池性能的其他酸性物质。烷烃二亚胺类化合物能通过分子中的氢原子与水分子形成较弱的氢键，从而阻止水与 $LiPF_6$ 反应产生 HF。

丁二酸酐 (SA) 可用作消气剂，它是自由基如 $\cdot CH{=}CH_2$、$\cdot CO_2$、$\cdot CH_3$ 很好的捕获者，因而可以控制产气量。硫酸乙烯酯 (DTD) 可以在负极表面形成一层更稳定的 RSO_2Li，可以抑制气体的产生，可用作高温添加剂。

4.6 电解液体系

考虑到常见的锂离子电解液为有机体系的锂离子电解液，本章前面部分主要基于有机体系介绍了锂离子电解液与电极的相互作用、有机锂离子电解液的组分等。此外，还将基于不同的体系介绍不同类型的锂离子电容器，如水系体系、离子液体体系和高浓度盐体系锂离子电容器。在本书的第 7 章还会详细介绍固体聚合物电解质、无机固体电解质、凝胶聚合物电解质、无机有机复合电解质和柔性固态锂离子电容器等。

4.6.1 有机体系

有机体系的锂离子电容器主要可以分为三种结构：① 正极为电容性电极材料、负极为插嵌锂的电池材料；② 正极为插嵌锂电池材料、负极为电容性电极材料；③ 正极或负极中的至少一极既含有电容性材料又含有电池材料。典型的有机体系锂离子电容器的电极材料和电解液归纳如表 4-7 所示。

表 4-7 部分锂离子电容器的电解液体系

正极	负极	锂盐	溶剂	参考文献
活性炭	硬碳	1 M $LiPF_6$	EC+DMC(质量比 1∶1)	[140]
活性炭	硬碳	1.2 M $LiPF_6$	EC+DEC(体积比 1∶1)	[58]
活性炭	石墨	1 M $LiPF_6$	EC+DMC(质量比 1∶1)	[60]
活性炭	硬碳	1 M $LiPF_6$	EC+DMC+EMC(体积比 1∶1∶1)	[12]
活性炭	软碳	1 M $LiPF_6$	PC+ 2wt% VC	[108]
氮掺杂多孔碳	Fe_2O_3@C	1 M $LiPF_6$	EC+DEC(体积比 1∶1)	[59]
多孔碳	硅碳	1 M $LiPF_6$	EC+DEC+DMC(体积比 1∶1∶1) +5wt% FEC	[61]
活性炭	硬碳	1 M $LiPF_6$	EC+DMC(质量比 1∶1)+1wt% VC; EC+DMC(质量比 1∶1) +1wt%TMS; EC+EMC(质量比 3∶7) +1wt% VC; EC+EMC(质量比 3∶7)+1wt% TMSP	[62]
活性炭	硬碳	1 M $LiPF_6$	EC+EMC+MB(体积比 1∶1∶3), 0.1 M LiODFB/LiBOB+ 2vol%* VC	[117]
活性炭	石墨	1 M LiTFSI	EC+DEC(体积比 1∶1)+ 1vol% FEC/VC	[141]

续表

正极	负极	锂盐	溶剂	参考文献
活性炭	软碳	1.2 M $LiPF_6$	EC+DEC+DMC (体积比 1∶1∶1) +1wt% VC	[69]
活性炭	软碳	1.2 M LiFSI	EC+PC+DEC(体积比 3∶1∶4) +1wt% VC	[69]
活性炭	硬碳	1.2 M $LiPF_6$	EC+PC+DEC(质量比 3∶1∶4)	[142]
$LiMn_2O_4$	活性炭	1 M $LiPF_6$	EC+EMC+DMC(体积比 1∶1∶1) +2wt% LiODFB	[143]
LFP+ 活性炭	硬碳	1 M $LiPF_6$	EC+DMC(质量比 1∶1)+ 1wt% TMSP/FEC	[127]
25wt% $LiMn_2O_4$ + 75wt%活性炭	$Li_4Ti_5O_{12}$	0.2 M Et_4NBF_4 + 0.8 M $LiPF_6$	EC+DMC+EMC(质量比 1∶1∶1)	[78]
75wt% $LiNi_{0.5}Co_{0.2}Mn_{0.3}O_2$ + 25wt%活性炭	石墨	1 M $LiPF_6$	EC+DMC+EMC(体积比 1∶1∶1)	[144]
$LiNi_{1/3}Co_{1/3}Mn_{1/3}O_2$	Li	1 M $LiPF_6$	EC+EMC(质量比 3∶7) + 2wt% VC/FEC/ES	[109]
$LiNi_{0.6}Co_{0.2}Mn_{0.2}O_2$	Li	1 M $LiPF_6$	EC+EMC+DMC(体积比 1∶1∶1) + 1wt%二苯基二甲氧基硅烷 (DPDMS)	[125]
石墨	Li	1 M $LiPF_6$ + 0.5 M Et_4NBF_4	PC+EC+DMC (质量比 1∶1∶3)	[73]
TiC-CDC	TiC-CDC	1 M $(C_2H_5)_3CH_3NBF_4$	FEC+PC(体积比 1∶9)	[68]
活性炭	$LiCrTiO_4$	1 M $LiPF_6$	EC+DEC(质量比 1∶1)	[145]
活性炭	$Li_4Ti_5O_{12}$+ CNF	1 M $LiPF_6$	EC+DMC+EMC(体积比 1∶1∶1)	[146]
$Li_3V_2(PO_4)_3$+ CNF	Li	1 M $LiPF_6$	EC+DEC(体积比 1∶1)	[147]
氮掺杂石墨烯	NbN	1 M $LiPF_6$	EC+DMC(体积比 1∶1)	[148]
Mn_3O_4-多孔碳	多孔碳	1 M $LiPF_6$	EC+DEC(体积比 1∶1)	[149]
氮掺杂碳	MnO + 石墨烯	1 M $LiPF_6$	EC+DMC+EMC(体积比 1∶1∶1)	[150]
氮掺杂多孔碳	TiC	1 M $LiPF_6$	EC+DMC(体积比 1∶1)	[151]
MOF 衍生碳	$Li_4Ti_5O_{12}$	1 M $LiPF_6$	EC+DMC(体积比 1∶1)	[152]
石墨烯	Fe_3O_4	1 M $LiPF_6$	EC+DEC+DMC(体积比 1∶1∶1)	[153]
活性炭	Nb_2O_5	1 M $LiPF_6$	EC+DMC(体积比 1∶1)	[154]
rGO	石墨	1 M $LiPF_6$	EC+DEC(体积比 1∶1)	[155]
G-MoO_2	G-MoO_2	1 M $LiPF_6$	EC+DEC(体积比 1∶1)	[156]
活性炭	$TiNb_2O_7$	1 M $LiPF_6$	EC+EMC(体积比 1∶4)	[157]

* vol%代表体积百分。

在锂离子电容器单体中，以 $LiPF_6$ 为锂盐，以环状碳酸酯 EC 和链状碳酸酯 DEC、DMC、EMC 等组成混合溶剂的锂离子电解液应用最为广泛。王鹏磊等 [69] 以活性炭为正极、软碳为负极制备了软包锂离子电容器，对比研究了 EDD 和 EPD 两种电解液对锂离子电容器电化学性能的影响。其中，标号为 EDD 电解液采用 $LiPF_6$ 为锂盐，混合溶剂为 EC+DEC+DMC(体积比 1∶1∶1)；标号为 EPD 电解液使用 LiFSI 为锂盐，混合溶剂为 EC+PC+DEC(体积比 3∶1∶4)，通过在溶剂中加入熔点更低的 PC 溶剂，可以改善电解液的内阻和低温性能。在 −20 ℃ 低温下采用 EDD 电解液的器件，其在 0.5C 倍率和 1C 倍率下放电比容量分别为室温时的 69.2%和 57.9%，而采用 EPD 电解液的器件相应的数值为 87.2%和 79.6%。锂离子电容器在低温下存在容量衰减行为，这是因为低温下电解液黏度增大进而导致电导率降低，离子迁移速率降低；同时，电极和电解液界面电荷传递阻抗增加，也会导致容量衰减 [158,159]。此外，EPD 电解液使用的 LiFSI 锂盐会在锂离子电容器负极表面形成具有良好热稳定性和离子电导率的 SEI 膜 [160]，对采用 EPD 电解液器件低温性能的提高也会产生积极影响。

Wang 等 [69] 以商业化的活性炭为正极、软碳为负极，并以 PC 为唯一溶剂研究了 1 mol/L LiFSI/PC 电解液与软碳负极的相容性，以及添加碳酸亚乙烯酯 (PC-VC)、氟代碳酸亚乙酯 (PC-FEC) 和亚硫酸乙烯酯 (PC-ES) 三种添加剂对锂离子电容器电化学性能的影响。研究发现，即使不添加成膜添加剂，PC 基电解液也可以与软碳负极形成稳定的 SEI 膜阻止 PC 分子共嵌入。软碳与金属锂箔的半电池充放电曲线及循环伏安 (CV) 曲线如图 4-32 所示。从软碳负极在 PC-ES 电解液中的 CV 曲线可以发现，在 1.62 V 附近形成了一个额外的还原峰，这说明首周放电过程中，除了 PC 发生还原反应之外，还有额外的 ES 添加剂优先于 PC 溶剂发生还原反应。该现象也体现在图 4-32 (c) 中，首周放电曲线先降至 1.26 V，然后升高至 1.83 V，所生成的钝化膜造成了 0.6 V 附近的峰值偏移，而对于其他电解液体系还原峰的位置在 0.7 V 左右。采用 PC-ES 电解液的锂离子电容器的预嵌锂容量要略高于采用其他电解液的器件，这是由于需要补偿 ES 还原所消耗的额外容量。

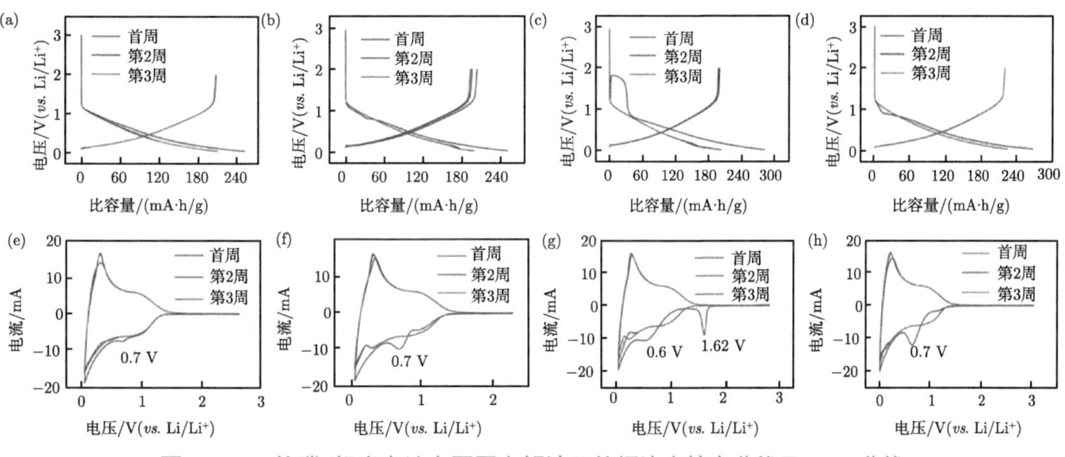

图 4-32 软碳/锂半电池在不同电解液下的恒流充放电曲线及 CV 曲线
(a), (e) 纯 PC (PC0); (b), (f) PC+2wt%VC (PC-VC); (c), (g) PC+2wt%ES (PC-ES); (d), (h) PC+2wt%FEC (PC-FEC)[161]

锂离子电容器的电化学性能曲线如图 4-33 所示。在不同电解液中锂离子电容器的倍率性能依次为 PC-FEC < PC-VC < PC0 < PC-ES，采用 PC-ES 电解液的锂离子电容器倍率性能最好，在 20C 倍率时，容量保持率比 PC-FEC 组电容器高出 23.7%。他们还研究了 ES

添加剂的量为 0wt%(PC0)、2wt%(PC-ES) 和 5wt% (PC-ES5) 的锂离子电容器的性能，结果表明，加入 5%ES 添加剂的锂离子电容器拥有更好的倍率性能、循环性能和低温性能。

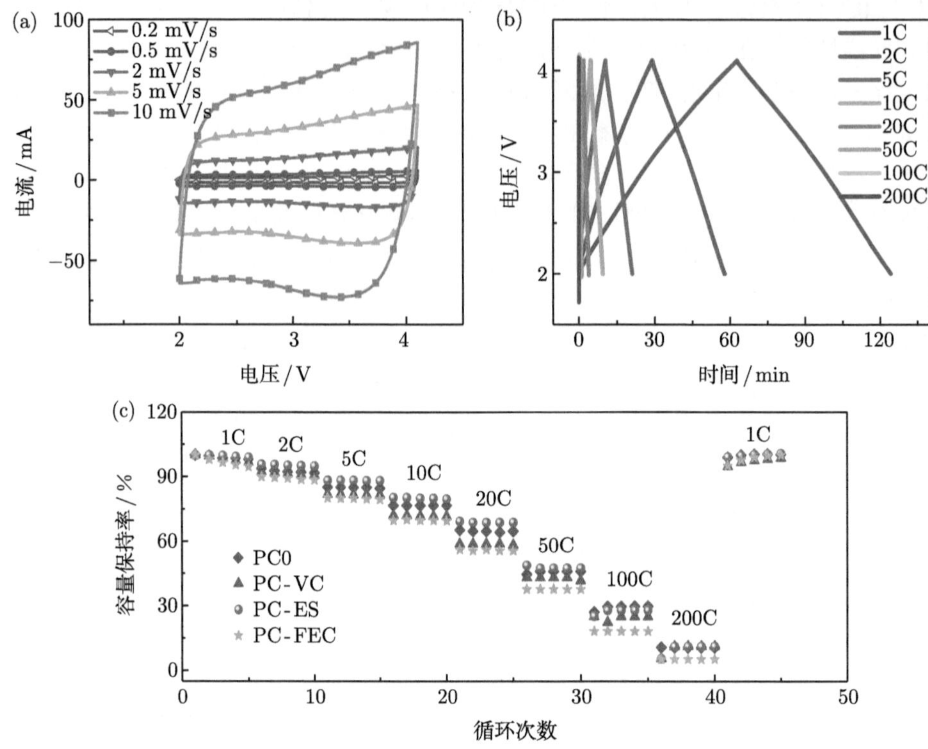

图 4-33 (a) 锂离子电容器典型的 CV 曲线；(b) 锂离子电容器在不同倍率下的恒流充放电曲线；(c) 不同电解液锂离子电容器的倍率性能 [161]

SEM 微观形貌发现 (图 4-34)，新制备的负极中软碳颗粒棱角分明，周围清晰地分布着

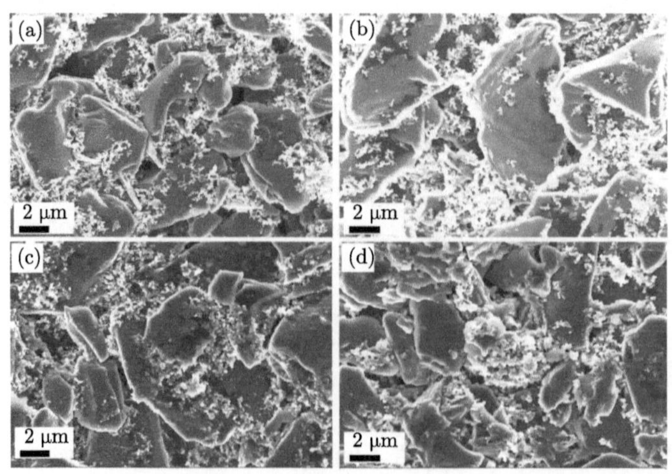

图 4-34 锂离子电容器负极 SEM 形貌。(a) 新制备的软碳负极；循环充放电之后的 (b) PC0 负极；(c) PC-ES 负极；(d) PC-ES5 负极 [161]

纳米尺寸的导电炭黑颗粒；循环充放电之后，软碳颗粒的棱角不如之前清晰。其中，PC-ES 组锂离子电容器负极表面 SEI 膜最厚，甚至覆盖在一些炭黑颗粒表面。由于沉积物覆盖在炭黑颗粒表面，其尺寸也有所增加。PC-ES5 组锂离子电容器负极表面的 SEI 膜厚度较为适中，最有利于软碳负极倍率性能的发挥。

Cappetto 等 [117] 研究了 1 mol/L $LiPF_6$/EC+EMC+MB(体积比 1∶1∶3) + 0.1 mol/L LiODFB 锂离子电解液，AC//HC 体系锂离子电容器在 −40 ℃ 低温下充电不析锂，在此温度下容量保持率可达 77%。Yin 等 [157] 采用活性炭作正极、$TiNb_2O_7$ 与膨胀石墨的复合材料 (TNO@EG) 作负极，以 1 mol/L $LiPF_6$/EC+DMC(体积比 1∶4) 作为电解液制备了全温区的锂离子电容器，工作温度可达 −60～55 ℃，在 −40 ℃ 低温下具有较好的 5C 倍率性能，0.5C 循环 240 周，在 −40 ℃ 低温下仍具有 42%的容量保持率；在高温下也具有良好的倍率性能和较高的容量，如图 4-35 所示。

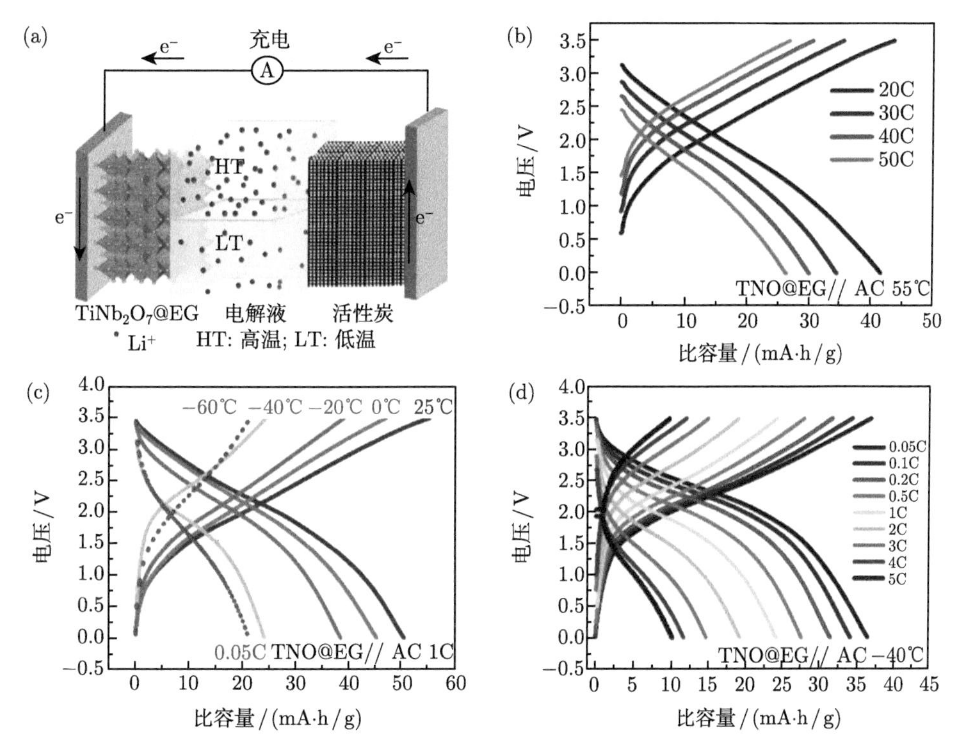

图 4-35 TNO@EG//AC 锂离子电容器性能。(a) 结构示意图；(b) 55 ℃ 高温电化学性能；(c) 1C 倍率下的低温性能；(d) −40 ℃ 低温下的倍率性能 [157]

如何研究电解液的溶剂化结构一直是科学研究的热点及难点。自 1918 年来，基于溶剂化能计算与活度因子计算的溶剂化结构模型研究得到了迅速的发展。然而，除了 1973 年研究者将离子–溶剂相互作用引入且仅考虑离子–离子相互作用的 Debye-Hückel 理论后，溶剂化结构的研究趋于缓慢，且仅依赖于理论计算及计算机模拟分析 (图 4-36(a))。在 21 世纪初，拉曼、核磁等量化表征开始用于溶剂化结构的研究，但是这些研究缺乏形象、完善的模型支撑，不能明确离子–离子与离子–溶剂相互作用与电池性能之间的关系。

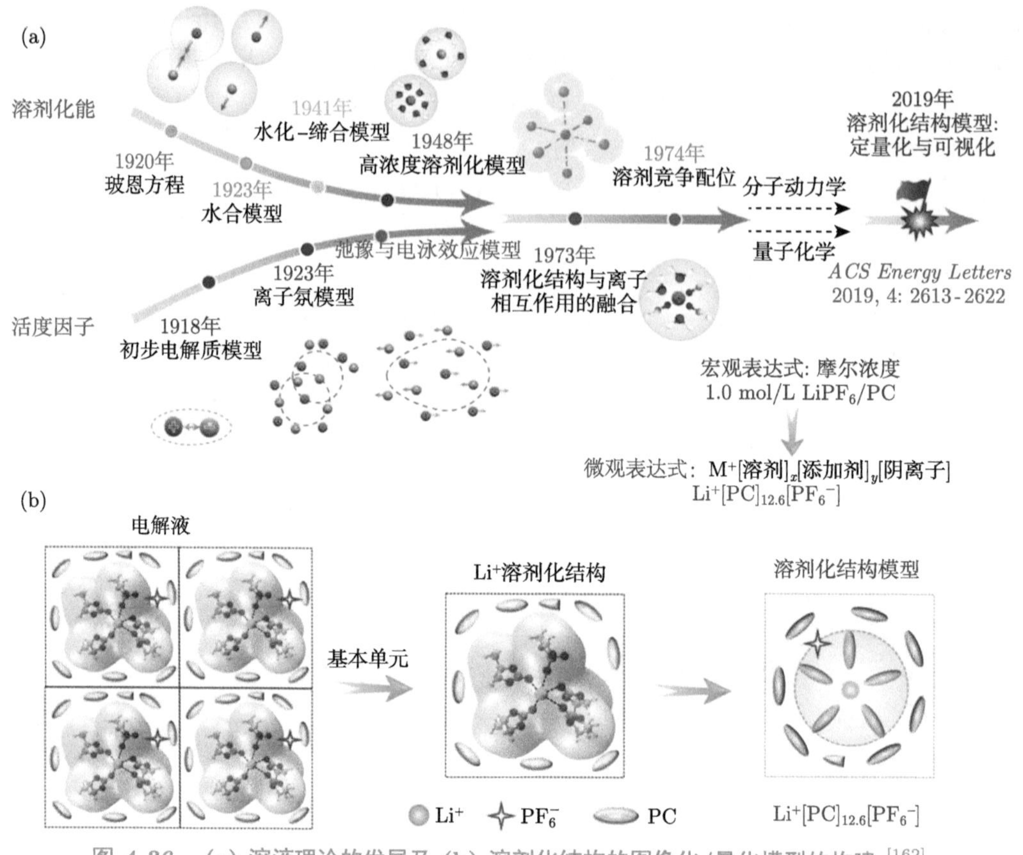

图 4-36 (a) 溶液理论的发展及 (b) 溶剂化结构的图像化/量化模型的构建 [162]

Cheng 等 [162] 提出以定量、周期、可视和图像化的方式描述 Li^+ 溶剂化结构，通过明确构建了 Li^+ 溶剂化结构的图像化与量化模型，并根据实验与表征数据验证了电解液的溶剂化结构模型的准确性和有效性 (图 4-36(b))。他们提出 Li^+ 溶剂化结构可被类比为晶体的晶胞，在微观上表达为 Li^+[溶剂]$_x$[添加剂]$_y$[阴离子]，其中 x 和 y 的值根据电解液的摩尔浓度计算得到。以 1.0 mol/L $LiPF_6$/PC 电解液为例，可以写成 1 mol Li^+，12.6 mol PC 及 1 mol PF_6^- 的结构简式。这表明在最基本单元结构中，一个 Li^+ 可与 4~6 个 PC 溶剂配位形成第一溶剂化层，剩下的 6~7 个溶剂居于第二溶剂化层，阴离子介于第一和第二溶剂化层之间，电解液则是这个基本单元的周期重复。基于该 Li^+ 溶剂化结构模型，可形象地表明添加剂具有改变 Li^+ 溶剂化结构，继而改变电极性能的作用。又如，在聚碳酸酯类或醚类电解液中，加入添加剂硫酸乙烯酯 (DTD) 添加剂，DTD 能够削弱 Li^+ 与溶剂之间的相互作用，从而使电解液与石墨兼容，实现 Li^+ 可逆脱嵌 (图 4-37(a)~(f))。实验表明，一旦将 DTD 添加剂从 PC 基或醚基电解液中移除，即使 SEI 膜完好也无法抑制 Li^+-溶剂共嵌入石墨层中，从而证明添加剂改变的 Li^+ 溶剂化结构比生成的 SEI 膜更能决定石墨电极的电化学性能。这种关于溶剂化结构量化的描述 (图 4-37(h))，不仅综合考虑了离子与离子和离子与溶剂的相互作用，还能够更加清楚地展现各类有机电解液体系 (如高浓度、局部高浓度、低浓度等) 中分子、离子之间的相互作用 (图 4-37(i)~(l)，(i′)~(l′))，有助于解析溶剂化结构与电极性能之间的构效关系，实现电解液精准设计。

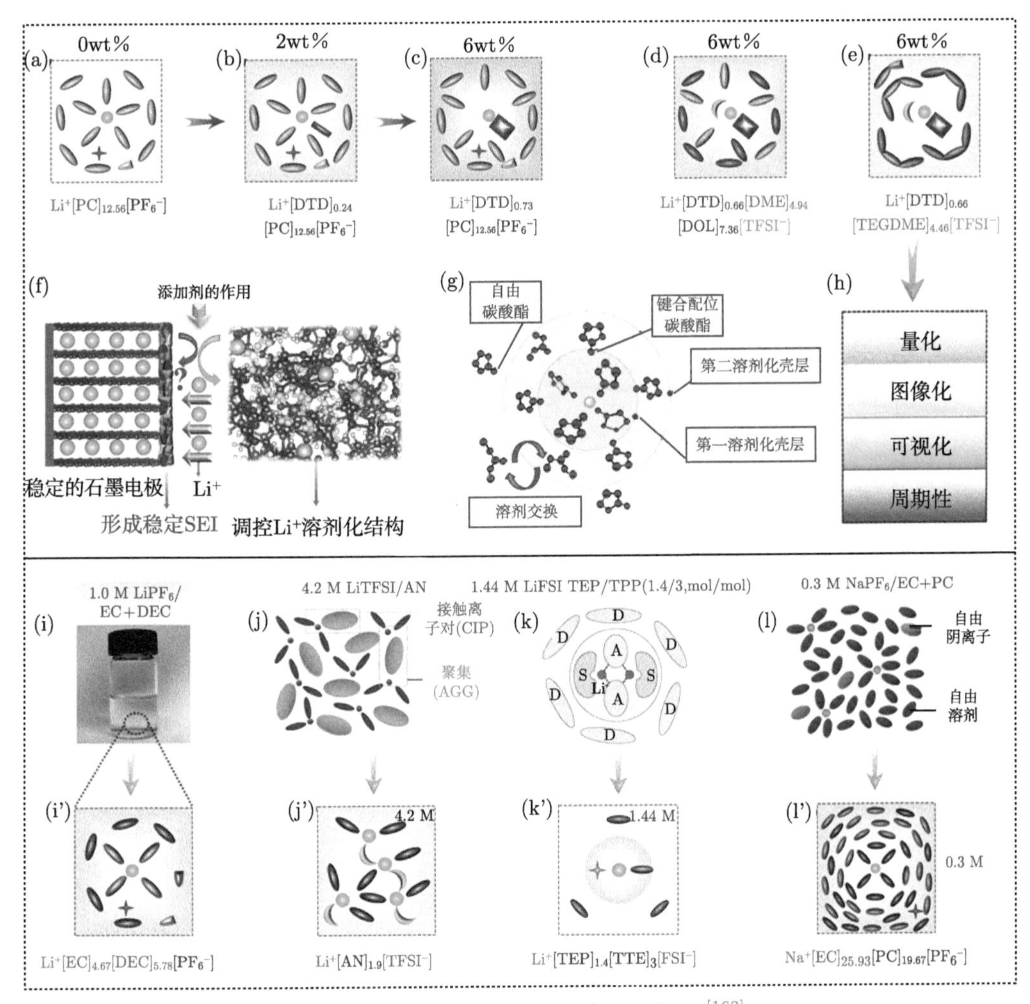

图 4-37 溶剂化结构的描述及其应用 [162]

在常规有机电解液体系中，$LiPF_6$ 锂盐的化学性质不稳定，会加速电极材料中过渡金属的溶解，但是它利于抑制铝集流体的氧化腐蚀；用更稳定的锂盐如 LiFSI 取代的 $LiPF_6$ 会减弱过渡金属的溶解，但又会造成严重的铝氧化腐蚀。为此，Wang 等 [163] 设计了超高浓度的 LiFSI+DMC (质量比 1∶1.1，2.55 mol/kg) 有机电解液体系，该电解液中的阴离子和溶剂分子形成的三维网络可与锂离子形成较强的配合作用，从而在 5 V 电压条件下有效地阻止过渡金属和铝的溶解，实现了具有优异循环耐久性、高倍率容量、高安全型的高电压 $LiNi_{0.5}Mn_{1.5}O_4$//石墨体系电池。

4.6.2 水系体系

水系锂离子电容器采用水系电解液，不需要在惰性气氛手套箱或干燥环境下操作，对水氧含量无苛刻要求，工艺和电解液成本较低，安全性高、环境友好；水系电解液具有较高的离子电导率，比有机体系电解液提高两个数量级以上，使锂离子电容器具有较好的倍率性能。水系锂离子电容器的缺点在于：器件的电压和能量密度较低、循环寿命有待提高、缺乏相应的产业配套等。水系锂离子电容器主要分为以下三种体系：锂离子嵌入型化合物//嵌入型化合物体系、锂离子嵌入型化合物//碳材料体系和锂离子嵌入型化合物//金属体系。

20 世纪 90 年代，Dahn 等 [164] 首先提出了一种水系锂离子电容器，正极采用 $LiMn_2O_4$、负极采用 γ-$Li_{0.36}MnO_2$，采用了 5 mol/L $LiNO_3$ 水溶液作为电解液，工作电压为 1.3~1.5 V，能量密度可达 40 W·h/kg。Dahn 等 [165] 还提出可以采用 $LiMn_2O_4$ 作为正极，碳或 $Li_xV_2O_5$ 作为负极，采用 1 mol/L LiOH 作为电解液制备水系锂离子电容器，如图 4-38 所示。Wang 等 [166] 提出以 $LiMn_2O_4$ 作为正极，以 $Li_4Mn_5O_{12}$ 或 $Li_2Mn_4O_9$ 作为负极，以 6 mol/L $LiNO_3$ 和 1.5 mmol/L LiOH 作为电解液构建水系锂离子电容器，工作电压为 1.0~1.1 V。Köhler 等 [167] 报道了采用 $LiNi_{0.81}Co_{0.19}O_2$//LiV_3O_8 材料体系、电解液为 Li_2SO_4 水溶液的水系锂离子电容器，电压窗口为 1.3 V，如图 4-39 所示。Wang 等 [168] 分别以 $LiMn_2O_4$ 作为正极材料，TiP_2O_7 和 $LiTi_2(PO_4)_3$ 作为负极材料，以 5 mol/L $LiNO_3$ 水溶液作为电解液构建了水系锂离子电容器，电压窗口约为 1.5 V。Zhao 等 [169] 采用 $LiFe_{0.5}Mn_{0.5}PO_4$/C 复合正极材料、LiV_3O_8 负极材料，以 $LiNO_3$ 水溶液作为电解液构建了水系锂离子电容器，具有较好的倍率性能。

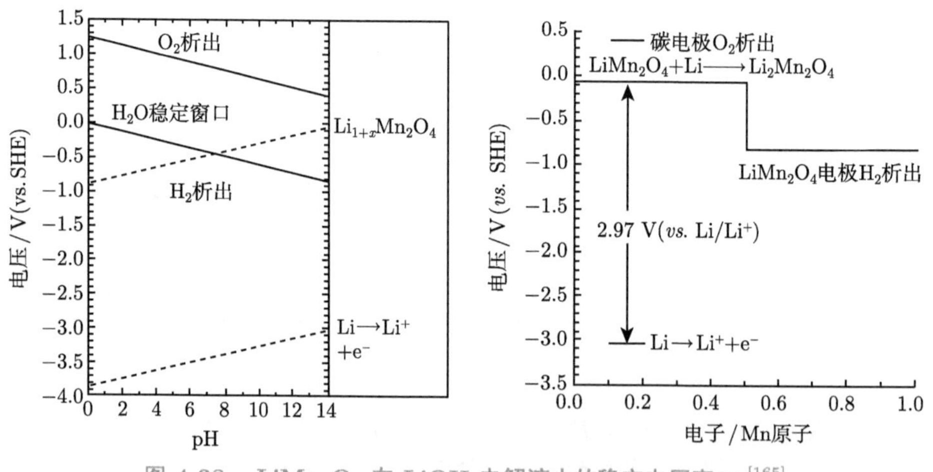

图 4-38 $LiMn_2O_4$ 在 LiOH 电解液中的稳定电压窗口 [165]

碳材料在水溶液中具有较好的稳定性，石墨等锂离子电池负极材料的嵌锂电位较低，不适用于水系锂离子电容器的负极材料。夏永姚等 [170,171] 和吴宇平等 [172,173] 提出采用 $LiMn_2O_4$、$LiNi_{1/3}Co_{1/3}Mn_{1/3}O_2$、$LiCoO_2$ 作为正极材料，活性炭或聚吡咯作为负极材料，Li_2SO_4 水溶液为电解液的水系锂离子电容器，电压范围为 0.8~1.8 V，能量密度达 10 W·h/kg，在充放电过程中只涉及 Li^+ 的转移，之后出现了其他类似的体系，例如，Xue 等 [174] 提出以 $LiMn_2O_4$ 作为正极材料、氮掺杂石墨烯与多孔碳的复合材料作为负极材料的水系锂离子电容器，在 Li_2SO_4 水溶液中电压能够达到 1.8 V，能量密度可达 44.3 W·h/kg；Gao 等 [175] 研究了采用碳包覆 $LiFePO_4$ 作为正极，活化石墨烯作为负极，1 mol/L Li_2SO_4

水溶液作为电解液的水系锂离子电容器。

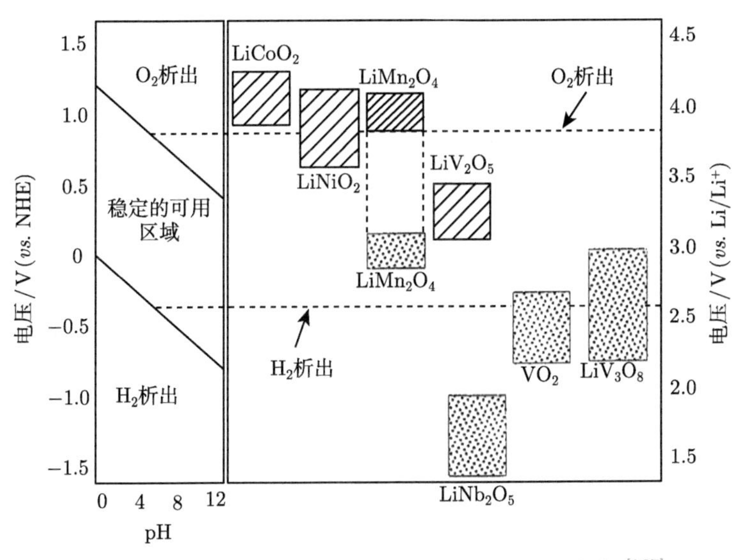

图 4-39 水系锂离子电容器常用电极材料及其电位 [167]

为了进一步提高水系锂离子电容器的能量密度，Wang 等 [176] 采用 $LiMn_2O_4$ 作为正极材料，采用包覆的金属锂作为负极，在 0.5 mol/L Li_2SO_4 水溶液中构建了水系锂离子电容器，由于 Li^+ 在包覆层中不断穿梭，所以该体系的电压可达到 4 V，如图 4-40 所示。

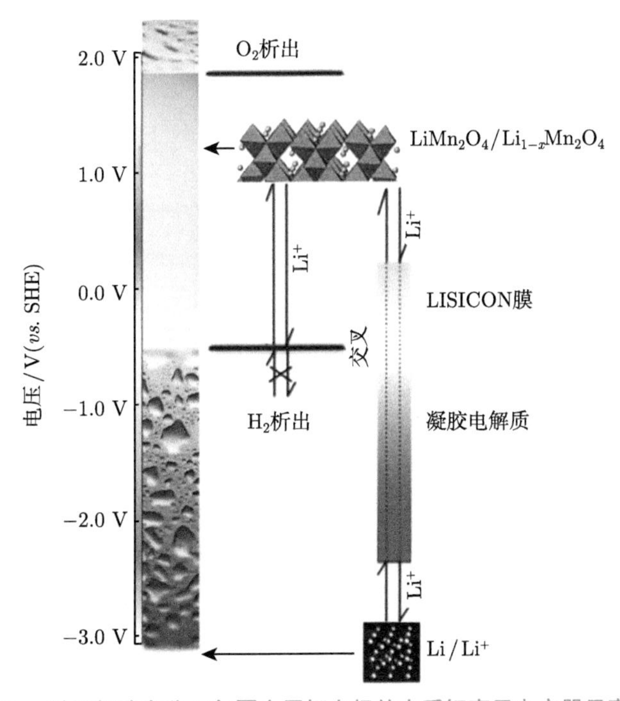

图 4-40 采用凝胶高分子包覆金属锂电极的水系锂离子电容器示意图 [176]

Duan 等 [177] 报道了采用 $LiFePO_4$/C/石墨烯复合材料作正极，金属锌片作负极，采用饱和 $LiNO_3$ 水溶液的水系锂离子电容器，展现了高的工作电压和较高的能量密度、功率密度。

4.6.3 离子液体体系

离子液体 (ionic liquid, IL) 是指由阴离子和阳离子组成的盐，由于其结构中阴阳离子体积很大，结构松散、不易结晶，因而熔点较低，在低于 100 ℃ 甚至在室温下或室温附近的温度下为液体。离子液体具有较好的高温稳定性和较宽的电化学稳定电压窗口，蒸气压可忽略不计等。

离子液体种类繁多，其阳离子主要有咪唑阳离子、季铵阳离子、吡咯阳离子、吡啶阳离子、季鏻阳离子、哌啶阳离子、锍阳离子、吗啉阳离子、吡唑阳离子、吡唑啉阳离子和胍阳离子等，部分阳离子的结构如图 4-41 所示，其中含有前三类阳离子的离子液体较多应用于锂离子电解液。离子液体按照阴离子种类可分为金属络合物类和非金属类。其中，BF_4^-、PF_6^-、$TFSI^-$ 等阴离子电化学稳定性好，在锂离子电解液中备受关注。其中，$TFSI^-$ 的尺寸大于 BF_4^- 和 PF_6^-，由其构成的离子液体空间位阻大，阴阳离子难以规则堆积，使得离子液体的熔点更低。部分常用离子液体如表 4-8 所示。

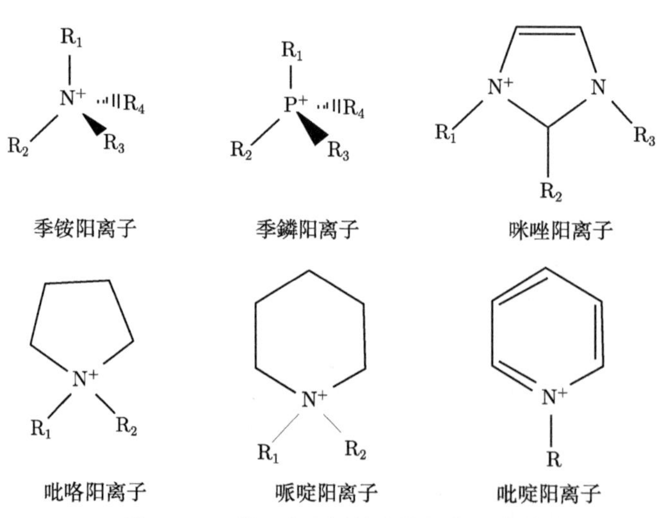

图 4-41 常见离子液体中的阳离子类型

在咪唑类离子液体中，EMI^+ 组成的离子液体黏度最小、电导率高，是目前研究较多的一类离子液体。咪唑环 C_2 位上的 H 原子容易被还原，还原电位较高 (~1.0 V)，不能在金属锂表面形成钝化膜，也不能在碳材料上进行可逆的电化学反应，但可与 $Li_4Ti_5O_{12}$ 负极材料匹配。Nakagawa 等 [179] 研究了 1 mol/L $LiBF_4$/[EMI][BF_4] 离子液体电解质，电导率为 7.4 mS/cm，负极电位窗口小于 1.1 V (*vs.* Li/Li^+)，用于 $LiCoO_2//Li_4Ti_5O_{12}$ 体系时首周放电比容量为 121 mA·h/g，充放电 50 周后比容量保持在 113 mA·h/g。$TFSI^-$ 阴离子上的 F 取代基对负电荷具有强离域作用，使它与阳离子间的相互作用力减弱，构成的离子液体熔点较低，且 $TFSI^-$ 对水不敏感，热稳定性高。$LiFePO_4//Li_4Ti_5O_{12}$ 体系采用 [C_1C_6IM][TFSI] 电解质在 C/20 倍率下放电比容量为 130 mA·h/g，而 $LiNi_{1/3}Co_{1/3}Mn_{1/3}O_2//Li_4Ti_5O_{12}$ 体

表 4-8 部分离子液体的简称 [178]

序号	离子液体名称	简称
1	1-甲基-3-乙基咪唑双 (三氟甲基磺酰) 亚胺	[EMI][TFSI]
2	1-甲基-3-乙基咪唑四氟硼酸盐	[EMI][BF_4]
3	1-甲基-3-亚乙基咪唑双 (三氟甲基磺酰) 亚胺	[EVI][TFSI]
4	1-甲基-3-丁基-咪唑四氟硼酸盐	[BMI][BF_4]
5	1-甲基-3-丁基咪唑双 (三氟甲基磺酰) 亚胺	[BMI][TFSI]
6	1-丁基-2,3-二甲基咪唑双 (三氟甲基磺酰) 亚胺	buty-DMimTFSI
7	1-戊基-2,3-二甲基咪唑双 (三氟甲基磺酰) 亚胺	amyl-DMimTFSI
8	1-辛基-2,3-二甲基咪唑双 (三氟甲基磺酰) 亚胺	octyl-DMimTFSI
9	1-异辛基-2,3-二甲基咪唑双 (三氟甲基磺酰) 亚胺	isooctyl-DMimTFSI
10	1-癸基-2,3-二甲基咪唑双 (三氟甲基磺酰) 亚胺	Decyl-DMimTFSI
11	1-甲基-3-丁基咪唑双 (三氟甲基磺酰) 亚胺	[C_1C_4IM][TFSI]
12	1-甲基-3-已基咪唑双 (三氟甲基磺酰) 亚胺	[C_1C_6IM][TFSI]
13	1-甲基-3-辛基咪唑双 (三氟甲基磺酰) 亚胺	[C_1C_8IM][TFSI]
14	1-甲基-2-甲基-3-丙基咪唑双 (三氟甲基磺酰) 亚胺	[$C_1C_1C_3$IM][TFSI]
15	1-甲基-2-甲基-3-丁基咪唑双 (三氟甲基磺酰) 亚胺	[$C_1C_1C_4$IM][TFSI]
16	1-甲基-2-甲基-3-己基咪唑双 (三氟甲基磺酰) 亚胺	[$C_1C_1C_6$IM][TFSI]
17	1-甲基-2-甲基-3-辛基咪唑双 (三氟甲基磺酰) 亚胺	[$C_1C_1C_8$IM][TFSI]
18	*N*-甲基-*N*-丁基哌啶双 (三氟甲基磺酰) 亚胺	[PP_{14}][TFSI]
19	*N*-甲基-*N*-丙基吡咯烷双 (三氟甲基磺酰) 亚胺	[PYR_{13}][TFSI]
20	*N*-甲基-*N*-丙基吡咯双氟磺酰亚胺	[PYR_{13}][FSI]
21	*N*-甲基-*N*-丁基吡咯烷双 (三氟甲基磺酰) 亚胺	[PYR_{14}][TFSI]

系循环 5 周后放电比容量从 140 mA·h/g 下降到 135 mA·h/g[180]。与 $TFSI^-$ 相比，FSI^- 基离子液体有更低的黏度和更高的电导率，与碳负极相容性提高，FSI^- 阴离子可以在石墨电极表面参与形成 SEI 膜，改善离子液体电解质与石墨电极之间的相容性，甚至能抑制锂枝晶的产生 [181]。添加成膜添加剂后也可以有效抑制咪唑阳离子在石墨表面的分解。Holzapfel 等 [182] 向 1 mol/L $LiPF_6$/[EMI][TFSI] 电解质中添加 5vol% VC，VC 可以在 EMI^+ 分解之前有效钝化石墨表面，在石墨表面形成具有保护作用的 SEI 膜，使得石墨负极可以在咪唑类离子液体中可逆脱嵌 Li^+，石墨负极循环 100 周几乎无容量衰减。Wang 等 [183] 对比了有无 VC 添加剂的 1 mol/L $LiBF_4$/[BMI][BF_4]+GBL (体积比 7∶3) 电解液对 $LiFePO_4$//Li 半电池的影响，发现添加 VC 的混合电解液与金属锂负极的相容性提高，在 2.5~4.0 V 电压范围内放电比容量大幅增加。

Hirota 等 [184] 采用三维多孔铝正极集流体和三维铜负极集流体，采用活性炭正极和硬碳负极制备了锂离子电容器,比较研究了 1 mol/L $LiPF_6$/EC+DMC (体积比 1∶1) 有机锂离子电解液和离子液体电解液体系的锂离子电容器的电化学性能，如图 4-42 所示。两种离子液体体系分别是 1.0~2.5 mol/L LiFSI/[EMI][FSI] 和 1.0~2.0 mol/L LiFSI/[PYR_{13}][FSI]。采用离子液体的锂离子电容器具有可逆的充电电位曲线，尤其是采用 [EMI][FSI] 离子液体的锂离子电容器在循环 3000 周后容量仍超过 90%，倍率性能优于有机锂离子电解液，在 60 ℃ 高温下电化学性能更为稳定，在 0 ℃ 低温下的性能也优于有机电解液，该离子液体电解液尤其适用于三维多孔集流体和高活性物质载量的电极。Ortega 等 [185] 采用 $LiMn_2O_4$ 正极，介孔碳负极和 1 mol/L LiTFSI/[EMI][TFSI] 离子液体电解液制备了锂离子电容器，器件工作电压为 2.0 V，基于电极材料的能量密度为 28 W·h/kg。张家赫 [186] 制备了以 $Ti_2Nb_2O_9$ 复合多孔石墨烯复合物 (TNO/HrGO) 为负极、活性炭为正极，以 PVDF-HFP/LiTFSI/[EMI][BF_4] 为离子液体基凝胶电解质的准固态锂离子电容器，具有较宽的温度窗口和电压窗口 (4.0 V)，在 60 ℃ 性能最为优异，基于电极材料的能量密度为 108.5 W·h/kg，放电最大功率密度 11.2 kW/kg。

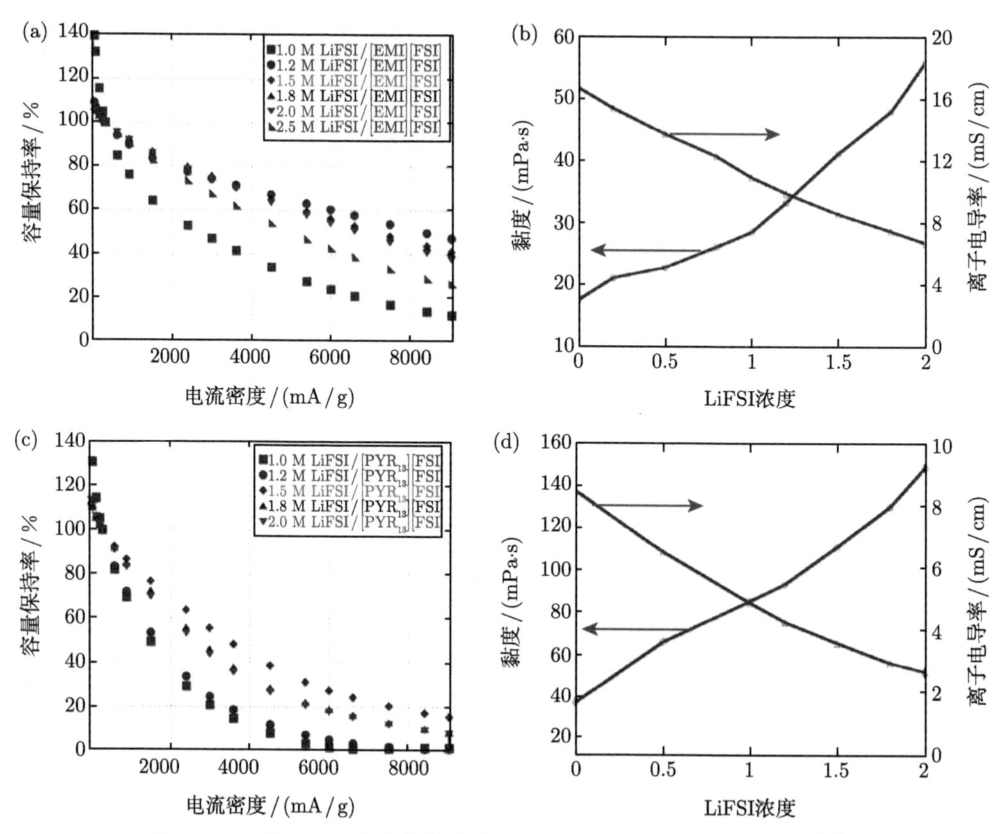

图 4-42 锂离子电容器的倍率性能和离子液体的物理化学性能 [184]
(a), (b) 1.0~2.5 mol/L LiFSI/[EMI][FSI]，(c),(d) 1.0~2.0 mol/L LiFSI/[PYR_{13}][FSI]

吡咯烷类和哌啶类离子液体可看作是阳离子含有五元环和六元环结构的季铵类离子液体，在理化性质方面与季铵盐类离子液体相类似，具有较宽的电化学窗口 (> 5 V (*vs.* Li/Li^+))、良好的热稳定性、适中的电导率，在高电压电解质应用中具有较大的潜力。Kim 等 [187] 将质量比为 9:1 的 [PYR_{14}][FSI]-LiTFSI 电解质应用于 $LiFePO_4$//Li 半电池体系中，该体系电解液还具有不燃和蒸气压低的优点 (图 4-43)，放电 240 周容量几乎无衰减；匹配 $Li_4Ti_5O_{12}$ 负极材料时同样表现出优异的循环性能，表明首周后正负电极均出现良好的可逆脱嵌锂性能。

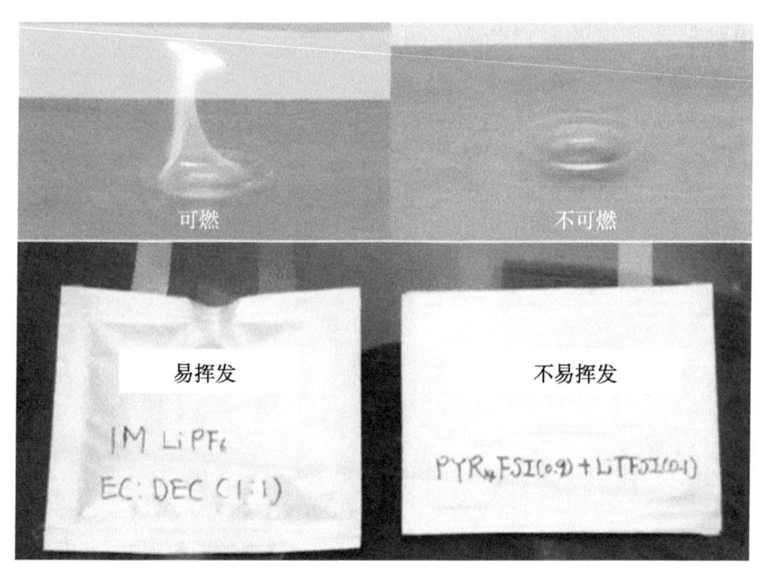

图 4-43 [PYR_{14}][FSI]-LiTFSI 体系离子液体电解液的可燃性和真空环境测试

4.6.4 高浓度盐体系

水系电解液成本较低，安全性、易操作性较好，电导率通常是有机电解液的两倍，但其电压窗口受水的分解电压限制，电压窗口窄，严重制约着水系储能器件能量密度的提高。2015 年，water-in-salt(简称 WIS) 电解质的出现，首次将水系电解液的电化学窗口提高到了 3 V[188]，突破了水系电解液的发展瓶颈。该工作也相继吸引了越来越多学者的进一步探索与创新: 从锂离子电池 [188] 到钠离子电池 [189,190]、钾离子电池 [191,192]、锌离子电池 [193,194]，以及不同类型的超级电容器中的应用 [195−197]。

water-in-salt 这一概念的提出 [188]，是利用在水中溶解度高的 LiTFSI 为电解质盐，配制了浓度为 21 mol/kg 的高浓度电解液，首次将水系电解液的电压窗口提高到了 3 V，由于高浓度的盐导致锂离子的溶剂化鞘结构发生改变，每个锂离子周围只有 2.5 个水分子，颠覆了以往 salt-in-water(简称 SIW) 的溶剂化鞘结构，因此被命名为 water-in-salt，并将盐与溶剂的质量或体积比大于 1 的溶液定义为 WIS 型电解液，如图 4-44(a) 所示。在这类电解液中，水分子与锂离子之间的强配位作用导致了水的活性降低，从而抑制了析氢反应 HER 和析氧反应 OER，同时，大分子的 $TFSI^-$ 阴离子比 H^+ 先还原，于是在负极处形成的 SEI 膜可以进一步抑制析氢反应的发生。结合光谱分析和理论计算等发现，溶解的 O_2 与 CO_2 的还原分解造就了致密性 SEI 膜的形成，原因在于高离子浓度也推动了 O_2 与 CO_2 能够沉积在负极表面而不被溶解 [198]。

water-in-salt 电解液最早被提出应用于锂离子电池中。WIS 电解液在以 $LiMn_2O_4$ 为正极，Mo_6S_8 为负极下输出电压达到了 2.3 V，如图 4-44(b) 所示，并且能够在 4.5C 的倍率下循环 1000 次后，容量保持率为 78%，理想状态下能量密度为 100 W·h/kg，这种性能的提高主要是由于 $TFSI^-$ 还原成的 LiF 所形成的 SEI 提高了器件的稳定性和电压窗口，对该体系而言 SEI 的形成对性能影响至关重要，一些少量的副反应 (氢和氧的产生) 随着循环的持续对电池能量密度的影响会变得明显 [188]。

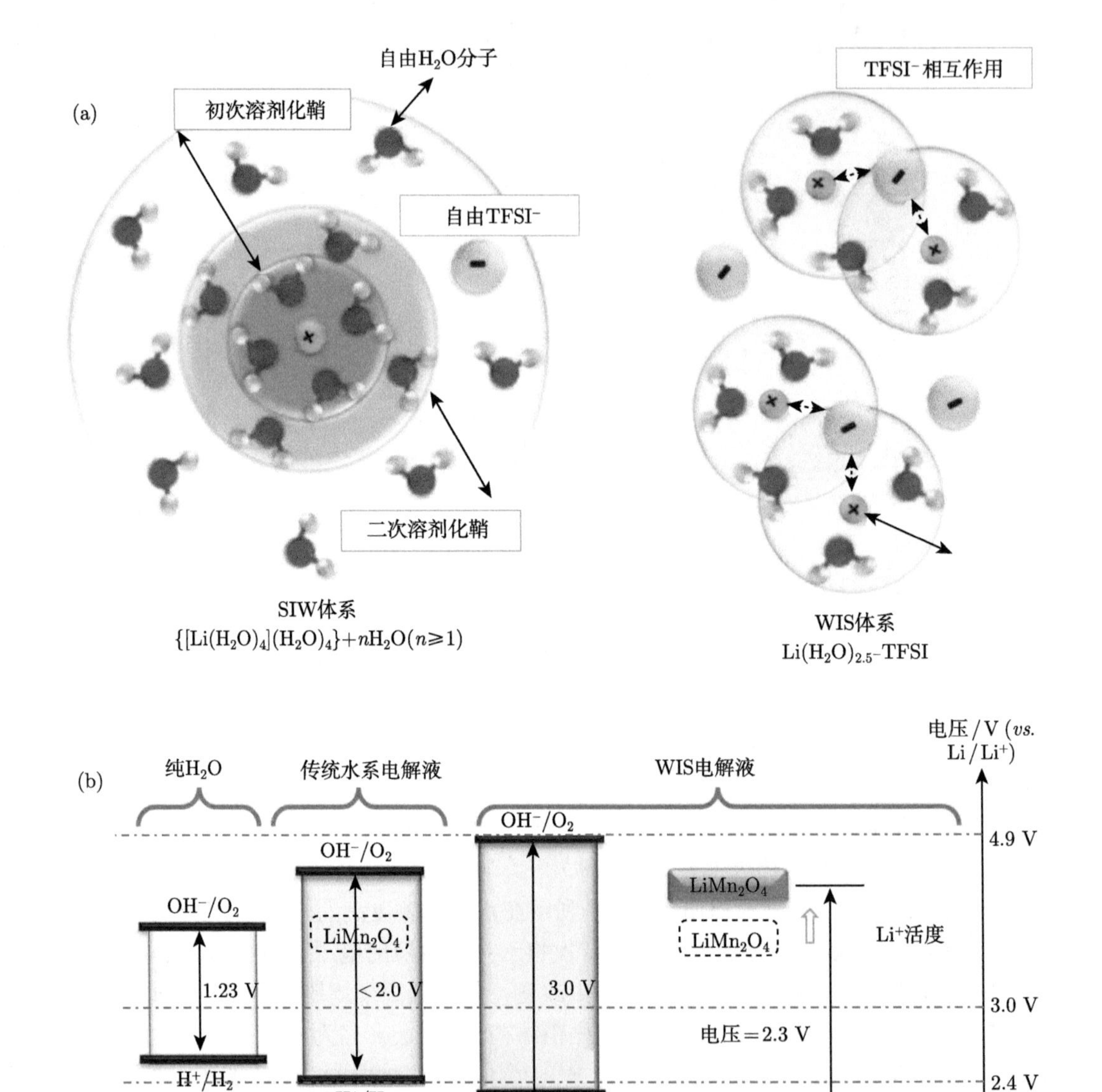

图 4-44 (a) 稀溶液与 WIS 溶液溶剂鞘示意图；(b) 在 WIS 电解液中 $LiMn_2O_4//Mo_6S_8$ 体系电化学稳定窗口得到扩展 [188]

Ding 等 [199,200] 研究发现，通过添加共溶盐的方法能提高盐浓度，提高 SEI 的形成效率，还能降低成本。在 WIS 电解液基础上加入 7 mol/kg LiOTf，能形成更高浓度的双盐体系电解液 water-in-bisalt(WIBS)，电压稳定窗口能够拓展到 3.1 V，在基于 $LiMn_2O_4$/C-TiO_2 的电池体系中平均放电电压 2.1 V，能量密度 100 W·h/kg，且明显改善了其循环稳定性。Lukatskaya 等 [201] 用 32 mol/kg 乙酸钾与 8 mol/kg 乙酸锂混合，降低了使用 $TFSI^-$ 盐的高成本，与 $TiO_2/LiMn_2O_4$ 组装的全电池也能实现 2.5 V 电压。

此外，将 WIS 电解质制成凝胶状也能进一步降低自由水活性，促进 SEI 形成。Yang 等 [202] 在 25 mol/L 的 LiTFSI 中加入 PVA 制成凝胶电解质，用 $LiVPO_4F$ 材料做成的对称型水系锂离子电池，能形成更加致密的 Li_2CO_3-LiF 组成的 SEI 膜，在 2.4 V 输出电压下达到 141 W·h/kg 的能量密度且循环 4000 次以上，可见氟化盐阴离子的还原分解对形成 SEI 膜至关重要。但在 0.5 V 以下的电位中，阴离子会被带负电荷表面排斥，水分子易被吸附于电极表面而易发生析氢反应，因此，若利用高能量密度且低电位的石墨、硅、锂等材料，则不能简单地通过增加盐浓度来解决。Yang 等 [203] 用 WIBS 凝胶状电解质并设计了一种新型 SEI 膜，用醚类添加剂与 LiTFSI 混合并制成凝胶状涂在石墨、Li 金属电极上，使电极在形成 SEI 膜中保持疏水，能使电池电压达到 4 V，体现了可兼具安全性与高性能的可能性。

在 WIS 中加入添加剂、共溶剂或调整 pH 的方法，也是扩大电解液电压窗口、提高材料稳定性使材料发挥更好效果的策略。例如，低电压高稳定性的 $LiCoO_2$ 在普通水系电解液中的副反应对其循环稳定性影响较大，Wang 等 [204] 向水系电解液中添加三 (三甲基硅烷) 硼酸酯 (TMSB)，使正极能够形成稳定的 CEI 膜从而抑制 Co 的溶解，与 Mo_6S_8 阳极构成 2.5 V 的全电池，达到 120 W·h/kg 的高能量密度且稳定循环 1000 次，如图 4-45 所示。或添加 DMC 混合水性与非水性溶剂，使电解液电压窗口达到 4.1 V，用 $Li_4Ti_5O_{12}/LiNi_{0.5}Mn_{1.5}O_4$ 构建的锂离子电池的工作电压能达到 3.2 V，能量密度为 165 W·h/kg [205]。另外，在 5 mol/kg 的 LiTFSI / EA 基础上，添加二氯甲烷 (DCM) 稀释剂，能够得到在 −70 ℃ 下 0.6 mS/cm 的高电导率、0~4.85 V 电压窗口的电解液 [206]。对于高电位的 $LiNi_{0.5}Mn_{1.5}O_4$ 阴极材料，电池在 2.9 V 电压下能够输出的能量密度为 80 W·h/kg，用 HTFSI 将 WIS 电解质的 pH 从 7 调至 5 时，$LiNi_{0.5}Mn_{1.5}O_4$ 几乎发挥出了所有容量，全电池能量密度达到 126 W·h/kg[207]。

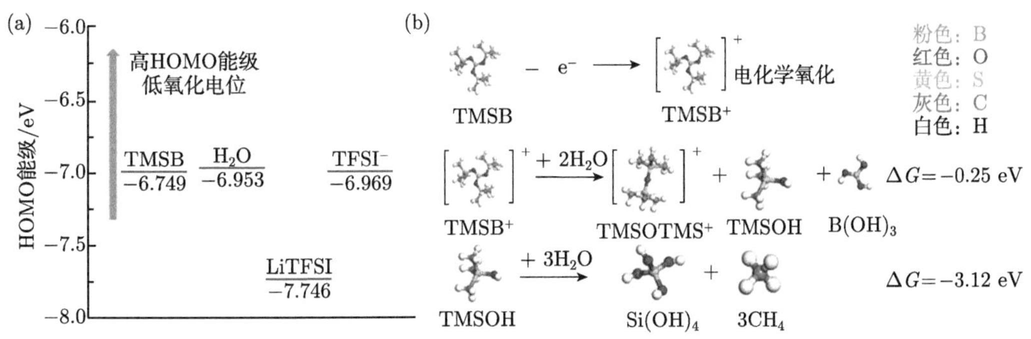

图 4-45 (a) TMSB、H_2O、LiTFSI、$TFSI^-$ 的 HOMO 能级；(b)TMSB 可能的电化学氧化分解机制 [204]

另外，有研究发现 WIBS 电解质的少量自由水还可推动体系向有利于可逆反应的方向进行。Yang 等 [208] 在 WIBS 电解质的基础上，提出了一种卤素转化插层石墨的机制，构建了一种电压窗口 4 V、能量密度为 460 W·h/kg 的锂离子电池。将卤素离子引入石墨中，通过卤素离子的氧化还原，卤素被有序地插层在石墨中，同时电解质能结合正极体相内部分水合的 LiBr/LiCl，将卤素原子限制在正极石墨体相内，从而实现了超高能量密度，如图 4-46 所示。

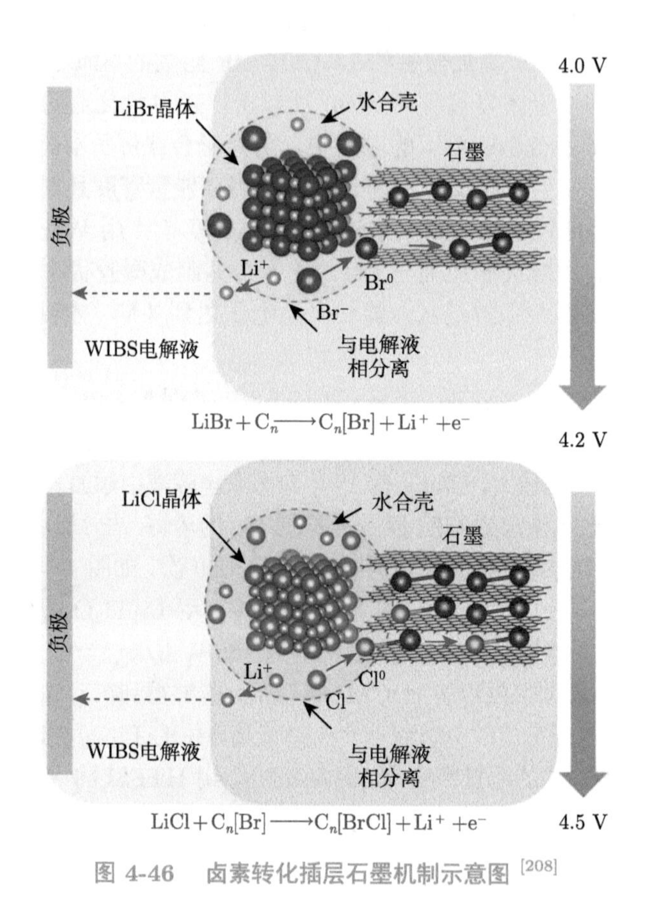

图 4-46 卤素转化插层石墨机制示意图 [208]

对于锂离子电容器而言，电解液的离子电导率对其发挥稳定性和功率优势较为关键。所以起初将 WIS 应用于电容器中并不具备明显优势。Gambou-Bosca 和 Bélanger[209] 对比了 SIW 和 WIS 电解液对 MnO_2 基电容器性能的影响，结果表明，WIS 的策略会使 MnO_2 的电压稳定窗口从 0.9 V 扩大到 1.4 V；并采用 MnO_2 作为正极、活性炭作为负极制备了 WIS 锂离子电容器，器件电压达 2.2 V。Zhang 等 [210] 采用 21 mol/kg LiTFSI WIS 电解液，采用 MnO_2 正极和 Fe_3O_4 负极材料制备了锂离子电容器，器件工作电压能达到 2.2 V，最大能量密度达到 35.5 W·h/kg(基于电极材料质量)，3000 次循环后保留了 87%的初次放电比容量。WIS 对碳材料具有较好的效果，Xiao 等采用聚苯胺衍生碳纳米棒材料制备出对称型电容器，器件电压达到 2.2 V 窗口，具有与商业化有机双电层电容器相当的能量密度与功率密度 [211]。Hasegawa 等 [197] 制备了有序的具有介孔结构的碳材料，采用 5 mol/L LiTFSI WIS 电解液所制得的对称型电容器，其工作电压达 2.4 V，能量密度达到 24 W·h/kg，且能够稳定循环 10000 次。

但与 SIW 体系相比，WIS 电解液电导率与黏度问题的限制依旧存在。为了从根本上解决这一问题，Dou 等 [212] 将乙腈 (ACN) 与传统的 WIS 电解液混合，构建出 acetonitrile/water in salt(AWIS) 新型电解液。这种共溶剂的添加减弱了阴阳离子间的静电吸附力，并保持了水与锂离子之间的强配位结合，保证了宽窗口的特性，并发现还能改善乙腈本身的易燃特性 (AWIS 浓度 ⩾ 5 mol/kg)。Xiao 等 [213] 系统地研究了几种常用的有机溶剂 ACN、DMC、PC 和 N，N-二甲基甲酰胺 (DMF) 对电解液的电导率、稳定电压窗口以及可燃性的影响，并利用三元相图得到了最佳的混合电解液配方 (LiTFSI +H_2O+ACN 物质的量比 1∶1∶3.5)，采用该电解液制备的活性炭基对称型电容器在 2.4 V 电压下循环寿命达 40000 次，如图 4-47 所示。

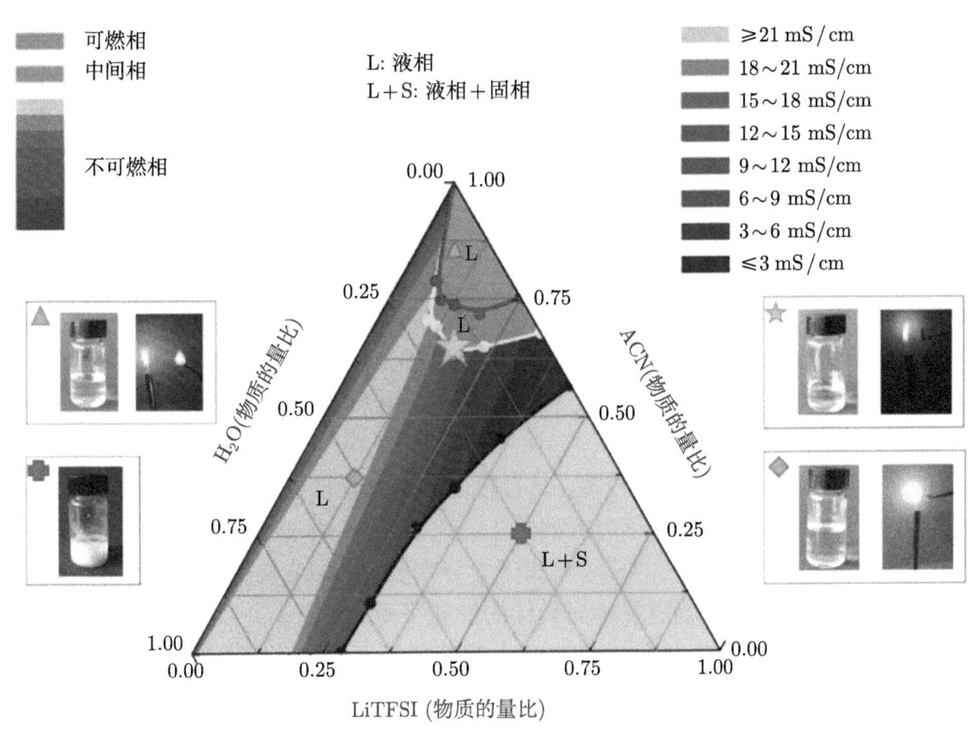

图 4-47 LiTFSI/H_2O/ACN 混合电解液三元相图 [213]

对其他种类盐构建的 WIS 电解液在电容器中也可以适用，在保证电压窗口的同时还能降低成本，提高电导率。Tian 等 [195] 配制了 75wt%乙酸钾 WIS 电解液，采用活性炭电极制作了对称型电容器，工作电压为 2.0 V，能量密度达 19.8 W·h/kg，是传统浓度电解质体系的两倍。Liu 等 [214] 使用了甲酸钾作为电解质，在室温时其浓度可以达到 40 mol/L，且拥有更为理想的负电位 (−2.4 V (*vs.* Ag/AgCl))，采用活性炭电极制备的对称型电容器的稳定电位窗口可以达到 4 V。Bu 等 [215] 用 17 mol/kg 的 $NaClO_4$ 构建的 WIS 体系，使 Na^+ 与水分子之间的强配位阻断了氢键网络的形成，既保持了 2.8 V 的高电压窗口，同时电导率能达到传统 WIS 电解质的 8 倍 (64.2 mS/cm)，采用商用活性炭电极制备的对称型电容器能实现 2.3 V 的工作电压，能量密度能达到 23.7 W·h/kg，5 A/g 的电流密度下能维持 20000 次循环。

另外，为了进一步提高水系电容器的能量密度，达到与离子液体、有机电解质性能媲美的能力，Zhang 等[196] 从电极材料入手，制备了一种特殊的多层耐水稳定锂负极，将 WIS 电解质应用在混合电容器中。比较 MnO_2 和活性炭两种不同的材料在 WIS 电解质中的稳定窗口和性能，发现与传统的 SIW 电解液相比，将电压窗口扩大到更低的电压时，能使材料获得更高的比电容，与锂负极组成的锂离子电容器拥有 1.5~1.8 V 的窗口，基于正极材料的能量密度为 288~405 W·h/kg，最大工作电压能够达到 4.4 V。

WIS 电解液在水系电解液的发展中具有重要意义，在应用于不同的电极材料过程中发现其特殊的溶剂化鞘结构能够不同程度地抑制副反应的发生，特别是对电池材料产生 SEI 膜的过程至关重要。目前主要通过添加共溶盐、添加剂、改变物相的方法来改善电解液的稳定性和电导率，或通过调整电极界面结构的方式来克服一些材料与水分子在某些电位下不稳定的问题，因而提高电化学储能器件的性能。WIS 电解液仍需要克服高成本，以及电解质低温下易析出的问题，需要评估在制造和使用过程中环境湿度的影响，探索与 WIS 体系兼容性好的材料特性，从而推动 WIS 体系商业化应用。

4.7 本章结语

电解液是锂离子电容器的重要组成部分，作为锂离子电容器内部的“血液”可以起到润湿电极和隔膜、连接器件的正极与负极，以及为锂离子的传输提供通道等作用，然而对电解液的研究还不够充分，尤其是对于面向应用的有机体系锂离子电容器，主要表现在以下几个方面。

(1) 活性炭的表面含氧官能团较多，具有较高的电化学活性，在高电压下易于催化电解液的分解，这也使得商业化锂离子电容器的工作电压 (3.8 V) 远低于锂离子电池 (4.2 V)。

(2) 锂离子电容器对电解液的要求是离子电导率要高、黏度要低，同时还要兼顾电解液的介电性能、高温性能，这就需要达到最佳的性能平衡。

(3) 在特定的应用场景，人们较为关注电解液的低温性能，对于低温型锂离子电容器，在 −50 ℃ 低温下容量保持率可达 70%，但全温区电解液仍是最理想的目标。

(4) 目前锂离子电容器的电解液较多地借鉴了锂离子电池体系的电解液，应开发锂离子电容器专用的电解液体系，尤其是混合溶剂体系；通过添加不同的功能添加剂开发具有特定功能的电解液体系，例如，适用于高电压、高/低温度环境、不燃等应用场景。

参 考 文 献

[1] 刘亚利, 吴娇杨, 李泓. 锂离子电池基础科学问题 (IX)——非水液体电解质材料. 储能科学与技术, 2014, 3(3): 262-282.

[2] Liaw B Y, Roth E P, Jungst R G, et al. Correlation of Arrhenius behaviors in power and capacity fades with cell impedance and heat generation in cylindrical lithium-ion cells. Journal of Power Sources, 2003, 119: 874-886.

[3] Eguchi T, Sawada K, Tomioka M, et al. Energy density maximization of Li-ion capacitor using highly porous activated carbon cathode and micrometer-sized Si anode. Electrochimica Acta, 2021, 394: 139115.

[4] Peljo P, Girault H H. Electrochemical potential window of battery electrolytes: The HOMO-LUMO misconception. Energy & Environmental Science, 2018, 11(9): 2306-2309.

[5] Amatucci G G, Badway F, Du Pasquier A, et al. An asymmetric hybrid nonaqueous energy storage cell. Journal of the Electrochemical Society, 2001, 148(8): A930-A939.

[6] Sun X, An Y, Geng L, et al. Leakage current and self-discharge in lithium-ion capacitor. Journal of Electroanalytical Chemistry, 2019, 850: 113386.

[7] An S J, Li J, Daniel C, et al. The state of understanding of the lithium-ion-battery graphite solid electrolyte interphase (SEI) and its relationship to formation cycling. Carbon, 2016, 105: 52-76.

[8] Andersson A M, Edstrom K. Chemical composition and morphology of the elevated temperature SEI on graphite. Journal of the Electrochemical Society, 2001, 148(10): A1100-A1109.

[9] Orsini F, Dollé M, Tarascon J M. Impedance study of the Li^0/electrolyte interface upon cycling. Solid State Ionics, 2000, 135(1): 213-221.

[10] 徐艳辉, 耿海龙, 李德成. 锂离子电池溶剂与溶质. 北京: 化学工业出版社, 2018.

[11] Shellikeri A, Hung I, Gan Z, et al. In situ NMR tracks real-time Li ion movement in hybrid supercapacitor-battery device. The Journal of Physical Chemistry C, 2016, 120(12): 6314-6323.

[12] Sun X, Zhang X, Liu W, et al. Electrochemical performances and capacity fading behaviors of activated carbon/hard carbon lithium ion capacitor. Electrochimica Acta, 2017, 235: 158-166.

[13] Zhang S S. Effect of surface oxygen functionalities on capacitance of activated carbon in non-aqueous electrolyte. Journal of Solid State Electrochemistry, 2017, 21(7): 2029-2036.

[14] Ishimoto S, Asakawa Y, Shinya M, et al. Degradation responses of activated-carbon-based EDLCs for higher voltage operation and their factors. Journal of the Electrochemical Society, 2009, 156(7): A563-A571.

[15] Sun X, Zhang X, Wang K, et al. Determination strategy of stable electrochemical operating voltage window for practical lithium-ion capacitors. Electrochimica Acta, 2022, 428: 140972.

[16] Xu K, Ding S P, Jow T R. Toward reliable values of electrochemical stability limits for electrolytes. Journal of the Electrochemical Society, 1999, 146(11): 4172-4178.

[17] Weingarth D, Noh H, Foelske-Schmitz A, et al. A reliable determination method of stability limits for electrochemical double layer capacitors. Electrochimica Acta, 2013, 103: 119-124.

[18] Sun X, An Y, Zhang X, et al. Unveil overcharge performances of activated carbon cathode in various Li-ion electrolytes. Batteries, 2023, 9(1): 11.

[19] Xu K. Nonaqueous liquid electrolytes for lithium-based rechargeable batteries. Chemical Reviews, 2004, 104(10): 4303-4417.

[20] 刘文元, 陆兆达, 武山, 等. 锂离子电池有机电解液研究. 电化学, 2001, 7(4): 403-412.

[21] 穆德颖, 刘元龙, 戴长松. 锂离子电池液态有机电解液的研究进展. 电池, 2019, 49(1): 68-71.

[22] 张昕岳, 周园, 邓小宇, 等. 锂离子电池 $LiBF_4$ 基液体电解质研究进展. 化学通报, 2007, 70(12): 929-935.

[23] Dong Q Y, Guo F, Cheng Z J, et al. Insights into the dual role of lithium difluoro(oxalato)borate additive in improving the electrochemical performance of NMC811 parallel to graphite cells. ACS Applied Energy Materials, 2020, 3(1): 695-704.

[24] Ehteshami N, Ibing L, Stolz L, et al. Ethylene carbonate-free electrolytes for Li-ion battery: Study of the solid electrolyte interphases formed on graphite anodes. Journal of Power Sources, 2020, 451: 227804.

[25] Dougassa Y R, Jacquemin J, El Ouatani L, et al. Viscosity and carbon dioxide solubility for $LiPF_6$, LiTFSI, and LiFAP in alkyl carbonates: Lithium salt nature and concentration effect.

Journal of Physical Chemistry B, 2014, 118(14): 3973-3980.
[26] Han H B, Zhou S S, Zhang D J, et al. Lithium bis(fluorosulfonyl)imide (LiFSI) as conducting salt for nonaqueous liquid electrolytes for lithium-ion batteries: Physicochemical and electrochemical properties. Journal of Power Sources, 2011, 196(7): 3623-3632.
[27] 李萌, 邱景义, 余仲宝, 等. 高功率锂离子电池电解液中导电锂盐的新应用. 电源技术, 2015, 39(1): 191-193.
[28] Zhang S S. Dual-carbon lithium-ion capacitors: Principle, materials, and technologies. Batteries & Supercaps, 2020, 3(11): 1137-1146.
[29] Mauger A, Julien C M, Paolella A, et al. A comprehensive review of lithium salts and beyond for rechargeable batteries: Progress and perspectives. Materials Science and Engineering: R: Reports, 2018, 134: 1-21.
[30] Solchenbach S, Metzger M, Egawa M, et al. Quantification of PF_5 and POF_3 from side reactions of $LiPF_6$ in Li-ion batteries. Journal of the Electrochemical Society, 2018, 165(13): A3022-A3028.
[31] Liu M, Vatamanu J, Chen X, et al. Hydrolysis of $LiPF_6$-containing electrolyte at high voltage. ACS Energy Letters, 2021, 6(6): 2096-2102.
[32] Yang H, Zhuang G R V, Ross P N Jr. Thermal stability of $LiPF_6$ salt and Li-ion battery electrolytes containing $LiPF_6$. Journal of Power Sources, 2006, 161(1): 573-579.
[33] Webber A. Conductivity and viscosity of solutions of $LiCF_3SO_3$, $Li(CF_3SO_2)_2N$, and their mixtures. Journal of the Electrochemical Society, 1991, 138(9): 2586-2590.
[34] Yang H, Kwon K, Devine T M, et al. Aluminum corrosion in lithium batteries an investigation using the electrochemical quartz crystal microbalance. Journal of the Electrochemical Society, 2000, 147(12): 4399-4407.
[35] Nakajima T, Mori M, Gupta V, et al. Effect of fluoride additives on the corrosion of aluminum for lithium ion batteries. Solid State Sciences, 2002, 4(11): 1385-1394.
[36] Di Censo D, Exnar I, Graetzel M. Non-corrosive electrolyte compositions containing perfluoroalkylsulfonyl imides for high power Li-ion batteries. Electrochemistry Communications, 2005, 7(10): 1000-1006.
[37] Aravindan V, Gnanaraj J, Madhavi S, et al. Lithium-ion conducting electrolyte salts for lithium batteries. Chemistry — A European Journal, 2011, 17(51): 14326-14346.
[38] Eshetu G G, Diemant T, Grugeon S, et al. In-depth interfacial chemistry and reactivity focused investigation of lithium-imide- and lithium-imidazole-based electrolytes. ACS Applied Materials & Interfaces, 2016, 8: 16087-16100.
[39] Yang G J, Li Y J, Liu S, et al. LiFSI to improve lithium deposition in carbonate electrolyte. Energy Storage Materials, 2019, 23: 350-357.
[40] Li C L, Zeng S W, Wang P, et al. Mechanism of aluminum corrosion in LiFSI-based electrolyte at elevated temperatures. Transactions of Nonferrous Metals Society of China, 2021, 31(5): 1439-1451.
[41] Xu W, Angell C A. Weakly coordinating anions, and the exceptional conductivity of their nonaqueous solutions. Electrochemical and Solid-State Letters, 2001, 4(1): E1-E4.
[42] Balakrishnan P G, Ramesh R, Prem K T. Safety mechanisms in lithium-ion batteries. Journal of Power Sources, 2006, 155(2): 401-414.
[43] Xu K, Zhang S, Poese B A, et al. Lithium bis(oxalato)borate stabilizes graphite anode in propylene carbonate. Electrochemical and Solid-State Letters, 2002, 5(11): A259-A262.
[44] 连芳, 闫坤, 邢桃峰, 等. LiBOB 基电解液在锂离子动力电池中的应用. 电池, 2011, 41(1): 43-46.

[45] Jow T R, Xu K, Ding M S, et al. LiBOB-based electrolytes for Li-ion batteries for transportation applications. Journal of the Electrochemical Society, 2004, 151(10): A1702-A1706.

[46] 黄佳原, 仇卫华, 刘伟, 等. LiBOB 的有机溶剂的研究进展. 电池, 2008, 38(2): 115-117.

[47] 赵伟, 赵阳雨, 李步成, 等. 新型锂盐二氟草酸硼酸锂的研究进展. 化工新型材料, 2013, 41(4): 21-23.

[48] 秦利平, 郭为民. 新型锂盐二氟草酸硼酸锂的研究进展. 电源技术, 2014, 38(6): 1159-1161.

[49] Zhang S S. An unique lithium salt for the improved electrolyte of Li-ion battery. Electrochemistry Communications, 2006, 8(9): 1423-1428.

[50] 贾国凤, 李法强, 彭正军, 等. 锂二次电池电解质锂盐 LiODFB 的热分解研究//第七届中国功能材料及其应用学术会议论文集, 长沙, 2010: 164-167.

[51] Zhou L, Li W, Xu M, et al. Investigation of the disproportionation reactions and equilibrium of lithium difluoro(oxalato) borate (LiDFOB). Electrochemical and Solid-State Letters, 2011, 14(11): A161-A164.

[52] 韩周祥, 王力臻, 杨志宽, 等. 锂离子电池导电锂盐研究进展. 电池工业, 2006, 11(5): 333-337.

[53] Gnanaraj J S, Levi M D, Gofer Y, et al. $LiPF_3(CF_2CF_3)_3$: A salt for rechargeable lithium ion batteries. Journal of the Electrochemical Society, 2003, 150(4): A445-A454.

[54] Schmidt M, Heider U, Kuehner A. Lithium fluoroalkylphosphates: A new class of conducting salts for electrolytes for high energy lithium-ion batteries. Journal of Power Sources, 2001, 97: 557-560.

[55] Song H Y, Soon-Ki J. Electrochemical solvent cointercalation into graphite in propylene carbonate-based electrolytes: A chronopotentiometric characterization. Journal of Analytical Methods in Chemistry, 2018, 2018: 9231857.

[56] Wagner M R, Albering J H, Moeller K C, et al. XRD evidence for the electrochemical formation of $Li^+(PC)_yC_n$ - in PC-based electrolytes. Electrochemistry Communications, 2005, 7(9): 947-952.

[57] Pistoia G, Rossi M D, Scrosati B. Study of the behavior of ethylene carbonate as a nonaqueous battery solvent. Journal of the Electrochemical Society, 1970, 117(4): 500-502.

[58] Zhang J, Liu X, Wang J, et al. Different types of pre-lithiated hard carbon as negative electrode material for lithium-ion capacitors. Electrochimica Acta, 2016, 187: 134-142.

[59] Yu X, Deng J, Zhan C, et al. A high-power lithium-ion hybrid electrochemical capacitor based on citrate-derived electrodes. Electrochimica Acta, 2017, 228: 76-81.

[60] Sivakkumar S R, Pandolfo A G. Evaluation of lithium-ion capacitors assembled with pre-lithiated graphite anode and activated carbon cathode. Electrochimica Acta, 2012, 65: 280-287.

[61] Shao R, Niu J, Zhu F, et al. A facile and versatile strategy towards high-performance Si anodes for Li-ion capacitors: Concomitant conductive network construction and dual-interfacial engineering. Nano Energy, 2019, 63: 103824.

[62] Boltersdorf J, Delp S, Zheng J, et al. Electrochemical performance of lithium-ion capacitors evaluated under high temperature and high voltage stress using redox stable electrolytes and additives. Journal of Power Sources, 2018, 373: 20-30.

[63] Ding M S, Jow T R. Properties of PC-EA solvent and its solution of LiBOB comparison of linear esters to linear carbonates for use in lithium batteries. Journal of the Electrochemical Society, 2005, 152(6): A1199-A1207.

[64] 洪树, 李劼, 宋文锋, 等. 锂离子电池用 $LiPF_6$/PC+FEC 电解液的低温性能. 中南大学学报 (自然科学版), 2016, 47(3): 717-723.

[65] Mogi R, Inaba M, Jeong S K, et al. Effects of some organic additives on lithium deposition in propylene carbonate. Journal of the Electrochemical Society, 2002, 149(12): A1578-A1583.

[66] Nambu N, Takahashi R, Takehara M, et al. Electrolytic characteristics of fluoroethylene carbonate for electric double-layer capacitors at high concentrations of electrolyte. Electrochemistry, 2013, 81(10): 817-819.

[67] Jänes A, Thomberg T, Eskusson J, et al. Fluoroethylene carbonate and propylene carbonate mixtures based electrolytes for supercapacitors. ECS Transactions, 2014, 58(27): 71-79.

[68] Jänes A, Thomberg T, Eskusson J, et al. Fluoroethylene carbonate as co-solvent for propylene carbonate based electrical double layer capacitors. Journal of the Electrochemical Society, 2013, 160(8): A1025-A1030.

[69] 王鹏磊, 安亚斌, 耿琳彬, 等. 锂离子电容器碳酸乙烯酯基电解液的研究. 华南师范大学学报 (自然科学版), 2020, 52(6): 22-27.

[70] Tsai Y C, Kuo C T, Liu S F, et al. Effect of different electrolytes on MnO_2 anodes in lithium-ion batteries. Journal of Physical Chemistry C, 2021, 125(2): 1221-1233.

[71] Bordes A, Eom K, Fuller T F. The effect of fluoroethylene carbonate additive content on the formation of the solid-electrolyte interphase and capacity fade of Li-ion full-cell employing nano Si-graphene composite anodes. Journal of Power Sources, 2014, 257: 163-169.

[72] Glazier S L, Li J, Ma X, et al. The effect of methyl acetate, ethylene sulfate, and carbonate blends on the parasitic heat flow of NMC532/graphite lithium ion pouch cells. Journal of the Electrochemical Society, 2018, 165(5): A867-A875.

[73] 李凡群, 赖延清, 张治安, 等. 石墨负极在 Et_4NBF_4+$LiPF_6$/EC+PC+DMC 电解液中的电化学行为. 物理化学学报, 2008, 24(7): 1302-1306.

[74] Neuhaus J, Forte E, von Harbou E, et al. Electrical conductivity of solutions of lithium bis(fluorosulfonyl)imide in mixed organic solvents and multi-objective solvent optimization for lithium-ion batteries. Journal of Power Sources, 2018, 398: 215-223.

[75] Ding M S, Li Q Y, Li X, et al. Effects of solvent composition on liquid range, glass transition, and conductivity of electrolytes of a (Li, Cs)PF_6 salt in EC-PC-EMC solvents. The Journal of Physical Chemistry C, 2017, 121(21): 11178-11183.

[76] 杨春巍, 吴锋, 吴伯荣, 等. 含 FEC 电解液的锂离子电池低温性能研究. 电化学, 2011, (1): 63-66.

[77] Zhang J N, Wu H, Tang B, et al. Trioxane-derived stable solid electrolyte interphase enlightens high-mass-loading $LiNi_{0.5}Co_{0.2}Mn_{0.3}O_2$/Li metal battery. Journal of the Electrochemical Society, 2021, 168(6): 060540.

[78] Liu S Q, Liu S Q, Huang K L, et al. A novel Et_4NBF_4 and $LiPF_6$ blend salts electrolyte for supercapacitor battery. Journal of Solid State Electrochemistry, 2012, 16(4): 1631-1634.

[79] Koch V R, Young J H. The stability of the secondary lithium electrode in tetrahydrofuran-based electrolytes. Journal of the Electrochemical Society, 1978, 125(9): 1371-1377.

[80] Desjardins C D, Cadger T G, Salter R S, et al. Lithium cycling performance in improved lithium hexafluoroarsenate/2-methyl tetrahydrofuran electrolytes. Journal of the Electrochemical Society, 1985, 132(3): 529-533.

[81] Chaban V. Solvation of lithium ion in dimethoxyethane and propylene carbonate. Chemical Physics Letters, 2015, 631: 1-5.

[82] Abraham K M, Goldman J L, Natwig D L. Characterization of ether electrolytes for rechargeable lithium cells. Journal of the Electrochemical Society, 1982, 129(11): 2404-2409.

[83] Yoshimatsu I, Hirai T, Yamaki J I. Lithium electrode morphology during cycling in lithium cells. Journal of the Electrochemical Society, 1988, 135(10): 2422-2427.

[84] Geronov Y, Puresheva B, Moshtev R V, et al. Rechargeable compact Li cells with $Li_xCr_{0.9}V_{0.1}S_2$ and $Li_{1+x}V_3O_8$ cathodes and ether-based electrolytes. Journal of the Electrochemical Society, 1990, 137(11): 3338-3344.

[85] Campbell S A, Bowes C, McMillan R S. The electrochemical behaviour of tetrahydrofuran and propylene carbonate without added electrolyte. Journal of Electroanalytical Chemistry, 1990, 284(1): 195-204.

[86] Eineli Y, Aurbach D. The correlation between the cycling efficiency, surface-chemistry and morphology of Li electrodes in electrolyte-solutions based on methyl formate. Journal of Power Sources, 1995, 54(2): 281-288.

[87] Hong S, Jie L I, Wang G C, et al. Effect of linear carboxylic ester on low temperature performance of $LiMn_2O_4$-graphite cells. Transactions of Nonferrous Metals Society of China, 2015, 25: 206-210.

[88] 付呈琳, 廖红英, 杨光, 等. 乙酸乙酯在锂离子电池电解液中的应用研究. 化学试剂, 2012, 34(增刊): 67-70.

[89] Ohta A, Koshina H, Okuno H, et al. Relationship between carbonaceous materials and electrolyte in secondary lithium-ion batteries. Journal of Power Sources, 1995, 54(1): 6-10.

[90] 李小平, 郝连升, 李伟善, 等. 丙酸乙酯对 $LiFePO_4$ 锂离子电池低温性能的影响. 电化学, 2013, 19(3): 237-245.

[91] Abouimrane A, Belharouak I, Amine K. Sulfone-based electrolytes for high-voltage Li-ion batteries. Electrochemistry Communications, 2009, 11(5): 1073-1076.

[92] Shao N, Sun X G, Dai S, et al. Electrochemical windows of sulfone-based electrolytes for high-voltage Li-ion batteries. Journal of Physical Chemistry B, 2011, 115(42): 12120.

[93] Tan S, Ji Y J, Zhang Z R, et al. Recent progress in research on high-voltage electrolytes for lithium-ion batteries. ChemPhysChem, 2014, 15(10): 1956-1969.

[94] Wu W, Bai Y, Wang X, et al. Sulfone-based high-voltage electrolytes for high energy density rechargeable lithium batteries: Progress and perspective. Chinese Chemical Letters, 2020, 32: 1309-1315.

[95] Hou W, Zhu D, Ma S, et al. High-voltage nickel-rich layered cathodes in lithium metal batteries enabled by a sulfolane / fluorinated ether/ fluoroethylene carbonate-based electrolyte design. Journal of Power Sources, 2022, 517: 230683.

[96] Alvarado J, Schroeder M A, Zhang M, et al. A carbonate-free, sulfone-based electrolyte for high-voltage Li-ion batteries. Materials Today, 2018, 21(4): 341-353.

[97] Li C, Zhao Y, Zhang H, et al. Compatibility between $LiNi_{0.5}Mn_{1.5}O_4$ and electrolyte based upon lithium bis(oxalate)borate and sulfolane for high voltage lithium-ion batteries. Electrochimica Acta, 2013, 104: 134-139.

[98] Xue L, Ueno K, Lee S Y, et al. Enhanced performance of sulfone-based electrolytes at lithium ion battery electrodes, including the $LiNi_{0.5}Mn_{1.5}O_4$ high voltage cathode. Journal of Power Sources, 2014, 262: 123-128.

[99] Wu F, Zhou H, Bai Y, et al. Toward 5 V Li-ion batteries: Quantum chemical calculation and electrochemical characterization of sulfone-based high-voltage electrolytes. ACS Applied Materials & Interfaces, 2015, 7(27): 15098-15107.

[100] Abu-Lebdeh Y, Davidson I. New electrolytes based on glutaronitrile for high energy/power Li-ion batteries. Journal of Power Sources, 2009, 189(1): 576-579.

[101] Abu-Lebdeh Y, Davidson I. High-voltage electrolytes based on adiponitrile for Li-ion batteries. Journal of the Electrochemical Society, 2009, 156(1): A60-A65.

[102] Mwemezi M, Prabakar S J R, Han S C, et al. Dendrite-free reversible Li plating/stripping in adiponitrile-based electrolytes for high-voltage Li metal batteries. Journal of Materials Chemistry A, 2021, 9(8): 4962-4970.

[103] Niloofar E, Aitor E B, Iratxe D M, et al. Adiponitrile-based electrolytes for high voltage, graphite-based Li-ion battery. Journal of Power Sources, 2018, 397: 52-58.

[104] Zhang Z, Hu L, Wu H, et al. Fluorinated electrolytes for 5 V lithium-ion battery chemistry. Energy & Environmental Science, 2013, 6(6): 1806-1810.

[105] He M, Su C C, Peebles C, et al. The Impact of different substituents in fluorinated cyclic carbonates in the performance of high voltage lithium-ion battery electrolyte. Journal of the Electrochemical Society, 2021, 168(1): 010505.

[106] Ming J, Cao Z, Wu Y Q, et al. New insight on the role of electrolyte additives in rechargeable lithium ion batteries. ACS Energy Letters, 2019, 4(11): 2613-2622.

[107] 李放放, 陈仕谋. 高压锂离子电池电解液添加剂研究进展. 储能科学与技术, 2016, 5(4): 436-442.

[108] Schroeder M, Winter M, Passerini S, et al. On the use of soft carbon and propylene carbonate-based electrolytes in lithium-ion capacitors. Journal of the Electrochemical Society, 2012, 159(8): A1240-A1245.

[109] Qian Y, Niehoff P, Börner M, et al. Influence of electrolyte additives on the cathode electrolyte interphase (CEI) formation on $LiNi_{1/3}Mn_{1/3}Co_{1/3}O_2$ in half cells with Li metal counter electrode. Journal of Power Sources, 2016, 329: 31-40.

[110] Lee Y M, Nam K M, Hwang E H, et al. Interfacial origin of performance improvement and fade for 4.6 V $LiNi_{0.5}Co_{0.2}Mn_{0.3}O_2$ battery cathodes. Journal of Physical Chemistry C, 2014, 118(20): 10631-10639.

[111] Zuo X, Fan C, Liu J, et al. Effect of tris(trimethylsilyl)borate on the high voltage capacity retention of $LiNi_{0.5}Co_{0.2}Mn_{0.3}O_2$/graphite cells. Journal of Power Sources, 2013, 229: 308-312.

[112] Zhou M J, Qin C Y, Liu Z, et al. Enhanced high voltage cyclability of $LiCoO_2$ cathode by adopting poly bis-(ethoxyethoxyethoxy)phosphazene with flame-retardant property as an electrolyte additive for lithium-ion batteries. Applied Surface Science, 2017, 403: 260-266.

[113] Ein-Eli Y, Thomas S R, Koch V R. The role of SO_2 as an additive to organic Li-ion battery electrolytes. Journal of the Electrochemical Society, 1997, 144(4): 1159-1165.

[114] Zhang S S. A review on electrolyte additives for lithium-ion batteries. Journal of Power Sources, 2006, 162(2): 1379-1394.

[115] Ouatani L E, Dedryvere R, Siret C, et al. The effect of vinylene carbonate additive on surface film formation on both electrodes in Li-ion batteries. Journal of the Electrochemical Society, 2009, 156(2): A103-A113.

[116] Lu W Q, Chen Z H, Joachin H, et al. Thermal and electrochemical characterization of MCMB/$LiNi_{1/3}Co_{1/3}Mn_{1/3}O_2$ using LiBOB as an electrolyte additive. Journal of Power Sources, 2007, 163(2): 1074-1079.

[117] Cappetto A, Cao W, Luo J, et al. Performance of wide temperature range electrolytes for Li-ion capacitor pouch cells. Journal of Power Sources, 2017, 359: 205-214.

[118] Cha J, Han J G, Hwang J, et al. Mechanisms for electrochemical performance enhancement by the salt-type electrolyte additive, lithium difluoro(oxalato)borate, in high-voltage lithium-ion batteries. Journal of Power Sources, 2017, 357: 97-106.

[119] 张亮, 张兰, 陈仕谋, 等. 含 LiDFOB 的 FEC/PC/DMC 基电解液的高电压电化学性能. 过程工程学报, 2018, 18(3): 404-417.

[120] Liao X, Zheng X, Chen J, et al. Tris(trimethylsilyl)phosphate as electrolyte additive for self-discharge suppression of layered nickel cobalt manganese oxide. Electrochimica Acta, 2016, 212: 352-359.

[121] Rong H, Xu M, Xie B, et al. Performance improvement of graphite/$LiNi_{0.4}Co_{0.2}Mn_{0.4}O_2$ battery at high voltage with added tris (trimethylsilyl) phosphate. Journal of Power Sources, 2015, 274: 1155-1161.

[122] Xu M Q, Liu Y L, Li B, et al. Tris (pentafluorophenyl) phosphine: An electrolyte additive for high voltage Li-ion batteries. Electrochemistry Communications, 2012, 18: 123-126.

[123] Jang S H, Yim T. Effect of silyl ether-functinoalized dimethoxydimethylsilane on electrochemical performance of a Ni-rich NCM cathode. ChemPhysChem, 2017, 18(23): 3402-3406.

[124] Liu B, Zhu L, Han E, et al. High voltage Li-ion capacitors in a fluoro-ether based electrolyte system. Journal of Electronic Materials, 2018, 47(9): 5118-5121.

[125] Deng B, Wang H, Ge W, et al. Investigating the influence of high temperatures on the cycling stability of a $LiNi_{0.6}Co_{0.2}Mn_{0.2}O_2$ cathode using an innovative electrolyte additive. Electrochimica Acta, 2017, 236: 61-71.

[126] Yim T, Kang K S, Mun J, et al. Understanding the effects of a multi-functionalized additive on the cathode-electrolyte interfacial stability of Ni-rich materials. Journal of Power Sources, 2016, 302: 431-438.

[127] Boltersdorf J, Yan J, Delp S A, et al. Lithium-ion capacitors and hybrid lithium-ion capacitors—evaluation of electrolyte additives under high temperature stress. MRS Advances, 2019, 4(49): 2641-2649.

[128] 金明钢, 赵新兵, 沈垚, 等. 低温锂离子电池研究进展. 电源技术, 2007, 31(11): 930-933.

[129] 陈玉红, 唐致远, 卢星河, 等. 锂离子电池爆炸机理研究. 化学进展, 2006, 18(6): 823-831.

[130] Richard M N, Dahn J R. Accelerating rate calorimetry study on the thermal stability of lithium intercalated graphite in electrolyte. I. Experimental. Journal of the Electrochemical Society, 1999, 146(6): 2068-2077.

[131] Jiang J, Dahn J R. Effects of solvents and salts on the thermal stability of LiC_6. Electrochimica Acta, 2004, 49(26): 4599-4604.

[132] Pasquier A D, Disma F, Bowmer T, et al. Differential scanning calorimetry study of the reactivity of carbon anodes in plastic Li-ion batteries. Journal of the Electrochemical Society, 1998, 145(2): 472-477.

[133] Maleki H, Deng G, Anani A, et al. Thermal stability studies of Li-ion cells and components. Journal of the Electrochemical Society, 1999, 146(9): 3224-3229.

[134] Maleki H, Deng G, Kerzhner-Haller I, et al. Thermal stability studies of binder materials in anodes for lithium-ion batteries. Journal of the Electrochemical Society, 2000, 147(12): 4470-4475.

[135] Kawamura T, Kimura A, Egashira M, et al. Thermal stability of alkyl carbonate mixed-solvent electrolytes for lithium ion cells. Journal of Power Sources, 2002, 104(2): 260-264.

[136] 胡勇胜, 陆雅翔, 陈立泉. 钠离子电池科学与技术. 北京: 科学出版社, 2021.

[137] 李求军, 张承宁. 锂离子动力蓄电池热管理技术. 北京: 机械工业出版社, 2021.

[138] Xu H W, Shi J L, Hu G S, et al. Hybrid electrolytes incorporated with dandelion-like silane Al_2O_3 nanoparticles for high-safety high-voltage lithium ion batteries. Journal of Power Sources, 2018, 391: 113-119.

[139] 朱江民. 锂离子动力电池电解液氧化还原穿梭添加剂的研究. 上海: 复旦大学, 2014.

[140] Cao W J, Shih J, Zheng J P, et al. Development and characterization of Li-ion capacitor pouch cells. Journal of Power Sources, 2014, 257: 388-393.

[141] Ahn S, Fukushima M, Nara H, et al. Effect of fluoroethylene carbonate and vinylene carbonate additives on full-cell optimization of Li-ion capacitors. Electrochemistry Communications, 2021, 122: 106905.

[142] Cao W J, Zheng J P. Li-ion capacitors with carbon cathode and hard carbon/stabilized lithium metal powder anode electrodes. Journal of Power Sources, 2012, 213: 180-185.

[143] Kwon Y K, Choi W, Choi H S, et al. Effect of lithium difluoro (oxalato) borate on $LiMn_2O_4$-activated carbon hybrid capacitors. Electronic Materials Letters, 2013, 9(6): 751-754.

[144] Sun X, Zhang X, Huang B, et al. ($LiNi_{0.5}Co_{0.2}Mn_{0.3}O_2$ + AC)/graphite hybrid energy storage device with high specific energy and high rate capability. Journal of Power Sources, 2013, 243: 361-368.

[145] Aravindan V, Chuiling W, Madhavi S. High power lithium-ion hybrid electrochemical capacitors using spinel $LiCrTiO_4$ as insertion electrode. Journal of Materials Chemistry, 2012, 22(31): 16026-16031.

[146] Naoi K, Ishimoto S, Isobe Y, et al. High-rate nano-crystalline $Li_4Ti_5O_{12}$ attached on carbon nano-fibers for hybrid supercapacitors. Journal of Power Sources, 2010, 195(18): 6250-6254.

[147] Naoi K, Kisu K, Iwama E, et al. Ultrafast cathode characteristics of nanocrystalline-$Li_3V_2(PO_4)_3$/carbon nanofiber composites. Journal of the Electrochemical Society, 2015, 162(6): A827-A833.

[148] Liu M, Zhang L, Han P, et al. Controllable formation of niobium nitride/nitrogen-doped graphene nanocomposites as anode materials for lithium-ion capacitors. Particle & Particle Systems Characterization, 2015, 32(11): 1006-1011.

[149] Wang R, Liu P, Lang J, et al. Coupling effect between ultra-small Mn_3O_4 nanoparticles and porous carbon microrods for hybrid supercapacitors. Energy Storage Materials, 2017, 6: 53-60.

[150] Yang M, Zhong Y, Ren J, et al. Fabrication of high-power Li-ion hybrid supercapacitors by enhancing the exterior surface charge storage. Advanced Energy Materials, 2015, 5(17): 1500550

[151] Wang H, Zhang Y, Ang H, et al. A high-energy lithium-ion capacitor by integration of a 3D interconnected titanium carbide nanoparticle chain anode with a pyridine-derived porous nitrogen-doped carbon cathode. Advanced Functional Materials, 2016, 26(18): 3082-3093.

[152] Banerjee A, Upadhyay K K, Puthusseri D, et al. MOF-derived crumpled-sheet-assembled perforated carbon cuboids as highly effective cathode active materials for ultra-high energy density Li-ion hybrid electrochemical capacitors (Li-HECs). Nanoscale, 2014, 6(8): 4387-4394.

[153] Zhang F, Zhang T, Yang X, et al. A high-performance supercapacitor-battery hybrid energy storage device based on graphene-enhanced electrode materials with ultrahigh energy density. Energy & Environmental Science, 2013, (6): 1623-1632.

[154] Lim E, Jo C, Kim H, et al. Facile synthesis of Nb_2O_5@carbon core-shell nanocrystals with controlled crystalline structure for high-power anodes in hybrid supercapacitors. ACS Nano, 2015, 9(7): 7497-7505.

[155] Lee J H, Shin W H, Ryou M H, et al. Functionalized graphene for high performance lithium ion capacitors. ChemPhysChem, 2012, 5(12): 2328-2333.

[156] Han P, Ma W, Pang S, et al. Graphene decorated with molybdenum dioxide nanoparticles for use in high energy lithium ion capacitors with an organic electrolyte. Journal of Materials Chemistry A, 2013, 1(19): 5949-5954.

[157] Yin Y, Fang Z, Chen J, et al. Hybrid Li-ion capacitor operated within an all-climate temperature range from −60 to +55 °C. ACS Applied Materials & Interfaces, 2021, 13(38): 45630-45638.

[158] Senyshyn A, Mühlbauer M J, Dolotko O, et al. Low-temperature performance of Li-ion batteries: The behavior of lithiated graphite. Journal of Power Sources, 2015, 282: 235-240.

[159] Smart M C, Ratnakumar B V, Behar A, et al. Gel polymer electrolyte lithium-ion cells with improved low temperature performance. Journal of Power Sources, 2007, 165(2): 535-543.

[160] Zheng Q, Yamada Y, Shang R, et al. A cyclic phosphate-based battery electrolyte for high voltage and safe operation. Nature Energy, 2020, 5(4): 291-298.

[161] Wang P L, Sun X Z, An Y B, et al. Additives to propylene carbonate-based electrolytes for lithium-ion capacitors. Rare Metals, 2022, 41(4): 1304-1313.

[162] Cheng H, Sun Q, Li L, et al. Emerging era of electrolyte solvation structure and interfacial model in batteries. ACS Energy Letters, 2022, 7(1): 490-513.

[163] Wang J, Yamada Y, Sodeyama K, et al. Superconcentrated electrolytes for a high-voltage lithium-ion battery. Nature Communications, 2016, 7: 12032.

[164] Li W, Dahn J R, Root J H. Lithium intercalation from aqueous solutions. MRS Online Proceedings Library, 1994, 369(1): 69-80.

[165] Li W, McKinnon W R, Dahn J R. Lithium intercalation from aqueous solutions. Journal of the Electrochemical Society, 1994, 141(9): 2310-2316.

[166] Wang G X, Zhong S, Bradhurst D H, et al. Secondary aqueous lithium-ion batteries with spinel anodes and cathodes. Journal of Power Sources, 1998, 74(2): 198-201.

[167] Köhler J, Makihara H, Uegaito H, et al. LiV_3O_8: Characterization as anode material for an aqueous rechargeable Li-ion battery system. Electrochimica Acta, 2000, 46(1): 59-65.

[168] Wang H, Huang K, Zeng Y, et al. Electrochemical properties of TiP_2O_7 and $LiTi_2(PO_4)_3$ as anode material for lithium ion battery with aqueous solution electrolyte. Electrochimica Acta, 2007, 52(9): 3280-3285.

[169] Zhao M, Huang G, Bao Z, et al. Characteristics and electrochemical performance of $LiFe_{0.5}Mn_{0.5}PO_4$/C used as cathode for aqueous rechargeable lithium battery. Journal of Power Sources, 2012, 211: 202-207.

[170] Wang Y, Lou J, Wu W, et al. Hybrid aqueous energy storage cells using activated carbon and lithium-ion intercalated compounds: III. capacity fading mechanism of $LiCo_{1/3}Ni_{1/3}Mn_{1/3}O_2$ at different pH electrolyte solutions. Journal of the Electrochemical Society, 2007, 154(3): A228-A234.

[171] Wang Y, Luo J, Wang C, et al. Hybrid aqueous energy storage cells using activated carbon and lithium-ion intercalated compounds: II. Comparison of $LiMn_2O_4$, $LiCo_{1/3}Ni_{1/3}Mn_{1/3}O_2$, and $LiCoO_2$ positive electrodes. Journal of the Electrochemical Society, 2006, 153(8): A1425-A1431.

[172] Wang G J, Yang L C, Qu Q T, et al. An aqueous rechargeable lithium battery based on doping and intercalation mechanisms. Journal of Solid State Electrochemistry, 2010, 14(5): 865-869.

[173] Wang G, Qu Q, Wang B, et al. An aqueous electrochemical energy storage system based on doping and intercalation: Ppy//$LiMn_2O_4$. ChemPhysChem, 2008, 9(16): 2299-2301.

[174] Xue Y, Qu F, Hao N, et al. High-performance aqueous asymmetric supercapacitor based on spinel $LiMn_2O_4$ and nitrogen-doped graphene/porous carbon composite. Electrochimica Acta, 2015, 180: 287-294.

[175] Gao H, Wang J, Zhang R, et al. An aqueous hybrid lithium ion capacitor based on activated graphene and modified $LiFePO_4$ with high specific capacitance. Materials Research Express,

2019, 6(4): 045509.

[176] Wang X, Hou Y, Zhu Y, et al. An aqueous rechargeable lithium battery using coated Li metal as anode. Scientific Reports, 2013, 3: 1401.

[177] Duan W, Zhao M, Shen J, et al. Good lithium-ion insertion/extraction properties of novel $LiFePO_4$/C/graphene materials used as the cathode in the aqueous solution. Dalton Transactions, 2017, 46(36): 12019-12026.

[178] 陈人杰. 先进电池功能电解质材料. 北京: 科学出版社, 2020.

[179] Nakagawa H, Izuchi S, Kuwana K, et al. Liquid and polymer gel electrolytes for lithium batteries composed of room-temperature molten salt doped by lithium salt. Journal of the Electrochemical Society, 2003, 150(6): A695-A700.

[180] Srour H, Chancelier L, Bolimowska E, et al. Ionic liquid-based electrolytes for lithium-ion batteries: Review of performances of various electrode systems. Journal of Applied Electrochemistry, 2016, 46(2): 149-155.

[181] Best A S, Bhatt A I, Hollenkamp A F. Ionic liquids with the bis(fluorosulfonyl)imide anion: Electrochemical properties and applications in battery technology. Journal of the Electrochemical Society, 2010, 157(8): A903-A911.

[182] Holzapfel M, Jost C, Prodi-Schwab A, et al. Stabilisation of lithiated graphite in an electrolyte based on ionic liquids: An electrochemical and scanning electron microscopy study. Carbon, 2005, 43(7): 1488-1498.

[183] Wang H, Liu S, Wang N, et al. Vinylene carbonate modified 1-butyl-3-methyle-imidazolium tetrafluoroborate ionic liquid mixture as electrolyte. International Journal of Electrochemical Science, 2012, 7(7): 7579-7586.

[184] Hirota N, Okuno K, Majima M, et al. High-performance lithium-ion capacitor composed of electrodes with porous three-dimensional current collector and bis(fluorosulfonyl)imide-based ionic liquid electrolyte. Electrochimica Acta, 2018, 276: 125-133.

[185] dos Santos Jr G A, Fortunato V D S, Silva G G, et al. High-performance Li-ion hybrid supercapacitor based on $LiMn_2O_4$ in ionic liquid electrolyte. Electrochimica Acta, 2019, 325: 134900.

[186] 张家赫. 离子液体基准固态锂离子电容器构筑及其储能机制研究. 北京: 中国科学院大学 (中国科学院过程工程研究所), 2019.

[187] Kim G T, Jeong S S, Joost M, et al. Use of natural binders and ionic liquid electrolytes for greener and safer lithium-ion batteries. Journal of Power Sources, 2011, 196(4): 2187-2194.

[188] Suo L, Borodin O, Gao T, et al. "Water-in-salt" electrolyte enables high-voltage aqueous lithium-ion chemistries. Science, 2015, 350(6263): 938-943.

[189] Jiang L, Liu L, Yue J, et al. High-voltage aqueous Na-ion battery enabled by inert-cation-assisted water-in-salt electrolyte. Advanced Materials, 2020, 32(2): 1904427.

[190] Suo L, Borodin O, Wang Y, et al. "Water-in-salt" electrolyte makes aqueous sodium-ion battery safe, green, and long-lasting. Advanced Energy Materials, 2017, 7(21): 1701189.

[191] Leonard D P, Wei Z, Chen G, et al. Water-in-salt electrolyte for potassium-ion batteries. ACS Energy Letters, 2018, 3(2): 373–374.

[192] Jiang L, Lu Y, Zhao C, et al. Building aqueous K-ion batteries for energy storage. Nature Energy, 2019, 4(6): 495-503.

[193] Zhang C, Holoubek J, Wu X, et al. A $ZnCl_2$ water-in-salt electrolyte for a reversible Zn metal anode. Chemical Communications, 2018, 54(100): 14097-14099.

[194] Wan F, Zhang Y, Zhang L, et al. Reversible oxygen redox chemistry in aqueous zinc-ion batteries. Angewandte Chemie International Edition, 2019, 58(21): 7062-7067.

[195] Tian Z, Deng W, Wang X, et al. Superconcentrated aqueous electrolyte to enhance energy density for advanced supercapacitors. Functional Materials Letters, 2017, 10(6): 1750081.

[196] Zhang M, Makino S, Mochizuki D, et al. High-performance hybrid supercapacitors enabled by protected lithium negative electrode and "water-in-salt" electrolyte. Journal of Power Sources, 2018, 396: 498-505.

[197] Hasegawa G, Kanamori K, Kiyomura T, et al. Hierarchically porous carbon monoliths comprising ordered mesoporous nanorod assemblies for high-voltage aqueous supercapacitors. Chemistry of Materials, 2016, 28(11): 3944-3950.

[198] Suo L, Oh D, Lin Y, et al. How solid-electrolyte interphase forms in aqueous electrolytes. Journal of the American Chemical Society, 2017, 139(51): 18670-18680.

[199] Kartha T R, Reddy D N, Mallik B S. Insights into the structure and ionic transport in "water-in-bisalt" electrolytes for lithium-ion batteries. Materials Advances, 2021, 2: 7691-7700.

[200] Ding M S, Cresce A V, Xu K. Conductivity, viscosity, and their correlation of a super-concentrated aqueous electrolyte. Journal of Physical Chemistry C, 2017, 121(4): 2149-2153.

[201] Lukatskaya M R, Feldblyum J I, Mackanic D G, et al. Concentrated mixed cation acetate "water-in-salt" solutions as green and low-cost high voltage electrolytes for aqueous batteries. Energy & Environmental Science, 2018, 11(10): 2876-2883.

[202] Yang C, Ji X, Fan X, et al. Flexible aqueous Li-ion battery with high energy and power densities. Advanced Materials, 2017, 29(44): 1701972.

[203] Yang C, Chen J, Qing T, et al. 4.0 V aqueous Li-ion batteries. Joule, 2017, 1(1): 122-132.

[204] Wang F, Lin Y, Suo L, et al. Stabilizing high voltage $LiCoO_2$ cathode in aqueous electrolyte with interphase-forming additive. Energy & Environmental Science, 2016, 9(12): 3666-3673.

[205] Wang F, Borodin O, Ding M S, et al. Hybrid aqueous/non-aqueous electrolyte for safe and high-energy Li-ion batteries. Joule, 2018, 2(5): 927-937.

[206] Dong X, Lin Y, Li P, et al. High-energy rechargeable metallic lithium battery at −70 ℃ enabled by a cosolvent electrolyte. Angewandte Chemie International Edition, 2019, 131(17): 5679-5683.

[207] Wang F, Suo L, Liang Y, et al. Spinel $LiNi_{0.5}Mn_{1.5}O_4$ cathode for high-energy aqueous lithium-ion batteries. Advanced Energy Materials, 2017, 7(8): 1600922.

[208] Yang C, Chen J, Ji X, et al. Aqueous Li-ion battery enabled by halogen conversion-intercalation chemistry in graphite. Nature, 2019, 569(7755): 245-250.

[209] Gambou-Bosca A, Bélanger D. Electrochemical characterization of MnO_2-based composite in the presence of salt-in-water and water-in-salt electrolytes as electrode for electrochemical capacitors. Journal of Power Sources, 2016, 326: 595-603.

[210] Zhang M, Li Y, Shen Z. "Water-in-salt" electrolyte enhanced high voltage aqueous supercapacitor with all-pseudocapacitive metal-oxide electrodes. Journal of Power Sources, 2019, 414: 479-485.

[211] Xiao D, Wu Q, Liu X, et al. Aqueous symmetric supercapacitors with carbon nanorod electrodes and water-in-salt electrolyte. ChemElectroChem, 2019, 6(2): 439-443.

[212] Dou Q, Lei S, Wang D W, et al. Safe and high-rate supercapacitors based on an "acetonitrile/water in salt" hybrid electrolyte. Energy & Environmental Science, 2018, 11(11): 3212-3219.

[213] Xiao D, Dou Q, Zhang L, et al. Optimization of organic/water hybrid electrolytes for high-rate carbon-based supercapacitor. Advanced Functional Materials, 2019, 29(42): 1904136.

[214] Liu T, Tang L, Luo H, et al. A promising water-in-salt electrolyte for aqueous based electrochemical energy storage cells with a wide potential window: Highly concentrated HCOOK. Chemical Communications, 2019, 55(85): 12817-12820.
[215] Bu X, Su L, Dou Q, et al. A low-cost "water-in-salt" electrolyte for a 2.3 V high-rate carbon-based supercapacitor. Journal of Materials Chemistry A, 2019, 7(13): 7541-7547.

第 5 章

锂离子电容器负极预嵌锂技术

5.1 概述

锂离子电容器属于混合型超级电容器，通常是在锂离子有机电解液体系中，正极采用双电层电容器的电极材料，负极采用可脱嵌锂的锂离子电池负极材料。由于锂离子电容器的正极不含锂源，负极又需要锂离子的嵌入与脱出，所以电解液中锂离子的浓度会发生变化，因此需要对器件补充锂源 [1−6]。研究表明，负极预嵌锂对其电化学性能的提升具有重要作用 [7−11]。锂离子电容器在首周充电时，电解液溶剂的还原及其与锂离子的进一步反应发生在低于 1 V (*vs.* Li/Li^+) 的负极中，此为 SEI 层的形成过程。若负极材料的嵌锂/脱锂电位低于 1 V (*vs.* Li/Li^+)，则一部分锂离子将会被消耗，由此会损耗一部分不可逆比容量，导致较低的首周库仑效率。原则上，由形成 SEI 层而导致首周库仑效率低下的负极材料需要进行预锂化操作。预锂化可提供给负极额外的锂离子，可使负极的不可逆比容量得到补偿。通过预锂化，更多的锂离子可以在锂离子电容器的第一次放电中释放，从而导致更高的可逆比容量。此外，负极预嵌锂降低了负极的起始放电电位，电压窗口升高，能量密度也会相应提高，如图 5-1 所示。

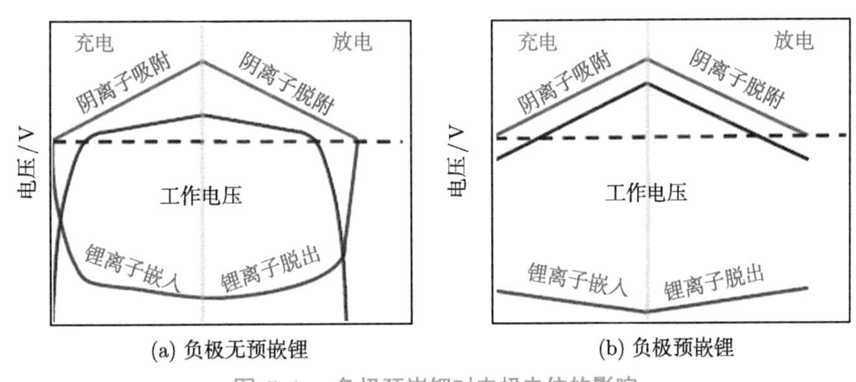

图 5-1　负极预嵌锂对电极电位的影响

锂离子电容器正常充放电时负极发生锂离子的嵌入与脱出，正极发生负离子的吸附与脱附。因此，电解质盐在充电过程中被消耗。有研究发现，需要的电解液的最小质量甚至大于电极活性成分的质量 [2]。电解液的过度消耗是锂离子电容器能量密度低的最重要原因之一。不进行预锂化时，这些正负离子的来源全部为电解液，这将导致离子浓度的大幅度波动。而预锂化后，负极到达较低的电位，正常充放电时利用的电解液正负离子较少，所以其浓度波动较小，从而保持体系内部阻抗的稳定，有利于功率密度及循环寿命的提升。因此，预锂化可以向负极提供额外的锂离子并可以减少电解液的使用。尽管可以将电解液中的锂离子直接预嵌至锂离子电容器的负极，但这往往需要较高的充电电压及较高浓度的电解液，使得电解液的离子浓度波动较大。此外，预锂化过程还可以弥补初始充电/放电过程中的低效率，减轻电解质离子的不可逆容量和过度消耗，大大降低锂离子电容器的阻抗，进而提高其循环寿命。

锂离子电容器负极预锂化有多种方法，根据预锂化方法与材料的不同，可以将其分为金属锂嵌锂法、正极添加剂辅助嵌锂法、电解液嵌锂法与化学溶液嵌锂法四种。其中金属锂嵌锂法可细分为金属锂接触嵌锂、钝化锂粉接触嵌锂和金属锂电极电化学嵌锂三种，正极添加剂辅助嵌锂法可细分为二元锂化合物、有机锂化合物、富锂过渡金属氧化物和其他锂盐化合物四类，下面将详细介绍。

5.2 金属锂嵌锂法

5.2.1 金属锂接触嵌锂

金属锂接触嵌锂是负极预锂化使用较多的一种方法，通过将目标电极与金属锂在电解液中直接接触，金属锂会溶解并释放锂离子，随后锂离子直接嵌入目标电极中，从而完成预嵌锂。Kim 等比较了接触嵌锂 (IS)、电化学嵌锂 (EC) 和外部短路嵌锂 (ESC) 三种方法对石墨预锂化的效果，如图 5-2 所示 [12]。通过三种不同方法对石墨负极进行 30 min 嵌锂，并与原始石墨电极作对比，可以看出，原始石墨电极为黑色，电化学嵌锂石墨电极为深棕色，外部短路嵌锂石墨电极为黄褐色，接触嵌锂石墨电极为金色 (图 5-3)。通常，石墨电极的颜色取决于预锂化的程度。随着预锂化程度的增加，石墨电极的颜色从黑色变为金色，表明在相同的预嵌锂时间内，接触嵌锂可以提供比电化学嵌锂和外部短路嵌锂更高的嵌锂量。进一步对预锂化石墨通过充电进行脱锂反应，以检测嵌入石墨中可逆锂离子的含量。选择 0.03C 较缓慢的充电倍率，以尽可能降低充电电阻。预锂化时间为 4 min、15 min 和 60 min 的接触嵌锂石墨电极分别实现了 60 mA·h/g、108 mA·h/g 和 244 mA·h/g 的脱锂比容量。相比之下，电化学嵌锂石墨电极在 4 min、15 min 和 60 min 内表现出较小的脱锂比容量，分别为 13 mA·h/g、42 mA·h/g 和 117 mA·h/g，而外部短路嵌锂石墨电极脱锂比容量分别为 11 mA·h/g、39 mA·h/g 和 125 mA·h/g(图 5-4(a))。这些结果表明，与电化学嵌锂和外短路嵌锂相比，接触嵌锂提供了更快的锂离子嵌入动力学过程。使用上述三种方法将石墨电极预嵌锂 4 min 作为负极、活性炭 (AC) 作为正极，组装成锂离子电容器，在 0.2C 倍率和 2.2~3.8 V 电压窗口下进行充放电测试，如图 5-4(b) 所示。基于接触嵌锂石墨负极的锂离子电容器表现出线性的电压变化，比电容为 127 F/g。相比之下，基于电化学嵌锂石墨负极的锂离子电容器的比电容为 74 F/g，且在 2.7 V 放电时电压迅速下降，基于外部短路嵌锂石墨负极的锂离子电容器显示相似的充放电曲线，这是由于电化学嵌锂和外部短路嵌锂导致石墨电极嵌锂量不足而引起的。他们进一步研究预嵌锂时间与锂离子电容器比电容的关系，如图 5-4(c) 所示。基于三种方法预嵌锂石墨负极的锂离子电容器都表现出类似的比电容随预嵌锂时间的增加而升高的趋势，但相比之下，接触嵌锂表现出比电化学嵌锂和外部短路嵌锂更快的预锂化效率，4 min 后比电容达到 127 F/g，然后随着嵌锂时间的增加缓慢增加。在 10C 下循环 1000 周，4 min 接触嵌锂石墨负极的锂离子电容器比电容保持率为 96%，而相同条件下电化学嵌锂和外部短路嵌锂石墨负极的锂离子电容器比电容降低至 67%(图 5-4(d))。很明显，接触嵌锂石墨负极的锂离子电容器不仅表现出更高的比电容，循环寿命也得到了提高。石墨电极在接触锂电极之前的初始电位为 3.3 V ($vs.$ Li/Li^+)，两个电极接触后，石墨电极的电位在 1 min 内迅速变为 4 mV ($vs.$ Li/Li^+)，然后缓慢下降到接近金属锂电位。

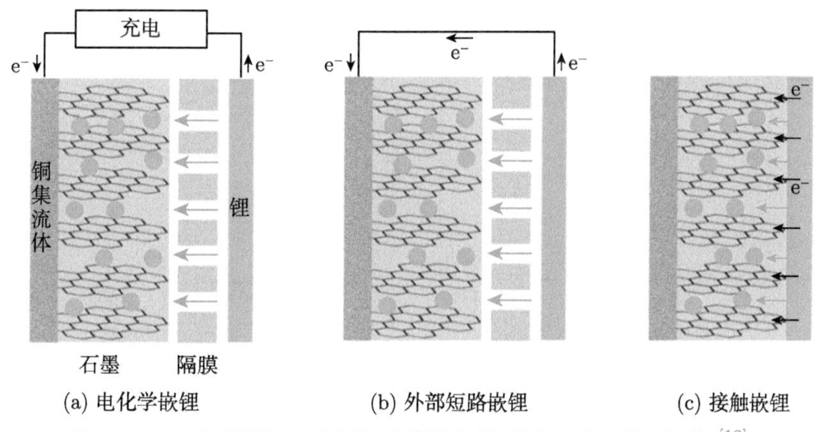

(a) 电化学嵌锂　　(b) 外部短路嵌锂　　(c) 接触嵌锂

图 5-2　电化学嵌锂、外部短路嵌锂和接触嵌锂对石墨预锂化 [12]

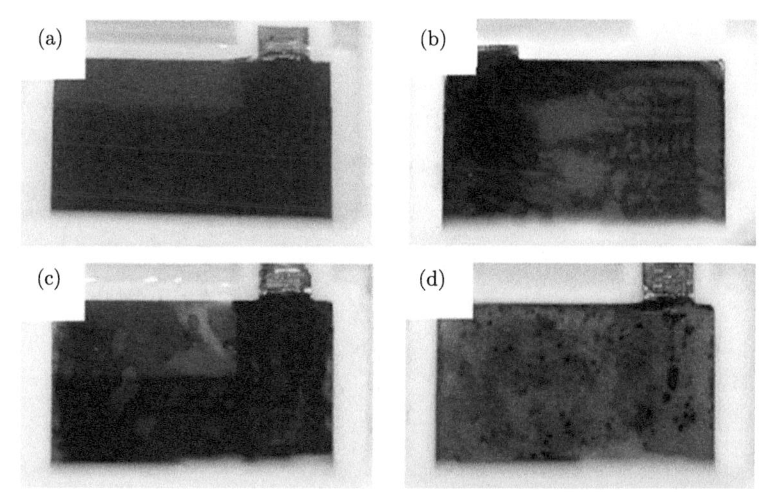

图 5-3　石墨电极 (a) 嵌锂前与通过 (b) 电化学嵌锂、(c) 外部短路嵌锂和 (d) 接触嵌锂 30 min 后的电极照片 [12]

Park 等进一步利用原位同步加速器广角 X 射线散射 (WAXS) 技术证实 (图 5-5)，相比于电化学嵌锂与外部短路嵌锂，通过直接接触嵌锂的石墨具有更快的相转变过程 [13]。接

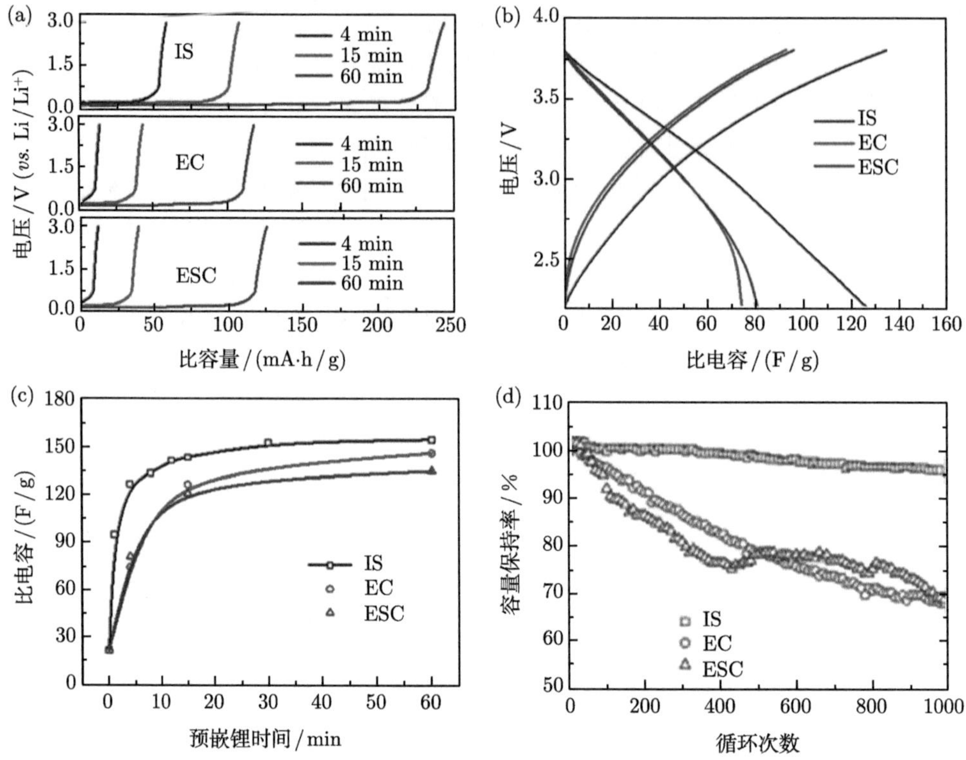

图 5-4 (a) 通过电化学嵌锂 (EC)、外部短路嵌锂 (ESC) 和接触嵌锂 (IS) 预嵌锂石墨电极在 0.03C 下的脱锂曲线；(b) 基于 EC、ESC 和 IS 预嵌锂石墨负极的锂离子电容器在 0.2C 下的充放电曲线；(c) 基于 EC、ESC 和 IS 预嵌锂石墨负极的锂离子电容器不同预嵌锂时间与比电容的变化曲线；(d) 基于 EC、ESC 和 IS 预嵌锂石墨负极的锂离子电容器在 10C 下的循环寿命 [12]

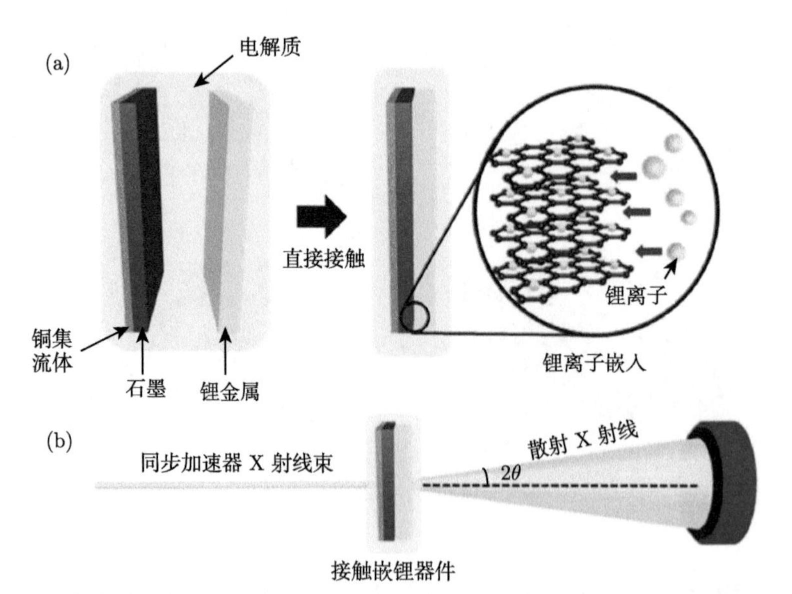

图 5-5 (a) 接触嵌锂法和 (b) 原位同步加速器广角 X 射线散射 (WAXS) 测试示意图 [13]

触嵌锂的石墨在第一个阶段 (0~2.5 min)，随着锂离子的嵌入，石墨的层间距逐渐增大，形成 LiC_{24} 的结构。在第二个阶段 (3~14 min)，同时存在两个反射峰，对应着 LiC_{24} 向 LiC_{18} 的转变。在第三个阶段 (14~28 min)，LiC_{24} 结构反射峰完全消失，形成 LiC_{12} 的结构。在第四个阶段 (32~60 min)，最后形成 LiC_6 的结构。而电化学嵌锂与外部短路嵌锂体现出更慢的峰位置移动和峰强度变化。同时，在相同嵌锂时间下，采用不同嵌锂方法的石墨电极表面颜色也是不同的。接触嵌锂的石墨电极显示出比电化学嵌锂与外部短路嵌锂更快的颜色变化，在 4 min 时呈棕色，在 15 min 时呈淡棕金色，在 60 min 时呈亮金黄色。相比之下，电化学嵌锂与外部短路嵌锂的石墨电极在 4 min 时没有颜色变化，在 30 min 时呈浅棕色，在 60 min 时呈棕色。

Cao 等将 45 μm 厚金属锂带 (40 mm × 4 mm) 与硬碳负极 (46 mm × 46 mm) 直接接触进行预嵌锂，结构如图 5-6(a) 所示，金属锂带的质量为硬碳负极的 9%~10%以保证负极完全预锂化 [14]。当负极浸泡锂离子电解液 18 h 后，金属锂带完全消失，预锂化的负极呈现出光滑且均匀表面。图 5-6(b) 为含有金属锂带的多层锂离子电容器结构示意图，正极为活性炭，负极为硬碳，正极集流体为铝箔，负极集流体为铜箔。该结构的锂离子电容器容量为 168 F，基于整个器件质量的能量密度为 14 W·h/kg，最大功率密度为 6 kW/kg，在 50C 下循环 100000 周之后容量保持率为 89%。

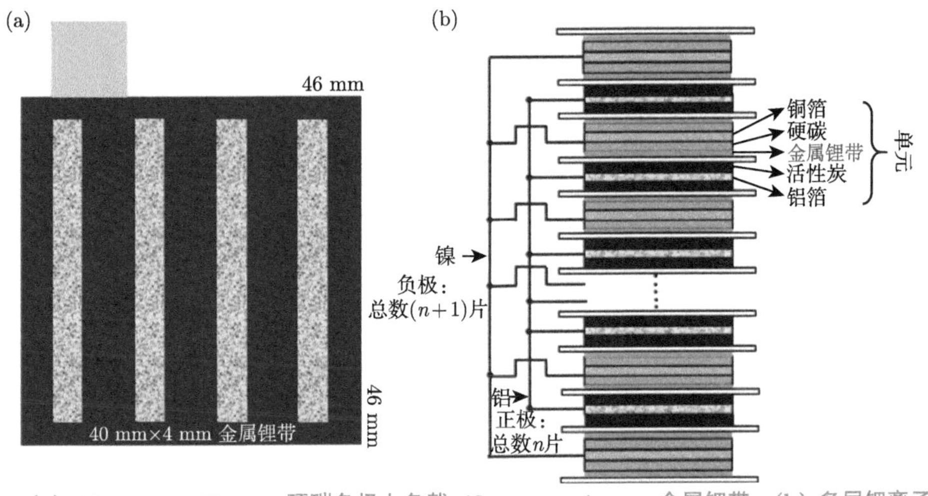

图 5-6 (a) 46 mm × 46 mm 硬碳负极上负载 40 mm × 4 mm 金属锂带；(b) 多层锂离子电容器内部结构示意图 [14]

随后 Yan 等研究了接触嵌锂法中使用的金属锂结构对 AC//硬碳锂离子电容器电化学性能的影响 [15]。两个单面正极夹着一片负载金属锂的负极，区别在于金属锂的结构不同，如图 5-7 所示。第一种方法是将尺寸为 40 mm × 4 mm × 45 μm 的金属锂带负载至负极两侧 (Strip45)，如图 5-7(a) 所示；第二种方法是将尺寸为 40 mm × 40 mm × 20 μm 的方形金属锂箔负载至负极两侧 (Film20)，如图 5-7(b) 所示；第三种方法是在 15 μm 厚的金属锂箔 (43 mm × 43 mm) 上钻 25 个小孔，并将其负载至负极两侧 (Film15-25Li)，如图 5-7(c) 所示；第四种是将 15 μm 厚的金属锂箔 (43 mm × 43 mm) 负载至负极两侧

(Film15)，如图 5-7(d) 所示；最后一种是在负极上先钻 9 个小孔，然后在负极两侧负载 Film15(Film15-9NE)，如图 5-7(e) 所示。为了比较相同情况下预嵌锂效果，每种方法负载金属锂的质量都相等。相比之下，Film20 电化学性能最佳，电容为 26.9 F，基于电极材料的能量密度和功率密度分别为 41.65 W·h/L 和 16.2 kW/L。同时在 65 ℃ 和 3.8 V 恒压下浮充 1500 h 后，Film20 具有出色的浮充老化性能。由于考虑到制造难度和成本，Film20 被选为最佳的预嵌锂方法。在制备 200 F 锂离子电容器中比较 Film20 和 Strip45 两种方法后，Film20 锂离子电容器的电容增加 3.8%，ESR 减少 16%，基于整个器件体积的能量密度和功率密度达到 26.9 W·h/L 和 18.3 kW/L。该研究有力地证明了采用 20 μm 厚的金属锂箔进行负极接触嵌锂的优势。

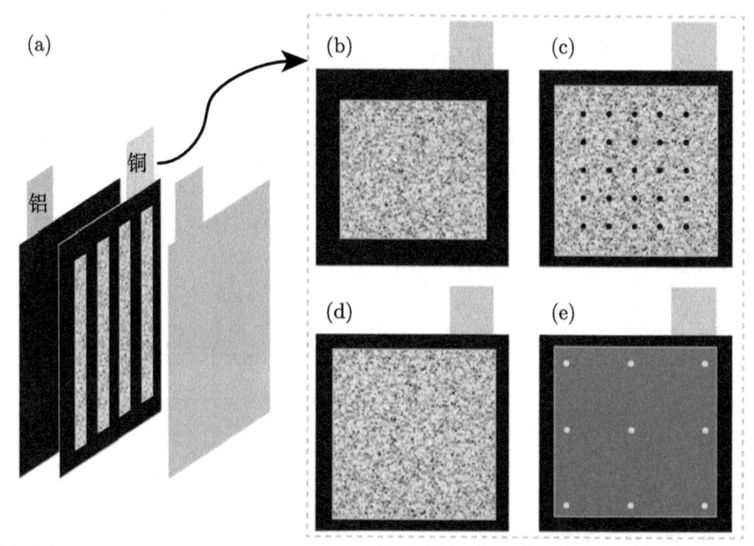

图 5-7 (a) 尺寸为 40 mm × 4 mm × 45 μm 的金属锂带负载至负极两侧 (Strip45)；(b) 尺寸为 40 mm × 40 mm × 20 μm 的方形金属锂箔负载至负极两侧 (Film20)；(c) 在 15 μm 厚的金属锂箔 (43 mm × 43 mm) 上钻 25 个小孔，并将其负载至负极两侧 (Film15-25Li)；(d) 将 15 μm 厚的金属锂箔 (43 mm × 43 mm) 负载至负极两侧 (Film15)；(e) 在负极上先钻 9 个小孔，然后在负极两侧负载 Film15(Film15-9NE)[15]

金属锂接触嵌锂法的效率一般比较高，较短的时间内便可使负极达到较高的预锂化度，在一定程度上降低了时间成本。且该方法将目标电极与金属锂接触，金属锂发生溶解并释放锂离子，随后直接嵌入目标电极，由此集流体不需进行穿孔处理，可以节省成本。然而该方法仍存在如下几个不足之处。首先，该方法需使用活泼性很高的金属锂来作为对电极，仍存在较大的安全隐患。其次，预锂化度不易精准控制，通过金属锂的含量去准确控制预锂化度仍需进一步研究。最后，超薄金属锂箔价格较贵，且在使用中不易操作，导致制备成本的大幅提升。

5.2.2 钝化锂粉接触嵌锂

金属锂的活泼性对预锂化工艺的操作提出了挑战，因此需要提高金属锂的安全性，一种行之有效的方法为对锂表面进行钝化处理。钝化锂粉 (SLMP) 是一种直径约 30 μm 的球形颗粒，具有核壳结构，核心为金属锂，被 100~1000 nm 厚的 Li_2CO_3 钝化层所包覆，以保护内层的金属锂不与外界气氛接触 [16]。从而安全性得到提升，避免了使用惰性气氛，可以直接在干燥空气的气氛中对钝化锂粉进行操作。Cao 等将钝化锂粉直接覆盖在硬碳负极表面，活性炭作为正极，组装成锂离子电容器 [17]，如图 5-8(a) 所示。图 5-8(b) 为该锂离子电容器在 0.2 mA/cm^2 电流密度、1.8~3.9 V 的电压窗口下的恒流充放电曲线。可以观察到，负极和正极电位分别在 0.47~0.12 V 和 2.27~4.02 V (*vs.* Li/Li$^+$) 波动。由于负极比容量大，负极的电位变化远小于正极。锂离子电容器的能量密度为 82 W·h/kg(本章中如无特殊说明，能量密度和功率密度都是基于正负极活性物质的质量)，循环 600 周后容量衰减率为 3%。

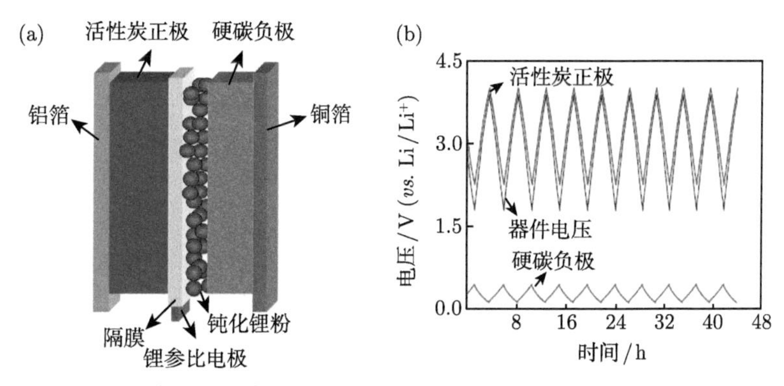

图 5-8 活性炭//钝化锂粉/硬碳锂离子电容器的 (a) 结构示意图和 (b) 恒流充放电曲线 [17]

Cao 等 [18] 进一步在干燥房里通过刮涂法和辊压处理将钝化锂粉涂覆在硬碳负极表面 (图 5-9(a))，然后分别组装成 250 F 和 395 F 的软包装锂离子电容器 (图 5-9(b))。图 5-9(c) 为 250 F 和 395 F 的软包装锂离子电容器 (LIC250 和 LIC395) 在电流 0.1 A、电压窗口 2~4.1 V 下的恒流充放电曲线，显示出典型的三角对称形状。LIC395 的质量为 22 g，基于器件质量的能量密度达到 31.5 W·h/kg，是传统双电层电容器的 4~6 倍。LIC395 比 LIC250 具有更高的能量密度，但 LIC250 比 LIC395 具有更高的功率密度 (图 5-9(d))，这是由于 LIC250 具有更低的欧姆内阻 (R_s) 和 Warburg 阻抗 (R_w)。软包装锂离子电容器在 4 mA/cm^2 电流密度下循环测试 10000 次循环后，容量保持率为 80%。将软包装锂离子电容器在恒流下充电至 4.1 V 后，再恒压充电 5 h 以上，然后将锂离子电容器静置 72 h，电压稳定在 3.94 V，漏电流为 0.3 μA/cm^2。Cao 等继续研究了钝化锂粉的含量对锂离子电容器 IR 压降的影响 [19]。研究发现高含量的钝化锂粉会使得锂离子电容器的压降更低且具有更低的电化学阻抗，较优的钝化锂粉含量为硬碳负极质量的 10.3%~12.7%。随着钝化锂粉含量的增加，嵌入负极的锂离子增多，负极电位下降。钝化锂粉的添加量不仅决定负极电位及循环性能，也对 IR 压降及功率密度有重要的影响。后来 Jin 等也发现类似的现象，相比于钝化锂粉含量为 0%、5%、10%和 20%，由 15%钝化锂粉含量组装的活性炭//硬碳锂离子电容器具有最好的电化学性能 [20]。

美国郑剑平教授课题组对于锂离子电容器采用钝化锂粉接触嵌锂技术开展了大量的研究工作 [8]，并在产业化上进行推广。虽然钝化锂粉表面被处理，但其内核为活泼性很强的金属锂，仍存在一定的安全隐患，因此操作钝化锂粉需在干燥的空气氛围中进行，且钝化锂粉的成本较高。此外，由于钝化锂粉与目前浆料配方最常用的有机溶剂 (N-甲基吡咯烷酮) 不相容，因此含钝化锂粉的浆料配方还需进一步研究。

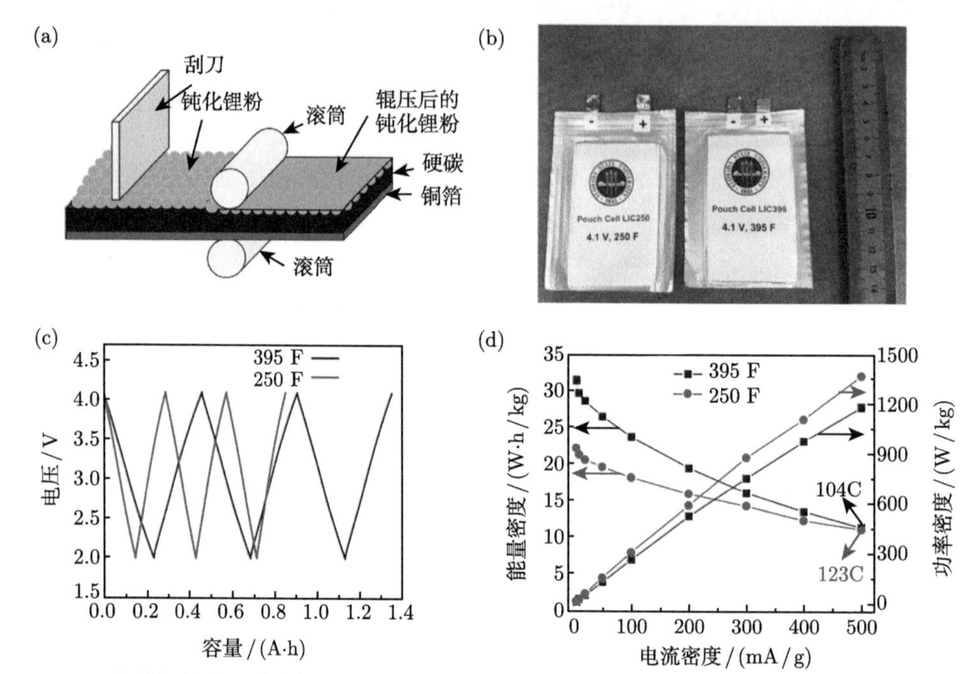

图 5-9 (a) 钝化锂粉在硬碳负极表面的涂覆过程示意图；(b) 250 F 和 395 F 软包装锂离子电容器 (LIC250 和 LIC395) 的照片；(c) LIC250 和 LIC395 的恒流充放电曲线，电流为 0.1 A，电压窗口为 2~4.1 V；(d) LIC250 和 LIC395 的能量密度和功率密度与电流密度的对应曲线 [18]

5.2.3 金属锂电极电化学嵌锂

金属锂电极电化学嵌锂法包括一个辅助锂金属电极，用于提供器件所需的额外锂离子，是将牺牲锂金属电极与目标电极组成半电池，通过恒流充放电或外短路的方式将目标电极嵌锂至较低的电压，从而完成预锂化。Aida 等通过金属锂电极电化学嵌锂法对非石墨化碳和球形人造石墨嵌锂，正极为活性炭，制备出锂离子电容器，电压窗口扩大到 1~4.3 V[21]。金属锂电极电化学嵌锂法可以采用两种不同的方式。第一种方式，可以使用三电极或四电极体系，其中负极通过金属锂电极进行电化学嵌锂，如图 5-10 所示。这种方式的优点在于器件的单一组装，但预锂化需要非常缓慢地进行，可能会观察到 SEI 的梯度形成。另一种方式，采用两步工艺，首先组装成对锂半电池以对电极进行电化学预嵌锂，嵌完锂后拆解，然后将预嵌锂电极作为负极与正极一起组装成锂离子电容器。尽管该方法更复杂和耗时，但形成的 SEI 均匀性要好，这是学术上研究锂离子电容器负极材料常用的方法，包括碳材料、金属氧化物、金属硫化物、新型二维材料等 [22−28]。

Zhang 等研究了金属锂电极电化学嵌锂的预锂化度对锂离子电容器性能的影响 [29]。选择中间相炭微球 (MCMB) 作为锂离子电容器的负极材料，MCMB 的首周充放电曲线相对平坦，锂离子嵌入/脱出过程发生在 0.25 V (*vs.* Li/Li^+) 以下的低电位。在 0.8 V 处有一

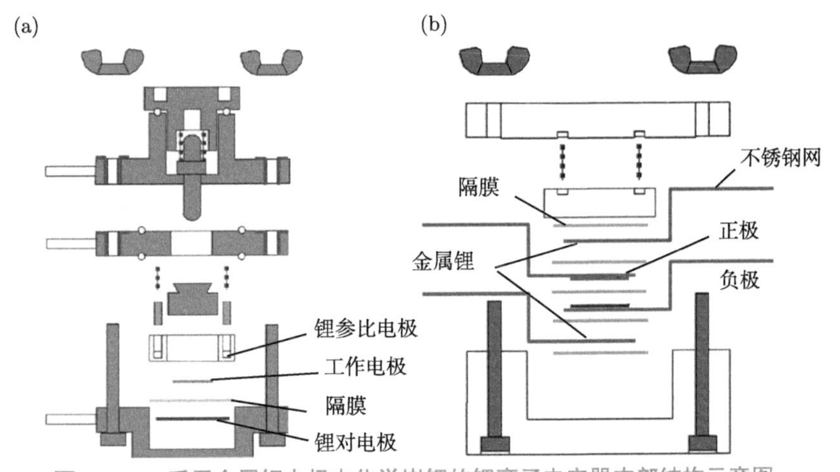

图 5-10 采用金属锂电极电化学嵌锂的锂离子电容器内部结构示意图。(a) 测试单电极的三电极体系；(b) 测试全电池的四电极体系

个平台，对应于 SEI 膜的形成，石墨层间化合物 (GIC) 转变过程的三个放电平台分别出现在 0.17 V、0.11 V 和 0.07 V，MCMB 的首周可逆比容量和不可逆比容量损失分别约为 370 mA·h/g 和 30 mA·h/g。以活性炭和预锂化 MCMB(LMCMB) 分别作为正负极，组装成锂离子电容器。具有不同预锂化比容量的 LMCMB 分别记作 LMCMB0、LMCMB50、LMCMB100、LMCMB200、LMCMB300 和 LMCMB350，匹配活性炭正极得到的锂离子电容器分别记作 LIC0、LIC50、LIC100、LIC200、LIC300 和 LIC350。将三电极锂离子电容器在 25 mA/g 的电流密度下进行充放电测试，电压范围为 2.0~4.0 V。当负极预锂化容量低于 200 mA·h/g 时，器件和活性炭正极的充放电曲线差异较大，活性炭正极的放电电位范围扩展到更高的电位区域，LMCMB 的充放电曲线呈现出典型的 U 形。在整个充放电过程中，锂离子电容器、活性炭正极和 LMCMB 负极的充放电曲线并不完全随时间呈线性关系。特别是在初始充放电结束阶段，LMCMB 负极和器件的电位发生剧烈变化。随着预锂化容量的增加，器件、活性炭正极和 LMCMB 负极的充放电曲线几乎随时间呈线性关系。同时，LMCMB 负极的电位变化范围逐渐减小，有利于充分利用活性炭正极的容量和提高锂离子电容器的循环稳定性。当预锂化比容量为 350 mA·h/g 时，所有充放电曲线在 2.0~4.0 V 范围内仍为线性，但 LMCMB 的电位为负，表明 LMCMB 电极过充。过充电一般会导致容量和循环性能的下降，因此应避免。锂离子电容器在 2C 倍率下在 2.0~4.0 V 范围内进行循环测试。在前 100 周，LIC0 的能量密度从 30.3 W·h/kg 下降到 8.1 W·h/kg，之后衰减减慢。通过对比，预锂化负极的能量密度和循环稳定性提高，LIC50、LIC100、LIC200、LIC300、LIC350 的能量密度约为 48.6 W·h/kg、51.0 W·h/kg、54.6 W·h/kg、75.8 W·h/kg、63.3 W·h/kg，1000 次循环后能量密度的损失率分别约为 92.6%、12.5%、6.1%、3.0%、95.3%。能量密度的增加与活性炭正极的利用率增加直接相关，LIC300 在所有样品中具有最高的能量密度和最佳的循环性能。LIC350 能量密度降低的原因是在过充电过程中，电解液与 MCMB 表面上沉积的锂的反应形成比其他锂离子电容器更厚的 SEI 膜，从而增加了锂离子扩散的阻力，同时 SEI 膜的增厚过程会消耗大量锂离子，导致稳定性变差。

此外，Zhang 等利用金属锂电极电化学嵌锂对硬碳进行预嵌锂[30]。硬碳的首周放电比容量为 487 mA·h/g，首周充电比容量为 390 mA·h/g，库仑效率为 80.1%。放电电位曲线在约 0 V (*vs.* Li/Li^+) 附近观察到明显的锂离子嵌入平台，这反映了硬碳微孔中的锂离子嵌入。高于 1.2 V 的区域和 0.9~0.1 V 的区域显示斜坡放电曲线，对应于锂离子在无序石墨烯片层之间的嵌入；1.2~0.9 V 的区域对应于石墨烯层边缘位置和氢碳键附近的锂离子嵌入；低于 0.1 V 的区域可归因于在堆叠的石墨烯层之间微孔中的锂离子嵌入。匹配活性炭正极，组装锂离子电容器，随着电压窗口从 2.0~3.8 V 增大到 2.0~4.4 V，硬碳负极的放电电位宽度从 0.110 V 增大到 0.138 V。同时，活性炭正极的放电电位宽度也从 1.690 V 增大到 2.262 V。硬碳负极锂离子嵌入平台的存在有助于提高活性炭正极的利用率，从而提高锂离子电容器的能量密度。此外，活性炭正极和硬碳负极的充电截止电位在循环过程中几乎保持不变，表明锂离子电容器具有优异的循环性能。锂离子电容器在 2C 倍率时 2.0~3.8 V、2.0~4.0 V、2.0~4.2 V 和 2.0~4.4 V 的电压窗口下，能量密度分别约为 60.7 W·h/kg、68.1 W·h/kg、80.1 W·h/kg 和 93.4 W·h/kg，这证实了电压窗口的增加将提高锂离子电容器的能量密度。锂离子电容器在 4.2 V 以下可以保持稳定的循环性能，在 2.0~3.8 V、2.0~4.0 V、2.0~4.2 V 的电压窗口下锂离子电容器循环 5000 次后能量密度保持率分别为 97.1%、96.0%和 93.35%。当硬碳负极进行适量预锂化后，既可以在稳定的电压范围内工作，又能保证活性炭正极的充分利用。当充放电过程在 2.0~4.4 V 的电压窗口下进行时，锂离子电容器在前 500 次循环中表现出稳定的循环性能，在其余循环测试中能量密度逐渐降低。高电位的活性炭正极表面可能发生电解液的氧化分解，影响活性炭的电容特性，导致循环性能衰减。综合考虑到锂离子电容器的能量密度、功率密度和循环稳定性，锂离子电容器在 2.0~4.0 V 的电压窗口下表现出最佳的综合电化学性能。

Sun 等针对活性炭//硬碳锂离子电容器体系，分析了其在高倍率及循环过程中容量损失的原因[31]。图 5-11(a) 是负极预嵌锂量分别为 200 mA·h/g、250 mA·h/g、300 mA·h/g 和 350 mA·h/g 的锂离子电容器在 0.5C 下的恒流充放电曲线，分别表示为 LIC200、LIC250、LIC300 和 LIC350。随着预嵌锂量的增加，负极电位整体向负移，从而扩大正极的电位窗口，提高正极的利用率。Ragone 图显示随着预嵌锂量的增加，能量密度和功率密度都增加 (图 5-11(b))。LIC350 的能量密度与功率密度最高可分别达 73.6 W·h/kg 与 11.9 kW/kg。为了进一步研究具有不同预嵌锂量的锂离子电容器，在 1~200C 的充放电测试期间同时监测正极和负极的电位。图 5-11(c) 和 (d) 分别显示了锂离子电容器中正极和负极的最大和最小电位。可以看出，活性炭正极和硬碳负极的电位极限都随着预嵌锂量的增加而降低。值得注意的是，当充电倍率高于 10C 时，由于硬碳负极的电极极化，LIC300 和 LIC350 的低电位极限可以低于 0 V (*vs.* Li/Li^+)。在某些极端条件下，这可能会导致锂沉积和锂枝晶的生长。

图 5-12(a) 显示了 LIC200、LIC250、LIC300 和 LIC350 在 2.0~4.0 V 电压范围内以 10C 倍率充放电的循环性能。500 次循环后，LIC200、LIC250、LIC300 和 LIC350 的容量保持率分别为 99.0%、98.5%、98.2%和 97.4%，锂离子电容器循环性能随着预嵌锂量的增加而降低。图 5-12(b) 显示了具有不同预嵌锂量的锂离子电容器在循环时负极电位的漂移。随着预嵌锂量的增加，负极的电位摆动发生显著变化。对于 LIC200，负极电位下限在

0.1 V (*vs.* Li/Li^+) 以上，负极电位最稳定。相反，在 500 次循环后，LIC350 的负极低电位极限从 0.005 V 变为 0.015 V (*vs.* Li/Li^+)。

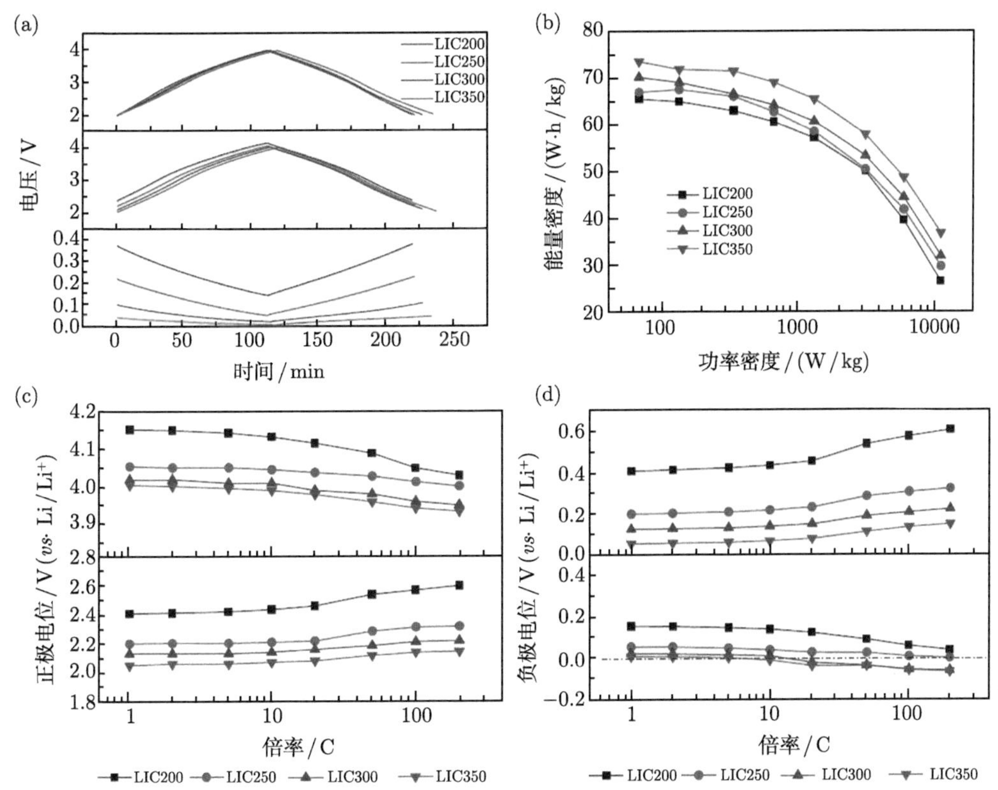

图 5-11 锂离子电容器 LIC200、LIC250、LIC300 和 LIC350 的 (a) 电压/曲线及 (b)Ragone 图；以及其在充放电过程中 (c) 正极和 (d) 负极的最大和最小电位 [31]

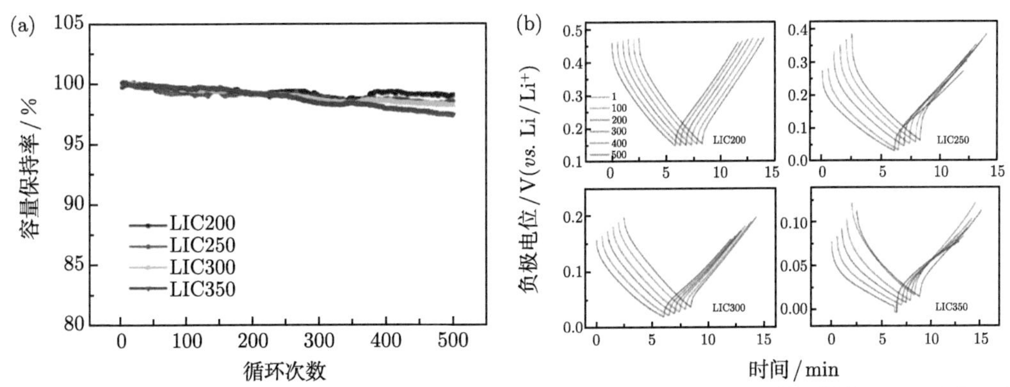

图 5-12 锂离子电容器 LIC200、LIC250、LIC300 和 LIC350 的 (a) 循环性能及 (b) 循环时的负极电位波动 [31]

由于活性炭正极在锂离子电解质中表现出优异的循环性能，所以锂离子电容器循环时的容量衰减主要由硬碳负极决定。内阻升高和锂消耗是循环时容量衰减的原因。在电化学循环过程中，硬碳负极的 SEI 层电阻和扩散电阻逐渐增加，导致电极极化升高，容量降低。它被认为是电极材料的固有衰退行为。在这种情况下，负极不能完全充电 (锂化)，部分容量会永久丧失。另一方面，锂的消耗导致正极电位摆动向正方向漂移，可利用的正极电位范围减小。在这种情况下，减少的容量可以通过重新锂化来补偿消耗的锂。从电极电位控制的角度来看，锂离子电容器的循环稳定性取决于循环时正极和负极的电位摆动。①最大正极电位不宜过高，以免有机电解液的电化学分解和电极材料的氧化。②由于在快速充电过程中，特别是在低温下，有锂沉积和锂枝晶生长的风险，最小负极电位不应太低。此外，当过量的锂嵌入负极时，容易形成厚而不稳定的 SEI 膜，导致内阻增加。③负极表面 SEI 膜的形成和溶解消耗了储存在负极中的锂，导致正极电位摆动窗口减小，负极电位升高。因此即使在高倍率充放电情况下，正极电位窗口不应超过 2.0~4.2 V ($vs.$ Li/Li^+) 的范围，负极电位不应超过 0.05~0.6 V ($vs.$ Li/Li^+) 范围，以实现优异的循环稳定性。最后，组装成 173.7 F 软包装锂离子电容器，基于整个器件质量的能量密度和功率密度分别达到 18.1 W·h/kg 和 3.7 kW/kg。锂离子电容器在 2.0~4.0 V 的电压窗口、20C 倍率下经过 10000 次循环后仍保持其初始容量的 83.0%。

Schroeder 等 [32] 利用原位 XRD 观测软碳 (002) 晶面的衍射角度随嵌锂量的变化，如图 5-13 所示。在锂离子嵌入/脱出过程中对软碳电极进行原位 XRD 研究。软碳 (002) 衍射峰的衍射角随体系的锂化程度而单调递增，表明充放电过程中锂离子在碳结构中的嵌入和脱出。与石墨材料的原位 XRD 测量相比，软碳电极的原位 XRD 图谱在整个实验中仅存在一个峰，这表明，对于软碳不存在类似于石墨材料的分阶段锂离子嵌入机制。考虑到石墨的每个嵌锂平台都会减缓锂离子的传输，因此相比于石墨，软碳更适合作为高功率型器件的负极材料。他们利用预锂化的软碳作为负极、活性炭作为正极制备了锂离子电容器，能量密度最高为 80.6 W·h/kg，功率密度最高为 4.8 kW/kg。

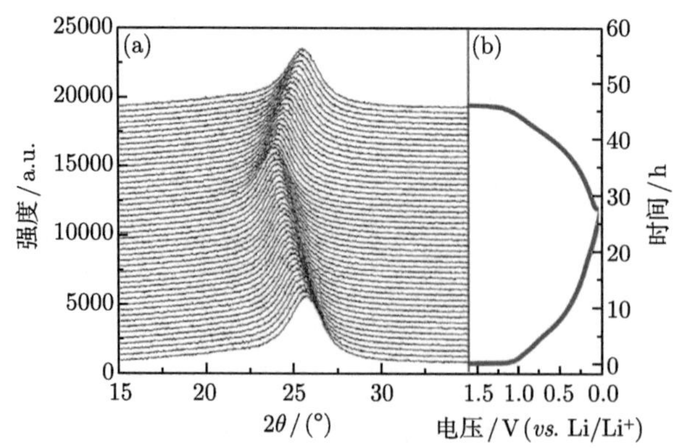

图 5-13 (a) 石油焦软碳的锂离子嵌入与脱出的原位 XRD 图谱；(b) 原位测试时的电压–时间曲线 [32]

金属锂短路预嵌锂方法是将金属锂电极放入锂离子电容器电芯中，并与负极短路连接后，金属锂氧化溶解后 Li^+ 输运至负极并嵌入到负极材料中，将锂离子电容器封装后放置约 20 d 后即可完成预嵌锂，通过监测正负极之间的开路电压可以判断负极的预嵌锂度，如

图 5-14(a) 所示。日本 JM 能源等公司的商业化锂离子电容器产品均采用了这种方法。该方法工艺较简单，但不足之处是工艺用时较长、限制了锂离子电容器的生产效率。为了提高负极预嵌锂速率，Sun 等结合金属锂短路预嵌锂和电化学预嵌锂提出了一种复合预嵌锂方法 [33]，即将金属锂电极与电芯的负极通过超声焊接的方法连接，装入壳体后加入适量电解液，封装后在正负极之间立即进行约 200 周充放电循环，在此过程中完成负极的预嵌锂过程，可使锂离子电容器的预嵌锂时间大幅减少，如图 5-14(b) 所示。

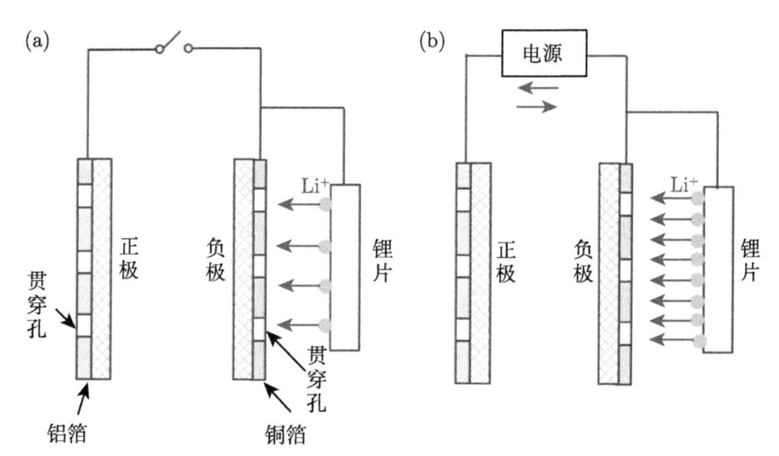

图 5-14　预嵌锂工艺示意图。(a) 短路预嵌锂方法；(b) 复合预嵌锂方法 [33]

为此，Sun 等研究了如下四种负极预嵌锂方法，具体的负极预嵌锂策略如图 5-15 所示。

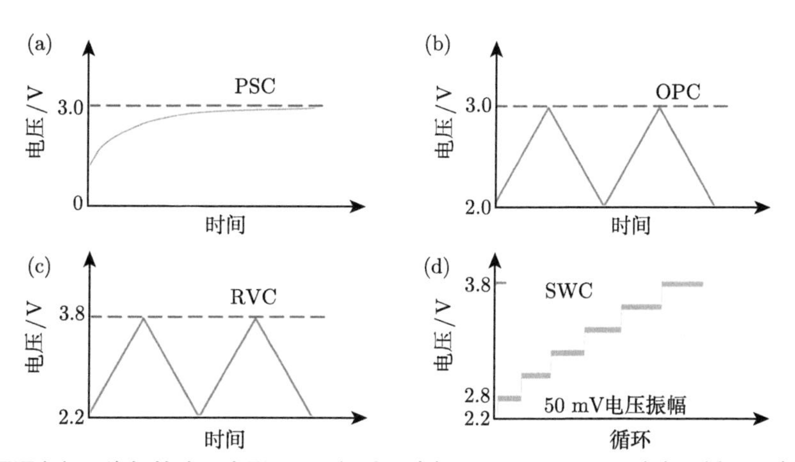

图 5-15　不同负极预嵌锂策略示意图。(a) 短路预嵌锂 (PSC)；(b) 开路电压循环预嵌锂 (OPC)；(c) 额定电压循环预嵌锂 (RVC) 和 (d) 步进循环预嵌锂 (SWC)[33]

(1) 短路预嵌锂 (PSC)：金属锂电极的极耳与负极极耳通过超声焊连接，金属锂电极与负极之间由纤维素隔膜隔开而不是直接接触，锂离子电容器封装后搁置直至金属锂电极完全溶解和正负极间的开路电压接近 3.0 V。

(2) 开路电位循环预嵌锂 (OPC)：为了加速 Li^+ 在电极间的扩散，基于 PSC 方法施加了恒流充放电循环策略。由于活性炭电极在 Li^+ 电解液中的开路电压约为 3.0 V (*vs.* Li/Li^+)，锂离子电容器单体的工作电压范围可达 2.0~4.0 V，所以锂离子电容器单体在 2.0~3.0 V 电压区间内以 5C 倍率循环 200 周，这里的倍率电流是基于正极活性炭材料的容量。

(3) 额定电压循环预嵌锂 (RVC)：从电化学稳定的角度来考虑，商品化锂离子电容器单体的电压范围为 2.2~3.8 V，因此，在 PSC 方法的基础上，锂离子电容器在 2.2~3.8 V 电压区间内以 5C 倍率循环 200 周。

(4) 步进循环预嵌锂 (SWC)：在 PSC 方法的基础上，锂离子电容器先在 2.75~2.8 V 电压范围内 1C 充放电循环 50 周，电压的振幅为 50 mV，然后电压提高 200 mV 后再振荡循环 50 周，直至电压升高至 3.8 V，总计恒流充放电循环 300 周。

Sun 等采用 1 片双面活性炭电极和 2 片单面软碳负极制备了锂离子电容器，四种预嵌锂方法的结果如图 5-16 所示。对于 PSC 方法，由于负极金属锂电极短路连接，正负极之间的开路电压持续上升，在 30 h 后最终接近 3.0 V，由于自放电的影响，在随后的 70 h 电压保持稳定。对于 OPC 方法，随着负极电位的降低，比容量在前 20 周快速增加，并逐渐变得平缓，在 25 h 后比容量变得稳定，表明预嵌锂过程结束。对于 RVC 方法，比容量在前 10 周下降，在后 150 周保持稳定，预嵌锂过程在 9.5 h 后结束。对于 SWC 方法，预嵌锂时间持续 10.2 h。充放电曲线和负极电位曲线表明，四种方法都取得了较好的预嵌锂

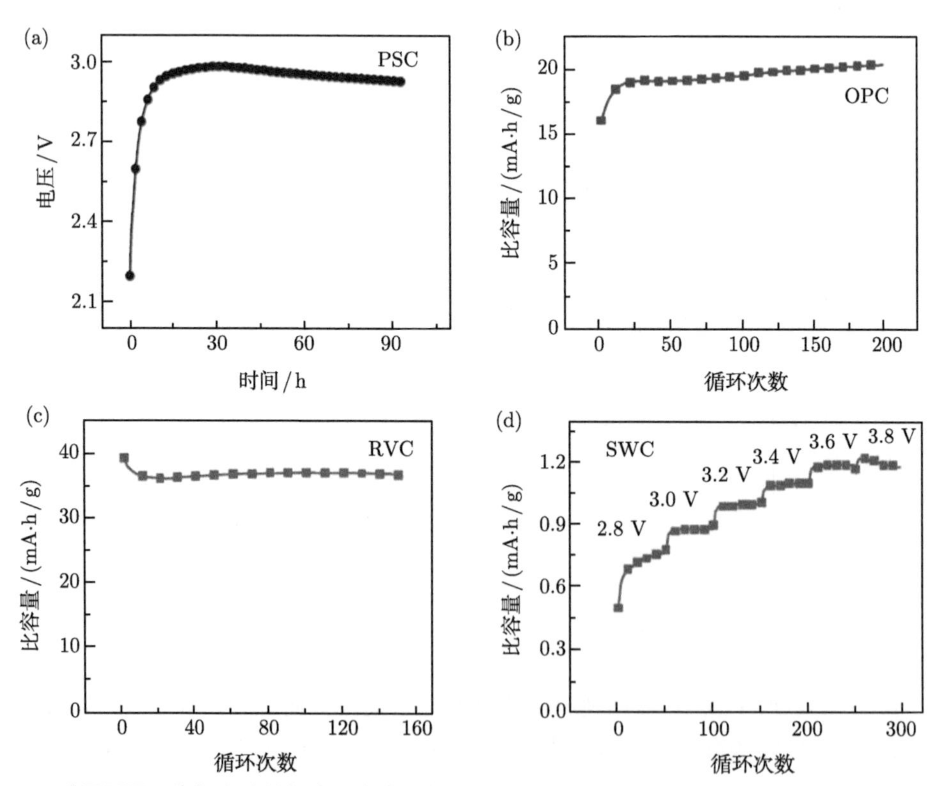

图 5-16 采用不同预嵌锂方法的锂离子电容器性能曲线。(a) 短路预嵌锂 (PSC)；(b) 开路电压循环预嵌锂 (OPC)；(c) 额定电压循环预嵌锂 (RVC) 和 (d) 步进循环预嵌锂 (SWC)[33]

效果，而 OPC 方法制备的锂离子电容器具有最小的电化学阻抗和最优的倍率性能。采用 PSC 方法和 OPC 方法分别制备了 500 mA·h/900 F 大容量锂离子电容器，两者用时分别是 470 h 和 19 h，后者可大大缩短锂离子电容器的预嵌锂时间。

一般来说，由于 Li^+ 扩散路径较短，则对由一个双面正极电极和两个单面负极电极组成的原型锂离子电容器进行预嵌锂是较为容易的。然而，这一过程对于实际具有多个正极电极和多个负极电极的大容量叠片式锂离子电容器是非常困难的。在预嵌锂过程中，金属锂溶解后以 Li^+ 的形式扩散和嵌入到负极电极中，需要通过隔膜孔、电极中的粒子间堆积孔和穿孔集流体上的通孔，如图 5-17 所示。据估计，当锂离子电容器电化学预嵌锂或短路预嵌锂时，每个额外的电极可以导致 1~10 mV 的电位损失。较大电位极化延迟了 Li^+ 的扩散和嵌锂速率，导致了预嵌锂时间的延长。此外，在相对较高的倍率电流下，Li^+ 在金属锂电极附近的区域有积累的趋势，倾向于产生金属锂枝晶的生长。而短路预嵌锂和电化学预锂方法的结合则可以抵消锂离子电容器内部的电位损失，增强 Li^+ 在多个负极电极间的扩散。

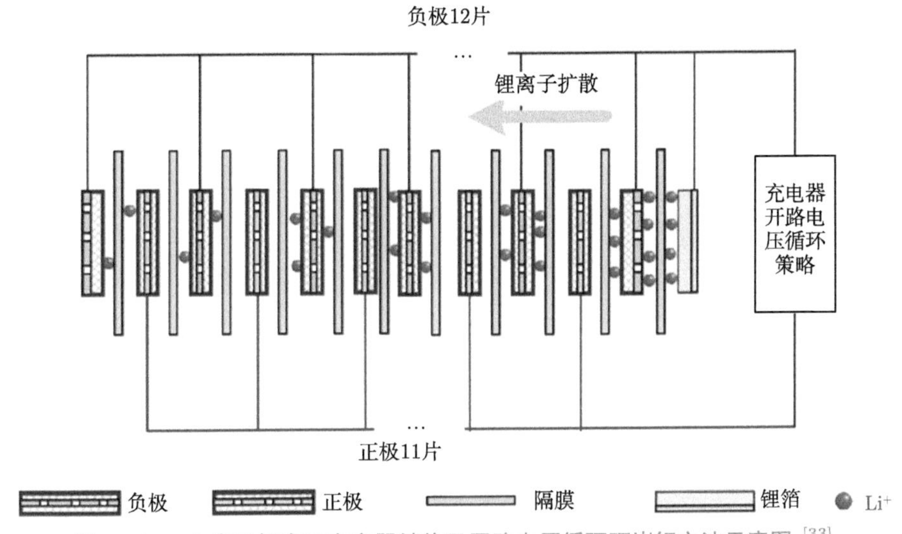

图 5-17 大容量锂离子电容器结构及开路电压循环预嵌锂方法示意图 [33]

通过牺牲锂金属电极辅助的预嵌锂是一种非常有效的提升锂离子电容器电化学性能的方法，这种方法可以通过控制电位来精确调控预锂化度，受到人们的广泛关注。然而，这种方法还存在如下几个问题。第一，引入的牺牲锂金属电极具有很高的反应活性，这将对预嵌锂的安全性提出挑战。第二，为了使锂离子在极片各层间都能进行扩散与迁移，需要采用穿孔集流体，且预嵌锂后引入的牺牲锂金属电极需要移除，这无疑都将花费更多的时间及成本。第三，该方法的预嵌锂时间一般为十几个小时至几天不等，预嵌锂速率较慢。此外，预嵌锂时电流一般为恒定的，这就使得极片在其垂直方向上的电流密度始终是一致的，因此预嵌锂时锂离子嵌入的均匀性就受限于极片的厚度以及活性材料在极片上分布的均匀程度。

5.3 正极添加剂辅助嵌锂法

正极添加剂辅助嵌锂法是将富锂材料添加至正极再组装成锂离子电容器，在第一个充电过程中，富锂材料在正极工作的相同电位范围内不可逆地氧化，锂离子不可逆地从正极释放并扩散到负极，从而达到预嵌锂的目的。按照添加剂的类型，这些富锂材料可分为二元锂化合物、有机锂化合物、富锂过渡金属氧化物和其他锂盐化合物四类。添加剂需满足以下几点才可作为预锂化材料 [34]。①良好的正极添加剂应具有比现有正极材料更高的储锂容量。如果选择将现有正极材料翻倍作为标准，则需要找到比容量大于 400 mA·h/g 或大于 1200 mA·h/cm^3 的预锂化添加剂。②添加剂应该能够在充电期间低于正极最高电位下释放其储存的锂离子，但不能在正极放电的最低电位下吸收锂离子，如图 5-18 所示。也就是说，需要添加剂的脱锂电位低于最大正极充电电位，而添加剂的嵌锂电位应低于最小正极放电电位，这意味着添加剂的脱锂/嵌锂电位曲线应该有很大的滞后。③正极预锂化添加剂不应对电极材料、电解液和整个电池的稳定性产生不利的影响。④理想的正极预锂化添加剂应在环境条件下保持稳定，并与现有的锂离子电容器制造工艺 (如浆料混合、涂布等) 兼容。

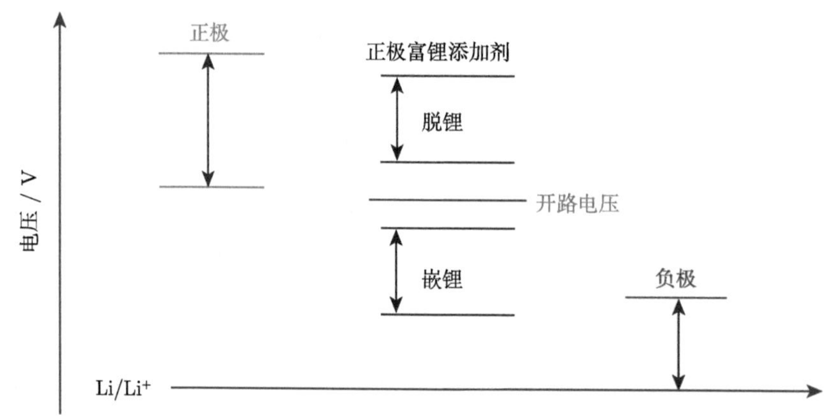

图 5-18 理想正极富锂添加剂的潜在要求。在正极的截止充电电压以下完全脱锂，在其截止放电电压以下开始锂化

5.3.1 二元锂化合物

在正极添加剂辅助嵌锂法中，二元化合物 (Li_xA) 由于具有较高的比容量得到了研究人员的青睐。Zhang 采用 Li_2S 作为锂离子电容器的预锂化添加剂，通过将 Li_2S 附着在活性炭正极上组成 Li_2S-AC 复合电极 [35]。活性炭的表面含有氧官能团并以多种形式存在，包括酚羟基/醚基 (C—OH/C—O—C)、醌/酮基 (C=O) 和羧基/内酯基 (O—C=O) 等。将 Li_2S-AC 复合电极在 0.1 mA/cm^2 下充电至 4.2 V，然后收集并冲洗电极进行结构表征。S2p 结合能的 X 射线光电子能谱 (XPS) 分析表明，所得活性炭电极中的硫元素主要以两种形式存在：硫化碳、多硫代硫酸根离子和元素硫中的 S—C 键和 S—S 键 (位于 161~165 eV)，以及多硫代硫酸根阴离子、Li_2SO_3 和 Li_2SO_4 中的 S—O 键 (位

于 165~170 eV)[36,37]。实际反应机理非常复杂，Li_2S-AC//Li 电池第一次充电的反应可以表示为

$$[C^*]—O—+\left(n+\frac{1}{4}\right)Li_2S \longrightarrow [C^*]—S_n—+\frac{1}{4}Li_2SO_4+2nLi^+ +2ne^- \tag{5.1}$$

式中，C^* 代表活性炭位点；O 是活性炭表面的氧；S_n(理想情况下 $n \leqslant 4$) 是硫化碳中短 S—S 链。锂离子能够不可逆地从 Li_2S 中释放出来，而生成的硫化碳和 Li_2SO_4 稳定地保留在正极中。图 5-19 显示了锂离子电容器的初始充电 (活化) 过程中涉及的过程和可能的反应。在第一次充电时，锂离子从 Li_2S-AC 正极中提取出来，而硫物质以硫化碳、Li_2SO_3、Li_2SO_4 和其他硫代硫酸锂的形式稳定地保留在正极中。同时，释放的锂离子进入电解液，在电解液中迁移并最终嵌入石墨负极中。

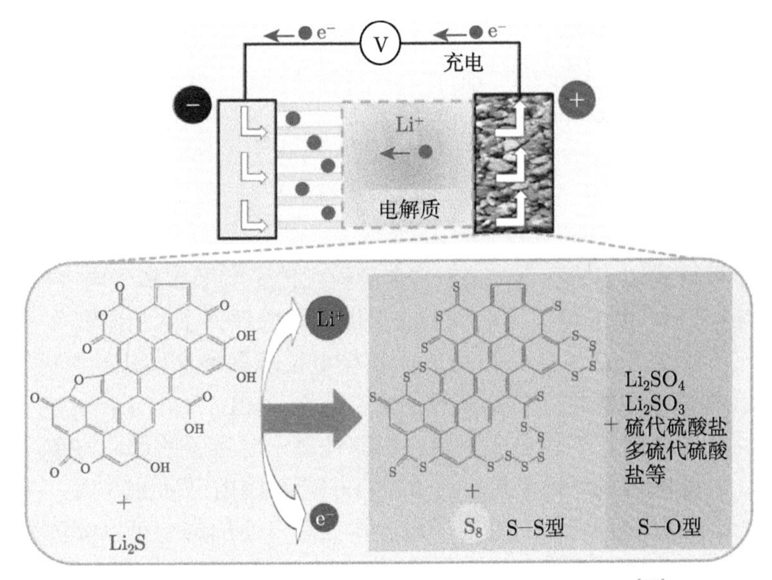

图 5-19 首周充电时 Li_2S/AC 可能发生的反应 [35]

将不同 Li_2S 含量的 Li_2S-AC 复合电极在 2.0~4.5 V (*vs.* Li/Li^+) 进行充放电测试，如图 5-20(a) 所示，充电电压非常平稳地增加，直到达到容量极限。除了由元素硫副产物在 2.3 V (*vs.* Li/Li^+) 附近处的放电导致非常短的电压平台外，放电曲线均为直线，属于典型的双电容电容器行为。Li_2S 含量的增加不会大幅增加放电比容量，但会显著增加充电比容量，即可以释放出更多的锂离子。一旦活性炭表面的含氧基团通过形成 Li_2SO_4 或其他硫酸盐物质而耗尽，Li_2S 进一步氧化，增加硫化碳中 S—S 链的长度 (即 n 值)。当 Li_2S 含量超过一定量时，将形成单质硫，含量为 30wt% Li_2S 时在 2.3 V (*vs.* Li/Li^+) 会有相对较长的放电电压平台。匹配石墨负极，组装锂离子电容器以验证 Li_2S 的原位预锂化效果。首先测试纯活性炭//石墨锂离子电容器的电化学特性，首周充电时负极电位仅下降到 0.1357 V (*vs.* Li/Li^+)，而正极电位在锂离子电容器放电中从未低于 3.7827 V (*vs.* Li/Li^+)，这意味着负极提供的锂离子不足以支持正极的全部比容量。相比之下，对于 Li_2S-AC//石

墨锂离子电容器，首周充电时负极电位降低至 0.0894 V (*vs.* Li/Li^+)，如图 5-20(b) 所示，这表明负极上的 SEI 层形成接近完成。随后放电时的正极电位下降到 2.318 V (*vs.* Li/Li^+)，该值远低于活性炭的零电荷电位 pzc，通常为 3.1 V (*vs.* Li/Li^+)。经过两个循环后，纯活性炭//石墨锂离子电容器几乎没有比容量，而 Li_2S-AC//石墨锂离子电容器在 2.0~4.0 V 的电压窗口下以 0.5 mA/cm^2 的电流密度充放电时展现出 69 mA·h/g 的比容量 (基于活性炭的质量)，非常接近于活性炭对锂半电池获得的比容量 (71 mA·h/g)。

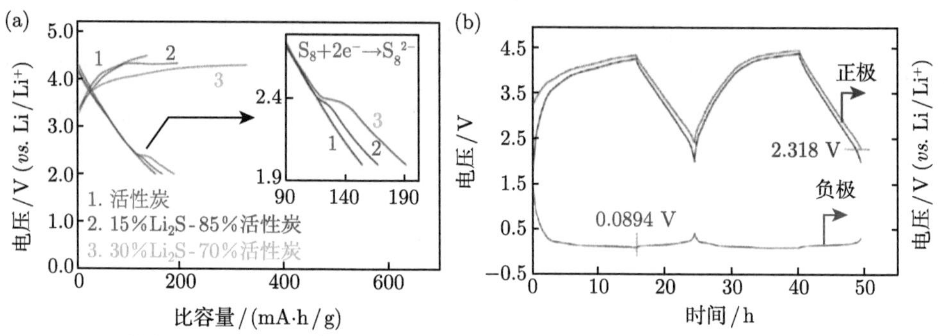

图 5-20 (a) 活性炭和 Li_2S-活性炭复合电极；(b) 15wt%Li_2S-85wt%AC//石墨锂离子电容器在 0.1 mA/cm^2 电流密度下的充放电曲线 [35]

在固定正负极质量比的情况下，Li_2S 的含量极大地影响了锂离子电容器的电化学性能。当添加 8wt% Li_2S 时，由于预锂化负极无法提供足够的锂离子，从而锂离子电容器放电结束时正极电位仅下降至 3.02 V (*vs.* Li/Li^+)，负极电位急剧增加。相比之下，当添加 15wt% Li_2S 时，正极在锂离子电容器放电结束时的电位达到 2.43 V (*vs.* Li/Li^+)，远低于活性炭的 E_0。除了 Li_2S 的含量，工作电压范围也影响锂离子电容器的循环寿命。锂离子电容器只能在 2.5~4.2 V 范围内循环数十周，在 2.5~4.0 V 范围内循环 650 周，在 2.5~3.8 V 范围内循环 800 周。工作电压范围对锂离子电容器循环寿命的影响可以解释如下。在高电压下，硫化碳中的 C—S 键可以通过释放单质硫而被氧化成 C═S 双键 (最终是 CS_2):

$$[C^*]—S_n \longrightarrow [C^*] = S + \frac{n-1}{8}S_8 + e^- \tag{5.2}$$

在电氧化过程中，很可能会产生高反应活性的多硫化物自由基正离子，这些正离子随后与电解质溶剂反应，覆盖在活性炭颗粒表面，增加了颗粒之间的电阻。另一方面，在放电过程中，如果正极的电位低于 2.3 V (*vs.* Li/Li^+)，则形成的单质硫将被还原，并且由此产生的多硫负离子与碳酸盐溶剂发生亲核反应，在活性炭颗粒表面形成电阻层。上述两种情况都会对正极的可逆性产生不利影响。因此，充电电压最好限制在 3.8 V，以延长锂离子电容器的循环寿命。

Sun 等将 Li_3N 作为锂离子电容器的预锂化材料 [38]。三电极锂离子电容器的结构如图 5-21(a) 所示，Li_3N-AC 电极为工作电极，软碳电极为对电极，金属锂电极为参比电极。预锂化过程如图 5-21(b) 所示，首周充电时，Li_3N-AC 电极的电位升高，活性炭通过双电层来吸附电解液中的阴离子，与此同时 Li_3N 发生分解并释放 Li^+ 至电解液中，随

后电解液中的 Li^+ 向负极迁移并嵌入软碳中，使得其电位降低，由此完成预锂化。同时，Li_3N 分解产生的 N_2 释放至体系中，可对其进行排气处理。经过排气后，不残留其他非活性成分。

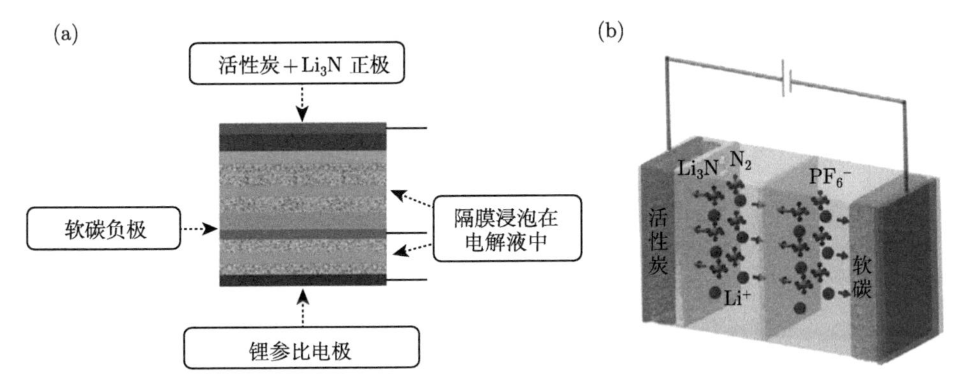

图 5-21 (a) 三电极锂离子电容器的结构；(b) 通过 Li_3N 首周充电实现的预嵌锂化过程示意图 [38]

通过循环伏安法来检测 Li_3N 的分解电压，如图 5-22(a) 所示。从首周的氧化曲线可以看出，开路电压位于 0.7 V (*vs.* Li/Li^+)，当电压提升至 0.8 V (*vs.* Li/Li^+) 时，曲线开始急剧上升，此时的电流密度为 7.8 mA/g，表明 Li_3N 开始分解，其分解过程如下：

$$2Li_3N \longrightarrow 6Li^+ + 6e^- + N_2 \tag{5.3}$$

当电压升至 1.2 V 时，曲线到达峰顶，此时电流密度为 449.6 mA/g，Li_3N 的分解速率大大提升。电压继续提升，曲线开始下降，至 1.9 V (*vs.* Li/Li^+) 时电流密度降为峰顶的 10%，且趋于水平，表明 Li_3N 在 1.9 V 时已基本分解完全。首周还原曲线电流密度一直很低，为 10 mA/g 以下，不再有峰，且随后第二周与第三周曲线的电流密度也均在 10 mA/g 以下，这表明 Li_3N 通过首周释放出锂离子后便不再可逆。随后采用恒流充放电测试了 Li_3N 的比容量，如图 5-22(b) 所示。开路电压为 0.7 V (*vs.* Li/Li^+)，随后由于受到欧姆极化的影响电压迅速上升至 0.9 V (*vs.* Li/Li^+)，随即出现平台，为 Li_3N 的分解过程。曲线至 1.8 V(*vs.* Li/Li^+) 时呈大幅度上升趋势，表明 Li_3N 已基本分解完全。继续充电至 4.3 V (*vs.* Li/Li^+) 时，Li_3N 展现出 1379 mA·h/g 的高比容量，具有高比容量的预嵌锂添加剂可大大降低其在正极中的添加量。Li_3N 在随后 5 周的放电–充电循环过程中具有的比容量极小，只有首周充电的 0.05% 。从以上结果可以看出，Li_3N 的分解过程为不可逆的，非常适合作为锂离子电容器的预锂化添加剂。

图 5-23 为 Li_3N 粉末、活性炭电极及 Li_3N-AC 电极预嵌锂前后的 SEM 图片。可以看出，Li_3N 为近似球形的颗粒，尺寸从 1~2 μm 不等 (图 5-23(a))，活性炭电极由具有微米尺寸的块状颗粒组成 (图 5-23(b))。当 Li_3N 涂覆到活性炭表面时形貌没有改变，表明冷压处理不会对材料的微观形貌造成破坏 (图 5-23(c))。预嵌锂之后，电极表面仍为致密结构，且没有明显的孔洞和团聚现象，表明预嵌锂不会破坏电极材料的完整性 (图 5-23(d))。随后对 Li_3N-AC 电极进行预嵌锂前后 C、N 元素的能谱分析 (图 5-23(e)~(g))，Li_3N-AC 电极

预嵌锂前的 N 元素分布图表明，Li_3N 在活性炭表面均匀分布，预嵌锂之后检测不到 N 元素的分布，说明 Li_3N 已经分解完全。

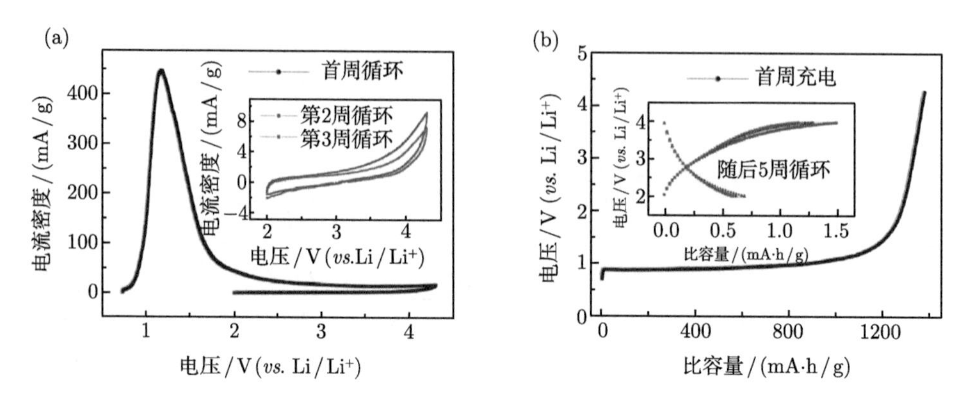

图 5-22 (a) Li_3N 在 0.12 mV/s 时的 CV 曲线，插图为第 2 及第 3 周的曲线；(b) 首周恒流充电曲线，截止电压为 4.3 V (*vs.* Li/Li^+)，电流密度为 0.08 A/g，插图为随后 5 周的循环曲线，电压为 2.0~4.0 V[38]

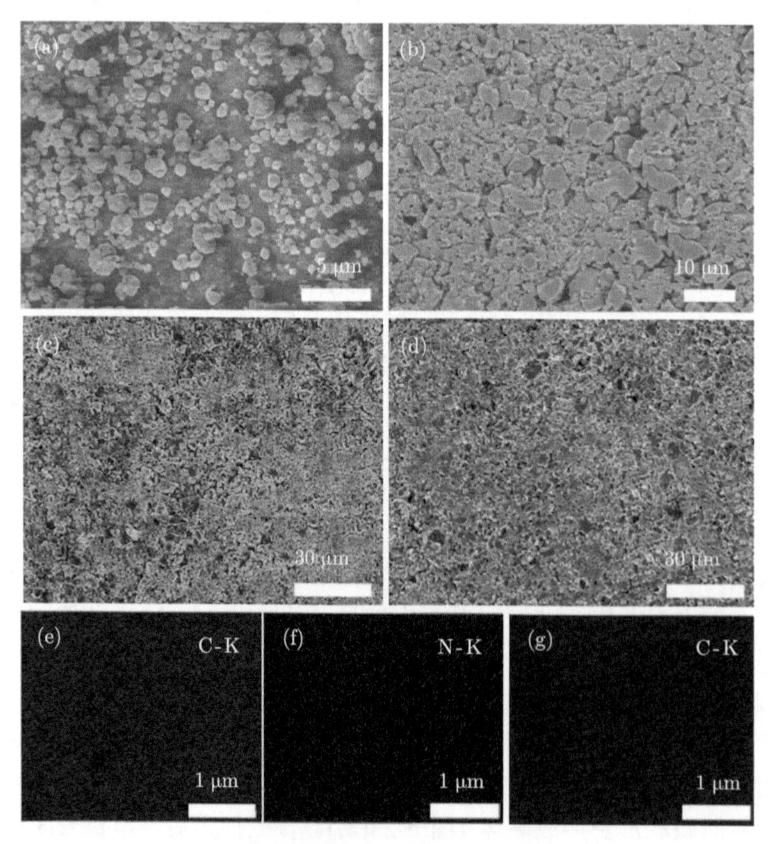

图 5-23 (a)Li_3N 粉末及 (b) 活性炭电极的 SEM 图；(c) 原始的及 (d) 预嵌锂后的 AC-Li_3N 电极的 SEM 图；(e)、(f) 预嵌锂前的及 (g) 预锂化后的 C 和 N 元素分布图 [38]

将具有不同正极、负极以及 Li_3N 质量比的锂离子电容器标记为 LIC-xy1-1 或 LIC-xy1-2，末尾数字代表锂离子电容器类型，1 为扣式，2 为软包装。例如，LIC-841-1 代表正极、负极以及 Li_3N 质量比为 8∶4∶1 的扣式锂离子电容器。先组装扣式锂离子电容器来评估其预嵌锂过程，该过程通过首周充电来完成，充电截止电压为 4.1 V，电流密度为 0.025 A/g，如图 5-24 所示。通过固定负极与 Li_3N 的质量比 (4∶1)，从 1∶1、2∶1 至 3∶1 来调整正极与负极的质量比，负极电位将会下降至 0.26 V、0.04 V 以及 −0.09 V，正极电位将会提升至 4.37 V、4.14 V 以及 4.01 V。过高的质量比将会导致锂离子在负极的嵌入过量，从而引起锂枝晶的形成，降低体系的安全性；过低的质量比造成负极嵌入的锂离子过少，正极电位过高，从而使得电解液发生氧化分解。通过固定正负极质量比为 2∶1，当 Li_3N 与负极的质量比为 1∶4 与 1∶8 时，软碳的电位可下降至 0.04 V 与 0.08 V，活性炭的电位可提升至 4.14 V 与 4.18 V。这表明增加 Li_3N 的含量会向负极嵌入更多的锂离子。无 Li_3N 添加的 LIC-440-1 的负极电位降至 0.76 V 时正极电位就已达 4.7 V，没有充足的锂离子来嵌入负极，且电解液已发生氧化分解。因此，8∶4∶1 的正极、负极、Li_3N 的质量比为最优条件。

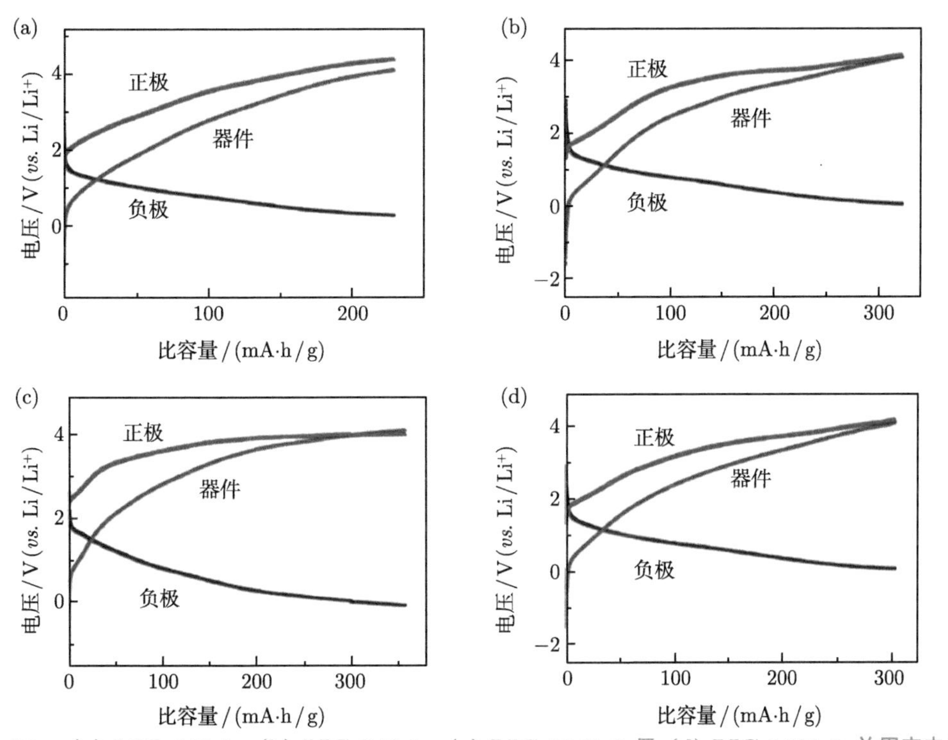

图 5-24 (a) LIC-441-1、(b) LIC-841-1、(c) LIC-1241-1 及 (d) LIC-1681-1 首周充电至 4.1 V 时的电压曲线，电流密度为 0.025 A/g[38]

随后测试了软包装锂离子电容器的电化学性能。图 5-25 为 LIC-841-2 预嵌锂之后在 2.0~4.0 V 电压窗口和 0.05 A/g、0.2 A/g、0.5 A/g、2 A/g 不同电流密度下的恒流充放电曲线。线性曲线特征表明锂离子电容器的电容特性，正极最高电位分别为 4.28 V、4.24 V、4.20 V 以及 4.07 V，抑制了正极表面 SEI 层的形成以及电解液的氧化分解。在上述电流密度下，负极最低电位分别为 0.28 V、0.24 V、0.20 V 以及 0.07 V，避免了锂枝晶的形成，从而提升了体系的安全性。此外，随着电流密度的提升，锂离子电容器的电压降逐渐变大，源于锂离子电容器欧姆极化的逐渐增大，2 A/g 下锂离子电容器具有较大的极化是由负极较大的极化造成的。

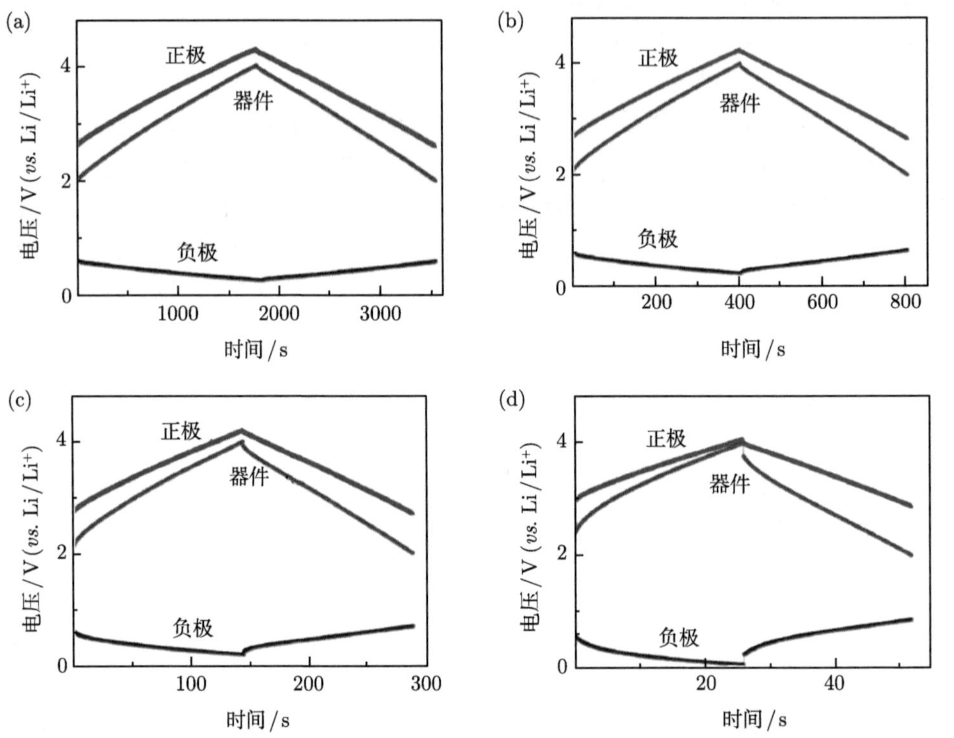

图 5-25 LIC-841-2 在 (a) 0.05、(b) 0.2、(c) 0.5 及 (d) 2 A/g 时的充放电曲线，电压窗口为 2.0~4.0 V[38]

图 5-26(a) 为 LIC-841-2 与 LIC-840-2 在 0.05 A/g、0.1 A/g、0.2 A/g、0.5 A/g、1 A/g、2 A/g 以及 5 A/g 下的倍率性能。LIC-841-2 在 0.05 A/g 下具有 43.7 F/g 的比电容，升至 5 A/g 时为 14.9 F/g，再降回至 0.05 A/g 时比电容保持率为 98.4%。而 LIC-840-2

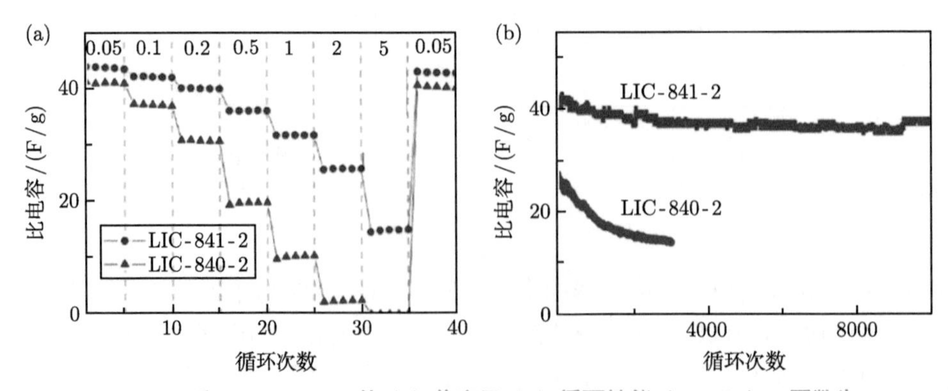

图 5-26 LIC-841-2 和 LIC-840-2 的 (a) 倍率及 (b) 循环性能 (0.5 A/g，圈数为 10000 周)[38]

在 5 A/g 电流密度下已无比电容，且随着电流密度的提升，比电容下降非常迅速。循环性能如图 5-26(b) 所示，电压窗口为 2.0~4.0 V，电流密度为 0.5 A/g。LIC-841-2 首周比电容为 41.7 F/g，10000 周后为 38.0 F/g，保持率为 91%，然而 LIC-840-2 首周比电容仅有 27.1 F/g，3000 周后保持率就降至一半。以上结果表明利用 Li_3N 作为锂离子电容器的预锂化添加剂，通过首周充电的方式来进行安全、高效、便捷的预嵌锂从而达到制备高性能锂离子电容器的目的。LIC-841-2 在 75.1 W/kg 的功率密度下具有 74.7 W·h/kg 的能量密度，在 21.5 W·h/kg 的能量密度下具有 12.9 kW/kg 的功率密度。

Liu 等研究了 Li_3N 分别与 N,N-二甲基甲酰胺 (DMF)、二甲基乙酰胺 (DMAC)、N-甲基-2-吡咯烷酮 (NMP) 和二甲基亚砜 (DMSO) 溶剂之间的稳定性 [39]。他们发现 Li_3N 与 DMAC、NMP 和 DMSO 混合后产生一些固体残留物，同时释放出大量热量。然而，Li_3N 与 DMF 混合后的固体残留物没有颜色变化 (仍然是紫色)，也没有明显的热释放，由此可以看出 DMF 对 Li_3N 是惰性的。Li_3N 是一种极强的碱，基于碱催化反应机理，很容易将 α 位上的氢 (α-H) 带到羰基。根据 Li_3N 和 DMAC(它具有与 NMP 相似的 α-H) 之间可能的反应过程所示，推测 Li_3N 会首先进攻 α-H，然后发生进一步的自缩合反应以形成具有烯醇结构的产物。但 Li_3N 与 DMSO 之间仅发生去质子化反应，不发生缩合反应。Li_3N 和 DMSO 之间的反应产物应该是 H_3CSOCH_2Li，这意味着 α-H 的脱氢是决定 Li_3N 与这些溶剂是否发生反应的关键过程。为了证明上述推测，通过密度泛函理论 (DFT) 计算了 DMAC、NMP、DMSO 和 DMF 的脱氢能 (E_d)。所有的分子结构都通过谐波振动频率检查，以确保优化的结构在势能表面上是最小的。DMF 的 E_d 比 DMAC、DMSO 和 NMP 的 E_d 几乎大 15 kcal/mol。这样的能量差异已经是水分子之间形成的氢键能 (约 4.6 kcal/mol) 的三倍，因此足以得出结论，相比于 DMAC、DMSO 和 NMP 的 α-H，Li_3N 与 DMF 的醛-H 更不容易反应。这个模拟值和实验结果很好地相互印证，是推测 Li_3N 容易攻击 α-H 的有力证据。

随后，他们采用具有商业兼容性的浆料涂布工艺，在手套箱中将 68wt%活性炭、12wt% Li_3N、10wt% Super P 和 10wt%聚偏二氟乙烯 (PVDF) 在 DMF 中混合均匀后制备成 AC-Li_3N 混合正极，再与硬碳负极组装成软包装锂离子电容器。纯活性炭电极的初始充电比容量约为 90 mA·h/g，当活性炭电极混合 12wt%的 Li_3N 后，AC-Li_3N 电极的初始充电比容量达到 370 mA·h/g，如图 5-27(a) 所示，比纯活性炭电极高 280 mA·h/g。基于 Li_3N 质量的充电比容量达到 1980 mA·h/g(约 2.6 Li)，这表明 Li_3N 在 AC-Li_3N 混合电极中的利用率很高。为了进一步研究 Li_3N 的电化学分解特性，在初始充电过程前后对 AC-Li_3N 电极进行 XRD 表征。经过初始充电过程后，Li_3N 的衍射峰消失，表明 Li_3N 完全分解 (图 5-27(b))。他们研究了在活性炭正极中加和不加 Li_3N(0wt%和 12wt%) 时组装的软包装锂离子电容器电化学性能，分别记为 LIC0 和 LIC250。在 25 mA/g 的电流密度下以及 2~4.2 V 的电压窗口下对锂离子电容器进行充放电测试。对于 LIC0 器件，活性炭和硬碳电极的电压–时间曲线并不完全呈线性关系，如图 5-27(c) 所示。尤其是在充电开始和放电结束阶段，LIC0 的电压突然下降/上升。相反，对于 LIC250 器件，活性炭和硬碳电极的充放电曲线中电压与时间几乎呈线性关系，如图 5-27(d) 所示。同时，由于采用预嵌锂工艺，硬碳负极的电位变化范围减小，表明 LIC250 的循环稳定性得到改善。LIC250

的最高能量密度和功率密度分别为 130.1 W·h/kg 和 5056.9 W/kg。LIC0 的能量密度经过 1000 次循环后保留率仅为 16%，LIC0 正极的充电截止电压高达 4.51 V(*vs.* Li/Li^+)，当电压超过 4.3 V 时，电解液会在活性炭正极表面分解，导致能量密度快速衰减。相反，当使用 Li_3N 对硬碳负极进行预嵌锂后，LIC250 在 6C 下循环 1000 周能量密度保持率超过 97%，循环 10000 周后保持率为 90%。

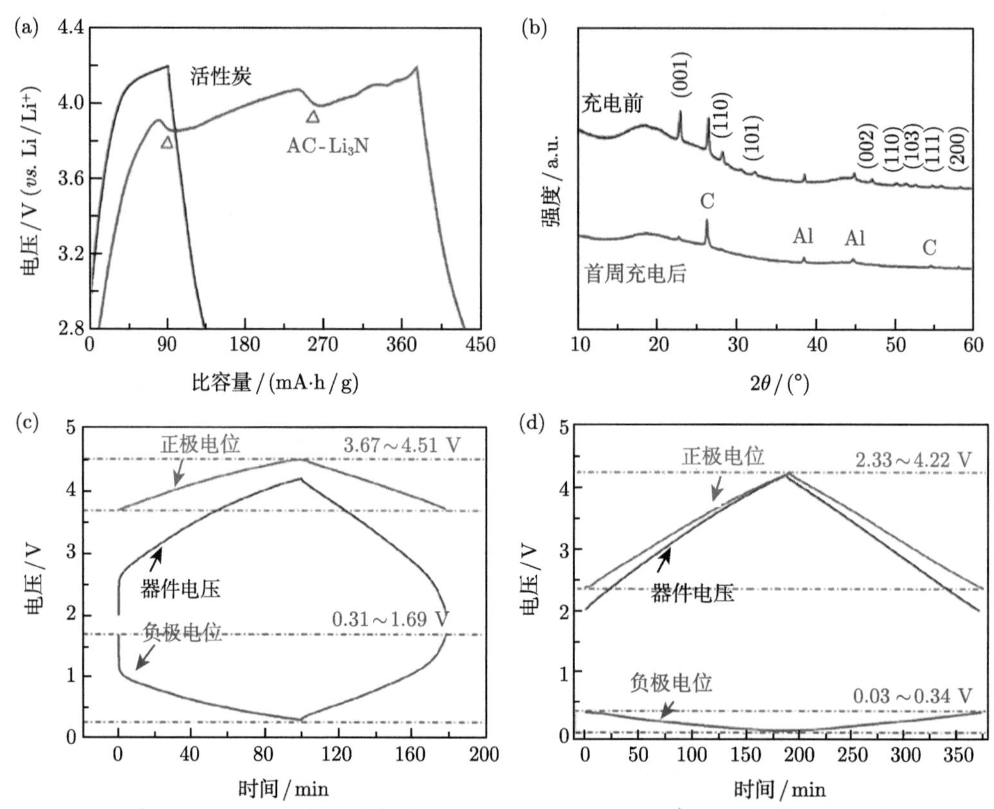

图 5-27 (a) 在 14 mA/g 的电流密度时 2.8~4.2 V (*vs.* Li/Li^+) 电压区间下活性炭和 AC-Li_3N 混合电极的首周充放电曲线 (在 AC-Li_3N 电极中，Li_3N 含量为 12wt%)；(b)AC-Li_3N 电极充电前和首周充电后的 XRD 图谱；三电极 (c)LIC0 和 (d)LIC250 在 2~4.2 V 电压区间时 25 mA/g 的电流密度下的充放电曲线 [39]

5.3.2 有机锂化合物

不仅无机物锂盐可以用来预嵌锂，有机物锂盐也可以用作预锂化添加剂。Jezowski 等通过在四氢呋喃中将 LiH 与 3,4-二羟基苯甲腈反应，制备了 3,4-二羟基苄腈二锂盐 (Li_2DHBN)[40]。构建并测试 Li_2DHBN 对锂半电池，在首周循环伏安曲线中，从约 3.0 V 处开始出现氧化峰，在 3.7 V 时出现最大氧化电流。在随后的还原扫描过程中，没有还原峰的出现，这表明从这种材料中释放锂是完全不可逆的。第 2 周循环伏安曲线存在一个强度很低的氧化峰，可能对应于首周未反应完的 Li_2DHBN，该峰在随后的扫描中完全消失 (图 5-28(a))。Li_2DHBN 对锂半电池以 C/10 的倍率在 2.0~4.0 V 的电压区间进行恒流充放电测试，首周充电时，在 3.2 V 出现电压平台，至 3.3 V 电压平台结束，Li_2DHBN 充电比容量为 345 mA·h/g，相当于每分子 Li_2DHBN 释放 1.9 个 Li^+(图 5-28(b))。继续充电，在 3.3 V 和 4.0 V 之间可以再获得 30 mA·h/g 的比容量。然而，随后放电至 2.0 V 时则没有容量，说明该过程具有不可逆性。第 2 次充放电循环时比容量仅为 15 mA·h/g，这可归因于副反应。因此，这些实验证实，可以将 Li_2DHBN 添加到活性炭中来实现锂离子电容器负极预嵌锂。Li_2DHBN 的氧化产物 3,4-二氧代苯甲腈 (DOBN) 在 1M $LiPF_6$/EC+DMC 电解液中有很好的相容性 (图 5-28(c))，且电解液的离子电导率在充放电前后变化很小 (从 10.4 mS/cm 到 9.9 mS/cm)。

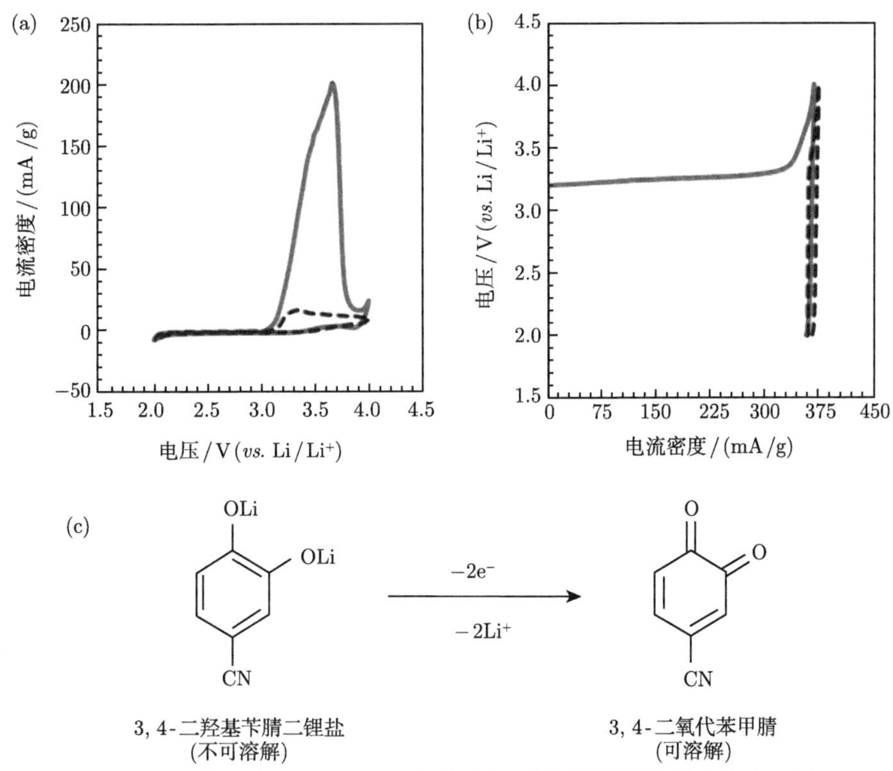

图 5-28 (a) Li_2DHBN 电极在 0.06 mV/s 扫描速度下前两周的循环伏安曲线；(b) Li_2DHBN 电极在 C/10 电流密度下的前两周恒流充放电曲线；(c) Li_2DHBN 氧化反应示意图 [40]

考虑到 Li_2DHBN 的理论不可逆比容量为 365 mA·h/g 和石墨的理论比容量为 372 mA·h/g，表明 Li_2DHBN 添加量应该与石墨负极的质量几乎相等时才能实现石墨的完全嵌锂。于是，采用相同质量的石墨、活性炭和 Li_2DHBN 来组装锂离子电容器。首周充电实现负极预嵌锂过程，电流密度为 37.2 mA/g，截止电压分别为 4.00 V 和 0.01 V (*vs.* Li/Li^+)，以避免可能的副反应。Li_2DHBN 的脱锂电位约为 3.2 V (*vs.* Li/Li^+)，比容量为 360 mA·h/g。然而，考虑到形成 SEI 层相对应的不可逆比容量约为 40 mA·h/g，因此可逆嵌入石墨电极中锂离子的比容量为 320 mA·h/g，形成 $Li_{0.86}C_6$ 的结构。预锂化后，锂离子电容器进行恒流充放电测试，同时监测锂离子电容器电压并记录正极和负极的电位。在 0.25 A/g、0.50 A/g 和 0.65 A/g 的电流密度下，正极的电位始终高于 2.2 V，防止活性炭表面形成 SEI 层，且低于 4.0 V (*vs.* Li/Li^+)，防止电解液氧化。在上述电流密度下，石墨负极的最低电位分别为 37 mV、20 mV 和 15 mV (*vs.* Li/Li$^+$)，均始终高于 0 V，由此可确定在 2.2~4.0 V 的电压窗口下以及 0.25 A/g、0.50 A/g 和 0.65 A/g 的电流密度下不会发生锂沉积，因此消除了短路和随后的热失控风险。锂离子电容器在 2.2~4.0 V 的电压窗口、0.25~0.65 A/g 的电流密度下进行循环寿命测试。在前 100 周，比电容略有下降，但从第 1800 次到第 5000 次循环，比电容的衰减极低。锂离子电容器的能量密度在 40~60 W·h/kg 范围内，比双电层电容器 (基于电极材料质量的能量密度为 12 W·h/kg) 高 5 倍。这种采用 Li_2DHBN 预锂化策略在保持锂离子电容器高的能量密度以及维持长循环寿命方面都是比较有效的。

方形双金属化合物，比如方形二锂 ($Li_2C_4O_4$)、方形二钠 ($Na_2C_4O_4$) 及方形二钾 ($K_2C_4O_4$) 等，可分别用作金属 (锂/钠/钾) 离子电容器的正极添加剂 [41,42]。$Li_2C_4O_4$ 具有容易合成、高不可逆性、空气中稳定、安全、成本较低以及合适的脱锂氧化电位 (3.5~4.5 V (*vs.* Li/Li$^+$)) 等优点。$Li_2C_4O_4$ 电极的首周循环伏安 (扫描速度为 0.1 mV/s) 曲线在 3.8~4.5 V 有宽峰，对应 $Li_2C_4O_4$ 的氧化：

$$Li_2C_4O_4 \longrightarrow 2CO_2 + 2C + 2e^- + 2Li^+ \tag{5.4}$$

此宽峰在第 2~5 周后强度变得很低，表明首周循环后留在电极中的剩余 $Li_2C_4O_4$ 被氧化，循环至第 10 周后没有出现任何峰证实 $Li_2C_4O_4$ 的完全不可逆氧化 (图 5-29(a))。随后以 C/10 的倍率进行恒流充放电测试，充电截止电压为 4.2 V，以防止电解液的氧化分解，首周充电比容量为 375 mA·h/g，平台位于 3.8 V 和 4.0 V 之间。循环 10 周后比容量稳定在 5 mA·h/g，表明 $Li_2C_4O_4$ 在前 10 周循环中完全分解，剩余比容量的贡献来自于导电剂。将活性炭、$Li_2C_4O_4$、Super P 和 PVDF 在 NMP 中按照质量比 50:40:5:5 混合均匀，制备出 AC-$Li_2C_4O_4$ 复合正极。由于 $Li_2C_4O_4$ 的不可逆氧化反应，AC-$Li_2C_4O_4$ 电极在 3.8~4.2 V 有宽峰。在接下来的循环中，宽峰强度变弱，表明 AC-$Li_2C_4O_4$ 电极中仍存在 $Li_2C_4O_4$。在第 10 周循环之后，循环伏安曲线体现出矩形特征，表明活性炭的电容存储机制 (图 5-29(b))，正极的容量仅是由于活性炭的贡献，电极中不存在其他活性物质。AC-$Li_2C_4O_4$ 电极在 C/10 倍率下比容量为 480 mA·h/g(基于 $Li_2C_4O_4$ 的质量)，第二周循

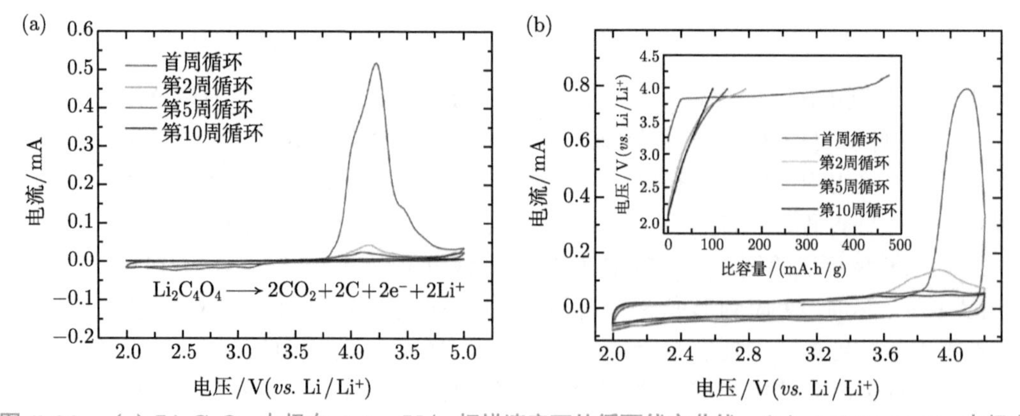

图 5-29 (a) $Li_2C_4O_4$ 电极在 0.1 mV/s 扫描速度下的循环伏安曲线；(b) AC-$Li_2C_4O_4$ 电极在 0.1 mV/s 扫描速度下的循环伏安曲线，插图为 C/10 电流密度下的恒流充电曲线

环为 180 mA·h/g，进一步循环则比容量连续减少，直到第 10 周循环后仅保留活性炭的贡献，此时比容量为 80 mA·h/g(基于活性炭的质量)。此外，AC-$Li_2C_4O_4$ 电极比纯活性炭电极具有更好的倍率性能。对循环前后的活性炭电极和 AC-$Li_2C_4O_4$ 电极进行微观结构分析，并与纯活性炭电极进行对比。研究发现，纯活性炭电极看起来很紧凑，而 AC-$Li_2C_4O_4$ 电极中由于存在 $Li_2C_4O_4$ 微米颗粒 (5~10 μm)，均匀性较差。在循环后的 AC-$Li_2C_4O_4$ 电极中由于 $Li_2C_4O_4$ 的分解而形成了孔隙，这有利于电解液在活性炭电极中的扩散。

分别选择石墨以及硬碳作为负极材料，与 AC-$Li_2C_4O_4$ 复合正极组装成锂离子电容器。首先，活性炭//石墨锂离子电容器以 C/10 倍率 (基于石墨电极的质量) 充电，达到 4.0 V 的终止电压。这使得 $Li_2C_4O_4$ 在 3.8~4.0 V (*vs.* Li/Li^+) 时被氧化，并且脱出的 Li^+ 嵌入石墨中，使负极电位降至 0.1 V (*vs.* Li/Li^+)，正极电位上升到 4.1 V (*vs.* Li/Li^+)。对于活性炭//硬碳锂离子电容器采用相同的条件，在 C/10 倍率 (基于硬碳电极的质量) 下充电至 4 V，同时从正极中脱出的 Li^+ 嵌入硬碳中，负极电位达到 0.3 V (*vs.* Li/Li^+)。由于石墨较低的首次不可逆比容量，在第一次充电步骤中几乎完全实现预锂化，达到充电状态的 87% 。而硬碳的首次不可逆容量较高，在第一次充电时没有完全实现预锂化，硬碳电位为 0.3 V (*vs.* Li/Li^+)，AC-$Li_2C_4O_4$ 电极达到 4.3 V (*vs.* Li/Li^+)。完成预锂化步骤后，在 2.0~4.0 V 的电压窗口下对锂离子电容器进行恒流充放电测试，充放电曲线体现出三角对称的形状，表明电容的特征。活性炭//石墨锂离子电容器具有最高的能量密度，达到 102 W·h/kg，而活性炭//硬碳锂离子电容器的能量密度为 73 W·h/kg；活性炭//硬碳锂离子电容器具有最高的功率密度，可以达到约 20 kW/kg。这是由于，石墨负极在脱/嵌锂过程中具有很好的平台特征，充放电电位在 96~230 mV 摆动，正极材料的利用率高，而硬碳负极充放电电位在 380~860 mV 摆动，出现斜坡，从而会影响锂离子电容器的能量密度。但硬碳的倍率特性比石墨要好，功率密度要高，可以实现短时间大电流放电。

随后，他们继续验证了 $Li_2C_4O_4$ 作为锂离子电容器预锂化材料的实用性，采用 AC-$Li_2C_4O_4$ 正极和硬碳负极 (活性炭∶$Li_2C_4O_4$∶硬碳的质量比为 1∶0.8∶1)，研制出软包装锂离子电容器 [42]。图 5-30 为 AC-$Li_2C_4O_4$//硬碳软包装锂离子电容器在 0.01 A/g 电流密度下前 10 周的恒流充放电曲线，电压窗口为 2.0~4.1 V。首周充电时，正极电位快速升至 4.03 V (*vs.* Li/Li^+)，并出现充电平台，这是由于 $Li_2C_4O_4$ 氧化并释放出 Li^+。在随后的几周循环中，$Li_2C_4O_4$ 继续分解，第 10 周循环后充放电曲线呈现三角对称形，说明 $Li_2C_4O_4$ 已经分解完全。当锂离子电容器充电到 4.1 V 时，硬碳负极电位降到 0.055 V (*vs.* Li/Li^+)，对应的比容量为 325 mA·h/g，证明硬碳已经充分锂化而没有金属锂沉积。该锂离子电容器在 2.2~3.8 V 电压窗口、1 A/g 电流密度下循环 80000 周容量保持率为 83%，在 3.8 V 室温下浮充老化 1000 h，容量保持率为 100%，但是在 70 ℃ 高温下循环 3500 周后，容量保持率为 70% 。最后，开发出多层软包装锂离子电容器，容量为 44 F，基于器件质量的能量密度最高为 7.2 W·h/kg，功率密度最高为 1 kW/kg，这说明，采用 $Li_2C_4O_4$ 作为锂离子电容器预锂化材料以及正极添加剂辅助嵌锂的工艺具有商业化前景。

此外，Zou 等 [43] 利用 Kolbe 电解反应将 CH_3COOM(M=Li, Na, K) 用作金属离子电容器的牺牲盐，电解反应为

$$2R\text{—}COOM \longrightarrow R\text{—}R + 2CO_2 + 2M^+ + 2e^- (M = Li, Na, K) \tag{5.5}$$

通过密度泛函理论，可计算得到 CH_3COOLi 中 O—Li 的键能为 5.16 eV。充电截止电压为 4.5 V 时，CH_3COOLi 的比容量约为 350 mA·h/g。在 2.0~4.0 V 的电压窗口下，AC-CH_3COOLi//石墨锂离子电容器的最高能量密度与功率密度分别约为 40 W·h/kg 和 6 kW/kg，AC-CH_3COOLi//TiO_2 锂离子电容器的最高能量密度与功率密度分别约为 50 W·h/kg 和 6 kW/kg。

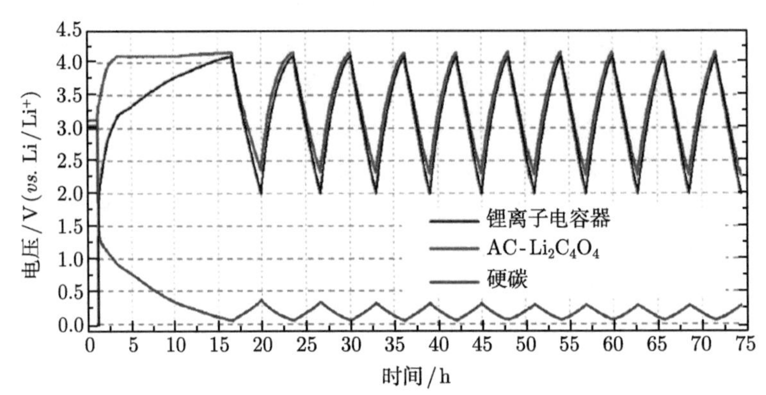

图 5-30 AC-$Li_2C_4O_4$//硬碳软包装锂离子电容器在 0.01 A/g 电流密度下前 10 周的恒流充放电曲线 [42]

5.3.3 富锂过渡金属氧化物

富锂过渡金属氧化物也可以作为预锂化材料，它们可表示成 $Li_xM_yO_z$(M 为过渡金属元素)。Park 等通过碳热还原 Li_2MoO_4 合成了 Li_2MoO_3 来作为锂离子电容器正极添加剂 [44]，如图 5-31(a) 所示。首周充电时，在 3.6 V 和 4.4 V (*vs.* Li/Li^+) 附近有两个明显的平台，这分别对应于从 Li_2MoO_3 结构中的锂层和过渡金属层中锂离子的脱出。当 Li_2MoO_3 充电至 4.7 V (*vs.* Li/Li^+) 时，初始充电比容量超过 250 mA·h/g。随后的放电过程在 2.5 V (*vs.* Li/Li^+) 的截止电压下，不到 30%的锂离子可以恢复到主体结构中，表明 Li_2MoO_3 的电化学不可逆性。对 Li_2MoO_3 进行原位 XRD 测试，分别对应于 Li_2MoO_3 的 (003) 和 (006) 晶面的 18.0° 和 36.5° 处的峰在充电至 4.7 V (*vs.* Li/Li^+) 时逐渐降低，在随后的放电过程中没有完全恢复。此外，在 18.5° 处观察到一个峰值，这可能归因于放电期间的 $Li_{2-x}MoO_3$ 相。此外，采用 XPS 测试来分析 Li_2MoO_3 在第一次充电期间的化学状态。将样品充电至三种不同的状态，分别对应 4.3 V、4.5 V 和 4.7 V (*vs.* Li/Li^+)。当截止电压从 4.3 V 增加到 4.7 V (*vs.* Li/Li^+) 时，Mo 3d 的结合能峰值逐渐从 232.4 eV 转移到 233.1 eV。由于锂离子从主体材料中逐渐脱出，峰位置的变化源于 Mo^{4+} 氧化到 Mo^{6+}。此外，O 2p 峰 (532.5 eV) 没有明显的变化，这间接证明即使在完全充电状态 (4.7 V (*vs.* Li/Li^+)) 下氧原子结构也保持完整。即使在高电压下，Li_2MoO_3 也不会伴随显著的氧气释放。

将不同添加量的 Li_2MoO_3 与活性炭混合，以 0.1C 的倍率充电至 4.7 V (*vs.* Li/Li^+)，其中 Li_2MoO_3 的含量分别为 0wt%、5wt%和 10wt%，对应的充电比容量分别为 137.2 mA·h/g、156.1 mA·h/g 和 184.5 mA·h/g(图 5-31(b))。为了对比，他们组装了两种锂离子电容器，一种是使用金属锂的传统方法，另一种是使用 Li_2MoO_3 正极添加剂的方法，使硬碳负极达到 60%比容量的嵌锂量。为确保所需的预嵌锂程度，将 25.6wt% Li_2MoO_3 掺入正极活性炭中。预嵌锂后，锂离子电容器在 1.5~3.9 V 的电压范围内以 0.1C 的倍率进行充放电。AC-Li_2MoO_3//硬碳锂离子电容器的放电容量为 0.50 F，高于采用常规金属锂预嵌锂工艺制备的锂离子电容器 (0.39 F)。图 5-31(c) 为 AC-Li_2MoO_3//硬碳和金属锂预嵌锂的锂离子电容器在 10C 倍率和电压窗口为 1.5~3.9 V 下的循环性能。200 次循环后，AC-Li_2MoO_3//硬碳和金属锂预嵌锂的锂离子电容器的容量保持率分别为 92.0%和 94.5%，Li_2MoO_3 相对较大的粒径可能会导致初始循环中少量容量的损失。他们接着在 Li_2MoO_3 与活性炭混合体系中再加入 Li_2RuO_3，添加 10wt% Li_2RuO_3 的锂离子电容器 (其中 Li_2MoO_3 为 22.8wt%、活性炭为 59.2wt%) 的比电容为 381.2 F/g，而不添加 Li_2RuO_3 的锂离子电容器 (其中 Li_2MoO_3 为 25.6wt%、活性炭为 66.4wt%) 的比电容为 328.6 F/g，比电容的提高是由 Li_2RuO_3 可逆的法拉第反应所致 [45]。

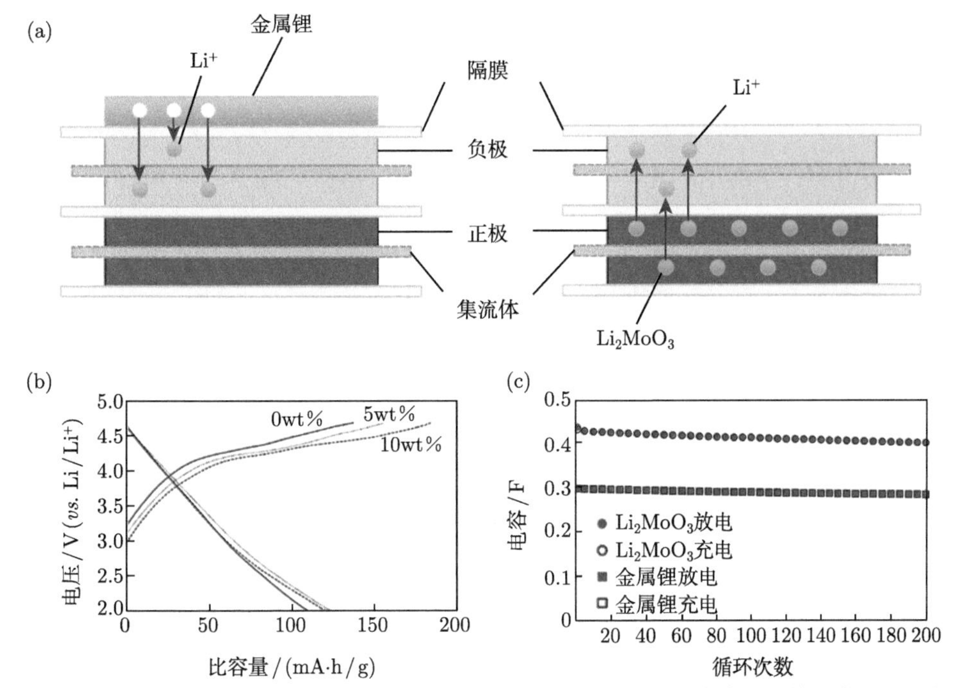

图 5-31 (a) 分别利用金属锂及 Li_2MoO_3 作为预锂化材料的锂离子电容器结构示意图；具有不同 Li_2MoO_3 含量的锂离子电容器的 (b) 电压曲线 (0.1C，2.0~4.7 V) 及 (c) 循环性能 (10C，1.5~3.9 V)[44]

Park 等利用固相反应合成 Li_5FeO_4，将其用作锂离子电容器的预锂化材料 [46]。锂离子可以从 Li_5FeO_4 中脱出，然后嵌入负极中，同时 Li_5FeO_4 在第一次充电期间形成脱锂的 $Li_{5-x}FeO_4$ 相 (第 1 阶段)。在第一次充/放电循环之后 (第 2 阶段)，大部分脱出锂离子不再嵌入 $Li_{5-x}FeO_4$ 中，仍保留在负极中。在接下来的充/放电循环中 (第 3 阶段)，剩余的锂离子不参与正极中 Li_5FeO_4 的可逆反应，只参与负极的氧化还原反应。对 $Li_{5-x}FeO_4$ 进行原位 XRD 测试，以验证 Li_5FeO_4 在第一次充放电循环过程中嵌锂的不可逆性，电压窗口为 2.0~4.7 V (*vs.* Li/Li^+)，在 3.6 V 及 4.1 V (*vs.* Li/Li^+) 处有两个充电电压平台，由此

证明 Li_5FeO_4 脱锂是通过两步反应进行的。第一次充电比容量约为 678 mA·h/g，这表明从主体结构中提取了近四个锂离子，每一步提取两个锂离子。当电压降至 2.0 V (*vs.* Li/Li^+) 时，放电比容量约为 110 mA·h/g，表明只有 16%的锂离子可逆嵌入 Li_5FeO_4 结构中。由此可以说明，从 Li_5FeO_4 中脱出的锂离子约有 84%可用于负极预嵌锂。

将 Li_5FeO_4 与活性炭混合 (其中 Li_5FeO_4 的含量为 10.3wt%) 作为正极，硬碳作为负极，组装成锂离子电容器。图 5-32(a) 为正极含 Li_5FeO_4 的锂离子电容器在第一次充电至 4.7 V 时的器件 (实线) 和正极 (虚线) 的电位曲线。相比于正极不含 Li_5FeO_4 的锂离子电容器电压曲线 (虚线)，含有 Li_5FeO_4 的锂离子电容器则表现出约 0.40 mA·h 的额外充电容量，这是由 Li_5FeO_4 中脱出锂离子所致，表明可以通过第一次充电过程脱出锂离子，用于负极的预嵌锂。嵌锂负极的电位曲线如图 5-32(b) 所示，当含 Li_5FeO_4 的混合正极初始充电至 4.7 V (*vs.* Li/Li^+) 后，负极电位降至 0.06 V (*vs.* Li/Li^+)，要低于不含 Li_5FeO_4 的锂离子电容器的负极电位。负极电位的降低导致嵌锂容量增加 0.40 mA·h，这与上述混合正极的额外充电容量相匹配。负极预嵌锂后的锂离子电容器在 10C 的倍率下、2.5~3.9 V 的电压范围内，循环 1000 周后容量保持率为 87.4%，而采用金属锂预嵌锂工艺的锂离子电

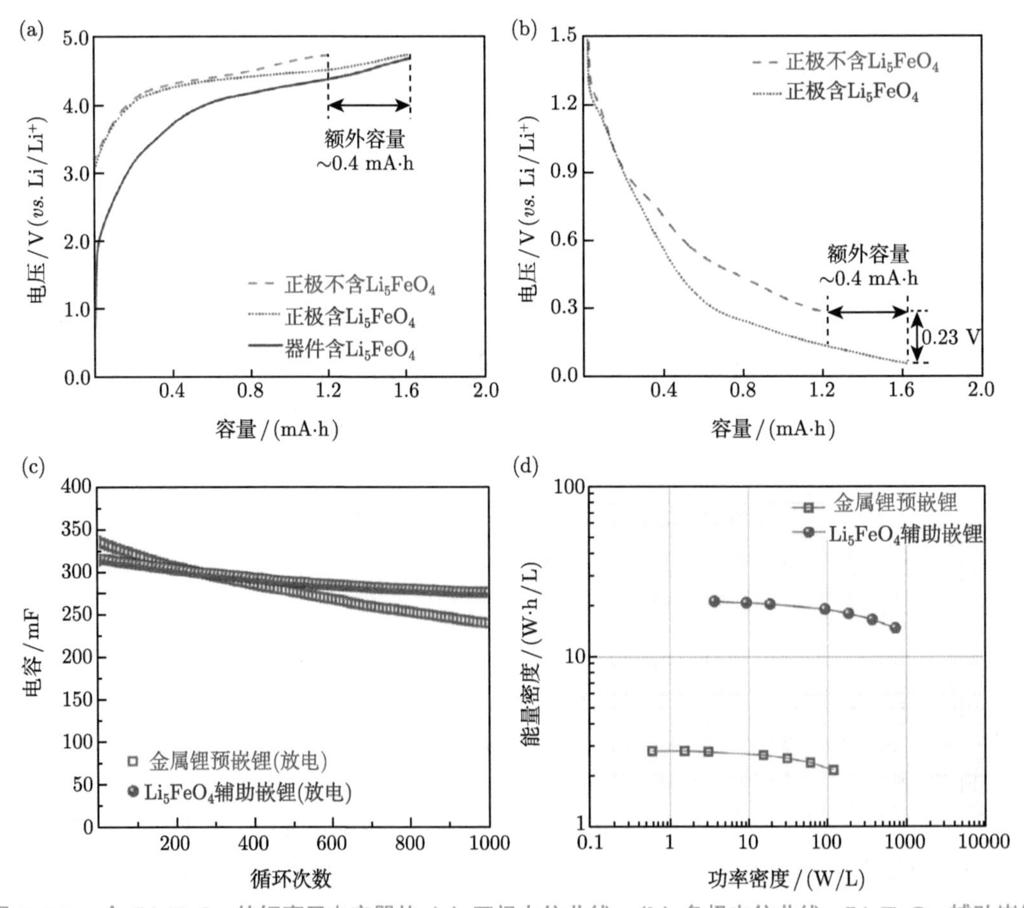

图 5-32 含 Li_5FeO_4 的锂离子电容器的 (a) 正极电位曲线、(b) 负极电位曲线；Li_5FeO_4 辅助嵌锂与金属锂预嵌锂的锂离子电容器两者的 (c) 循环性能对比和 (d)Ragone 图 [46]

容器其容量保持率仅为 71.1%(图 5-32(c))，这可能是由于，采用 Li_5FeO_4 正极辅助嵌锂工艺代替金属锂嵌锂，可以减少对器件不利的副反应，从而使锂离子电容器的循环性能得到提高。图 5-32(d) 为锂离子电容器的 Ragone 图，含 Li_5FeO_4 的锂离子电容器其体积能量密度达到 20 W·h/L，要明显高于采用金属锂预嵌锂工艺的锂离子电容器。

然而，当 Li_2MoO_3 和 Li_5FeO_4 作为预锂化材料时所需的脱锂电位高达 4.7 V，过高的电位会导致电解液发生氧化分解，从而影响器件电化学性能以及产生安全隐患。Jezowski 等采用 Li_5ReO_6 作为预锂化材料，通过对 Li_5ReO_6 与活性炭复合电极进行循环伏安和恒流充放电测试来研究 Li_5ReO_6 的不可逆特性 [47]。在首周循环伏安曲线中，与脱锂相关的氧化电流从 3.8 V (*vs.* Li/Li^+) 开始增加，在 4.5 V (*vs.* Li/Li^+) 时达到最大值，而还原时仅表现出较弱的宽峰，表明脱/嵌锂过程是不可逆的，不可逆比容量达到 410 mA·h/g，非常接近 Li_5ReO_6 的理论比容量 (423 mA·h/g)。第二周循环伏安曲线显示出近似矩形的特征，对应着复合电极中活性炭的电容行为。在高于 4.2 V (*vs.* Li/Li^+) 的电位处存在弱的氧化峰，并且后续循环过程中也不会消失，这可能是氧化铼催化电解液分解所致。Li_5ReO_6 在第一次氧化过程中脱锂同时伴随着析氧，可能的反应机制为

$$Li_5ReO_6 \longrightarrow 5Li^+ + 5e^- + ReO_{3.5} + 1.25O_2 \tag{5.6}$$

将 40wt% Li_5ReO_6 和 40wt%活性炭混合作为正极，石墨作为负极组装成锂离子电容器。在 2.2~4.1 V 电压窗口下，锂离子电容器的能量密度为 40~60 W·h/kg，循环 5000 周后具有非常好的稳定性。采用正极添加 Li_5ReO_6 辅助嵌锂，可以简化负极嵌锂工艺，提高安全性。

Jezowski 等还采用 $Li_{0.65}Ni_{1.35}O_2$ 作为预锂化材料，利用固相反应制备出非化学计量比的 $Li_{0.65}Ni_{1.35}O_2$，扫描电镜照片显示，合成的 $Li_{0.65}Ni_{1.35}O_2$ 由 100~600 nm 的晶粒团聚成 2~20 μm 的颗粒构成 [48]。对 $Li_{0.65}Ni_{1.35}O_2$ 进行循环伏安测试，首周氧化发生锂离子的脱出，电位范围为 4.1~4.3 V (*vs.* Li/Li^+)。在随后的还原过程中没有观察到电流峰值，从而证实了锂离子的脱嵌过程是不可逆的。在第二周的循环伏安曲线中，位于 4.2~4.3 V 的氧化电流峰可以忽略不计，说明大部分的锂离子已经脱出。$Li_{0.65}Ni_{1.35}O_2$ 在 2.5~4.5 V (*vs.* Li/Li^+) 电压窗口、C/20 下具有 120 mA·h/g 的比容量，随后放电仅展现出 20 mA·h/g 的比容量。将 $Li_{0.65}Ni_{1.35}O_2$ 与活性炭复合作为正极 (其中 $Li_{0.65}Ni_{1.35}O_2$ 为 55wt%、活性炭为 25wt%)，石墨作为负极，组装成锂离子电容器并进行负极预嵌锂，正极截止电压至 4.5 V (*vs.* Li/Li^+) 以避免电解液的氧化，负极截止电压至 0.01 V (*vs.* Li/Li^+) 以避免锂沉积。在预锂化步骤完成之后，$Li_{0.65}Ni_{1.35}O_2$ 处于电化学非活性状态，正极中只有活性炭具有电化学活性。在 2.2~3.8 V 的电压窗口下对锂离子电容器进行循环测试，在前 300 次循环以及 250 mA/g、500 mA/g 和 650 mA/g 的电流密度下，比电容分别为 132 F/g、120 F/g 和 115 F/g。循环 1800 周后，容量衰减率为 10% 。

Zhang 采用 Li_2CuO_2 作为预锂化材料 [49]，Li_2CuO_2 首周充电的电压平台位于 3.4 V 和 4.0 V(图 5-33(a))，这对应着反应式 (5.7) 和 (5.8) 两个连续的反应，理论比容量为 490 mA·h/g。

$$Li_2CuO_2 \longrightarrow LiCuO_2 + Li^+ + e^- \tag{5.7}$$

$$\mathrm{LiCuO_2 \longrightarrow Li^+ + CuO + \frac{1}{2}O_2 + e^-} \tag{5.8}$$

Li_2CuO_2 对锂半电池在电压窗口 2.0~4.2 V 下第一次充电时的比容量为 342 mA·h/g (理论值的 69.8%)，只有大约一半的充电比容量 (169 mA·h/g) 可以在随后的放电中释放。并且在最初的几次循环中比容量迅速衰减，最终稳定在 ~ 40 mA·h/g(图 5-33(b))。稳定的比容量主要分布在低于 2.8 V 的电压区间，这对应着 $LiCuO_2$ 还原为 Li_2CuO_2。Li_2CuO_2 极差的可逆性可归因于反应中的氧气释放，进而分解电解液溶剂。AC-Li_2CuO_2 复合电极 (活性炭与 Li_2CuO_2 的质量比为 1) 作为正极，石墨电极作为负极，组装成锂离子电容器。电压窗口为 2.0~4.2 V，电流密度为 0.1 mA/cm^2，进行充放电测试。在首周充电结束时，正极和负极电位分别为 4.29 V 和 0.088 V (*vs.* Li/Li^+)。当在 2.0~4.0 V 循环时，锂离子电容器在低于 2.8 V 的电压区间显示出额外的电容，电压–时间曲线的斜率略有下降。相比之下，当在 2.8~4.2 V 循环时，电压–时间曲线在整个工作电压范围内始终保持为一条倾斜的直线，这也证实了脱锂的 Li_2CuO_2 颗粒在活性炭正极中保持电化学非活性状态。在 2.8~4.2 V 循环时，锂离子电容器显示出 143 F/g 的比电容。当工作电压范围变为 2.0~4.0 V 时，比电容增加到 189 F/g。由于扩大工作电压范围不会改变活性炭的比电容，所以比电容的增加可归因于 Li_2CuO_2 的贡献。锂离子电容器在 2.8~4.2 V 范围工作时具有约 98 W·h/kg 的能量密度和约 228 W/kg 的功率密度，在 2.0~4.0 V 运行时表现出约 157 W·h/kg 的能量密度和约 227 W/kg 的功率密度。

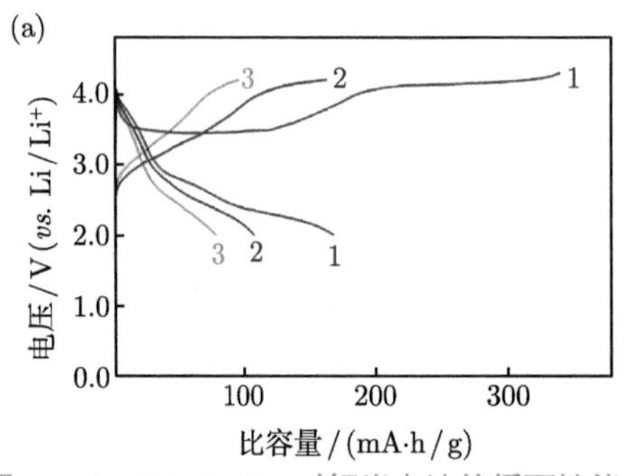

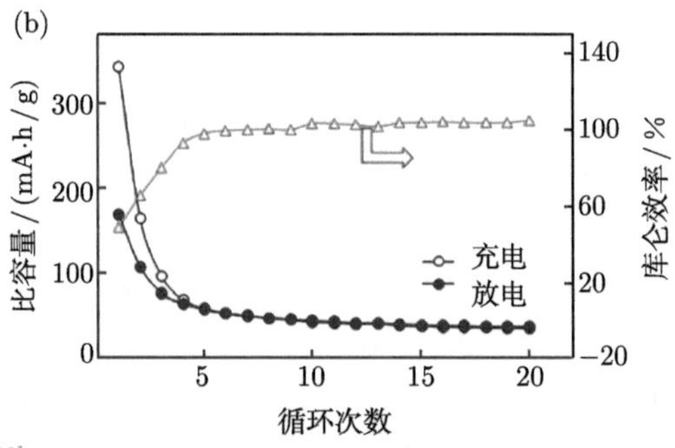

图 5-33 Li_2CuO_2 对锂半电池的循环性能。[49] (a) 前三周的恒流充放电曲线，电流密度为 0.1 mA/cm^2，电压窗口为 2.0~4.2 V (*vs.* Li/Li^+)；(b) 前 20 周的循环性能和库仑效率

尽管 Li_5ReO_6、$Li_{0.65}Ni_{1.35}O_2$ 以及 Li_2CuO_2 的充电截止电压得到了降低，安全性能得到提升，但它们的比容量仍然较低。为了采用相对高比容量的预锂化材料，Lim 等通过将化学计量的 Li_2O 和 CoO 前驱体进行高温烧结，合成了单相 Li_6CoO_4 粉末 [50]。Li_6CoO_4 为反萤石结构，属于 $P42/nmc$ 空间群，具有不规则形状，平均粒径约为 30 μm。采用原位 XRD 研究 Li_6CoO_4 在首周充放电过程中的结构变化，如图 5-34 所示。当首周充电至 4.3 V 时，在此之前出现两个充电电压平台脱出锂离子，分别位于 3.5 V 和 3.8 V。随后放电至 2.0 V 时，脱出的锂离子不再可逆地嵌入其脱锂结构 ($Li_{6-x}CoO_4$) 中，首周库仑效率为 1.14%。这对应于脱出锂离子的比容量为 630.2 mA·h/g(约 3.75 mol 锂离子脱出)，嵌入锂

离子的比容量仅为 7.2 mA·h/g。在首周充电过程中，Li_6CoO_4 的 (101)、(222) 以及 (400) 晶面对应的衍射峰逐渐变弱，对应着 Li_6CoO_4 的脱锂反应。随后放电时，峰强保持不变，表明锂离子不再嵌入 Li_6CoO_4 中。采用活性炭 (80.9wt%) 和 Li_6CoO_4(11.1wt%) 组成复合正极，硬碳作为负极，组装成锂离子电容器。在首周充电至 4.3 V (*vs.* Li/Li^+) 时，正极含有 Li_6CoO_4 的锂离子电容器在 3.5 V 和 3.8 V 处表现出两个平台，同 Li_6CoO_4 对锂半电池的电压平台位置相同，这是由 Li_6CoO_4 脱出锂离子引起的，同时负极电位降低至 0.18 V(60%嵌锂容量)，比正极不含 Li_6CoO_4 的锂离子电容器的负极电位低 0.31 V。正极含有 Li_6CoO_4 的锂离子电容器在 0.2C(17 mA/g) 的低倍率下，与采用金属锂嵌锂工艺的锂离子电容器具有相同的放电容量，但在更高的电流密度下，正极含有 Li_6CoO_4 的锂离子电容器容量略低。这可能是由于，微米尺度的 Li_6CoO_4 引入至正极，使得锂离子电容器在大电流下有较大的过电位。锂离子电容器在 1.5~3.9 V 的电压范围内以 10C(850 mA/g) 倍率进行充放电测试，正极含有 Li_6CoO_4 的锂离子电容器在 1000 次循环后其容量保持率为 98.8%，而采用金属锂嵌锂工艺的锂离子电容器其容量保持率仅为 70.5%。通过用 Li_6CoO_4 正极辅助嵌锂替代金属锂嵌锂，可以防止由传统的金属锂嵌锂方法引起的负极表面锂沉积。与其他富锂过渡金属氧化物添加剂相比，Li_6CoO_4 具有高的比容量 (大于 600 mA·h/g) 和低的充电脱锂电位 (4.3 V (*vs.* Li/Li^+))。

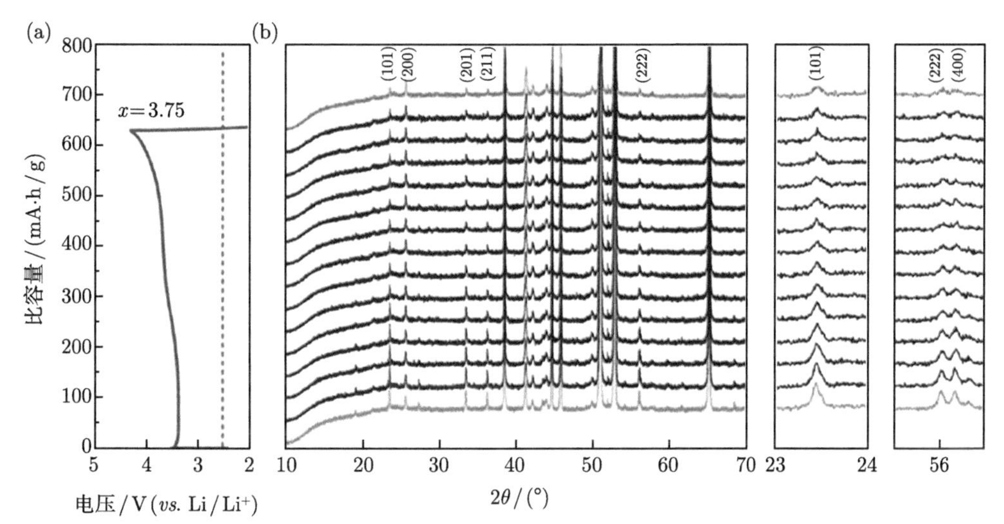

图 5-34 (a)Li_6CoO_4 在 2.0~4.3 V(*vs.* Li/Li^+) 电压窗口以及 32 mA/g 电流密度下的首周充放电曲线；(b)Li_6CoO_4 在首周充电过程中的原位 XRD 谱图 [50]

此外，Guo 等进一步发现 Li_6CoO_4 的双重作用，其不仅作为锂离子电容器的预锂化剂，还能提供赝电容，并按下式发生分解 [51]：

$$Li_6CoO_4 \longrightarrow Li_{6-x}CoO_y + xLi^+ + \frac{4-y}{2}O_2 + xe^- \quad \left(y = 4 - \frac{x-2}{2}\right) \tag{5.9}$$

他们将 Li_6CoO_4 与活性炭混合作为正极，中间相炭微球作为负极，组装成锂离子电容器。他们研究了 Li_6CoO_4 与活性炭不同质量比的正极对锂离子电容器电化学性能的影响，

其中 Li_6CoO_4 为活性炭质量的 40%时，性能最好，在 2.0~4.2 V 电压窗口下循环 300 周后能量密度为 78.5 W·h/kg。

5.3.4 其他锂盐化合物

除了无机及有机锂盐化合物，复合物也可以作为锂离子电容器的预锂化材料。Anothumakkool 等提出了一种级联式预锂化策略 [52]，预锂化材料为 Li_3PO_4 与芘的复合物，如图 5-35 所示。在第一次循环期间，芘被氧化电聚合产生低聚物和/或低阶小链聚合物，同时释放质子。随后，Li_3PO_4 捕获质子并释放出等量的 Li^+，从而确保负极预嵌锂。比容量的额外增加源于以下两部分：①单体不可逆电聚合过程中释放的电子，②可逆 p 型掺杂工艺对新形成的低聚物/聚合物的连续氧化。可以通过以下反应表示：

$$nPy \longrightarrow (—Py—)_n^{x+}\, nxPF_6^- + nyH^+ + n(x+y)e^- \tag{5.10}$$

式中，Py 为芘单体；n 为单体数；y 为每个芘单体释放的质子数；x 和 y 分别为每个芘分子的可逆和不可逆电子数；PF_6^- 是插入 p 型掺杂聚合物中的对阴离子，以平衡电荷。由于芘电聚合是不可逆的，并且发生在低于电解液分解的电位 (< 4.5 V (*vs.* Li/Li^+))，所以该反应可以在不影响锂离子电容器循环寿命的情况下完成负极预嵌锂。在随后的循环中，所得芘低聚物根据以下反应进行可逆 p 掺杂：

$$(—Py—)_n^{x+}\, nxPF_6^- + nxe^- \rightleftharpoons (—Py—)_n + nxPF_6^- \tag{5.11}$$

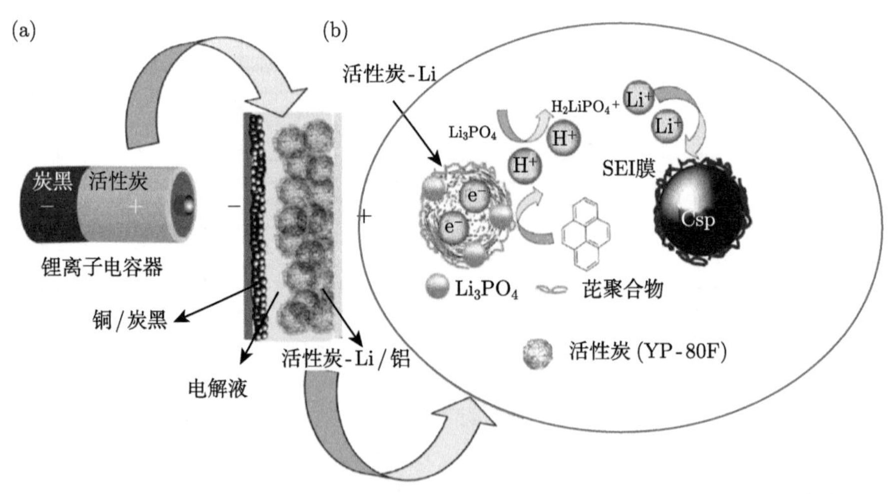

图 5-35 (a) 锂离子电容器结构示意图；(b) 级联式预锂化策略示意图 [52]

正极中的第二种关键添加剂是不溶性的 Li_3PO_4，它通过捕获质子并释放出等量的锂离子而起着至关重要的作用。使用 Li_3PO_4 有如下几个优点：①成本低，②具有高体积密度 (2.4 g/cm^3)，③在空气中稳定，器件制备过程中不需要干燥间。Li_3PO_4 的 pK_{a_3}(=12.3) 足够低，以避免从碳酸酯溶剂中捕获质子。Li_3PO_4 通过以下三个反应步骤捕获电聚合过程

中释放的质子 (假设 H^+ 可被碳酸酯电解液溶剂化，并且适用于水性介质的 pK_a 接近于有机介质中的值)：

$$Li_3PO_4 + H^+ \longrightarrow Li_2HPO_4 + Li^+, \quad pK_{a_3} = 12.3 \tag{5.12}$$

$$Li_2HPO_4 + H^+ \longrightarrow LiH_2PO_4 + Li^+, \quad pK_{a_2} = 7.2 \tag{5.13}$$

$$LiH_2PO_4 + H^+ \longrightarrow Li_3PO_4 + Li^+, \quad pK_{a_1} = 2.1 \tag{5.14}$$

将活性炭、芘、Li_3PO_4 和聚偏二氟乙烯 (PVDF) 按照质量比 79.4:9.3:6.6:4.7 混合成正极，导电炭黑 (Super P) 为负极，组装成锂离子电容器。在 0.1 A/g 电流密度下循环 50 次后，比容量为 17 mA·h/g，而正极不添加 Li_3PO_4 的锂离子电容器其比容量仅为 9.2 mA·h/g。

正极添加剂辅助嵌锂法是一种效率较高的预嵌锂方法，该方法有如下几个优点。①锂离子电容器通过首周充电便可完成负极预嵌锂，可通过调节正极添加剂的含量来调控负极预嵌锂的程度，操作便捷。②无须引入活泼性很高的金属锂，预嵌锂的安全性得到提升。③嵌入负极的锂离子来源于正极中添加的锂源，不需要采用穿孔集流体，节约了预嵌锂的时间与成本。④有些锂盐添加剂的化学性质稳定，可以与目前的电极制备工艺相兼容，具有实用化的前景。表 5-1 为各种正极锂盐添加剂的理论比容量、首周充放电比容量和电压窗口的对比，其中 Li_3N 具有最高的首周充电比容量以及较低的分解电压窗口。然而，正极添加剂辅助嵌锂法仍然存在以下一些挑战。首先，锂盐添加剂的分解及锂离子的脱出是通过首周充电的方式，为了尽可能多地释放锂离子，往往需要提高充电电压，而过高的充电电压将会对电解液的稳定性提出考验，并对活性材料的电化学性能产生不利影响。其次，锂盐添加剂脱锂后的产物有固态、液态和气态等，其中固态与液态产物难以排除到器件外，这将不利于器件总体能量密度的提升，而气态产物需要额外的排气去除及二次封口操作，增

表 5-1 各种正极锂盐添加剂的性能对比

正极添加剂	理论比容量 / (mA·h/g)	首周充电比容量 /(mA·h/g)	首周放电比容量 /(mA·h/g)	电压窗口/V (*vs.* Li/Li^+)	参考文献
Li_3N	2308	1379	~ 0.7	0.7~4.3	[38]
Li_2DHBN	365	375	0	2.0~4.0	[40]
$Li_2C_4O_4$	425	375	~ 5	2.0~4.0	[41]
CH_3COOLi	406	350	0	2.0~4.5	[43]
Li_2MoO_3	267	250	~ 75	2.5~4.7	[44]
Li_5FeO_4	867	678	110	2.0~4.7	[46]
Li_5ReO_6	423	410	~ 110	2.0~4.5	[47]
$Li_{0.66}Ni_{1.35}O_2$	150	120	20	2.5~4.5	[48]
Li_2NiO_2	512	398	~ 21	2.7~4.2	[53]
Li_2CuO_2	490	342	169	2.0~4.2	[49]
Li_6CoO_4	977	630.2	7.2	2.0~4.3	[50]
		721	23	2.0~4.3	[51]

加了器件工艺的复杂性。最后，还需寻找比容量高、补锂效率高、脱锂电位低、环境稳定性好以及成本低的锂盐添加剂。

5.4 电解液嵌锂法

除了金属锂以及锂盐添加剂，也可以通过锂离子电解液来进行负极预嵌锂，锂离子电容器通过首周充电将电解液中的锂盐嵌入负极中。Khomenko 等为了实现电解液嵌锂，设计了一种“循环嵌锂”的特殊充电程序，将石墨负极的电位降低到较低的值 [54]。电解液采用溶于 1 M $LiPF_6$/EC+DMC(体积比 1∶1) 电解液，以 C/20 倍率将锂离子电容器充电至给定电压后，使其在开路状态下弛豫 3 h。然后将电池充电到更高的电压，再进行弛豫，依此类推。图 5-36(a) 显示了锂离子电容器的电压和石墨负极电位在“循环嵌锂”的充电程序中随时间的变化曲线。可以看出，充电至 4.0 V 后，器件电压在弛豫期间降至 3.5 V，而石墨负极的电位变化小于 50 mV。基于活性炭正极比负极具有更高的自放电率，因此它决定了器件总的自放电率。自放电率的差异将允许在增加器件电压 (如 4.3 V 和 4.5 V) 的一系列充电循环后，石墨电极达到所需的 0.1 V (*vs.* Li/Li^+) 电位，然后是 3 h 的弛豫期。在经过“循环嵌锂”充电程序之后，石墨负极的电位变得稳定，锂离子电容器以几乎理想的线性曲线进行充放电。石墨负极的电位变化非常小，为 0.10~0.16 V (*vs.* Li/Li^+)；同时，活性炭正极的电位变化范围为 1.66~4.6 V (*vs.* Li/Li^+)。在 650 mA/g 的电流密度下以及 4.5 V、4.7 V 和 5.0 V 的充电截止电压循环 10000 周，可以发现，在 4.7 V 和 5.0 V 下锂离子电容器容量保持率分别为 75%和 60%。相比之下，当截止电压为 4.5 V 时，容量保持率超过 86%。应该注意的是，容量衰减主要出现在循环开始时，在前 100 次循环期间，比电容降低到初始值的 88%，在后面的循环测试中比电容几乎保持不变。Decaux 等进一步提升了电解液的浓度，采用溶于 2 M LiTFSI/EC+DMC(体积比 1∶1) 电解液进行预嵌锂，正负极分别为活性炭和石墨 [55]。图 5-36(b) 为锂离子电容器在 C/10 倍率下采取连续充电/自放电循环时的电压–时间曲线，每次充电脉冲之后在开路电压下弛豫 1 h，然后采用同样的过程每次增加电压 0.1 V 一直到 4.2 V。从图中可以看出，石墨负极电位在几次循环后降低到 0.105 V (*vs.* Li/Li^+)，形成石墨嵌入化合物 LiC_{12} 的结构，而采用 1 M $LiPF_6$ 电解液的石墨负极电位只能降到 0.5 V (*vs.* Li/Li^+)，这是由于低浓度 $LiPF_6$ 电解液阻碍了负极的嵌锂量。在“循环嵌锂”充电过程完成后，锂离子电容器在 1.5~4.2 V 的电压范围内以 650 mA/g(基于单电极活性材料质量) 的电流密度进行充放电测试。石墨负极在整个循环中的电位变化非常低，电压分布遵循正极的电位分布，具有典型的电容器特征。活性炭//石墨锂离子电容器的比电容达到 157 F/g(单电极活性材料质量)，这几乎是使用相同电解质的对称型活性炭//活性炭超级电容器 (98 F/g) 的两倍，活性炭//石墨锂离子电容器的能量密度 (80 W·h/kg) 是活性炭//活性炭对称型超级电容器 (20 W·h/kg) 的 4 倍。在 1.5~4.2 V 进行充放电 500 周后，锂离子电容器容量损失 4%。尽管电解液嵌锂法比较简便，但是难以找到一种低黏度、高溶解度以及电化学性质稳定的电解质，且预锂化后电解液中锂盐的浓度波动较大，阻抗相应升高，不利于获得具有长循环寿命的锂离子电容器。

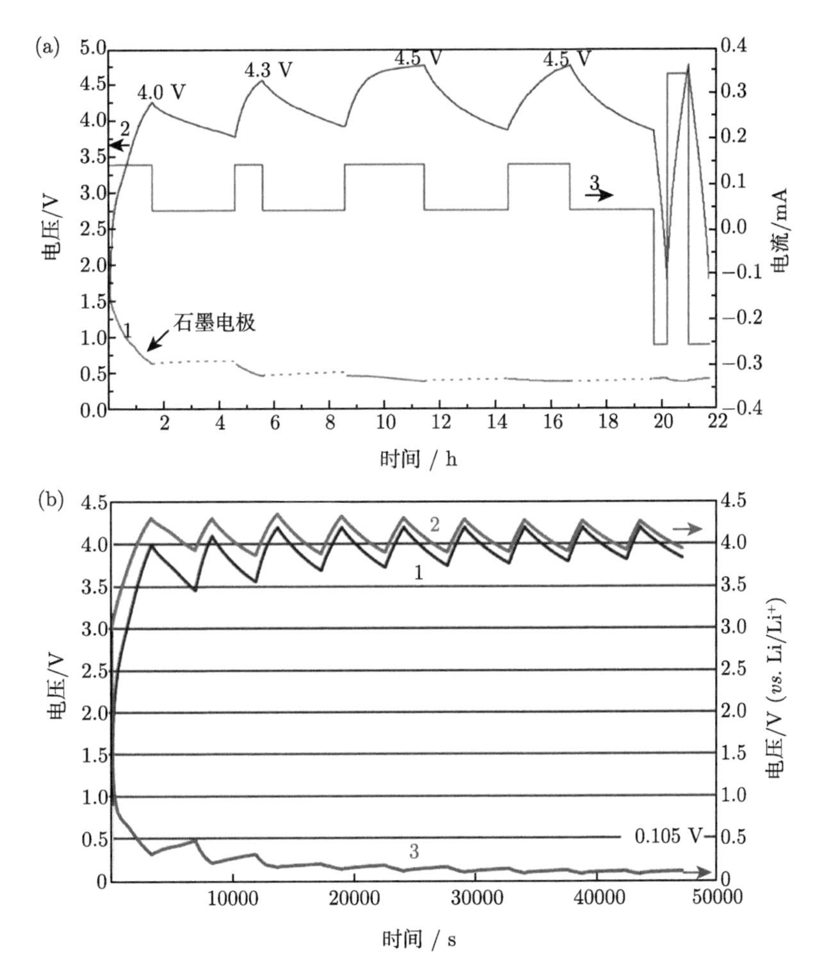

图 5-36 (a) 锂离子电容器在 C/20 倍率下“循环嵌锂”过程中 1 石墨电极的电位、2 充放电电压和 3 电流随时间变化的曲线 (虚线对应弛豫期)，电解液为溶于 1 MLiPF$_6$/EC+DMC(体积比 1:1)[54]；(b) 活性炭//石墨锂离子电容器在 C/10 时的充电/自放电曲线，1 电池电压，2 和 3 正负极的电位变化，每个充电脉冲之后是开路 1 h 的弛豫期，电解液为溶于 2 M LiTFSI/EC+DMC(体积比 1:1)[55]

5.5 化学溶液嵌锂法

化学溶液嵌锂法是通过将目标电极浸入含锂有机溶液中一段特定时间来实现嵌锂的，这种溶液一般为芳香族化合物与金属锂的有机溶液，溶剂一般为非质子性溶剂，由于这类含锂有机溶液具有较低的氧化还原电位，目标电极可自发地完成预嵌锂过程。化学溶液嵌锂法的关键是含锂有机溶液的氧化还原电位要低于负极材料的嵌锂电位。嵌锂过程中，在负极上形成 SEI 层，部分可逆锂也可以嵌入负极材料中，随后预锂化电极与电解质接触时，预制的 SEI 也将被重构。预先形成 SEI 层是有益的，因为在电化学反应过程中，电解液中的锂离子在 SEI 膜形成过程中被不可逆地消耗，导致器件内锂源不足。

含锂有机溶液中的芳香族化合物有多种，比如联苯 (Bp)、萘 (Np)。不同芳香族化合物与溶剂的含锂有机溶液具有不同的预锂化能力，可通过氧化还原电位来体现，即越强的预锂化能力对应越低的氧化还原电位。石墨在嵌锂时有三个电压平台，其中最低的电压平台位于 0~0.1 V (*vs.* Li/Li^+)，需要预锂化能力较强的溶液才可将其还原至 0.1 V (*vs.* Li/Li^+) 以下。基于传统芳香族化合物的含锂有机溶液无法满足上述要求，因此需要对其分子结构进行调控来进一步降低溶液的氧化还原电位。Choi 等 [56] 对比了石墨在乙二醇二甲醚 (DME)、二甘醇二甲醚 (DEGDME)、四氢呋喃 (THF)、2-甲基四氢呋喃 (MTHF)、四氢吡喃 (THP) 溶剂中的预锂化情况。在乙二醇二甲醚、二甘醇二甲醚、四氢呋喃三种强溶剂化锂–芳烃溶液中预嵌锂时，锂离子–溶剂分子会共嵌至石墨中，随后会还原分解导致石墨结构坍塌。而在 2-甲基四氢呋喃和四氢吡喃两种弱溶剂化锂–芳烃溶液中预锂化时，0.1 V 以下时石墨的层状结构能够保持稳定。通过化学预锂化的石墨-SiO_x 电极的首圈库仑效率提升至 103.2%，0.5C 下充放电循环 300 周后容量保持率为 80.2%。Shen 等 [57] 通过密度泛函理论研究了溶剂化对联苯锂/2-甲基四氢呋喃溶液的还原能力。如图 5-37(a) 所示，联苯锂可以与乙二醇二甲醚、四氢呋喃、2-甲基四氢呋喃的醚分子结合，一个锂离子能与醚基团的两个氧原子配位形成稳定的配合物。由此形成的联苯锂–乙二醇二甲醚、联苯锂-2 四氢呋喃和联苯锂-2(2-甲基四氢呋喃) 配合物表现出不同的 α/β-最高占据分子轨道 (HOMO) 能级，分别为 −2.49 eV/−5.41 eV、−2.38 eV/−5.30 eV 和 −2.36 eV/−5.25 eV，HOMO 能级最高的联苯锂-2(2-甲基四氢呋喃) 配合物的还原电位最低。在 2-甲基四氢呋喃溶剂中，联苯锂的氧化还原电位约为 0.08 V，明显低于四氢呋喃中的 0.26 V 和乙二醇二甲醚中的 0.30 V (*vs.* Li/Li^+)，更高给电子性的 2-甲基四氢呋喃溶剂可以使联苯锂的氧化还原电位发生负移。由于联苯锂-2(2-甲基四氢呋喃) 溶液的氧化还原电位远低于石墨负极的锂离子嵌入电位 (约 0.2 V(*vs.* Li/Li^+))，这种含锂有机溶液能够将石墨负极预锂化到所需的程度。如图 5-37(b) 所示，原始石墨电极的首次放电和充电比容量分别为 425.1 mA·h/g 和 358.9 mA·h/g，首周库仑效率仅为 84.43%，这种情况通常是由 SEI 的形成引起的，对应于充放电曲线在 1.5~0.2 V (*vs.* Li/Li^+) 区间的长斜坡。而化学溶液预锂化的石墨电极在 0.20~0.01 V (*vs.* Li/Li^+) 的电位下具有更低的开路电压 (OCV) 和低放电平台。即使后续充电到 2.0 V (*vs.* Li/Li^+) 的高电位，预锂化的石墨电极仍然可以在下一次放电开始时迅速恢复到约 0.5 V (*vs.* Li/Li^+) 的较低电位，表明电极与电解液接触时 SEI 膜就会立即在预锂化的石墨电极上形成。得益于预成型的 SEI 膜，预锂化的石墨电极有效抑制了不可逆比容量 (仅 4.4 mA·h/g)，使首周库仑效率提升到了 98.81%，第三次充放电后库仑效率为 100%。

非石墨化的碳材料也被用作化学溶液预嵌锂的负极材料。Zhang 等 [58] 利用联苯–锂的四氢呋喃溶液预锂化硬碳。联苯/联苯–锂的氧化还原电位为 ~0.41 V (*vs.* Li/Li^+)。硬碳的充电曲线在 0.2~1 V (*vs.* Li/Li^+) 范围内为斜坡曲线，可被联苯–锂还原，锂离子能够从联苯–锂转移到硬碳中。化学溶液预锂化时间直接影响电极的性能。具体来说，硬碳在联苯–锂的四氢呋喃溶液中处理 30 s 时，电极能够提供 277.2 mA·h/g 的放电 (嵌锂) 比容量和 294.5 mA·h/g 的充电 (脱锂) 比容量，首周库仑效率为 106.2%。随着浸泡时间增加，硬碳的充电比容量逐渐增加，10 min 时达到稳定。而首周库仑效率从浸泡 30 s 到 2 min 内逐渐增加，继续增加浸泡时间后并无明显变化。

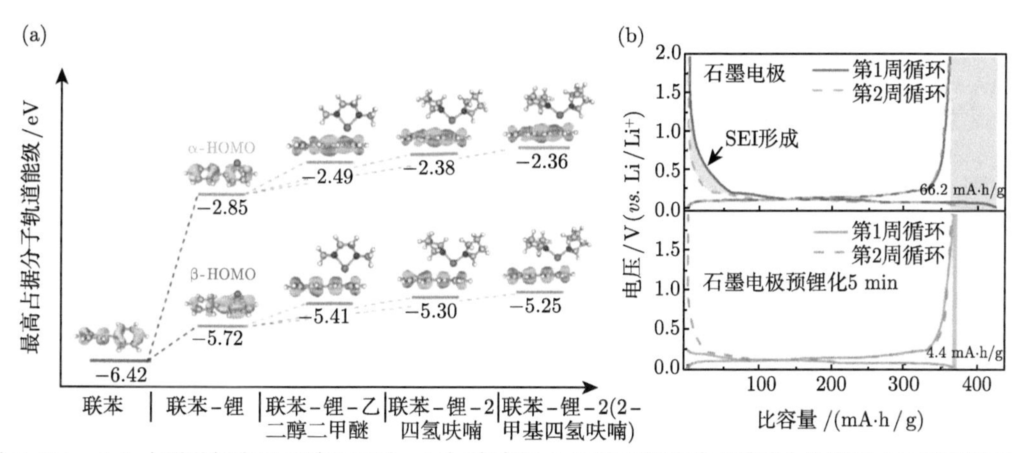

图 5-37 (a) 由联苯锂在乙二醇二甲醚、四氢呋喃和 2-甲基四氢呋喃三种醚中分别形成的联苯锂-溶剂配合物的几何构型和 HOMO 能级；(b)20 mA/g 的电流密度下石墨与化学溶液预嵌锂 5 min 后石墨电极的充放电曲线 [57]

除了联苯–锂，萘锂 (Li-Naph) 也用来作为含锂有机溶液的活性成分，萘锂具有更低的氧化还原电位 (0.35 V (*vs.* Li/Li^+))。Shen 等 [59] 利用萘锂的乙二醇二甲醚溶液对硬碳进行预嵌锂，如图 5-38(a) 所示，硬碳会发生还原反应，电子会转移到硬碳内部，锂离子嵌入硬碳的石墨层中，形成预锂化硬碳 (pHC)。随后，低电位会引发乙二醇二甲醚溶剂的还原分解，形成由有机成分 (ROLi) 组成的多孔疏松的 SEI 层。与锂离子电解液接触后，电解液中的氟代碳酸乙烯酯 (FEC) 和六氟磷酸根离子 (PF_6^-) 会分解产生富含 LiF 且致密坚固的 SEI 膜。这种预锂化反应由硬碳电极 (开路电压，3.0 V (*vs.* Li/Li^+)) 和萘锂 (0.35 V (*vs.* Li/Li^+)) 之间显著的电位差自发驱动，并且可以通过调节反应时间来调节预锂化度。如图 5-38(b) 所示，预锂化硬碳电极表现出明显降低的放电平台，随着预锂化时间的增加，初始不可逆容量大大降低。4 min 预锂化处理就可以让预锂化硬碳电极表现出接近 100%的首周库仑效率，几乎消除了初始不可逆比容量，并且在循环伏安曲线中不再出现形成 SEI 膜的还原峰。此外如图 5-38(c) 所示，预锂化硬碳负极的首周库仑效率为 99.5%，比原始硬碳负极高出约 25%。

Sun 等对软碳进行化学溶液预嵌锂，通过将金属锂箔溶于联苯与四氢呋喃 (THF) 或者 2-甲基四氢呋喃 (MTHF) 混合溶液作为预锂化溶液 [60]。研究发现，预锂化溶剂和预锂化时间对软碳的电化学性能影响较大。如图 5-39(a) 所示，在 THF 溶液中，预锂化时间为 1 min、2 min、5 min 和 10 min 后，嵌锂比容量分别为 466.9 mA·h/g、419.6 mA·h/g、357.9 mA·h/g 和 277.2 mA·h/g，开路电位随着预锂化时间的增加逐渐降低，从 0.99 V、0.97 V、0.89 V 一直降到 0.54 V (*vs.* Li/Li^+)。根据公式 (5.15) 计算得到的预锂化度 (η) 分别为 3.4%、13.2%、26.0%和 42.7%：

$$\eta = \left(1 - \frac{C_{\rm pre}^{\rm c}}{C_{\rm pri}^{\rm c}}\right) \times 100\% \tag{5.15}$$

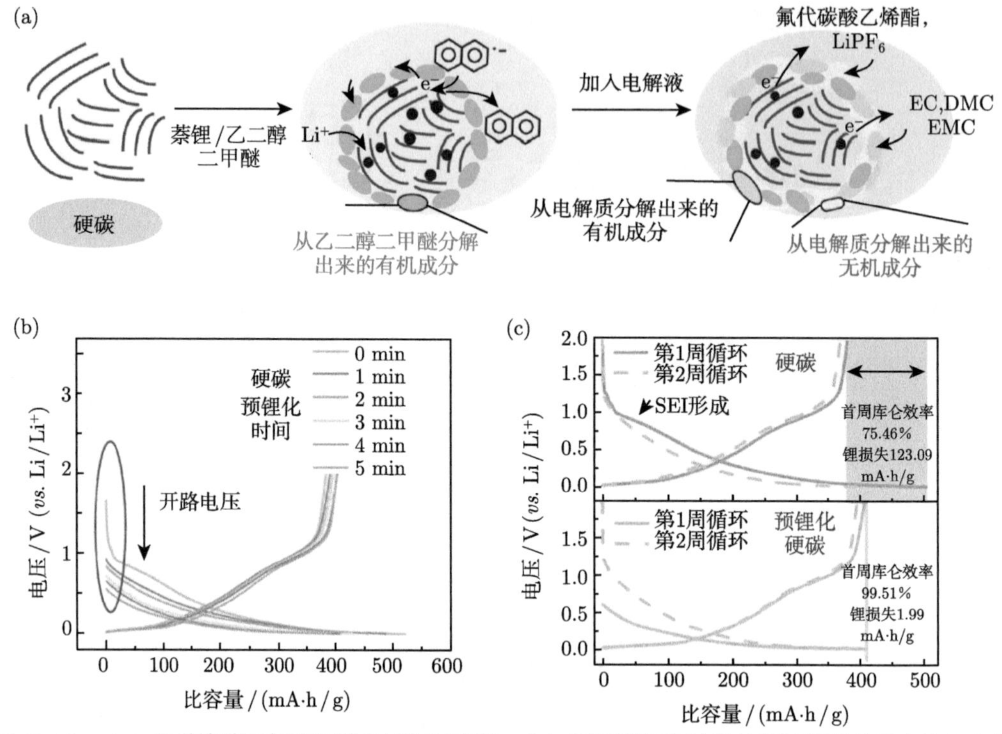

图 5-38 (a) 化学溶液预锂化硬碳的过程示意图；(b) 不同预锂化时间处理的硬碳首周充放电曲线；(c) 硬碳与预锂化硬碳的前 2 周充放电曲线 [59]

式中，$C_{\text{pre}}^{\text{c}}$ 和 $C_{\text{pri}}^{\text{c}}$ 分别为预锂化软碳和原始软碳的初始充电比容量 (483.5 mA·h/g)。如图 5-39(b) 所示，在 MTHF 溶液中，预锂化时间为 1 min、2 min、5 min 和 10 min 后，嵌锂比容量分别降低至 248.8 mA·h/g、179.7 mA·h/g、150 mA·h/g、125.9 mA·h/g，开路电位分别降低至 0.42 V、0.27 V、0.21 V、0.18 V (*vs.* Li/Li$^+$)。按公式 (5.16) 计算，预锂化度分别为 48.5%、62.8%、69.0%和 74.0% 。显然，MTHF 比 THF 具有更高效率的预锂化能力，这主要源于 MTHF 较低的氧化还原电位。在 MTHF 溶液中，预锂化时间为 1 min、2 min、5 min 和 10 min 后，脱锂比容量分别为 154.6 mA·h/g、197.2 mA·h/g、212.6 mA·h/g 和 179.0 mA·h/g。锂离子可逆度分别为 45.5%、58.1%、62.6%和 52.7%，计算公式如下：

$$D_{\text{LR}} = \frac{C_{\text{pre}}^{\text{d}}}{C_{\text{pri}}^{\text{d}}} \times 100\% \tag{5.16}$$

式中，$C_{\text{pre}}^{\text{d}}$ 和 $C_{\text{pri}}^{\text{d}}$ 分别为预锂化和原始软碳电极的初始放电比容量 (339.6 mA·h/g)。锂离子可逆性随着预锂化时间的增加而增加，表明更多活性锂离子的嵌入。然而，较长的预锂化时间 (如 10 min) 会导致脱锂能力的下降，这可能是由于在负极中形成的 SEI 层随着预锂化时间的延长而变厚，从而限制了锂离子的脱出。

以活性炭为正极，在 MTHF 溶液中预锂化 5 min 的软碳为负极，构建锂离子电容器，研究不同正负极质量比对其电化学性能的影响。正负极质量比分别为 1:1、2:1 和 3:1 的锂离子电容器分别表示为 LIC-1、LIC-2 和 LIC-3。在 0.05 A/g 电流密度下，LIC-1、LIC-2 和 LIC-3 分别具有 41.3 F/g、53.4 F/g 和 61.9 F/g 的比电容，当电流密度增加到 20 A/g 时，仍然具有 29.1 F/g、39.3 F/g 和 33.8 F/g 的比电容。可以看出，随着正负极质量比的增加，比电容升高，但不利于倍率性能的提高。图 5-40(a) 是 LIC-1、LIC-2 和 LIC-3 的 Ragone 图，LIC-1、LIC-2 和 LIC-3 的能量密度最高分别为 69.4 W·h/kg、90.4 W·h/kg 和 102.1 W·h/kg，功率密度最高分别为 5.7 kW/kg、4.1 kW/kg 和 3.3 kW/kg。LIC-1、LIC-2 和 LIC-3 在 1 A/g 电流密度下的循环性能如图 5-40(b) 所示，虽然 LIC-3 具有最高的初始比电容，但它会迅速衰减，LIC-1 的初始比电容略低，但衰减非常缓慢。5000 周后，LIC-1、LIC-2 和 LIC-3 容量保持率分别为 97%、48%和 16%。正负极质量比的提高虽然有利于比电容的提高，但会对循环寿命产生不利影响。化学溶液嵌锂法在锂离子电容器领域的应用刚起步，化学溶液嵌锂的反应机理还需要深入研究，开发连续的化学溶液嵌锂工艺仍然是一个挑战。

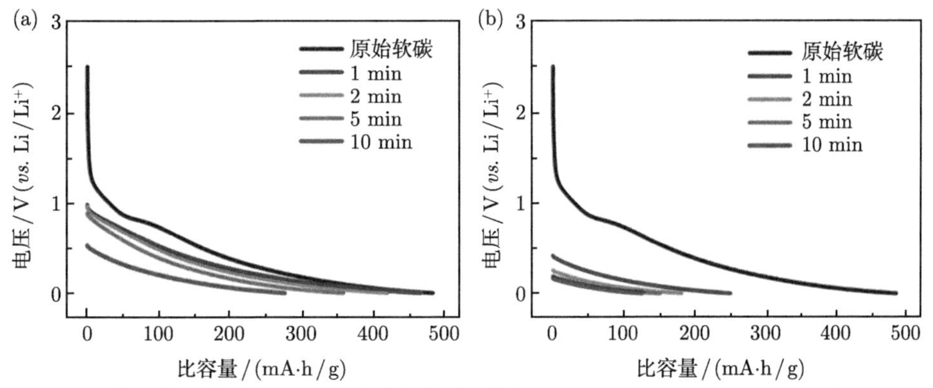

图 5-39 (a) 原始软碳和软碳在四氢呋喃混合溶液中预锂化 1 min、2 min、5 min 和 10 min 后的充电曲线；(b) 原始软碳和软碳在 2-甲基四氢呋喃混合溶液中预锂化 1 min、2 min、5 min 和 10 min 后的充电曲线 [60]

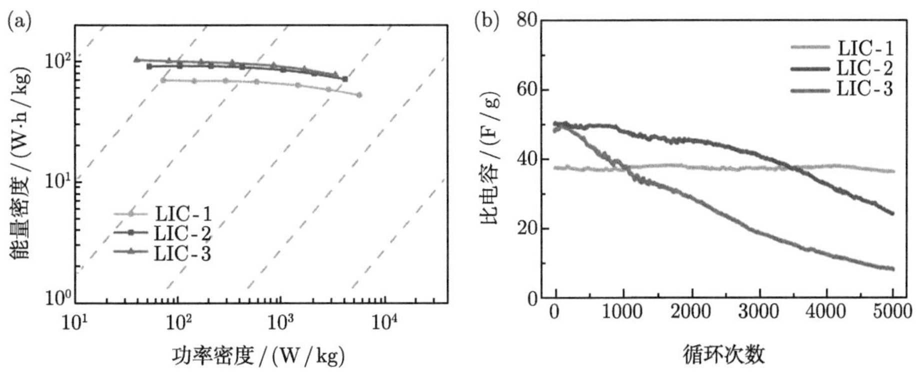

图 5-40 LIC-1、LIC-2 和 LIC-3 的 (a)Ragone 图和 (b)1 A/g 电流密度下的循环寿命 [60]

5.6 本章结语

负极预嵌锂对于制备高性能锂离子电容器非常关键，每种预嵌锂技术都存在各自的优势及不足，如表 5-2 所示。开发高效、实用化的负极预嵌锂技术，对于降低锂离子电容器制备成本和促进锂离子电容器应用方面非常重要，目前负极预嵌锂技术还需从以下方面加强。

表 5-2 各种负极预嵌锂技术的优点及不足

预嵌锂技术		优点	不足
金属锂嵌锂法	金属锂接触嵌锂	预嵌锂速率快	安全性较差
	钝化锂粉接触嵌锂	与目前的电极制备工艺兼容性较好	仍存在安全隐患，成本高
	金属锂电极电化学嵌锂	预锂化度及负极电位可精准调控	安全性较差
正极添加剂辅助嵌锂法	二元锂化合物	比容量高	空气稳定性差、产气
	有机锂化合物	去锂化态可溶解至电解液中	比容量较低、产气
	富锂过渡金属氧化物	预嵌锂过程操作简便	比容量较低、产气
电解液嵌锂法		与目前器件制备工艺兼容性好	需要高浓度的电解液，电解液的浓度变化大
化学溶液嵌锂法		预嵌锂过程较温和，与目前的电极制备工艺兼容性较好	预嵌锂度受化学溶液的氧化还原电位限制

1) 优化锂离子电容器预锂化工艺

锂离子电容器的电化学性能不仅受预锂化方法和预锂化材料的影响，还受到预锂化工艺的影响，比如预锂化量、预锂化电压和预锂化电流等，这些工艺参数会直接影响锂离子电容器的能量密度、功率密度和循环寿命等。

2) 预嵌锂机制研究

需要利用先进的表征手段结合原位测试技术来研究预锂化机制。目前已经利用原位同步加速器广角 X 射线散射技术与原位 XRD 技术来研究石墨负极及富锂添加剂材料的转变过程，利用核磁共振技术来观测锂金属溶解及 LiC_x 的形成过程。还可以利用原位拉曼技术探测预锂化前后活性材料结构与组分的改变，利用原位电化学石英晶体微天平监测电极/电解液界面，追踪锂离子在活性材料/电解液间的转移情况等。

3) 提高预嵌锂技术的兼容性

金属锂和一些正极富锂添加剂材料在空气中不稳定，而且与目前的电极和器件制备工艺不兼容。一种途径是含锂活性材料与环境之间不发生直接接触，比如可以形成表面钝化层及构建核壳微纳结构等。正极添加剂辅助嵌锂法在便捷性及安全性方面的优势，有可能替代金属锂嵌锂法。然而，正极富锂添加剂还存在比容量低，或在空气中不稳定，或有气体产生甚至是 O_2 需要排气处理等问题。因此，仍然需要大力发展环境适应性好的预嵌锂方法及材料来匹配目前的电极和器件制备工艺。

参 考 文 献

[1] Aravindan V, Gnanaraj J, Lee Y S, et al. Insertion-type electrodes for nonaqueous Li-ion capacitors. Chemical Reviews, 2014, 114(23): 11619-11635.

[2] Li B, Zheng J, Zhang H, et al. Electrode materials, electrolytes, and challenges in nonaqueous lithium-ion capacitors. Advanced Materials, 2018, 30(17): 1705670.

[3] Ding J, Hu W, Paek E, et al. Review of hybrid ion capacitors: From aqueous to lithium to sodium. Chemical Reviews, 2018, 118(14): 6457-6498.

[4] Han P X, Xu G J, Han X Q, et al. Lithium ion capacitors in organic electrolyte system: Scientific problems, material development, and key technologies. Advanced Energy Materials, 2018, 8(26): 1801243.

[5] Zhang S S. Dual-carbon lithium-ion capacitors: Principle, materials, and technologies. Batteries & Supercaps, 2020, 3(11): 1137-1146.

[6] Jin L M, Yuan J M, Shellikeri A, et al. An overview on design parameters of practical lithium-ion capacitors. Batteries & Supercaps, 2021, 4(5): 749-757.

[7] Arnaiz M, Ajuria J. Pre-lithiation strategies for lithium ion capacitors: Past, present, and future. Batteries & Supercaps, 2021, 4(5): 733-748.

[8] Jin L M, Shen C, Shellikeri A, et al. Progress and perspectives on pre-lithiation technologies for lithium ion capacitors. Energy & Environmental Science, 2020, 13(8): 2341-2362.

[9] Sun C, Zhang X, Li C, et al. Recent advances in prelithiation materials and approaches for lithium-ion batteries and capacitors. Energy Storage Materials, 2020, 32: 497-516.

[10] Zou K Y, Deng W T, Cai P, et al. Prelithiation/presodiation techniques for advanced electrochemical energy storage systems: Concepts, applications, and perspectives. Advanced Functional Materials, 2021, 31(5): 2005581.

[11] Holtstiege F, Bärmann P, Nölle R, et al. Pre-lithiation strategies for rechargeable energy storage technologies: Concepts, promises and challenges. Batteries, 2018, 4(1): 4.

[12] Kim M, Xu F, Lee J H, et al. A fast and efficient pre-doping approach to high energy density lithium-ion hybrid capacitors. Journal of Materials Chemistry A, 2014, 2(26): 10029-10033.

[13] Park H, Kim M, Xu F, et al. *In situ* synchrotron wide-angle X-ray scattering study on rapid lithiation of graphite anode *via* direct contact method for Li-ion capacitors. Journal of Power Sources, 2015, 283: 68-73.

[14] Cao W J, Luo J F, Yan J, et al. High performance Li-ion capacitor laminate cells based on hard carbon/lithium stripes negative electrodes. Journal of the Electrochemical Society, 2017, 164(2): A93-A98.

[15] Yan J, Cao W J, Zheng J P. Constructing high energy and power densities Li-ion capacitors using Li thin film for pre-lithiation. Journal of the Electrochemical Society, 2017, 164(9): A2164-A2170.

[16] Li Y X, Fitch B. Effective enhancement of lithium-ion battery performance using SLMP. Electrochemistry Communications, 2011, 13(7): 664-667.

[17] Cao W J, Zheng J P. Li-ion capacitors with carbon cathode and hard carbon/stabilized lithium metal powder anode electrodes. Journal of Power Sources, 2012, 213: 180-185.

[18] Cao W J, Shih J, Zheng J P, et al. Development and characterization of Li-ion capacitor pouch cells. Journal of Power Sources, 2014, 257: 388-393.

[19] Cao W J, Greenleaf M, Li Y X, et al. The effect of lithium loadings on anode to the voltage drop during charge and discharge of Li-ion capacitors. Journal of Power Sources, 2015, 280: 600-605.

[20] Jin L, Guo X, Shen C, et al. A universal matching approach for high power-density and high cycling-stability lithium ion capacitor. Journal of Power Sources, 2019, 441: 227211.

[21] Aida T, Yamada K, Morita M. An advanced hybrid electrochemical capacitor that uses a wide potential range at the positive electrode. Electrochemical and Solid-State Letters, 2006, 9(12):

A534-A536.

[22] Sennu P, Madhavi S, Aravindan V, et al. Co_3O_4 nanosheets as battery-type electrode for high-energy Li-ion capacitors: A sustained Li-storage via conversion pathway. ACS Nano, 2020, 14(8): 10648-10654.

[23] Ock I W, Lee J, Kang J K. Metal-organic framework-derived anode and polyaniline chain networked cathode with mesoporous and conductive pathways for high energy density, ultrafast rechargeable, and long-life hybrid capacitors. Advanced Energy Materials, 2020, 10(48): 2001851.

[24] Xiao Z, Yu Z, Gao Z, et al. S-doped graphene nano-capsules toward excellent low-temperature performance in Li-ion capacitors. Journal of Power Sources, 2022, 535: 231404.

[25] Wang L, Zhang X, Xu Y N, et al. Tetrabutylammonium-intercalated 1T-MoS_2 nanosheets with expanded interlayer spacing vertically coupled on 2D delaminated MXene for high-performance lithium-ion capacitors. Advanced Functional Materials, 2021, 31: 2104286.

[26] An Y, Liu T, Li C, et al. A general route for the mass production of graphene-enhanced carbon composites toward practical pouch lithium-ion capacitors. Journal of Materials Chemistry A, 2021, 9(28): 15654-15664.

[27] Li C, Zhang X, Wang K, et al. High-power and long-life lithium-ion capacitors constructed from N-doped hierarchical carbon nanolayer cathode and mesoporous graphene anode. Carbon, 2018, 140: 237-248.

[28] Li C, Zhang X, Wang K, et al. High-power lithium-ion hybrid supercapacitor enabled by holey carbon nanolayers with targeted porosity. Journal of Power Sources, 2018, 400: 468-477.

[29] Zhang J, Shi Z Q, Wang C Y. Effect of pre-lithiation degrees of mesocarbon microbeads anode on the electrochemical performance of lithium-ion capacitors. Electrochimica Acta, 2014, 125: 22-28.

[30] Zhang J, Liu X, Wang J, et al. Different types of pre-lithiated hard carbon as negative electrode material for lithium-ion capacitors. Electrochimica Acta, 2016, 187: 134-142.

[31] Sun X, Zhang X, Liu W, et al. Electrochemical performances and capacity fading behaviors of activated carbon/hard carbon lithium ion capacitor. Electrochimica Acta, 2017, 235: 158-166.

[32] Schroeder M, Menne S, Ségalini J, et al. Considerations about the influence of the structural and electrochemical properties of carbonaceous materials on the behavior of lithium-ion capacitors. Journal of Power Sources, 2014, 266: 250-258.

[33] Sun X, Wang P, An Y, et al. A fast and scalable pre-lithiation approach for practical large-capacity lithium-ion capacitors. Journal of the Electrochemical Society, 2021, 168(11): 110540.

[34] Sun Y M, Lee H W, Seh Z W, et al. High-capacity battery cathode prelithiation to offset initial lithium loss. Nature Energy, 2016, 1: 15008.

[35] Zhang S S. A cost-effective approach for practically viable Li-ion capacitors by using Li_2S as an *in situ* Li-ion source material. Journal of Materials Chemistry A, 2017, 5(27): 14286-14293.

[36] Feng W G, Borguet E, Vidic R D. Sulfurization of a carbon surface for vapor phase mercury removal - II: Sulfur forms and mercury uptake. Carbon, 2006, 44(14): 2998-3004.

[37] Liang X, Hart C, Pang Q, et al. A highly efficient polysulfide mediator for lithium-sulfur batteries. Nature Communications, 2015, 6: 5682.

[38] Sun C, Zhang X, Li C, et al. High-efficiency sacrificial prelithiation of lithium-ion capacitors with superior energy-storage performance. Energy Storage Materials, 2020, 24: 160-166.

[39] Liu C, Li T, Zhang H, et al. DMF stabilized Li_3N slurry for manufacturing self-prelithiatable lithium-ion capacitors. Science Bulletin, 2020, 65(6): 434-442.

[40] Jezowski P, Crosnier O, Deunf E, et al. Safe and recyclable lithium-ion capacitors using sacrificial organic lithium salt. Nature Materials, 2018, 17(2): 167-173.

[41] Arnaiz M, Shanmukaraj D, Carriazo D, et al. A transversal low-cost pre-metallation strategy enabling ultrafast and stable metal ion capacitor technologies. Energy & Environmental Science, 2020, 13(8): 2441-2449.

[42] Bhattacharjya D, Arnaiz M, Canal-Rodríguez M, et al. Development of a Li-ion capacitor pouch cell prototype by means of a low-cost, air-stable, solution processable fabrication method. Journal of the Electrochemical Society, 2021, 168(11): 110544.

[43] Zou K Y, Song Z R, Gao X, et al. Molecularly compensated pre-metallation strategy for metal-ion batteries and capacitors. Angewandte Chemie-International Edition, 2021, 60(31): 17070-17079.

[44] Park M S, Lim Y G, Kim J H, et al. A novel lithium-doping approach for an advanced lithium ion capacitor. Advanced Energy Materials, 2011, 1(6): 1002-1006.

[45] Park M S, Lim Y G, Park J W, et al. Li_2RuO_3 as an additive for high-energy lithium-ion capacitors. Journal of Physical Chemistry C, 2013, 117(22): 11471-11478.

[46] Park M S, Lim Y G, Hwang S M, et al. Scalable integration of Li_5FeO_4 towards robust, high-performance lithium-ion hybrid capacitors. ChemSusChem, 2014, 7(11): 3138-3144.

[47] Jezowski P, Fic K, Crosnier O, et al. Lithium rhenium(vii) oxide as a novel material for graphite pre-lithiation in high performance lithium-ion capacitors. Journal of Materials Chemistry A, 2016, 4(32): 12609-12615.

[48] Jeżowski P, Fic K, Crosnier O, et al. Use of sacrificial lithium nickel oxide for loading graphitic anode in Li-ion capacitors. Electrochimica Acta, 2016, 206: 440-445.

[49] Zhang S S. Eliminating pre-lithiation step for making high energy density hybrid Li-ion capacitor. Journal of Power Sources, 2017, 343: 322-328.

[50] Lim Y G, Kim D, Lim J M, et al. Anti-fluorite Li_6CoO_4 as an alternative lithium source for lithium ion capacitors: An experimental and first principles study. Journal of Materials Chemistry A, 2015, 3(23): 12377-12385.

[51] Guo Y T, Li X H, Wang Z X, et al. Bifunctional Li_6CoO_4 serving as prelithiation reagent and pseudocapacitive electrode for lithium ion capacitors. Journal of Energy Chemistry, 2020, 47: 38-45.

[52] Anothumakkool B, Wiemers-Meyer S, Guyomard D, et al. Cascade-type prelithiation approach for Li-ion capacitors. Advanced Energy Materials, 2019, 9(27): 1900078.

[53] 杨斌, 傅冠生, 丁升, 等. 以高富锂 Li_2NiO_2/活性炭为正极的锂离子电容器电化学性能研究. 储能科学与技术, 2018, 7(2): 270-275.

[54] Khomenko V, Raymundo-Pinero E, Beguin F. High-energy density graphite/AC capacitor in organic electrolyte. Journal of Power Sources, 2008, 177(2): 643-651.

[55] Decaux C, Lota G, Raymundo-Piñero E, et al. Electrochemical performance of a hybrid lithium-ion capacitor with a graphite anode preloaded from lithium bis(trifluoromethane)sulfonimide-based electrolyte. Electrochimica Acta, 2012, 86: 282-286.

[56] Choi J, Jeong H, Jang J, et al. Weakly solvating solution enables chemical prelithiation of graphite-SiO_x anodes for high-energy Li-ion batteries. Journal of the American Chemical Society, 2021, 143(24): 9169-9176.

[57] Shen Y F, Shen X H, Yang M, et al. Achieving desirable initial coulombic efficiencies and full capacity utilization of Li-ion batteries by chemical prelithiation of graphite anode. Advanced Functional Materials, 2021, 31(24): 2101181.

[58] Zhang X X, Qu H N, Ji W X, et al. Fast and controllable prelithiation of hard carbon anodes for lithium-ion batteries. ACS Applied Materials & Interfaces, 2020, 12(10): 11589-11599.
[59] Shen Y F, Qian J F, Yang H X, et al. Chemically prelithiated hard-carbon anode for high power and high capacity Li-ion batteries. Small, 2020, 16(7): 1907602.
[60] Sun C, Zhang X, An Y, et al. Molecularly chemical prelithiation of soft carbon towards high-performance lithium-ion capacitors. Journal of Energy Storage, 2022, 56: 106009.

第 6 章

锂离子电池电容

6.1 概述

锂离子电容器兼具了锂离子电池和双电层超级电容器的优点，在保持双电层电容器高功率密度和长循环寿命的同时，锂离子电容器单体的能量密度从 6~10 W·h/kg 提升到 10~25 W·h/kg。然而，不同的应用场景对于电化学储能器件各项电化学性能的需求有所差异，某些应用场景对能量密度和储能成本更为敏感，而可以接受循环寿命在一定程度上的降低，比如电动汽车、混合动力汽车、轨道交通和智能电网等应用场景 [1−3]。因此锂离子电池型电容器应运而生 [4−8]。

锂离子电池型电容器是指正极与负极中的一个电极或两个电极兼有双电层离子物理吸脱附和锂离子氧化还原反应实现储能的超级电容器，简称锂离子电池电容。从储能机制上看，锂离子电池电容属于混合型电容器，可以看作是锂离子电容器与锂离子电池的内并联结构，其能量密度和循环寿命等性能介于锂离子电容器和锂离子电池之间，锂离子电池电容单体的循环寿命一般不少于 5 万次 [9,10]。

1996 年，摩托罗拉公司申请了锂离子电池电容的专利 [11]，提出得到高能量密度和高功率密度极片和混合器件的若干种方法，包括在同一极片上采用混合的电池材料和电极材料。这项专利所提到的复合电极结构及混合型储能器件即是锂离子电池电容的原型。直到 2004 年，Du Pasquier 等 [3] 以活性炭 (AC) 和 $LiCoO_2$ 作为混合正极，具有纳米结构的 $Li_4Ti_5O_{12}$ 为负极制备了锂离子电池电容，展示了锂离子电池电容优异的电化学性能与广阔的应用前景。此后，对锂离子电池电容的研究包括储能机制、材料体系、正极结构以及容量匹配等方面 [12]。目前，锂离子电池电容的发展方向是高能量密度、高功率密度、低内阻和长循环寿命的电化学储能器件。

6.1.1 结构和工作原理

通常，锂离子电池电容的正极为电池材料和电容材料混合的双材料正极，负极为锂离子电池材料。以正极采用镍钴锰酸锂 (NCM) 和活性炭、负极采用软碳的锂离子电池电容为例，其结构示意图如图 6-1 所示。复合正极通过电容材料表面对离子的物理吸附/脱附以及 Li^+ 的嵌入/脱出的机制来进行能量的存储，反应过程既包括物理过程，也包括氧化还原反应过程 (法拉第反应)；而负极的电池材料则主要通过嵌入/脱出的方式来存储能量。通过采用复合正极使得正极的容量得到显著提高，提升了混合型储能器件的能量密度。虽然器件的功率密度和循环性能会有一定的影响，但可以通过调整复合正极中电池材料和电容材料含量的比例或者调整混合正极的结构，实现对储能器件综合电化学性能的调控。锂离子电池电容的这种设计上的灵活性，使得它能够根据实际应用场景中的不同需求制备出不同能量密度和功率密度的储能器件。

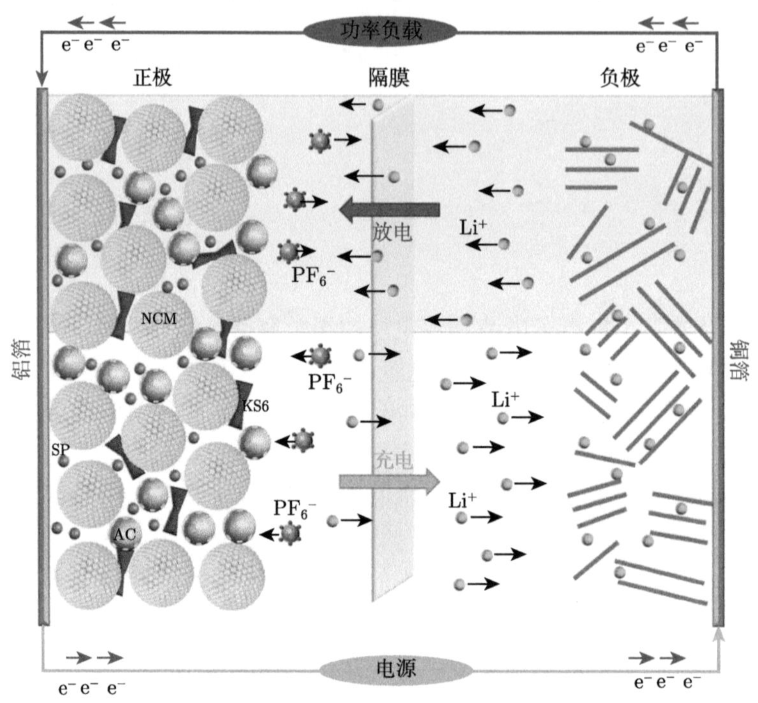

图 6-1 锂离子电池电容的结构与工作原理示意图 [13]。NCM 为镍钴锰酸锂，AC 为活性炭，SP 为导电炭黑，KS6 为导电石墨，负极活性材料为硬碳

值得注意的是，正极中电池材料和电容材料并不是同步进行能量的传递。开始充电时，正极中电容材料的电子在电场作用下经过外电路流向负极，电容材料表面带有正电荷，于是会通过静电吸附机制将电解液中的阴离子吸附到电容材料与电解质界面处形成双电层，此时电解液中的 Li^+ 嵌入负极电池材料中；当充电到一定电位时，正极中的电池材料开始脱出 Li^+。开始放电时，电子在电场作用下经过外电路流回正极，正极电容材料吸附的阴离子开始脱附，逐渐扩散到电解液中，负极脱出的 Li^+ 一部分扩散到电解液中与阴离子达成电荷平衡，一部分穿过隔膜嵌入正极电池材料。在整个反应过程中，电容材料通过物理吸附/脱附的过程进行能量的传递，可以快速储存/释放能量，因此使得储能器件的功率密度大幅提升；而电池材料则通过 Li^+ 的嵌入/脱出来储存大部分的能量，因此使得储能器件的能量密度大幅提升。锂离子电池电容的这种工作原理决定了它兼具锂离子电容和锂离子电池两者的优点。

6.1.2 储能机制和预嵌锂容量

对于锂离子电池电容的设计来说，计算复合正极的理论容量十分重要。复合正极的理论容量通常与电容型材料和电池型材料的容量贡献呈线性关系，通常采用下述公式计算复

合正极的理论容量 [1]：

$$c_{\text{cal}} = c_{\text{cal-c}} + c_{\text{cal-b}} = rc_{\text{b}} + (1-r)c_{\text{c}} \tag{6.1}$$

式中，c_{cal} 为复合正极的理论比容量；$c_{\text{cal-c}}$，$c_{\text{cal-b}}$ 分别为正极双材料体系中电容材料和电池材料的理论比容量贡献；c_{c}，c_{b} 分别为电容材料和电池材料的比容量，r 表示在复合正极中电池材料所占的质量比例。图 6-2(a) 所示为锂离子电池电容的理论容量与 r 的关系曲线 [2]，电池材料为镍钴锰酸锂 (NCM111)，电容材料为活性炭 (YP50F)。另外还给出了锂离子电池电容的软包全电池和扣式半电池的实际容量与 r 的关系曲线，实测数值与理论计算数值十分接近。通过该公式还可以计算电容材料和电池材料对复合正极的容量贡献比例，不同 r 值时电容材料和电池材料的容量贡献如图 6-2(b) 所示。可以发现，随着 r 值的增加，电池材料的容量贡献不断增大，在 $r \approx 0.3$ 时电容材料与电池材料对容量的贡献相当。

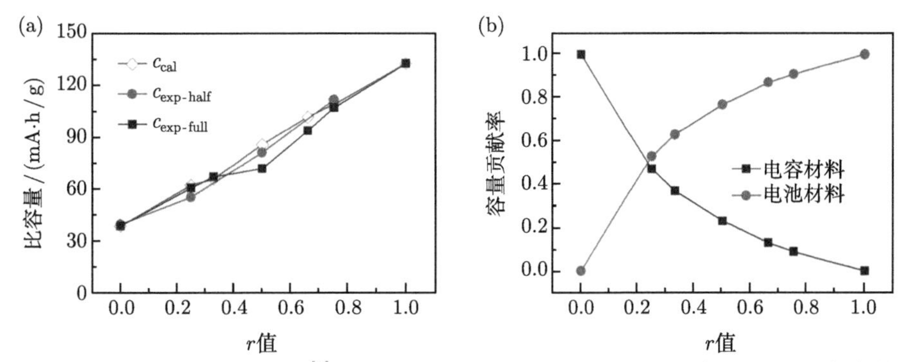

图 6-2 锂离子电池电容的容量组成 [2]。(a) 复合正极比容量与 r 值的关系曲线；(b) 电容材料与电池材料的容量贡献

锂离子电池电容常用的硬碳、软碳、石墨烯、硅基材料等负极材料首周库仑效率较低 (50%～90%)，导致混合器件在化成过程中对正极电池材料和电解液中的 Li^+ 消耗较多；且 1.0～3.0 V (*vs.* Li/Li^+) 电位区间容量占比较大，这部分容量不能被全电池器件有效利用。预嵌锂工艺可补偿 Li^+ 的消耗并使负极的电位降至工作区间内，从而提升锂离子电池电容的平台电压，提高锂离子电池电容的功率密度和能量密度 [1,14−19]。锂离子电池电容的预嵌锂机制如图 6-3 所示。

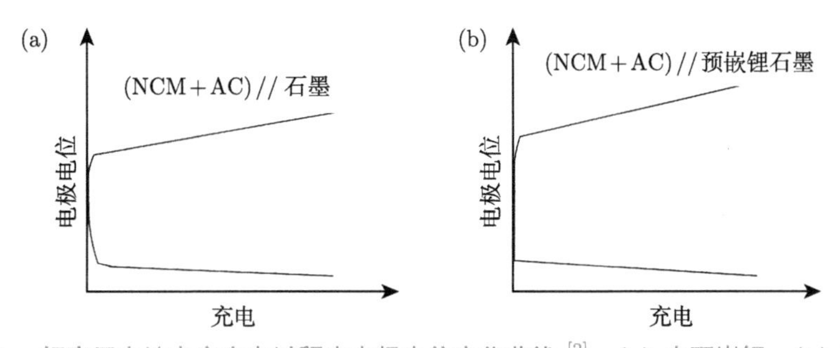

图 6-3 锂离子电池电容充电过程中电极电位变化曲线 [2]。(a) 未预嵌锂；(b) 预嵌锂

对于采用电化学方式进行预嵌锂的锂离子电池电容来说，预嵌锂的容量可以通过公式 (6.2) 进行计算 [20]：

$$c_{\text{pre-doped}} = \frac{90\% m_{\text{neg}} c_{\text{neg}} - m_{\text{c}} c_{\text{c}} - m_{\text{b}} c_{\text{b}}}{m_{\text{neg}}} \tag{6.2}$$

式中，$c_{\text{pre-doped}}$ 表示基于负极电池材料的预嵌锂容量；m_{neg} 表示锂离子电池电容中负极活性物质的质量；m_{c}，m_{b} 分别表示双材料复合正极中电容材料和电池材料的质量；c_{neg} 表示负极活性材料的比容量；c_{c}，c_{b} 分别表示电容材料和电池材料的比容量。

6.2 锂离子电池电容的结构

从储能机制上讲，锂离子电池电容是将锂离子电池和锂离子电容器通过内部并联或串联的形式进行复合，即将电池材料和电容材料形成双材料正极，或同时形成电池材料和电容材料复合的双材料负极 [21]。对于内并联结构来说，除了电极材料的选择之外，复合正极的结构也同样重要。双材料复合正极通常可以采用如下四种结构 [11]：①混合双材料结构，电池材料与电容材料直接机械混合后涂布在集流体，在同一电极上形成均匀的复合电极；②分段双材料结构，集流体的两侧分别涂布电池材料和电容材料；③分层双材料结构，在集流体的同侧先后涂布电容材料层和电池材料层；④特殊的复合结构，如采用具有核壳结构的电池材料与电容材料复合材料。对于不同的材料，组合方式的选取也很重要，材料须以合适的比例、电极结构和复合方式结合在一起才能发挥双材料复合正极中电容材料和电池材料的协同效应，使器件发挥出更优异的电化学性能。

6.2.1 混合双材料

将电容材料和电池材料在正极进行复合的方式有多种。Hagen 等 [22] 采用干法电极的方法制备了复合电极，具体做法是：将一定比例的 $LiNi_{0.5}Co_{0.2}Mn_{0.3}O_2$(NCM)、活性炭 (AC) 与黏结剂的混合物由高速搅拌器混合均匀，然后在 100 ℃ 下压平至所需厚度，形成自支撑的薄膜，随后将薄膜通过压机在 200 ℃ 下层压到涂有 8~10 μm 导电涂层的腐蚀铝箔上，从而形成单面厚度 100~120 μm 的复合电极。Hu 等 [11] 通过固相反应的方法制备了复合正极材料。将化学计量比的 $FeC_2O_4{\cdot}2H_2O$、$(NH_4)_2HPO_4$ 和 Li_2CO_3 的混合物在研钵中研磨 0.5 h 后，加入活性炭粉末并在丙酮溶液中充分混合。然后蒸发丙酮并将混合物在 350 ℃ 氩气气氛中预处理 12 h 以进行分解。将分解的混合物重新研磨并在 750 ℃ 氩气氛围中烧结 24 h，然后冷却至室温，得到 $LiFePO_4$ (LFP)+AC 复合材料。Böckenfeld 等 [23] 利用磁力搅拌的方法制备了复合正极：先将羧甲基纤维素钠 (CMC) 溶解在去离子水中，在室温下磁力搅拌 1 h 得到浓度为 1.5wt%的水溶液，然后加入适量的导电剂、$LiFePO_4$ 和 AC，通过磁力搅拌将混合物进一步均质化 1 h，然后用高能搅拌器分散浆液 1 h，最后涂布到铝箔集流体上，将涂覆的电极在 80 ℃ 下烘干即可得到复合电极。Chen 等 [24] 通过球磨的方法制备了混合材料复合正极：将 $LiFePO_4$、AC、导电剂和水性黏结剂的混合物球磨，涂布后在 80 ℃ 下干燥，得到 LFP+AC 复合材料。

Sun 等 [9,10] 通过球磨方法制备了不同配方的 NCM+AC 复合电极，并采用半电池和全电池器件研究了锂离子电池电容的设计、容量匹配与储能机制。不同配比的双材料复合正极的微观形貌如图 6-4 所示。从图中可以发现，纳米尺寸的导电炭黑 Super C 颗粒均匀分散在极片中，与导电石墨 KS 薄片在 NCM 和 AC 颗粒周围形成连续的导电网络，此外还可以发现制备成电极后的 AC 和 NCM 颗粒粒径变小，分析原因可能是在球磨过程中材料颗粒被细化。

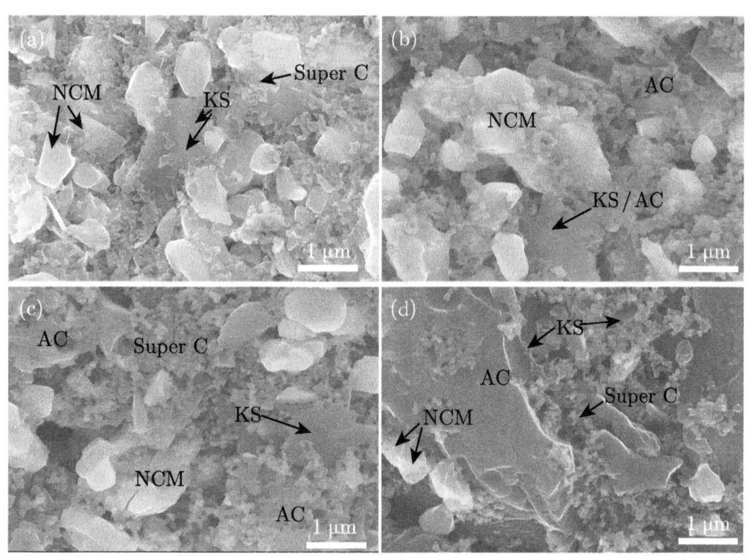

图 6-4 复合电极扫描电镜图 [10]。(a) NCM 电极；(b) 75wt%NCM + 25wt%AC；(c) 50wt% NCM + 50wt%AC；(d) 25wt%NCM + 25wt%AC；Super C 和 KS 分别代表导电炭黑和导电石墨

6.2.2 分段双材料

锂离子电池电容的电容材料与电池材料也可以分开布置。Lee 等 [25] 提出一种锂离子电池电容结构，其正极和负极均采用了分段双材料结构，正极为铝箔集流体，两侧分别涂布 $LiFePO_4$ 和 AC 涂层，负极为铝箔集流体，两侧分别涂布 $Li_4Ti_5O_{12}$ 和 AC 涂层，复合电极和器件的结构如图 6-5(a) 所示，可以形成 LFP//LTO 锂离子电池和 AC//AC 双电层电容器的内部并联结构，目的是使法拉第体系和双电层体系在单个器件内产生协同效应，获得良好的电化学性能。该混合体系的器件能量密度能够达到 48.5 W·h/kg，功率密度可以达到 5.24 kW/kg，在电流为 20 A 时容量保持率可以达到 73.9%，并且在 1800 次循环后容量保持率可以达到 91.5% 。

Du 等 [20] 设计了一种由分段双材料复合正极和预锂化软碳 (本章无特殊说明 SC 均表示软碳) 负极组成的锂离子电池电容结构，其中分段双材料正极通过将分隔的 NCM 电极和 AC 电极并联而形成，结构如图 6-5(b) 所示。该项工作特点在于：①采用了含贯穿孔结构的集流体，使 Li^+ 和阴离子可以穿过不同的电极进行扩散和迁移；②同一集流体的两侧为相同的电极材料，可以通过调整 NCM 和 AC 极片的数量对电池材料和电容材料的比例进行调控；③该结构可以看作是 NCM//SC 体系锂离子电池和 AC//SC 体系锂离子电容器的内并联结构；④对混合器件进行了预嵌锂操作。

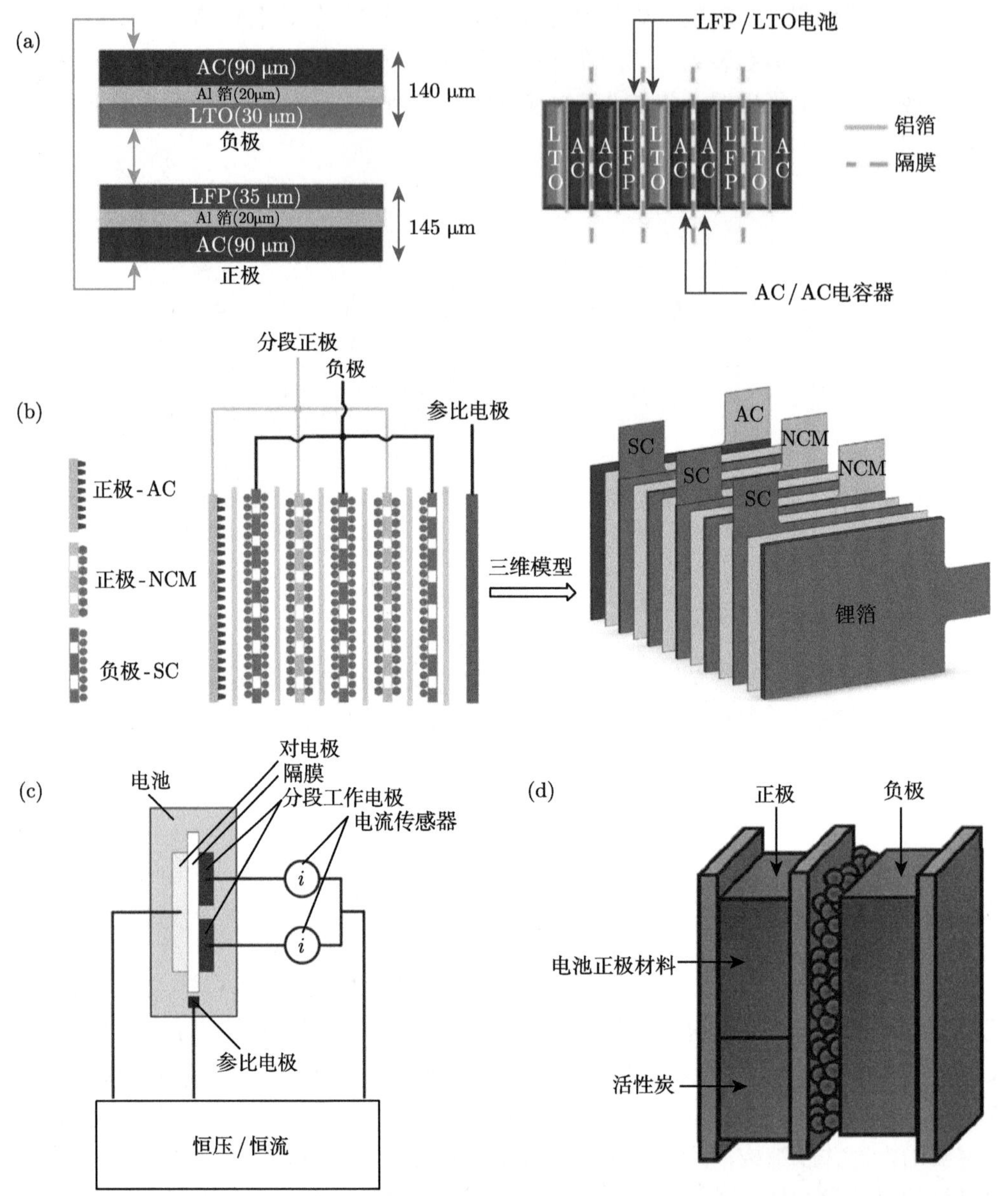

图 6-5 分段双材料复合电极和器件的结构示意图。(a) 电池材料 LFP 与电容材料 AC 两侧分布 [25]；(b) 独立的 NCM 电极和 AC 电极组成锂离子电池电容 [20]，SC 表示软碳电极；(c)LMO 电极和 AC 电极电流贡献测试装置 [26]；(d) 同一电极的两端分布 LCO 电池材料和 AC 电容材料 [27]

Cericola 等 [26,28] 构建了三电极的模拟电池研究了具有内并联结构的 $LiMn_2O_4$(LMO) 电极和 AC 电极的储能机制。如图 6-5(c) 所示，LMO 和 AC 分别涂覆到分开的两块钛箔上作为工作电极，在器件的外部通过导线连接，并在外电路中接入电流传感器来监测分别流经电池电极和电容电极的电流贡献。对电极和参比电极均为金属锂电极。结果表明随着 LMO 含量的增加，恒流放电电位曲线呈现出从纯 AC 电容行为到纯 LMO 电池行为的转变。电池电极和电容电极的电流贡献分析表明，在高倍率放电和脉冲放电条件下 AC 对整体电流的贡献增加。Zheng 等 [27] 提出了类似的双材料复合正极结构，锂离子电池电容的正极采用了 $LiCoO_2$(LCO) 电池材料和 AC 材料，LCO 与 AC 分布在同一铝箔集流体的同一个侧面的两端，与之相对的负极为预嵌锂的硬碳 (HC) 负极，如图 6-5(d) 所示。在低电流密度下，混合器件表现出高能量密度；在高电流密度下，混合器件表现出高功率密度。在 80~300 W/kg 的功率范围内，该混合器件能够实现最高能量密度 (约 60 W·h/kg)。

6.2.3 其他复合结构

分层双材料复合正极是将电容材料和电池材料在集流体一侧彼此叠加形成的层状结构，这种分层结构文献报道较少 [11,29]。原理上，这种结构的复合正极是通过层叠的方式将电容材料与电池材料进行复合，电子在集流体与电极材料之间的传输和 Li^+ 在正极与负极之间的传输均需先后通过两类材料，因此是一种锂离子电池与锂离子电容器的内部串联结构。此外，由于电容材料的比表面积较大、堆积密度较低，一定程度上会增加复合电极的厚度和 Li^+ 的扩散长度，增大了电极的极化效应。因此，这种双材料复合正极结构仍需进一步优化和设计。

Bai 等 [11] 提出了一种核壳结构的正极双材料体系，是一种从材料层次进行的内串联，该结构采用了包裹在电池材料中的电容材料粉末，这里的 “包裹” 不是指外层材料完全隔绝了内层材料，而是指一种材料包覆另一种材料，使两种材料均可与电解液接触，这就使外层多孔材料对离子具有渗透性或者外层材料不完整使靠近中心的材料暴露在电解液中。此外，还可以将电池型材料封装在电容型材料的核壳结构之中。

外并联结构的混合系统是将锂离子电池和锂离子电容器通过外部电路在单体外部并联形成的复合电源系统。复合电源系统具有延长锂离子电池寿命和脉冲性能的提升等优点。与锂离子电池电容相比，外并联结构的复合电源具有以下不足：需要复杂的外部电路结构、整体质量和体积较大、成本高、需要考虑复杂的控制方法 (如直流/直流 (DC/DC) 变换等)[30−34]。

6.3 材料体系

锂离子电池电容的正极材料通常采用 $LiNi_xCo_yMn_zO_2$(NCM)、$LiFePO_4$(LFP)、$LiMn_2O_4$(LMO)、$LiCoO_2$(LCO)、$Li_3V_2(PO_4)_3$(LVP) 等电池材料与活性炭等电容材料混合。LCO 是最早得到大规模应用的锂离子电池正极材料，具有高的堆积密度值和较高的体积能量密度，以及较高的电子电导率和良好的倍率充放电性能。LCO 材料含有较多的钴元素，成本较高，且钴元素有毒，可能造成环境污染。LMO 价格低廉，但存在姜–泰勒效应而导致循环性能较差，并且其电化学性能在高温时因为锰的溶解问题而衰减较快。LFP 具有良好的循环性能和安全性能，但其比容量不高，电性能较差，电位平台较低限制了其能量密度的提高。NCM 三元材料兼具高能量密度、低成本、长循环寿命等综合性能，是近年来研究最多的锂离子电池正极材料。锂离子电池电容最常用的电容材料为活性炭，具有高比表面积、高倍率充放电、长循环寿命以及较低的成本等优点。

锂离子电池电容的负极材料通常采用碳系材料和钛酸锂 ($Li_4Ti_5O_{12}$，LTO) 等。碳系材料是最常用的负极电池材料，主要包括石墨 (Gr)、软碳 (SC)、硬碳 (HC) 等，具有价格低廉、资源丰富等优点。其中，石墨主要有六方或菱形层状结构的天然改性石墨和人造石墨，软碳和硬碳分别为易石墨化碳和难石墨化碳，均属无定形结构。石墨烯、碳纳米管等新型材料具有高比表面积和高电子电导率，拓展了电容材料体系 [35]。

石墨具有较高的比容量 (约为 370 mA·h/g) 和结晶度、良好的层状结构以及较低的充放电电压平台，优异的综合性能使得它成为锂离子电池中应用最广泛的负极材料。Sun 等 [9] 对比了人造石墨、石墨化中间相炭微球 (MCMB) 和硬碳材料，发现 MCMB 材料具有较高的比容量，而硬碳材料由于其无序结构和较宽的石墨层间距而具有更优的插嵌锂动力学性能，三者的倍率性能依次为：HC > MCMB > 石墨；对比研究了两款商用的硬碳和软碳材料，两者在 2 A/g 电流密度下的比容量分别是 133 mA·h/g 和 203 mA·h/g(活性物质载量为 3.8 mg/cm^2)[36]。Zhang 等 [37,38] 采用自蔓延高温合成的方法制备了介孔石墨烯、碳纳米管与空心碳纳米盒等几种纳米碳材料，并研究了其储锂性能，其在 1 A/g 电流密度下的比容量分别为 486 mA·h/g、267 mA·h/g 和 227 mA·h/g(活性物质载量为 1.2～1.5 mg/cm^2，但其首次库仑效率较低 (约 50%)。

LTO 材料具有 “零应变” 结构特性 (充放电过程中体积几乎不变)、较大的理论比容量、较高的锂离子扩散系数以及不发生析锂等优点，是一种极具潜力的高功率锂离子电池负极材料。LTO 的缺点是本征的离子和电子电导率偏低，在大电流充放电条件下容量衰减快、倍率性能较差，可通过纳米化、碳包覆和结构改性显著提高 LTO 材料的倍率性能。此外，LTO 电位平台较高，也限制了器件的能量密度。Xu 等 [39] 采用两步法制备了 LTO 与石墨烯 (G) 的复合材料，LTO-G 复合材料具有较小的颗粒尺寸以及较为轻微的团聚，LTO 颗粒与石墨烯片之间的结合力较强，因此该方法制备得到的材料具有较好的导电性和最优的电化学性能，在 20 mA/g 的电流密度下，材料的比容量高达 194 mA·h/g，同时该材料具有良好的倍率性能，在 5 A/g 的电流密度下，材料的可逆比容量仍达 90 mA·h/g。

近年来，锂离子电池电容的各种材料体系层出不穷。目前对于锂离子电池电容的研究主要集中于以下几个体系：LCO+AC 正极、LFP+AC 正极、LMO+AC 正极、NCM+AC 正极以及 LVP+AC 正极。

6.3.1 $LiCoO_2$+AC 体系

钴酸锂材料具有比容量高 (约 140 mA·h/g)、循环性能好、振实密度高以及产品性能稳定，一致性好等特点，可以用来与 AC 混合作为锂离子电池电容的复合正极材料 [40]。Du Pasquier 等 [3] 以 $LiCoO_2$(LCO)+AC 为混合正极，纳米结构 LTO 为负极，聚偏氟乙烯–六氟丙烯 (PVDF-HFP) 为黏结剂首次制备了锂离子电池电容。当 LCO 的含量为 65wt%，AC 含量为 10wt%时，混合器件的能量密度、功率密度以及循环寿命等各方面综合性能达到了最佳，在 20C 倍率下充电时，能量密度可达 40 W·h/kg，这种快充的特点非常适合应用于电动工具等领域。Plitz 等 [41] 将插层材料 LCO 与 AC 混合形成双材料混合正极，以 LTO 材料作为负极，以 $LiPF_6$ 的乙腈溶液作为电解液，制备了三电极的锂离子电池电容，用以监测正负极的电位和确保正负极容量的匹配。由于金属 Li 不能在乙腈溶液中稳定存在，采用了 LFP 电极作为参比电极。(LCO+AC)//LTO 锂离子电池电容的结构示意图和充放电曲线如图 6-6 所示。

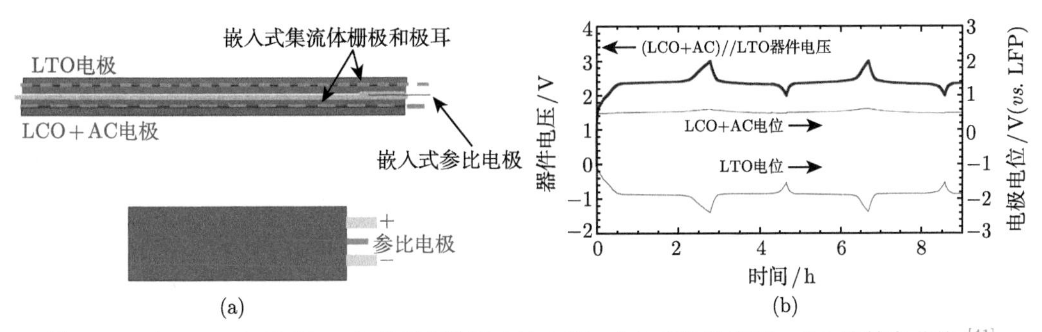

图 6-6 (LCO+AC)//LTO 体系锂离子电池电容。(a) 结构示意图；(b) 充放电曲线 [41]

Zheng 等 [27] 以 LCO 和 AC 作为分段双材料复合正极，以硬碳为负极制备了一种锂离子电池电容，其充放电曲线如图 6-7 所示。在锂离子电池电容放电的后半阶段 (3.6~2.0 V)，曲线呈现线性特征，表明在此阶段主要是电容材料在发挥作用；在 4.0~3.6 V 电压区间内容量的贡献主要来自于电池材料 LCO。当电流密度较低时 ($0.4\ mA/cm^2$, 25 mA/g)，电压曲线有明显的平台特征；当采用大电流充放电时 ($4\ mA/cm^2$，250 mA/g)，充放电曲线接近于线性，约有 90%的容量来自于电容材料的贡献。这表明在低电流密度下电池材料起主要作用，而在相对较高的电流密度下电容材料更为重要。

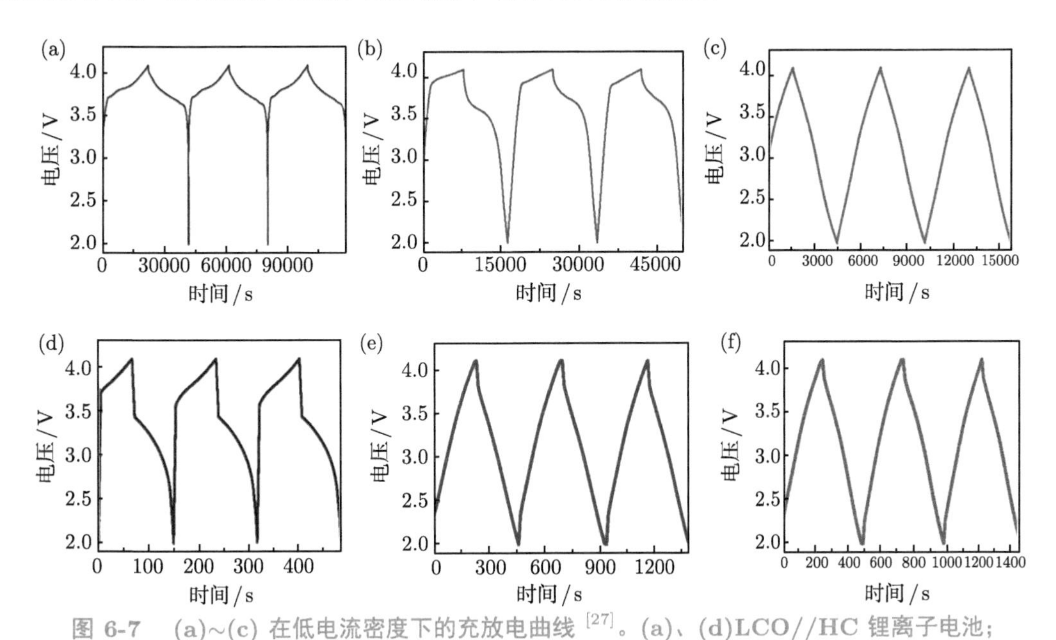

图 6-7 (a)~(c) 在低电流密度下的充放电曲线 [27]。(a)、(d)LCO//HC 锂离子电池；(b)、(e)LCO+AC//HC 锂离子电池电容；(c)、(f)AC//HC 锂离子电容器；(d)~(f) 在高电流密度下的充放电曲线

6.3.2 $LiFePO_4$+AC 体系

橄榄石状的 $LiFePO_4$(LFP) 材料具有低成本和高安全性的特点，LFP 材料的理论比容量高 (约 170 mA·h/g)、还原电位高，在长时间循环中表现出高稳定性、良好的倍率性能和耐高温性，这些优点使得它可以用作锂离子电池电容复合正极中的电池材料。

Böckenfeld 等 [42] 采用 (LFP+AC)//Li 半电池研究了双材料复合正极体系，电极组成分别为 65wt%LFP+20wt%AC 和 20wt%LFP+60wt%LFP，电压范围为 2.8~4.2 V。结果表明，在大电流密度下复合正极的放电比容量高于两种材料的简单叠加，可归纳为 LFP 和 AC 的协同效应。一方面 AC 的添加提高了正极的电子电导率，与不加 AC 的 LFP 电极相比电导率从 8.5 S/cm 提高到 34 S/cm[23]；另一方面改变了电极的形貌，小颗粒、低孔隙率的 LFP 填充在大颗粒、高孔隙率的 AC 颗粒周围，使不同的固相材料之间的接触更为紧密。此外，AC 起到了所谓的 “稀释”LFP 材料的作用，可以有效避免正极区域的锂盐耗尽，缩短了 Li^+ 传输距离，使 Li^+ 更便于插嵌入 LFP 材料中。Varzi 等 [43] 提出用多壁碳纳米管 (MWCNT) 制备 66wt%LFP+33wt%MWCNT 双材料复合电极，MWCNT 材料的比表面积为 309 m^2/g，孔径集中在 34.32 nm。相比于采用 AC 的复合电极，LFP+MWCNT 电极的堆积密度会从 0.56 g/cm^3(LFP + AC) 降低至 0.44 g/cm^3(LFP + MWCNT)，体积比容量可能会在一定程度上受 CNT 密度低的影响。然而，由于在大电流充放电工况下，活性物种 (e^- 和 Li^+) 至活性颗粒的输运是速率控制步骤，在这种情况下，MWCNT 形成的开口且高导电性的导电网络可以更有效地进行电子和离子传导，尤其适用于交替脉冲恒流充放电循环。

Wang 等 [44] 认为，在 LFP 电极中添加 AC 后，纳米级 LFP 的团聚现象在一定程度上会缓解，比表面积和电导率显著增加。AC、LFP 和 75wt%LFP+5wt%AC 电极的比表面积分别为 1241.6 m^2/g、9.3 m^2/g 和 66.4 m^2/g。LFP 电极在添加 AC 后电导率也有数量级的增加，可从 LFP 电极的 1.56×10^{-8} S/cm 提高到 65wt%LFP+15wt%AC 电极的 2.23×10^{-5} S/cm，这表明少量大比表面积 AC 的添加有助于有效构建导电网络，如图 6-8 所示。他们还发现 LFP+ AC 双材料复合电极的容量大于 LFP 和 AC 的简单加和，认为除了电极结构上的优化和电导率的提高，LFP 与 AC 还具有能量储存上的协同效应。从储能的角度来看，复合电极上存在 AC 的双电层机制和 LFP 的法拉第反应机制等两种不同的储能机制，在充电过程开始时，由于 AC 的响应快于 LFP，当其电位高于 LFP 时，电子将从 LFP 转移到 AC 上，从微观上看，相当于 AC(微电容) 给 LFP(微电池) 充电；在放电过程中，当 AC 的电位低于 LFP 时，电子将从 AC 转移到 LFP，即发生 LFP(微电池) 给 AC(微电容) 再充电现象。这样，在快速充放电过程中，AC 可以通过其快速响应来缓冲大电流对 LFP 的冲击，减缓 LFP 的衰变速率，在两个组分之间建立快速的电子转移通道，协同双电层充电过程和法拉第反应，从而产生优异的倍率性能和循环性能，尤其适用于脉冲充放电应用。

通过对双材料复合正极中活性材料的含量配比进行优化，可以改善锂离子电池电容的容量和功率特性。徐睿等 [45] 研究了 (LFP+AC)//LTO 体系锂离子电池电容的系统优化。充放电的电压范围为 1.0~3.5 V，电压平台在 1.5~2.0 V，充放电曲线如图 6-9 所示。在 LFP 和 AC 的含量分别为 50wt%和 30wt%时，双电层电容的贡献较高；当 LFP 含量增加后，锂离子电池电容的充放电平台变得平缓，法拉第电化学储能所占的比例变高，而双电层储能占的比例降低。而采用 LTO 纳米管作为锂离子电池的负极材料后，电池的赝电容性能得到提高，充放电平台在一定范围内不再是一个确定的电压值。Yan 等 [46] 制备了非晶态 LFP 与介孔无定形态碳的复合正极，具有优异的倍率性能和循环性能，在 0.2 A/g

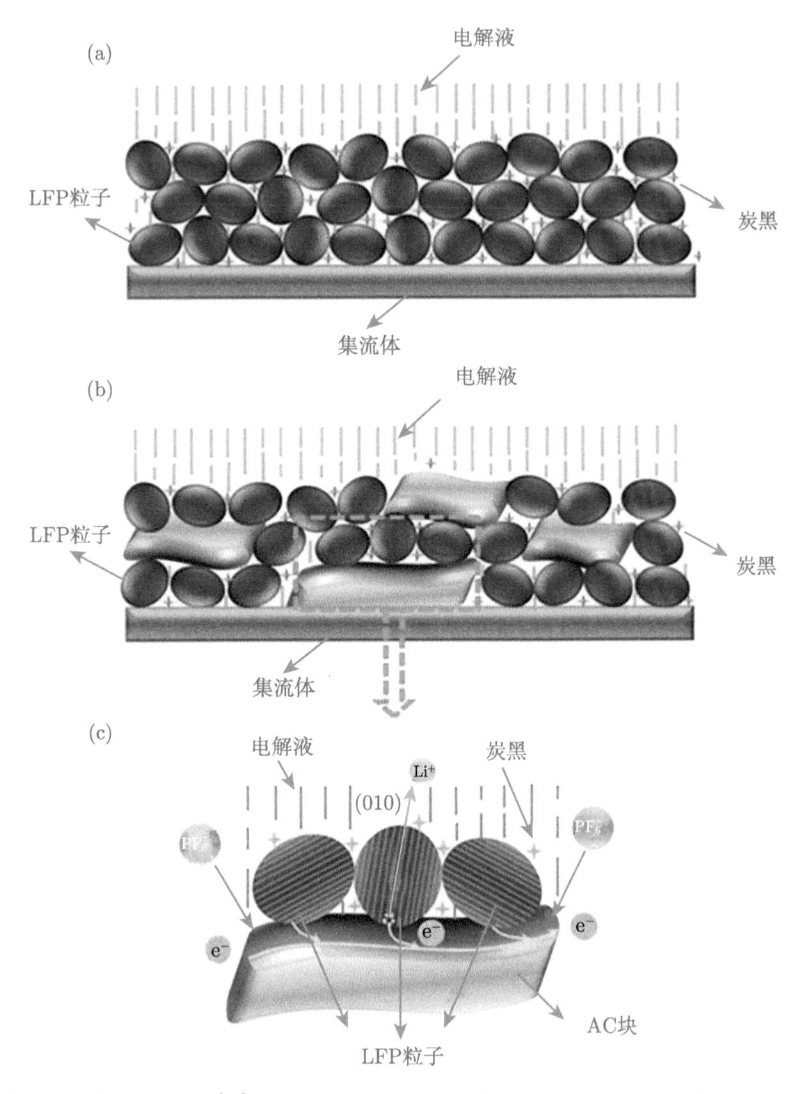

图 6-8 电极导电机制示意图 [44]。(a) LFP 电极；(b) LFP+AC 复合电极和 (c) 局部放大图

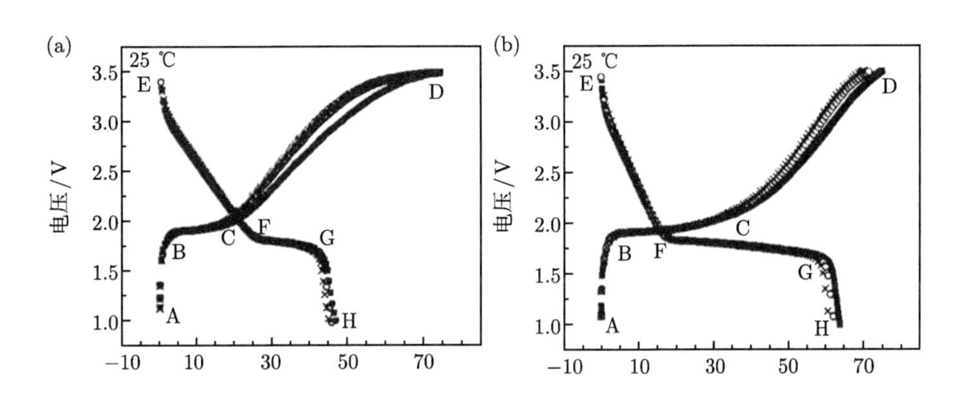

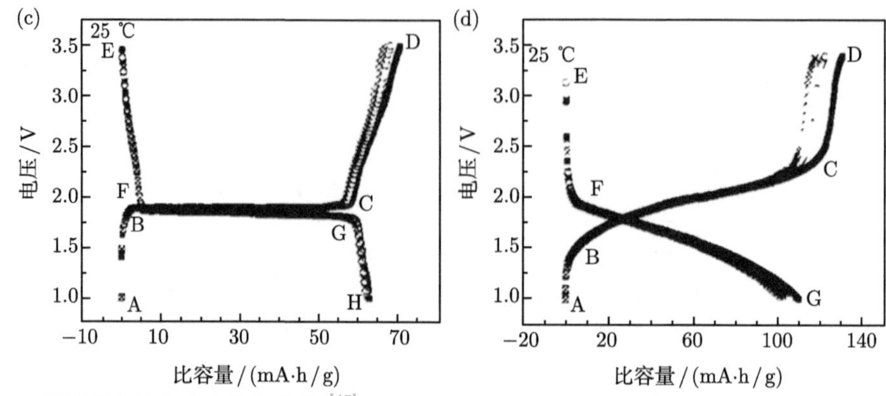

图 6-9 锂离子电池电容充放电曲线[45]。(a) (50wt%LFP+30wt%AC)//LTO；(b) (60wt% LFP+20wt%AC)//LTO；(c) (70wt%LFP+10wt%AC)//LTO；(d) (80wt%LFP+0wt% AC)//LTO 纳米管

电流密度下的比容量为 88 mA·h/g，在 5 A/g 电流密度下的容量保持率达 82%，循环 300 周后容量衰减仅 1.3%，可归结为纳米结构 LFP 材料高比例的快速脱嵌锂反应机制的赝电容；采用无定形的硬碳作为负极，制备了锂离子电池电容，正极与负极的质量比为 2∶1 时能量密度可达 131 W·h/kg，在功率密度为 25 kW/kg 时能量密度达 90 W·h/kg。

Hu 等[47,48] 利用固相反应制备了 LFP+AC 双材料复合正极，以 LTO 作为负极、以 1.0 M $LiPF_6$/EC+DMC+EMC (质量比 1∶1∶1) 作为电解液，研究了锂离子电池电容的电化学性能。(LFP+AC)//LTO 锂离子电池电容、LFP//LTO 锂离子电池和 AC//LTO 锂离子电容器的充放电曲线如图 6-10 所示，锂离子电池电容和锂离子电池的电压区间为 1.0~2.6 V，锂离子电容器的电压区间为 1.0~2.8 V。将锂离子电池电容的充放电曲线分为 A-B、B-C、C-D、D-E、E-F 和 F-G 等 6 个阶段。在 B-C 阶段，锂离子电池电容的容量增加但电压没有变化，容量的增加归结为 Li^+ 在 LFP 中的脱出和 LTO 的嵌入过程和法拉第反应的能量存储；C-D 阶段是充电过程的最后阶段，在此阶段容量的增加与电压呈线性关系，对应于 AC 材料对 PF_6^- 阴离子的双电层静电吸附过程和 Li^+ 在 LTO 材料中的嵌入过程，双电层静电吸附过程占主导。A-B 阶段是充电过程的初始阶段，容量的增加与电压呈非线性关系，包括了 Li^+ 嵌入反应和双电层吸附过程。因此，在整个充电过程中，既有 Li^+ 嵌入反应又有阴离子的双电层吸附过程。锂离子电池电容的放电过程与此类似。在双材料复合正极中，优选的 LFP 含量为 11.8wt%~28.5wt%。此时，(LFP+AC)//LTO 锂离子电池电容的能量密度高于 AC//LTO，其功率密度高于 LFP//LTO 锂离子电池，并归结为在锂离子电池电容中广泛存在的 LFP//LTO 微电池。

Shellikeri 等[49] 采用干法电极方法制备了 LFP+AC 双材料复合正极，与预嵌锂硬碳负极组装了锂离子电池电容，如图 6-11 所示。复合正极中的材料比例为 20wt%LFP+80wt% AC，负极与正极的容量比为 3:1，电解液为 1 M $LiPF_6$/EC+DMC (质量比 1:1)。其中，硬碳利用的电位区间为 0.1~0.3 V，正极电位区间为 2.2~3.8 V。根据曲线的特征将放电曲线分为 a、b、c 三个部分，其中 a、b 部分主要是电容材料的贡献，据此可计算出电容材料的比电容和在整个放电过程中电容材料与电池材料的容量贡献。随着放电倍率的增大，锂离子电池电容的放电容量不断减小，但主要是电池材料的放电容量在降低，电容材料的容量贡献基本维持不变。总体而言，锂离子电池电容具有优异的倍率性能和循环性能，在 60C 倍率下循环 1 万次后容量保持率为 92%，在 43C 倍率下循环 7 万次后容量保持率为 67%。

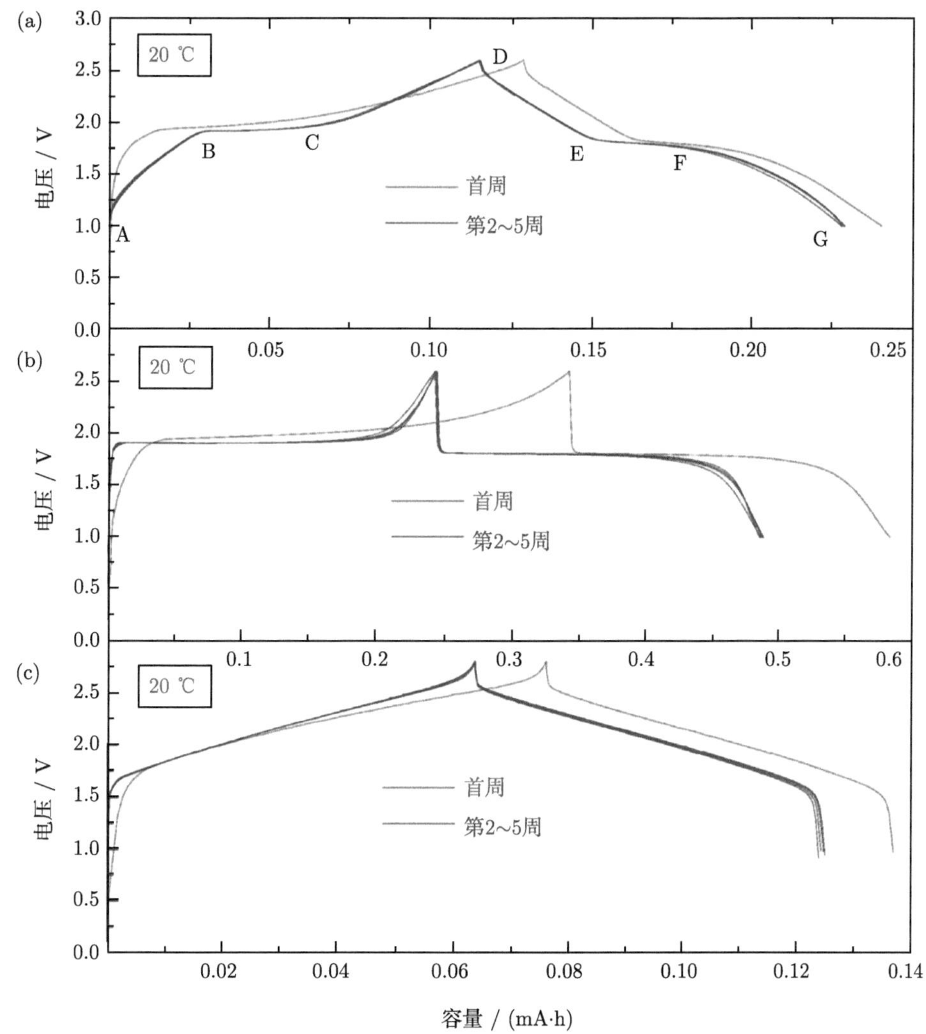

图 6-10 不同体系充放电曲线 [47]。(a) (LFP+AC)//LTO 锂离子电池电容；(b) LFP//LTO 锂离子电池；(c) AC//LTO 锂离子电容器

此外，可采用 LFP+AC 复合正极和 MCMB 负极组装成锂离子电池电容，最佳的 LFP 添加量为 30wt%[50]。由于 LTO 的嵌锂平台电位约为 1.55 V (*vs.* Li/Li^+)，远高于碳负极的嵌锂电位和金属铝箔的腐蚀电位，负极可采用 AC 电容材料和铝箔集流体。因此，锂离子电池电容的正极和负极也可同时采用双材料电极，如 (LFP+AC)//(LTO+AC) 体系 [25]。LFP+AC 体系锂离子电池电容的结构与性能如表 6-1 所示。

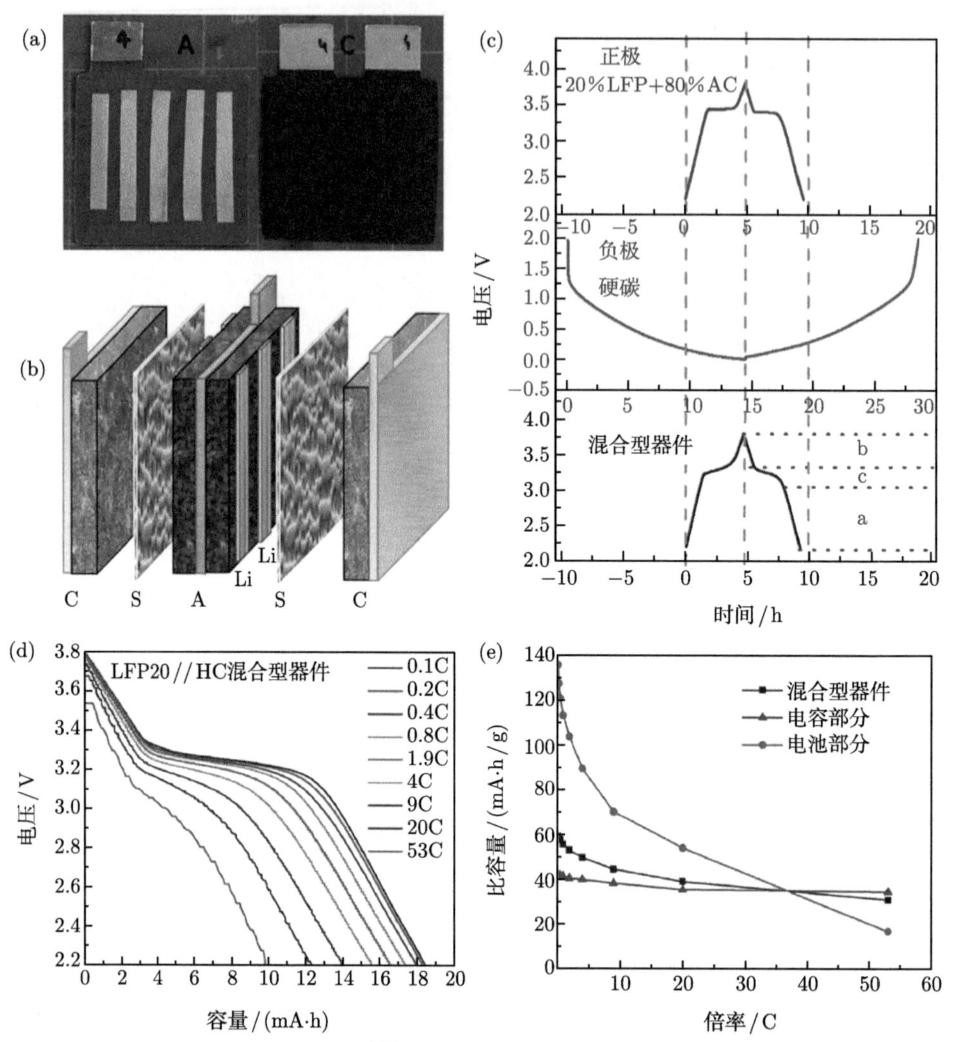

图 6-11 锂离子电池电容的设计与组装[49]。(a) 压覆锂箔的双面硬碳负极和单面 LFP+AC 双材料复合正极；(b) 锂离子电池电容结构；(c) 电极容量设计与充放电的电压曲线；(d) 锂离子电池电容在不同倍率下的放电曲线；(e) 电池部分与电容部分的比电容

表 6-1 LFP+AC 体系锂离子电池电容的结构与性能

正极材料/wt%	负极材料	电压范围/V	比容量/(mA·h/g)	能量密度/(W·h/kg)	参考文献
11.8%LFP + 73.2%AC	LTO	1.0~2.6	34.1[a]	NA	[47]
21.1%LFP + 63.9%AC	LTO	1.0~2.6	40.1[a]	NA	[47]
70%LFP + 10%AC	LTO	1.0~3.5	60[a]	118[a]	[45]
65%LFP + 20%AC	Li	2.8~4.2	140[b]	NA	[23]
55%LFP + 25%AC	Li	2.0~4.0	163[b]	NA	[51]
30%LFP + 70%AC	LTO	1.0~2.6	69.5[a]	NA	[24]
30%LFP + 70%AC	MCMB	2.0~3.8	23.8[c]	69.0[c]	[50]
20%LFP + 80%AC	HC	2.2~3.8	65[a]	NA	[49]

续表

正极材料/wt%	负极材料	电压范围/V	比容量/(mA·h/g)	能量密度/(W·h/kg)	参考文献
35 μm LFP + 90 μm AC	30 μm LTO + 90 μm AC	0~2.7	NA	48.5[c]	[25]
LFP@C	HC	1.0~4.0	52[c]	131[c]	[46]

a 基于正极活性材料质量；b 基于正极中 LFP 的质量；c 基于正负极电活性物质的总质量。

6.3.3 $LiMn_2O_4$+AC 体系

尖晶石结构 $LiMn_2O_4$ (LMO) 具有电压平台高、安全性高、成本低、容易制备和资源储备丰富等优点，相比于吸入和皮肤接触时会导致过敏的 LCO，LMO 还具有无毒、环境友好等优势。因此，LMO 也可与 AC 混合作为锂离子电池电容的双材料复合正极。

Hu 等 [52] 采用 LMO+AC 双材料复合正极和 LTO 负极，采用电解液为 1 M $LiPF_6$/EC+DMC+EMC (体积比 1∶1∶1)，制备了 (LMO+AC)//LTO 锂离子电池电容，其工作电压为 1.2~2.8 V。(LMO+AC)//LTO 锂离子电池电容充放电曲线如图 6-12 所示。在充电初

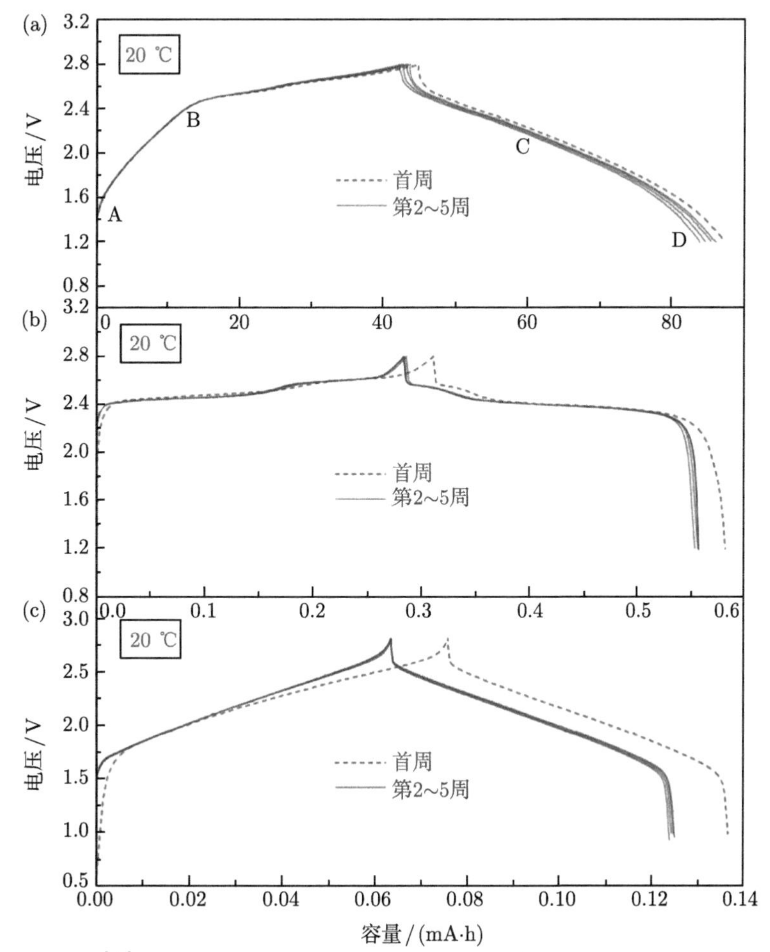

图 6-12 充放电曲线 [52]。(a) (LMO+AC)//LTO 锂离子电池电容；(b) LMO//LTO 锂离子电池；(c) AC//LTO 锂离子电容器

期 A-B 阶段和放电末期 C-D 阶段，电压变化与容量呈线性关系，表现出典型的双电层储能特征，此时正极主要通过离子在电容材料表面的物理吸附/脱附来传递能量。与锂离子电池和锂离子电容器充放电曲线不同的是，在 B-C 阶段，(LMO+AC)//LTO 锂离子电池电容的充放电曲线观察不到明显的电压平台，但也不是一条线性的曲线，在该阶段锂离子电池电容表现出法拉第储能和静电吸附储能相结合的特征。

Cericola 等 [53] 对比研究了几种体系的储能器件：锂离子电池 LTO//LMO，双电层电容器 AC//AC，锂离子电容器 LTO//AC 和 AC//LMO，锂离子电池电容 (19%LTO+81%AC)//(28%LMO+72%AC)(简写为 LTO//LMOz24) 和 (50%LTO+50%AC)//(50% LMO +50%AC)(简写为 LTO//LMOz50)，电解液均为 1 M $LiClO_4$/AN。将器件进行脉冲充放电，占空比 (脉冲宽度在一个脉冲周期中所占的比例) 分别为 DC=2%、10%和 50% 。由图 6-13 可以看到，在低脉冲电流密度下锂离子电池电容的能量密度高于双电层电容器和锂离子电容器而低于锂离子电池；然而，在高电流密度和高占空比下锂离子电池电容具有最高的能量密度，并归结为：在测试的搁置阶段，内并联的电池材料给电容材料进行了充电。这表明锂离子电池电容最适用于脉冲充放电的应用场景。

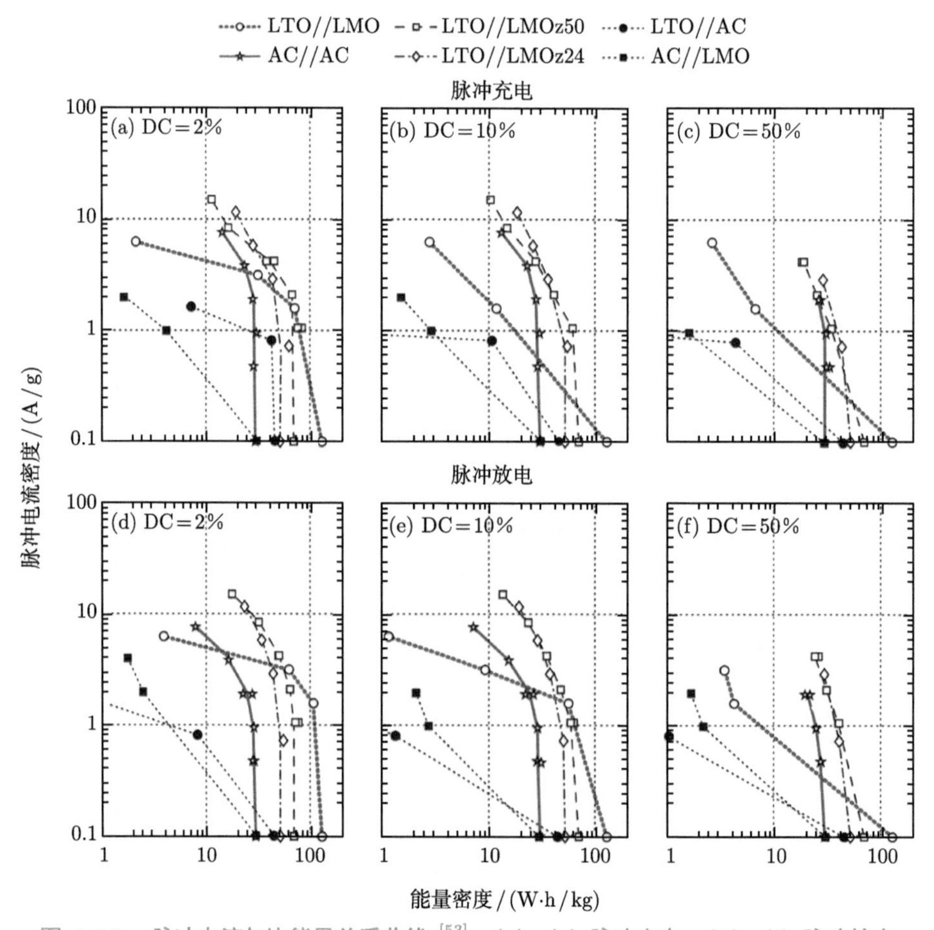

图 6-13 脉冲电流与比能量关系曲线 [53]。(a)~(c) 脉冲充电；(d)~(f) 脉冲放电

Ruan 等[54] 以 95wt%LMO+5wt%AC 为双材料复合正极，以 95wt%LTO+5wt%AC 为双材料复合负极制备了锂离子电池电容，电解液为 1 M $LiPF_6$/EC+DMC+EMC (体积比 1:1:1)，负极与正极的容量比 C_N/C_P=1.01。该器件具有优异的倍率和循环性能，基于器件质量的能量密度达 60 W·h /kg，在 5C 倍率下的容量保持率为 72.2%，循环 2000 次后容量保持率为 77.5%。在此基础上组装了 30 A·h 大容量方形锂离子电池电容，以 70% 放电深度 (DOD) 下和 2C 电流循环，每隔 200 次循环以 100%DOD 测试器件的容量和内阻，5000 次循环后容量保持率为 90%以上，内阻的增加量不超过 10%，如图 6-14 所示。LMO+AC 体系锂离子电池电容的结构与性能如表 6-2 所示。

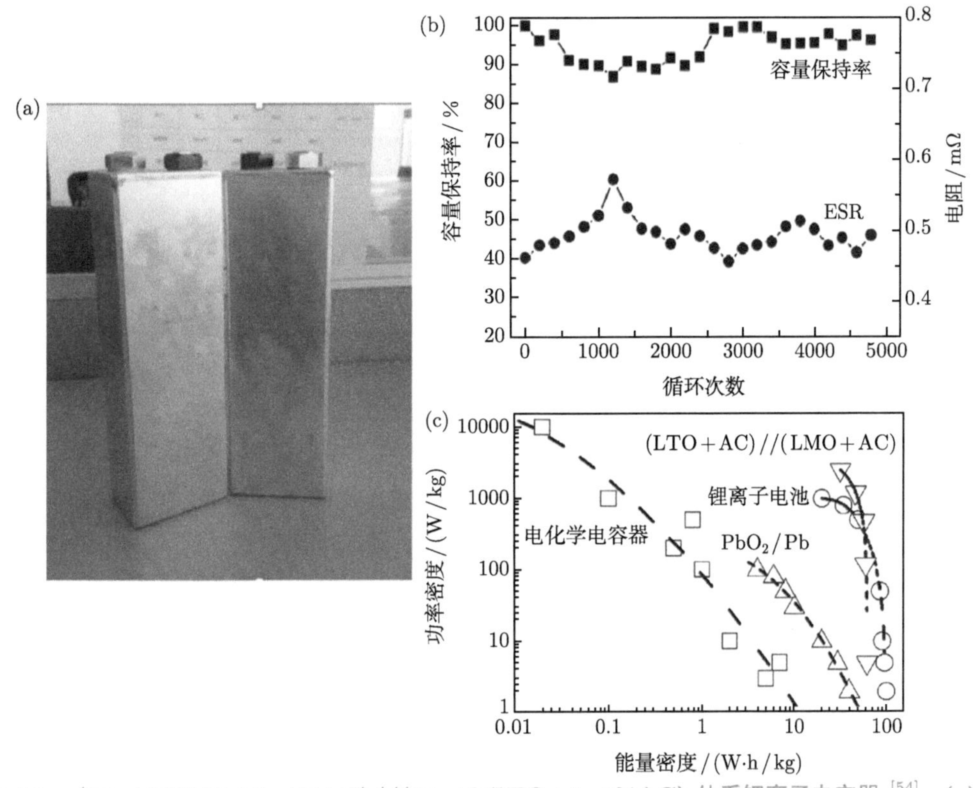

图 6-14 (95wt%LMO+5wt%AC)//(95wt%LTO+5wt%AC) 体系锂离子电容器[54]。(a) 30 A·h 方形锂离子电池电容照片；(b) 循环性能；(c) Ragone 曲线

表 6-2 LMO+AC 体系锂离子电池电容的结构与性能

正极材料	负极材料	电压范围 /V	能量密度 / (W·h/kg)	参考文献
15%LMO+60%AC	LTO	1.2~2.8	12.8^a	[52]
22.5%LMO+52.5%AC	LTO	1.2~2.8	15.0^a	[52]
30%LMO+45%AC	LTO	1.2~2.8	16.5^a	[52]
28 %LMO+72%AC	19%LTO+81%AC	0.8~3.0	53^b	[53]
50 %LMO+50%AC	50%LTO+50%AC	0.8~3.0	71^b	[53]
95%LMO+5%AC	95%LTO+5%AC	1.4~2.8	60^b	[54]

a 基于器件总质量；b 基于正负极活性材料质量总和。

6.3.4 $LiNi_xCo_yMn_zO_2$+AC 体系

$LiNi_xCo_yMn_zO_2$(NCM) 材料具有较高的比容量、优异的倍率性能以及较低的成本等优点。NCM 材料含有过渡金属镍、钴与锰元素，在晶格中引入钴离子可以减少阳离子混合占位，稳定材料的层状结构，提高电导率和功率性能；引入镍离子可以提高材料的比容量；引入锰离子可以降低材料成本，同时还可以提高材料的安全性和稳定性。Sun 等 [10] 首次报道了 NCM523+AC 双材料体系复合正极，可采用石墨、软碳、硬碳等负极材料制备成锂离子电池电容。常见的 NCM+AC 体系锂离子电池电容的结构与性能如表 6-3 所示。

表 6-3 NCM+AC 体系锂离子电池电容的结构与性能

正极材料	负极材料	电压范围/V	能量密度 /(W·h/kg)	参考文献
75%NCM523+25%AC	石墨	2.5~4.0	36.2[a]	[10]
25%NCM523+75%AC	预嵌锂 HC	2.0~4.0	73.6[b]	[9]
75%NCM523+25%AC	预嵌锂 HC	2.0~4.0	198.0[b]	[9]
25%NCM523+75%AC	预嵌锂 HC	2.2~3.8	20[a]	[55]
60%NCM+40%AC	预嵌锂 HC	2.2~3.8	42[a]	[22]
67%NCM+33%AC	预嵌锂 SC	2.5~4.0	177.3[b]	[20]
75%NCM523+25%AC	HC	2.5~4.2	66.6[a]	[56]
77%NCM622+3%碳气凝胶	HC	2.5~4.2	434.2[b]	[13]
$LiNi_{0.815}Co_{0.15}Al_{0.035}O_2$	T-Nb_2O_5	0.8~3.0	165[b]	[57]

a 基于器件的质量；b 基于正负极活性材料质量总和。

1. 锂离子电池电容组成与性能的调控

Sun 等 [10] 研究了在未预嵌锂的条件下正极采用三元材料 NCM 与活性炭的复合电极、负极采用石墨的锂离子电池电容。在复合正极活性材料中，NCM 三元材料所占的质量比为 $r = m_{NCM}/(m_{NCM} + m_{AC}) = 0\sim1.0$，石墨负极的容量过量，采用的电解液为 1 M $LiPF_6$/EC+DEC+DMC (体积比 1∶1∶1)，采用了两电极结构的铝塑膜软包装器件。双材料复合正极的制备方法为：通过将一定比例的正极活性材料、导电炭黑、导电石墨和聚偏二氟乙烯 (PVDF) 加入适量有机溶剂 N-甲基吡咯烷酮 (NMP) 中，采用高速球磨方法制备正极浆料，利用刮刀将浆料涂布到正极集流体，干燥后得到正极极片；负极极片的制备方法与此类似。通过调整正极活性材料中 AC 与 NCM 的比例可以得到不同配比的正极电极。为了获得锂离子电池电容的性能调控规律，他们研究了 7 种不同比例的双材料复合正极，包括 r= 0, 0.25, 0.33, 0.50, 0.67, 0.75, 1，其中 r 为 NCM 材料在正极活性材料的占比。

锂离子电池电容的循环伏安、充放电比容量、倍率和循环寿命等电化学性能表征如图 6-15 所示。从循环伏安曲线可以看出，NCM 含量 r= 0, 0.25, 0.33 时，没有明显的氧化还原峰出现，在高电压范围显示出近乎矩形的形状，表明此时活性炭的电容行为占主导作用。当 $r \geqslant 0.5$ 时，在 3.2~4.0 V 电压范围内正极电流迅速增加，并出现明显的氧化还原峰；复合电极的电化学极化小于 NCM 电极，表明复合电极的倍率性能得到了增强。由图 6-15(b) 可以看到，器件基于正极活性材料的比容量随 NCM 材料含量的增加而逐渐增加，NCM//石墨体系的锂离子电池的比容量最高可达 125.6 mA·h/g，而 AC/石墨体系锂离子电容器由于未预嵌锂，其比容量仅为 15.9 mA·h/g。由于在器件设计时负极容量过量，第一周充电过程中在负极表面生成固态电解质界面 (solid electrolyte interphase, SEI) 膜时消

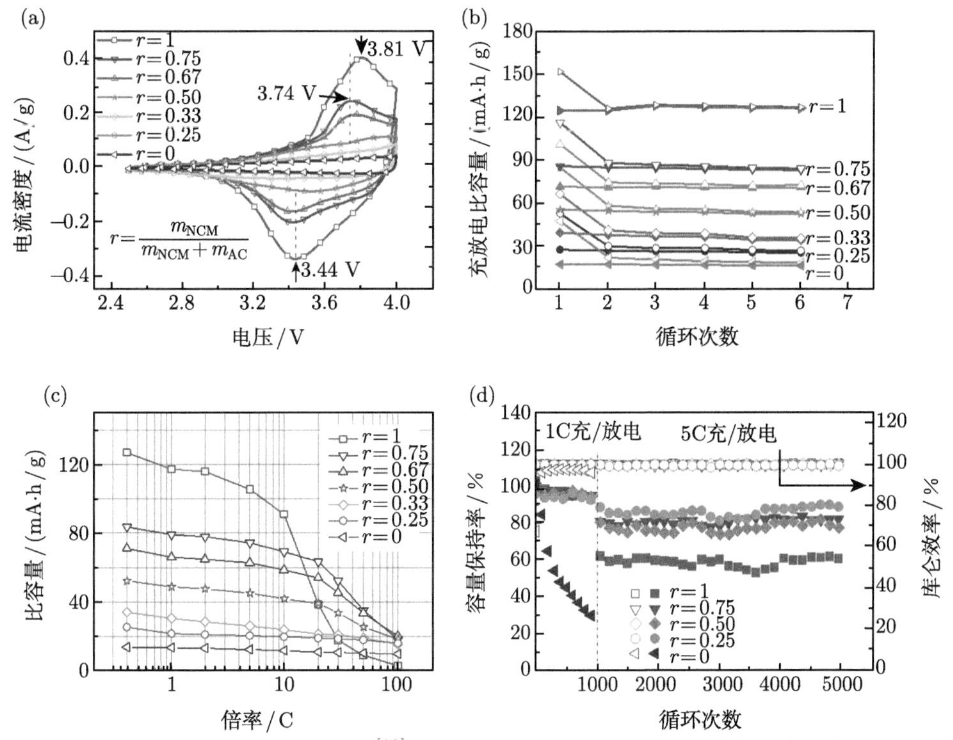

图 6-15 锂离子电池电容的电化学性能 [10]。(a) 循环伏安曲线；(b) 充放电比容量曲线；(c) 倍率和 (d) 循环寿命曲线

耗较多的锂离子，在这些器件中均可观察到一定的不可逆容量。由图 6-15(c) 可以看到，随着 NCM 材料含量的增加，复合正极的比容量和能量密度增加，但是倍率性能下降；图 6-15(d) 表明器件在 2.5~4.0 V 电压范围内恒流充放电 5000 周后混合型器件的容量无明显衰减，而 AC/石墨锂离子电容器则发生了较快的容量衰减并伴随胀气现象的产生，原因是锂离子的消耗和电解液在 AC 表面的分解。在复合正极中，活性炭的作用体现在以下三个方面：① AC 与 NCM 和导电炭黑之间形成导电网络，增强了电极的电子电导率；② AC 的多孔结构可以吸附和保持电解液，从而缩短了离子的传输距离，方便活性位置锂离子的嵌入和脱出；③ 微电池和微电容的内并联结构可以产生协同效应。

图 6-16 为锂离子电池电容最初三周的充放电曲线及对应的容量微分曲线。通过对实验的进一步分析发现，锂离子电池电容的首次充电容量接近于理论容量，然而器件首周不可逆容量损失 (irreversible capacity loss, ICL) 较高。通过计算发现，软包装锂离子电池电容的容量远低于理论容量，原因是充电过程中 Li^+ 从正极材料中脱出，在石墨表面消耗形成 SEI 膜，放电过程中这部分锂离子不再嵌回。尤其是 NCM 材料含量为 25wt%的情况，正极几乎完全是双电层机制，NCM 材料在首周充电过程中主要是作为锂源而消耗，因此在微分曲线中不能观察到 NCM 插嵌锂所对应的氧化还原峰。随着 NCM 含量的增加，微分曲线中的氧化还原峰变得明显，而不可逆容量所占的相对比例也逐渐降低。NCM 含量为 75wt%的锂离子电池电容其比能量是 AC//石墨锂离子电容的 6.1 倍，在 30C 和

50C 的倍率下，该混合器件的容量保持率分别为 62.6%和 42.1%。采用 10 片 25wt%AC+75wt%NCM 复合正极和 11 片石墨负极制备的锂离子电池电容其质量为 9.92 g，器件容量为 107.8 mA·h，基于器件质量的能量密度为 36.2 W·h/kg，功率密度为 2.38 kW/kg。

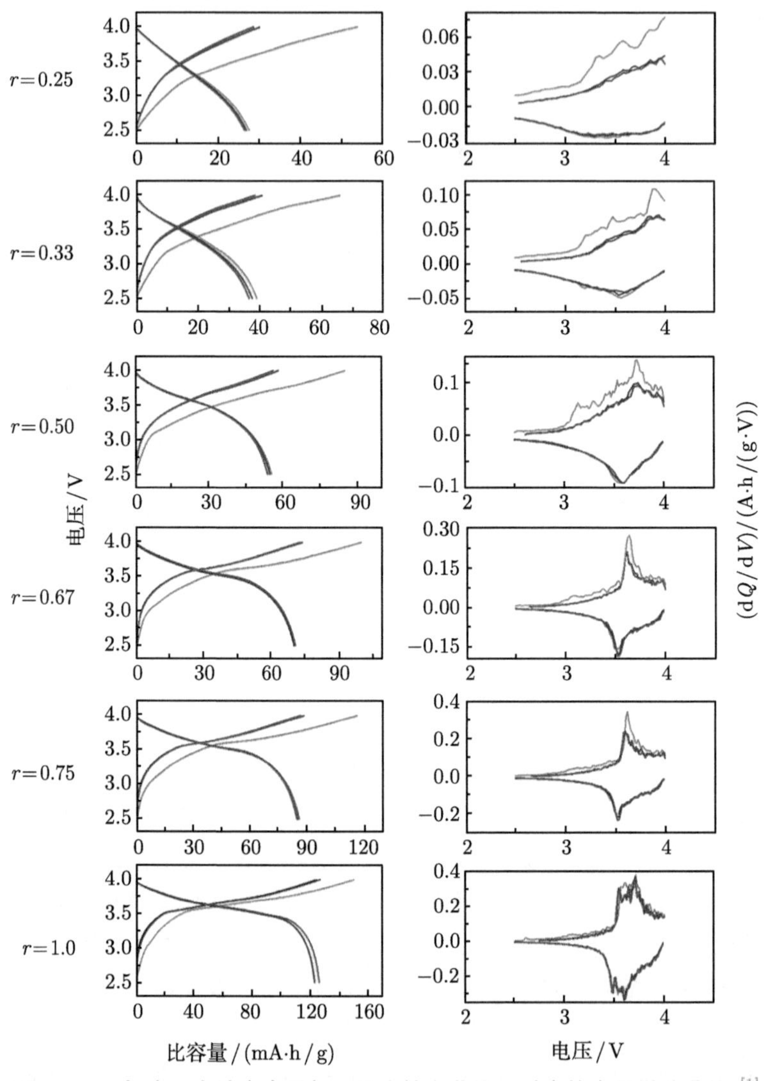

图 6-16 锂离子电池电容最初三周充放电曲线及对应的容量微分曲线 [1]

2. 预嵌锂的锂离子电池电容

对于 (75wt%AC+25wt%NCM)//石墨体系的锂离子电池电容，尝试对负极进行预嵌锂操作，并监测充放电过程中的正负极电位。如图 6-17 所示，负极电位得到显著降低并保持在一个稳定的电位区间内，与未预嵌锂的内并联器件相比较，预嵌锂后器件的容量增加 34%，能量密度增加 37%。考虑到石墨材料虽然具有较高的容量，但是石墨层间嵌锂的动力学过程较慢，Sun 等 [9] 对器件的负极材料进行了筛选。比较石墨、中间相炭微球和硬碳三种材料的电化学性能发现，中间相炭微球具有最高的比容量，硬碳的比容量最低但是高倍率充放电和循环性能最优，且在特定的电位区间内电位随嵌锂量呈线性变化，这有助于消除高倍率插嵌锂过程中金属锂枝晶的形成。因此，他们对基于硬碳负极的预嵌锂离子电池电容进行了研究。

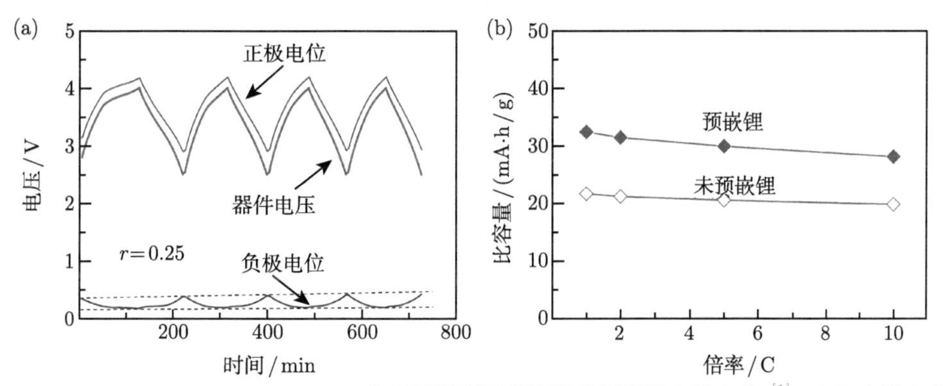

图 6-17 (75wt%AC+25wt%NCM)//预嵌锂石墨体系的锂离子电池电容 [1]。(a) 充放电曲线；(b) 预嵌锂工艺对器件容量的影响

图 6-18 所示为不同 NCM 含量锂离子电池电容预嵌锂后，在 2.0~4.0 V 电压区间内的充放电曲线和容量微分曲线 [9]。由 AC//HC 体系的锂离子电容可以看到，预嵌锂之后在首周充放电时未观察到明显的不可逆容量，表明预嵌锂过程形成了良好的 SEI 膜，消除了器件的首周不可逆容量。正极和负极的电位区间分别为 2.39~4.20 V 和 0.16~0.38 V。对于 $r = 0.25$ 的器件，其容量微分曲线可以观察到 NCM 材料的氧化还原峰并在后续的循环中具有良好的重复性，这表明 NCM 没有被消耗掉，NCM 与 AC 发挥了内并联的作用。对于 $r \geqslant 0.50$ 的混合型器件的容量微分曲线，3.0 V 以下的区域表现为电容的特性，高电压区域以 NCM 的法拉第过程占主导。在相同的负极极片厚度和预嵌锂量条件下，随着正极 NCM 含量的增加，充电过程中正极和负极的截止电位都出现下移，且负极的电位波动区间变宽。还注意到，添加 NCM 材料的器件首周充放电有一定的不可逆容量，由于预嵌锂后消除了负极的不可逆容量，这部分不可逆容量可归结于 NCM 材料的活化过程。(75 wt%AC+25wt%NCM)//HC 锂离子电池电容在 2000 次循环后的容量保持率为 98%，并且库仑效率保持在 100%。

Hagen 等 [22] 采用干法电极的方法制备了 AC+NCM 双材料复合正极，采用金属锂箔预嵌锂的硬碳负极，制备了锂离子电池电容。电解液为 1 mol/L $LiPF_6$/EC+DMC (质量比 1:1)。复合正极中 NCM 与 AC 的质量比分别为 20:80、40:60、60:40，负极与正极的容量比分别为 0.23、0.39 和 0.71。根据式 (6.3) 计算预嵌锂量：

$$90\% m_{\mathrm{HC}} c_{\mathrm{HC}} = m_{\mathrm{Li}} c_{\mathrm{Li}} + m_{\mathrm{NCM}} c_{\mathrm{NCM}} + \frac{m_{\mathrm{AC}} c_{\mathrm{AC}} \left(V_{\max} - V_{\mathrm{C\text{-}OCV}}\right)}{3600\ \mathrm{s} \times 10^{-3}\ \mathrm{A}} \tag{6.3}$$

式中，m_{HC}、m_{NCM}、m_{AC}、m_{Li} 分别为硬碳、NCM、AC 和金属锂的质量；c_{HC}、c_{NCM}、

c_{AC}、c_{Li} 分别为硬碳、NCM、AC 和金属锂的理论容量；V_{max} 和 $V_{C\text{-}OCV}$ 分别为器件最高工作电压和预嵌锂后的器件开路电压。

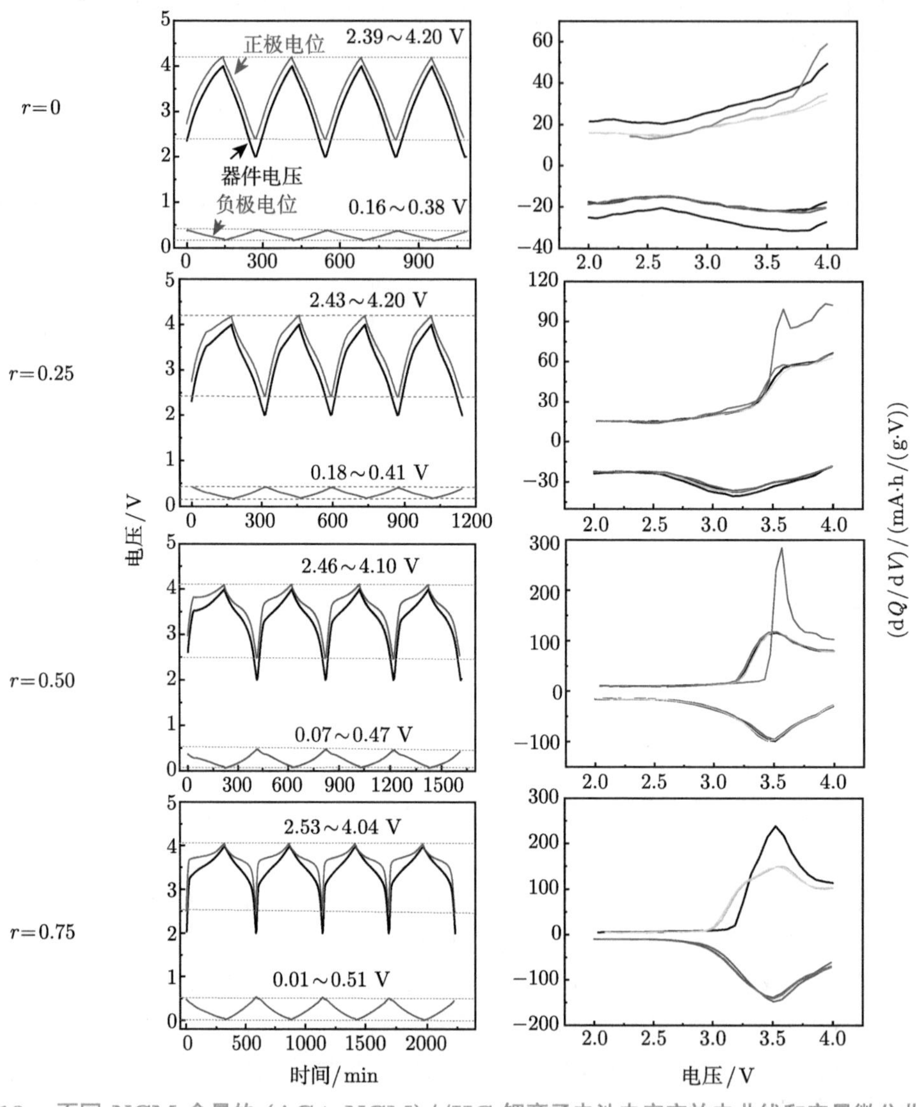

图 6-18　不同 NCM 含量的 (AC+ NCM)//HC 锂离子电池电容充放电曲线和容量微分曲线 [9]

Chen 等 [13] 研究了不同比表面积和不同孔径结构的碳气凝胶和活性炭等多孔碳材料对锂离子电池电容电化学性能的影响，如图 6-19 所示。气凝胶材料 A、B、C 具有明显的低压滞后环，为典型的 Ⅳ 型等温曲线，包括大量中孔和微孔结构，三种碳气凝胶材料的比表面积分别为 798 m^2/g、1071 m^2/g 和 1264 m^2/g，中孔集中在 17 nm、21 nm 和 9 nm。AC 材料 D 为 I 型等温线，主要为微孔结构，比表面积为 1517 m^2/g，微孔主要集中在 0.59 nm 和 1.17 nm。四种多孔碳材料均为无规则颗粒形状，粒径为 4~6 nm。NCM 电极中分别添加 3wt%多孔碳材料后倍率性能均有提高，而添加 3wt%碳气凝胶 B 的复合正极其倍率性能和循环性能最佳。

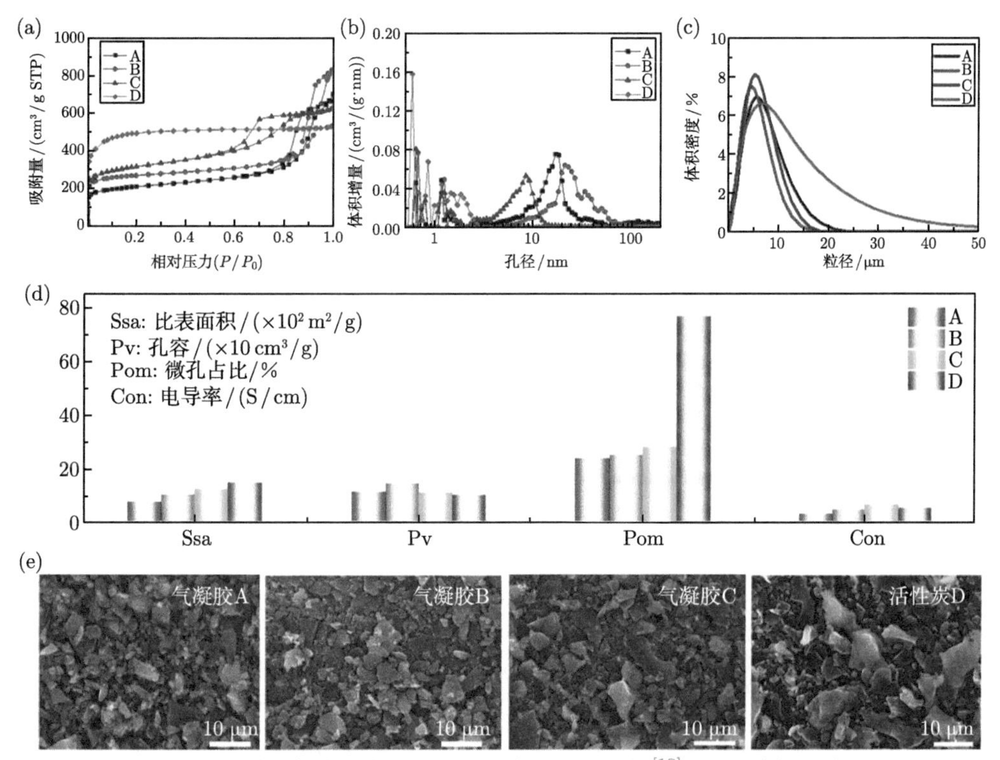

图 6-19 不同结构的多孔碳对锂离子电池电容电化学性能的影响 [13]。(a) 碳气凝胶 (A、B、C) 和活性炭 D 的吸脱附等温曲线；(b) 孔径分布曲线；(c) 粒径分布曲线；(d) 比表面积、孔容、微孔占比、电导率等物性对比；(e) 多孔碳的 SEM 形貌图

软碳 (SC) 具有较高的比容量、优异的倍率性能、良好的循环稳定性以及易于制备等优点，因此可用于制备 (NCM+AC)//SC 体系的锂离子电池电容。为了进一步研究不同预锂化程度的 SC 负极对锂离子电池电容电化学性能的影响，将 33wt%NCM+67wt%AC 双材料复合正极和 SC 负极组装成锂离子电池电容，对其负极进行不同程度的预嵌锂，其嵌锂比容量分别为 50 mA·h /g、100 mA·h /g、150 mA·h /g、200 mA·h /g、250 mA·h /g(基于 SC 材料的质量)，将对应的锂离子电池电容分别记为 M-LIBC50、M-LIBC100、M-LIBC150、M-LIBC200、M-LIBC250。对不同负极预嵌锂程度的锂离子电池电容进行恒流充放电测试，电压区间为 2.5~4.0 V，电流密度约为 0.2C。充放电过程中锂离子电池电容的电压以及正/负极电位变化曲线如图 6-20 所示 [58]。随着 SC 负极预嵌锂程度的增加，AC+NCM 复合正极的充放电电位区间也逐渐扩大，说明正极材料的利用程度逐渐增大，而对应的 SC 负极的充放电电位区间逐渐缩小，这有利于复合正极发挥出更多的容量以及提高器件的循环寿命。此外，正极的最高电位和负极的最低电位随 SC 负极预嵌锂容量的增加都逐渐降低。当预嵌锂比容量低于 100 mA·h /g 时，正极的最高电位超过了 4.2 V，这可能会由正极电位的过高而导致电解液在电极表面的分解。当预嵌锂比容量为 250 mA·h/g 时，负极的最低电位约为 0.06 V，在高倍率充电条件下，可能会由极化作用而使负极电位低于 0 V，从而导致负极表面析锂，产生锂枝晶，最终引起器件的容量衰减以及循环性能的下降，甚至锂枝晶可能会刺穿隔膜，造成器件内部短路，从而引发安全隐患。

锂离子电池电容的充电电压曲线由两部分组成：①2.5~3.6 V 区域，电压与时间呈线性关系，表明在此电压范围内，器件主要是通过 AC 的双电层物理静电吸附机制储能；②3.6~4.0 V 区域，电压曲线出现平台特征，这是由于 Li^+ 从电池材料 NCM 中脱出并嵌入软碳负极，在此电压范围内器件主要是通过 NCM 的法拉第反应储能。而放电过程则是充电的逆过程，与此相类似。同时也可以发现，器件的放电电压曲线存在滞后现象，放电曲线的中值电压要低于充电曲线，而随着正极中 NCM 含量的增加，充放电曲线的滞后效应减小。通过分析正、负极电位曲线可以发现，造成该现象的主要原因是复合正极的充放电电位曲线不对称，而负极电位呈现较为对称的“V”形曲线，最终引起器件充放电电压曲线的对称性较差。在其他体系的锂离子电池电容中也能发现类似的电压滞后现象。

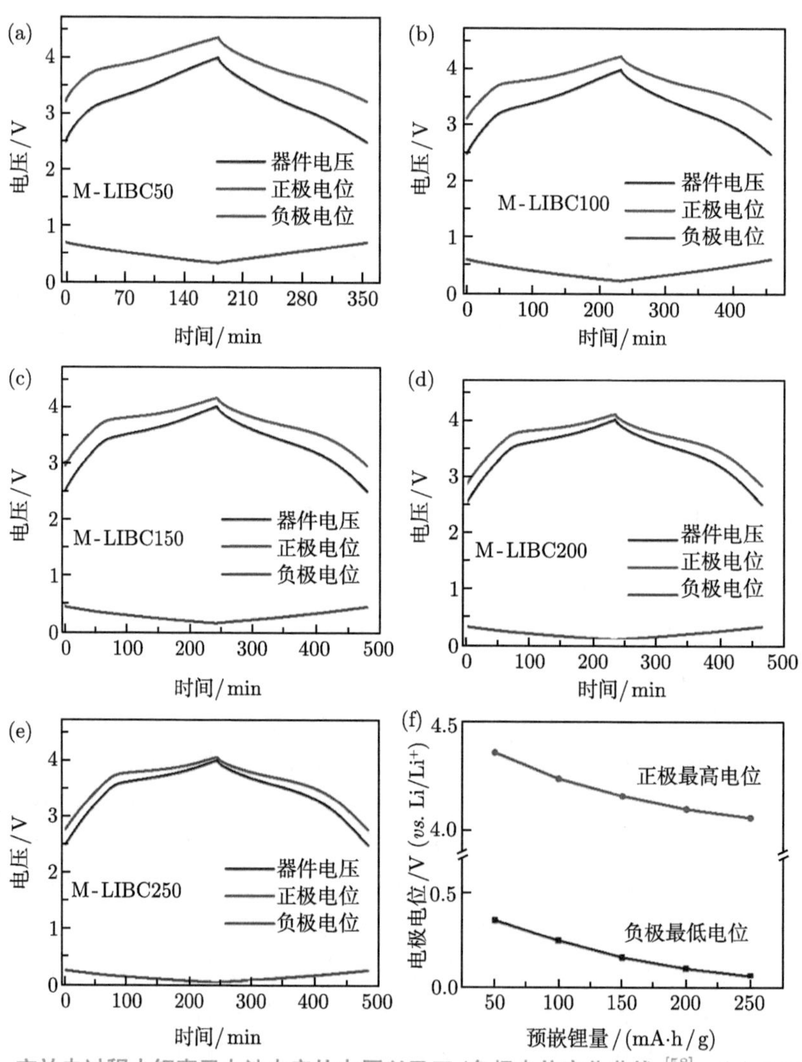

图 6-20 充放电过程中锂离子电池电容的电压以及正/负极电位变化曲线[58]。(a) M-LIBC50；(b) M-LIBC10；(c) M-LIBC150；(d) M-LIBC200；(e) M-LIBC250；(f) 正极的最高电位、负极的最低电位

3. 分段式锂离子电池电容

通过观察上述 AC+NCM 材料体系锂离子电池电容的充放电曲线发现，放电平台电压明显低于充电平台电压，充放电曲线出现滞后现象，这种充放电的不对称归因于锂离子电池电容内部的极化现象以及相应的能量损失。而造成这种现象的原因可能是电容材料 AC 和电池材料 NCM 之间不利的相互作用 [44]：在充电过程中，AC 材料电压变化较快，NCM 材料的电子会流向 AC 材料，客观上 AC 对 NCM 进行充电；然而，在 AC 与 NCM 颗粒之间的界面存在较大的接触阻抗，产生欧姆极化。Varzi 等 [43] 的工作也表明，通过显著提高电极的电导率，可以有效降低电极的极化，提高交换电流密度。

为了研究锂离子电池电容的内并联机制，Du 等 [20] 设计了一种分段双材料复合正极结构，具体做法是将 AC 材料和 NCM 材料分开布置，并采用金属锂箔电极作为参与电极，该混合器件的结构示意图如图 6-21 所示。极片的数量根据不同的质量比来选取，比如当 NCM∶AC=1∶1 时，分段正极由一个单面 AC 电极和一个双面 NCM 电极组成，负极由一个双面 SC 电极和一个单面 SC 负极组成，单面 AC 电极与单面 NCM 电极的质量比为 2∶1。所有的正极直接通过外部导线并联连接，负极也直接并联连接，通过额外的锂箔电极对负极进行预嵌锂操作。

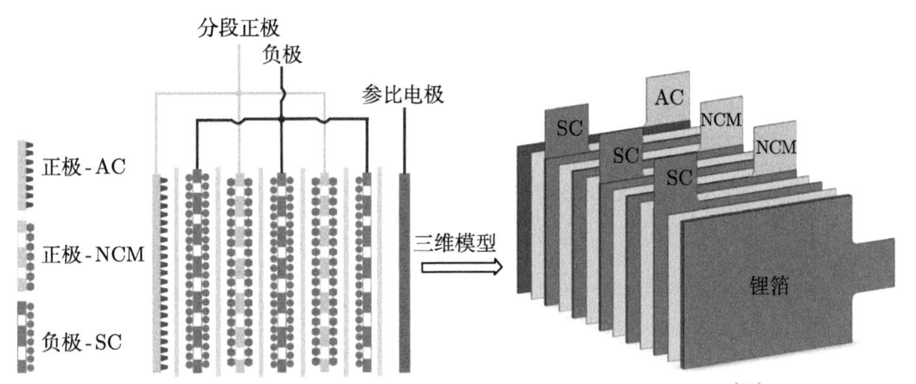

图 6-21 具有分段双材料复合正极结构的三电极锂离子电池电容结构示意图 [20]。NCM 材料与 AC 材料的质量比为 2∶1

采用混合双材料结构和分段双材料结构复合正极分别组装了半电池，对电极为金属锂电极，充放电电压区间为 2.5~4.2 V，充放电倍率为 0.2C，其恒流充放电电压曲线以及微分容量 dQ/dV 曲线如图 6-22 所示。可以发现，分段双材料正极结构半电池的充放电对称性明显要优于混合正极结构半电池，dQ/dV 曲线的结果也表明，分段双材料复合正极的氧化还原峰的差值仅为 40 mV，而混合双材料正极的平台电位差值达 280 mV。此外，还可以发现，分段正极结构半电池在 2.5~4.2 V 电压范围内的比容量约为 85 mA·h/g，大于混合正极结构半电池的 78 mA·h/g。这说明分段正极结构可以减少电化学极化，降低容量损失，提升锂离子电池电容的电化学性能。

进一步地，采用预嵌锂的软碳负极和不同 NCM 含量的分段双材料复合正极组装了锂离子电池电容器件。将正极中 NCM 含量 $r=$ 0%、33%、50%、67%、100%的器件分别命名

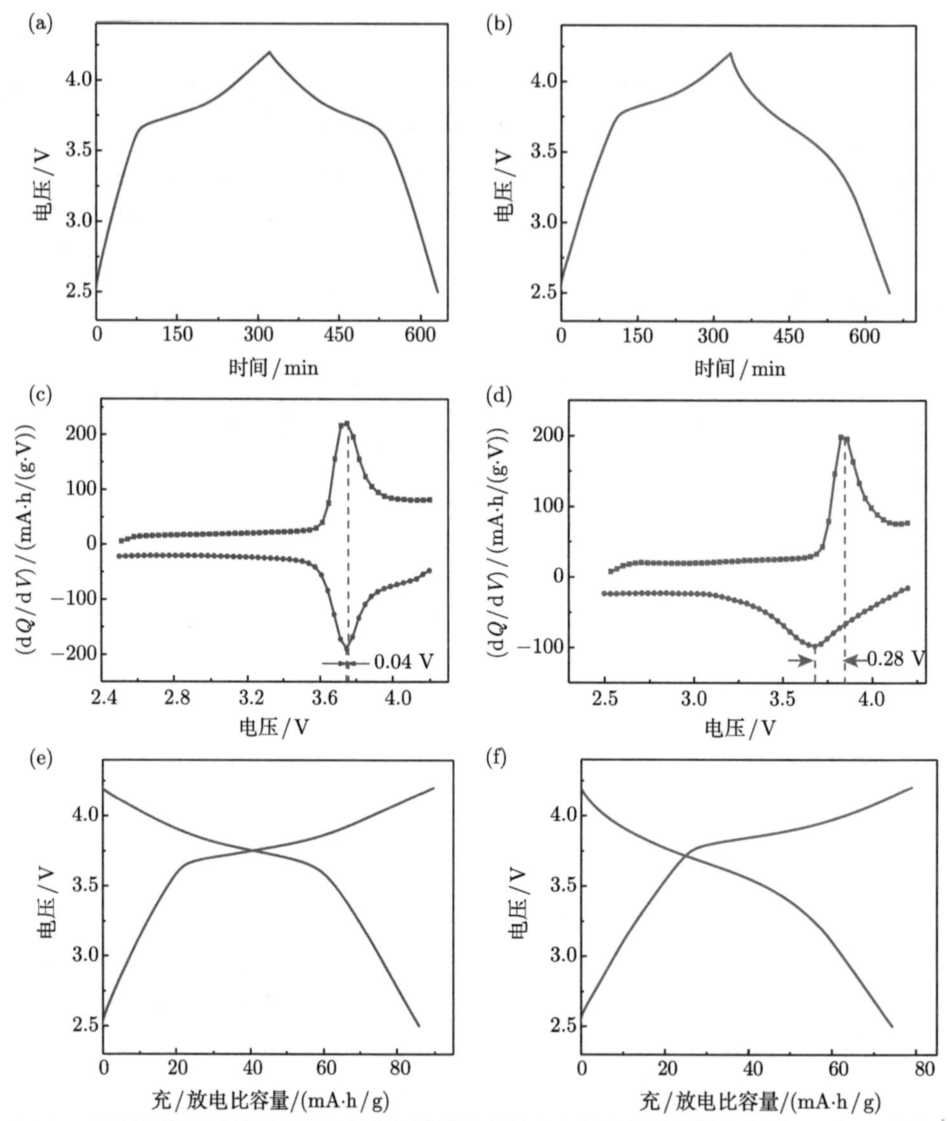

图 6-22 不同结构双材料复合正极半电池的恒流充放电电压曲线以及微分容量 dQ/dV 曲线 [20]
(a)(c)(e) 分段双材料复合正极；(b)(d)(f) 混合双材料复合正极

为 LIC、LIBC33、LIBC50、LIBC67 以及 LIB。图 6-23 给出了不同储能器件在 2.5~4.0 V 电压范围内的充放电电压以及正、负极电位曲线，充放电倍率为 0.2C。从图 6-23(b)~(d) 中可以发现，分段双材料正极结构锂离子电池电容的正极电位曲线和电压曲线都显示出良好的对称性，表现出较好的可逆性和较小的电化学极化。随着正极中 NCM 含量的增多，充放电曲线的特征逐渐从锂离子电容转变为锂离子电池。锂离子电池电容的负极最低电位高于 0 V，正极最高电位低于 4.2 V，可以保证器件在工作时不会产生电解质分解和生成锂枝晶等情况。此外，LIBC33、LIBC50 和 LIBC66 在 0.2C 倍率下的比容量分别为 71 mA·h/g、87 mA·h/g 和 102 mA·h/g(基于正极 AC 和 NCM 的质量)，远高于相同比例下复合双材料正极结构的比容量。通过调整 NCM 电极和 AC 电极的数量，可以实现对正极中各个材料含量的调控。实验结果表明，NCM 与 AC 的质量比为 2:1 的混合装置，其在 26.91 W/kg 的功率密度时能够提供 177.3 W·h/kg 的比能量 (基于正负极活性物质的质量)，并且在 50C 和 100C 的放电倍率下容量保持率分别能够达到 65.6%和 48.7%。以 10C 的充放电倍率进行 10000 次循环后，该混合器件仍然能够达到 80%的容量保持率和接近 100%的库仑效率。

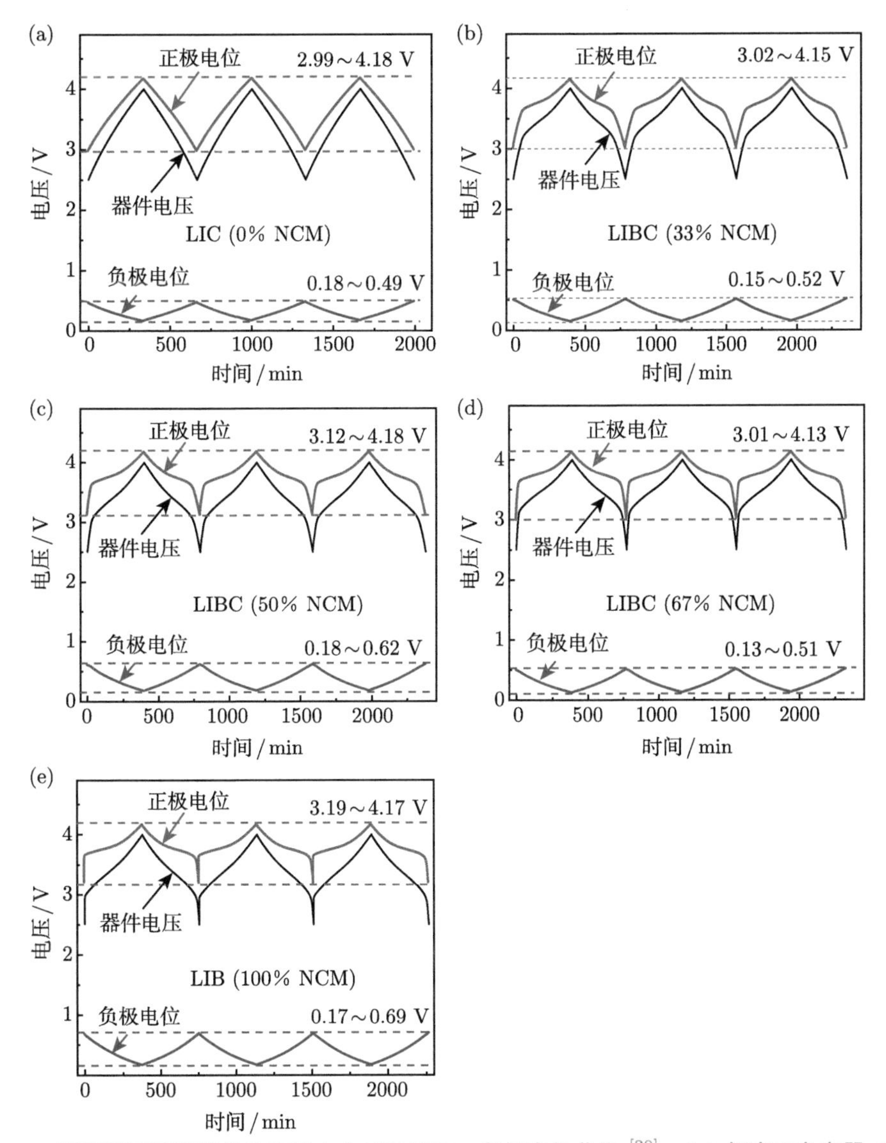

图 6-23 不同类型储能器件的充放电电压以及正、负极电位曲线[20]。(a) 锂离子电容器 (LIC)；(b) 锂离子电池电容 (LIBC33)；(c) 锂离子电池电容 (LIBC50)；(d) 锂离子电池电容 (LIBC67)；(e) 锂离子电池 (LIB)

另外，该锂离子电池电容在快充和脉冲领域中也有非常好的应用前景。图 6-24(a)~(c) 给出了锂离子电容器、锂离子电池以及锂离子电池电容 (LIBC67) 的脉冲放电曲线。锂离子电池电容在脉冲放电时的压降要略大于锂离子电容器，但显著低于锂离子电池。锂离子电容器、锂离子电池和锂离子电池电容在荷电状态 (SOC) 为 100%、50%和 0%时对应的单次脉冲放电压降曲线分别如图 6-24(d)~(f) 所示。可以观察到，在三种 SOC 的情况下锂离子电池电容的压降都要小于锂离子电池。经过约 163 个脉冲放电循环后，锂离子电池电容达到放电截止电压，器件能够在 40C 脉冲电流以及 10% 占空比的模式下提供 110.9W·h/kg 的能量密度 (基于正负极活性物质的质量)，而锂离子电池和锂离子电容器在相同脉冲放电条件下能提供的能量密度分别仅为 107.7 W·h/kg 和 59.5 W·h/kg，均低于锂离子电池电容，验证了锂离子电池电容优异的脉冲性能。

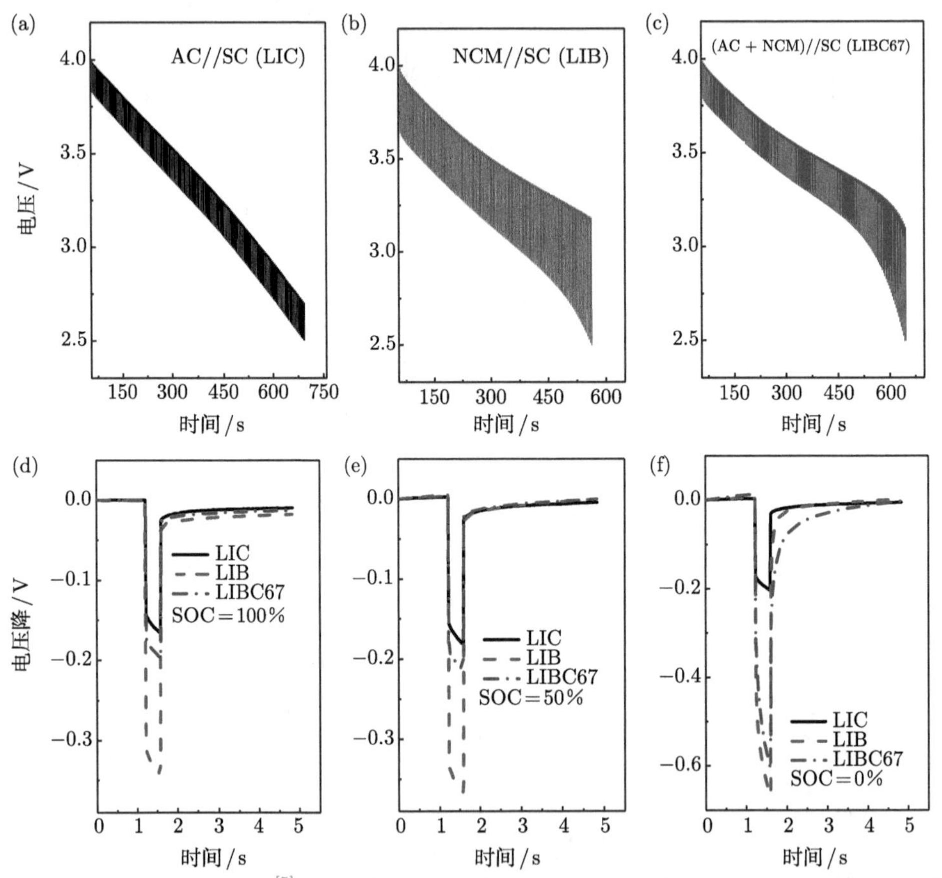

图 6-24 器件的脉冲放电性能 [5]。(a) 锂离子电容器 (LIC)，(b) 锂离子电池 (LIB) 和 (c) 锂离子电池电容 (LIBC67) 脉冲放电曲线；锂离子电容器，锂离子电池和锂离子电池电容在 SOC 为 (d)100%，(e) 50%和 (f)0%时对应的单脉冲放电压降曲线

4. 锂离子电池电容的内并联机制

将锂离子电池和锂离子电容外部并联混合可以形成复合电源，针对复合电源的研究由来已久。Dougal 等 [30] 将一个 23 F 的超级电容器与一个额定电压为 7.2 V，容量为 1.35 A·h 的锂离子电池组外并联，用来验证他们所提出的混合系统的简化模型。实验结果表明，混合系统的峰值功率大大提升，功率损耗减少约 74%，电池的寿命大大延长。当负载脉冲频率大于系统本征频率且占空比较小时，可以最低限度地影响系统的体积和质量。Holland

等 [31] 将一个 1.2 A·h 的锂离子电池与两个串联的超级电容器进行了外并联并进行了相应的实验测试。结果发现，与单体电池相比，混合装置在脉冲进行时间内的压降更小。Chandrasekaran 等 [59] 发现，混合系统的容量衰减在所有脉冲倍率下都比电池慢，欧姆电阻随时间的变化比电池小。与单电池相比，混合系统在脉冲过程中界面阻抗增加较小。Cericola 等 [60] 利用 Simulink 搭建了锂离子电池/超级电容器外并联系统的仿真模型，并进行了恒功率和脉冲功率放电条件下的仿真计算。实验结果显示，在恒功率模式下混合系统的性能介于锂离子电池和超级电容器之间，然而在脉冲模式下可用性能显著提升，原因在于电池在脉冲结束的搁置期间会对电容器进行充电。此外，还发现更短的脉冲和更小的占空比会使混合系统获得更高的可用能量。以上研究表明复合电源最突出的优点就是可以延长电池寿命，提高脉冲性能以及增加能量利用率，但需要考虑更复杂的外部并联线路结构和电源管理系统。

Guo 等 [61] 采用三电极的分段式双材料结构锂离子电池电容，研究了 AC 电极和 NCM 电极的电流贡献，并与外并联的复合电源进行对比，结构示意图如图 6-25(a) 和 (b) 所示。其中，锂离子电池电容中 NCM 与 AC 的质量比为 1∶2，采用预嵌锂比容量为 140 mA·h/g 的软碳负极，电解液为 1.2 M LiFSI/EC+PC+DEC (体积比 3∶1∶4)，含 1wt%VC 添加剂。锂离子电池电容充放电过程中的电压和电极电位曲线如图 6-25(c) 所示，器件的工作电压区间为 2.5~4.0 V，正、负极电位区间分别为 3.1~4.17 V 和 0.17~0.60 V(*vs.* Li/Li^+)。如图 6-25(d) 所示，在 2.5~3.15 V 电压范围内 (A→B 阶段) 曲线呈线性，流经 NCM 电极的

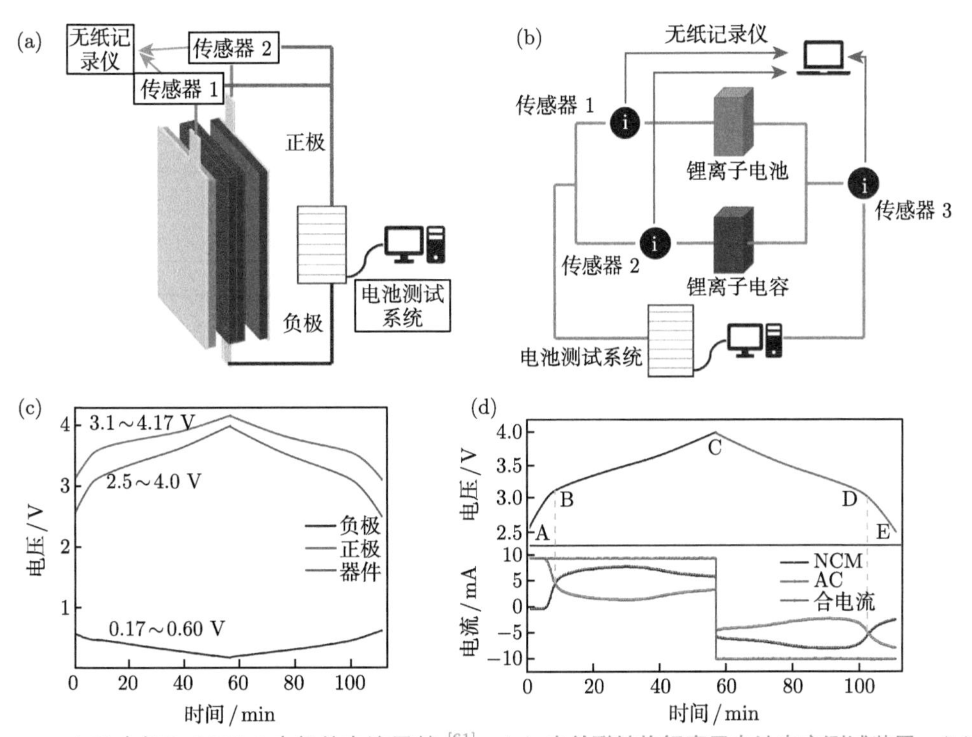

图 6-25 AC 电极和 NCM 电极的电流贡献 [61]。(a) 内并联结构锂离子电池电容测试装置；(b) 外并联结构复合电源测试装置；(c) 锂离子电池电容充放电曲线；(d) AC 电极和 NCM 电极贡献

电流接近于 0 mA，几乎全部电流都流经 AC 电极，在此区间内表现为电容特性；在 B→C 阶段，器件的电压变化较为缓慢，根据公式：

$$C = \frac{i}{\mathrm{d}U/\mathrm{d}t} \tag{6.4}$$

流经 AC 电极的电流与电极电位变化速率成正比，因此，在此阶段器件的电流主要由 NCM 电极贡献，AC 电极的电流净流入趋近于 0 mA，且放电过程与此相类似，这也用直接证据验证了锂离子电池电容两种储能机制的贡献。外并联的复合电源也呈现了几乎一致的电流变化规律。

锂离子电池电容通常具有优异的脉冲充放电性能，为此，Guo 等 [61] 还研究了锂离子电池电容在恒流放电结束后，在随后的搁置期间 AC 电极与 NCM 电极之间的相互作用。图 6-26(a) 和 (b) 分别为锂离子电池电容在 5C 和 10C 倍率下恒流放电后，在搁置期间 AC

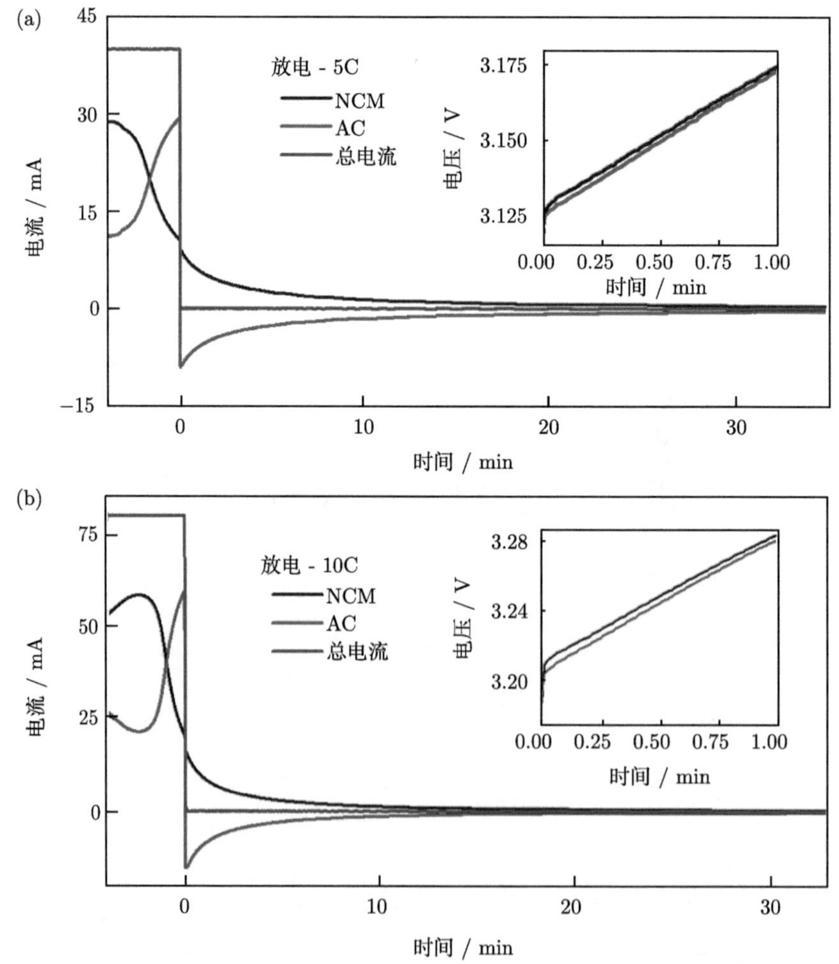

图 6-26 恒流放电后分段式锂离子电池电容 AC 电极和 NCM 电极的电流贡献 [61]。(a) 5C 电流，插图为搁置期间 AC 电极与 NCM 电极的电位变化；(b) 10C 电流

电极和 NCM 电极所流经电流的变化。可以发现，在外部测试设备停止放电后，AC 电极和 NCM 电极的电流并不是迅速回归至 0 mA，而是存在 NCM 电极对 AC 电极的充电行为，流经两者的电流呈指数规律衰减，且放电倍率越大，残余的充电电流越高。这是由于，AC 材料和 NCM 材料具有不同的动力学特性，在放电过程中 NCM 电极产生的极化电位要高于 AC 电极，在搁置期间 NCM 电极的电位会高于 AC 电极，如图 6-26(a) 和 (b) 插图所示，因此，会出现 NCM 电极对 AC 电极的充电行为。与此相类似，在放电过程后的搁置期间，外并联的复合电源系统也有锂离子电池对锂离子电容器的充电行为。

6.3.5 $Li_3V_2(PO_4)_3$+AC 体系

单斜结构的 $Li_3V_2(PO_4)_3$(LVP) 因其良好的电化学性能和热稳定性以及较高的工作电位，而被认为是非常有前景的锂离子电池的正极材料。即使在较高的工作电压范围内，LVP 材料中的 3 个 Li^+ 都可以可逆地嵌入/脱出，这对提高电池的电化学性能具有重要意义，因为锂离子电池电容的能量密度/功率密度与氧化还原电位以及可交换的 Li^+ 数量密切相关 [62]。LVP 材料的锂离子扩散系数较大 (为 10^{-9} ~10^{-7}cm^2/s，比 LFP 材料的扩散系数 (10^{-16} ~10^{-14} cm^2/s) 高出 5~6 个数量级。LVP 材料在高达 4.2 V 的电压下进行双电子反应，可提供 131 mA·h/g 的比容量；在高达 4.8 V 的电压下进行三电子反应，此时提供 196 mA·h/g 的比容量 [63]。但在实际应用中由于氧化层之间的强排斥作用以及三电子反应后晶体结构不稳定，LVP 的应用通常局限于双电子反应，这会牺牲一定的比容量，但循环性能却得到提升。尽管 LVP 具有比 LFP 更高的电子电导率，但电导率仍旧是限制 LVP 发展的主要因素。研究人员提出了以下三种方法来提高 LVP 的电子电导率 [64]：①减小粒子尺寸是最为直接的方法，因为缩短锂离子在 LVP 粒子中的扩散路径无疑可以大幅提高倍率性能；②掺杂过渡金属离子，如 Ni^{3+}、Fe^{3+}、Al^{3+}、Co^{2+} 和 Mn^{2+} 等，过渡金属离子的加入使颗粒的团聚程度减小，从而提高倍率性能；③通过碳涂层的方法。

Naoi 等 [63] 通过超速离心和瞬时热处理相结合的方法合成了高度分散在碳纳米纤维 (CNF) 表面上的各向异性生长的 LVP 纳米晶体，材料的结构示意图如图 6-27(a) 所示。这种 LVP/CNF 纳米结构的优点是 LVP 的纳米晶体直接附着在碳层表面，提高了电子导电性以及 Li^+ 扩散率，同时产生的介孔网络可以进行电解液的储存。如图 6-27(b) 和 (c) 所示，充放电曲线在 3.6 V、3.7 V 和 4.1 V 出现 3 个平台区间分别对应于 $Li_3V_2(PO_4)_3 \rightleftharpoons Li_{2.5}V_2(PO_4)_3$、$Li_{2.5}V_2(PO_4)_3 \rightleftharpoons Li_2V_2(PO_4)_3$、$Li_2V_2(PO_4)_3 \rightleftharpoons LiV_2(PO_4)_3$ 的相转变。LVP/CNF 复合电极材料在 480C 倍率下比容量仍能够达到 83 mA·h/g，在 10C 倍率下具有超过 10000 次的稳定循环性能，容量保持率为 85%。这种稳定的超快速充放电性能使得 LVP/C 作为锂离子电池电容混合正极中的电池材料成为可能。

Secchiaroli 等 [65] 以聚丙烯酸和 D-(+)-吡喃葡萄糖一水合物作为碳源，采用碳热还原法合成了具有良好碳涂层的 LVP/C。由于该结构所具有的亚微米尺寸以及良好的碳涂层，在 40C、60C、100C 的放电倍率下放电比容量分别可达到 103 mA·h/g、98 mA·h/g 和 81 mA·h/g，并且在 100C 的倍率下循环 1000 次后容量保持率高达 93%。在此基础上，还研究了 Ni 掺杂的 $Li_3V_{2-x}Ni_x(PO_4)_3$(x=0，0.05 和 0.1，LVNP) 纳米材料，通过碳包覆得到 LVNP/C 正极材料 [64]。$Li_3V_{1.95}Ni_{0.05}(PO_4)_3$/C 在 100C 倍率下的比容量为

93 mA·h/g，1000 次循环后容量保持率高达 97%。采用 $Li_3V_{1.95}Ni_{0.05}(PO_4)_3/C$ 与 AC 制备 (LVNP/C+AC) 双材料复合正极，LVNP/C 与 AC 的质量比为 65:35 时，复合正极在 3.0~4.3 V 电位区间在 26.6 A/g 电流密度下其比容量达 61 mA·h/g，循环 2000 周后容量保持率为 95%[66]。Zhang 等 [67] 以还原氧化石墨烯 (rGO) 和无定形碳作为快速、双功能导体，将磷酸铁锂纳米颗粒分散在磷酸钒锂纳米片层间制成了复合正极 (LFP-rGO-C@LVP)，LFP 和 C 的质量分数分别为 46%和 5.8%，该复合材料具有良好的倍率性能，在 15 A/g 电流密度下比容量可达 71 mA·h/g，快速的动力学性能可归因为复合材料赝电容的贡献。

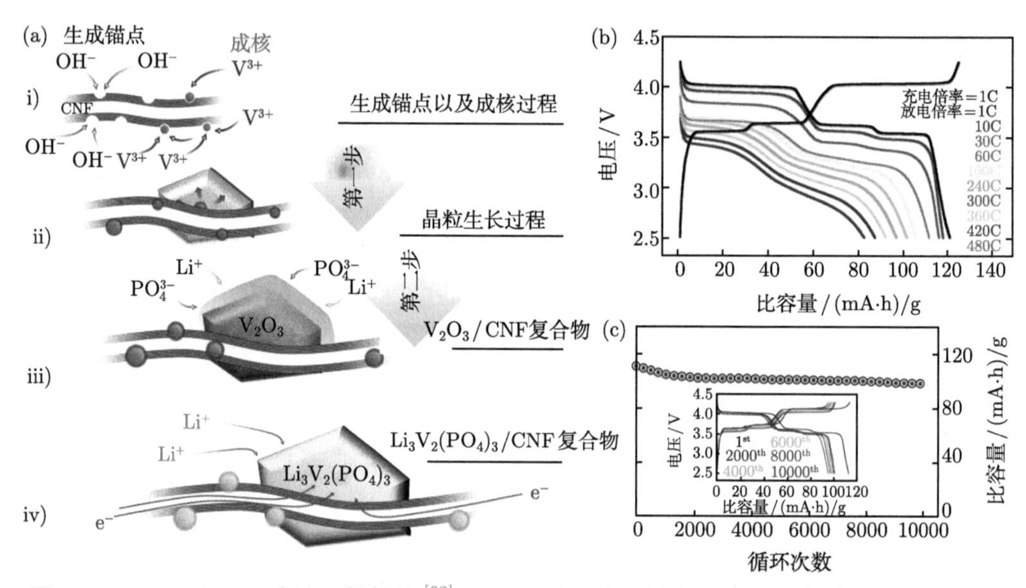

图 6-27 LVP/CNF 复合正极材料 [63]。(a) 合成过程示意图；(b) 倍率性能；(c) 循环性能

磷酸钒钠 ($Na_3V_2(PO_4)_3$，NVP) 材料也可用于锂离子电池电容 [68]。采用 32wt%碳包覆磷酸钒钠 (NVP@C) 与 48wt%AC 混合制备双材料复合正极 (NVP@C/AC40)，采用 LTO 作为器件的负极，电解液为 1 M $LiPF_6$/EC+DEC (体积比 1:1)，制备的锂离子电池电容的能量密度达 118 W·h/kg(基于正极活性材料)，在 1633 W/kg 功率密度下还可释放 50 W·h/kg 的能量。双材料复合正极首周充电时，Na^+ 从电池材料 NVP@C 中脱出，同时在 AC 颗粒表面发生 PF_6^- 的吸附，所发生的反应过程表示如下：

$$Na_3V_2(PO_4)_3 \longrightarrow NaV_2(PO_4)_3 + 2Na^+ + 2e^- \tag{6.5}$$

$$nAC_{表面} + nPF^-_{6_{电解液}} \longrightarrow n\left(AC^+PF_6{}^-\right)_{表面} + ne^- \tag{6.6}$$

同时，负极发生的反应为

$$Li_4Ti_5O_{12} + 3Li^+ + 3e^- \longrightarrow Li_7Ti_5O_{12} \tag{6.7}$$

在首周放电和随后的充放电过程中，正极反应为

$$NaV_2(PO_4)_3 + 2Li^+ + 2e^- \rightleftharpoons Li_2NaV_2(PO_4)_3 \tag{6.8}$$

$$n\left(AC + PF_6^-\right)_{surface} + ne^- \rightleftharpoons nAC_{surfaca} + nPF^-_{6_{electrolyte}} \tag{6.9}$$

负极发生的反应为

$$Li_7Ti_5O_{12} \longrightarrow Li_4Ti_5O_{12} + 3Li^+ + 3e^- \tag{6.10}$$

6.4 本章结语

通常，锂离子采用双材料复合正极或同时采用双材料复合负极，在结构上可看作锂离子电池与锂离子电容器的内部并联，可兼具两者的特性和优点，具有优异的倍率特性和循环性能，尤其适用于交变脉冲充放电工况。本章从可实用化的锂离子电容器体系着手，综述了不同复合电极结构和不同材料体系的锂离子电池电容。双材料复合电极结构可分为混合双材料结构和分段双材料结构，前者结构和制备工艺简单，但存在较显著的电压滞后现象；后者的电极结构和制备工艺较复杂，但可以显著改善锂离子电池电容的电压滞后现象。由于锂离子电池电容的复合电极中采用了电容材料，为了调节正负极容量匹配、负极工作电位区间和补偿 Li^+ 消耗，提升锂离子电池电容的循环寿命，还需要对负极进行适量的预嵌锂操作。

通过对分段式锂离子电池电容的电容电极和电池电极电流贡献的分析，初步确定了锂离子电池电容的储能机制和协同作用机制，也就是说，可通过调节电容材料和电池材料的相对比例来平衡器件的能量密度、功率密度和循环寿命等性能；在快速充电过程中电容材料 (微电容) 可以局部地对电池材料 (微电池) 进行充电，在放电过程和搁置过程中电池材料可以对电容材料进行充电，这也解释了锂离子电池电容具有良好倍率性能和脉冲性能的原因。然而，锂离子电池电容电压滞后的原因和协同作用的微观机制仍未完全解决，电容材料与电池材料的匹配规律仍需探索，这些问题的解决必将进一步提升锂离子电池电容的电化学性能和应用前景。

参 考 文 献

[1] 孙现众, 张熊, 王凯, 等. 高能量密度的锂离子混合型电容器. 电化学, 2017, 23(5): 586-603.
[2] 李泓, 吕迎春. 电化学储能基本问题综述. 电化学, 2015, 21(5): 412-424.
[3] Du Pasquier A, Plitz I, Gural J, et al. Power-ion battery: bridging the gap between Li-ion and supercapacitor chemistries. Journal of Power Sources, 2004, 136(1): 160-170.
[4] Fleischmann S, Zhang Y, Wang X, et al. Continuous transition from double-layer to faradaic charge storage in confined electrolytes. Nature Energy, 2022, 7(3): 222-228.
[5] 魏少鑫, 金鹰, 王瑾, 等. 电池型电容器技术发展趋势展望. 发电技术, 2022, 43(5): 748-759.
[6] Simon P, Gogotsi Y. Perspectives for electrochemical capacitors and related devices. Nature Materials, 2020, 19: 1151-1163.
[7] Liu Y, Zhu Y, Cui Y. Challenges and opportunities towards fast-charging battery materials. Nature Energy, 2019, 4(7): 540-550.

[8] 明海, 刘巍, 周洪, 等. 军用低温起动电池发展研判. 电源技术, 2020, 44(4): 631-635.

[9] Sun X, Zhang X, Zhang H, et al. High performance lithium-ion hybrid capacitors with pre-lithiated hard carbon anodes and bifunctional cathode electrodes. Journal of Power Sources, 2014, 270: 318-325.

[10] Sun X, Zhang X, Huang B, et al. ($LiNi_{0.5}Co_{0.2}Mn_{0.3}O_2$ + AC)/graphite hybrid energy storage device with high specific energy and high rate capability. Journal of Power Sources, 2013, 243: 361-368.

[11] Bai L, Li C, Anani A A, et al. High power, high energy, hybrid electrode and electrical energy storage device made therefrom: US08/774048: 1998.

[12] Xing F, Bi Z, Su F, et al. Unraveling the design principles of battery-supercapacitor hybrid devices: From fundamental mechanisms to microstructure engineering and challenging perspectives. Advanced Energy Materials, 2022, 12(26): 2200594.

[13] Chen X, Mu Y, Cao G, et al. Structure-activity relationship of carbon additives in cathodes for advanced capacitor batteries. Electrochimica Acta, 2022, 413: 140165.

[14] 陈港欣, 孙现众, 张熊, 等. 高功率锂离子电池研究进展. 工程科学学报, 2022, 44(4): 611-623.

[15] Zou K, Song Z, Gao X, et al. Molecularly compensated pre-metallation strategy for metal-ion batteries and capacitors. Angewandte Chemie International Edition, 2021, 60(31): 17070-17079.

[16] Zou K, Deng W, Cai P, et al. Prelithiation/presodiation techniques for advanced electrochemical energy storage systems: Concepts, applications, and perspectives. Advanced Functional Materials, 2021, 31(5): 2005581.

[17] Sun C, Zhang X, Li C, et al. Recent advances in prelithiation materials and approaches for lithium-ion batteries and capacitors. Energy Storage Materials, 2020, 32: 497-516.

[18] Sun X, Wang P, An Y, et al. A fast and scalable pre-lithiation approach for practical large-capacity lithium-ion capacitors. Journal of the Electrochemical Society, 2021, 168(11): 110540.

[19] Jin L, Shen C, Wu Q, et al. Pre-lithiation strategies for next-generation practical lithium-ion batteries. Advanced Science, 2021, 8(12): 2005031.

[20] Du T, Liu Z E, Sun X Z, et al. Segmented bi-material cathodes to boost the lithium-ion battery-capacitors. Journal of Power Sources, 2020, 478: 228994.

[21] Cericola D, Kötz R. Hybridization of rechargeable batteries and electrochemical capacitors: Principles and limits. Electrochimica Acta, 2012, 72: 1-17.

[22] Hagen M, Yan J, Cao W, et al. Hybrid lithium-ion battery-capacitor energy storage device with hybrid composite cathode based on activated carbon/$LiNi_{0.5}Co_{0.2}Mn_{0.3}O_2$. Journal of Power Sources, 2019, 433: 126689.

[23] Böckenfeld N, Kuhnel R S, Passerini S, et al. Composite $LiFePO_4$/AC high rate performance electrodes for Li-ion capacitors. Journal of Power Sources, 2011, 196(8): 4136-4142.

[24] Chen S L, Hu H C, Wang C Q, et al. ($LiFePO_4$-AC)/$Li_4Ti_5O_{12}$ hybrid supercapacitor: The effect of $LiFePO_4$ content on its performance. Journal of Renewable and Sustainable Energy, 2012, 4(3): 033114.

[25] Lee S H, Jin B S, Kim H S, et al. A novel battery-supercapacitor system with extraordinarily high performance. International Journal of Hydrogen Energy, 2019, 44(5): 3013-3020.

[26] Cericola D, Novak P, Wokaun A, et al. Segmented bi-material electrodes of activated carbon and $LiMn_2O_4$ for electrochemical hybrid storage devices: Effect of mass ratio and C-rate on current sharing. Electrochimica Acta, 2011, 56(3): 1288-1293.

[27] Zheng J S, Zhang L, Shellikeri A, et al. A hybrid electrochemical device based on a synergetic inner combination of Li ion battery and Li ion capacitor for energy storage. Scientific Reports, 2017, 7: 41910.

[28] Cericola D, Ruch P W, Kötz R, et al. Characterization of bi-material electrodes for electrochemical hybrid energy storage devices. Electrochemistry Communications, 2010, 12(6): 812-815.

[29] 孙现众, 马衍伟, 张熊. 多层复合电极及采用该电极的锂离子电池电容: CN 107331528A. 2017-11-07.

[30] Dougal R A, Liu S, White R E. Power and life extension of battery-ultracapacitor hybrids. IEEE Transactions on Components & Packaging Technologies, 2002, 25(1): 120-131.

[31] Holland C E, Weidner J W, Dougal R A, et al. Experimental characterization of hybrid power systems under pulse current loads. Journal of Power Sources, 2002, 109(1): 32-37.

[32] Sikha G, Popov B N. Performance optimization of a battery-capacitor hybrid system. Journal of Power Sources, 2004, 134(1): 130-138.

[33] Mali V, Tripathi B. Thermal and economic analysis of hybrid energy storage system based on lithium-ion battery and supercapacitor for electric vehicle application. Clean Technologies and Environmental Policy, 2021, 23(4): 1135-1150.

[34] Ali M U, Hussain S, Nengroo S H, et al. A smarter energy management system for lithium-ion battery and super capacitor based hybrid energy storage system. University of Wah Journal of Science and Technology (UWJST), 2019, 3: 35-40.

[35] 官亦标, 沈进冉, 李康乐, 等. 电容型锂离子电池研究进展. 储能科学与技术, 2019, 8(5): 799-806.

[36] 李钊, 孙现众, 刘文杰, 等. 预嵌锂硬炭和软炭用于锂离子电容器负极的比较研究. 电化学, 2019, 25(1): 122-136.

[37] Zhang H, Sun X, Zhang X, et al. High-capacity nanocarbon anodes for lithium-ion batteries. Journal of Alloys and Compounds, 2015, 622: 783-788.

[38] Zhang H, Wang K, Zhang X, et al. Self-generating graphene and porous nanocarbon composites for capacitive energy storage. Journal of Materials Chemistry A, 2015, 3: 11277-11286.

[39] Xu N, Sun X, Zhang X, et al. A two-step method for preparing $Li_4Ti_5O_{12}$-graphene as an anode material for lithium-ion hybrid capacitors. RSC Advances, 2015, 5: 94361-94368.

[40] Zhang J-N, Li Q, Ouyang C, et al. Trace doping of multiple elements enables stable battery cycling of $LiCoO_2$ at 4.6 V. Nature Energy, 2019, 4(7): 594-603.

[41] Plitz I, DuPasquier A, Badway F, et al. The design of alternative nonaqueous high power chemistries. Applied Physics A, 2006, 82(4): 615-626.

[42] Böckenfeld N, Placke T, Winter M, et al. The influence of activated carbon on the performance of lithium iron phosphate based electrodes. Electrochimica Acta, 2012, 76: 130-136.

[43] Varzi A, Ramirez-Castro C, Balducci A, et al. Performance and kinetics of $LiFePO_4$-carbon bi-material electrodes for hybrid devices: A comparative study between activated carbon and multi-walled carbon nanotubes. Journal of Power Sources, 2015, 273: 1016-1022.

[44] Wang B, Wang Q, Xu B, et al. The synergy effect on Li storage of $LiFePO_4$ with activated carbon modifications. RSC Advances, 2013, 3(43): 20024-20033.

[45] 徐睿, 唐子龙, 李俊荣, 等. ($LiFePO_4$-AC)/$Li_4Ti_5O_{12}$ 混合电池的系统优化. 稀有金属材料与工程, 2009, Z2: 1095-1098.

[46] Yan D, Lu A H, Chen Z Y, et al. Pseudocapacitance-dominated Li-ion capacitors showing remarkable energy efficiency by introducing amorphous $LiFePO_4$ in the cathode. ACS Applied Energy Materials, 2021, 4(2): 1824-1832.

[47] Hu X B, Huai Y J, Lin Z J, et al. A ($LiFePO_4$-AC)/$Li_4Ti_5O_{12}$ hybrid battery capacitor. Journal of the Electrochemical Society, 2007, 154(11): A1026-A1030.

[48] Hu X B, Lin Z J, Liu L, et al. Effects of the $LiFePO_4$ content and the preparation method on the properties of ($LiFePO_4$+AC)/$Li_4Ti_5O_{12}$ hybrid battery capacitors. Journal of the Serbian Chemical Society, 2010, 75(9): 1259-1269.

[49] Shellikeri A, Yturriaga S, Zheng J S, et al. Hybrid lithium-ion capacitor with $LiFePO_4$/AC composite cathode — Long term cycle life study, rate effect and charge sharing analysis. Journal of Power Sources, 2018, 392: 285-295.

[50] Ping L N, Zheng J M, Shi Z Q, et al. Electrochemical performance of MCMB/(AC+$LiFePO_4$) lithium-ion capacitors. Chinese Science Bulletin, 2013, 58(6): 689-695.

[51] 郝冠男, 张浩, 陈晓红, 等. $LiFePO_4$/AC 复合材料的储能机理. 电池, 2011, 41(4): 177-180.

[52] Hu X B, Deng Z H, Suo J S, et al. A high rate, high capacity and long life ($LiMn_2O_4$ + AC)/$Li_4Ti_5O_{12}$ hybrid battery-supercapacitor. Journal of Power Sources, 2009, 187(2): 635-639.

[53] Cericola D, Novak P, Wokaun A, et al. Hybridization of electrochemical capacitors and rechargeable batteries: An experimental analysis of the different possible approaches utilizing activated carbon, $Li_4Ti_5O_{12}$ and $LiMn_2O_4$. Journal of Power Sources, 2011, 196(23): 10305-10313.

[54] Ruan D, Huang Y, Li L, et al. A $Li_4Ti_5O_{12}$+AC/$LiMn_2O_4$+AC hybrid battery capacitor with good cycle performance. Journal of Alloys and Compounds, 2017, 695: 1685-1690.

[55] Hagen M, Cao W J, Shellikeri A, et al. Improving the specific energy of Li-ion capacitor laminate cell using hybrid activated Carbon/$LiNi_{0.5}Co_{0.2}Mn_{0.3}O_2$ as positive electrodes. Journal of Power Sources, 2018, 379: 212-218.

[56] 夏恒恒, 安仲勋, 黄廷立, 等. 基于 AC/镍钴锰酸锂 (AC/$LiNi_{0.5}Co_{0.2}Mn_{0.3}O_2$) 复合正极的锂离子超级电容电池的构建及其电化学性能. 储能科学与技术, 2018, 7(6): 1233-1241.

[57] Su F, Qin J, Das P, et al. A high-performance rocking-chair lithium-ion battery-supercapacitor hybrid device boosted by doubly matched capacity and kinetics of the faradaic electrodes. Energy & Environmental Science, 2021, 14(4): 2269-2277.

[58] 杜涛. 锂离子电池电容的正极结构设计及电化学性能研究. 武汉: 武汉理工大学, 2021.

[59] Chandrasekaran R, Sikha G, Popov B N. Capacity fade analysis of a battery/super capacitor hybrid and a battery under pulse loadsfull cell studies. Journal of Applied Electrochemistry, 2005, 35(10): 1005-1013.

[60] Cericola D, Ruch P W, Kötz R, et al. Simulation of a supercapacitor/Li-ion battery hybrid for pulsed applications. Journal of Power Sources, 2010, 195(9): 2731-2736.

[61] Guo Z, Liu Z, Sun X, et al. Probing current contribution of lithium-ion battery/lithium-ion capacitor multi-structure hybrid systems. Journal of Power Sources, 2022, 548: 232016

[62] Bo X, Qian D, Wang Z, et al. Recent progress in cathode materials research for advanced lithium ion batteries. Materials Science & Engineering, 2012, 73(5-6): 51-65.

[63] Naoi K, Kisu K, Iwama E, et al. Ultrafast cathode characteristics of nanocrystalline-$Li_3V_2(PO_4)_3$/carbon nanofiber composites. Journal of the Electrochemical Society, 2015, 162(6): A827-A833.

[64] Secchiaroli M, Giuli G, Fuchs B, et al. High rate capability $Li_3V_{2-x}Ni_x(PO_4)_3$/C (x=0, 0.05, and 0.1) cathodes for Li-ion asymmetric supercapacitors. Journal of Materials Chemistry A, 2015, 3(22): 11807-11816.

[65] Secchiaroli M, Nobili F, Tossici R, et al. Synthesis and electrochemical characterization of high rate capability $Li_3V_2(PO_4)_3$/C prepared by using poly (acrylic acid) and D-(+)-glucose as carbon sources. Journal of Power Sources, 2015, 275: 792-798.

[66] Secchiaroli M, Marassi R, Wohlfahrt-Mehrens M, et al. The synergic effect of activated carbon and $Li_3V_{1.95}Ni_{0.05}(PO_4)_3/C$ for the development of high energy and power electrodes. Electrochimica Acta, 2016, 219: 425-434.
[67] Zhang Y, Zhang Z, Tang Y, et al. $LiFePO_4$ particles embedded in fast bifunctional conductor rGO&C@$Li_3V_2(PO_4)_3$ nanosheets as cathodes for high-performance Li-ion hybrid capacitors. Advanced Functional Materials, 2019, 29(17): 1807895.
[68] Akhtar M, Chang J K, Majumder S B. High power $Na_3V_2(PO_4)_3$@C/AC bi-material cathodes for hybrid battery-capacitor energy storage devices. Journal of the Electrochemical Society, 2020, 167(11): 110546.

第7章

柔性固态电容器

7.1 概述

作为智能终端，可穿戴设备在运动、医疗健康、物联网和军事等领域具有广泛的应用前景 [1,2]。HIS、Bosch 等世界著名科技公司预测，“全球下一个科技革命的突破口在可穿戴智能设备”[3,4]。为了增强设备的舒适性、灵活性和多功能性，可穿戴设备向轻质化、柔性化和可集成化方向不断发展 [5,6]。开发新型可穿戴设备已被美国、日本、欧洲诸多发达国家和地区列为国家战略计划的重要内容，也被我国列为国家战略计划的重要发展领域。这些智能可穿戴设备都需要有供能器件，才可以便携使用。电化学储能器件，比如锂离子电池、超级电容器，已在便携式设备、电动汽车和大规模储能诸多领域获得广泛应用 [7,8]。目前，发展柔性可穿戴设备的一项重要挑战就是开发与之相适应的柔性可弯折电化学储能器件，而基于当前技术制备的电池/超级电容器都是刚性结构，不具有柔性耐弯折性能 [9,10]。

超级电容器是一种功率型储能器件，具有高功率密度 (10 kW/kg)、长循环寿命 (≥5 万周) 和良好的低温性能 (−40 ℃) 等优点，然而当前商业化双电层超级电容器的能量密度仅为 6∼10 W·h/kg，限制了其广泛应用 [11,12]。锂离子电容器是在超级电容器的基础上发展起来的混合型电化学储能器件，其正极仍然采用双电层电容材料 (如活性炭)，而负极采用锂离子电池材料，并通过预嵌锂的方法降低负极的电位，使器件的工作电压从 2.7 V 提高到 4.0 V，器件的能量密度可提高至 24 W·h/kg[13−18]。

柔性超级电容器是指器件在弯曲、拉伸等变形状态下仍可以稳定工作的超级电容器。实现电化学储能器件的柔性可弯曲，需要电极片、电解质、隔膜、封装层等组成器件的所有成分都具有良好的柔性可弯曲特性，如图 7-1 所示 [19,20]。电极是电化学储能器件储存电荷的关键。常规电极片多次弯折后容易造成电极材料在金属箔上的脱落，造成容量衰减，因此不具备良好的柔性弯折性能 [21,22]。当前研究已开发出多种材料和方法，制备具有柔性耐弯曲特性的柔性电极。比如通过抽滤、涂覆等方式组装形成柔性自支撑电极材料，或者通过物理/化学沉积方式，直接沉积于柔性基底的表面，制备耐可弯曲的柔性电极 [23−26]。

从器件结构来看，目前已经出现了多种结构的柔性电容器，比如柔性薄膜电容器 [27]、柔性平面微型电容器 [28]、纤维状电容器 [29]、波浪状柔性电容器 [30]、一体结构柔性电容器 [31]、多功能集成化电容器 [32] 等。这些结构的不同，拓宽了柔性电容器的应用场景，也提升了柔性电容器的性能。

除了柔性电极外，具有柔性、可弯折的电解质也对性能影响较大。常规电化学储能器件采用高分子隔膜和液态电解质，锂离子电容器通常使用与锂离子电池类似的液态电解质。但是液态电解质用于柔性器件，在器件多次弯折过程中容易带来漏液的隐患。此外，使用隔膜和液态电解质的器件，也提高了柔性器件制备和封装的工艺难度。因此，对于柔性固态电容器来说，一般采用具有力学柔性的固态或者准固态电解质 [33,34]。

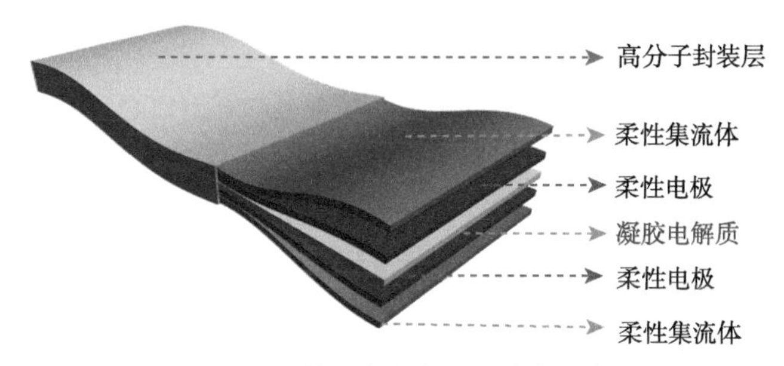

图 7-1 柔性固态电容器的结构示意图

对于柔性锂离子电容器，除了材料表征、器件电化学性能测试外，电极和器件的柔性测试是必不可少的。研究中通常将电极或者器件进行弯折或者拉伸后，测试电学或者电化学性能的保持率。随着该领域研究的不断深入，对于柔性器件的测试也逐渐规范和统一。通过规范柔性测试的方法和参数，可以精确表征不同柔性器件的性能，这对于优化器件结构设计和性能演化机制具有重要作用 [35,36]。

7.2 柔性电极与器件的设计制备

柔性电极对于柔性器件制备至关重要，开发新型柔性电极材料或者对传统电极材料进行柔性结构设计是柔性储能器件的研究重点 [22]。锂离子电容器的正极材料一般采用活性炭、碳纳米管、石墨烯、碳纤维等电容型电极材料，而负极则采用电池型负极材料，如硬/软碳、钛酸锂、合金型负极、过渡金属氧化物/硫化物等 [37−40]。从电极材料到储能器件，首先需要将电极材料与导电剂、高分子黏结剂、有机溶剂混合形成浆料，然后涂敷在铝 (或者铜) 金属箔集流体上，烘干溶剂后形成金属箔负载的电极片。但常规方法制备的电极片，电极材料与集流体的结合力较差，多次弯折容易造成电极材料在金属箔上的脱落，造成容量衰减和器件失效，因此柔性弯折性能无法满足高柔性器件的要求 [19,23]。

为了形成良好的柔性电极，当前研究通常是将电极材料通过物理/化学组装、沉积等方法制备成大面积的柔性薄膜电极。此外，研究者也开发出了一些新型电极和器件结构，如二维平面叉指电极结构、纤维状电极结构、三维阵列电极结构、集成一体化电极结构等。下面详细介绍基于不同柔性电极结构的柔性超级电容器。

7.2.1 柔性薄膜超级电容器

大面积柔性薄膜电极主要包括柔性基底负载的薄膜电极和材料自支撑电极。柔性基底一般包括纸张、高分子薄膜 (聚酯、聚酰亚胺等)、纺织物 (布、棉花)、碳布、金属箔/网等柔性材料[23]。为了使基底具有良好的导电性,对于一些不导电的纸张、高分子膜、织物等材料,还需要通过蘸涂、喷涂、磁控溅射等方法在表面沉积一层导电的碳层、金属层,作为活性电极材料的集流体[26]。为了解决传统涂布电极在弯折时容易与基底脱离的问题,研究者们主要是将电极材料通过物理、化学或者电化学沉积方式,直接沉积于柔性基底的表面,通过材料与基底的化学键合作用克服弯折时材料脱落的问题,制备耐弯折的柔性基底负载电极。这种借助于柔性基底的方式,简化了柔性电极的制备过程,拓宽了材料的适用范围,比如适合于将脆性的金属氧化物材料制备成电容电极材料。2006 年,Sugimoto 等[41]采用电泳沉积将二氧化钌纳米片沉积于柔性的氧化铟锡/聚对苯二甲酸乙二酯 (ITO/PET) 基底上,报道了第一个用于超级电容器的柔性薄膜电极。虽然该工作并未将柔性电极制备成柔性器件,但首次涉及了柔性基底负载的超级电容器电极。除了高分子塑料薄膜外,纸基、织物、碳布、软金属网都可以成为柔性电极的负载基底。Hu 等[42]报道了纸负载的 CNT 大面积柔性电极。他们采用打印纸作为基底,将碳纳米管水分散液作为墨水,通过线棒涂布的方式制备了纸负载的 CNT 柔性大面积电极 (图 7-2(a))。此后,该团队报道了采用织物[43]、棉花[44]等三维柔性基

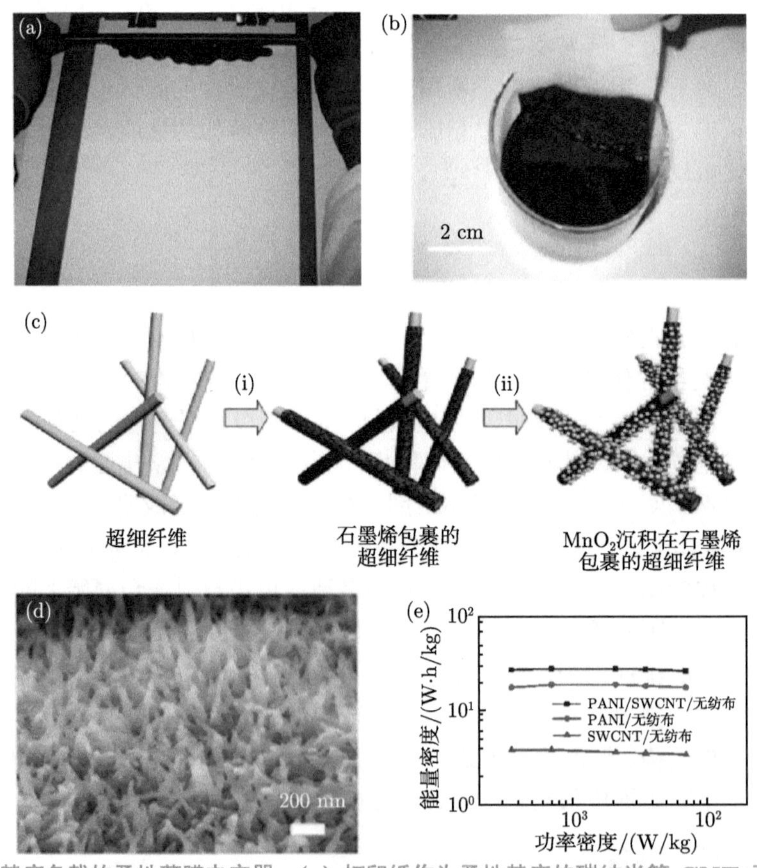

图 7-2 柔性基底负载的柔性薄膜电容器。(a) 打印纸作为柔性基底的碳纳米管 CNT 柔性电容器[42];(b) 棉花负载的 CNT 柔性超级电容器[43];(c) 织物负载的 CNT/MnO_2 柔性电容器[45];(d) 无纺布负载的 CNT/PANI 柔性电容器以及 (e) 电容性能[27]

底负载的 CNT (图 7-2(b)) 以及 CNT-MnO_2 等多种柔性电极 [45]，并且采用电极制备了对称性的柔性超级电容器的器件 (图 7-2(c))。Wang 等 [27] 采用无纺布作为基底，结合碳纳米管涂覆和原位化学沉积，制备了无纺布负载的 CNT@PANI 纳米线阵列复合柔性电极。在无纺布的每一根纤维上化学沉积了直径 50 nm、长度 400 nm 的 PANI 纳米线阵列 (图 7-2(d))，形成三维结构柔性电极，并采用该柔性电极组装制备了对称性柔性超级电容器，电极展现出 410 F/g 的比电容 (图 7-2(e))。此后，采用柔性基底作为电极材料载体制备柔性电极的策略获得广泛推广。

除了柔性基底负载电极外，另外一个研究者广泛研究的是自支撑电极，即材料不需要负载在基底材料上，通过抽滤、涂覆、纺丝等方法使得材料相互交织在一起形成大面积薄膜。通常具有一维 (纳米线/管/带等) 或者二维纳米形貌 (纳米片等) 的电极材料容易形成自支撑薄膜结构。如果形成的自支撑薄膜相互连接紧密，在弯曲、扭曲甚至折叠/拉伸下不会产生破坏，则称为柔性自支撑电极。例如，碳纳米管、石墨烯、碳纤维、导电聚合物、五氧化二钒纳米线、氧化铟锡纳米线等材料，均可以通过抽滤方式形成柔性自支撑电极。自支撑电极避免了黏结剂和导电剂的使用，有效降低了惰性成分的占比，对于提升器件能量密度具有重要的作用。因此，自支撑电极被研究者视为柔性电极的一种理想形式。2007 年，Pushparaj 等 [46] 首次报道了纸状柔性碳纳米管电极，该纸状电极是通过将纤维素–离子液体包埋碳纳米管阵列形成的，仅有几十微米厚 (图 7-3(a))。部分包埋碳管的纤维素可以作为隔膜，碳管阵列作为电极活性材料，采用两个这样的纸状柔性电极堆叠在一起，形成柔性超级电容器；该器件能量密度可达 13 W·h/kg，功率密度为 1.5 kW/kg (如无特殊说明，均基于电极材料的质量)。Wang 等 [47] 报道了将化学气相沉积法 (CVD) 制备的碳纳米管阵列辊压形成碳纳米管薄膜，这种纸状碳管薄膜也称为巴基纸 (Buckypaper)，通过三电极测试发现，这种柔性纸作为超级电容器电极具有 81 F/g 的比容量，且折叠、卷曲都不会导致电极的破损。除了 CVD 生长的碳管薄膜外，还可以将碳纳米管和表面活性剂通过高功率超声分散形成碳纳米管的水分散溶液，然后通过抽滤的方式形成自支撑碳管薄膜 (图 7-3(b))，这也成为一种制备柔性电极的普适性方法 [48,49]。

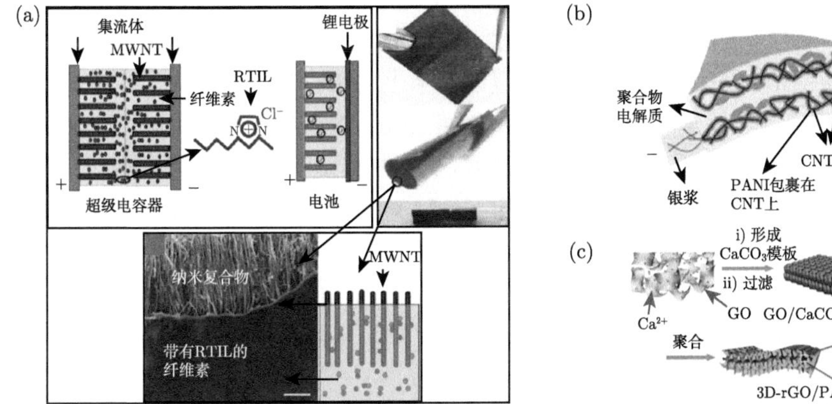

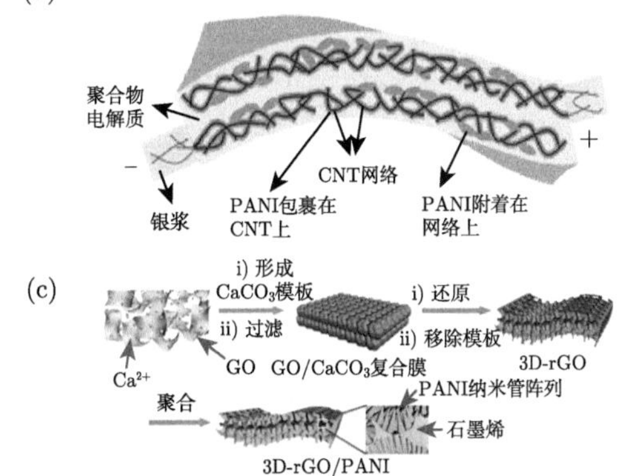

图 7-3 自支撑的柔性电容器。(a) 离子液体–碳纳米管自支撑复合柔性电容器 [46]；(b) 碳纳米管–聚苯胺自支撑电极柔性固态电容器 [48]；(c) 基于三维结构石墨烯–聚苯胺纳米线阵列自支撑柔性电极的柔性固态电容器 [51]

石墨烯因为具有二维片层结构，因此也容易通过组装搭接在一起，形成自支撑薄膜结构。石墨烯柔性电极的制备通常也是通过分散液抽滤方式，进一步还可以在形成的柔性薄膜上沉积赝电容材料来提升电极的比电容 [50]。例如，Meng 等 [51] 制备了内部具有三维结构的石墨烯薄膜复合电极。在石墨烯–氯化钙水溶液中通入二氧化碳，原位形成碳酸钙模板，然后采用抽滤和酸洗刻蚀法制备了具有三维孔洞结构的纸状石墨烯柔性薄膜电极 (图 7-3(c))。进一步通过原位化学沉积，在石墨烯的三维孔洞内沉积了 PANI 纳米线阵列，形成三维结构 G/PANI 纸状柔性电极。采用该电极和 PVA-H_2SO_4 凝胶电解质制备了柔性固态超级电容器，电极展现出 401 F/g 的比电容。

2012 年后，柔性薄膜电极领域获得快速发展，各种各样的自支撑碳纳米电极或者柔性基底 (塑料薄膜、纸、织物等) 负载的柔性双电层/赝电容电极，以及采用凝胶电解质制备的对称型/非对称型超级电容器被开发出来。电极材料也涵盖了几乎所有超级电容器电极材料，如碳纳米管、石墨烯、导电聚合物、过渡金属碳化物 (MXene)、金属氧化物、金属硫化物等 [21−23,52,53]。

锂离子电容器是正极采用双电层电容材料，负极采用电池型电极材料的混合型超级电容器。因其正负极采用不同材料，以及采用非水体系电解质，器件制备难度提高了，因此柔性锂离子电容器报道要少于柔性双电层和柔性赝电容电容器的报道。当前报道的柔性锂离子电容器大多数是集中于柔性电极的设计，而器件采用铝塑膜或者高分子塑料薄膜进行封装。2018 年，Deng 等 [54] 通过水热方法结合热退火工艺制备了碳布负载的 Nb_2O_5 纳米棒柔性电极。以该柔性电极作为负极，商业活性炭 (YP-50) 作为正极组装了柔性锂电容器件，基于活性电极材料计算的能量密度达到 95.55 W·h/kg，器件弯折到不同角度，容量没有明显衰减。Liang 等 [55] 报道了采用自支撑的石墨烯复合柔性电极制备柔性锂电容 (图 7-4(a))。他们首先将水热合成的方块状 Fe_2O_3 纳米颗粒与氧化石墨烯形成混合溶液，然后抽滤形成 GO@Fe_2O_3 柔性薄膜，然后在 650 ℃ 下退火形成自支撑的 rGO@Fe_2O_3 柔性薄膜负极。将抽滤形成的 GO@ Fe_2O_3 柔性薄膜经过 900 ℃ 退火以及酸洗处理，去除掉薄膜里的 Fe_2O_3 纳米颗粒形成内含多孔的 rGO 柔性正极薄膜。采用上述正、负极薄膜电极以及聚偏二氟乙烯齐聚物 (PVDF-HFP) 凝胶电解质，组装形成了柔性锂电容，基于电极材料的能量密度可达 148 W·h/kg。该锂电容可以弯曲 90°，体现了柔性可弯曲特质。2019 年，Li 等 [56] 报道了涂敷在铝箔上的活性炭正极和涂覆于铜箔上的 LTO/rGO 负极组成的铝塑膜封装锂离子电容器，该器件基于电极材料的能量密度为 60 W·h/kg，并可弯曲至 90°，体现了一定的柔性，如图 7-4(b) 所示。此外，他们还将柔性太阳能电池集成于锂离子电容器表面，实现了自充电的功能。采用有机材料马来酸 (MA) 和 PVDF 形成的有机复合纳米材料，涂覆于铜箔上形成二元柔性负极；将活性炭涂布于金属铝箔上作为正极，制备出铝塑膜封装的锂离子电容器。该有机柔性负极在半电池测试中显示了 918.6 mA·h/g 的高比容量，组装成锂离子电容器后，基于电极材料的能量密度可达 158.4 W·h/kg，器件采用铝塑膜封装，体现出一定的弯折性能。

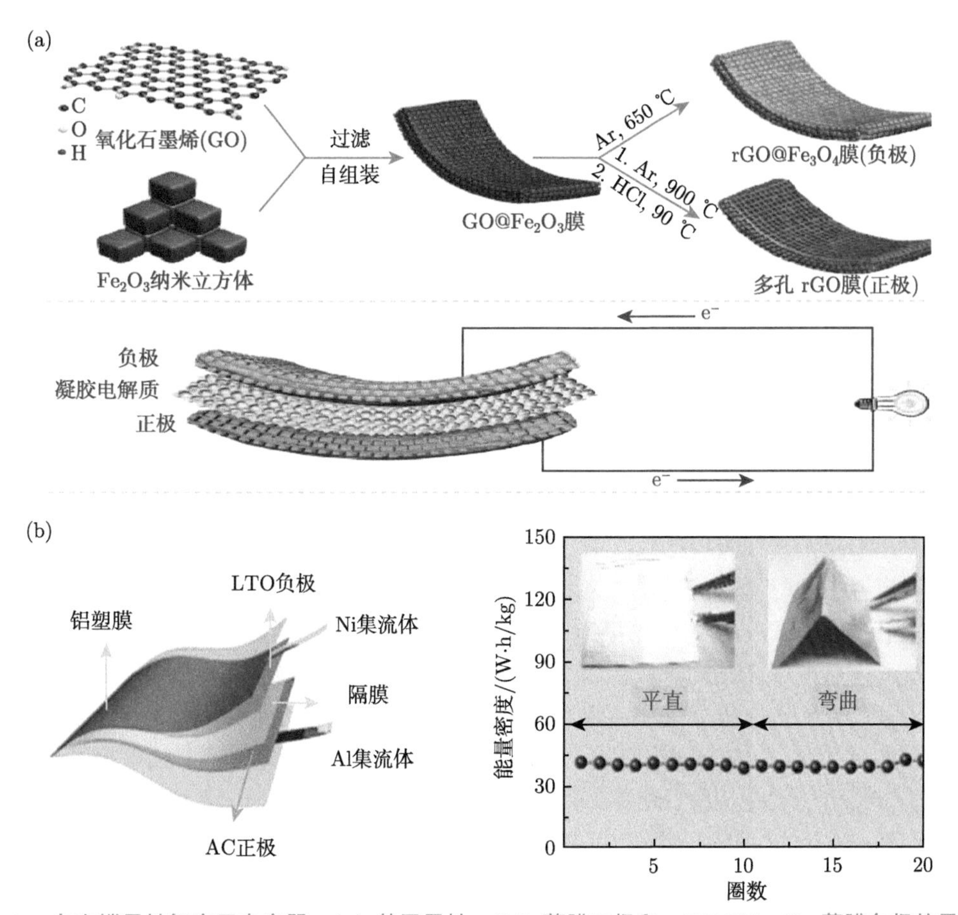

图 7-4 自支撑柔性锂离子电容器。(a) 基于柔性 rGO 薄膜正极和 rGO@Fe_2O_3 薄膜负极的柔性固态锂离子电容器 [55]；(b) 基于 LTO 负极和活性炭正极的柔性锂离子电容器 [56]

7.2.2 叉指状微型超级电容器

随着智能电子设备的快速发展，微型传感、电子皮肤、仿生昆虫机器人、智能卡等微小型设备被不断开发出来，这些微小型设备的使用都离不开具有同样尺度的储能器件。近年来，微纳机电系统 (MEMS/NEMS) 技术的快速发展促进了微型电极的设计与制备。在传统超级电容器中，电极–隔膜–电极通常是面面相对地逐层堆叠在一起。而微型电极一般呈叉指状结构，正、负极在同一个平面内，叉指状电极形成的器件称为平面型结构超级电容器。叉指电极的线宽一般为几微米到几百微米，因此叉指电极形成的超级电容器又称作微型芯片状器件。叉指电极主要通过微加工光刻、激光刻蚀、激光直写、丝网印刷、3D 打印等技术制备。

2003 年，Sung 等 [57] 报道了第一个用于微型电容器的微型电极。他们以硅片作为基底，通过光刻、热蒸镀、溶脱等工艺形成 50 对金 (或者铂) 叉指状电极图案，然后通过电化学沉积方法在金电极上包覆聚吡咯，形成了聚吡咯叉指电极。单个电极叉指的线宽和沟道宽度均为 50 μm。Chmiola 等 [58] 采用磁控溅射沉积和氯化刻蚀方法，在硅片上形成了多孔状的碳化钛衍生碳 (TiC-CDC) 薄膜，然后通过光刻工艺在薄膜上方沉积叉指状金电极作为集流体，通过氧等离子体刻蚀去除沟道的 TiC-CDC 后，形成了 TiC-CDC 平面叉指电极。TiC-CDC 电极材料具有高致密度，其体积比电容高达 180 F/cm^3。2017 年，该团队通过喷涂和激光刻蚀方法制备出基于过渡金属碳化物 (MXene) 电极材料的微型电容器，电极材料的体积比电容达到 357 F/cm^3，能量密度达到 18 mW·h/cm^3。

微型叉指状电极需要光刻和蒸镀等工艺，因此大部分采用了硅片等刚性材料基底，不具备柔性。为了实现微型电容器的柔性可弯曲，2006 年，Sung 等 [59] 利用凝胶电解质薄膜的高黏性，将硅基底上制备的叉指状聚吡咯微电极，通过涂覆电解液–剥离电解质的方法，将电极材料剥离到电解质膜上，形成电解质膜负载的柔性聚吡咯微型超级电容器，但是该工艺较为复杂，工艺重现性较差。Wang 等 [28] 首次以柔性薄膜为基底，结合光刻技术和化学原位沉积技术，制备了基于聚苯胺纳米线阵列电极的柔性微型超级电容器。赝电容材料具有更高的比电容，聚苯胺阵列电极材料在柔性微型器件中的体积比电容达到 588 F/cm^3。此外，该柔性器件弯折数百次，其比容量没有明显衰减，显示出良好的柔性弯曲特性。

喷墨打印以及现在流行的 3D 打印，也是一种制备叉指状微电极的有效方法，其挑战主要在于制备活性材料分散液墨水，既需要具有良好的分散性，又需要具有一定的流变特性和快速干燥能力。Pech 等 [60] 报道了通过喷墨打印技术制备的活性炭基微型电容器。他们首先通过光刻技术在硅片基底上制备了金叉指电极，然后将活性炭制备成墨水，采用喷墨打印技术在金叉指电极上沉积活性炭电极材料，制备出了活性炭微型叉指电极。

采用物理 (硬) 掩模版覆盖基底，形成电极图案，这也是制备叉指状电极的常用方法，物理掩模版材质一般是金属、硅片、玻璃、高分子等。Zheng 等 [61] 报道了基于活化石墨烯正极和 LTO 负极的平面型叉指状锂离子电容器。如图 7-5(a) 所示，首先将叉指状物理掩模版贴合于滤纸之上，然后采用抽滤正、负极分散溶液，使其通过物理掩模版在滤纸基底

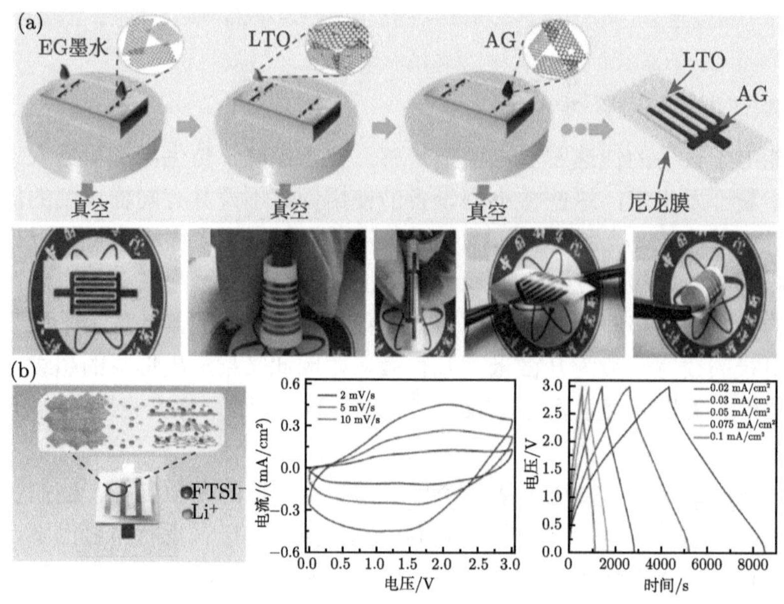

图 7-5 (a) 平面叉指状微型锂离子电容器的制备方法和 (b) 电化学电容性能 [61]

上形成叉指状电极，然后滴涂离子液体凝胶电解质形成平面型叉指状锂离子电容器。该器件基于正负极的体积能量密度达到 53.5 mW·h/cm^3(图 7-5(b))。除了在物理掩模版上过滤的工艺外，还可以通过烘烤的方式将正、负极墨水烘干、固化，形成叉指状微电极。Zhang 等 [62] 采用物理掩模版结合烘干的方法，制备了以聚酯 (PET) 薄膜为基底，以活性炭–石墨烯复合正极和 Li_3VO_4 负极作为电极的平面叉指状微型锂离子电容器，基于电极材料的体积能量密度高达 51.4 mW·h/cm^3。采用物理掩模版方法的主要问题在于电极和沟道线宽比较受限。由于物理模板的加工精度限制，电极线宽和沟道的精度一般都在 500 μm 以上，难以制备更为精细的电极图案。因此，开发新型高分辨、高精度微加工电极制备技术是微型锂离子电容器研究重要的发展方向。

7.2.3 纤维状超级电容器

柔性化、轻质化是可穿戴电子设备的重要发展趋势，将能量转化器件、能量存储器件和传感器件等集成于织物上，形成智能电子织物 (smart e-textile)，进一步制成穿戴舒适的智能衣物，这将是一种可穿戴设备自驱动系统的理想形式。因此将各种智能器件做成纤维形状，或者集成于纤维上，然后通过纺织的方式做成织物，成为可穿戴领域的一项热点。纤维状电子器件的制备是一项比较有挑战性的器件开发工作。

纤维状超级电容器的外观形状为一维长线状，其直径从几十微米到数百微米，可以进行三维空间上的任意弯曲、扭转等，具有柔性、质轻、可编织等特点。超级电容器等电化学储能器件通常由面面相对的正负极以及中间的隔膜和电解质所组成，而纤维状电容器则具有以下几种不同的器件结构：双纤维平行结构、双纤维缠绕结构和同轴结构 (图 7-6)。双纤

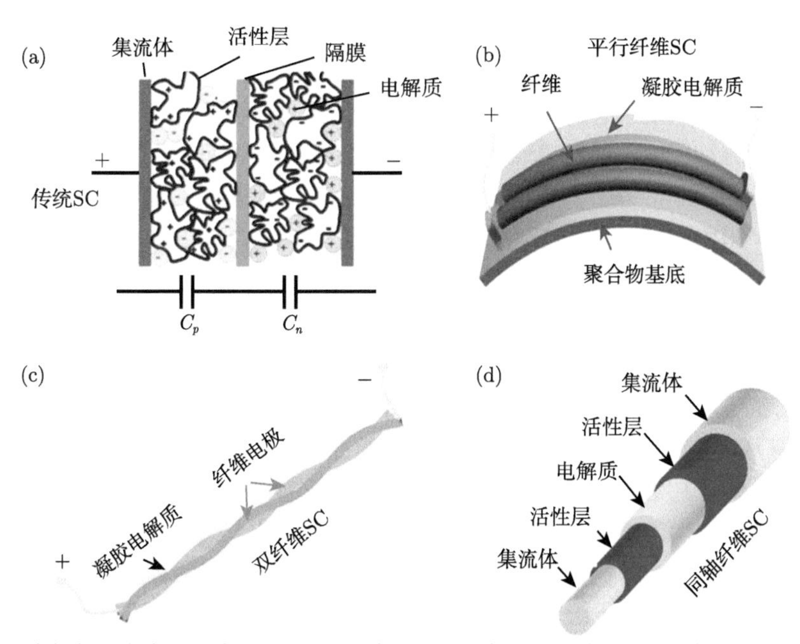

图 7-6 (a) 常规超级电容器结构和 (b)～(c) 常见的纤维状器件结构；(b) 平行结构；(c) 缠绕结构；(d) 同轴结构 [64]；SC 指超级电容器

维平行结构是指两根纤维并排放置，然后采用热缩膜进行封装，最后形成长纤维结构器件；而双纤维缠绕结构器件，则是纤维电极表面涂覆聚合电解质后，相互缠绕编织在一起，形成长纤维器件；同轴结构则是指基于单根纤维基底或者活性的纤维电极，通过将电极材料和电解质进行电极–电解质–电极顺序层层组装方式，形成的单根纤维状器件。纤维基底一般采用金属线，可兼具集流体的功能，也可以是棉线、尼龙线等不导电材料通过沉积、涂覆导电材料形成。采用惰性纤维基底时，一般需要将电极材料通过涂覆、原位物理/化学/电化学沉积的方式沉积于基底上，形成纤维电极。2011 年，Bae 等 [63] 首次报道了纤维状超级电容器的制备。该研究采用 Kevlar 纤维作为基底，依次沉积金薄膜作为集流体，原位沉积电极材料氧化锌形成 ZnO-Au@Kevlar 纤维，然后将该纤维缠绕到 Au-聚甲基丙烯酸甲酯 (PMMA) 纤维上，组成纤维状超级电容器。

利用惰性基底本身的性质 (比如可拉伸性等)，可以赋予纤维状超级电容器一些特殊功能。比如，Yang 等 [65] 将化学气相沉积形成的多壁碳纳米管薄膜缠绕在可拉伸的高分子线上，然后涂覆凝胶电解质，接着继续缠绕碳纳米管薄膜和凝胶电解质，通过这种层层组装的方式制备成可拉伸的纤维状超级电容器。

除了采用惰性的纤维基底，也可以直接采用活性电极材料形成长纤维电极。这种纤维电极材料主要是采用碳纳米管或石墨烯纺丝形成的长纤维，由于没有额外的惰性基底，这种纤维状电极在纤维状超级电容研究中获得广泛研究。碳纳米管具有优异的导电性和高比表面积，已广泛应用于超级电容器电极材料。采用碳纳米管纺丝制备出的碳纳米管长纤维展现了较低的密度、良好的柔性、较高的强度和优异的电导率等特点，被视为理想的导电纤维电极 [66]。研究者已开发出一系列制备碳纳米管长纤维的方法。① 干法纺丝：首先通过化学气相沉积法在基底上生长取向碳纳米管阵列，然后抽丝加捻制备出取向碳纳米管纤维。2002 年，Jiang 和 Zhang 等 [67,68] 团队首次通过碳纳米管阵列制备出了长达 30 cm 的碳纳米管纤维，自此干法纺丝获得了广泛发展 (图 7-7(a))。2009 年，Ma 等 [69] 发现碳纳米管薄膜也可以通过加捻形成碳纳米管纤维，如图 7-7(b) 所示。② 湿法纺丝：首先将碳纳米管制备成分散溶液作为纺丝原液，然后通过纺丝口注入凝固浴实现凝固成型，制备碳纳米管纤维。2000 年，法国的 Poulin 等 [70] 首次应用湿法纺丝技术制备出了碳纳米管带和碳纳米管纤维 (图 7-7(c))。2013 年，Pasquali 等 [71] 改进了纺丝装置，以更接近于工业纺丝的方法制备并得到了力学性能和导电性能优异的连续碳管纤维 (图 7-7(d))。

随着上述碳纳米管纺丝技术的发展，基于碳纳米管或者石墨烯长纤维的纤维状超级电容器开始获得发展。2013 年，Ren 等 [72] 将化学气相沉积形成的多壁碳纳米管 (MWCNT)，通过抽丝干法纺丝制备成多壁碳纳米管长纤维，然后浸泡于多孔碳 (OMC) 分散溶液，形成 MWCNT/OMC 复合长纤维。采用这种复合长纤维，涂覆凝胶电解质后缠绕在一起，制备出碳纳米管纤维状超级电容器。Meng 等 [73] 以壳聚糖溶液作为凝固浴，采用湿法纺丝方法将单壁碳纳米管 (SWNT) 纺成连续化的长纤维状，并通过热处理将壳聚糖碳化，制备的 SWNT@C 纤维超级电容器比电容可达 48.5 F/cm^3，并且具有优异的倍率性能和柔性。碳质材料的复合显著增加了 CNT 纤维的比表面积，提高了纤维的介孔孔隙率，促进了溶剂化离子的传递扩散和电荷存储，提升了碳管纤维状超级电容器的电化学性能。

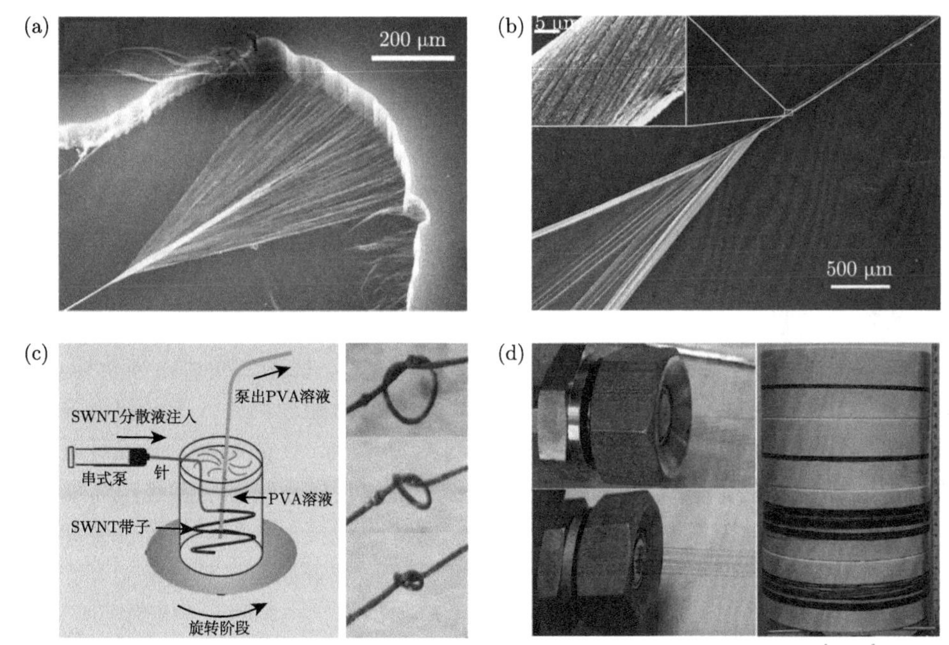

图 7-7 碳纳米管纤维的纺丝制备技术。(a) 基于取向碳纳米管阵列的干法纺丝技术 [67,68]；(b) 基于碳纳米管薄膜的干法纺丝技术 [69]；(c) 湿法纺丝技术 [70]；(d) 改进的湿法纺丝技术 [71]

为了进一步提升 CNT 纤维的比电容和能量密度，主要途径是在 CNT 纤维表面原位生长纳米结构的赝电容活性材料，或采用混纺方法将赝电容活性材料包覆在纤维内部，制备形成碳纳米管–导电聚合物复合纤维。2013 年，Wang 等 [29] 首次通过抽丝干纺技术结合化学聚合的方法，在干纺拉丝形成的 CNT 长纤维表面原位生长 PANI 纳米线，制备出 CNT@PANI 复合长纤维电极，纤维的比电容从 2.3 mF/cm^2 提升到 38.0 mF/cm^2。除了导电聚合物，金属氧化物 (MnO_2[74]、Co_3O_4[75] 等) 也用来提升纤维电容器的电化学性能。例如，Choi 等 [76] 制备了皮芯型可拉伸的 MnO_2/CNT 纤维电容器，该纤维电容器的比电容为 34.6 F/cm^3 (61.25 mF/cm^2，2.72 mF/cm)，并具有较好的可牵伸性，最高可牵伸 37.5%。

石墨烯纤维是由石墨烯片层作为基本结构单元宏观组装的纤维，通常是由氧化石墨烯纤维经化学还原或高温碳化而成。石墨烯纤维具有比 CNT 纤维更低的成本、更高的导热系数。然而，宏观组装过程中更多的边缘缺陷和更低的晶区取向导致石墨烯纤维的拉伸强度低于 CNT 纤维。Xu 等 [77] 利用石墨烯液晶的预排列取向首次实现了石墨烯液晶的纺丝，制备出连续化的石墨烯纤维以及碳纳米管–石墨烯复合纤维。Meng 等 [78] 通过在石墨烯纤维表面电化学沉积石墨烯纳米片，并经过冷冻干燥在石墨烯纤维表面形成三维多孔石墨烯结构，制备的核壳型多孔石墨烯纤维 (GF@3D-G)，其比电容和能量密度分别为 1.7 mF/cm^2 和 0.17 $\mu W\cdot h/cm^2$。Kou 等 [79] 采用同轴湿法纺丝技术，将氧化石墨烯 (GO)、碳纳米管形成混合溶液作为内层，羧甲基纤维素 (CMC) 溶液作为外层凝固浴，形成了 GO-CNT@CMC 同轴纤维，然后将纤维经过氢碘酸还原后形成 rGO-CNT@CMC 同轴纤维。复合纤维导电内核 rGO-CNT 作为电极材料，而不导电的 CMC 层作为隔膜，然后将两条这样的纤维螺旋缠绕在一起，整体涂覆凝胶电解质后形成双纤维缠绕结构石墨烯纤维超级电容器，其比电容和能量密度分别可达到 269 mF/cm^2 和 5.91 μW·h/cm^2。

为了提升石墨烯纤维的电化学性能，多种赝电容活性材料用于石墨烯复合长纤维电极的制备，有效提升了电极的比电容。例如，Li 等 [80] 设计了一种中空结构的 rGO/PEDOT:PSS 复合纤维作为超级电容器的电极材料。中空结构可以显著增加纤维的比表面积，该复合纤维的面积比电容可达 131 mF/cm^2，能量密度为 4.55 μW·h/cm^2。

过去十年里，纤维状超级电容器受到了研究者的广泛关注，表 7-1 是对文献报道的典型的纤维电容器的结构、组成和电化学性能的汇总。纤维电容器经历了快速发展，但是仍然面临一系列的问题。

① 现有的纤维状超级电容器的性能评价指标不统一，比如面积比、体积比、长度比、质量比，因此，迫切需要统一的性能评价标准。② 纤维状超级电容器的能量密度有待进一步提升，尤其是体积比能量密度。③ 目前，部分纤维电极，比如碳纳米管长纤维已经实现连续化制备，可连续化制备数百米的长纤维线；然而如何实现纤维状超级电容器的器件连续制备仍面临困难，制备工艺有待进一步突破。④ 纤维电极材料的电化学性能和机械性能需要进行平衡，以满足实际应用需求。⑤ 纤维状超级电容器如何与其他智能可穿戴器件集成，提高其输出功率并为大功率可穿戴电子器件提供能量，仍需进一步解决。

因此，对电极材料进行结构设计和性能优化，提升纤维状超级电容器的能量密度，研究纤维状超级电容器的连续化制备，并为大功率可穿戴电子器件提供能量将是未来研究的重要发展方向。

7.2.4 其他特殊结构柔性超级电容器

柔性可穿戴器件的应用场景呈现比较多样化，比如智能隐形眼镜、多媒体显示、可植入医疗等，为了满足这些特殊应用场景，一些特殊结构柔性超级电容器也被开发出来，比如柔性透明的超级电容器、可拉伸的电容器、可自愈合电容器、多功能集成的超级电容器、一体化设计的超级电容器等。

1. 柔性透明超级电容器

要将超级电容器透明化，需要基底、电极、电解质和封装材料都具有高度透光性。对于基底材料来说，PET 或聚二甲基硅烷 (PDMS) 高分子薄膜具有很高的柔韧性和高透明度，已广泛作为透明超级电容器的柔性光透型基底。透明超级电容器中使用的电解质是基于 PVA(聚乙烯醇) 或离子液体的凝胶态或固态电解质等，这些凝胶电解质也显示了优异的光透型和柔性。在基底和电解质材料都具有高度透明性的情况下，集流体和活性材料的选择将决定超级电容器的透明度和柔韧性。

绝大多数集流体和活性材料不是光透型材料，会阻挡光的传输。但当材料厚度小于最低的光吸收厚度时，可见光仍可部分通过，材料显示出透明状。因此构筑光透型活性电极最简便的方法是将活性材料设计成超薄的薄膜。通过这种策略，具有良好导电性的纳米材料被广泛用作构建基块。例如，由超薄单壁碳纳米管薄膜制出具有高透明的电极，通过调节碳纳米管薄膜的厚度可以使电极的透明度达到 90% [94]。此外，石墨烯、MXene、导电聚合物也都是设计成透明薄膜应用于柔性电容器的制备。例如，Chen 等 [95] 通过使用化学

表 7-1 文献报道的典型的纤维状超级电容器的器件结构、组成与电化学性能

器件结构	纤维电极	电解质	比电容	能量密度	功率密度	文献
缠绕	MnO_2-ZnO NW@Kevlar 线// ZnO NW-Au@PMMA 线	PVA/H_3PO_4	0.2 mF/cm, 2.4^{d} mF/cm^2	0.027^{d} mW·h/cm^2	0.014^{d} mW/cm^2	[63]
同轴	CuO-AuPd-MnO_2@Cu 线	PVA/KOH	—	0.55^{a} mW·h/cm^3	413^{a} mW/cm^3	[81]
同轴	墨水–不锈钢线	PVA/H_3PO_4	0.1 mF/cm, 3.18^{d} mF/cm^2	—	—	[81]
平行	rGO/Au 线	PVA/H_3PO_4	102 mF/cm, 6.49^{d} mF/cm^2	—	—	[82]
平行	墨水–金膜–塑料线	H_2SO_4	0.504 mF/cm, 19.5^{d} mF/cm^2	2.7^{d} mW·h/cm^2	9.07^{d} mW/cm^2	[83]
缠绕	PEDOT-MWCNT 纤维-Pt 线	PVA/H_3PO_4	0.46 mF/cm, 73^{d} mF/cm^2	1.4^{a} mW·h/cm^3	$40\ 000^{a}$ mW/cm^3	[84]
缠绕	rGO 纤维	PVA/ H_2SO_4	40 F/g, 27.1 mF/cm^2	0.17^{d} mW·h/cm^2	0.1^{d} mW/cm^2	[78]
缠绕	CNT 纤维	PVA/ H_2SO_4	4.28^{d} mF/cm^2, 11.4^{a} F/cm^3	0.226^{d} mW·h/cm^2 0.601^{a} mW·h/cm^3	0.493^{d} mW/cm^2 1320^{a} mW/cm^3	[85]
同轴	CNT 片	PVA/ H_2SO_4	59 F/g, 29 mF/cm, 8.66^{d} mF/cm^2	1.88^{d} W·h/kg	755.9^{b} W/kg	[86]
同轴	CNT 纤维	PVA/H_3PO_4	20^{d} F/g	0.515^{d} W·h/kg	421^{d} W/kg	[65]
缠绕	rGO/CNT 纱线	PVA/H_3PO_4	31.5^{d} F/cm, 27.1 mF/cm	—	—	[74]
缠绕	OMC/CNT 纱线	PVA/H_3PO_4	1.91 mF/cm, 39.7^{d} mF/cm^2	0.085 mW·h/cm 1.77^{d} mW·h/cm^2	0.00155 mW/cm 0.032^{d} mW/cm^2	[72]
平行	SWCNT/活化的碳纱线	PVA/ H_2SO_4	74.6^{d} F/g, 37.1^{d} mF/cm^2, 48.5^{b} F/cm^3	3.29^{d} mW·h/cm^2 3.7^{b} mW·h/cm^3	3.36^{d} mW/cm^2 3840^{b} mW/cm^3	[73]
缠绕	rGO/SWCNT@CMC	PVA/H_3PO_4	5.3 mF/cm, 117^{d} mF/cm^2, 158^{c} F/cm^3	3.84^{d} mW·h/cm^2 3.5^{b} mW·h/cm^3	0.02^{d} mW/cm^2 18^{b} mW/cm^3	[79]
平行	N 掺杂 rGO/SWCNT 纤维	PVA/H_3PO_4	116^{b} mF/cm^2, 300^{c} F/cm^3, 45^{a} F/cm^3	16.1^{b} mW·h/cm^2 6.3^{a} mW·h/cm^3	2.84^{b} mW/cm^2 1085^{a} mW/cm^3	[87]
缠绕	CNT@PANI 复合长纤维	PVA/H_3PO_4	38^{d} mF/cm^2	—	—	[29]
缠绕	PPy/rGO 纤维	PVA/ H_2SO_4	72 F/g, 107.2^{d} mF/cm^2	—	—	[88]
平行	MnO_2/碳纤维	PVA/ H_3PO_4	2.5^{a} F/cm^3	0.22^{a} mW·h/cm^3	400^{a} mW/cm^3	[89]
平行	PPy/MnO_2/碳纤维	PVA/ H_3PO_4	69.3^{b} F/cm^3	6.16^{b} mW·h/cm^3	40^{b} mW/cm^3	[90]

续表

器件结构	纤维电极	电解质	比电容	能量密度	功率密度	文献
缠绕	MnO_2/rGO 纤维	PVA/ H_2SO_4	36^d F/g, 143^d mF/cm, 9.6^d mF/cm^2	—	—	[91]
平行	$ZnCo_2O_4$ 纳米线/碳纤维	PVA/ H_3PO_4	650^d mF /g	—	—	[92]
同轴	MWCNT/碳纤维		6.3 mF/cm, 86.8^d mF/cm^2	0.7 mW·h/cm 9.8^d mW·h/cm^2 0.14^d mW·h/cm^3	13.7 mW/cm 189.4^d mW/cm^2 2.73^d mW/cm^3	[93]

a 指计算比电容、能量和功率时基于纤维器件 (包括两个电极和电解质) 的质量/长度/面积/体积;

b 指计算比电容、能量和功率时基于纤维器件的两个电极 (不包括电解质) 的质量/长度/面积/体积;

c 指所获的比电容基于两电极体系;

d 指原文中所获得的数据没有标明采用的计算方法和过程。

气相沉积法在预处理的铜箔上合成石墨烯，然后将透明石墨烯薄膜转移到柔性 PDMS 衬底上，与 H_3PO_4/ PVA 凝胶一起组装成柔性透明超级电容器，该超级电容器的面积比电容约为 5.8 μF/cm^2，透光率约为 50% 。

虽然超薄结构可以实现电极的光透型，但电极厚度的减少将降低器件活性材料的面载量，影响了面积比电容。为了解决这一问题，研究者开发了一种网格结构，将活性材料堆积于网格线处，然后留出一定的网格空白区域使得光线通过。这样可以提升活性材料的负载量，获得兼具高面积比电容和光透性的器件。Fan 等 [96] 采用两步 CVD 法在铜筛状膜上合成了石墨烯网络。铜网是通过对 Si 晶片上的溅射镀铜膜进行热退火而制备的。石墨烯网络很好地继承了铜网的高度多孔结构特点，展现出大量空白空间。基于这种石墨烯电极的透明超级电容器在 550 nm 处显示 84%的高透光率，并提供高达 4.2 mF/cm^2 的面积比电容。同时，借由石墨烯网络的独特结构，组装后的超级电容器显示出良好的柔韧性。

2. 柔性可拉伸电容器

与柔性可弯曲 (bendable) 相比，可拉伸 (stretchable) 对器件的结构和材料设计提出了更高的要求。超级电容器的电极材料和聚合物电解质通常只能承受较小的应变，因此需要通过一些电极或者器件结构的特殊设计来缓冲应变，实现可拉伸性能。当前，制备柔性可拉伸超级电容器的方法主要包括以下方面。

1) 浪形/褶皱状结构

对于可拉伸性而言，最简单的结构设计就是波浪形或褶皱的结构，这种结构具有缓冲拉伸应变的空间，由此可实现拉伸性。2009 年，Yu 等 [97] 首先报道了基于褶皱结构的可拉伸超级电容器的工作。将单壁碳纳米管薄膜覆盖在预拉伸的弹性 PDMS 薄膜基底上，松开预应变的 PDMS，使得单壁碳纳米管薄膜形成周期性褶皱的效果。结果显示，该褶皱状的可拉伸超级电容器在施加外界应力导致形变量为 130%的范围内，其电化学性能没有发生明显变化。除了预拉伸方法外，Niu 等 [98] 设计了悬浮的波浪结构石墨烯薄膜电极，这种悬浮电极是通过将石墨烯微带转移到波浪结构 PDMS 薄膜上获得的。石墨烯微带与波浪形状的 PDMS 结合良好，波浪状基底预留的间隙可缓冲拉伸形变，制备的可拉伸超级电容器在各种应变 (0~100%) 下的电化学性能稳定，实现了可拉伸的性能。

2) 织物负载的可拉伸电极结构

纺织品是由天然或合成纤维 (包括棉或聚酯) 编织制成的，一般具有多孔结构和良好柔性，有些天然或合成纤维甚至具有良好的可拉伸性。2010 年，Hu 等 [43] 采用柔软棉织物作为基底，通过蘸涂碳纳米管形成具有优异拉伸性能的单壁碳纳米管电极，并基于该电极和 PVA 凝胶电解质组成可拉伸 120% 的柔性电容器。织物呈现三维形貌，提升了电极的面载量 (8 mg/cm^2)，电极的面积比电容高达 0.48 F/cm^2。Choi 等 [99] 报道了一种用无弹性和弹性纱线交替编织的织物，通过在对角线方向上的经编织物，可以实现高达 200% 的应变。由无弹性的聚酯纱线和弹性氨纶纱通过缠绕在聚酯线圈上而编织在一起，构成了周期性重复的锯齿形图案。这种织物吸附多壁碳纳米管后，形成编织结构电极，制备的可拉伸超级电容器在电流密度为 0.25 A/g 时具有 35 F/g 的稳定容量。动态拉伸下的循环伏安

(CV) 测试表明，该器件拉伸状态下，性能保持良好，显示了良好的器件可拉伸性。此外，在双向拉伸模式 (两个方向上均有 50% 的应变拉伸) 下，该编织结构可拉伸超级电容器的电容量不会发生衰减。

3. 可自愈合的超级电容器

柔性超级电容器进行弯曲、折叠、拉伸等变形时，有时会引起一些不可逆的结构变化，例如，产生微裂纹导致电导率下降；电极材料从基底表面脱落导致器件失效，甚至正负极短路。自愈合材料可以释放愈合剂或者通过材料的可逆化学键合作用，有效缓解并修复这些损伤，恢复器件的力学性能及电化学性能。这有望延长柔性可穿戴电子器件的使用寿命，因此引起了人们广泛的研究兴趣。

对于柔性储能器件来说，自愈合过程主要是材料化学键断裂与重新结合，或者物理吸附力，以及依赖于大分子扩散作用来实现，如材料中含有氢键、共价键、金属配位键、离子键、磁力等。2014 年，Wang 等 [100] 报道了一个力学和电学性能可以自愈合的柔性超级电容器。该研究是将自愈合高分子材料涂敷在柔性 PET 基底上，然后涂覆单壁碳纳米管，形成包含自愈合材料的单壁碳纳米管电极，进一步涂覆水凝胶电解质后组成三明治结构柔性电容器。当外界作用破坏器件时 (比如将器件切断)，将器件接在一起加热到 50℃，利用自愈合涂层中 TiO_2 与超分子的动态氢键作用，将器件重新粘合在一起，恢复电化学性能。实验表明，反复切合–愈合 5 次，容量仍可以保持最初的 85.7% ，显示出优异的愈合性能。

此外，部分自愈合聚合物凝胶电解质也展现了良好的拉伸特性。例如，由聚丙烯酸 (PAA) 和乙烯基硅纳米颗粒 (VSNP) 共价交联组成 PAA-VSNP 提供了多重共价交联节点和应力转移中心，增强了电解质的力学强度 [101]。PAA 在分子内或分子间具有大量的氢键官能团，这种动态氢键可以可逆地断裂和重新结合，在受力时可以进行能量耗散并且将应力释放至电解质的整个网络结构中，而非直接作用于聚合物链，因此有效延缓了链的断裂与扩展，具有较好的柔性和自愈合性能。凝胶电解质在反复断开–愈合 4 次后，离子电导率可保留至 0.15 mS/cm，愈合效率约 90% 。在 20 次自愈合后，所组装的超级电容器容量基本无衰减，显示出优异的自愈合性能。

4. 集成式超级电容器

随着可穿戴智能设备的轻质化、小型化、柔性化需求，将多个功能集成到单一器件，开发多功能化的智能器件成为一个重要趋势。2012 年，Wang 等 [32] 利用导电聚合物既有能量存储功能又有电致变色性能的特点，将储能器件与变色智能窗集成于单一器件，研制出集成式的双功能器件——电化学能量存储的智能窗 (ESS Window)，这是第一个报道的多功能集成的柔性储能器件。该器件在 5 mV/s 或者 0.01 mA/cm^2 时，能达到 0.017 F/cm^2(400 F/cm^3) 的存储能量密度。研究展示了将太阳能电池和 ESS Window 串联使用，作为智能窗户，当阳光强烈时，太阳能电池将光能转化为电能，为 ESS Window 充电并存储能量。此时，ESS Window 变为蓝色 (电致变色)，抵挡强光的照射。充满电荷的器件可以为屋子里的液晶显示屏等用电器件供能，当能量用完时还可以重新变为淡的黄绿色。智能窗可以在阳光强烈时使自身颜色变深以阻挡窗外的强光照射，节省屋内空调能耗。

除了将多个功能集成到单一器件，还可以将超级电容器的多层结构简化为一体化结构，以此简化器件结构和制备工艺，以及优化电荷传输。当前固态柔性超级电容器是由两个柔性电极和中间凝胶电解质薄膜叠放在一起形成的多层膜堆叠结构。凝胶的高黏度限制了电解质离子在电极内部的扩散，因此难以获得较高的面积比电容。此外，多层堆叠的器件在不断弯折时容易造成层与层之间的机械剥离损伤，使得器件内阻上升，甚至整体电容性能衰退。Wang 等 [31] 采用化学交联方法，制备出高强度水凝胶薄膜电解质，然后将柔性超级电容器的关键成分——电极–电解质–电极层集成于单个高强度柔性水凝胶薄膜上，首次开发出了集成式一体化 (all-in-one) 的新型超级电容器。与目前多层膜堆叠的传统器件结构相比，该结构有利于凝胶电解质离子在较厚电极层内部的扩散和力学耐弯折性能的提升。该电容器具有 488 mF/cm^2 的高面积比电容和优异的充放电循环稳定性 (循环上万次容量无衰减)。此外，连续弯折上千次，其电容性能没有衰减。

7.3 固态电解质

锂离子电容器采用与锂离子电池类似的液态电解质体系，存在易泄漏、易挥发、易燃烧等安全隐患 [102]。为了实现储能器件的本征安全，采用固态电解质取代传统的液态电解质是当前被学术界和工业界广泛认可的方法 [103]。固态电解质不含有易燃的液体成分，可有效避免常规电解液燃烧和泄漏等安全问题 [104]。此外，固态电解质还具有良好的机械加工性能，可以根据要求制作成所需形状；应用于储能器件时，固态电解质兼具传导锂离子与正负极隔膜的双重作用，可简化器件结构 [105,106]。

固态电解质是指具有快速传导离子能力的固态材料，又称为超导离子体、快离子导体。固态电解质的性能很大程度上决定了固态储能器件的安全性能、能量和功率密度、循环稳定性、高低温性能以及使用寿命等。理想的固态电解质需要具备以下条件：高室温离子电导率 (大于 10^{-3} S/cm)、高离子迁移率、优异的力学性能、与正/负极材料良好的界面兼容性、良好的热稳定性和电化学稳定性 [107,108]。

7.3.1 全固态电解质

固态电解质根据组成可分为聚合物固态电解质、无机固态电解质、复合固态电解质，以及凝胶电解质，其中前三种固态电解质不含有任何液体成分，又称为全固态电解质。

(1) 聚合物固态电解质。其一般是指由聚合物作为基体，和锂盐构成的一类新型锂离子导体，其中聚合物充当固体溶剂并溶解锂盐 [109]。锂盐在聚合物基体中解离后，锂离子与高分子中极性基团络合而形成配合物，高分子链蠕动的过程中，锂盐不断地与原有基团解离，而与新基团络合，实现锂离子的传输 (图 7-8)。常见的聚合物主体包括聚氧化乙烯 (PEO)、聚丙烯腈 (PAN)、聚偏二氟乙烯 (PVDF) 和聚甲基丙烯酸甲酯 (PMMA)[109,110]。聚合物固态电解质具有柔性、易于成膜的特点，基于固态聚合物的储能器件更容易实现超薄化、轻量化、柔性化，以及具有更高的安全性。法国的 Bollore 公司以及美国的 SEEO 公司已经将 PEO 基固态电解质商业化，制备的聚合物固态锂离子电池已应用于电动汽车 [106]。

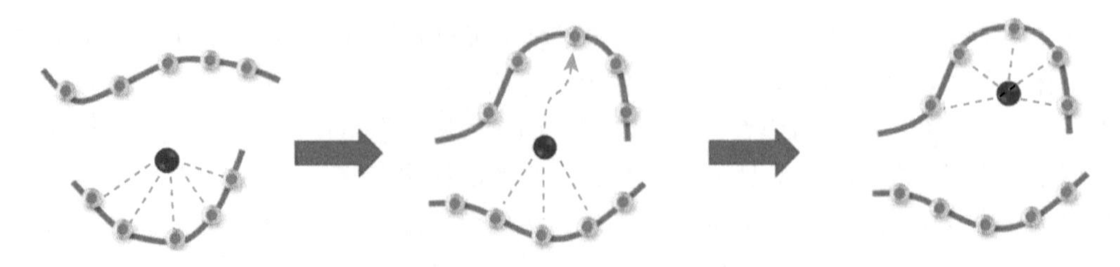

图 7-8 聚合物基体中锂离子在链段之间的迁移 [111]

(2) 无机固态电解质。其主要由配位多面体骨架和在其中迁移的锂离子构成，具有优异的化学稳定性、力学强度以及较高的室温离子电导率 (约 10^{-3} S/cm)，如图 7-9 所示 [112,113]。无机固态电解质中，研究最多的主要是氧化物和硫化物两个体系。氧化物固态电解质又分为晶态和玻璃态两类。石榴石 (garnet) 型 [114]、锂快离子导体 (LISICON) 型 [115]、钠快离子导体 (NASICON) 型 [105]、钙钛矿型电解质 [116] 都属于晶态电解质，而应用在薄膜电池中的 LiPON 型电解质 [117] 是玻璃态氧化物电解质。与 O^{2-} 相比，S^{2-} 的半径大且极化作用强，用硫替换氧化物电解质中的氧，一方面可以起到增加晶胞体积、扩大 Li^+ 传输通道尺寸的作用；另一方面，弱化了骨架对 Li^+ 的吸引和束缚，增大可移动载流子 Li^+ 的浓度。因此，与氧化物电解质相比，硫化物固态电解质表现出更高的离子电导率 [118]。硫化物电解质分为玻璃及玻璃陶瓷态电解质和晶态电解质。按照原材料组分可以将硫化物固态电解质分为两大类，包括二元系，如 Li_2S-P_2S_5、Li_2S-SiS_2、Li_2S-B_2S_3 等硫化物固态电解质，以及三元系 Li_2S-P_2S_5-MeS_2(Me 为 Si，Sn，Ge，Al 等)[119−122]。2011 年，东京工业大学 Kamaya 等 [123] 制备出一种三元系硫化物固态电解质 $Li_{10}GeP_2S_{12}$(LGPS)，具有与电解液相媲美的超高离子电导率 (1.2×10^{-2} S/cm)，从而掀起了硫化物固态电解质的研究热潮 [123,124]。

(3) 复合固态电解质。无机固态电解质与电极材料的固–固界面较难形成良好的物理接触，过大的界面阻抗是一项长期难以克服的技术挑战。聚合物固态电解质具有质轻、柔性等特点，易于与电极形成良好的界面接触。但是，聚合物电解质的电化学窗口相对较窄，力学强度低，且室温离子电导率相对较低 (10^{-8} ~10^{-5} S/cm)，限制了其应用可行性。若采用有机–无机杂化的方式，由无机固态电解质与聚合物固态电解质组合而形成聚合物复合固态电解质，则可结合无机和聚合物固态电解质的优势，兼具聚合物的柔性和无机物的稳定性 [125,126]。复合界面处的有机–无机杂化作用为提升聚合物复合固态电解质的离子电导率提供了新途径。因此，复合聚合物电解质也引起了研究者的广泛关注。

常见固态电解质的离子电导率如图 7-9 所示。当前全固态电解质的室温离子导电性等性能尚无法匹配液态电解质，无法满足功率型储能器件的需求，因此尚未在超级电容器领域有所应用。凝胶电解质因含有少量塑化剂，又被称为半固态电解质或者赝固态电解质。当前柔性固态超级电容器领域广泛应用的就是这类凝胶态的电解质。

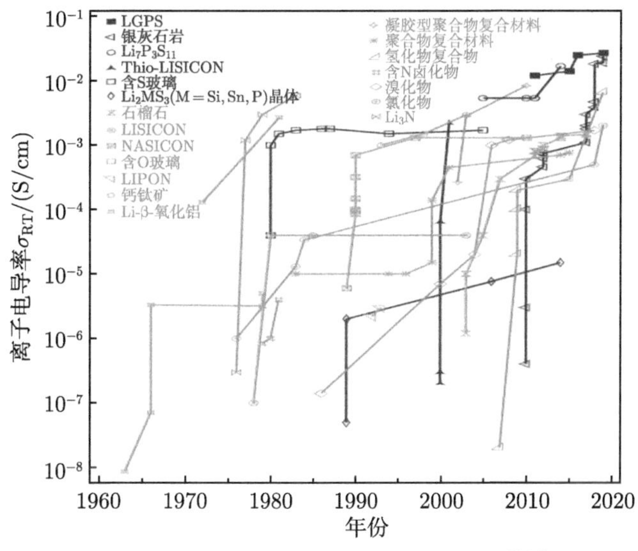

图 7-9 常见固态电解质的离子电导率 [124]

7.3.2 凝胶固态电解质

固态聚合物电解质具有本征柔性、易于加工的特点，但是室温离子导电性低 (通常小于 10^{-4} S/cm)，限制了其实际应用。研究人员发现，加入增塑剂使得聚合物形成凝胶态，可以显著提升离子电导率。凝胶态聚合物电解质主要组成部分包括聚合物基体、锂盐和增塑剂，其中聚合物基体和增塑剂构成电解质中的连续相，因而使电解质介于固体和液体之间，既有固定的形状、一定强度等固体的特性，也有较大的离子扩散速率类似于液体特性 [127]。当水作为增塑剂时，最终的凝胶聚合物电解质称为水凝胶聚合物电解质 [128]。除了水凝胶外，增塑剂通常使用介电常数高、挥发性低、能够较好地溶解锂盐的有机溶剂，加入增塑剂后可使聚合物电解质在室温下的离子电导率提高几个数量级。凝胶电解质具有高离子电导率、易制备和安全无毒等优势，它在作为导电介质的同时也起到隔膜的作用，有效促进了器件的高效集成化。根据内部溶剂 (增塑剂) 的不同可将其分为水凝胶电解质、离子液体凝胶电解质和有机凝胶电解质 [129]。

1. 水凝胶电解质

水凝胶材料是由弹性交联的亲水聚合物链组成的交联网络，链间填满了溶剂水，聚合物链上带电的官能团可以有效地吸引电解的离子，因此大量的溶剂水可以被吸附和锁住在网络中，赋予水凝胶材料湿软的特质 [130]。水凝胶电解质是非液体系电解质中电导率较高的一种，其离子电导率接近于水系电解液，可达到 10^{-2} S/cm[131]。但水凝胶电解质膜倘若暴露在空气中极易深度失水，导致皱缩变形、柔韧性变差、电导率降低等问题。凝胶电解质在具有液态电解质般的离子电导率的同时，又保留了固态电解质的空间稳定性，是柔性储能器件电解质材料的理想选择。当前水系柔性固态电容器大都采用水凝胶薄膜作为电解质和隔膜，组装形成柔性薄膜固态电容器 [48]、叉指型柔性固态电容器 [28] 以及纤维型柔性固态电容器 [29] 等。

水凝胶电解质中的聚合物基体一般是骨架中含有羟基、羧基、磺酸基、胺基等亲水性官能团聚合物，比如聚乙烯醇 (PVA)、聚丙烯酰胺 (PAAM)、聚丙烯酸钾 (PAAK)、明胶 (geltin)、海藻酸 (alginate) 等。这些亲水官能团可以形成分子内或者分子间氢键，从而形成凝胶。PVA 通常与各种各样的水溶液混合来制备水凝胶，如强酸 (H_2SO_4、H_3PO_4)、强碱 (KOH)、中性 (LiCl) 电解质水溶液。2010 年，Meng 等 [48] 采用 PANI/CNT 柔性薄膜电极和 PVA-H_2SO_4 凝胶电解质膜形成对称性柔性固态超级电容器，整个器件厚度仅约为 113 μm，且在弯曲状态下仍可以点亮发光二极管 (LED) 等，体现了器件的柔性特质。PVA 凝胶聚合物电解质已成为柔性固态超级电容器研究中最为广泛使用的电解质，这源于其易于制备、高的亲水性、好的成膜性、无毒、成本低的特性。尽管 PVA 的水凝胶电解质已经被广泛报道，但相比其他水凝胶而言，PVA 长的碳链以及少量的亲水性侧链官能团可能会弱化聚合物与水分子间的相互作用，这会导致其差的保水性以及低的离子电导率。新制备的混有电解质 (H_2SO_4、H_3PO_4、KOH) 的 PVA 水凝胶，离子电导率能达到 10^{-4} ~10^{-1} mS/cm，但水分在几天之内的快速蒸发会使离子电导率急剧降低。此外，PVA 凝胶在固化后的刚性以及 PVA 凝胶电解质基超级电容器的快速自放电都影响着它的实际应用。因此，许多研究都致力于研发具有高离子电导率以及力学柔性的水凝胶电解质 [132,134]。

水凝胶含有多种官能团，通过交联、接枝、共聚、渗透聚合网络等修饰方法可以进一步改性。比如，交联形成的共价键会促使强的相互作用，而离子间的作用力和氢键可归属为弱的相互作用。强和弱的相互作用的结合使水凝胶材料具有弹性拉伸性、好的韧性、自愈合性及其他的优异功能。例如，Huang 等 [132] 用乙烯基硅纳米粒子 (VSNP) 交联 PAM 的水凝胶，VSNP 表面的乙烯基官能团在 VSNP 和 PAM 链间提供强的共价键结合，这增强了水凝胶的韧性，且聚合物链含有大量氢键，这些键在拉伸和恢复过程中能提供可逆的弱的相互作用。因此，如图 7-10(a) 所示，使用 VSNP-PAM 水凝胶电解质的超级电容器的拉伸性大于 1000% 以及具备好的压缩性，且在拉伸和压缩状态下，表现出容量增加的特

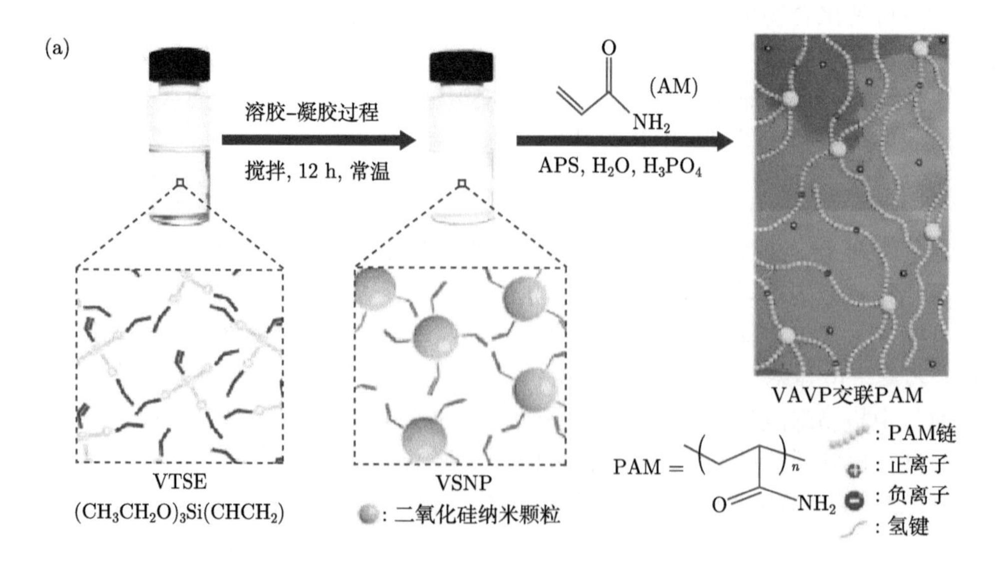

(b)

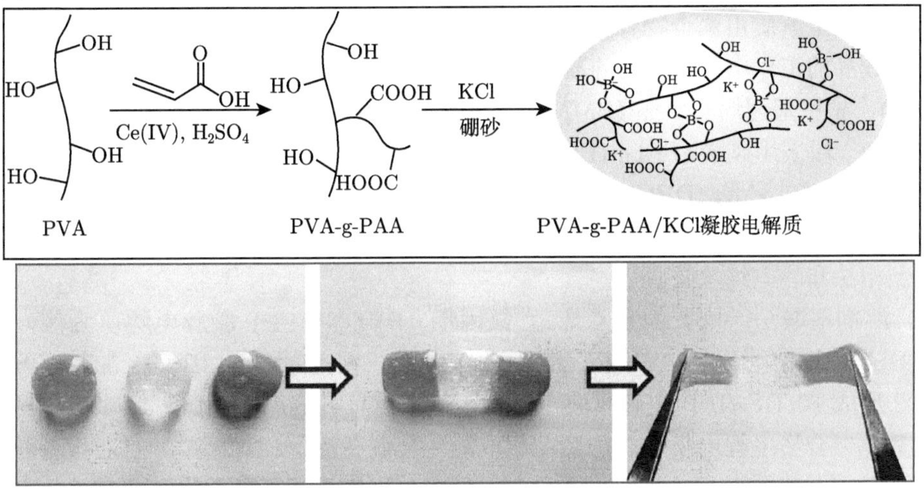

图 7-10 功能性水凝胶电解质。(a) 可拉伸水凝胶 [132]；(b) 可自愈合的水凝胶 [133]

性。又比如，利用凝胶电解质内部动态化学键可以制备可自愈合 (self-healing) 的凝胶电解质 [135]。Wang 等 [133] 在 PVA 链间引入硼砂得到了化学接枝 PAA 分子，从而形成交联的超分子结构水凝胶。如图 7-10(b) 所示，该水凝胶电解质中含有动态的二醇–硼酸酯键，可逆的键合作用可以用于水凝胶薄膜的断裂自愈性。此外，PAA 中的羧酸官能团与阳离子结合表现出的静电作用能提高电解质的离子电导率和柔性。因此，该水凝胶电解质在室温下的离子电导率能高达 41 mS/cm，且断开的部分在 20 min 内能自动愈合在一起，恢复其力学性质和离子电导率。

2. *离子液体凝胶电解质*

离子液体 (IL) 是指由高度不对称的阴离子和阳离子组成且熔融温度低于 100 ℃ 的一种熔融盐 [136]。与水性和有机电解质相比，离子液体具有如下优点：优异的热稳定性、化学稳定性、电化学稳定性、室温离子传导性，以及宽的电压窗口 [137]。此外，离子液体还具有很高的可调控性，能通过改变其阳离子/阴离子的比例或组成来调控其物化性质，如亲水/疏水、电化学窗口等 [138]。离子凝胶电解质，又称为离子凝胶，一般通过聚合物基体将离子液体固定形成，既保留了离子液体的优良特性，又能在一定程度上表现出聚合物的高机械强度和易加工性 [139,140]。离子凝胶电解质很好地解决了水凝胶中水分易挥发的问题，与此同时还表现出优异的热稳定性、更宽的电化学窗口和高安全性。例如，Wang 等 [141,142] 将离子液体 1-丁基-3-甲基咪唑四氟硼酸 ($BMIMBF_4$) 与 PVDF-HFP 共混形成 PVDF-HFP/$BMIMBF_4$ 离子凝胶，然后结合制备的石墨烯基多级次纳米结构电极以及全柔性封装方法，首次构筑了 3.5 V 柔性固态电容器，基于电极材料的能量密度达到 87 W·h/kg，且器件展现了良好的柔性弯曲性能。Zheng 等 [143] 将 1-丁基-1-甲基吡咯烷双三氟磺酰亚胺 ($P_{14}TFSI$)、双三氟甲磺酰亚胺锂 (LiTFSI) 与 PVDF-HFP 共混形成 LiTFSI-P_{14}TFSI-PVDF-HFP 离子凝胶，基于该凝胶和微型器件技术制备了平面叉指状微型柔性超级电容器。

3. 有机凝胶电解质

有机凝胶电解质由聚合物骨架和有机电解液组成，与水凝胶电解质相比，其最大的优点是具有较高的工作电压。常用的凝胶聚合物电解质基体有：聚丙烯腈 (PAN)、聚氧化乙烯 (PEO)、聚甲基丙烯酸甲酯 (PMMA)、聚偏氟乙烯 (PVDF)、羧甲基纤维素钠 (CMC) 等。增塑剂一般采用碳酸乙烯酯 (EC)、碳酸丙烯酯 (PC)、碳酸甲乙酯 (EMC)、碳酸二甲酯 (DMC)、碳酸二乙酯 (DEC)、γ-丁内酯 (GBL)、N, N-二甲基甲酰胺 (DMF)、四氢呋喃 (THF) 等。有机凝胶聚合物电解质的制备方法大体可以分为四类，即溶剂萃取法、直接干燥法、倒相法和静电纺丝法。

(1) 溶剂萃取法：以聚偏氟乙烯–六氟丙烯 (PVDF-HFP) 凝胶电解质为例，首先将 PVDF-HFP、增塑剂邻苯二甲酸丁酯 (DBP) 和有机溶剂 (如 NMP 等) 加热溶解，接着用刮涂法形成 PVDF-HFP 电解质膜，然后用低沸点有机溶剂 (如乙酸等) 将 DBP 置换出来形成多孔聚合物电解质膜。由于溶剂萃取法工艺制备流程相对简单，且对设备和环境的要求也不苛刻，美国 Bellcore 公司于 1994 年成功将其进行了产业化，并在很长一段时间内备受推崇。

(2) 直接法：直接法是针对 Bellcore 法烦琐的工艺流程而设计出来的相对简单、效率较高的一种制备凝胶聚合物电解质的方法，该方法总体来说可以分为两类，第一类是引入一些小分子有机物，利用两种材料与溶剂间作用力的差别，在溶剂挥发过程中，形成贫、富两相来制备多孔的聚合物电解质膜; 第二类则是通过向聚合物基体中加入多孔材质的物质来吸附溶液使聚合物基体溶剂化，通过改变聚合物基体和多孔材料周围溶剂的挥发速率，在聚合物表面实现造孔，一般向其中加入较多的是分子筛类的物质，如 SBA-15 等。虽然直接法省去了诸如非溶剂化、萃取之类烦琐的工艺步骤，但是由于在制备过程引入了第三相，往往使得聚合物体系内的反应相当复杂，且由于采取直接挥发法，很容易导致聚合物的机械性能变差。

(3) 倒相法：又叫相转移法，是目前制备凝胶聚合物电解质最常用也是最重要的方法之一。倒相法制备聚合物电解质的原理很简单，主要是利用溶液体系中溶剂与非溶剂挥发性的不同，通过溶剂与非溶剂的先后挥发而在聚合物基体上形成微孔。总地来讲，该工艺制备聚合物电解质的途径主要分为两种，一是先将聚合物基体溶解在有机溶剂中，待初成膜后再将其浸入非溶剂或者非溶剂的蒸气浴中，利用溶剂和非溶剂对聚合物基体溶解性的不同而在聚合物基体上实现相的分离而形成微孔；二是直接将聚合物基体溶于含有非溶剂的有机溶剂中，利用两者在聚合物基体表面挥发速率的不同来实现相分离而形成微孔。Xu 等 [30] 采用倒相法制备了 PVDF-HFP/$LiPF_6$-EC-DMC 的多孔状有机凝胶电解质膜 (图 7-11(a))，采用该凝胶电解质薄膜并结合自蔓延方法生成的石墨烯多级次复合电极材料，通过引入压印器件技术，制备了外观具有波浪状的柔性锂离子电容器 (图 7-11(b))，该器件电位窗口为 2~4.5 V(图 7-11(c))，基于电极材料的能量密度达到 170 W·h/kg, 且器件连续弯折数千次，容量几乎没有衰减 (图 7-11(d))。

(4) 静电纺丝法：静电纺丝法是目前广泛研究的一种新型制备聚合物电解质的方法。其基本原理是在外加电场作用下进行纺丝的过程，也是一种特殊的静电雾化的形式。该方法与其他制备聚合物电解质的方法不一样，它是可以直接、连续制备聚合物电解质的有效手段之一。静电纺丝设备通常主要由电压发生装置、泵、喷头和接收装置四部分组成，其工作流程可以简述为：已经溶解好的聚合物基体溶液在几千至几万伏的高压电场的作用下克服自身的表面张力通过喷嘴进行喷射，经过干燥、固化后的丝状纤维最后被收集在事先准备好的无纺布或聚烯烃隔膜上，形成想要的聚合物电解质膜。采用该工艺制备的聚合物电解质膜具有高的比表面积、合适的孔隙率及良好的机械性能，是一种比较有前景的制备方法。

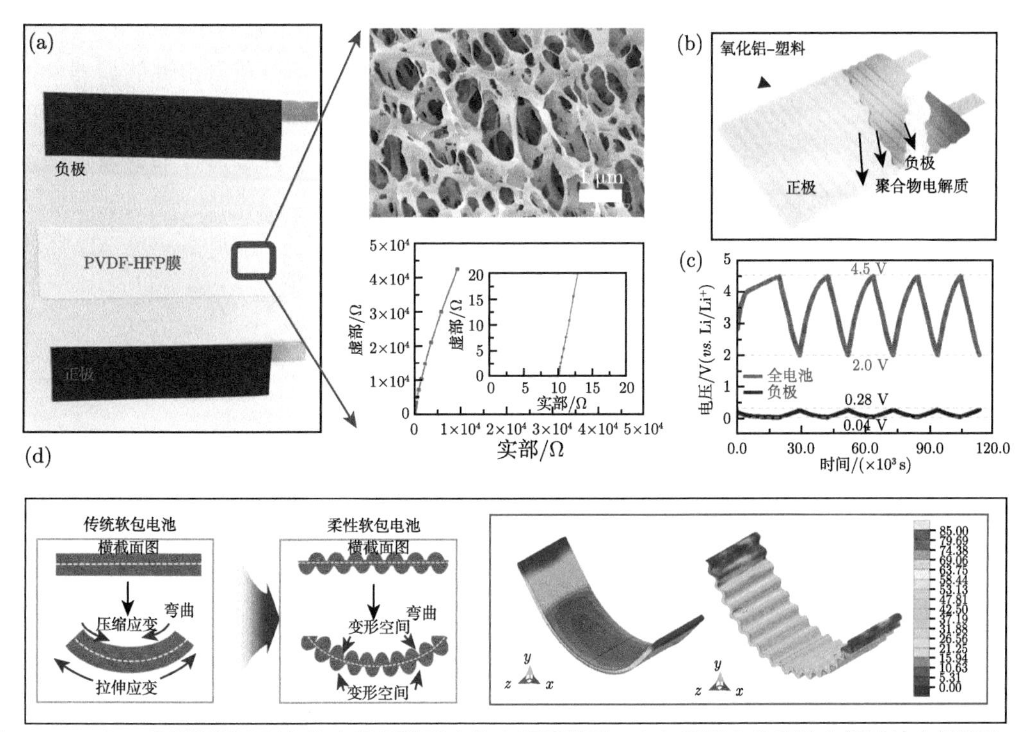

图 7-11 (a) 采用倒相法制备的有机凝胶聚合物电解质薄膜；(b) 采用有机凝胶电解质结合压印法，制备的基于铝塑包装的柔性锂离子电容器；(c) 器件电压与负极电位；(d) 柔性锂离子电容器的弯曲应力仿真以及柔性测试 [30]

7.4 器件的柔性性能表征

如前所述，柔性超级电容器是指在弯曲、拉伸等状态下仍可以稳定工作的超级电容器。电化学储能器件都具有集流体、活性层、隔膜、封装层、极耳等多层组件结构，器件发生形变时力学失效机制较为复杂，如集流体的断裂、活性层的剥离、封装层的褶皱等都可能引起电化学性能的降低甚至电池失效。因此对柔性性能的准备分析测试有利于深入理解器件的耐弯曲机制，为柔性结构设计提供参考。柔性超级电容器所涉及的分析表征包括材料表征、电化学性能表征和器件的柔性性能表征。其中材料表征、电化学性能表征与第 8 章锂离子电容器测试和表征技术部分相同，在此不作重复介绍。这里主要介绍器件的柔性性能测试表征。

弯曲性能是评价柔性超级电容器应用领域和使用寿命的首要参数，对弯曲形变的耐受性是其特有的、重要的考量指标。但是，目前相应的测试方法和评估参数并不统一，很难对超级电容器的耐弯曲性能进行准确的评价和定量比较。在大多数文献中，描述柔性器件弯曲时仅给出器件的弯曲角度 (θ) 以及在不同弯曲次数后的比容量保持率。2019 年，香港城市大学 Li 等 [35] 在评论文章中指出，柔性储能器件的弯曲测试中除了应该提供柔性器件的弯曲角度 (θ)，还应该标明弯曲半径 (R)、器件长度 (L) 参数，如果 7-12 所示，提供这三个相对独立参数可减少不同柔性器件的形状、大小等差别带来的测试误差。该文章还指出，对于全柔性的器件，还可以引入皮革行业采用的柔软度 (softness) 的测试。直接借鉴皮毛与纺织行业的柔软度测试标准 (ISO 17235) 以及测试设备，可以获得柔性储能器件的柔软度。此外，该团队指出，大部分文献报道可拉伸柔性器件时，仅提供了拉伸回复后的器件容量保持率，而忽略了拉伸对器件或者电极、集流体、电解质甚至器件的应力损伤，所以应当注明拉伸后材料或者器件的残余应力。

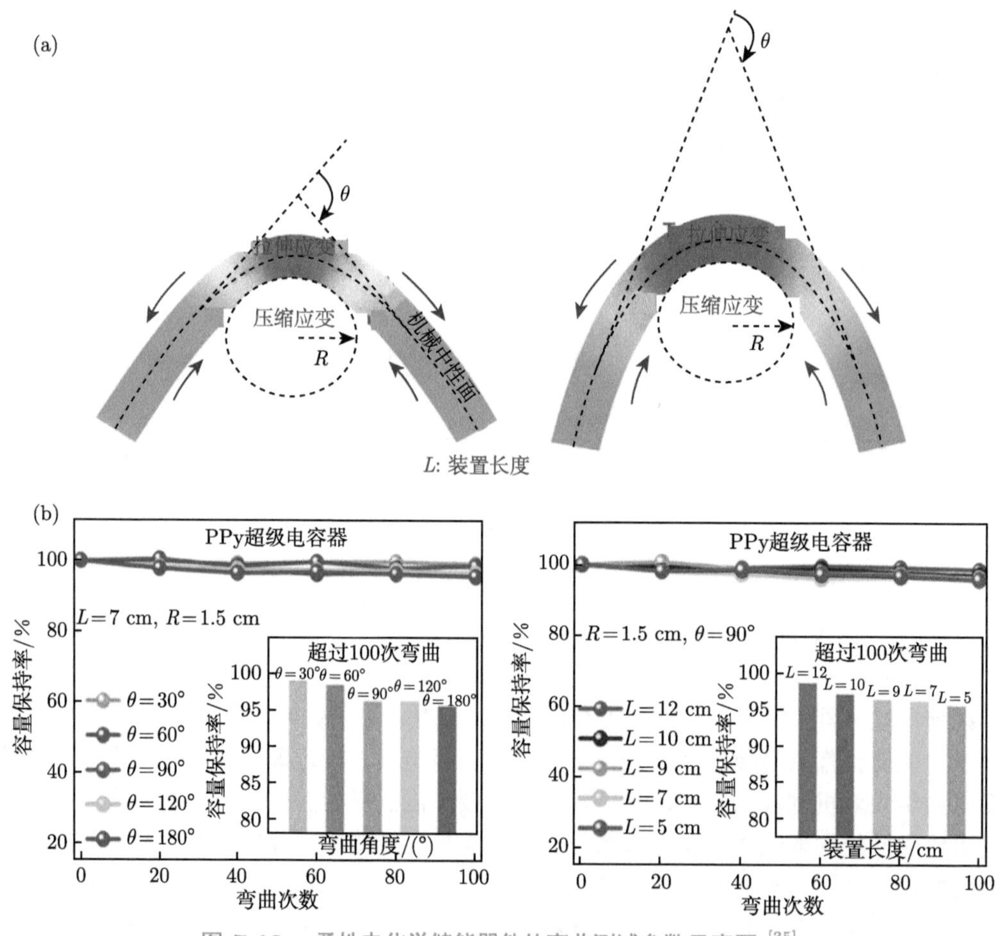

图 7-12 柔性电化学储能器件的弯曲测试参数示意图 [35]

Peng 和 Snyder 教授 [144] 指出，当玻璃、硅片、氧化铟锡 (ITO) 等脆性薄膜的厚度低到一定程度时，可以展现出柔性。因此对于柔性测试时除了要注明弯曲角度 θ 外 (图 7-13(a))，还应该标明测试样品的厚度 (h)。Chang 等 [36] 将这一认识推广到柔性储能器件领域，认为柔性器件的测试过程还应该给出器件的厚度，如图 7-13(b) 所示。

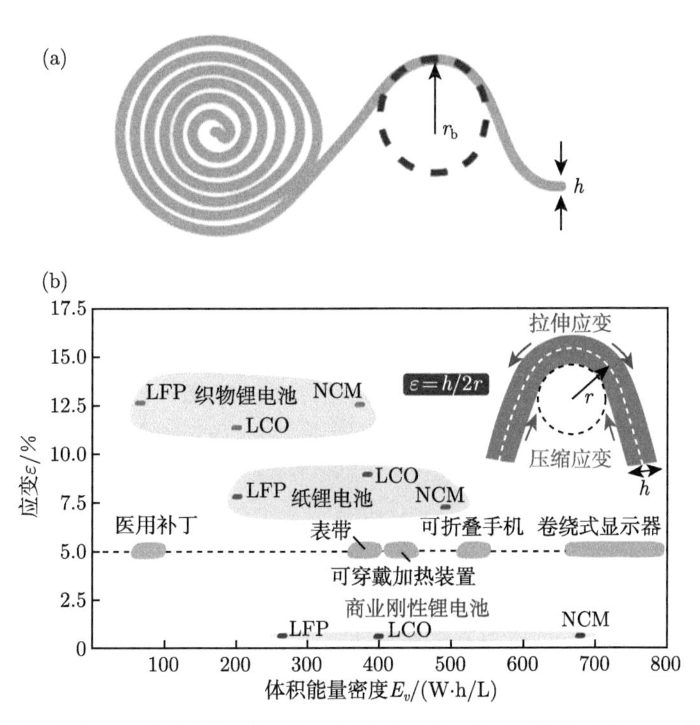

图 7-13 (a) 柔性薄膜中，当薄膜厚度远小于弯曲半径时，脆性薄膜展现出一定的柔性弯曲特性；(b) 柔性器件的厚度与柔性的关系

2019 年立项的《纳米技术 柔性储能器件弯曲测试方法》标准 [145] 中提供了柔性储能器件的弯曲性能测试方法，指出测试需注明的参数包括柔性器件的弯曲半径 (r)、弯曲角度 (θ)、弯曲次数 (n) 等，测试弯曲形变前后电化学性能 (比电容、交流阻抗、电压等) 和结构改变情况，以评估柔性电池对弯曲形变的耐受性能。根据该测试标准，柔性电容器的弯曲测试设备主要包括测试样品台、控制系统、长度测试标尺、弯曲半径模具，如图 7-14 所示，样品台夹持样品，将柔性储能器件通过夹持部位固定在样品台内；样品台可通过智能控制系统沿上下或水平方向移动，位移精度大于 0.1 mm，且移动速率可调。通过移动，柔性器件绕模具发生弯曲，通过控制弯曲高度或弯曲距离获得不同程度的弯曲形变，并设置弯曲次数使电池实现往复多次弯曲测试。采用电化学方法测试器件发生形变前后的比电容、交流阻抗、电压等电化学性能，或者原位测试弯曲过程的电化学性能的变化。

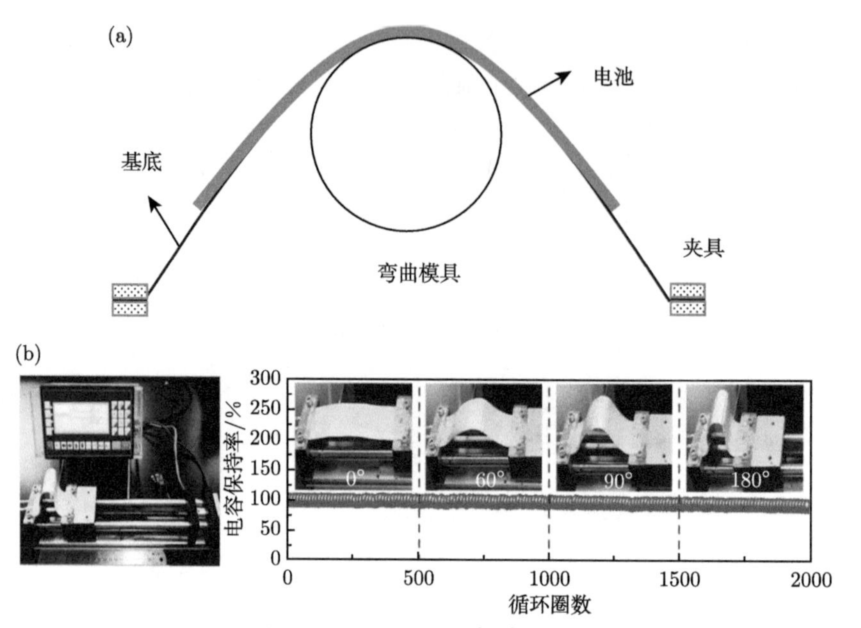

图 7-14 (a) 柔性储能器件固定在样品台的示意图 [145]；(b) 测试装置与测试过程示意图 [30]

7.5 本章结语

本章主要围绕柔性超级电容器发展历程，以锂离子电容器为重点，介绍了柔性电极的制备、柔性固态电解质现状以及柔性器件的测试表征等。其中柔性电极主要介绍了自支撑和柔性基底负载的大面积平面薄膜电极的制备和性能、叉指状平面微型电极制备方法、长纤维状电极的设计制备以及一些特殊结构的电极的设计制备，以及由电极到器件的制备方法。固态电解质则介绍了全固态电解质 (无机固态电解质、聚合物固态电解质、复合固态电解质) 以及凝胶电解质的组成、制备方法和相关性能。对于柔性测试测试，强调了柔性测试需要提供的独立测试参数，包括器件长度 L、厚度 h、弯曲角度 θ 和弯曲半径 R 等；以及介绍了具体测试标准和过程。

柔性便携化发展是未来电子产品的重要发展趋势。柔性超级电容器/锂离子电池作为柔性电子产品的供能器件，具有巨大的市场潜力。许多消费类电子产品公司都开展了柔性储能器件研发工作，并推出了概念性产品。柔性储能器件的应用领域和使用寿命取决于形变时器件性能的可靠性，因此设计开发高性能柔性超级电容器具有重要的需求和意义。从 2006 年报道的第一个超级电容器柔性电极开始，到现在已经十几年的时间，柔性超级电容器获得了广泛的研究，各种高性能柔性电极、凝胶电解质和柔性结构器件被开发出来，甚至一些新概念结构的柔性电容器，比如透明柔性电容器、微型柔性电容器、拉伸柔性电容器、多功能集成柔性电容器也相继被报道。但总体来说，柔性超级电容器仍然处于行业发展的初期阶段。器件的性能和规模化制备工艺都还不够成熟，因此仍需要在新型关键材料、器件创新设计和规模化制备方法，以及柔性器件多物理场仿真和表征方面有所突破。

1) 新型材料和电极设计

能量密度是限制超级电容器应用的关键，这同样适用于柔性固态超级电容器。开发新型高比容电极材料、采用新型电解液或者非对称混合型器件结构，是提升器件能量密度的重要途径。不同于传统器件，这些先进的电极材料还要与柔性电极设计相兼容，需要能够形成柔性电极片，因此具有更大的挑战性。通过不断开发新型电极材料，将柔性固态超级电容器的能量密度进一步提升至铅酸电池甚至高功率锂电离子电池的水平，是拓展应用的重要需求。

2) 柔性器件多物理场仿真和先进表征

对于超级电容器、锂电池等电化学储能器件，在充放电过程中伴随着器件内的电子传输 (电场)、离子扩散 (传质)、热量变化 (热场) 和电极微观结构结构或者价态的变化，这是一个多物理场协同的复杂过程，因此需要通过仿真模拟方法去精确构筑电荷传输、质量传输和演化的多物理场模型。今后更需要通过结合原位电化学技术和高分辨、宽时域先进设备表征技术，去揭示电极体相，以及电极–电解质的表/界面物理化学状态演化过程。而对于柔性电容器来说，其弯曲、拉伸、折叠等过程的器件内部力学变化明显 [146,147]，需要采用先进应力仿真技术以实现器件结构的针对性设计，因此今后开发高性能柔性固态超级电容器，还需要发展力–热–电–物质的多物理场仿真模拟和先进表征技术。

3) 器件创新设计和规模化制备

柔性可穿戴智能遍及多媒体、体育、健康检测、可植入医疗等不同行业，其几何结构、器件大小、结构体积各异，因此对柔性储能器件的需求也是不同的。因此需要不断开发一些新形状、多功能的柔性储能器件与之相匹配，以满足不同应用场景的使用需求。从内部结构来说，需要通过内部结构的优化设计，比如一体化结构、三维结构器件来优化电子/离子传输，降低界面和体相的电阻，提升器件的电荷存储性能 [148−150]。此外，当前文献报道的柔性固态电容器大部分是正、负两片电极的器件，而从实用化角度来看，需要开发商业化器件达几十片电极的堆叠结构，这将导致器件厚度增加，为器件柔性带来重要挑战。进一步地，除了器件性能外，还需要开发规模化制备柔性器件的方法，这对于柔性固态电容器的商业化也是至关重要的。

参 考 文 献

[1] Cima M J. Next-generation wearable electronics. Nature Biotechnology, 2014, 32(7): 642-643.

[2] Seshadri D R, Drummond C, Craker J, et al. Wearable devices for sports. IEEE Pulse, 2017, 8(1): 38-43.

[3] Schmidt P, Reiss A, Durichen R, et al. Wearable-based affect recognition—A review. Sensors, 2019, 19(19): 4079.

[4] Jansen C P, Gordt-Oesterwind K, Schwenk M. Wearable motion sensors in older adults: On the cutting edge of health and mobility research. Sensors, 2022, 22(3): 973.

[5] Park S, Jayaraman S. Smart textiles: Wearable electronic systems. MRS Bulletin, 2003, 28(8): 585-591.

[6] Wu Y Y, Mechael S S, Carmichael T B. Wearable e-textiles using a textile-centric design approach. Accounts of Chemical Research, 2021, 54(21): 4051-4064.

[7] Armand M, Tarascon J M. Building better batteries. Nature, 2008, 451(7179): 652-657.
[8] Simon P, Gogotsi Y. Materials for electrochemical capacitors. Nature Materials, 2008, 7(11): 845-854.
[9] Tarascon J M, Armand M. Issues and challenges facing rechargeable lithium batteries. Nature, 2001, 414(6861): 359-367.
[10] Yang Q, Chen A, Li C, et al. Categorizing wearable batteries: Unidirectional and omnidirectional deformable batteries. Matter, 2021, 4(10): 3146-3160.
[11] Kotz R, Carlen M. Principles and applications of electrochemical capacitors. Electrochimica Acta, 2000, 45(15-16): 2483-2498.
[12] Wang Y G, Song Y F, Xia Y Y. Electrochemical capacitors: Mechanism, materials, systems, characterization and applications. Chemical Society Reviews, 2016, 45(21): 5925-5950.
[13] Aravindan V, Gnanaraj J, Lee Y S, et al. Insertion-type electrodes for nonaqueous Li-ion capacitors. Chemical Reviews, 2014, 114(23): 11619-11635.
[14] Choudhary N, Li C, Moore J, et al. Asymmetric supercapacitor electrodes and devices. Advanced Materials, 2017, 29(21): 1605336.
[15] Du Pasquier A, Plitz I, Menocal S, et al. A comparative study of Li-ion battery, supercapacitor and nonaqueous asymmetric hybrid devices for automotive applications. Journal of Power Sources, 2003, 115(1): 171-178.
[16] Du Pasquier A, Plitz I, Gural J, et al. Power-ion battery: Bridging the gap between Li-ion and supercapacitor chemistries. Journal of Power Sources, 2004, 136(1): 160-170.
[17] Zheng J P. Theoretical energy density for electrochemical capacitors with intercalation electrodes. Journal of the Electrochemical Society, 2005, 152(9): A1864-A1869.
[18] Naoi K, Ishimoto S, Isobe Y, et al. High-rate nano-crystalline $Li_4Ti_5O_{12}$ attached on carbon nano-fibers for hybrid supercapacitors. Journal of Power Sources, 2010, 195(18): 6250-6254.
[19] Liang J, Li F, Cheng H M. Flexible supercapacitors: Tuning with dimensions. Energy Storage Materials, 2016, 5: A1-A3.
[20] Shown I, Ganguly A, Chen L C, et al. Conducting polymer-based flexible supercapacitor. Energy Science & Engineering, 2015, 3(1): 2-26.
[21] Liu W, Song M S, Kong B, et al. Flexible and stretchable energy storage: Recent advances and future perspectives. Advanced Materials, 2017, 29(1): 1603436.
[22] Zhang Y Z, Wang Y, Cheng T, et al. Flexible supercapacitors based on paper substrates: A new paradigm for low-cost energy storage. Chemical Society Reviews, 2015, 44(15): 5181-5199.
[23] Lu X H, Yu M H, Wang G M, et al. Flexible solid-state supercapacitors: Design, fabrication and applications. Energy & Environmental Science, 2014, 7(7): 2160-2181.
[24] Dubal D P, Chodankar N R, Kim D H, et al. Towards flexible solid-state supercapacitors for smart and wearable electronics. Chemical Society Reviews, 2018, 47(6): 2065-2129.
[25] Peng X, Peng L L, Wu C Z, et al. Two dimensional nanomaterials for flexible supercapacitors. Chemical Society Reviews, 2014, 43(10): 3303-3323.
[26] Shao Y L, El-Kady M F, Wang L J, et al. Graphene-based materials for flexible supercapacitors. Chemical Society Reviews, 2015, 44(11): 3639-3665.
[27] Wang K, Zhao P, Zhou X M, et al. Flexible supercapacitors based on cloth-supported electrodes of conducting polymer nanowire array/SWCNT composites. Journal of Materials Chemistry, 2011, 21(41): 16373-16378.
[28] Wang K, Zou W J, Quan B G, et al. An all-solid-state flexible micro-supercapacitor on a chip.

Advanced Energy Materials, 2011, 1(6): 1068-1072.
[29] Wang K, Meng Q H, Zhang Y J, et al. High-performance two-ply yarn supercapacitors based on carbon nanotubes and polyaniline nanowire arrays. Advanced Materials, 2013, 25(10): 1494-1498.
[30] Xu Y N, Wang K, Han J W, et al. Scalable production of wearable solid-state Li-ion capacitors from N-doped hierarchical carbon. Advanced Materials, 2020, 32(45): 2005531.
[31] Wang K, Zhang X, Li C, et al. Chemically crosslinked hydrogel film leads to integrated flexible supercapacitors with superior performance. Advanced Materials, 2015, 27(45): 7451-7457.
[32] Wang K, Wu H P, Meng Y N, et al. Integrated energy storage and electrochromic function in one flexible device: An energy storage smart window. Energy & Environmental Science, 2012, 5(8): 8384-8389.
[33] Amaral M M, Venancio R, Peterlevitz A C, et al. Recent advances on quasi-solid-state electrolytes for supercapacitors. Journal of Energy Chemistry, 2022, 67: 697-717.
[34] Cheng T, Zhang Y Z, Wang S, et al. Conductive hydrogel-based electrodes and electrolytes for stretchable and self-healable supercapacitors. Advanced Functional Materials, 2021, 31(24): 2101303.
[35] Li H F, Tang Z J, Liu Z X, et al. Evaluating flexibility and wearability of flexible energy storage devices. Joule, 2019, 3(3): 613-619.
[36] Chang J, Huang Q Y, Zheng Z J. A figure of merit for flexible batteries. Joule, 2020, 4(7): 1346-1349.
[37] Li B, Zheng J S, Zhang H Y, et al. Electrode materials, electrolytes, and challenges in nonaqueous llithium-ion capacitors. Advanced Materials, 2018, 30(17): 1705670.
[38] Wang H W, Zhu C R, Chao D L, et al. Nonaqueous hybrid lithium-ion and sodium-ion capacitors. Advanced Materials, 2017, 29(46): 1702093.
[39] Jagadale A, Zhou X, Xiong R, et al. Lithium ion capacitors (LICs): Development of the materials. Energy Storage Materials, 2019, 19: 314-329.
[40] Zhang H, Cao G P, Yang Y S. Carbon nanotube arrays and their composites for electrochemical capacitors and lithium-ion batteries. Energy & Environmental Science, 2009, 2(9): 932-943.
[41] Sugimoto W, Yokoshima K, Ohuchi K, et al. Fabrication of thin-film, flexible, and transparent electrodes composed of ruthenic acid nanosheets by electrophoretic deposition and application to electrochemical capacitors. Journal of the Electrochemical Society, 2006, 153(2): A255-A260.
[42] Hu L B, Choi J W, Yang Y, et al. Highly conductive paper for energy-storage devices. Proceedings of the National Academy of Sciences of the United States of America, 2009, 106(51): 21490-21494.
[43] Hu L B, Pasta M, La Mantia F, et al. Stretchable, porous, and conductive energy textiles. Nano Letters, 2010, 10(2): 708-714.
[44] Pasta M, La Mantia F, Hu L B, et al. Aqueous supercapacitors on conductive cotton. Nano Research, 2010, 3(6): 452-458.
[45] Yu G H, Hu L B, Vosgueritchian M, et al. Solution-processed graphene/MnO_2 nanostructured textiles for high-performance electrochemical capacitors. Nano Letters, 2011, 11(7): 2905-2911.
[46] Pushparaj V L, Shaijumon M M, Kumar A, et al. Flexible energy storage devices based on nanocomposite paper. Proceedings of the National Academy of Sciences of the United States of America, 2007, 104(34): 13574-13577.
[47] Wang D, Song P C, Liu C H, et al. Highly oriented carbon nanotube papers made of aligned carbon nanotubes. Nanotechnology, 2008, 19(7): 075609.
[48] Meng C Z, Liu C H, Chen L Z, et al. Highly flexible and all-solid-state paper like polymer

supercapacitors. Nano Letters, 2010, 10(10): 4025-4031.
[49] Meng C Z, Liu C H, Fan S S. Flexible carbon nanotube/polyaniline paper-like films and their enhanced electrochemical properties. Electrochemistry Communications, 2009, 11(1): 186-189.
[50] Wang D W, Li F, Zhao J P, et al. Fabrication of graphene/polyaniline composite paper *via in situ* anodic electropolymerization for high-performance flexible electrode. ACS Nano, 2009, 3(7): 1745-1752.
[51] Meng Y N, Wang K, Zhang Y J, et al. Hierarchical porous graphene/polyaniline composite film with superior rate performance for flexible supercapacitors. Advanced Materials, 2013, 25(48): 6985-6990.
[52] Xue Q, Sun J, Huang Y, et al. Recent progress on flexible and wearable supercapacitors. Small, 2017, 13(45): 1701827.
[53] Ling Z, Ren C E, Zhao M Q, et al. Flexible and conductive MXene films and nanocomposites with high capacitance. Proceedings of the National Academy of Sciences of the United States of America, 2014, 111(47): 16676-16681.
[54] Deng B H, Lei T Y, Zhu W H, et al. In-plane assembled orthorhombic Nb_2O_5 nanorod films with high-rate Li^+ intercalation for high-performance flexible Li-ion capacitors. Advanced Functional Materials, 2018, 28(1): 1704330.
[55] Liang T, Wang H W, Xu D M, et al. High-energy flexible quasi-solid-state lithium-ion capacitors enabled by a freestanding rGO-encapsulated Fe_3O_4 nanocube anode and a holey rGO film cathode. Nanoscale, 2018, 10(37): 17814-17823.
[56] Li C, Cong S, Tian Z N, et al. Flexible perovskite solar cell-driven photo-rechargeable lithium-ion capacitor for self-powered wearable strain sensors. Nano Energy, 2019, 60: 247-256.
[57] Sung J H, Kim S J, Lee K H. Fabrication of microcapacitors using conducting polymer microelectrodes. Journal of Power Sources, 2003, 124(1): 343-350.
[58] Chmiola J, Largeot C, Taberna P L, et al. Monolithic carbide-derived carbon films for micro-supercapacitors. Science, 2010, 328(5977): 480-483.
[59] Sung J H, Kim S J, Jeong S H, et al. Flexible micro-supercapacitors. Journal of Power Sources, 2006, 162(2): 1467-1470.
[60] Pech D, Brunet M, Dinh T M, et al. Influence of the configuration in planar interdigitated electrochemical micro-capacitors. Journal of Power Sources, 2013, 230: 230-235.
[61] Zheng S H, Ma J M, Wu Z S, et al. All-solid-state flexible planar lithium ion micro-capacitors. Energy & Environmental Science, 2018, 11(8): 2001-2009.
[62] Zhang M X, Bai R J, King S, et al. Dual active and kinetically inter-promoting Li_3VO_4/graphene anode enabling printable high energy density lithium ion micro capacitors. Energy Storage Materials, 2021, 43: 482-491.
[63] Bae J, Song M K, Park Y J, et al. Fiber supercapacitors made of nanowire-fiber hybrid structures for wearable/flexible energy storage. Angewandte Chemie International Edition, 2011, 50(7): 1683-1687.
[64] Yu D S, Qian Q H, Wei L, et al. Emergence of fiber supercapacitors. Chemical Society Reviews, 2015, 44(3): 647-662.
[65] Yang Z B, Deng J, Chen X L, et al. A highly stretchable, fiber-shaped supercapacitor. Angewandte Chemie International Edition, 2013, 52(50): 13453-13457.
[66] Cheng H H, Dong Z L, Hu C G, et al. Textile electrodes woven by carbon nanotube-graphene hybrid fibers for flexible electrochemical capacitors. Nanoscale, 2013, 5(8): 3428-3434.

[67] Jiang K L, Li Q Q, Fan S S. Nanotechnology: Spinning continuous carbon nanotube yarns-carbon nanotubes weave their way into a range of imaginative macroscopic applications. Nature, 2002, 419(6909): 801-801.

[68] Zhang M, Atkinson K R, Baughman R H. Multifunctional carbon nanotube yarns by downsizing an ancient technology. Science, 2004, 306(5700): 1358-1361.

[69] Ma W J, Liu L Q, Yang R, et al. Monitoring a micromechanical process in macroscale carbon nanotube films and fibers. Advanced Materials, 2009, 21(5): 603-608.

[70] Vigolo B, Penicaud A, Coulon C, et al. Macroscopic fibers and ribbons of oriented carbon nanotubes. Science, 2000, 290(5495): 1331-1334.

[71] Behabtu N, Young C C, Tsentalovich D E, et al. Strong, light, multifunctional fibers of carbon nanotubes with ultrahigh conductivity. Science, 2013, 339(6116): 182-186.

[72] Ren J, Bai W Y, Guan G Z, et al. Flexible and weaveable capacitor wire based on a carbon nanocomposite fiber. Advanced Materials, 2013, 25(41): 5965-5970.

[73] Meng Q H, Wu H P, Meng Y N, et al. High-performance all-carbon yarn micro-supercapacitor for an integrated energy system. Advanced Materials, 2014, 26(24): 4100-4106.

[74] Ren J, Li L, Chen C, et al. Twisting carbon nanotube fibers for both wire-shaped micro-supercapacitor and micro-battery. Advanced Materials, 2013, 25(8): 1155-1159.

[75] Su F H, Lv X M, Miao M H. High-performance two-ply yarn supercapacitors based on carbon nanotube yarns dotted with Co_3O_4 and NiO nanoparticles. Small, 2015, 11(7): 854-861.

[76] Choi C, Sim H J, Spinks G M, et al. Elastomeric and dynamic MnO_2/CNT core-shell structure coiled yarn supercapacitor. Advanced Energy Materials, 2016, 6(5): 1502119.

[77] Xu Z, Gao C. Graphene chiral liquid crystals and macroscopic assembled fibres. Nature Communications, 2011, 2: 571.

[78] Meng Y N, Zhao Y, Hu C G, et al. All-graphene core-sheath microfibers for all-solid-state, stretchable fibriform supercapacitors and wearable electronic textiles. Advanced Materials, 2013, 25(16): 2326-2331.

[79] Kou L, Huang T Q, Zheng B N, et al. Coaxial wet-spun yarn supercapacitors for high-energy density and safe wearable electronics. Nature Communications, 2014, 5: 3754.

[80] Li B, Cheng J L, Wang Z P, et al. Highly-wrinkled reduced graphene oxide-conductive polymer fibers for flexible fiber-shaped and interdigital-designed supercapacitors. Journal of Power Sources, 2018, 376: 117-124.

[81] Yu Z A, Thomas J. Energy storing electrical cables: Integrating energy storage and electrical conduction. Advanced Materials, 2014, 26(25): 4279-4285.

[82] Li Y R, Sheng K X, Yuan W J, et al. A high-performance flexible fibre-shaped electrochemical capacitor based on electrochemically reduced graphene oxide. Chemical Communications, 2013, 49(3): 291-293.

[83] Fu Y P, Cai X, Wu H W, et al. Fiber supercapacitors utilizing pen ink for flexible/wearable energy storage. Advanced Materials, 2012, 24(42): 5713-5718.

[84] Lee J A, Shin M K, Kim S H, et al. Ultrafast charge and discharge biscrolled yarn supercapacitors for textiles and microdevices. Nature Communications, 2013, 4: 8.

[85] Xu P, Gu T L, Cao Z Y, et al. Carbon nanotube fiber based stretchable wire-shaped supercapacitors. Advanced Energy Materials, 2014, 4(3): 1300759.

[86] Chen X L, Qiu L B, Ren J, et al. Novel electric double-layer capacitor with a coaxial fiber structure. Advanced Materials, 2013, 25(44): 6436-6441.

[87] Yu D S, Goh K, Wang H, et al. Scalable synthesis of hierarchically structured carbon nanotube-graphene fibres for capacitive energy storage. Nature Nanotechnology, 2014, 9(7): 555-562.

[88] Ding X T, Zhao Y, Hu C G, et al. Spinning fabrication of graphene/polypyrrole composite fibers for all-solid-state, flexible fibriform supercapacitors. Journal of Materials Chemistry A, 2014, 2(31): 12355-12360.

[89] Xiao X, Li T Q, Yang P H, et al. Fiber-based all-solid-state flexible supercapacitors for self-powered systems. ACS Nano, 2012, 6(10): 9200-9206.

[90] Tao J Y, Liu N S, Ma W Z, et al. Solid-state high performance flexible supercapacitors based on polypyrrole-MnO_2-carbon fiber hybrid structure. Scientific Reports, 2013, 3: 2286.

[91] Chen Q, Meng Y N, Hu C G, et al. MnO_2-modified hierarchical graphene fiber electrochemical supercapacitor. Journal of Power Sources, 2014, 247: 32-39.

[92] Liu B, Tan D S, Wang X F, et al. Flexible, planar-integrated, all-solid-state fiber supercapacitors with an enhanced distributed-capacitance effect. Small, 2013, 9(11): 1998-2004.

[93] Le V T, Kim H, Ghosh A, et al. Coaxial fiber supercapacitor using all-carbon material electrodes. ACS Nano, 2013, 7(7): 5940-5947.

[94] Kaempgen M, Duesberg G S, Roth S. Transparent carbon nanotube coatings. Applied Surface Science, 2005, 252(2): 425-429.

[95] Chen P C, Shen G, Sukcharoenchoke S, et al. Flexible and transparent supercapacitor based on In_2O_3 nanowire/carbon nanotube heterogeneous films. Applied Physics Letters, 2009, 94(4): 043113.

[96] Fan X L, Chen T, Dai L M. Graphene networks for high-performance flexible and transparent supercapacitors. RSC Advances, 2014, 4(70): 36996-37002.

[97] Yu C J, Masarapu C, Rong J P, et al. Stretchable supercapacitors based on buckled single-walled carbon nanotube macrofilms. Advanced Materials, 2009, 21(47): 4793-4797.

[98] Niu Z Q, Chen J, Hng H H, et al. A leavening strategy to prepare reduced graphene oxide foams. Advanced Materials, 2012, 24(30): 4144-4150.

[99] Lee Y H, Kim Y, Lee T I, et al. Anomalous stretchable conductivity using an engineered tricot weave. ACS Nano, 2015, 9(12): 12214-12223.

[100] Wang H, Zhu B W, Jiang W C, et al. A mechanically and electrically self-healing supercapacitor. Advanced Materials, 2014, 26(22): 3638-3643.

[101] Huang Y, Zhong M, Zhu M S, et al. A self-healable and highly stretchable supercapacitor based on a dual crosslinked polyelectrolyte. Nature Communications, 2015, 6: 10310.

[102] Han P X, Ma W, Pang S P, et al. Graphene decorated with molybdenum dioxide nanoparticles for use in high energy lithium ion capacitors with an organic electrolyte. Journal of Materials Chemistry A, 2013, 1(19): 5949-5954.

[103] Manthiram A, Yu X W, Wang S F. Lithium battery chemistries enabled by solid-state electrolytes. Nature Reviews Materials, 2017, 2(4): 16103.

[104] Quartarone E, Mustarelli P. Electrolytes for solid-state lithium rechargeable batteries: Recent advances and perspectives. Chemical Society Reviews, 2011, 40(5): 2525-2540.

[105] Zheng F, Kotobuki M, Song S F, et al. Review on solid electrolytes for all-solid-state lithium-ion batteries. Journal of Power Sources, 2018, 389: 198-213.

[106] Yue L P, Ma J, Zhang J J, et al. All solid-state polymer electrolytes for high-performance lithium ion batteries. Energy Storage Materials, 2016, 5: 139-164.

[107] Chen R J, Qu W J, Guo X, et al. The pursuit of solid-state electrolytes for lithium batteries:

From comprehensive insight to emerging horizons. Materials Horizons, 2016, 3(6): 487-516.
[108] Zhao Q, Stalin S, Zhao C Z, et al. Designing solid-state electrolytes for safe, energy-dense batteries. Nature Reviews Materials, 2020, 5(3): 229-252.
[109] Agrawal R C, Pandey G P. Solid polymer electrolytes: Materials designing and all-solid-state battery applications: an overview. Journal of Physics D-Applied Physics, 2008, 41(22): 223001.
[110] Zhou W D, Wang Z X, Pu Y, et al. Double-layer polymer electrolyte for high-voltage all-solid-state rechargeable batteries. Advanced Materials, 2019, 31(4): 1805574.
[111] Zhu X Q, Wang K, Xu Y N, et al. Strategies to boost ionic conductivity and interface compatibility of inorganic-organic solid composite electrolytes. Energy Storage Materials, 2021, 36: 291-308.
[112] Kharton V V, Marques F M B, Atkinson A. Transport properties of solid oxide electrolyte ceramics: A brief review. Solid State Ionics, 2004, 174(1-4): 135-149.
[113] Thangadurai V, Narayanan S, Pinzaru D. Garnet-type solid-state fast Li ion conductors for Li batteries: Critical review. Chemical Society Reviews, 2014, 43(13): 4714-4727.
[114] Murugan R, Thangadurai V, Weppner W. Fast lithium ion conduction in garnet-type $Li_7La_3Zr_2O_{12}$. Angewandte Chemie International Edition, 2007, 46(41): 7778-7781.
[115] Knauth P. Inorganic solid Li ion conductors: An overview. Solid State Ionics, 2009, 180(14-16): 911-916.
[116] Cao C, Li Z B, Wang X L, et al. Recent advances in inorganic solid electrolytes for lithium batteries. Frontiers in Energy Research, 2014, 2: 25.
[117] Jones S D, Akridge J R, Shokoohi F K. Thin-film rechargeable Li batteries. Solid State Ionics, 1994, 69(3-4): 357-368.
[118] Takada K, Kondo S. Lithium ion conductive glass and its application to solid state batteries. Ionics, 1998, 4(1-2): 42-47.
[119] Kato Y, Hori S, Saito T, et al. High-power all-solid-state batteries using sulfide superionic conductors. Nature Energy, 2016, 1: 7.
[120] Kanno R, Maruyama M. Lithium ionic conductor thio-LISICON-the Li_2S-GeS_2-P_2S_5 system. Journal of the Electrochemical Society, 2001, 148(7): A742-A746.
[121] Seino Y, Ota T, Takada K, et al. A sulphide lithium super ion conductor is superior to liquid ion conductors for use in rechargeable batteries. Energy & Environmental Science, 2014, 7(2): 627-631.
[122] Han F D, Zhu Y Z, He X F, et al. Electrochemical stability of $Li_{10}GeP_2S_{12}$ and $Li_7La_3Zr_2O_{12}$ solid electrolytes. Advanced Energy Materials, 2016, 6(8): 1501590.
[123] Kamaya N, Homma K, Yamakawa Y, et al. A lithium superionic conductor. Nature Materials, 2011, 10(9): 682-686.
[124] Kato Y, Hori S, Kanno R. $Li_{10}GeP_2S_{12}$-type superionic conductors: synthesis, structure, and ionic transportation. Advanced Energy Materials, 2020, 10(42): 2002153.
[125] Croce F, Appetecchi G B, Persi L, et al. Nanocomposite polymer electrolytes for lithium batteries. Nature, 1998, 394(6692): 456-458.
[126] Stephan A M, Nahm K S. Review on composite polymer electrolytes for lithium batteries. Polymer, 2006, 47(16): 5952-5964.
[127] Song J Y, Wang Y Y, Wan C C. Review of gel-type polymer electrolytes for lithium-ion batteries. Journal of Power Sources, 1999, 77(2): 183-197.
[128] Wang Z F, Li H F, Tang Z J, et al. Hydrogel electrolytes for flexible aqueous energy storage devices. Advanced Functional Materials, 2018, 28(48): 1804560.

[129] Stephan A M. Review on gel polymer electrolytes for lithium batteries. European Polymer Journal, 2006, 42(1): 21-42.

[130] Ahmed E M. Hydrogel: Preparation, characterization, and applications: A review. Journal of Advanced Research, 2015, 6(2): 105-121.

[131] Choudhury N A, Sampath S, Shukla A K. Hydrogel-polymer electrolytes for electrochemical capacitors: An overview. Energy & Environmental Science, 2009, 2(1): 55-67.

[132] Huang Y, Zhong M, Shi F K, et al. An intrinsically stretchable and compressible supercapacitor containing a polyacrylamide hydrogel electrolyte. Angewandte Chemie International Edition, 2017, 56(31): 9141-9145.

[133] Wang Z K, Tao F, Pan Q M. A self-healable polyvinyl alcohol-based hydrogel electrolyte for smart electrochemical capacitors. Journal of Materials Chemistry A, 2016, 4(45): 17732-17739.

[134] Chen Q, Lu H, Chen F, et al. Supramolecular hydrogels for high-voltage and neutral-pH flexible supercapacitors. ACS Applied Energy Materials, 2018, 1(8): 4261-4268.

[135] Wang Y K, Chen F, Liu Z X, et al. A highly elastic and reversibly stretchable all-polymer supercapacitor. Angewandte Chemie International Edition, 2019, 58(44): 15707-15711.

[136] Welton T. Room-temperature ionic liquids. Solvents for synthesis and catalysis. Chemical Reviews, 1999, 99(8): 2071-2083.

[137] Plechkova N V, Seddon K R. Applications of ionic liquids in the chemical industry. Chemical Society Reviews, 2008, 37(1): 123-150.

[138] Armand M, Endres F, MacFarlane D R, et al. Ionic-liquid materials for the electrochemical challenges of the future. Nature Materials, 2009, 8(8): 621-629.

[139] Susan M A, Kaneko T, Noda A, et al. Ion gels prepared by in situ radical polymerization of vinyl monomers in an ionic liquid and their characterization as polymer electrolytes. Journal of the American Chemical Society, 2005, 127(13): 4976-4983.

[140] Fuller J, Breda A C, Carlin R T. Ionic liquid-polymer gel electrolytes. Journal of the Electrochemical Society, 1997, 144(4): L67-L70.

[141] Feng L X, Wang K, Zhang X, et al. Flexible solid-state supercapacitors with enhanced performance from hierarchically graphene nanocomposite electrodes and ionic liquid incorporated gel polymer electrolyte. Advanced Functional Materials, 2018, 28(4): 1704463.

[142] Liu W H, Wang K, Li C, et al. Boosting solid- state flexible supercapacitors by employing tailored hierarchical carbon electrodes and a high- voltage organic gel electrolyte. Journal of Materials Chemistry A, 2018, 6(48): 24979-24987.

[143] Zhou F, Huang H B, Xiao C H, et al. Electrochemically scalable production of fluorine-modified graphene for flexible and high-energy ionogel-based microsupercapacitors. Journal of the American Chemical Society, 2018, 140(26): 8198-8205.

[144] Peng J, Snyder G J. A figure of merit for flexibility. Science, 2019, 366(6466): 690-691.

[145] 毛立娟, 魏志祥, 吴海平, 等. 纳米技术 柔性纳米储能器件弯曲测试方法. 北京: 国家纳米科学中心, 2019.

[146] Suo Z, Ma E Y, Gleskova H, et al. Mechanics of rollable and foldable film-on-foil electronics. Applied Physics Letters, 1999, 74(8): 1177-1179.

[147] Kim D H, Ahn J H, Choi W M, et al. Stretchable and foldable silicon integrated circuits. Science, 2008, 320(5875): 507-511.

[148] Lukatskaya M R, Dunn B, Gogotsi Y. Multidimensional materials and device architectures for future hybrid energy storage. Nature Communications, 2016, 7: 12647.

[149] Cheng M, Deivanayagam R, Shahbazian-Yassar R. 3D printing of electrochemical energy storage devices: A review of printing techniques and electrode/electrolyte architectures. Batteries & Supercaps, 2020, 3(2): 130-146.
[150] Zhang X Y, Jiang C Z, Liang J, et al. Electrode materials and device architecture strategies for flexible supercapacitors in wearable energy storage. Journal of Materials Chemistry A, 2021, 9(13): 8099-8128.

第 8 章 锂离子电容器表征和测试技术

8.1 概述

锂离子电容器是由正负极材料、电解液、隔膜和集流体等多个部分组成的，每个部分对器件的综合性能都有复杂的影响，而高性能锂离子电容器的开发更需要探索有前景的电极材料并深入了解这些组成部分背后的基础科学，例如发生的电化学反应类型、电极与电解质之间相互作用以及每个组件的老化机制等。锂离子电容器是一个复杂的系统，在反应过程中涉及各个成分之间的相互作用和多个并发反应。因此，表征电极材料的化学成分、形貌、晶体结构和电子结构，特别是在器件运行期间监测这些属性的演变需要大量的实验方法和测试技术，这是开发高性能电极材料以及储能器件必不可少的。图 8-1 总结了锂离子

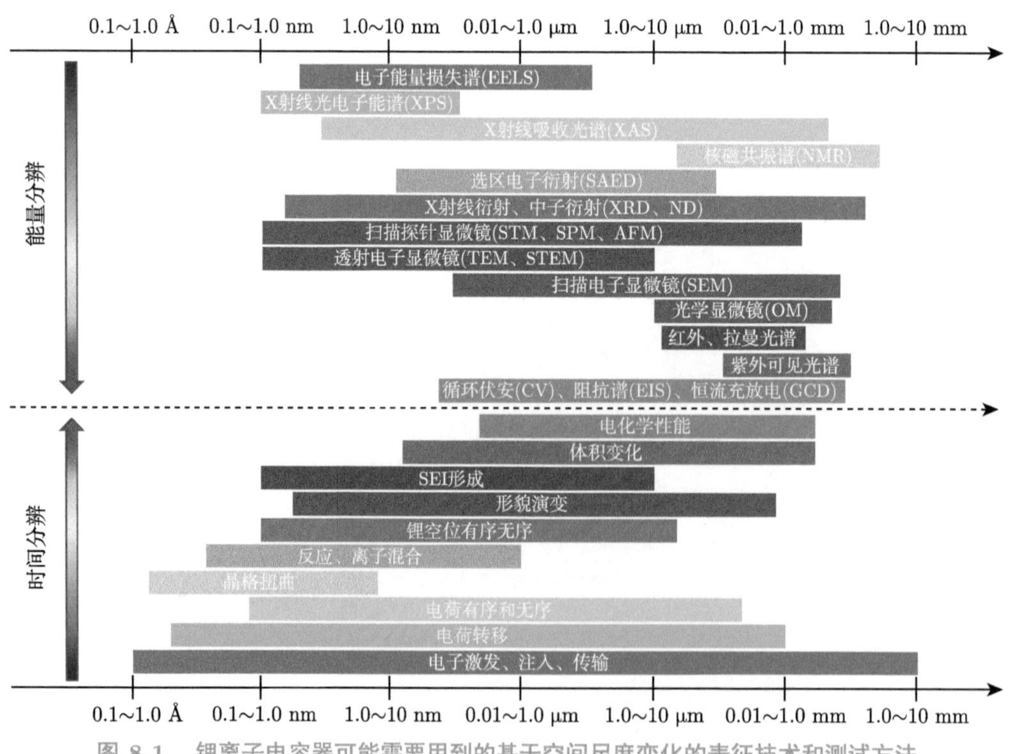

图 8-1　锂离子电容器可能需要用到的基于空间尺度变化的表征技术和测试方法

电容器可能需要用到的基于空间尺度变化的表征技术和方法。此外，容量、能量/功率密度、循环寿命等是评价电极材料或锂离子电容器电化学性能的重要参数，而获取这些重要性能参数也需要精确的电化学测量方法。因此，本章将主要介绍锂离子电容器比较常用的表征和测试技术，包括光谱表征技术、电镜表征技术、电化学测试技术等，首先简要介绍这些表征技术的基本工作原理，然后结合典型的应用实例讨论这些表征技术在锂离子电容器领域中的应用价值。

8.2 光谱表征技术

8.2.1 X 射线衍射

1912 年，德国物理学家劳厄首先发现了晶体对 X 射线的衍射现象，X 射线的波长和晶体内部原子面之间的间距相近，晶体可以作为 X 射线的空间衍射光栅。其基本原理如下：当一束单色 X 射线入射到晶体时，由于晶体是由原子规则排列成的晶胞组成的，这些规则排列的原子间距离与入射 X 射线波长有相同数量级，故由不同原子散射的 X 射线相互干涉，在某些特殊方向上产生强 X 射线衍射花样，衍射线在空间分布的方位和强度，与晶体结构密切相关。衍射花样中衍射线的分布规律是由晶胞的大小、形状和位向决定。衍射线的强度是由原子的种类和它们在晶胞中的位置决定的。

1913 年，英国物理学家布拉格父子在劳厄发现的基础，不仅成功地测定了 NaCl、KCl 等的晶体结构，并提出了作为晶体衍射基础的著名公式——布拉格方程：

$$2d\sin\theta = n\lambda \tag{8.1}$$

式中，d 为晶面间距；n 为反射级数；θ 为掠射角；λ 为 X 射线的波长。布拉格方程所反映的是衍射线方向与晶体结构之间的关系，其衍射示意图如图 8-2 所示。对于某一特定晶体而言，只有满足布拉格方程的入射线角度才能够产生干涉增强，才会表现出衍射条纹。

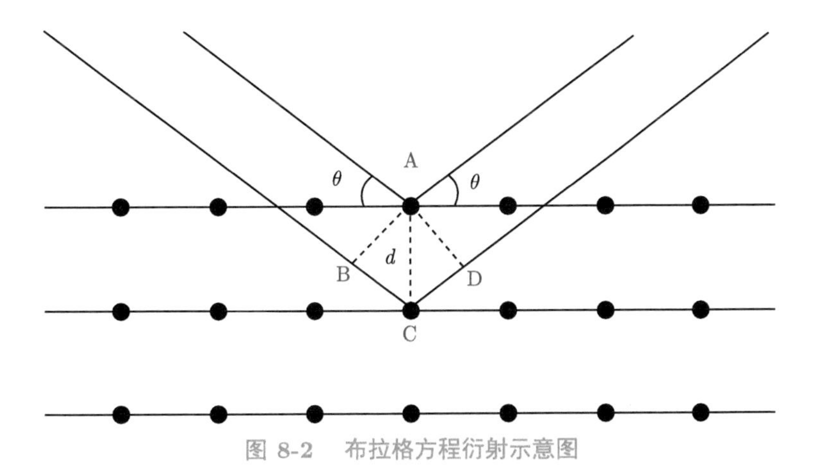

图 8-2 布拉格方程衍射示意图

X 射线的衍射谱带的宽化程度和晶粒的尺寸有关。当 X 射线入射到小尺寸晶体时，其衍射线条将变得弥散而宽化，晶体的晶粒越小，X 射线衍射带的宽化程度越大。根据半峰宽，结合谢乐 (Sherrer) 公式 (8.2)，就能够获得晶粒尺寸：

$$D_{hkl} = \frac{k\lambda}{\beta_{hkl}\cos\theta} \tag{8.2}$$

式中，D_{hkl} 为垂直于反射面 (hkl) 的晶粒平均尺度；β_{hkl} 为衍射线的半高宽；λ 为波长；θ 为衍射角；k 为常数。这就是著名的谢乐公式，其适用范围为：3~200 nm。

X 射线衍射 (XRD) 技术已经成为最基本、最重要的一种结构测试手段，其主要应用主要有以下几个方面。

1) 物相分析

每种晶体内部的原子排列方式是唯一的，因此对应的衍射花样也是唯一的，类似于人的指纹，因此 X 射线衍射可以进行物相分析，包括定性分析和定量分析。前者把对材料测得的点阵平面间距及衍射强度与标准物相的衍射数据相比较，确定材料中存在的物相；后者则根据衍射花样的强度，确定材料中各相的含量。在研究性能和各相含量的关系，检查材料的成分配比及随后的处理过程是否合理等方面都得到了广泛应用。

2) 结晶度的测定

结晶度定义为结晶部分质量与总的试样质量之比的百分数。对于非晶态材料而言，如碳材料等，结晶度直接影响材料的性能，因此结晶度的测定比较重要。测定结晶度的方法很多，但不论哪种方法都是根据结晶相的衍射图谱面积与非晶相图谱面积决定的。

3) 纳米材料粒径的测定

纳米材料的颗粒度与其性能密切相关。纳米材料由于颗粒细小，极易形成团粒，采用常规的粒度分析仪往往会给出错误的数据。采用 X 射线衍射线宽法 (谢乐公式) 可以测定纳米粒子的平均粒径。

4) 晶体取向及织构的测定

晶体取向的测定又称为单晶定向，就是找出晶体样品中晶体学取向与样品外坐标系的位向关系。X 射线衍射法不仅可以精确地单晶定向，同时还能得到晶体内部微观结构的信息。

目前，国内外常用的 X 射线衍射仪主要有德国布鲁克 X 射线衍射仪 (型号 D8 ADVANCE、D8 QUEST、D8 DISCOVER)、荷兰马尔文帕纳科 X 射线衍射仪 (型号 Empyrean、Aeris)、日本理学 X 射线衍射仪 (型号 SmartLab SE、SmartLab、Ultima Ⅳ 系列) 以及日本岛津 X 射线衍射仪 (型号 XRD-7000S/L、XRD-6100) 等。

不同类型样品 X 射线衍射测试有不同要求，一般而言，① 粉末样品，须充分研磨，需 0.2 g 左右；② 片状样品，需有一个大于 5 mm×5 mm(最佳为 15 mm×15 mm) 平整的测试面；③ 块状样品，需有一个大于 5 mm×5 mm(最佳为 15 mm×15 mm) 平整的测试面，如不平整，可用砂纸轻轻磨平，无厚度要求；④ 纤维样品，取向度测试，样品须梳理整齐，最少需长约 30 mm、直径约 3 mm 的一束纤维。常规测试、结晶度、晶粒尺寸等，样品须充分剪碎，呈细粉末状，需 0.2 g 左右 (大约一分钱硬币的体积)；⑤ 液体样品，一般不能测试。

X 射线衍射方法具有不损伤样品、无污染、快捷、测量精度高、能得到有关晶体完整性的大量信息等优点。因此，X 射线衍射法作为材料结构和成分分析的一种现代科学方法，已在锂离子电容器领域广泛应用。以典型的电容型活性炭正极 (黑色) 以及嵌入型石墨碳负极 (红色) 为例 [1]，其 XRD 图谱如图 8-3 所示。从晶体结构来看，石墨负极材料结晶度明显高很多，其 (002) 晶面衍射峰更强更尖锐，层状结构完整，取向性 (I_{002}/I_{110}) 明显。根据布拉格方程计算可知，其层间距为 0.335 nm。此外，在 43° ~ 50° 只有对应的 (101) 晶面衍射峰位置，说明该石墨负极为明显的 2H 六方相石墨。而对于活性炭正极而言，在 25° 和 43.8° 处有两个宽化严重的衍射峰，分别对应其 (002) 和 (110) 晶面，并且其衍射峰强度明显较低，这表明该活性炭正极是无定形的半石墨碳材料。

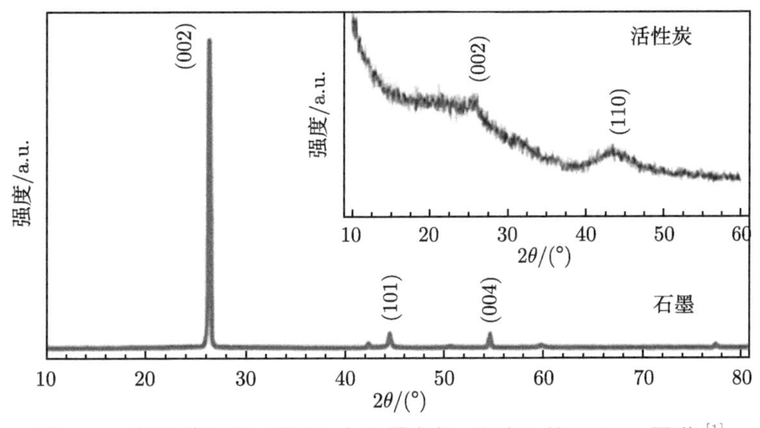

图 8-3 活性炭正极 (黑色) 与石墨负极 (红色) 的 XRD 图谱 [1]

对于锂离子电容器而言，研究电极材料在充放电过程中的结构演变，特别是电池型的负极材料，是具有重大意义的。传统的非原位 X 射线衍射测试需要对不同充放电状态下的器件进行拆卸，对电极材料进行清洗，工艺比较复杂。此外，电极材料经过循环后暴露在空气中容易产生副反应，影响真实的测试结果。因此，对电极材料在充放电过程中的原位监测显得尤为重要。令人欣喜的是，经过特殊器具的巧妙设计与组装，X 射线衍射能够实现对锂离子电容器电极材料的原位测试，实时监测电极材料在充放电过程中的结构与物相演变。在原位表征研究过程中，工作中的锂离子电容器无须停止与拆卸，简化了烦琐的工艺过程以及避免了外部环境对电极材料的不利影响，并且可以允许测量非平衡态等特殊情况下电极材料的状态，使实验结果更具可靠性与真实性。

Xu 等 [2] 使用原位 XRD 技术研究了锂离子电容器软碳型负极材料 (HC-4) 在充放电过程中的结构变化，揭示了可能的储锂机制，结果如图 8-4(a) 所示。从二维衍射图上可以看到，在 25.4° 处有一条清晰的亮带，对应 HC-4 软碳负极的 (002) 晶面。在首圈放电过程中，可以明显地看到，(002) 峰的强度逐渐减小，完全放电到 0.01 V 后，(002) 峰的强度非常微弱，几乎消失，同时在 22.1° 附近出现了一个弱的宽峰，这可能是锂离子吸收过程中碳层膨胀开裂的原因。在随后的充电过程中，25.4° 的 (002) 峰逐渐清晰，充电到 3.0 V 后峰值强度完全恢复。在接下来的两个循环中，衍射峰的位置和强度反复消失与重现，这证明了 HC-4 负极在储锂/去锂过程中高度的反应可逆性。在整个测量过程中没有出现尖锐的 XRD 新峰，这表明 HC-4 负极锂化后，没有生成明显的 LIC_x 化合物，插层反应并不占主导地位。

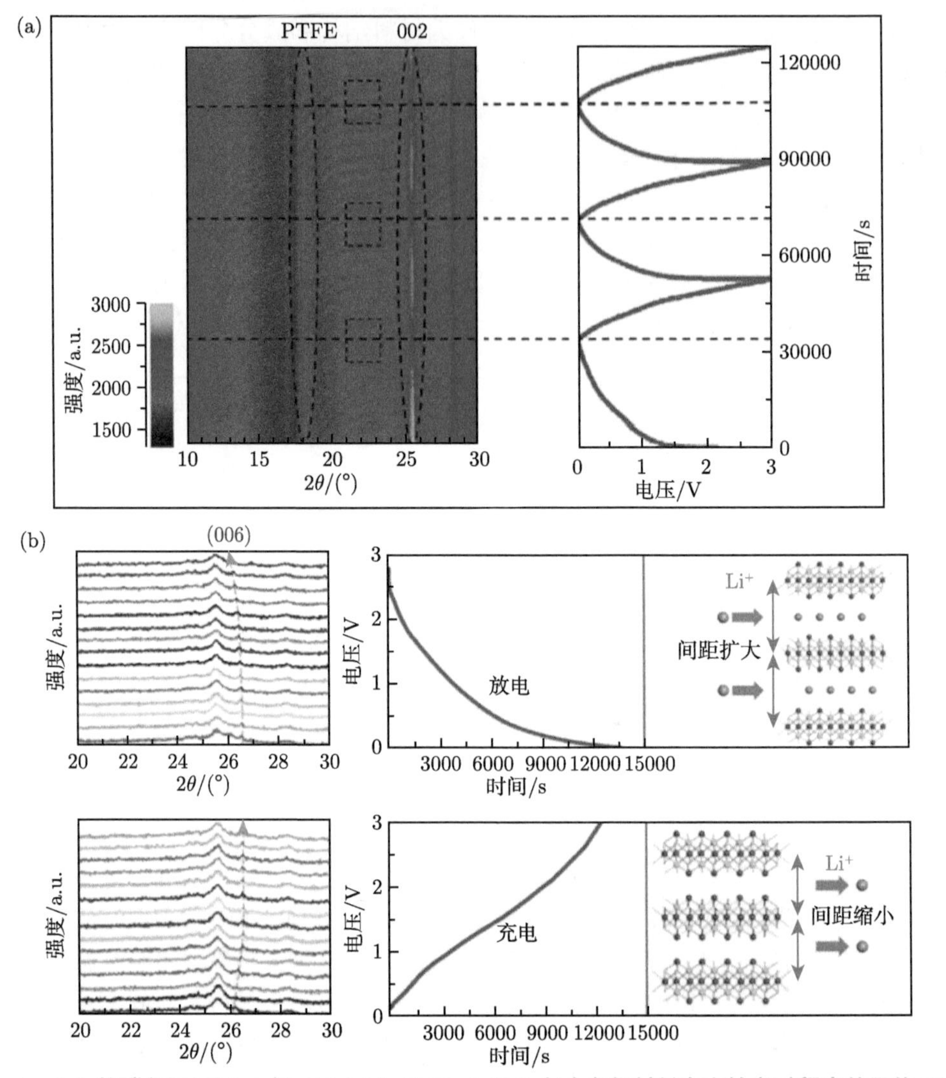

图 8-4 (a) 软碳负极 HC-4 与 (b)d-$Ti_3C_2T_x$/rGO 复合负极材料在充放电过程中的原位 XRD 图谱 [2,3]

Yi 等 [3] 利用原位 XRD 技术探究了 d-$Ti_3C_2T_x$/rGO 复合材料在锂化前后的结构演变。如图 8-4(b) 所示，在 0.1 A/g 电流密度，0.01~3.00 V 的电压窗口下，对 d-$Ti_3C_2T_x$/rGO //Li 半电池进行原位 XRD 测试。结果显示，在 25.7° 处有一个清晰的峰，对应于石墨烯的 (002) 衍射晶面，26.6° 位置衍射峰对应 d-$Ti_3C_2T_x$ 的 (006) 晶面。随着放电过程的进行，石墨烯的 (002) 衍射峰位置与强度没有发生明显改变，这表明石墨烯主要发挥的是表面吸附作用。$Ti_3C_2T_x$ 的 (006) 衍射峰位置在锂化过程中逐渐向低角度偏移，这是由于锂离子不断嵌入 d-$Ti_3C_2T_x$ 的层间，电荷排斥效应不断增加，从而扩大了 d-$Ti_3C_2T_x$ 的层间距。整个放电过程中，d-$Ti_3C_2T_x$ 的衍射峰位置只发生了向低角度轻微移动，没有发生峰的消失与新峰出现，因此，属于典型的插层式反应。在随后的放电过程中，石墨烯的 (002) 衍射峰位置与强度依旧没有发生明显变化，而 $Ti_3C_2T_x$ 的 (006) 衍射峰位置逐渐向高角度偏移，最终恢复到初始状态，说明了在完整的充放电过程中 d-$Ti_3C_2T_x$/rGO 复合材料结构变化的可逆性。因此，从测试结果可知，d-$Ti_3C_2T_x$/rGO 复合材料在锂化过程中既有电容型的物理吸附行为，也有电池型的化学嵌入反应，从而对调控材料电化学性能提供了有力的技术支撑。

8.2.2 同步辐射 X 射线衍射

当高能电子在磁场中以接近光速运动时，如运动方向与磁场垂直，电子将受到与其运动方向垂直的洛伦兹力的作用而发生偏转。按照电动力学的理论，带电粒子做加速运动时都会产生电磁辐射，因此这些高能电子会在其运行轨道的切线方向产生电磁辐射。这种电磁辐射最早是在同步加速器上观测到的，因此就称作同步加速器辐射，简称同步辐射。同步辐射是具有从远红外到 X 射线范围内的连续光谱，具有高强度、高度准直、高度极化、特性可精确控制等优异性能的脉冲光源，可以用以开展其他光源无法实现的许多前沿科学技术研究。

同步辐射强度高、覆盖的频谱范围广，可以任意选择所需要的波长且连续可调，因此成为科学研究的一种新光源。同步辐射具有诸多优良特性，主要包括以下几个方面：

(1) 高亮度。同步辐射光源是高强度光源，具有很高的辐射功率和功率密度，目前第三代同步辐射光源的 X 射线亮度是实验室最好的转靶 X 光机的上亿倍。

(2) 宽波段。同步辐射光的波长覆盖面大，具有从远红外、可见光、紫外直到 X 射线范围内的连续光谱，并且能根据使用者的需要获得特定波长的光。

(3) 窄脉冲。同步辐射光是脉冲光，有优良的脉冲时间结构，其宽度在 $10^{-11}\sim10^{-8}$ s 可调，脉冲之间的间隔为几十纳秒至微秒量级，这种特性对“变化过程”的研究非常有用，如电化学反应过程中的材料结构变化等。

(4) 高准直。同步辐射光的发射集中在以电子运动方向为中心的一个很窄的圆锥内，张角非常小，几乎是平行光束，堪与激光媲美，其中能量大于 10 亿电子伏的电子储存环的辐射，光锥张角小于 1 mrad (毫弧度)，接近平行光束，小于普通激光束的发射角。

(5) 高偏振。同步辐射在电子轨道平面内是完全偏振的光，偏振度达 100%；在轨道平面上下是椭圆偏振；在全部辐射中，水平偏振占 75%。从偏转磁铁引出的同步辐射光在电子轨道平面上是完全的线偏振光，此外，可以从特殊设计的插入件得到任意偏振状态的光。

(6) 高纯净。同步辐射光是在超高真空 (储存环中的真空度为 $10^{-9}\sim10^{-7}$ Pa) 或高真空 ($10^{-6}\sim10^{-4}$ Pa) 的条件下产生的，不存在任何由杂质带来的污染，是非常纯净的光。

(7) 可精确预知。同步辐射光的光子通量、角分布和能谱等均可精确计算，因此它可以作为辐射计量，特别是真空紫外到 X 射线波段计量的标准光源。

(8) 其他特性。高度稳定性、高通量、微束径、准相干等。

同步辐射 X 射线衍射技术 (SXRD) 就是利用同步辐射产生的 X 射线来获取材料的晶体结构、化学成分、电子状态、晶相演变等重要信息的一种最先进的实验技术。与实验室 X 射线衍射相比，同步辐射 X 射线衍射能够提供更高的强度和更大的能量，能够在短时间内收集到极高精度的衍射数据。对于混合离子电容器而言，负极材料在充放电过程中，离子从晶体结构中嵌入/脱出，这个过程伴随着活性金属离子价态变化以及材料的晶格参数和结构的演变等重要信息，传统 X 射线衍射是不易捕捉到的，同步辐射 X 射线衍射技术能够精准采集，反映更精确、实时的变化信息，从而能够更加有效准确地分析电化学反应过程。

锂离子电容器负极材料，如碳材料、过渡金属氧化物等不含有锂离子，需要提前进行预嵌锂处理，如果使用金属锂，会导致成本增加，同时在实际操作环境中仍然存在一定的安全问题。反萤石结构的 Li_5FeO_4(LFO) 材料具有丰富的锂离子，这些锂离子能够从晶体结构中不可逆脱嵌出来，成为锂源对负极材料进行预掺杂。然而，LFO 材料的作用机制尚不清晰。鉴于此，Park 等 [4] 利用原位同步辐射 X 射线衍射技术研究了 LFO 材料在充放电过程中的结构变化，结果如图 8-5(a) 所示。当恒流充电到 4.7 V 时，在 3.6 V 和 4.1 V 左右出现了两个平台，说明在特定的工作电压窗口下，LFO 材料通过两步反应从晶格中释放锂离子。首次充电比容量约为 678 mA·h/g，这表明几乎有 4 个锂离子从宿主结构中被提取，每一步释放 2 个锂离子，其比容量为 339 mA·h/g。当电压降低到 2.0 V 时，LFO 的放电比容量只有 110 mA·h/g，这表明只有约 16% 的锂离子被可逆地回收到 LFO 结构中，约 84% 的锂离子可用于锂预掺杂。原位同步辐射 XRD 谱图证明了 LFO 的这种大的不可逆性主要来自于锂离子从基体结构中脱出时引起的结构变形。在第一次充电过程中，随着锂离子的不断释放，LFO 的主要特征峰强度逐渐变低。然而，在随后的放电过程中，LFO 峰值并未恢复，表明锂离子的嵌入和脱出具有巨大的不可逆性。有趣的是，在第一次循环中没有检测到二次相或杂质。而且，LFO 中约 84% 的锂离子可用于负极的锂离子预掺杂，没有明显的副反应。更值得注意的是，在充电到 4.7 V 时，锂离子预掺杂过程只有一次，在此之后，锂离子电容器将在低于 3.9 V 的电压窗口下运行，脱锂后的 LFO 不再参与电化学反应，从而不会产生过多的氧气而存在安全隐患。

赝电容型混合电容器负极一般会发生快速的电化学反应，传统的实验室 X 射线衍射技术不易捕捉到精细的结构变化，从而导致储能机制不明确。Wei 等 [5] 利用原位同步辐射高能量 X 射线衍射技术研究了 $Fe_5V_{15}O_{39}(OH)_9·9H_2O$(FeVO) 超薄纳米片在钠离子混合电容器中的储能机制。如图 8-5(b) 所示，XRD 谱图的横轴转换为 d 间距，可以清楚地看出层间距的变化。在放电初始阶段，由于少量的钠离子嵌入 FeVO 层间，层间相互作用增强，d_{002} 从 10.63 Å 下降到 8.81 Å。在随后的钠化过程中，FeVO 的衍射峰保持良好，没有出现新的峰，表明此阶段是一个固溶反应过程。d_{002} 先稍微增加到 8.99 Å，然后又减小到 8.80 Å，变化非常微小。当 FeVO 充电到 3.4 V 时，d_{002} 稳定保持在 8.81 Å。这是因为残余的 Na^+ 在层间形成稳定结构，无法在充电过程中释放出来，因此 d_{002} 不移回原始状态。但在整个充放电过程中，Na^+ 嵌入和提取期间，FeVO 层间距变化较小，体积变化微弱，从而有利于长期可逆循环。

最近，Griffith 等 [6] 在不同的循环速率下对两个新型的复杂铌钨氧化物——$Nb_{16}W_5O_{55}$ 和 $Nb_{18}W_{16}O_{93}$ 进行了同步辐射 X 射线衍射研究，深入解析了两种材料在锂化过程中的晶格演化，测试结果如图 8-5(c) 和 (d) 所示。在 0.5C 的放电倍率下，$Nb_{16}W_5O_{55}$ (图 8-5(c)) 是通过复杂的三级固溶机制进行结构演变的，与以下三个部分的放电区域相关。① 高电压区域 (放电比容量约 65 mA·h/g 或 0.4 个 Li 离子/W 原子嵌入时)：晶体沿 a-c 平面膨胀，同时晶体在垂直于平面方向也有轻微膨胀。② 中间区域 (放电比容量 65~170 mA·h/g 或

0.4~1.0 个 Li 离子/W 原子嵌入时)：晶体表现出各向异性的行为，包括 a-c 方向晶体收缩以及在 b 方向上的大幅膨胀。③ 低电压区域 (超过 1.0 个 Li 离子/W 原子嵌入时)：晶体产生多重氧化还原行为，所有维度都发生线性膨胀。在第二阶段时，晶体收缩，大大缓冲了晶格的体积膨胀，当嵌锂量达到 1.0 个 Li 离子/W 原子时，晶格只产生了 5.5% 的膨胀。衍射结果表明，尽管第二阶段的电化学过程有一个相对较小的斜坡，但它不是两相反应。在随后的充电过程中，尽管存在首次循环的容量损失，但反应过程完全可逆，最终回到初始状态。这种容量损失可能归因于结构锂的形成，很难脱出，避免了绝缘域的形成，而不是由通常发生的不可逆反应如 SEI 膜形成导致的。在 5 倍以上的放电速率 (5C) 下，晶格演化只有前两个阶段，这与较高放电速率下的容量损失程度一致。此外，在 5C 放电时，还存在更多的应变和反应不均匀性，与之前的原位研究结果一致。最终研究结果表明，在这些放电速率下，电解质内的锂迁移会导致内部不均匀性和产生浓度梯度。然而，从较高的中间峰强度可以看出，这种机制在本质上仍然是固溶反应。对于 $Nb_{18}W_{16}O_{93}$ 材料而言 (图 8-5(b))，同样表现出复杂但结构演化可逆的、非线性的和强各向异性的固溶反应。需要指出的是，这些细微结构变化已经超出了实验室 X 射线光源的分辨率上限，而利用同步辐射 X 射线衍射技术，即使发生反应时间较短，其依旧能收集到每条即时谱线，获取高质量衍射图谱，这对时间分辨的原位观测和连续测试具有重要意义。

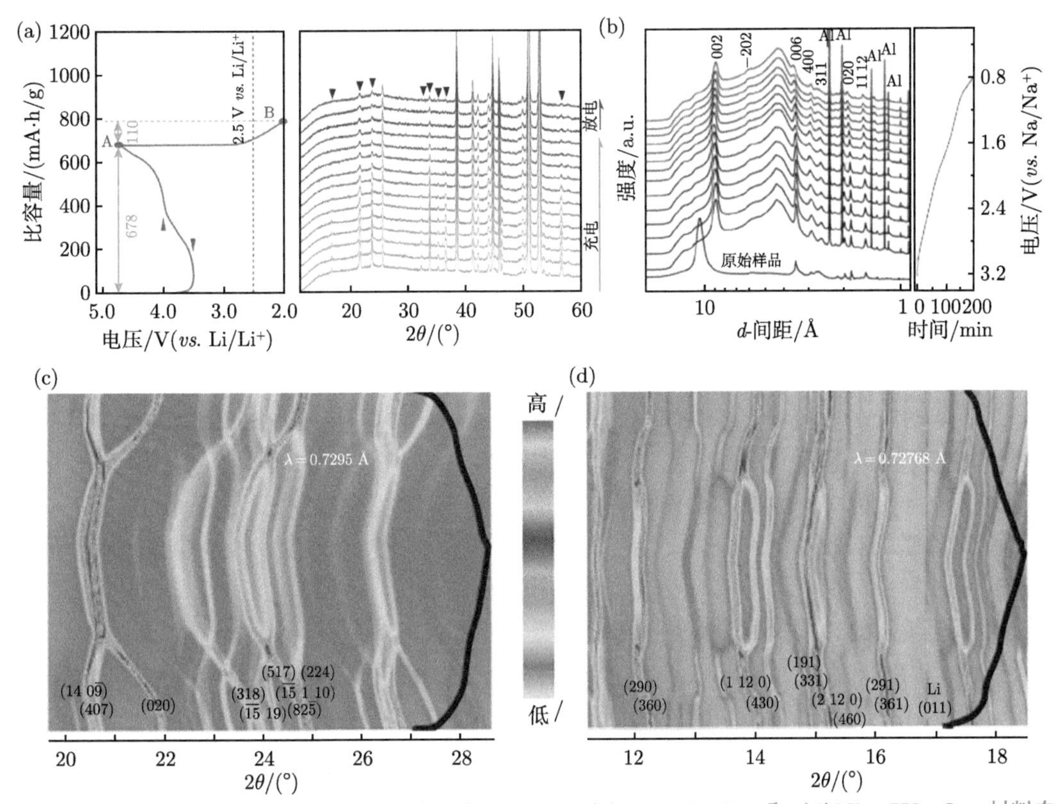

图 8-5 (a)Li_5FeO_4、(b)$Fe_5V_{15}O_{39}(OH)_9·9H_2O$、(c)$Nb_{16}W_5O_{55}$ 和 (d)$Nb_{18}W_{16}O_{93}$ 材料在充放电过程中的同步辐射 X 射线衍射图谱 [4−6]

8.2.3 X 射线吸收光谱

随着同步辐射光源的建造，X 射线吸收谱学方法得到了前所未有的发展，在物质结构表征 (包括原子结构及电子结构等) 和理化性能解释 (比如电化学活性位点研究、原位测试等) 方面都发挥着越来越重要的作用，前沿研究中经常看见其身影。那么，什么是 X 射线吸收光谱？当 X 射线穿过样品时，由于样品对 X 射线的吸收，光的强度会发生衰减，这种衰减与样品的组成及结构密切相关。这种研究透射强度 I 与入射 X 射线强度 I_0 之间的关系的表征方法，称为 X 射线吸收光谱 (X-ray absorption spectroscopy，XAS)，是利用 X 射线入射前后信号变化来分析材料元素组成、电子态及微观结构等信息的光谱学手段。XAS 方法通常具有元素分辨性，其透射光强与原子序数、原子质量有关，几乎对所有原子都具有相应性，对固体 (晶体或非晶)、液体、气体等各类样品都可以进行定性、定量分析。

物质对 X 射线的吸收过程如图 8-6 所示，透射强度 I 与入射 X 射线强度 I_0 遵从朗伯–比尔定律：$I = I_0\mathrm{e}^{-\mu x}$，这里，吸收系数 μ 表征 X 射线被样品吸收的概率，x 为样品厚度。μ 与样品的密度 (ρ)、元素的原子序数 (Z) 有关。最为重要的是，μ 对 X 射线能量 (E) 也是敏感的：$\mu \sim (\rho Z^4)/(AE^3)$。

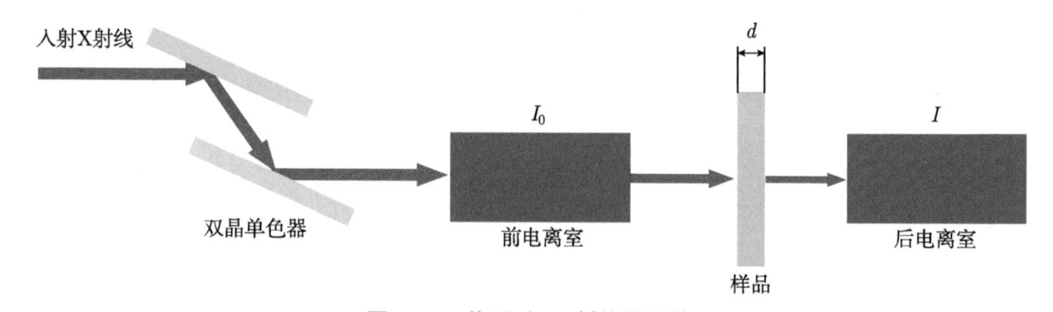

图 8-6 物质对 X 射线的吸收

XAS 图谱主要由两部分组成：① 吸收系数平滑下降区；② 吸收系数突变区，也被称为吸收边，吸收限。平滑下降区随着入射光能量的增大，其吸收系数会发生降低，该段对应着原子吸收。当 X 射线能量等于被照射样品某内层电子的电离能时，会发生共振吸收，使电子电离为光电子，而 X 射线吸收系数发生突变，这个能量点称为吸收边 (edge)。原子中不同主量子数的电子的吸收边相距颇远，按主量子数命名为 K, L, $\cdots$ 吸收边。每一种元素都有其特征的吸收边系，因此 XAS 可以用于元素的定性分析。此外，吸收边的位置与元素的价态相关，氧化价增加，吸收边会向高能侧移动 (一般化学价 +1，吸收边移动 2~3 eV)，因此同种元素，即使化合价不同也可以分辨出来。

后来人们发现，X 射线吸收光谱在吸收边附近及其高能量端存在一些分立的峰或波状起伏，这种振荡来源于由 X 射线激发所产生的光电子被其周围配位原子散射，导致 X 射线吸收强度随能量发生振荡。因这种振荡与材料的电子、几何结构有关，故称为 X 射线吸收精细结构 (X-ray absorption fine structure，XAFS)。精细结构从吸收边前至高能延伸段约 1000 eV，根据其形成机制 (多重散射与单次散射) 的不同，可以分为 X 射线吸收近边结构 (X-ray absorption near-edge structure，XANES) 和扩展 X 射线吸收精细结构谱 (extend

X-ray absorption fine structure，EXAFS)，如图 8-7 所示 [7]。XANES 能量范围为吸收边前至吸收边后 50 eV，特点包括：振荡剧烈 (吸收信号清晰，易于测量)；谱采集时间短，适合于时间分辨实验；对价态、未占据电子态和电荷转移等化学信息敏感；对温度依赖性很弱，可用于高温原位化学实验；具有简单的“指纹效应”，可快速鉴别元素的化学种类。EXAFS 能量范围为吸收边后 50～1000 eV，特点包括：可以得到中心原子与配位原子的键长、配位数、无序度等信息。不过，EXAFS 对立体结构并不敏感。

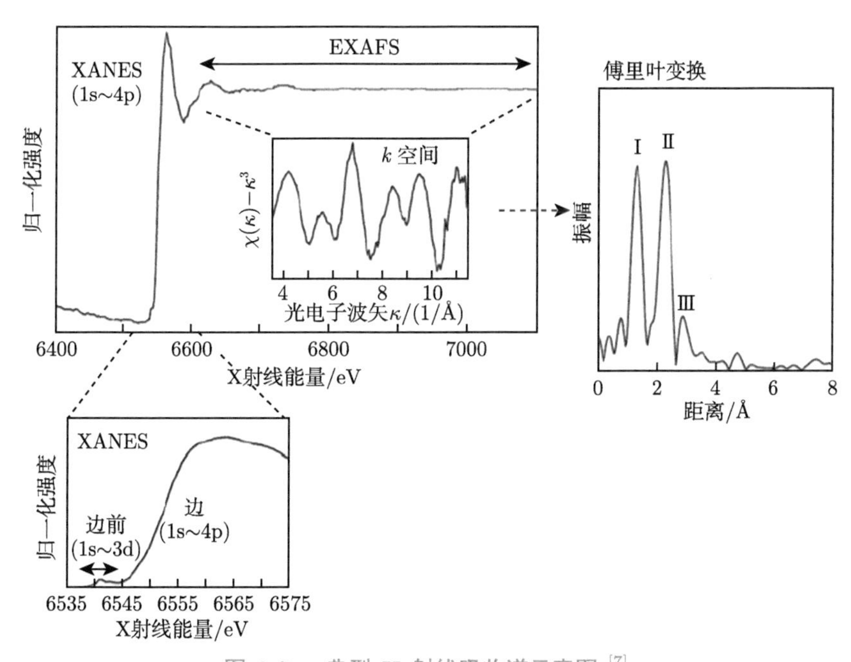

图 8-7 典型 X 射线吸收谱示意图 [7]

XANES 分为软 X 射线吸收 (s-XAS) 与硬 X 射线吸收谱 (h-XAS)，空间分辨尺度在数纳米到毫米范围。通过 h-XAS 近边谱的位置，比对参考化合物，可以得到元素价态的信息；通过对 h-XAS 实验同时获得的扩展 X 射线吸收精细结构 (EXAFS) 的数据分析，可以获得局域键长、结构有序度、配位环境变化的信息。由于硬 X 射线穿透能力较强，可以实现原位电池的观察。s-XAS 对电子结构更为敏感，通过密度泛函理论计算的辅助拟合分析，可以获得精确的价态，甚至是电子在特定电子轨道填充的信息，这对于理解电极材料充放电过程中的电荷转移非常重要。

Liu 等 [8] 利用 X 射线吸收光谱研究了锂离子电容器负极材料 rGO/MnO 异质结构中 O 和 Mn 的原子配位环境，测试结果如图 8-8 所示。图 8-8(a) 为 MnO 和 rGO/MnO 样品中 O 的 K 边 XAS 谱图。自旋向上的 t_{2g} 态和 e_g 态为 MnO 的 $3d^5$ 基态，在 541 eV 处有一个由 Mn 空 4sp 态引出的尖峰。与纯 MnO 相比，rGO/MnO 的 sp 吸附能边略有降低，表明氧的配位环境发生了改变。XANES 测试结果显示 (图 8-8(b))，与纯的 MnO 相比，rGO/MnO 中 Mn 的 K 边向低能方向移动，表明 Mn 的平均价态由于 Mn-O-C 配位的形成而降低。此外，由 MnO 和 rGO/MnO 的傅里叶变换 k^2 加权扩展 EXAFS 曲线可知 (图 8-8(c))，rGO/MnO 中的 Mn—O 键的键长为 2.67 Å，高于 MnO 中的 Mn—O 键的

键长 (2.60 Å)。这是因为 rGO/MnO 中 C 原子的引入争夺了 O 原子部分电子，改变了 O 原子的配位环境，使得 Mn—O 键有所变弱，从而增加了 Mn—O 键的配位长度。EXAFS 经过小波变换 (WT) 后的结果进一步提供了更明显的 Mn 和 O 的原子距离以及 k-空间分辨率 (图 8-8(d))。rGO/MnO 和 MnO 的最大强度峰值分别出现在 2.67 Å 和 2.60 Å，与 EXAFS 分析结果一致。以上结果充分地证明了 rGO/MnO 异质结构中 Mn—O—C 配位的存在，表明了材料为化学键连接的稳定性结构，并非简单的物理接触。

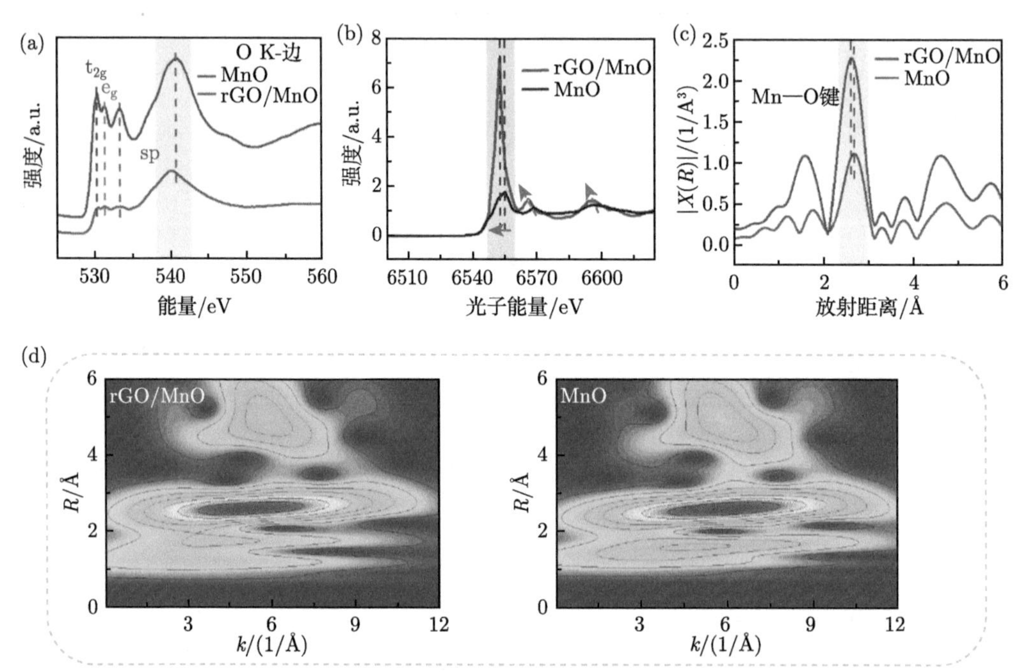

图 8-8 rGO/MnO 异质材料的 (a) XAS 谱图，(b) K 边 XANES 谱图，(c) EXAFS 曲线和 (d) EXAFS 小波变换谱图 [8]

8.2.4 X 射线光电子能谱

X 射线光电子能谱最初是由瑞典科学家 K. Siegbahn 等经过约 20 年的努力而建立起来的，因其在化学领域具有广泛的应用，被称为化学分析用电子能谱 (ES-CA)。由于最初的光源采用了铝、镁等的特性软 X 射线，该技术又称为 X 射线光电子能谱 (XPS)。XPS 是电子材料与元器件显微分析中的一种先进分析技术，而且是和俄歇电子能谱技术 (AES) 常常配合使用的分析技术。由于它可以比俄歇电子能谱技术更准确地测量原子的内层电子束缚能及其化学位移，所以它不但为化学研究提供分子结构和原子价态方面的信息，还能为电子材料研究提供各种化合物的元素组成和含量、化学状态、分子结构、化学键方面的信息。

XPS 技术的基本原理是基于光的电离作用。当一束光子辐射到样品表面时，样品中某一元素的原子轨道上的电子吸收了光子的能量，使得该电子脱离原子的束缚，以一定的动能从原子内部发射出来，成为自由电子，而原子本身则变成处于激发态的离子。在光电离过程中，固体物质的结合能可用式 (8.3) 表示：

$$E_{\mathrm{b}} = h\nu - E_{\mathrm{k}} - \varphi \tag{8.3}$$

式中，E_{k} 为射出的光子的动能；$h\nu$ 为 X 射线源的能量；E_{b} 为特定原子轨道上电子的电离能或结合能 (电子的结合能是指原子中某个轨道上的电子跃迁到表面费米能级所需要的能量)；φ 为谱仪的功函数，由谱仪的材料和状态决定，对同一台谱仪是一个常数，与样品无关，其平均值为 3~4 eV。

X 射线源的能量较高，不仅能激发出原子轨道中的价电子，还可以激发出内层轨道电子，所射出光子的能量仅与入射光子的能量及原子轨道有关。因此，对于特定的单色激发光源及特定的原子轨道，其光电子的能量是特征性的。当固定激发光源能量时，其光子的能量仅与元素的种类和所电离激发的原子轨道有关，对于同一种元素的原子，不同轨道上的电子的结合能不同，所以可用光电子的结合能确定元素种类。

另外，经 X 射线辐照后，在一定范围内，从样品表面射出的光电子强度与样品中该原子的浓度呈线性关系，因此可通过 XPS 对元素进行半定量分析。但由于光电子的强度不仅与原子浓度有关，还与光电子的平均自由程、样品表面的清洁度、元素所处的化学状态、X 射线源强度及仪器的状态有关，所以，XPS 一般不能得到元素的绝对含量，得到的只是元素的相对含量。

虽然射出的光电子的结合能主要由元素的种类和激发轨道决定，但由于原子外层电子所处化学环境不同，电子结合能存在一些微小的差异。这种结合能上的微小差异称为化学位移，它取决于原子在样品中所处的化学环境。一般原子获得额外电子时，化合价为负，结合能降低；反之，该原子失去电子时，化合价为正，结合能增加。利用化学位移可检测原子的化合价态和存在形式。除了化学位移，固体的热效应与表面荷电效应等物理因素也可能引起电子结合能的改变，从而导致光电子谱峰位移，这称为物理位移。因此，在应用 XPS 进行化学价态分析时，应尽量避免或消除物理位移。

XPS 作为一种现代分析方法，具有如下特点。

(1) 可以分析除 H 和 He 以外的所有元素，对所有元素的灵敏度具有相同的数量级。

(2) 相邻元素的同种能级的谱线相隔较远，相互干扰较少，元素定性的标识性强。

(3) 能够观测化学位移。化学位移同原子氧化态、原子电荷和官能团有关。化学位移信息是 XPS 用作结构分析和化学键研究的基础。

(4) 可作定量分析。既可测定元素的相对浓度，又可测定相同元素不同氧化态的相对浓度。

(5) 是一种高灵敏超微量表面分析技术。样品分析的深度约 2 nm，信号来自表面几个原子层，样品量可少至 10^{-8} g，绝对灵敏度可达 10^{-18} g。

目前，XPS 技术在研究锂离子电容器中各部分以及界面处的化学成分和电化学性质之间的关系方面得到了广泛的应用。以常用的石墨烯材料为例，Feng 等 [9] 利用 X 射线光电子能谱对石墨烯纳米复合电极材料的组成和化学状态进行了全面分析，测试结果如图 8-9 所示。从 XPS 全谱中发现，除了 C 1s 外，聚苯胺衍生碳 (PC) 以及石墨烯和聚苯胺合成的多级次纳米复合材料 (GNC-8) 在 400 eV 处均检测到 N 1s 的弱峰 (图 8-9(a))，这表明聚苯胺碳化后，材料中有部分 N 元素残留。从图 8-9(c) 高分辨谱图中可以看出，N 1s 峰可以分为若干个不同形式的 N 峰，分别为吡啶 N-氧化物 (N-oxide，402~403.5 eV)、四元 N(N-Q，400.7 eV)、吡咯 N(N-5，399.5 eV) 和吡啶 N(N-6，398.3 eV)。N-5、N-6 和 N-oxide 形式的 N 可以增强电极材料的赝电容效应，增加活性位点，从而提升材料容量。此外，四元类型的 N-Q 能够提高材料的电导率，提升电荷转移动力学。C 1s 高分辨图谱如图 8-9(b) 所示，在 285 eV 附近可以观察到一个明显的尖峰，经过分峰处理后，C 1s 尖峰可以分为 O—C═O(289.6 eV)，C═O(287.6 eV)，C—N(285.8 eV)，C—C(285.1 eV) 和 C═C (284.3 eV) 五个部分，再一次表明 GNC-8 材料为 N 掺杂的多级次石墨烯复合材料。高分辨的 O 1s 图谱 (图 8-9(d)) 可以将 530~535 eV 范围内的一个宽峰分为三个峰，分别对应于 C═O—OH/C—OH(533.7 eV)，C—O/C—O—C(532.4 eV) 和 C═O/O—C═O (531.6 eV) 键。此外，他们又利用 XPS 技术和燃烧元素分析方法测定了样品中的元素含量。两种检测方法都表明 GNC-8 材料中 N 元素含量最高，并且纯的石墨烯材料 (PG) 也含有少量的 N 元素，这可能是由氧化石墨烯在氮气气氛中燃烧造成的。

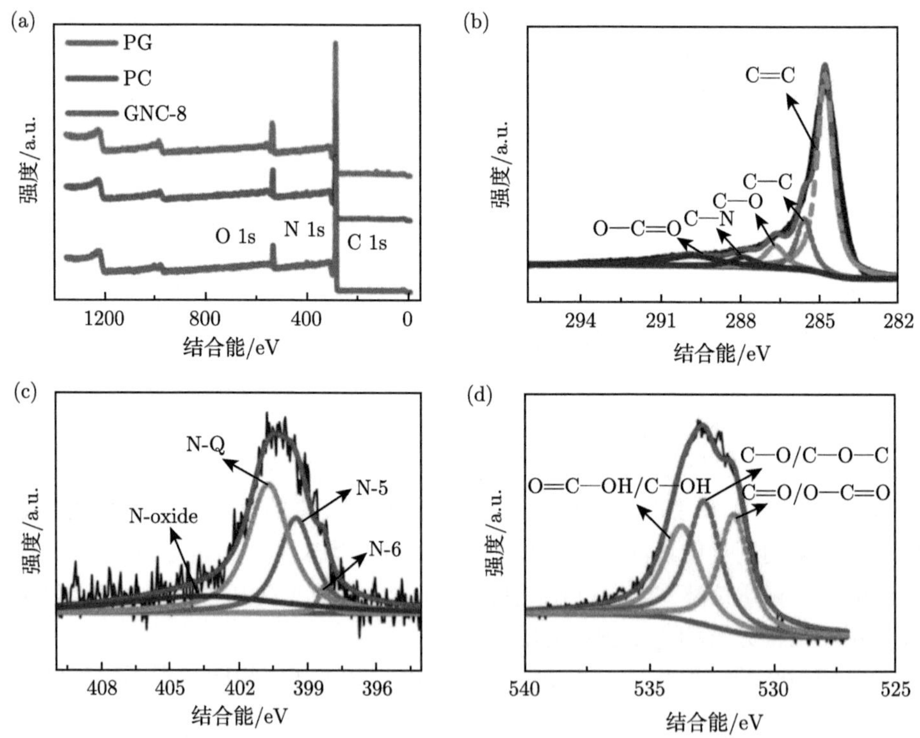

图 8-9 (a)PG、PC 和 GNC-8 材料的 XPS 图谱，GNC-8 材料的 (b) C 1s, (c) N 1s 和 (d) O 1s XPS 高分辨图谱 [9]

8.2.5 拉曼光谱

1928 年，印度科学家拉曼通过实验发现，单色入射光透射到物质中的散射光包含与入射光频率不同的光，即拉曼散射 (Raman scattering)。受散射光强度低的影响，拉曼光谱经历了 30 年的应用发展限制期。直到 1960 年后，激光技术的兴起，拉曼光谱仪以激光作为光源，光的单色性和强度大大提高，拉曼散射信号强度大大提高，拉曼光谱技术才得以迅速发展。每一种物质都有其特征的拉曼光谱，利用拉曼光谱可以鉴别和分析样品的化学成分和分子结构；通过分析物质在不同条件下的系列拉曼光谱来分析物质相变过程，也可进行未知物质的无损鉴定。拉曼光谱技术可广泛应用于化学、物理、医药、生命科学等领域。

如图 8-10 所示，当用单色光照射透明样品时，大部分光透过而小部分会被样品在各个方向上散射。这些光的散射又分为瑞利散射和拉曼散射两种。若光子和样品分子发生弹性碰撞，则光子和分子之间没有能量交换，则光子的能量保持不变，散射光能量和入射光能量相同，但方向可以改变。这种光的弹性碰撞，叫作瑞利散射。当光子和样品分子发生非弹性碰撞时，散射光能量和入射光能量大小不同，光的频率和方向都有所改变，这种光的散射称为拉曼散射。拉曼散射中频率减少的称为斯托克斯 (Stokes) 散射，频率增加的散射称为反斯托克斯 (anti-Stokes) 散射，斯托克斯散射通常要比反斯托克斯散射强得多，拉曼光谱仪通常测定的是斯托克斯散射，也统称为拉曼散射，其散射光的强度约占总散射光强度的 10^{-10} ~10^{-6}。

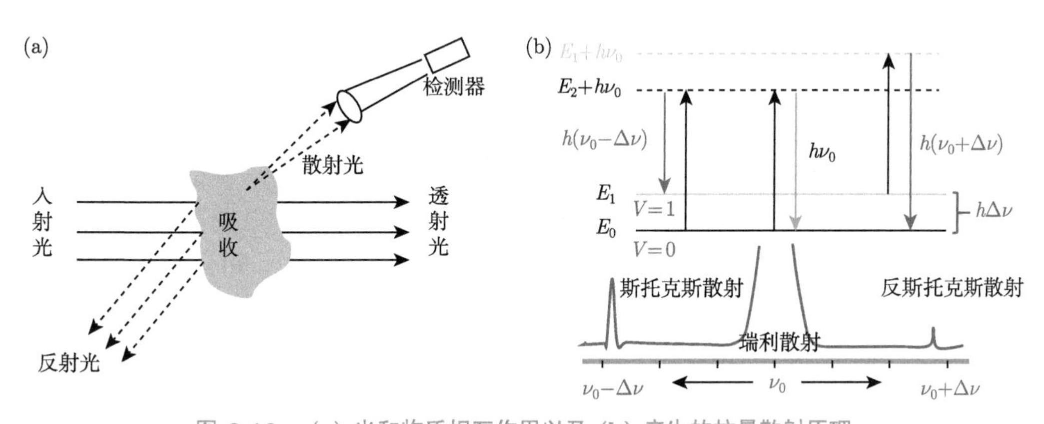

图 8-10 (a) 光和物质相互作用以及 (b) 产生的拉曼散射原理

拉曼散射的产生可以从光子和样品分子作用时光子发生能级跃迁来解释。样品分子处于电子能级和振动能级的基态，入射光子的能量远大于振动能级跃迁所需要的能量，但又不足以将分子激发到电子能级激发态。样品分子在吸收了光子后，被激发到较高的不稳定的能态 (虚态)。能量变化所引起的散射光频率变化称为拉曼位移 ($\Delta\nu$)。当能量差 $\Delta E = h(\nu_0 - \Delta\nu)$ 时，产生斯托克斯线，能量强，基态分子多；当能量差 $\Delta E = h(\nu_0 + \Delta\nu)$ 时，产生反斯托克斯线，能量弱。因为斯托克斯线强于反斯托克斯线，在一般拉曼光谱图中只有斯托克斯线。对同一物质，拉曼位移与入射光频率无关，取决于分子振动能级的变化，不同的化学键或基态有不同的振动方式，决定了其能级间的能量变化，与之对应的拉曼位移是特定的。这是拉曼光谱进行分子结构定性分析的理论依据。

拉曼光谱能够提供快速、简单、可重复，且更重要的是无损伤的定性定量分析，它无需样品准备，样品可直接通过光纤探头或者通过玻璃、石英和光纤测量，因此具有以下优点。

(1) 由于水的拉曼散射很微弱，拉曼光谱是研究水溶液中的生物样品和化学化合物的理想工具。

(2) 拉曼光谱一次可以同时覆盖 50~4000 波数的区间，可对有机物及无机物进行分析。相反，若让红外光谱覆盖相同的区间，则必须改变光栅、光束分离器、滤波器和检测器。

(3) 拉曼光谱谱峰清晰尖锐，更适合定量研究、数据库搜索，以及运用差异分析进行定性研究。在化学结构分析中，独立的拉曼区间的强度可以和功能集团的数量相关。

(4) 因为激光束的直径在它的聚焦部位通常只有 0.2~2 mm，从而常规拉曼光谱只需要少量的样品就可以得到。这是拉曼光谱相对于常规红外光谱的一个很大的优势。而且，拉曼显微镜物镜可将激光束进一步聚焦至 20 μm 甚至更小，可分析更小面积的样品。

(5) 共振拉曼效应可以用来有选择性地增强大生物分子特定发色基团的振动，这些发色基团的拉曼光强能被选择性地增强 1000~10000 倍。

在锂离子电容器中，目前大多采用拉曼光谱研究碳基电极材料。一般来说，碳材料的拉曼光谱散射信号中有两个显著的特征峰，1580 cm^{-1} 附近的信号峰代表有序碳结构的 sp^2 杂化的 G 带，1350 cm^{-1} 附近的信号峰代表无序碳结构的 sp^3 杂化的 D 带。通过比较 G 峰和 D 峰的强度，来获得材料的石墨化程度大小以及内部缺陷等信息。最近，Li 等 [10] 利用拉曼光谱分析了 N 掺杂多级次碳纳米材料 (NHCN) 的结构特征。他们使用四个 Voigt 函数将材料的 D 峰和 G 峰分为 D、G、T 和 D″ 四个峰来表示多峰拟合的拉曼光谱，结果如图 8-11 所示。拟合后的 G 峰代表 sp^2 杂化石墨层和碳原子切向振动的特征，而 D 峰是由边缘的无序碳原子或缺陷石墨域引起的。通过比对 D 峰和 G 峰的积分强度比 (I_D/I_G) 来表征碳材料的石墨化有序程度，可用于量化沿石墨层缺陷的浓度。计算结果显示，活化前 NHCN-0 材料 (图 8-11(a)) 的 I_D/I_G 比为 0.95，活化后 NHCN-2 材料 (图 8-11(b)) 的 I_D/I_G 比为 1.06，这说明活化后碳层有序堆积结构减少，存在大量无序区域和缺陷，石墨化程度降低。此外，根据公式 $L_a = C(\lambda_L)/(I_D/I_G)$(其中 $C(\lambda_L)$ 是与波长相关的前因子，值为 4.36) 可估算出材料沿石墨平面方向的有效晶粒尺寸 L_a，结果显示，NHCN-0 和 NHCN-2 的 L_a 分别为 4.63 nm 和 4.15 nm，这表明活化后石墨化区域的平均晶粒尺寸略有缩小。

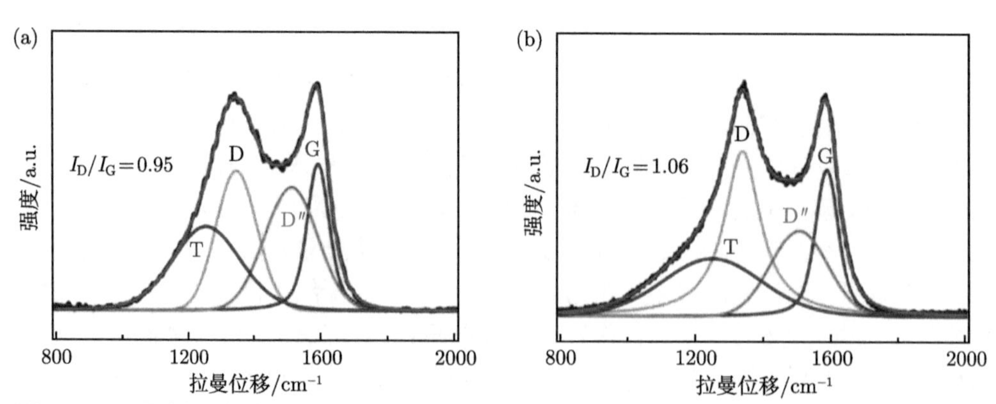

图 8-11 通过多峰拟合的 N 掺杂多级次碳纳米材料 (a)NHCN-0 和 (b)NHCN-2 的拉曼光谱图 [10]

8.2.6 红外光谱

红外光谱是由分子的振动–转动能级跃迁引起的，范围在 625~4000 cm^{-1} 区域，是分子能选择性吸收某些波长的红外线而引起的分子中振动能级和转动能级的跃迁，检测红外线被吸收的情况可得到物质的红外吸收光谱，又称分子振动光谱或振转光谱。

红外光谱法工作原理如图 8-12 所示，当一束具有连续波长的红外线通过物质，物质分子中某个基团的振动频率或转动频率与红外线的频率一样时，分子就吸收能量由原来的基态振 (转) 动能级跃迁到能量较高的振 (转) 动能级，分子吸收红外辐射后发生振动和转动能级的跃迁，该处波长的光就被物质吸收。所以，红外光谱法实质上是一种根据分子内部原子间的相对振动和分子转动等信息来确定物质分子结构和鉴别化合物的分析方法。将分子吸收红外线的情况用仪器记录下来，就得到红外光谱图。红外光谱图通常用波长 (λ) 或波数 (σ) 为横坐标，表示吸收峰的位置，用透光率 (T) 或者吸光度 (A) 为纵坐标，表示吸收强度。

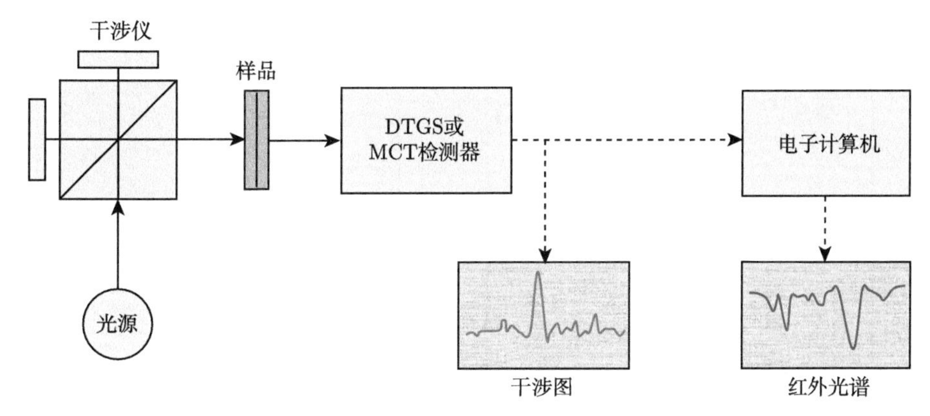

图 8-12 红外光谱法工作原理 DTGS。热释电型；MCT. 光电导型

利用红外光谱对物质分子进行分析和鉴定。将一束不同波长的红外射线照射到物质的分子上，某些特定波长的红外射线被吸收，形成这一分子的红外吸收光谱。每种分子都有由其组成和结构决定的独有的红外吸收光谱，据此可以对分子进行结构分析和鉴定。红外吸收光谱是由分子不停地做振动和转动运动而产生的，分子振动是指分子中各原子在平衡位置附近做相对运动，多原子分子可组成多种振动图形。当分子中各原子以同一频率、同一相位在平衡位置附近做简谐振动时，这种振动方式称为简正振动 (如伸缩振动和变角振动)。分子振动的能量与红外射线的光量子能量正好对应，因此当分子的振动状态改变时，就可以发射红外光谱，也可以因红外辐射激发分子振动而产生红外吸收光谱。分子的振动和转动的能量不是连续的而是量子化的。但由于在分子的振动跃迁过程中也常常伴随转动跃迁，使振动光谱呈带状，所以分子的红外光谱属带状光谱。分子越大，红外谱带也越多。

红外光谱在电容器领域主要在于表征电极材料中的化学键类型，例如，Hao 等 [11] 通过傅里叶变换红外光谱分析了 rGO、SnS_2 和 SnS_2/rGO 三种负极材料的化学键 (图 8-13(a))。由图可知，633 cm^{-1} 波数位置的尖峰属于 SnS_2 和 SnS_2/rGO 中的 Sn—S 键，表明 SnS_2/rGO 纳米复合材料的成功合成，石墨烯的加入不会影响 SnS_2 的形成。此外，SnS_2/rGO 在

612 cm^{-1} 左右出现一个新的谱带，属于 C—S 键，这意味着 SnS_2/rGO 复合物是通过 C—S 键连接的异质结构材料。Chen 等 [12] 基于时间演变的红外光谱分析探究了 Ni_3S_4 电极材料的形成机制，结果如图 8-13(b) 所示。在 2871~2940 cm^{-1}、1035~1088 cm^{-1} 和 874 cm^{-1} 处的吸收峰分别对应于乙二醇溶剂和 6-巯基-1-已醇 (MCH) 配体中饱和 C—H 键的拉伸振动、平面内弯曲振动和平面外弯曲振动。而位于 1153~1194 cm^{-1} 的锯齿状吸收区则归属于 C—C 和 C—O 骨架的伸缩振动。值得注意的是，当温度升高到 120 ℃ 时，在 630 cm^{-1} 处出现了 Ni—S 拉伸振动对应的吸收峰。随着单体浓度的增加，反应体系趋于过饱和，在 150 ℃ 时相应的吸收峰强度也增加。当单体浓度达到热力学临界值时开始成核，然后随着单体不断消耗并在晶核表面生长与熟化，从而最终形成量子点结构。在红外光谱中，Ni 与 MCH 配体末端 S 的配位对应的吸收峰和量子点的内部 Ni—S 键同时出现在 620 cm^{-1} 和 640 cm^{-1} 处，表明了成核过程。随后的生长时间对量子点的尺寸偏差和聚结也有重要影响。由此可知，红外光谱能够对电极材料中的官能团、化学键进行指认并确定各种键的类型，而且不会对材料表面进行破坏，这在电化学储能领域有着重要应用。

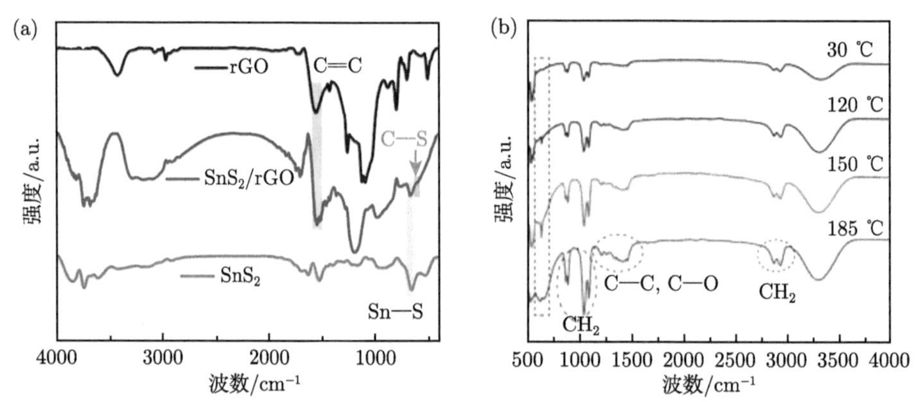

图 8-13 (a)rGO、SnS_2 和 SnS_2/rGO 材料的红外光谱图；(b)Ni_3S_4 材料前驱体基于时间演化的红外光谱图 [11,12]

8.3 电镜表征技术

8.3.1 扫描电子显微镜

扫描电子显微镜，简称扫描电镜 (scanning electron microscope，SEM) 是一种用于高分辨率微区形貌分析的大型精密仪器。其利用聚焦很窄的高能电子束来扫描样品，通过光束与物质间的相互作用，来激发各种物理信息，并对这些信息收集、放大、再成像，以达到对物质微观形貌表征的目的。扫描电镜具有景深大、分辨率高，成像直观、立体感强、放大倍数范围宽，以及待测样品可在三维空间内进行旋转和倾斜等特点。另外具有可测样品种类丰富，几乎不损伤和污染原始样品，以及可同时获得形貌、结构、成分和结晶学信息等优点。

扫描电镜的工作原理为电子枪发射出电子束 (直径约 50 μm)，在加速电压的作用下经过磁透镜系统会聚，形成直径为 5 nm 的电子束，聚焦在样品表面上，在第二聚光镜和物镜之间偏转线圈的作用下，电子束在样品上做光栅状扫描，电子和样品相互作用产生信号电子。这些信号电子经探测器收集并转换为光子，再经过电信号放大器加以放大处理，最终成像在显示系统上。试样可为块状或粉末颗粒，成像信号可以是二次电子、背散射电子或吸收电子。其中二次电子是最主要的成像信号。由电子枪发射的能量为 5~35 keV 的电子，以其交叉斑作为电子源，经二级聚光镜及物镜的缩小，形成具有一定能量、一定束流强度和束斑直径的微细电子束，在扫描线圈驱动下，于试样表面按一定时间、空间顺序做栅网式扫描。聚焦电子束与试样相互作用，产生二次电子发射 (以及其他物理信号)，二次电子发射量随试样表面形貌而变化。二次电子信号被探测器收集转换成电信号，经视频放大后输入显像管栅极，调制与入射电子束同步扫描的显像管亮度，可得到反映试样表面形貌的二次电子像。

扫描电镜的优点有以下几个方面。

(1) 仪器分辨率较高，通过二次电子像能够观察试样表面 6 nm 左右的细节，采用 LaB_6 电子枪，可以进一步提高到 3 nm。

(2) 仪器放大倍数变化范围大，且能连续可调。因此可以根据需要选择大小不同的视场进行观察，同时在高放大倍数下也可获得一般透射电镜较难达到的高亮度的清晰图像。

(3) 观察样品的景深大，视场大，图像富有立体感，可直接观察起伏较大的粗糙表面和试样凹凸不平的金属断口像等，使人具有亲临微观世界现场之感。

(4) 样品制备简单，块状或粉末状的样品无需处理或稍加处理，就可直接放到扫描电镜中进行观察，因而更接近于物质的自然状态。

(5) 可以通过电子学方法有效地控制和改善图像质量，如亮度及反差自动保持、试样倾斜角度校正、图像旋转，或通过 Y 调制改善图像反差的宽容度，以及图像各部分亮暗适中。采用双放大倍数装置或图像选择器，可在荧光屏上同时观察放大倍数不同的图像。

(6) 可进行综合分析。安装上波长色散 X 射线谱仪 (WDX) 或能量色散 X 射线谱仪 (EDX)，使其具有电子探针的功能，也能检测样品发出的反射电子、X 射线、阴极荧光、透射电子、俄歇电子等。从而把扫描电镜扩大应用到各种显微的和微区的分析方式，显示出了扫描电镜的多功能。另外，还可以在观察形貌图像的同时，对样品任选微区进行分析。

Li 等 [10,13−15] 采用镁还原二氧化碳 ($2Mg+CO_2 \longrightarrow 2MgO+C$) 的自蔓延高温合成方法成功制备了一系列不同形貌的高性能石墨烯基电极材料。扫描电镜图像如图 8-14 所示，包括连续交联的单片层石墨烯材料 (图 8-14(a)，(b))，N 掺杂的多孔石墨烯材料 (图 8-14(c)，(d))，N 掺杂的多级次碳纳米复合材料 (图 8-14(e)，(f)) 和石墨烯焊接的活性炭复合材料 (图 8-14(g)，(h))。这些材料都具有独特的纳米结构，开放的空间有利于电解液的浸润，多孔结构赋予材料丰富的活性存储位点。此外，纳米结构单元不仅可以缩短离子扩散路径，加速离子传输，而且为电接触提供了连续的电子路径，同时又具有优异的结构稳定性，因此最终获得优异的电化学性能。

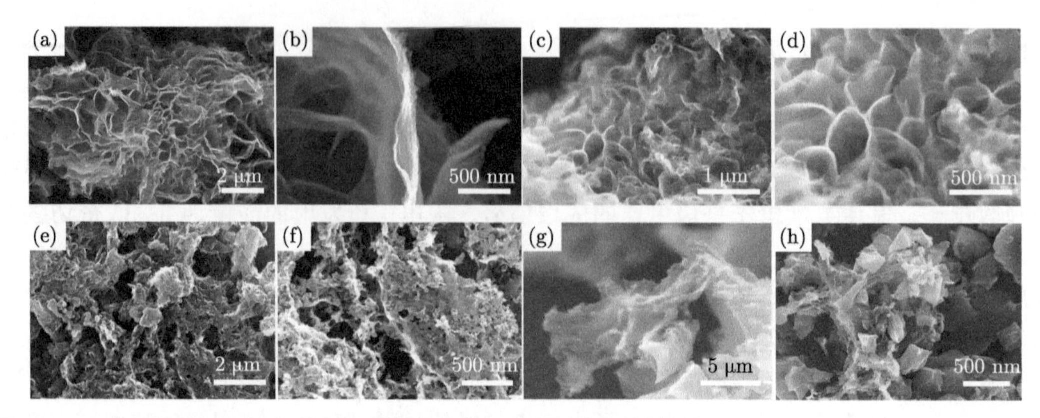

图 8-14 基于镁还原二氧化碳自蔓延高温合成方法制备的各种材料的 SEM 图。(a)，(b) 单片层石墨烯材料；(c)，(d) N 掺杂的多孔石墨烯材料；(e)，(f) N 掺杂多级次碳纳米复合材料和 (g)，(h) 石墨烯焊接的活性炭复合材料 [10,13−15]

扫描电镜不仅可以观察样品的形貌，搭配能量色散 X 射线谱仪后还可以对样品微区元素进行分析，能够确定元素种类以及元素分布情况。以锂离子电容器负极材料 $MoS_2/Ti_3C_2T_x$ 为例 [16]，如图 8-15 所示，在选定区域内，可以清晰地观察到 Ti、S、Mo 元素分布，通过与选定区域样品形貌进行比对可以发现，Ti、S、Mo 元素分布的形貌与样品形貌高度一致，这说明了 $MoS_2/Ti_3C_2T_x$ 中元素分布的均匀性，进一步证明了合成的 $MoS_2/Ti_3C_2T_x$ 材料具有较高的纯度。

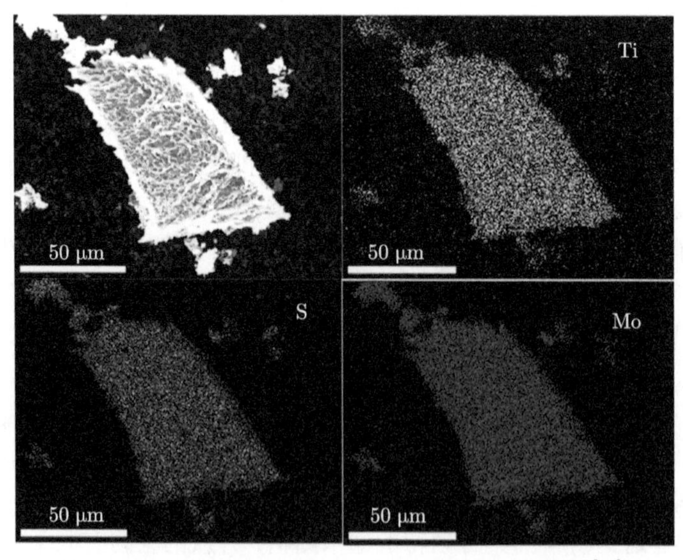

图 8-15 $MoS_2/Ti_3C_2T_x$ 的 EDX 元素分布图 [16]

8.3.2 透射电子显微镜

透射电子显微镜 (transmission electron microscope，TEM) 简称透射电镜，自 20 世纪 30 年代诞生以来，经过数十年的发展，现已成为材料、化学化工、物理、生物等领域科学研究中物质微观结构观察、测试十分重要的手段。电子显微学是一门探索电子与固态物质结构相互作用的科学，它把人眼的分辨能力从大约 0.2 mm 拓展至亚原子量级 (小于 0.1 nm)，大大增强了人们观察世界的能力。尤其是近 20 多年来，随着科学技术发展进入纳米科技时代，纳米材料研究的快速发展又赋予这一电子显微技术以极大的生命力，可以说，没有透射电子显微镜，就无法开展纳米材料的研究。没有透射电子显微镜，则开展现代科学技术研究是不可想象的。目前，它的发展已与其他学科的发展息息相关，密切联系在一起。

透射电镜的工作原理是，由电子枪发射出来的电子束，在真空通道中沿着镜体光轴穿越聚光镜，通过聚光镜将之会聚成一束尖细、明亮而又均匀的光斑，照射在样品室内的样品上；透过样品后的电子束携带有样品内部的结构信息，样品内致密处透过的电子量少，稀疏处透过的电子量多；经过物镜的会聚调焦和初级放大后，电子束进入下级的中间透镜和第 1、第 2 投影镜进行综合放大成像，最终被放大了的电子影像投射在观察室内的荧光屏板上；荧光屏将电子影像转化为可见光影像以供使用者观察。

透射电镜的功能主要包括：材料的形貌、内部组织结构和晶体缺陷的观察；物相鉴定，包括晶胞参数的电子衍射测定；高分辨晶格和结构像观察；纳米微粒和微区的形态、大小及化学成分的点、线和面元素定性定量和分布分析。样品要求为非磁性的稳定样品。可观察的试样种类包括：薄膜试样、粉末试样、块状试样以及其他复杂结构试样。目前，透射电镜的生产厂家主要有日本的日立 (HITACHI) 公司和日本电子 (JEOL) 公司，美国 FEI 公司和德国 LEO 公司等。

以粉末样品的制备为例，透射电镜制样步骤如下所述。

(1) 选择高质量的微栅网 (直径 3 mm)，这是关系到能否拍摄出高质量高分辨电镜照片的第一步。

(2) 用镊子小心取出微栅网，将膜面朝上 (在灯光下观察显示有光泽的面，即膜面)，轻轻平放在白色滤纸上。

(3) 取适量的粉末和乙醇分别加入小烧杯，进行超声分散 10~30 min，过 3~5 min 后，用玻璃毛细管吸取粉末和乙醇的均匀混合液，然后滴 2~3 滴该混合液体到微栅网上。如粉末是黑色，则当微栅网周围的白色滤纸表面变得微黑时便适中。滴得太多，则粉末分散不开，不利于观察，同时粉末掉入电镜的概率大增，严重影响电镜的使用寿命；滴得太少，则对电镜观察不利，难以找到实验所要求的粉末颗粒。

(4) 15 min 后，乙醇挥发完毕，保存好备用，然后将样品装上样品台插入电镜内部等待观察。

透射电镜在锂离子电容器中常用于观察材料的形貌与内部精细结构。Zhang 等 [17] 利用透射电镜技术对锂电容负极材料——Fe_3O_4/石墨烯复合材料 (Fe_3O_4-G) 进行了表征与分析。如图 8-16(a)~(c) 所示，Fe_3O_4 纳米晶尺寸为 50 nm 左右，均匀地分布在石墨烯片层表面，与石墨烯之间存在高度的耦合。石墨烯作为导电网络不仅能够提供连续的电子传输路径，同时能够大幅阻碍 Fe_3O_4 纳米晶的团聚，使得 Fe_3O_4 能够发挥出更高的比容量。此协同效应保证了 Fe_3O_4-G 具有较高的容量和良好的循环性能。从高分辨透射电镜 (HRTEM) 图像可以清晰地观察到排列整齐的晶格条纹，没有发现明显的晶格缺陷，说明合成的 Fe_3O_4 纳米晶体具有较高的结晶度和纯度。经过测量，条纹晶格间距为 0.48 nm，对应于 Fe_3O_4

的 (111) 晶面。

Wang 等 [16] 利用透射电镜技术深入研究了 1T-MoS_2/d-$Ti_3C_2T_x$ 负极材料的形貌和结构特征，结果如图 8-16(d)~(f) 所示。MoS_2 纳米片尺寸在 50 nm 左右，并且非常薄，厚度只有 5 nm，垂直地分布在单片层的 d-$Ti_3C_2T_x$ 表面。图 8-16(f) 为图 8-16(e) 中标记区域的 HRTEM 截面图像。从图中可以看出明显的晶格条纹，条纹间距约为 1.1 nm，与 1T-MoS_2(002) 晶面间距相吻合。此外，从图中还可以清楚地观察到 Mo 具有独特的锯齿状链超晶格，经过测量发现 Mo—Mo 键的距离约为 0.27 nm，与碱金属插层产生的 1T-MoS_2 结果一致。图 8-16(f) 中的插图是沿红线的强度分布图。结果显示，Mo 和 S 保持六边形构型，相邻两个 Mo 原子之间的距离为 0.59 nm，再一次证明了制备的 MoS_2 为金属 1T 相。

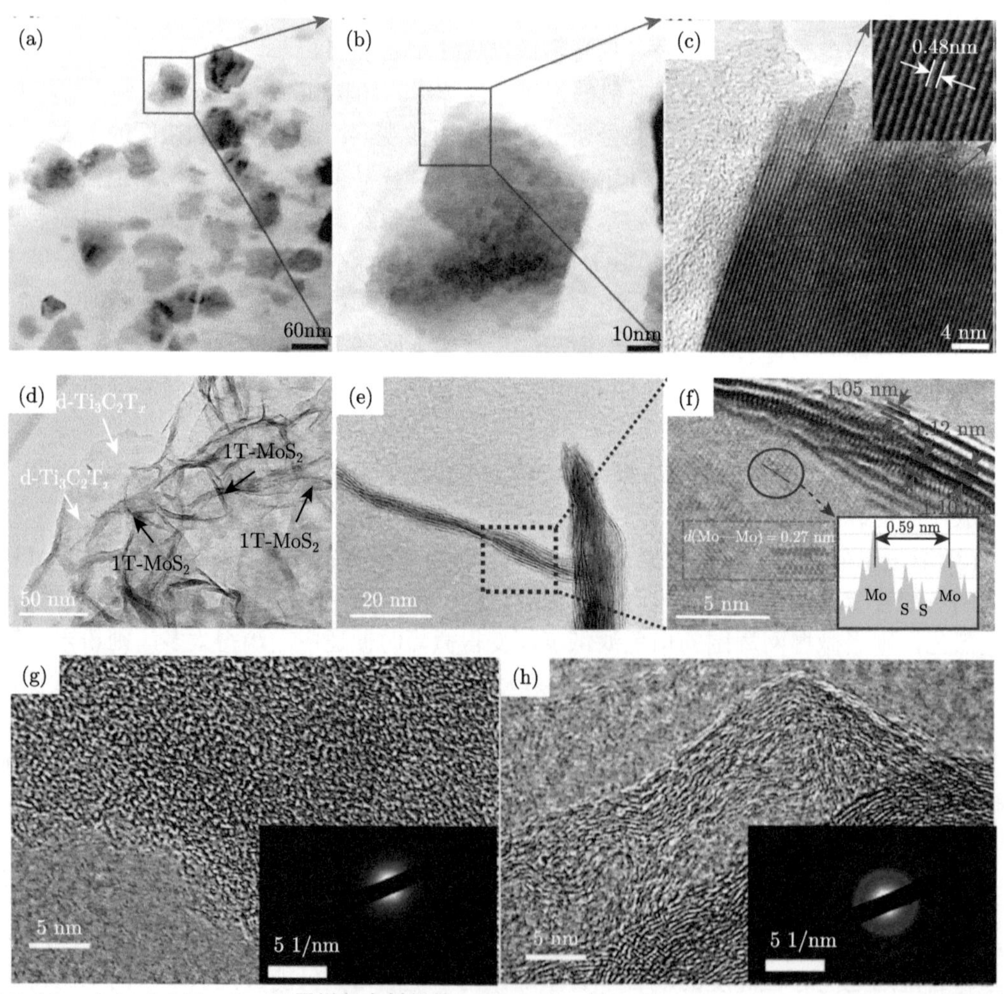

图 8-16 (a)~(c) Fe_3O_4/石墨烯复合材料的 TEM 图；(d)~(f) 1T-MoS_2/d-$Ti_3C_2T_x$ 负极材料的 TEM 图；(g), (h) 多级次碳材料 (HC-4) 在完全放电态和完全充电态下的 TEM 图 (插图为选区电子衍射)[2,16,17]

此外，透射电镜由于具有较高的分辨率，能够观察材料在不同充放电状态下的结构细微变化，从而是研究电极材料在充放电过程中结构转变和储能机制的重要手段。Xu 等 [2] 利用非原位的 HRTEM 研究了多级次碳材料 (HC-4) 在完全放电态和完全充电态下的结构变化，结果如图 8-16(g) 和 (h) 所示。HC-4 负极在完全放电状态下 (0.01 V)，类石墨结构的晶格条纹不再明显，而且相应的选区电子衍射 (SAED) 图像也没有明显的多晶环形衍射花样，表明锂化后，HC-4 材料趋于无定形化。而在随后的完全充电态 (3.0 V)，HC-4 材料的类石墨结构晶格条纹和多晶环形衍射花样完全恢复到锂化前的状态。在锂化和去锂化两种状态下，都没有出现常规嵌入型产物 LIC_x 化合物的晶格。这表明 HC-4 负极在锂化过程中是表面/近表面主导的电容型储存机制，而不是以离子扩散为主导的嵌入型反应机制。此外，HC-4 负极在整个反应过程前后的结构完全可逆性特性为长循环稳定性提供了坚实的基础。

8.3.3 原子力显微镜

原子力显微镜 (atomic force microscope，AFM) 是一种可用来研究包括绝缘体在内的固体材料表面结构的分析仪器。它是通过机械探针“触摸”样品表面表征其形貌并记录力学性质。它的工作原理类似人类用手指触摸物品表面，当探针靠近样品表面时，探针与样品表面间会产生一个相互作用力，此作用力会导致悬臂发生偏折。激光二极管产生的激光束通过透镜聚焦到悬臂背面，然后再反射到光电二极管上形成反馈。在扫描样品时，样品在载物台上缓慢移动，而微悬臂在反馈调节系统调节下将随样品表面形貌而弯曲起伏，反射光束也将随之偏移，由检测器记录表面形貌和力学信息。

相对于扫描电子显微镜，原子力显微镜具有许多优点：第一，不同于电子显微镜只能提供二维图像，原子力显微镜提供真正的三维表面图；第二，原子力显微镜不需要对样品进行任何特殊处理，如镀铜或碳，这种处理会对样品造成不可逆转的伤害；第三，电子显微镜需要运行在高真空条件下，原子力显微镜在常压下甚至在液体环境下都可以良好工作。这样可以用来研究生物宏观分子，甚至活的生物组织。此外，原子力显微镜由于能观测非导电样品，所以具有更为广泛的适用性。当前在科学研究和工业界广泛使用的扫描力显微镜，其基础就是原子力显微镜。

原子力显微镜研究对象可以是有机固体、聚合物以及生物大分子等，样品的载体选择范围很大，包括云母片、玻璃片、石墨、抛光硅片、二氧化硅和某些生物膜等，其中最常用的是新剥离的云母片，主要原因是其非常平整且容易处理。而抛光硅片最好要用浓硫酸与 30% 双氧水的 7:3 混合液在 90 ℃ 下煮 1 h。利用电性能测试时需要导电性能良好的载体，如石墨或镀有金属的基片。试样的厚度，包括试样台的厚度，最大为 10 mm。如果试样过重，有时会影响扫描器的动作，不能放过重的试样。试样的大小以不大于试样台的大小 (直径 20 mm) 为大致的标准。

原子力显微镜不仅可以用于观察电极材料的表面微观形貌，还可以测量材料尺寸大小与厚度，特别是纳米尺度的电极材料。Hao 等 [11] 利用原子力显微镜表征了 SnS_2/rGO 复合材料的形貌特征。由图 8-17(a) 可以看出，SnS_2 纳米薄片尺寸在 50 nm 左右，均匀分布在 rGO 层表面。经过探针测量结果可知，rGO 片层的厚度为 2.25 nm，SnS_2 纳米薄片的平均厚度约为 1.5 nm，说明由于 SnS_2 的较大的层间距 (0.5899 nm)，大部分 SnS_2 颗粒发生了剥离。Chen 等 [12] 利用原子力显微镜表征了 Ni_3S_4 量子点负极材料的形貌和尺寸信息，结果如图 8-17(b) 所示。白色亮点为 Ni_3S_4 量子点，尺寸均在 5 nm 以下。通过测量发现，这些量子点的高度在 1.9~4.2 nm，与横向尺寸相当，表明它们具有近似球形的形貌。

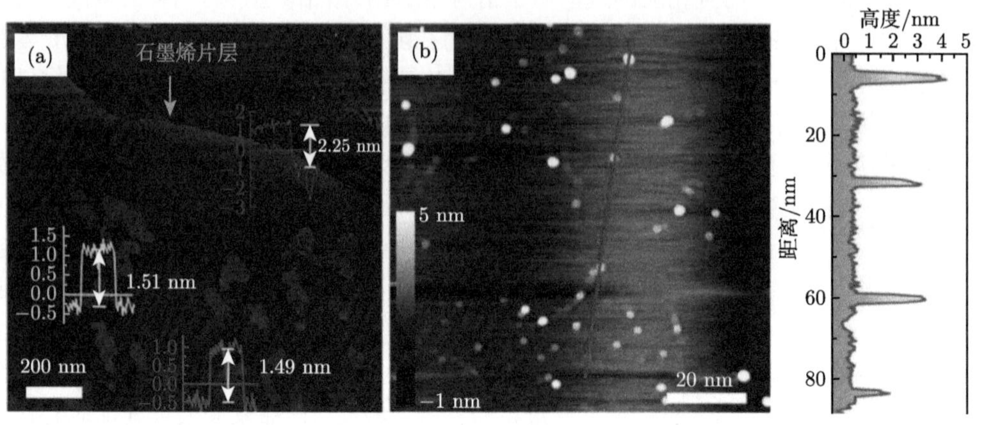

图 8-17 (a)SnS_2/rGO 复合纳米材料和 (b)Ni_3S_4 量子点的原子力显微镜图 [11,12]

8.4 核磁共振波谱技术

核磁共振 (nuclear magnetic resonance，NMR) 波谱技术是 20 世纪 40 年代发展起来的一项新的分析技术，现在与紫外吸收光谱、红外吸收光谱、质谱一起被人们称为“四谱”，是对各种有机和无机物的成分、结构进行定性分析的最强有力的工具之一，亦可进行定量分析，其应用已迅速扩展到物理、化学领域之外的医疗、生物工程等方面。

在强磁场中，某些元素的原子核和电子能量本身所具有的磁性，被分裂成两个或两个以上量子化的能级。吸收适当频率的电磁辐射，可在所产生的磁诱导能级之间发生跃迁。在磁场中，这种带核磁性的分子或原子核吸收从低能态向高能态跃迁的两个能级差的能量，会产生共振谱，可用于测定分子中某些原子的数目、类型和相对位置，这就是核磁共振波谱技术的基本原理。由于不同原子核吸收和发散电磁波的频率不同，且此频率还与核环境有关，故可以根据磁共振信号来分析物质的结构成分及其密度分布。

随着科技的不断进步，核磁共振波谱技术也由液态技术向固态技术不断发展。固体核磁共振技术是以固态样品为研究对象的分析技术。在液体样品中，分子的快速运动将导致核磁共振谱线增宽的各种相互作用 (如化学位移各向异性和偶极–偶极相互作用等) 平均掉，从而获得高分辨的液体核磁谱图。对于固态样品，分子的快速运动受到限制，化学位移各向异性等各种作用的存在使谱线增宽严重，因此固体核磁共振技术分辨率相对于液体的较低。目前，固体核磁共振技术分为静态与魔角旋转两类。前者分辨率低，应用受限；后者使样品管 (转子) 在与静磁场 B_0 呈 54.7° 方向快速旋转，达到与液体中分子快速运动类似的结果，提高谱图分辨率。

固体核磁共振技术的应用领域主要包括无机材料 (固体催化剂、玻璃、陶瓷等)，有机固体 (高分子、膜白质等) 和生物材料 (骨头、羟基磷灰石等) 等。特别是在电化学储能领域，固体核磁共振技术发挥着重要的作用。传统的结构研究方法，如 X 射线衍射等表征的是固体物质中的长程有序，给出的是平均化的结构信息。然而，多数材料，包括许多新型功能材料，在长程结构上都有或多或少的无序性，此时，这些结构表征方法就显示出其局限性。不过，即便是最"无序"的物质，也总是包含着短程上的"有序"。而固体核磁共振考察的是固体中某种特定核的局部环境，观测的是短程有序，因而成为研究这些部分"无序"材料的理想方法。通过探索详尽的原子周围局部结构的信息，可以从根本上掌握材料的结构和功能的联系，从而为新材料的设计提供指导意见。比如，固体核磁共振在开发替代钴酸锂的锂离子可充电电池新电极材料以及在高性能超级电容器电极材料开发等研究中发挥了重要作用。

核磁共振由于元素的优势，可以独立观察单个离子物种选择性，因此可用于研究超级电容器充电/放电过程中的电荷存储机制。非原位核磁共振包括将超级电容器置于特定电压下，将其拆卸，然后获取依旧存在于电极内部的电解质种类的核磁共振谱。但测试结果容易受空气环境下可能的副反应的干扰，影响测试精度。相比之下，原位核磁共振允许观察工作装置中双电层中离子局部环境的变化。这种方法为超级电容器系统的充电机制提供了见解。Borchardt 等 [18] 使用固态 ^{1}H、^{11}B 和 ^{13}C 核磁共振光谱研究了电解质分子和多孔碳材料之间的相互作用。Gray 等 [19] 应用原位核磁共振技术研究了超级电容器在充放电过程中电极/电解质界面的变化，结果如图 8-18(a) 所示。对于由活性炭电极和有机电解质组成的超级电容器，在不同充电状态下进行了核磁共振实验，可以量化存储电荷的数量。根据原位核磁共振测量结果可知，超级电容器存在两种截然不同的电荷存储机制 (图 8-18(b))：① 当超级电容器的电压低于 0.75 V 时，对于负极而言，越来越多的电解质阴离子从碳材料微孔中解吸出来，然而对于正极而言，吸附的阴离子数几乎不随电压升高而变化；② 当电压在 0.75 V 以上时，正极吸附的阴离子数量急剧增加，而负极的阴离子不断解吸。原位核磁共振表征表明，当使用 $TEABF_4$ 溶于乙腈为电解质时，正极与负极的电荷储存机制不同。正极是通过阳离子与阴离子交换进行充电，而负极则以阳离子吸附为主。

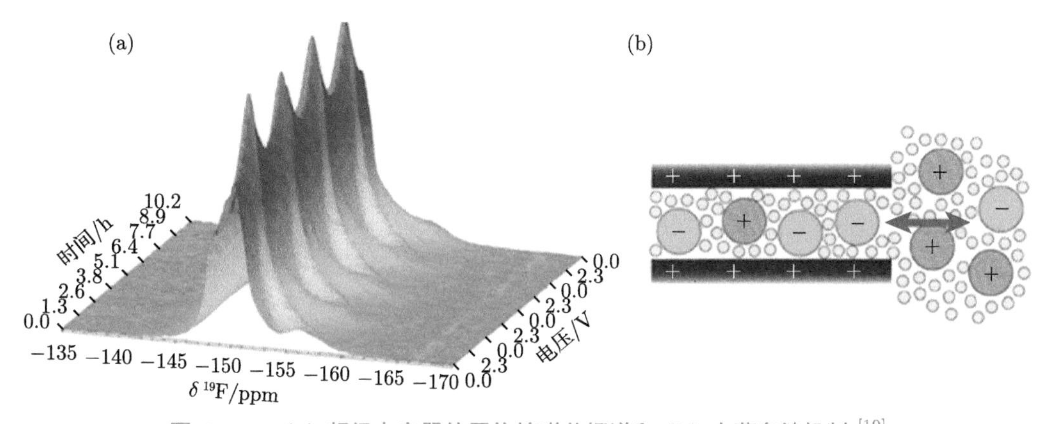

图 8-18 (a) 超级电容器的原位核磁共振谱和 (b) 电荷存储机制 [19]

8.5 低温氮气吸脱附表征技术

近年来，多孔电极材料因高比表面积和孔隙率而备受关注，高比表面积有利于提高活性电极材料的利用率，孔隙的存在促进了离子扩散传输，进而提升了电化学性能。多孔材料的比表面积和孔隙分布测试在电化学储能领域已逐步引起人们的普遍重视，特别是对于电容器正极材料研究，成为评价多孔材料的活性、吸附等多种性能的一项重要参数。比表面积及孔隙分布测试方法根据测试思路不同分为吸附法、透气法和其他方法，透气法是将待测粉体填装在透气管内振实到一定堆积密度，根据透气速率不同来确定粉体比表面积大小，比表面积测试范围和精度都很有限。吸附法比较常用且精度相对其他方法较高。吸附法是让一种吸附质分子吸附在待测粉末样品 (吸附剂) 表面，根据吸附量的多少来评价待测粉末样品的比表面积及孔隙分布大小。根据吸附质的不同，吸附法分为低温氮吸附法、吸碘法、吸汞法和吸附其他分子方法。以氮分子作为吸附质的氮吸附法由于需要在液氮温度下进行吸附，又叫低温氮吸附法，这种方法中使用的吸附质——氮分子性质稳定、分子直径小、安全无毒、来源广泛，是理想的且是目前吸附法比表面积及孔隙分布测试主要的吸附质。

低温吸附法测定固体比表面积和孔径分布是依据气体在固体表面的吸附规律。在恒定温度下，在平衡状态时，一定的气体压力对应于固体表面一定的气体吸附量，改变压力可以改变吸附量。平衡吸附量随压力而变化的曲线称为吸附等温线，对吸附等温线的研究与测定不仅可以获取有关吸附剂和吸附质性质的信息，还可以计算固体的比表面积和孔径分布。布鲁尼尔 (S. Brunauer)、埃密特 (P. Emmett) 和特勒 (E. Teller) 于 1938 年提出的 BET 多分子层吸附理论，为目前常用的计算模型，即 BET 法，其原理是物质表面 (颗粒外部和内部通孔的表面) 在低温下发生物理吸附，被公认为是测量固体比表面积的标准方法。

BET 法模型为物理吸附，是按多层方式进行的，不等第一层吸满就可有第二层吸附，第二层上又可能产生第三层吸附，吸附平衡时，即各层达到各层的吸附平衡时，测量平衡吸附压力和吸附气体量。所以吸附法测得的表面积实质上是吸附质分子所能达到的材料的外表面积和内部通孔总表面积之和。BET 吸附等温方程为

$$\frac{p}{V(p_0-p)}=\frac{1}{V_{\mathrm{m}}C}+\frac{(C-1)}{V_{\mathrm{m}}C}\frac{p}{p_0} \tag{8.4}$$

式中，V 为气体吸附量；V_{m} 为单分子层饱和吸附量；p 为吸附质压力；p_0 为吸附质饱和蒸气压；C 为与吸附相关的常数。求出单分子层吸附量，从而计算出试样的比表面积。

BET 法同样可以测试多孔材料的孔径分布情况，通常与比表面积测定密切相关。所谓的孔径分布是指不同孔径的孔容积随孔径尺寸的变化率。通常根据孔平均半径的大小将孔分为三类：孔径 ⩽2 nm 为微孔，孔径在 2~50 nm 范围为中孔，孔径 ⩾50 nm 为大孔。氮气吸附法孔径分布测定利用的是毛细凝聚现象和体积等效代换的原理，即以被测孔中充满的液氮量等效为孔的体积。吸附理论假设孔的形状为圆柱形管状，从而建立毛细凝聚模型。由毛细凝聚理论可知，在不同的 P/P_0 下，能够发生毛细凝聚的孔径范围是不一样的，随着 P/P_0 值增大，能够发生凝聚的孔半径也随之增大。对应于一定的 P/P_0 值，存在一临

界孔半径 R_k，半径小于 R_k 的所有孔皆发生毛细凝聚，液氮在其中填充，大于 R_k 的孔皆不会发生毛细凝聚，液氮不会在其中填充。临界半径可由开尔文方程给出，R_k 称为开尔文半径，它完全取决于相对压力 P/P_0。开尔文公式也可以理解为对于已发生凝聚的孔，当压力低于一定的 P/P_0 时，半径大于 R_k 的孔中凝聚液将气化并脱附出来。理论和实践表明，当 P/P_0 大于 0.4 时，毛细凝聚现象才会发生，通过测定出样品在不同 P/P_0 下凝聚氮气量，可绘制出其等温吸脱附曲线，通过不同的理论方法可得出其孔容积和孔径分布曲线。最常用的计算方法是利用 BJH 理论，通常称为 BJH 孔容积和孔径分布。

根据国际纯粹和应用化学联合会 (IUPAC) 分类，将吸附曲线分为 6 类，如图 8-19 所示。I 型等温线反映了微孔型结构，如分子筛、碳材料、微孔二氧化硅等。Ⅱ 型等温线反映了大孔吸附或者非孔性结构，如大孔硅藻土、氧化铝陶瓷等。Ⅲ 型等温线表示吸附质之间的相互作用要强于吸附质与吸附剂之间的相互作用，且无吸附层数限制，它对应于非孔材料。Ⅳ 型等温线对应出现毛细凝聚的体系，如介孔材料、空心材料等。V 型等温线与 Ⅲ 型类似，但是饱和蒸气压处受吸附层限制而达到稳定，它对应于无微孔的介孔材料。Ⅵ 型等温线反映了无孔均匀表面多层吸附，通常对应于复合材料。上述吸附类型以 I 型和 Ⅳ 型较为常见。值得注意的是，实验过程中获得的一些新材料通常会含有部分微孔结构，因此氮气吸附测试如果从相对压力 P/P_0>0.01 开始，则不能获得它的微孔信息。

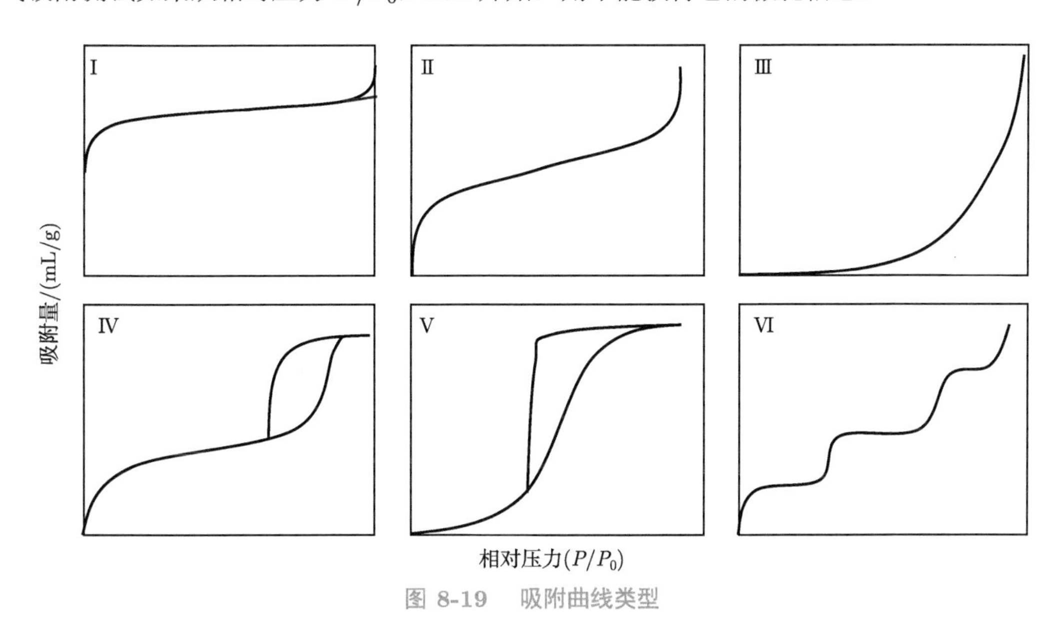

图 8-19 吸附曲线类型

Liu 等 [20] 采用氮气吸附–脱附等温法测定了有机框架结构衍生碳与石墨烯组成的复合材料的比表面积和孔径分布。如图 8-20(a) 所示，纯的石墨烯 (PrGO)、KOH 活化前的复合材料 (ZC@G-40) 和 KOH 活化后的复合材料 (HC-40-4) 都表现出了典型的高吸氮量 Ⅳ 型等温线，并且在 0.44~1.0 相对压力时表现为 H4 滞后环，说明上述样品中同时存在微孔和介孔。BJH 孔径分布分析进一步验证了样品中存在微孔/介孔结构 (图 8-20(b))。非活化的 ZC@G-40 样品中只有微孔结构，孔径主要在 1.27 nm，而活化后的 HC-40-4 复合材料既有微孔结构 (孔径为 1.27 nm)，也存在介孔结构 (孔径为 2.73 nm)，这归因于

KOH 活化的有效策略，表明材料具有设计良好的分级多孔结构。此外，经过 KOH 活化后，介孔的浓度明显增多。适当孔径的介孔可以作为电解液渗透的快速离子传输通道，有利于提高超级电容器的电容性能和速率性能，特别是在大尺寸的离子液体电解质中。值得注意的是，HC-40-4 材料表现出超高的比表面积 (2837 m^2/g)，远高于活化前的 ZC@G-40 (1091 m^2/g)。PrGO 比表面积最低，只有 231 m^2/g，这可能是由石墨烯在高温处理过程中发生严重团聚导致的。此外，HC-40-4 表现出了较大的孔体积 (2.12 cm^3/g) 和平均孔径 (3.03 nm)，表明 KOH 活化过程可以有效地优化材料孔径分布。因此，高的比表面积和优化的分级微/介孔结构使 HC-40-4 成为理想的超级电容器电极材料。

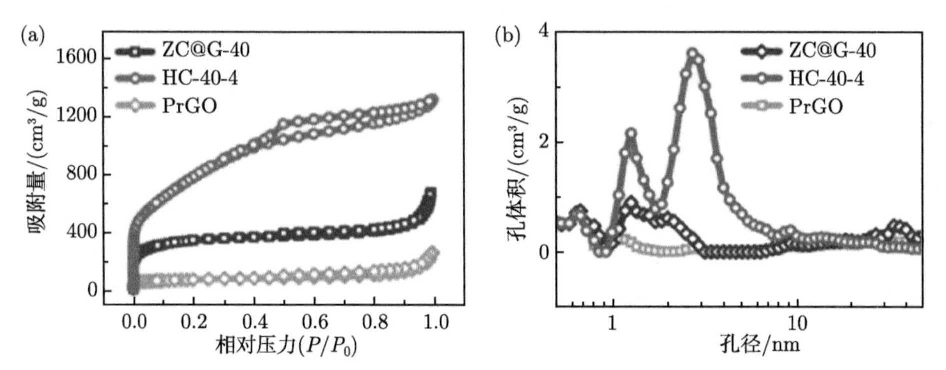

图 8-20 PrGO、ZC@G-40 和 HC-40-4 的 (a) 氮气吸附–脱附等温线和 (b) 孔径分布图 [20]

8.6 电化学表征技术

8.6.1 循环伏安法

循环伏安法 (cyclic voltammetry，CV) 是一种常用的电化学研究方法，用于电极反应的性质、电极反应参数研究，以及判断其控制步骤和反应机理。对于一个新的电化学体系，首选的研究方法往往就是循环伏安法，可称之为“电化学的谱图”。由于受影响因素较多，该法一般用于定性分析，很少用于定量分析。

伏安曲线的输入信号为循环三角波，如图 8-21 所示，得到的电流–电压曲线包括两个分支，如果前半部分电位向阴极方向扫描，电活性物质在电极上还原，产生还原波，那么后半部分电位向阳极扫描时，还原产物又会重新在电极上氧化，产生氧化波。因此，在一次三角波扫描后，电极完成一个还原和氧化过程的循环，也因此扫描电位范围须使电极上能交替发生不同的还原和氧化反应，故该法称为循环伏安法。

线性伏安测试技术即电位随着时间线性变化，从而测量电流随电压变化的过程。在循环伏安法中，起始扫描电位可表示为

$$E = E_{\mathrm{i}} - vt \tag{8.5}$$

式中，E_{i} 为起始电位；t 为时间；v 为电位变化率或扫描速率。反向扫描循环定义为

$$E = E_{\mathrm{i}} + v't \tag{8.6}$$

其中，v' 常常与 v 值相同，将其与适当形式的能斯特 (Nernst) 方程相结合可以得到一个描述电极表面粒子流量的表达式，该表达式可以用连续小步进行积分求和的方法求其解。

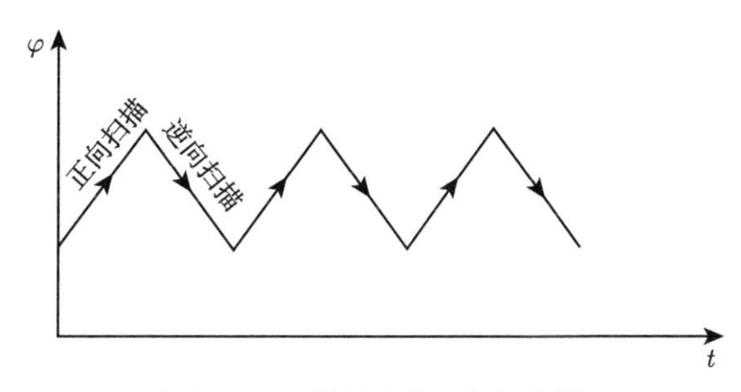

图 8-21 线性电位三角波扫描

一般情况下循环伏安测得的电流响应应为法拉第电流和非法拉第电流之和。由于电位持续改变，因此总有电流对双电层充电，非法拉第电流总是存在。在没有电化学反应的电位区间，测得的电流即为用于电极双电层充电的非法拉第电流；当电位变化，电极开始发生电化学反应时，由于加入了法拉第电流，通过电极的电流明显增大。采用循环伏安法，一方面能够较快地观测较宽电位范围内发生的电极过程，为电极过程提供丰富的信息；另一方面又能通过对扫描曲线形状的分析，估算电极反应参数。更重要的是，循环伏安测试还可以进一步研究离子扩散和不同类型容量贡献等信息。

对于组装的扣式或软包锂离子电容器，一般采用两电极测试模式，使用电化学工作站直接测试其 CV 曲线。首先将锂离子电容器正负极与电化学工作站对应连接，然后选择循环伏安测试功能进入参数设置。需要设置的参数包括初始电位、上限电位、下限电位、终点电位、初始扫描方向、扫描速度、扫描段数、采样间隔、静置时间、灵敏度仪器、工作模式等。电压从起始电位到上限电位再到下限电位的方向进行扫描，电压对时间的斜率即为扫描速度，最后形成一个封闭的曲线，即为电化学体系中电极所发生的氧化还原反应。对于负极材料而言，起始电位一般为上限电位，从高电位向低电位最后回到高电位的方向进行扫描；正极材料则相反。

循环伏安测试对研究锂离子电容器在充放电循环中电极反应过程和可逆性至关重要。理想状态下，超级电容器的 CV 曲线为完美的矩形，X 轴上下面积相等。而实际的测试中，由于电容器存在内阻以及电路中存在“泄漏电流”，CV 曲线往往会出现稍微倾斜。如图 8-22(a) 所示，多孔碳正极材料与锂金属负极匹配时，其 CV 曲线在 2~4.0 V 电压窗口下接近矩形形状，表现出了典型的双电层电容特性，与水系双电层超级电容器 CV 曲线相似 [14]。根据矩形 CV 曲线，由公式 (8.7) 可以估算电极材料的电容 C：

$$C = i/v \tag{8.7}$$

式中，C 为微分电容 (F/g)；i 为平均电压下的电流密度 (A/g)；v 为扫描速率 (V/s)。循环伏安测量可直接用于评估双电层行为或 CV 曲线呈现矩形的赝电容行为的平均电容。当多孔碳正极与碳负极匹配组成非对称锂离子电容器器件时，其 CV 曲线由于受到负极电位的影响，往往呈现出对称性不想理的矩形形状，如图 8-22(b) 所示，其比电容也可通过公

式 (8.7) 进行积分估算，但与实际值往往存在差异，因此通过 CV 曲线计算得到的电容值一般仅作参考。

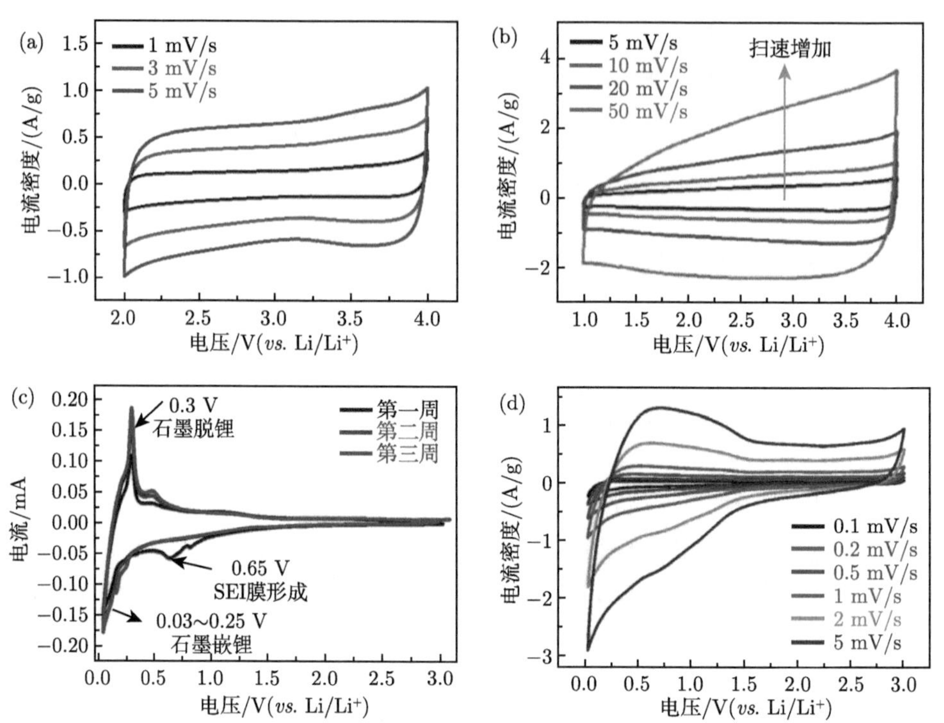

图 8-22 (a) 双电层多孔碳正极材料与锂金属匹配时的 CV 曲线；(b) 双电层多孔碳正极材料与碳负极材料组成锂离子电容器器件时的 CV 曲线；(c) 嵌入型石墨负极和 (d) 表面吸附型硬碳负极材料的 CV 曲线 [14,16,21,22]

负极材料由于反应机制不同，其 CV 曲线也表现出不同的形状。常用的负极材料根据储锂机制可分为嵌入型负极和电容型负极。嵌入型负极以典型的石墨负极为例 [21]，其 CV 曲线如图 8-22(c) 所示。0.65 V 左右的还原峰对应材料表面形成 SEI，一般是不可逆的，只在首次放电过程中出现。在 0.1~0.25 V 出现了明显的氧化和还原峰对，这是由锂离子在石墨层间可逆地嵌入与脱出导致的。软碳/硬碳材料也常被用作锂离子电容器负极材料，以硬碳材料为例 [22]，其 CV 曲线如图 8-22(d) 所示，在 0~3 V 范围内，CV 曲线只在接近 0 V 时出现还原峰，类似于石墨插层反应，其他电位都没有明显的氧化还原峰，这表明该材料呈现出电容性表面电荷存储行为，类似于石墨烯等二维材料。然而，对于这些电池型负极材料而言，由于存在法拉第行为或插层赝电容行为，在 CV 曲线中往往表现出明显的氧化还原峰，因此不能通过公式 (8.7) 来测量相应的平均电容。

利用 CV 曲线还能研究电极材料中的锂离子输运特性。Liu 等 [23] 利用多扫速的 CV 曲线分析了 Li_3VO_4/C(LVO/C) 复合材料的离子扩散动力学和容量贡献，结果如图 8-23 所示。在 0.01~3.0 V 电压范围内对 LVO/C 材料进行循环伏安实验，在 1.2 V 左右出现了明显的氧化还原峰，对应于锂离子在 LVO/C 中的嵌入和脱出反应。但随着扫描速率的增加，电流峰值的位置没有明显的偏移 (图 8-23(a))。一般而言，研究响应电流 (i) 与扫描速

率 (v, mV/s) 之间关系的常用方法为幂律公式 [24]：

$$i = av^b \tag{8.8}$$

式中，a、b 为可控参数。b 值可由 $\lg v - \lg i$ 拟合曲线的斜率求得，不同的 b 值代表不同类型的电荷存储机制。当 b 值为 0.5 时，电荷存储主要受扩散控制行为控制，而当 b 值为 1.0 时，表明电流来自于理想的电容/表面过程。如图 8-23(b) 所示，基于 LVO/C 电极不同扫速下的氧化还原峰值电流计算出的 b 值分别为 0.75 和 0.68，这表明 LVO/C 电极的容量受两种电荷存储机制的影响。

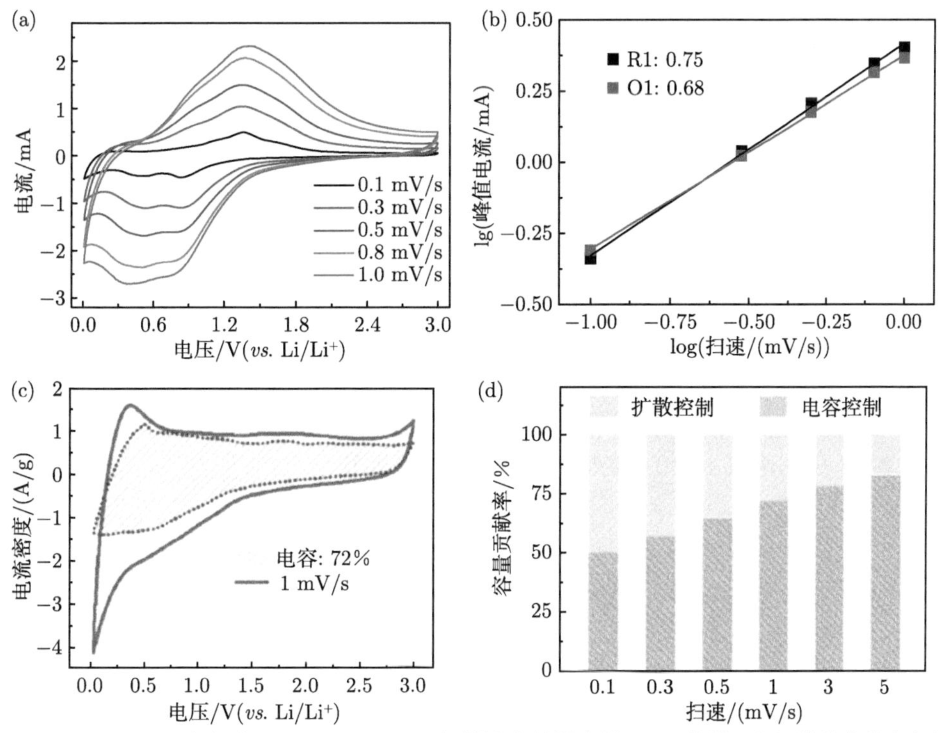

图 8-23 (a)LVO/C 电极在 0.1~1.0 mV/s 扫描速率范围内的 CV 曲线；(b) 峰值电流与扫描速率的线性关系；(c)N 掺杂石墨烯电极在 1 mV/s 时的 CV 曲线，红线为总电流，蓝线为电容性电流，阴影部分为电容性容量贡献；(d) 不同扫描速率下的容量贡献比例 [14,23]

此外，根据 CV 曲线，电容性过程和扩散控制反应的容量贡献可由公式 (8.9) 确定 [25]：

$$i = k_1 v + k_2 v^{1/2} \tag{8.9}$$

式中，k_1 和 k_2 都是给定电压对应的常数值；$k_1 v$ 表示电容贡献控制的响应电流；$k_2 v^{1/2}$ 为扩散控制的响应电流。Li 等 [14] 利用该方法计算了 N 掺杂石墨烯电极的容量贡献，结果如图 8-23(c) 和 (d) 所示。在 1 mV/s 扫描速率下，电容过程对 N 掺杂石墨烯电极的容量贡献达到 72% (图 8-23(c) 阴影区域面积占比)，表面电容反应占绝对的主导地位。不同扫描速率下的容量贡献比例如图 (d) 所示，当扫描速率增加时，电容贡献率逐渐上升，即使在 0.1 mV/s 低扫描速率下，电容贡献依旧可以达到 50%，这意味着随着反应速率的提升，N 掺杂石墨烯电极表面/近表面产生了更多的电容性反应，容量贡献由电容过程和扩散过程共同主导逐渐变为由电容过程主导。

8.6.2 充放电测试

全方位地测试评价锂离子电容器的能力，从而提供安全可靠的锂电容器件，这在新能源汽车和消费类电子产品的开发过程中显得尤为重要，因此人们对于锂离子电容器测试方法的规范化和全面化提出了更高的要求。充放电测试作为最为直接和普遍的测试分析方法，可以对材料的容量、库仑效率、过电位、倍率特性、循环特性、高低温特性、电压曲线特征等多种特性进行测试。

当前所使用的充放电测试仪器都具备多种测试功能，可以做到多通道共同充放电测试。锂离子电容器充放电测试仪器的主要工作就是充电和放电两个过程。一般来说，锂电容的充放电模式主要包括恒流充电法、恒压充电法、恒流放电法、恒阻放电法、混合式充放电以及阶跃式等不同模式充放电方法，其中恒流充放电法的使用最广泛。恒电流充放电法 (又称计时电位法) 的基本工作原理是：在恒流条件下对被测电极进行充放电操作，记录其电位随时间的变化规律，进而研究电极的充放电性能，计算其实际的比容量。在恒流条件下的充放电实验过程中，施加电流的控制信号，电位为测量的响应信号，主要研究电位随时间的函数变化规律。

理想电容器的恒流充放电曲线是一条直线，呈对称的三角形分布，电压与时间之间具有良好的线性关系 (图 8-24(a))，是典型的双电层电容特征，且具备良好的可逆性。超级电容器的电容 C 可利用式 (8.10) 通过计算曲线的斜率而得

$$C = (i\Delta t)/V \tag{8.10}$$

式中，i 为充放电测试时的放电电流；Δt 为放电时间；V 是电压窗口。而对于赝电容型电容器而言，当 V-t 曲线不是呈良好的线性时，如图 8-24(b) 所示，电容的计算可通过放电时间段内对电流的积分而得。

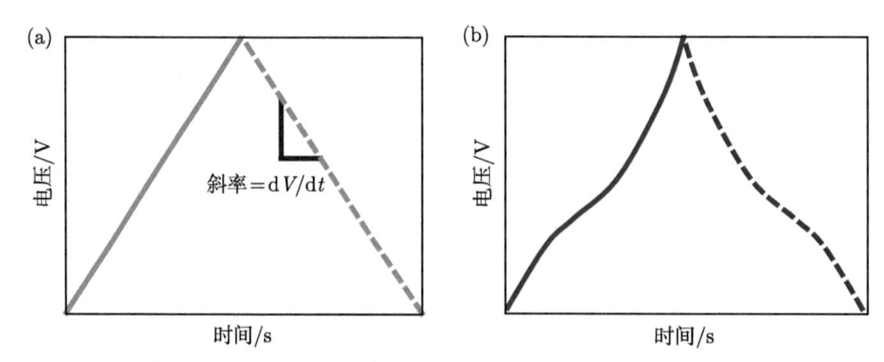

图 8-24 (a) 理想的双电层电容器的恒流充放电曲线；(b) 赝电容电容器的恒流充放电曲线

恒流充放电的电流大小通常以电流密度或者充放电倍率来表示，以充放电倍率为例：充放电倍率 (C)= 充放电电流 (mA)/额定容量 (mA·h)，如额定容量为 1000 mA·h 的器件以

100 mA 的电流充放电，则充放电倍率为 0.1C。实验室中对电容器的充放电测试主要包括：充放电循环测试、倍率充放电测试以及高低温充放电测试。常用的测试系统包括 Arbin 公司的电池测试系统、深圳新威新能源技术有限公司的电池测试系统、武汉市蓝电电子股份有限公司的电池测试系统以及 MACCOR 公司的电池测试系统等。此外，一些电化学工作站也具有扣式电池电化学性能测试功能。

图 8-25(a) 为以石墨烯复合材料为正极的锂离子电容器在不同电流密度下的恒流充放电曲线，可以看出，充放电曲线呈线性形状，轮廓高度对称，表现出典型的双电层电容特性 [16]。当电流密度从 0.5 A/g 增加到 20 A/g 时，曲线依旧保持线性形状，但放电容量逐渐减少，这是因为大电流条件下，活性物质来不及完全活化，同时由于极化增大而会更快地达到截止电压，所以利用率会随电流密度的增加而降低。这种由利用率降低而导致的容量减少并非是材料本身的性能下降，当利用小电流重新进行充放电测试时，材料几乎能够恢复到原有的容量。对应的倍率性能显示 (图 8-25(b))，在 0.5 A/g 的小电流密度下，石墨烯正极材料能够释放 156.4 mA·h/g 的高比容量。即使在 20 A/g 的超高电流密度下，石墨烯正极也可以提供 113 mA·h/g 的比容量，具有优异的倍率性能。值得注意的是，电流密度重新回到 0.5 A/g 时，其容量又重新恢复，表现出了出色的容量可逆性。图 8-25(c) 为石墨烯复合材料为正极在 5 A/g 的电流密度下进行的循环性能测试。初始比容量高达 122 mA·h/g，10000 次循环后，容量保持了初始容量的 90%，平均库仑效率为 96%。较高的比容量和长循环稳定性得益于石墨烯复合材料丰富的多孔特性和稳定的纳米结构。因此，石墨烯复合材料是非常有潜力的锂离子电容器正极材料。

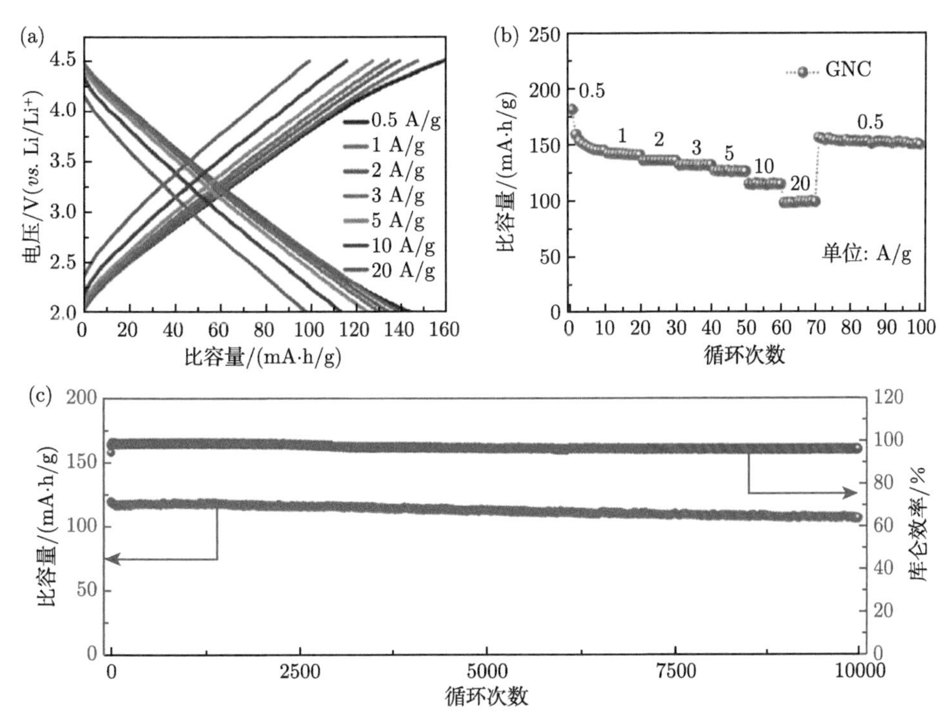

图 8-25 石墨烯复合正极材料 (a) 不同电流密度下的恒流充放电曲线，(b) 倍率性能和 (c) 循环性能测试 [16]

8.6.3 电化学阻抗谱

电化学阻抗谱 (electrochemical impedance spectroscopy, EIS) 是一种给电化学系统施加一个频率不同的小振幅的交流信号，测量交流信号电压与电流的比值 (即系统的阻抗) 随正弦波频率 ω 的变化，或者是阻抗的相位角 Φ 随 ω 的变化的电化学测量方法，如图 8-26(a) 所示。由于以小振幅的电信号对体系扰动，一方面可避免对体系产生大的影响，另一方面也使得扰动与体系的响应之间近似呈线性关系，这就使测量结果的数学处理变得简单。电化学阻抗就是以不同频率的小幅值正弦波扰动信号作用于电极系统，由电极系统的响应与扰动信号之间的关系得到电极电阻，推测电极的等效电路，进而可以分析电极系统所包含的动力学过程及其机理，由等效电路中有关元件的参数值估算电极系统的动力学参数，如电极双电层电容、电荷转移过程的反应电阻、扩散传质过程参数等。

电化学阻抗测试一般采用电化学工作站，目前常用的有辰华 CHI 系列、Bio-logic EC-Lab 系列、万通 Autolab 系列电化学工作站等，以 Autolab 为例介绍 EIS 测试过程。首先进入选择 EIS 模式，进入参数设置界面，选择阻抗测试的不同模式后，设置测试频率范围、起始频率点、频率测试顺序、采点区间等，然后启动得到测试结果。

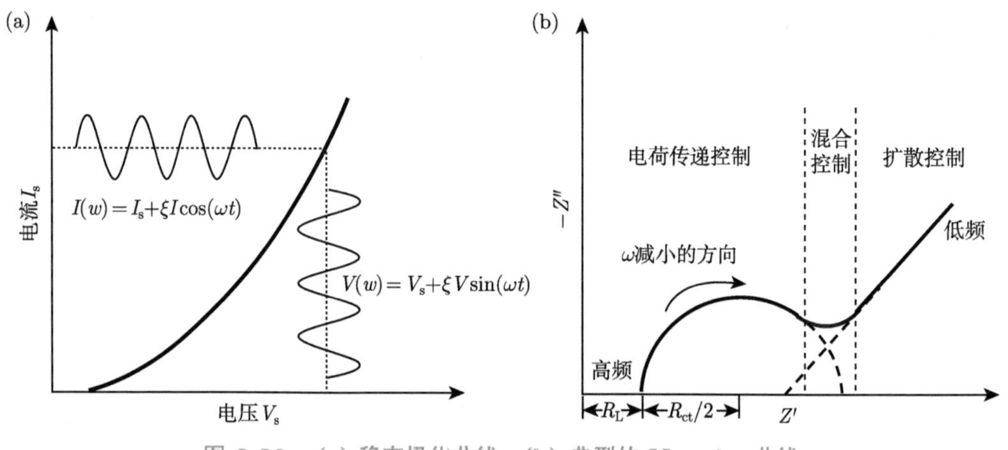

图 8-26 (a) 稳态极化曲线；(b) 典型的 Nyquist 曲线

电化学阻抗谱一般在一个非常宽的频率范围内进行测量 ($10^{-3}\sim10^{6}$Hz)，根据从高频到低频范围绘制对应的阻抗谱图，如阻抗复平面图、伯德 (Bode) 图等，而最为常用的是阻抗复平面图。阻抗复平面图是以阻抗的实部为横轴，以阻抗的虚部为纵轴绘制的曲线，也称为奈奎斯特 (Nyquist) 图。典型的 Nyquist 曲线如图 8-26(b) 所示，高频区是一个半圆，在实轴上的起点是 R_L，半圆的直径是 R_{ct}，低频区是一条斜率为 1(即倾斜角度为 45°) 的直线。对于高频区，在电极上交替进行的阴极过程和阳极过程每半个周期时间持续较短，没有明显的浓差极化，电极过程由电荷传递过程控制。而在低频区，每半个周期持续时间较长，电极会发生长时间的阴极极化或阳极极化，引起表面明显的浓度变化，造成浓差极化，因此在低频区域，电极过程由扩散过程控制。

目前，在电化学储能领域，描述电化学反应机制的模型主要有吸附模型 (adsorption model) 和表面层模型 (surface layer model)。一般采用表面层模型来描述离子在电极中的反应过程。表面层模型最初由 Thomas 等提出，分为高频、中频、低频区域，并逐步完善。对于嵌入型材料，Barsoukov 等 [26] 基于锂离子在单个活性材料颗粒中嵌入和脱出过程的分析，给出了锂离子在电极中嵌入和脱出过程的微观模型，他们认为锂离子在电极中的脱出和嵌入过程包括以下步骤：① 电子通过活性材料颗粒间的输运、锂离子在活性材料颗粒孔隙间的电解液中的输运；② 锂离子通过活性材料颗粒表面绝缘层 (SEI 膜) 的扩散迁移；③ 电子/离子导电结合处的电荷传输过程；④ 锂离子在活性材料颗粒内部的固体扩散过程；⑤ 锂离子在活性材料中的累积和消耗，以及由此导致的活性材料颗粒晶体结构的改变或新相的生成。

超级电容器电极是一个特殊的例子，电极阻抗可以用两种简单的模型来描述 (图 8-27)。图 8-27(a) 代表理想的双电层电容器的 Nyquist 曲线，为一条垂直线，这意味着整个频率范围内电容为一个常数。整个电路可以简单地等效为一个电阻 (R_s) 和电容 (C_{dl}) 的串联。R_s 主要是与电解液关联的阻抗，包括接触阻抗、集流体阻抗等，C_{dl} 主要与电极/电解液界面电荷的积累有关。图 8-27(b) 为理想的赝电容型电容器的电化学阻抗响应。在高频区，可观察到与电荷传递阻抗和双电层相关的圆环，低频区垂直线则与表面电化学反应储存的电荷有关。整个电路可以等效为一个电解质阻抗和一个双电层电容与一个赝电容分支并联而成。

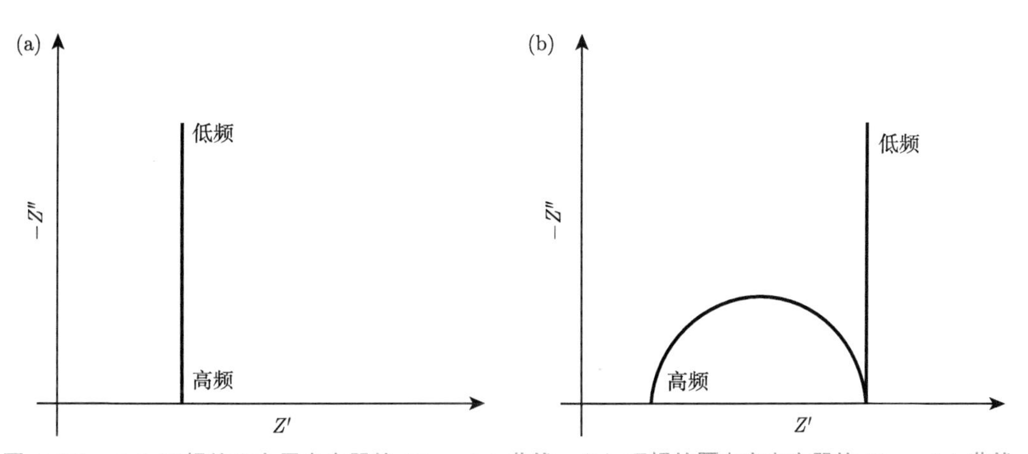

图 8-27 (a) 理想的双电层电容器的 Nyquist 曲线；(b) 理想的赝电容电容器的 Nyquist 曲线

对于锂离子混合电容器而言，由于反应体系更为复杂，相比于水系超级电容器，其真实的电极行为也要复杂很多，这些主要与电极反应类型、几何特性等因素有关。Song 等 [27] 利用 Autolab 电化学工作站测试了锂离子电容器的电化学阻抗谱，结果如图 8-28 所示。通过 Nyquist 图可以将反应过程区分为四个部分：高频区实轴下方的电感部分、虚轴实轴交点的欧姆内阻、中频区特征圆弧的电荷转移部分以及低频区直线的扩散部分。电感部分主要是由测试线、电极的物理结构和电芯制备方式等引起的超高频下的感性。欧姆内阻为测试线、电解液、隔膜、极耳和电极等的导电性以及它们之间的接触电阻。欧姆极化就是由欧姆内阻产生的。电荷转移部分与电解液和电极界面发生法拉第反应的电荷转移过程有关，由于电化学反应本身某一步骤不够快，需要一个额外的电位才能产生可观电流，所以这部分也称作电化学极化。扩散部分是离子在正负两个电极中的扩散过程，主要是由电化学反应导致空间上的浓度差而引起的物质输运，也称作浓差极化，如图中的灰色区域。而反常扩散行为主要是由正极活性炭材料的多孔性导致的离子扩散行为。锂离子电容器的正极活性炭是一种典型的高比表面积的多孔碳材料，其孔隙以微孔 (孔径 < 2 nm) 为主，也有介孔 (孔径 2~50 nm) 和大孔 (孔径 > 50 nm)。离子在活性炭孔隙内部发生吸附和脱附反应，多孔电极表面的不均匀性对离子沿电极平面方向的浓度有显著影响，进而出现了反常扩散现象。相反，锂离子电容器的负极由层状碳材料构成，比表面积小。锂离子在层状碳材料的体相中发生嵌入和脱嵌，反应相对缓慢，此时负极平面方向离子浓度均匀，反常扩散现象不明显。扩散低频直线相位小于 90° 是由多孔电极的孔隙表面粗糙度、双电层厚度不均、分布性的电荷转移率或吸附过程引起的 [28]。扩散高频直线相位大于 45° 是源于非晶导体中离子扩散的复杂性。总地来说，锂离子电容器的频域特性表现出了与双电层电容器相似的高频感性、阻性和中频电荷转移。但其低频扩散过程呈现出了独特性，需要建立孔隙阻抗模型来描述这种反常扩散现象。

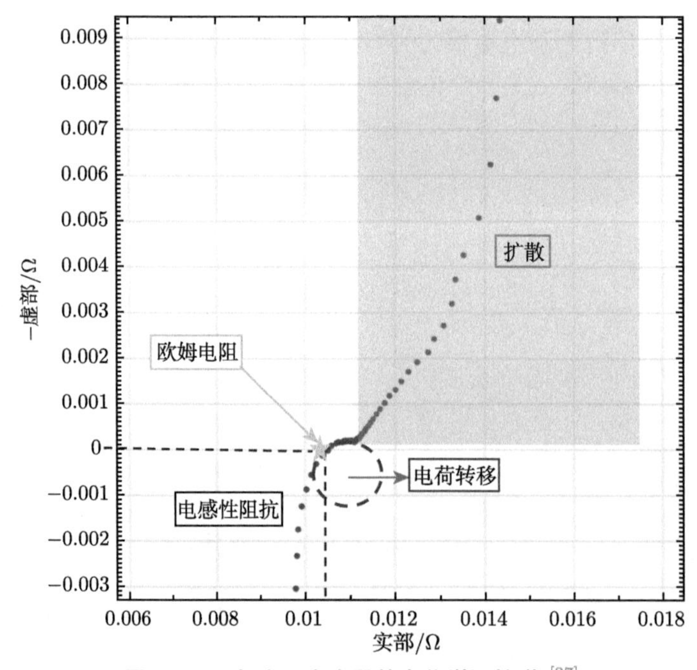

图 8-28 锂离子电容器的电化学阻抗谱 [27]

8.7 本章结语

本章总结了锂离子电容器常用的光谱表征技术、电镜表征技术和电化学测试方法的基本原理以及这些方法的典型应用实例。随着锂离子电容器的发展，表征技术和测试方法也将不断地发展和改进。例如，可采用球差电镜和冷冻电镜来表征材料和表/界面的结构，采用中子衍射技术来测量石墨锂化度，采用计算机 X 射线扫描 (X-CT)、电化学超声飞行时间检测技术来检测单体的内部缺陷和失效等。未来的表征技术需要更加自动化和实时化，以便更准确地监测锂离子电容器中的材料结构变化、电化学反应机理和性能等信息。例如，原位透射电子显微镜可以实时提供更详细的晶体结构变化信息，而原位 X 射线吸收光谱可以提供更详细的化学变化和电学信息，原位电化学阻抗谱和电化学质谱可以实时监测锂离子电容器中的反应动力学和物质转移，以帮助提升锂离子电容器的循环寿命和能量密度。未来的表征和测试技术还需要结合机器学习和人工智能技术，以便更好地处理和分析大量的实验数据，提高数据处理和分析的效率和准确性。总之，未来的锂离子电容器表征和测试技术需要不断地发展和改进，以满足不断提高的需求和挑战。

参考文献

[1] Sennu P, Aravindan V, Ganesan M, et al. Biomass-derived electrode for next generation lithium-ion capacitors. ChemSusChem, 2016, 9(8): 849-854.

[2] Xu Y, Wang K, Han J, et al. Scalable production of wearable solid-state Li-ion capacitors from n-doped hierarchical carbon. Advanced Materials, 2020, 32(45): 2005531.

[3] Yi S, Wang L, Zhang X, et al. Cationic intermediates assisted self-assembly two-dimensional $Ti_3C_2T_x$/rGO hybrid nanoflakes for advanced lithium-ion capacitors. Science Bulletin, 2021, 66(9): 914-924.

[4] Park M S, Lim Y G, Hwang S M, et al. Scalable integration of Li_5FeO_4 towards robust, high-performance lithium-ion hybrid capacitors. ChemSusChem, 2014, 7(11): 3138-3144.

[5] Wei Q, Li Q, Jiang Y, et al. High-energy and high-power pseudocapacitor-battery hybrid sodium-ion capacitor with Na^+ intercalation pseudocapacitance anode. Nano-Micro Letters, 2021, 13(1): 55.

[6] Griffith K J, Wiaderek K M, Cibin G, et al. Niobium tungsten oxides for high-rate lithium-ion energy storage. Nature, 2018, 559(7715): 556-563.

[7] Yano J, Yachandra V K. X-ray absorption spectroscopy. Photosynthesis Research, 2009, 102(2-3): 241-254.

[8] Liu W, Zhang X, Xu Y, et al. 2D graphene/MnO heterostructure with strongly stable interface enabling high-performance flexible solid-state lithium-ion capacitors. Advanced Functional Materials, 2022, 32(30): 2202342.

[9] Feng L X, Wang K, Zhang X, et al. Flexible solid-state supercapacitors with enhanced performance from hierarchically graphene nanocomposite electrodes and ionic liquid incorporated gel polymer electrolyte. Advanced Functional Materials, 2018, 28(4): 1704463.

[10] Li C, Zhang X, Wang K, et al. High-power and long-life lithium-ion capacitors constructed from n-doped hierarchical carbon nanolayer cathode and mesoporous graphene anode. Carbon, 2018, 140: 237-248.

[11] Hao Y, Wang S, Shao Y, et al. High-energy density Li-ion capacitor with layered SnS_2/reduced graphene oxide anode and BNC nanosheet cathode. Advanced Energy Materials, 2020, 10(6): 1902836.

[12] Chen W Y, Zhang X M, Peng Y Q, et al. One-pot scalable synthesis of pure phase Ni_3S_4 quantum dots as a versatile electrode for high performance hybrid supercapacitors and lithium ion batteries. Journal of Power Sources, 2019, 438: 227004.

[13] Li C, Zhang X, Wang K, et al. Scalable self-propagating high-temperature synthesis of graphene for supercapacitors with superior power density and cyclic stability. Advanced Materials, 2017, 29(7): 1604690.

[14] Li C, Zhang X, Wang K, et al. Nitrogen-enriched graphene framework from a large-scale magnesiothermic conversion of CO_2 with synergistic kinetics for high-power lithium-ion capacitors. NPG Asia Materials, 2021, 13(1): 59.

[15] Li C, Zhang X, Lv Z S, et al. Scalable combustion synthesis of graphene-welded activated carbon for high-performance supercapacitors. Chemical Engineering Journal, 2021, 414: 128781.

[16] Wang L, Zhang X, Xu Y N, et al. Tetrabutylammonium-intercalated 1T-MoS_2 nanosheets with expanded interlayer spacing vertically coupled on 2D delaminated mxene for high-performance lithium-ion capacitors. Advanced Functional Materials, 2021, 31(36): 2104286.

[17] Zhang S, Li C, Zhang X, et al. High performance lithium-ion hybrid capacitors employing Fe_3O_4-graphene composite anode and activated carbon cathode. ACS Applied Materials & Interfaces, 2017, 9(20): 17136-17144.

[18] Borchardt L, Oschatz M, Paasch S, et al. Interaction of electrolyte molecules with carbon materials of well-defined porosity: Characterization by solid-state NMR spectroscopy. Physical Chemistry Chemical Physics, 2013, 15(36): 15177-15184.

[19] Wang H, Forse A C, Griffin J M, et al. *In situ* NMR spectroscopy of supercapacitors: Insight into the charge storage mechanism. Journal of the American Chemical Society, 2013, 135(50): 18968-18980.

[20] Liu W H, Wang K, Li C, et al. Boosting solid-state flexible supercapacitors by employing tailored hierarchical carbon electrodes and a high-voltage organic gel electrolyte. Journal of Materials Chemistry A, 2018, 6(48): 24979-24987.

[21] Li C, Zhang X, Wang K, et al. A 29.3 $W\cdot h\cdot kg^{-1}$ and 6 $kW\cdot kg^{-1}$ pouch-type lithium-ion capacitor based on SiO_x/graphite composite anode. Journal of Power Sources, 2019, 414: 293-301.

[22] Li C, Zhang X, Wang K, et al. High-power lithium-ion hybrid supercapacitor enabled by holey carbon nanolayers with targeted porosity. Journal of Power Sources, 2018, 400: 468-477.

[23] Liu W, Zhang X, Li C, et al. Carbon-coated Li_3VO_4 with optimized structure as high capacity anode material for lithium-ion capacitors. Chinese Chemical Letters, 2020, 31(9): 2225-2229.

[24] Lindstrom H, Sodergren S, Solbrand A, et al. Li^+ ion insertion in TiO_2 (anatase). 2. Voltammetry on nanoporous films. Journal of Physical Chemistry B, 1997, 101(39): 7717-7722.

[25] Brezesinski T, Wang J, Tolbert S H, et al. Ordered mesoporous alpha-MoO_3 with iso-oriented nanocrystalline walls for thin-film pseudocapacitors. Nature Materials, 2010, 9(2): 146-151.

[26] Barsoukov E, Kim D H, Lee H S, et al. Comparison of kinetic properties of $LiCoO_2$ and $LiTi_{0.05}Mg_{0.05}Ni_{0.7}Co_{0.2}O_2$ by impedance spectroscopy. Solid State Ionics, 2003, 161(1-2): 19-29.

[27] Song S, Zhang X, Li C, et al. Anomalous diffusion models in frequency-domain characterization of lithium-ion capacitors. Journal of Power Sources, 2021, 490: 229332.

[28] Bohlen O, Kowal J, Sauer D U. Ageing behaviour of electrochemical double layer capacitors: Part i. Experimental study and ageing model. Journal of Power Sources, 2007, 172(1): 468-475.

第 9 章

锂离子电容器制备技术及测试规范

9.1 概述

2001 年，Amatucci 等 [1] 首先报道了一种使用活性炭 (AC) 正极和钛酸锂 ($Li_4Ti_5O_{12}$) 负极的混合型电容器。2005 年，富士重工公司的专利公开了基于活性炭正极和储锂负极的锂离子电容器，由于预嵌锂后的负极电位区间得到了有效降低，锂离子电容器单体的电压可提高至 3.8 V；同时采用了具有贯穿孔结构的正负极的集流体，可以实现 Li^+ 在电极间的扩散与迁移以及锂离子电容器单体的电化学预嵌锂操作 [2]。目前锂离子电容已被科研机构和相关企业广泛关注，武藏能源 (JM 能源) 公司、Yunasko 公司、Taiyo Yuden 公司、VINA Tech 公司等企业也先后推出了商业化的锂离子电容器产品。

锂离子电容器的单体制造技术主要包括电极制备工艺和单体的制造技术两方面，部分工艺与传统的锂离子电池工艺相兼容，这可以在一定程度上方便地利用成熟的锂离子电池上下游产业链资源；同时，由于锂离子电容器具有不同的储能机制和单体结构，关键技术和核心工艺又有其独特性。本章将从锂离子电容器单体制备工艺出发，介绍锂离子电容器的设计原理和制造技术，主要包括锂离子电容器的结构和类型、电极制备工艺、单体制备技术、后端工艺、实用化角度的材料体系选择、单体的设计原理、工艺参数设计、预嵌锂技术等，然后详细介绍锂离子电容器的单体性能测试规范、评价体系及安全性能测试规范。图 9-1 为锂离子电容器单体技术示意图。

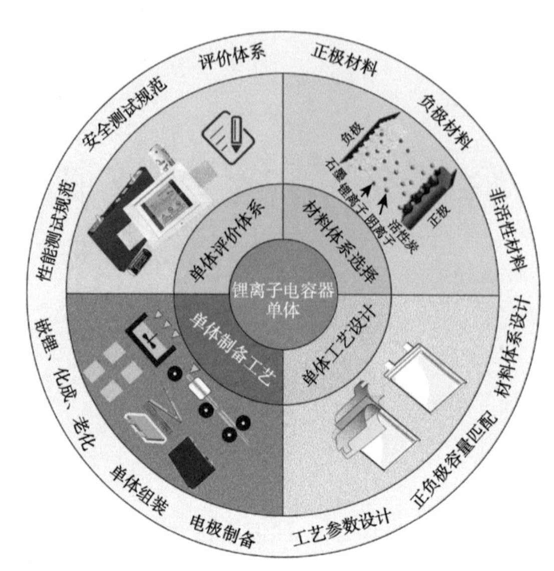

图 9-1 锂离子电容器单体技术示意图

9.2 锂离子电容器制备工艺

应用于不同场景的锂离子电容器通常具有不同的外观和形状，但其基本结构相似，遵循相同的制造原理。本节将介绍锂离子电容器的结构类型及单体制备的工艺流程。

9.2.1 结构和类型

锂离子电容器通常包含正极、负极、电解液以及正负极之间的隔膜，共同构成了电化学储能过程的基本要素 [3]。在锂离子电容器的充电过程中，由于化学势的驱动，电子从正极材料表面依次经由正极集流体、外电路、负极集流体流向负极材料，同时负极材料表面发生 Li^+ 的插嵌、正极表面发生阴阳离子的吸脱附，并导致电解液内部离子在浓度场和电位场的作用下定向迁移，从而形成完整的电流回路；锂离子电容器的放电过程与此相反。其中，锂离子电容器电化学过程的吉布斯自由能变化决定了单体所能释放的能量大小，而电极的欧姆内阻、接触阻抗、电极材料的动力学性能和电解液中离子输运速率等则决定了整个回路的阻抗大小和功率输出特性。

图 9-2(a) 所示为典型的扣式锂离子电容器结构示意图，包括正极、负极、隔膜、电池壳、垫片和绝缘密封圈等。扣式电池的结构可用于制备模拟锂离子电容器，其结构如图 9-2(b) 所示，主要用于满足科研需要，也可采用具有三电极结构的 Swagelok 模拟电容和软包装模拟电容 [4]。

对于能量密度和功率密度要求更高的应用场景，需要将电极通过堆叠或者卷绕的方式组装成圆柱形或者方形结构的单体，常见的结构类型为圆柱形、方形和软包装等类型的锂离子电容器，如图 9-3 所示。部分具有代表性的商品化锂离子电容器单体的照片如图 9-4 所示，分别为带引脚的直插式锂离子电容器、圆柱形锂离子电容器、方形硬壳锂离子电容器和软包装锂离子电容器。

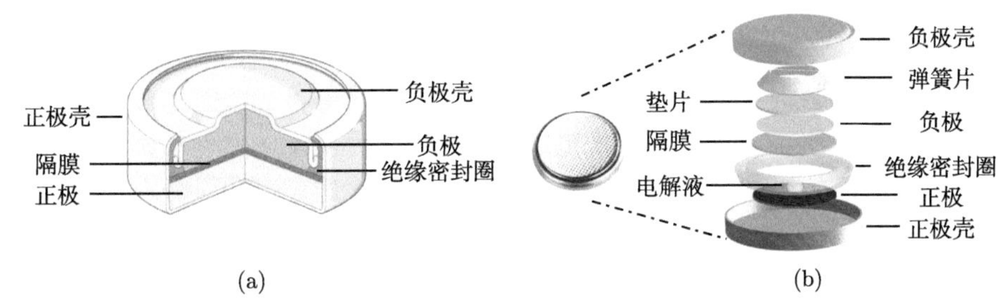

图 9-2 扣式电容器的 (a) 结构示意图及 (b) 电容器的组装

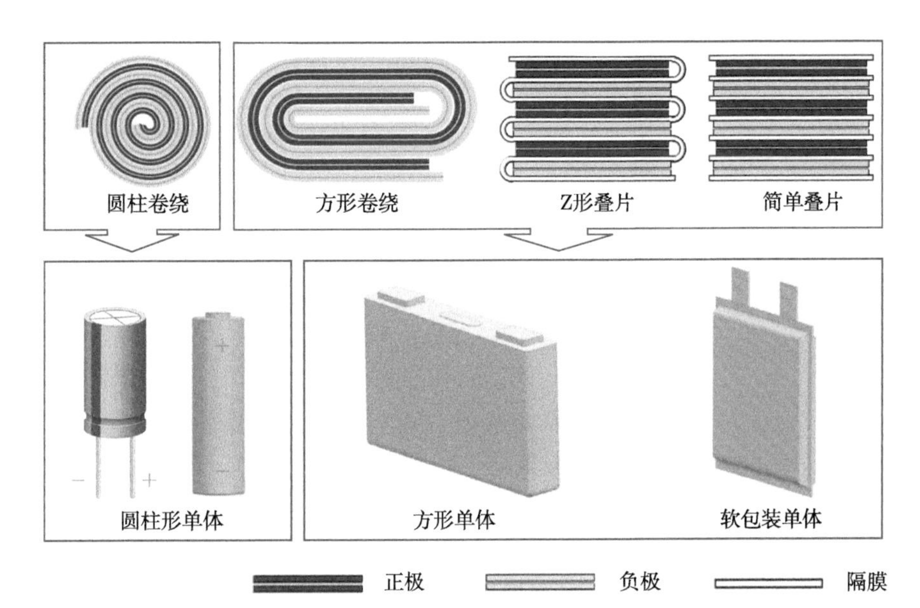

图 9-3 不同结构类型的锂离子电容器

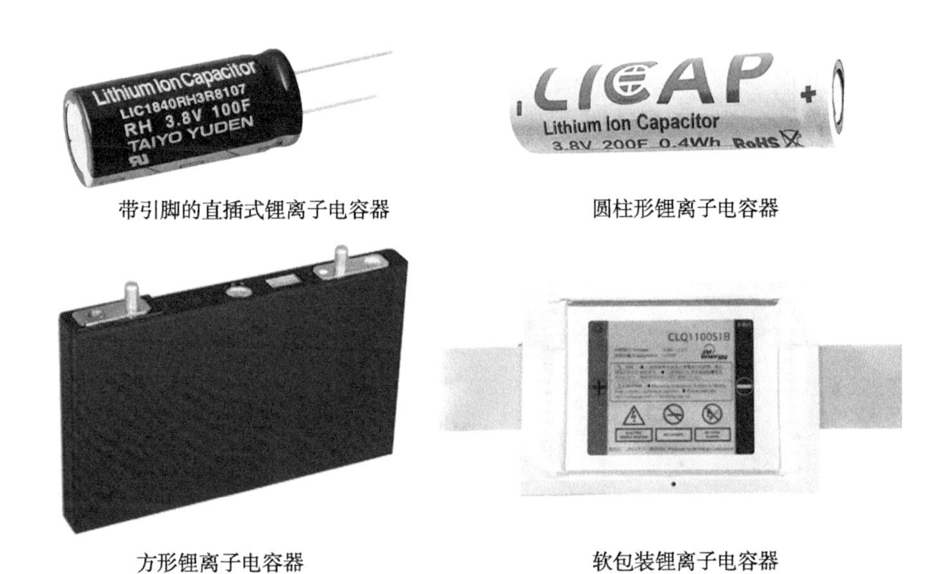

图 9-4 商品化锂离子电容器的照片

9.2.2 制备工艺流程

高效且低成本的制备工艺是实现锂离子电容器规模化制备的关键。锂离子电容器的制备工艺流程如图 9-5 所示，以采用湿法电极的制备工艺为例，主要包括浆料的混料、极片的制备、半成品电芯的组装等前端工艺，以及预嵌锂、化成、老化、分容等后端工序。本章重点介绍电极湿法与干法制备工艺和锂离子电容器组装等关键工艺和技术。

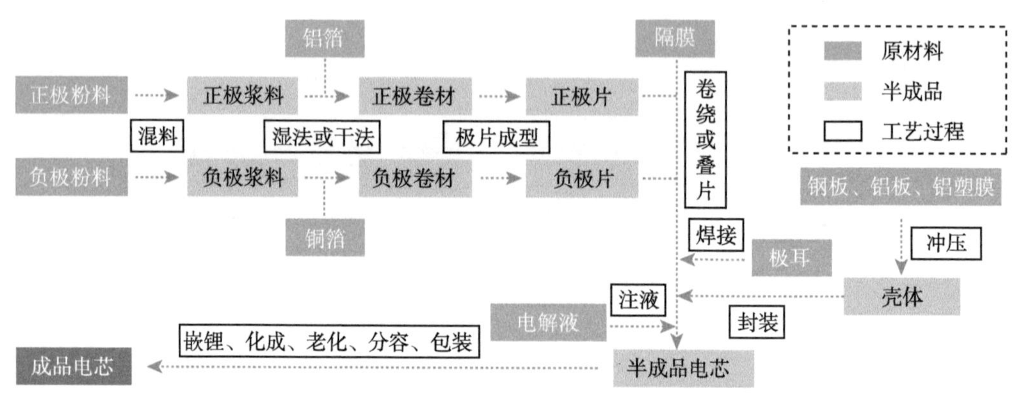

图 9-5 锂离子电容器的制备工艺流程

锂离子电容器的制造产线可参照超级电容器和锂离子电池的制造产线来进行设计(图 9-6)。较常采用的一种方法是按照工艺过程顺序来布置设备，这有助于提高产线的自动化程度，降低劳动成本。产线的洁净度、温湿度控制和制造设备的精度对产品的质量影

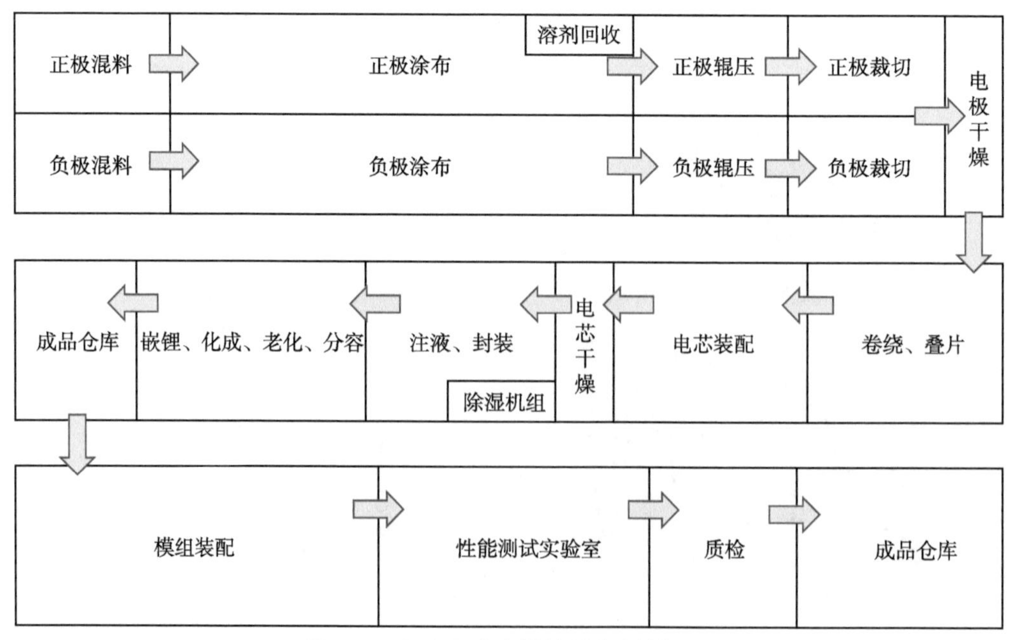

图 9-6 锂离子电容器的制造产线设计

响较大，而产线的工艺方法和自动化程度决定了产品的一致性和制造成本。较为先进的制造产线应综合考虑制造工艺方案并尽量提升制造过程所用设备的精度和自动化程度。

9.2.3 电极制备工艺

以锂离子电容器的正极为例，电极中含有多种多尺度的组分，可包括具有丰富微孔和介孔结构的活性炭、具有链状结构的导电炭黑、片状结构的导电石墨、一维结构的碳纳米管、二维结构的石墨烯和高分子的黏结剂等，而在生产过程中需将这些不同尺度的材料制备成具有理想结构的电极，一方面具有良好的电子传输通道，使电子经由集流体传输至电极材料，同时又须具有快速的离子扩散通道，从而使得双电层的阴离子可以迅速地扩散，以减小因浓差产生的极化，如图 9-7 所示。

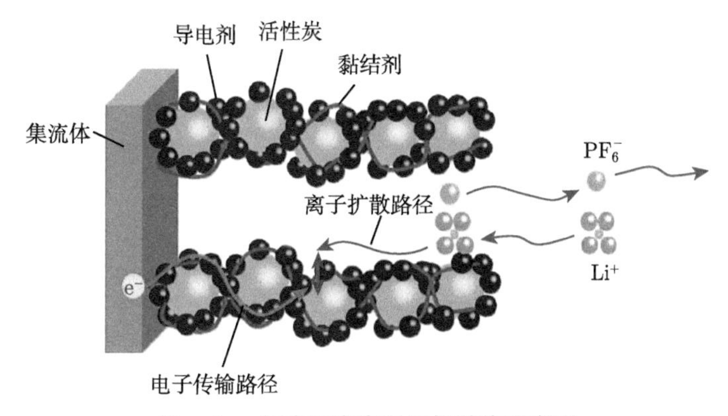

图 9-7 锂离子电容器正极结构示意图

常用的电极制备技术包括挤压涂布、转移涂布、刮刀涂布、凹版涂布、喷涂、旋涂、浸涂、喷墨印刷、热压、静电沉积、3D 打印等。根据制备过程中溶剂的含量和粉末混合物的流动状态，可以将这些方法分为湿法工艺和干法工艺。湿法工艺需要用大量溶剂均匀分散粉体，并形成具有一定流动性的非牛顿流体，典型代表为转移涂布和挤压涂布等；干法工艺所采用的粉体混合物几乎不含溶剂或仅含非常少的溶剂，粉体混合物几乎无流动性，典型代表为热压和静电沉积等，如表 9-1 所示。

表 9-1 电极的干法工艺和湿法工艺

工艺类型	湿法工艺	干法工艺
溶剂用量	大量溶剂	不使用或很少使用
粉体混合物流动状态	流动性较好	无流动性
典型代表	挤压涂布、转移涂布	热压、静电沉积

1. 湿法电极制备工艺

湿法电极制备工艺是电极制备技术中最为成熟的制造工艺，主要包括浆料混合 (制浆)、电极涂布 (涂覆)、电极干燥和电极辊压等四个工序，如图 9-8 所示。首先，采用真空搅拌机或球磨机将电极原料 (活性材料、导电剂和黏结剂) 与溶剂混合，均匀分散后制成性质均一的浆料，通过涂布机将浆料涂布在铝箔或铜箔集流体上，通过加热的方式将溶剂充分去除，然后，经由对辊机将干燥后的电极辊压至设定的厚度和压实密度。该方法操作简单、适于大规模生产，生产设备成熟度较高，且生产效率较高，但需要消耗较多电能去除溶剂，对于非水浆料体系还需要对溶剂进行回收。

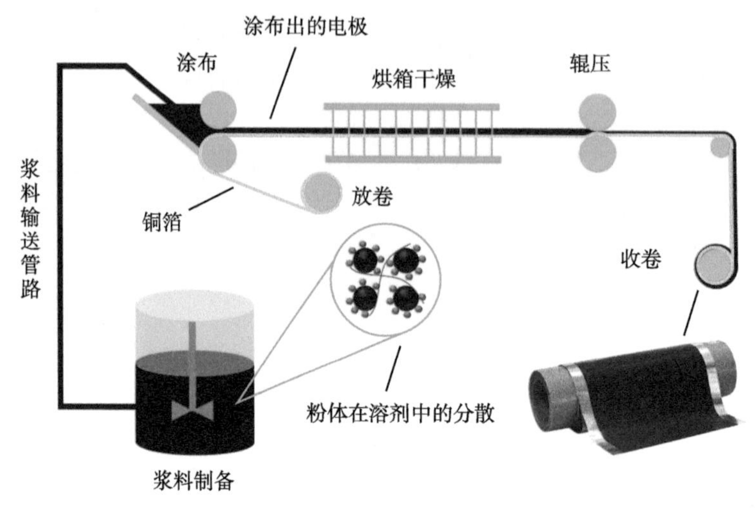

图 9-8 湿法电极制备工艺示意图

1) 浆料制备工艺

电极浆料是固体粉末和液体组成的高度分散的悬浮体系，具有非牛顿流体的典型特征，例如剪切变稀性质 (假塑性)、触变性、屈服特性和黏弹性。通常采用搅拌和球磨的方式，将活性材料、导电剂和黏结剂等组分均匀分散在溶剂中形成具有良好流动性的悬浮液，浆料须稳定不分层、不沉降。在分散过程中，由范德瓦耳斯力聚集在一起的微米和纳米颗粒在强剪切作用下打开，均匀分散在溶剂中。通常由于活性材料和导电剂具有较高的比表面能，在重力、浮力、静电作用力、范德瓦耳斯力和布朗运动等共同作用下，颗粒都存在自发的团聚和沉降倾向，但通过改变颗粒的表面特性，可以使得颗粒间的作用力以斥力为主，此时颗粒倾向于不发生团聚。同时，当颗粒受到的重力和浮力的合力小于布朗运动造成的影响时，颗粒倾向于不发生分层或沉降。以活性炭正极的浆料制备为例，水性浆料体系中的羧甲基纤维素钠 (CMC-Na) 是由亲油性的长链脂肪烃和亲水性的羧基构成的，长链脂肪烃倾向于吸附在活性炭表面，羧基则在水中形成带负电的表面层，从而使活性炭颗粒间由于具有相同荷电特性而互相排斥，从而实现颗粒间的均匀分散，如图 9-9 所示。同样地，在油性浆料体系中，聚偏氟乙烯 (PVDF) 黏结剂起到类似的效果。

控制浆料制备的关键工艺参数包括：电极粉料组分配比、混合顺序、固含量、细度、黏度、pH 和温度等。一般来说，根据不同的材料体系和设计需求，活性炭、导电炭黑、黏结剂质量分数为 80%~95%、2%~10%、2%~10%，浆料固含量一般控制为 20%~60%。

2) 涂覆工艺

涂覆是湿法电极工艺中的重要工序，目的是将电极浆料均匀、定量地涂布在集流体表面。常用的涂覆方式有刮刀涂布、挤压涂布和凹版涂布等，如图 9-10 所示。刮刀涂布是指集流体箔材经过浆料的料槽并带出过量的浆料，随后当箔材通过涂布辊与刮刀之间的间隙时，多余的浆料被刮刀刮掉回流入料槽中，而箔材表面则形成一层均匀的涂覆层。常用的刮刀形式是由在圆辊表面沿轴线方向加工出刃口形成的，因为外观形似逗号也称逗号刮刀。这种涂布方式适用于采用中高黏度的浆料制备中等厚度的涂布层，涂覆后电极双面的厚度宜控制在 50~250 μm 范围内。采用这种方法可以用较少量的浆料进行操作，同时由于设备清洗方便，较为适宜于小批量试制和研发。挤压式涂布是一种精密的湿式涂布技术，工作原理为：浆料在压力下沿着涂布模具的缝隙挤压喷出而转移到箔材上，其具有速度快、精度高、厚度均匀等优点，同时由于涂布系统封闭，在涂布过程中能有效地防止污染物的进入，可通过改变模头设计实现同时双面涂布或者多层涂布，是目前大规模生产最常用的工艺。凹版涂布机是一种辊涂机，通常是将带有凹纹的转辊部分浸在浆料中，随着凹版辊的转动，浆料附着在凹纹中被带起，经过刮刀定量后，被反向运动的箔材带走，形成均匀的涂层，这种涂覆工艺尤其适合于较薄涂层的高精度涂布，例如箔材表面的涂炭层的制备。

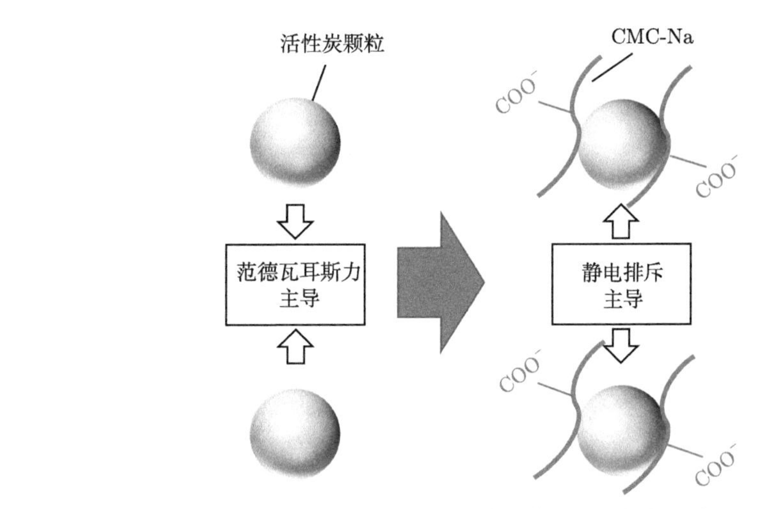

图 9-9 活性炭颗粒在浆料中的分散机制示意图

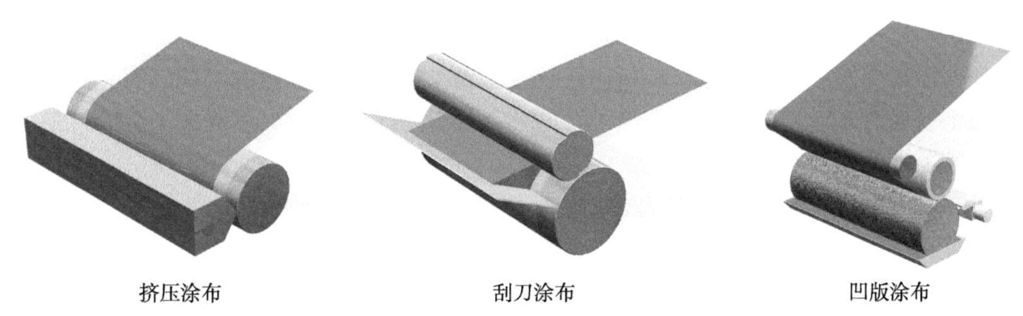

图 9-10 常用的湿法涂覆工艺

涂布过程中应精确控制极片厚度和均匀度，避免各种因素导致的极片外观缺陷。常见的控制因素包括以下几种。

(1) 表面张力：箔材的表面张力须高于浆料的表面张力，否则浆料在箔材上将难以平整地铺展开 (展布) 而导致比较差的涂布质量。

(2) 厚度均匀：涂布的电极须具有较高的厚度均一性，这取决于设备的加工精度以及涂布工艺参数的设置。

(3) 杂质：环境中的粉尘可能会附着在箔材表面，导致电极表面产生杂质、颗粒、凹痕、缩孔等缺陷。

(4) 气泡：浆料中的气泡从内层向膜层表面迁移，并在膜层表面破裂而形成凹陷，气泡主要来自搅拌、涂液输运过程。

(5) 划痕：异物或颗粒卡在模具的涂布间隙内或模具损伤，都会导致极片产生沿涂布方向分布的划痕。

涂覆工序的后段为电极的干燥过程，该过程主要受溶剂的蒸发动力学、浆料的流动特性和固体含量、颗粒的扩散和沉降特性，以及颗粒与颗粒的相互作用等影响，干燥过程中溶剂的蒸发使浆料中的颗粒相重新分布，干燥温度一般控制在 80~100 ℃。

3) 辊压工艺

湿法涂覆方式制备的电极中包含大量的孔隙，颗粒接触松散，电极密度较低，若直接使用通常会造成内阻偏高、容量偏低、电解液消耗量大、能量密度低和循环寿命差等问题。为此，涂覆后的电极一般都会采用辊压的方式来提高电极的密度。辊压的基本原则是在保证涂层不发生脱落的前提下适度地提升电极的压实密度，但对于某些高密度电极，过高的压实密度会导致单体内电解液的保有量过小，从而导致电极在后续的循环过程中因电解液消耗而影响单体的循环寿命。因此辊压工艺参数需要根据活性材料的物理性质进行调整。辊压工艺分为常温辊压和加热辊压两种。加热辊压能制备更高压实密度的电极，减少极片的反弹，同时由于在较高温度下黏结剂的高分子链段活动性得到提升，从而可以减少在辊压过程中电池极片的微裂纹，提高黏结剂性能，进而提高电池循环寿命。但是，热压会造成辊压机能耗的提高和制造成本的增加，并且当辊压温度超过 120 ℃ 时，电极可能会产生明显的褶皱，影响电极后续的制造工艺。

2. 干法电极制备工艺

考虑到油性浆料体系有机溶剂的使用所带来的成本问题、干燥过程中溶剂蒸发所带来的能耗、溶剂挥发引起的安全和环境问题以及残留痕量溶剂对电极的不利影响等因素，采用无溶剂或仅有少量溶剂的干法电极工艺成为近年来广为关注的极片制备工艺。目前干法电极通常采用热压工艺和电喷涂工艺。

早在 2004 年 Maxwell 公司就开始将热压的方法用于活性炭电极的制备 [5]。采用湿法制备较厚的活性炭电极时容易产生裂纹、黏附性差、韧性差、掉粉等问题，而且湿法电极的压实密度较低且容易反弹，这会导致器件整体的能量密度较低，而采用干法制备活性炭电极可以在一定程度上解决这些问题。该方法是通过将活性炭、导电炭黑等粉体与聚四氟乙烯 (PTFE) 黏结剂在双螺杆挤出机产生的强剪切力作用下使高分子类的黏结剂链段打开，这些高分子链段缠绕在不同的粉体颗粒之间，最终实现对粉体颗粒的黏附。随后，通过辊压机再压制成几十至数百微米的自支撑电极薄膜，将这些薄膜裁切成一定宽度并采用对辊机压制到表面涂胶的箔材上，工艺流程如图 9-11 所示。由于辊压速度的限制，干法电极工艺的连续生产能力低于湿法电极，同时由于电极膜是自支撑结构，过薄的厚度极易导致电极膜的破裂，这给高精度的薄电极制备带来了一定困难。

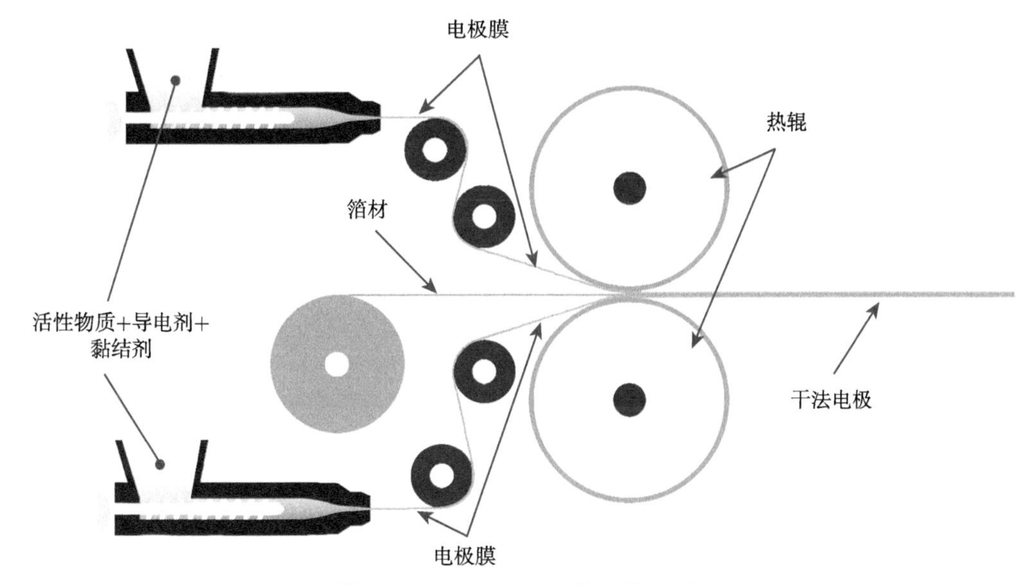

图 9-11 干法电极工艺流程示意图

近年来基于静电喷涂沉积的干法电极工艺也受到了关注。静电喷涂沉积工艺的原理是：将活性材料、导电剂和黏结剂以粉体的形式混合在一起，随后被载气带入静电喷枪内，在电场的作用下沉积到集流体表面，经过热辊压使粉体颗粒均匀牢固地黏附在集流体上，如图 9-12 所示。在该过程中，加热电极来熔化高分子黏结剂或使其链段得以运动，确保颗粒之间具有良好的附着力。然而，由于静电沉积的不均匀性，其最终制备的电极膜层的均匀性也会受到影响，制备效率也较低。

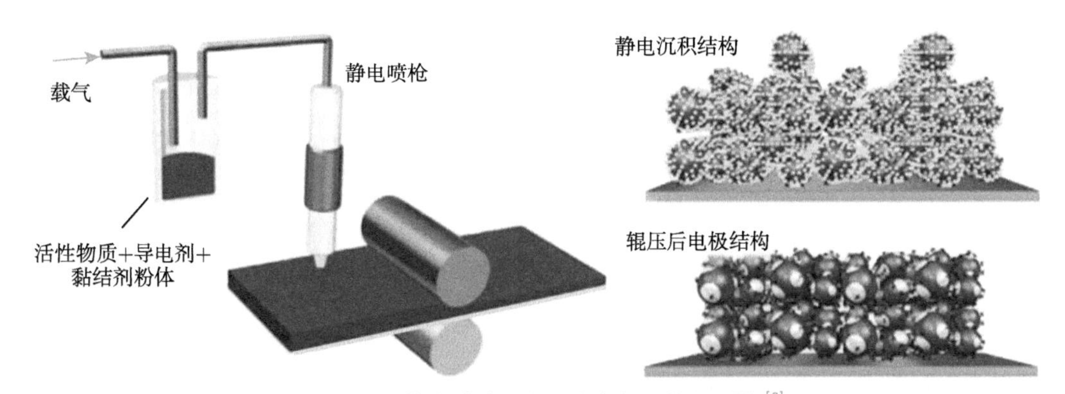

图 9-12 静电喷涂沉积干法电极工艺原理图 [6]

9.2.4 单体制备技术

锂离子电容器主要以圆柱形、方形和软包装结构为主，其使用的关键组件基本相同，但具体组装工艺过程存在明显差异。一般来说，圆柱形锂离子电容器单体具有标准的型号尺寸，但单体的容量较小且采用钢制外壳，这导致其能量密度要低于其他类型单体。方形锂离子电容器多采用金属外壳，单体容量较大，尤其适合对能量和功率要求较高的场合，其尺寸多根据应用场景进行定制，并在外壳上设有防爆阀，相对也更为安全。软包装锂离子电容器的外壳采用较轻的铝塑复合膜，因此具有最高的能量密度，且型号和尺寸可较为灵活地改变，但是难以抵抗较大的外力，这会对安全性产生影响；此外，铝塑膜的漏液和胀气问题也是影响其均一性和耐用性的重要因素。

1. 圆柱形锂离子电容器单体

圆柱形锂离子电容器的工艺流程如图 9-13 所示，涂布好的电极卷材用分条机分成具有设计宽度的长条，裁切成设计长度的电极片。电极片经过外观检验、毛刺检验、除尘以后，在集流体的裸露部分焊接引出电极端子，或者直接将宽度方向上预留的空白集流体作为引出端子。

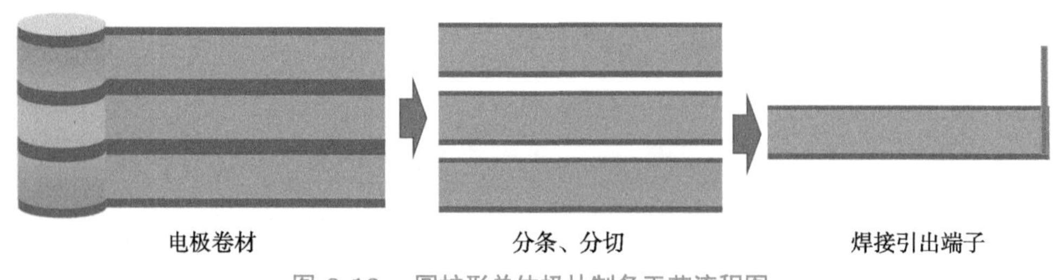

图 9-13 圆柱形单体极片制备工艺流程图

图 9-14 所示为圆柱形锂离子电容器的工艺流程图。将长条形的正极、隔膜和负极在卷绕机上采用错位卷绕方式绕制成圆柱形卷芯 (也称裸电芯)，用胶带将裸电芯端部固定。绕制对齐度上的缺陷会导致隔膜和电极之间的错位，从而引起容量和寿命的衰减甚至引起短路，可采用目测、X 射线检测的方式确保正负极片对齐。此外，还要对裸电芯的绝缘电阻进行测试，排除有绝缘缺陷的电芯，以便在早期发现单体潜在的缺陷。可将一个金属空心管作为芯轴插入裸电芯中心，该芯轴的作用是提高裸电芯的形状稳定性和单体的安全性，避免单体在充放电时的体积膨胀导致的卷芯褶皱变形，当内部压力上升时，气体可以通过芯轴的中空通道通畅地向安全阀泄气，避免压力的持续积蓄。在安装完电芯上部和下部的绝缘盖后，卷芯下部的引出端子焊接到底壳上，然后将裸电芯装入外壳中，并将卷芯上部的引出端子与顶盖焊接。裸电芯在注入电解液之前需要在真空烘箱中彻底烘干以尽可能地除去残留的水分，避免水分污染对单体性能的不利影响 [7,8]。之后，干燥裸电芯被转移入手套箱或者露点极低的干燥房中进行电解液的注液操作。在电解液充分浸润电极和隔膜后，通过滚槽密封得到半成品电芯。将半成品用异丙醇或丙酮完全清洗，以去除任何附着的电解液。使用气体传感器装置进行电解液泄漏测试，以确认密封良好。最后，这些单体还需要再次通过 X 射线或计算机断层扫描 (CT) 检查成品电芯的内部结构，以及检查顶盖的安装是否正确、加工过程中绕组电芯是否错位、引出端子的弯曲是否正常等。

为提升单体的安全性，圆柱形锂离子电容器单体的顶盖通常包含正温度系数热敏电阻 (PTC) 和电流切断装置 (CID，也称安全防爆阀) 等安全装置。当单体流过的电流过高时，

PTC 会发热升温，当温度达到预设值时，PTC 电阻会突然增大，切断外界电流输入/输出单体，使单体停止工作。当单体内部由于过充电、短路等出现大量气体，气压升高到 1.0~1.2 MPa 时，CID 安全阀上的碗形铝片会向上弹起，与下面的铝片脱离接触，使电路立即彻底断开；若压力继续上升，安全阀将破裂，并排出内部气体使内部压力释放，防止压力过高造成爆炸。

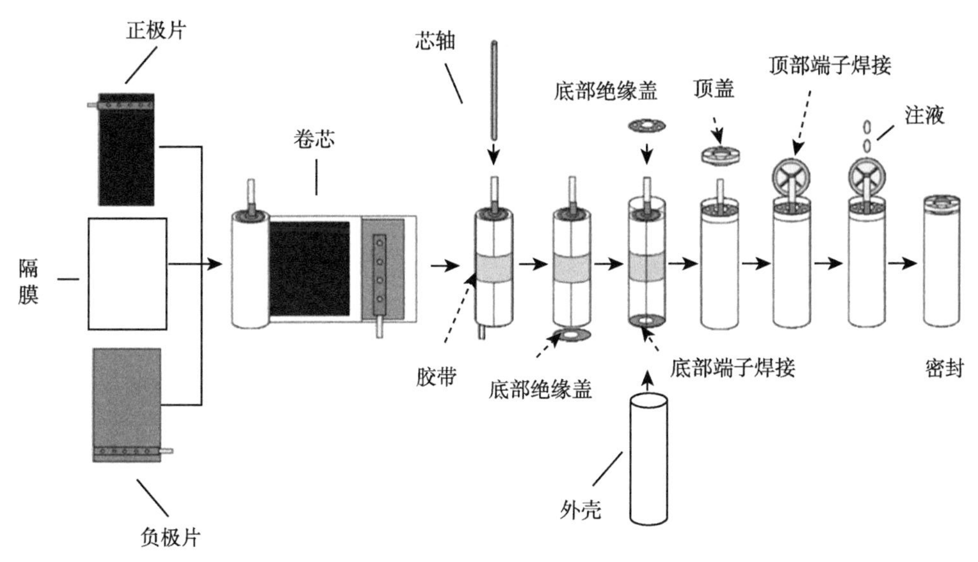

图 9-14 圆柱形单体卷绕工艺流程图

2. 方形锂离子电容器单体

方形单体的装配与圆柱形单体较为类似，电极卷材被裁切成具有规定长度和宽度的电极片后，被卷绕成类似椭圆形裸电芯，热压后整形为方形，如图 9-15 所示。裸电芯的热压整形可以改善电芯的平整度，使电芯厚度满足要求；还可以消除隔膜褶皱，使隔膜和正负极极片紧密贴合在一起，缩短锂离子扩散距离，降低电池内阻。

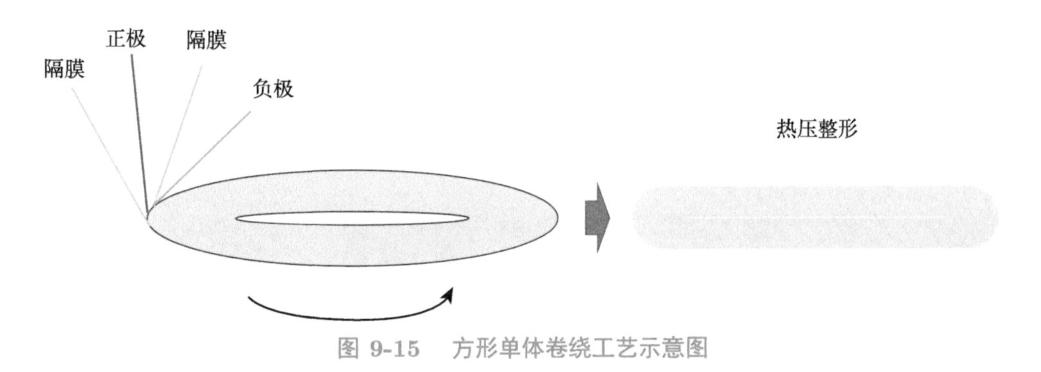

图 9-15 方形单体卷绕工艺示意图

方形单体为了降低内阻而较多地采用全极耳设计，即利用激光焊接或电阻焊的方式直接将极片长度方向上预留的空白集流体与对应的引出端子焊接在一起，结构如图 9-16 所示。此外，方形锂离子电容器单体常采用激光焊接的封口工艺，将电池顶盖与电池壳焊接在一起，这种方式密封性较强，能有效避免封口处老化、漏气的问题。同样地，方形单体壳顶盖预留有 PTC 和 CID 装置，从而确保电池在异常状态下的安全性。

与圆柱形单体类似，方形锂离子电容器单体在经过真空烘干除去痕量水分后在干燥房或者手套箱内进行注液，不同的是注液孔的存在使得方形单体可进行多次注液和排气操作。在后续的化成、排气等操作完成后，会将注液栓通过激光焊接在顶盖上完成彻底封口。成品单体同样需要通过 X 射线或 CT 检查电池的内部结构，确保电池内部结构没有任何异常，避免任何可能导致电池性能衰减或故障的缺陷。

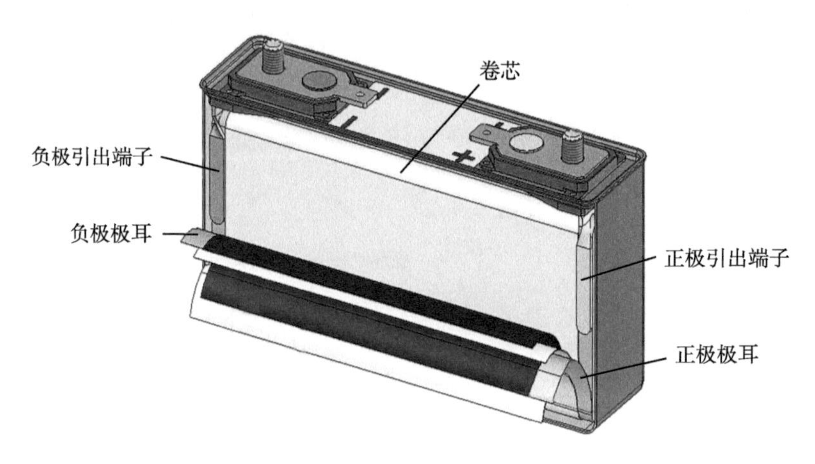

图 9-16 方形单体结构示意图

3. 软包装锂离子电容器单体

软包装锂离子电容器单体通常采用叠片的方式来制备。具体来说，电极片采用平板刀模工艺、五金模切工艺或激光模切工艺裁切成一定规格尺寸的电极片，如图 9-17 所示。电极片经过外观检验、毛刺检验、除尘后，与隔膜按照 Z 形方式进行叠片。负极片在备片台经夹具定位后，经由机械吸盘转移至叠片台，随后隔膜进行反向折叠将负极片覆盖，经备片台定位后的正极被放置在隔膜表面，然后隔膜再次反向折叠将正极片覆盖，如此往复进行便得到一定层数和厚度的电芯，如图 9-18 所示。同样地，叠片完成的电芯要通过 X 射线和 CT 进行对齐度检查，以便及时剔除存在缺陷的电芯。叠片所得的裸电芯通过极耳与

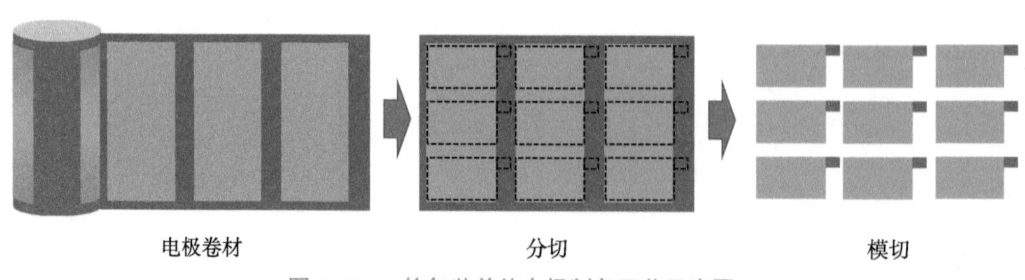

图 9-17 软包装单体电极制备工艺示意图

引出端子进行焊接。常用的焊接方式为超声波焊接，其原理是采用高频摩擦振动使极耳与引出端子间的接触面生热熔化，最终焊接在一起。

图 9-18 叠片工艺示意图

软包装单体的外壳是由铝塑膜冲压形成的。铝塑膜是由多层材料层压在一起得到的，主要包括内层的聚丙烯 (PP)、中间的铝箔、外层的尼龙。铝箔表面能形成致密的氧化层，可以对外部气体和水汽起到良好的隔绝作用；外层的尼龙具有很好的耐磨性和耐候性，可避免壳体受到损害；而内层的聚丙烯在加热至一定温度后熔化而起到封口作用。铝塑膜具有很好的延展性，可简便地通过冲压成型和裁剪得到软包装单体的外壳。当电芯较薄的时候可以选择冲单坑 (也即仅电芯一侧的外壳包含冲坑)，在电芯较厚的时候适宜选择冲双坑 (电芯两侧的外壳均包含冲坑)，但若铝塑膜的变形量太大会突破铝塑膜的变形极限，导致隔绝性的变差甚至破裂。

软包装锂离子电容器单体的封装工艺流程如图 9-19 所示。典型的封装过程是将电芯放入铝塑壳中通过热封机对电芯进行顶封和侧封，对裸电芯进行短路测试来避免因封装不良而导致铝塑膜中的铝箔层与正负极接触而发生短路或腐蚀。然后，将裸电芯放置于真空烘箱

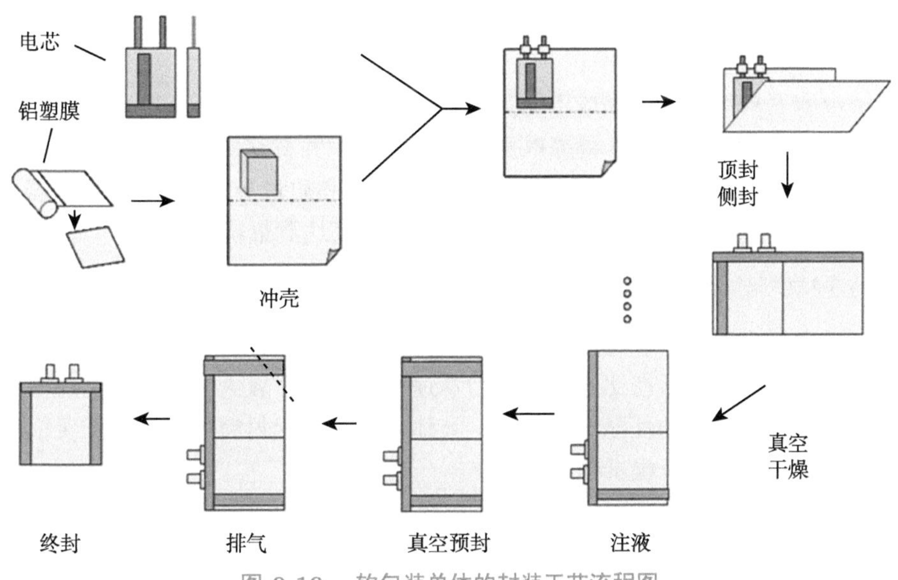

图 9-19 软包装单体的封装工艺流程图

中彻底烘干并转移到手套箱或干燥间中进行注液、封装。经过预嵌锂、化成后，再对单体进行排气并完成终封，此时将多余的铝塑膜裁去得到最终的成品电芯。

9.2.5 后端制备工艺

锂离子电容器的后端工序，包括预嵌锂、化成、老化、分容和包装等。目前较为成熟的适合于规模化制备的预锂化方法主要有金属锂电化学嵌锂、金属锂接触嵌锂等。金属锂电化学嵌锂需要采用含有贯穿孔的微孔铝箔和微孔铜箔，预嵌锂工序用时较长；而采用金属锂接触嵌锂则要求将整个电芯组装工序在干燥间或者手套箱中完成，增加了锂离子电容器单体的工艺成本，且较薄的锂箔加工难度大、加工成本高。因此，尽管预嵌锂工艺对锂离子电容器来说是必不可少的，但相关工艺还有待进一步发展。

单体化成的主要作用是在负极表面形成稳定的 SEI 膜，并通过初期的充放电循环消除内部杂质对单体性能的不利影响 [9−11]。化成的效果将直接影响锂离子电容器单体的循环寿命和一致性。致密稳定的 SEI 膜需要数次低倍率充放电来形成，因此该过程通常较为耗时，这会显著增加单体的工艺成本 [12,13]。提高化成温度可以适当提高化成的速度，但如果温度过高或化成电流过大，负极表面倾向于形成较厚、疏松且多孔的 SEI 膜，从而消耗电芯内部有限的电解液并带来内阻的增加，疏松的 SEI 膜也无法阻止电解液与负极表面之间的接触从而导致单体循环性能的下降。

为了防止在实际前期使用过程中单体性能的快速下降，可采用老化工艺来加快电芯内部残余水分的分解和材料表面官能团的分解等副反应的发生。老化工艺通常是在将电芯充电至额定电压后，在 40∼60 ℃ 环境温度下恒压保持一定时间，此时电芯的容量下降、内阻升高，但稳定性大幅提升，电芯的自放电和漏电流值也会显著降低。此外，为了满足锂离子电容器在严苛的高温、高湿和长使用寿命等不同应用场景下的性能要求，还应按容量、内阻、自放电等参数对锂离子电容器单体进行分容和配组。

9.3 锂离子电容器单体设计

锂离子电容器单体需要根据应用场景对电化学性能的需求进行相应的设计，确定单体的正极、负极、电解液、隔膜、外壳以及其他的参数，并将它们组装成满足一定尺寸形状规格和标称指标 (如静电容量、额定电压、内阻、体积和质量等) 的锂离子电容器单体。单体设计是否合理，关系到其性能的发挥，应尽可能使其达到最优化设计。

9.3.1 正负极材料体系设计

锂离子电容器采用基于双电层离子吸/脱附机制的电容型正极和基于 Li^+ 嵌入/脱出反应的电池型负极，两种电极在比容量和动力学速率方面存在较大的差异，因此需对两者进行合理的匹配设计使单体的性能达到最优，具体包括正负极材料的选择、正负极容量的匹配、负极预锂化计算以及负极析锂检测等。

正极电容材料在充放电过程中发生的是电解质离子的物理吸/脱附，应具有较高的比容量、功率特性和良好的循环稳定性，同时还应具有较低的成本。目前，多孔碳材料 (尤其是活性炭) 具有较高的比容量、出色的化学稳定性、良好的电导率和低廉的成本而广泛作为锂离子电容器正极材料。评估多孔碳材料时，比表面积与孔隙结构、电导率、表面基团、杂质含量、材料前驱体、颗粒粒径等方面也都需要进行综合考虑。对多孔碳材料的选择遵循如下原则：

(1) 通常材料的比表面积越大，材料的比电容也越高，但比电容值与比表面积并不呈线性关系 [14,15]；

(2) 孔径分布对材料的比容量和倍率性能也有较大影响，Simon 和 Gogotsi[16,17] 指出，当孔径的大小与吸附的离子大小很接近时，可获得最大的电容量；

(3) 含氧表面官能团和杂原子掺杂可以提升材料的比电容和表面浸润性，但对单体的循环性能、自放电、工作电压窗口等具有不利影响 [18−23]；

(4) 发达的孔隙有助于提升材料的倍率性能，但过高的孔隙率会严重影响器件整体的能量密度，这也是很多介孔碳无法用作商业化锂离子电容器正极的主要原因 [24−26]；

(5) 材料的导电性对电极的内阻有重要影响，高电子电导率的活性炭对于功率型锂离子电容器的制备非常重要；

(6) 材料的纯度高，副反应少，且材料制备成本低。

锂离子电容器的负极大多采用锂离子插层反应进行能量存储，材料的可逆比容量、库仑效率、平台电位、电子电导率、离子扩散速率、层间距、材料粒径以及材料制备成本都是需要考虑的因素。对负极材料的选择遵循如下原则。

(1) 从热力学角度讲，负极材料的可逆比容量越高，同等容量的单体所需的活性物质也就越少，能量密度也就越高 [27]；从动力学角度讲，锂离子电容器的倍率和循环寿命主要取决于负极材料，因此，负极材料的倍率性能和循环稳定性显得尤为重要 [28,29]。

(2) 负极材料的电位平台越低，正负极之间的电压差越高，也即单体的电压越高，在相同比容量的条件下可以使单体获得更高的能量密度和功率密度。但与之相对应的，当电位平台过低时 (例如 0.01 V (*vs.* Li/Li^+))，材料在大电流充电过程中易于因为极化而低于 0 V (*vs.* Li/Li^+) 析锂电位，从而导致严重的性能衰减并引发安全问题 [30]。

(3) 负极碳材料的层间距是影响离子扩散速率的重要因素，层间距越大，则 Li^+ 越容易进入碳材料的层间，并实现在材料内部更快速度的迁移，因此材料在充放电过程中的浓差极化越小，倍率性能也越高。

(4) 负极材料的电子电导率是影响电极反应过程的欧姆极化程度的重要因素，电子电导率越高，由电子传导引起的欧姆极化也越低，内阻也会越低。较高的石墨化程度可以提高材料的电子电导率，但石墨化程度过高会导致碳等材料的层间距减小，进而影响 Li^+ 在材料内部的扩散速度。

(5) 负极材料的粒径越小，则材料的比表面积越大，可供锂离子嵌入和脱出的反应位点越多，材料的倍率性能也越好，但比表面积的增加会带来不可逆的副反应，同时 SEI 膜的生成也会大幅增加 Li^+ 和电解液的消耗，可通过预嵌锂补偿这部分容量损失。

(6) 此外，负极材料的来源要广、成本较为低廉，适宜于规模化制备，具有良好的综合性能，如石墨、硬碳、软碳、钛酸锂、硅基材料等 [31−33]。

9.3.2 正负极容量匹配

锂离子电容器的容量匹配是指通过调控单体内负极容量与正极容量的比例来实现单体的最优配置。锂离子电容器储存电荷的能力可采用电容 C(单位为法拉，F) 和容量 Q(单位为毫安时，mA·h) 来表征。电容是单位电压变化所能储存电荷的能力，而容量是在一定电压范围内存储的电荷量，两者的换算关系为

$$Q = C \times V \tag{9.1}$$

$$1\ \mathrm{mA \cdot h} = 1 \times 10^{-3}\ \mathrm{A} \times 3600\ \mathrm{s} = 3.6\ \mathrm{A \cdot s} = 3.6\ \mathrm{F \cdot V} \tag{9.2}$$

在考虑锂离子电容器的正负极容量匹配时，可采用容量 Q 来建立正负极之间的关系。锂离子电容器的电极反应是正极与负极的串联，其遵循电荷守恒的基本原理，也即正极得到的电子数与负极失去的电子数相等，这是构成正负极材料匹配的基本原理。具体来说，锂离子电容器单体的设计容量 Q、正极有效存储容量 Q_+、负极有效存储容量 Q_-，满足如下关系：

$$Q = Q_+ = Q_- \tag{9.3}$$

其中，记 V_f^+ 和 V_e^+ 分别是正极在充满电 (full) 和放完电 (empty) 状态下相对于锂参比电极的电位；C 为在此电压区间的平均比电容；m^+ 为正极活性物质用量，则

$$Q_+ = C \times m^+ \times \left(V_\mathrm{f}^+ - V_\mathrm{e}^+\right) \tag{9.4}$$

记 V_f^- 和 V_e^- 分别为负极在充满电和放完电状态下的相对锂参比电极的电位，Q_E 为负极在该电压区间的比容量，m^- 为负极活性物质用量，则

$$Q_- = Q_\mathrm{E} \times m^- \tag{9.5}$$

记 V_f 和 V_e 分别为锂离子电容器单体在充满电和放完电状态下的电压，则

$$V_\mathrm{f} = V_\mathrm{f}^+ - V_\mathrm{f}^- \tag{9.6}$$

$$V_\mathrm{e} = V_\mathrm{e}^+ - V_\mathrm{e}^- \tag{9.7}$$

由上述关系即可建立正负极比例、正负极的工作电位与锂离子电容器单体工作电压窗口的关系，并根据这些关系综合判断这些关键参数是否有利于材料性能的充分发挥。

在实际制备过程中，为了匹配锂离子电容器正极的高倍率特性并延长单体的循环寿命，锂离子电容器的负极通常需要有较大的容量冗余，并工作在较窄的电位范围内，这可以通过控制负极的用量以及在充放电过程中的充放电深度来实现。也即，尽管锂离子电容器负极的理论容量远大于正极的容量，但真正参与电化学反应的容量却非常有限。因此，通常锂离子电容器的单体容量决定于正极的电容。负极的设计容量约为正极容量的 3 倍以上 [2]。以石墨负极为例，尽管其具有约 372 mA·h/g 的理论比容量，但在锂离子电容器的充放电过程中通常会只用到其中较少一部分容量，通过这种负极冗余设计可以有效降低在充放电

过程中负极表面的电流密度、减小极化，可以避免负极材料体积的大幅膨胀和收缩，进而提高器件的功率特性和循环特性。

还应注意的是，在电荷存储过程中，锂离子电容器同样遵循物质守恒与电中性原理，即充电时活性炭正极失去一定数量的电子就吸附对应数量的阴离子或释放对应数量的 Li^+ 进入电解液；相应地，电子通过外电路流入负极，负极就得到相应数量的电子，并有对应数量的 Li^+ 被嵌入负极材料中，放电过程与此类似，整个过程中，阴阳离子不会凭空产生或消失，且电极材料和电解液保持电中性。在锂离子电容器的低电压区充放电过程中，正极电位低于零电荷电位 (pzc)，Li^+ 在正负极之间往复穿梭，理想情况下，正极从电解液得到一个 Li^+，负极就脱嵌一个 Li^+，电解液的浓度和组分保持不变。锂离子电容器单体在高电压区充放电时，正极电位高于 pzc，正极发生电解液阴离子的吸附与脱附，负极发生 Li^+ 的插嵌与脱出，这会消耗电解液中的锂盐，也即在充电过程中，电解液中的锂盐浓度不断降低，因此单体在高压区所能贡献的容量受限于电解质中的锂盐含量。

此外，由于正负极容量的匹配是基于一定电流密度进行设计的，锂离子电容器功率特性不同时，正负极的容量匹配也有所差异。一种简单有效的方法是将正负极的质量比作为参数，通过设定一系列实验实际测量不同正负极质量比的锂离子电容器的实际电化学性能。例如，当研究活性炭为正极、硬碳为负极的锂离子电容器体系的正负极匹配时，可以分别设计正极和负极的活性物质的质量比为 1:1、2:1、3:1 等，组装出这些单体并进行测试，采用这种方法无须复杂的计算便可以得出优化的正负极容量匹配，但这往往需要大量实验来验证。

在确定了正负极活性物质的比例后，需进行预嵌锂量参数的设计。考虑通过预嵌锂使负极在充满电后降至电位 V_{fp}^-，设计负极的预嵌锂的容量为 Q_{pre}^-，此时若将锂离子电容器单体充满电，则负极仍将继续获得 Q_{b}^+ 的容量，其中 Q_{b}^+ 为正极从零电荷电位充电至满电时的容量，则有

$$Q_{\mathrm{pre}}^- = Q_{\mathrm{initial}}^- - Q_{\mathrm{b}}^+ \tag{9.8}$$

式中，Q_{initial}^- 为负极首次放电至 V_{fp}^- 的容量。此时，Q_{pre}^- 便可简单地计算出来。然而，这种计算方法是基于一定的电流密度且忽略了极化的影响，计算结果存在一定局限性。

为此，可以采用实验的方法来验证最大嵌锂量，即利用三电极配置监测电极负极电位。还可以通过检测析锂的方法，来判断预嵌锂量与最大充电倍率之间的关系。对锂离子电容器负极在较大极化的条件下运行的情况，及时和准确地确定锂析非常重要。常采用的析锂检测方法有以下几种：

(1) 三电极方法监测负极电位，当负极相对于锂参比电极的电位低于零时，负极可能析锂 [34]；

(2) 单体拆解分析方法，在单体经过大电流充电、低温充电，或者长循环后对单体进行拆解分析；

(3) 电化学表征分析方法，如充电后弛豫时间法 [35]、库仑效率 (CE) 测量法 [36]，以及电化学阻抗谱法 [37] 等；

(4) 其他仪器表征，如电子顺磁共振 (EPR)[38]、核磁共振 (NMR)[39]、计算机断层扫

描[40]、电化学–超声飞行时间检测[41]、中子衍射测量石墨锂化度[42]等。

9.3.3 工艺参数设计

设计实际的锂离子电容器单体时，应考虑实际需求对单体性能的要求，如锂离子电容器单体的额定容量、存储能量、工作电压、倍率特性、循环寿命特性、内阻、质量、尺寸体积等因素。对于一些特殊的应用场景，还需要考虑安全性、低温特性、高温特性、低气压特性等因素。在综合考虑上述需求后，确定正负极活性物质、容量匹配参数、电解液以及其他非活性物质的选型，随后根据以下过程进行电极参数设计。

(1) 根据具体工况需求确定锂离子电容器单体的电容、容量或者能量，为了保证单体的可靠性，还需要额外考虑单体的性能冗余。

$$C_{\mathrm{d}} = C_{\mathrm{r}} \times (1 + r) \tag{9.9}$$

式中，C_{d} 为设计容量；C_{r} 为实际需求容量；r 为设计冗余系数，通常为 5%~20%。

(2) 材料体系的确认。根据正负极的设计和设计需求，对正极材料、负极材料、隔膜、电解液、集流体、黏结剂、导电剂的选型进行确认。

(3) 计算锂离子电容器单体正、负极活性物质用量。根据锂离子电容器的单体容量几乎取决于正极的比电容的原则，结合正极材料在特定面载量和特定工况下的容量发挥，计算所需正极材料的总质量，并根据正负极的质量比或 N/P 比计算所需负极活性物质的总质量。

$$m_{+} = \frac{C_{\mathrm{d}}}{C_{+} \times k} \tag{9.10}$$

$$m_{-} = m_{+} \times l \tag{9.11}$$

式中，m_{+} 和 m_{-} 分别为正极活性物质总质量；C_{+} 为特定工况和面载量条件下的比电容；k 为考虑正负极匹配条件下的正极容量发挥系数；l 为在该正负极匹配条件下的负极活性物质和正极活性物质的质量比。

(4) 设计电极的活性物质的面载量。根据活性物质总质量以及对应的面载量计算正极的总面积。

$$S_{\mathrm{t}} = \frac{m_{+}}{A_{+}} \tag{9.12}$$

式中，S_{t} 为锂离子电容器单体中正极的总面积；A_{+} 为正极活性物质的面载量。

(5) 设计正电极尺寸的单体中正极的片数。根据正极的总面积，设计锂离子电容器中正电极的长度、宽度、倒角、极耳宽度等电极参数，对于典型的叠片类锂离子电容器单体：

$$N_{+} = \frac{S_{\mathrm{t}}}{S_{+}} \tag{9.13}$$

$$S_{+} = L_{+} \times W_{+} - S' \tag{9.14}$$

式中，N_{+} 为锂离子电容器单体中正极的片数；S_{+} 为正极的有效面积；L_{+} 为正极长度；W_{+} 为正极的宽度；S' 为由倒角设计而引起的有效面积减少量。

(6) 根据正极的尺寸和片数，设计对应负极尺寸和片数。与锂离子电池相同，锂离子电容器的负极在充电过程中发生锂离子的嵌入反应，为确保所有锂离子均能嵌入负极而不在负极边缘产生析锂现象，同时也为电芯制备过程中电极对齐预留操作余量，负极必须比正极具有更大的面积并完全覆盖正极，通常的做法是在长和宽的方向上相对于正极预留 1～3 mm 的余量，并采用负极在最外侧的设计方案，因此，

$$N_- = N_+ + 1 \tag{9.15}$$

$$L_- = L_+ + L' \tag{9.16}$$

$$W_- = W_+ + W' \tag{9.17}$$

式中，N_- 为负极的片数；L_- 为负极的长度；W_- 为负极的宽度；L' 和 W' 分别为负极在长度和宽度上的预留量。

(7) 确定隔膜的尺寸。为确保正负极之间良好的隔离，隔膜尺寸一般要在负极长和宽的基础上预留 1～3 mm 的余量。

(8) 确定铝塑壳的尺寸。根据正极、负极、隔膜的面积以及对应的片数和厚度确定单体所需的外壳的尺寸。

(9) 根据电极孔隙率计算电解液的理论用量，在此基础上考虑电芯边角、缝隙处的空余体积，留出适当的余量，并根据实际结果进行优化。

上述设计思路只是锂离子电容器设计过程中的一种简要概述，实际设计过程中常常需要根据具体的需求和限制进行修正并考虑更多的细节。

9.3.4 非活性材料

1. 电解液

锂离子电容器电解液的详细介绍参见第 4 章，本节主要从单体设计和制造的角度介绍对电解液的要求。鉴于锂离子电容器通常被用作功率型器件，对充放电倍率以及低温性能有较高的要求，目前固态和半固态电解质、离子液体电解质以及高浓度盐体系电解液的性能尚无法与常规有机电解液相媲美，因此目前商业化锂离子电容器制造依然首选有机体系锂离子电解液，主要的生产厂家有：广州天赐高新材料股份有限公司、深圳新宙邦科技股份有限公司、天津金牛电源材料有限责任公司、东莞杉杉电池材料有限公司、诺莱特电池材料 (苏州) 有限公司等。锂离子电容器电解液的设计应注意的事项如下所述。

(1) 锂离子电容器不同于锂离子电池，其正极材料是具有大量孔结构的碳材料，这些孔结构最终都会被电解液填充，这也决定了其电解液的消耗量是远高于锂离子电池的。电解液具有较高的密度，且通常被认为是非活性成分，因此大量电解液的存在会削弱锂离子电容器单体的能量密度。这也是很多正极电容材料即便拥有很高的比容量，但当组装成单体后，其能量密度和功率却没有优势的原因。而锂离子电解液所用溶剂和锂盐的成本较高，电解液的用量将很大程度上决定锂离子电容器单体的成本。

(2) 由于锂离子电容器单体储能机制的特殊性，正极电位在 pzc 以下时，电解液组分并不发生变化，但当单体的正极电位高于零电荷电位时，继续对单体充电则会导致锂离子

电解液中溶质盐的浓度下降，这种现象会限制高能量密度锂离子电容器的能量密度，因此必须考虑锂盐浓度的影响。

(3) 锂离子电容器对水分和杂质极为敏感，且由于正极活性炭的高表面积和催化活性，电解液更容易在电极表面发生分解，因此对于锂离子电容器，电极中痕量水分和杂质元素的去除非常重要。

(4) 电解液保有量越多，则单体在循环过程中极片的浓差极化程度越小，因此循环寿命也越长，但过多的电解液会降低单体的能量密度和功率密度。

(5) 单体所用的电解液是面向实用化的，电解液的设计需要整体考虑需求、性能、成本、安全性等，并对单体的滥用具有良好的抵抗力，如过充、过放、高温搁置等。

2. 导电剂

导电添加剂 (简称导电剂) 可以在电极材料之间形成导电网络，有效改善电极的电子导电性、降低单体内阻；对于比表面积较小的负极材料，还可以提高电极的孔隙率和保液量，使电极材料可以更好地与电解液接触，同时缓解充放电过程中的体积膨胀并保证颗粒间的电连接。通常对导电剂的要求如下：

(1) 高电子导电性、高导热性；

(2) 良好的耐腐蚀性和电化学稳定性；

(3) 存在多种物理结构，少量添加即可构建良好的导电网络；

(4) 一定的柔韧性，缓冲体积膨胀造成的影响；

(5) 良好的分散性，易于加工成复合材料；

(6) 尺寸稳定性和机械稳定性；

(7) 高纯度，成本低廉。

锂离子电容器常用的导电剂包括导电炭黑、导电石墨、碳纳米管、气相生长碳纤维和石墨烯等，这些导电剂都具有较小的电流渗流阈值，能以较少的添加量在极片中形成良好的导电网络。由于粉末颗粒之间存在的接触界面增大了电子传输的阻力，导致粉末的电导率要显著低于单个颗粒的电导率；而粉末电导率测试结果通常高度依赖于粉体的表面特性与所施加的测试压力，通过增加施加在粉末上的压力就可以增大粉末颗粒之间的接触面积，提高粉体的电导率 [43]。为此，在本书中给出了常用导电剂和电极材料在 5 MPa 压力下的电导率数值，如表 9-2 所示。

这些导电剂与活性材料的接触形式通常可以分为 “点–面”“线–面”“面–面” 接触三种。以 “点–面” 接触来改善导电性的导电剂有导电炭黑、导电石墨等，其中导电石墨的电子电导率远高于导电炭黑，但颗粒也更大，单独使用则难以形成有效导电网络；以 “线–面” 接触改善导电性的碳纳米管、碳纤维，其中碳纳米管具有最高的理论电导率，但通常面临着催化剂无法完全清除和难以分散的问题；以 “面–面” 接触改善导电性的石墨烯等，也存在难以分散的问题，如图 9-20 所示。

商品化的导电炭黑通常非常纯净 (纯度 $>97\%$)，宏观上是非晶态的，但其微观结构与石墨类似 [44]。常用的炭黑包括益瑞石公司 Super P/Super C 系列、Ensaco 系列，日本狮王公司科琴黑 (Ketjen black)ECP 系列和日本电气化学工业公司乙炔黑 DENKA BLACK

Li 系列等，这些炭黑都是由球形碳颗粒串联成串珠结构，形成 50~400 nm 大小的团聚体，如图 9-21 所示。区别在于，由于合成方法的差异，部分炭黑例如科琴黑具有更长的链段、更大的比表面积和更多的孔隙结构，这些炭黑被认为可以用更少的量构建更好的导电网络，但成本通常也更高。当这些团聚体被均匀分散到电极中后，就形成一个三维交联的导电网络，同时借助自身蓬松的微结构和堆积孔存储电解液，并缓冲电极材料在充放电过程中的体积膨胀 [45]。

表 9-2 常用导电剂和电极材料的主要物化性质

类型	型号	粒径	电导率/(S/cm)	比表面积/(m^2/g)
导电石墨	KS-6	3.4 μm (D50)	158.5	20
导电炭黑	科琴黑 EC-600JD	~34 nm	8.4	1270
导电炭黑	Super P Li	30~40 nm	13.5	62
导电炭黑	Super C45	30~40 nm	9.7	45
导电炭黑	Super C65	30~40 nm	13.2	62
多壁碳纳米管	SWCNT-TNS	直径 50~90 nm 长度 >5 μm	92.7	28
单壁碳纳米管	Aldrich MWCNT	直径 1~2 nm 长度 5~30 μm	16.7	380
气相生长碳纤维	VGCF-H	直径 150 nm 长度 8 μm	43.3	15
活性炭	YP 50F	6.1 μm (D50)	1.7	1600
活性炭	YP 80F	6.1 μm (D50)	1.8	2100
软碳	PSCAM280	(10.5±2.0) μm (D50)	16.1	2.9±1.5
硬碳	ATEC LN-0001	(1.5±0.5) μm (D50)	8.1	<30

注：粒径及比表面积数据来源于制造商提供的产品手册，导电炭黑的粒径均为一次颗粒；电导率数据由苏州晶格电子有限公司 ST2722-SZ 四探针粉体电阻率测试仪在环境温度 25 °C、压力 5 MPa 条件下测得。

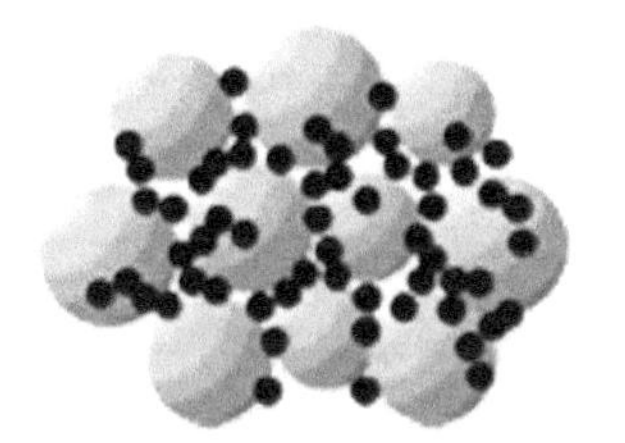

炭黑, 刚性纳米颗粒
点-面接触

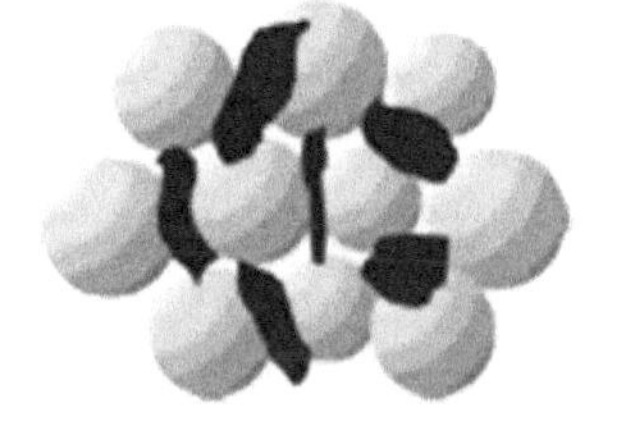

导电石墨, 刚性微米颗粒
点-面接触

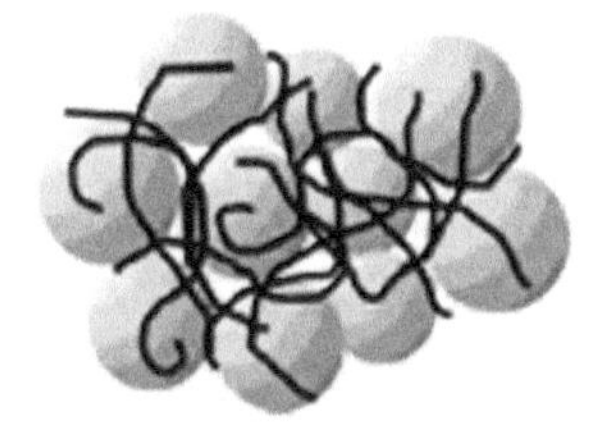

碳纳米管, 柔性纳米线
线-面接触

石墨烯, 柔性纳米片
面-面接触

图 9-20 导电剂与活性材料的接触形式 (来源：高工锂电网 (www.gg-lb.com/art-29122.html))

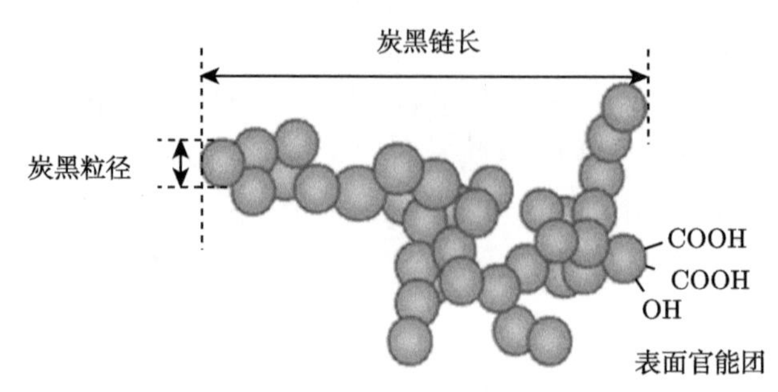

图 9-21 导电炭黑的结构示意图 [46]

纤维状导电剂具有高长径比、大比表面积、高电子导电性、高导热性、高柔韧性和高拉伸强度等特点，可以在更长程的范围内形成导电网络，同时也具有一定的“物理黏合”作用来改善颗粒间的黏附性。高纵横比和高电子导电性可有效形成具有高电子延展性的导电网络；大比表面积有助于吸附和保留电解质，允许 Li^+ 和正极活性物质紧密接触；高导热性意味着这些材料可以很容易地将电池中电化学反应产生的热量传导出；高柔韧性和抗拉强度则有助于这些材料形成牢固和有弹性的导电网络，以提高电池的循环性能。常见的有碳纳米管、碳晶须和气相生长碳纤维 (VGCF) 等，但材料成本较高。

石墨烯也是较有潜力的导电剂，石墨烯具有片层状的二维结构以及良好的电子电导率和柔韧性，可以很好地与电极材料形成面接触，因此较少的添加量即可在电极内部构建良好的长程导电网络。但这种材料面临着较为严重的团聚问题，在浆料中均匀分散始终是重要挑战 [47]。此外，一些研究表明，石墨烯的二维片层会对电极内部锂离子的传输造成“位阻效应”[48]，位阻影响的大小主要取决于电极片的厚度和石墨烯/活性物质的尺寸比：当石墨烯/活性物质尺寸比大时，石墨烯片层对锂离子输运的位阻效应较为明显 [49]。最后，相对于其他类型的导电剂，石墨烯的制造成本也是限制其应用的重要因素。

另外，由于不同尺度的导电剂可以分别从电极的不同层次上构建协同导电网络，与单一导电添加剂相比，综合利用点、线、面的接触模式，可以在使用更少导电剂的条件下构建“长程”和“短程”兼顾的导电网络 [50]。张澄等 [51] 将碳纳米管、石墨烯与炭黑按 1:1:2 的质量比加入硬碳负极，构建了零维、一维与二维复合导电网络，电极具有优异的倍率性能和循环性能; 将介孔石墨烯与炭黑复合 (G/SC)，并与炭黑、石墨烯纳米片/碳纳米管/炭黑的导电浆料 (GNC/SC)、碳纳米管/炭黑的导电浆料 (CNC) 等三种导电剂进行了比较，发现添加 G/SC 的硬碳电极具有最高的比容量和最佳的倍率性能，这可归因于 G/SC 导电剂在硬碳负极中构筑了有效的“点–面”导电网络，促进了硬碳负极的电子转移和 Li^+ 在电极表面的快速扩散 [44]。

同时，导电剂的用量并非越多越好，如图 9-22 所示，当导电网络尚未形成时，电极整体的电子电导率处于较低水平，当导电网络开始连通时，电极的电导率大幅提升，随着导电网络的进一步形成，极片的电子电导率逐渐趋于饱和，即便继续增加导电填料，极片的电子电导率也只有很小的改变，但非活性物质的用量，尤其是电解液却会因此而增加，从而导致单体能量密度的降低，因此寻找最佳导电剂用量是非常关键的。

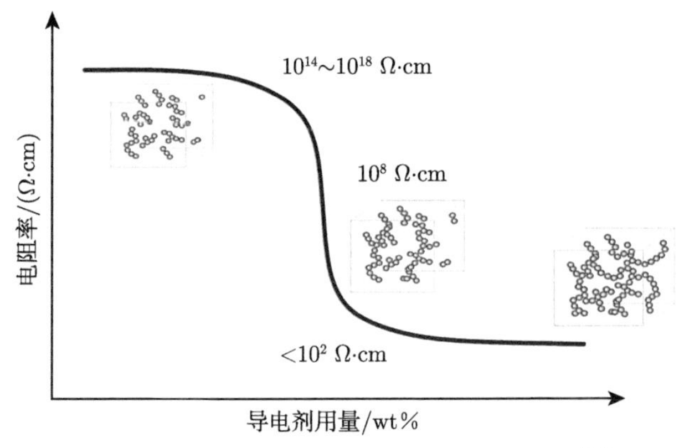

图 9-22 导电剂用量与极片电导率的关系 [52]

3. 黏结剂

黏结剂是将电极活性物质、导电添加剂、集流体等紧密地结合在一起的重要非活性材料，它通过自身分子链的机械互锁作用和界面结合力 (分子间作用力、化学键等) 来维持颗粒间的接触以及颗粒与集流体之间的接触，从而保持电极的机械完整性并维持良好的电子通路 [53−55]，如图 9-23 所示。

图 9-23 黏结剂与颗粒作用机制示意图 [56]

通常，锂离子电容器的电极对黏结剂的要求如下。

(1) 优异的黏附性。黏结剂是非活性物质且通常是电子和离子绝缘的，添加过量的黏结剂会降低锂离子电容器单体的能量密度和功率密度，并降低锂离子电容器单体的倍率性能，因此必须用尽量少的黏结剂将活性材料 (尤其是极为蓬松且具有高比表面积活性炭粉体) 牢固地黏附在集流体上形成致密的电极，这显然对黏结剂的黏附性提出了非常高的要求。

(2) 电化学稳定性。电极材料中的黏结剂应具有良好的电化学稳定性，以确保在充放电过程中不与其他电极材料发生反应。

(3) 热稳定性。在电极干燥和电芯烘烤过程中黏结剂不发生老化、电极涂层不变脆。

(4) 柔韧性。锂离子电容器的负极发生 Li^+ 的嵌入和脱出过程中伴随电极材料的体积膨胀和收缩，黏结剂应能在长循环过程中抵抗这种应力和应变。

(5) 较低的成本，包括材料成本和加工成本。

(6) 环境友好，毒性小、无腐蚀性。

通常，黏结剂可分为水性体系和油性体系，水性体系主要包括聚苯乙烯–丁二烯 (SBR) 乳液、羧甲基纤维素钠 (CMC)、聚四氟乙烯 (PTFE)、海藻酸钠 (SA)、聚丙烯酸 (PAA) 及其衍生物聚丙烯酸钠 (NaPAA)、丙烯腈共聚物 (LA) 等；油性体系主要为聚偏氟乙烯 (PVDF)。常见黏结剂的分子结构如图 9-24 所示。

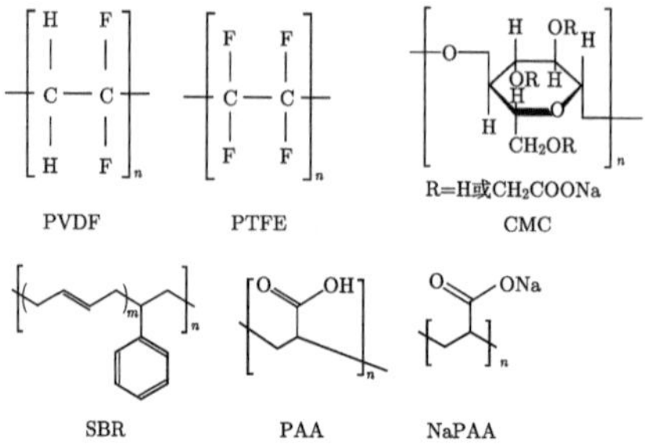

图 9-24 常见黏结剂的分子结构

1) SBR 乳液

SBR 是以丁二烯和苯乙烯为主要单体通过共聚反应合成的链状高分子弹性体材料，易与水和极性溶剂形成均匀分散的乳液，其涂布的极片柔韧性好，电极界面阻抗要小于油性体系中的界面阻抗，常与 CMC 联用以改善黏结剂的综合性能。常用水溶性黏结剂 SBR 含有不饱和双键，在电压高于 4.0 V 时理论上是可以被氧化的，极片的加工上 SBR 的反弹也会相对较大。水性体系的电极较难干燥，残余水分会对容量和循环寿命造成影响。重要的生产厂家有：德国巴斯夫股份公司、日本瑞翁公司、日本捷时雅公司、日本爱宇隆株式会社等。

2) CMC

CMC 是纤维素的羧甲基化衍生物，是天然纤维经过化学改性后所获得的一种水溶性好的聚阴离子化合物，易溶于冷热水，具有增稠、稳定、乳化、赋形等作用。CMC 受电极材料配比、pH 的影响较大，其明显缺点是比较脆，如果全部选用 CMC 作为黏结剂，极片在压片、分切过程中电极会出现坍塌和严重掉粉等问题，采用 SBR+CMC 黏结体系可以克服这一缺陷。为避免水性浆料中出现材料的沉降，应适当提高浆料的固含量和黏度。重要的生产厂家有：美国斯比凯可公司、赫克力士化工 (江门) 有限公司、荷兰阿克苏诺贝尔公司、日本制纸株式会社等。

3) PTFE

PTFE 是一种良好的水性黏结剂，具有加工性好、柔韧性高、极片内阻低等优点。PTFE 有乳液和微粉两种产品形态，可用于湿法和干法电极工艺。重要生产厂家有：美国杜邦公司、日本大金工业公司、日本旭硝子公司等。

4) PVDF

PVDF 是一种常用的油性黏结剂，具有极性弱、含氟量高、抗氧化还原能力强、热稳定性好等特点，缺点是需要采用挥发温度较高且容易污染环境的 N-甲基吡咯烷酮 (NMP) 作为溶剂。PVDF 用于制备活性炭正极时，溶剂 NMP 易于残留在亲油性的表面，导致气胀和漏电流增大；用于制备锂离子电容器负极时，在高温下与金属锂会发生分解反应。重要的生产厂家有：荷兰阿克苏诺贝尔公司、上海华谊三爱富新材料有限公司、法国索尔维(苏威) 公司等。

4. 集流体

集流体也是锂离子电容器重要的非活性材料，通过提高集流体电导率和降低接触阻抗可以有效地提高锂离子电容器的倍率性能；通过减少集流体的厚度可以降低集流体在单体中的质量占比，从而提高锂离子电池的能量密度。为了追求更高的能量密度和功率密度，集流体的厚度也在不断降低 [57]，但薄集流体会影响电极的导电性和传热性能。对集流体的一般要求如下所述。

(1) 电化学稳定性好。集流体必须在锂离子电容器充放电过程中保持稳定，确保电极的电子通路不被破坏，同时不会对电解液等其他电极材料产生不良影响 [58,59]。对于锂离子电容器，铝集流体和铜集流体都是目前常用的集流体类型。

(2) 电子电导率高。高的电子电导率有助于降低锂离子电容器单体的内阻，提高单体电能存储和释放的能量效率。

(3) 机械强度高。集流体需要经过涂布、辊压等电极制备工艺，在此过程中不应断裂，这也是薄集流体所需要考虑的关键问题之一。

(4) 较轻的密度。集流体是锂离子电容器中的非活性材料，对容量没有贡献，使用低密度集流体有利于减小锂离子电容器单体的质量，提高锂离子电容器的能量密度。

(5) 较低的成本。成本是决定集流体是否能得到广泛应用的关键因素。

铜和铝直接轧制成的箔材被广泛用作集流体，但在追求更高性能的应用场景下，常对这些箔材表面进行加工以改善电极材料与集流体界面的接触性。这是因为，锂离子电容器在充放电过程中，锂离子在负极反复地嵌入和脱出，会导致负极材料明显的体积变化和内应力，未经表面处理的集流体通常难以提供足够的附着强度来缓解这些应力，容易引起电极材料与集流体的脱离。此外，对于功率型锂离子电容器，电极与材料界面的接触阻抗必须被最小化；而对于能量型锂离子电容器，由于电极厚度较大，也应当改进电极材料与箔材的接触性来避免在后续加工过程中电极材料的脱落，因此对集流体的表面处理或三维形貌设计就显得非常重要。常见的形貌结构改进方法有泡沫状集流体 [60]、网状集流体、表面穿孔集流体、腐蚀集流体、涂层集流体等。

此外，鉴于锂离子电容器需要预锂化这一需求，如果采用通过额外的锂电极对单体进行预嵌锂时，为确保锂离子可以穿透电芯表层电极到达深层电极的表面，集流体必须包含一定量的通孔，如图 9-25 所示。不仅如此，穿孔集流体的使用也能使 Li^+ 在电极中的分布更为均匀，从而减小不同极片间的极化程度，延长锂离子电容器的寿命。此外，穿孔集流体具有更低的密度，这能在一定程度上降低非活性物质在单体中的质量占比，从而提高单体的能量密度。另外，穿孔集流体会带来制造成本上的大幅提升，这体现在两方面，一是穿孔集流体通常通过激光、化学或电化学腐蚀、机械等方式进行穿孔，这会显著增加集流体的制造成本；二是穿孔集流体通常具有较差的强度，同时具有较大通孔的集流体在涂布过程中存在浆料向另一侧渗透的现象，这都会给生产制造带来效率和成本上的不利影响，因此需要对穿孔集流体的孔径、孔隙率等参数进行优化和调控。典型的穿孔铜箔和铝箔的规格参数如表 9-3 所示。主要的生产厂家有：日本 JCC 公司、日本富士新材料公司、山西沃特海默新材料科技股份有限公司、博罗冠业电子有限公司等。

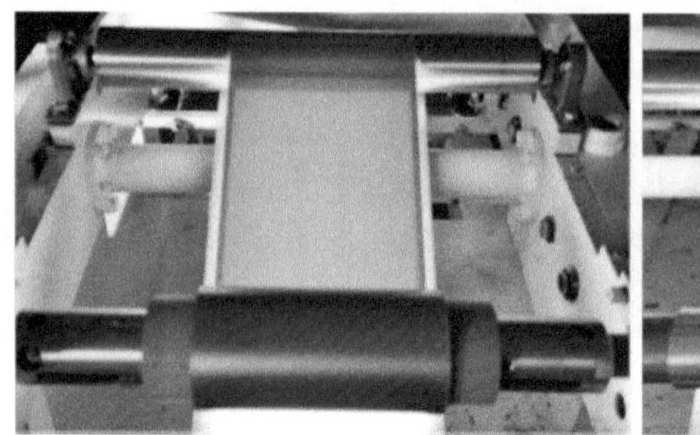

图 9-25 典型的微孔铜箔和微孔铝箔照片

表 9-3 微孔铝箔和微孔铜箔的规格参数

集流体类型	微孔铝箔	微孔铜箔
型号	WHL14	WHT80
厚度 /μm	10～25	4.5～25
幅宽 /mm	200～1500	200～1500
孔密度 /(个 /cm^2)	1400～1699	8000～9999
孔径/μm	5～50	2～25
抗拉强度/(N/mm^2)	⩾ 130	⩾ 200
延伸率/%	⩾ 0.75	⩾ 1.05
电阻率 /(μΩ·cm)	⩽ 3.4	⩽ 2.2

注：本表由山西沃特海默新材料科技股份有限公司提供。

5. 隔膜

隔膜是正负极之间的物理隔离膜。锂离子电容器对隔膜的一般要求如下所述。

(1) 优异的化学稳定性。隔膜材料同时接触正极和负极，须同时抵抗正极的强氧化性和负极的强还原性。

(2) 优异的尺寸稳定性。隔膜应在电解液浸泡和较高的温度下保持尺寸稳定。例如，当隔膜浸泡在电解液中或者隔膜温度接近或超过聚合物的软化温度时，聚合物隔膜会收缩，这将导致电极直接接触从而引发短路。

(3) 适合的孔隙率。较大的孔隙率可以使离子更快地在电极之间输运，从而提供更好的倍率性能，但过高的孔隙率会影响隔膜的尺寸稳定性、机械强度等。

(4) 适合的孔径大小。一方面，隔膜的孔径越大越有利于获得更好的倍率性能，另一方面，过大的孔隙将无法对电极微粒形成有效的阻隔，从而导致电池严重的自放电并引发安全问题。

(5) 合适的曲折度。曲折度是隔膜离子实际通过的距离与隔膜厚度的比值。增加曲折度可以抑制锂枝晶穿过隔膜，但会增加离子输运的阻力。

(6) 适合且均匀的厚度。薄隔膜可以减少非活性物质的体积和质量，有利于实现更高的能量和功率密度，但过薄的隔膜会降低单体的保液量，影响电池的循环性能，同时会降低隔膜的机械强度，容易引发安全问题。此外，隔膜的厚度需尽量均匀，以避免电流分布不均导致电极局部快速劣化。

(7) 优异的机械强度。隔膜必须具有很好的机械强度，特别是沿隔膜表面方向的拉伸强度和垂直于隔膜表面的穿刺强度，这成为隔膜在单体加工过程中以及单体在后续使用过程中保持机械完整性的关键。

(8) 受热闭孔特性。为提高单体的安全性，部分隔膜采用特殊的结构设计，具有在受热时关闭孔隙以切断单体内部离子传输并防止热失控的功能。这使得单体在外部受热或发生短路时能降低由能量快速释放导致的风险。

(9) 较低的成本。低成本同样是决定隔膜能否得到应用的关键因素。

目前常用的锂离子电容器的隔膜按照制造工艺可分为：纤维状隔膜、聚合物微孔隔膜和陶瓷复合隔膜 [61]，典型隔膜的规格和物化特性如表 9-4 所示。

表 9-4 典型隔膜的规格和物化特性 [62]

隔膜类型	聚合物微孔膜	纤维状隔膜	陶瓷复合膜
隔膜型号	Celgard 2500	三菱 NanoBase2 PFC3018	赢创 Separion S240-P25
组成	聚丙烯 (PP)	纤维素/PET	PET、Al_2O_3/SiO_2
厚度/μm	25	30	25 ± 3
平均孔径/μm	0.209 × 0.054	0.5	0.24
Gurley 值①/(s/100 mL)	9	7	10~20
孔隙率/%	55	59	> 41
温度稳定性/°C	163	—	210
热收缩率/%	< 3 (90 °C，1 h)	< 3.0 (180 °C，30 min)	< 1 (200 °C，24 h)
抗拉强度/MD②	115 N/mm^2	700 N/m	>300 N/m
抗拉强度/TD③	13 N/mm^2	490 N/m	—
电解液浸润性	好	非常好	非常好

注：① Gurley 值是衡量隔膜的透过能力的一种参数。即一定体积的空气在一定的压力下透过规定面积隔膜的时间。目前隔膜行业中多采用日本工业标准，即在 1.22 kPa 压力下测试 100 mL 空气通过 1 in^2(0.00064516 m^2) 隔膜所需要的时间。

② MD(machine direction)，指隔膜的纵向。

③ TD(transverse direction)，指隔膜的横向。

纤维状隔膜是将基材纤维经化学、物理或机械方式粘合在一起形成的薄膜，制造方法包括无纺布工艺、抄纸工艺、静电丝纺工艺、熔喷工艺等。常见的纤维状隔膜如纤维素 (cellulose) 隔膜、聚酰亚胺 (PI) 隔膜、聚丙烯 (PP) 隔膜、聚酯 (PET) 隔膜等。这类隔膜的孔隙结构较为发达且相互连接，通常具有较高的孔隙率，同时具有较聚烯烃隔膜更高的热稳定性。纤维素隔膜及其衍生的复合隔膜是双电层电容器和锂离子电容器常用的隔膜，具有浸润性好、内阻低等优点，但厚度较大、自放电率较高。典型的纤维素隔膜孔隙率可达高达 45%~90%，厚度为 20~50 μm，形貌如图 9-26 所示。这类隔膜的主要生产厂家有：日本 NKK 公司、日本三菱制纸株式会社、浙江凯恩特种材料股份有限公司等。

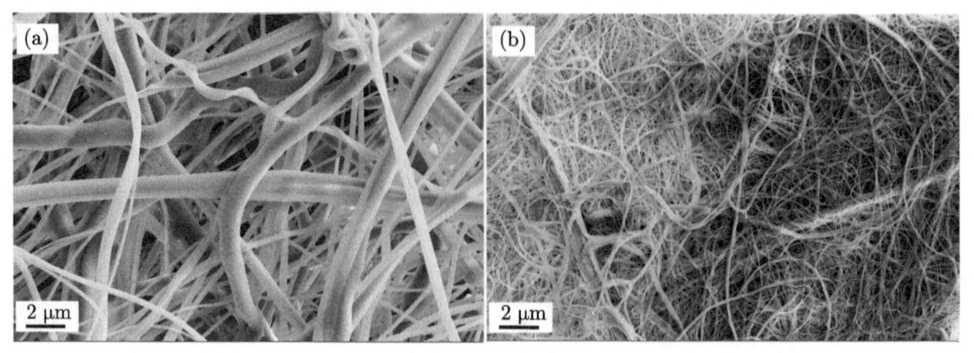

图 9-26 典型的纤维状隔膜形貌 [61]。(a) PP；(b) 纤维素

微孔聚合物隔膜通常由 PP、聚乙烯 (PE) 等聚烯烃由干法 (拉伸) 工艺或湿法 (流延) 工艺制备而成，隔膜的形貌如图 9-27(a) 和 (b) 所示。干法工艺是将 PP、PE 等烯烃熔化、挤出成薄膜，该薄膜经单向或者双向拉伸后形成均匀细小的孔隙。湿法工艺是将 PE 树脂与高沸点的烃类液体或低分子量的物质混合，形成均匀分散的熔体并铺展成薄膜，薄膜降温后发生相分离，再用易挥发的溶剂提取高沸点的烃类液体或低分子量的物质得到具有均匀贯通孔隙的薄膜。这类隔膜根据实际需求，产品性能涵盖较为广泛，但应用最广泛的典型产品一般具有较薄的厚度 (通常小于 25 μm) 和较低的孔隙率 (30%～60%)。此外，受制于熔点的影响，其热稳定性通常不高。聚酰亚胺湿法隔膜具有耐高温、低热收缩率、高阻燃和有机电解液浸润性好等优点，由于其无直通孔结构，可避免微短路。聚酰亚胺湿法隔膜在 150 ℃ 以下不发生尺寸变化，200 ℃、1 h 热收缩率小于 0.5%，其表面和断面形貌如图 9-27(c) 和 (d) 所示。微孔聚合物隔膜的主要生产厂家有美国 Celgard 公司、沧州明珠塑料股份有限公司、云南恩捷新材料股份有限公司、江苏巨贤合成材料有限公司 (聚酰亚胺隔膜) 等。

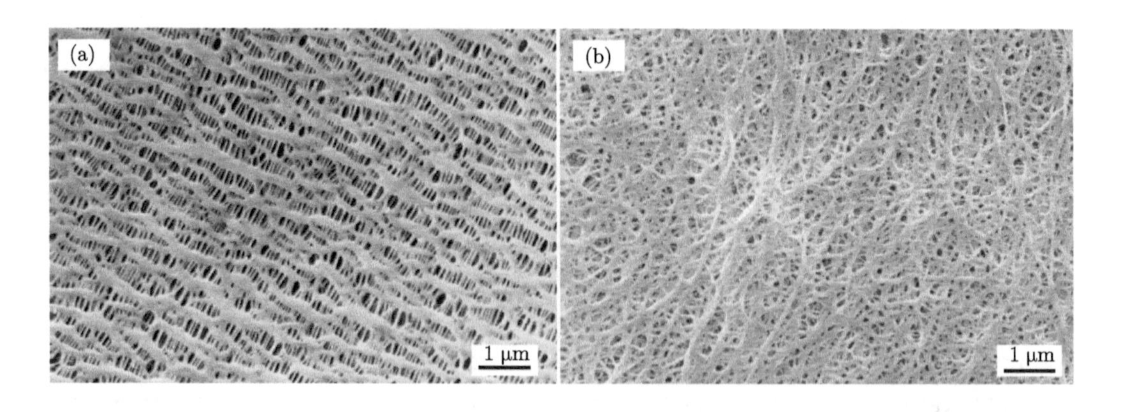

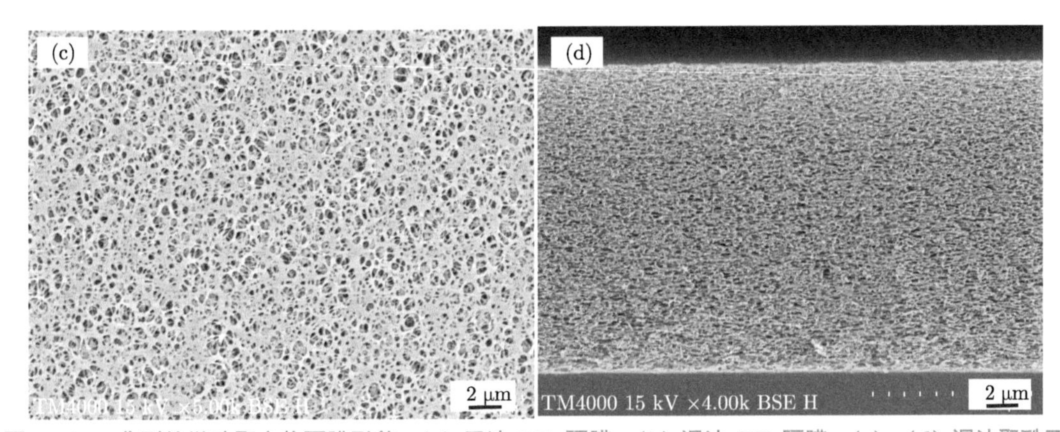

图 9-27 典型的微孔聚合物隔膜形貌。(a) 干法 PE 隔膜；(b) 湿法 PE 隔膜；(c)、(d) 湿法聚酰亚胺隔膜的表面和断面形貌

陶瓷复合隔膜是以聚烯烃微孔隔膜和无纺布隔膜为基体，在其两侧均匀涂覆厚度为 1～2 μm 混有纳米陶瓷粉末及黏结剂的浆料，得到的无机复合陶瓷涂层隔膜，如图 9-28 所示。常见的陶瓷粉末为氧化铝 (Al_2O_3)、二氧化硅 (SiO_2)、二氧化钛 (TiO_2) 和氮化铝 (AlN) 等。陶瓷颗粒具有很好的浸润性、机械强度、热稳定性，因此可以改善隔膜的浸润性，提高隔膜的热稳定性和机械强度，防止单体在充放电过程中的短路，并提高单体的热传导性能，进而提高锂离子电容器的安全性。但陶瓷颗粒的加入同样会导致隔膜质量的增加并降低电池的能量密度和功率密度。此类隔膜的主要生产厂家有：河南义腾新能源科技有限公司、清陶 (昆山) 能源发展股份有限公司等。

图 9-28 Al_2O_3 陶瓷隔膜微观形貌 [61]

9.3.5 高性能锂离子电容器的研制

锂离子电容器由于兼具高能量密度、高功率密度以及长循环寿命等优点，自从富士重工公司公开锂离子电容器相关制造技术的专利后，国际上相关企业和研究机构纷纷开展高性能锂离子电容器的研制。目前，日本在锂离子电容器产业化技术方面处于领先地位。以

武藏能源公司的产品为例，1100 F 软包锂离子电容器的能量密度为 10 W·h/kg，内阻和功率密度分别为 1.2 mΩ 和 14 kW/kg，循环寿命达 100 万次，在 −30 ℃ 下 10C 放电的容量保持率为 70%；2100 F 软包锂离子电容器的能量密度为 24 W·h/kg，内阻和功率密度分别为 6.2 mΩ 和 4 kW/kg，在 −20 ℃ 下 2C 放电的容量保持率为 70%[63]。

中国科学院电工研究所经过 14 年来的深入和系统研究，解决了微纳材料多级次复合、多孔极片无损涂布、高效预嵌锂、低内阻极片和低温电解液等关键技术难题，在高性能锂离子电容器研制方面取得了一系列重要进展 (图 9-29)。经国家化学电源产品质量监督检验中心检测，低温型 1100 F 软包锂离子电容器能量密度为 11.7 W·h/kg，内阻可降至 0.93 mΩ，功率密度达 30 kW/kg，循环寿命可达 100 万次，在 −50 ℃ 低温下 10C 放电的容量保持率达 72.7%(图 9-29(a) 和 (b))，尤其适于在高寒等严苛环境下的高功率应用场景。继而，中国科学院电工研究所采用自主可控的正负极复合电极材料和厚电极制备技术，并对电极材料的堆积状态进行拓扑优化，提升电极的面载量和堆积密度，制备出 10000 F 全碳型高能量密度锂离子电容器，能量密度可达 40 W·h/kg(图 9-29(c) 和 (d))，达到铅酸电池水平，功率密度为 5.8 kW/kg，循环寿命可达 30 万次。这些研究工作拓宽了锂离子电容器的应用场景，对高性能锂离子电容器的国产化具有积极推动作用。

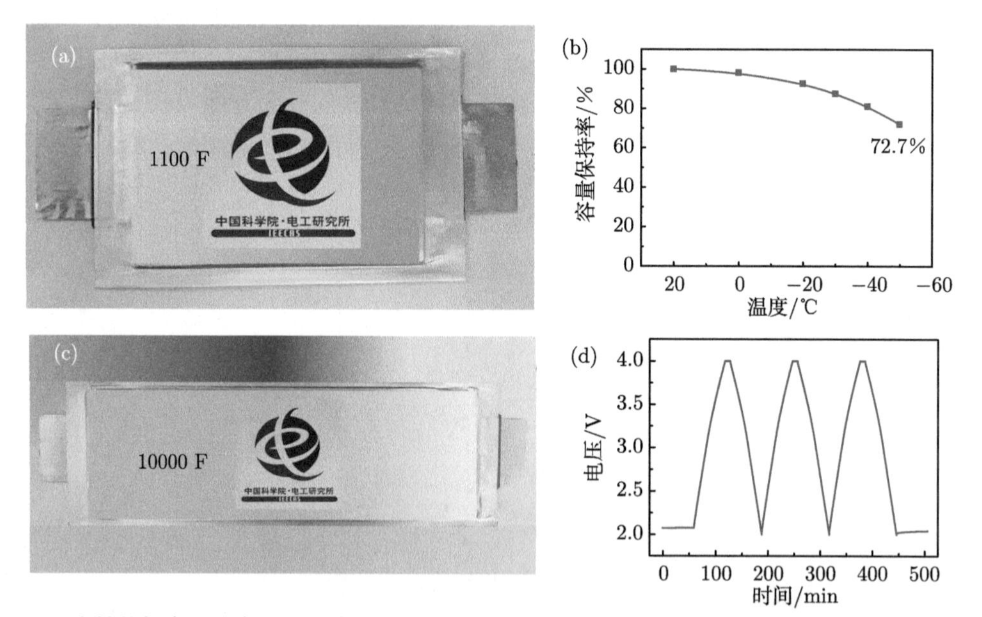

图 9-29 高性能锂离子电容器的照片及其电化学性能。(a),(b) 1100 F 低温锂离子电容器照片及其低温性能；(c),(d) 10000 F 全碳型高能量密度锂离子电容照片及其充放电曲线

9.4 锂离子电容器单体性能测试及评价

锂离子电容器单体的性能测试主要包括电化学性能测试和安全性能测试。本章包括实用化锂离子电容器的测试规范、评价体系和安全性能测试等。除另有规定外，一般上述各项的测试实验均在以下环境条件下进行：

温度：(25±5) ℃；

相对湿度：不大于 75%RH；

大气压力：86~106 kPa。

9.4.1 测试规范

1. 电压特性

锂离子电容器作为一种混合型储能器件，通常正极采用电容型多孔碳材料，负极采用预嵌锂的碳负极材料，其电压特征曲线与双电层电容器相似，即电压的变化与充放电的时间呈近似线性关系。因此，锂离子电容器的电压特性曲线不存在明显的充放电电压平台，这一点是与锂离子电池不同的。在锂离子电容器模组或电源系统的应用中，对于需要以恒定电压输出的场景，就需要设置直流–直流 (DC-DC) 转换器来调节和稳定其输出电压；对于交流电的应用场景，还需要配置合适的逆变器 [64]。

锂离子电容器的电压可分为额定电压和浪涌电压。额定电压是指在最低工作温度和最高工作温度之间，超级电容器能够持续工作并能表现出额定特性的最高电压，该电压是由厂家确定的设计值。浪涌电压是指在工作温度区间内，一定时间内超级电容器两极间能够承受的最高电压。

由于锂离子电容器内阻的存在，电容器在放电开始的瞬间出现较明显的电压下降现象，称为内阻电压降。将该电压降 ΔU 除以电流值 I 后可得到锂离子电容器的内阻 R，计算方法如图 9-30 所示，如恒电流充电过程后直接恒电流放电，则内阻 $R=\Delta U/(2I)$；如恒电流–恒电压充电过程后恒电流放电，则 $R=\Delta U/I$。

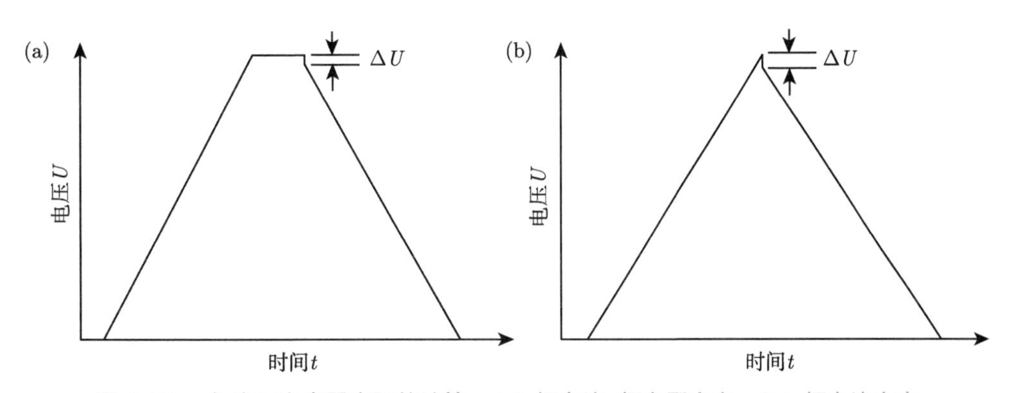

图 9-30 锂离子电容器内阻的计算。(a) 恒电流–恒电压充电；(b) 恒电流充电

根据计算公式 $E=CU^2/2$ 以及 $P=U^2/(4R)$，锂离子电容器的能量密度和功率密度均与工作电压的平方成正比，因此，锂离子电容器的工作电压越高，这两项性能指标越高。然而，工作电压的升高会带来一系列的不利影响，例如，在高电压下电解液与正极电容性多孔碳界面的氧化–还原副反应增多，导致锂离子电容器的库仑效率下降和循环寿命降低；电解液分解后产生的不溶物会沉积在电容性多孔碳表面，导致电极接触阻抗和电荷转移阻抗的增加，部分孔结构被堵塞后也会引起电容量的减小 [30]。此外，锂离子电容器的自放电也与工作电压成正比 [4]。

考虑到锂离子电容器的负极通常均要进行预嵌锂操作，负极的电位较低且电位变化区间较小，因此，工作电压主要取决于正极电位区间。可以采用三电极的方法根据正负极充电电位来确定锂离子电容器的工作电压 [65]。正负极的电位区间因电极材料的不同而有所差异，为了保护负极在充电状态下不发生析锂，负极电位一般不低于 0.1 V (*vs.* Li/Li^+)，而正极电位不超过 4.5 V (*vs.* Li/Li^+) [66]，为了保证锂离子电容器的综合电化学性能和安全性，实际锂离子电容器的正极电位远低于这一数值，例如，商品化的锂离子电容器的额定工作电压为 3.8 V。还需要根据正负极放电截止电位确定锂离子电容器的最低放电截止电压，一方面避免负极在较高电位下 SEI 膜的分解，甚至析铜；另一方面，电容性多孔碳正极在较低的电位下 CEI 膜的结构与成分也会发生变化，在低于 1.5 V 时可能会发生 Li^+ 的不可逆吸附和嵌入反应。通常情况下，商品化的锂离子电容器的最低放电截止电压规定为 2.2 V。

2. 静电容量

锂离子电容器的静电容量是锂离子电容器存储电荷的能力，单位为法拉 (F)。额定容量是指在规定条件下测得的，并由制造商给定的锂离子电容器应该放出的最低容量。锂离子电容器的静电容量计算有以下方法。

(1) 根据国家汽车行业标准 QC/T 741—2014《车用超级电容器》：将电容器单体以恒定电流 I 充电至额定电压 U_R，以恒定电流 I 放电到最低电压 U_{min}，记录电容器电压从额定电压的 80%至最低工作电压 U_{min} 的放电时间 t，则

$$C = I \cdot t / (0.8U_R - U_{min}) \tag{9.18}$$

该标准规定的恒定电流 I 为：对于能量型电容器，恒定电流 I 为 $5I_1$ 或企业提供的不低于 $5I_1$ 的电流；对于功率型电容器，恒定电流 I 为 $40I_1$ 或企业提供的不低于 $40I_1$ 的电流。这里 I_1 为电容器 1 倍率充放电电流，单位为安培 (A)，其数值为

$$I_1 = C_N \cdot (U_R - U_{min}) / 3600 \tag{9.19}$$

式中，C_N 为标称电容量。

(2) 根据国家标准 GB/T 34870.1—2017《超级电容器 第 1 部分：总则》，将电容器以恒定电流 I 充电至额定电压 U_R，以恒定电流放电到最低电压 U_{min}，记录电容器电压从额定电压的 90%至最低工作电压 U_{min} 的放电时间 t，则

$$C = I \cdot t / (0.9U_R - U_{min}) \tag{9.20}$$

该标准规定的恒定电流为：对于能量型电容器，恒定电流 I 为 $5I_1$ 或 8C(或企业提供的不低于 $5I_1$ 的电流)；对于功率型电容器，恒定电流 I 为 $40I_1$ 或 66C(或企业提供的不低于 $40I_1$ 的电流)。

(3) 中国超级电容联盟的团体标准 T/CSCI 002—2018《混合型超级电容器总规范》采用了能量计算的方法，具体测试方法为：电容器单体以恒定电流 I 充电至额定电压 U_R，以额定电压充电 1 min，以恒定电流 I 放电到最低电压 U_{min}，记录电容器电压 U 和放电时

间 t，计算电容器单体的放电能量 W 和静电容量 C：

$$W = I \cdot \int_{t(U_{\mathrm{R}})}^{t(U_{\min})} U(t)\,\mathrm{d}t/3600 \tag{9.21}$$

$$C = 2 \cdot W / \left(U_{\mathrm{R}}^2 - U_{\min}^2\right) \tag{9.22}$$

(4) 国际标准 IEC 62813:2015 *Lithium ion capacitors for use in electric and electronic equipment — Test methods for electrical characteristics* 的测试方法为：电容器单体以恒定电流 I 充电至额定电压 U_{R}，以额定电压充电 30 min(T_{CV})，以恒定电流 I 的 1/10 放电到最低电压 U_{L}，记录电容器电压 U 和放电时间 t，如图 9-31 所示。计算电容器单体的静电容量 C：

$$C = \frac{I\left(T_{\mathrm{L}} - T_0\right)}{10\left(U_0 - U_{\mathrm{L}}\right)} \tag{9.23}$$

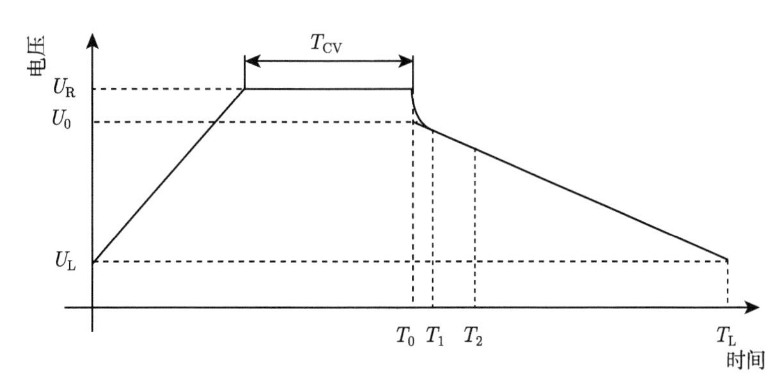

图 9-31 锂离子电容器电压特性曲线

该标准规定的恒定电流 I 的计算方法为

$$I = \frac{1}{30R_{\mathrm{N}}}\sqrt{1 + \frac{27}{5C_{\mathrm{N}}R_{\mathrm{N}} + 1} - \frac{26}{10C_{\mathrm{N}}R_{\mathrm{N}} + 1}} \tag{9.24}$$

式中，R_{N} 为锂离子电容器的标称内阻。

3. 内阻

锂离子电容器的内阻是指单体中的电解质、正负极、隔膜等电阻的总和，单位为欧姆 (Ω)。内阻又可分为交流内阻和直流内阻。直流内阻的主要测试方法如下所述。

(1) 根据 QC/T 741—2014《车用超级电容器》标准，将电容器以恒定电流 I 充到额定电压 U_{R}，记录充电时间 t_0，然后以恒定电流 I 放电到最低电压 $U_{\min}$，记录 t_0+30 ms 时间的电压 U_{i}，计算电容器单体的直流内阻 R：

$$R = \left(U_{\mathrm{R}} - U_{\mathrm{i}}\right)/2I \tag{9.25}$$

(2) 根据 T/CSCI 002—2018《混合型超级电容器总规范》标准，将电容器单体以恒定电流 I 充电至额定电压 U_R，以额定电压充电 1 min，以恒定电流 I 放电到最低电压 U_{min}，根据从起始电压 (U_1=0.9U_R) 到计算结束电压 (U_2=0.7U_R) 所记录的数据，运用最小二乘法拟合直线，获得拟合直线在放电开始时间的截距电压值，ΔU 是截距电压值与额定电压 U_R 之间的电压差，根据下式计算内阻：

$$R = \Delta U/I \tag{9.26}$$

(3) 根据 IEC 62813:2015 标准，将电容器单体以恒定电流 I 充电至额定电压 U_R，以额定电压充电 30 min，以恒定电流 I 放电到最低电压 U_L，根据从起始时间 ($T_1 = C_N R_N$) 到计算结束电压 (T_2=2$C_N R_N$) 所记录的数据，运用最小二乘法拟合直线，获得拟合直线在放电开始时间的截距电压值，如图 9-30 所示。最后，根据式 (9-26) 计算内阻。其中，$C_N R_N$ 也称时间常数；ΔU 是截距电压值 U_0 与额定电压 U_R 之间的电压差。

交流内阻是指采用交流方法测得的电容器内阻，直流内阻是指采用直流方法测得的电容器内阻。锂离子电容器的交流内阻可采用电化学阻抗的方法得到，通常是选择 1 kHz 频率下的阻抗值，但是交流内阻的数值要比直流内阻低。

4. 电流

除前述的恒定电流的概念外，还有最大放电电流、均方根电流和漏电流等。

(1) 锂离子电容器的最大放电电流是指在工作温度下电容器可以工作的最大电流，其测试方法为：将电容器充电到额定电压后，以额定电压恒压充电 1 min 后，在 1 s 内将超级电容器的端电压放电到 2.2 V 所需要的电流。

(2) 锂离子电容器的均方根电流 I_{RMS}，是指电容器充放电过程中电流的有效值。电容器在此电流下持续充放电的温升 ΔT 不大于 15 ℃ 或 40 ℃。温升 ΔT 满足以下关系式：

$$\Delta T = I_{RMS}^2 \times R \times R_{ca} \tag{9.27}$$

式中，R 为直流内阻；R_{ca} 为热阻，单位为 ℃/W，典型值为 3.2 ℃/W。

(3) 漏电流是指将电容器充电至一定电压，持续一段时间后，为了维持该电压，需要给超级电容器充电的电流。通常是检测电容器在额定电压下恒压充电 72 h 后的漏电流，初始时的漏电流会比较大，后期漏电流保持稳定。

5. 能量密度

锂离子电容器的能量密度是指从电容器的单位质量所获取的电能，单位为瓦时每千克 (W·h/kg)；体积能量密度是指从电容器的单位体积所获取的电能，单位为瓦时每升 (W·h/L)。质量能量密度的测试方法主要有以下几种。

(1) 根据 QC/T 741—2014《车用超级电容器》标准和国家标准 GB/T 34870.1—2017《超级电容器 第 1 部分：总则》，电容器单体以恒电流 I 充电至额定电压 U_R，以额定电压充电 30 min，静置 5 s 后以恒定电流 I 放电到最低电压 U_{min}，实时记录电容器电压 U 和放电时间 t，计算电容器单体的储存能量 W 和质量能量密度 E_{dm}：

$$W = I \cdot \int U \mathrm{d}t/3600 \tag{9.28}$$

$$E_{\mathrm{dm}} = W/M \tag{9.29}$$

式中，M 为电容器单体的质量。

(2) 根据 IEC 62813:2015 标准，电容器单体以恒定电流 I 充电至额定电压 U_{R}，以额定电压充电 30 min，以恒定电流 I 的 1/10 放电到最低电压 U_{L}，记录电容器电压 U 和放电时间 t，如图 9-29 所示。计算电容器单体的储存能量 W 和质量能量密度 E_{dm}：

$$W = \frac{C\left(U_0^2 - U_{\mathrm{L}}^2\right)}{2 \times 3600} \tag{9.30}$$

$$E_{\mathrm{dm}} = W/M \tag{9.31}$$

6. 功率密度

锂离子电容器的最大功率密度是指充满电的电容器单位质量所能输出的最大功率，单位为瓦每千克 (W/kg)，该值通常利用电容器的直流内阻和额定电压计算得出，其物理意义为：电容器的内阻与负载电阻相等时，负载功率与损耗在内部阻抗上的功率是相等的，最大输出功率等于最大消耗功率 (当负载电阻等于 0 时) 的 1/4[67]，即

$$P_{\mathrm{dm}} = \frac{U_{\mathrm{R}}^2}{4R \cdot M} \tag{9.32}$$

根据 IEC 62391-2: 2006 标准，应用于电子装备的双电层电容器也可以采用可用功率密度来表征，其计算公式为

$$P_{\mathrm{d}} = \frac{0.12U_{\mathrm{R}}^2}{R \cdot M} \tag{9.33}$$

但该计算公式对于锂离子电容器并不适用。此外，参考高功率电池的相关标准和测试方法，并结合实际应用，功率密度还可以有以下几种计算方法。

(1) 平均功率法 [68]，即单位时间内释放的能量

$$P_{\mathrm{avg}} = W/(t \cdot M) \tag{9.34}$$

式中，t 为放电时间。

(2) 美国 FreedomCAR 项目混合脉冲功率特性测试方法 (简称 HPPC 法) [69]，测试方法为将电池采用 HPPC 方法通过 10 s 脉冲充放电试验计算出放电内阻 R_{dis}，最大放电电流为

$$I_{\max} = (U_{\mathrm{OC}} - U_{\min})/R_{\mathrm{dis}} \tag{9.35}$$

式中，U_{OC} 为开路电压，放电功率密度为

$$P_{\mathrm{dmax}} = U_{\min} \cdot I_{\mathrm{dmax}}/M \tag{9.36}$$

(3) 日本电动车辆协会功率密度测试方法 (简称 JEVS 法) [69]，在 0~100%荷电状态 (SOC) 下按不同倍率进行交替充电 10 s 和放电 10 s 试验，获得测试电流与电压曲线，通过拟合得出该 SOC 下的最大放电电流：

$$P_{\rm dmax} = U_{\rm min} \times I_{\rm dmax}/M \tag{9.37}$$

(4) 2 s 脉冲放电法 [70]，测试方法为将电容器用 1C 充电至额定电压，然后用不同电流放电 2 s，计算最大电流 $I_{\rm dmax}$ 与 2 s 终了时电压 $U_{\rm 2\ s}$ 的乘积：

$$P_{\rm dmax} = U_{\rm 2\ s} \times I_{\rm dmax}/M \tag{9.38}$$

(5) 峰值功率法，充放电测试设备在放电时电流从 0 A 增大至设定的电流值需要有一个约 15 ms 的时间过程，此时的峰值功率密度为

$$P_{\rm dmax} = U_{\rm 15\ ms} \times I_{\rm dmax}/M \tag{9.39}$$

式中，$U_{\rm 15\ ms}$ 为 15 ms 终了时的电压。

(6) 根据国家标准 GB/T 31486—2015《电动汽车用动力蓄电池电性能要求及试验方法》，蓄电池以 1C 电流充电至额定电压时，以恒定电压充电至充电电流降至 0.05C，搁置 1 h，以 1C 电流放电 30 min 后，以企业规定的最大放电电流放电 10 s，然后再静置 30 min，再以企业规定的最大充电电流充电 10 s。采用 10 s 充放电的放电能量除以 10 s 充放电时间的方法，计算 10 s 充放电的平均功率密度。

7. 循环寿命

锂离子电容器的循环寿命是指在一定的测试条件下，电容器在最高工作电压和最低工作电压之间反复充、放电循环的次数。

QC/T 741—2014《车用超级电容器》规定的循环寿命测试方法为：电容器以恒定电流 I 充电至额定电压 $U_{\rm R}$，静置 5 s，恒定电流 I 放电至最低工作电压 $U_{\rm min}$，静置 5 s，重复 2000 次后检测电容器的静电容量和内阻，重复测试 n 次。能量型电容器 $n = 5$，判定标准是：静电容量不小于初始容量的 80%，内阻不大于初始值的 2 倍，无电解液泄漏；功率型电容器 $n = 25$，判定标准为：静电容量不小于初始容量的 90%，内阻不大于初始值的 1.5 倍，无电解液泄漏。

T/ CESA 1052—2019《移动机器人用锂离子电容器总规范》规定的测试方法为：电容器以恒定电流 I 充电至额定电压 $U_{\rm R}$，静置 10 s，以恒定电流 I 放电至最低工作电压 $U_{\rm min}$，静置 10 s，重复 10000 次后，静置 12 h，检测电容器的静电容量和内阻，重复测试 5 次。判定标准为：静电容量不小于初始容量的 90%，内阻不大于初始值的 1.5 倍，无电解液泄漏。

8. 负荷寿命

负荷寿命是指电容器在一定温度下，在电容器两极间施加额定电压，电容器损坏或失效前能够承受的时间。测试方法如下所述。

(1) 根据国家标准 GB/T 34870.1—2017《超级电容器 第 1 部分：总则》，将电容器在 (65±2) ℃ 下，保持额定电压 U_R 储存 1500 h，然后在室温下放置 24 h，测试其电容、储存能量和内阻，测试值应达到规定值：电容不低于初始值的 80%，储存能量不低于初始值的 80%。

(2) 根据 T/CSCI 002—2018《混合型超级电容器总规范》标准，将电容器单体放入 55 ℃ 或者制造商规定的不低于 55 ℃ 的最高工作温度的烘箱内，用恒定电流 I 对电容器单体充电到额定电压 U_R 后，稳压 168 h，将电容器单体从高温箱中取出，在常温搁置 24 h，检测电容器单体静电容量和内阻，重复 9 次，负荷寿命的判定标准为：容量不低于初始值的 80%，内阻不应大于标称值的 2 倍。

(3) 根据 T/CESA 1052—2019《移动机器人用锂离子电容器总规范》，锂离子电容器高温负荷寿命的测试方法为：将电容器放入 65 ℃ 或者制造商规定的不低于 65 ℃ 的最高工作温度的烘箱内，对电容器保持在额定电压 U_R 下进行浮充充电，当浮充时间达到 240 h 时，将电容器单体从高温箱中取出，在常温搁置 24 h，检测电容器单体静电容量和内阻，重复 4 次，负荷寿命的判定标准为：容量不低于初始值的 80%，内阻不应大于标称值的 1.5 倍。

(4) 根据 T/CESA 1021—2018《超级电容器总规范》，负荷寿命的判定标准为：容量不低于初始值的 70%，内阻不应大于标称值的 4 倍。

9. 效率

锂离子电容器的效率指标包括以下几项内容：

(1) 充电效率是指在一定的充放电制度下，电容器储存的能量与累计充电能量的比值。

(2) 放电效率是指在一定的充放电制度下，电容器累计放电能量与储存的能量的比值。

(3) 能量效率是指在一定的充放电制度下，电容器累计放电能量与累计充电能量的比值。

(4) 库仑效率是指放电时，电容器释放的电量与充电所消耗的电量的比值。

10. 自放电

锂离子电容器的自放电是指电容器充电后，在开路状态下放置一段时间后，其正、负极间的电压值。自放电的程度也可以用电压保持率来表示，即，电容器充电后，开路放置一定时间后，其正、负极间的电压与充电截止电压的比值。

(1) QC/T 741—2014《车用超级电容器》规定的电压保持率的测试方法为：电容器单体以恒定电流 I 充电到额定电压 U_R，以额定电压恒压充电 30 min，在实验温度条件下静置 72 h 后，测量电容器单体的端电压，计算端电压与额定电压的比值为其电压保持能力。T/CSCI 002—2018《混合型超级电容器总规范》标准的规定与此相同。

(2) 根据国家标准 GB/T 34870.1—2017《超级电容器 第 1 部分：总则》，电容器单体以恒定电流 I 充电到额定电压 U_R，以额定电压恒压充电 30 min，在实验温度条件下静置 24 h 后，测量电容器单体的端电压，计算端电压与额定电压的比值为其电压保持能力。试验后电容器两端的电压不低于额定电压的 85%。

(3) 根据 IEC 62813:2015 标准，电容器单体以恒定电流 I 充电到额定电压 U_R，以额定电压恒压充电 24 h，在实验温度条件下静置 72 h 后，测量电容器单体的端电压，计算端电压与额定电压的比值为其电压保持能力。

11. 高温特性

(1) QC/T 741—2014《车用超级电容器》规定的测试方法为：将温度箱温度设定为 55 ℃ 或企业规定的不低于 55 ℃ 的最高工作温度，将电容器置于此温度下的温度箱中 6 h，在此环境下对电容器进行检测，静电容量不低于初始值的 80%，储存能量不低于初始值的 80%。

(2) T/CESA 1052—2019《移动机器人用锂离子电容器总规范》规定的测试方法为：将温度箱温度设定为 65 ℃ 或企业规定的不低于 65 ℃ 的最高工作温度，将电容器置于此温度下的温度箱中 16 h，在此环境下对电容器容量和内阻进行检测，静电容量不低于初始值的 80%，内阻不高于初始值的 150%。

12. 低温特性

(1) QC/T 741—2014《车用超级电容器》规定的测试方法为：将温度箱温度设定为 −20 ℃ 或企业规定的不高于 −20 ℃ 的最低工作温度，将电容器置于此温度下的温度箱中 16 h，在此环境下对电容器进行检测，静电容量不低于初始值的 60%，储存能量不低于初始值的 50%。

(2) T/CESA 1052—2019《移动机器人用锂离子电容器总规范》规定的测试方法为：将温度箱温度设定为 −30 ℃ 或企业规定的不高于 −30 ℃ 的最低工作温度，将电容器置于此温度下的温度箱中 16 h，在此环境下对电容器容量和内阻进行检测，静电容量不低于初始值的 70%，内阻不高于初始值的 150%。

9.4.2 评价体系

锂离子电容器是两极分别利用双电层电容和储锂型氧化还原反应实现储能的混合型超级电容器。因此，超级电容器、混合型电容器、锂离子电容器的技术规范均适用或部分适用于锂离子电容器。为此，本书梳理了相关的国际标准、国家标准、行业标准、地方标准和团体标准等 5 级标准体系。

1. 国际标准

国际标准为 ISO 标准和 IEC 标准，涵盖电极片、双电层电容器、锂离子电容器和应用等，如表 9-5 所示。

2. 国家标准

国家标准涵盖级电容器总则、超级电容器用活性炭、轨道交通应用等，如表 9-6 所示。

3. 行业标准

行业标准涵盖超级电容器分类与命名方法、测试方法、材料 (包括活性炭、有机电解液、电容器纸)、应用 (包括电动城市客车、电能计量设备、风力变桨系统、矿车、电力储能)、充电器等，如表 9-7 所示。

表 9-5 超级电容器领域国际标准 (不完全统计)

序号	标准名称	标准号
1	Fixed electric double-layer capacitors for use in electronic equipment—Part 2: Sectional specfication—Electric double layer capacitors for power application	IEC 62391-2: 2006
2	Amendment 1—Railway applications—Rolling stock equipment—Capacitors for power electronics—Part 3: Electric double-layer capacitors	IEC 61881-3: 2012
3	Lithium ion capacitors for use in electric and electronic equipment—Test methods for electrical characteristics	IEC 62813: 2015
4	Fixed electric double-layer capacitors for use in electric and electronic equipment—Part 1: Generic specification	IEC62391-1：2015
5	Electrically propelled vehicles—Test specifications for lithium-ion battery systems combined with lead acid battery or capacitor	ISO 18300: 2016
6	Electric double-layer capacitors for use in hybrid electric vehicles—Test methods for electrical characteristics	IEC 62576: 2018
7	Semiconductor devices—Semiconductor devices for energy harvesting and generation—Part 8: Test and evaluation methods of flexible and stretchable supercapacitors for use in low power electronics	IEC 62830-8 (Ed1.0，2021)
8	Nanomanufacturing—Material Specifications—Part 5-2: Nano-enabled electrodes of electrochemical capacitor—Blank detail specification	IEC/TS 62565-5-2：2022

注：本表由中国超级电容产业联盟提供。

表 9-6 超级电容器领域国家标准

序号	标准名称	标准号	归口单位
1	超级电容器 第 1 部分：总则	GB/T 34870.1—2017	全国电力电容器标准化技术委员会
2	超级电容器用活性炭	GB/T 37386—2019	全国钢标准化技术委员会
3	轨道交通 机车车辆设备 电力电子电容器 第 3 部分：双电层电容器	GB/T 25121.3—2018 (采标，IEC61881-3:2013)	全国轨道交通电气设备与系统标准化技术委员会

注：本表由中国超级电容产业联盟提供。

表 9-7 超级电容器领域行业标准 (不完全统计)

序号	标准名称	标准号	归口单位
1	超级电容电动城市客车	QC/T 838—2010	全国汽车标准化技术委员会
2	超级电容电动城市客车供电系统	QC/T 839—2010	全国汽车标准化技术委员会
3	超级电容电动城市客车定型试验规程	QC-T 925—2013	全国汽车标准化技术委员会
4	车用超级电容器	QC/T 741—2014	全国汽车标准化技术委员会
5	动力型超级电容器电性能测试方法	SJ/T 11582—2016	工业和信息化部电子工业标准化研究院
6	双电层电容器纸	QB/T 4900—2015	全国造纸工业标准化技术委员会
7	超级电容器用充电器通用规范	SJ/T 11626—2016	工业和信息化部电子工业标准化研究院
8	超级电容器分类及型号命名方法	SJ/T 11625—2016	工业和信息化部电子工业标准化研究院
9	超级电容器用有机电解液规范	SJ/T 11732—2018	中国电子技术标准化研究院
10	双电层电容器专用活性炭	LY/T 1617—2004	中国林业科学研究院林产化学工业研究所
11	电能计量设备用超级电容器技术规范	DL/T 1652—2016	中国电力企业联合会
12	风力发电机组变桨系统用超级电容器技术规范	NB/T 31149—2018	能源行业风电标准化技术委员会风电电器设备分技术委员会
13	矿用一般型超级电容器电机车	MT/T 1194—2020	煤炭行业煤矿专用设备标准化技术委员会
14	电力储能用超级电容器	DL/T 2080—2020	中国电力企业联合会
15	电力储能用超级电容器试验规程	DL/T 2081—2020	中国电力企业联合会

注：本表由中国超级电容产业联盟提供。

4. 地方标准

地方标准包括两项，如表 9-8 所示。

表 9-8 超级电容器领域的地方标准 (不完全统计)

序号	标准名称	标准号	归口单位
1	超级电容电动城市客车营运技术规范	DB31/T 480—2018	上海市交通委员会
2	电梯用超级电容节能应急平层装置	DB43/T 963—2014	湖南省质量技术监督局

注：本表由中国超级电容产业联盟提供。

5. 团体标准

团体标准涵盖超级电容器术语、总规范、测试方法、材料 (包括多孔炭、集流体)、器件 (包括赝电容超级电容器、混合型超级电容器、电池型超级电容器)、应用 (包括轨道交通、路灯、移动机器人)、安全规范、报废处置要求、充电器等，归口单位主要为中国电子工业标准化技术协会 (简称中电标协)、中国超级电容产业联盟 (简称超电联盟) 等，如表 9-9 所示。

表 9-9 超级电容器领域团体标准 (不完全统计)

序号	标准名称	标准号	归口单位
1	超级电容器用充电器通用规范	T/CESA 5009—2015	中电标协
2	动力型超级电容器电性能测试方法	T/CESA 5010—2015	中电标协
3	轨道交通用双电层超级电容器规范	T/CESA 5022—2015	中电标协
4	赝电容超级电容器总规范	T/CSCI 001—2018	超电联盟、中电标协
5	混合型超级电容器总规范	T/CSCI 002—2018	超电联盟
6	超级电容器报废处置要求	T/CSCI 007—2018	超电联盟
7	超级电容器总规范	T/CESA 1021—2018	中电标协
8	路灯用超级电容器总规范	T/CESA 1022—2018/ T/CIES 015—2018	中电标协、中国照明协会
9	电池型超级电容器总规范	T/CESA 1023—2018	中电标协
10	超级电容器安全技术规范 第 1 部分：通用要求	T/CESA 1024—2018	中电标协
11	超级电容器电极用多孔炭规范	T/CESA 1025—2018	中电标协
12	超级电容器电极用多孔炭测试方法	T/CESA 1054—2018	中电标协
13	超级电容器安全技术规范 第 2 部分：测试方法	T/ CESA 1051—2019	中电标协
14	移动机器人用锂离子电容器总规范	T/ CESA 1052—2019	中电标协
15	超级电容器安全使用指南	T/ CESA 1053—2019	中电标协
16	有机体系超级电容器用椰壳基活性炭	T/ CESA 1055—2019	中电标协
17	超级电容器用泡沫铝集流体总规范	T/CESA 1185—2022	中电标协
18	超级电容器用微孔铝箔集流体	T/CESA 1210—2022	中电标协
19	超级电容器用微孔铜箔集流体	T/CESA 1211—2022	中电标协
20	超级电容器隔膜纸	T/ZZB 0316—2018	浙江省品牌建设联合会
21	高功率型超级电容器	T/ZZB 0925—2019	浙江省品牌建设联合会
22	轨道交通车载储能系统测试方法 第 2 部分：超级电容器储能系统	T/CITSA 08.2—2021	中国智能交通协会
23	轨道交通用超级电容器单体和模组测试规范	T/CITSA 08.3—2021	中国智能交通协会

注：本表由中国超级电容产业联盟提供。

9.4.3 安全性能测试规范

锂离子电容器的安全性能试验包括：过放电、过充电、短路、跌落、加热、挤压、针刺、海水浸泡、温度循环等。

1. 过放电

(1) QC/T 741—2014《车用超级电容器》、GB/T 34870.1—2017《超级电容器 第 1 部分：总则》和 T/CESA 1021—2018《超级电容器总规范》等标准均是规定：对电容器单体以恒定电流 I 充电至额定电压，以恒定电流 I 放电直至电压为 0 V 后继续强制放电，至 (0 V 后的) 过放量达到标称容量的 50%，观察 1 h。因为商品化的锂离子电容器单体的最低工作电压 $U_{\min}$ 为 2.2 V，采用该测试方法时参数需进行相应调整。

(2) T/CSCI 002—2018《混合型超级电容器总规范》规定，对电容器单体以恒定电流 I 充电至额定电压，以恒定电流 I 放电直至最低工作电压 $U_{\min}$ 后继续强制放电，至 (最低工作电压 $U_{\min}$ 后的) 过放量达到标称容量的 50%，观察 1 h。该测试方法是适用于锂离子电容器的。过放电试验中的标称容量按照 $C_{\rm N} \times (U_{\rm R} - U_{\min})/3600$ 计算。

2. 过充电

(1) QC/T 741—2014《车用超级电容器》规定，对电容器单体以恒定电流 I 充电至额定电压，对电容器单体充电直至其电压达到额定电压的 1.5 倍或者过充电量达到标称容量的 100%停止充电，观察 1 h。T/CESA 1021—2018《超级电容器总规范》和 T/CSCI 002—2018《混合型超级电容器总规范》的规定与此相同。

(2) GB/T 34870.1—2017《超级电容器 第 1 部分：总则》规定，对电容器单体以恒定电流 I 充电至额定电压，对电容器单体充电至其电压达到额定电压的 1.2 倍停止充电，观察 1 h。试验时和试验后，样品应不爆炸、不起火、不漏液。

3. 短路

QC/T 741—2014《车用超级电容器》规定，对电容器单体以恒定电流 I 充电至额定电压，将电容器单体正、负极经外部短路 10 min，外部线路电阻应小于 5 mΩ。以下测试均参考 QC/T 741—2014《车用超级电容器》。

4. 跌落

对电容器单体以恒定电流 I 充电至额定电压，电容器单体端子向下从 1.5 m 高度处自由跌落到水泥地面上，观察 1 h。

5. 加热试验

对电容器单体以恒定电流 I 充电至额定电压，将电容器置于温度箱内，温度箱按照 5 ℃/min 的速率升温至 (130±2) ℃，并保持此温度 30 min 停止加热，观察 1 h。

6. 挤压试验

对电容器单体以恒定电流 I 充电至额定电压，以垂直于电容器单体极板方向施压，挤压板的形式为半径 75 mm 的半圆柱体，半圆柱体的长度大于被挤压电容器单体的尺寸，电压达到 0 V 或壳体破裂后停止挤压，观察 1 h。

7. 针刺试验

对电容器单体以恒定电流 I 充电至额定电压，用 $\phi5\sim8$ mm 的耐高温钢针以 (25±5) mm/s 的速度，从垂直于电容器极板的方向贯穿，钢针停留在电容器单体中，贯穿位置宜靠近电容器单体的几何中心，观察 1 h。针尖的角度 60°，针的表面光洁、无锈蚀、氧化层及油污。

8. 海水浸泡试验

对电容器单体以恒定电流 I 充电至额定电压，将电容器单体浸入 3.5wt%NaCl 溶液中 2 h，或直到所有可见的反应停止、水深应完全没过电容器单体。

9. 温度循环

对电容器单体以恒定电流 I 充电至额定电压，将电容器单体放入一个自然或循环空气对流的温度箱中，温度箱试验温度按表 9-10 进行调节，温度冲击循环次数 5 次，观察 1 h。

表 9-10 温度循环试验一个循环的温度和时间

温度/℃	时间增量/min	累计时间/min
25	0	0
−40	60	60
−40	90	150
25	60	210
85	90	300
85	110	410
25	70	480

9.5 本章结语

锂离子电容器是一种混合型超级电容器，兼具高能量密度、高功率密度和长循环寿命等特征。与传统的双电层电容器相比，锂离子电容器的制造技术和单体性能的测试等方面还具有以下特点：① 结构与功能设计方面，通常正极采用电容材料、负极采用电池材料，负极容量应为正极容量的 3 倍以上，且应注意负极电位的调控，以防止在低温及高倍率充电等条件下发生析锂；② 制造工艺方面，混浆、涂布、裸电芯制备、注液和封装等工艺均与双电层电容器相类似，此外，锂离子电容器单体还需进行预嵌锂操作，预嵌锂方法包括电化学方法、金属锂箔接触法和钝化锂粉法等 (参见本书第 5 章)；③ 单体特性方面，充放电曲线均为线性的电容特性，双电层电容器可以放电至 0 V，在储存和运输时可以正负极短路连接，而商品化锂离子电容器的电压不能低于 2.2 V，否则会发生过放电、产气和单体的失效等；④ 锂离子电容器单体性能测试除了满足超级电容器通用测试规范之外，还有一些不同的测试规范，主要是关于静电容量、内阻和测试电流等相关规定。

目前，我国已建立了较为完备的超级电容器标准体系，这些标准涵盖双电层电容器、混合型超级电容器、锂离子电容器、电池型超级电容器和赝电容超级电容器及其上下游，包括国家标准、行业标准、团体标准和地方标准等。此外，不同行业和应用领域对超级电容器各项性能的要求也有所差异，在测试标准和规范中也有所体现，本章对此进行了梳理，中国超级电容产业联盟提供了标准体系相关资料的技术支持，著者在此表示感谢。

参考文献

[1] Amatucci G G, Badway F, Du Pasquier A, et al. An asymmetric hybrid nonaqueous energy storage cell. Journal of the Electrochemical Society, 2001, 148(8): A930-A939.

[2] 松井恒平, 高畠里咲, 安东信雄, 等. 锂离子电容器: CN1954397A. 2005.

[3] 長谷部章雄. リチウムイオンキャパシタの開発・製品化動向と応用展開. 炭素, 2013, 2013(256): 33-40.

[4] Sun X, An Y, Geng L, et al. Leakage current and self-discharge in lithium-ion capacitor. Journal of Electroanalytical Chemistry, 2019, 850: 113386.

[5] 波特 · 米切尔, 习笑梅, 钟黎君, 等. 基于干颗粒的电化学装置及其制造方法: CN102569719A. [2012-07-11].

[6] Liu H, Cheng X, Chong Y, et al. Advanced electrode processing of lithium ion batteries: A review of powder technology in battery fabrication. Particuology, 2021, 57: 56-71.

[7] Cericola D, Ruch P W, Foelske-Schmitz A, et al. Effect of water on the aging of activated carbon based electrochemical double layer capacitors during constant voltage load tests. International Journal of Electrochemical Science, 2011, 6(4): 988-996.

[8] Morita M, Noguchi Y, Tokita M, et al. Influences of residual water in high specific surface area carbon on the capacitor performances in an organic electrolyte solution. Electrochimica Acta, 2016, 206: 427-431.

[9] Funabiki A, Inaba M, Abe T, et al. Stage transformation of lithium-graphite intercalation compounds caused by electrochemical lithium intercalation. Journal of the Electrochemical Society, 1999, 146(7): 2443-2448.

[10] Peled E, Golodnttsky D, Ardel G, et al. The role of SEI in lithium and lithium ion batteries. MRS Online Proceedings Library, 1995, 393: 209-221.

[11] Peled E, Golodnitsky D, Ardel G. Advanced model for solid electrolyte interphase electrodes in liquid and polymer electrolytes. Journal of the Electrochemical Society, 1997, 144(8): L208-L210.

[12] Peled E, Menkin S. Review—SEI: Past, present and future. Journal of the Electrochemical Society, 2017, 164(7): A1703-A1719.

[13] Wood III D L, Li J, An S J. Formation challenges of lithium-ion battery manufacturing. Joule, 2019, 3(12): 2884-2888.

[14] Shi H. Activated carbons and double layer capacitance. Electrochimica Acta, 1996, 41(10): 1633-1639.

[15] Gamby J, Taberna P L, Simon P, et al. Studies and characterisations of various activated carbons used for carbon/carbon supercapacitors. Journal of Power Sources, 2001, 101(1): 109-116.

[16] Simon P, Gogotsi Y. Perspectives for electrochemical capacitors and related devices. Nature Materials, 2020, 19: 1151-1163.

[17] Simon P, Gogotsi Y. Materials for electrochemical capacitors. Nature Materials, 2008, 7(11): 845-854.

[18] Qiao W, Korai Y, Mochida I, et al. Preparation of an activated carbon artifact: Oxidative modification of coconut shell-based carbon to improve the strength. Carbon, 2002, 40(3): 351-358.

[19] Hulicova-Jurcakova D, Seredych M, Gao Q L, et al. Combined effect of nitrogen- and oxygen-containing functional groups of microporous activated carbon on its electrochemical performance in supercapacitors. Advanced Functional Materials, 2010, 19(3): 438-447.

[20] Lin T, Chen I W, Liu F, et al. Nitrogen-doped mesoporous carbon of extraordinary capacitance for electrochemical energy storage. Science, 2015, 350(6267): 1508-1513.

[21] Pandolfo A G, Hollenkamp A F. Carbon properties and their role in supercapacitors. Journal of Power Sources, 2006, 157: 17-21.

[22] Azaïs P, Duclaux L, Florian P, et al. Causes of supercapacitors ageing in organic electrolyte. Journal of Power Sources, 2007, 171(2): 1046-1053.

[23] Yuan R, Dong Y, Hou R, et al. Influencing factors and suppressing strategies of the self-discharge for carbon electrode materials in supercapacitors. Journal of the Electrochemical Society, 2022, 169(3): 030504.

[24] Frackowiak E, Abbas Q, Béguin F. Carbon/carbon supercapacitors. Journal of Energy Chemistry, 2013, 22(2): 226-240.

[25] Inagaki M, Konno H, Tanaike O. Carbon materials for electrochemical capacitors. Journal of Power Sources, 2010, 195(24): 7880-7903.

[26] Borchardt L, Oschatz M, Kaskel S. Tailoring porosity in carbon materials for supercapacitor applications. Materials Horizons, 2014, 1(2): 157-168.

[27] Zhang H, Yang Y, Ren D, et al. Graphite as anode materials: Fundamental mechanism, recent progress and advances. Energy Storage Materials, 2021, 36: 147-170.

[28] Sivakkumar S R, Pandolfo A G. Evaluation of lithium-ion capacitors assembled with pre-lithiated graphite anode and activated carbon cathode. Electrochimica Acta, 2012, 65: 280-287.

[29] Aida T, Murayama I, Yamada K, et al. Analyses of capacity loss and improvement of cycle performance for a high-voltage hybrid electrochemical capacitor. Journal of the Electrochemical Society, 2007, 154(8): A798-A804.

[30] Sun X, Zhang X, Liu W, et al. Electrochemical performances and capacity fading behaviors of activated carbon/hard carbon lithium ion capacitor. Electrochimica Acta, 2017, 235: 158-166.

[31] John B, Sandhya C P, Gouri C. Nano-structured anode materials for lithium-ion batteries. Proceedings of the International Conference on Nanotechnology for Better Living, 2016, 3(1): 41.

[32] Lu J, Chen Z, Feng P, et al. High-performance anode materials for rechargeable lithium-ion batteries. Electrochemical Energy Reviews, 2018, 1(1): 35-53.

[33] Aravindan V, Gnanaraj J, Lee Y S, et al. Insertion-type electrodes for nonaqueous Li-ion capacitors. Chemical Reviews, 2014, 114(23): 11619-11635.

[34] Solchenbach S, Pritzl D, Kong E J Y, et al. A gold micro-reference electrode for impedance and potential measurements in lithium ion batteries. Journal of The Electrochemical Society, 2016, 163(10): A2265-A2272.

[35] Petzl M, Danzer M A. Nondestructive detection, characterization, and quantification of lithium plating in commercial lithium-ion batteries. Journal of Power Sources, 2014, 254: 80-87.

[36] Burns J, Stevens D, Dahn J. *In-situ* detection of lithium plating using high precision coulometry. Journal of the Electrochemical Society, 2015, 162(6): A959-A964.

[37] Koleti U R, Dinh T Q, Marco J. A new on-line method for lithium plating detection in lithium-ion batteries. Journal of Power Sources, 2020, 451: 227798.

[38] Wandt J, Jakes P, Granwehr J, et al. Quantitative and time-resolved detection of lithium plating on graphite anodes in lithium ion batteries. Materials Today, 2018, 21(3): 231-240.

[39] Arai J, Okada Y, Sugiyama T, et al. In situ solid state ^{7}Li NMR observations of lithium metal deposition during overcharge in lithium ion batteries. Journal of The Electrochemical Society, 2015, 162(6): A952-A958.

[40] Harry K J, Hallinan D T, Parkinson D Y, et al. Detection of subsurface structures underneath dendrites formed on cycled lithium metal electrodes. Nature Materials, 2014, 13(1): 69-73.

[41] Pham M T, Darst J J, Finegan D P, et al. Correlative acoustic time-of-flight spectroscopy and X-ray imaging to investigate gas-induced delamination in lithium-ion pouch cells during thermal runaway. Journal of Power Sources, 2020, 470: 228039.

[42] Zinth V, von Lüders C, Hofmann M, et al. Lithium plating in lithium-ion batteries at sub-ambient temperatures investigated by *in situ* neutron diffraction. Journal of Power Sources, 2014, 271: 152-159.

[43] Weingarth D, Cericola D, Mornaghini F C F, et al. Carbon additives for electrical double layer capacitor electrodes. Journal of Power Sources, 2014, 266: 475-480.

[44] 李钊, 孙现众, 李晨, 等. 介孔石墨烯/炭黑复合导电剂在锂离子电容器负极中的应用. 储能科学与技术, 2017, 6(6): 1264-1272.

[45] Coville N J, Mhlanga S D, Nxumalo E N, et al. A review of shaped carbon nanomaterials. South African Journal of Science, 2011, 107(3/4): 418.

[46] Deshmukh A A, Mhlanga S D, Coville N J. Carbon spheres. Materials science and engineering: R: Reports, 2010, 70(1-2): 1-28.

[47] Yang J, Wang J, Tang Y, et al. $LiFePO_4$-graphene as a superior cathode material for rechargeable lithium batteries: Impact of stacked graphene and unfolded graphene. Energy & Environmental Science, 2013, 6(5): 1521-1528.

[48] Yao F, Güneș F, Ta H Q, et al. Diffusion mechanism of lithium ion through basal plane of layered graphene. Journal of the American Chemical Society, 2012, 134(20): 8646-8654.

[49] Su F, You C, He Y, et al. Flexible and planar graphene conductive additives for lithium-ion batteries. Journal of Materials Chemistry, 2010, 20(43): 9644-9650.

[50] Chen T, Pan L, Liu X, et al. A comparative study on electrochemical performances of the electrodes with different nanocarbon conductive additives for lithium ion batteries. Materials Chemistry and Physics, 2013, 142(1): 345-349.

[51] 张澄, 孙现众, 张熊, 等. 混合导电剂对硬碳负极电容器性能的影响. 电源技术, 2018, 42(339): 1861-1864.

[52] Choi H J, Kim M S, Ahn D, et al. Electrical percolation threshold of carbon black in a polymer matrix and its application to antistatic fibre. Scientific Reports, 2019, 9: 6338.

[53] Wang G, Zhang L, Zhang J. A review of electrode materials for electrochemical supercapacitors. ChemInform, 2012, 43(18): 797-828.

[54] Hao C, Min L, Luke H, et al. Exploring chemical, mechanical, and electrical functionalities of binders for advanced energy-storage devices. Chemical Reviews, 2018, 118: 8936-8982.

[55] Schütter C, Pohlmann S, Balducci A. Industrial requirements of materials for electrical double layer capacitors: Impact on current and future applications. Advanced Energy Materials, 2019, 9(25): 1900334.

[56] Chen H, Ling M, Hencz L, et al. Exploring chemical, mechanical, and electrical functionalities of binders for advanced energy-storage devices. Chemical Reviews, 2018, 118(18): 8936-8982.

[57] Lain M J, Brandon J, Kendrick E. Design strategies for high power *vs.* high energy lithium ion cells. Batteries, 2019, 5(4): 64.

[58] Zhang S S, Jow T R. Aluminum corrosion in electrolyte of Li-ion battery. Journal of Power Sources, 2002, 109(2): 458-464.

[59] Braithwaite J W, Gonzales A, Nagasubramanian G, et al. Corrosion of lithiuim-ion battery current collectors. Journal of the Electrochemical Society, 1999, 146(2): 448-456.

[60] Yang Z, Tian J, Ye Z, et al. High energy and high power density supercapacitor with 3D Al foam-based thick graphene electrode: Fabrication and simulation. Energy Storage Materials, 2020, 33: 18-25.

[61] Sun X, Zhang X, Huang B, et al. Effects of separators on electrochemical performances of electrical double layer capacitor and hybrid battery-supercapacitor. Acta Physico-Chimica Sinica, 2014, 30(3): 485-491.

[62] Foreman E, Zakri W, Sanatimoghaddam M H, et al. A review of inactive materials and components of flexible lithium-ion batteries. Advanced Sustainable Systems, 2017, 1(11): 1700061.

[63] 武藏能源解决方案有限公司. 软包电芯. [2022-4-26]. http://www.musashi-es.com.cn/products_cell-rami.html.

[64] 阮殿波. 动力型双电层电容器原理、制造及应用. 北京: 科学出版社, 2018.

[65] Sun X, Zhang X, Zhang H, et al. High performance lithium-ion hybrid capacitors with pre-lithiated hard carbon anodes and bifunctional cathode electrodes. Journal of Power Sources, 2014, 270: 318-325.

[66] Cao W J, Zheng J P. The effect of cathode and anode potentials on the cycling performance of Li-ion capacitors. Journal of the Electrochemical Society, 2013, 160(9): A1572-A1576.

[67] Béguin F, Frackowiak E, 等. 超级电容器: 材料、系统及应用. 张治安, 等译. 北京: 机械工业出版社, 2014.

[68] Li C, Zhang X, Lv Z, et al. Scalable combustion synthesis of graphene-welded activated carbon for high-performance supercapacitors. Chemical Engineering Journal, 2021, 414: 128781.

[69] 赵淑红, 吴锋, 王子冬, 等. 动力电池功率密度性能测试评价方法的比较研究. 兵工学报, 2009, 30(6): 764-768.

[70] 张健, 刘建文, 刘全兵. 超高功率锂离子电池研究. 电源技术, 2016, 40(5): 973-976.

第 10 章 锂离子电容器系统集成技术

10.1 概述

锂离子电容器单体存在耐电压值低、输出功率有限及储存能量低等问题，为了满足多数工业领域对储能装置的高耐压、大功率和高储能的应用需求，应对锂离子电容器单体进行串并联形成锂离子电容器模组，从而提高储能系统的工作电压、输出功率和存储能量。同时锂离子电容器模组应配备电容器管理系统 (capacitor management system, CMS) 来保证模组高质量、高效率、高寿命、高安全性的使用。管理系统是模组与用户之间的纽带，通常包含实时监控、自动均衡、信息管理、智能充放电控制、热管理、荷电状态 (state of charge, SOC) 估计、健康状态 (state of health, SOH) 估计、故障诊断和安全保护等功能。

锂离子电容器管理系统的开发与锂离子电池或超级电容器管理系统有很多相近之处，例如，单体参数不一致导致的串联分压问题、耐受电压上下限导致的充放电安全问题、电压电流温度监测显示等，都可以借鉴锂离子电池或超级电容器管理系统已有的成熟技术，包括实时监控、自动均衡、信息管理、智能充放电控制、故障诊断和安全保护等。另外，作为一种新型储能器件，锂离子电容器具有其独特性，开发针对锂离子电容器的管理系统是当前的研究重点和难点。深入研究锂离子电容器的独有特性及机理、提高动态建模精度、加强寿命预测与耐久性管理、达到锂离子电容器模组最优使用方案，对延长模组寿命、增强可靠性和安全性具有重要意义，也是保障锂离子电容器应用市场活力和健康可持续发展的关键。

本章主要介绍锂离子电容器电特性和热特性的测试与建模、老化和自放电机理、寿命预测模型以及模块化成组技术，为锂离子电容器市场化推进夯实基础。

10.2 锂离子电容器建模理论

锂离子电容器的可测量只有输入激励量 (电流) 和输出观测量 (电压、温度)，其内部参数 (如内阻、容量、功率、能量、SOC、SOH 等) 是无法通过测量而直接得到的，如何从可获得的电压、电流、温度三个信号得知锂离子电容器的内部参数，这需要以模型为基础。为了更准确地描述锂离子电容器的外特性，设计可靠的状态估计和预测算法，开发出最优的锂离子电容器管理系统，则精确的建模必不可少。研究人员致力于为不同研究和应用匹配合适的模型，模型的准确性和复杂度取决于相应目标需求和假设。

常见的锂离子电容器模型可大致分为四类，包括电化学模型、等效电路模型、分数阶模型和数据驱动模型。本节将从模型的构成、参数辨识方法及模型的精度三方面对具有代表性的模型进行详细介绍。

10.2.1 电化学模型

锂离子电容器的电化学模型是以双电层理论或多孔电极理论为基础建立的对锂离子电容器内部真实反应机制的描述。电化学模型可以很好地表征物理化学反应过程，模型精度高，一般用于器件的设计和优化、机理分析等。但它们的缺点是计算量大、计算效率低，这不利于电化学模型应用于嵌入系统中的实时能量管理和控制。

1. 双电层理论

19 世纪末，亥姆霍兹 (von Helmholtz)[1] 创建了第一个双电层模型。根据该理论，当电解液中的离子聚集在电极外表面，电极内部靠近表面区域聚集了相反的电荷，形成了双电层，这个电荷的双层结构类似于一个平板电容器，如图 10-1(a) 所示。由亥姆霍兹建立的双电层模型用以下公式来表示:

$$C_{\mathrm{H}} = \frac{\varepsilon \times S}{d} \tag{10.1}$$

式中，ε 是溶剂介电常数 (单位 F/m)；S 是电极的表面积；d 是电极表面电荷层和离子层的间距 (或者称为致密层厚度)。然而，这个模型没有考虑电容值对电压或电解液浓度的依赖性。另外，由于没有考虑到距离致密层较远的作用力，亥姆霍兹模型计算出的电容值比测量值大一个数量级。

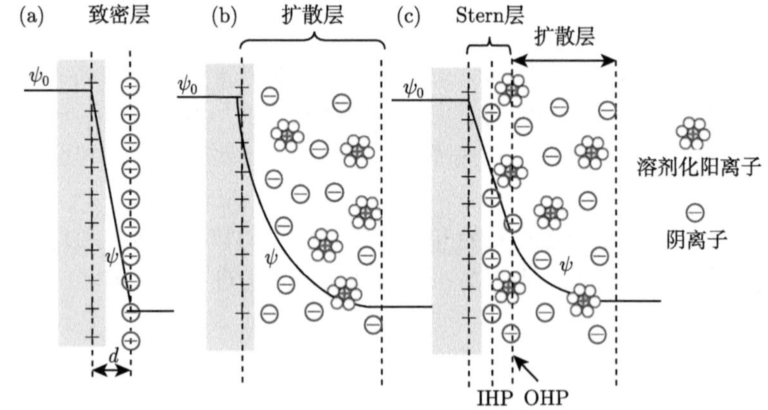

图 10-1 双电层理论的发展 [6]。(a) 亥姆霍兹模型；(b) Gouy-Chapman 模型；(c) Stern 模型 (IHP: 内亥姆霍兹层；OHP: 外亥姆霍兹层)

Gouy[2] 和 Chapman[3] 对亥姆霍兹模型进行了几项修改。由于溶液的不良导电性，溶液侧电荷在空间中是分散分布的，他们设想了一个由阴离子和阳离子形成的分散分布的模型，如图 10-1(b) 所示。电荷分散在电极表面附近的溶液中，称为扩散层，扩散层内电位分

布也是非线性变化的。根据泊松–玻尔兹曼方程得到了扩散层电容公式如下:

$$C_{\mathrm{GC}} = \frac{K}{T^{1/2}} \cosh \frac{K_1 \psi}{T} \tag{10.2}$$

式中，K 和 K_1 为常数；T 是热力学温度；ψ 为电位。虽然这个公式描述了电容与温度、电位和电荷密度的关系，但是由于电极表面附近电势分布和局部电场不符合实际情况，所以估算电容大于实际电容 [4]。

1924 年，Stern[5] 结合上述两个模型提出了图 10-1(c) 所示的改进模型。他认为电极与溶液界面的双电层由致密层和扩散层两部分构成。在静电力和粒子热运动的共同作用下，溶液中的一部分电荷吸附在电极表面，形成致密层，又称为 Stern 层；另一部分电荷分散在电极表面附近的溶液层中，称为扩散层。此外，还考虑了离子半径对致密层厚度的影响。双电层电容可表示如下:

$$\frac{1}{C_{\mathrm{GCS}}} = \frac{1}{C_{\mathrm{H}}} + \frac{1}{C_{\mathrm{GC}}} \tag{10.3}$$

式中，C_{GCS} 为双电层电容；C_{H} 为紧密层电容；C_{GC} 为扩散层电容。随后一些学者考虑到了离子溶剂化效应，将 Stern 模型进一步改进，使其成为研究电极和溶液界面结构的基础理论。

2. 多孔电极理论

多孔电极是指内部包含大量孔隙的电极，多孔电极被电解液浸润后，形成由充满电解质的液孔和固相交织组成的相互连通的固相–液相网络。多孔电极理论用来描述粒子在固相和液相中的输运问题。20 世纪 60 到 70 年代，Newman 和 Tiedemann[7]，de Levie[8] 先后开创了两种一维多孔电极的建模方法，分别称为宏观均质模型和单孔模型，两种方法的示意图如图 10-2 所示。这两种方法已经成为当今绝大多数电池或超级电容器建模技术的理论基础。Newman 和 Tiedemann 的宏观均质模型将多孔电极描述为电极基体和填充电解液的孔隙这两个连续体的叠加，解释了物质迁移对电化学反应的影响。宏观均质模型基于活性物质浓度的菲克 (Fick) 扩散定律、电位分布的欧姆定律，以及 Nernst 方程和巴特勒–福尔默 (Butler-Volmer) 方程推导出偏微分方程，用来描述由离子浓度的梯度变化而引起的固相与液相中的扩散过程。de Levie 的单孔模型将真实的多孔结构简化为内径相同、相互独立的圆柱体，系统地研究了恒电位和谐波电位下半无限孔隙中电流的分布情况，给出了交流状态下的解析解。单孔模型理论开辟了多孔电极阻抗响应的研究领域。

3. 锂离子电容器电化学模型

目前，锂离子电容器的电化学模型都是以双电层理论、多孔电极理论为基础，针对锂离子电容器的电容非线性和反常扩散现象修正而来的。Moye 等 [10] 在 Simulink 中开发了锂离子电容器的物理模型，根据 Butler-Volmer 方程得到了界面反应的公式，扩散部分用传输线模型来表征，该模型可以依据设计参数和运行环境评估单体的性能。Ghossein 等 [11] 在双电层电容 Stern 模型的基础上进行了修正，针对锂离子电容器电容随电压的非线性，建立了一种新的机理模型，该模型随后被用来解释老化机制。Campillo-Robles 等 [12] 基于

Newman 和 Tiedemann 的多孔电极理论建立了锂离子电容器的一维通用电化学模型，分别对正极、负极和隔膜处的电解液列写控制方程，采用有限元方法进行求解。该模型也可以被推广到所有类型的电容器，包括双电层电容器和混合型超级电容器。

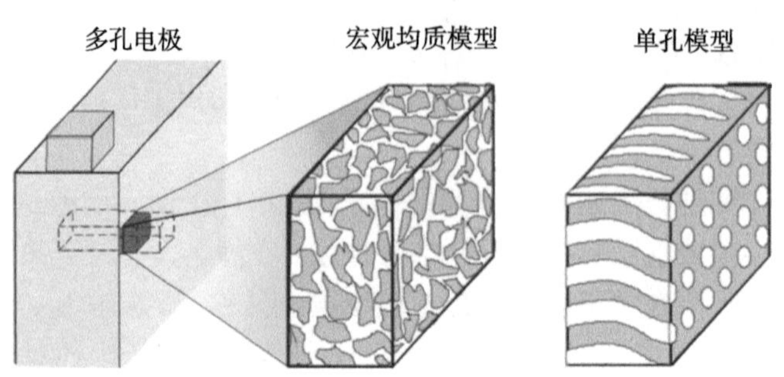

图 10-2 多孔电极理论：宏观均质模型和单孔模型 [9]

10.2.2 等效电路模型

等效电路模型一般是指整数阶等效电路模型。等效电路模型结构是由储能器件的电特性结合一定经验归纳总结得到的，其电路拓扑的选取一般是模型精确性和复杂度之间的折中。模型的精确性取决于该模型可描述电特性的类型，如电容特性、发热损耗、自放电、电荷重排、极化等。等效电路模型是由电容、电阻等一系列电路元件组成的，模型参数易于测量和计算且在仿真软件中容易搭建，结构的简单性和建模的良好精确性使其在实时能量管理系统中得到了广泛的应用，但它们的参数缺乏物理意义，没有办法明确内部的状态和信息。

1. 等效电路模型介绍

许多国内外学者对锂离子电容器的等效电路模型展开了研究，目前几种常见的等效电路模型都延续了双电层电容器或锂离子电池等效电路模型的建立思路，如图 10-3(a)~(e) 所示。

经典模型 [13−16] 是超级电容器等效电路模型中构成最简单、参数辨识最容易、在管理系统的仿真中经常使用的一个模型 [17]，如图 10-3(a) 所示。经典模型包括主电容 C、等效串联内阻 ESR 和等效并联内阻 EPR，可以表示出器件的电容特性、发热损耗、对负载放电电流的约束和自放电效应。但此模型只考虑了超级电容器的瞬时响应，在复杂的动态电流约束条件下无法反映器件真实的电特性。

二分支模型 [4,15,18] 如图 10-3(b) 所示，它是由 Zubieta 和 Bonert[19] 提出的三分支模型演变而来的。三分支模型可以准确地反映超级电容器在 30 min 内的充放电特性。二分支模型是从三分支模型当中简化而来的，去掉了时间常数最大的第三分支。二分支模型主要包括两个 RC 分支，即瞬时分支和延时分支。瞬时分支由内阻 R_0、可变电容 C_0 组成，时间常数是秒级，用来表示充放电的短时响应。可变电容 C_0 可以表示充放电过程中端电压的非线性。延时分支由内阻 R_1、电容 C_1 组成，时间常数是分钟级，用来表示充放电过程中分钟级的响应。而等效并联电阻 EPR 用来表示长期的漏电流效应。二分支模型可以反映出多孔电极在充放电结束后的电荷重排现象，可变电容的引入表现出微分电容随电压的非线性变化。

线性 RC 网络模型 [20−22] 如图 10-3(c) 所示，它是传输线模型的简化模型，传输线模型是基于 de Levie[23] 的多孔电极理论提出的。由于孔的内径远小于孔的深度，从而使孔隙阻抗随着孔轴方向呈分布形式，类似于传输线。在物理层面上，多孔电极表面的每个孔都可以建模为传输线模型。假设有孔径一致、导电完美的圆柱形孔洞，从而形成一个可能含有许多 RC 元件的梯形网络。传输线模型试图捕捉孔隙界面分布的双电层电容和孔隙内分布的电解液电阻。该模型可以模拟超级电容器的动态特性和长期的行为，并直接考虑了器件的物理结构和电化学特性。但缺点是模型参数较多，且对多孔电极的孔隙进行了简化，忽略了电极平面方向的不均匀性，从而对动态特性的拟合结果较差。

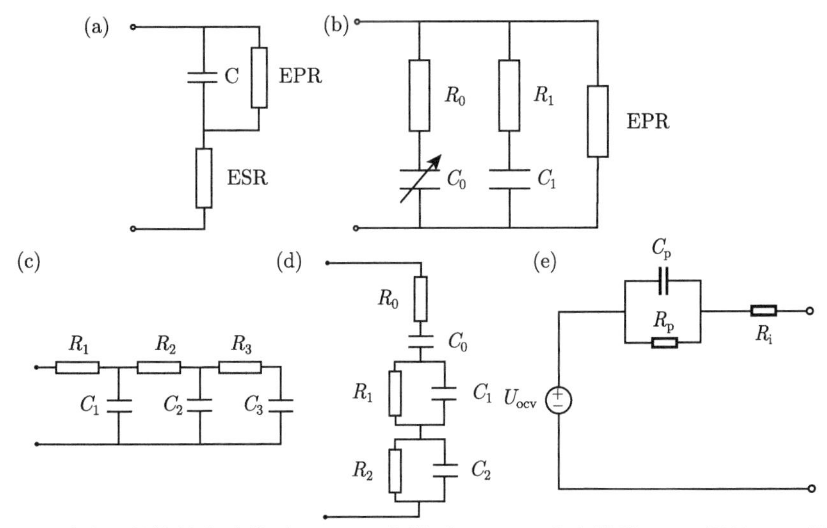

图 10-3　几种常见的等效电路模型。(a) 经典模型；(b) 二分支模型；(c) 线性 RC 网络模型；(d) RC 混联模型；(e) Thevenin 模型

RC 混联模型 [4,24−26] 如图 10-3(d) 所示，其中 R_0 代表欧姆内阻，C_0 和其他并联 RC 分支代表多孔电极的孔隙阻抗，描述了电极和电解液界面的极化过程。为了提高精度，模型参数可以是温度、电压和工作频率的函数。该模型既可以用于对频域特性的表征，又可以用于对时域特性的描述，且考虑到了电极反应过程。因此模型适用范围广，在电特性和老化行为的研究、电极设计、管理系统开发等领域有广泛应用。但由于孔隙阻抗，该模型忽略了电极平面方向的不均匀性，对反常扩散过程无法准确描述，频域仿真时低频误差较大，时域仿真时对动态工况的跟踪能力较为一般。

Thevenin 模型是锂离子电池最常用的等效电路模型之一，如图 10-3(e) 所示。模型中的电压源代表开路电压，即热力学平衡电位，R_i 代表欧姆内阻，R_p 和 C_p 表示极化过程。根据极化部分 RC 环节的数量，也有类似的二阶或多阶极化模型。该模型一般用混合脉冲功率特性测试 (hybrid pulse power characterization, HPPC) 来辨识模型参数，常用于状态估计。

2. 参数辨识方法

等效电路模型的参数辨识方法主要有两种：电路分析法和电化学阻抗谱 (electrochemical impedance spectroscopy, EIS) 分析法。

电路分析法是假设激励已知 (通常是恒流充放电过程)，针对相应的模型，对端电压进行电路分析或传递函数的推导，得出参数的求解公式，再根据实际测得的端电压曲线进行分析计算，从而辨识出模型参数的方法。电路分析法测量参数的过程相对简单，所需的实验设备少，物理意义清晰，可分析大电流工况，适用于比较简单的模型参数辨识，但该方法受限于充放电电流的频率范围，一般只适用于低频下的模型。电化学阻抗谱分析法首先测试阻抗谱，给电化学系统施加一个频率不同的小振幅的交流电位 (或电流) 波，测量出交流电流 (或电位) 响应，应用频率扫描，提取电位与电流信号的比值随正弦波频率的变化，或者是阻抗的相位角随频率的变化 [27]，获得复阻抗频率响应。基于相应的模型，给出所求参数的初值，采用迭代的最小二乘法确定模型参数。

电化学阻抗谱分析法需要事先给出模型参数的初始值，而且初始值对整个解的影响较大。该方法主要用于对电化学特性进行分析，参数物理意义明确，但只适用于离线测试并描述器件对小信号输入下的特性。

3. 锂离子电容器等效电路模型

锂离子电容器作为一种混合型超级电容器，目前国内外学者对其等效电路模型的研究基本延续了双电层电容器和锂离子电池的模型电路拓扑和参数辨识方法。Ghossein 等 [13] 采用电化学阻抗谱参数辨识方法，对锂离子电容器建立了经典模型，其中特别突出了电容与端电压的非线性关系。Manla 等 [28] 提出了一种简单的 RC 混联模型用于锂离子电容器的电特性描述，采用电路分析和电化学阻抗谱相结合的方式进行参数辨识，模型中引入了电压依赖型电容，并基于恒流测试对模型进行了验证，模型精度得到了提升。Lambert 等 [29] 比较了双电层电容器和锂离子电容器的阻抗谱并分别建立了阻抗模型。阻抗模型中的扩散部分是在理想孔隙阻抗模型的基础上增加了电荷转移项，成为一种 RC 混联模型。Firouz 等 [30] 提出了可用于线上 SOC 估计的锂离子电容器频域阻抗模型，这是一种 RC 混联模型，如图 10-4 所示；模型的扩散部分通过将理想孔隙阻抗模型并联一个电阻来表征低频 Nyquist 图中非垂直于实轴 (相角非 90°) 的反常扩散现象；同时还提出了一个时域模型，是通过级数展开法将阻抗模型转换到时域得到的，但该时域模型还是由简单的理想孔隙阻抗为基础转换而来。Barcellona 等 [25] 将传统的双电层电容器模型和参数辨识方法用于锂离子电容器，模型采用 RC 混联模型，运用电化学阻抗谱分析法作为参数辨识方法，给出了两种锂离子电容器在全频域范围的辨识结果，并在恒流充放电测试条件下采用单体和模组验证了模型的有效性。之后 Barcellona 和 Piegari[31] 在此基础上研究了锂离子电容器基于温度和电压变化的 RC 混联模型；采用电化学阻抗谱分析法，分别测试了在不同温度和不同端电压下的阻抗谱，用多项式曲面插值得到了模型参数随电压和温度的变化规律，并特别分析了电流和低温对模型的影响；该模型可以在 0~60 ℃ 范围内准确表示锂离子电容器的动态行为，但在 −20~0 ℃ 范围内模型不适用。艾贤策 [24] 建立了一种锂离子电容器的 RC 混联模型，该模型把 Thevenin 模型的电压源改进成了可变电容；采用 HPPC 测试进行参数辨识，通过非线性最小二乘拟合的方法得到模型参数；经验证，该模型能较准确地反映锂离子电容器的动态特性，适用于 SOC 估算。姜俊杰等 [32] 采用正负极分别建模的方法，建立了锂离子电容器 RC 混联模型，正极采用电路分析的参数辨识方法，负极采用电路分析与电化学阻抗谱分析相结合的方法，简化了参数辨识难度。Li 等 [33] 采用一种基于改进的 Butler-Volmer 方程的 Thevenin 模型，通过动态测试验证了该方法的准确性，最大电压误差小于 2%，以广州有轨电车海珠线储能电站的设计工况为例对该模型进行了能效计算，最大误差小于 0.2%。

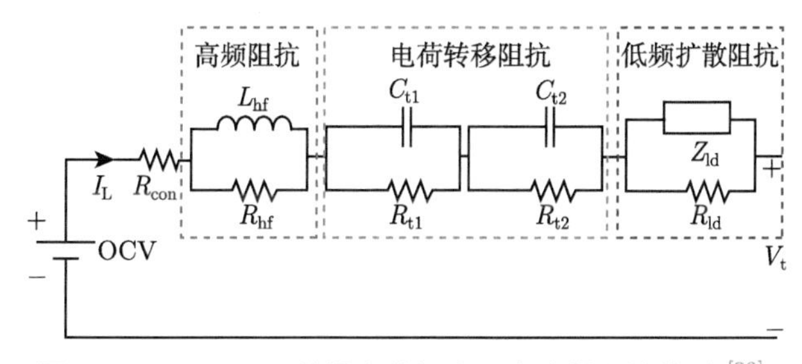

图 10-4 Firouz 等提出的锂离子电容器阻抗模型 [30]

Song 等 [34] 针对锂离子电容器电特性与双电层电容器相似但亦具有独特非线性电容的特点，引入了超级电容器等效电路模型中的二分支模型，采用电路分析法对模型进行了参数辨识，其中考虑到锂离子电容器的电容非线性特征，基于数值拟合方法修改了二分支模型中的可变电容。下面详细介绍二分支模型的参数辨识方法及模型验证。首先对充电过程进行分析，其充电电路图如图 10-5 所示。

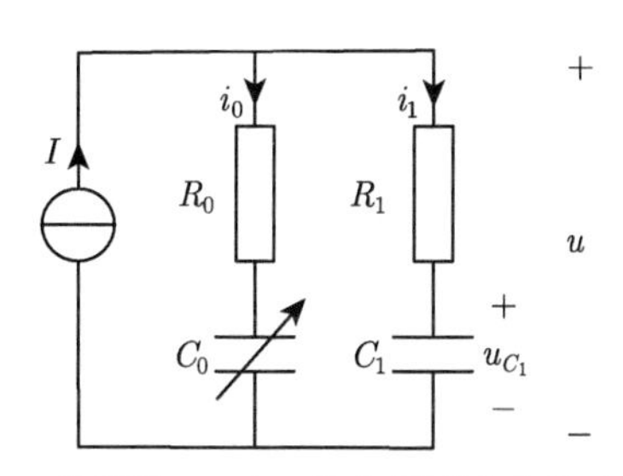

图 10-5 以恒流 I 对二分支模型充电的电路图 [34]

假设以恒流 I 对二分支模型进行充电，通过主分支的电流为 i_0，通过副分支的电流为 i_1，锂离子电容器端电压为 u，电容 C_1 两端电压为 u_{C_1}，对充放电过程进行分析，通过列写基尔霍夫电流定律 (KCL)、基尔霍夫电压定律 (KVL) 及支路元件的电压电流关系 (VCR)，求解出 i_1 的解析表达式：

$$i_1 = I \times \left[\frac{C_1}{C_0 + C_1} + \left(\frac{R_0}{R_0 + R_1} - \frac{C_1}{C_0 + C_1}\right) \mathrm{e}^{-\frac{t(C_0+C_1)}{C_0 C_1 R_1}}\right] \tag{10.4}$$

两个分支需要满足的前提条件为：在充放电时，电流主要流过主分支，而副分支有极小分

流，即得到参数取值范围

$$R_0 \ll R_1 \quad 且 \quad C_1 \ll C_0 \tag{10.5}$$

针对锂离子电容器独有的电容非线性特征，通过数值拟合的方法得到电容随电压的变化关系，使得模型精确性得到提高。可变电容 C_0 用来表示充放电时锂离子电容器微分电容的非线性，它被定义为：在任意可以取值的电压 u' 下，注入的微小电荷量 $\mathrm{d}Q$ 与端电压的增量 $\mathrm{d}u$ 的比值。以恒流 I 对锂离子电容器充电过程中的电压曲线进行分析，得到可变电容的表达式如下：

$$C_0(u) = \frac{\mathrm{d}Q}{\mathrm{d}u} = \frac{I\mathrm{d}t}{\mathrm{d}u} = \frac{I\Delta t}{\Delta u} \tag{10.6}$$

根据公式 (10.6)，对可变电容进行多项式曲线拟合，图 10-6 表示拟合曲线与原始数据的对比，最终拟合曲线为 4 次多项式。

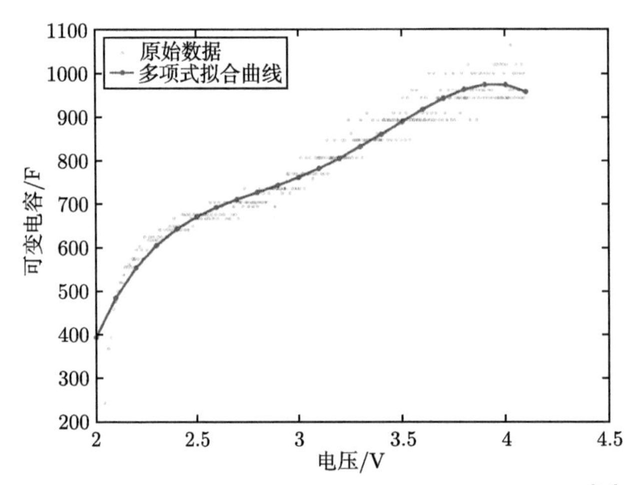

图 10-6 可变电容多项式拟合曲线与原始数据的对比 [34]

对搁置过程进行电路分析，计算内阻 R_0、R_1 及电容 C_1 的值，搁置过程的电路图如图 10-7 所示。

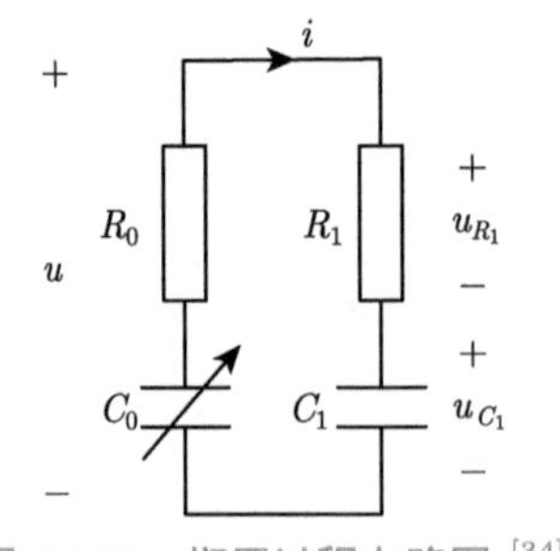

图 10-7 搁置过程电路图 [34]

假设锂离子电容器两端电压为 u，电容 C_1 两端电压为 u_{C_1}，平衡电流为 i，对锂离子电容器端电压 u 进行求解，根据图 10-7 列出 KCL、KVL 及支路元件的 VCR，得到以下公式：

$$u=U_1-\frac{U_{R_1}C_1}{C_0+C_1}+\frac{U_{R_1}C_1}{C_0+C_1}\times \mathrm{e}^{-\frac{t(C_0+C_1)}{C_0C_1R_1}} \tag{10.7}$$

基于电压的解析解，在实测电压曲线中提取相应的信息，最终辨识出二分支模型的参数。

对二分支模型进行了 10C 恒流充放电及充电–搁置–放电工况的仿真，与实测电压值进行对比验证，结果如图 10-8 所示。二分支模型可以较好地描述锂离子电容器在恒流充放电及搁置工况下的电特性，可变电容可以准确地模拟充放电过程中电压的非线性变化，而主副分支可以较好地模拟搁置时的电荷重排。二分支模型可以作为锂离子电容器的等效电路模型，很好地描述其电特性。

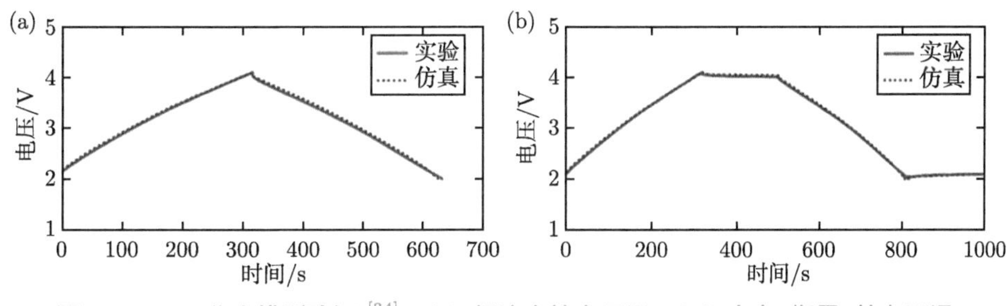

图 10-8 二分支模型验证 [34]。(a) 恒流充放电工况；(b) 充电–搁置–放电工况

10.2.3 分数阶模型

随着对电化学储能器件频域特性研究的不断深入，基于电化学阻抗谱和等效电路模型建立的分数阶模型逐渐吸引了研究人员的高度关注，是目前超级电容器和锂离子电池模型中的研究热点。分数阶模型是基于分数阶微分方程构建的，相比于采用整数阶微分方程的等效电路模型，分数阶模型增强了对锂离子电容器动力学行为的表征能力，可以用相对较少的模型参数达到相对更高的精度水平。一般地，人们更倾向于使用这种参数带有一定物理含义的模型来进行寿命的分析和状态预测。但是由于模型参数会随着电压、电流和频率的变化而变化，所以也容易产生误差。

电极中发生的传输和反应过程一直是人们感兴趣的研究课题。电极在固相进行电子的传输，同时与电解液接触进行离子的传输 [35]，与导电集流体接触的固相为电子的输运提供了一条连续的路径，但固相的结构尺寸很小 (如纳米尺度)；电解液流入固相的孔隙直到固相基底，此液体通道尺寸也非常小，浓度差导致了离子扩散过程的发生。因此，该体系的特点是电极中存在两个紧密结合的相，通道窄、无序程度大，两相中载流子的输运被认为受到复杂机制的影响。

对于锂离子电容器来说，虽然已经有很多研究人员提出了相应的阻抗模型对多孔电极的扩散过程进行建模，但是基本都采用了 de Levie[8] 提出的普通扩散模型。Buller 等 [36] 基于多孔电极理论和多孔电极扩散过程，采用 de Levie 提出的普通扩散模型并进行数学变换后，提出了锂离子电容器的整数阶孔隙阻抗模型，如图 10-9 所示。但是模型忽略了电极平面方向的不均匀性，低频扩散过程只能描述单一的孔隙轴向的扩散过程。由于多孔电极表面是粗糙的，孔径大小也是不均一的，从而使整数阶模型的拟合结果存在一定误差，这时分数阶模型的优势就展现了出来。

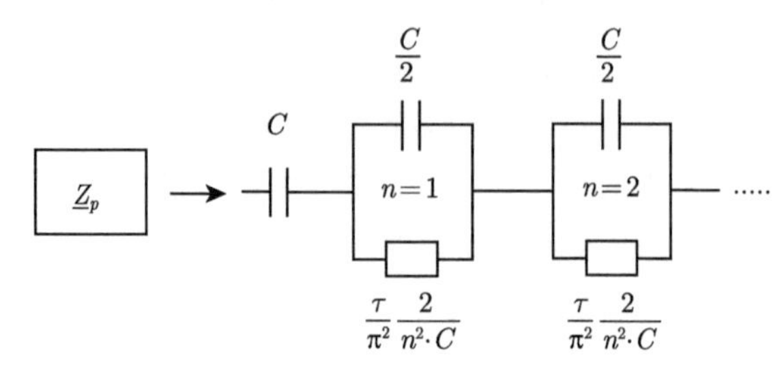

图 10-9 整数阶孔隙阻抗模型 [36]

Song 等分别在频域 [37] 和时域 [38] 下提出了锂离子电容器的分数阶模型。他们对锂离子电容器全频域特性展开了研究，建立了阻抗模型来精确描述频域特性。针对锂离子电容器在低频区域独特的反常扩散现象，将分数阶微积分引入到多孔电极理论，首次提出了一种基于反常扩散模型的总阻抗模型。采用分频段理论分析与数值计算相结合的参数辨识方法，快速辨识出了模型参数。结果表明，与已有阻抗模型相比，基于反常扩散模型的总阻抗模型具有更高的全频域拟合精度，卡方检验值可达到 10^{-3} 数量级，模型具有明确的物理意义和精度优势。进一步，针对目前电特性模型难以精确跟踪动态特性问题，首次提出了锂离子电容器分数阶模型，通过将阻抗模型从频域转化到时域的方法确定了分数阶模型的结构，重点分析了分数阶模型中常相位角元件 (constant phase element，CPE) 的物理意义，提出了时域下的参数辨识方法，解决了带有 CPE 的模型在时域下的辨识难点。研究表明，与经典模型、二分支模型等整数阶模型相比，分数阶模型对动态特性的跟踪能力最强，能通过更少参数达到更高精度，适用于复杂电流工况下的精确建模。下面主要讨论分数阶模型的理论基础、模型结构、参数辨识方法及模型验证。

1. 建模理论基础

从阻抗谱测试中可以区分不同反应速率的电化学过程，其中离子在多孔电极孔隙内的扩散过程最为缓慢 (小于 10 Hz)，影响双电层的形成，因此通过建立模型来详尽地反映扩散的特征是非常重要的。活性炭多孔电极表面的孔隙为分布型的孔结构，大多数为微孔，也存在介孔和大孔，这种分布型孔隙结构的多孔电极理论是模型建立的重要基础。多孔电极的孔隙沿孔轴方向的深度远大于垂直于孔轴方向的内径，这种结构造成了沿孔隙轴线方向的阻抗呈分布阻抗，可以用理想阻抗模型来描述。但理想阻抗模型将多孔电极的孔简化成光滑的，孔径大小一致的圆柱体，以至于无法描述由孔径不均和孔壁粗糙引起的一些特征，因此需要将理想孔隙模型去理想化。接下来讨论的两种多孔电极模型是将多孔电极理论加入分数阶微分来去理想化的。

(1) 第一种孔隙阻抗 Z_{p1} 描述了扩散时粒子数不守恒的过程：

$$Z_{\text{p1}}(s)=\sqrt{\frac{R_{\text{el}}}{A_{\text{dl}}s^{\gamma}}}\coth\sqrt{R_{\text{el}}\cdot A_{\text{dl}}s^{\gamma}},\quad 0<\gamma<1 \tag{10.8}$$

该模型很广泛地用于双电层电容器反常扩散过程的描述 [39−42]，式中，$R_{\rm el}$ 表示孔隙内部电解液电阻；$A_{\rm dl}$ 表示离子与孔壁形成的界面阻抗的容性；γ 表示电极在平面方向的不均匀度，也是分数阶引入后的结果。图 10-10(a) 中的内阻 $R'_{\rm el}$ 表示沿孔轴方向单位深度的电解液电阻，常相位角元件 $\mathrm{CPE}'_{\rm dl}$ 描述了孔隙中单位深度的电解液离子与孔壁形成的界面阻抗。

(2) 第二种孔隙阻抗 $Z_{\rm p2}$ 用来表示扩散过程中有些粒子在空间中滞留的情况，这种模型是通过宏观限制下连续时间随机游走的一个方案推导出的 [43]，如下式：

$$Z_{\rm p2}(s)=\sqrt{\frac{R_{\rm w}s^{\gamma-1}}{C_{\rm d}s}}\coth\sqrt{R_{\rm w}s^{\gamma-1}\cdot C_{\rm d}s},\quad 0<\gamma<1 \tag{10.9}$$

式中，$R_{\rm w}$ 表示孔隙内部电解液阻抗的阻性；$C_{\rm d}$ 表示孔隙内离子与孔壁形成的双电层电容；γ 代表电极在平面方向的不均匀度，也是分数阶引入后的结果。$\mathrm{CPE}'_{\rm w}$ 代表了单位深度下离子沿孔隙轴方向的阻抗，$C'_{\rm d}$ 描述了单位深度下离子与孔壁形成的双电层电容，如图 10-10(b) 所示。

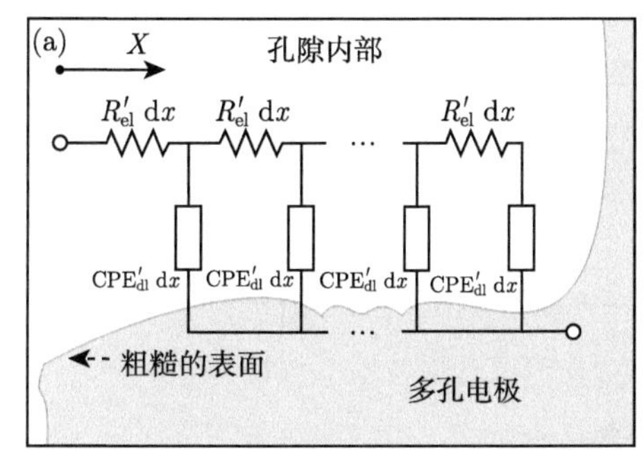

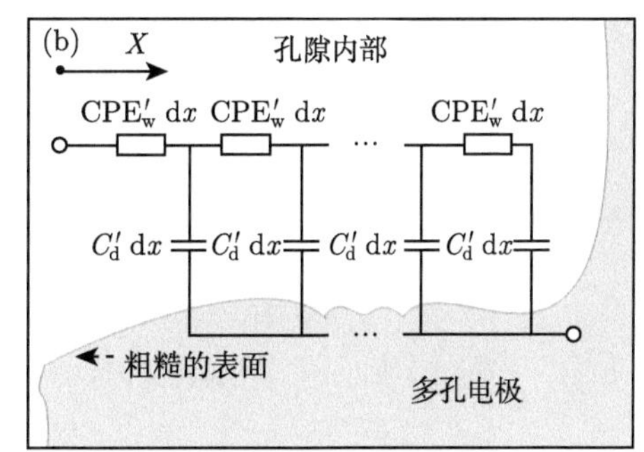

图 10-10　描述多孔电极反常扩散过程的传输线模型 [38]。(a) 粒子数不守恒的情况；(b) 连续时间随机游走方案

2. 锂离子电容器分数阶模型结构

分数阶模型电路拓扑是由频域下的阻抗模型转换到时域得到的，阻抗模型的扩散部分是通过引入分数阶微积分的多孔电极理论推导出的。从图 10-10 中可以得知，基于多孔电极理论可以得到一个传输线模型，但传输线模型的元件有无限多个，很难在仿真软件中作为等效电路模型使用。Buller 等 [36] 提出了一种方法，采用米塔–列夫勒 (Mittag-Leffler) 定理将双曲余切函数进行级数展开，将多孔电极阻抗模型转换成有限个元件，如公式 (10.10) 所示：

$$\coth(x)=\frac{1}{x}+\sum_{n=1}^{\infty}\frac{2x}{x^2+(n\pi)^2} \tag{10.10}$$

将两种多孔电极阻抗的复频域公式进行级数展开，得到公式 (10.11) 和公式 (10.12)。$Z_{\rm p1}$ 和 $Z_{\rm p2}$ 的等效电路模型中无限项的阻抗随着 n 的取值增大而逐渐接近 0，从而可以简化为有限个元件的模型，如图 10-11 所示。可以看到，两种模型都包含 CPE。

$$Z_{\mathrm{p1}}(s)=\frac{1}{A_{\mathrm{dl}}\cdot s^{\gamma}}+\sum_{n=1}^{\infty}\frac{1}{\dfrac{n^2\pi^2}{2R_{\mathrm{el}}}+\dfrac{A_{\mathrm{dl}}}{2}\cdot s^{\gamma}} \tag{10.11}$$

$$Z_{\mathrm{p2}}(s)=\frac{1}{C_{\mathrm{d}}\cdot s}+\sum_{n=1}^{\infty}\frac{1}{\dfrac{n^2\pi^2}{2R_{\mathrm{w}}}\cdot s^{1-\gamma}+\dfrac{C_{\mathrm{d}}}{2}\cdot s} \tag{10.12}$$

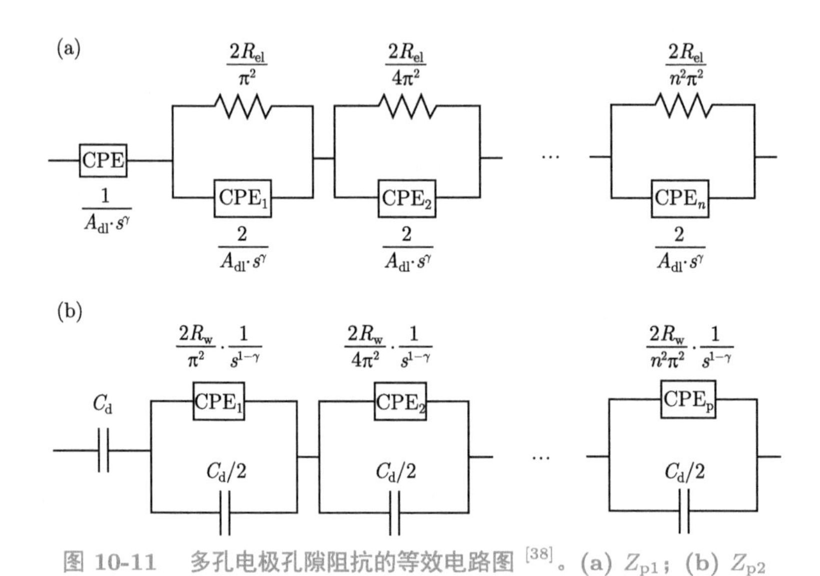

图 10-11 多孔电极孔隙阻抗的等效电路图 [38]。(a) Z_{p1}；(b) Z_{p2}

基于锂离子电容器发生的电化学过程，从频域角度确定了分数阶模型的结构，如图 10-12(a) 所示。电感 L 表示高频下的感性，由电极的物理结构和电芯制备方式等引起，锂离子电容器的应用场景未涉及如此之高的频率，一般将电感忽略不计。欧姆内阻 R_{s} 是表征电解液、隔膜、极耳和电极等的导电性以及它们之间的接触电阻的。电荷转移部分 $(R_{\mathrm{ct}}C_{\mathrm{e}})$ 与电解液和负极界面发生的法拉第反应和电化学极化有关，对于电容为 1100 F 的锂离子电容器来说，R_{ct} 的值一般为 1 mΩ 左右，C_{e} 的电容值一般为 0.4 F。在充电时，如此小的电阻其分得的电压很小；在搁置时，这一组 RC 元件内部消耗这部分充入的能量，对整体的仿真影响很小，电荷转移部分通常也被忽略。孔隙阻抗 Z_{p} 主要是正极活性炭材料的多孔性导致的离子扩散和迁移行为，下面将孔隙阻抗为 Z_{p1} 的分数阶模型称为模型 1，把孔隙阻抗为 Z_{p2} 的分数阶模型称为模型 2。模型 1 和模型 2 的电路拓扑如图 10-12(b) 和 (c) 所示。

3. 时域下的参数辨识方法

对于分数阶模型来说，在频域下基于电化学阻抗谱分析法进行参数辨识是比较容易的，但集成应用后，很难把单体拆卸下来测试电化学阻抗谱，只能获取到电压、电流、温度等信息，因此，时域下的参数辨识方法尤为重要。下面说明分数阶模型 1 的参数辨识方法，分数阶模型 2 的参数辨识过程与模型 1 类似 [38]。

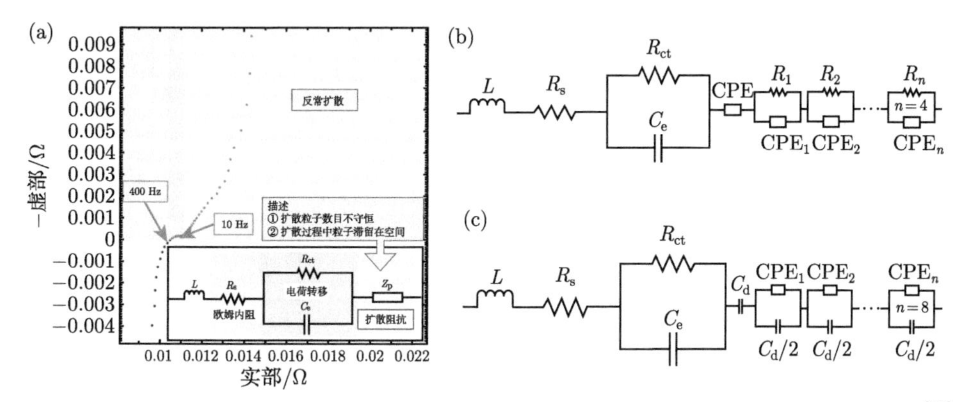

图 10-12 (a) 锂离子电容器分数阶模型的结构；(b) 分数阶模型 1；(c) 分数阶模型 2[38]

以图 10-12(b) 的分数阶模型 1 为例，电路拓扑中有单独的 CPE，也有多个 R_n-CPE_n 并联的元件组，需要通过时域下的电压曲线求解出 3 个参数，R_{el}、γ 和 A_{dl}。单独串联的 CPE 在复频域的阻抗表达式为

$$Z_{\mathrm{CPE}}(s) = 1/(A_{\mathrm{dl}} s^{\gamma}) \tag{10.13}$$

对充电过程分析，基于 KVL 列出锂离子电容器端电压 V 在复频域下的表达式，并进行拉普拉斯逆变换后时域表达式如下：

$$v(t) = v(0) + I\left[\mathrm{ESR} + \frac{t^{\gamma}}{A_{\mathrm{dl}} \cdot \Gamma(\gamma+1)}\right] \tag{10.14}$$

式中，$v(0)$ 为充电前的初始电压；ESR 为等效串联内阻，即电路图中所有内阻之和；Γ 为伽马函数。Bertrand[40] 提出一种方法，取充电过程中两个时刻和相对应的电压值，代入公式 (10.14) 中，分别求取对数后相减，得到 γ 值。再对整个充电过程考虑，将 γ 值代入公式 (10.14)，最终求得 A_{dl} 值。

4. 分数阶模型验证

分数阶模型的电路拓扑包含 CPE，而 CPE 在时域仿真软件中并没有对应的元件，因此需要在仿真软件中建立传递函数来进行仿真，对于给定的电流输入，就可得到电压曲线，通过这种方式可以得到任意频段的电压响应。

在充放电频繁变化的电流工况下，对分数阶模型进行了仿真，与该电流文件下的实测电压曲线进行了对比验证，并与其他已知模型 (包括经典模型、二分支模型和基于多孔电极理论的整数阶模型) 进行了同一工况下的对比，如图 10-13 所示。在充放电频繁变化阶段模型容易产生较大的误差，而分数阶模型相对于其他三个模型动态跟踪能力更好。直接通过电压电流曲线获取模型参数的辨识方法易于实施、结果可靠，扩展了分数阶模型的适用范围，可以在今后用于在线评估和诊断。

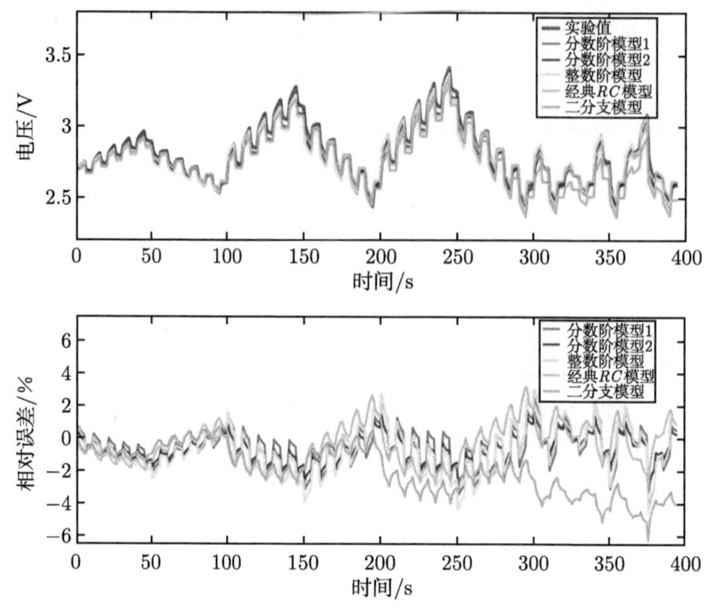

图 10-13 动态电流下对分数阶模型与其他已知模型的对比验证 [38]

10.2.4 数据驱动模型

数据驱动模型依赖于在各种操作条件下获取的大量数据集，这些数据集可以应用于人工智能理论，如人工神经网络 (artificial neural network，ANN) 或模糊逻辑 (fuzzy logic)。基于人工智能的方法使得模型可以描述电特性与其影响因素之间复杂的非线性关系。要保证模型的准确性和通用性，必须有大量、高质量的训练数据。数据驱动模型在捕捉锂离子电容器的动态行为方面具有很强的潜力，然而，数据驱动模型没有对潜在机制的详细理解，在所有运行条件下获取大量数据是一个困难、耗时且昂贵的过程。数据驱动模型目前更多地用在电化学储能器件的性能预测上，如剩余寿命 (remaining useful life，RUL) 预测。

人工神经网络模型如图 10-14 所示，相当于一个多输入单输出的黑匣子 [17]。人工神经网络建模不需要任何物理模型和数学表达式，只根据实验数据对模型进行训练即可以建立起各个参数之间的关系。人工神经网络的结构一般分为输入层 (输入实验数据)、输出层 (输出预测数据) 以及二者之间的隐含层 (对输入数据进行运算和处理)。Marie-Francoise 等 [44] 用人工神经网络建立了超级电容器热和电特性模型，该模型以温度、工作电流和电容值为输入，电压为输出，采用 Levenberg-Marquardt 算法训练数据，人工神经网络方法可

图 10-14 人工神经网络模型

以有效地对非线性的超级电容器电特性和热特性进行建模仿真。然而，人工神经网络需要大量的实验数据来预测性能，而且算法复杂度高，在锂离子电容器电特性建模中较少涉及。

10.3 锂离子电容器热特性与仿真

锂离子电容器在使用过程中会发生快速的能量存储和释放，充放电的电流将频繁变化；若以锂离子电容器模组作为动力电源，则模组内部会产生很大的热量，倍率起伏波动较大会造成单体生热不均衡，温度上升。研究表明，锂离子电容器的生热速率与其工作电流呈二次曲线关系，生热速率随电流的增大而逐渐增大，尤其在高倍率充放电时，其内部会产生大量的热量 [45]。例如，在 200C~300C 的大倍率充放电时，很小的内阻就可能引起很大的温升。在周围环境温度较高的情况或高倍率充放电时，如果热量不能及时有效散出，则必须采取相应的高温散热措施，同时对充放电电流进行限制，控制电容器的温度，否则电容器会因过热而导致性能衰退和寿命缩短。本节将从生热原理、温度特性实验、电容器生热模型和热安全性等方面进行详细介绍。

10.3.1 生热原理

锂离子电容器既有物理吸附过程又有化学反应过程，因此理论上锂离子电容器的生热是两者的总和，但由于锂离子电容器一般会限制电压的使用范围，避免电解液和固态电解质界面膜的分解，且此分解产生的热量极少，所以可忽略此热量。锂离子电容器的生热主要包含以下几部分。

(1) 电化学反应热 Q_{r}，是指充放电过程中 Li^+ 在负极中的嵌入和脱出引起的能量变化。充电过程锂离子嵌入消耗能量，为吸热过程；相反，放电是放热过程，计算公式为

$$Q_{\mathrm{r}} = nFT\frac{\partial U_{\mathrm{ocv}}}{\partial T} \tag{10.15}$$

式中，F 为法拉第常数，一般取 96484.5 C/mol；n 为锂离子电容器单体充放电正负极的电荷转移数；U_{ocv} 为开路电压；T 为开尔文温度。

(2) 欧姆内阻热 Q_{j}，是指电流通过电极、电解液等内部材料时产生的热量。这部分热量为不可逆热，即无论充放电均为正值。计算公式表示为

$$Q_{\mathrm{j}} = I^2R_{\mathrm{j}} \tag{10.16}$$

式中，R_{j} 为欧姆内阻。

(3) 极化热 Q_{p}，是指正负电极因极化现象产生的热量，该值也为标量，计算公式如下：

$$Q_{\mathrm{p}} = I^2R_{\mathrm{p}} \tag{10.17}$$

式中，R_{p} 为欧姆内阻。

(4) 锂离子电容器总的生热量 Q_{z} 为

$$Q_{\mathrm{z}} = Q_{\mathrm{r}} + Q_{\mathrm{j}} + Q_{\mathrm{p}} \tag{10.18}$$

在实际应用中，若采用上述计算方法，想要准确获得锂离子电容器的生热率是十分复杂的，通常采用理论计算的方法近似得到其生热率。锂离子电容器的生热率主要包括两部分：可逆反应热和不可逆的欧姆热，目前常用 Bernardi 等 [46] 通过假定内部热源恒定建立的生热模型：

$$q = \frac{I}{V_{\mathrm{b}}}\left[(U_{\mathrm{ocv}} - V) - T\frac{\partial U_{\mathrm{ocv}}}{\partial T}\right] \tag{10.19}$$

式中，q 为单位体积的生热率；U_{ocv} 为开路电压；V 为端电压；T 为温度；V_{b} 为锂离子电容器体积；$I(U_{\mathrm{ocv}} - V)$ 表示欧姆热和极化热；$\partial U_{\mathrm{ocv}}/\partial T$ 为温度系数；$T\partial U_{\mathrm{ocv}}/\partial T$ 为电容器热源中的可逆反应热。

锂离子电容器正极、负极、隔膜和电解液材料物理性质和形态不同，因此热物性参数也不同。由于锂离子电容器是层叠结构，其导热系数具有各向异性的特征，沿着锂离子电容器长度方向和宽度方向各层并联，而且厚度方向各层结构串联。因此，根据热阻的串联和并联的原理，可以简化估算出电容器各个方向的热物性参数，如图 10-15 所示。结合 Chen 等 [47] 提出的电路–热路相似系统理论，可以计算得到锂离子电容器简化后各方向的导热系数，详细的计算公式如下所述。

(1) 简化后正负极密度的确定：

$$\rho = \frac{\sum \rho_i V_i}{\sum V_i} \tag{10.20}$$

(2) 简化后正负极比热容的确定：

$$C_p = \frac{\sum \rho_i V_i C_i}{\sum \rho_i V_i} \tag{10.21}$$

(3) 简化后正负极导热系数的确定：

由三维模型可知，沿 x、z 轴方向可以看作是正负极的并联，而沿 y 轴方向看作是正负极的串联，串并联等效导热系数公式如下：

$$k_{x,z} = \frac{\sum k d_i}{\sum d_i} \tag{10.22}$$

$$k_y = \frac{\sum d_i}{\sum d_i / k_i} \tag{10.23}$$

式中，d_i 为电容器各层材料厚度；k_x、k_y、k_z 为电容器沿着 x, y, z 方向的导热系数；ρ_i 为锂离子电容器各组成部分材料的密度；c_i 为锂离子电容器各组分材料的比热容。

锂离子电容器的传热特性分析是指对单体的生热、传热、散热行为的分析。锂离子电容器内部产生的热量一部分使自身温度升高，另一部分会传到单体表面与外界物质发生热量交换。由热力学和传热学的基本知识可知，热传递一般有三种不同的方式，即热传导、热对流和热辐射 [49]。锂离子电容器的传热过程如图 10-16 所示。

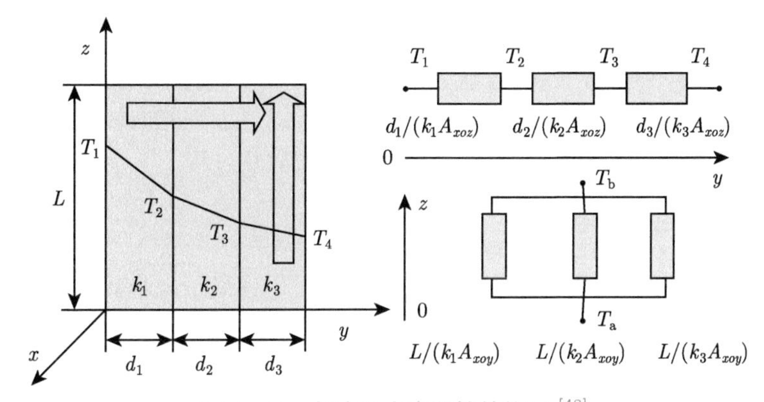

图 10-15 锂离子电容器等效热阻 [48]

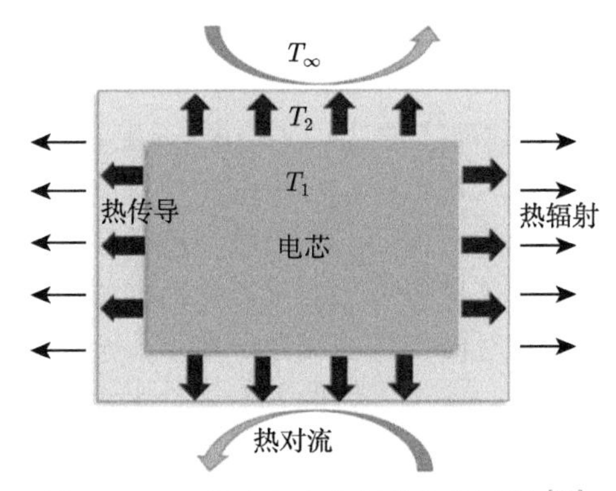

图 10-16 锂离子电容器的传热过程 [50]

物体各部分之间不发生相对位移时，依靠分子、原子及自由电子等微观粒子的热运动而产生的热量传递称为热传导。例如，固体内部热量从高温区域传到低温区域的过程，以及温度较高的固体把热量传递到与之接触温度较低的另一固体。当锂离子电容器的内部温度较高时，热量通过热传导的方式传递到电容器表面，其数学表达式为

$$q = -\lambda_n \frac{\partial T}{\partial n} \tag{10.24}$$

式中，q 为热流密度；λ_n 为导热系数；$\partial T/\partial n$ 为 n 方向的温度梯度；负号表示温度升高的方向与热量传递的方向相反。

热对流是指流动流体 (包括气体和液体) 与其相互接触的固体表面具有不同温度时所发生的热量传递过程。空气冷却是流动的冷却空气通过与电容器表面直接接触将产生的热量带走的过程，这种热量在流动流体与固体之间的转换称为对流换热。对流换热以牛顿冷却公式为基本计算公式，其数学表达式为

$$q = h\Delta T \tag{10.25}$$

式中，h 为对流换热系数；ΔT 为流体和壁面之间的温差。

除了上面两种传热方式外，锂离子电容器的表面还会通过电磁波来传递能量，即热辐射。同一物体在温度不同时，热辐射能力不一样，温度相同的不同物体的热辐射能力也不一样。自然界的任何物体时刻都在向四周发射辐射，对表面积相对较小的锂离子电容器来说，通过热辐射散出的热量较少，因此一般会忽略此散热过程。

10.3.2 温度对单体性能影响

温度是锂离子电容器重要的工作参数之一，它对于锂离子电容器的整体性能，包括电容器的容量、内阻、充放电效率、安全性和寿命等都有着非常显著的影响。锂离子电容器温度变化主要来自电容器各个组件材料对温度的敏感性，温度会直接影响电容器材料的电化学稳定性和电导率、Li^+ 在负极上的嵌入和脱出 (法拉第过程)、隔膜的离子透过性和阴离子在活性炭正极表面吸附和脱附 (非法拉第过程) 等，进而对电容器的电化学反应产生影响，最终在温度上表现出来。

此外，锂离子电容器具有适宜的工作温度范围，随着温度的增加，其电极材料的活性增大，电容器的充放电能量和容量随之增加，内阻减小，电容器的充放电转换效率变大。但是，当电容器工作温度区间超过一定范围，温度的不均匀分布会加快副反应的进行，造成箱体内各电容器模块、单体性能的不均衡，温度较高的单体会产生老化自加速；随着时间的积累，不同电容器之间的物性差异将更加明显，从而使得电容器之间的一致性变差，甚至发生提前失效。因此，如果长时间工作在高温环境下，会造成电容器产气，接触内阻和极化内阻增大，导致生热率剧增，整个系统的寿命就会大大缩短，性能降低，更加严重时会威胁到电容器本体的安全，引发安全事故。

同样，在低温条件下进行的小电流充放电过程中，由于内阻存在会产生一定的热量，而电容器放电所产生的热量不足以使其保持比较高的温度，从而在低温环境下，电容器的功率性能受限。温度过低时，电极材料的活性明显降低，其内阻和极化程度增加，充放电倍率性能和容量均会显著降低，甚至引起容量的不可逆衰减，埋下安全隐患。在充电过程中，Li^+ 从电解液中向负极移动并插嵌入负极材料中形成化合物，如果温度较低、充电速度过快，Li^+ 会来不及进入负极，则靠近负极的 Li^+ 就会俘获电子而成为金属锂，温度降低、电解液黏度增大、电导率降低、锂离子在电极材料中扩散速度缓慢等因素都会引发该现象 [51]。

Zhang 等 [52] 以自制的 4.0 V/900 F 软包锂离子电容器为研究对象，主要参数如表 10-1 所示，通过对锂离子电容器进行不同倍率下的充放电实验，研究了温度对单体放电容量、充放电欧姆内阻及充放电总内阻等特性的影响。为研究环境温度对锂离子电容器容量的影响，他们改变高低温箱的温度，测试不同温度下的倍率充放电性能，如图 10-17 所示。锂离子电容器的电压与容量呈线性关系，符合电容放电特性。当温度低于 0 ℃ 时，放电容量较低，这是由于低温环境下电解液活性较低，离子迁移缓慢，其内阻在低温下增加 1~2 个数量级，在 −15 ℃ 时的放电容量远小于 25 ℃ 时的放电容量。随着环境温度的升高，锂离子电容器的放电容量呈上升趋势，当温度达到 25 ℃ 时放电容量达到最大值；在 25~45℃ 时，放电容量处于稳定状态。随着温度的继续上升，在充放电过程中电解液与电极材料发生副反应，造成电容器产气，单体不可逆损坏。在 −25~65 ℃ 环境温度区间，锂离子电容器以 1C/2C/5C/10C 的倍率充电和放电，可以看出在同一环境条件下，随着放电倍率增大，锂离子电容器放电容量减小，这主要是因为高倍率放电时由内阻和极化引起的压降较大。随着环境温度的增加，电化学反应速率加快，锂离子电容器的放电容量和倍率性能提高，但温度高于 25 ℃ 时，性能的变化较小。

表 10-1 锂离子电容器的主要参数

名称	参数
额定容量	500 mA·h
工作电压	2.0~4.0 V
工作温度	−40~60 ℃
质量	0.0778 kg
尺寸	(105×75×5.5) mm^3
正极	活性炭
负极	软碳

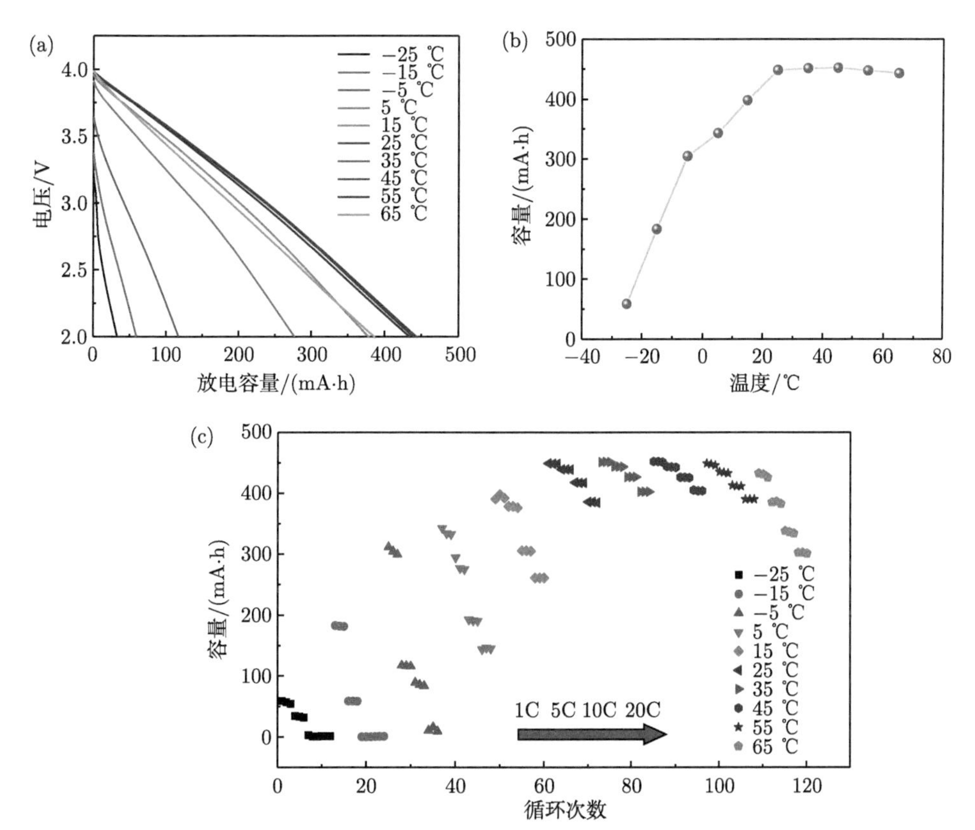

图 10-17 锂离子电容器的放电特性。(a) 环境温度在 −25~65 ℃ 时，1C 倍率下的放电曲线；(b) 在 1C 倍率下容量随温度的变化；(c) 电容器的高低温实验 [52]

锂离子电容器的内阻一般由欧姆内阻和极化内阻两部分组成，欧姆内阻通常由电极材料电阻、电解质电阻、隔膜电阻和各部分接触内阻组成，与材料本身的制造工艺有关，而极化内阻与电化学反应程度有关。通常情况下锂离子电容器的内阻是温度和 SOC 的函数，直流内阻测试采用 HPPC 方法。不同温度下充放电过程中欧姆内阻和总内阻如图 10-18 所示。

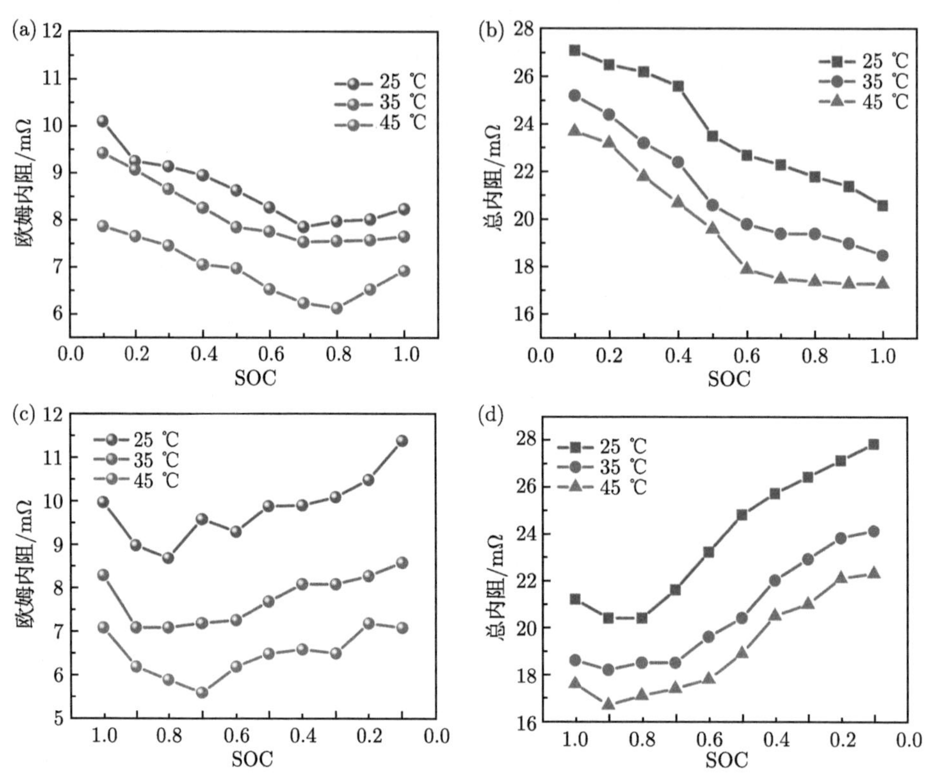

图 10-18　锂离子电容器充电过程中的 (a) 欧姆内阻和 (b) 总内阻变化；锂离子电容器放电过程中的 (c) 欧姆内阻和 (d) 总内阻变化[52]

在充电过程中，锂离子电容器的欧姆内阻先减小，在放电结束前略微增大，而其总内阻一直减小。在整个放电过程中，欧姆内阻和总内阻都呈现出先减小后增大的趋势。另外，从三种不同温度下内阻曲线变化可知，随着环境温度增大，锂离子电容器无论在充电还是放电过程中其欧姆内阻和总内阻都减小。这是由于用间歇性电流测试方法得到的锂离子电容器内阻是直流内阻，该内阻主要由正负电极、电解液和隔膜等连接部件的欧姆内阻共同构成，而且这些部件的欧姆内阻均受到环境温度的影响，其中电解液的欧姆内阻随温度变化比较大。锂离子电容器通过离子迁移导电，温度上升，活性离子的移动速率增加，其欧姆内阻减小。相反，在温度降低时，电解液中活性离子移动速率减慢使得电容器电化学反应速率降低，导致正负极浓度差极化增大，极化内阻随之增加，从而电容器总内阻变大。由三种不同温度下充放电过程中内阻变化曲线可知，温度为 25 ℃ 时锂离子电容器充放电内阻曲线明显高于温度为 45 ℃ 时的内阻特性曲线，这说明单体内阻在高温下变化较小，相对来说对低温比较敏感，温度越低，内阻越大。

10.3.3 充放电热特性分析

Zhang 等 [52] 以自制的 4.0 V/900 F 软包锂离子电容器为研究对象，通过对锂离子电容器进行不同倍率下的充放电实验，研究了在自然对流散热条件下充放电过程中锂离子电容器的热特性，并与锂离子电池和双电层电容器进行了对比分析。锂离子电容器热特性测试平台主要由充放电测试仪、高低温箱、计算机和温度传感器等组成，如图 10-19 所示。测试过程中，将锂离子电容器放置在高低温箱内，设置好环境温度，搁置一段时间，使温箱温度和单体表面温度保持稳定，能够近似模拟在真实环境中的温度情况。在锂离子电容器外表面放置一个纸质容器，形成密闭的环境，避免其受到高低温箱内部风扇的影响，减少了强制对流 [53]。采用四个温度传感器，布置在单体表面的不同位置，便于观察锂离子电容器在充放电过程中的温度变化。

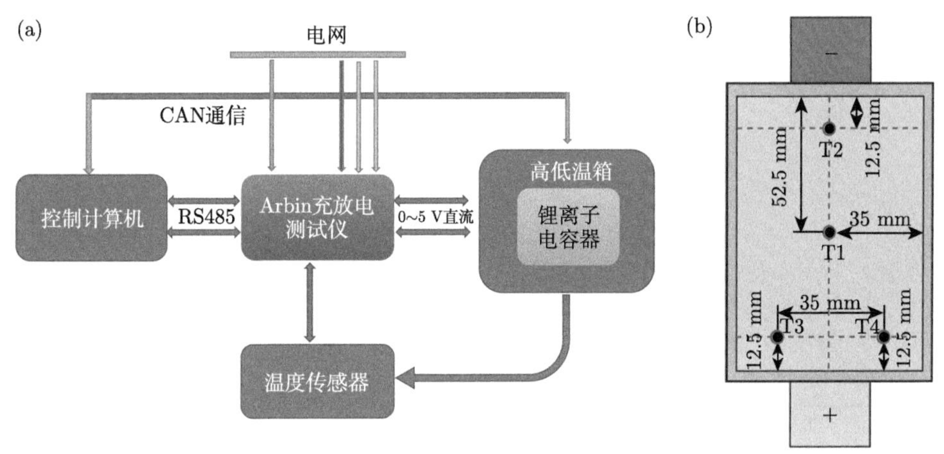

图 10-19 锂离子电容器性能测试平台结构框图。(a) 实验装置连接方式；(b) 温度传感器位置示意图 [52]

在自然散热情况下，分别测试了锂离子电容器在 25 ℃、35 ℃、45 ℃ 环境温度下，以 1C、5C、10C、20C 倍率充放电过程中的温度。在环境温度为 35 ℃、不同充放电倍率下锂离子电容器温度变化如图 10-20 所示。锂离子电容器在充电过程中，温度先下降后上升，充电至 3.47 V 时温度达到最低点，在充电结束时，温度仍低于环境温度。充电初期温升下降很大，主要是因为充电过程是嵌入 Li^+ 的过程，嵌入是吸热过程，在充电初期，Li^+ 的嵌入速度较快，需要吸收大量的热量，此时的生热率小于嵌入 Li^+ 所吸收的热量，从而锂离子电容器温度下降很快。随着充电过程的持续深入，Li^+ 嵌入速度下降，所吸收的热量减少，使得温度下降的速度逐渐减小。另外，在充电结束时，锂离子电容器的极化内阻增大，由极化内阻产生的电化学热也迅速增加，此时产生的热量大于吸收的热量，因此锂离子电容器的表面温度逐渐上升。整个放电过程中，锂离子电容器的温度一直升高，这是因为放电过程产生的热量为正值。图 10-20(b) 展示了在放电过程中，锂离子电容器温度传感器在不同位点的温度变化，在整个放电过程中，中心 T1 点的温度始终高于其他三个位点，这是因为中心点位于锂离子电容器的正中央，与另外的三个点相比散热能力差，中心点容易造成热量积累。从图 10-20(c) 可以看出，不同倍率下中心点 T1 的温度最高，以 20C 倍率放电，锂离子电容器的最大温度超过 41 ℃。总体来说，锂离子电容器中心点的温度变化最大。

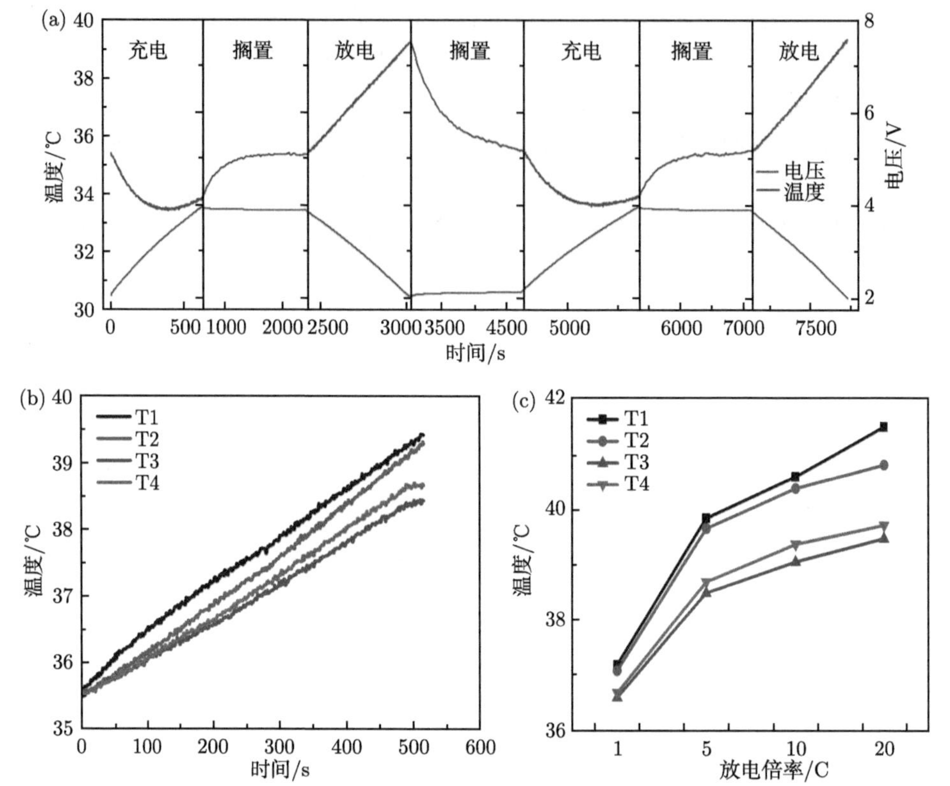

图 10-20 锂离子电容器充放电过程中的温度变化。(a) 5C 倍率下充放电过程中 T1 点的温度变化；(b) 5C 倍率下不同测试点的温度变化；(c) 不同倍率下放电结束时的温度 [52]

图 10-21 展示了锂离子电容器在 1C、5C、10C 和 20C 的不同倍率下，充放电过程中中心点 T1 的温度变化情况。从图 10-21(a) 可以看出，以不同倍率充电，锂离子电容器的温度随时间均先下降后升高；随着充电倍率的增大，温度下降速度增加，中心点的温度越低，这主要因为随着充电倍率的增大，Li^+ 嵌入负极的速度增大，所需要的能量增加，吸收的热量增多。而以 20C 倍率充电时，中心点最低温度在整个倍率中并非最小，这是因为充电电流较大，充电时间较短，由于电极材料制造工艺等，Li^+ 嵌入量低于正常量，从而吸收的热量较少。由图 10-21(b) 可知，锂离子电容器以不同倍率放电时，其表面温度随放电时间不断上升，且放电倍率越大，温度增加越快，随着放电倍率的增大，锂离子电容器的生热功率增大，在外部散热条件不变的情况下，温度增加较快。在 1C、5C、10C、20C 等不同放电倍率下，放电结束后锂离子电容器的表面温度分别升高了 1.75 ℃、3.78 ℃、4.76 ℃、5.30 ℃。实验结果表明，充放电电流对锂离子电容器的温度变化有较大影响，进而影响锂离子电容器的性能。

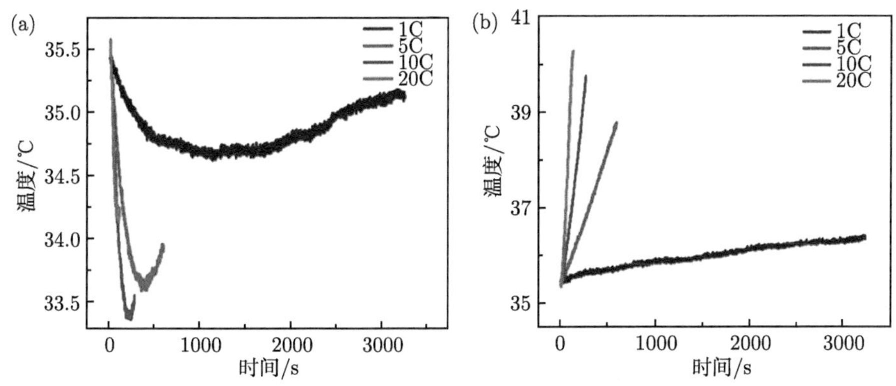

图 10-21 不同倍率下锂离子电容器充放电过程中 T1 点的温度变化。(a) 不同倍率充电过程；(b) 不同倍率放电过程 [52]

对锂离子电容器 (LIC)、锂离子电池 (LIB) 和双电层电容器 (EDLC) 三种储能器件的热特性进行对比分析，从表 10-2 可以看出，锂离子电容器因其特有的工作原理，其热特性不同于锂离子电池和双电层电容器，此特有的热特性对研究锂离子电容器的快速充电和模组的散热装置具有重要意义。

表 10-2 三种电化学储能器件热性能的对比

	LIC	LIB	EDLC
正极	活性炭	三元 NCM	活性炭
负极	软碳	硬碳	软碳
储能原理	两者均有	氧化还原	物理吸附
充电过程温度变化	↘↗	↗	↗
放电过程温度变化	↗	↗	↘↗
10 A 电流充电的温升	−1.25 ℃	2.92 ℃	2.87 ℃
10 A 电流放电的温升	5.30 ℃	7.35 ℃	−1.59 ℃

此外，在环境温度为 25 ℃ 时，连续 20 次以 20C(10 A) 的电流充放电，其中充放电过程中没有搁置过程，锂离子电容器中心点的温度变化曲线如图 10-22 所示。从图中可以看

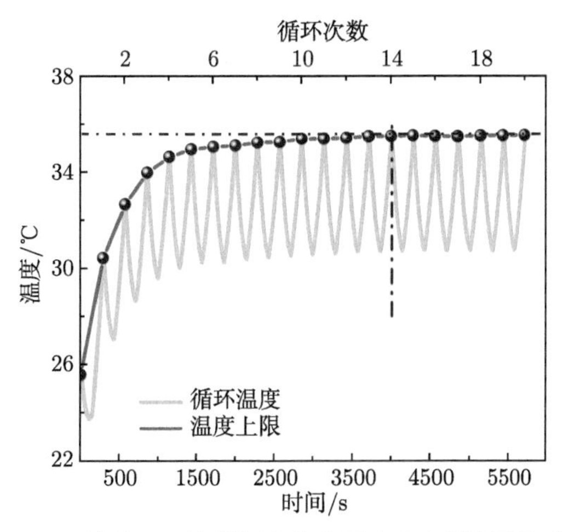

图 10-22 连续 20 次循环充放电时中心点的温度变化 [52]

出，整个温度变化曲线可分为两个阶段：前 5 次循环温度从室温迅速增加到 34.8 ℃，紧接着 10 次循环温度缓慢上升到 35 ℃，15 次循环后温度慢慢稳定在 35~35.5 ℃。当电流达到 40C(20 A) 时，锂离子电容器表面温度将会超过 50 ℃。

10.3.4 软包单体放电热模型与仿真

锂离子电容器在恒流放电过程中的温度分布对性能优化和结构设计以及模组中单体的布置具有重要意义。张耀升等 [54] 建立了锂离子电容器三维有限元模型，对锂离子电容器放电过程的热特性进行了研究，获得了锂离子电容器温度场分布，可以预测大倍率放电过程中锂离子电容器的温度变化，从而为单体和模组结构设计以及热管理系统的设计提供支持。

锂离子电容器在正常工作过程中生热和热传递过程都较为复杂，其中生热包括由电极材料引起的欧姆内阻热、电化学反应生成的反应热、电解液和固态电解质界面膜的分解热；而传热方式包括热传递、热对流和热辐射三种。为了有效模拟锂离子电容器放电过程中的热特性，对锂离子电容器有限元模型作出下列假设 [55]：

(1) 认为核心区生热主要是欧姆内阻热和电化学反应热 [56]，忽略其他生热；

(2) 放电过程中，锂离子电容器核心区域各部分生热均匀；

(3) 忽略核心区电解液的流动和内部的辐射散热，认为热传导是内部唯一的传热方式，而锂离子电容器表面主要以对流散热的形式与空气进行热交换；

(4) 核心区域各种物理材料的导热系数各向异性但同一方向相同；

(5) 材料的比热容和导热系数不受温度变化的影响。

基于上面的假设，认为锂离子电容器是一个独立的单元，通过外表面与外界进行热交换，因此通过热力学相关理论得到软包锂离子电容器在三维非稳态的能量守恒方程如下：

$$\rho c_p \frac{\partial T}{\partial t} = \lambda_x \frac{\partial^2 T}{\partial x^2} + \lambda_y \frac{\partial^2 T}{\partial y^2} + \lambda_z \frac{\partial^2 T}{\partial z^2} + q \tag{10.26}$$

式中，ρ 为密度；c_p 为比热容；λ_x、λ_y、λ_z 分别表示沿 x、y、z 方向上的等效导热系数；T 为温度；t 为时间；q 为单位体积的生热率。

锂离子电容器在放电过程中的热源主要包括欧姆内阻热和电化学反应热，因此生热率可由简化的 Bernardi 公式计算得来，其中 $U_{\mathrm{ocv}} - V$ 可以用电流和欧姆内阻的积替换，因此变换后的锂离子电容器的单位体积生热率如下：

$$q = \frac{1}{V_{\mathrm{b}}} \left(I^2 R - IT \frac{\partial U_{\mathrm{ocv}}}{\partial T} \right) \tag{10.27}$$

式中，q 为体积生热率；V_{b} 为电容器体积；I 为电流；R 为内阻；T 为温度。由于在放电过程中内阻随 SOC 变化，所以根据上述公式可以得到在恒流放电过程中其生热率随 SOC 的变化。不同放电倍率下的生热速率与 SOC 的关系如图 10-23 所示，各倍率下整个放电过程中生热率先减小后增大，这与内阻的变化规律相似。随着放电倍率的增大，锂离子电容器的生热率会急剧增加。

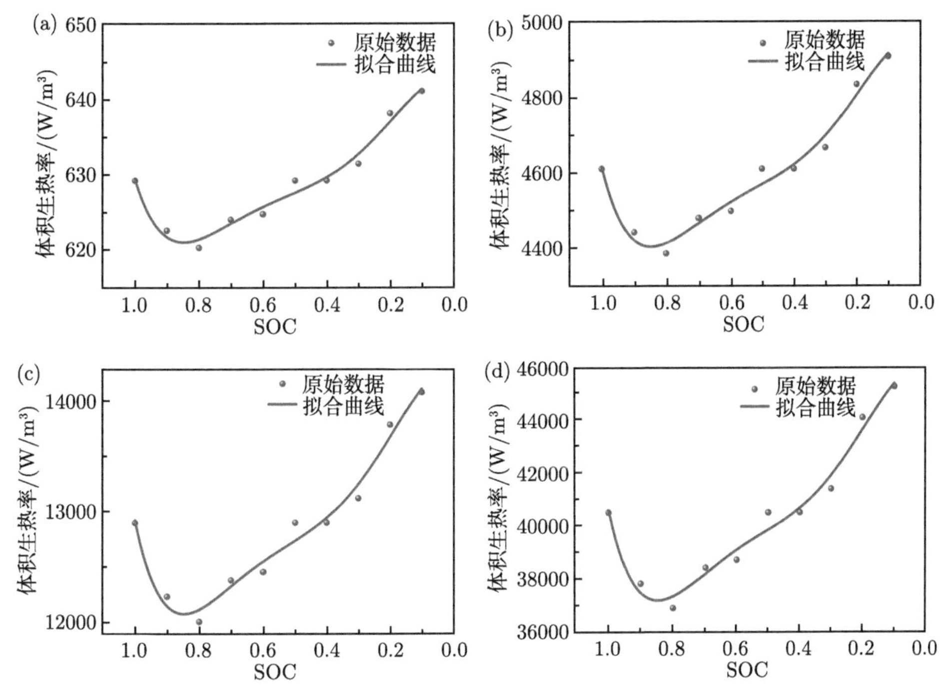

图 10-23　25 ℃ 下不同倍率放电过程的生热率。(a) 1C 倍率放电；(b) 5C 倍率放电；(c) 10C 倍率放电；(d) 20C 倍率放电 [54]

这里通过 Workbench 软件对锂离子电容器模型进行有限元网格划分，设置边界条件、初始温度、环境温度、对流换热系数以及生热率等参数，软件通过自动迭代计算得出结果，通过改变边界条件，得出不同放电电流、环境温度条件下放电过程中锂离子电容器的温度变化和分布，仿真结果云图如图 10-24 所示。放电结束后锂离子电容器最高温度出现在中心位置，温度由中心向边缘逐渐减小，这是因为，内部中心散热性能较差造成热量堆积；极耳内阻较小且表面积较大，当电流通过极耳时产生热量较少，散热性能良好，所以最低温度出现在极耳附近。另外，在环境温度相同的情况下，随着放电电流的增加，温升增大、高温区域变大，且锂离子电容器单体的温差增大。当电流增大到一定程度时，会超过锂离子电容器正常工作的安全温度，因此必须进行有效的散热，否则会损坏锂离子电容器。当环境温度为 25 ℃ 时，锂离子电容器以 1C 放电结束时，最高温度为 26.65 ℃，20C 放电结束时，最高温度为 30.63 ℃，温度分别升高了 1.65 ℃ 和 5.63 ℃。

锂离子电容器以不同倍率恒流放电过程中实验与仿真得出的中心点温度变化情况如图 10-25 所示。当环境温度为 35 ℃ 时，以 1C、5C、10C、20C 等不同电流下放电，放电结束后实验测得中心点温度分别为 36.34 ℃、38.78 ℃、39.76 ℃、40.29 ℃。而有限元模拟得出的温度分别为 36.13 ℃、38.76 ℃、39.86 ℃、40.59 ℃。由此可以看出，模拟结果和实验测试结果十分接近，其误差在 1 ℃ 以内，表明利用此生热模型进行温度场仿真能够很好地反映锂离子电容器实际的温升情况和温度场分布，从而为今后锂离子电容器模组温度场分布和设计、电容器模组热管理系统优化提供了理论依据。

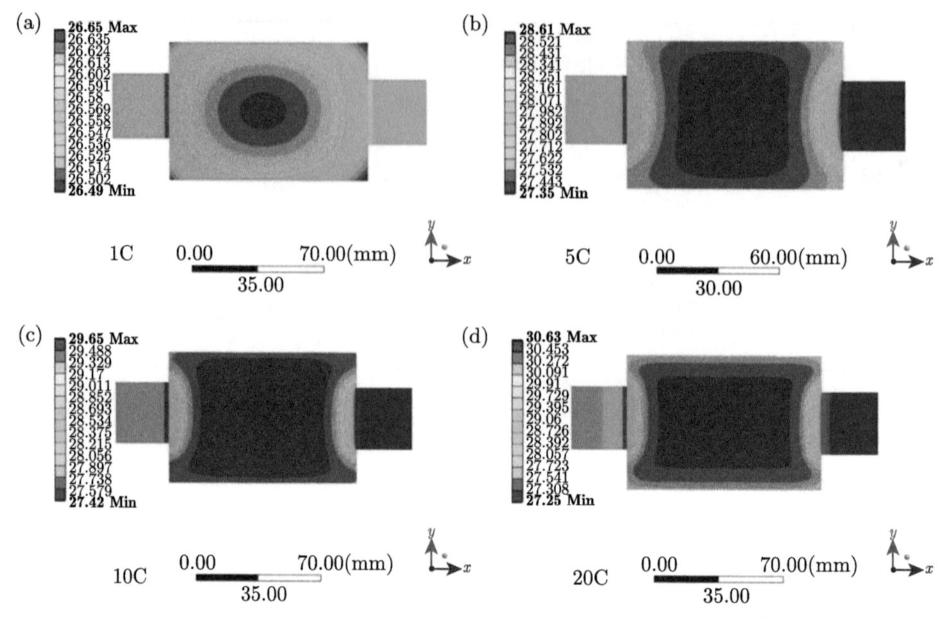

图 10-24 环境温度为 25 ℃ 时放电结束后的温度云图 [54]

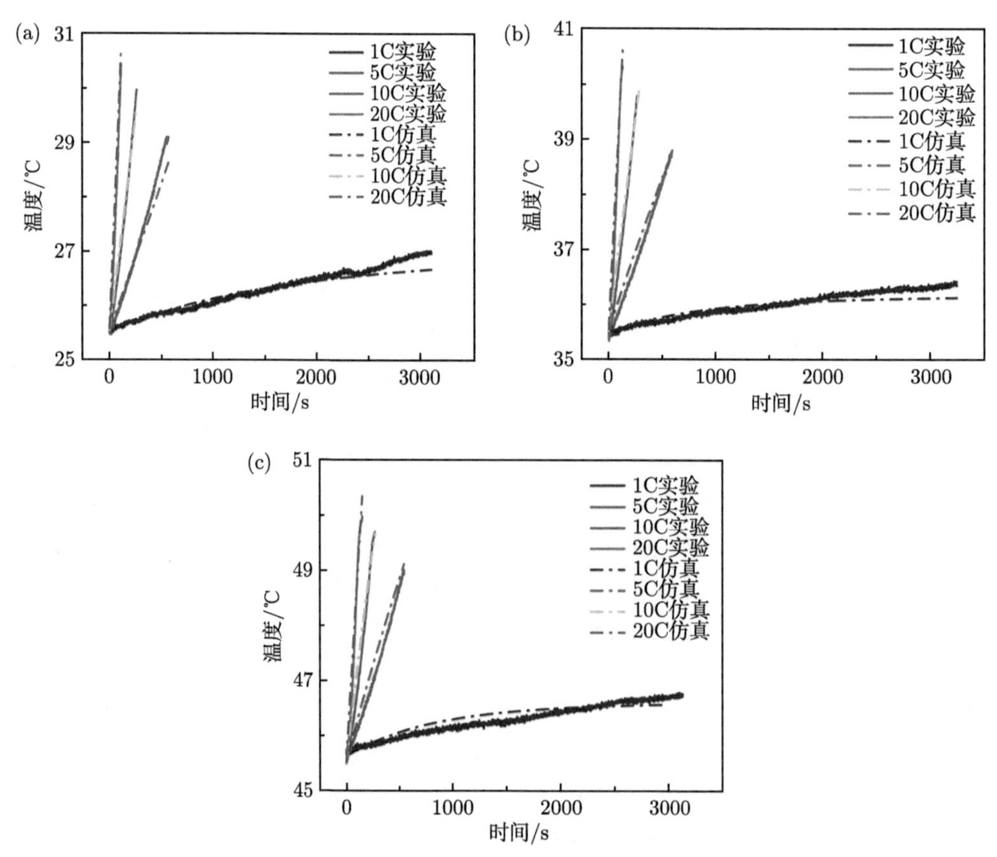

图 10-25 实验与仿真结果对比。环境温度 (a) 25 ℃; (b) 35 ℃; (c) 45 ℃[54]

10.3.5 热安全性

由于锂离子电容器内部和外部温度有一定差异，在模组内，不同单体之间容易产生严重的温度不均衡分布，造成单体之间性能不匹配，进一步导致模组过早失效。在实际应用时，通常要综合考虑温度对锂离子电容器性能和循环寿命的影响，以确定最优工作范围，并在此范围内获得性能和寿命的最佳平衡。

锂离子电容器在高温、过充/放电、针刺和短路等外部因素的作用下，电容器自身温度会急剧升高，触发一系列连锁放热反应，导致电容器的温升速率不能控制，生热远大于散热，引发起火、爆炸等现象，称为锂离子电容器的热失控。热失控可能由机械滥用、电滥用和热滥用诱发，如图 10-26 所示，三种滥用诱发方式之间存在一定的内在联系。机械滥用导致电容器的变形，而电容器的变形导致内短路的发生，即电滥用的发生。电滥用伴随焦耳热以及化学反应热的产生，造成电容器热滥用。而热滥用引起温度升高，造成锂离子电容器热失控链式反应，最终导致热失控的发生[57]。

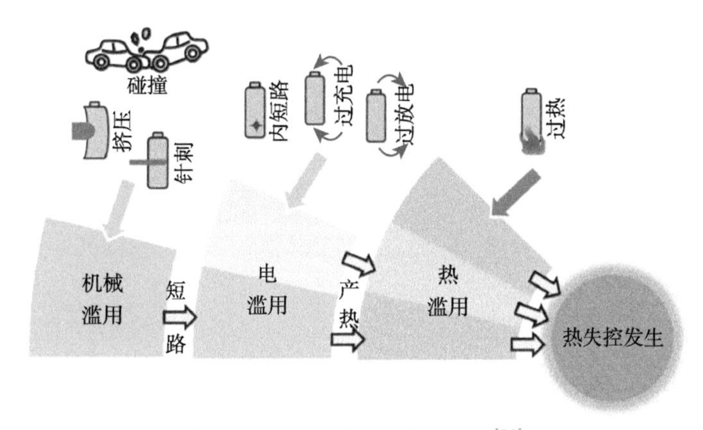

图 10-26 热失控诱因总结[58]

机械滥用一般是由单体或模组受力发生机械变形造成的，具体表现为碰撞以及随之带来的挤压、针刺等情况。碰撞是一种汽车特有的常见安全性事故，如果模组在位置上设计不良，在碰撞过程中就有可能使得部分单体发生机械变形。机械变形会导致两种后果，一种是隔膜被挤破，极板之间发生内短路；另一种是易燃电解液泄漏，并造成次生危害。碰撞除了可能造成挤压变形并带来相应的内短路之外，还有可能造成穿刺，刺穿深度越浅，接触面积越小，局部电流密度和生热就会越大。

内短路是大部分热失控诱因中伴随的现象，是热失控诱因的一个共性环节。内短路是指电容器隔膜失效时，正负极活性材料相互接触，因电化学电位差产生放电并伴随生热的现象。过充电是另外一种常见的热失控诱因，由于单体之间总是存在不一致性，如果任何一个单体的电压无法被管理系统有效监控，会使得这个单体存在过充电的危险。在单体电压高于电压限值后，电流仍会被强制注入单体内部，此时会通过电化学反应产生热量。过放电过程与过充电过程相对应，也是一种常见的热失控诱因。过放电过程的原理与其他几种有较大的区别，并且可能引发内短路，是危险但又可能被忽视的热失控诱因。对串联锂离子电容器模组而言，过放电发生时，可能发生反极 (电压为负) 的情况，温度会异常升高。

局部过热是很有可能发生在锂离子电容器模组内的现象。锂离子电容器模组内部单体之间一般都用金属接头进行连接，使用过程中，如果连接接头松动，就会造成局部接触电阻增大。在对锂离子电容器模组进行大电流充电时，松动的接头处容易造成电阻热过大，从而导致连接处的热失控。

热稳定性是单体、模组、电容器包中最重要的安全性参数之一。而提升锂离子电容器单体的安全性，需要从探究电容器的安全阈值的边界开始，即热稳定边界条件。测试锂离子电容器单体的热稳定性在加速绝热量热仪 (accelerating rate calorimetry，ARC) 中进行，加速绝热量热仪的整体外观形状如图 10-27 所示。

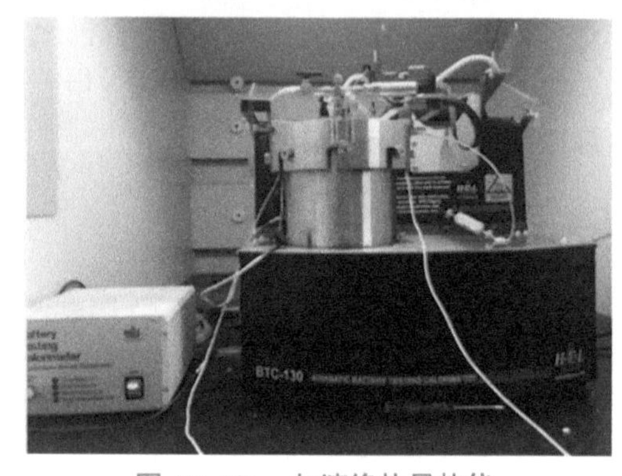

图 10-27 加速绝热量热仪

在加速绝热量热仪中，热电偶附于密封样品之上，放置在量热腔中。量热腔内的温度以一定的温度速率上升，通过对流与传导，样品温度升高。整个过程保持绝热状态，因此样品产生的热流不可忽视。如果电解液中的电极经历生热的化学反应，那么样品温度就会升高，而且周围环境也会匹配升高温度。如果自加热速率比临界值高，那么加速绝热量热仪会进入放热模式中，直到加热速率降低到低于检测限或者测试达到设定终点温度 [59]。

JM 能源公司 2200 F 软包锂离子电容器典型的绝热热失控过程如图 10-28 所示，如果

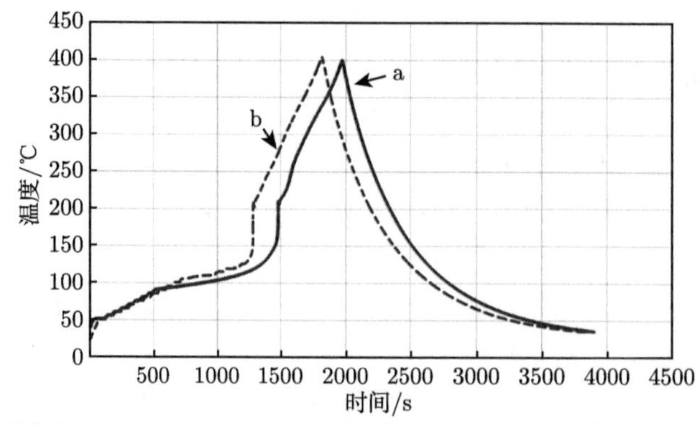

图 10-28 2200 F 软包锂离子电容器 (a，b 为采用两种不同电解液的锂离子电容器) 热失控反应的典型过程 [60]

给单体加热超过特定温度，可能会由一些化学反应的发生而导致内部生热，这些反应包括固态电解质界面膜的分解、预锂化电极与溶剂及黏结剂反应，以及内部短路相关的电化学反应等。如果电容器能够散去使这些内部产生的热量，那么温度就不会快速地升高。但是，如果电容器内部产生的热量比散热要多，温度就会升高，加速内部化学反应，从而进一步增加生热量。随着这个过程的持续进行，就会发生热失控。

10.4 锂离子电容器老化机制与寿命预测

对于一种新型的商业化储能产品，厂商在产品手册中都会提供相应的老化数据。但是实际应用中，其工作环境有很大可能在限定值的边界，甚至超出额定区间运行，这使得器件的实际工作寿命远小于产品手册中单体的标称寿命。锂离子电容器的内部反应机制十分复杂，应用场景中的各种外部因素如温度、使用时间、搁置时间、存储方式等都会影响其老化过程。模组中的单体由制作和使用过程导致的温度、电压的不一致会使单体老化进程不一致，这时性能不佳的单体还会产生老化自加速，更加影响储能系统的整体寿命。随着锂离子电容器的迅速发展，应用场景必将更加多样化，因此，对其老化特性、影响因素与老化机理的研究以及寿命的估计和预测，越来越受到研究人员的关注。一方面是了解器件的老化机理，以便在设计之初优化器件的性能。另一方面是了解器件最优的工作状态、存储状态，安排合理的预测性维护和管理，这对延长模组的使用寿命，保障模组的高效运行，提高储能系统的安全性和可靠性，降低储能系统的故障率和运行成本有着重要的意义。

10.4.1 老化机制

对锂离子电容器的老化特性、影响因素以及老化机理进行研究，以便在设计之初优化器件的性能，了解器件最优的工作状态、存储状态，安排合理的预测性维护和管理，可以避免未来故障，降低整个系统的成本。一般地，研究人员选择用浮充老化过程探究老化机制。虽然在实际应用中浮充场合比较少，但储能系统应用在新能源等领域的搁置时间远大于工作时间，其中包括十几秒的短时间搁置与长达数小时乃至数天的长时间搁置。并且浮充老化测试可固定某一外界应力，如电压或温度，以便研究某一因素对寿命的影响，进而探究老化机理。另一方面，循环老化机制显然不同于浮充老化机制，例如，析出锂枝晶等副反应是源于锂离子迁移速率与反应速率的不匹配，这只存在于循环老化的单体中。锂离子电容器在充放电过程中，电流的输入会影响温度、电压、充放电深度等因素，且各个应力之间存在相互耦合和关联，因此很难探究某一种应力对循环老化机制的影响。

1. 老化行为测试及分析方法

锂离子电容器作为一种混合型的超级电容器，保持了传统超级电容器长寿命的基本特征，很难要求全部受试器件完成完整的循环寿命测试。因此需要采用高温、高电压等外部应力对锂离子电容器进行加速老化，这些外部应力条件必须保证在锂离子电容器衰退速度加快的同时不造成器件的滥用。所以需要建立专用的实验平台，规范锂离子电容器老化行为的测试，该平台应具备输入信号快速响应、电压电流温度等数据实时监测、工作温度受控调节和长时间测试稳定性强等能力。测试平台包括可实现多种工况的高性能电池检测系统、温控箱与计算机等，其中根据受试电容器的数量，要求温控箱可以同时置入多只单体或模组进行实验，必要时可以使用恒温室进行老化行为的测试。探究锂离子电容器老化机制的方法可以分为两种：非破坏性方法和事后分析法。

1) 非破坏性方法

非破坏性方法可以获得洞察锂离子电容器老化机制的第一视角。非破坏性方法的关键点在于如何通过可测量的外特性经过进一步处理得到能够反映锂离子电容器健康特征的物理量，之后针对锂离子电容器提取其健康特征量随老化的变化规律，结合模型法对老化机制进行进一步的推理和解释。非破坏性方法大致分为三类，包括原位测试分析法、充放电测试分析法以及电化学阻抗谱分析法。

原位测试分析法是采用原位测试分析设备在线监测器件在老化过程中内部物理量的变化来分析老化机制。主要的原位测试方法包括原位 X 射线分析技术、CT(computed tomography) 技术和中子射线技术等。原位 X 射线分析会产生 2D 的传输图像，如图 10-29(a) 所示。根据单体的不同层次，可能需要在几个观察角度进行测量。相比之下，CT 数据是通过小角度旋转单元获得的，单体的 3D 模型是由数学算法确定的，该算法允许在定义的位置计算轴向和正面 2D 切面，如图 10-29(b) 所示。CT 技术是一种很耗时的方法，通常需要更长的测量时间。此外，CT 技术的数据量更大，解释数据的工作量也更大。然而，CT 技术能够揭示储能器件内部的更多细节，在不施加可能改变单体的机械力的情况下实现形状的成像，例如，可表征在滥用失效后单体内部的变形。中子射线技术也适用于获取单体内部宏观信息，甚至可以以一种非破坏性的方式传递化学信息，但样品在经过中子处理后可能具有放射性。由于原位分析法的实验设备昂贵，实验平台搭建困难，目前锂离子电容器老化机理的研究较少使用该方法，但原位测试分析法是观察老化后单体内部变化的有效工具。

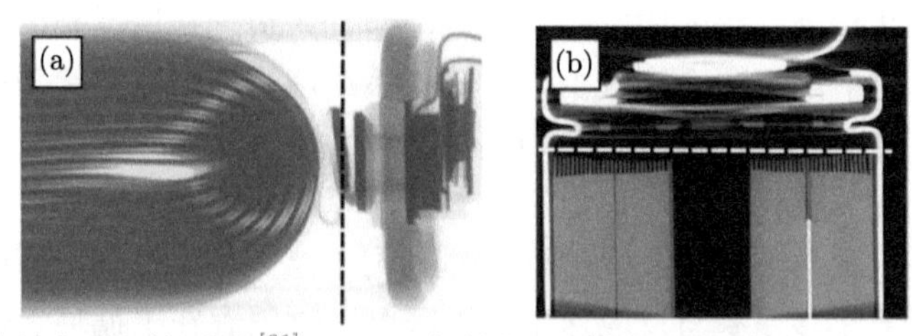

图 10-29 锂离子电池非破坏性测试 [61]。(a) 正极端的 X 射线透射图像；(b) 正极端的 CT 扫描图像

充放电测试分析法是通过充放电测试数据获取的信息来计算器件的老化程度，主要有增量容量法、微分电压法等。增量容量法是基于容量对电压的微分与电压的关系 ($\mathrm{d}Q/\mathrm{d}V$-V) 来获取电极材料相平衡电位以及电极的脱嵌锂量。理论上，电极材料处于两相共存时，其电极电位保持不变，在该电位下，容量对电压的微分会出现峰值。如果出现了放电峰，则可以判定电池材料在该峰对应的电位下处于两相平衡状态，通过计算峰面积可以知道电极材料在该相平衡阶段对应的可脱嵌锂量。微分电压法是通过比较电容器电压对容量的微分和容量之间的关系 ($\mathrm{d}V/\mathrm{d}Q$-Q) 来辨识电极材料的相变过程。理论上，当电极材料发生相变时，很小的脱嵌锂量便能够使材料的电位发生较大的变化，进而出现峰值。这两种方法都

是通过对充放电曲线的深度计算，提取出相应的健康特征量，进而分析老化机理。由于定期的充放电测试可能会影响浮充老化寿命，因此该方法更适用于循环老化机理的研究。由于充放电曲线是器件实际应用条件下最容易获取的信息，相比于电化学阻抗谱分析法、原位分析法以及破坏性方法，充放电测试分析法更有利于在线提取有效信息。

通过充放电曲线计算出的电容和内阻值的变化，可以简单地解释锂离子电容器的循环老化机制。Omar 等 [62] 测试了 ISO 12405-2 标准《电动道路车辆 锂离子动力电池组和系统试验规范 第 2 部分 高能源应用》规定的负载曲线下的锂离子电容器循环寿命，研究了 Peukert 数随着循环圈数的关系。Ghossein 等报道了时域测试得到的非线性电容随着电压的升高呈现出先降后升的趋势，解释了这种现象与锂离子电容器的混合型结构有关 [63]。由于低电压下正极吸附 Li^+，高电压下正极吸附阴离子，从而在非线性电容和电压关系 (C-V) 曲线中出现一个电容最低的谷值，单体电压在 3 V 附近。随后，他们利用时域下的测试方法，对经过浮充老化后的锂离子电容器进行非线性电容的测试和计算 [64]，如图 10-30 所示，发现老化后的最低电容谷向低电压方向偏移，由原来的 3 V 移动到 2.8 V。他们把这一现象归因于老化后可循环锂离子的减少和负极电位的上升。

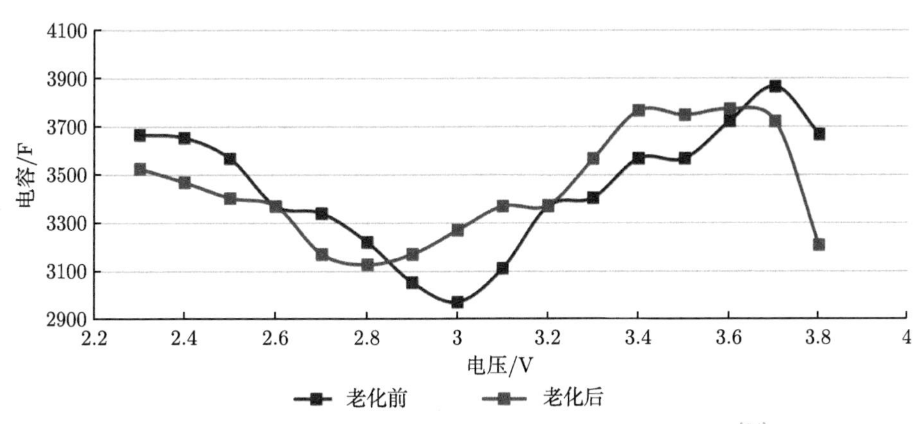

图 10-30 老化前后非线性电容和电压关系曲线的变化 [64]

Sun 等 [65] 采用三电极软包锂离子电容器研究了器件的循环老化机制，如图 10-31 所示，发现锂离子电容器在前 500 周循环会发生缓慢的容量衰减，通过对正极和负极电位的实时监测发现，负极对锂离子的消耗导致负极电位向正向漂移，锂离子电容器在循环后负极的电位区间由 0.03~0.27 V 迁移至 0.06~0.39 V，同时负极表面 SEI 层电荷转移阻抗及扩散阻抗显著增加，致使负极极化升高，电位区间展宽，从而引起锂离子电容器循环后的容量衰减和内阻的升高。

电化学阻抗谱分析法是一种常用的表征器件老化的非破坏性方法。电化学阻抗谱利用复阻抗的形式，可以在频域内实现将电极内部的界面反应、电荷传输、离子扩散等过程有效解耦，其测量分析技术被广泛应用于电化学储能器件的特性描述，进而可以分析器件的状态，改善器件的性能。阻抗模型多用于定性分析电化学储能器件内部反应过程的快慢、电极反应的难易等，可以为器件的健康状态评估提供判断依据。由于在锂离子电容器老化的过程中，单体的阻抗会增加，具体表现为，阻抗实部的增长即内阻值增加，阻抗虚部的增长即电容值的下降。一种直接和快速的方法是在 100 mHz 频率下进行测量和计算，取这个低频阻抗的实部来表示器件的内阻，虚部用来计算器件的电容值，计算公式如下:

$$C = \frac{1}{2\pi f \times \mathrm{Im}\left[Z_{100\ \mathrm{mHz}}\right]}, \quad R = \mathrm{Re}\left[Z_{100\ \mathrm{mHz}}\right] \tag{10.28}$$

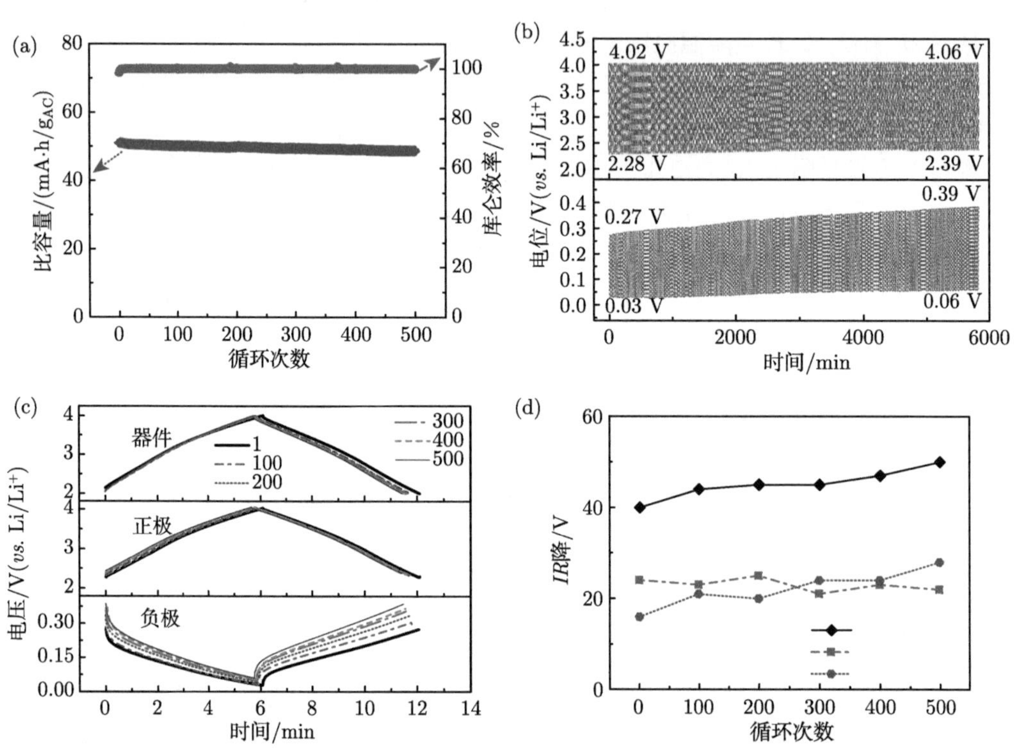

图 10-31 锂离子电容器的容量衰减机制 [65]。(a) 500 周循环后容量发生衰减；(b) 循环过程中正负极电位的迁移；(c) 不同循环次数后充放电过程中正/负极电位变化曲线；(d) 循环过程中正极、负极和单体的内阻变化

Ghossein 等 [66] 研究了商用锂离子电容器的浮充老化机制。基于电化学阻抗谱测试，在 100 mHz 低频率测试点下，用阻抗的实部表示器件整体内阻的变化，用阻抗的虚部计算出的电容值来表示存储电荷能力的变化。据此发现了锂离子电容器老化行为的独特之处，即 2.2 V 下的日历寿命较差，这个特性区别于锂离子电池和双电层电容器，如图 10-32 所示。他们认为低压日历寿命差的原因是低电压下的 Li^+ 在正极的不可逆吸附导致的活性炭微孔的堵塞，但是其得出的老化机制缺乏足够的证据，仅通过低频下一个数据点测量到阻抗的基本信息。

Zhang 等 [67] 基于电化学阻抗谱测试，对锂离子电容器在不同循环深度下的循环寿命和老化机制进行了分析，发现充放电截止电压和循环次数对锂离子电容器的阻抗和容量保持率有很大影响。当充放电截止电压设置为 2.0~4.0 V 时，8 万次循环后的容量保持率为 73.8%。当充放电截止电压设置为 2.2~3.8 V 时，经过 20 万次循环后，容量保持率为初始值的 94.5%。Song 等 [68] 基于阻抗模型，研究了商业化锂离子电容器的浮充寿命在高和低存储电压下的老化机制的区别。表征电极表面不均匀程度的 γ 值在高浮充电压下老化后基本不变，而该值在低浮充电压下老化后变化较大，表明在低浮充电压下，更多的 Li^+ 被不可逆地吸附在活性炭正极，对锂离子电容器的寿命有更强烈的影响。Bolufawi[69] 用阻抗模型分析了不同温度下循环加速老化前后的阻抗谱，建立了模型参数之间的关系，重点研究了锂离子电容器性能下降的影响因素。总地来说，电化学阻抗谱是获取锂离子电容器健康参数和信息的强有力工具，由于其测试过程是准稳态，对本体的扰动较小，从而在浮充老化机制的研究方面被人们广泛地使用。但目前锂离子电容器基于阻抗谱的老化分析更多地停留在机理推测阶段，如何建立适用于老化机理分析的阻抗模型，是当前的研究难点。

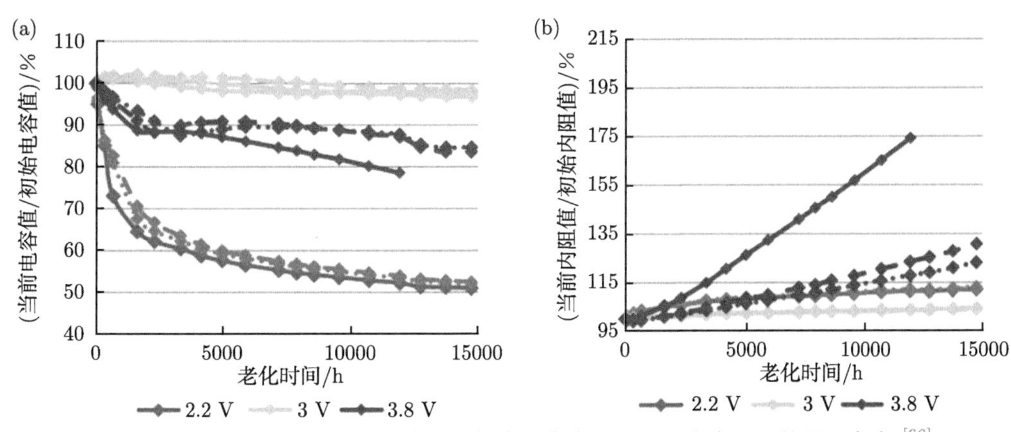

图 10-32 在 60 ℃ 下测试的商业化锂离子电容器不同浮充电压下的日历寿命 [66]。(a) 电容衰减；(b) 内阻增加

2) 事后分析法

事后分析法也就是破坏性方法，是将老化后的单体拆解，通过物理和化学表征手段直接观察器件内部的变化。由于外部测试获得的是整个电极的信息，有些局部老化现象在非破坏性测试中往往很难被监测到，只能通过事后分析法得知。事后分析法通过把老化后的单体在惰性环境下进行拆解，获取老化后的内部组件，如正极极片、负极极片、电解液、隔膜等，并通过物理和化学分析手段或组装成新的扣式电容来进一步探究老化机理。在拆解之前，单体必须被放电到较低的荷电状态，以安全的角度来说，深度放电是最佳的拆解前状态。深度放电状态下的器件储存的能量最低，有助于减少热失控的风险。但是从另一个角度来看，器件的电压不能过放电，以避免非老化因素引起的材料变化。由于锂离子电容器的某些成分会与氧气和水蒸气发生反应，必须把老化后的单体置于手套箱中进行拆解。手套箱中充满了高纯度的氩气气氛，水蒸气和氧气的含量必须规定在较低范围内 (10^{-6})。在获取到老化的电极后，可以用典型的溶剂 (如 DMC、DEC 或 EMC) 清洗这些极片。未清洗的电极可能含有残留的锂盐结晶或非挥发性溶剂，很难从 SEI 膜或嵌入的锂元素中区分出来，但是洗涤的过程也可能带来老化成分的流失。根据经验，要去除样品中微量的锂盐，需要用高纯度溶剂进行 1~2 min 的两个洗涤步骤。同一批样品要始终以相同的方式执行洗

涤步骤，才能获得可靠的测试结果。物理化学表征手段主要有 X 射线光电子能谱 (XPS)、透射电子显微镜 (TEM)、扫描电子显微镜 (SEM)、能量色散 X 射线能谱 (EDX)、气相色谱–质谱 (GC-MS) 技术、BET 法测比表面积等。

目前已有一些研究人员报道了通过事后分析法对锂离子电容器老化机制的研究。Babu 等 [70] 研究了在含有液体和凝胶–聚合物电解质的高压锂离子电容器中发生的老化过程。使用 XPS、SEM 和 EDX 等方法对老化的正负电极进行表征，发现老化过程中涉及石墨电极 SEI 膜劣化，这导致了 LiC_6/LiF 浓度的降低和电极内磷化物的增加。而活性炭电极中磷化物和氟化物浓度增加，是 Li^+ 在正极被不可逆消耗的结果。Ghossein 等 [71] 对商业化锂离子电容器浮充老化后的单体进行了事后分析。使用 GC-MS 技术对电解液进行了分析，采用 BET 法测定了正、负电极的比表面积，采用 SEM 和 EDX 对负极样品表面形貌的变化进行了分析，又对重新组装的扣式电容进行了相关的电化学测试，事后分析研究路线如图 10-33 所示。研究发现，锂离子电容器的浮充老化机制主要有两种：正极处活性炭孔的堵塞和负极处 Li^+ 的消耗。总地来说，事后分析法是研究老化机制的有效手段，适用于在实验室进行老化机制研究。但是，由于单体一旦拆解后就不能再次使用，从而使用该手段无法进行在线老化分析。

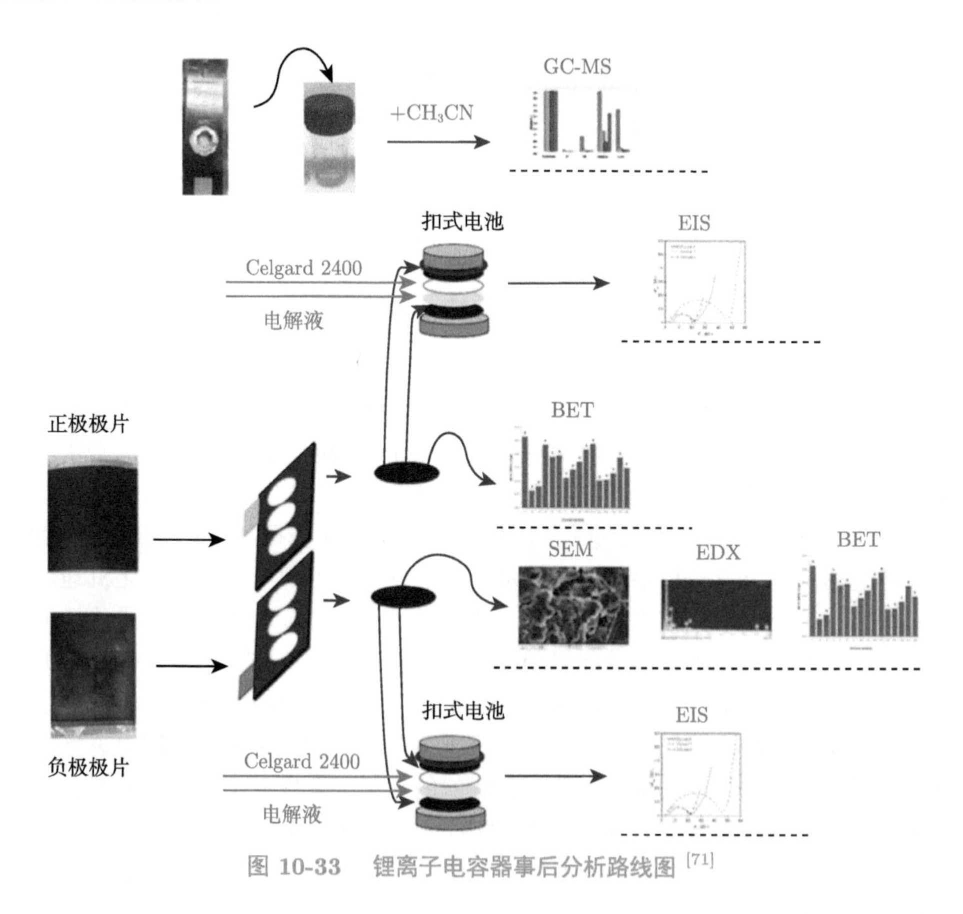

图 10-33　锂离子电容器事后分析路线图 [71]

非破坏性方法或事后分析法可以分别呈现器件在整体或局部的老化信息，两个方法存在互补性。针对锂离子电容器，目前基于阻抗模型的老化机理分析的研究较少，并且机理分析还停留在推测阶段，因此需要建立适用于老化机理分析的阻抗模型，并通过两种方法结合的方式研究老化机制。Song 等 [72] 通过非破坏性方法和事后分析法相结合的手段，全面地研究了锂离子电容器浮充老化机理。非破坏性方法采用电化学阻抗谱分析法，测试了多个锂离子电容器单体在不同老化阶段的电化学阻抗谱，基于阻抗模型，深入分析了阻抗谱测试结果，跟踪了模型参数随老化进程的变化，如图 10-34 所示。

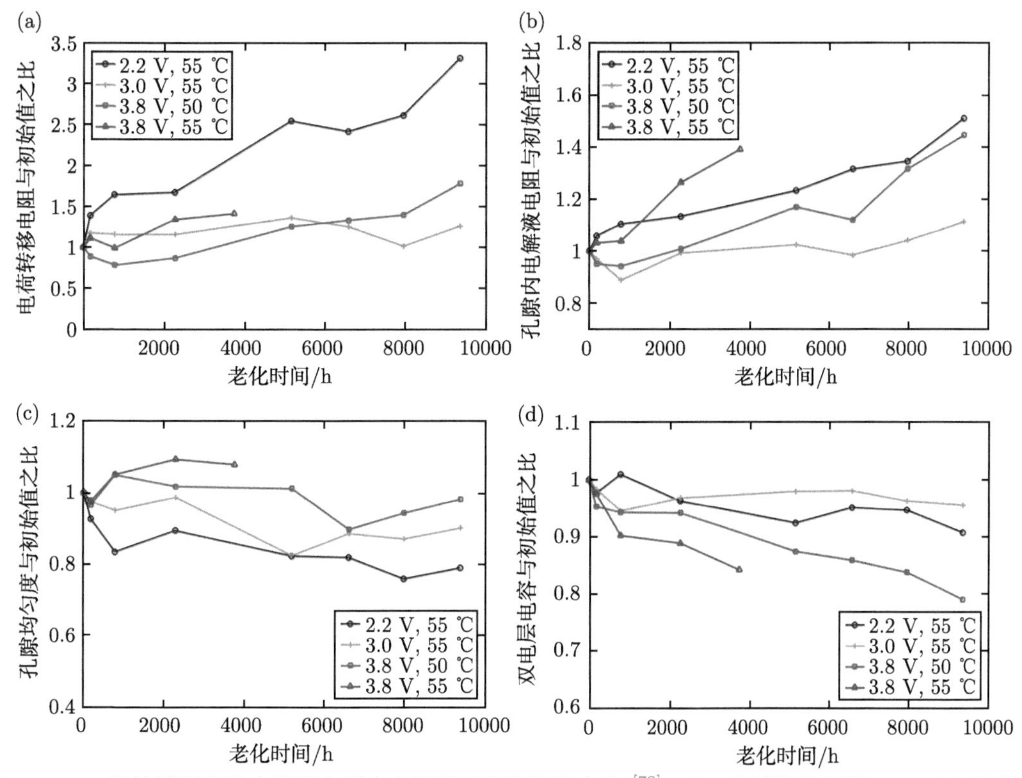

图 10-34 阻抗模型参数在不同电压应力下随老化进程的变化 [72]。(a) 电荷转移电阻 R_{ct}；(b) 孔隙内电解液电阻 R_{w}；(c) 孔隙均匀度 γ；(d) 双电层电容 C_{ad}

由图 10-34 可知，在 2.2 V 和 55 ℃ 下老化后，锂离子电容器的电荷转移电阻剧烈增加，同时孔隙均匀性明显下降。由于在 2.2 V 下，负极还原性最低，电解液在负极状态稳定，所以锂离子电容器在低电压下的老化主要是由于多孔电极的孔隙被副产物堵塞，堵塞物来源于活性炭对 Li^+ 的不可逆吸附。在 3.8 V 下老化后，锂离子电容器出现了产气现象，该老化过程可分为两个阶段：第一个阶段是快速退化阶段，这时活性炭的表面官能团与电解液发生快速的氧化还原反应而寄生物被消耗掉以后，电荷转移电阻快速下降，双电层电容快速下降，同时孔隙均匀度提升；第二个阶段是缓慢退化阶段，由于正极电位较高，电解液发生了副反应，多孔电极孔隙逐渐被堵塞，电极平面方向不均匀程度增加，孔隙均匀度下降，同时负极电位较低，电解液在负极被还原，SEI 膜增厚。浮充电压为 3 V 时，正极和负极的电位均处于适中的状态，正极的氧化性、负极的还原性均较弱，电解液的副反应缓慢，正极对 Li^+ 的不可逆吸附程度小，有利于锂离子电容器可靠存储。

采用事后分析法对浮充老化机制进行了验证。对三只在不同浮充电压下老化后的单体和一只全新的单体进行了事后分析，其中对负极极片进行了 SEM 和 EDX 测试，对正极极片进行了 BET 比表面积及 XPS 测试。软碳负极的 SEM 图如图 10-35 所示，负极极片的事后分析结果显示，浮充电压越高，负极退化越严重。

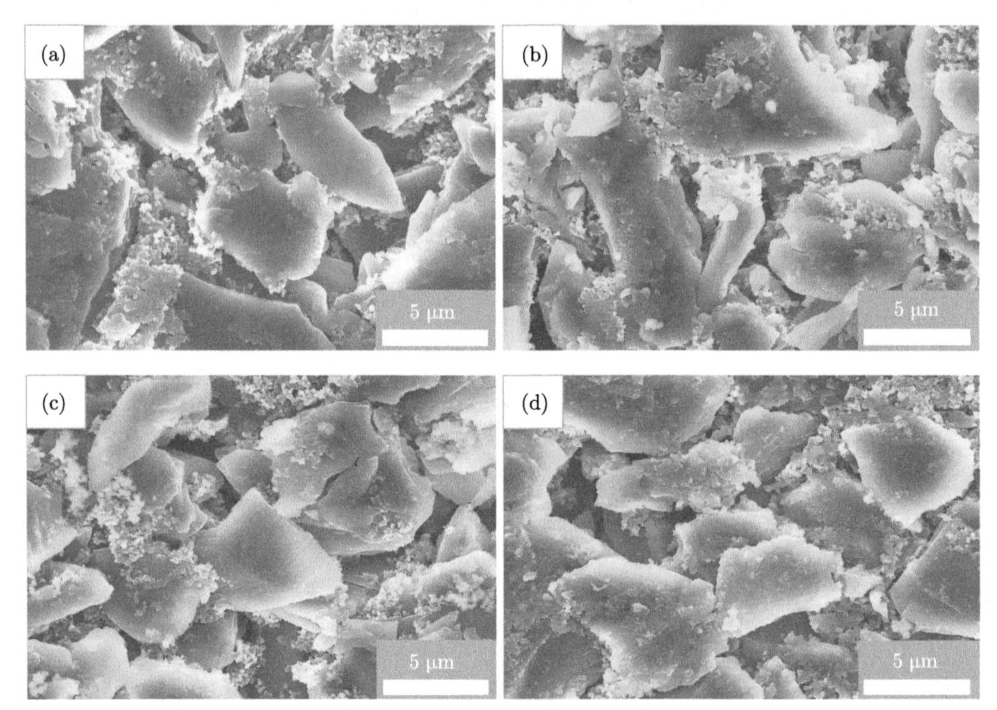

图 10-35 软碳负极 SEM 图片 [72]。(a) 全新单体；(b) 2.2 V；(c) 3 V；(d) 3.8 V 老化后

正极比表面积测试结果如表 10-3 所示，正极 XPS 测试结果如图 10-36 和表 10-4 所示。正极的事后分析结果显示，电压越高，电解液在正极越容易被氧化，多孔电极部分孔隙被严重堵塞，该结果验证了在 3.8 V 下电解液副反应造成了正极孔隙堵塞。浮充电压为 2.2 V 时，正极残留锂含量高于 3 V，该结果验证了在 2.2 V 下正极对 Li^+ 的不可逆吸附造成了老化。研究结果表明，锂离子电容器在 3.8 V 和 2.2 V 下存储时寿命衰退较快，但老化方式不同，3.8 V 下浮充老化归因于电解液在正极和负极的副反应，2.2 V 下浮充老化主要是由于正极官能团与 Li^+ 发生了不可逆吸附；锂离子电容器在 3 V 下具有良好的日历寿命，有利于可靠的电荷存储。

表 10-3 全新和老化后单体正极极片比表面积 [72]

	全新	2.2 V	3 V	3.8 V
BET 比表面积/(m^2/g)	824	782	811	787

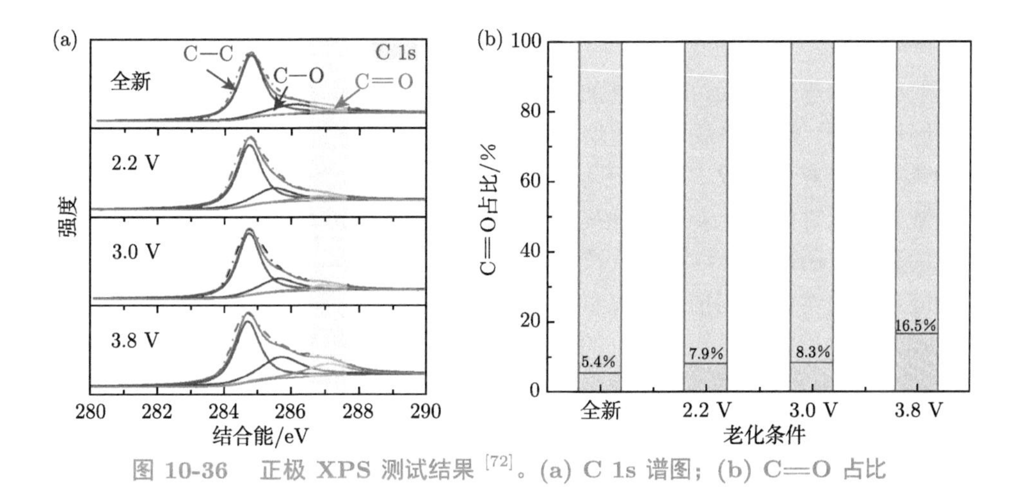

图 10-36 正极 XPS 测试结果 [72]。(a) C 1s 谱图；(b) C═O 占比

表 10-4 XPS 测试结果：正极中的锂含量 [72]

	全新	2.2 V	3 V	3.8 V
锂含量/at%	5.28	7.18	6.04	15.59

2. 锂离子电容器浮充老化机理

锂离子电容器的老化机理总结为两个方面：第一个方面是电解液和官能团的副反应，正极电位高和负极电位低都会使该副反应加速；第二个方面是正极官能团对 Li^+ 的不可逆吸附，不可逆吸附产物堵塞正极孔隙，使比表面积减少，正极官能团较多、电位较低均会加速该过程。电解液的副反应、官能团的副反应、SEI 膜增厚、气体和固体杂质的增加、孔隙被堵塞、可循环的锂离子变少等，都会导致电化学反应动力学变慢、离子迁移速率被减缓，最终造成锂离子电容器电容的衰减和内阻的增加，性能变差。

锂离子电容器的浮充老化机理与不同电压下电荷存储机制有关。在 3.8 V 下，正极的氧化性最强，同时负极的还原性也最强，因此在高荷电状态下，正极和负极都会对老化产生影响。正极活性炭是通过化学活化来增加纳米多孔结构的，清洗的过程中会残留下一些官能团，如含氧苯酚、羧基和表面羰基。在 3.8 V 下，正极吸附阴离子，官能团、溶剂和阴离子在正极被氧化，生成气体和固体杂质。气体杂质造成电解液和电极的可浸润比表面积降低、离子的传输通道受阻。固体杂质堵塞正极多孔电极孔隙，造成比表面积的减少。在 3.8 V 下，负极是富锂状态，这时锂离子和溶剂在负极被还原，生成气体和固体杂质，使得可循环的 Li^+ 损失、SEI 膜增厚以及电解液和电极的可浸润比表面积降低、离子的传输通道受阻。在 2.2 V 下，正极的氧化性最低，负极的还原性也最弱，在低荷电状态下，锂离子电池和双电层电容的寿命均是最理想的状态，但是对于锂离子电容器来说，低荷电状态下寿命一般。Ghossein 等 [66] 测试出商业化锂离子电容器在 2.2 V 下寿命最差，这主要归因于 2.2 V 下正极吸附锂离子。在老化过程中，正极官能团与 Li^+ 发生不可逆的吸附，这部分锂离子一直留存在活性炭表面，造成孔隙堵塞、比表面积降低和可循环锂离子的损失。在 3 V 下，正极氧化性和负极还原性较小，且正极处于电中性状态，正极不吸附锂离子，因此锂离子电容器在 3 V 下存储状态最为理想。

10.4.2 寿命预测

电容的减小和等效串联内阻的增加是判断锂离子电容器老化的两个主要指标，这两个指标几乎同样重要，等效串联电阻值增加 100%或电容值减少 20%是判定锂离子电容器寿命终止的条件，电容和等效串联内阻两者分别达到寿命终止条件时，取最短的寿命时长或者循环圈数为该器件的终止寿命。锂离子电容器的寿命以小时、天、周、月、季度、年为基本单位的称为日历寿命，以循环次数为基本单位的称为循环寿命。

对储能器件的寿命预测按照研究目的主要可分为两种。第一种寿命预测是以器件的应用场景规划为主要目的，对均一性好的产品进行系统设计和操作策略的制订。首先在离线情况进行各种约束条件下的加速老化测试，以识别外部因素对寿命的影响，分析老化机制，并归纳出反映老化规律的经验公式，最终结合热电耦合模型建立基于经验的寿命预测模型。这类问题着重于对老化机理的分析和对测试经验的总结，因此可以把老化规律外推到其他工作条件。但是这些测试仅仅停留在实验室阶段，与器件在实际的工作情况有所差距。基于数据拟合的思想，通常需要尝试各种类型的数学表达式对容量衰减和内阻增长的轨迹进行反复的拟合，寻找到拟合效果最佳的表达式作为老化模型，也有研究者通过老化机理得到半经验模型，比如基于 SEI 膜增长规律、气体等温吸附公式等来作为老化模型的经验公式。常见的老化模型主要有线性模型、多项式模型、单指数模型、双指数模型、Verhulst 模型等。双指数模型最为普遍，例如公式 [73]，

$$Q_{\text{loss},\%} = B(I)\mathrm{e}^{-E_\mathrm{a}(I)/RT}Q_{\text{acm}}^{z} + ft^{0.5}\mathrm{e}^{(-E_\mathrm{a}/RT)} \tag{10.29}$$

式中，Q_{loss} 为容量衰减率；Q_{acm} 为总放电量；E_a 为活化能；R 为气体常数；I 为放电电流；T 表示热力学温度，该双指数老化模型描述了日历老化和循环老化的总体容量衰减规律。

锂离子电容器现阶段还处于应用推广的初期，以应用场景规划为目的的寿命预测是当前的研究重点，但大多数报道还停留在建立老化模型的阶段。Soltani 等 [74] 针对 2300 F 锂离子电容器提出了一个寿命模型，能够预测在不同温度下的搁置寿命和循环寿命；通过使用两个独立的容量退化表和内阻增长表，分离了循环和日历老化的影响。Uno 和 Kukita[75] 对从三个不同厂家采购的商用锂离子电容器进行了循环加速老化测试，利用阿伦尼乌斯 (Arrhenius) 方程计算了活化能，确定了老化加速因子，得到了循环寿命模型；计算出的加速因子因制造商而异，这表明应该根据循环寿命测试来确定每个产品的加速老化因子。Ghossein 等 [64] 基于 Langmuir 气体等温吸附公式建立了锂离子电容器在最低电压下老化的模型，强调了其在 2.2 V 下寿命的大幅下降。Moye 等 [76] 用依赖于循环次数和电流的 Arrhenius 方程描述循环老化规律，认为电流通过对活化能的影响进而改变老化规律。

第二种寿命预测的目的是对于一个独立产品的剩余寿命进行诊断和估计，通过数据驱动法进行寿命估计和预测、故障检测，从而设计出合理的健康管理策略，改善电池的健康状况。事物在时间轴上是具有延续性的，利用这一核心思想，对过去时间序列中的规律进行学习，从而预测未来的发展趋势。获得合理的时间序列模型是剩余寿命预测的研究关键，这类问题的研究重点在于对在线估计时间的优化而不是对老化过程和机理的描述，因此其对于学习跟踪测试以外的条件难以外推和扩展。具体公式如下：

$$Q_{n+1} = f(Q_n, Q_{n-1}, \cdots, Q_{n-m}), \quad m < n \tag{10.30}$$

其中，$f(\cdot)$ 为时间序列模型，基于此模型，可利用 $n-m$ 次到 n 次循环之间的历史数据的观测序列来预测第 $n+1$ 次循环后的容量值，递推使用可预测任意次循环后的容量值，因此，获得合理的时间序列模型是该方法的关键。目前用于剩余寿命预测的时间序列模型有灰色预测、自回归移动平均法、神经网络、支持向量机和相关向量机等。

任何预测方法都会存在一定的误差和不确定性，这些不确定性将伴随着预测算法的推进而扩散，最终表现在预测结果当中，因此，尽可能地描述预测结果的误差和不确定性，具有十分重要的意义。电化学储能器件寿命预测的概率分布是在既定的预测方法下，预测结果的不确定性分布规律通常用概率密度函数来描述。概率密度函数不仅可以计算寿命预测的置信度，还可以获得预测结果的分布规律和置信区间，从而为检修、维护以及回收利用提供帮助。蒙特卡罗 (Monte Carlo, MC) 方法常用于计算不同预测方法的概率密度，蒙特卡罗方法就是以概率为基础，通过重复随机试验的方式来计算复杂过程中的数值结果。一般来说，基于经验的模型在对历史数据进行拟合的过程中容易存在误差，误差的分布规律由拟合过程中的参数均值和方差确定。而基于时间序列的模型会在预测起点的输入环节引入误差，不确定性分布规律可由预测起点附近的历史容量分布规律确定。蒙特卡罗法根据误差的分布规律，随机生成若干个样本，基于每一组样本进行模拟预测，获得若干个模拟预测结果，最终根据模拟预测结果计算概率密度函数，公式如下：

$$\hat{f}_h(Q)=\sum_{i=1}^{N}\left[K_{\mathrm{p}}\left(\frac{Q-Q_i^-}{h_{\mathrm{p}}}\right)+K_{\mathrm{p}}\left(\frac{Q-Q_i}{h_{\mathrm{p}}}\right)+K_{\mathrm{p}}\left(\frac{Q-Q_i^+}{h_{\mathrm{p}}}\right)\right] \tag{10.31}$$

$$\begin{aligned}Q_i^-&=2L_{\mathrm{c}}-Q_i\\ Q_i^+&=2U_{\mathrm{c}}-Q_i\end{aligned} \tag{10.32}$$

式中，$\hat{f}_h(Q)$ 是概率密度函数；$K_{\mathrm{p}}(\cdot)$ 是高斯核函数；h_{p} 是带宽；L_{c} 和 U_{c} 为蒙特卡罗模拟结果的上下界。

目前针对锂离子电容器的剩余寿命预测研究还比较少。Yang 等 [77] 针对锂离子电容器的剩余寿命预测提出了一种混合神经网络模型，结合了卷积神经网络 (CNN) 和双向长短期记忆网络 (Bi-LSTM)，将数据用于训练该模型，该方法具有较高的可靠性和预测精度，可应用于电池监测和预测，并可推广到其他预测应用，具体算法流程如图 10-37 所示，该方法由数据预处理阶段和预测阶段两部分组成。

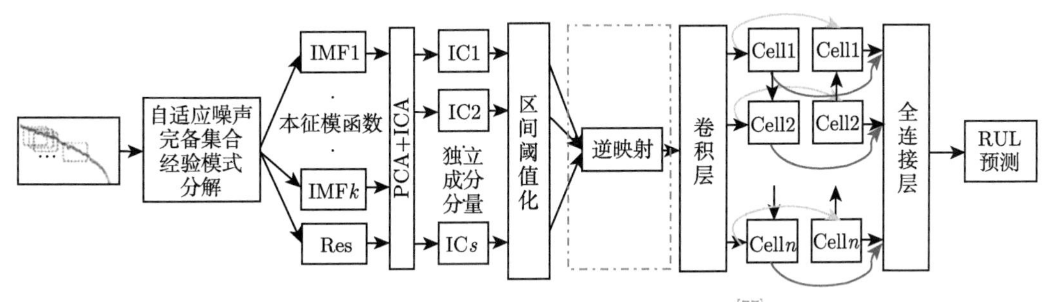

图 10-37 剩余使用寿命预测算法流程图 [77]

第一阶段为预处理阶段，预处理阶段的目的是对原始数据进行去噪。将锂离子电容器在 3.6 A(10C) 的恒定电流模式下充电至 3.8 V，然后在 3.6 A 的恒定电流模式下放电至 2.2 V，反复充放电。在恒定室温 (25 ℃) 下，通过新威电池测试系统完成了超过 25000 次的充放电循环，记录下每次循环的容量变化情况，以此作为网络训练的原始数据。原始数据中通常包含大量噪声，噪声的存在会加大神经网络训练的难度，甚至会造成无法收敛的情况，必要的数据清洗有助于从序列中学习有效信息。采用带自适应白噪声的完备集合经验模式分解 (CEEMDAN) 对原始数据进行分解，得到了一系列代表不同时间尺度的信号分量。代表噪声的高频信号可以较方便地从其中分离，将前若干分量视为噪声，结合信号的局部特征使用独立成分分析 (ICA) 和区间阈值处理来降低特征维度，对独立成分进行降噪，使用主成分分析 (PCA) 确定了信号的主成分个数作为 ICA 主成分提取的依据，去除了一部分噪声。对提取的独立成分分别使用区间阈值降噪，在去除高频噪声的同时保证了信号的光滑连续，最后将第一阶段的算法反向操作重建信号，经过第一阶段的处理，原始信号的主要信息被保留下来，如图 10-38 所示。

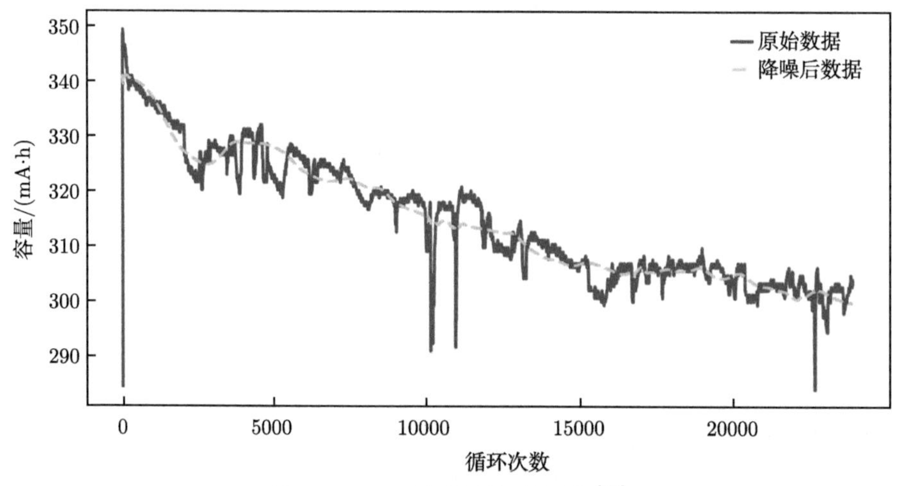

图 10-38 原始数据降噪结果 [77]

第二阶段是剩余寿命预测部分，通过结合 CNN 和 Bi-LSTM 的混合神经网络来实现，CNN 通过卷积核的滑动卷积操作对数据的空间结构信息进行提取，之后再经过 Bi-LSTM 网络同时从前向后向来提取时序信号的时间维度信息，最后连接全连接层进行回归输出。两种网络的结合可以更好地挖掘数据内部信息，提高学习效果和网络的泛化能力。在网络的训练过程中，为了提高学习效率，在网络的各层之间加入了批标准化，有利于加快网络训练。通过 CNN 和 Bi-LSTM 组合的混合深层神经网络，可以更有效地挖掘信号的时空信息。与其他类型的网络进行了对比，如图 10-39 所示，混合网络具有更强的学习和泛化能力，可以应对更复杂的任务。

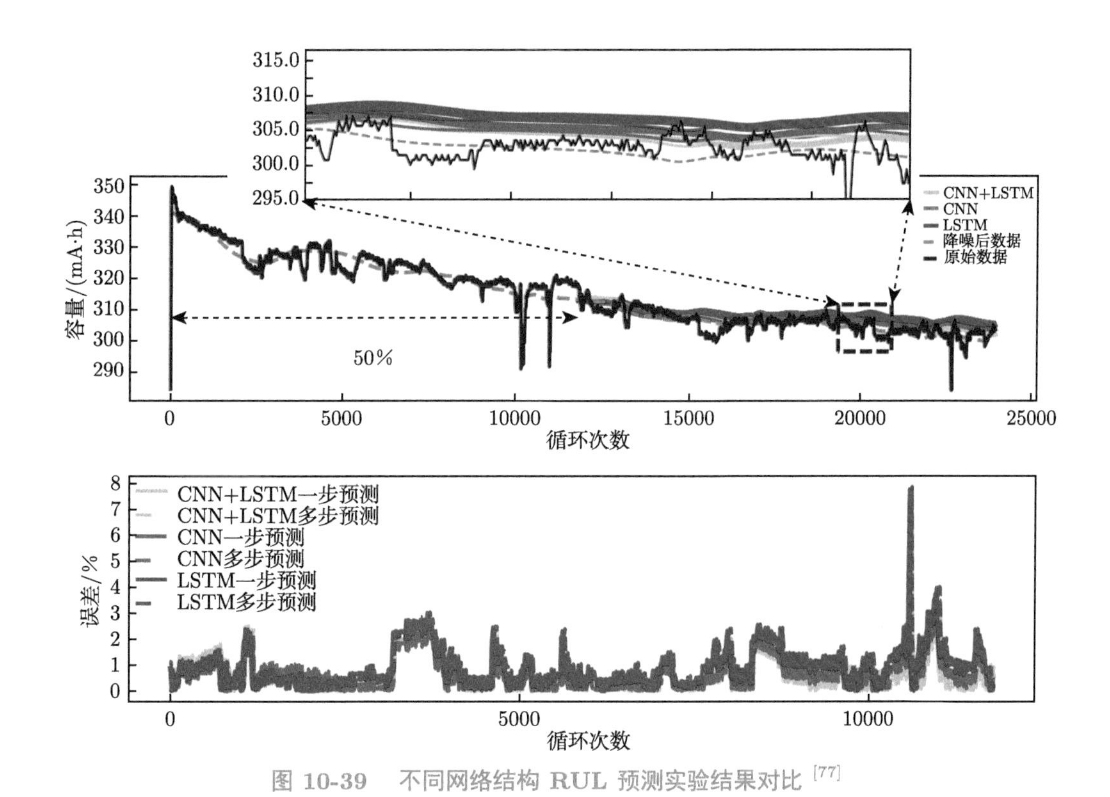

图 10-39 不同网络结构 RUL 预测实验结果对比 [77]

10.5 锂离子电容器自放电机制

10.5.1 双电层自放电机制

电化学储能器件的自放电行为是指在开路状态下单体电压逐渐降低的过程。通常，双电层电容器的储能机制是，电容性电极材料通过在固液界面形成双电层，实现对离子的吸附与脱附和电荷的存储。因此，双电层电容器的自放电比锂离子电池要快得多。Smith 等 [60] 比较了商品化的 2000 F/2.7 V 双电层电容器和 2.4 A·h/4.2 V 锂离子电池在 100% SOC 下的自放电行为，发现在室温下开路储存 72 h 后，双电层电容器的容量损失高达 10%，远超过锂离子电池的容量损失 (约 1%)。在双电层电容器的模组中，无论是在使用或者搁置状况下，串联的单体自放电性能的差异均会影响模组电压的分布，从而影响模组的循环寿命、日历寿命、可靠性、稳定性等 [78]。

双电层电容器的自放电机制大致可归结为以下三个方面 [79]：①电容性电极材料表面电荷接纳能力的不均匀和电荷重排，以及浓度梯度和电位差导致的双电层中储存的电荷向电解液体相中的扩散；②电极与电解液之间的氧化还原副反应导致的漏电流，引起这些副反应的因素主要包括：电极表面存在的含氧官能团、痕量水分的分解、金属杂质 (如 Fe、Mn、Ti 等) 在正极与负极间的穿梭；③内部微短路导致的漏电流，在极片生产和单体组装过程中可能出现微短路，锂离子电容器中使用的穿孔集流体也需考虑毛刺和微短路的情况。

从离子吸脱附角度来看，电容电极的自放电是其双电层中离子电荷自脱附的过程，在充电态时电容电极具有远高于放电态的吉布斯自由能，在热力学驱动力的作用下，充电态的双电层倾向于向放电态转变，即发生自放电过程。理想极化电极所形成的双电层较为稳定，离子的自脱附需要克服较大的能量势垒。但在实际的电容电极中，由于电极材料表面含氧官能团、微量杂质，以及器件设计缺陷和制造工艺等因素的影响，电容电极通常处于非理想极化的状态，电极表面形成的双电层稳定性较差，器件内部存在漏电流通路，易发生较为显著的自放电现象 [80]。而电场 (ΔE) 和浓度梯度 ($\partial C/\partial x$) 则是电容电极自放电的主要热力学驱动力，如图 10-40 所示。

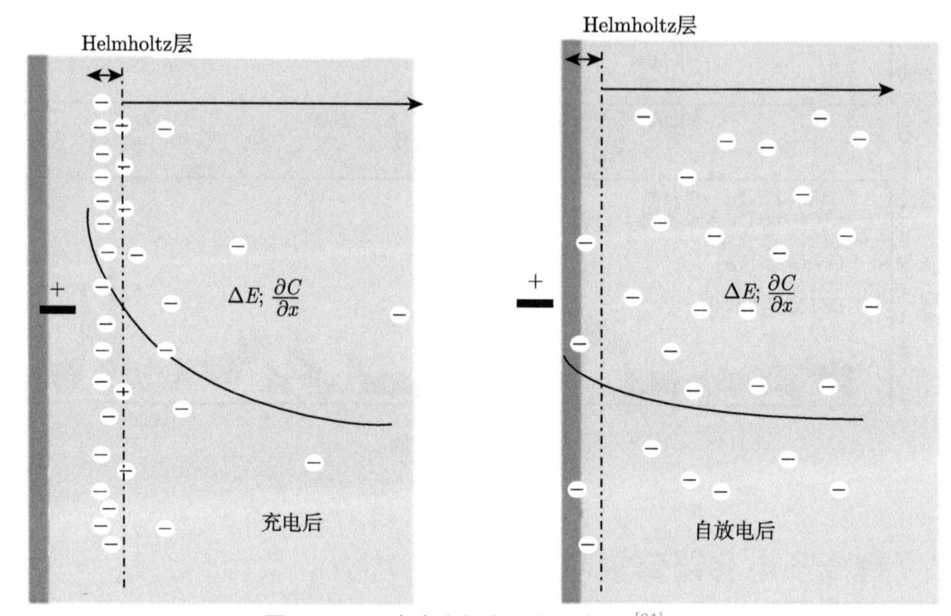

图 10-40 电容电极自放电示意图 [81]

王宇作等 [80] 根据速度控制步骤的不同，将电容电极的自放电机制分为：电荷重排机制 (charge redistribution)、活化控制模型 (activation-control model)、扩散控制模型 (diffusion-control model) 和电位驱动模型 (potential-driving model)；而根据反应类型的不同，自放电机制也可分为电荷重排、欧姆泄漏 (Ohmic leakage) 和法拉第反应 (Faradaic reaction) 等，如表 10-5 所示。影响电容电极自放电的主要因素可以从三个方面进行分析，即充

表 10-5 不同自放电机制的比较 [80]

		电荷重排	活化控制	扩散控制	电位驱动
线性关系		V-ln(t)	V-ln(t)	V-$t^{1/2}$	ln(V)-t
驱动力		电场	电场 (过电位)	浓度梯度	电场
起源		非均态充电	电化学反应	电化学反应	欧姆泄漏
影响因素	充电协议	充电电压、充电电流、充电历史 (表面自钝化)、工作温度	充电电压、工作温度	充电电压、工作温度	充电电压、工作温度
	材料	电极材料 (孔结构)、电解液 (离子电导率)	电极 (活性位点)、电解液 (分解电位)	电极 (孔结构、官能团)、单体 (极片与隔膜厚度)	电极 (官能团)、单体 (结构缺陷)
	杂质	—	有机电解液中的痕量水	金属离子、O_2	—

电协议 (充电方式、充电电流、截止电压、充电历史、工作温度)、体系材料 (电极材料、电解液、隔膜) 和体系杂质 (水分、金属杂质、气体等)。

电荷重排发生在充电结束的初期，是电极和电解液界面处的载流子重新排列，使系统由非平衡态向平衡态转变的过程 [80]。电荷重排过程中系统没有电荷损失，但是电荷在重新分布的电荷输运过程中，由于欧姆热效应，能量会以焦耳热的形式耗散，导致电压的下降和储存能量的损失。电荷重排的形成主要源于电容性电极材料表面的非均态充电现象。在充电过程中，由于电解液阴离子或阳离子在电极中的有限扩散，电荷会优先流向具有快速响应特性的表面活性位点，此后流向位于电极体相深处的孔隙，从而在电极内部产生了电位差，当充电结束后，电荷会重新排列，使系统达到一个较低的平均电位，如图 10-41 所示。Kumar 等 [82] 采用基于第一性原理的一阶输运模型对电荷重排过程进行了研究，发现电荷重排是在两个时间维度下进行的，包括电位差驱动下的电荷再分布 (若干秒以内)，以及非均态充电过程中产生的离子浓度梯度作为驱动力引发的较为缓慢 (数百秒级) 的电荷重排过程。

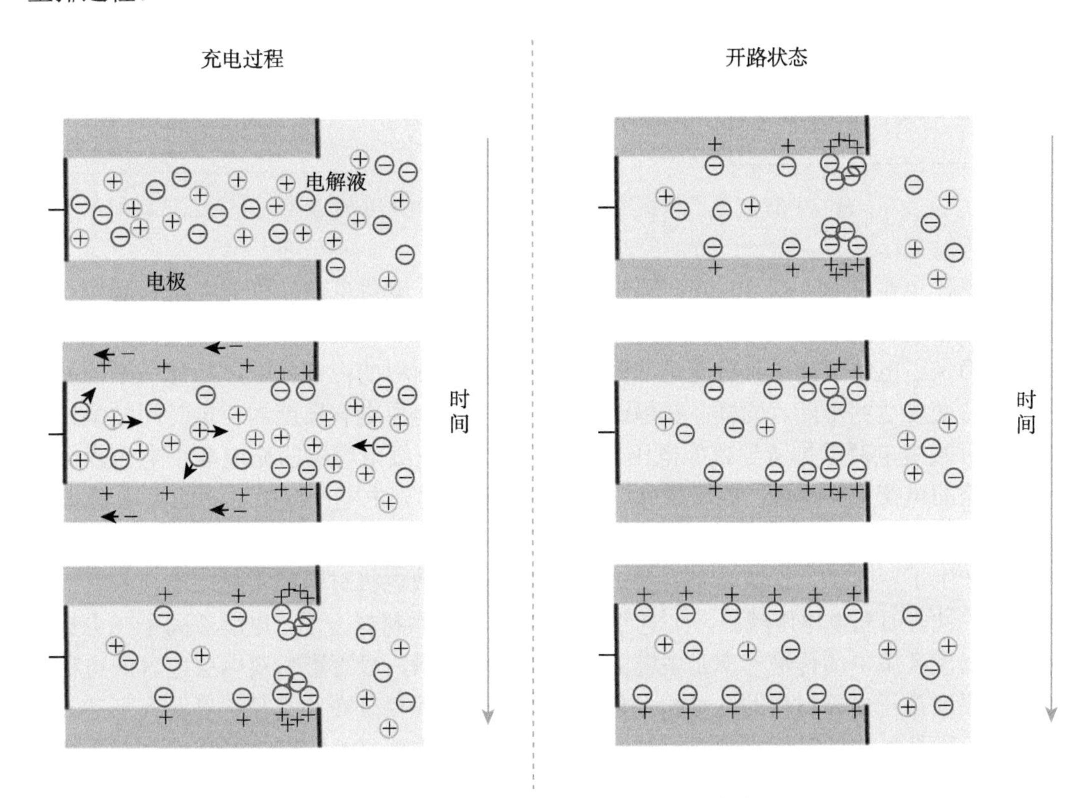

图 10-41 电荷重排过程示意图 [82]

从电荷重排的产生机制可以看出，与反应动力学相关的限制因素 (充电协议和体系材料) 对电压衰减过程产生了重要影响 [80]。在充电协议方面，Kaus 等 [83] 考虑到充电时间、初始电压、温度等实验边界条件建立了复合的电模型，模拟研究了在不同使用情况下双电层电容器的电荷重排过程，如图 10-42 所示。通过降低充电电流密度、延长充电时间，可以

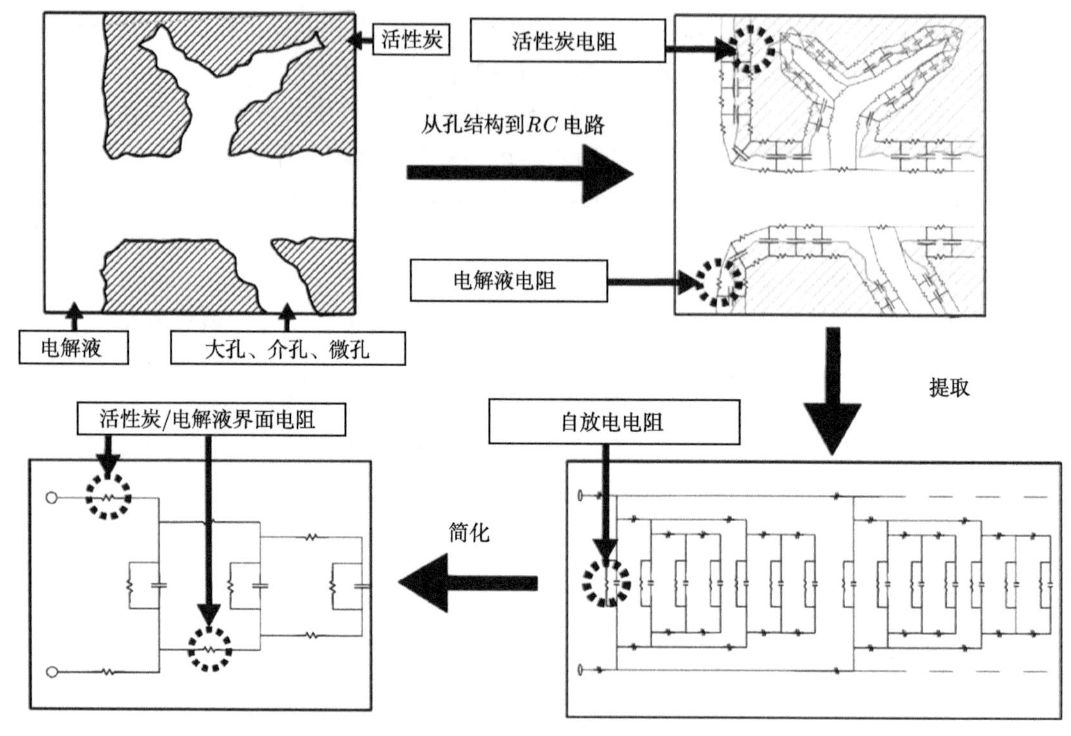

图 10-42 从孔结构模型到等效电路模型的抽象过程 [83]

显著抑制电荷重排现象。在 15 min 的快速充电条件下，电荷重排导致的电压衰减约占总电压衰减的 50%；而将充电时间延长至 2 d 就可以消除电荷重排的影响。这是由于低充电电流密度确保了电解液离子具有充足的时间迁移至电极材料的内部孔隙，从而使不同孔隙之间的电荷密度达到平衡。同样，在恒流充电后，对双电层电容器施加一定时间的恒压充电处理也可减缓电荷重排所导致的电压衰减 [84]。提高超级电容器的充电截止电压也会导致更为显著的电荷重排现象，该现象可以归结为：较高的充电电压提供足够的电场驱动力，使电解液离子进入较低的电压下难以到达的内部孔隙，从而提高了电极材料的有效电荷存储面积，产生了新的 RC 分支回路；另一方面，这也导致电极材料的实际比电容具有一定的电压相关性，即充电电压越高，比电容越高 [85]。在体系材料方面，电解液离子在电极材料的纳米尺度孔隙中的传输速率是关键的动力学速控步骤，显著影响双电层电容的电荷重排，其主要取决于电极材料的孔结构，包括孔径大小、孔径分布、孔径长度及孔形等 [80]。一般来说，微孔结构的时间常数要远高于中孔和大孔，需要更长的充电时间来达到平衡状态。Andreas 等 [86] 采用基于 de Levie 线性传输模型的孔隙模型，对锥形孔、倒锥形孔和圆柱孔等不同孔形的电荷重排现象进行了研究。在总电阻和电容相同的情况下，他们发现孔长对各类孔型纳米尺度孔的电荷重排的影响是一致的，即孔隙越长，电荷重排所导致的电压衰减越大。孔口处的孔径大小对电荷重排具有重要影响，孔口尺寸较大的锥形孔对电荷的积累最为有利；在孔口尺寸较小时，孔隙在充电过程的堵塞或离子的过量积累，会显著降低电极材料的有效电荷存储比表面积，并引发严重的电荷重排现象。工作温度升高会提高体系的电化学活性，从而加速自放电，但温度对电荷重排的影响较为复杂。一方面，提高温度可以降低电解液的黏度、提高离子电导率，从而提高电极材料的反应动力学、降低时间常数，使电极更快达到平衡态；另一方面，提高温度会增强固液界面离子的活性，降低双电层的稳定性。因此，在不同的截止电压区间内，温度对电荷重排的速率会产生相反的影响 [80]。

活化控制的自放电是法拉第反应型自放电的一种，双电层中发生法拉第反应，从而消耗其中的存储电荷，导致电压的下降，同时会有存储电荷的损耗，造成储存能量的流失。活化控制自放电的反应物主要为电极界面处高浓度的杂质或电解液。当电容电极电位高于反应物的氧化电位时，在过电位的驱动下会发生副反应。最常见的活化控制自放电机制包括：电容电极电位超过其稳定工作电位而引起的电解液分解，高比表面积电容炭材料的痕量吸附水在高电位下的分解，电容炭材料表面含氧官能团与电解液的反应等 [80]。

扩散控制的自放电也属于法拉第反应型自放电，扩散控制自放电的驱动力为浓度梯度，引发扩散控制自放电的物质为体系中的微量杂质 [80]。此时，浓差极化取代电化学极化成为该自放电副反应的关键速度控制步骤，电解液中的反应物在浓度梯度力的驱动下，扩散至电极表面进行反应，从而消耗双电层中的储存电荷。该类自放电的常见反应物为电解液中的金属离子、水系体系中的溶解氧等，在低于电解液分解电压的整个工作电压区间 [87]。扩散控制的自放电易引起连锁反应，反应物质在正极与负极之间穿梭产生自放电现象。此外，隔膜的厚度对扩散控制自放电具有显著影响。增加隔膜厚度可以提高反应物的扩散距离，从而降低自放电的浓度梯度驱动力。电极材料的孔结构也是重要的影响因素。对于富含微孔结构的多孔碳材料，电极材料的比表面积及其比电容对自放电速率的影响较小，归因为在高面积/孔容比的情况下，微孔中的反应物会在最初的自放电阶段耗尽，且不会作为后续扩散自放电的反应源。反应物的含量及其扩散系数、动力学反应特性等内在性质同样对扩散自放电速率影响显著。对于金属离子杂质，其主要类型为 Fe^{2+}/Fe^{3+}、Mn^{2+}/Mn^{3+}、Ti^{3+}/Ti^{4+} 等。

电位驱动自放电属于欧姆泄漏，驱动力来自于正、负电极之间的电位差 [80]。从等效电路的角度看，在电位驱动的自放电过程中，电容单元并联了一个漏电阻；充电完成后，储存电荷通过漏电阻自发地释放，造成电压的衰减和能量的损耗 [88]。漏电阻的产生源自超级电容器的结构缺陷，即正、负极之间存在内部的微短路通道。因此，可以通过监测漏电流的大小来检验超级电容器的结构可靠性。从原理上讲，与法拉第反应型自放电类似，电位驱动自放电也属于速率反应过程，近似地遵循阿伦尼乌斯公式，因此该过程同样具有一个反应活化能。Zhang 等 [89] 提出，电位驱动自放电的活化能与电极界面。所形成的静电键能相关，自放电过程的进行需要电位驱动力提供足够的能量以克服静电键产生的势垒。在充电协议方面，高截止电压会产生较大的电位驱动力，加速自放电的进行；低充电电流密度可提高双电层的稳定性，增加电位驱动自放电的势垒，从而降低自放电速率，如图 10-43 所示。高温会增加界面处离子的反应活性及离子迁移速率，从而加速电位驱动自放电过程的进行。此外，在体系材料方面，电解液溶剂分子的大小、介电常数、离子半径及电荷数等，均会对电位驱动自放电产生影响 [80]。

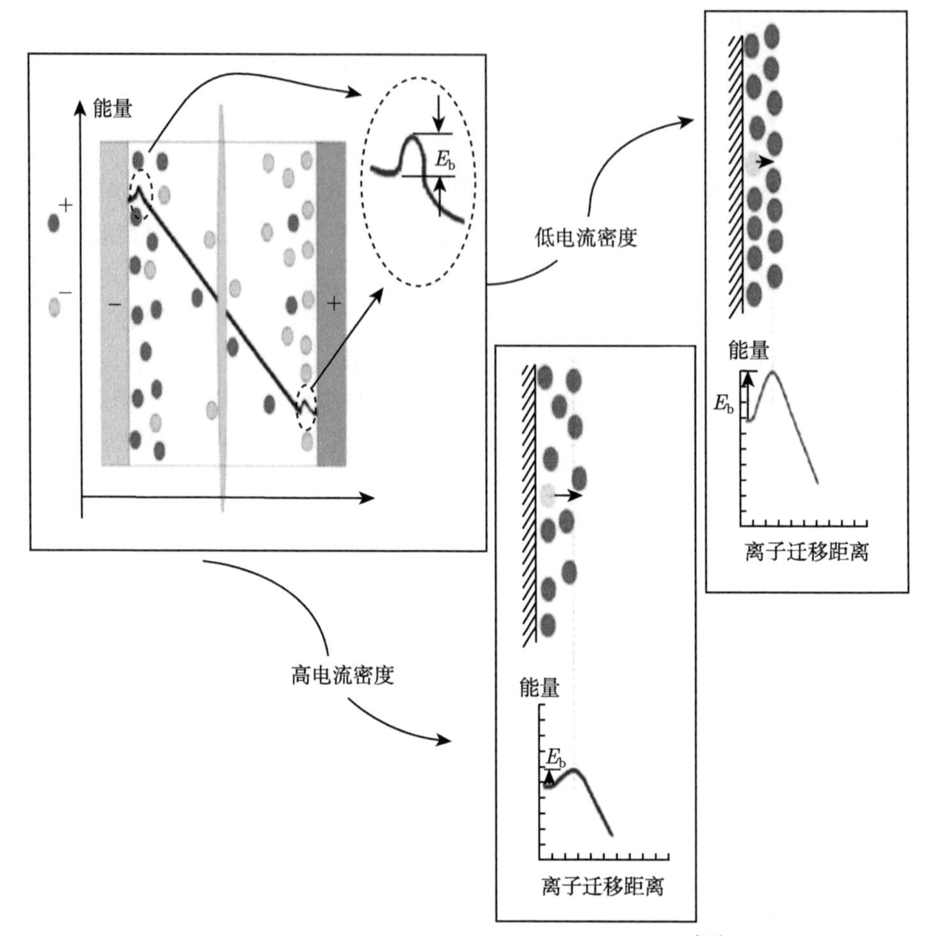

图 10-43 不同充电电流密度下的势垒示意图 [89]

10.5.2 自放电分析

锂离子电容器通常包括一个电容电极和一个预嵌锂的氧化还原电极，如电容炭正极和预嵌锂碳负极。Sun 等 [79] 采用活性炭正极和软碳负极的体系研究了锂离子电容器的自放电机制。锂离子电容器的结构示意图如图 10-44 所示，正负电极在 120 ℃ 干燥后裁切成方形，采用 1 片双面涂布的活性炭正极、两片单面涂布的软碳负极和 1 片金属锂箔电极组装成三电极软包锂离子电容器，电解液为 1 mol/L $LiPF_6$/EC+DEC+DMC (体积比 1:1:1)。

这里采用漏电流来反映锂离子电容器的自放电行为，测试方法为：以 6C 电流将锂离子电容器充电至截止电压，然后在此电压下恒压充电 1 h，记录残余的电流值，搁置 10 min 后再以 6C 电流放电到 2.0 V。充电截止电压分别为 4.1 V、4.0 V、3.9 V、3.8 V，在此过程中锂离子电容器正极与负极电位的变化如图 10-45 所示。锂离子电容器电压及正极电位随充放电呈良好的线性变化，正极对应的截止电位分别是 4.29 V、4.22 V、4.12 V、4.03 V，负极在恒压充电阶段对应的电位为 0.19 V、0.22 V、0.22 V、0.23 V。

在初始的恒压充电阶段，储存电荷的饱和漏电流很快下降。由于副反应和法拉第反应与过电位有关，根据塔费尔 (Tafel) 方程：

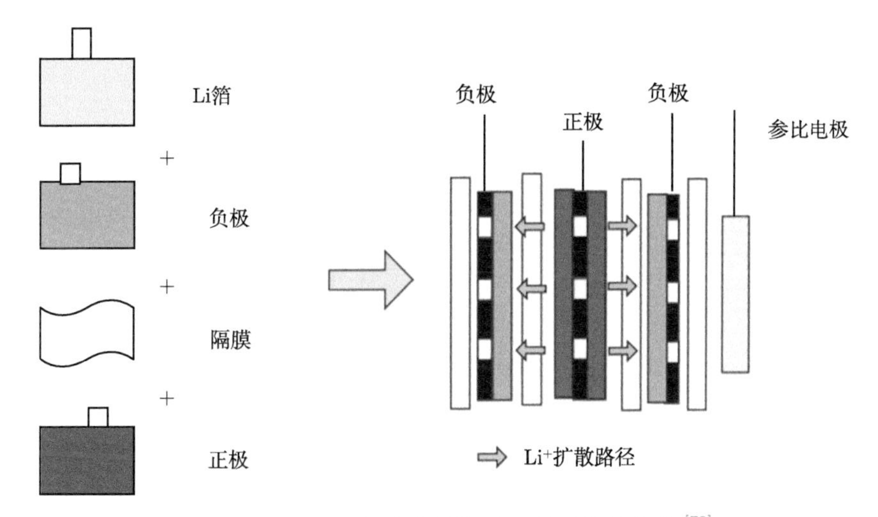

图 10-44 三电极软包锂离子电容器结构示意图 [79]

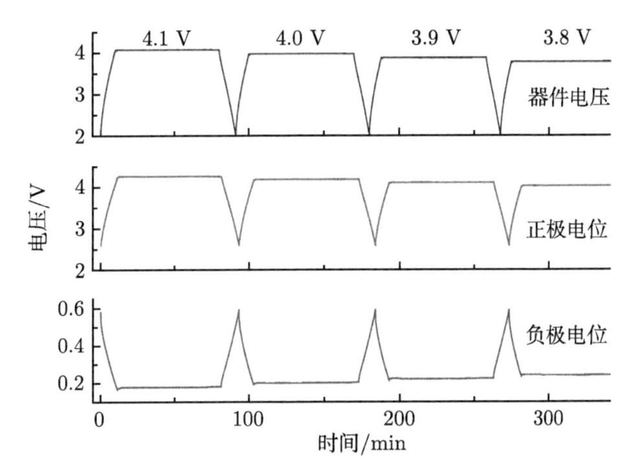

图 10-45 充放电过程中锂离子电容器电压及正负极电位变化曲线 [79]

$$i(\eta) = i_0 \exp(\alpha\eta F/RT) \tag{10.33}$$

其中，$i(\eta)$ 为极化电压η 下的电流密度；i_0 为交换电流密度；α 为转移系数；F 为法拉第常数；R 为气体常数；T 为温度。由式 (10.33) 可知，随着施加电压的增加，电流密度也相应增大。按照设定的测试程序，第 1 次循环测试结束后，在 4.1 V、4.0 V、3.9 V、3.8 V 下的漏电流分别为 1.92 mA、0.70 mA、0.35 mA、0.31 mA。锂离子电容器在 4.1 V 下的漏电流是 4.0 V 电压下漏电流的 2.7 倍，是 3.8 V 电压下漏电流的 6.2 倍。循环 3 次后，锂离子电容器在 4.1 V 和 4.0 V 下的漏电流分别减小至 0.85 mA 和 0.51 mA，仅为初始值的 72.9%和 44.2%，如图 10-46 所示。考虑到负极电位变化范围为 0.2~0.6 V，在预嵌锂和化成阶段，负极表面已形成了稳定的 SEI 膜，这一现象主要可以归结为在经过 4 次的恒压测试后，在活性炭正极表面的活性位点和功能团与有机电解液发生氧化还原反应，形成钝化层隔绝了电极表面活性位点和电解液。

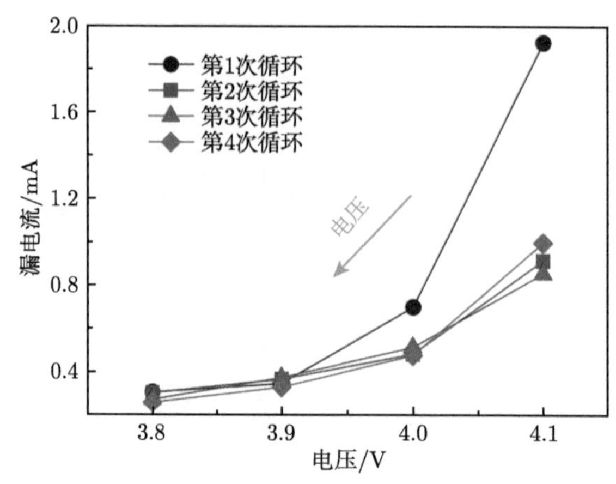

图 10-46 锂离子电容器 4 次循环测试后的漏电流 [79]

根据锂离子电容器在恒流放电阶段的数据计算了 4 次循环测试过程中在 2.0~4.1 V 电压下的电容值，3 次循环后电容降低了 8.2%，如图 10-47(a) 所示。根据下式计算锂离子电容器的等效串联电阻 ESR：

$$\mathrm{ESR} = \Delta U/I \tag{10.34}$$

式中，ΔU 为锂离子电容器从搁置状态到恒流放电状态的电压降；I 为放电电流。同样，正极的内阻也可以计算得出：

$$R_{\mathrm{cathode}} = (IR\text{-drop})/I \tag{10.35}$$

式中，IR-drop 为正极从搁置状态到恒流放电状态的电位降，负极的内阻则为锂离子电容器的内阻与正极内阻的差值，如图 10-47(b) 所示。4 次循环后锂离子电容器的内阻增加了 79.2%，其中正极内阻增加了 133%。在此过程中，负极内阻增加了 25%，这也表明了副反应和钝化膜的产生主要发生在正极。如图 10-47(c) 所示，在锂离子电容器的等效电路中，ESR 与理想电容元件和电感元件串联，再与漏电阻 EPR 并联，漏电流经由 EPR。根据这一模型，EPR 可根据下式计算：

$$\mathrm{EPR} = U/I_{\mathrm{LC}} \tag{10.36}$$

式中，U 为恒压充电阶段锂离子电容器施加的电压；I_{LC} 为漏电流值。由上式可以看出，在一定的施加电压下，漏电阻与漏电流成反比。在较高电压下电解液更倾向于在正极表面分解，漏电流增大、漏电阻减小。总体而言，漏电阻随着施加电压的增大而减小，随着循环次数的增加而增大，如图 10-47(d) 所示。

在第 5 次循环中继续将锂离子电容器恒压充电的最高截止电压提高至 4.2 V，可以发现，在 4.2 V 电压下的漏电流与第 1 次循环时 4.1 V 电压下的漏电流相当，但在较低电压下的漏电流值与先前循环时的漏电流值几乎重合，这也表明第 1 次循环后所形成的钝化膜比较稳定，可以阻止电解液与活性炭电极活性位点的进一步反应。

在测试过程中还采用三电极的方法监测了恒压充电过程中锂离子电容器正负极电位的变化，如图 10-48(a) 所示。在锂离子电容器由恒流充电到恒压充电的转换过程中，正极电

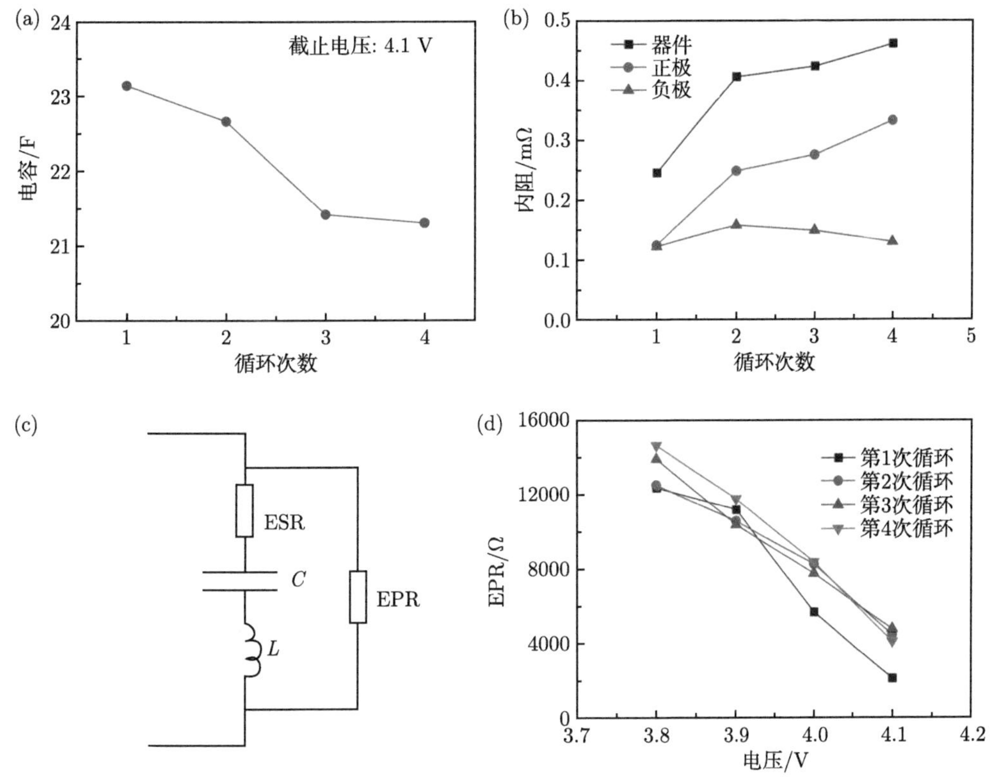

图 10-47　4 次循环中测试电化学性能变化。(a) 电容变化；(b) 内阻变化；(c) 锂离子电容器等效电路；(d) 漏电阻 EPR 随电压和循环圈数的变化 [79]

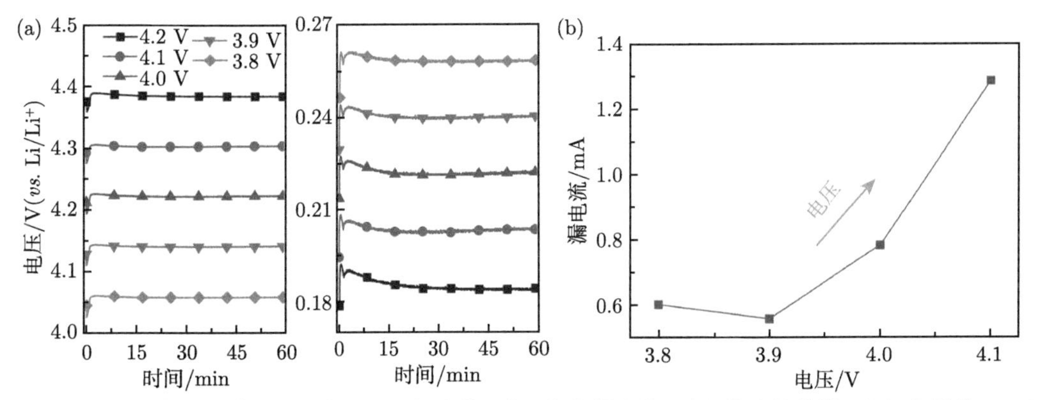

图 10-48　(a) 在恒压阶段不同电压下正极电位 (左) 与负极电位 (右) 的变化曲线；(b) 电压从 3.8 V 升高至 4.1 V 时漏电流变化曲线 [79]

位出现了短暂的下降，负极电位出现短暂的上升，可归结为充电模式的变化和电极活性材料的电荷重排。几乎在整个恒压充电过程中，正极电位和负极电位都出现了下降，例如，在 4.2 V 电压下，负极电位从 0.190 V 下降到 0.184 V，下降了 6.0 mV。然而，施加的电压不同，电极电位的变化也不同，且电压越高，这一趋势越明显。在 4.2 V 和 3.8 V 电压下，负极电位的变化率 ($\Delta E/E$) 分别是 2.9%和 0.8%。电位的变化可以归结为锂离子电容器的自放电行为：在恒压充电阶段，存储的电荷持续增加导致了负极电位的降低；然而，由于自放电的存在和活性炭正极电荷的流失，正极电位是降低的而不是升高的。这个结果也表明了自放电行为主要发生在活性炭正极。此外，进行了电压逐渐升高的实验，施加的电压从 3.8 V 依次升高至 4.1 V，漏电流相应从 0.60 mA 升高到 1.29 mA(图 10-48(b))，与前述的结果相一致。

他们制备了大容量的软包器件对自放电规律进行了验证，包括 900 F 锂离子电容器和 750 F 双电层电容器。如图 10-49(a)~(c) 所示，双电层电容器施加的电压为 2.0~2.5 V，锂离子电容器所施加的电压为 3.4~4.1 V，双电层电容器在 2.5 V 电压下的漏电流为 17.8 mA，是锂离子电容器在 4.0 V 漏电流的 7 倍 (2.5 mA)。然而，双电层电容器在 2.5 V 下重复测试后，漏电流会降至 6.9 mA，仅为初始值的 38.8%，这表明恒压充电过程对双电层电容器的化成过程同样有帮助。为了研究锂离子电容器和双电层电容器的自放电行为，器件先是恒流充电至额定电压 (锂离子电容器 4.0 V，双电层电容器 2.5 V)，恒压充电 0.5 h 后搁置 30 d，发现锂离子电容器的电压仍能保持其初始值的 94.0%，而双电层电容器的电压仅为初始值的 79.6%，如图 10-49(d) 所示。

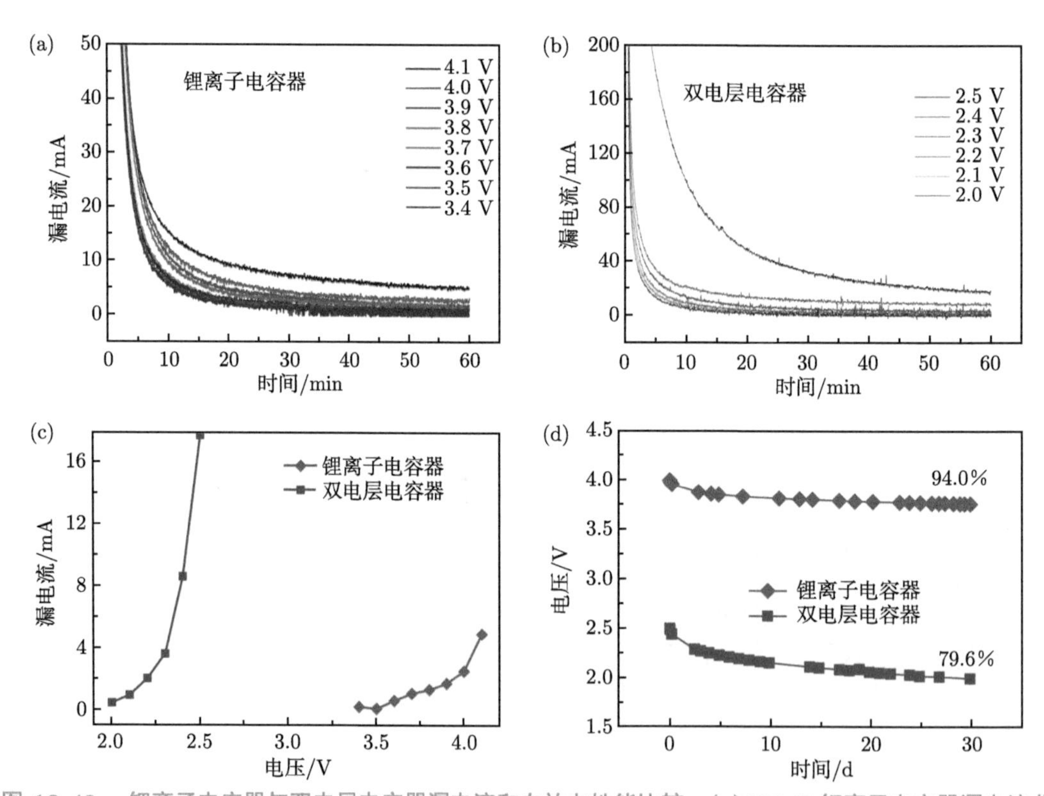

图 10-49 锂离子电容器与双电层电容器漏电流和自放电性能比较。(a)900 F 锂离子电容器漏电流曲线；(b)750 F 双电导电容器漏电流曲线；(c) 不同电压下漏电流变化曲线；(d) 搁置 30 d 自放电曲线 [79]

锂离子电容器和双电层电容器结构上的区别在于，锂离子电容器的负极采用预嵌锂的负极代替了双电层电容器活性炭负极，然而漏电流却得到了显著降低。对于双电层电容器和锂离子电容器而言，在器件的化成过程中通常采用恒流充放电工艺，没有恒压充电过程。

若采用恒压充电，会在活性炭电极表面形成钝化层，而考虑到高倍率下的正极电位波动和浪涌电压，这个恒压值可比额定工作电压略高 0.1~0.2 V。尽管会带来诸如轻微的内阻升高、电容减小之类的不利影响，但电化学稳定性可以得到显著提高。此外，由于锂离子电容器存储的能量与电压的平方成正比，则能量密度随工作电压的提高而增大。在一些实验室研究工作中，锂离子电容器设置的工作电压上限可高达 4.3~4.5 V，然而，从电化学稳定性和自放电的角度考虑，额定工作电压上限不应超过 3.8~4.0 V。

10.6 锂离子电容器成组技术

10.6.1 模组设计

1. 串并联设计

为了满足实际工况的能量、功率和电压等应用需求，需要将锂离子电容器进行串并联组合。锂离子电容器常见的成组方式有四种 (图 10-50)：串联型、并联型、先串后并型和先并后串型，一般采用螺纹连接、焊接等方式实现可靠连接。串联是提升系统输出电压的最直接方式，并联能够改善电容量不足或功率不足的情况。锂离子电容器进行串联和并联方式成组后，模组的电容量计算公如下：

$$C_{\mathrm{S}} = \frac{1}{n}C \tag{10.37}$$

$$C_{\mathrm{P}} = mC \tag{10.38}$$

$$E = \frac{1}{2}C_{\mathrm{m}}(U_{\max}^2 - U_{\min}^2) \tag{10.39}$$

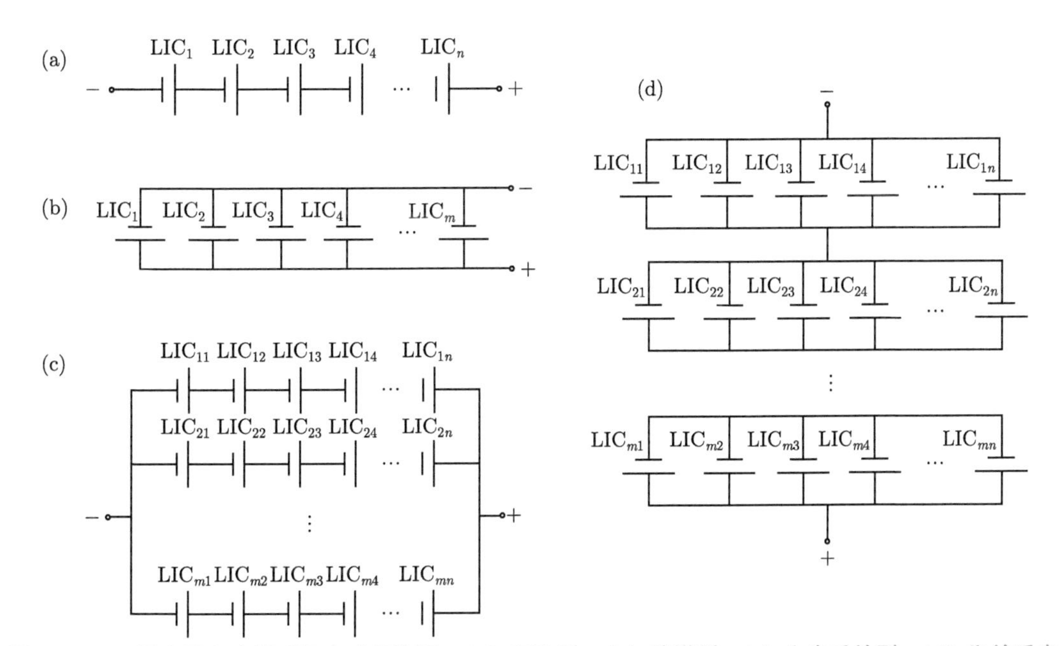

图 10-50 锂离子电容器成组方式示意图。(a) 串联型；(b) 并联型；(c) 先串后并型；(d) 先并后串型；LIC 表示锂离子电容器

式中，C_S 为串联模组的电容量，单位为 F；C_P 为并联模组的电容量，单位为 F；C 为锂离子电容器单体容量，单位为 F；C_m 为锂离子电容器串并联模组容量，单位为 F；n 为锂离子电容器串联数量；m 为锂离子电容器并联数量；E 为模组的储能电量，单位为 W·h；U_{max} 和 U_{mim} 分别为模组的最高工作电压和最低工作电压，单位为 V。

锂离子电容器在成组过程中，采用先串后并或者先并后串的方式，需要结合实际应用工况综合考虑。表 10-6 分析了先串后并和先并后串两种成组方式的优缺点 [90−92]。

表 10-6 锂离子电容器两种成组方式优缺点

成组方式	先串后并	先并后串
优点	(1) 储能容量配置灵活：针对系统应用需求，可以进行多个串联模组进行并联； (2) 支路冗余性高：某一串联单元故障，可及时断开该支路，降低风险等级； (3) 能够充分利用标准化模块	(1) 电气可靠性更高：先并后串组成的系统，同一个并联模块中任一单体性能差异对整个支路影响较小； (2) 检测控制更可靠：模组内部采集点少，采用线束或者铝排连接采样，在同等失效概率下，失效的点数少； (3) 成本更低：系统配置的均衡板更小，系统成本更低
缺点	(1) 对单体要求高：对各串联支路的电容性能一致性要求较高； (2) 系统设计要求高：数据采集量大，连线复杂，SOC 估算计算量大、均衡系统设计复杂，成本高； (3) 可靠性差	(1) 返修难度大：单体电芯故障后，需要对整个模组进行返修，返修难度大； (2) 易形成回流：并联单体中由于内阻、自放电差异或者短路故障等，都会与并联的单体之间形成电流回路，导致系统能量损耗甚至发生故障

例如，Zhang 等 [93] 采用团队自主研发的 1100 F 锂离子电容器 (静电容量 1100 F、工作电压 2.2～3.8 V，储能电量 1.5 W·h)，采用先 6 并后 8 串成组方式装成锂离子电容器模块，工作电压 17.6～30.4 V，储能电量为 72 W·h，应用于自动导引车。

2. 一致性筛选

锂离子电容器单体的一致性直接影响模组的综合性能，如能量利用率、循环寿命及安全性等。因此，在成组前进行锂离子电容器一致性的筛选非常重要。目前，一致性筛选方法主要包括单参数筛选法、多特征参数筛选法、动态特性曲线筛选法以及电化学阻抗谱筛选法等。

1) 单参数筛选法

单参数筛选法是利用单体的外在特性参数 (电压、内阻、容量等) 进行单独分选，包括开路电压法、内阻测试法、容量测试法等。开路电压法操作简单，但准确度差；内阻测试法无法准确识别欧姆内阻和极化内阻；容量测试法简单且效果较好，但是不能反映不同倍率、不同环境温度等不同工况下的真实特性。

2) 多特征参数筛选法

多特征参数筛选法是选取多个单体的特征参数进行一致性筛选，如电压、内阻、容量、自放电率等。根据配组要求设定综合容量差异、内阻差异、电压差异、自放电率差异等多个方面的加权值，从而提高一致性筛选的准确性。Zhang 等 [93] 采用多特征参数筛选法进行了锂离子电容器的一致性筛选，如图 10-51 所示。提取的参数包括容量和内阻，经过该方法串联成组后，模组循环 1000 次，串联锂离子电容器之间的最大电压差 $\leqslant 0.05$ V，能够满足实际应用需求。

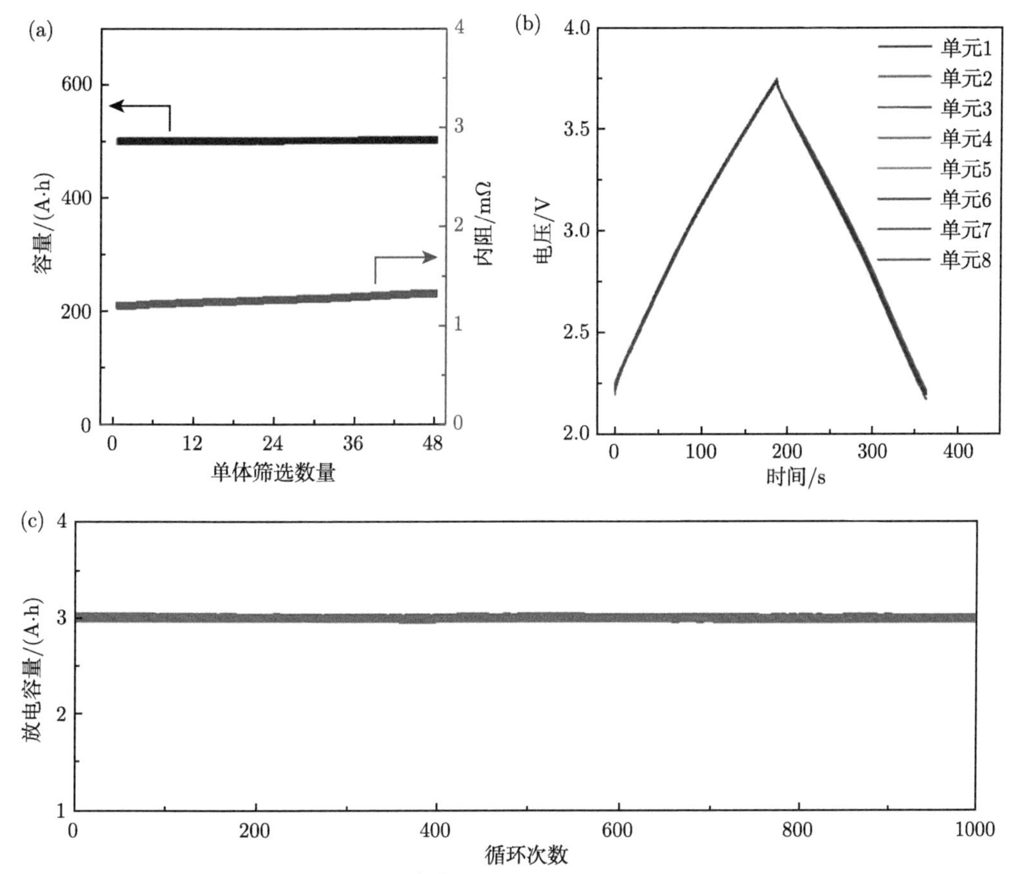

图 10-51 多特征参数筛选锂离子电容器[93]。(a) 被筛选的锂离子电容器容量和内阻；(b) 循环 1000 次后串联锂离子电容器之间的电压曲线；(c) 锂离子电容器模组在 30 A 充放电电流下循环 1000 次

3) 动态特性曲线筛选法

充放电曲线是充放电电压、容量、内阻和极化程度的集中表现。动态特性曲线筛选法是对单体进行不同倍率下的充放电实验，根据充放电曲线之间相似性进行一致性筛选。该方法能够反映单体内部特性，但耗时长，无法反映单体外特性。

4) 电化学阻抗谱筛选法

电化学阻抗谱筛选法是指采用电化学阻抗谱进行筛选，通过施加一个频率不同的小振幅交流信号，测试交流信号电压与电流的比值 (阻抗) 随正弦波频率的变化关系的方法。该方法可以反映高低频下的阻抗特性，但需要配置电化学工作站。

表 10-7 中列举了各类筛选方法的优缺点，可根据实际应用情况选用不同的筛选方法。

表 10-7 四类一致性筛选方法的优缺点[94]

筛选方法	优点	缺点
单参数筛选法	操作简单、耗时短	准确度相对较差
多特征参数筛选法	综合考虑了单体的外特性	无法反映单体内特性
动态特性曲线筛选法	能够反映单体内特性	耗时长，无法反映单体外特性
电化学阻抗谱筛选法	能够反映单体内特性	耗时长，需要配置电化学工作站

3. 模组结构设计

锂离子电容器模组的结构是根据单体基础性能 (包括材料体系、规格尺寸、综合性能等) 和应用需求而设计。目前锂离子电容器模组的主要结构形式包括圆柱形、软包形和方形硬壳三类，商业化锂离子电容器模组如图 10-52 所示。

图 10-52 商业化 30 V/825 F 锂离子电容器模组

1) 圆柱形锂离子电容器模组

圆柱形锂离子电容器一般通过将正负极插针焊接于印刷电路板 (PCB) 上固定，通过 PCB 上的导电线路串并联，实现对锂离子电容器模组的管理，如图 10-53 所示。圆柱形锂离子电容器模组一般是不锈钢制外壳，机械强度高，极片卷绕工艺自动化水平高，产品体积小，适用于电路板等小空间。

图 10-53 圆柱形锂离子电容器成组示意图

2) 软包形锂离子电容器模组

软包形锂离子电容器单体自身的强度和刚度较差，成组时通常需要增加一个保护外壳，包裹一个或者多个单体，成为一个小单元，把若干个小单元固定在一起，组成一个模组。通常一个小单元为锂离子电容器并联结构，然后通过串联将若干个小单元成组。模组电连接方式主要包括螺栓紧固和焊接。螺栓紧固是一种传统的方式，容易实现，成本低。螺栓紧固的方式阻抗较大、一致性较差、容易发生电化学腐蚀。焊接则主要使用激光焊接和超声焊接。焊接方式具有接触阻抗小、易批量生产、不会产生电化学腐蚀等优点。

3) 方形硬壳锂离子电容器模组

方形锂离子电容器成组固定通常是采用外围框架式固定，模组电连接方式主要包括螺栓紧固和焊接。方形硬壳锂离子电容器模组结构简单，适用于制备大容量单体。

不同类型的锂离子电容器，模组结构设计方案不同，各类锂离子电容器的成组特点如表 10-8 所示。

表 10-8 各类锂离子电容器成组特点

外形结构	圆柱形	软包形	方形硬壳
优点	(1) 由不锈钢制备的外壳，机械强度高； (2) 极片卷绕工艺自动化水平高； (3) 产品体积小，适合于电路板等小空间	(1) 能量密度高，存储相同电量下，质量是其他两类锂离子电容器的 60%，而体积是其他两类的 80%； (2) 结构、尺寸可以根据不同应用场合定制； (3) 成本低	(1) 壳体大多数为铝合金或者不锈钢，机械强度较高； (2) 模组结构简单； (3) 适合制备大容量单体
缺点	(1) 预嵌锂工艺复杂； (2) 能量密度低、成本高	(1) 外包装机械强度不足，存在潜在漏液风险； (2) 模组设计时需要保护结构，成组成本较高	(1) 功率密度低； (2) 成本高于软包锂离子电容器

面对不同应用需求，锂离子电容器模组的外形尺寸、机械接口、电气接口等都有较大差异。确定锂离子电容器模组的需求边界后，模组的设计基本原则如下所述。

(1) 性能指标：锂离子电容器模组的性能指标满足实际应用需求，特别是体积/质量能量密度和体积/质量功率密度，在设计过程中注重轻量化设计，辅助部件质量尽量小，一般不超过模组总质量的 30%。

(2) 机械强度：防止锂离子电容器在内部或者外部压力 (如膨胀、挤压、针刺等) 下产生变形甚至破坏，并且严格避免振动过程中锂离子电容器的移动。

(3) 电气性能：锂离子电容器单体之间导电连接可靠、距离尽可能短，以柔性连接为宜，导电连接各部件的导电能力要满足工况要求的最大过流能力。另外要关注电气绝缘、电气间隙、爬电距离、防触摸等电位连接和可维护性方面的设计。

(4) 热特性：模组设计紧凑，同时设计有散热、导热结构。

(5) 防止滥用：模组设计具有明显的正负极标注，同时设计有安全保护系统，防止模组外部短路、过充、过放等。

(6) 可制造与可操作性：模组制备工艺可行、生产效率高、成本可控。装配或拆卸维修模组时要求结构简单、操作方便，同时便于扩展。

4. 锂离子电容器管理系统

锂离子电容器管理系统 (lithium-ion capacitor management system, LICMS) 是对锂离子电容进行监控、管理和控制的系统，目的是实现锂离子电容器模组的安全可靠运行。锂离子电容器管理系统主要包括锂离子电容器状态监测、状态估计、安全保护、能量管理，以及信息存储与交互等。其中状态监测主要是对锂离子电容器电压、电流和温度的检测；锂离子电容器状态估计主要包括锂离子电容器剩余电量估计和健康状态估计；安全保护主要包括短路、过压、过流、过温等保护；能量管理主要是对充放电控制管理和均衡控制管理；信息存储与交互主要是对历史数据的管理存储和当前数据的实时显示。锂离子电容器倍率特性和热特性好，对充放电忍耐力强，开路电压与剩余荷电容量呈线性变换、SOC 估算较为容易，这在一定程度上降低了模组对管理系统的依赖，减少了管理系统的制作成本。

10.6.2 荷电状态估计

锂离子电容器的荷电状态 (state of charge，SOC) 是指锂离子电容器剩余电荷的可用状态，一般用百分数来表示。SOC 定义如下式：

$$\mathrm{SOC} = \frac{Q_{\mathrm{remain}}}{Q_{\mathrm{rated}}} \times 100\% \tag{10.40}$$

式中，Q_{rated} 为锂离子电容器标称 (额定) 的电荷容量，Q_{remain} 为锂离子电容器剩余的电荷容量。

目前针对锂离子电容器的 SOC 估计工作较少。实际工况中，由于 SOC 受电流、温度和自放电等各种因素的影响，从而很难获得精确的 SOC 值。通常，由于引入锂电池电极，锂离子电容器端电压和 SOC 之间不是标准的线性关系，不能直接套用双电层电容器的 SOC 估计算法。此外，因为锂离子电容器常工作于高倍率场景，常常会有信号干扰，例如噪声和传感器的偏差，所以其会对 SOC 估计精度产生较大的影响。

目前 SOC 估计算法有多种，包括安时积分法、开路电压 (open circuit voltage, OCV) 法、神经网络 (neural network, NN)，以及基于模型的方法，包括卡尔曼滤波器 (Kalman filter, KF)、扩展卡尔曼滤波器 (extended Kalman filter, EKF)、无迹卡尔曼滤波器 (unscented Kalman filter, UKF) 等。最常见和最简单的方法是安时积分法，可以在理想条件下获得 SOC 的真实值。然而，初始值的选取和实际测量中误差的积累会导致 SOC 逐渐偏离真实值，初始 SOC 估值的精度对 SOC 估计有很大影响 [95]。开路电压法需要静止很长时间才能获得准确的开路电压，因此无法应用于电动汽车、电网调频储能等持续充放电的实时系统 [96]。神经网络是一种机器学习方法，适合于复杂的非线性系统，无须研究系统的内部机制。然而，NN 涉及大量的离线训练数据以获得准确的估计，数据的收集和训练成本比较高 [97]。与其他方法相比，基于模型的方法在准确性、复杂性和实时性之间有较好的平衡 [98]。基于等效电路模型 (equivalent circuit model, ECM) 推导出状态空间方程，通过 KF、EKF、UKF 等算法进行 SOC 估计是目前较为成熟的方案。标准的 KF[99] 是从线性系统中提出的，应用于锂离子电容器的非线性系统精度有限。EKF[100] 针对非线性系统提出，使用泰勒级数和雅可比 (Jacobian) 矩阵的一阶项将非线性系统线性化，由于线性化引入了误差，所以具有有限的精度。UKF 执行无迹变换 (UT) 代替线性化，从而提高到二阶精度并减少了计算量。但是，原始的 KF、EKF 和 UKF 都假设过程噪声和测量噪声的参数是事先确定的，并且在迭代过程中保持不变。Dong 等 [101] 将自适应无迹卡尔曼滤波器 (adaptive unscented Kalman filter, AUKF) 用于锂电池的 SOC 估计，其优点是在过程和测量状态下可对噪声协方差进行自适应校正，实验结果表明，AUKF 收敛性好，估计精度更高。基于球面径向容积规则的容积卡尔曼滤波器 (cubature Kalman filter, CKF) 是另一种用于非线性系统的高斯滤波器。与 EKF 相比，CKF 不需要计算雅可比矩阵。而且，与 UKF 相比，它以更少的计算量提供了更高的估计精度 [102]。但是，UKF 和 CKF 都执行 Cholesky 分解，算法执行时有可能出现非正定矩阵，从而导致数值的不稳定甚至发散。因此，稳定性对于 SOC 估计算法的设计同样至关重要 [103]。Yang 等 [104] 针对锂离子电容器技术特点和应用工况，提出了可变遗忘因子递归最小二乘法 (VFFRLS) 结合自适应平方根容积卡尔曼滤波器 (ASRCKF) 的荷电状态估计算法，基本流程如图 10-54 所示。

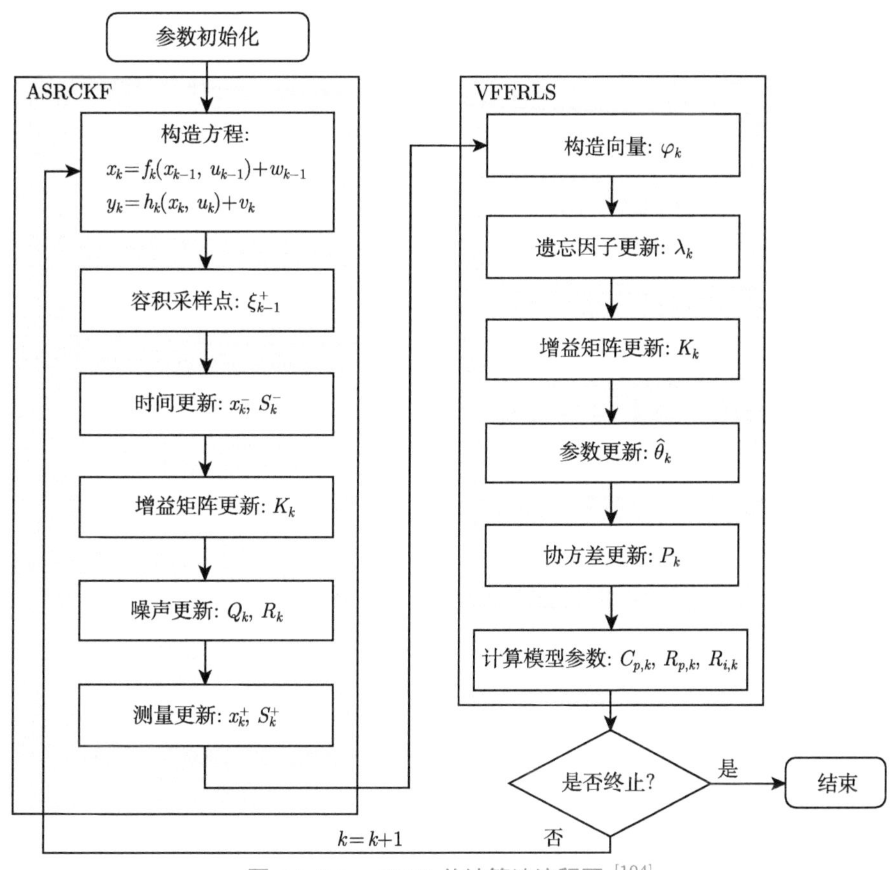

图 10-54 SOC 估计算法流程图 [104]

这里建立了一阶 RC 模型来模拟锂离子电容器的动态特性，模型参数的识别基于可变遗忘因子递归最小二乘法 (variable forgetting factor recursive least squares, VFFRLS)，可变遗忘因子可以有效地提高算法收敛性和跟踪性能，通过仿真验证了模型的精度，并分析了可能导致误差的因素。建立了自适应平方根容积卡尔曼滤波器，该方法采用平方根法避免了 Cholesky 分解，与 CKF 和 UKF 相比，提高了精度和数值稳定性。实验结果表明，端电压估计误差的最大平均绝对误差 (mean absolute error, MAE) 和均方根误差 (root mean squared error, RMSE) 分别为 8.4 mV 和 11.2 mV，因此验证了等效模型和 VFFRLS 是合理可靠的。通过在多种工况下对 EKF、平方根容积卡尔曼滤波器 (square-root cubature

Kalman filter, SRCKF) 和自适应平方根容积卡尔曼滤波器 (adaptive square-root cubature Kalman filter, ASRCKF) 进行比较，结果表明 ASRCKF 在模型参数不精确的情况下具有更好的准确性和稳定性。同时，这里利用端电压和电流中包含的噪声和偏移来验证算法的鲁棒性。尽管信号有干扰，ASRCKF 仍可以高精度地跟踪参考 SOC。在多种情况下验证了算法的鲁棒性，包括不同的 SOC 初始值和带有偏移量的测量数据，如图 10-55 所示，估计值快速收敛且稳态误差低于 1%，表明初始 SOC 的偏差对估计精度的影响较小。图 10-56 表示了电流偏移和电压偏移动态中进行的 SOC 估计，最大误差约为 3.5%，表明算法对电流和电压偏移具有良好的鲁棒性。因此，VFFRLS-ASRCKF 具有良好的鲁棒性，可实现准确的 SOC 估计和端电压预测。

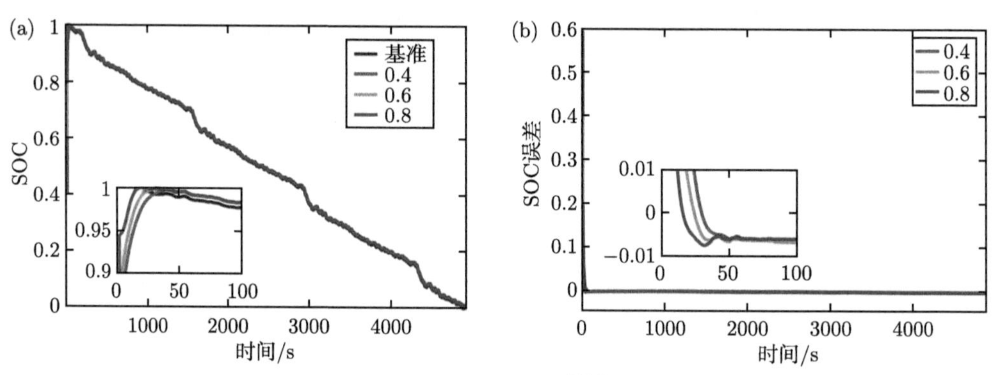

图 10-55 不同初始值的 SOC 估计和相应误差 [104]。(a)SOC 估计；(b) 估计误差

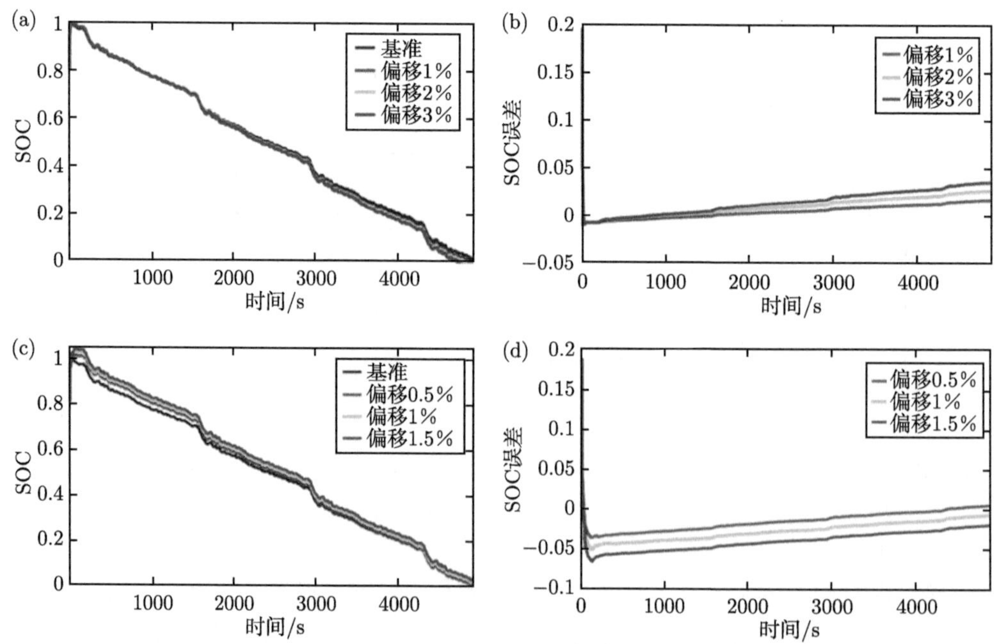

图 10-56 不同干扰和偏移量的 SOC 估计和相应的误差 [104]。(a) 电流偏移的 SOC 估计；(b) 电流偏移的估计误差；(c) 电压偏移的 SOC 估计；(d) 电压偏移的估计误差

10.6.3 均衡管理系统

在实际应用中，锂离子电容器需要将大量单体串并联成组，满足场景的电压、容量和功率等需求。然而，锂离子电容器单体之间在生产制造或工况运行过程中都存在不可避免的差异。锂离子电容器生产制备过程是一个复杂的系统工程，原材料种类需求多，生产工序复杂，很容易导致下线的锂离子电容器的容量、内阻、自放电率等性能指标的差异。在实际运行过程中，一方面，随着锂离子电容器服役时间的增长，初始差异被不断累积放大；另一方面，充放电电流、环境温度、工作频次等运行工况差异会导致锂离子电容器性能以不同速率衰退，从而加剧锂离子电容器模组的不一致性。串联锂离子电容器由不一致性产生的“木桶效应”会导致锂离子电容器的过充或过放，进而使整个锂离子电容器模组的能量利用率降低，性能逐渐变差，最终缩短锂离子电容器模组的使用寿命，甚至造成锂离子电容器失效、变形等安全隐患。

为解决不一致性问题，一方面，应将制备工艺精进，降低生产过程中造成的不一致性；另一方面，在锂离子电容器模组中加入均衡管理系统，减小锂离子电容器单体之间的工况差异，这在预防锂离子电容器过充过放、提升锂离子电容器模组能量利用率、保证安全运行、延长使用寿命、优化使用方案、节约成本等方面具有重要的意义。

按照均衡过程中是否损耗电源的能量，均衡技术可分为能耗型均衡和能量转移型均衡。

1. 能耗型均衡

能耗型均衡本质上是利用与单体并联的元器件来耗散掉电路中多余的能量，来达到阻止储能器件端电压持续上升的效果，起到过压保护的作用。典型的能耗型均衡电路有：并联电阻法、稳压管法和开关电阻法，如图 10-57 所示。

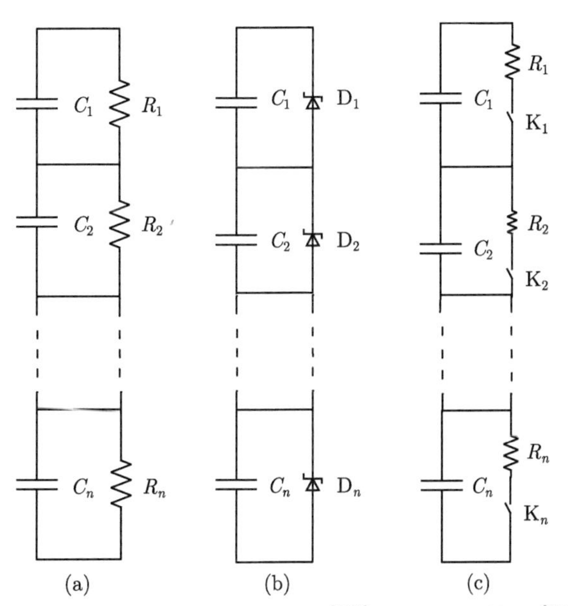

图 10-57 典型的能耗型均衡电路图。(a) 并联电阻法 [105]；(b) 稳压管法 [106]；(c) 开关电阻法 [107]

1) 并联电阻法

并联电阻法 [105] 针对串联锂离子电容器模组中各单体的不同特性参数，配置放电电阻，并联在每节单体上，通过提升电压较高的单体的自放电率，从而降低单体间的电压差异，并联电阻法如图 10-57(a) 所示。该方案控制策略简单、成本低，但是由于自放电率的提升，锂离子电容器单体的实际可用能量下降，降低了储能模块的效率，并且均衡过程中电路能量损耗大，电路发热较为严重，因此在后续使用中需要考虑散热等装置。

2) 稳压管法

稳压管法 [106] 是在锂离子电容器两端并联一个稳压二极管，稳压管的选取原则为锂离子电容器的额定电压，当单体充电至超过额定电压时，稳压管被击穿，充电电流从稳压管上流过，稳压管消耗掉多余的电源能量，使单体电压钳位为稳压值，从而实现均压，稳压管法如图 10-57(b) 所示。稳压管法的优点在于，电路无需控制单元，结构简单且成本低。但其存在能量损耗大、发热量高等缺点，并且伴随着电路温度的升高，稳压二极管的性能参数可能会发生变化，使其击穿电压不等于锂离子电容器的额定电压，从而导致过充现象的发生，电路均压的可靠性降低。

3) 开关电阻法

开关电阻法 [107] 与并联电阻法较为相似，区别在于开关电阻法在电阻的支路上串联了一个开关，其均衡原理为：当锂离子电容器单体充电至额定电压时，开关闭合，充电电流从电阻上流过，由电阻消耗电路中多余的能量，维持单体稳定在额定电压值，达到均衡的效果。图 10-57(c) 为开关电阻法示意图，相比于并联电阻法，开关电阻法更加灵活，在初始充电阶段没有电阻分流，提高了能量利用率，降低了电路损耗。但由于电路增加了电压检测及开关模块，所以电路结构较为复杂，同时电路依然存在损耗较高、发热量较大等问题。

能耗型均衡一般具有结构简单、成本低的优点，但同时也有发热量大、电路能量损耗高的缺点，表 10-9 是能耗型均衡策略的对比。

表 10-9 能耗型均衡策略对比

均衡技术	均衡速度	均衡目标	执行阶段	复杂性	成本
并联电阻法	慢	压差	全阶段	简单	低
稳压管法	较慢	固定电压	充电	简单	低
开关电阻法	较慢	固定电压	充电	较简单	较低

2. 能量转移型均衡

能量转移型均衡通过电容、电感等储能元件完成串联锂离子电容器之间的能量转移，满足均衡效率高、均衡速度快、均衡电流大的要求。但其成本较高、控制策略复杂，从而降低了可靠性，因此能量转移型均衡技术的研究仍面临着巨大的挑战。典型的能量转移型电路有飞渡电容法、开关电感法、DC/DC 转换器法和变压器法。

1) 飞渡电容法

飞渡电容法 [108] 以电容器作为能量储存元件，通过选择源电容器、目标电容器以及相应的开关来实现单体之间的能量转移。根据电路中电解电容的数量可分为单飞渡电容法和多飞渡电容法，其拓扑结构如图 10-58 所示。单飞渡电容法利用一个电解电容，将电路中电

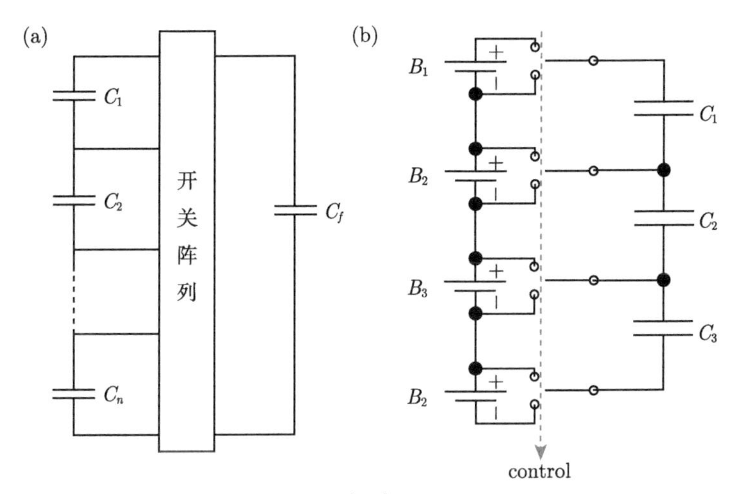

图 10-58 飞渡电容法拓扑结构示意图 [108]。(a) 单飞渡电容法；(b) 多飞渡电容法

压值最高的锂离子电容器的能量转移到电路中电压值最低的锂离子电容器中，从而实现均压的效果。其工作原理如图 10-58(a) 所示。该方法缩短了能量传递的路径，且由于能量只在两个电压极值之间传递，所以均压速度提高、损耗小，但其开关网络复杂，硬件电路和控制算法复杂，扩展性较差。多飞渡电容法则是利用多个电解电容使得能量在相邻两个锂离子电容器之间传递，从而实现电压均衡，其电路结构如图 10-58(b) 所示。该方法可以实现充放电电压均衡，硬件电路结构简单易实现，且无需电压检测模块，但是当锂离子电容器模块中单体数量较多时，相邻两个锂离子电容器之间的电压差值较小，均衡时间过长。飞渡电容法一般适用于低功率场合。当功率增加时，电路所需元器件，如开关管等，会增加，从而增加电路的质量和成本等。

2) 开关电感法

开关电感法 [109] 与单飞渡电容法的电路结构较为相似，不同的是其电路中储能元件是电感。电感相较于电容器的优点是电路均衡速度增加，原因是飞渡电容法电路中相邻两个锂离子电容器之间的电压差及放电回路中的等效电阻会影响电路均衡的速度，电压均衡速度较慢；而只要参数设计合理，开关电感法可以有效提高均衡速度。开关电感法的电路结构如图 10-59 所示，开关电感法与单飞渡电容法在控制思路上是一致的，即利用储能元件使得能量在模块中两个电压极值的锂离子电容器之间流动。同样地，开关电感法通常适用于功率较低的场合，当功率要求增加时，势必会增加电路中开关管的数量，从而增加电路的成本及质量。

3) DC/DC 转换器法

DC/DC 转换器法 [110] 均衡的思想是利用储能器件将能量在相邻的两个锂离子电容器单体中转移，从而实现电压均衡的效果。DC/DC 转换器法主要有 Cuk 转换器法、Boost 转换器法和 Buck-Boost 转换器法等。典型的 Cuk 斩波电路 [111] 的均衡拓扑结构如图 10-60(a) 所示，该结构能实现相邻锂离子电容器间能量转移，当其应用在大规模锂离子电容器模组中时，长距离的均衡过程导致模组均衡速度及均衡效率不理想。此外，Cuk 斩波电路使用元器件较多，因此成本偏高。Boost 斩波电路 [112] 的均衡拓扑结构如图 10-60(b)

所示。通过控制开关导通，高能量锂离子电容器中的电能可储存至并联的电感中，而后在开关关断期间经续流二极管向上游低能量锂离子电容器中转移，其中第一个锂离子电容器单体的能量可转移至其余锂离子电容器。Buck-Boost 斩波电路 [113] 的均衡拓扑如图 10-60(c) 所示。该结构通过控制开关的通断能够实现相邻锂离子电容器单体间的均衡。但当其应用于长电容器串均衡时，均衡速度将会受到影响。总地来说，DC/DC 转换器法均衡策略可以实现锂离子电容器模组充放电过程中的均压及静态均压，均压速度快，电路损耗小，然而其缺点是电路所需元器件数量多，硬件成本较高。

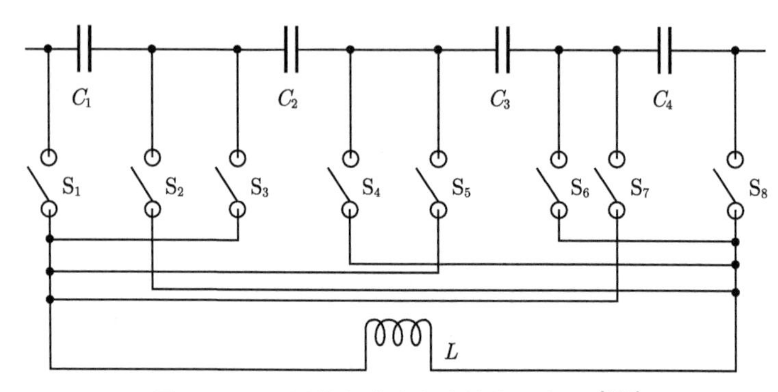

图 10-59 开关电感法电路结构示意图 [109]

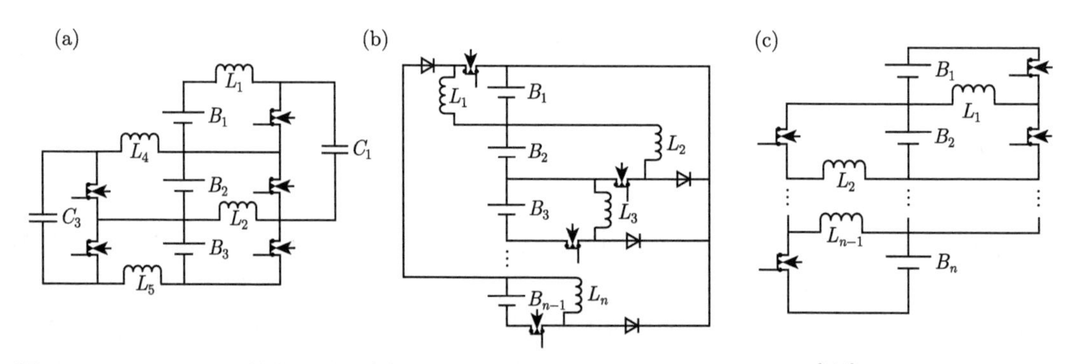

图 10-60 DC/DC 转换器法均衡拓扑结构示意图。(a)Cuk 斩波电路拓扑 [111]；(b)Boost 斩波电路拓扑 [112]；(c)Buck-Boost 斩波电路拓扑 [113]

4) 变压器法

变压器法均衡方式 [114] 属于隔离型均衡，它以变压器为能量转移载体，将锂离子电容器模组或单体的部分能量储存在绕组中，并通过互感传递到另一个绕组，最后通过开关将能量传递到需要被均衡的锂离子电容器模组或单体中。该均衡方法的均衡速度较快，但随着串联锂离子电容器数量增加，变压器线圈的绕制越来越复杂，大大增加了电路的成本和体积。根据变压器种类，基于变压器的均衡可分为单绕组变压器、同轴多绕组变压器和多重变压器结构。

单绕组变压器均衡法 [115] 又称为开关变压器法，如图 10-61(a) 所示。该电路的缺点是能量转移路径单一，均衡效果不显著。同轴多绕组变压器均衡法 [116] 由一个磁芯、一个初级绕组和多个次级绕组构成。其工作原理是通过“共享变压器”完成整个锂离子电容器模组与所要均衡的单体之间的能量转移，它有两种电路结构：反激模式和正激模式，其拓扑结构如图 10-61(b) 所示。该电路的优点是开关数量少、均衡速度快、均衡效率高，缺点是不易扩展、次级绕组数量多、变压器设计困难、维修成本高，一般适用于中等长度的串联锂离子电容器模组。多重变压器均衡法 [117] 为锂离子电容器模组内各单体配备专用变压器，并通过专用控制开关将同一初级侧绕组连接在一起，其拓扑结构如图 10-61(c) 所示。该电路均衡速度较快，但多台变压器的使用导致电路体积庞大、成本高昂、磁化损耗严重等问题。

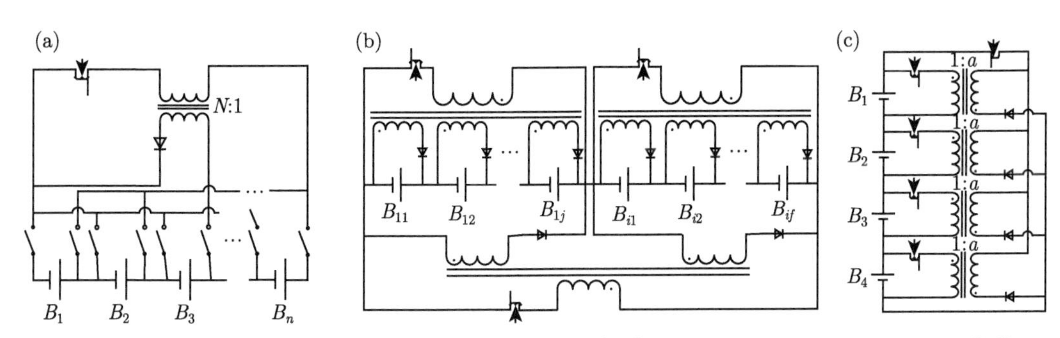

图 10-61 变压器法均衡方式。(a) 单绕组变压器均衡法 [115]；(b) 同轴多绕组变压器均衡法 [116]；(c) 多重变压器均衡法 [117]

能量转移型均衡具有均衡效率高、均衡速度快等优势，但也存在成本高、控制电流复杂等问题，表 10-10 是能量转移型均衡技术的对比。

表 10-10 能量转移型均衡技术对比

均衡技术	均衡速度	均衡目标	执行阶段	复杂性	成本
飞渡电容法	较慢	压差	全阶段	较复杂	高
开关电感法	慢	压差	全阶段	复杂	高
DC/DC 转换器法	慢	压差	全阶段	复杂	较高
变压器法	较慢	压差	充电	较复杂	较高

10.6.4 热管理系统

锂离子电容器储能系统受温度影响较大，温度的升高会导致锂离子电容器老化速度加快，性能参数恶化 [118]。

(1) 产气。高温会导致单体的封闭壳体内电解液分解，引起气体积聚，使得内部压力剧增，严重时导致壳体损坏；

(2) 电极劣化。温升增加过快会导致电极在充放电过程中产生不可逆的机械应力，使活性炭表面氧化，其结构部分损坏，电极表面产生杂质使多孔电极的孔被副产物堵塞。

(3) 器件非均匀绝缘老化。

(4) 内阻上升，容量下降，自放电速率增加。

为了解决上述问题，需要引入热管理系统进行散热，限制模组内单体的温升和温差，从而实现模组温度均匀化，保证锂离子电容器工作在适宜的温度范围内，降低性能衰减速度并消除相关的潜在安全风险。通过热管理系统对温度进行调节和控制，可使锂离子电容器在运行过程中始终保持在合适的温度范围，这对提高动力系统的性能和效率，延长其使用寿命，保障储能系统的安全使用等方面具有重要的意义。

目前在实际使用中按照冷却介质的不同，热管理系统的散热方式可分为空气冷却、液体冷却和相变材料冷却三种方法 [118]。

1. 空气冷却

空气冷却 (风冷) 散热方式是利用空气与锂离子电容器系统进行热交换来带走热量，以达到降低系统温度的目标。根据是否存在额外设备的参与，可以分为自然对流冷却和强制冷却两种方式。自然对流冷却是利用空气的自然对流带走系统的热量，这种方式散热效率低，而强制冷却则是通过风扇加快空气的流动来提高散热效率。风冷散热方式具有结构简单、成本低、便于实现的特点，但是由于空气的导热系数低，所以这类系统常用于温升较为平缓的场合。近些年来，对这类散热系统研究的重点是如何通过优化模组中单体的间距、进出口角度和位置等结构参数来提高散热性能，锂离子电容器风冷管理系统如图 10-62 所示。

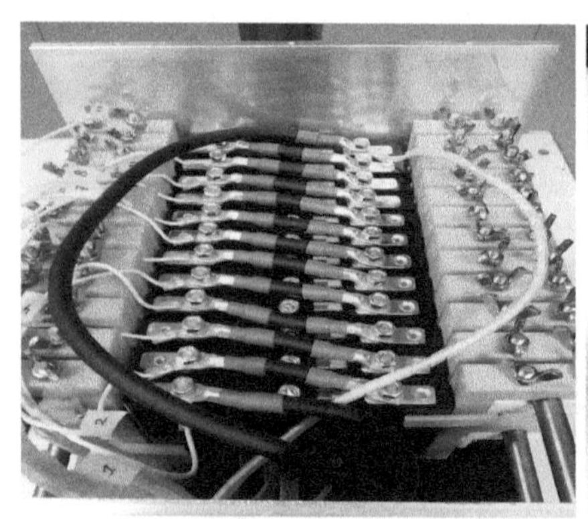

图 10-62 锂离子电容器风冷管理系统 [119]

单体之间的温度差异会加剧内阻和热量的不一致性，如果长时间积累，会造成部分锂离子电容器过充电或者过放电，进而影响锂离子电容器的寿命与性能，造成安全隐患。单体之间的温度差异与模组中单体的布置有很大关系，一般情况下，中心部位单体温度高，边缘部位由于散热条件好，从而单体温度低。因此，在布置锂离子电容器模组结构和进行散热设计时，必须尽量保证各锂离子电容器单体散热的均匀性。根据通风方式，空气冷却主要分为串行通风与并行通风两种方式，其基本原理如图 10-63 所示。串行通风就是冷风逐一通过单体将其热量带走，其优点是结构简单，但由于空气被前部分的单体加热后流通到后部分单体周围，造成后部分单体散热效果差，温度均匀性较差。而并行通风则是冷风并行通过锂离子电容器单体，因此其冷却均匀性得到了很大改善，但空间占用较大。

2. 液体冷却

液体冷却 (液冷) 系统是一种常见的冷却系统，通常使用水、乙二醇、矿物油等作为工作介质，其系统的工作是靠电容器周围介质的流动来传递热量的。由于液体的传热系数相对较强，从而液体冷却比空气冷却效率高。根据接触方式不同，液冷式散热也可以分为直接接触式与间接接触式。直接接触散热是指将电容器直接浸入高导热率的工作介质中，通过介质的流动带走热量。这种方式可以冷却电容器整个表面，通过减轻正极和负极的局部过热效应来提高电容器之间的温度均匀性。总而言之，由于电容器表面可以与传热流体充分接触，可以实现高的热管理性能。但直接接触方式增加了冷却液和电容器的维护成本，严格的密封和压力要求增加了冷却系统的复杂性，阻碍了这种冷却方式的实际应用。

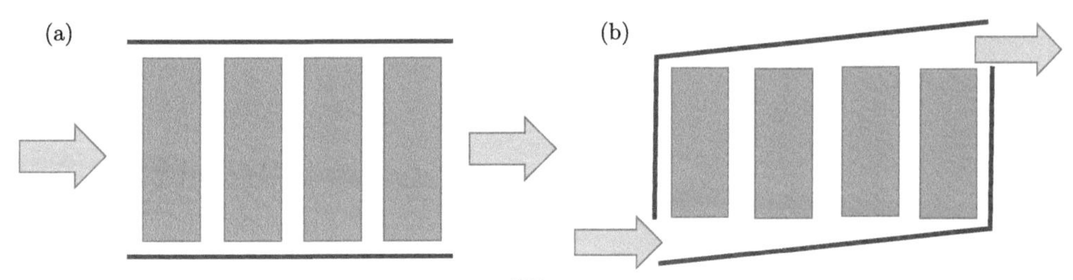

图 10-63 空气冷却示意图 [50]。(a) 串行通风；(b) 并行通风

间接接触式液冷是结合液体冷却板来对锂离子电容器进行散热的，对液体种类的要求不高，工艺性要求较低，容易实现，但缺点是需要设计液体循环回路，并且液冷散热片会增加系统的质量。目前锂离子电容器液冷散热系统主要采用间接接触式，如图 10-64 所示。水泵将水池中冷却液泵出，流入缠绕着锂离子电容器的两个冷却板流道中。其中锂离子电容器产生的热量通过导热元件传导给流道中的工作液体，然后通过散热器的散热将热量带走，冷却液再次返回到水池中。对该类系统研究的关键在于，通过改善冷却流道的形状、宽度、位置、数量以及冷却板的布局来提高系统的散热性能 [120]。

3. 相变材料冷却

相变材料通常是指在可预测的、稳定的和几乎恒温的相变 (熔化或固化) 过程中具有高熔化潜热 (基于物理相变) 的材料，这些材料在相变过程中等温释放或者获得能量，并且可以具有比大多数显性储热 (基于温度差异) 材料高一个数量级以上的蓄热能力，尤其在小温度范围内。相变材料按其相变过程中的物态转变形式可分为固–气、固–固、固–液和液–气四类 [121]。固–气和液–气相变材料吸收热量并发生相变时将变为气态，从而导致体积快速膨胀，使用条件要求较高；固–固相变材料发生相变时，体积变化小，因此不需要额外的容器包装，但其相变潜热低、塑性结晶严重、热导率低，因此实际应用效率较低。固–液相变材料通过其自身的熔化和凝固实现热量的吸收与释放，具有较大的相变潜热，且相变过程中的体积变化小，因此应用前景更为广泛 [122]。固–液相变材料根据其化学成分主要可分为无机相变材料和有机相变材料两种。

无机相变材料具有相变温度固定、相变潜热大、热导率高等优点，其缺点是在凝固的过程中由于过冷度高容易引起相分离，且具有一定的腐蚀性，因此稳定性较差。相比于无机相变材料，有机相变材料不易发生相分离，腐蚀性小且化学性质稳定，因此其应用领域更广泛 [123]。

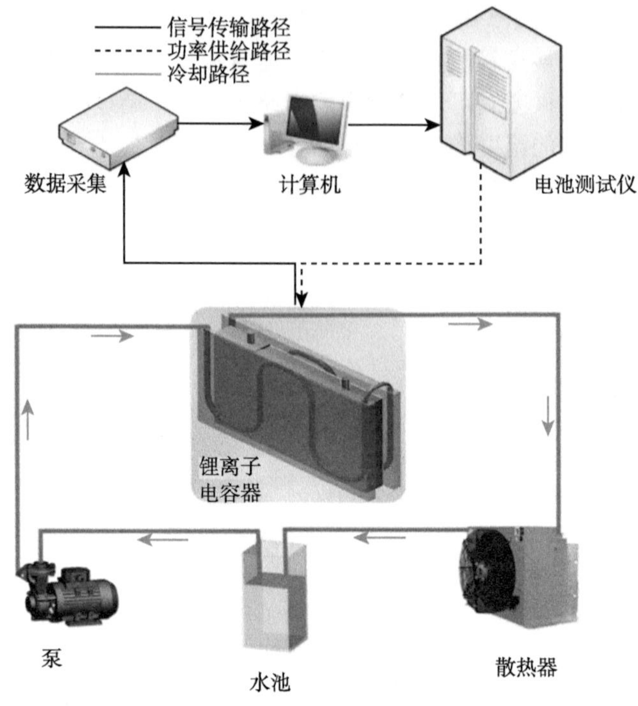

图 10-64 锂离子电容器液体冷却系统示意图 [120]

在不同的相变材料中，有机材料石蜡因其价格便宜、化学稳定性好和耐腐蚀等优点而被广泛使用于热管理系统中。石蜡常被用作相变材料，它在常温下多为固态且相变潜热高，且对其他物体的腐蚀性小。但石蜡的导热系数较低，因此将热导率高的石墨、泡沫金属等添加到石蜡中制备复合相变材料，以此来解决其热导率低的问题。这种散热方式能够在系统不出现异常温升的情况下应对短时的剧烈温升，但是当单体本身处于高温环境或持续性的充放电时，这种散热方式将难以维持，因此相变材料散热方式一般都会辅以风冷或液冷等散热方式。

图 10-65 为相变材料冷却系统照片，使用相变材料作为锂离子电容器热管理系统时，

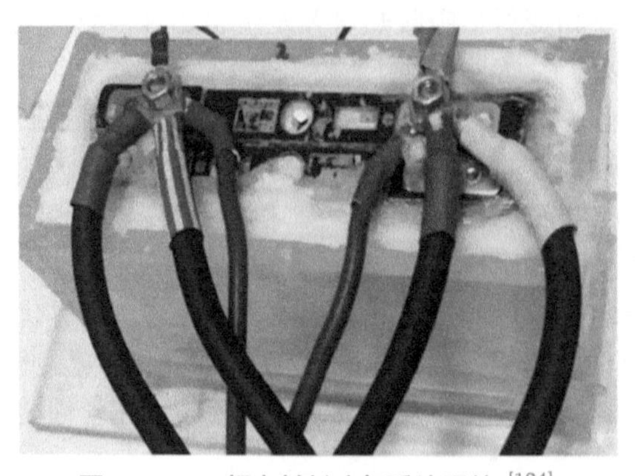

图 10-65 相变材料冷却系统照片 [124]

使用一些特殊的相变材料填充在电容器单体之间，当温度升高时，系统把热量以相变潜热的形式存储在相变材料中，从而吸收锂离子电容器放出的能量使单体和模组的温度迅速降低，有效防止单体和模组过热。相变温度和相变潜热直接决定了相变材料的性能。相变温度是相变材料开始相变的温度，其值越接近单体的最佳工作温度，就越有利于将模组的工作温度维持在最佳工作温度范围内。而相变潜热决定了相变材料吸收和储存热量的多少，相变潜热越大，单位质量的储热量越大，更有利于对模组持续散热，从而节省了相变材料用量。

10.7 本章结语

锂离子电容器的系统集成技术研究涵盖了锂离子电容器单体的建模、热特性、老化、自放电和成组技术等。电化学模型、等效电路模型和分数阶模型是锂离子电容器常见的模型，是准确描述锂离子电容器的外特性、设计可靠的状态估计和预测算法及开发锂离子电容器管理系统基础。单体热特性部分介绍了锂离子电容器的生热原理，并分析了温度对单体性能的影响、充放电过程的热电耦合、放电的热模型和热安全，其中，对锂离子电容器的热特性、热滥用（包括高温、过充电、过放电等）和热失控等方面的认识还有待深入。单体老化部分介绍了单体的老化机制、浮充老化和事后分析，以及建立数学模型对单体的寿命预测，今后可加强 AI 技术和机器学习等新技术和新方法对单体寿命预测的研究。与双电层电容器相比，锂离子电容器除具有高能量密度的优点外，自放电也显著降低；在单体成组设计时，除了考虑单体的一致性，还要注意单体避免过放电，以免造成单体的产气和失效，这一点与锂离子电池具有相似性。

参 考 文 献

[1] von Helmholtz H. Studien ber electrische Grenzschichten. Annalen der Physik, 1879, 243: 337-382.

[2] Gouy L G. Sur la constitution de la charge électrique à la surface d'un électrolyte. Journal de Physique Théorique et Appliquée, 1910, 9(1): 457-468.

[3] Chapman D L. A contribution to the theory of electrocapillarity. The London, Edinburgh, and Dublin Philosophical Magazine and Journal of Science, 1913, 25(148): 475-481.

[4] 祁新春. 超级电容器建模及其热性能研究. 北京: 中国科学院电工研究所, 2009.

[5] Stern O. The theory of the electrolytic double shift. Zeitschrift fur Elektrochemie und Angewandte Physikalische Chemie, 1924, 30: 508-516.

[6] Zhang L L, Zhao X S. Carbon-based materials as supercapacitor electrodes. Chemical Society Reviews, 2009, 38(9): 2520-2531.

[7] Newman J, Tiedemann W. Porous-electrode theory with battery applications. AIChE Journal, 1975, 21(1): 25-41.

[8] de Levie R. On porous electrodes in electrolyte solutions—IV. Electrochimica Acta, 1964, 9: 1231-1245.

[9] Karden E. Using Low-frequency Impedance Spectroscopy for Characterization, Monitoring, and Modeling of Industrial Batteries. Bochum: Evangelische Fachhochschule Rheinland-Westfalen-Lippe, 2001.

[10] Moye D G, Moss P L, Chen X J, et al. A design-based predictive model for lithium-ion capacitors. Journal of Power Sources, 2019, 435: 226694.

[11] Ghossein N E, Sari A, Venet P. Development of a capacitance versus voltage model for lithium-ion capacitors. Batteries, 2020, 6(4): 0054.

[12] Campillo-Robles J M, Artetxe X, del Teso Sánchez K, et al. General hybrid asymmetric capacitor model: Validation with a commercial lithium ion capacitor. Journal of Power Sources, 2019, 425: 110-120.

[13] Ghossein N E, Sari A, Venet P. Interpretation of the particularities of lithium-ion capacitors and development of a simple circuit model. IEEE Vehicle Power and Propulsion Conference (VPPC), Hangzhou, IEEE, 2016: 1-5.

[14] Omar N, Sakka M A, Mierlo J V, et al. Electric and thermal characterization of advanced hybrid Li-ion capacitor rechargeable energy storage system. 4th International Conference on Power Engineering, Energy and Electrical Drives, Istanbul, IEEE, 2013: 1547-1580.

[15] Nathalie D, Samir J, Marie-Cécile P, et al. Review of characterization methods for supercapacitor modelling. Journal of Power Sources, 2014, 246: 596-608.

[16] Spyker R L, Nelms R M. Classical equivalent circuit parameters for a double-layer capacitor. IEEE Transactions on Aerospace and Electronic Systems, 2000, 36(3): 829-836.

[17] 李海东. 超级电容器模块化技术的研究. 北京: 中国科学院电工研究所, 2006.

[18] Faranda R, Gallina M, Son D T. A new simplified model of double-layer capacitors. International Conference on Clean Electrical Power, Capri, IEEE, 2007: 706-710.

[19] Zubieta L, Bonert R. Characterization of double-layer capacitors for power electronics applications. IEEE Transactions on Industry Applications, 2000, 36(1): 199-205.

[20] Gualous H, Bouquain D, Berthon A, et al. Experimental study of supercapacitor serial resistance and capacitance variations with temperature. Journal of Power Sources, 2003, 123(1): 86-93.

[21] 胡景泰, 梁海泉, 钱存元, 等. 水系非对称电极超级电容器的建模研究. 电工技术学报, 2013, 28(1): 12-17.

[22] Shi L, Crow M L. Comparison of ultracapacitor electric circuit models. IEEE Power and Energy Society General Meeting, Pittsburgh, IEEE, 2008: 1-6.

[23] de Levie R. On porous electrodes in electrolyte solutions. Electrochimica Acta: Pergamon Press Ltd, 1963, 8: 751-780.

[24] 艾贤策. 车用锂离子超级电容器性能研究及管理系统设计. 上海: 上海交通大学, 2013.

[25] Barcellona S, Ciccarelli F, Iannuzzi D, et al. Modeling and parameter identification of lithium-ion capacitor modules. IEEE Transactions on Sustainable Energy, 2014, 5(3): 785-794.

[26] 赵洋, 张逸成, 孙家南, 等. 混合型水系超级电容器建模及其参数辨识. 电工技术学报, 2012, 27(5): 186-191.

[27] Tepljakov A. FOMCON Toolbox for MATLAB [2020-8-15]. https://github.com/extall/fomcon-matlab.

[28] Manla E, Mandic G, Nasiri A. Testing and modeling of lithium-ion ultracapacitors. IEEE Energy Conversion Congress & Exposition, 2011, 47(10): 2957-2962.

[29] Lambert S M, Pickert V, Holden J, et al. Comparison of supercapacitor and lithium-ion capacitor technologies for power electronics applications. 5th IET International Conference on Power Electronics, Machines and Drives, Brighton, IET, 2010: 1-5.

[30] Firouz Y, Omar N, Timmermans J M, et al. Lithium-ion capacitor-characterization and development of new electrical model. Energy, 2015, 83: 597-613.

[31] Barcellona S, Piegari L. A lithium-ion capacitor model working on a wide temperature range. Journal of Power Sources, 2017, 342: 241-251.

[32] 姜俊杰, 陈昕彤, 张熊, 等. 锂离子电容器的建模及参数辨识方法. 电工电能新技术, 2018, 38(10): 67-73.

[33] Li H, Jiang J, Zhang W, et al. High-accuracy parameters identification of non-linear electrical model for high-energy lithium-ion capacitor. IEEE Transactions on Intelligent Transportation Systems, 2021, 22(1): 651-660.

[34] Song S, Zhang X, Li C, et al. Equivalent circuit models and parameter identification methods for lithium-ion capacitors. Journal of Energy Storage, 2019, 24: 100762.

[35] Bisquert J, Garcia-Belmonte G, Fabregat-Santiago F, et al. Anomalous transport effects in the impedance of porous film electrodes. Electrochemistry Communications, 1999, 1: 429-435.

[36] Buller S, Karden E, Kok D, et al. Modeling the dynamic behavior of supercapacitors using impedance spectroscopy. IEEE Transactions on Industry Applications, 2002, 38(6): 1622-1626.

[37] Song S, Zhang X, Li C, et al. Anomalous diffusion models in frequency-domain characterization of lithium-ion capacitors. Journal of Power Sources, 2021, 490: 229332.

[38] Song S, Zhang X, An Y, et al. Advanced fractional-order lithium-ion capacitor model with time-domain parameter identification method. IEEE Transactions on Industrial Electronics, 2022, 69(12): 13808-13817.

[39] Bohlen O, Kowal J, Sauer D U. Ageing behaviour of electrochemical double layer capacitors: Part I. Experimental study and ageing model. Journal of Power Sources, 2007, 172(1): 468-475.

[40] Bertrand N, Sabatier J, Briat O, et al. Embedded fractional nonlinear supercapacitor model and its parametric estimation method. IEEE Transactions on Industrial Electronics, 2010, 57(12): 3991-4000.

[41] Kim S H, Choi W C, Lee K B, et al. Advanced dynamic simulation of supercapacitors considering parameter variation and self-discharge. IEEE Transactions on Power Electronics, 2011, 26(11): 3377-3385.

[42] Brouji E H, Briat O, Vinassa J M, et al. Impact of calendar life and cycling ageing on supercapacitor performance. IEEE Transactions on Vehicular Technology, 2009, 58(8): 3917-3929.

[43] Bisquert J, Compte A. Theory of the electrochemical impedance of anomalous diffusion. Journal of Electroanalytical Chemistry, 2001, 499: 112-120.

[44] Marie-Francoise J N, Gualous H, Berthon A. Supercapacitor thermal- and electrical-behaviour modelling using ANN. IEE Proceedings—Electric Power Applications, 2006, 153(2): 255-262.

[45] Soltani M, Sutter L D, Ronsmans J, et al. A high current electro-thermal model for lithium-ion capacitor technology in a wide temperature range. Journal of Energy Storage, 2020, 31: 101624.

[46] Bernardi D, Pawlikowski E, Newman J. A general energy-balance for battery systems. Journal of the Electrochemical Society, 1985, 132: 5-12.

[47] Chen S C, Wan C C, Wang Y Y, et al. Thermal analysis of lithium-ion batteries. Journal of Power Sources, 2005, 140(1): 111-124.

[48] Li Y, Wang S, Zheng M, et al. Thermal behavior analysis of stacked-type supercapacitors with different cell structures. CSEE Journal of Power and Energy Systems, 2018, 4(1): 112-120.

[49] 何文峰. 数学建模理论在传热学中的应用. 科技信息：科学教研, 2007, (16): 38-42.

[50] 张耀升. 锂离子电容器的热性能及其散热器的设计与优化. 武汉: 武汉理工大学, 2019.

[51] Sun X, Zhang X, Wang K, et al. Temperature effect on electrochemical performances of Li-ion hybrid capacitors. Journal of Solid State Electrochemistry, 2015, 19: 2501-2506.

[52] Zhang Y, Liu Z, Sun X, et al. Experimental study of thermal charge-discharge behaviors of pouch lithium-ion capacitors. Journal of Energy Storage, 2019, 25: 100902.

[53] Chacko S, Chung Y M. Thermal modelling of Li-ion polymer battery for electric vehicle drive cycles. Journal of Power Sources, 2012, 213: 296-303.

[54] 张耀升, 刘志恩, 孙现众, 等. 软包锂离子电容器放电过程热模拟. 储能科学与技术, 2019, 8(5): 922-929.

[55] 王宇晖, 靳俊, 郭战胜, 等. 锂硫电池放电过程的热模拟. 储能科学与技术, 2017, 6(1): 85-93.

[56] Goutam S, Nikolian A, Jaguemont J, et al. Three-dimensional electro-thermal model of Li-ion pouch cell: Analysis and comparison of cell design factors and model assumptions. Applied Thermal Engineering, 2017, 126: 796-808.

[57] 冯旭宁. 车用锂离子动力电池热失控诱发与扩展机理、建模与防控. 北京: 清华大学, 2016.

[58] Feng X, Ouyang M, Liu X, et al. Thermal runaway mechanism of lithium ion battery for electric vehicles: A review. Energy Storage Materials, 2018, 10: 246-267.

[59] 王莉, 冯旭宁, 薛钢, 等. 锂离子电池安全性评估的 ARC 测试方法和数据分析. 储能科学与技术, 2018, 7: 1261-1270.

[60] Smith P H, Tran T N, Jiang T L, et al. Lithium-ion capacitors: Electrochemical performance and thermal behavior. Journal of Power Sources, 2013, 243: 982-992.

[61] Waldmann T, Iturrondobeitia A, Kasper M, et al. Review—Post-mortem analysis of aged lithium-ion batteries: Disassembly methodology and physico-chemical analysis techniques. Journal of the Electrochemical Society, 2016, 163(10): A2149-A2164.

[62] Omar N, Daowd M, Hegazy O, et al. Assessment of lithium-ion capacitor for using in battery electric vehicle and hybrid electric vehicle applications. Electrochimica Acta, 2012, 86: 305-315.

[63] Ghossein N E, Sari A, Venet P. Nonlinear capacitance evolution of lithium-ion capacitors based on frequency- and time-domain measurements. IEEE Transactions on Power Electronics, 2018, 33(7): 5909-5916.

[64] Ghossein N E, Sari A, Venet P. Lifetime prediction of lithium-ion capacitors based on accelerated aging tests. Batteries, 2019, 5(1): 28.

[65] Sun X, Zhang X, Liu W, et al. Electrochemical performances and capacity fading behaviors of activated carbon/hard carbon lithium ion capacitor. Electrochimica Acta, 2017, 235: 158-166.

[66] Ghossein N E, Sari A, Venet P. Effects of the hybrid composition of commercial lithium-ion capacitors on their floating aging. IEEE Transactions on Power Electronics, 2019, 34(3): 2292-2299.

[67] Zhang X, Zhang X, Sun X, et al. Electrochemical impedance spectroscopy study of lithium-ion capacitors: Modeling and capacity fading mechanism. Journal of Power Sources, 2021, 448: 229454.

[68] Song S, Zhang X, An Y, et al. Experimental study on calendar aging of commercial lithium-ion capacitors. 23rd International Conference on Electrical Machines and Systems, Hamamatsu, IEEE, 2020: 1587-1591.

[69] Bolufawi O. A novel Lithium Ion Capacitor Safety Evaluation and Multi-functional Variable Stress Performance Degradation under Accelerated Aging Test. Florida: The Florida Agricultural and Mechanical University, 2020.

[70] Babu B, Neumann C, Enke M, et al. Aging processes in high voltage lithium-ion capacitors containing liquid and gel-polymer electrolytes. Journal of Power Sources, 2021, 496: 229797.

[71] Ghossein N E, Sari A, Venet P, et al. Post-mortem analysis of lithium-ion capacitors after accelerated aging tests. Journal of Energy Storage, 2021, 33: 102039.

[72] Song S, Zhang X, An Y, et al. Floating aging mechanism of lithium-ion capacitors: Impedance model and post-mortem analysis. Journal of Power Sources, 2023, 557: 232597.

[73] 石淼岩. 锂离子电池电–热–老化联合仿真及应用. 济南: 山东大学, 2021.

[74] Soltani M, Ronsmans J, Van Mierlo J. Cycle life and calendar life model for lithium-ion capacitor technology in a wide temperature range. Journal of Energy Storage, 2020, 31: 101659.

[75] Uno M, Kukita A. Cycle life evaluation based on accelerated aging testing for lithium-ion capacitors as alternative to rechargeable batteries. IEEE Transactions on Industrial Electronics, 2016, 63(3): 1607-1617.

[76] Moye D G, Moss P L, Chen X, et al. Observations on Arrhenius degradation of lithium-ion capacitors. Materials Sciences and Applications, 2020, 11(7): 450-461.

[77] Yang H, Wang P, An Y, et al. Remaining useful life prediction based on denoising technique and deep neural network for lithium-ion capacitors. eTransportation, 2020, 5: 100078.

[78] 袁玉和, 刘亮, 张洪涛, 等. 锂离子电容器自放电检测方法研究. 储能科学与技术, 2022, 11(2): 690-696.

[79] Sun X, An Y, Geng L, et al. Leakage current and self-discharge in lithium-ion capacitor. Journal of Electroanalytical Chemistry, 2019, 850: 113386.

[80] 王宇作, 卢颖莉, 邓苗, 等. 超级电容器自放电的研究进展. 储能科学与技术, 2022: 11(7): 2114-2125.

[81] Ike I S, Sigalas I, Iyuke S. Understanding performance limitation and suppression of leakage current or self-discharge in electrochemical capacitors: A review. Physical Chemistry Chemical Physics, 2016, 18(2): 661-680.

[82] Madabattula G, Kumar S. Insights into charge-redistribution in double layer capacitors. Journal of the Electrochemical Society, 2018, 165(3): A636-A649.

[83] Kaus M, Kowal J, Sauer D U. Modelling the effects of charge redistribution during self-discharge of supercapacitors. Electrochimica Acta, 2010, 55(25): 7516-7523.

[84] 陈雪龙, 张希, 许传华, 等. 大容量动力型超级电容器存储性能. 储能科学与技术, 2021, 10(1): 198-201.

[85] Madabattula G, Kumar S. Model and measurement based insights into double layer capacitors: Voltage-dependent capacitance and low ionic conductivity in pores. Journal of the Electrochemical Society, 2020, 167(8): 080535.

[86] Black J M, Andreas H A. Pore shape affects spontaneous charge redistribution in small pores. Journal of Physical Chemistry C, 2010, 114(27): 12030-12038.

[87] Oickle A M, Andreas H A. Examination of water electrolysis and oxygen reduction as self-discharge mechanisms for carbon-based, aqueous electrolyte electrochemical capacitors. The Journal of Physical Chemistry C, 2017, 115(10): 4283-4288.

[88] Conway B E, Pell W G, Liu T C. Diagnostic analyses for mechanisms of self-discharge of electrochemical capacitors and batteries. Journal of Power Sources, 1997, 65: 53-59.

[89] Zhang Q, Rong J, Ma D, et al. The governing self-discharge processes in activated carbon fabric-based supercapacitors with different organic electrolytes. Energy & Environmental Science, 2011, 4(6): 2152-2159.

[90] 姜君. 锂离子电池串并联成组优化研究. 北京: 北京交通大学, 2013.

[91] 时纬. 动力锂离子电池组寿命影响因素及测试方法研究. 北京: 北京交通大学, 2013.

[92] 邓谊柏, 黄家尧, 陈挺, 等. 城市轨道交通超级电容技术. 都市快轨交通, 2021, 34(6): 24-31.

[93] Zhang X, Sun X, An Y, et al. Design of a fast-charge lithium-ion capacitor pack for automated guided vehicle. Journal of Energy Storage, 2022, 48: 104045.

[94] 王芳, 夏军. 电动汽车动力电池系统设计与制造技术, 北京: 科学出版社, 2017.

[95] Bhangu B S, Bentley P, Stone D A, et al. Nonlinear observers for predicting state-of-charge and state-of-health of lead-acid batteries for hybrid-electric vehicles. IEEE Transactions on Vehicular Technology, 2005, 54(3): 783-794.

[96] Nadeau A, Hassanalieragh M, Sharma G, et al. Energy awareness for supercapacitors using Kalman filter state-of-charge tracking. Journal of Power Sources, 2015, 296: 383-391.

[97] Wei Z, Zhao J, Ji D, et al. A multi-timescale estimator for battery state of charge and capacity dual estimation based on an online identified model. Applied Energy, 2017, 204: 1264-1274.

[98] Zheng Y, Ouyang M, Han X, et al. Investigating the error sources of the online state of charge estimation methods for lithium-ion batteries in electric vehicles. Journal of Power Sources, 2018, 377: 161-188.

[99] Shen Y. Adaptive extended Kalman filter based state of charge determination for lithium-ion batteries. Electrochimica Acta, 2018, 283: 1432-1440.

[100] Wassiliadis N, Adermann J, Frericks A, et al. Revisiting the dual extended Kalman filter for battery state-of-charge and state-of-health estimation: A use-case life cycle analysis. Journal of Energy Storage, 2018, 19: 73-87.

[101] Dong G, Wei J, Chen Z, et al. Remaining dischargeable time prediction for lithium-ion batteries using unscented Kalman filter. Journal of Power Sources, 2017, 364: 316-327.

[102] Jia B, Xin M, Cheng Y. High-degree cubature Kalman filter. Automatica, 2013, 49(2): 510-518.

[103] Zhao L, Liu Z, Ji G. Lithium-ion battery state of charge estimation with model parameters adaptation using H-infinity, extended Kalman filter. Control Engineering Practice, 2018, 81: 114-128.

[104] Yang H, Sun X, An Y, et al. Online parameters identification and state of charge estimation for lithium-ion capacitor based on improved cubature Kalman filter. Journal of Energy Storage, 2019, 24: 100810.

[105] 李磊, 赵卫, 柳成, 等. 超级电容器储能系统电压均衡模块研究. 电力电子技术, 2015, 49(3): 66-68.

[106] Xu J, Mei X, Wang J. A high power low-cost balancing system for battery strings. Energy Procedia, 2019, 158: 2948-2953.

[107] 丁石川, 程明, 王政. 串联超级电容器组均压技术研究. 电工技术学报, 2013, 28: 18-23.

[108] Kim M Y, Kim C H, Kim J H, et al. A chain structure of switched capacitor for improved cell balancing speed of lithium-ion batteries. IEEE Transactions on Industrial Electronics, 2014, 61(8): 3989-3999.

[109] Zheng X, Liu X, He Y, et al. Active vehicle battery equalization scheme in the condition of constant-voltage/current charging and discharging. IEEE Transactions on Vehicular Technology, 2017, 66(5): 3714-3723.

[110] Hoque M M, Hannan M A, Mohamed A, et al. Battery charge equalization controller in electric vehicle applications: A review. Renewable and Sustainable Energy Reviews, 2017, 75: 1363-1385.

[111] Ling R, Dan Q, Wang L, et al. Energy bus-based equalization scheme with bi-directional isolated Cuk equalizer for series connected battery strings. Proceedings of IEEE Applied Power Electronics Conference and Exposition, Charlotte, IEEE, 2015: 3335-3340.

[112] Moo C, Hsieh Y, Tsai I. Charge equalization for series-connected batteries. IEEE Transactions on Aerospace and Electronic Systems, 2003, 39(2): 704-710.

[113] Ma Y, Duan P, Sun Y, et al. Equalization of lithium-ion battery pack based on fuzzy logic control in electric vehicle. IEEE Transactions on Industrial Electronics, 2018, 65(8): 6762-6771.

[114] Daowd M, Omar N, van Den Bossche P, et al. A review of passive and active battery balancing based on MATLAB/Simulink. International Review of Electrical Engineering, 2011, 6: 2974-2989.

[115] Park S H, Park K B, Kim H S, et al. Single-magnetic cell-to-cell charge equalization converter with reduced number of transformer windings. IEEE Transactions on Power Electronics, 2012, 27(6): 2900-2911.

[116] Chen Y, Liu X, Cui Y, et al. A multiwinding transformer cell-to-cell active equalization method for lithium-ion batteries with reduced number of driving circuits. IEEE Transactions on Power Electronics, 2016, 31(7): 4916-4929.

[117] Yu K, Shang Y, Wang X, et al. A multi-cell-to-multi-cell equalizer for series-connected batteries based on flyback conversion. Proceedings of the 3rd Conference on Vehicle Control and Intelligence, Hefei, IEEE, 2019, 381-385.

[118] Soltani M, Ronsmans J, Kakihara S, et al. Hybrid battery/lithium-ion capacitor energy storage system for a pure electric bus for an urban transportation application. Applied Sciences-Basel, 2018, 8(7): 1176.

[119] Soltani M, Berckmans G, Jaguemont J, et al. Three dimensional thermal model development and validation for lithiumion capacitor module including air-cooling system. Applied Thermal Engineering, 2019, 153: 264-274.

[120] Karimi D, Behi H, Hosen M S, et al. A compact and optimized liquid-cooled thermal management system for high power lithium-ion capacitors. Applied Thermal Engineering, 2021, 185: 116449.

[121] Shen Z G, Chen S, Liu X, et al. A review on thermal management performance enhancement of phase change materials for vehicle lithium-ion batteries. Renewable and Sustainable Energy Reviews, 2021, 148: 111301.

[122] Jaguemont J, Karimi D, Mierlo J V. Investigation of a passive thermal management system for lithium-ion capacitors. IEEE Transactions on Vehicular Technology, 2019, 68: 10518.

[123] 何晓帆. 基于相变材料与液冷结合的锂离子电池热管理技术研究. 杭州: 浙江大学, 2020.

[124] Wu W, Yang X, Zhang G, et al. Experimental investigation on the thermal performance of heat pipe-assisted phase change material based battery thermal management system. Energy Conversion and Management, 2017, 138: 486-492.

第 11 章 锂离子电容器的应用

11.1 概述

能源存储技术是满足人们生活需求、促进人类社会发展的关键技术之一。特别是新一轮世界能源技术革命正在兴起，能源系统正在从化石能源绝对主导向低碳多能融合方向转变，构建绿色、低碳、清洁、高效、安全的能源体系是世界能源发展理念和主要方向 [1]。能源存储技术创新是践行和落实能源革命的关键环节，也是兑现世界各主要经济体提出的"碳达峰""碳中和" 战略目标的有效途径之一 [2]。因此，当前能源存储技术呈现百花齐放、多元化发展趋势。其中，超级电容器以其高功率密度、长循环寿命、宽温度范围、高安全、绿色环保等优势获得广泛研究和应用。

锂离子电容器是一种新型超级电容器，综合了锂离子电池和双电层电容器的技术特点，具有：①高功率密度 (10~50 kW/kg)，继承了双电层电容器高功率密度特性，远高于锂离子电池 (小于 1 kW/kg)，在极速充放电和高功率应用场景具有显著优势；②高能量密度 (10~40 W·h/kg)，锂离子电容器能量密度是双电层电容器的 3 倍以上，已接近铅酸电池的水平，很大程度上解决了双电层电容器模组体积大、质量大的弊端，是取代双电层电容器乃至铅酸电池的理想选择；③长寿命，循环次数 ⩾50 万次，日历寿命 ⩾10 年，可实现全寿命周期免维护工作；④宽工作温度范围 (−40~70 ℃)，可在超低温等恶劣环境下工作；⑤低自放电率，常温下锂离子电容器在 4.0 V 下搁置一个月后电压保持率为 94%，远高于双电层电容器的 79.6%，有效解决了双电层电容器在实际应用中存在的自放电问题；⑥高安全性，经过针刺、短路、挤压、过充/过放、跌落等安全性测试试验，均无起火、爆炸现象；⑦无须复杂的管理系统，SOC 状态估计方法简单精准，热管理系统简单，系统的成本占比较低；⑧绿色环保，大规模生产和使用不会造成环境污染。

基于锂离子电容器的诸多优势，锂离子电容器也被称为下一代超级电容器，不仅能够部分取代双电层电容器的原有应用市场，而且在新能源、新基建、智能制造等新兴市场领域具有更广阔的应用前景。

11.2 锂离子电容器主要应用领域

锂离子电容器作为功率型储能器件，在实际应用过程中，既可以作为功率型储能电源单独使用，也可以与其他至少一类能量型储能器件 (如铅蓄电池、锂离子电池、钠离子电池、液流电池、燃料电池、固态电池等) 复合组成电–电混合储能系统使用；既可以作为双电层电容器的替代品使用，又可以拓展应用于新兴市场。图 11-1 列举了锂离子电容器主要应用领域，主要包括日常应用、工业、交通、新型电力系统、航空航天与国防军工等 [3–9]。

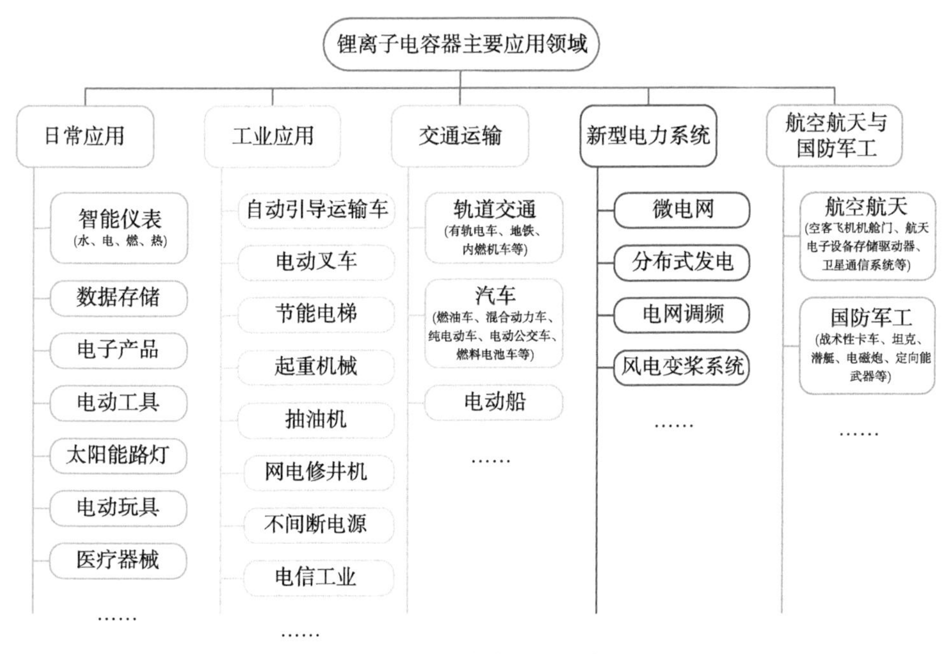

图 11-1 锂离子电容器主要应用领域

11.2.1 日常应用领域

1. 智能仪表

智能电表是一种新型的电子式电能表，具备电能计量、实时监控、自动控制、信息交互、数据处理等功能，是智能电网建设发展的重要组成部分。锂离子电容器可取代传统电池作为智能电表的备用电源，当电网断电时，锂离子电容器可用于数据备份、电表底码设置和抄读、无线通信等，且其超长循环寿命可使智能电表免维护更换电源。瑞萨电子公司推出了 4G 模块智能电表的电源解决方案 [10]，如图 11-2(a) 所示，采用 4G 通信技术和超级电容器备用电源，实现电表的智能控制和永不停机。

智能水表是一种利用现代微电子技术、传感技术、智能 IC 卡技术对用水量进行计量、传递用水数据并结算交易的新型水表，如图 11-2(b) 所示。锂离子电容器配套干电池应用于智能水表非常具有竞争优势，一方面，在外接干电池电量不足或更换时，利用存储在锂离子电容器中的能量将水阀关断，且锂离子电容器的大电流放电特性保障了水阀关断的可靠性；另一方面，将电池从水表中分离出来，从而可以不考虑电池寿命对水表的影响，延长了水表的使用周期。同样锂离子电容器适用于智能燃气表和智能热能表等领域。

2. 数据存储

为防止计算机与内存在使用过程中突然掉电对数据、系统或者硬件产生不利影响，通常在硬件上采用不间断电源 (UPS) 来进行缓冲。与锂离子电池相比，锂离子电容器具有充电时间短、循环寿命长、响应速度快、放电功率大等优势，因而在固态硬盘 (SSD)、磁盘阵列系统 (RAID)、随机存取存储器 (RAM) 等数据存储领域的掉电保护中将获得广泛应用。例如，锂离子电容器用于 SSD 的不间断电源，在 SSD 突然断电后由锂离子电容器对其供电，确保 SSD 控制器有足够的时间将缓存中的数据写入闪存，避免数据的丢失和文件系统崩溃，并且锂离子电容器超长使用寿命，使得 SSD 具有长期的可用性和可交付性。

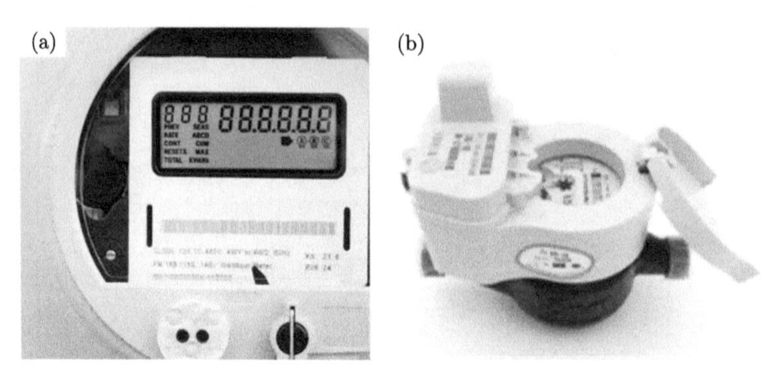

图 11-2 智能电表与智能水表。(a) 瑞萨电子公司智能电表；(b) 智能水表

3. 电子产品

锂离子电容器高功率密度特性适合应用于具有大功率充放电需求的电子产品领域。在相机应用中，为解决相机电池不能满足闪光灯大电流输出的要求，安森美半导体 (ON Semiconductor) 公司推出 NCP5680 基于经过优化的超级电容器的发光二极管闪光驱动器，如图 11-3 所示，该超级电容器能为相机的闪光灯和视频摄像灯提供 10 A 的大峰值电流 [11]。在便携式电子产品中，锂离子电容器作为不间断电源应用于便携式电子设备，可以满足热插拔、数据保存和传输功能。Tecate 集团的超级电容器可为便携式音频播放器、设定盒、遥控器、可充电式手电筒供电，还可为全球定位系统 (GPS) 设备提供短期电源，允许设备进行热插拔。税务部门推广使用的税控装置都具有断电保护功能，当出现突然断电时，锂离子电容器作为税控装置的不间断电源能够为税控机的控制电路提供能量，中央处理器 (CPU) 可在短时间执行数据存储，并在读写完成后，锂离子电容器再提供瞬间脉冲大电流将 IC 卡弹出。

4. 电动工具

锂离子电容器作为动力电源应用于电动工具，能够在有限空间内提供瞬间高功率输出，其使用寿命长，在无绳电动螺丝刀、无绳电钻、电动切割机和电动焊接机等电动工具获得广泛应用。Uchida 等 [12] 采用 270 F(ϕ25 mm×40 mm) 圆筒型锂离子电容器，通过 2 并 5 串组装成锂离子电容器模块，工作电压范围为 11~19 V，利用该电源模块作为无绳电动螺丝刀的动力电源，如图 11-4(a) 所示。经过实验测试，锂离子电容器电源模块采用恒流恒压充电方法将电压从 12.5 V 提升至 19 V 仅需 10 s，如图 11-4(b) 所示。充满电后 75 mm 长的螺丝钉可安装 10 个，拧紧第 1 个螺丝钉后的电压电流数据曲线如图 11-4(c)，第 10 个螺丝钉拧紧结束后，电源模块的电压下降至 11 V，如图 11-4(d) 所示。锂离子电容器作为动力电源应用于无绳电动螺丝刀，不仅可以实现快速充电和快速多次紧固螺丝钉的功能，还减轻了无绳电动螺丝刀的重量，提高了用户的使用舒适性。

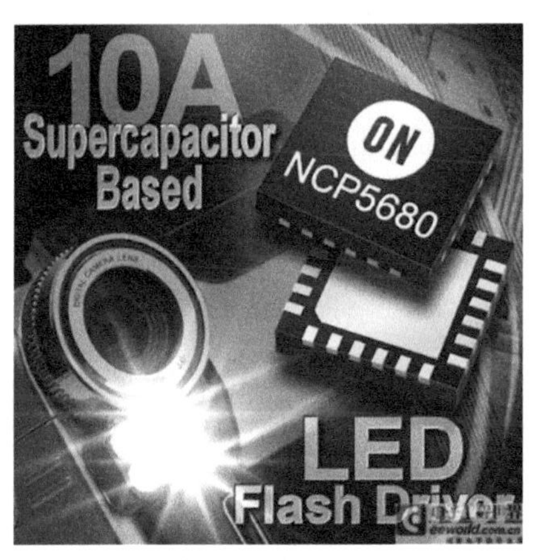

图 11-3 安森美半导体 NCP5680

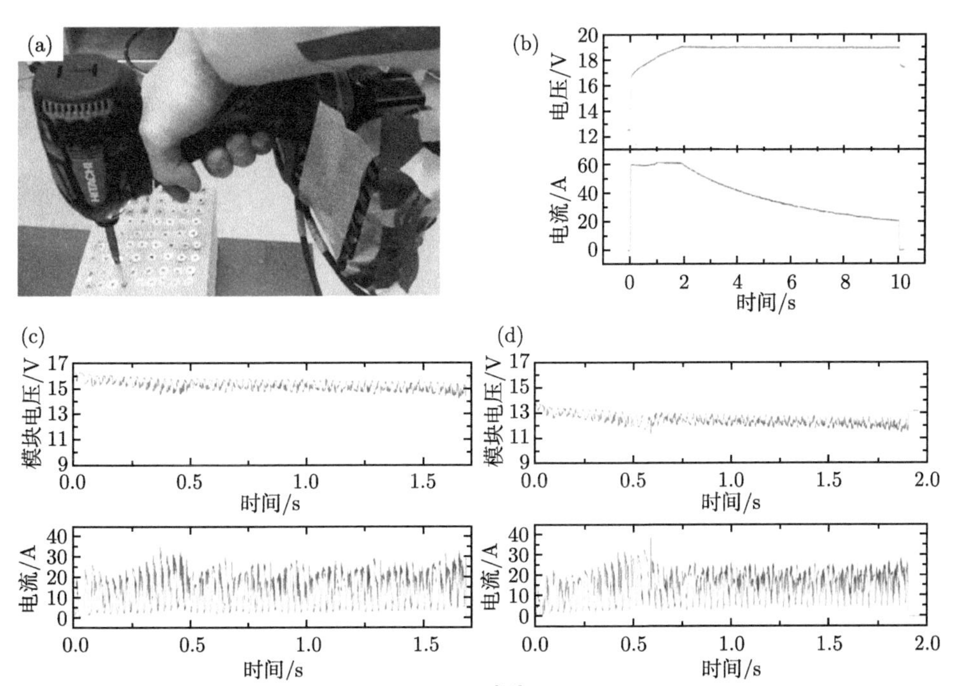

图 11-4 锂离子电容器在无绳电动螺丝刀中的应用 [12]。(a) 锂离子电容器无绳电动螺丝刀；(b) 锂离子电容器电源模块恒流恒压充电；(c) 拧紧第 1 个螺丝钉后的电压电流数据；(d) 拧紧 10 个螺丝钉后的电压电流数据

5. 太阳能路灯

太阳能路灯是一种新型可持续发展的照明模式，具有节能减排、绿色环保等优势，应用前景广阔，预计到 2025 年中国太阳能路灯市场规模将达到 70 亿元。然而，太阳能光伏

发电受气候和环境的影响很大，其输出功率具有不稳定性和不可预测性，所以太阳能路灯需要配置一定容量的储能装置，以确保负载用电的持续性和可靠性。锂离子电容器充放电功率高、低温性能好、循环寿命长，且绿色环保，不仅能够满足太阳能路灯大电流输入输出，还能够满足其在高寒、高海拔等区域的应用，并减少储能装置的维修和更换，适合在太阳能路灯领域广泛推广和应用。日本 L 光源 (L-Kougen) 公司将 2 块 ACT(Advanced Capacitor Technologies) 公司的 Premlis A5000 锂离子电容器 (静电容量 5000 F、工作电压 2.0~4.0 V，能量密度 25 W·h/kg) 应用于 LED 太阳能路灯，储能电量 16.6 W·h，在日本宫崎县进行了应用示范，如图 11-5 所示，此路灯不但使用寿命长、长期无须维护，而且质量较轻、便于安装。

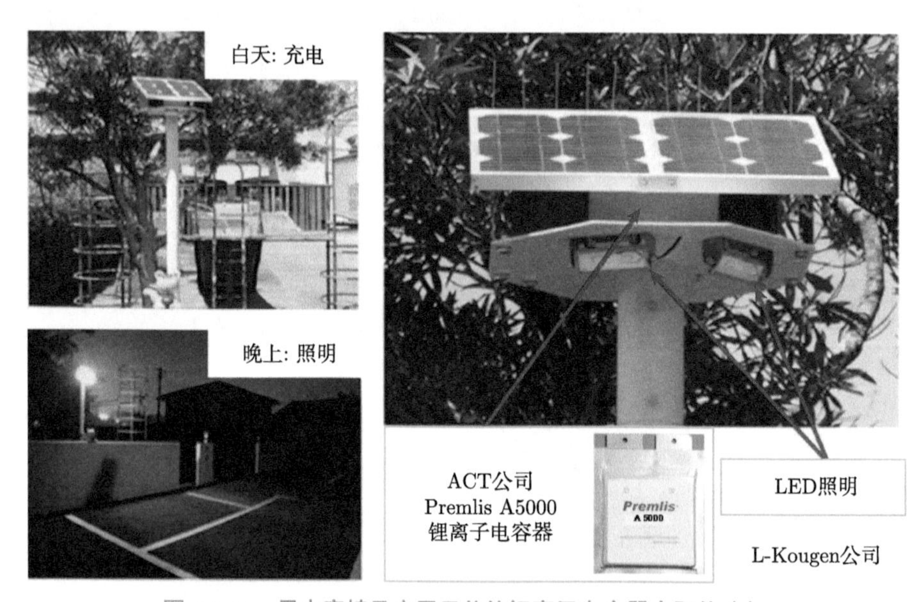

图 11-5 日本宫崎县应用示范的锂离子电容器太阳能路灯

6. 医疗器械

自动体外除颤器 (automated external defibrillator，AED) 是一种便携式医疗设备。它可以诊断特定的心律失常，并且给予电击除颤，是可供非专业人员使用的抢救心脏骤停患者的医疗设备。锂离子电容器的高功率特性可为 AED 提供大脉冲能量 (200~360 J)，快速放电产生的电脉冲可以使患者心脏恢复正常的跳动模式。医用 X 光机为人类某些疾病的正确诊断提供了有力的技术支持和保障。高压电源是 X 光机的关键组成部件，其输出电压的纹波与可调性决定了 X 光机成像质量与疾病诊断范围。在医院或者医疗车上，当电源质量不是很高时，X 光机不能进行高质量的曝光，锂离子电容器可以作为 X 光机的后备电源，在曝光的瞬间提供功率补偿，从而改善 X 光机的曝光质量，提高 X 光机成像质量。因此，锂离子电容器有望在 AED、X 光机等医疗器械领域广泛应用。

锂离子电容器在日常生活领域的应用非常广泛，除了上述介绍的应用领域，表 11-1 列举了其他应用场景。

表 11-1 锂离子电容器在日常生活领域的应用

产品名称	主要功能
智能燃气表	保持数据存储、传输和电磁阀开闭的备用电源
行车记录仪	主控电源意外掉电仍能记录数据的后备电源
电子锁	蓝牙等数据传输，低温开锁
多功能电话机	掉电期间缩位和重拨、重播存储器信息的备用电源
遥控器	提供快速充电功能，且充电周期中断时没有损坏的风险
数字应答机	掉电期间语音存储器的备用电源
卡式电话	电话摘机时放出大电流，维持良好使用状态
移动电话传呼机	更换电池期间保持存储器信息
家庭影院	预调谐器的备用电源，停机或掉电时保持音量、VCD 位置状态
摄录一体机	瞬间掉电或暂时关闭电源时，保持颜色平衡存储器的内容
智能洗衣机、冰箱	保护设定数据不丢失
电饭锅、微波炉	停电时，计时器的备用电源
电子记事本	更换电池期间保持存储器信息
打字机	瞬间掉电和更换电池时存储器的备用电源
心脏起搏器	提供长久的脉冲能量
电动玩具	能够瞬时大电流输出

11.2.2 工业节能

1. 自动导引车

自动导引车 (automated guided vehicle, AGV) 是指装备有电磁或光学等自动导引装置，能够沿规定的导引路径行驶，具有安全保护以及各种移载功能的移动机器人。AGV 具有提高生产效率、降低成本、缩短生产周期等优势，在高度自动化的仓储业、物流业、制造业、核工业以及生活服务业中都有广阔的应用前景。特别是在“工业 4.0”智能化时代背景下，AGV 是实现智能生产、智能工厂和智能物流等关键支撑技术，近年来获得快速发展，预计市场规模在百亿元以上。

动力电源是 AGV 自动化运输的核心部件，其性能优劣直接影响 AGV 能否稳定、高效、可靠地运行。锂离子电容器作为 AGV 动力电源，具有以下优势：①功率密度高，具备大电流充电能力，可在秒到分钟内 100%充满电，且其充放电比高达 1:40，满足 AGV 快充慢放的工作模式；②使用寿命长，可使 AGV 全寿命周期内无须更换电源；③工作温度范围宽，允许 AGV 在较高及较低温的环境下工作并保持良好的工作性能；④安全可靠性高，消除了仓储、厂区等对安全隐患的顾虑。因此，锂离子电容器有效缓解了传统蓄电池充电速度慢、低温性能差和安全性差等问题，能够保证 AGV 连续、稳定、安全、免维护不间断地工作，从而备受 AGV 行业及应用领域的青睐。Zhang 等 [13] 采用课题组内锂离子电容器中试平台制备的 1100 F 锂离子电容器 (静电容量 1100 F、工作电压 2.2~3.8 V，储能电量 1.5 W·h)，通过 6 并 8 串成组研制出储能电量为 24 V/72 W·h 的锂离子电容器电源模块，锂离子电容器模块串并联成组方式、技术参数，以及装备锂离子电容器的 AGV 车如图 11-6(a) 所示。基于此他们研究了锂离子电容器电源模块在恒流恒压充电模式下，不同恒定电流，充电电流、电压、容量和充满电时间的变化规律，如图 11-6(b) 所示。采用恒定充电电流为 360 A、恒定电压为 30 V 的恒流恒压充电，电源模块充满电仅需 115 s，在模拟工况下工作 1 h，如图 11-6(c) 所示。该研究工作为促进锂离子电容器在 AGV 领域的广泛应用具有重要意义。

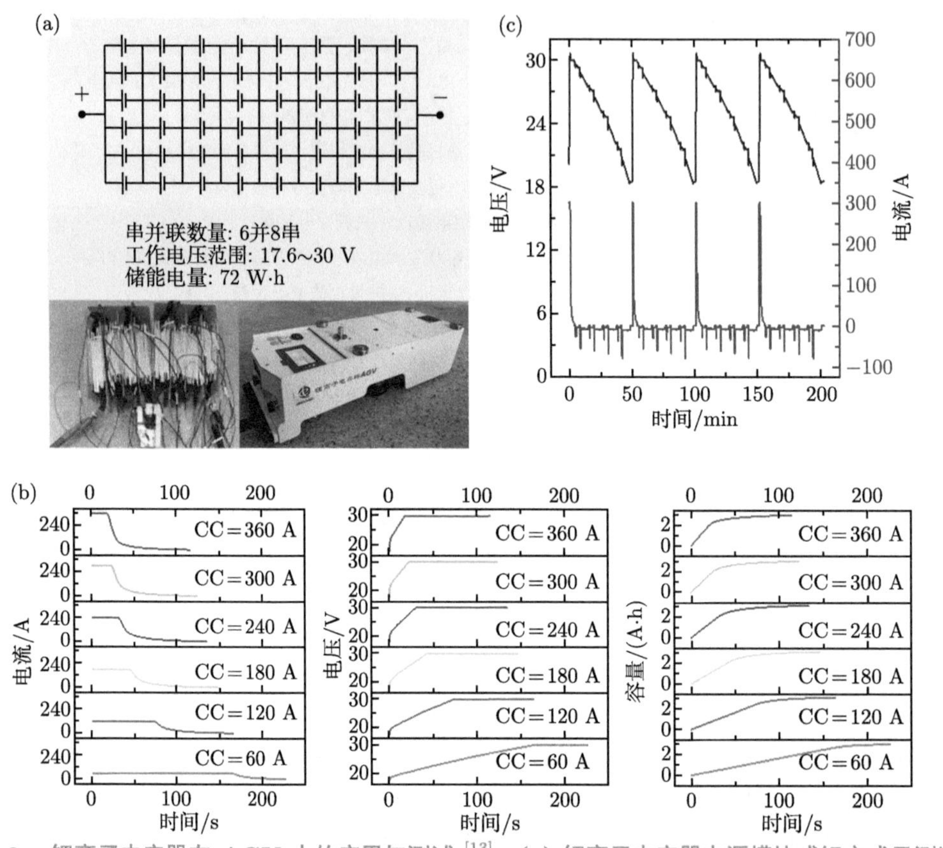

图 11-6 锂离子电容器在 AGV 中的应用与测试 [13]。(a) 锂离子电容器电源模块成组方式及测试图；(b) 不同恒定充电电流下锂离子电容器电源模块的电流、电压和容量变化；(c) 装载有锂离子电容器电源模块的 AGV 模拟工况测试

2. 电动叉车

叉车作为物流业仓储、搬运环节的关键装备，在物流搬运装备中占据核心地位。随着物流业的快速发展和节能环保要求的不断提高，电动叉车发展迅猛，车辆的低噪声、无污染、易操作、节能高效等优点，获得市场用户的广泛认可。锂离子电容器作为电动叉车的动力电源，既可以满足电动叉车在货载上升时需要的瞬时大功率输出，又可以吸收货载下降时产生的制动能量，增强电动叉车的续航能力。2007 年，日本小松 (Komatsu) 公司发布了第一款混合动力叉车，该叉车同时使用蓄电池和超级电容器作为能源，其中蓄电池作为主要能源，超级电容器作为辅助能源，当叉车制动时，车子本身的动能通过转化器转化为电能储存在超级电容器中，在后期需要启动的时候释放，可以和蓄电池协同提供能源。2020 年，国内首创增程式超级电容器 7 层混合动力集装箱堆高机叉车在珠海港高栏国际货柜码头正式交付使用 [14]，如图 11-7 所示。该产品开发了 600 V 高压电气系统，采用超级电容

器作为储能装置，具有瞬间充放电电流大、循环寿命达 30 万次、全寿命周期无须更换的优势，能够实现制动和门架下降能量双回收，提高能量使用效率，节油率可达 50%。

图 11-7 增程式超级电容器混合动力集装箱堆高机 [14]

3. 电梯

电梯作为人们日常工作、生活中的重要工具，是楼宇建设中不可或缺的重要建筑设备之一。随着电梯使用数量的增多，其能耗问题越来越受到社会的关注。使用储能装置来收集电梯的制动能量，可以节省 20%~40%的耗电量，是解决电梯能耗的有效方案 [15]。节能电梯在工作过程中，当处于轻载上行、重载下行及减速时会产生势能和制动能量，这部分能量通过曳引机作为发电机转化为电能，通过储能装置收集储存以重复利用。锂离子电容器作为储能装置应用于节能电梯，能够快速地将曳引机产生的电能吸收、存储和释放，当电梯发生停电或故障的时候，锂离子电容器储能装置可维持照明、通风和通信，将电梯送至邻近楼层并开门，从而达到电梯节能和应急安全的目的。另外，锂离子电容器循环寿命长，可以覆盖电梯 10~15 年的服役寿命，并减少了后期的维保成本。在上海虹桥的国家会展中心，约有 50 台节能电梯采用了上海奥威科技开发有限公司的超级电容器电源系统，这是超级电容器首次大规模集中应用于电梯领域 [16]。

4. 起重机械

起重机械广泛应用于港口、建筑和矿业等领域，属于高耗能设备。起重机械是具有典型位能性负载特征的工程机械，当工作负载下降时会释放大量的势能，内燃机驱动的起重机怠速运转时也存在无功状态的能量损耗。实践表明，起重机在工作过程中的能量利用率不足 40%，60%以上的能量消耗在工作过程的无功功率状态。因此，如何将大量耗费的能量回收再利用是起重机械领域节能、减排研究的热点问题。目前，对起重机械节能的研究主要包括三个方面：改善优化燃油发电机组性能、采用市电代替燃油发电机组、采用混合动力技术。其中混合动力技术是通过降低发动机装机容量，利用储能装置回收势能并与发动机联合驱动，从而实现能源充分利用，达到节能减排的目的，因此获得业界广泛研究和应

用 [17]。采用锂离子电容器作为储能装置，在起重机械上升过程中，储能装置及时释放大功率驱动能量；在起重机械下降过程中，储能装置及时吸收大功率制动能量，无需发动机提供峰值功率，并可满足其他必要的电气功能，从而在混合动力起重机械中备受青睐。2003 年，上海振华港机利用 400 只超级电容器 (单体容量 100000 F) 作为储能装置并入轮胎式集装箱龙门起重机械 (rubber tyred gantry crane, RTG)，利用超级电容器大电流、快速充放电特性，与柴油发电机组进行容量匹配优化，使 RTG 能有效地重复利用再生能量，取得良好的节能和环保 (启动不冒黑烟) 的效果。该 RTG 于 2005 年在美国西雅图正式投入使用，如图 10-8 所示。Kim 等 [18] 进行的 RTG 混合动力实验，采用 4 MJ/400 kg 的超级电容器储能装置，匹配更小的发动机，结果表明，减少燃油排放约 40%，节约能源达 35%。

图 11-8 装有超级电容器的起重机械

5. 抽油机

抽油机是开采石油的一种主要机械设备，俗称 “磕头机”，如图 11-9 所示。抽油机属于位能型负载，存在周期性的 “倒发电”，也就是当电动机所传动的位能负载下放时，电动机将处于再生发电状态，“倒发电” 功率较大，能量被注入到直流侧，导致直流侧电压升高，为防止电压过高造成器件损坏，必须对倒发电能量进行处理。目前处理方式主要有电阻能耗制动、回馈电网和电能储存三种。其中，电阻能耗制动采取在变频器直流母线上并接制动电阻，通过电阻以热能的形式耗散到周围环境中，造成能量浪费；回馈电网是使用整流器将倒发电能量回馈至电网，由于回馈能量的不稳定，电网末端电压会产生波动，对电网造成冲击；电能储存方式就是将倒发电能量储存起来，当抽油机进入电动状态时再利用，这是实现抽油机安全与节能兼顾的有效方法。锂离子电容器能够瞬时高功率吸收和释放能量，应用于抽油机 “倒发电” 电能存储领域，不仅能够将抽油机过剩能量快速存储，避免 “倒发电” 影响供配电的安全、稳定运行，还能够集成应用变频控制技术，实现对抽油机电机的软启停，提高系统功率因数，降低线损，优化供配电网容量配置。2008 年，上海电驱动股份有限公司申请了采用超级电容器作为储能装置的油田抽油机用电控制系统的专利 [19]。山东爱特机电技术有限公司也提出了一种基于超级电容器储能装置的抽油机电控装置，较为齐全地搭建了储能系统框架 [20]。2020 年，山东爱特机电技术有限责任公司与胜利油田河口采油厂合作，对某款油梁式抽油机进行了改装，通过超级电容器储能装置实现对能量的回收再利用，在满足了实际生产需要的同时单井年节约资金约 1.6 万元，从而达到了节能降耗、降低生产成本的目的 [21]。

图 11-9 抽油机

6. 网电修井机

修井机是油气田开采、投产、恢复产能的主要装备，作业范围广，工作量大。常规修井机以柴油为动力，存在能耗高、噪声大、效率低、作业中产生大量污染排放等问题。而网电修井机具有节能降耗、减排、安全、环保等优点，因此“以电代油”获得石油行业广泛应用。网电修井机工作时井场变压器承受电流冲击大，严重威胁井场电网的用电安全。储能装置的加入有效改善了峰值负荷对变压器的冲击，提高了变压器容量利用率，提高了再生制动能量的利用率。超级电容器兼具高功率密度和长循环寿命等优势，能够满足修井作业高负荷、高频率变化的要求，获得行业的认可。2018 年，中国石油天然气集团渤海石油装备制造有限公司与中国石油天然气集团华北油田分公司合作，共同研制了以超级电容器作为储能装置的 XJ900DB 新型网电修井机，如图 11-10 所示，利用修井机工作间歇充电，起升时适时放电，补偿修井机输出功率，经测算，与常规柴油修井机相比节能率达 87.3%，取得了非常好的节能和经济效益 [22]。

7. 不间断电源

不间断电源 (uninterruptible power system，UPS) 是一种含有储能装置的电源，能在掉电或电网电压瞬时塌波的几秒到几分钟内提供备用电能。在重要的数据中心、通信中心、网络系统、医疗系统、航天业、核电厂等对电源可靠性要求较高的领域，均需采用 UPS 装置以克服供电电网出现的断电、浪涌、频率振荡、电压突变、电压波动等故障。随着国内新基建政策不断发力，以人工智能、云计算带动的数据中心基础设施加速建设，有望成为中国 UPS 未来主要增长引擎。2016~2019 年，我国 UPS 市场规模由 68.4 亿元人民币增至 97.03 亿元人民币，预估 2020 年约为 103.82 亿元人民币。随着数据中心等新基建建设步伐的加快，未来 UPS 将迎来较大的市场空间，预计到 2026 年其市场规模有望突破 200 亿元人民币。

图 11-10 XJ900DB 新型网电修井机

锂离子电容器用于动力 UPS 储能优势明显，其输出电流可以实现没有延迟地上升到高达数百安培甚至上千安培，并且可以快速地充电，在很短的时间内就可以实现能量存储，而且具有 50 万次以上循环寿命，十年不需要更换护理，这使得 UPS 真正实现了绿色免维护。Zhao 等 [23] 研究了基于锂离子电容器的分布式 UPS，锂离子电容器电源模块通过双向直流变换器接口与直流母线连接，通过控制电源模块运行在最佳运行区域，以提高系统效率和降低无功损耗。根据服务器架构和功率规模的不同，基于锂离子电容器储能单元的分布式 UPS 能量管理控制方案分为两种。一种方案是对于低功耗服务器，单个电源模块通过连接内部低压直流母线为服务器供电，称为服务器级分布式 UPS，如图 11-11(a) 所示；另一种是对于大中型电源服务器，并联的电源模块通过连接机架内直流总线为集群服务器供电，称为机架级分布式 UPS，如图 11-11(b) 所示。研究人员采用基于锂离子电容器电源模块服务器级分布式 UPS 在四核 Dell PowerEdge R310 服务器上进行了实验验证，使其一个工作负载的平均无功功率减少 33%。同时，在加拿大多伦多 SciNet 数据中心，研究人员在 MATLAB 中构建了一个基于锂离子电容器电源模块的机架级分布式 UPS 架构，带有双向直流转换器，以平衡机架中的直流母线，经过仿真模拟结果表明，该架构级 UPS 降低了 37%无功功率。

8. 电信工业

电信工业采用锂离子电容器作为备用电源是一种新颖的应用，不仅可以提供几秒钟的备用电源，同时还可以桥接长时储能电源。以锂离子电容器为备用电源的电信产品具有使用寿命长 (免维修工作 10 年以上)、快速再充电和抗干扰能力强等优势，能够解决能量脉冲重复地瞬时中断使蓄电池可靠性降低和寿命缩短等问题。

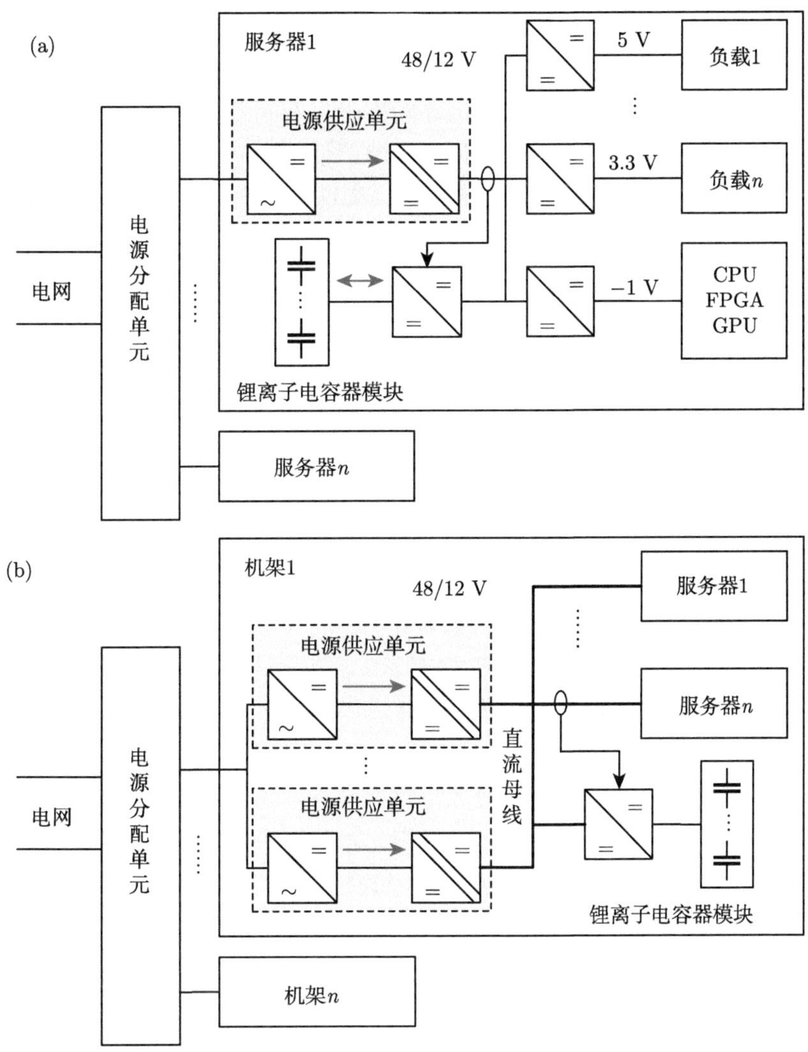

图 11-11　基于锂离子电容器电源模块的分布式 UPS[23]。(a) 服务器级分布式 UPS；(b) 机架级分布式 UPS

11.2.3 交通运输

交通运输是化石能源消耗及碳排放的重点领域，在“双碳”目标背景下，交通运输领域面临着更加严峻的减排压力，推动交通领域深度减排对全社会实现碳达峰、碳中和意义重大。交通用能深度电气化、客货运输绿色高效化是实现交通运输节能、减排的核心路径，电能存储技术在其中扮演着重要的角色。锂离子电容器具有功率密度高、循环寿命长、温度范围宽、安全环保等优势，在轨道交通、汽车、电动船等交通运输领域具有非常重要的应用价值。

1. 轨道交通

轨道交通具有运量大、速度快、安全、准点、环保等特点，既是能源消耗和碳排放的重要来源，也是推动绿色发展、实现碳中和的关键领域。锂离子电容器作为功率型储能电源既可以实现轨道交通列车在短时间内的高功率牵引及制动能量的回收，也可以与电池联用，实现高功率储能及能量快速释放，延长电池的使用寿命。因此，锂离子电容器作为储能装置将在轻轨、有轨电车、地铁、内燃机车、高铁等轨道交通领域获得广泛应用 [24−27]。

1) 储能式有轨电车

将储能装置放置于列车上通常称为车载式储能有轨电车，储能装置既可以用于列车的应急管理与辅助驱动，也可以吸收列车的再生制动能量。因此，通常要求储能装置具备瞬时输出功率大、占用体积小、安全性高等特点。目前，通常采用超级电容器和电网复合牵引供电技术实现有轨电车在无电网区的电力牵引和制动能量回收。因此，众多城市上线了电网/超级电容器混合牵引型有轨电车。2013 年中车长春轨道客车股份有限公司研制了中国第一个成网运行的架空接触网和超级电容器复合电源牵引供电型现代有轨电车，并在沈阳市浑南区运营。该有轨电车选择由 2.7 V/3000 F 超级电容单体组装的 48 V/165 F 模组为单元，组装成 1.6 kW·h 的储能系统，实现了有轨电车在无网区运行以及制动能量的回收 [28]。2019 年 1 月，浑南区现代有轨电车 4 号线、6 号线双线开通。至此，浑南区现代有轨电车共开通 6 条线路，运营里程达 97.45 km，成为目前全国唯一成网且运营里程最长的有轨电车线网，实现了有轨电车规模化、网络化效益。

虽然电网/超级电容器复合牵引供电技术成熟，获得国内外广泛应用。但是电接触网不仅影响城市景观和形象，而且在沿海城市容易遭受台风的破坏，同时弥蚀电流还损害建筑物。纯超级电容器动力型有轨电车应运而生。纯超级电容器全程无网储能式有轨电车不仅取消了接触网，解决了城市景观，而且超级电容器的能量回馈利用率高于 85%，避免了再生制动能量的浪费 [29]。2020 年，中车株洲电力机车有限公司下线的全球首列应用于机场捷运系统、可自动驾驶的储能式有轨电车下线 [30]，如图 11-12 所示。该列车采用三组 60000 F 高能量型超级电容器，能够存储 80 kW·h 作为列车的动力电源。车辆进站时，利用乘客上下车时间 30 s 即可充满电，一次充电可跑 5 km，最高时速可达 70 km/h，最大载客量 500 人，目前运行于昆明长水国际机场。目前，近 150 列由宁波中车新能源科技有限公司提供的超级电容器作为主驱动电源的有轨电车投入商业运营。

近年来，超级电容器/燃料电池、超级电容器/锂离子电池动力型有轨电车快速发展，2017 年，由西南交通大学主持的世界首列氢燃料电池/超级电容器/锂离子电池的混合动力 100%低地板有轨电车在中车唐山机车车辆公司下线。该列车采用两套 150 kW 的燃料电池系统、800 节 10 A·h 锂离子电池和 108 个 48 V 超级电容器模组 (3000 F 单体) 三混动力系统，列车运行速度 70 km/h，续航里程 40 km 以上 [31]，超级电容器系统为列车起停瞬间提供大功率充放电，延长了电池的使用寿命。

锂离子电容器作为下一代超级电容器在车载储能式轨道交通领域应用，不仅能够满足列车用大功率、高安全和长寿命等需求，而且能够在列车有限的空间存储更多的电能，增加列车的续航里程，提高列车的制动能量回收率。

图 11-12 全球首列机场捷运储能式有轨电车 [30]

2) 轨道交通地面式储能

城市轨道交通运营模式具有站间距离短、运行密度高等特点, 在频繁制动过程中会产生数量可观的制动能量，再生制动能量回收及再利用是降低能耗最直接、高效的优化方法。利用地面式储能系统通过双向变流设备将制动电能反馈至储能系统，列车在制动时吸收再生电能，抑制架线电网电压上升；当车辆处于牵引工况或站内负载过大、架线电网供电不足时，将导致架线网电压下降，严重时甚至影响车辆正常运行，储能系统在车辆启动时释放能量为车辆提供电能，提高能量利用率的同时平滑牵引网电压波动，保障电网、车辆安全运行。地面式储能系统除了实现列车的节能之外，还可以实现的功能包括 [32]：抑制牵引网电压波动、降低变电站峰值功率、减少或消除再生失效、提高停车精度、纯电制动、降低机械制动系统维护成本、应急牵引、替代变电所、可再生能源就近消纳等。锂离子电容器是一种具有高功率、高效率、长寿命和高安全的储能器件，作为储能装置应用于轨道交通再生制动能量回收，适合短时频繁制动且制动能量规模大的工况，将在轨道交通线路中获得广泛应用。

2016 年 11 月，国内首套由宁波中车新能源科技有限公司、广州地铁设计研究院有限公司、广州中车有轨交通研究院有限公司等单位联合研制，拥有自主知识产权的 1500 V 地铁列车用超级电容器储能装置在广州地铁 6 号线浔峰岗站正式挂网运行，这标志着以超级电容器为核心部件的新型制动能量回收利用装置，在我国城市轨道交通领域中的应用获得了突破性进展 [33]。北京交通大学研究团队研发了 1 MW 超级电容器 + 锂离子电池地面式混合储能装置 [34]，在北京地铁八通线梨园站进行挂网试验 (图 11-13)，这套装置不但可以回收利用列车再生制动能量，还可以在供电系统突发故障时，利用储能装置将列车紧急牵引至地铁站，超级电容器和锂离子电池混合储能装置技术参数如表 11-2 所示。夜间单车试验时，每趟节能率均能达到 20%；在地铁正常运行期间，工作日日均节能 1500 kW·h，节能率达 13%；而周末日均节能 900 kW·h，节能率超过 17%。2019 年，上海展枭新能源科技有限公司与山东新风光电子科技股份有限公司合作，在青岛市地铁 8 号线工程再生制动能量吸收装置采购项目中成功中标 3 套 1.5 MW 锂离子电容器储能式地铁站台能量回收装置，能够有效地吸收地铁刹车制动能量，解决传统能馈节能装置对电网的冲击问题 [35]。

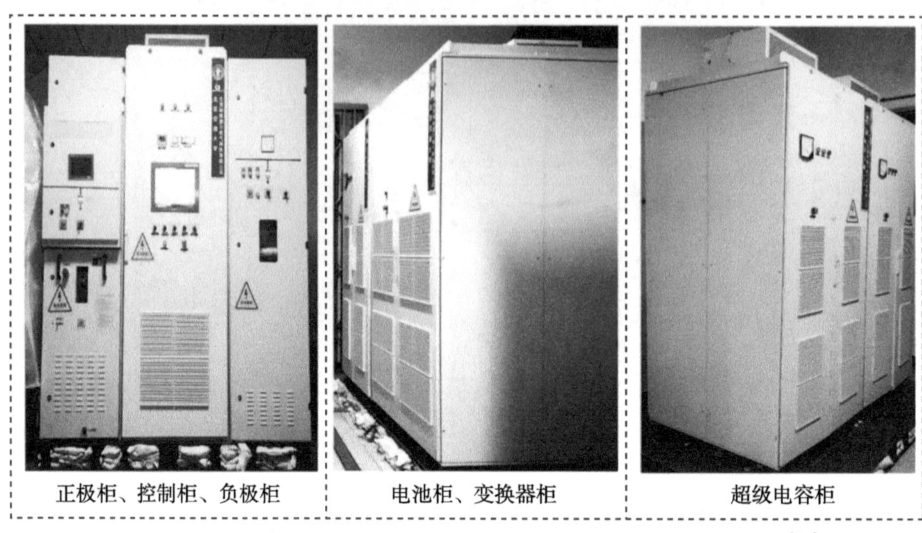

图 11-13 北京地铁八通线梨园站 1 MW 地面式混合储能装置 [34]

表 11-2 北京地铁八通线梨园站 1 MW 地面式混合储能装置技术参数 [34]

参数名称	超级电容器	锂离子电池
额定功率	800 kW	200 kW
额定电压	672 V	634.8 V
持续电流	1600 A	320 A
储能电量	6 kW·h	51 kW·h

锂离子电容器不仅继承了超级电容器高功率密度和长循环寿命的特点，还拥有更高的能量密度，因此在轨道交通地面式储能领域获得了研究者广泛关注。Ciccarelli 等 [36−38] 先后研究了路面式锂离子电容器储能系统在轻轨列车网络的应用与先进控制方法，他们首先设计了基于锂离子电容器储能系统的单端直流牵引系统等效电路，搭建了有轨电车网络仿真模拟平台，如图 11-14(a) 所示，锂离子电容器储能系统既可以辅助变电站驱动列车加速运行，又可以用于列车再生制动能量回收。Ciccarelli 等采用等效电容 30.5 F、等效内阻 43.2 mΩ、工作电压范围 79.2~136.8 V、储能电量 52.7 W·h 的锂离子电容器模块作为地面式储能系统并进行测试，如图 11-14(b) 所示。列车在刹车制动前 ($t = 29.5$ s)，总输入能量为 98.9 W·h，其中锂离子电容器模块提供电能 (E_{LC}) 是 35.4 W·h，变电站提供电能 (E_{sub}) 是 63.5 W·h；列车输出总机械能 (E_{mech}) 为 79.2 W·h，其中列车动能 (E_{kin}) 是 46.3 W·h，总损耗的能量是 19.7 W·h。列车在刹车制动后 ($t = 41$ s)，列车总输入能量为 45 W·h，其中刹车制动的全部机械能是 39.5 W·h，变电站提供的电能是 5.5 W·h，锂离子电容器模块吸收电能 35.4 W·h，电量恢复到初始状态，该阶段总能量损失为 9.6 W·h。若采用耗散式制动，刹车制动过程中的电能消耗为 99 W·h，如图 11-14(c) 所示。因此，采用锂离子电容器模块储能装置，既可以平滑电网峰值电压，又能够吸收列车再生制动能量，列车的节能率达到 30%。

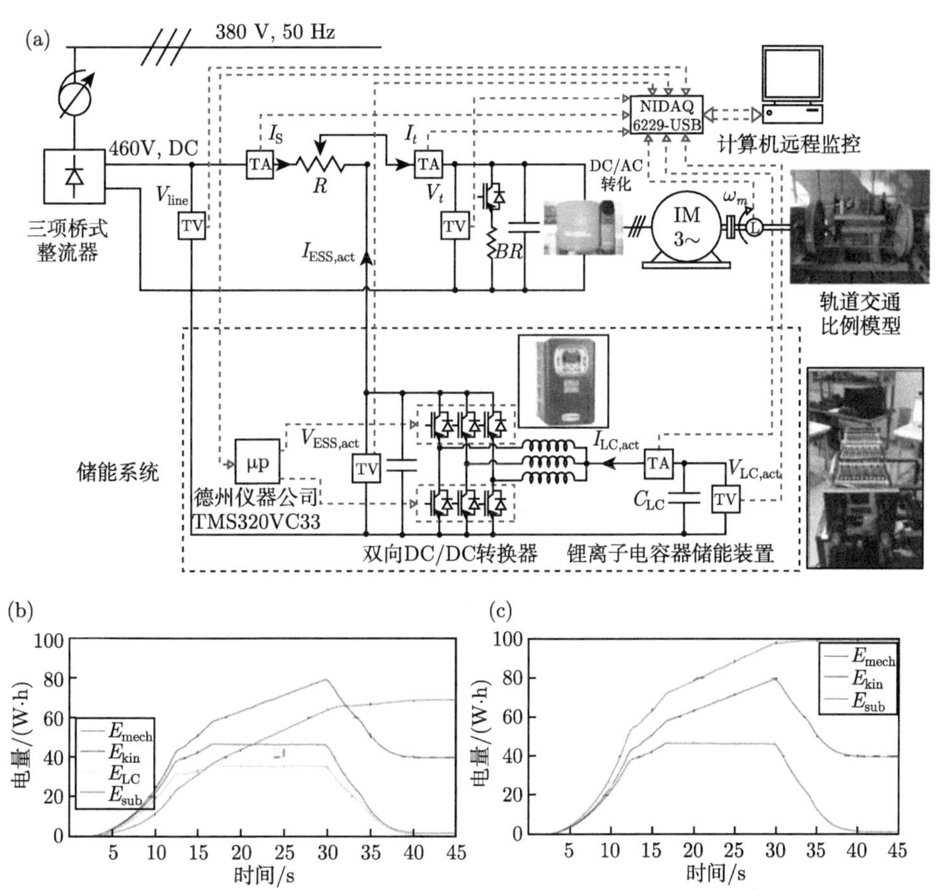

图 11-14 基于路面式锂离子电容器储能系统的轻轨网络测试平台与仿真模拟 [36−38]。(a) 直流牵引系统等效电路模型；(b) 列车能馈时制动能量流；(c) 列车耗散式制动能量流

3) 内燃机车辅助驱动

内燃机车的启动通常由蓄电池供电，驱动直流启动电机，从而带动柴油机至点火，柴油机正常运转，这时停止启动电机供电，柴油机启动完成。在柴油机开始转动的瞬间，蓄电池要大电流深度放电，这既影响蓄电池的使用寿命，又要求蓄电池具有较高的容量；另外蓄电池低温性能差，低温下蓄电池的电流释放能力下降，影响机车的启动。锂离子电容器应用于内燃机启停系统，在低温条件下替换蓄电池用于内燃机车的频繁启动，减少了空载待机时间，实现“熄火待命”，且减少大电流冲击，延长蓄电池使用寿命。中国中车股份有限公司研发的超级电容器启动系统的内燃机车已应用于杭州机务段调车机，1 h 节约燃油达 16 L。目前全国有内燃机车约 40000 台，每年如安装 1000～1500 列启动系统，配套超级电容器年需求 10～20 万只，内燃机启动系统产值有望达到 (1～1.5) 亿元人民币。

2. 汽车领域

1) 传统燃油汽车

锂离子电容器优异的倍率特性和低温性能应用于汽车启停的电压稳定系统 (VSS)，有效地解决了汽车在冷启动或者重新启动时的电压跌落问题，保证了车载系统电子设备的正常工作。例如，Maxwell 公司采用两个 1200 F 超级电容器单体串联组成 VSS，如图 11-15 所示。平时 VSS 和电池是分开的。当汽车启动时，电流过大或电压降过大时，超级电容器和电池串联投入运行，稳定启动电源的系统电压，并能够提供更大的启动电流，使启动过程更快地完成。此外，超级电容器的工作温度范围宽，可在 −40 ℃ 工作，因此采用超级电容器的 VSS 可在更宽广的温度和地域范围上使用；超级电容器使用寿命很长，其免维护的特性使得它的使用成本非常低。目前，包括雪铁龙 C4、标致 308 等车型在内的 100 万辆汽车装有超级电容器 VSS 系统。未来，随着超级电容器能量密度的提升，其有望取代铅酸电池独立应用于汽车启停系统。

图 11-15 Maxwell 公司用于 VSS 的超级电容器

2) 混合动力车

传统混合动力汽车 (hybrid electric vehicle, HEV) 采用多能源系统提供动力，以燃油发动机作为主要动力，以动力电源作为辅助动力。锂离子电容器作为 HEV 的动力源之一时，可以使车辆获得更高的瞬时功率，进而提高车辆的加速性能；在车辆减速制动时，可以对制动能量进行回收，提高车辆的整车经济性，既省油又减少污染。以丰田公司的雅力士混合动力汽车 (Yaris Hybrid-R) 为例 [39]，该款车有两种驾驶模式：公路模式和赛道模式。在公路模式下，超级电容器能在汽车加速时为后轮轮毂电机提供电力，供电时间最长可持续 10 s，此时，两个轮毂电机的综合输出功率被限制在 40 马力 (hp, 1 hp=735 W)；在赛道模式时，轮毂电机能够实现 120 马力全功率输出，持续时间为 5 s，让雅力士混合动力汽车的动力性能在短时间内大幅提升。

2019 年的法兰克福车展上亮相的兰博基尼混动超跑 Sián FKP 37[40]，如图 11-16 所示，该跑车是第一款采用 V12 发动机和基于超级电容器的混合动力技术驱动的超级跑车，能够在 2.8 s 内将速度提升到 100 km/h，最高时速可达 350 km/h。其中超级电容器组成的系统是一种低压 48 V 系统，可实现高达 600 A 的峰值电流，其功率是相同质量电池的三倍，为跑车的启动和加速提供超强动力，同时能快速吸收车辆的刹车制动能量。

图 11-16 兰博基尼混动超跑 Sián FKP 37[40]

插电式混合动力汽车 (plug-in hybrid electric vehicle, PHEV) 可以通过电网为动力电池充电，比 HEV 的动力电池容量要大。PHEV 既能以纯电模式行驶较长的距离，又能在动力电池电量较低时以混合动力模式行驶来增加续航里程。PHEV 动力消耗主要来源于电能，因此对动力电源的要求较高，单一的储能技术很难同时满足 PHEV 对能量和功率的要求。北京理工大学电动车辆国家工程实验室 (现电动车辆国家研究中心)[41] 开展了动力锂离子电池和超级电容器组成复合电源系统的方案设计和能量管理策略研究，利用超级电容器功率密度高、低温性能好等特点进行大电流充放电，能够提升复合电源系统的综合效率和性能，延长锂电池的使用寿命。Kollmeyer 等 [42] 研究了锂离子电容器模块和锂离子电池模块组成的混合储能系统在 PHEV 的全尺寸应用。其中，混合动力储能系统构成方式是将锂离子电容器模块直接连接到驱动电机的直流母线上，然后将锂离子电池模块通过 DC/DC 转换器连接到锂离子电容器模块。在此基础上，他们提出一种实时控制方法确定锂离子电容器和锂离子电池之间的最佳功率分配，完成在雪佛兰科迈罗车的实验测试与验证，实物图和原理图分别如图 11-17(a) 和 (b) 所示。其中锂离子电容器模块储能电量 475 W·h，输出电流 360 A，锂离子电池模块电量为 10.9 kW·h，输出电流 400 A，具体技术参数见表 11-3。他们将该混合动力系统在 US06 工况驱动循环中进行了仿真模拟测试，并提供了 1500 s(行驶 32.2 km) 驾驶时间的测试数据，如图 11-17(c) 所示，其中再生制动功率 60 kW，放电功率 80 kW。图 11-17(d) 显示了采用的卡尔曼滤波器方法能够准确和可靠地估计锂离子电容器的开路电压 (OCV)，为锂离子电容器在实际工况应用中提供支撑。图 11-17(e) 显示了锂离子电容器和锂离子电池的电压测量值和模拟值，很显然，锂离子电池模块的电压波动范围较小，这主要得益于锂离子电容器模块功率输出的支撑。综合上述结果，锂离子电容器在 PHEV 混合电源系统的应用，对锂离子电池输出功率进行了滤波处理，使其输出特性更加平滑，同时利用锂离子电容器捕获大部分再生制动能量，有助于提高车辆的续航里程，并降低电池以及整体动力系统的性能衰减。

3) 纯电动车

纯电动车 (battery electric vehicle, BEV) 是以车载电源为动力的绿色环保型车辆，是未来汽车发展的重要方向。随着纯电动汽车的快速发展，对动力电源的需求也大幅增加。锂离子电容器作为功率型电源，在纯电动汽车领域主要有两种应用方式，一种是与动力电池(如磷酸铁锂电池、三元锂电池等) 组成的电-电复合电源使用，另外一种是作为独立电源使用。锂离子电容器复合锂离子电池组成的电-电混合动力系统，具备诸多优势 [43]：①在短时大功率输出的场景下以及加速时提供能量；②锂离子电容器的高功率密度与电池能量扩展性形成优势互补，大幅度减少了电池的快速充放电次数，延长电池寿命及系统寿命，减少电池损耗，还提高了车辆的可靠性、可利用率和客户驾乘感；③解决电动汽车冷启动问题，对电池进行预加热；④提高整车安全性，作为车辆紧急断电时后备电源，保障车辆动力性能，锂离子电容器安全性极强，不爆炸、不起火。

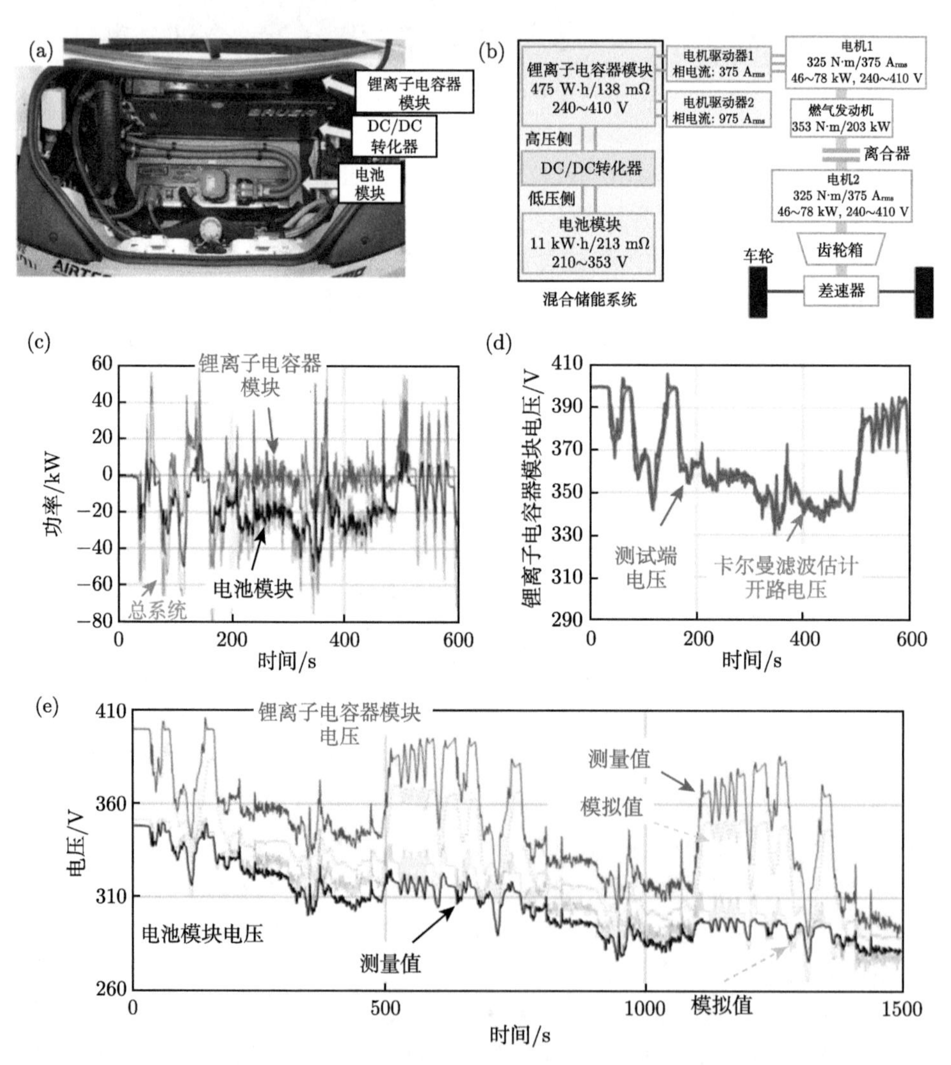

图 11-17 锂离子电池与锂离子电容器组成混合动力系统在雪佛兰科迈罗车上应用与 US06 测试 [42]。(a) 混合动力系统放置在后备箱；(b) 混合动力系统动力传动结构；(c) 混合动力系统的功率测试；(d) 锂离子电容器的测试电压和卡尔曼滤波模拟电压；(e) 锂离子电容器和锂离子电池电压的测试和模拟仿真

表 11-3 锂离子电池与锂离子电容器混合动力系统技术参数 [42]

参数名称	锂离子电容器	锂离子电池
型号	JM Energy CP3300S	LG HG2 18650 NCM
串并联数量	108 串	84 串 12 并
单体容量	3300 F	3 A·h
标称电压	—	302 V
工作电压范围	238~410 V	210~353 V
内阻	1.0 mΩ(单体)/126 mΩ(Pack) 1.2 mΩ(单体)/138 mΩ(Pack)	28 mΩ(单体)/215 mΩ(Pack)
模组储能电量	475 W·h	10.9 kW·h
模组电流	360 A	400 A
电芯总质量/体积	39.9 kg/23.9 L	47.4 kg/17.2 L
模组总质量/体积	90.7 kg/124.2 L	90.3 kg/84.0 L

锂离子电容器作为独立电源应用于电动汽车，其启动、加速和低温环境的性能均是锂离子电池所不能媲美的。因此，随着锂离子电容器能量密度的不断提升，有望在电动赛车、电动跑车等领域率先应用。2017 年，兰博基尼 (Lamborghini) 公司与麻省理工学院 (MIT) 合作开发的全新概念超跑 Terzo Millennio 在美国马萨诸塞州剑桥的 EmTech 会议上亮相，该概念超跑是一款全电动、全部由超级电容器供电的汽车，可在数分钟内充满电 [44]。

锂离子电容器在电动汽车领域应用的另一种方式是辅助驱动，作为功率型电源与锂离子电池等能量型电源复合，组成的混合动力系统共同驱动车辆运行。锂离子电容器既可以高功率输出，避免锂离子电池大电流放电，进而延长其使用寿命；同时还可以回收车辆瞬时制动的能量，增加车辆的续航里程。Soltani 等 [45] 研究了锂离子电容器与锂离子电池组成的混合储能系统在城市交通纯电动客车的应用，构建了半主动拓扑结构，如图 11-18(a) 所示。锂离子电容器模块通过双向 DC/DC 转换器与直流母线连接，锂离子电池模块直接与直流总线连接，锂离子电容器模块 (400~700 V，572.9 W·h) 由 184 个单体 (2300 F，1 A·h) 串联组成，锂离子电池模块 (250~400 V，240 kW·h) 由 37 个单体 (20 A·h) 并联，然后 96 个并联单元串联组成，锂离子电容器模块和锂离子电池模块通过半主动拓扑结构组成了混合动力系统。混合动力控制系统由高通滤波器组成，用于分离高频电流分量，这些高频负载组件被要求由锂离子电容器模块完成。他们从在伦敦运行的安装有上述混合动力系统的商用电动客车 (Solaris Urbino 12 electric) 上提取了电流数据，如图 11-18(b) 所示，混合动力系统中锂离子电容器模块吸收了高频大电流，锂离子电池模块的大电流应力因子被消除，使其工作在相对稳定且倍率较小的工况环境中。同时，他们从成本、体积、质量、寿命和行驶距离多个角度对单一锂离子电池动力系统和混合动力系统进行了比较。结果表明，相对于单一锂离子电池动力系统，混合动力系统的电池运行过程中的温升略有下降，且锂离子电容器能够提高混合动力系统的峰值电流，消除了深度放电对锂离子电池性能的影响，使得混合动力系统的里程增加了约 7 万千米，如图 11-18(c) 所示；为了提高单一锂离子电池电源系统的功率，将锂离子电池的并联数量增加 50%，通过这种改变，虽然增加了续航里程，如图 11-18(d) 所示，但是体积、质量和成本明显增加，如表 11-4 所示。因此，基于锂离子电容器组成的混合动力系统在电动车辆的应用，对综合提升车辆的体积、质量、寿命、续航里程和经济性等具有非常重要的应用价值。

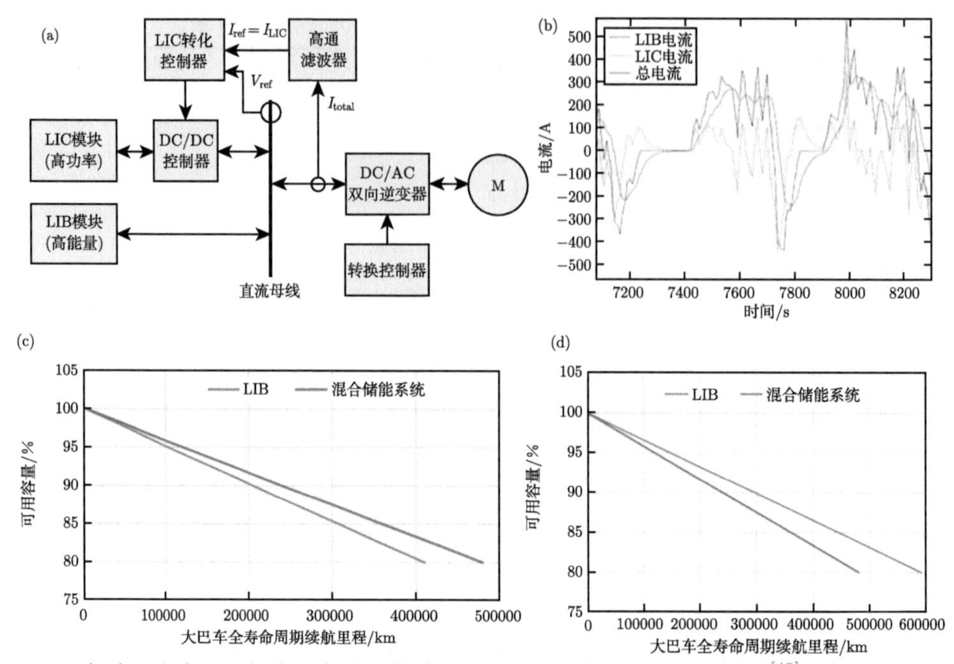

图 11-18 锂离子电容器和锂离子电池组成的混合动力系统在电动大巴车应用 [45]。(a) 混合动力系统拓扑结构；(b) 电动客车混合动力系统中锂离子电池、锂离子电容和总电流输出曲线；(c) 锂离子电池动力系统和混合动力系统容量衰减趋势对比；(d) 锂离子电池动力系统过量 50%容量衰减趋势对比

表 11-4 锂离子电池动力系统与混合动力系统在电动大巴车应用结果分析对比 [45]

参数名称	锂离子电池动力系统	混合动力电池	
串并联数量	96 串 56 并	锂离子电池模块 96 串 37 并	锂离子电容器模块 184 串 1 并
质量/kg	2300.92	1587.41	
体积/L	1053.69	735.93	
成本/%	144	100	
储能电量/(kW·h)	392	259.57	
续航里程/km	592692.73	480148.35	
持续行驶时间/h	41895.41	33940.04	

4) 城市公交车

城市公交客车在行驶工况中启停频繁，频繁的制动刹车会造成大量动能的浪费，不仅使整车经济性下降，同时还会产生较多污染气体。根据城市客车的行驶工况特点，采用锂离子电容器作为动力源，以其快速充电和长循环寿命特性，能够实现电动公交车“随充随走”模式，该模式主要特点是充分考虑公交运营的特点，利用班次之间的空闲时间进行充电，不影响正常运营，优势在于车辆一次购置成本大为降低，能达到公交运营的要求，因此特别适合具有固定线路的公交车来运营。相比于装载锂离子电池的电动公交车，锂离子电容器城市公交车“随充随走”运营模式在车辆能耗、运维成本、使用寿命、出勤率等指标方面，具有可观的经济效益 [46]。

目前，商业化应用较广的超级电容器电动公交车，在候车站安置快速充电装置，利用公交车停靠站、乘客上下车的 1 min 内完成充电，使超级电容器公交车成为在城市内全线离网运行的节能环保型电动公交车。2006 年 8 月，以超级电容器为动力源的上海 11 路公交车上线投入运营，这是目前世界上唯一经过大规模长时间商业化运营考验的纯电动公交车，节省燃料费用 65%以上，已累计行驶超过 1200 万千米，完成载客 6000 万人次。2010 年上海世博会期间，61 辆超级电容城市客车在 6 个月内累计运行 120 万千米，平均每天 4800 千米，共运送国内外游客 4000 万人次，上海世博会超级电容器公交车如图 11-19 所示。目前，上海已有包括 11 路、26 路、920 路等多条奥威超级电容公交车线路。另外，中国中车的超级电容公交车也已于 2015 年在宁波下线，宁波已有 306 路、330 路等多条超级电容公交线路。

图 11-19 上海世博会超级电容器公交车

相较于其他采用锂离子电池的电动交通工具在寒冷冬季频繁爆发的里程焦虑和充电难的问题，超级电容器凭借优异的低温性能，以及低温下稳定的功率输出和高的容量保持等优势，超级电容器电动公交车在寒冷地区获得广泛应用。2017 年，中白合作的 18 米快速公交系统 (bus rapid transit, BRT) 正式在白俄罗斯首都明斯克载客运营，近百辆“中国智造”超级电容器公交车提供绿色环保通勤服务，明斯克市冬天气温连续一个多月保持在零下 15 ℃ 至零下 25 ℃，截至 2022 年，已经历过 5 个严冬考验的数百辆超级电容器电动公交车稳定地运行在明斯克 15 条市内公交线路上，每天运营 20 h，单车运营里程日均 250 km，最高 295 km，车辆总体出勤率达 95%[47]。

5) 燃料电池车

燃料电池具有高能量密度和绿色环保等优势，在新能源车、轨道交通、规模储能等领域应用发展潜力巨大。但是燃料电池动态响应较慢，无法满足车辆在启动、加速、爬坡等工况下的功率需求。因此需要增加相应的辅助动力系统以弥补燃料电池峰值功率输出特性差的不足。此外，辅助动力系统能够在减速、制动期间回收制动能量，降低车辆用电量，提高节能效率。锂离子电容器功率密度高、循环寿命长、低温特性好，不仅能够解决燃料电池峰值功率不足的问题，还能够满足车辆频繁加速、制动等充放电长寿命需求。Macias

等 [48] 提出了将锂离子电容器与燃料电池组成的混合动力系统应用于电动三轮车上 (舍布鲁克大学 e-TESC 实验室 e-TESC-3W)，如图 11-20 所示。e-TESC-3W 动力源是由燃料电池和锂离子电容器通过 DC/DC 变换器并联组成的混合动力系统，燃料电池功率等级为 27.3 kW，锂离子电容器模块由 36 节单体串联组成，工作电压范围 79.2～136.8 V，储能容量为 157 W·h，锂离子电容器模组与燃料电池复合为车辆提供持续稳定的功率输出。

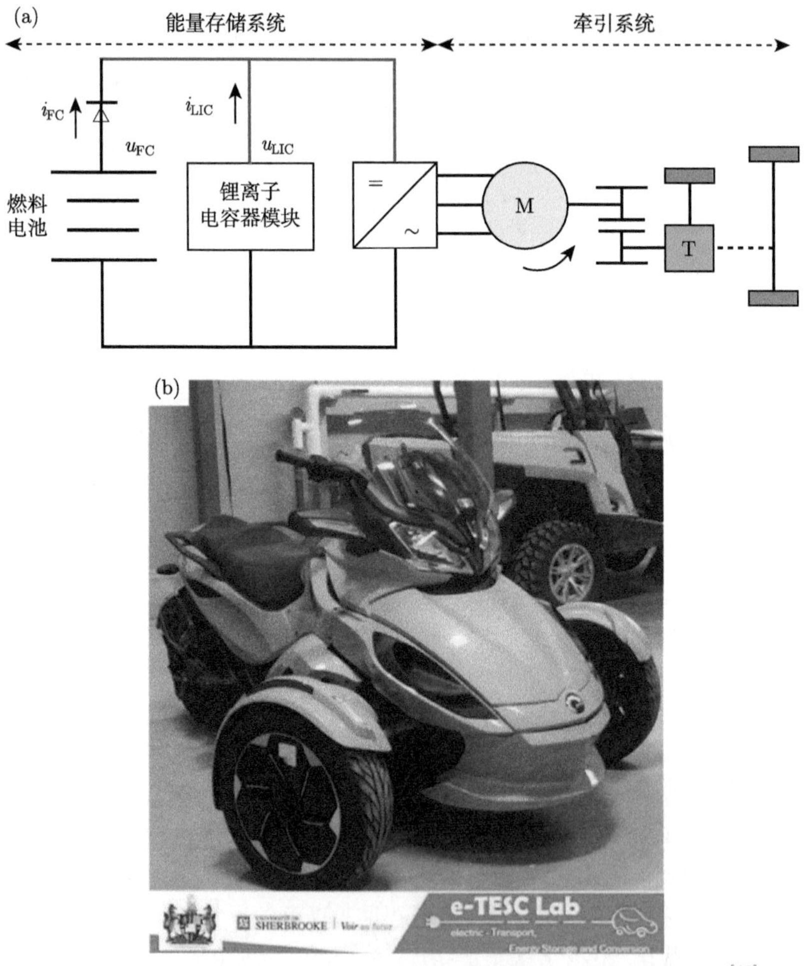

图 11-20 e-TESC-3W 动力系统 (a) 结构图和 (b) 实物照片 [48]

除此之外，锂离子电容器还可应用于高尔夫球车、机场摆渡车、旅游观光车 (图 11-21) 等，这类在特定区域内行驶的车辆，行驶距离短，要求充电速度快，因而具有非常广阔的应用前景。2019 年，中国科学院电工研究所自主研发的 1100 F 锂离子电容器，通过 15 并 16 串组装成 48 V/360 W·h 锂离子电容器模块 (工作电压 35.2～60.8 V)，作为唯一动力源在旅游观光车上示范应用，如图 11-22 所示，充满电仅需 2 min，可行驶 10 km，被中国超级电容产业联盟评选为“2019 中国超级电容产业十大事件”之一。

锂离子电容器除了作为车载启停电源、动力电源等，在车载电子设备智能化拓展过程中也备受关注，T-box 远程信息处理器、车载变频设备、车载控制单元、车载导航系统、涡轮增压、车身稳定辅助系统、悬挂系统、四轮转向系统、电动车窗等都是锂离子电容器发挥作用的多样化场景。

图 11-21 锂离子电容器旅游观光车示范应用

图 11-22 “新生态号” 客渡船 [50]

3. 电动船

目前，运输船舶的动力系统大部分是柴油机，柴油在燃烧过程中，会产生大量的硫化物、氮氧化物和二氧化碳气体以及粉尘等污染物，船舶的废气排放和噪声已成为环境污染不可忽视的问题。电动船舶具备废气零排放、低噪声、低运行成本等优势，成为市场的 “新宠”。然而电动船运行工况复杂，对动力电源要求较高。锂离子电容器作为船舶动力电源，具有以下三个方面的优势 [49]：功率密度高、充电速度快，在船舶运行时能够承受瞬时大电流放电；循环寿命长，减少船舶电源更换频率，提高整体稳定性；工作温度范围宽，受温度影响较小，适应不同环境以及季节进行工作。2021 年，世界首艘超级电容器新能源客渡船“新生态号”在湖南益阳地区顺利完成首次试航 [50]，如图 10-22 所示，“新生态号”采用超级电容器作为船舶动力，储能电量 625 kW·h，输出功率 2000 kW，配套 2.5 MW 级直流岸电系统充电，每年能够节省燃油约 500 t。

11.2.4 新型电力系统

新型电力系统是以新能源为主体，适应极高比例新能源接入的绿色低碳电力系统，贯通清洁能源供需各个环节。储能是支撑高比例可再生能源电力系统的关键技术。在“源–网–荷–储”电力系统中，既有瞬时的冲击功率，又有长时间的释能需求，同时还需兼顾系统的经济性与安全性，目前单一形式的储能技术无法完全满足以上要求。因此储能技术呈现百花齐放、多元化发展态势。锂离子电容器作为功率型储能器件具有功率密度高、响应速度快、循环寿命长和使用温度范围宽等优势，适合高功率充放电、短期储能等应用场景，将在电网与可再生能源发电等领域获得广泛应用。Lambert 等 [51] 对比分析了锂离子电容器和双电层电容器交流内阻特性，结果表明锂离子电容器更适合在高频率变换的电力电子器件应用。Karimi 等 [52] 研究了锂离子电容器热管理技术，对比分析了不同热管理技术对锂离子电容器容量衰减的影响，并认为锂离子电容器是电网储能领域应用的最具前景的技术之一。Hamidi 等 [53] 综述了锂离子电池和锂离子电容器的技术特点和仿真模型，锂离子电容器具有更高的功率密度与锂离子电池具有更高的能量密度两者形成互补，在复杂应用工况下发挥各自的优势作用，他们认为锂离子电容器是电网侧高脉冲功率和深度充放电需求的理想选择。下面主要分析介绍锂离子电容器在微电网、分布式发电、电网调频和风电变桨系统等领域的应用。

1. 微电网

微电网 (microgrid，MG) 作为分布式电源大规模接入的有效方式，具有多源低惯性供能、多模式协调运行、多模块互补支撑、多级架构灵活互动的特点，是分布式电源、负荷及储能装置等按照特定的拓扑结构组成的具备独立管理、保护、控制能力的集约化新型电力网络。微电网既可以提高可再生能源的渗透率，最大限度地发挥分布式发电的技术经济性，又可以弥补大电网供电集中的缺陷；既可与外部大电网“并网运行”，又可以“孤网运行”，解决无法使用主电网的偏远地区供给电能问题。因此，开发和研究微电网有利于分布式电源和可再生能源的大规模接入，对改变和完善供电结构有着重要作用。储能装置是微电网的重要组成部分，主要作用包括 [54−56]：提供短期功率补给、作为能量缓冲设备、改善微网电能质量。

微电网是一种由分布式电源组成的独立系统，正常情况下，微电网与常规配电网并网运行，微电网中的功率波动通过大电网得到平衡；当电网故障或电能质量不满足要求时，微电网会从“并网运行”模式转换为“孤网运行”模式。微电网在两种模式转换时，会有功率缺额。与其他储能装置相比，锂离子电容器由于其功率密度大、充放电速度快，锂离子电容器储能系统以优异的功率特性提供短时能量，有助于微电网两种模式的平稳过渡 [57]。

锂离子电容器也可作为微电网的能量缓冲装置。由于微电网的负载始终在发生波动，且微电网规模小、系统调节能力差，极易受到电网及负载波动的影响。为了满足峰值负载供应，可用锂离子电容器储能装置进行峰值负荷调整。在负载低时储存多余电能，负载高时反馈到微电网以满足功率需求。此外，锂离子电容器不仅能有效降低微电网中的瞬时功率扰动，而且充分利用低负载时的电能，提高微电网的能量利用效率 [58]。

微电网既要满足负荷对供电质量的要求，保证供电频率以及电压幅值变化、波形畸变率以及年停电次数等在一个很小的范围内，又要满足大电网对其并网要求，如负荷功率因数、电流谐波畸变率和最大功率等都有严格限制。储能系统对微电网电能质量的提高起到了十分重要的作用。锂离子电容器可快速吸收、释放大功率电能，非常适合将其应用到微电网的电能质量调节装置中，用来解决微电网系统中的电能质量等问题。动态电压恢复器 (dynamic voltage resister, DVR) 是一种电压源型电力电子补偿装置，串联于电网与负荷之间，具有良好的动态性能，是解决电压跌落、闪变和间断等电能质量问题的有效措施。锂离子电容器具有充放电速度快、功率密度高、使用寿命长、受环境温度影响小等优势，作为储能装置应用于 DVR 中响应速度快、补偿时间长，同时避免了储能设备维护成本高、使用寿命短等弊端，从而实现敏感用户设备的正常、不间断的运行。2011 年中国科学院电工研究所推出国内首个超级电容器 DVR 产品。目前，超级电容器储能装置已成为 DVR 产品的标配，包括德国西门子公司、瑞士 ABB 公司和莱提电气公司，以及我国中航太克技术 (北京) 有限公司、郑州泰普科技有限公司、北京英博电气股份有限公司、华瑞清能 (北京) 电力电子技术有限公司等。2020 年，在连云港自贸区超级电容器储能系统首次被应用于国内直流微电网的直流电压波动治理系统中 [59]，利用 680 V 超级电容器储能系统实现对直流母线电压波动的暂态治理。

此外，锂离子电容器与锂离子电池复合组成的混合储能系统应用于微电网，不仅具备超级电容器高功率密度和快速吸收释放大功率电能的优点，还表现出锂离子电池高的能量密度。微电网运行过程中，混合储能系统既可以满足小时级电能供应和削峰填谷，又具备处理电力瞬时短缺的分钟级电能供应和有功或无功功率补偿的秒级电能供应，混合储能系统的整体使用寿命、可靠性和安全性均获得了提升。2015 年，德国可再生能源系统开发商和分销商 FREQCON 开发出一套利用 Maxwell 超级电容器和锂离子电池组成的复合储能系统 [60]，并为住宅电网和工业电网提供电力，该系统能够解决可再生能源高渗透率带来的电力间歇性中断问题。Mohammadi 等 [61] 设计了一种超级电容器–电池混合储能系统，如图 11-23 所示。根据微电网所需功率，他们研究了超级电容器和电池的功率分配，其中超级电容器作为补偿风力涡轮机生成功率中可用的高频元件。通过使用这种方法，不仅满足微电网整体安全可靠运行，且微循环从电池中去除，电池使用寿命得到延长，从长远看可以降低大量设备成本。

2. 分布式发电

分布式发电能够充分利用可再生能源，是我国实现节能减排目标的重要举措，也是集中式发电的有效补充。当分布式电源大规模接入中低压配电网时，风、光等可再生分布式电源的间歇性和随机性将加剧配电网的电压和频率波动，而分布式电源并网采用的大量电力电子设备也带来了诸如谐波污染、电压闪变的不稳定因素，这些对于配电网的功率平衡和安全运行，以及用户侧供电可靠性和电能质量都具有严重的影响。锂离子电容器作为储能装置，应用于独立光伏、风力发电、燃料电池等分布式发电系统，充分发挥其高功率等技术优势，既可以对系统起到瞬时功率补偿的作用，也可以在发电中断时作为备用电源，减小分布式发电并网时对电网的冲击，以提高供电的稳定性和可靠性 [62]。

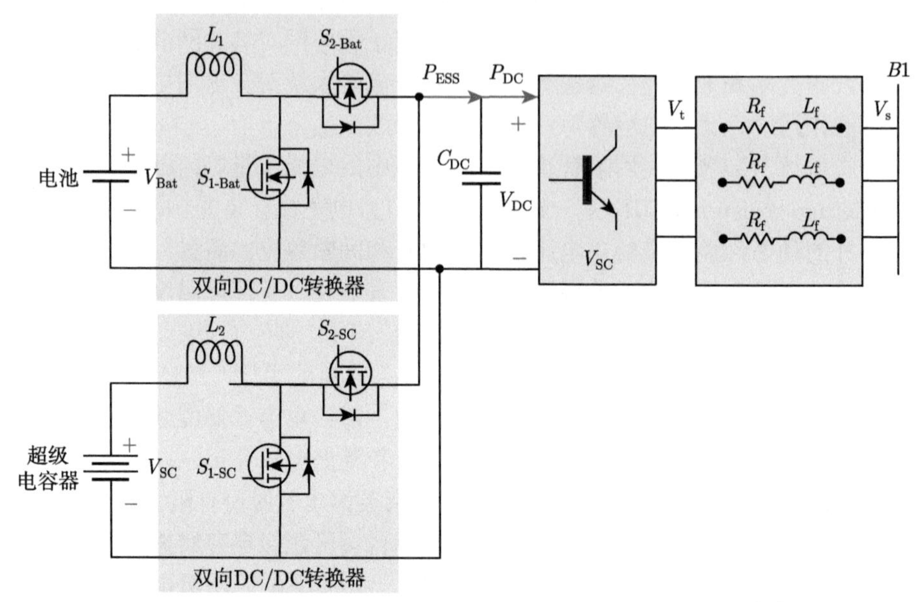

图 11-23 超级电容器–电池的电路拓扑和微网连接示意图 [61]

风电场输出功率波动对电网电压、频率和暂态稳定性产生不利影响。而锂离子电容器在风力发电系统中可以发挥如下作用：当风速较高，风力发电多而电网负荷小时，锂离子电容器快速将电能储存；在风力发电少电网负荷较大时，锂离子电容器则释放电能驱动发电机组工作以满足电网需求。Esmaili 等 [63] 采用锂离子电容器和锌液流电池组成的混合储能系统用于调节风电涡轮机的输出功率，限制功率斜坡率和支撑功率平滑。他们采用 5.82 F/220 A 锂离子电容器 (工作电压范围 900~1400 V) 直接连接在直流母线上，和 50 kW·h/25 kW 锌液流电池模块通过双向 DC/DC 连接到直流母线组成混合储能系统，并开展实验仿真。结果表明，采用混合储能系统的锂离子电容器治理短时、高功率波动，液流电池治理长时、低功率波动，可以减少液流电池模块的瞬时大功率输出和功率变化，有效提高液流电池的工作效率，显著改善风电场的输出功率。Mandic 等 [64] 研究了独立使用锂离子电容器储能模块调节风电涡轮机功率输出，建立了按比例缩小的储能系统模型并进行了测试，采用 120 节锂离子电容器串联组成的模块直接连接到直流母线上，实验装置原理图如图 11-24(a) 所示，整流器输入功率的参考值是振幅为 1 kW 的正弦信号加上一个恒定的平均值为 1.5 kW 的信号，而输出功率基准保持在 2 kW 不变，如图 11-24(b) 所示。实验结果表明，在直流链路纹波电流较大的系统中，锂离子电容器模块通过提供额外输入和输出功率，以满足系统输出功率保持稳定，验证了锂离子电容器作为短时储能系统时能有效地平滑风力发电机组的输出功率。

2016 年，中国国电集团公司 (现国家能源投资集团有限公司) 采用 Maxwell 公司的超级电容器模块为风电场储能示范项目成功通过系统调试 [65]，成为第一个应用于中国风力发电场中的兆瓦级超级电容器储能系统，如图 11-25 所示。该系统利用 1152 个额定电压为 52 V、容量为 130 F、运行寿命长达 20 年的超级电容器模块，总容量为 1 MW×2 min，有效弥补了锂离子电池在平抑风电场瞬时大功率波动方面的不足，平滑了风电场的出力，使之符合并网的接入要求。

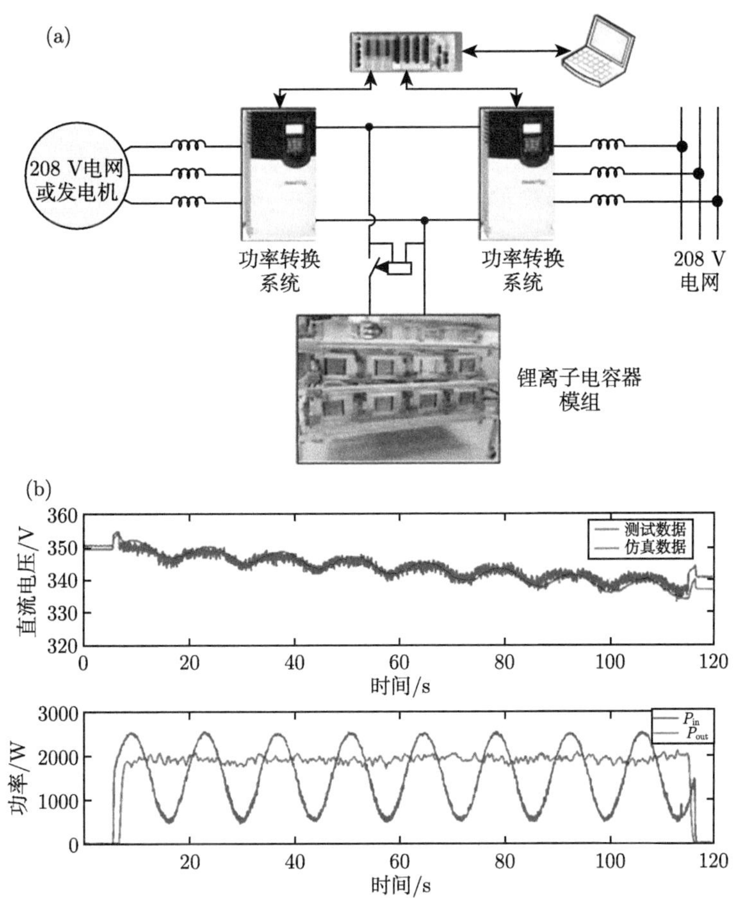

图 11-24 锂离子电容器在调节风电涡轮机输出功率的应用 [64]。(a) 实验装置原理图；(b) 直流链路电压和输入输出功率

图 11-25 应用 Maxwell 超级电容器的风电场储能系统 [65]

在太阳能光伏发电过程中，由于太阳照射快速变化，其输出功率存在波动性，调节频率变化会导致发电容量衰减。智能光伏储能系统有助于解决上述问题，锂离子电容器作为光伏储能系统在功率密度、循环寿命和宽温特性等方面优于锂离子电池，受到研究人员广泛关注。Khomenko 等 [66] 针对太阳能发电对储能系统的应用需求，研究了一种先进的锂离子电容器，能量密度、功率密度和循环寿命获得协同提升，相比于磷酸铁锂电池和铅酸电池，锂离子电容器在光伏储能系统 (photovoltaic energy system, PhES) 的应用非常具有竞争力。Koyanagi 等 [67] 提出了一种集成锂离子电容器储能的智能光伏发电系统，针对光伏阵列发电系统的短期波动，采用锂离子电容器作为储能系统对光伏输出功率进行平滑处理，并响应电网频率的变化，从而消除电网频率偏差，有效提高了光伏发电的效率。图 11-26(a) 为基于锂离子电容器储能模块构建简易电网模型，该模型由配置有 417 W·h 锂离子电容器模块的太阳能光伏系统 (额定功率为 4 kW)、容量为 9.3 kV·A 的等效柴油发电机 (diesel generator，DG) 和功率为 6.7 kW 的等效系统负载组成。在初始运行工况下，光伏发电系统和 DG 分别向负荷提供 3.2 kW 和 3.5 kW 的功率。基于此，他们开展了太阳能光伏阵列输出变化的仿真模拟，假设太阳能光伏阵列因太阳辐射变化而产生以三角波输出方式变化且周期为 60 s 的 3 次波动，则有锂离子电容器模块的太阳能光伏阵列输出功率

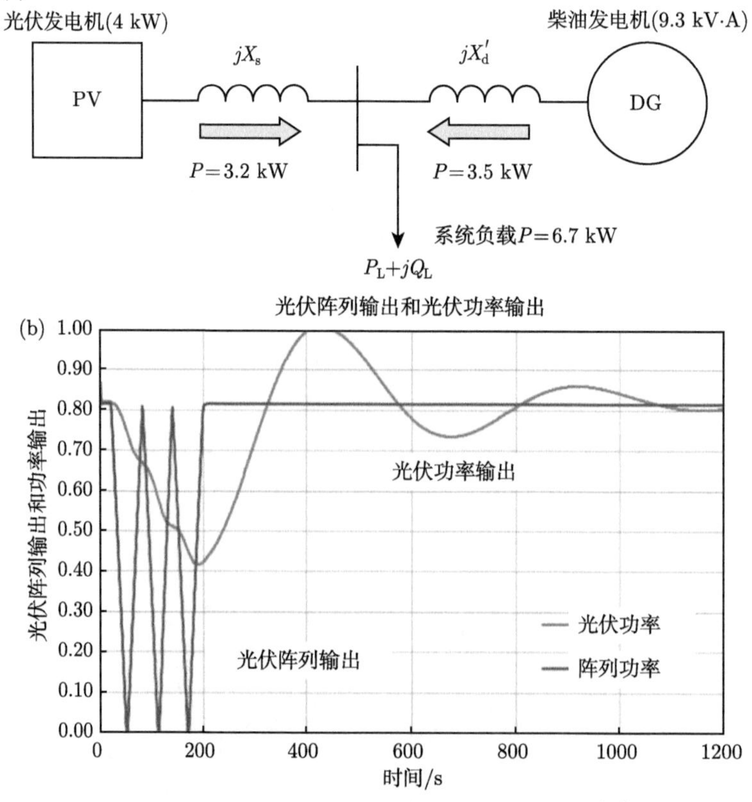

图 11-26 基于锂离子电容器储能系统的光伏发电模型与仿真模拟 [67]。(a) 光伏发电模型；(b) 仿真模拟

逐渐下降到 40%，一旦光伏阵列输出结束周期变化，光伏阵列输出功率又很快恢复到初始的 80%，如图 11-26(b) 所示，从而验证了锂离子电容器储能系统平滑太阳能光伏发电功率输出的有效性。Nakayama 等 [68] 提出一种太阳能光伏发电高效转化系统，主要包括光伏发电系统、功率调节子系统 (power conditioning subsystem, PCS) 和锂离子电容器模块等。锂离子电容器模块与光伏发电系统直接连接，用于临时存储能量，存储光伏发出电能的效率高达 99.4%。通常情况下，太阳辐射强度约为 350 W/m^2 及以下时 PCS 运行效率较低，当太阳辐射强度小于 200 W/m^2 时 PCS 停止运行。此时，锂离子电容器临时存储光伏发出的电能。当太阳辐射强度增加或锂离子电容器模块充满电后，PCS 将锂离子电容器模块内的电能一次性转化，输出效率可达 92%以上。基于此，他们认为该系统可将日本的年光伏总发电量增加 12%以上。

传统超级电容器能量密度低，很难满足太阳能光伏发电应用需求，需要与能量型储能技术复合使用。2016 年，Maxwell 公司与美国杜克能源 (Duke Energy) 公司合作，推出了稳定太阳能光伏发电的新一代电网储能系统——超级电容器与电池的混合储能系统 [69]，如图 11-27 所示。在该混合储能系统中使用超级电容器能带来技术和经济上的优势，包括以下几方面：①太阳能发电集成服务，平抑短时快速的太阳能出力波动；②延长储能系统的整体使用寿命，通过使用超级电容器避免对电池造成高峰值功率冲击；③减少成本支出，无须为了应对长使用寿命中的高功率性能/热应力表现而增加电池；④减少运营支出，超级电容器具备超过 50 万次的充放电次数，且在宽工作温度范围也能保证其性能与超长寿命的优势；⑤容量保障，通过对电池性能的支持，超级电容器能减缓电池容量随时间发生的衰减，从而降低能量不足的风险。

图 11-27 Maxwell 超级电容器–电池混合储能系统 [69]

3. 电网调频

随着光伏、风力等可再生能源发电的高比例渗透，传统发电机组占比减少，可再生能源的间歇性和波动性的出力特性给电网造成调频资源减少、调频容量不足、频率特性日益恶化的结构性困境。储能系统具有快速响应、精确跟踪、优异功率－频率特性，是优质的调频资源，储能参与电网调频获得业界广泛关注。2022 年 5 月 1 日，国家标准《并网电源一次调频技术规定及试验导则》(GB/T 40595—2021) 正式实施，文件明确规定接入 35 kV 及以上电压等级的储能电站、风电、光伏等并网电源均需具备一次调频功能。因此，储能参与电网调频市场潜力巨大 [70]。

储能参与电网调频工况复杂，要求储能系统充放电周期在秒至分钟级、响应速度快、充放电频繁、工作电流大等，现阶段应用电网调频的储能技术主要包括 [71]：抽水蓄能、锂离子电池、超级电容器、飞轮储能、压缩空气储能等。锂离子电容器应用于电网调频，特别是一次调频应用具有独特的优势，具体表现如下：①锂离子电容器兼具储能和瞬间大功率输出的特点，能够快速响应、精确跟踪，比传统调频手段更为高效；②锂离子电容器具有百万级的反复充放电次数，短时功率吞吐能力强，可充可放，双向调节，独立或与常规调频电源结合，大幅降低传统调频电源容量需求；③锂离子电容器具有 10 年以上的生命周期，相较于其他储能技术具有非常明显的优势，锂离子电容器参与的一次调频运维量小，系统稳定性高；④锂离子电容器安全性高，无起火爆炸风险。储能系统对安全性的要求非常严格，而锂离子电容器非常契合储能系统对安全性的要求。

颜湘武等 [72] 采用 1.5 MW 双馈风电机组配置 150 kW×30 s 超级电容器参与系统一次调频，经过仿真模拟和技术经济性分析，结果表明，超级电容器提高了风电机组一次频率调节能力和发电效益，且经济性优势显著。2021 年，国网江苏省电力有限公司自主研制的国内首套变电站超级电容器微储能装置在南京江北新区 110 kV 虎桥变电站投运 [73]，其中超级电容器储能装置如图 11-28 所示。超级电容器微储能装置功率等级 500 kW，可以在 12 ms 内进入一次调频模式，弥补了关键时间窗口的功率缺口，使电网的一次调频过程明显提速，可实现快速功率响应、主动抑制电网谐波、灵活调节无功、提高供电可靠性，助力电网更加安全可靠地运行。110 kV 虎桥变电站超级电容器微储能示范工程的成功投运，为安全、经济、高效的超级电容器储能技术应用探索了一条新路。据国网江苏电力有限公司初步测算，省内变电站的可利用空间具有新增 2 GW 超级电容器微储能装机规模的潜力，为超级电容器微储能带来广阔应用前景。

图 11-28 南京 110 kV 虎桥变电站超级电容器储能装置 [73]

4. 风电变桨系统

风电变桨系统是风电机组控制系统的核心部件，是支撑风电机组的安全、稳定、高效运行的关键。正常运行期间，根据风速的变化，风机变桨角度会自动进行调整，通过控制叶片的角度使风机的转速保持恒定；当机组发生严重故障或重大事故的情况下进行安全停机，风电变桨系统配备的备用电源系统确保机组安全停机。由于风电场的随机性和不规律性，风电机组的输出电压会出现约 10%、毫秒至分钟量级的“脉冲式”扰动，要求备用电源能够对这些扰动进行快速响应，并具备良好的倍率性能；另外，风机通常安装在高海拔地区或者海上等，环境温度变化大，维护成本高，维护难度大，备用电源免维护和长寿命特性备受关注。相较于铅酸电池和锂离子电池，锂离子电容器具备功率密度高，能够承受瞬时大电流充放电，且工作温度范围宽、使用寿命长，全寿命周期内无须维护更换，可以大幅度降低风机维护成本，因此锂离子电容器有望在风电变桨系统领域获得广泛应用 [74]。风电变桨系统和超级电容器模组如图 11-29 所示。其中，图 11-29(a) 为风力发电机组及其风电变桨系统，图 11-29(b) 为 Maxwell 公司 16 V、160 V 的超级电容器模组。

图 11-29 风电变桨系统和超级电容器模组。(a) 风力发电机组及其风电变桨系统；(b)Maxwell 公司 16 V、160 V 风电变桨系统用超级电容器模组

11.2.5 航空航天与国防军工

1. 航空航天

在民用客机领域，锂离子电容器作为机舱门开启电源具有功率大、质量小、循环寿命长、可靠性高和免维护等优势，能够为客机机舱门开启提供爆发动力。Maxwell 公司的 BCAP0140 系列超级电容器已经在空中客车公司 A380 等机型获得应用，如图 11-30 所示，超级电容器电源产品使用寿命可达 25 年，140000 飞行小时。在地面上，正常操作和紧急操作时，门必须被打开；在飞行时，门必须被关上并锁紧，滑道必须在紧急情况被需要的时候膨胀，超级电容器工作峰值负载 60 A，待机时间 8 h(要求低自放电)。

锂离子容器还可以为航空航天的各种电子设备提供电能，比如，美国 Tecate 集团生产的 PC 系列超级电容器应用于各种航空电子控制的短期电源，并且无须维护；HA 系列超级电容器应用于航空电子设备存储驱动器中的数据备份。在航空航天其他领域，如航空航天用移动通信基站、卫星通信系统、无线电通信系统等均需要高可靠大功率脉冲电源，锂离子电容器将在这些领域获得更广泛的应用。Uno 等 [75] 针对低地球轨道 (low earth orbit, LEO) 等航天器对储能电源长循环寿命的应用需求 (至少 30000 次在轨充放电循环寿命)，对比分析了锂离子电池和锂离子电容器在航天器储能电源系统应用的可能性，研究了不同放电深度下二者的循环寿命，锂离子电容器在 80% 放电深度 (depth of discharge，DOD) 下循环寿命大约比锂离子电池在 20% DOD 的循环寿命长 56 倍，如图 11-31(a) 和 (b) 所示。虽然锂离子电容器能量密度低于锂离子电池，但是在更深的 DOD 下，锂离子电容器出色的循环寿命可以弥补其净比能量密度 (净比能量密度 = 额定能量密度 ×DOD) 与锂离子电池的差距。最后，他们认为锂离子电容器以优异的长循环寿命、较高的净比能量密度、同时兼顾宽温度范围等优势，在航天器储能领域应用非常具有竞争力。

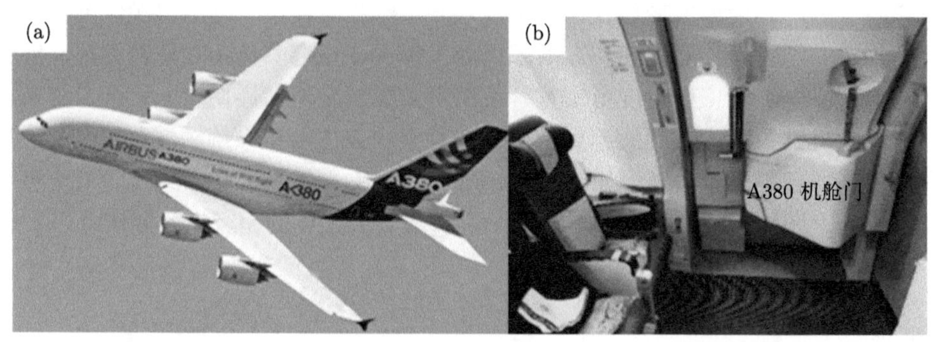

图 11-30 装载有超级电容器的 (a) 空客 A380；(b)A380 机舱门

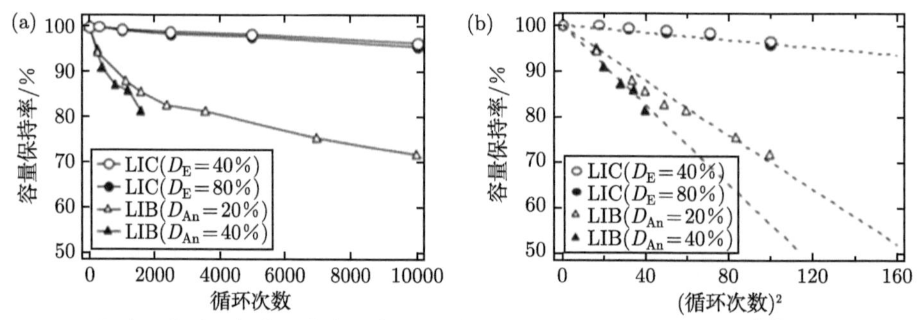

图 11-31 锂离子电池和锂离子电容器在不同循环次数下容量和能量保持率 [75]。(a) 循环次数；(b) 均方根循环次数

2. 国防军工

国防军工用能源存储技术是确保和提升军用装备和武器性能的核心和关键技术，锂离子电容器具有功率密度高、低温特性好等优势，既可以作为低温冷启动电源应用，也可以作为高功率脉冲电源应用 [76]。因此，锂离子电容器将在坦克低温冷启动、潜艇、电磁炮、定向能武器等方面具有非常重要的应用前景。

1) 坦克低温冷启动

锂离子电容器的工作温度范围宽，可在 −40 ℃ 环境工作，而蓄电池在低温环境放电能力明显下降，会造成坦克战车无法启动，影响了军事战备。锂离子电容器配合蓄电池应用于内燃发动机电启动系统，能够保证低温和蓄电池亏电的情况下电启动系统的正常供电，仅需一次点火即可启动，同时起到保护蓄电池，延长其寿命，减小其配备容量的作用。

2) 潜艇

潜艇电力综合推进涉及发电、输电、变电、推进和储能等关键步骤，是一个庞大的系统工程。潜艇对综合电力推进的要求很高，锂离子电容器储能系统可以作为电力综合推进系统的应急电源补充，在系统平时正常运转过程中，收集电能储存起来。在应急状态下，当电力供应不足无法带动整个电力系统的正常运转时，可以利用锂离子电容器高倍率充放电的特点，将储存的电能瞬间释放出来，为电力系统提供大功率补充电源，使整个系统迅速恢复进入正常运行状态，大大增强了战时反应能力，提升了战斗力。

3) 电磁炮

电磁炮也叫脉冲电源电磁炮，是应用电磁加速技术发射弹丸的一种纯电能武器。与传统大炮将火药燃气压力作用于弹丸不同，电磁炮是利用电磁系统中电磁场产生的安培力来对金属炮弹进行加速，使其达到打击目标所需的动能。而强磁场的产生需要大功率脉冲电源，具备高功率密度的锂离子电容器是一种实现高脉冲电流以加速弹丸的储能装置。

4) 定向能武器

定向能武器又叫“束能武器”，是利用各种束能生成强大杀伤力的武器，示意图如图 11-32 所示，因其被发射能量的载体不同，可以分为激光武器、粒子束武器、微波武器等。束能能量集中且巨大，输出功率可达几百至几千 kW，锂离子电容器作为高功率脉冲电源，可以高功率输出并可在很短时间内充足电，可用于定向能武器电源系统。美国的 Evans 公司则开发出一种大型超级电容器，工作电压为 120 V，存储的能量超过 35 kJ，功率高于 20 kW，可用作机载激光武器的致密型超高功率脉冲电源 [77]。

图 11-32 定向能武器示意图

锂离子电容器作为功率型电源，也是其他军用设备和武器提供短期和瞬时峰值功率的理想选择。例如，用于 GPS 导航的导弹、炮弹、鱼雷等的短期电源，用作坦克火炮炮塔的辅助电源，用于提供陆基发射系统的脉冲功率电源，用作舰载雷达电源系统 [78] 等。锂离子电容器可提高无线系统的射频性能和安全性，可用于飞行员无线电求救信号的最后紧急电源，为便携式军用电子设备提供瞬时峰值功率等。锂离子电容器也用于军用车辆的防地雷反伏击车的车门紧急电源、用于车辆平台灭火系统的电源等。

11.3 锂离子电容器产业政策与市场规模

11.3.1 中国超级电容器政策导向和产业发展

我国超级电容器行业起步较晚，与国外先进水平差距较大。近年来中国将超级电容器产业的发展提升至国家战略层面，在国家重大工程和重大项目的牵引下，超级电容器产业发展迅速。2016 年在国家发展改革委、国家能源局下发的《能源技术革命创新行动计划 (2016—2030 年)》以及《能源技术革命重点创新行动路线图》中，也提出发展大容量超级电容器储能技术。同年中国成立了全球第一个超级电容产业联盟，联合国内超级电容器研究机构，包括高校、科研院所和上中下游相关企业近 200 家单位，旨在推进超级电容器产业的发展、制定超级电容器的各类标准以及产学研的结合。2017 年科技部正式将“基于超级电容器的大容量储能体系及应用”列入国家重点基础研究发展规划，重点开展智能电网、新能源汽车和轨道交通用动力型超级电容器的研究。2021 年，科技部将“短时高频储能技术—低成本混合型超级电容器关键技术”列入国家“十四五”重点研发计划。同年，工业和信息化部印发的《基础电子元器件产业发展行动计划 (2021—2023 年)》文件，对超级电容器技术创新和重点市场应用做出了最新指引。2022 年 1 月，国家发展改革委、国家能源局印发了《“十四五”新型储能发展实施方案》，方案提出加大关键技术装备研发力度，推动多元化技术开发，其中超级电容器储能技术被列入集中攻关技术。“十四五”期间，我国将持续进行超级电容器关键技术创新突破，推动其在新能源汽车和智能化网联汽车、智能终端、5G、工业互联网等重要行业的应用。表 11-5 列举了近年来国家印发的超级电容器产业的发展政策。

表 11-5 我国超级电容器产业政策

发布时间	发布单位	政策名称	相关内容
2016 年 4 月	工业和信息化部	《工业强基 2016 专项行动实施方案》	在基础零部件领域将超级电容器列入扶持重点
2016 年 6 月	工业和信息化部、国家发展改革委、国家能源局	《中国制造 2025——能源装备实施方案》	研究高性能石墨烯及其复合材料的宏量制备，研发能量密度 30 W·h/kg、功率密度 5000 W/kg 的超级电容器单体
2017 年 3 月	工业和信息化部、国家发展改革委、科技部、财政部	《促进汽车动力电池产业发展行动方案》	支持高性能超级电容器系统的研发，进一步加大产业化应用
2019 年 4 月	国家发展改革委	《产业结构调整指导目录 (2019 年本，征求意见稿)》	超级电容器被列入《产业结构调整指导目录 (2019 年本，征求意见稿)》的鼓励类行业
2021 年 1 月	工业和信息化部	《基础电子元器件产业发展行动计划 (2021—2023 年)》	重点推进车规级传感器、电容器 (含超级电容器) 等电子元器件应用
2022 年 1 月	国家发展改革委、国家能源局	《“十四五”新型储能发展实施方案》	集中攻关超导、超级电容器等储能技术，研发储备液态金属电池、固态锂离子电池等新一代高能量密度储能技术
2022 年 8 月	工业和信息化部	《关于推动能源电子产业发展的指导意见 (征求意见稿)》	明确提出超级电容器：加强高性能体系、高电压电解液技术、低成本隔膜及活性炭技术的研发，提高超级电容器在短时高功率输出、调频稳压、能量回收、高可靠性电源等领域的推广应用
2022 年 8 月	工业和信息化部、财政部、商务部、国务院国有资产监督管理委员会、国家市场监督管理总局	《加快电力装备绿色低碳创新发展行动计划》	推动 10 MW 级超级电容器储能系统应用

11.3.2 锂离子电容器市场规模

经过了半个世纪的研究与探索，超级电容器体系日益完善。超级电容器具有充放电速度快、使用寿命长、使用温度范围宽、安全可靠性高、绿色环保等特点，使得其在诸多应用领域具备明显优势。超级电容器应用领域分布广，涵盖了日常生活用品、工业设备、交通运输、电网及可再生能源发电、航天航空与国防军工等领域，因此超级电容器具有重要的社会和经济效益。

从全球产业发展来看，超级电容器整体呈现快速发展趋势。多个发达国家把超级电容器作为国家的重点研究和开发项目，提出了中长期发展计划。美国的 USMSC 计划、日本的 NewSunshine 计划和欧洲的 PNGU 计划均将超级电容器列入重点开发内容。

中国超级电容器产业发展逐步成熟，市场规模逐年提升，近年来迎来了快速发展时期。根据中商产业研究院数据显示，2015～2020 年我国超级电容器市场规模从 66.5 亿元人民币增长至 154.9 亿元人民币，复合年均增长率为 18.4%，虽然 2016～2020 年市场规模增速有所放缓，但增长速度仍处于较高水平。根据公开数据显示，2020 年中国超级电容器在新能源领域应用最广，市场份额为 41.31%；其次为应用于交通运输领域，市场占比为 31.36%；第三为应用于工业领域，市场占比为 20.36%；其他领域占比为 6.95%，如图 11-33 所示。未来随着消费电子、新能源车、轨道交通、智能电网、国防军工等下游应用领域对超级电容应用的增长，中国的超级电容器市场将继续保持高速增长态势，预计到 2022 年中国超级电容器市场规模有望达到 200 亿元人民币，2025 年中国超级电容器市场规模有望达到 293 亿元人民币。2012～2025 年中国超级电容器市场规模及未来发展趋势如图 11-34 所示。

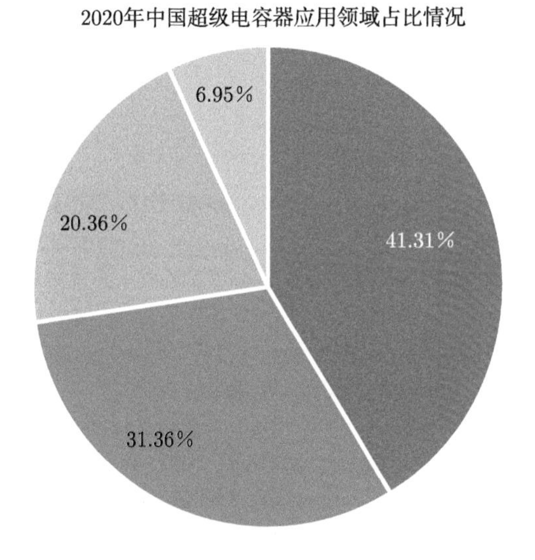

图 11-33 2020 年中国超级电容器应用领域占比情况

图 11-34 中国超级电容器市场规模及未来发展趋势

11.4 本章结语

虽然超级电容器以其独特的技术特点在诸多领域占据优势，但是，传统超级电容器能量密度低、成本高，市场规模和应用领域很难拓展。锂离子电容器兼具高能量密度、高功率密度和长循环寿命等优势，是超级电容器发展的重要方向。目前，锂离子电容器正处于产业化阶段，随着关键技术的不断突破，成本的不断降低，行业标准、国家标准乃至国际标准的制定，以及上下游产业的不断成熟，特别是工业节能机械、新能源车、轨道交通、可再生能源发电并网、国防军工等领域对高比能功率型储能器件的重大需求，锂离子电容器将具备更广阔的应用前景。

参 考 文 献

[1] International Energy Agency. World Energy Outlook 2018. Paris: International Energy Agency, 2019.

[2] 陈海生, 刘畅, 徐玉杰. 储能在碳达峰碳中和目标下的战略地位和作用. 储能科学与技术, 2021, 10(5): 1476-1485.

[3] Yang Y, Han Y, Jiang W, et al. Application of the supercapacitor for energy storage in China: Role and strategy. Applied Sciences. 2022, 12: 354.

[4] Yadlapallia R, Allaa R, Kandipati R, et al. Super capacitors for energy storage: Progress, applications and challenges. Journal of Energy Storage, 2022, 49: 104194.

[5] Soltani M, Beheshti S. A comprehensive review of lithium ion capacitor: Development, modelling, thermal management and applications. Journal of Energy Storage, 2021, 34: 102019.

[6] 张晓虎, 孙现众, 张熊, 等. 锂离子电容器在新能源领域应用展望. 电工电能新技术, 2020, 39(11): 48-58.

[7] 乔亮波, 张晓虎, 孙现众, 等. 电池-超级电容器混合储能系统研究进展. 储能科学与技术, 2022, 11(1): 98-106.

[8] Omar N, Daowd M, Hegazy O, et al. Assessment of lithium-ion capacitor for using in battery electric vehicle and hybrid electric vehicle applications. Electrochimica Acta, 2012, 86: 305-315.

[9] Muzaffar A, Ahamed M, Deshmukh K, et al. A review on recent advances in hybrid supercapacitors: Design, fabrication and applications. Renewable and Sustainable Energy Reviews, 2019, 101: 123-145.

[10] 电子头条. 瑞萨电子 4G 模块智能电表的电源解决方案，何止是稳定. 2020-9-10 [2022-10-6]. http://news.eeworld.com.cn/mp/Renesas/a95457.jspx.

[11] 希雷. 业界首款 10 A 超级电容 LED 闪光驱动器. 半导体信息, 2009, 4: 12-13.

[12] Uchida K, Hayashi T, Tanaka T. Development of a cordless electric impact driver with Li-ion capacitor pack as an energy storage device. Journal of Energy Storage, 2020, 31: 101566.

[13] Zhang X, Sun X, An Y, et al. Design of a fast-charge lithium-ion capacitor pack for automated guided vehicle. Journal of Energy Storage, 2022, 48: 104045.

[14] 珠海特区报. 国内首创新型堆高机交付使用. 2020-6-22 [2022-6-19]. http://port.zhoushan.gov.cn/art/2020/6/22/art_1571538_48532527.html..

[15] Lin K, Lian K, Actual measurement on regenerative elevator drive and energy saving benefits. 2017 International Automatic Control Conference (CACS), 2017, 1-5.

[16] 奥威科技. 超级电容安全节能型电梯 [2019-11-19]. http://www.aowei.com/program/application-info-18.html.

[17] 周新民. 轮胎式起重机混合动力系统的研究和实现. 武汉: 华中科技大学, 2011.

[18] Kim S M, Sul S K. Control of rubber tyred gantry crane with energy storage based on supercapacitor bank. IEEE Transactions on Power Electronics, 2006, 21(5): 1420-1427.

[19] 贡俊, 张舟云. 油田抽油机用电机控制系统: CN101645689A. [2010-2-10].

[20] 马西庚, 张永平, 姚建青, 等. 一种电容储能的抽油机电控装置: CN204532284U.[2015-8-15].

[21] 徐海亮, 兰明君, 赵永杰, 等. 超级电容储能模块在游梁式抽油机中的研究与应用. 科技创新与应用, 2020, 26: 180-181.

[22] 黄继庆, 林文华, 史永庆, 等. XJ900DB 新型网电修井机的研制与应用. 石油机械, 2018, 46(2): 89-94.

[23] Zhao S, Khan N, Trescases O. Lithium-ion-capacitor-based distributed UPS architecture for reactive power mitigation and phase balancing in datacenters. IEEE Transactions on power electronics, 2019, 34(8): 7381-7396.

[24] 傅冠生, 曾福娣, 阮殿波. 超级电容器技术在轨道交通行业中的应用. 电力机车与城轨车辆, 2014, 37(2): 1-6.

[25] 乔志军, 阮殿波. 超级电容在城市轨道交通车辆中的应用进展. 铁道机车车辆, 2019, 39(2): 83-86, 90.

[26] 邓谊柏, 黄家尧, 陈挺, 等. 城市轨道交通超级电容技术. 都市快轨交通, 2021, 34(6): 24-31.

[27] 袁佳歆, 曲锴, 郑先锋, 等. 高速铁路混合储能系统容量优化研究. 电工技术学报, 2021, 36(19): 4161-4182.

[28] 曾桂珍，曾润忠. 沈阳浑南现代有轨电车超级电容器储能装置的设计及验证. 城市轨道交通研究，2016, 19(5): 74-77, 82.

[29] 索建国, 邓谊柏, 杨颖, 等. 储能式现代有轨电车概述. 电力机车与城轨车辆, 2015, 38(4): 1-6.

[30] 株洲新闻网. 全球首列机场捷运的储能式有轨电车下线. [2022-8-22]. https://www.zznews.gov.cn/news/2020/0823/348297.shtml.

[31] 陈维荣, 张国瑞, 孟翔, 等. 燃料电池混合动力有轨电车动力性分析与设计. 西南交通大学学报, 2017, 52(1): 1-8.

[32] 杨中平, 林飞. 储能技术在地面式再生制动能量吸收和利用装置中的应用. 都市快轨交通, 2021, 34(6): 1-8.

[33] 侯峰, 余为俊, 薛敏. 广州地铁 6 号线浔峰岗地铁站加装节能系统的工程方案研究. 城市轨道交通研究, 2015, 6: 39-50.

[34] 刘宇嫣, 杨中平, 林飞, 等. 城轨地面式混合储能系统自适应能量管理与容量优化配置研究. 电工技术学报, 2021, 36(23): 4874-4884.

[35] 上海展枭新能源科技有限公司. 青岛地铁 1.5 MW 储能式地铁站台能量回收装置项目.[2019-1-15]. http://www.capenergycn.com/product/79.html.

[36] Ciccarelli F, Clemente G, Iannuzzi D, et al. An analytical solution for optimal design of stationary lithium-ion capacitor storage device in light electrical transportation networks. International Review of Electrical Engineering, 2013, 8(3): 989-999.

[37] Ciccarelli F, Pizzo A, Iannuzzi D. Improvement of energy efficiency in light railway vehicles based on power management control of wayside lithium-ion capacitor storage. IEEE Transactions on Power Electronics, 2014, 29(1): 275-286.

[38] Ciccarelli F, Iannuzzi D, Lauria D, et al. Optimal control of stationary lithium-ion capacitor-based storage device for light electrical transportation network. IEEE Transactions on Transportation Electrification, 2017, 3(3): 618-631.

[39] 电动邦. 轮毂电机 + 超级电容器打造丰田雅力士混动小钢炮.2019-12-5 [2022-12-15]. https://www.diandong.com/zixun/17019.html.

[40] Lamborghini. Sián FKP 37. [2022-10-8]. https://www.lamborghini.com/cn-en.

[41] 熊瑞, 何洪文. 电动车辆复合电源系统集成管理基础. 北京: 化学工业出版社, 2019.

[42] Kollmeyer P, Reimers J, Kadakia M, et al. Real-time control of a full scale Li-ion battery and Li-ion capacitor hybrid energy storage system for a plug-in hybrid vehicle. IEEE Transactions on Industry Applications, 2019, 55(4): 4204-4214.

[43] Kouchachvili L, Yaïci W, Entchev E. Hybrid battery/supercapacitor energy storage system for the electricvehicles. Journal of Power Sources, 2018, 374: 237-248.

[44] 普象网. 兰博基尼未来主义概念车 Terzo Millennio. [2020-03-30]. https://www.puxiang.com.

[45] Soltani M, Ronsmans J, Kakihara S, et al. Hybrid battery/lithium-ion capacitor energy storage system for a pure electric bus for an urban transportation application. Applied Sciences, 2018, 8: 1176.

[46] 安仲勋, 颜亮亮, 夏恒恒, 等. 锂离子电容器研究进展及示范应用. 中国材料进展, 2016, 35(7): 528-536.

[47] 奥威科技. 耐高寒的超级电容器,为一带一路服务. 2021-11-28 [2022-11-25]. http://www.aowei.com/program/newsinfo-1221.html.

[48] Macias A, Ghossein N, Trovão J, et al. Passive fuel cell/lithium-ion capacitor hybridization for vehicular applications. International Journal of Hydrogen Energy, 2021, 46: 28748-28759.

[49] Yuan Y P, Wang J X, Yan X P, et al. A review of multi-energy hybrid power system for ships. Renewable and Sustainable Energy Reviews, 2020, 132: 110081.

[50] 奥威科技. 奥威助力超级电容动力车客渡船 “新生态” 号完成试航. 2021-11-25 [2022-11-25]. http://www.aowei.com/program/newsinfo-1220.html.

[51] Lambert S, Pickert V, Holden J, et al. Comparison of supercapacitor and lithium-ion capacitor technologies for power electronics applications. 5th IET International Conference on Power Electronics, Machines and Drives (PEMD), 2010.

[52] Karimi D, Khaleghi S, Behi H, et al. Lithium-ion capacitor lifetime extension through an optimal thermal management system for smart grid applications. Energies, 2021, 14: 2907.

[53] Hamidi S, Manla E, Nasiri A. Li-ion batteries and Li-ion ultracapacitors: Characteristics, modeling and grid applications. IEEE Energy Conversion Congress and Exposition (ECCE): Montreal, Canada, 2015: 4973-4979.

[54] 王鑫, 郭佳欢, 谢清华, 等. 超级电容器在微电网中的应用. 电网与清洁能源, 2009, 25(6): 18-22.

[55] Mancera J, Saenz J, Lopez E, et al. Experimental analysis of the effects of supercapacitor banks in a renewable DC microgrid. Applied Energy, 2022, 308: 118355.

[56] 薛智文, 周俊秀, 韩颖慧. 超级电容器在微电网及分布式发电技术中的应用. 湖北电力, 2021, 45(1): 68-79.

[57] Pawelek R, Wasiak I, Gburczyk P, et al. Study on operation of energy storage in electrical power microgrid-modeling and simulation. 14th International Conference on Harmonics and Quality of Power, 2010.

[58] Bharath K, Kodoth R, Kanakasabapathy P. Application of supercapacitor on a droop-controlled DC microgrid for surge power requirement. 2018 International Conference on Control, Power, Communication and Computing Technologies (ICCPCCT), 2018.

[59] 国际能源网. 超带电容器储能系统在国内直流微电网中的首次应用. 2021-5-8[2022-5-28]. https://newenergy.in-en.com/html/newenergy-2405593.shtml.

[60] 美通社. 爱尔兰微电网储能系统部署 Maxwell 超级电容器. 2015-3-3 [2022-5-28]. https://www.prnasia.com/story/116105-1.shtml.

[61] Mohammadi E, Rasoulinezhad R, Moschopoulos G. Using a supercapacitor to mitigate battery microcycles due to wind shear and tower shadow effects in wind-diesel microgrids. IEEE Transactions on Smart Grid, 2020, 11(5): 3677-3689.

[62] 刘伟, 康积涛, 李珊, 等. 超级电容储能技术在分布式发电系统中的应用. 华电技术, 2010, 32(12): 32-33.

[63] Esmaili A, Novakovic B, Nasiri A, et al. A hybrid system of Li-ion capacitors and flow battery for dynamic wind energy support. IEEE Transactions on Industry Applications, 2013, 49(4): 1649-1657.

[64] Mandic G, Nasiri A, Ghotbi E, et al. Lithium-ion capacitor energy storage integrated with variable speed wind turbines for power smoothing. IEEE Journal of Emerging and Selected Topics in Power Electronics, 2013, 1(4): 187-295.

[65] 美通社. Maxwell 为国电风电场储能示范项目提供超级电容器. 2016-1-20 [2022-5-29]. https://www.prnasia.com/story/141079-1.shtml.

[66] Khomenko V, Barsukov V. Lithium-ion capacitor for photovoltaic energy system. Materials Today: Proceedings, 2019, 6: 116-120.

[67] Koyanagi K, Hida Y, Ito Y, et al. A smart photovoltaic generation system integrated with lithium-ion capacitor storage. 46th International Universities' Power Engineering Conference (UPEC), Soest, Germany, 2011.

[68] Nakayama T, Tachihara W, Toda M, et al. Improvement of converter efficiency in partial load using temporary storage with lithium-ion capacitor. 49th International Universities Power Engineering Conference (UPEC), Cluj-Napoca, Romania, 2014.

[69] 北极星储能网. 美国杜克能源公司推出新一代电网储能系统. 2017-8-25 [2022-5-29]. https://news.bjx.com.cn/html/20170825/845820.shtml.

[70] 李天岳, 叶鹏, 姜竹楠, 等. 分布式储能参与电网频率控制技术研究综述. 沈阳工程学院学报 (自然科学版),2022, 18(2): 1-7.

[71] 孙冰莹, 杨水丽, 刘宗歧, 等. 国内外兆瓦级储能调频示范应用现状分析与启示. 电力系统自动化, 2017, 41(11): 8-16.

[72] 颜湘武, 宋子君, 崔森, 等. 基于变功率点跟踪和超级电容器储能协调控制的双馈风电机组一次调频策略. 电工技术学报, 2020, 35(3): 530-541.

[73] 中国电力网. 国网江苏电力自主研发应用变电站超级电容微储能装置. 2021-3-9 [2022-6-15]. http://mm.chinapower.com.cn/dww/jscx/20210309/56698.html.

[74] 唐坤, 张广明, 欧阳慧珉, 等. 超级电容在风力发电中的应用及未来发展. 电源技术, 2015, 39(5): 1114-1117.

[75] Uno M, Tanaka K. Spacecraft electrical power system using lithium-ion capacitors. IEEE Transactions on Aerospace and Electronic systems, 2013, 49(1): 175-188.

[76] Sepe R, Steyerl A, Bastien S. Lithium-ion supercapacitors for pulsed power applications. IEEE Energy Conversion Congress and Exposition, Phoenix, AZ, USA, 2011.

[77] 雷博文. 超级电容器释放 "超级能量". 2019-11-29 [2022-10-16]. https://www.workercn.cn/32937/201911/29/191129095732530.shtml.

[78] 刘琳, 张力, 邱实, 等. 超级电容模块在舰载雷达电源系统的应用研究. 船电技术, 2020, 40(7): 62-64.